DANTE

2

MATEMÁTICA

CONTEXTO & APLICAÇÕES

ENSINO MÉDIO

LUIZ ROBERTO DANTE

Livre-docente em Educação Matemática pela Universidade Estadual Paulista (Unesp–Rio Claro, SP).

Doutor em Psicologia da Educação: Ensino da Matemática pela Pontifícia Universidade Católica de São Paulo (PUC–SP).

Mestre em Matemática pela Universidade de São Paulo (USP).

Pesquisador em ensino e aprendizagem da Matemática pela Unesp–Rio Claro, SP.

Ex-professor na rede estadual de Ensino Fundamental e Médio.

Autor de vários livros, entre os quais: *Formulação e resolução de problemas de Matemática – Teoria e prática*; *Didática da Matemática na pré-escola*; Coleção *Aprendendo Sempre – Matemática* (1º ao 5º ano); Coleção *Projeto Ápis – Matemática* (1º ao 5º ano); Coleção *Tudo é Matemática* (6º ao 9º ano); Coleção *Matemática – Contexto & Aplicações* (volume único); todos por esta editora.

editora ática

editora ática

Diretora-Geral Editoras Ática e Scipione
Vera Balhestero
Diretora Editorial Editoras Ática e Scipione
Angela Marsiaj
Gerente Editorial Didáticos Editoras Ática e Scipione
Teresa Porto
Gerente de Qualidade e Suporte Editoras Ática e Scipione
Beatriz Mendes
Gerente Editorial Didáticos Ática
Margarete Gomes

Editora: Cármen Matricardi
Assistente Editorial: Rodrigo Andrade da Silva
Gerente de Revisão: Hélia de Jesus Gonsaga
Equipe de Revisão: Kátia Scaff Marques (Coord.), Ângela Cristina Davoglio, Ivana Alves Costa, Maurício Baptista Vieira e Patrícia Travanca
Supervisor de Arte: Sérgio Yutaka Suwaki
Equipe de Arte: André Gomes Vitale (Edição de Arte), Loide Edelweiss Iizuka (Edição de Arte), Josias Silva (Coordenação de Editoração Eletrônica) e Didier Dias de Moraes (Edição de Arte - Capa)
Supervisor de Iconografia e Cartografia: Sílvio Kligin
Equipe de Iconografia e Cartografia: Cláudia Balista (Assistência), Cláudia Bertolazzi (Pesquisa), Juliana de Albuquerque e Márcio Souza (Cartografia)
Tratamento de Imagem: Cesar Wolf e Fernanda Crevin
Equipe de Tecnologia de Educação: Ana Paula Barranco (Coord.), Cristiane Buranello (Editora), Aline Bagdanavicius (Assistente Editorial) e João Daniel Martins Bueno (Designer Digital)
Colaboração: Angela Elisa Sillos (Edição de Texto), Carlos Luvizari (Pesquisa Iconográfica), Eloy Ferraz Machado Neto (Assessoria Didática), Erika Cordeiro Costa (Assistente Editorial), Luiz Fernando Piccin (Assessoria Didática), Mariana Von Borell dos Santos (Estagiária) e Sofia Isabel Machado Lucas (Assessoria Didática)
Programação Visual: das werk (Miolo) e Imageria Estúdio (Capa)
Editoração Eletrônica: Formato Comunicação Ltda. (Miolo)
Foto da Capa: Digitaler Lumpensammler/Flickr/Getty Images
Ilustrações: Estúdio Lápis Mágico (Edu), Formato Comunicação Ltda. e David Iizuka
Ilustrações das Aberturas de Capítulo: Fabio Eugenio (capítulos 6, 7, 8 e 13) e Paulo Manzi (capítulos 5, 10 e 11)

Direitos desta edição cedidos à Editora Ática S.A.
Av. Otaviano Alves de Lima, 4400
5º andar e andar intermediário Ala "A"
Freguesia do Ó – CEP 02909-900 – São Paulo-SP
Tel.: 0800 115152
www.atica.com.br / editora@atica.com.br

Dados Internacionais de Catalogação na Publicação (CIP)
(Câmara Brasileira do Livro, SP, Brasil)

Dante, Luiz Roberto
Matemática: contexto e aplicações / Luiz Roberto Dante. – São Paulo: Ática, 2011.

Obra em 3 v.
Conteúdo: 1º ano (5. ed.) – 2º ano (5. ed.) – 3º ano (4. ed.)

1. Matemática (Ensino médio) I. Título.

11–06087 CDD–510.7

Índice para catálogo sistemático:
1. Matemática : Ensino médio 510.7

2012
ISBN 978 85 08 12916 4 (AL)
ISBN 978 85 08 12917 1 (PR)
Cód. da obra CL 737476
5ª edição
2ª impressão

Impressão e acabamento: Gráfica Ideal

Uma Publicação Abril EDUCAÇÃO

Conforme a nova ortografia da Língua Portuguesa

APRESENTAÇÃO

Caro(a) aluno(a),

Esta coleção de Matemática para o Ensino Médio foi elaborada especialmente para você. Nela, procuramos criar condições para que você possa compreender as ideias básicas da Matemática desse nível de ensino atribuindo significado a elas, além de aplicá-las na resolução de problemas do mundo real.

Todos os conceitos básicos próprios do Ensino Médio foram explorados de maneira intuitiva e compreensível. As receitas prontas e o excesso de fórmulas foram evitados, porém mantivemos o rigor que é necessário a esse nível.

Na abertura dos capítulos, apresentamos noções gerais sobre o assunto que será discutido, sempre com informações sobre a história da Matemática, aplicações dessa disciplina no dia a dia e desafios introdutórios. Assim, você será preparado(a) para o estudo do capítulo e vai, aos poucos, entender por que a Matemática é tão importante na sua vida e no mundo.

Antes de resolver os exercícios propostos, é absolutamente necessário que você estude a teoria e refaça os exercícios resolvidos. Na seção *Resolução passo a passo*, apresentamos exemplos comentados que explicitam as fases de resolução de um problema.

A seção *A Matemática e as práticas sociais* foi criada para você formular, resolver e interpretar situações-problema que exigem a participação consciente do cidadão na sociedade.

Cada capítulo contém ainda uma seção chamada *Pensando no Enem*, que apresenta modelos de questões que aparecem no Exame Nacional do Ensino Médio, desenvolvendo, ao mesmo tempo, o seu raciocínio crítico.

No fim de cada volume, foram incluídas questões do Enem. O volume 3, em especial, é encerrado por uma breve revisão teórica de todo o conteúdo do Ensino Médio, seguida de 500 questões de vestibular.

Além do conteúdo dos livros, você também terá acesso ao *Portal Pedagógico*, um interessante ambiente digital com diversos recursos multimídia que vão auxiliá-lo(a) nos seus estudos.

Esperamos poder contribuir para o seu processo de aprendizagem e para seu ingresso no Ensino Superior, consolidando e aprofundando o que você aprendeu no Ensino Fundamental.

Luiz Roberto Dante

CONHEÇA SEU LIVRO

Páginas de abertura

Duas páginas espelhadas oferecem a você o primeiro contato com o tema do capítulo por meio de:

- breve retomada de um fato histórico;
- apresentação de uma aplicação do conhecimento matemático em estudo;
- proposição de um desafio. (Será que você conseguirá resolvê-lo antes mesmo de estudar o assunto?)

Dois desses textos estão na lateral esquerda. O terceiro recebe tratamento especial: é explorado com mais profundidade nessas duas páginas.

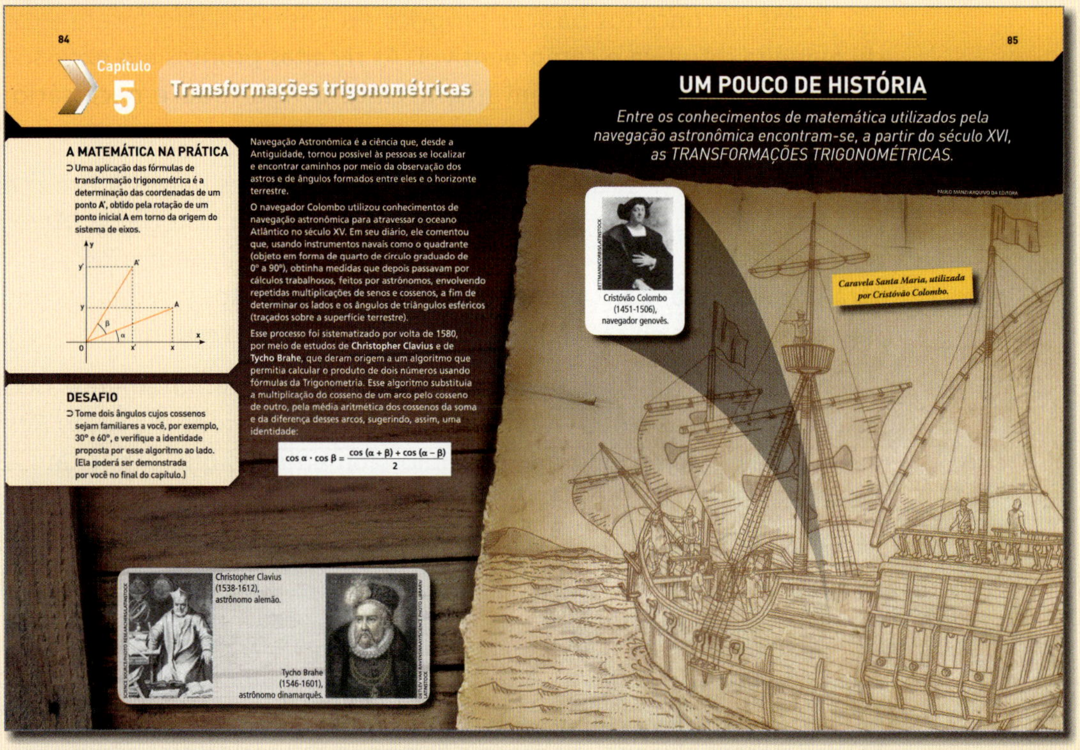
84

Capítulo 5 Transformações trigonométricas

A MATEMÁTICA NA PRÁTICA

Uma aplicação das fórmulas de transformação trigonométrica é a determinação das coordenadas de um ponto A', obtido pela rotação de um ponto inicial A em torno da origem do sistema de eixos.

DESAFIO

Tome dois ângulos cujos cossenos sejam familiares a você, por exemplo, 30° e 60°, e verifique a identidade proposta por esse algoritmo ao lado. (Ela poderá ser demonstrada por você no final do capítulo.)

Navegação Astronômica é a ciência que, desde a Antiguidade, tornou possível às pessoas se localizar e encontrar caminhos por meio da observação dos astros e de ângulos formados entre eles e o horizonte terrestre.

O navegador Colombo utilizou conhecimentos de navegação astronômica para atravessar o oceano Atlântico no século XV. Em seu diário, ele comentou que, usando instrumentos navais como o quadrante (objeto em forma de quarto de círculo graduado de 0° a 90°), obtinha medidas que depois passavam por cálculos trabalhosos, feitos por astrônomos, envolvendo repetidas multiplicações de senos e cossenos, a fim de determinar os lados e os ângulos de triângulos esféricos (traçados sobre a superfície terrestre).

Esse processo foi sistematizado por volta de 1580, por meio de estudos de **Christopher Clavius** e de **Tycho Brahe**, que deram origem a um algoritmo que permitia calcular o produto de dois números usando fórmulas da Trigonometria. Esse algoritmo substituía a multiplicação do cosseno de um arco pelo cosseno de outro, pela média aritmética dos cossenos da soma e da diferença desses arcos, sugerindo, assim, uma identidade:

$$\cos\alpha \cdot \cos\beta = \frac{\cos(\alpha + \beta) + \cos(\alpha - \beta)}{2}$$

Christopher Clavius (1538-1612), astrônomo alemão.

Tycho Brahe (1546-1601), astrônomo dinamarquês.

85

UM POUCO DE HISTÓRIA

Entre os conhecimentos de matemática utilizados pela navegação astronômica encontram-se, a partir do século XVI, as TRANSFORMAÇÕES TRIGONOMÉTRICAS.

Cristóvão Colombo (1451-1506), navegador genovês.

Caravela Santa Maria, utilizada por Cristóvão Colombo.

Apresentação dos conteúdos

O conteúdo matemático é apresentado de forma clara, contextualizada, completa e com o rigor necessário à disciplina.

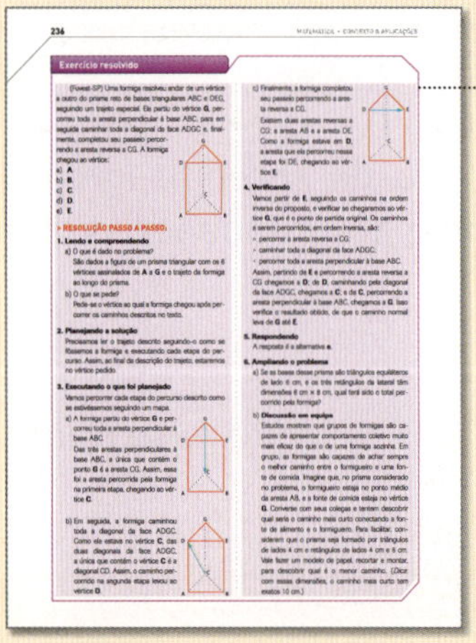

Exercício resolvido passo a passo

Um modelo de resolução por etapas sugere uma ampliação dos estudos para que você possa aprender sempre mais.

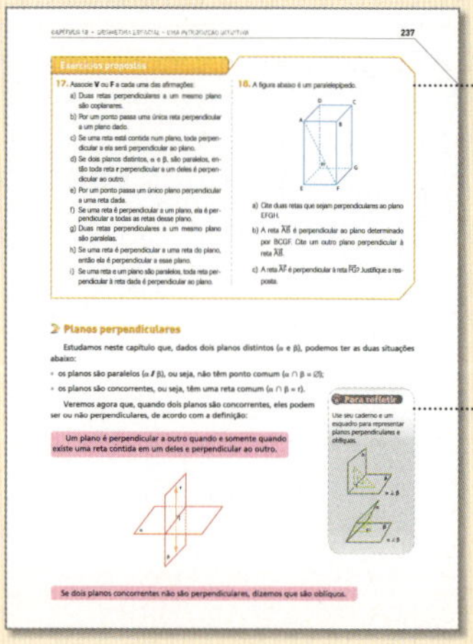

Exercícios propostos

Essenciais para a aprendizagem. Resolvendo-os, em classe ou em casa, você alcançará pleno entendimento do conteúdo estudado.

Boxes

Pequenos boxes trazem questões para reflexão ou dão dicas importantes para o estudo.

Seções especiais

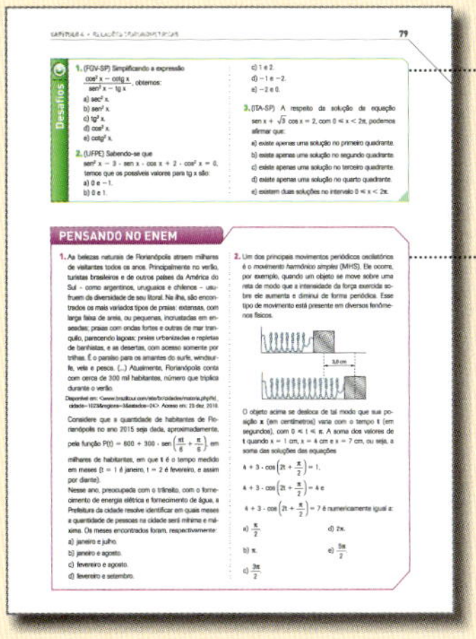

Desafios

Questões organizadas em grau crescente de dificuldade que exigem um bom conhecimento do assunto.

Pensando no Enem

Atividades contextualizadas que possibilitam o desenvolvimento das competências e habilidades necessárias para um bom desempenho no Enem.

A Matemática e as práticas sociais

Temas interessantes e atuais tratam de situações práticas em contexto amplo, articulando a Matemática com outras disciplinas e com temas como tecnologia, saúde e meio ambiente.

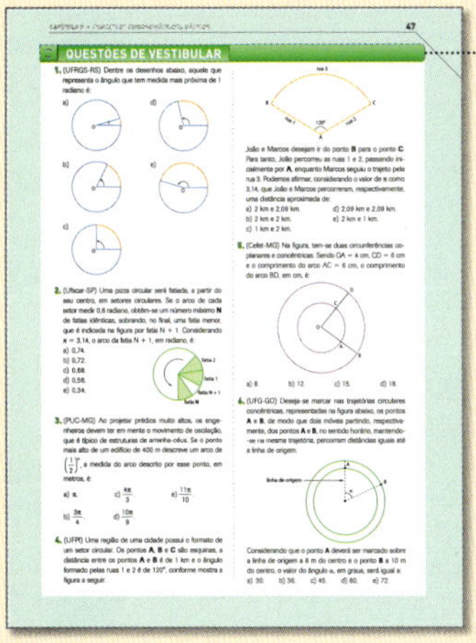

Questões de vestibular

Exercícios elaborados por instituições de todo o país vão capacitá-lo a enfrentar os vestibulares com mais confiança.

Leitura

Momento de reflexão sobre o tema do capítulo, relacionando-o com o próprio desenvolvimento histórico, com seu uso social, com aplicações científicas, etc.

Portal Pedagógico

Este quadro vai aparecer nos capítulos para indicar conteúdos digitais que você pode acessar no *Portal Pedagógico*.

Trata-se de um ambiente repleto de recursos para você explorar, interagir e ampliar seus conhecimentos sobre os assuntos do livro.

Sempre que este quadro aparecer, siga estes passos:

1º) Acesse o endereço **www.portalpedagogico.com.br/matematicacontextoeaplicacoes**

2º) Clique na capa de seu livro e você verá todos os conteúdos digitais disponíveis.

3º) Selecione o capítulo e escolha o conteúdo que deseja acessar. Para isso, não se esqueça de inserir o *login* e a senha que o(a) professor(a) vai lhe fornecer.

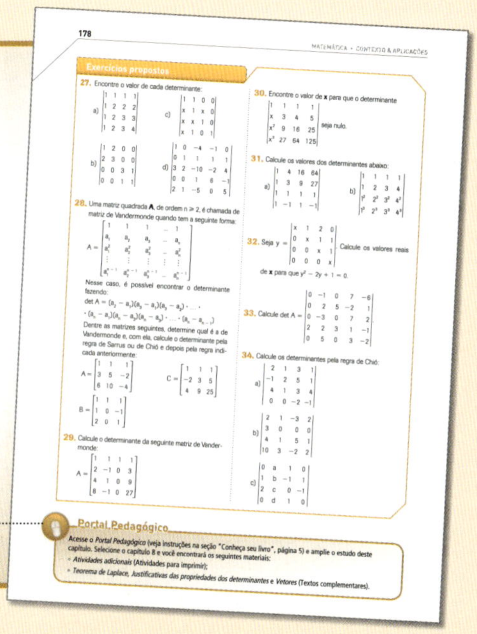

SUMÁRIO

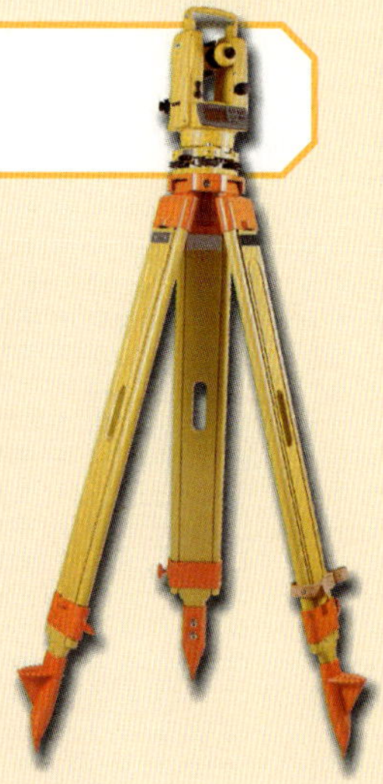

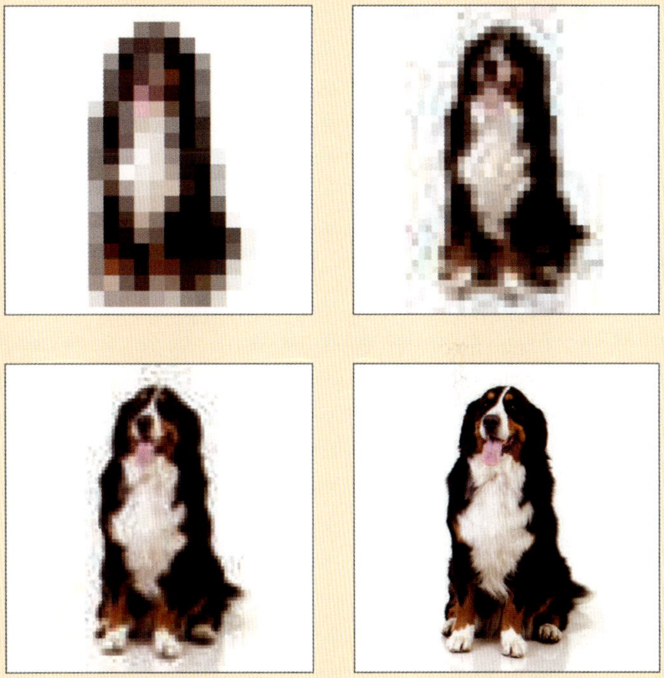

Capítulo 12

Capítulo 13

Capítulo 14

Capítulo 1 Trigonometria: resolução de triângulos quaisquer

UM POUCO DE HISTÓRIA

- Há 4 000 anos, os egípcios já recorriam à chamada *triangulação*, técnica utilizada para determinar distâncias que seguia princípios da Trigonometria. Posteriormente, essa área da Matemática que trata do estudo das relações entre ângulos e lados de um triângulo desenvolveu-se bastante por necessidades da Astronomia.

Muitos dados necessários para a elaboração de mapas e plantas de terrenos são obtidos pela Topografia, área especializada em medições que determinam a forma e a posição de elementos do relevo, com base em relações estabelecidas pela Trigonometria.

(Leia mais em A Matemática e as práticas sociais, *na página 25.)*

DESAFIO

- O edifício mais alto do Brasil é o Mirante do Vale, em São Paulo, SP. Com um teodolito, a 168,50 m do prédio e com o visor a 1,50 m do chão, pode-se vê-lo sob ângulo de 45°. Qual a altura do prédio?

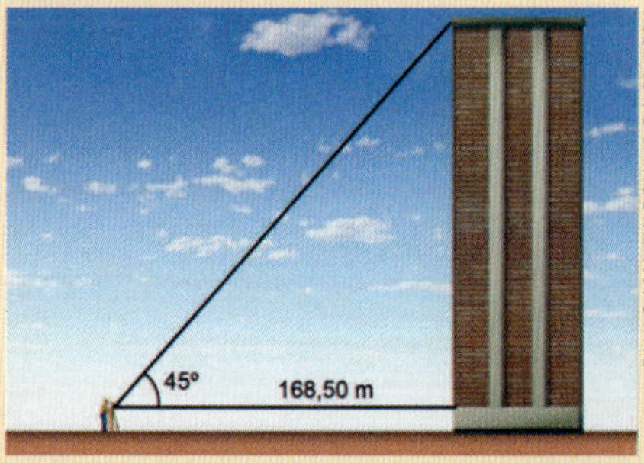

PAULO MANZI/ARQUIVO DA EDITORA

RICH LASALLE/GETTY IMAGES

A MATEMÁTICA NA PRÁTICA

Algumas vezes, vemos plantas de terrenos com lagos ou montanhas sem que nos ocorra pensar em como teriam sido elaboradas. Pois saiba que a TRIGONOMETRIA faz parte desse processo.

AARON HAUPT/PHOTO RESEARCHERS, INC/LATINSTOCK

O teodolito é um instrumento de observação importante para a Topografia. Ele ajuda a calcular distâncias difíceis de serem medidas, a partir de medidas de triângulos que podem ser determinados nos terrenos. O conhecimento das relações entre lados e ângulos desses triângulos é fundamental para o topógrafo, pois se ele conhecer duas das seis medidas de lados e ângulos de um triângulo poderá calcular as demais.

Topógrafo utilizando teodolito.

1 Introdução

No volume 1 estudamos a resolução de triângulos retângulos. Agora, após uma breve revisão por meio de exercícios e problemas, iniciaremos o estudo da resolução de triângulos quaisquer. E, para isso, estudaremos duas propriedades importantes da Trigonometria conhecidas por *lei dos senos* e *lei dos cossenos*.

2 Revisão sobre resolução de triângulos retângulos

Resolva os exercícios a seguir. Quando necessário use a tabela da página 31 ou uma calculadora científica.

Observação: Usaremos $\overline{AB}$ para designar segmento de reta $\overline{AB}$, e simplesmente AB, sem o traço sobre as letras, para indicar a medida do segmento de reta $\overline{AB}$.

Exercícios propostos

1. Nesta figura, as retas paralelas **r** e **r'** representam as margens de um rio.

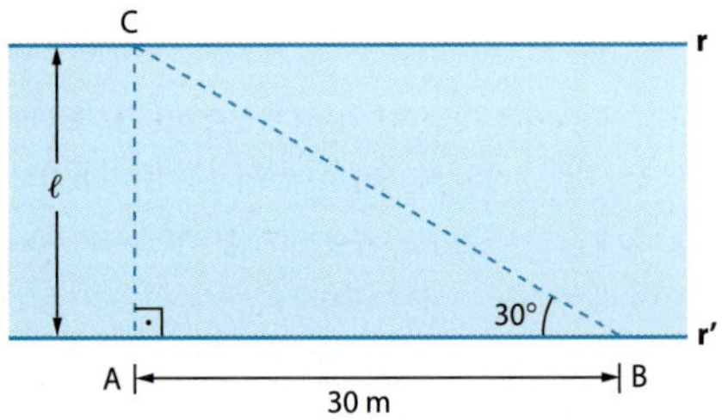

Determine a largura ℓ desse rio.

2. Encontre os valores das medidas de **x**, **y** e **z**:

a)

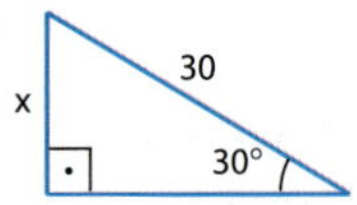

b)

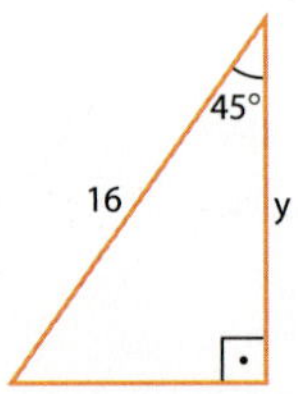

c)

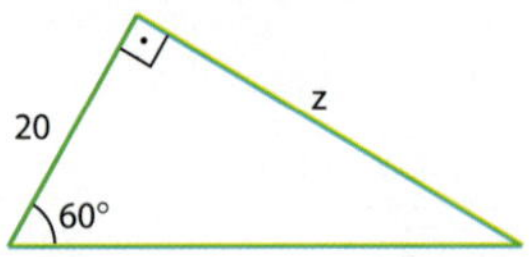

3. Dois níveis de uma praça estão ligados por uma rampa de 2 m de comprimento e 30° de inclinação, conforme a figura. Devem-se construir, sobre a rampa, 8 degraus de mesma altura. Encontre a altura de cada degrau.

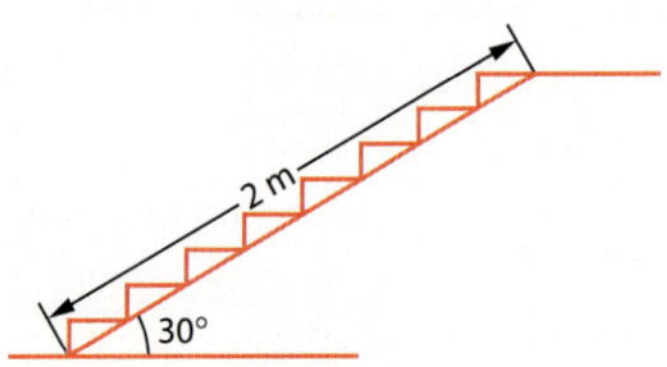

4. No instante em que o ângulo de elevação do Sol acima do horizonte é de 60°, a sombra de um poste mede 3 m, como mostra a figura ao lado.
Qual a altura desse poste?

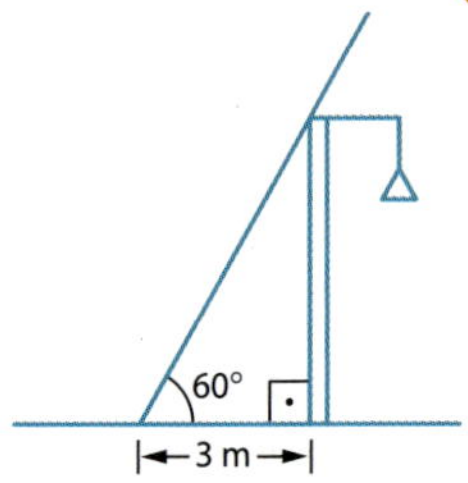

5. Um poste na posição vertical tem sua sombra projetada numa rua horizontal. A sombra tem 12 m. Se a altura do poste é de $4\sqrt{3}$ m, qual a inclinação dos raios solares em relação à rua horizontal?

6. Observe a figura:

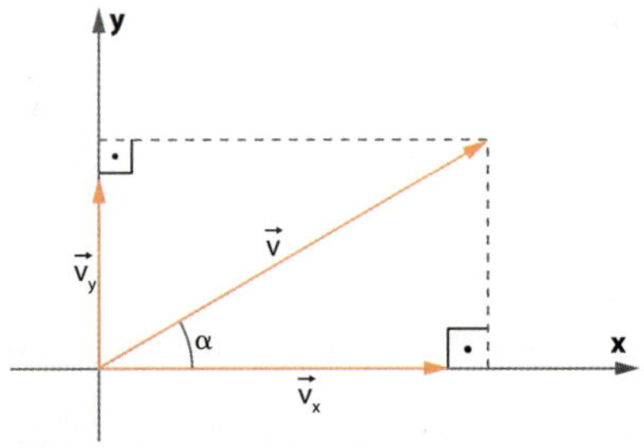

Dizemos que $\vec{v}_x$ e $\vec{v}_y$ são as componentes retangulares do vetor $\vec{v}$.
Considerando o módulo de $\vec{v}$ igual a 10 cm e o ângulo α de 30°, determine os módulos de $\vec{v}_x$ e $\vec{v}_y$.

7. Determine o valor de $\overline{CD}$ na figura abaixo. $\overline{CD}$ é a projeção ortogonal de $\overline{AB}$ sobre um eixo.

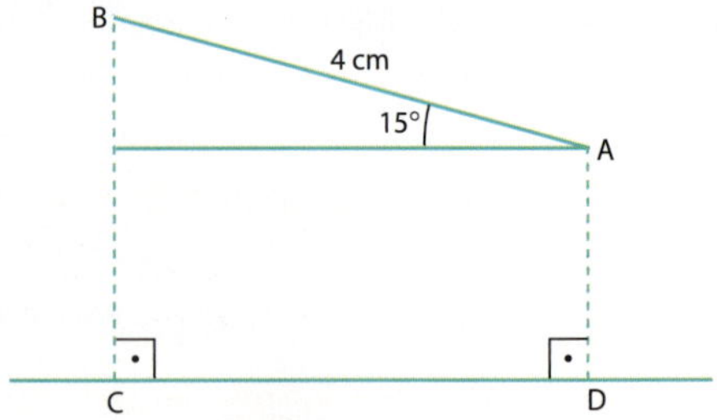

8. Determine a área da região triangular abaixo.

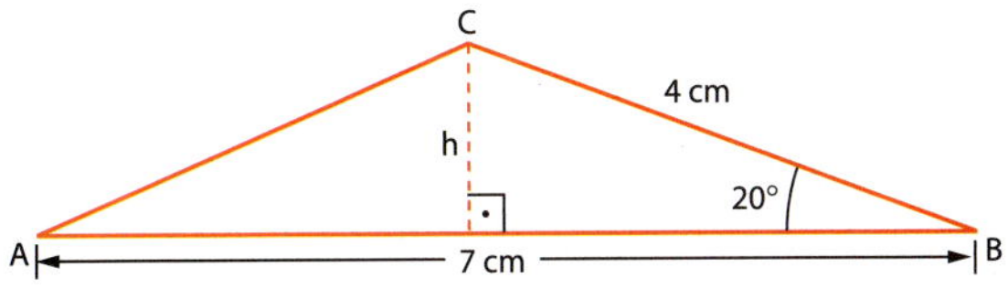

9. Um observador, no ponto **B** da figura abaixo, vê um prédio de modo que o ângulo ABC é de 105°. Se esse observador está situado a uma distância de 8 m do prédio e a uma altura de 8 m, qual é a altura do prédio?

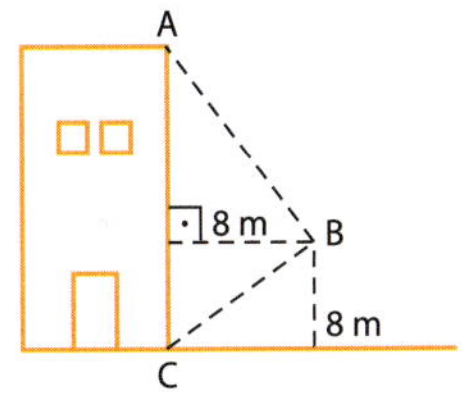

10. Calcule a medida **x** indicada na figura abaixo.

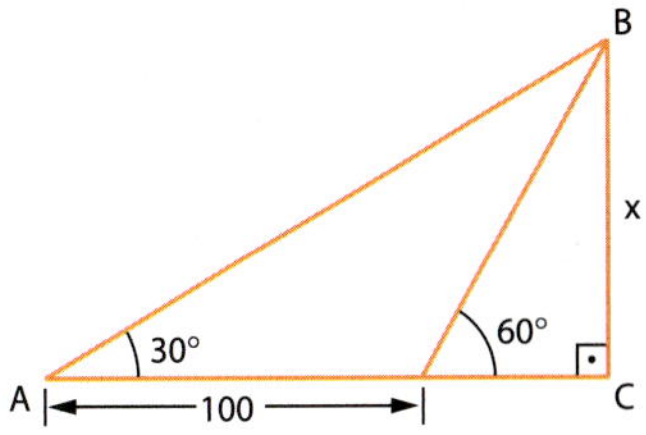

11. Na figura abaixo, encontre o valor de **x**, **y** e **z**.

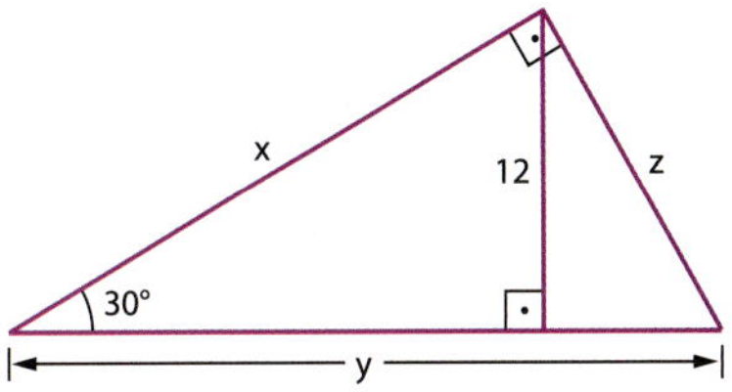

3 Seno e cosseno de ângulos obtusos

Neste capítulo precisaremos, em alguns momentos, obter os valores de senos e cossenos de ângulos obtusos. Como esse assunto ainda não foi estudado — não existem ângulos obtusos nos triângulos retângulos —, aprenderemos neste momento apenas como lidar com eles na prática e deixaremos a parte teórica, que fundamenta o que estudaremos agora, para o próximo capítulo.

Inicialmente, é necessário saber que:

- $\text{sen } 90° = 1$ e $\cos 90° = 0$
- senos de ângulos obtusos são exatamente iguais aos senos dos suplementos desses ângulos:

$$\text{sen } x = \text{sen } (180° - x)$$

Exemplos:

1º) $\text{sen } 100° = \text{sen } (180° - 100°) = \text{sen } 80°$ 2º) $\text{sen } 140° = \text{sen } (180° - 140°) = \text{sen } 40°$

- cossenos de ângulos obtusos são opostos aos cossenos dos suplementos desses ângulos:

$$\cos x = -\cos (180° - x)$$

Exemplos:

1º) $\cos 170° = -\cos (180° - 170°) = -\cos 10°$ 2º) $\cos 160° = -\cos (180° - 160°) = -\cos 20°$

Exercício resolvido

1. Obtenha o valor de:

a) sen 120°; b) cos 120°.

Resolução:

O suplemento de 120° é 60°, portanto:

a) $\text{sen } 120° = \text{sen } 60° = \frac{\sqrt{3}}{2}$

b) $\cos 120° = -\cos 60° = -\frac{1}{2}$

Exercício proposto

12. Obtenha o valor de:

a) sen 135°; b) cos 135°; c) sen 150°; d) cos 150°.

4 Lei dos senos

Vamos analisar a seguinte situação-problema:

Uma empresa de fornecimento de energia, ao instalar a rede elétrica em uma fazenda, precisou colocar dois postes em lados opostos de um lago para permitir a passagem da fiação. Com isso surgiu um pequeno problema: para fazer o projeto da rede, seria necessário saber a distância entre os postes, e a presença do lago impedia a medição direta dessa distância.

Um dos engenheiros posicionou-se em um local onde era possível visualizar os dois postes e medir a distância entre eles. Com um aparelho apropriado, ele mediu o ângulo entre a linha de visão dele e os postes, obtendo 120°. Um auxiliar mediu a distância entre o engenheiro e o poste mais afastado e obteve 100 m; um outro auxiliar mediu o ângulo entre a linha do poste mais próximo do engenheiro e a linha entre os postes, obtendo 45°. Com essas informações, o engenheiro sorriu. Ele já conseguiria calcular a distância entre os postes... Vejamos como:

Realidade

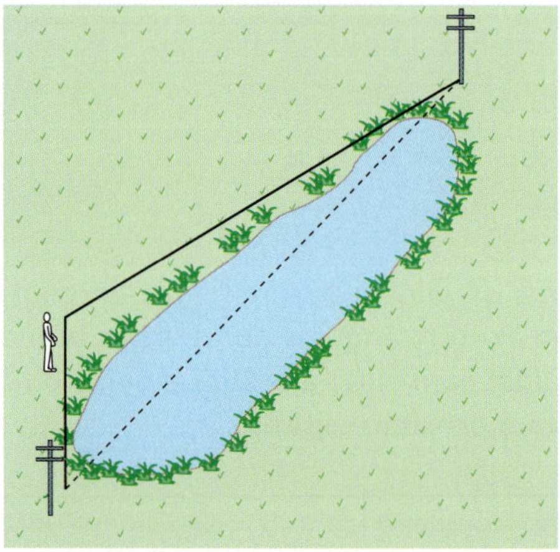

FORMATO COMUNICAÇÃO/ARQUIVO DA EDITORA

Modelo matemático

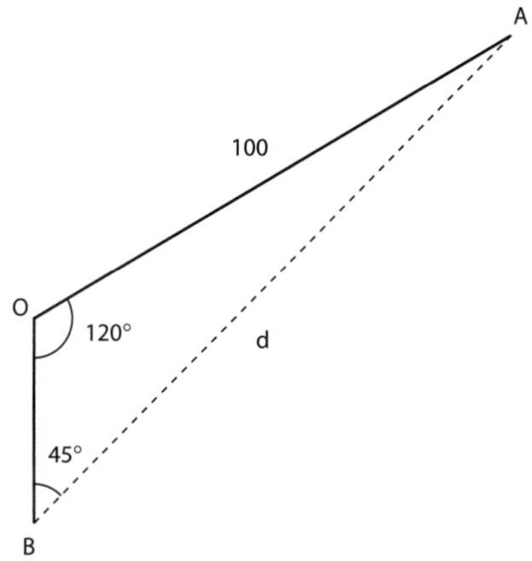

O triângulo AOB é obtusângulo e a resolução desse problema consiste em determinar a medida do lado $\overline{AB}$. Para resolvê-lo, vamos estudar a **lei dos senos**, cujo enunciado vem a seguir:

> Em qualquer triângulo ABC, as medidas dos lados são proporcionais aos senos dos ângulos opostos, ou seja:
>
> $$\frac{a}{\text{sen } \hat{A}} = \frac{b}{\text{sen } \hat{B}} = \frac{c}{\text{sen } \hat{C}}$$

Veja a seguir a demonstração da lei dos senos para um triângulo acutângulo.

Consideremos o $\triangle ABC$ acutângulo e duas de suas alturas: $\overline{AH_1}$ e $\overline{BH_2}$.

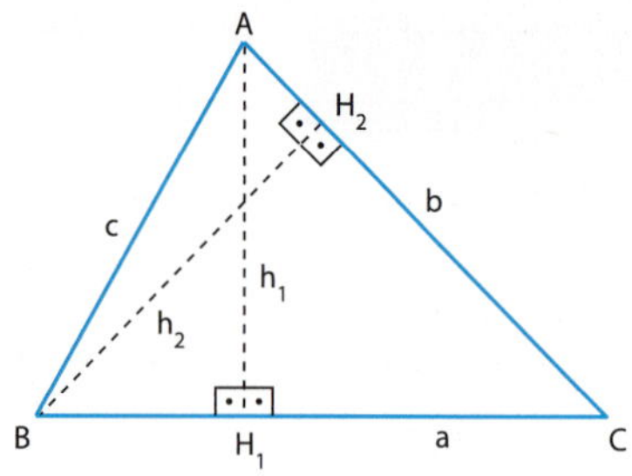

- No $\triangle ACH_1$, retângulo em $\mathbf{H_1}$, temos:

  $\text{sen } \hat{C} = \frac{h_1}{b} \Rightarrow h_1 = b \cdot \text{sen } \hat{C}$

- No $\triangle ABH_1$, retângulo em $\mathbf{H_1}$, temos:

  $\text{sen } \hat{B} = \frac{h_1}{c} \Rightarrow h_1 = c \cdot \text{sen } \hat{B}$

Comparando, temos:

$$b \cdot \text{sen}\, \hat{C} = c \cdot \text{sen}\, \hat{B} \Rightarrow \frac{b}{\text{sen}\, \hat{B}} = \frac{c}{\text{sen}\, \hat{C}} \quad \text{(I)}$$

- No $\triangle BCH_2$, retângulo em H_2, temos:

$$\text{sen}\, \hat{C} = \frac{h_2}{a} \Rightarrow h_2 = a \cdot \text{sen}\, \hat{C}$$

- No $\triangle ABH_2$, retângulo em H_2, temos:

$$\text{sen}\, \hat{A} = \frac{h_2}{c} \Rightarrow h_2 = c \cdot \text{sen}\, \hat{A}$$

Comparando, temos:

$$a \cdot \text{sen}\, \hat{C} = c \cdot \text{sen}\, \hat{A} \Rightarrow \frac{a}{\text{sen}\, \hat{A}} = \frac{c}{\text{sen}\, \hat{C}} \quad \text{(II)}$$

De (I) e (II) concluímos que:

$$\frac{a}{\text{sen}\, \hat{A}} = \frac{b}{\text{sen}\, \hat{B}} = \frac{c}{\text{sen}\, \hat{C}}$$

Fique atento

Verifique que a demonstração vale também para o $\triangle ABC$ obtusângulo e para o triângulo retângulo.

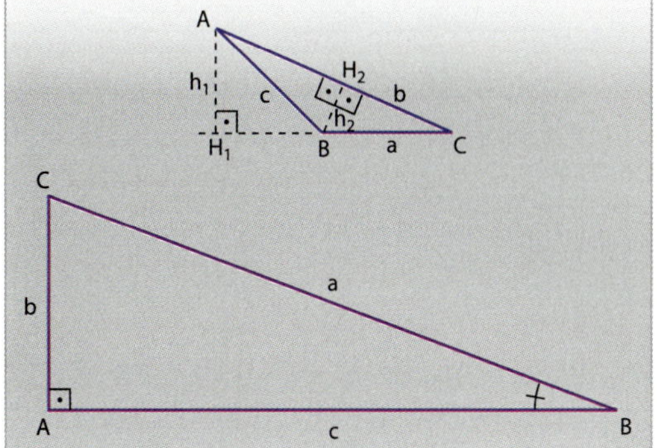

[Lembre-se: sen α = sen (180° − α).]

Observações:

1ª) Pode-se provar que a razão $\frac{\text{medida do lado}}{\text{seno do ângulo oposto}}$ é constante e igual a 2R, em que **R** é o raio da circunferência circunscrita ao triângulo considerado.

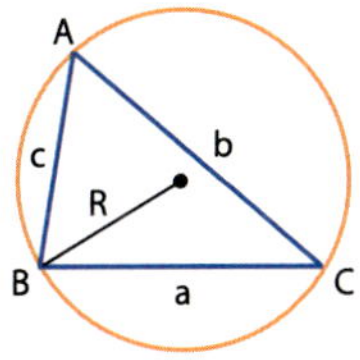

$$\frac{a}{\text{sen}\, \hat{A}} = \frac{b}{\text{sen}\, \hat{B}} = \frac{c}{\text{sen}\, \hat{C}} = 2R$$

2ª) Quando o enunciado de uma questão se refere a um triângulo ABC, temos de colocar o lado **a** oposto ao ângulo **A**, o lado **b** oposto ao ângulo **B**, e o lado **c** oposto ao ângulo **C**, como na figura ao lado:

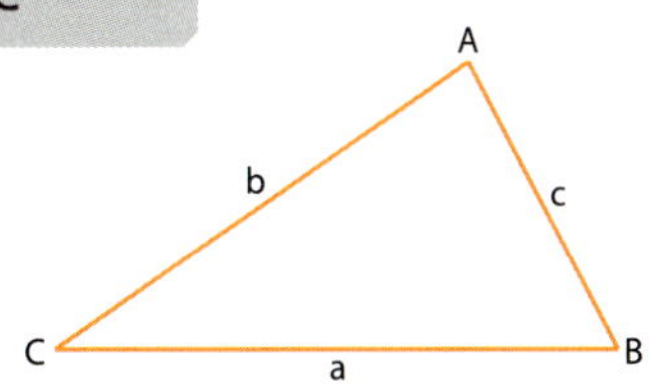

Exercícios resolvidos

2. Estamos em condições, agora, de resolver a situação-problema apresentada na página 14:

Uma empresa de fornecimento de energia, ao instalar a rede elétrica numa fazenda, precisou colocar dois postes em lados opostos de um lago para permitir a passagem da fiação. Com isso surgiu um pequeno problema: para fazer o projeto da rede, seria necessário saber a distância entre os postes, e a presença do lago impedia a medição direta dessa distância.

Um dos engenheiros posicionou-se em um local onde era possível visualizar os dois postes e medir a distância entre eles. Com um aparelho apropriado, ele mediu o ângulo entre a linha de visão dele e os postes, obtendo 120°. Um auxiliar mediu a distância entre o engenheiro e o poste mais afastado e obteve 100 m; um outro auxiliar mediu o ângulo entre a linha do poste mais próximo do engenheiro e a linha entre os postes, obtendo 45°. Com essas informações, o engenheiro sorriu. Ele já conseguiria calcular a distância entre os postes... Vejamos como:

Resolução:

Realidade

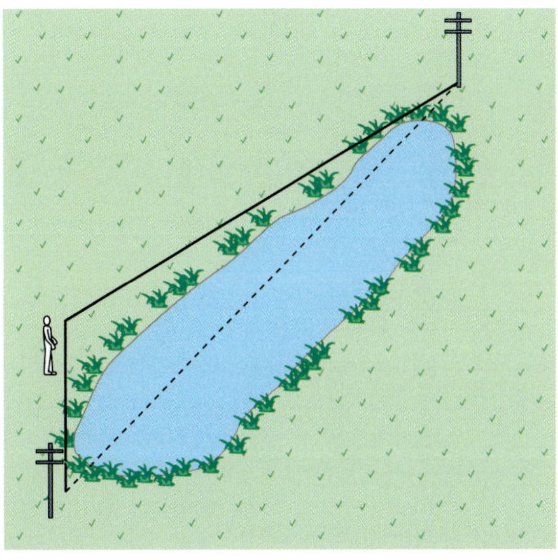

FORMATO COMUNICAÇÃO/ARQUIVO DA EDITORA

Modelo matemático

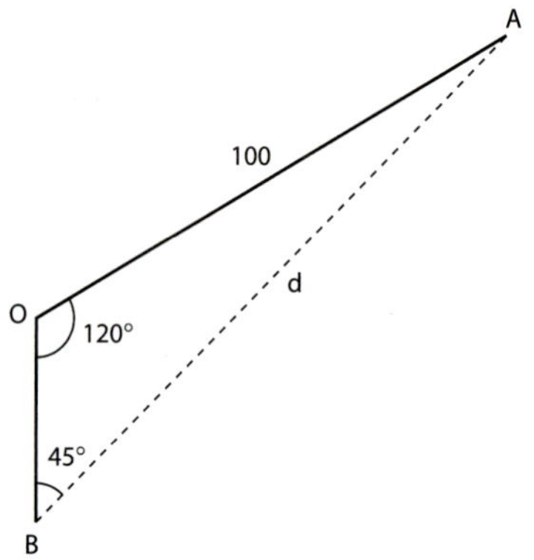

Pela lei dos senos, temos:

$$\frac{100}{\text{sen } 45^\circ} = \frac{d}{\text{sen } 120^\circ} \Rightarrow \frac{100}{\frac{\sqrt{2}}{2}} = \frac{d}{\frac{\sqrt{3}}{2}} \Rightarrow$$

$$\Rightarrow \sqrt{2}d = 100\sqrt{3} \Rightarrow d = \frac{100\sqrt{3}}{\sqrt{2}} = \frac{100\sqrt{3} \cdot \sqrt{2}}{\sqrt{2} \cdot \sqrt{2}} =$$

$$= \frac{100\sqrt{6}}{2} = 50\sqrt{6} \simeq 122{,}47 \text{ m}$$

Então, a distância entre os postes é de aproximadamente 122,47 m.

3. No triângulo ABC da figura abaixo, calcule as medidas **b** e **c**.

$$\left(\text{Dado: sen } 105^\circ = \frac{\sqrt{6} + \sqrt{2}}{4}.\right)$$

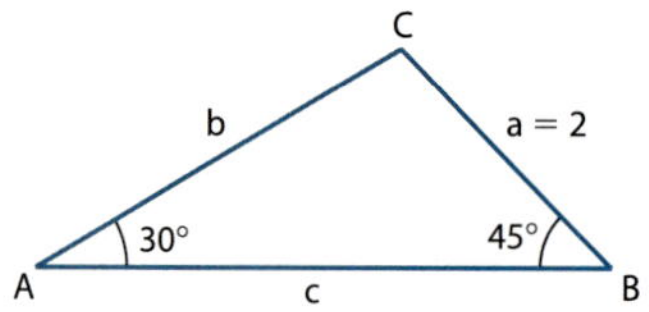

Resolução:

$\hat{A} = 30^\circ$ e $\hat{B} = 45^\circ \Rightarrow \hat{C} = 180^\circ - (\hat{B} + \hat{A}) = 105^\circ$

Pela lei dos senos, temos:

$$\frac{a}{\text{sen } \hat{A}} = \frac{b}{\text{sen } \hat{B}} = \frac{c}{\text{sen } \hat{C}} \Rightarrow$$

$$\Rightarrow \frac{2}{\text{sen } 30^\circ} = \frac{b}{\text{sen } 45^\circ} = \frac{c}{\text{sen } 105^\circ}$$

Daí, temos:

$$\frac{2}{\text{sen } 30^\circ} = \frac{b}{\text{sen } 45^\circ} \Rightarrow \frac{2}{\frac{1}{2}} = \frac{b}{\frac{\sqrt{2}}{2}} \Rightarrow$$

$$\Rightarrow \frac{b}{2} = \sqrt{2} \Rightarrow b = 2\sqrt{2}$$

$$\frac{2}{\text{sen } 30^\circ} = \frac{c}{\text{sen } 105^\circ} \Rightarrow \frac{2}{\frac{1}{2}} = \frac{c}{\frac{\sqrt{6} + \sqrt{2}}{4}} \Rightarrow$$

$$\Rightarrow \frac{c}{2} = \frac{\sqrt{6} + \sqrt{2}}{2} \Rightarrow c = \sqrt{6} + \sqrt{2}$$

As medidas procuradas são $b = 2\sqrt{2}$ e $c = \sqrt{6} + \sqrt{2}$.

4. Em um triângulo isósceles, a base mede 6 cm e o ângulo oposto à base mede 120°. Calcule a medida dos lados congruentes do triângulo.

Resolução:

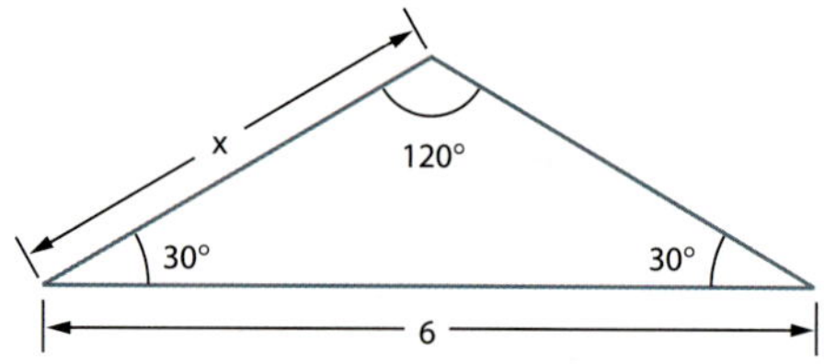

Pela lei dos senos, temos:

$$\frac{6}{\text{sen } 120^\circ} = \frac{x}{\text{sen } 30^\circ} \Rightarrow \frac{6}{\frac{\sqrt{3}}{2}} = \frac{x}{\frac{1}{2}} \Rightarrow$$

$$\Rightarrow \sqrt{3}x = 6 \Rightarrow x = \frac{6}{\sqrt{3}} = \frac{6\sqrt{3}}{\sqrt{3} \cdot \sqrt{3}} = \frac{6\sqrt{3}}{3} = 2\sqrt{3}$$

Cada um dos lados congruentes mede $2\sqrt{3}$ cm.

Para refletir

Em um triângulo isósceles, a altura relativa à base é também mediana e bissetriz. Use esse fato e resolva o exercício acima de outra forma.

5. No triângulo ABC da figura abaixo, calcule a medida **a**, supondo conhecidos β, γ e o perímetro 2p.

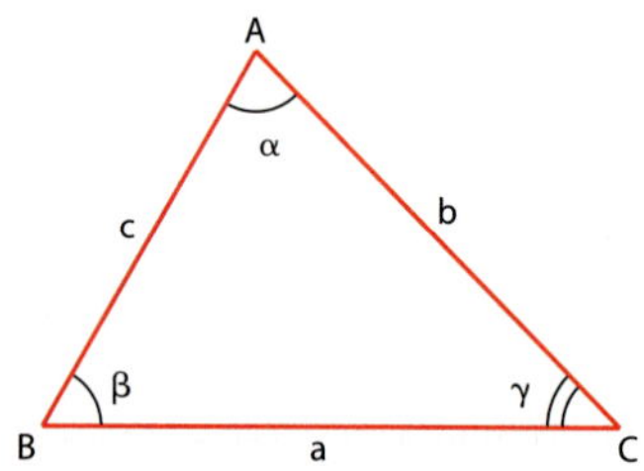

Resolução:

Conhecidos β e γ, é possível determinar $\alpha = 180^\circ - (\beta + \gamma)$ e escrever $\text{sen } \alpha = \text{sen } (\beta + \gamma)$.

Usando a lei dos senos, escrevemos

$$\frac{a}{\text{sen } \alpha} = \frac{b}{\text{sen } \beta} = \frac{c}{\text{sen } \gamma}.$$

Daí, temos $\dfrac{a + b + c}{\text{sen } \alpha + \text{sen } \beta + \text{sen } \gamma} = \dfrac{a}{\text{sen } \alpha}$, ou seja:

$$\frac{2p}{\text{sen } (\beta + \gamma) + \text{sen } \beta + \text{sen } \gamma} = \frac{a}{\text{sen } (\beta + \gamma)} \Rightarrow$$

$$\Rightarrow a = \frac{2p \cdot \text{sen } (\beta + \gamma)}{\text{sen } (\beta + \gamma) + \text{sen } \beta + \text{sen } \gamma}$$

(**a** está calculado em função de 2p, β e γ).

6. Em um triângulo ABC, temos AB = 5 cm, $\widehat{A} = 48°$ e $\widehat{B} = 25°$. Calcule a medida aproximada do lado $\overline{AB}$ (use a tabela da página 31 ou uma calculadora científica).

Resolução:

Pela lei dos senos, $\dfrac{BC}{\text{sen }\widehat{A}} = \dfrac{AC}{\text{sen }\widehat{B}} = \dfrac{AB}{\text{sen }\widehat{C}}$, sendo

$\widehat{C} = 180° - (48° + 25°) = 107°$.

Substituindo:

$$\frac{5}{\text{sen } 48°} = \frac{AB}{\text{sen } 107°} \Rightarrow \frac{5}{0{,}743} = \frac{AB}{0{,}956} \Rightarrow$$

$$\Rightarrow AB = \frac{5 \cdot 0{,}956}{0{,}743} \simeq 6{,}43$$

Fique atento

Com a tabela calculamos sen 107° = 0,956, procurando sen 73°.

Portanto, a medida aproximada do lado $\overline{AB}$ é 6,43 cm.

7. O triângulo ABC está inscrito numa circunferência de raio igual a 15 cm. Se AB = 10 cm e AC = 6 cm, determine, em centímetros, a altura do triângulo ABC relativa ao lado $\overline{BC}$.

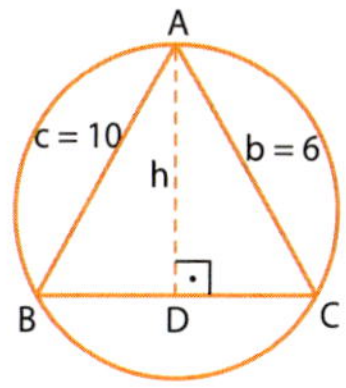

Resolução:

Observe a figura acima.

Da lei dos senos, temos:

$$\text{sen }\widehat{B} = \frac{b}{2r} \Rightarrow \text{sen }\widehat{B} = \frac{6}{2 \cdot 15} \Rightarrow \text{sen }\widehat{B} = \frac{1}{5}$$

Do triângulo ABD:

$$\text{sen }\widehat{B} = \frac{h}{c} \Rightarrow \frac{1}{5} = \frac{h}{10} \Rightarrow 5h = 10 \Rightarrow h = 2$$

Portanto, a altura do triângulo ABC relativa ao lado $\overline{BC}$ é de 2 cm.

Exercícios propostos

13. Na figura abaixo, calcule o valor da medida **x**.

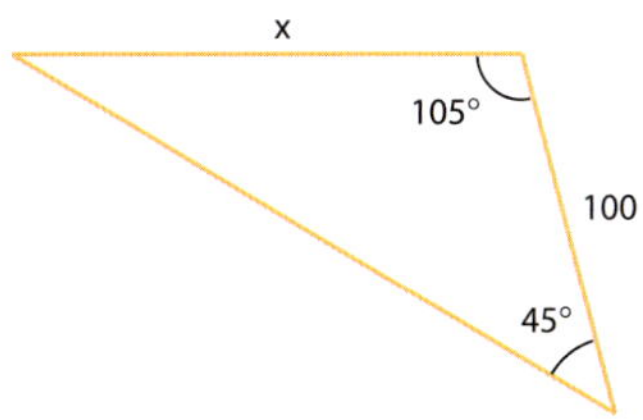

14. No triângulo abaixo, determine as medidas **x** e **y**.

$\left(\text{Dado: sen } 15° = \dfrac{\sqrt{6} - \sqrt{2}}{4}.\right)$

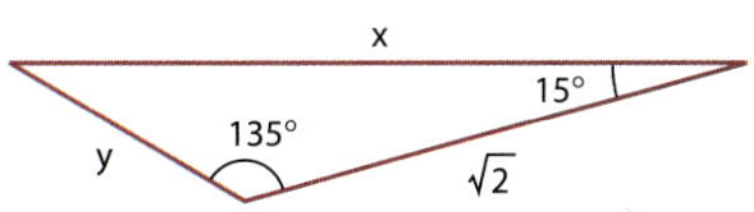

15. Use a tabela da página 31 ou uma calculadora científica e determine os valores de **x** (aproximadamente):

a)

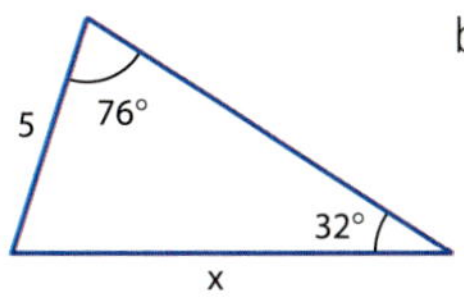

b)

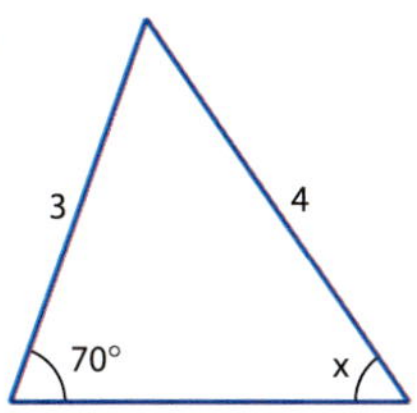

c)

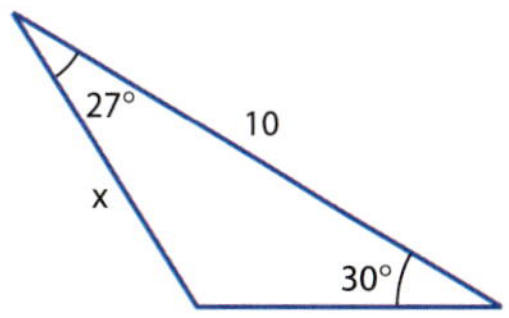

16. Num triângulo ABC, são dados $\widehat{A} = 45°$, $\widehat{B} = 30°$ e $a + b = \sqrt{2} + 1$. Calcule o valor de **a**.

17. Encontre o valor do ângulo **x**:

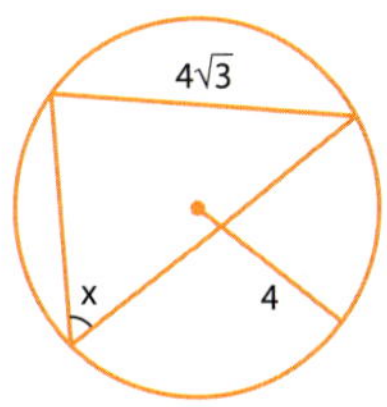

18. A figura ao lado nos mostra um triângulo isósceles de base $\overline{BC}$. Calcule a medida da base $\overline{BC}$, admitindo conhecidos **m**, α e β.

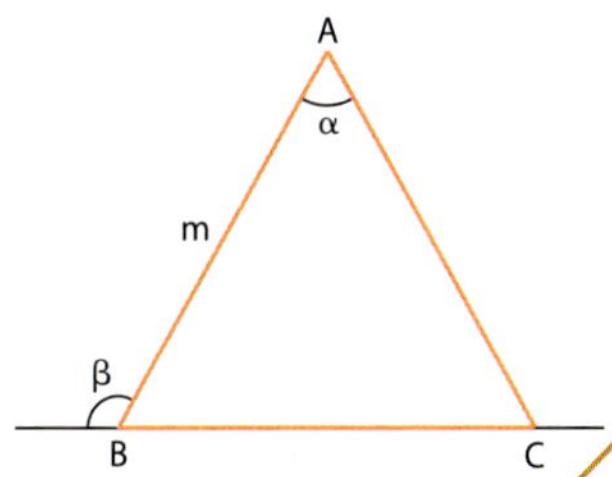

5 Lei dos cossenos

Voltemos ao nosso engenheiro e seu problema ao medir a distância entre os postes, sugerido no início do item 4. Se tivesse encontrado alguma dificuldade para obter o ângulo de 45°, ou mesmo que não quisesse obtê-lo, o engenheiro poderia ter pedido ao seu segundo auxiliar que medisse a distância do local onde ele estava até o poste mais próximo. Assim, além do valor do ângulo (120°) que o engenheiro já havia medido e a distância (100 m) entre o poste mais afastado e ele, o engenheiro teria obtido a nova distância, de 36,60 m, entre o poste mais próximo e ele. Essas informações também permitiriam calcular a distância desejada. Vejamos essas representações novamente.

Realidade

FORMATO COMUNICAÇÃO/ARQUIVO DA EDITORA

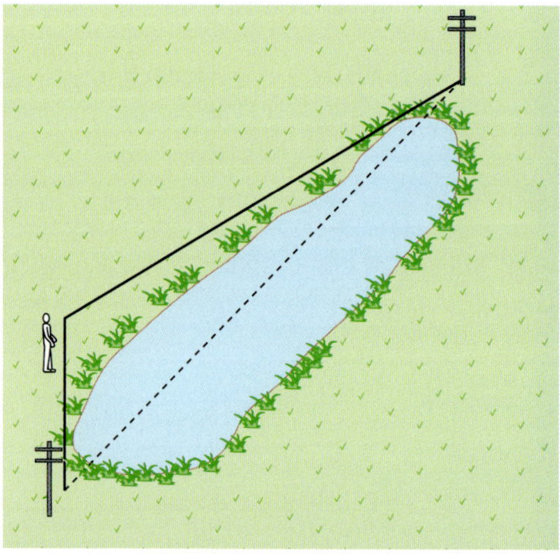

Modelo matemático

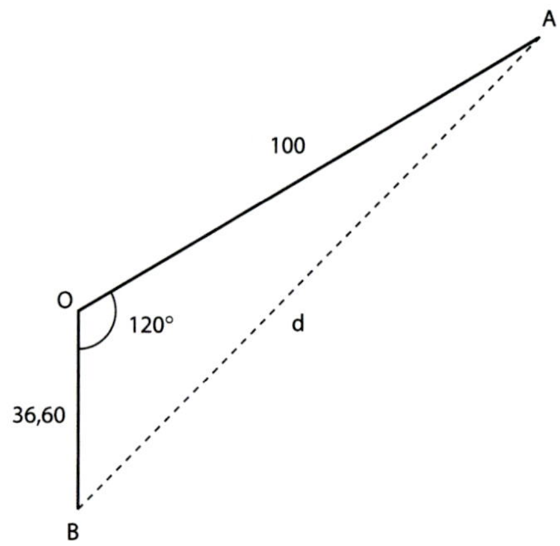

Pelo desenho, observamos que o nosso problema consiste em determinar a medida de um lado de um triângulo quando conhecemos as medidas dos outros dois e do ângulo oposto ao lado cuja medida queremos encontrar.

Para resolvê-lo, precisamos estudar a **lei dos cossenos**, enunciada a seguir:

> Em qualquer triângulo ABC, o quadrado da medida de um lado é igual à soma dos quadrados das medidas dos outros dois lados menos duas vezes o produto das medidas desses lados pelo cosseno do ângulo que eles formam, ou seja:
>
> 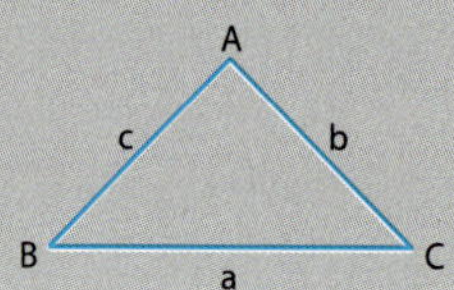
>
>
> - $a^2 = b^2 + c^2 - 2bc \cdot \cos \hat{A}$
> - $b^2 = a^2 + c^2 - 2ac \cdot \cos \hat{B}$
> - $c^2 = a^2 + b^2 - 2ab \cdot \cos \hat{C}$

Vamos provar apenas a primeira das relações acima, considerando o ângulo $\hat{A}$ agudo. A demonstração das outras relações é análoga.

O ângulo agudo $\hat{A}$ pode estar em um triângulo acutângulo, retângulo ou obtusângulo.

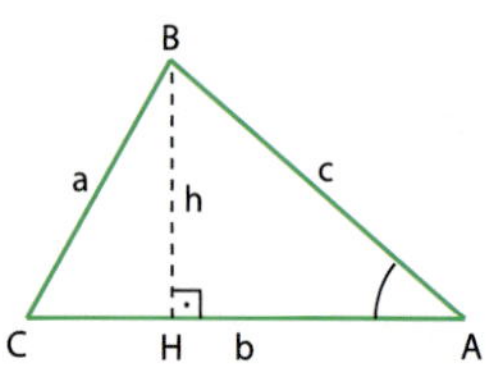

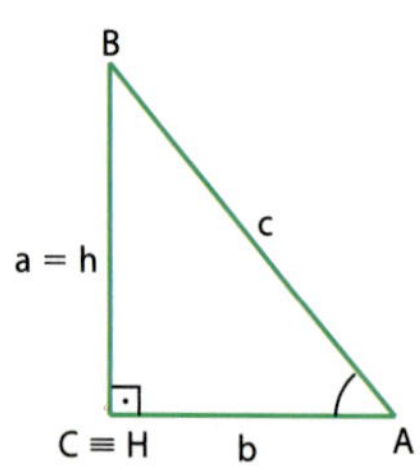

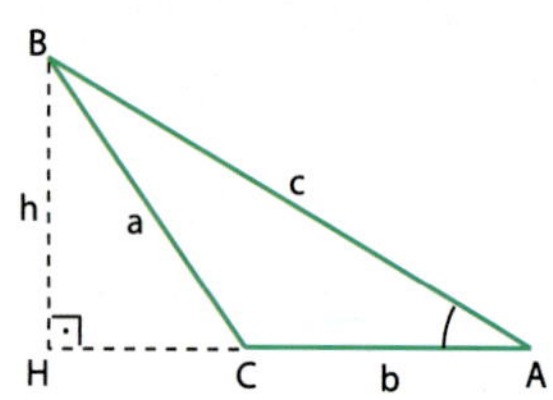

Vamos demonstrar a lei dos cossenos usando o triângulo acutângulo.

Traçando a altura $\overline{BH}$, obtemos os triângulos retângulos ABH e CBH.

- No $\triangle ABH$ temos:

$$\begin{cases} \cos \hat{A} = \dfrac{AH}{c} \Rightarrow AH = c \cdot \cos \hat{A} \\ c^2 = h^2 + AH^2 \Rightarrow h^2 = c^2 - AH^2 \Rightarrow h^2 = c^2 - (c \cdot \cos \hat{A})^2 \Rightarrow \\ \Rightarrow h^2 = c^2 - c^2 \cdot \cos^2 \hat{A} \quad \text{(I)} \end{cases}$$

- No $\triangle CBH$ temos:

$$a^2 = h^2 + CH^2 \Rightarrow a^2 = h^2 + (b - AH)^2 \Rightarrow h^2 = a^2 - (b - c \cdot \cos \hat{A})^2 \Rightarrow$$

$$\Rightarrow h^2 = a^2 - b^2 + 2bc \cdot \cos \hat{A} - c^2 \cdot \cos^2 \hat{A} \quad \text{(II)}$$

- De (I) e (II), temos:

$$a^2 - b^2 + 2bc \cdot \cos \hat{A} - \cancel{c^2 \cdot \cos^2 \hat{A}} = c^2 - \cancel{c^2 \cdot \cos^2 \hat{A}} \Rightarrow \boxed{a^2 = b^2 + c^2 - 2bc \cdot \cos \hat{A}}$$

Para refletir

- Verifique se a relação vale para $\hat{A}$ agudo no triângulo retângulo e no triângulo obtusângulo.
- Podemos considerar o teorema de Pitágoras ($a^2 = b^2 + c^2$) como um caso particular da lei dos cossenos.

Exercícios resolvidos

8. Agora estamos em condições de resolver a situação-problema apresentada na página 18:

Voltemos ao nosso engenheiro e seu problema em medir a distância entre os postes (...). Se tivesse encontrado alguma dificuldade para obter o ângulo de 45°, ou mesmo que não quisesse obtê-lo, o engenheiro poderia ter pedido ao seu segundo auxiliar que medisse a distância do local onde ele estava até o poste mais próximo. Assim, além do valor do ângulo (120°) que o engenheiro já havia medido e a distância (100 m) entre o poste mais afastado e ele, o engenheiro teria obtido a nova distância, de 36,60 m, entre o poste mais próximo e ele. Essas informações também permitiriam calcular a distância desejada.

Calcule essa distância.

Resolução:

Realidade

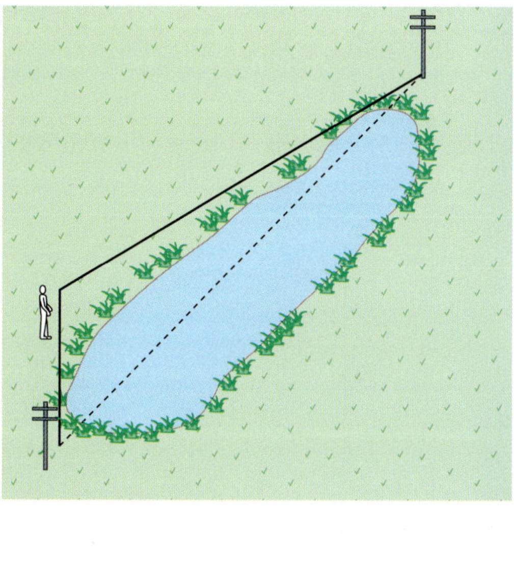

FORMATO COMUNICAÇÃO/ARQUIVO DA EDITORA

Modelo matemático

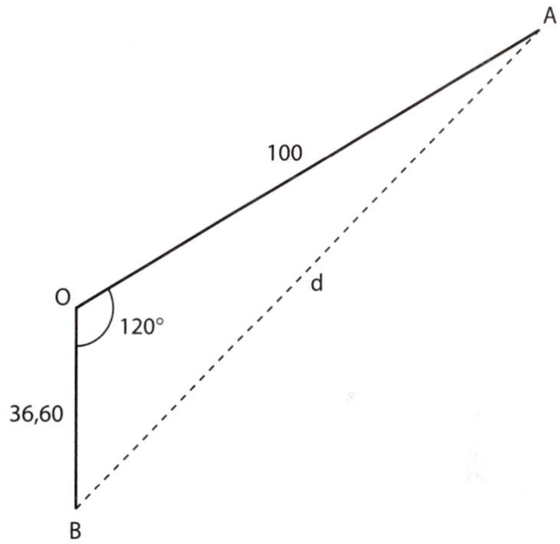

Pela lei dos cossenos, temos:

$d^2 = 100^2 + (36,6)^2 - 2 \cdot 100 \cdot 36,6 \cdot \cos 120° \Rightarrow$

$\Rightarrow d^2 \simeq 15\,000 \Rightarrow d = \sqrt{15\,000} = 50\sqrt{6} \simeq 122,47$ m

Observe que esse valor é o mesmo encontrado no exercício resolvido número 2.

9. No triângulo da figura abaixo, determine a medida **a**.

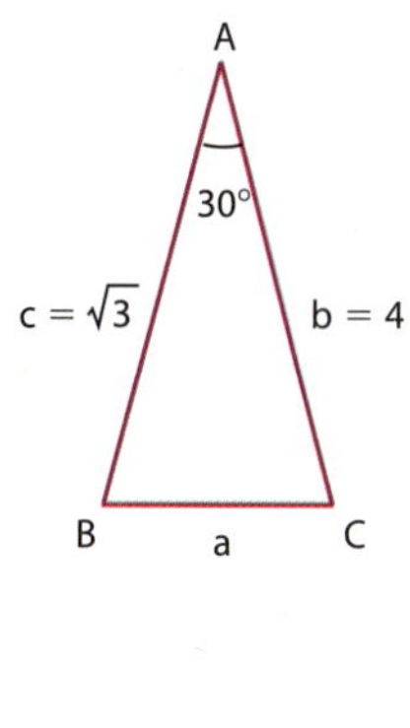

Resolução:

Pela lei dos cossenos, temos:

$$a^2 = b^2 + c^2 - 2bc \cdot \cos \hat{A} =$$
$$= 4^2 + (\sqrt{3})^2 - 2 \cdot 4 \cdot \sqrt{3} \cdot \cos 30^\circ =$$
$$= 16 + 3 - 8\sqrt{3} \cdot \frac{\sqrt{3}}{2} = 19 - 12 = 7 \Rightarrow a = \sqrt{7}$$

A medida procurada é $\sqrt{7}$.

10. O ângulo agudo de um losango mede 20° e seus lados medem 5 cm. Quais são as medidas das diagonais menor e maior do losango?

Resolução:

- diagonal menor

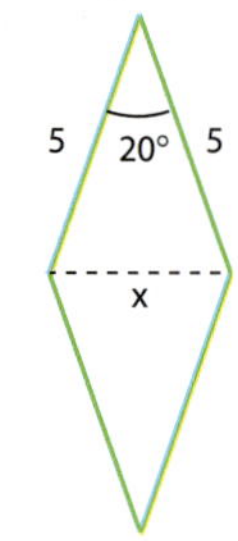

$$x^2 = 5^2 + 5^2 - 2 \cdot 5 \cdot 5 \cdot \cos 20^\circ \simeq 25 + 25 - 50 \cdot 0{,}94 =$$
$$= 50 - 47 = 3 \Rightarrow x = \sqrt{3} \simeq 1{,}7 \text{ cm}$$

(usando a tabela da página 31 ou uma calculadora científica)

- diagonal maior

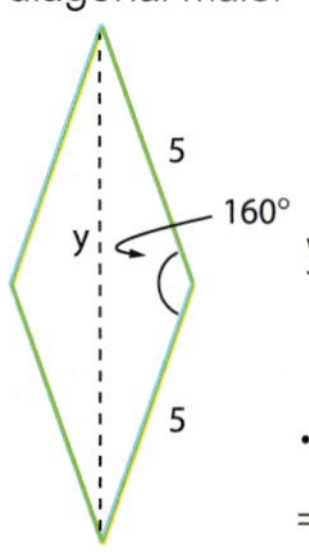

$$y^2 = 5^2 + 5^2 - 2 \cdot 5 \cdot 5 \cdot \cos 160^\circ \simeq 50 + 50 \cdot (-0{,}94) =$$
$$= 50 + 47 = 97 \Rightarrow y = \sqrt{97} \simeq 9{,}8 \text{ cm}$$

($\cos 160^\circ = -\cos 20^\circ$)

Para refletir

Como foi determinado o ângulo de 160°?

11. (UEL-PR) Entre os povos indígenas do Brasil contemporâneo, encontram-se os Yanomami. Estimados em cerca de 9 000 indivíduos, vivem muito isolados nos estados de Roraima e Amazonas, predominantemente na serra do Parima. O espaço de floresta usado por cada aldeia Yanomami pode ser descrito esquematicamente como uma série de três círculos concêntricos: o primeiro, com raio de 5 km, abrange a área de uso imediato da comunidade; o segundo, com raio de 10 km, a área de caça individual e da coleta diária familiar; e o terceiro, com raio de 20 km, a área das expedições de caça e coleta coletivas, bem como as roças antigas e novas. Considerando que um indivíduo saia de sua aldeia localizada no centro dos círculos, percorra 8 km em linha reta até um local de caça individual e a seguir percorra mais 8 km em linha reta na direção que forma 120° com a anterior, chegando a um local onde está localizada sua roça antiga, a distância do ponto de partida até este local é:

a) $8\sqrt{3}$.
b) $\frac{8\sqrt{3}}{3}$.
c) $3\sqrt{8}$.
d) $8\sqrt{2}$.
e) $2\sqrt{8}$.

> RESOLUÇÃO PASSO A PASSO:

1. Lendo e compreendendo

a) O que é dado no problema?

É dada a descrição do espaço da floresta usado por cada aldeia (*uma série de três círculos concêntricos: o primeiro, com raio de 5 km, abrange a área de uso imediato da comunidade; o segundo, com raio de 10 km, a área de caça individual e da coleta diária familiar; e o terceiro, com raio de 20 km, a área das expedições de caça e coleta coletivas, bem como as roças antigas e novas*).

Também é dado o trajeto percorrido pelo indivíduo (*ele sai de sua aldeia localizada no centro dos círculos, percorre 8 km em linha reta até um local de caça individual e a seguir percorre mais 8 km em linha reta na direção que forma 120° com a anterior, chegando a um local onde está localizada sua roça antiga*).

b) O que se pede?

Pede-se a distância que um indivíduo estará do local de partida após caminhar seguindo as indicações do enunciado.

2. Planejando a solução

Devemos interpretar o texto montando o trajeto percorrido pelo indivíduo. Assim podemos escolher a melhor maneira de obter a distância dele ao ponto de partida. De acordo com o texto, montamos o esquema abaixo:

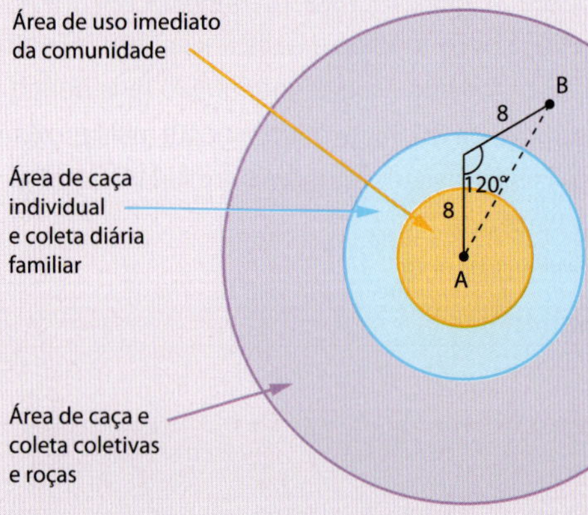

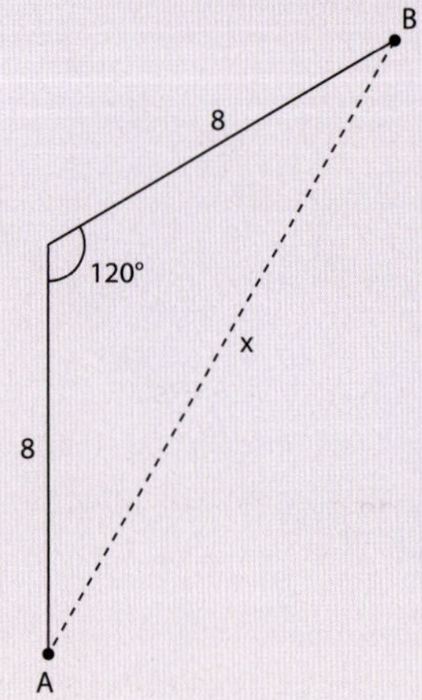

Analisando o esquema anterior, percebemos a necessidade de se obter o lado $\overline{AB}$ do triângulo resultante das informações do enunciado. Assim, a estratégia se resume a obter o lado $\overline{AB}$ do triângulo usando a lei dos cossenos.

3. Executando o que foi planejado

Chamando a medida do lado $\overline{AB}$ de **x**, usaremos a lei dos cossenos para obtê-la:

Lei dos cossenos:

$x^2 = 8^2 + 8^2 - 2 \cdot 8 \cdot 8 \cdot \cos 120°$

Como visto no início deste capítulo, o cosseno de 120° equivale ao oposto do cosseno de 60° (ou seja, $\cos 120° = -\cos 60°$).

$x^2 = 64 + 64 - 2 \cdot 8 \cdot 8 \cdot (-\cos 60°) \Rightarrow$

$\Rightarrow x^2 = 64 + 64 + 128 \cdot \cos 60° \Rightarrow$

$\Rightarrow x^2 = 128 + 128 \cdot \frac{1}{2} \Rightarrow x^2 = 192 \Rightarrow x = 8\sqrt{3}$

Assim, o indivíduo em questão estará a $8\sqrt{3}$ km do local de origem (aproximadamente 13,6 km).

4. Verificando

Vamos verificar usando outra estratégia: traçando a mediana relativa ao lado $\overline{AB}$, dividimos o triângulo em dois outros triângulos, congruentes entre si, conforme a figura:

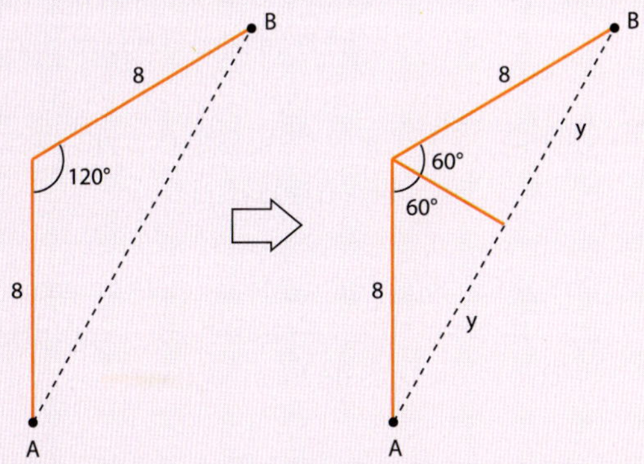

O lado $\overline{AB}$ vale 2y, sendo **y** o lado oposto do ângulo de 60º. Assim, temos que $y = 8 \cdot \text{sen } 60° =$ $= 8\frac{\sqrt{3}}{2} = 4\sqrt{3}$.

Então, $AB = 2y = 2 \cdot 4\sqrt{3} = 8\sqrt{3}$, o que verifica o resultado anteriormente obtido.

5. Respondendo

A resposta é a alternativa **a**.

6. Ampliando o problema

a) Se o indivíduo em questão desejar retornar à área de caça individual, qual é a distância mínima que ele irá percorrer?

b) Calcule a área, em km^2, de cada um dos três locais descritos no texto: a área de uso imediato da comunidade; a área de caça individual e da coleta diária familiar e a área das expedições de caça e coleta coletivas.

c) **Discussão em equipe**

O artigo 231 da Constituição Federal do Brasil, de 1988, reconhece "aos índios sua organização social, costumes, línguas, crenças e tradições, e os direitos originários sobre as terras que tradicionalmente ocupam, competindo à União demarcá-las, proteger e fazer respeitar todos os seus bens". Os Yanomami tiveram suas terras demarcadas em 1992. Porém, cada nova demarcação de terras indígenas gera muita discussão e processos judiciais, principalmente por causa da retirada dos indivíduos não indígenas que residem nessas áreas.

Troque ideias com seus colegas sobre a situação dos indígenas no Brasil. Discutam sobre estas questões:

- A preservação da cultura indígena é importante?
- Os povos indígenas no Brasil são respeitados como deveriam?
- Os indígenas devem ter direito a essas áreas exclusivas para viver (as tais áreas demarcadas)?

d) **Pesquisa**

- Além do Brasil, em que outro país vivem os Yanomami?
- O que significa a palavra *yanomami*?
- O que significa a sigla Funai?

Observação: Aplicando o que estudamos no início deste capítulo sobre trigonometria do triângulo, podemos dizer que, neste caso, as funções seno e cosseno têm como domínio o conjunto **A** de todos os ângulos do plano, menores do que ou iguais a dois ângulos retos. Tais funções são independentes da maneira como se medem os ângulos. Logo, dispensam a consideração de arcos de círculo, radianos, etc. Isso merecerá atenção especial quando estudarmos, no capítulo 6, sen x e cos x como funções reais de uma variável real.

12. Calcule a medida aproximada de $\hat{A}$ (use a tabela da página 31 ou uma calculadora científica).

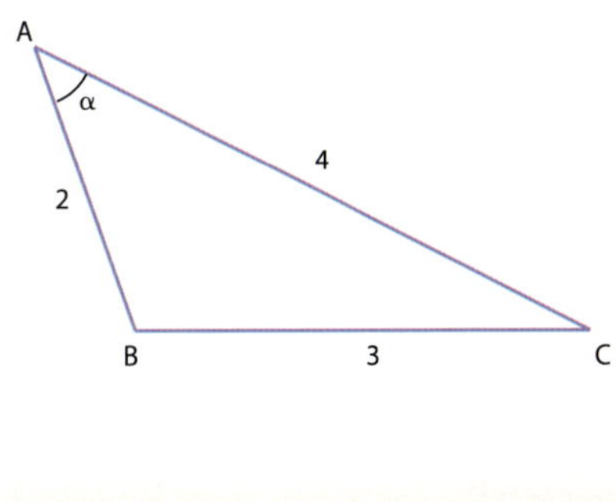

Resolução:

$\overline{BC}$ é o lado oposto ao ângulo $\hat{A}$. Logo, pela lei dos cossenos, temos:

$3^2 = 4^2 + 2^2 - 2 \cdot 4 \cdot 2 \cdot \cos\alpha \Rightarrow$

$\Rightarrow 16 \cdot \cos\alpha = 20 - 9 \Rightarrow \cos\alpha = \dfrac{11}{16} = 0{,}6875 \Rightarrow$

$\Rightarrow \alpha \simeq 47°$

Portanto, $\hat{A}$ mede aproximadamente 47°.

13. Num triângulo ABC, temos $\hat{A} = 60°$, $a = \sqrt{7}$ e $b = 3$. Determine o lado **c**.

Resolução:

Primeiro temos de considerar que o lado **a** é oposto ao ângulo **A**, e do mesmo modo os lados **b** e **c**, como na figura a seguir:

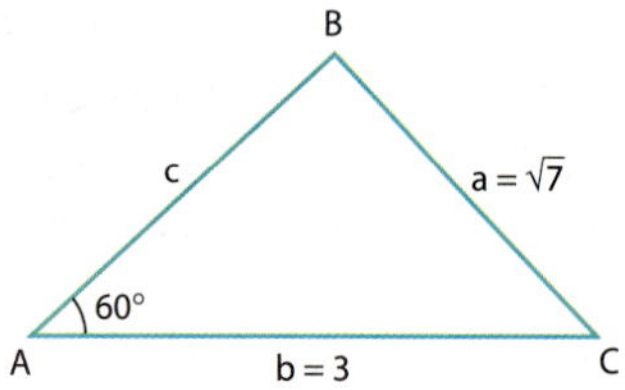

Aplicando a lei dos cossenos:

$(\sqrt{7})^2 = 3^2 + c^2 - 2 \cdot 3 \cdot c \cdot \cos 60° \Rightarrow$

$\Rightarrow 7 = 9 + c^2 - 6 \cdot c \cdot \dfrac{1}{2} \Rightarrow c^2 - 3 \cdot c + 2 = 0 \Rightarrow$

$\Rightarrow c = 1$ ou $c = 2$

14. Reconheça a natureza de um triângulo cujos lados medem 6, 10 e 11.

Resolução:

Aplicando a lei dos cossenos usando o ângulo oposto ao maior lado:

$11^2 = 10^2 + 6^2 - 2 \cdot 10 \cdot 6 \cdot \cos\alpha \Rightarrow$

$\Rightarrow 121 = 100 + 36 - 120 \cdot \cos\alpha \Rightarrow$

$\Rightarrow 120 \cdot \cos\alpha = 15 \Rightarrow \cos\alpha = \dfrac{15}{120} \Rightarrow$

$\Rightarrow \cos\alpha = \dfrac{1}{8}$

Como cos α é positivo, então o ângulo α é agudo e o triângulo é acutângulo.

Exercícios propostos

19. No triângulo da figura abaixo, calcule a medida **x**.

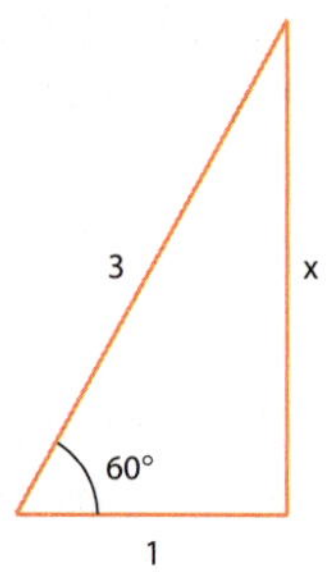

20. No triângulo da figura abaixo, são dados: $a = 4$, $b = 3\sqrt{2}$ e $\hat{C} = 45°$. Calcule a medida **c**.

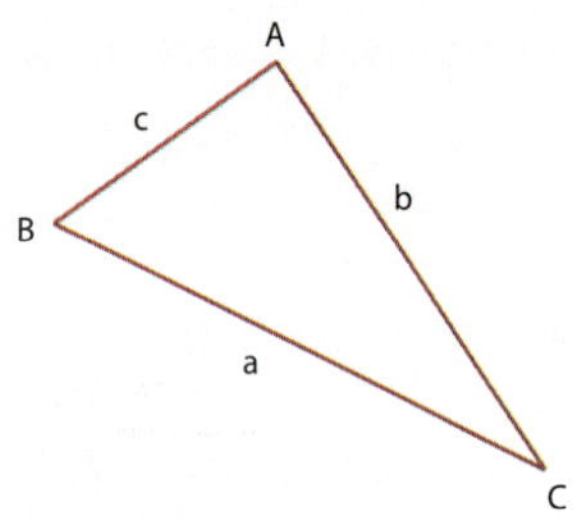

21. No triângulo da figura abaixo, AC = 3, BC = 4, AB = 3 e $B\hat{A}C = \alpha$. Determine o valor de cos α.

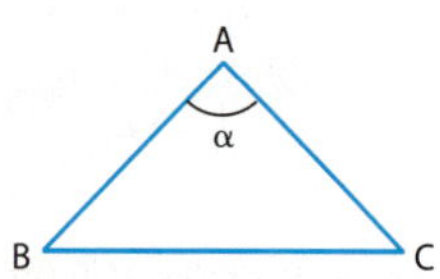

22. Num triângulo ABC são dados: $\hat{A} = 45°$, $\beta = 8\sqrt{2}$ e $c = 10$. Calcule a medida do terceiro lado do triângulo.

23. Considere o triângulo ABC, com $\hat{A} = 45°$, $a = 4$ e $b = 4\sqrt{2}$. Determine o lado **c**.

24. Dois lados consecutivos de um paralelogramo medem 14 cm e 10 cm e formam um ângulo de 60°. Calcule as medidas de suas diagonais.

25. Duas forças de intensidade $F_1 = 8$ N e $F_2 = 12$ N formam entre si um ângulo de 60°. Qual é a intensidade **R** resultante dessas duas forças?

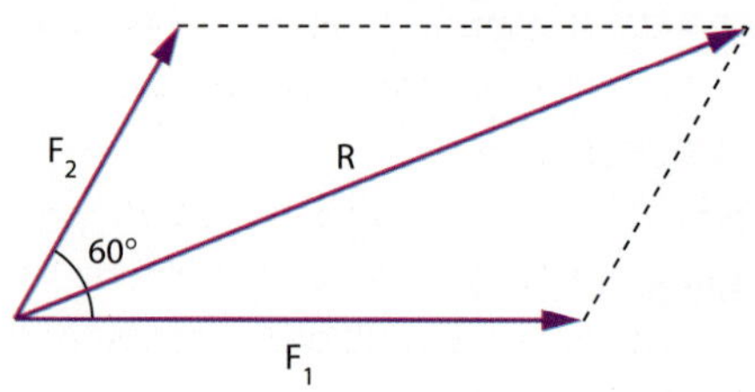

26. Reconheça a natureza de um triângulo de lados medindo 7, 8 e 10.

27. Considere o triângulo de lados 8, 10 e 12 cm. Encontre a medida da mediana relativa ao maior lado.

Portal Pedagógico

Acesse o *Portal Pedagógico* (veja instruções na seção "Conheça seu livro", página 5) e amplie o estudo deste capítulo. Selecione o capítulo 1 e você encontrará os seguintes materiais:

- *Atividades adicionais* (Atividades para imprimir);
- *Trigonometria: triângulos quaisquer* (*Slides* para aula).

Desafios

1. (FGV-SP) Em relação a um quadrilátero ABCD, sabe-se que $B\hat{A}D = 120°$, $A\hat{B}C = A\hat{D}C = 90°$, $AB = 13$ e $AD = 46$. A medida do segmento $\overline{AC}$ é:

a) 60. b) 62. c) 64. d) 65. e) 72.

2. (Vunesp) Dois terrenos, $\mathbf{T_1}$ e $\mathbf{T_2}$, têm frentes para a rua **R** e fundos para a rua **S**, como mostra a figura. O lado $\overline{BC}$ do terreno $\mathbf{T_1}$ mede 30 m e é paralelo ao lado $\overline{DE}$ do terreno $\mathbf{T_2}$. A frente $\overline{AC}$ do terreno $\mathbf{T_1}$ mede 50 m e o fundo $\overline{BD}$ do terreno $\mathbf{T_2}$ mede 35 m. Ao lado do terreno $\mathbf{T_2}$ há outro terreno, $\mathbf{T_3}$, com frente para a rua **Z**, na forma de um setor circular de centro **E** e raio $\overline{ED}$.

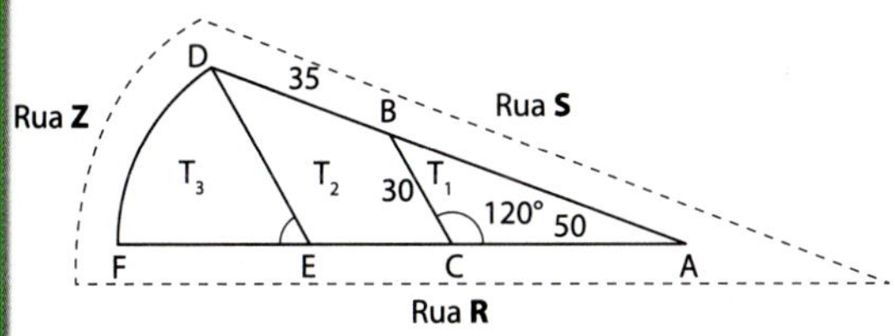

Determine:

a) as medidas do fundo $\overline{AB}$ do terreno $\mathbf{T_1}$ e da frente $\overline{CE}$ do terreno $\mathbf{T_2}$;

b) a medida do lado $\overline{DE}$ do terreno $\mathbf{T_2}$ e o perímetro do terreno $\mathbf{T_3}$.

3. Um corredor **A** está sobre uma reta **r** e corre sobre ela no sentido AX. Um corredor **B** não está em **r** e, correndo em linha reta, pretende alcançar **A**. Sendo a partida simultânea, que direção deve tomar **B** se as velocidades de ambos são conhecidas?

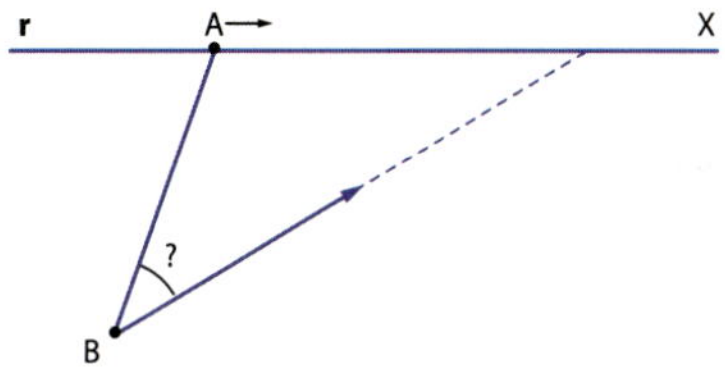

Considere $B\hat{A}X = 110°$, velocidade de **A** igual a 8 m/s e velocidade de **B** igual a 9 m/s. Determine o ângulo que a trajetória de **B** deve fazer com a reta BA para que o encontro seja possível.

PENSANDO NO ENEM

1. O Triângulo das Bermudas, também conhecido como Triângulo do Diabo, é uma área situada no oceano Atlântico entre as ilhas Bermudas, Porto Rico e a Flórida (EUA), que envolve muitos mitos. Nessa região triangular ocorreram desaparecimentos misteriosos de aviões, barcos e navios. Um dos desaparecimentos mais famosos aconteceu em dezembro de 1945, quando cinco bombardeiros da marinha norte-americana sumiram sem deixar vestígios durante um exercício de treinamento.

Muitas teorias foram elaboradas para explicar o extraordinário mistério dos aviões e navios desaparecidos. Os esotéricos preferem teorias envolvendo extraterrestres, Atlântida ou dimensões paralelas, e os céticos acreditam que estes acontecimentos não passam de acidentes ocorridos por causas naturais (tempestades, furacões, *tsunamis*, terremotos, etc.) ou falhas humanas. No meio termo, há quem defenda a culpa de campos magnéticos estranhos ou flatulências oceânicas. Seja qual for a explicação, o lado místico do Triângulo das Bermudas alimenta o temor de quem precisa atravessar essa região.

Mapa-múndi e o Triângulo das Bermudas

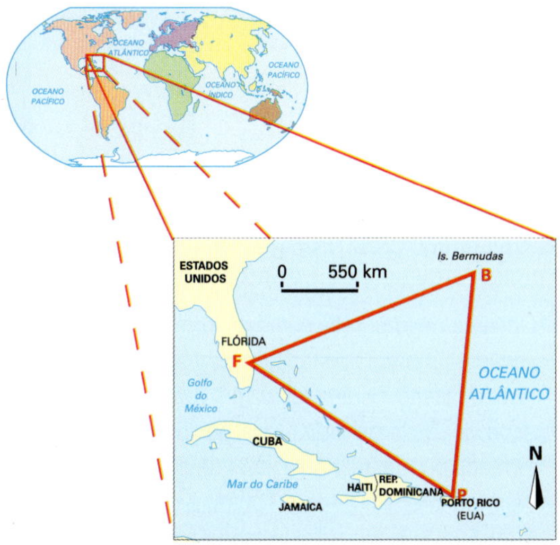

Fonte: Adaptado de *Atlante Geografico Metodico De Agostini 2009-2010*. Novara: Istituto Geografico De Agostini, 2009.

Suponha que a distância entre o vértice do triângulo localizado nas Bermudas (**B**) e o vértice localizado na Flórida (**F**) seja de aproximadamente 1 700 km, e a distância entre Flórida e Porto Rico (**P**) seja de aproximadamente 1 600 km. O ângulo $B\hat{F}P$ pode ser considerado de 60°. De acordo com esses dados, qual é o perímetro do Triângulo das Bermudas, em quilômetros?

a) $100\left(33+\sqrt{273}\right)$

b) $100\left(33+\sqrt{417}\right)$

c) $100\left(33+\sqrt{857}\right)$

d) $100\left(33+\sqrt{723}\right)$

e) $100\left(33+\sqrt{372}\right)$

2. O arquiteto brasileiro Oscar Niemeyer é considerado um dos maiores gênios da Arquitetura Moderna. Suas obras estão espalhadas por diversas cidades do Brasil e do mundo, e uma das características dessas obras é a grande quantidade de linhas curvas. Ele justificou o uso dessas linhas dizendo:

"Não é o ângulo reto que me atrai, nem a linha reta, dura, inflexível, criada pelo homem. O que me atrai é a curva livre e sensual, a curva que encontro nas montanhas do meu país, no curso sinuoso dos seus rios, nas ondas do mar, no corpo da mulher preferida. De curvas é feito todo o Universo, o Universo curvo de Einstein."

Uma das homenagens a Niemeyer é o centro cultural que leva seu nome, localizado em Goiânia, GO, inaugurado em 30 de março de 2006. O conjunto de prédios da obra compreende teatro, museu, biblioteca, palácio de música e um monumento aos direitos humanos, e ocupa 17 mil metros quadrados.

JACEK/KINO.COM.BR

Centro Cultural Oscar Niemeyer, em Goiânia, GO. O projeto arquitetônico é do próprio Niemeyer.

Observe na fotografia como as formas dos prédios são variadas. O prédio pintado em vermelho é o Monumento aos Direitos Humanos e tem a forma de uma pirâmide de 75 m de altura, oca por dentro. A fachada é formada por um triângulo, em que dois dos lados desse triângulo medem 50 m e 100 m, e o ângulo entre eles é de 60°. O perímetro do triângulo, em metros, é um número compreendido entre:

a) 200 e 220.

b) 220 e 240.

c) 240 e 260.

d) 260 e 280.

e) 280 e 300.

3. Um barqueiro precisou atravessar um rio, cuja velocidade da correnteza era de $|\vec{V}_2| = 10$ m/s, utilizando uma lancha que se movimentou com velocidade constante de $|\vec{V}_1| = 20$ m/s em relação à margem. O ângulo formado entre os vetores velocidade da correnteza $\left(\vec{V}_2\right)$ e velocidade da lancha $\left(\vec{V}_1\right)$ foi de 60°. Sabe-se que na composição vetorial das velocidades da lancha e da correnteza, a velocidade resultante é dada pela diagonal do paralelogramo, como mostra a figura abaixo:

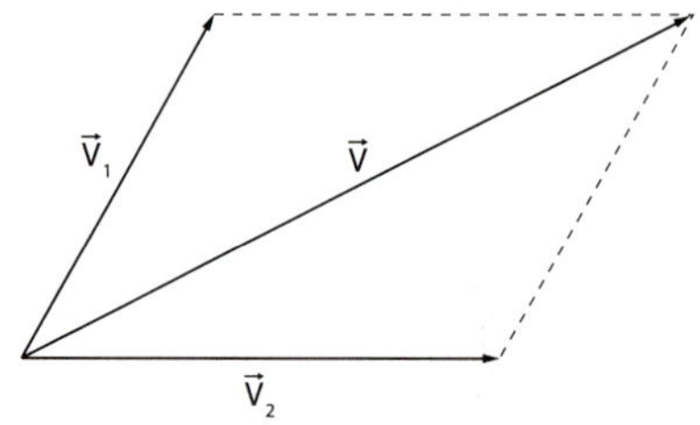

Sabe-se também que, para qualquer triângulo de lados **a**, **b** e **c**, vale a relação $a^2 = b^2 + c^2 - 2 \cdot b \cdot c \cdot \cos \alpha$, em que α é o ângulo oposto ao lado **a**.

De acordo com essas informações, se o percurso da travessia foi de $200\sqrt{7}$ m, então o tempo gasto na travessia do rio foi de:

a) 5 s. b) 10 s. c) 15 s. d) 20 s. e) 25 s.

4. Em 2010, as prefeituras das cidades catarinenses São José e Florianópolis inauguraram o pórtico e a ponte sobre o rio Araújo, que liga as duas cidades. O pórtico combina estrutura metálica com base em concreto armado em modelo estaiado, formado por dois pilares de onde partem cabos de aço.

Sabendo que o pórtico forma um triângulo com a pista, que cada lado do pórtico mede 40 m, que o cosseno do ângulo entre as estruturas metálicas do pórtico (ângulo superior) é de 0,875, e supondo que esse triângulo seja exatamente isósceles, indique a medida da base do pórtico por onde passam as pessoas e os automóveis.

a) 16 m

b) 18 m

c) 20 m

d) 22 m

e) 24 m

NILVA DAMIAN/TEMPO EDITORIAL

Vista do pórtico e da ponte sobre o Rio Araújo, em São José.

A MATEMÁTICA E AS PRÁTICAS SOCIAIS

O mundo na palma das mãos

JUPITERIMAGES/AGENCE FRANCE-PRESSE

Hoje, quando o planeta é visto de cima pelos satélites, seus contornos não têm mais segredo. Durante séculos, porém, os astros e a Matemática foram os instrumentos que permitiram aos homens desenhar mapas para se localizarem no planeta.

Antes mesmo de elaborar a linguagem escrita, é provável que os homens das primeiras civilizações rabiscassem representações gráficas dos lugares por onde passavam. Segundo o professor D. R. F. Taylor, presidente da Associação Cartográfica Internacional, "embora não seja possível dizer quando surgiu o primeiro mapa, eles começaram a ser feitos há mais de 4000 anos por culturas antigas da Mesopotâmia, China, Egito e Grécia".

Por mais de vinte séculos, os homens olharam para o céu para calcular distâncias e representá-las nos mapas. Hoje fazem o inverso: vão para o espaço e de lá conseguem imagens do planeta com uma precisão inalcançável para quem tem os pés na Terra.

No Egito, essa prática começou cedo. Os egípcios já conheciam a triangulação, uma técnica para determinar distâncias baseada na Matemática, que seria depois usada por muitos outros povos. A triangulação utiliza um princípio da Trigonometria: se um lado e dois ângulos de um triângulo são conhecidos, é possível calcular o terceiro ângulo e os outros dois lados. Determinava-se, então, uma base para se chegar às distâncias desejadas. A medição de terras era quase vital para os faraós e sacerdotes, já que seus incontáveis gastos eram garantidos basicamente pelos impostos cobrados sobre a terra, pagos em cereais. Demarcando a terra, os faraós tinham certeza de que nenhum grão ficava de fora.

Mas quem achou o mapa do tesouro da cartografia foram os gregos. "Eles foram o primeiro povo a ter uma base científica de observação", conta a cartógrafa Regina Vasconcelos, professora da Universidade de São Paulo e membro da Associação Cartográfica Internacional. "A princípio, os gregos acreditavam ser a Terra um disco achatado". Seus primeiros mapas-múndi, como o de Anaximandro de Mileto (610 a.C.-546 a.C.), eram representados por um círculo onde um oceano circundava os três continentes conhecidos: Europa, Ásia e África.

Ainda no século VI a.C., a escola de Pitágoras apresentou uma Terra esférica. Essa suposição tinha base em observações práticas, como a sombra projetada por um eclipse, e considerações filosóficas, como o fato de a esfera ser a forma geométrica mais perfeita.

Coube ao filósofo e astrônomo Eratóstenes (276 a.C.-194 a.C.) a tarefa de medir a circunferência da Terra. Também conhecedor de Matemática, Eratóstenes usou a Trigonometria em seus cálculos. Ele observou que nos dias 20 e 21 de junho o ângulo que os raios do Sol faziam com a superfície da Terra na cidade de Siena (hoje Assuã) era de 90°.

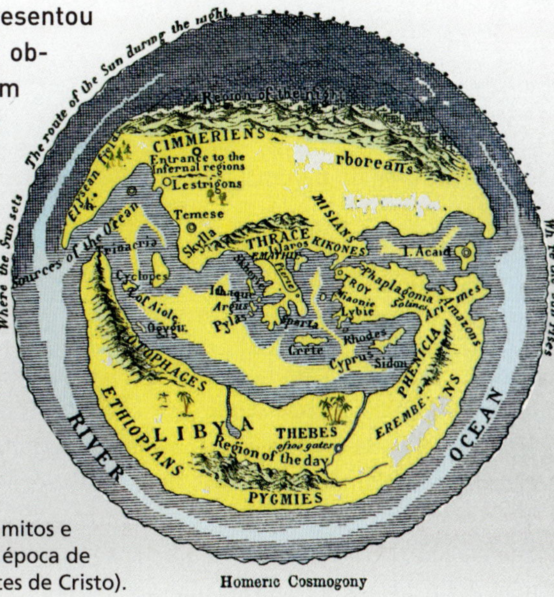

SHEILA TERRY/SCIENCE PHOTO LIBRARY/LATINSTOCK

Mapa da Terra baseado nos mitos e conhecimentos dos antigos gregos na época de Homero (1º e 2º milênio antes de Cristo).

Nos mesmos dias, esse ângulo era de 7° para a cidade de Alexandria. Por meio de relatos de viajantes, Eratóstenes sabia que a distância entre as duas cidades era de cerca de 5 000 estádios, ou 206 250 metros. Mais uma vez usando Trigonometria, ele foi capaz de calcular a circunferência da Terra. Chegou ao resultado de 45 000 quilômetros. Uma precisão razoável, já que o valor real é de 40 076 quilômetros.

Posidônio (135 a.C.-51 a.C.), um século mais tarde, utilizou a distância entre Rodes e Alexandria e a altura da estrela Canopus para fazer o mesmo cálculo, chegando ao resultado de 29 000 quilômetros. Provavelmente, foi esse o cálculo adotado por Cristóvão Colombo, quinze séculos mais tarde, fazendo-o acreditar, pelo tempo de viagem, que havia chegado às Índias.

O sistema de coordenadas geográficas latitude e longitude também é um legado dos gregos, graças, mais uma vez, à Matemática e também às observações de fenômenos celestes.

Adaptado de: Lucírio, Ivonete D.; Heymann, Gisela. *Superinteressante*. Disponível em: <super.abril.com.br/superarquivo/1992/conteudo_113048.shtml>. Acesso em: 4 set. 2009.

Calculando e compreendendo melhor o texto

1. Nos séculos antes do nascimento de Cristo não existiam instrumentos de medição precisos; por isso Eratóstenes cometeu um erro ao calcular que a circunferência da Terra era de 45 000 km. Considerando que a circunferência da Terra é de 40 000 km, qual foi o percentual de erro de Eratóstenes?

2. Um caminhoneiro parte de um depósito localizado em **A**, viaja até um mercado localizado em **B** e retorna ao depósito. Depois de reabastecer seu caminhão, viaja para um aeroporto localizado em **C**. Lá descobre que esqueceu seu celular no mercado e vai buscá-lo. Considere as distâncias e o ângulo indicados na figura.

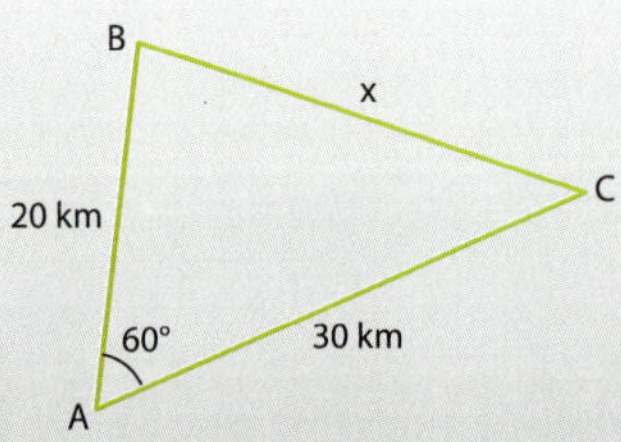

Qual é o valor da distância **x**, que liga o aeroporto ao mercado?

a) $\sqrt{400}$ km
b) $\sqrt{500}$ km
c) $\sqrt{600}$ km
d) $\sqrt{700}$ km
e) $\sqrt{800}$ km

3. Com o intuito de ir até uma ilha, um navegador deveria viajar 2 milhas rumo ao nordeste. Por um problema de orientação, o navegador seguiu erradamente 2 milhas rumo ao norte. Ao perceber o erro, ele corrigiu a rota e viajou diretamente até a ilha. No instante da identificação do erro, qual era a distância do navegador até a ilha?

Pesquisando e discutindo

4. Pesquise a importância da Cartografia e troque ideias com seus colegas. Em um mapa da sua cidade, localizem diversos pontos importantes, como escolas, universidades, hospitais. Comparem na internet com o Google Maps ou com outro aplicativo equivalente.

5. (UTFPR/adaptado) Numa feira de ciências, dois alunos, Pedro e Marcelo, construíram um teodolito elementar usando 20 cm de cano de PVC 40, duas luvas de redução 50 × 40, cola de cano, policarbonato 3 mm, policarbonato 1 mm, fio de náilon, peso, transferidor, cintas de PVC e quatro tarraxas fixadoras, conforme mostra a foto abaixo.
Em equipe, construa um teodolito elementar e, com as informações vistas no capítulo, use-o para medir a altura de construções, árvores, monumentos. Inicialmente, teste seu procedimento descobrindo com o teodolito a altura de um colega.

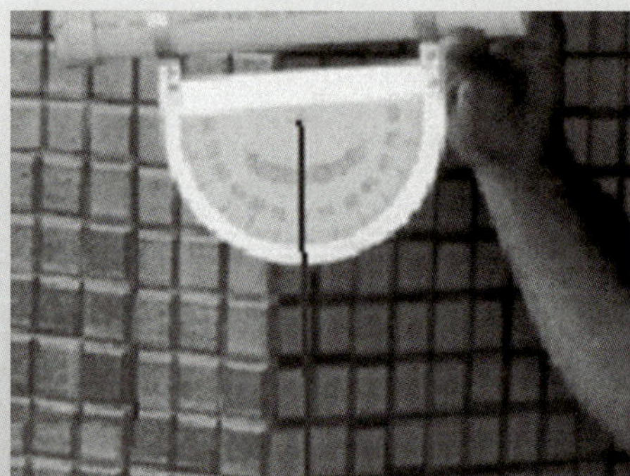

REPRODUÇÃO/UNIVERSIDADE TECNOLÓGICA FEDERAL DO PARANÁ, 2008

Veja mais sobre o assunto

Procure mais informações em jornais, revistas e nos *sites* <www.cartografia.org.br>, <www.suapesquisa.com/grandesnavegacoes> e <www.ufrrj.br/emanped/paginas/conteudo_producoes/docs_27/equador.pdf>.

QUESTÕES DE VESTIBULAR

1. (Mack-SP) Determine qual é o triângulo retângulo cujos dados estão compatíveis.

a)

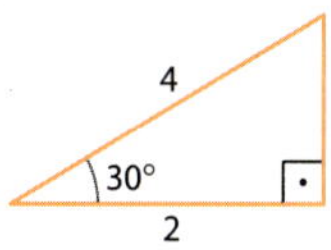

b)

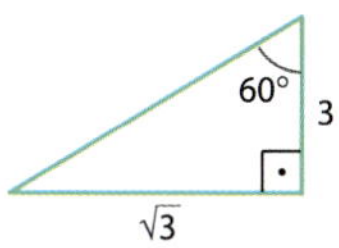

c)

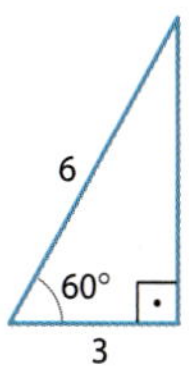

d)

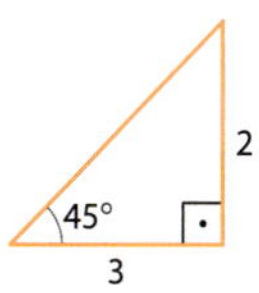

e)

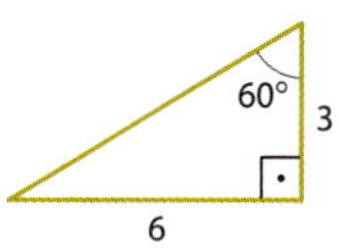

2. (Uespi) Do topo de uma montanha se avistam os pontos **A** e **B** de uma planície. As linhas de visão do topo aos pontos **A** e **B** formam entre si um ângulo de 30°, em relação à horizontal.

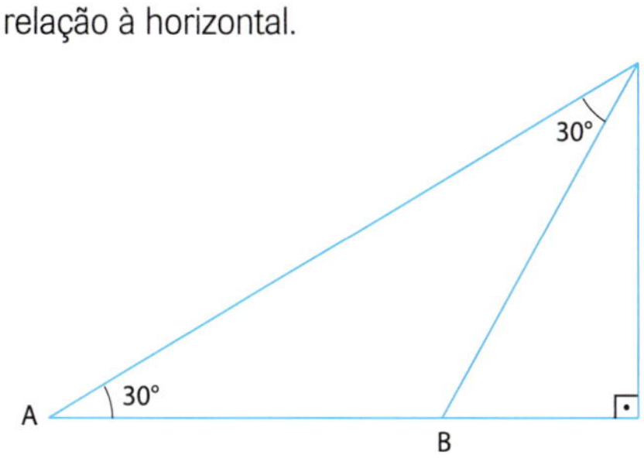

Se $AB = 2\sqrt{3}$ km, qual a altura da montanha?

a) 2,8 km
b) 2,9 km
c) 3,0 km
d) 3,1 km
e) 3,2 km

3. (Vunesp) Duas rodovias **A** e **B** se cruzam formando um ângulo de 45°. Um posto de gasolina se encontra na rodovia **A**, a 4 km do cruzamento. Pelo posto passa uma rodovia retilínea **C**, perpendicular à rodovia **B**. A distância do posto de gasolina à rodovia **B**, indo através de **C**, em quilômetros, é:

a) $\frac{\sqrt{2}}{8}$.

b) $\frac{\sqrt{2}}{4}$.

c) $\frac{\sqrt{3}}{2}$.

d) $\sqrt{2}$.

e) $2\sqrt{2}$.

4. (Uepa) Três cidades **A**, **B** e **C** precisam ser interligadas para que seus moradores possam comercializar os produtos por eles produzidos. Já existem duas estradas, em linha reta, que ligam as cidades **A** a **B** e **B** a **C**, sendo que as prefeituras das cidades **A** e **C** desejam construir uma nova estrada para ligá-las. A figura abaixo mostra um levantamento topográfico feito por uma empresa de engenharia.

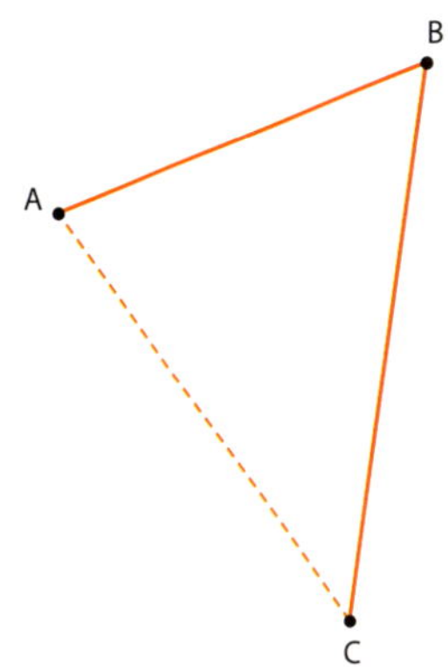

Sabendo-se que as medidas determinadas pela empresa de engenharia foram: AB = 100 km; $m(A\hat{B}C) = 60°$ e $m(B\hat{A}C) = 75°$, a distância entre as cidades **A** e **C** que deve ser considerada para a construção de uma estrada, em linha reta, para ligar estas cidades é:

a) $100\sqrt{6}$ km.

b) $100\sqrt{3}$ km.

c) $75\sqrt{3}$ km.

d) $50\sqrt{3}$ km.

e) $50\sqrt{6}$ km.

5. (UFPA) Após um naufrágio, um sobrevivente se vê na situação de ter que atravessar um rio de águas calmas. Prudente, decide só atravessá-lo depois de ter estimado a largura do rio. Improvisou então uma trena métrica e um transferidor rústicos e, para calcular a distância entre duas árvores, digamos uma árvore **A**, situada na margem em que se encontrava, e uma árvore **B**, situada na margem oposta, procedeu da seguinte forma:

- Postando-se ao lado da árvore **A** e usando o transferidor construído, aferiu o ângulo entre a visada para a árvore **B** e para uma árvore **C**, situada na mesma margem em que se encontrava, obtendo o valor 105°.

- Caminhou até a árvore **C** e, usando a trena métrica, estimou em 300 m a distância entre esta e a árvore **A**.
- Estando então junto à árvore **C**, mediu o ângulo entre as visadas para a árvore **A** e a árvore **B**, obtendo o valor de 30°.

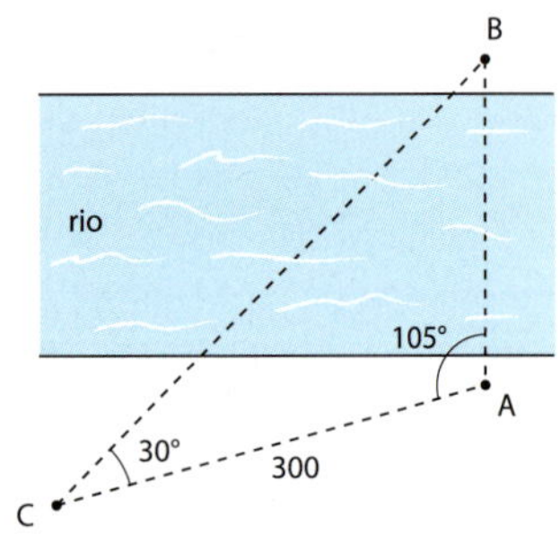

Após os procedimentos descritos, as informações obtidas foram reunidas e foi estimada corretamente a distância entre a árvore **A** e a árvore **B**, obtendo o valor de aproximadamente: (Considere $\sqrt{2} = 1{,}41$ e $\sqrt{3} = 1{,}73$.)

a) 150 m.
b) 175 m.
c) 189 m.
d) 212 m.
e) 250 m.

6. (Unicamp-SP) Caminhando em linha reta ao longo de uma praia, um banhista vai de um ponto **A** a um ponto **B**, cobrindo a distância AB = 1 200 m. Quando em **A**, ele avista um navio parado em **N** de tal maneira que o ângulo $N\hat{A}B$ é de 60°; quando em **B**, verifica que o ângulo $N\hat{B}A$ é de 45°.

a) Faça uma figura ilustrativa da situação descrita.
b) Calcule a distância a que se encontra o navio da praia.

7. (UFPR) A figura abaixo mostra um quadrado ABCD no qual os segmentos $\overline{BC}$ e $\overline{EC}$ medem 4 cm e 1 cm, respectivamente. Calcule o seno e o cosseno do ângulo α.

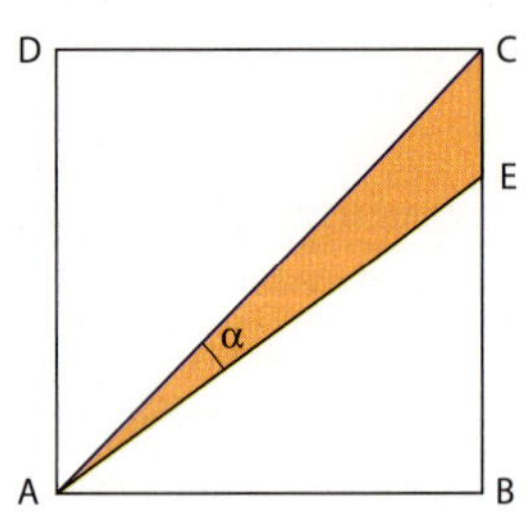

8. (UnB-DF) Um observador, situado no ponto **A**, distante 30 m do ponto **B**, vê um edifício sob um ângulo de 30°, conforme a figura. Baseado nos dados da figura, determine a altura do edifício em metros e divida o resultado por $\sqrt{2}$. (Dados: AB = 30 m; med $(C\hat{A}D) = 30°$; med $(C\hat{A}B) = 75°$; med $(A\hat{B}C) = 60°$; med $(D\hat{C}A) = 90°$.)

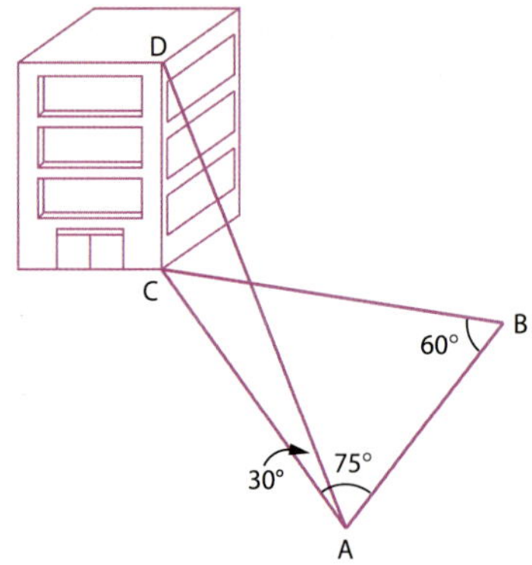

a) 10 m
b) 11 m
c) 12 m
d) 14 m
e) 15 m

9. (Vunesp) Para calcular a distância entre duas árvores situadas nas margens opostas de um rio, nos pontos **A** e **B**, um observador que se encontra junto a **A** afasta-se 20 m da margem, na direção da reta AB, até o ponto **C** e depois caminha em linha reta até o ponto **D**, a 40 m de **C**, do qual ainda pode ver as árvores.
Tendo verificado que os ângulos $D\hat{C}B$ e $B\hat{D}C$ medem, respectivamente, cerca de 15° e 120°, que valor ele encontrou para a distância entre as árvores, se usou a aproximação $\sqrt{6} \simeq 2{,}4$?

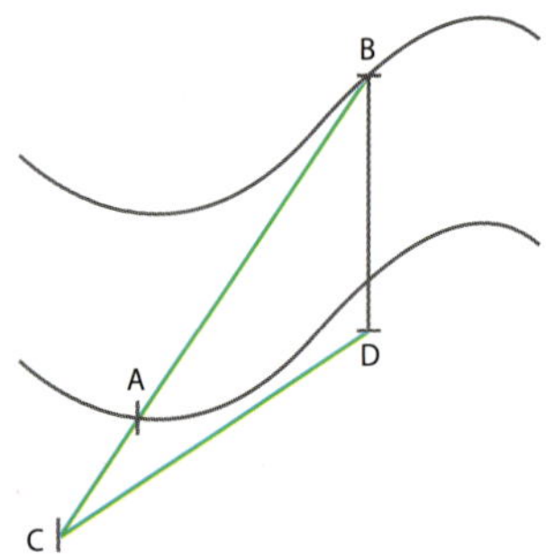

10. (ITA-SP) Um navio, navegando em linha reta, passa sucessivamente pelos pontos **A**, **B** e **C**. O comandante, quando o navio está em **A**, observa um farol **L** e calcula o ângulo $L\hat{A}C = 30°$. Após navegar 4 milhas até **B**, verifica o ângulo $L\hat{B}C = 75°$. Quantas milhas separam o farol do ponto **B**?

a) 4
b) $2\sqrt{2}$
c) $\dfrac{8}{3}$
d) $\dfrac{\sqrt{2}}{2}$
e) 1

11. (PUC-MG) Uma porta retangular de 2 m de altura por 1 m de largura gira 30°, conforme a figura.

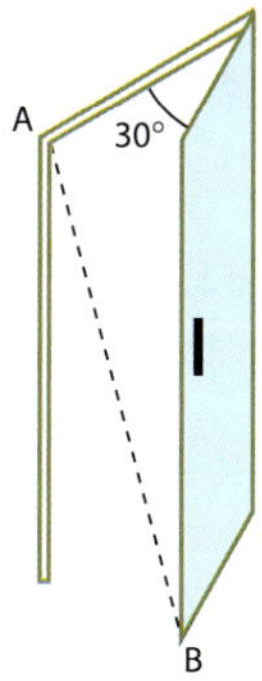

A distância entre os pontos **A** e **B**, em metros, é:

a) $\sqrt{5}$.

b) $\sqrt{3}$.

c) $\sqrt{2+\sqrt{3}}$.

d) $\sqrt{4+\sqrt{3}}$.

e) $\sqrt{6-\sqrt{3}}$.

12. (ITA-SP) Os lados de um triângulo medem **a**, **b** e **c** centímetros. Qual o valor do ângulo interno desse triângulo, oposto ao lado que mede **a** centímetros, se forem satisfeitas as relações: $3a = 7c$ e $3b = 8c$?

a) 30°

b) 60°

c) 45°

d) 120°

e) 135°

13. (UFG-GO) O mostrador do relógio de uma torre é dividido em 12 partes iguais (horas), cada uma das quais é subdividida em outras 5 partes iguais (minutos). Se o ponteiro das horas (OB) mede 70 cm e o ponteiro dos minutos (OA) mede 1 m, qual será a distância AB, em função do ângulo entre os ponteiros, quando o relógio marcar 1 hora e 12 minutos?

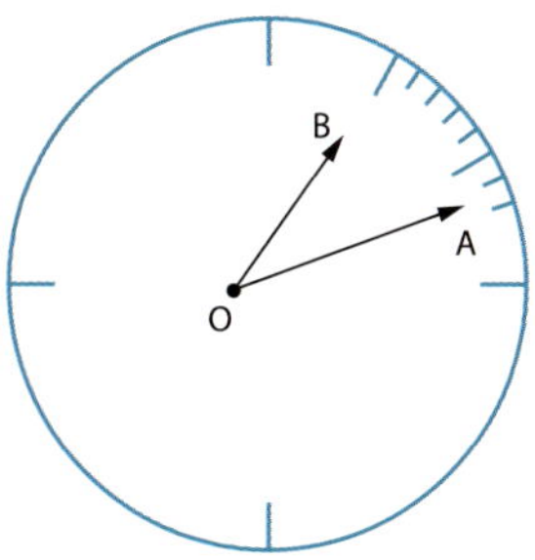

14. (UFPB) Quem passa na Avenida Litorânea, em São Luís do Maranhão, MA, pode notar a presença de navios ancorados, esperando atracação no Porto do Itaqui. Em determinado instante, um observador, situado em um ponto **O** dessa avenida, visualiza três navios nos pontos (**A**, **B** e **C**), conforme a figura abaixo. (Use sen 105° = 0,97.)

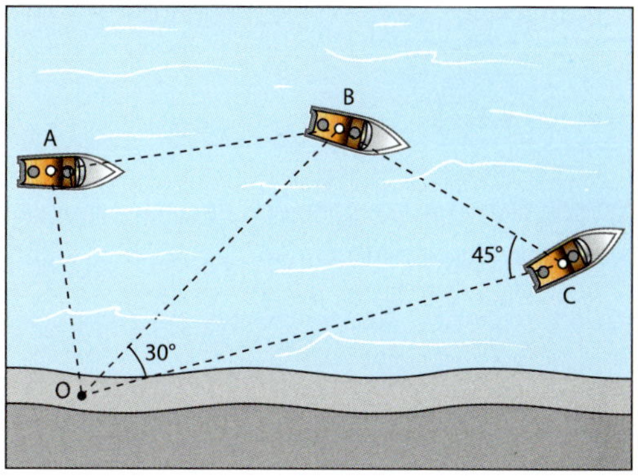

Naquele instante, sabe-se que:

- a distância do observador **O** ao navio **B** era de 1 000 m;
- a distância entre os navios **A** e **B** era de $500\sqrt{3}$ m;
- os ângulos $O\hat{A}B$, $B\hat{O}C$ e $O\hat{C}B$ mediam 90°, 30° e 45°, respectivamente.

A partir dessas informações, identifique as afirmativas corretas.

I) O ângulo $A\hat{B}C$ media 135°.

II) A distância entre os navios **B** e **C** era de 500 m.

III) A distância do observador **O** ao navio **C** era de $970\sqrt{2}$ m.

IV) A distância entre os navios **A** e **C** era igual à soma das distâncias entre os navios **A** e **B** e os navios **C** e **B**.

V) A distância do observador **O** ao navio **A** era de 500 m.

15. (UFPR) Em um triângulo ABE, a medida do lado AE é 3, a do ângulo **E** é 75°, e a do ângulo **A** é 45°. Dois pontos, **C** e **D**, pertencem ao lado AB. Sabe-se que a distância AC é $\sqrt{2}$ e que o segmento ED é perpendicular a AB. Nessas condições, é correto afirmar:

01) A medida do ângulo **B** é igual a 60°.

02) $AD > ED$

04) $EB = \sqrt{6}$

08) $EC = \sqrt{5}$

Soma ( )

16. (Unifor-CE) Em um paralelogramo ABCD, os lados $\overline{AB}$ e $\overline{AD}$ medem, respectivamente, 4 cm e 7 cm, e θ é o ângulo agudo formado por esses lados. Se a diagonal maior mede $\sqrt{93}$ cm, então o ângulo θ é tal que:

a) $\text{tg}\ \theta = 2$.

b) $\text{tg}\ \theta = 1$.

c) $\cos \theta = \frac{1}{2}$.

d) $\text{sen}\ \theta = \frac{\sqrt{2}}{2}$.

e) $\cos \theta = \frac{\sqrt{3}}{2}$.

17. (Unir-RO) Qual é o perímetro de um triângulo, cujos ângulos internos medem 45°, 60° e 75°, inscrito em uma circunferência de raio 1?

a) $\frac{1}{2}\left(3\sqrt{2} + 2\sqrt{3} + \sqrt{6}\right)$

b) $\frac{1}{4}\left(5\sqrt{2} + \sqrt{6}\right) + \sqrt{3}$

c) $2\sqrt{2} + 3\sqrt{3} + \sqrt{6}$

d) $\sqrt{2} + \sqrt{3} + \sqrt{6}$

e) $\frac{1}{2}\left(\sqrt{2} + \sqrt{3}\right) + \sqrt{6}$

18. (Uece) O menor lado de um paralelogramo, cujas diagonais medem respectivamente $8\sqrt{2}$ m e 10 m e formam entre si um ângulo de 45°, mede:

a) $\sqrt{13}$ m.

b) $\sqrt{17}$ m.

c) $\frac{13\sqrt{2}}{4}$ m.

d) $\frac{17\sqrt{2}}{5}$ m.

19. (UFC-CE) Um octógono regular está inscrito em uma circunferência de raio 1. Os vértices **A**, **D** e **E** do octógono são tais que AE é um diâmetro de sua circunferência circunscrita e **D** e **E** são adjacentes. Determine o comprimento da diagonal AD.

20. (Fuvest-SP) Em uma semicircunferência de centro **C** e raio **R**, inscreve-se um triângulo equilátero ABC. Seja **D** o ponto onde a bissetriz do ângulo $A\hat{C}B$ intercepta a semicircunferência. O comprimento da corda $\overline{AD}$ é:

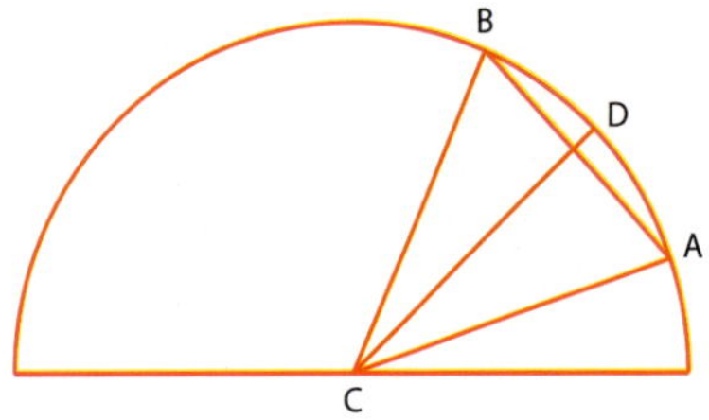

a) $R\sqrt{2 - \sqrt{3}}$.

b) $R\sqrt{\sqrt{3} - \sqrt{2}}$.

c) $R\sqrt{\sqrt{2} - 1}$.

d) $R\sqrt{\sqrt{3} - 1}$.

e) $R\sqrt{3 - \sqrt{2}}$.

21. (Fuvest-SP) No losango ABCD de lado 1, representado na figura, tem-se que **M** é o ponto médio de $\overline{AB}$, **N** é o ponto médio de $\overline{BC}$ e $MN = \frac{\sqrt{14}}{4}$.

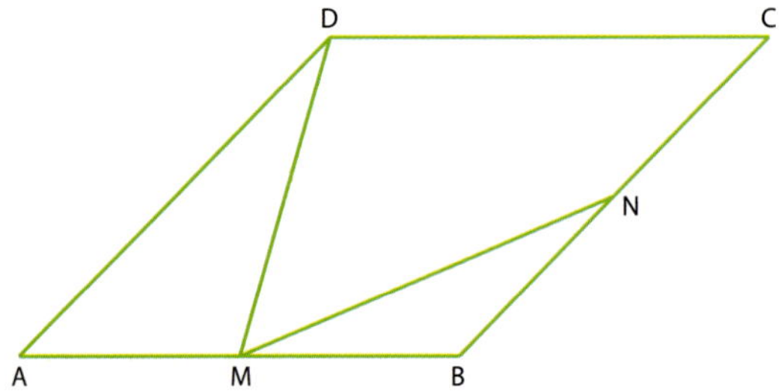

Então, DM é igual a:

a) $\frac{\sqrt{2}}{4}$.

b) $\frac{\sqrt{2}}{2}$.

c) $\sqrt{2}$.

d) $\frac{3\sqrt{2}}{2}$.

e) $\frac{5\sqrt{2}}{2}$.

22. (PUCC-SP) Nas principais concentrações urbanas do país, trabalhadores de baixa renda percorrem grandes distâncias a pé. Outros pedalam muitos quilômetros para usar uma condução a menos, deixando a bicicleta em estacionamentos próprios. Considere que, na figura abaixo, tem-se a planificação do quadro de uma bicicleta e as medidas indicadas estão em centímetros. (Dado: cos 53° = 0,6.)

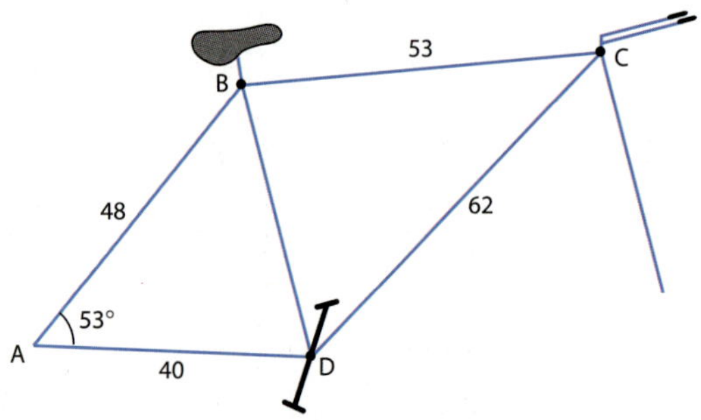

O perímetro do triângulo BCD, em centímetros, é igual a:

a) 148.

b) 152.

c) 155.

d) 160.

e) 172.

Tabela de razões trigonométricas

Ângulo	sen	cos	tg	Ângulo	sen	cos	tg
1°	0,017	1,000	0,017	46°	0,719	0,695	1,036
2°	0,035	0,999	0,035	47°	0,731	0,682	1,072
3°	0,052	0,999	0,052	48°	0,743	0,669	1,111
4°	0,070	0,998	0,070	49°	0,755	0,656	1,150
5°	0,087	0,996	0,087	50°	0,766	0,643	1,192
6°	0,105	0,995	0,105	51°	0,777	0,629	1,235
7°	0,122	0,993	0,123	52°	0,788	0,616	1,280
8°	0,139	0,990	0,141	53°	0,799	0,602	1,327
9°	0,156	0,988	0,158	54°	0,809	0,588	1,376
10°	0,174	0,985	0,176	55°	0,819	0,574	1,428
11°	0,191	0,982	0,194	56°	0,829	0,559	1,483
12°	0,208	0,978	0,213	57°	0,839	0,545	1,540
13°	0,225	0,974	0,231	58°	0,848	0,530	1,600
14°	0,242	0,970	0,249	59°	0,857	0,515	1,664
15°	0,259	0,966	0,268	60°	0,866	0,500	1,732
16°	0,276	0,961	0,287	61°	0,875	0,485	1,804
17°	0,292	0,956	0,306	62°	0,883	0,469	1,881
18°	0,309	0,951	0,325	63°	0,891	0,454	1,963
19°	0,326	0,946	0,344	64°	0,899	0,438	2,050
20°	0,342	0,940	0,364	65°	0,906	0,423	2,145
21°	0,358	0,934	0,384	66°	0,914	0,407	2,246
22°	0,375	0,927	0,404	67°	0,921	0,391	2,356
23°	0,391	0,921	0,424	68°	0,927	0,375	2,475
24°	0,407	0,914	0,445	69°	0,934	0,358	2,605
25°	0,423	0,906	0,466	70°	0,940	0,342	2,747
26°	0,438	0,899	0,488	71°	0,946	0,326	2,904
27°	0,454	0,891	0,510	72°	0,951	0,309	3,078
28°	0,469	0,883	0,532	73°	0,956	0,292	3,271
29°	0,485	0,875	0,554	74°	0,961	0,276	3,487
30°	0,500	0,866	0,577	75°	0,966	0,259	3,732
31°	0,515	0,857	0,601	76°	0,970	0,242	4,011
32°	0,530	0,848	0,625	77°	0,974	0,225	4,332
33°	0,545	0,839	0,649	78°	0,978	0,208	4,705
34°	0,559	0,829	0,675	79°	0,982	0,191	5,145
35°	0,574	0,819	0,700	80°	0,985	0,174	5,671
36°	0,588	0,809	0,727	81°	0,988	0,156	6,314
37°	0,602	0,799	0,754	82°	0,990	0,139	7,115
38°	0,616	0,788	0,781	83°	0,993	0,122	8,144
39°	0,629	0,777	0,810	84°	0,995	0,105	9,514
40°	0,643	0,766	0,839	85°	0,996	0,087	11,430
41°	0,656	0,755	0,869	86°	0,998	0,070	14,301
42°	0,669	0,743	0,900	87°	0,999	0,052	19,081
43°	0,682	0,731	0,933	88°	0,999	0,035	28,636
44°	0,695	0,719	0,966	89°	1,000	0,017	57,290
45°	0,707	0,707	1,000				

Capítulo 2

Conceitos trigonométricos básicos

A MATEMÁTICA NA PRÁTICA

- A Trigonometria envolvendo ângulos maiores que 90°, estudada com base na circunferência, é essencial em muitas áreas do conhecimento, como na Física e na Astronomia. Nesta última, por exemplo, conhecendo-se a distância de duas estrelas à Terra e o ângulo com que um observador as vê, é possível determinar a distância entre elas, sem medi-la diretamente.

DESAFIO

- O trópico de Capricórnio é o paralelo situado 23,4° ao sul do equador; já o trópico de Câncer situa-se 23,4° ao norte do equador. Se um avião partir do cruzamento entre o trópico de Capricórnio e o meridiano de Greenwich, e seguir ao polo Norte sobrevoando esse meridiano, quantos graus de latitude terá se deslocado ao passar pelo trópico de Câncer?

Um indício do conhecimento do conceito de ângulo em períodos remotos é o monumento Stonehenge, localizado na ilha da Grã-Bretanha, em região hoje pertencente à Inglaterra.

Feito de círculos concêntricos formados por pedras, algumas com mais de 5 metros de altura, foi construído, reconstruído e ampliado entre 3100 a.C. e 1100 a.C.

É o mais conhecido dos círculos de pedras britânicos e parece ter sido projetado para a observação de fenômenos astronômicos, como os solstícios de verão e de inverno, além de ter função religiosa.

Solstício é o momento em que o Sol atinge o maior afastamento, em latitude, do equador. No solstício de verão no hemisfério sul, os raios solares incidem na Terra perpendicularmente à linha do trópico de Capricórnio; no solstício de inverno, essa incidência ocorre sobre o trópico de Câncer. Essas duas linhas delimitam a faixa da superfície terrestre onde os raios solares incidem perpendicularmente sobre a Terra ao meio-dia, pelo menos um dia por ano.

STEPHEN DOREY/ALAMY/OTHER IMAGES

Sol sobre o Stonehenge durante o solstício de inverno no hemisfério norte.

UM POUCO DE HISTÓRIA

Os ângulos aparecem nos registros da Grécia antiga por volta do ano 500 a.C., associados a elementos do círculo, relacionados com arcos e cordas. Acredita-se, porém, que os sumérios e os acadianos, povos que ocuparam a Mesopotâmia entre 2800 a.C. e 1800 a.C., já haviam elaborado o conceito de ângulo e sabiam medi-lo.

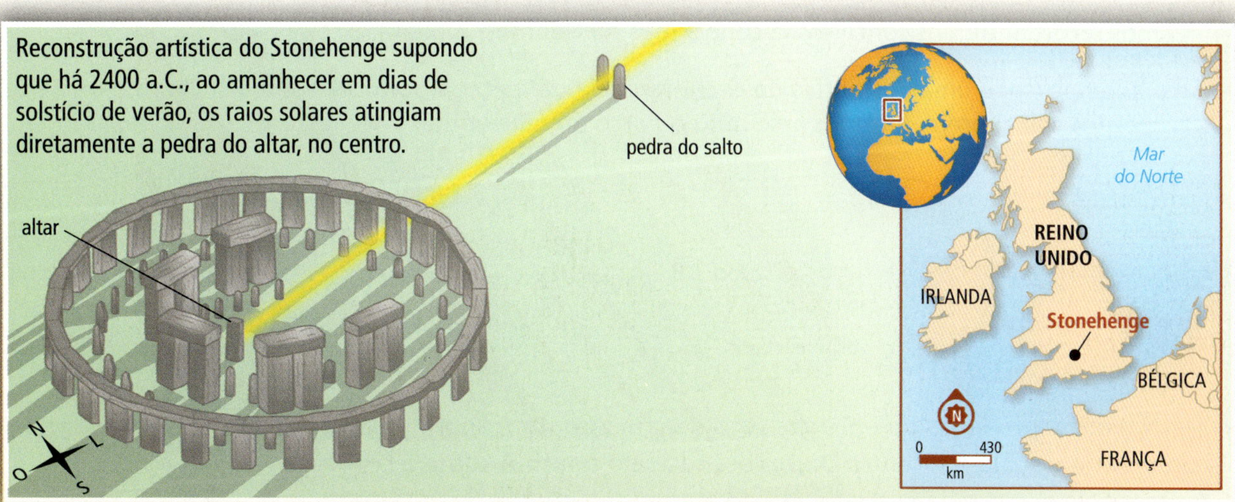

Reconstrução artística do Stonehenge supondo que há 2400 a.C., ao amanhecer em dias de solstício de verão, os raios solares atingiam diretamente a pedra do altar, no centro.

ALEX ARGOZINO/ARQUIVO DA EDITORA

Fonte: Adaptado de *Grand atlas historique*. Paris: Larousse, 2006.

1 Introdução

No capítulo anterior estudamos a Trigonometria tal qual ela apareceu há milhares de anos, com o objetivo de resolver triângulos. Nos próximos capítulos vamos fazer um estudo mais abrangente de seno, cosseno e tangente, uma necessidade mais recente da Matemática. Nesse novo contexto, o triângulo retângulo é insuficiente para as definições necessárias e precisamos estabelecer um novo "ambiente" para a Trigonometria: *a circunferência unitária*.

Neste capítulo veremos conceitos necessários para esse novo estudo.

2 Arcos e ângulos

Vamos recordar alguns conceitos já conhecidos da Geometria plana:

- *Arco geométrico*: é uma das partes da circunferência delimitada por dois pontos, incluindo-os. Se os dois pontos coincidirem, teremos arco nulo ou arco de uma volta.

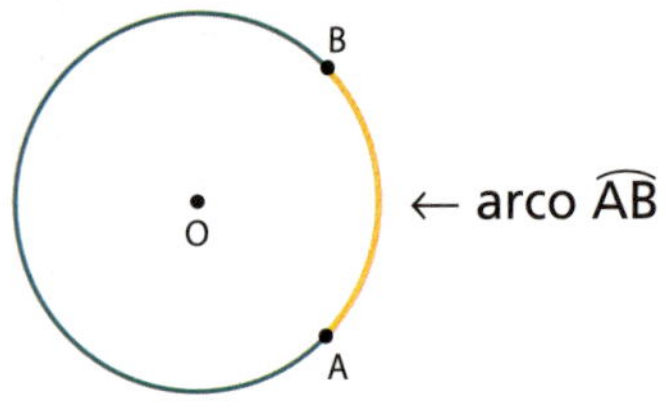

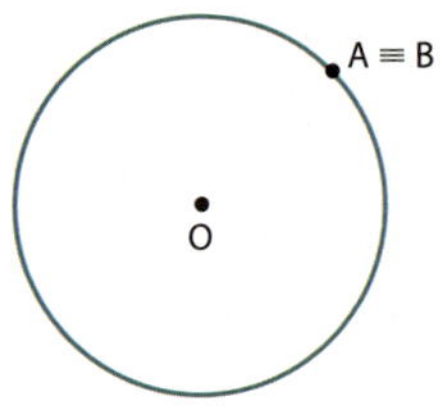

- *Medida* e *comprimento de um arco*: considere um ponto **A** sobre uma circunferência de raio **R** e centro **O**. Deslocando-se o ponto **A** sobre a circunferência, ele percorre uma distância ℓ ao mesmo tempo que gira um ângulo α em torno do centro **O**. Esse movimento do ponto **A** descreve um arco de circunferência de medida α e comprimento ℓ.

> **Você sabia**
> O comprimento ℓ depende do raio da circunferência, mas a medida α não.

- *Unidades*: para a medida α usam-se geralmente unidades como o "grau" e o "radiano". Para o comprimento ℓ usam-se geralmente unidades como "metro", centímetro", "quilômetro", etc.

- *Arco* e *ângulo central*: todo arco de circunferência tem a mesma medida do ângulo central que o subtende.

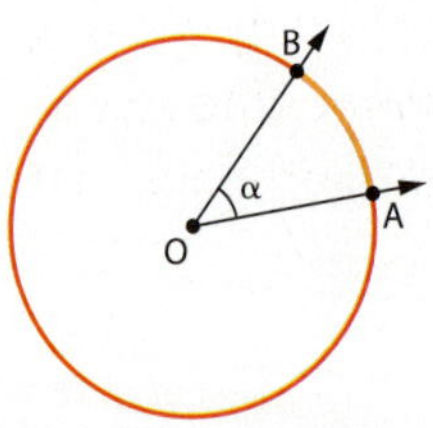

Arco: $\widehat{AB}$
medida de $\widehat{AB}$: α

Ângulo central: $A\hat{O}B$
medida de $A\hat{O}B$: α

> **Para refletir**
> Considere cinco circunferências concêntricas de raios diferentes e um mesmo ângulo central subtendendo arcos em todas elas. Os cinco arcos terão a mesma medida? E terão o mesmo comprimento?

- *Comprimento de uma circunferência de raio **r***: $C = 2\pi r$.

- *Medida de uma circunferência em graus*: 360°.

- *Relação entre o comprimento ℓ e a medida α (em graus) do arco*:

$\ell = \dfrac{\alpha}{360} \cdot 2\pi r$, pois $\dfrac{2\pi r}{360} = \dfrac{\ell}{\alpha}$. Com α em radianos temos $\ell = \alpha r$, pois $\dfrac{r}{1} = \dfrac{\ell}{\alpha}$.

3 Unidades para medir arcos de circunferência (ou ângulos)

As unidades mais usadas para medir arcos de circunferência (ou ângulos) são o *grau* e o *radiano*.

- **Grau**: quando dividimos uma circunferência em 360 partes congruentes, cada uma dessas partes é um arco de um grau (1°).
  Considere o arco $\widehat{AB}$, que vai de **A** para **B** no sentido anti-horário:

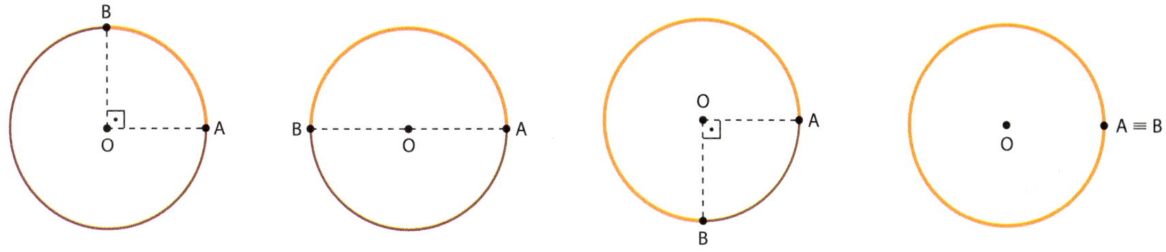

arco $\widehat{AB}$ de 90° (um quarto de volta) | arco $\widehat{AB}$ de 180° (meia volta) | arco $\widehat{AB}$ de 270° (três quartos de volta) | arco $\widehat{AB}$ de 360° ou 0° (uma volta ou nulo)

- **Radiano**: um arco de um radiano (1 rad) é um arco cujo comprimento retificado é igual ao raio da circunferência. Isso deve ser interpretado da seguinte forma: se temos um ângulo central de medida 1 radiano, então ele subtende um arco de medida 1 radiano (lembre que a medida do arco é igual à medida do ângulo central) e comprimento de 1 raio. Se temos um ângulo central de medida 2 radianos, então ele subtende um arco de medida 2 radianos e comprimento de 2 raios. Se temos um ângulo central de medida α radianos, então ele subtende um arco de medida α radianos e comprimento de α raios. Assim, se a medida α do arco for dada em radianos, temos $\ell = \alpha r$.

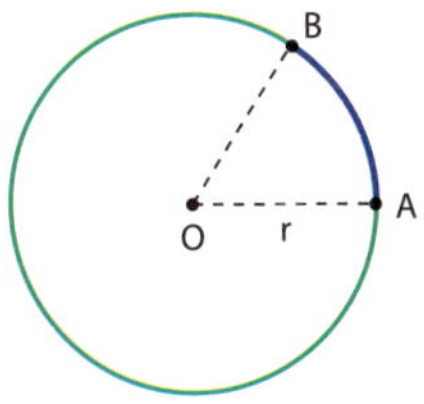

comprimento do arco $\widehat{AB}$ = comprimento de $\overline{OA}$ (**r**)

ou

$m(\widehat{AB}) = 1$ rad

Para refletir

"Esticando" o arco AB, a medida do segmento obtido será igual à do raio.
Use o transferidor e verifique, aproximadamente, a quantos graus corresponde 1 radiano.

Fique atento

É mais simples responder à pergunta "Qual é o comprimento de um arco de 2 radianos numa circunferência de raio 10 cm?" do que à pergunta "Qual é o comprimento de um arco de 30° numa circunferência de raio 10 cm?".

Relação entre as unidades para medir arcos

Sabemos que o comprimento **C** da circunferência de raio **r** é igual a $C = 2\pi r$, em que $\pi = 3{,}141592...$

Como cada raio **r** corresponde a 1 rad, podemos afirmar que o arco correspondente à circunferência mede $2\pi r = 2\pi \cdot 1$ rad $= 2\pi$ rad. Considerando os arcos AB medidos no sentido anti-horário, teremos:

a)

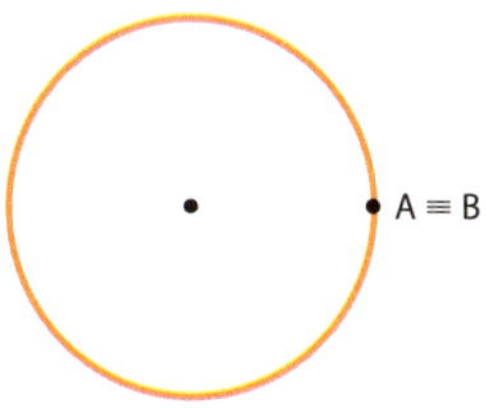

$\widehat{AB}$: arco de 360° ou arco de 2π rad

b)

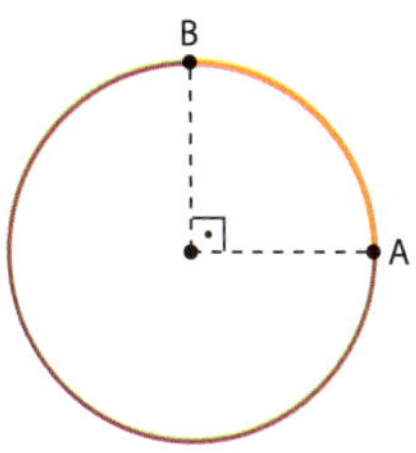

$\widehat{AB}$: arco de 90° $\left(\dfrac{360°}{4}\right)$ ou arco de $\dfrac{\pi}{2}$ rad $\left(\dfrac{2\pi}{4}\text{rad}\right)$

c)

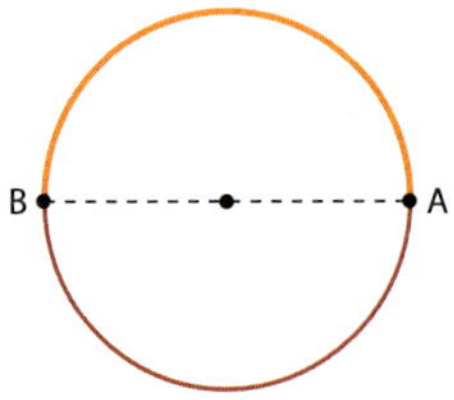

AB: arco de 180° $\left(\frac{360°}{2}\right)$ ou arco de π rad $\left(\frac{2\pi}{2}\text{rad}\right)$

d)

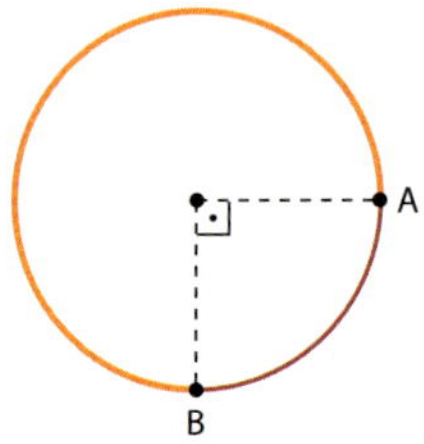

$\widehat{AB}$: arco de 270° $\left(\frac{3}{4}\text{ de }360°\right)$ ou arco de $\frac{3\pi}{2}$ rad $\left(\frac{3}{4}\text{de }2\pi\text{ rad}\right)$

Observação: Considerando que um arco de 180° mede π rad, podemos fazer a conversão de unidades usando uma regra de três simples. Porém, recomendamos que você se acostume a fazer as principais conversões entre grau e radiano mentalmente, sem recorrer à regra de três. Esse procedimento é muito simples se observarmos que:

- 90° é $\frac{1}{2}$ de 180°; logo, é $\frac{1}{2}$ de π rad → 90° = $\frac{\pi}{2}$rad
- 60° é $\frac{1}{3}$ de 180°; logo, é $\frac{1}{3}$ de π rad → 60° = $\frac{\pi}{3}$rad
- 30° é $\frac{1}{6}$ de 180°; logo, é $\frac{1}{6}$ de π rad → 30° = $\frac{\pi}{6}$rad
- 45° é $\frac{1}{4}$ de 180°; logo, é $\frac{1}{4}$ de π rad → 45° = $\frac{\pi}{4}$rad

Você pode (e deve) memorizar essas relações para agilizar as conversões.

Veja mais uma: 120° é o dobro de 60°; logo, 120° = $2 \cdot \frac{\pi}{3}$rad = $\frac{2\pi}{3}$rad

Exercícios resolvidos

1. Converta 30° em radianos.

Resolução:

grau — *radiano*

180 ——— π

30 ——— x

$\Rightarrow \frac{\overset{6}{\cancel{180}}}{\underset{1}{\cancel{30}}} = \frac{\pi}{x} \Rightarrow 6x = \pi \Rightarrow$

$\Rightarrow x = \frac{\pi}{6}$ rad

Portanto, 30° = $\frac{\pi}{6}$ rad.

Fique atento

Outro modo de resolver:

$30° = \frac{180°}{6} = \frac{\pi\text{ rad}}{6} = $

$= \frac{\pi}{6}$ rad

2. Escreva $\frac{3\pi}{4}$ rad em graus.

Resolução:

grau — *radiano*

180 ——— π

x ——— $\frac{3\pi}{4}$

$\Rightarrow \frac{180}{x} = \frac{\cancel{\pi}}{\frac{3\cancel{\pi}}{4}} \Rightarrow \frac{180}{x} = \frac{4}{3} \Rightarrow$

$\Rightarrow 4x = 540 \Rightarrow x = 135°$

Logo, $\frac{3\pi}{4}$ rad = 135°.

Fique atento

Outra resolução:

$\frac{3\pi}{4}\text{ rad} = \frac{3 \cdot 180°}{4} = \frac{540°}{4} = 135°$

3. Transforme 18°30′ em radianos.

Resolução:

Vamos transformar em minutos os graus dados:

1° = 60′

18°30′ = 18 · 60′ + 30′ = 1 080′ + 30′ = 1 110′

180° = 180 · 60′ = 10 800′

minuto — *radiano*

10 800 ——— π

1 100 ——— x

$\Rightarrow \frac{10\,800}{1\,110} = \frac{\pi}{x} \Rightarrow$

$\Rightarrow \frac{360}{37} = \frac{\pi}{x} \Rightarrow 360x = 37\pi \Rightarrow x = \frac{37\pi}{360}$

Logo, 18°30′ = $\frac{37\pi}{360}$ rad.

4. Converta $\frac{5\pi}{16}$ rad em graus.

Resolução:

grau *radiano*

$$\begin{matrix} 180 & \text{———} & \pi \\ x & \text{———} & \frac{5\pi}{16} \end{matrix} \Rightarrow \frac{180}{x} = \frac{\pi}{\frac{5\pi}{16}} \Rightarrow$$

$$\Rightarrow \frac{180}{x} = \frac{16}{5} \Rightarrow 16x = 900 \Rightarrow x = 56{,}25$$

Como $x = 56{,}25$, devemos transformar a fração do grau $\left(0{,}25 \text{ ou } \frac{1}{4}\right)$ em minutos:

$0{,}25 \cdot 60' = 15'$ ou $\frac{1}{4}$ de $60' = 15'$

Então, $x = 56°15'$, ou seja, $\frac{5\pi}{16}$ rad $= 56°15'$.

5. Transforme:

a) 1 rad em graus b) 1 grau em radianos

Resolução:

a) $\frac{180}{x} = \frac{\pi}{1} \Rightarrow \pi x = 180 \Rightarrow x = \frac{180}{\pi} \simeq \frac{180}{3{,}14} \simeq$

$\simeq 57{,}3°$ ou $57°18'$

Portanto, 1 rad $\simeq 57°18'$.

b) $\frac{180}{1} = \frac{\pi}{x} \Rightarrow 180x = \pi \Rightarrow$

$\Rightarrow x = \frac{\pi}{180} \simeq \frac{3{,}14}{180} \simeq 0{,}017$ rad

Logo, $1° \simeq 0{,}017$ rad.

Fique atento

Como 2π rad $= 360°$, os valores que aparecem arredondados são:

$1 \text{ rad} = \left(\frac{180}{\pi}\right)^{\circ} \simeq 57°17'44{,}8''$

$1° = \frac{\pi}{180} \text{ rad} \simeq 0{,}01745 \text{ rad}$

6. Transforme em radianos ou em graus sem usar regra de três:

a) 330° d) $\frac{7\pi}{6}$ g) $\frac{5\pi}{9}$

b) 225° e) $\frac{7\pi}{4}$ h) $\frac{2\pi}{3}$

c) 15° f) $\frac{4\pi}{3}$

Fique atento

Quando a unidade não for indicada, subentende-se que é o radiano. Por exemplo: $\frac{7\pi}{6}$ significa $\frac{7\pi}{6}$ rad.

Resolução:

a) $330° = 11 \cdot 30° = 11 \cdot \frac{\pi}{6} = \frac{11\pi}{6}$

b) $225° = 5 \cdot 45° = 5 \cdot \frac{\pi}{4} = \frac{5\pi}{4}$

c) $15° = \frac{1}{2} \cdot 30° = \frac{1}{2} \cdot \frac{\pi}{6} = \frac{\pi}{12}$

d) $\frac{7\pi}{6} = 7 \cdot 30° = 210°$

e) $\frac{7\pi}{4} = 7 \cdot 45° = 315°$

f) $\frac{4\pi}{3} = 4 \cdot 60° = 240°$

g) $\frac{5\pi}{9} = 5 \cdot \frac{180}{9} = 5 \cdot 20° = 100°$

h) $\frac{2\pi}{3} = 2 \cdot 60° = 120°$

7. Qual é a medida, em radianos, de um arco de 20 cm de comprimento contido numa circunferência de raio 8 cm?

Resolução:

$\ell = 20$ cm; $r = 8$ cm

$\alpha = \frac{\ell}{r} = \frac{20}{8} = 2{,}5$ rad

ou

$\frac{8 \text{ cm}}{1 \text{ rad}} = \frac{20 \text{ cm}}{\mathbf{x} \text{ rad}} \Rightarrow x = \frac{20}{8} = 2{,}5$ rad

8. Qual é o comprimento de um arco correspondente a um ângulo central de 60° contido numa circunferência de raio 1 cm?

Resolução:

Vamos converter 60° em rad: $60° = \frac{180°}{3} = \frac{\pi}{3}$ rad

Dados $\alpha = \frac{\pi}{3}$ e $r = 1$, temos:

$\alpha = \frac{\ell}{r} \Rightarrow \ell = \alpha \cdot r = \frac{\pi}{3} \cdot 1 = \frac{\pi}{3}$ cm

ou

$\frac{1 \text{ cm}}{1 \text{ rad}} = \frac{\mathbf{x} \text{ cm}}{\frac{\pi}{3} \text{ rad}} \Rightarrow x = \frac{\pi}{3}$ cm

Portanto, o comprimento do arco é $\frac{\pi}{3}$ cm, ou seja, aproximadamente 1,05 cm.

9. O ponteiro dos minutos de um relógio mede 10 cm. Qual é a distância que sua extremidade percorre em 30 minutos?

Resolução:

Em 30 minutos, o ponteiro percorre $\frac{1}{2}$ da circunferência, isto é, 180°.

Logo, $\alpha = 180° = \pi$ rad.

Como o percurso é dado por $\ell = \alpha \cdot r$, temos:

$\ell = 10\pi \simeq 10 \cdot 3{,}14 = 31{,}4$ cm

Então, a distância percorrida é de aproximadamente 31,4 cm.

Exercícios propostos

1. Converta em radianos:

a) 60° c) 120° e) 300° g) 67°30'
b) 45° d) 210° f) 100° h) 41°15'

2. Expresse em graus:

a) $\frac{\pi}{6}$ rad d) $\frac{\pi}{4}$ rad g) $\frac{3\pi}{8}$ rad
b) $\frac{\pi}{5}$ rad e) $\frac{5\pi}{6}$ rad h) $\frac{\pi}{16}$ rad
c) $\frac{2\pi}{3}$ rad f) $\frac{11\pi}{6}$ rad

3. Calcule, em radianos, a medida do ângulo central correspondente a um arco de comprimento 15 cm contido numa circunferência de raio 3 cm.

4. Qual é o comprimento de um arco correspondente a um ângulo central de 45° contido numa circunferência de raio 2 cm?

5. Um pêndulo tem 15 cm de comprimento e, no seu movimento, suas posições extremas formam um ângulo de 60°. Qual é o comprimento do arco que a extremidade do pêndulo descreve?

6. A figura ao lado representa uma pista formada de arcos de circunferências. Qual a distância percorrida por um carro que vai do ponto **A** ao ponto **B**?

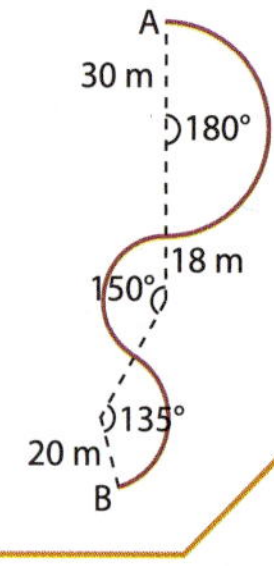

4 Circunferência trigonométrica

Denomina-se *circunferência trigonométrica* a circunferência orientada cujo raio tem 1 unidade de comprimento e na qual o sentido positivo é o anti-horário.

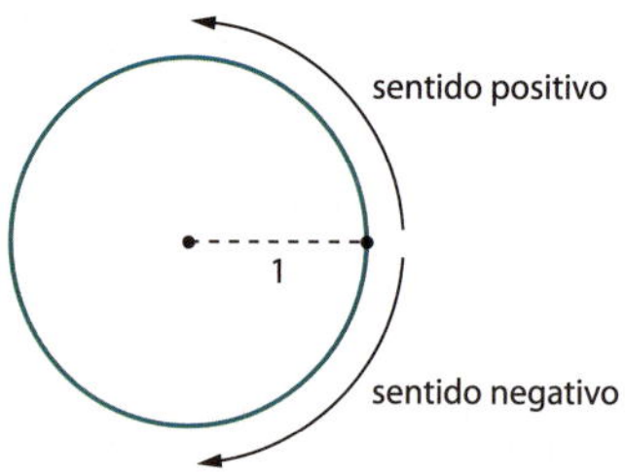

Para refletir

Por que dizemos circunferência orientada?

À circunferência trigonométrica de centro **O** vamos associar um sistema de coordenadas cartesianas ortogonais, fixando o ponto **A** de coordenadas (1, 0) como origem dos arcos (conforme figura abaixo).

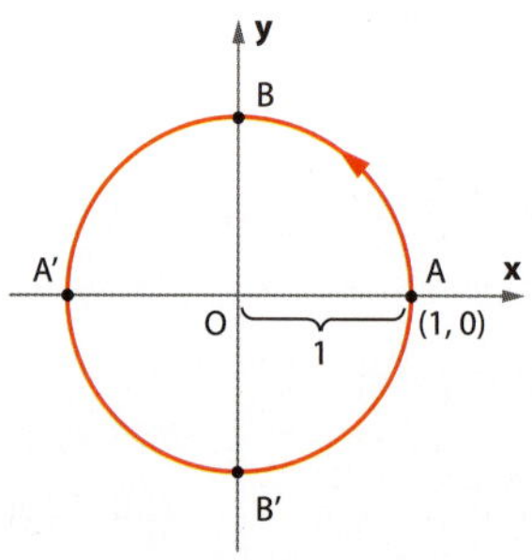

Para refletir

Os pontos **B**, **A'** e **B'** correspondem a quais pares ordenados?

Os eixos **x** e **y** dividem a circunferência trigonométrica em quatro partes congruentes chamadas *quadrantes*, numeradas de 1 a 4 e contadas a partir de **A**, no sentido positivo.

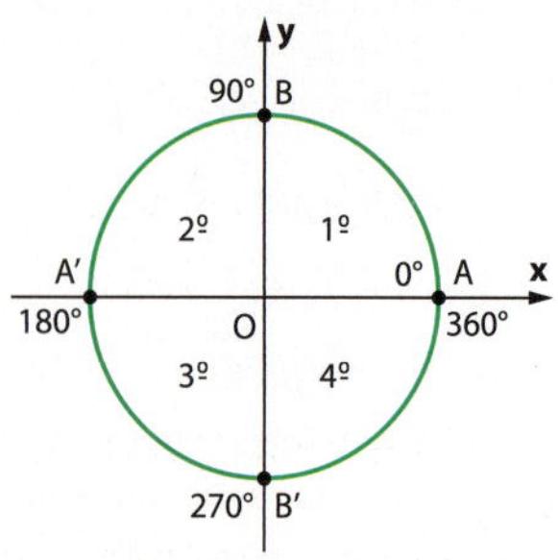

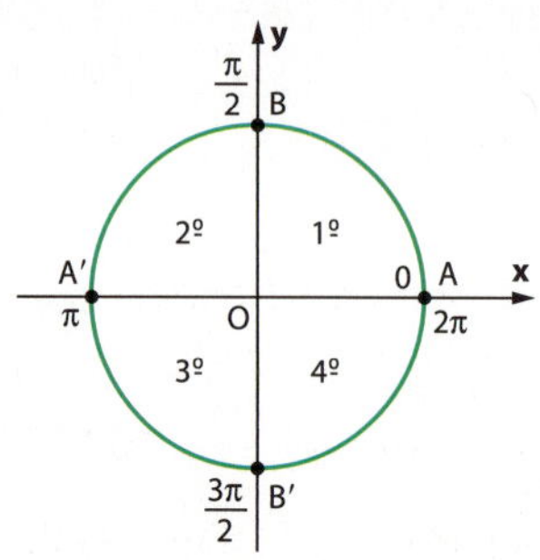

Fique atento

- Os pontos **A**, **B**, **A'** e **B'** são pontos dos eixos e, por isso, não são considerados pontos dos quadrantes.
- Para todo ponto (x, y) pertencente à circunferência trigonométrica, temos $-1 \leq x \leq 1$ e $-1 \leq y \leq 1$.

5 Arcos côngruos (ou congruentes)

Toda vez que o ponto da circunferência, final do arco iniciado em (1, 0), é o mesmo para dois arcos diferentes (por exemplo, 0 e 2π), chamamos esses arcos de *arcos côngruos* ou *congruentes*. É conveniente notar que todos os arcos côngruos diferem entre si de um múltiplo de 2π, que é o comprimento de cada volta.

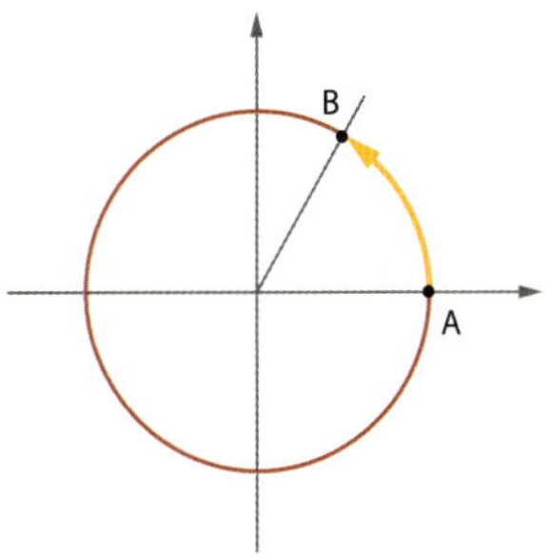

Ao número $\frac{\pi}{3}$ está associado o ponto **B**.

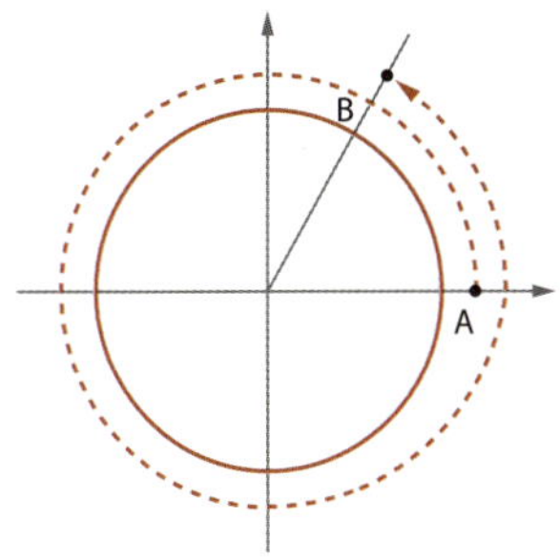

Ao número $\frac{\pi}{3} + 2\pi$ também está associado o ponto **B**.

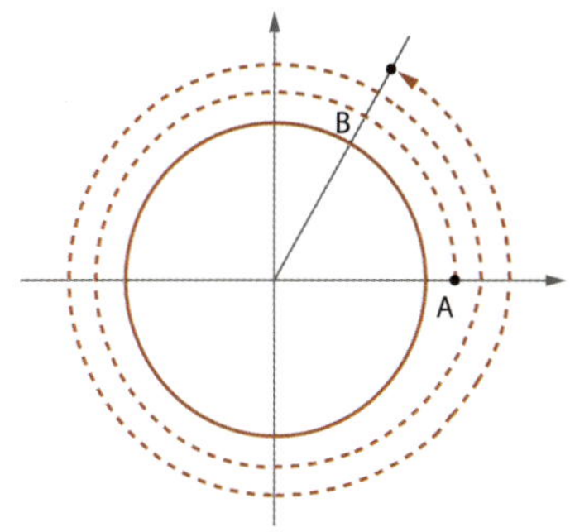

Ao número $\frac{\pi}{3} + 2 \cdot 2\pi$ está associado o mesmo ponto **B**.

Imaginando o ponto como um móvel que se desloca sobre a circunferência no sentido anti-horário, teríamos as situações a seguir.

Na primeira figura, o ponto deslocou-se $\frac{\pi}{3}$ ou 60° de **A** até **B**.

Na segunda figura, o ponto deslocou-se uma volta inteira (2π ou 360°) e mais $\frac{\pi}{3}$ ou 60°; ou seja, deslocou-se $\frac{7\pi}{3}$ ou 420°.

Na terceira figura, o ponto deslocou-se duas voltas inteiras ($2 \cdot 2\pi$ ou $2 \cdot 360°$) e mais $\frac{\pi}{3}$ ou 60°; ou seja, $\frac{13\pi}{3}$ ou 780°.

Supondo que o ponto se deslocasse **k** voltas inteiras, o número associado à extremidade **B** do arco AB seria escrito assim:

$$\frac{\pi}{3} + k \cdot 2\pi \text{ ou } 60° + k \cdot 360°, \text{ com } k \in \mathbb{Z}$$

Para refletir

O que acontece quando **k** é negativo?

Podemos então definir:

Dois arcos são côngruos ou congruentes quando suas medidas diferem de um múltiplo de 2π rad ou 360°.

Exemplos:

1º) 30° e 30° + 360° ou $\frac{\pi}{6}$ e $\frac{\pi}{6} + 2\pi$ são côngruos.

2º) 45° e 45° + 2 · 360° ou $\frac{\pi}{4}$ e $\frac{\pi}{4} + 2 \cdot 2\pi$ são côngruos.

3º) 60° e 60° − 3 · 360° ou $\frac{\pi}{3}$ e $\frac{\pi}{3} - 3 \cdot 2\pi$ são côngruos.

Para refletir

Com relação ao 1º exemplo, podemos afirmar que são côngruos:

30° e 390° ou $\frac{\pi}{6}$ e $\frac{13\pi}{6}$. E com relação ao 2º e 3º exemplos?

Neste último exemplo, o sinal negativo significa que as três voltas completas foram dadas no sentido horário. Dizemos neste caso que $60° - 3 \cdot 360° = -1\,020°$ ou $-\frac{17\pi}{3}$ são arcos negativos.

De modo geral:

- Se um arco mede $\alpha°$, os arcos côngruos a ele podem ser dados pela expressão $\alpha° + k \cdot 360°$, com $k \in \mathbb{Z}$.
- Se um arco mede **x** radianos, os arcos côngruos a ele podem ser dados pela expressão $x + k \cdot 2\pi$ ou $x + 2k\pi$, com $k \in \mathbb{Z}$.
- Como a cada ponto da circunferência podem estar associados infinitos arcos côngruos, dizemos que o arco da 1ª volta positiva (entre 0 e 2π ou 0° e 360°), associado a um ponto da circunferência, é a 1ª determinação positiva de qualquer arco côngruo associado ao mesmo ponto.

Exercícios resolvidos

10. Escreva a expressão geral dos arcos côngruos aos arcos de:

a) 45°

b) $\frac{3\pi}{4}$ rad

Resolução:

a) 45°

expressão geral: $\alpha + k \cdot 360°$

$\alpha = 45°$

$45° + k \cdot 360°$, com $k \in \mathbb{Z}$

b) $\frac{3\pi}{4}$ rad

expressão geral: $x + 2k\pi$

$x = \frac{3\pi}{4}$ rad

$\frac{3\pi}{4} + 2k\pi$, com $k \in \mathbb{Z}$

11. Determine o menor arco não negativo côngruo ao arco de 1 320°, ou seja, a 1ª determinação do arco de 1 320°.

Resolução:

Devemos obter o menor valor não negativo de α tal que $\alpha + k \cdot 360° = 1\,320°$, com $k \in \mathbb{Z}$.

Então:

```
1320 |360
 240   3     →
  ↑    ↑
  α    k
```

$\rightarrow 1\,320° =$
$= 240° + 360° \cdot 3$

Para refletir

- Qual o significado de um número não negativo?
- Neste exercício dizemos que 240° é a 1ª determinação de 1 320° ou que 1 320° foi reduzido à 1ª volta.

Logo, o arco pedido mede 240°.

Observe ainda que $k = 3$ representa o número de voltas completas dadas.

12. Calcule qual é o menor arco não negativo côngruo ao arco de −750°, ou seja, a 1ª determinação de um arco de −750° (redução à 1ª volta).

Resolução:

−750°

```
750 |360
030  2
```

$-750° = -30° - 2 \cdot 360°$

$-30° = 330° - 360°$

(330° → α)

Então, o arco pedido é 330°.

13. Encontre a expressão que representa todos os arcos côngruos aos indicados na figura:

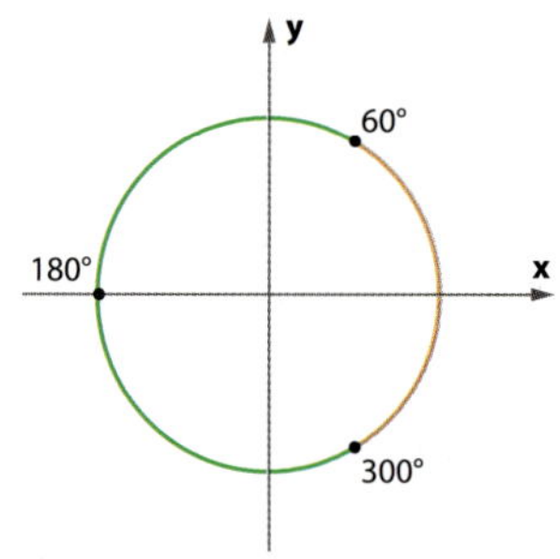

Resolução:

Observe que os três ângulos dividem o círculo em partes iguais a 120°, então poderemos representar todos os arcos a partir de um deles, de preferência o menor, aumentando 120°. Portanto, a expressão é $60° + k \cdot 120°$, com $k \in \mathbb{Z}$.

14. (Enem) Nos *X-Games Brasil*, em maio de 2004, o skatista brasileiro Sandro Dias, apelidado "Mineirinho", conseguiu realizar a manobra denominada "900", na modalidade *skate* vertical, tornando-se o segundo atleta no mundo a conseguir esse feito. A denominação "900" refere-se ao número de graus que o atleta gira no ar em torno de seu próprio corpo, que, no caso, corresponde a:

a) uma volta completa.
b) uma volta e meia.
c) duas voltas completas.
d) duas voltas e meia.
e) cinco voltas completas.

> RESOLUÇÃO PASSO A PASSO:

1. Lendo e compreendendo

a) O que é dado no problema?

É explicado que a denominação "900", na manobra do *skate* vertical, se refere ao número de graus que o atleta gira em torno do seu próprio corpo.

b) O que se pede?
Pede-se ao aluno que determine quantas voltas o atleta gira quando faz a manobra denominada "900" no *skate* vertical.

2. Planejando a solução
Sabendo que uma volta completa equivale a um giro de 360°, basta determinarmos quantas voltas equivalem a 900°.
Isso pode ser feito de várias maneiras: descobrindo-se quantas vezes o 360° "cabe" no 900°; usando-se proporção, etc. Usaremos uma delas na obtenção da resposta e a outra na verificação.

3. Executando o que foi planejado
- Chamando de **x** o número de vezes que 360° "cabem" em 900°, temos: $900 \,\underline{|\,360\,}$ x

$$360x = 900 \Rightarrow x = \frac{900}{360} = 2{,}5$$

Portanto, são duas voltas e meia.
Note que isso equivale a usar a chamada "regra de três".

4. Verificando
Para verificar, vamos usar a proporção. Chamando de **x** o número de voltas que equivale a 900°, temos:

$$\frac{x}{900} = \frac{1}{360} \Rightarrow \frac{900}{360} = 2{,}5$$

Isso confirma o resultado obtido anteriormente.
Note que essa segunda estratégia equivale a usar a chamada "regra de três simples".

5. Respondendo
A resposta é a alternativa **d**.

6. Ampliando o problema
a) Muitas outras manobras do *skate* vertical (rampa em forma de **U**) têm no nome números que indicam a rotação em graus do atleta. Uma manobra como "180 *ollie frontside*" consiste num giro de meia volta no ar quando o atleta sai da rampa, voltando para ela com o *skate* já na nova posição. Considerando apenas o nome das manobras abaixo, descreva o número de voltas do giro do atleta em cada uma delas:
I) *Fakie* 360
II) 540 *McTwist*
III) 720 *McHawk*

b) A manobra que consiste em dar 3 voltas completas nunca foi conseguida até o momento (janeiro/2011). Se um dia algum skatista conseguir dar 3 voltas completas, qual deverá ser o nome dessa manobra, se ela for batizada segundo o mesmo critério usado para dar nome ao "900"?

c) **Discussão em equipe**
Skatismo é ou não é esporte? Há quem defenda uma e outra posição. Já quiseram até mesmo incluir essa atividade em olimpíadas. Alguns dos maiores nomes do skatismo mundial dizem que "skatismo não é esporte, é estilo de vida". Por outro lado, ele é considerado um "esporte radical" e participa dos *X-Games*, a "olimpíada dos esportes radicais". Converse com seus colegas e dê sua opinião.

d) **Pesquisa**
Quem foi o primeiro a executar o "900"? Quando e onde isso aconteceu?

Exercícios propostos

7. Encontre a 1ª determinação, ou seja, o menor valor não negativo côngruo ao arco de:

a) 685°
b) 780°
c) 1140°
d) 850°
e) −400°
f) −1310°
g) $\frac{15\pi}{2}$ rad
h) $\frac{10\pi}{3}$ rad
i) $\frac{23\pi}{6}$ rad
j) $\frac{21\pi}{5}$ rad
k) $\frac{9\pi}{2}$ rad
l) $\frac{17\pi}{4}$ rad

8. Escreva a expressão geral dos arcos congruentes aos arcos dados.
(*Sugestão*: Determine primeiro o menor arco não negativo côngruo ao arco dado.)

a) 800°
b) 420°
c) 1640°
d) $\frac{9\pi}{4}$ rad
e) $\frac{19\pi}{3}$ rad
f) $\frac{33\pi}{5}$ rad

9. Considerando a origem em **A**, represente, na circunferência trigonométrica, a outra extremidade dos arcos dados, em radianos, pela expressão (com $k \in \mathbb{Z}$):

a) $x = \frac{\pi}{4} + k\pi$
b) $x = \frac{\pi}{6} + k\pi$
c) $x = \frac{2\pi}{3} + k\pi$
d) $x = -\frac{\pi}{3} + 2k\pi$
e) $x = -\frac{\pi}{4} + k\pi$
f) $x = \frac{\pi}{3} + k \cdot \frac{\pi}{2}$

10. Dê a expressão geral, em radianos, dos arcos de extremidades nos pontos indicados, considerando a origem em **A**:

a)
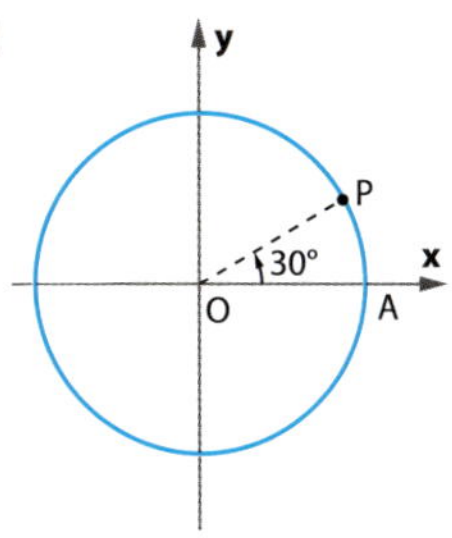

b)
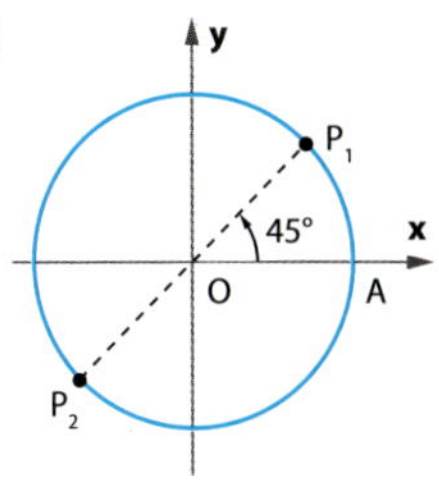

c)

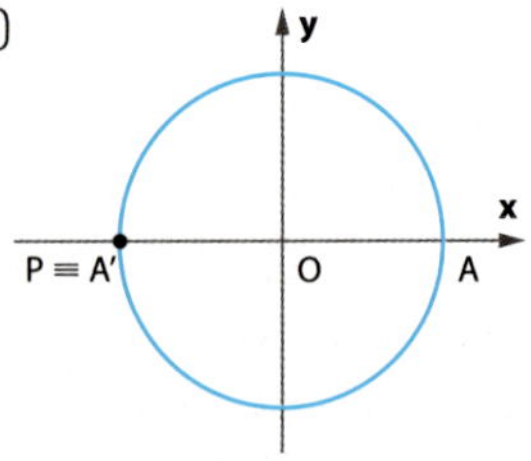

d)

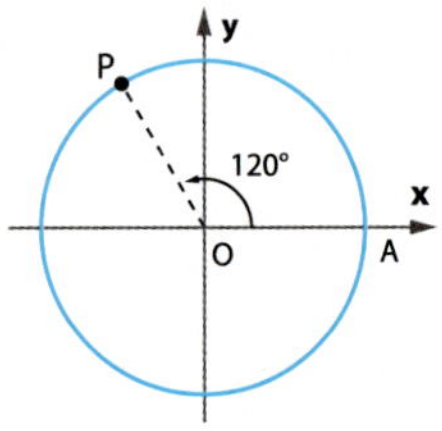

e)

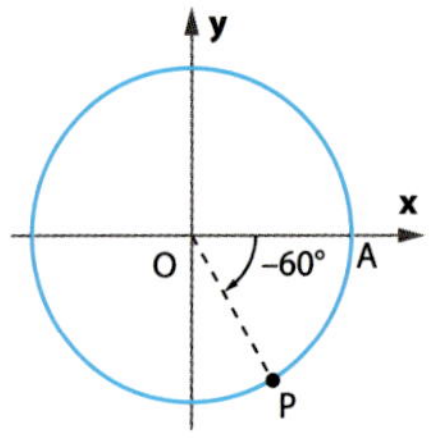

f)

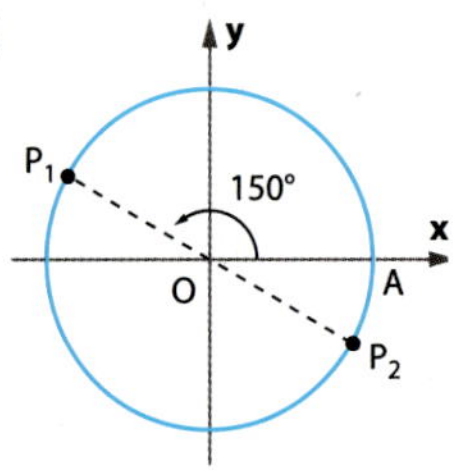

11. Na circunferência da figura ao lado estão representadas as extremidades $\mathbf{M_1}$, $\mathbf{M_2}$, $\mathbf{M_3}$ e $\mathbf{M_4}$ dos arcos dados, em radianos, pela expressão (com $k \in \mathbb{Z}$):

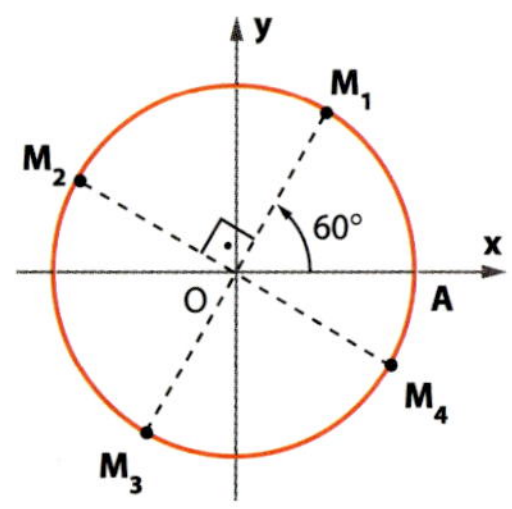

a) $\frac{\pi}{3} + 2k\pi$.

b) $\frac{\pi}{3} + k\pi$.

c) $\frac{\pi}{6} + 2k\pi$.

d) $\frac{\pi}{6} + k\pi$.

e) $\frac{\pi}{3} + k \cdot \frac{\pi}{2}$.

Portal Pedagógico

Acesse o *Portal Pedagógico* (veja instruções na seção "Conheça seu livro", página 5) e amplie o estudo deste capítulo. Selecione o capítulo 2 e você encontrará *Atividades adicionais* (Atividades para imprimir).

Desafios

1. (UnB-DF) O radar é um aparelho que usa o princípio da reflexão de ondas para determinar a posição de um objeto que se encontra distante ou encoberto por nevoeiro ou nuvem. A posição do objeto é indicada sob a forma de um ponto luminoso que aparece na tela do radar, que apresenta ângulos e círculos concêntricos, cujo centro representa a posição do radar, conforme ilustra a figura abaixo.

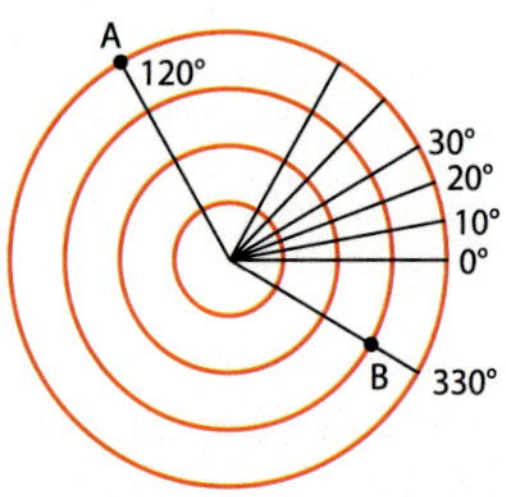

Considere que os pontos **A** e **B** da figura sejam navios detectados pelo radar, o navio **A** está a 40 km do radar e o navio **B**, a 30 km. Com base nessas informações e desconsiderando as dimensões dos navios, julgue (justificando) os itens que se seguem.

(1) A distância entre os navios **A** e **B** é maior que 69 km.

(2) Se, a partir das posições detectadas pelo radar, os navios **A** e **B** começarem a se movimentar no mesmo instante, em linha reta, com velocidades constantes e iguais, o navio **A** para o leste e o navio **B** para o norte, então eles se chocarão.

(3) A partir da posição detectada pelo radar, caso **B** se movimente sobre um círculo de raio igual a 30 km, no sentido anti-horário, com velocidade constante de 40 km/h então, em 10 min, o navio **B** percorrerá um arco correspondente a $\left(\frac{40}{p}\right)^\circ$.

2. (ITA-SP) Entre 4 e 5 horas, o ponteiro das horas de um relógio fica duas vezes em ângulo reto com o ponteiro dos minutos. Os momentos destas ocorrências serão:

a) 4h e $5\frac{2}{11}$ min e 4h e $38\frac{5}{11}$ min.

b) 4h e $5\frac{3}{11}$ min e 4h e $38\frac{7}{11}$ min.

c) 4h e $5\frac{5}{11}$ min e 4h e $38\frac{2}{11}$ min.

d) 4h e $5\frac{5}{11}$ min e 4h e $38\frac{5}{11}$ min.

e) Nenhuma das anteriores.

PENSANDO NO ENEM

1. Leia o texto abaixo, publicado no *site* globo.com, em 5 de março de 2010, que trata da construção de prédios resistentes a terremotos.

O terremoto que atingiu o sul do Chile no último sábado (27) está entre os dez maiores já registrados, mas a destruição causada pelo tremor não chegou perto da catástrofe ocorrida pouco antes no Haiti. Segundo sismólogos e engenheiros, não foi por acaso. As construções do Chile – um país acostumado com terremotos frequentes – são mais preparadas para os abalos sísmicos, resultando em menos desabamentos e mortes. As técnicas usadas para erguer prédios resistentes a terremotos não são tão complexas quanto se pode pensar. Paredes bem elaboradas, no lugar certo, podem fazer a diferença entre algumas rachaduras e o colapso completo da estrutura. O problema é que essas mudanças aumentam os custos da construção – um desafio complicado em países extremamente pobres como o Haiti.

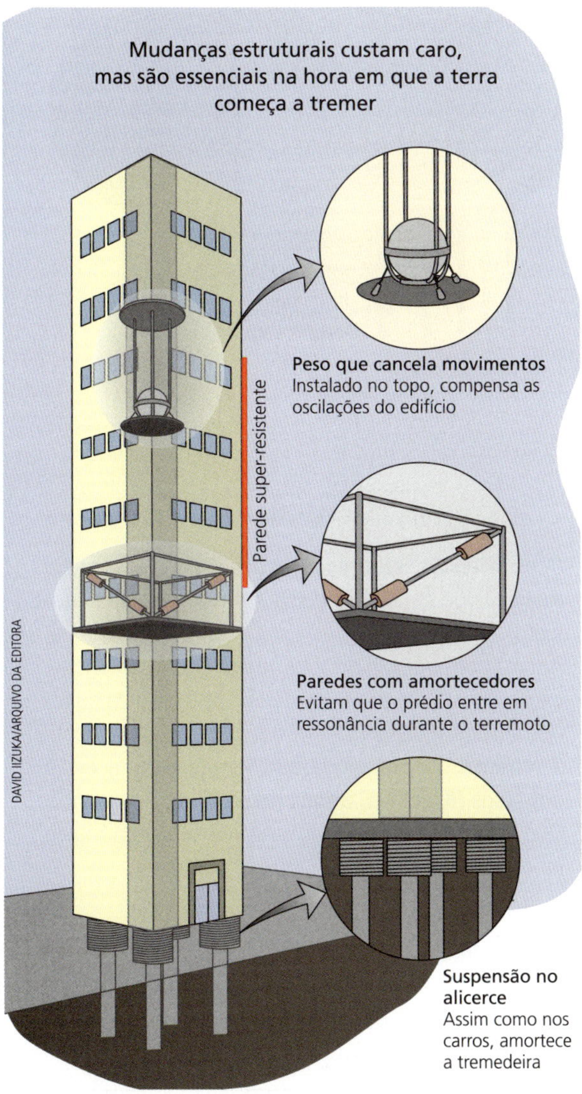

Em empreendimentos mais ousados, como o prédio taiwanês Taipei 101, que tem 508 metros de altura, os mecanismos antissísmicos são mais futuristas. Nessa construção, a segunda mais alta do mundo, um pêndulo de 660 toneladas instalado entre o 87º e o 92º andar é controlado eletronicamente para compensar as oscilações causadas pelo vento ou por tremores.

Detalhe de pêndulo antissísmico do edifício Taipei 101, de 101 andares, localizado em Taipei, Taiwan.

Fonte: Iberê Thenório. Entenda como são feitos os prédios resistentes a terremotos. Disponível em: <http://g1.globo.com/Noticias/Ciencia/0,,MUL1517047-5603,00-ENTENDA+COMO+SAO+FEITOS+OS+PREDIOS+RESISTENTES+A+TERREMOTOS.html>. Acesso em: 13 ago. 2010.

Considerando as informações do texto e supondo que, devido a ventos muito fortes, um ponto localizado a 8 metros abaixo do cume do Taipei 101 oscilou descrevendo um arco de 0,006 radianos, qual seria o comprimento, em metros, da oscilação sofrida por esse ponto?

a) 2,0 m
b) 2,3 m
c) 2,7 m
d) 3,0 m
e) 3,3 m

2. Em 1792, durante a Revolução Francesa, houve na França uma reforma de pesos e medidas que culminou na adoção de uma nova unidade de medida de ângulos, que dividia o ângulo reto em 100 partes iguais, chamadas *grado*. Um grado (1 gr) é então a unidade que divide o ângulo reto em 100 partes iguais, e o minuto divide o grado em 100 partes, bem como o segundo divide o minuto também em 100 partes. Tudo isso para que a unidade de medição de ângulos ficasse em conformidade com o sistema métrico. A ideia não foi muito bem-sucedida, mas até hoje encontramos na maioria das calculadoras científicas as três unidades: grau, radiano e grado.

SYLVAIN LEGARE/SHUTTERSTOCK/GLOW IMAGES

Com base no texto acima, responda:

a) A quantos grados equivale meia volta? E uma volta inteira?

b) Em qual quadrante termina o arco trigonométrico de 250 gr?

c) A quantos graus equivale 1 rad?

d) A quantos graus equivale 1 gr?

3. Desde as épocas mais remotas, sombras produzidas por instrumentos chamados *gnômons* eram utilizadas para dividir o dia em intervalos. Os gnômons foram então associados a escalas, originando os relógios de sol, que possibilitam determinar as horas do dia através do comprimento ou da posição da sombra projetada pelo Sol.

Um relógio de sol egípcio, de 1500 a.C., é a evidência mais antiga da divisão do dia* em partes iguais. As marcas na escala associam o comprimento da sombra do gnômon a uma unidade padronizada. Antes de o período dia-noite dividido em 24 horas iguais ter se consagrado como uma prática aceita, o número de horas contadas em qualquer período diurno era constante em todas as estações do ano. Deste modo, uma hora no verão era mais longa que uma hora no inverno porque os períodos diurnos são mais longos.

Figura 1

* Aqui, o termo "dia" significa somente a parte clara do dia de 24 horas.

Figura 2

Nas figuras 1 e 2 estão representadas as sombras projetadas pela incidência de luz solar em uma haste vertical (gnômon) em dois momentos do dia. Durante a noite, por não haver sombra, não é possível controlar a passagem do tempo pelo gnômon.

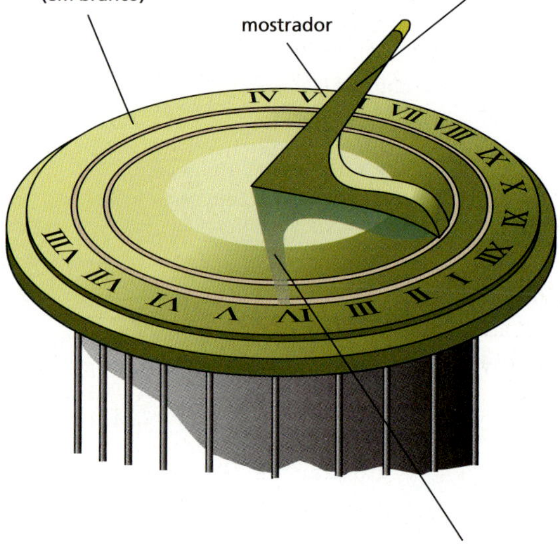

ILUSTRAÇÕES: DAVID IIZUKA/ARQUIVO DA EDITORA

Fonte: <www.numaboa.com/almanaque/relogios/260-sobre-relogios-de-sol>. Acesso em: 13 out. 2010.

Considerando essas informações, observe acima a ilustração de um relógio de sol com mostrador em números romanos:

Admita que o relógio de sol ilustrado esteja com a marcação de suas horas (de IV da manhã às VIII da noite) distribuídas igualmente em um arco de exatamente 2 radianos. Admita ainda como origem da medição dos arcos (0 radiano) a sombra das 4 horas da manhã. Que horas estará marcando o relógio quando o ângulo for de 0,6875 radianos?

a) 8h

b) 8,5h

c) 9h

d) 9,5h

e) 10h

A MATEMÁTICA E AS PRÁTICAS SOCIAIS

Os arcos trigonométricos

A Trigonometria, como outros ramos da Matemática, não foi obra de um só homem ou nação. [...] Deve-se lembrar que desde a época de Hiparco [século II a.C.] até os tempos modernos não havia coisas como razões trigonométricas. Os gregos, e depois deles os hindus e os árabes, usaram linhas trigonométricas. Essas a princípio tiveram a forma de cordas num círculo, [...] e coube a Ptolomeu [século II d.C.] associar valores numéricos (ou aproximações) às cordas. Para isso, duas convenções eram necessárias: algum esquema para subdividir a circunferência de um círculo e alguma regra para subdividir o diâmetro.

JUPITERIMAGES/AGENCE FRANCE-PRESSE

A divisão de uma circunferência em 360 graus parece ter estado em uso na Grécia desde os dias de Hiparco, embora não se saiba bem como a convenção surgiu. Não é improvável que a medida de 360 graus tenha sido tomada da Astronomia, onde o zodíaco fora dividido em doze "signos" ou 36 "decanatos". Um ciclo de estações, de aproximadamente 360 dias, podia facilmente ser posto em correspondência com o sistema de signos zodiacais e decanatos, subdividindo cada signo em trinta partes e cada decanato em dez partes. Nosso sistema comum de medida de ângulos pode derivar dessa correspondência. Além disso, como o sistema babilônico posicional para frações era evidentemente superior às frações unitárias egípcias e às frações comuns gregas, era natural que Ptolomeu subdividisse seus graus em sessenta partes *minutae primae*, cada uma das quais era dividida em sessenta partes *minutae secundae*, e assim por diante. É das frases latinas que os tradutores usaram que provêm nossas palavras "minutos" e "segundos". Sem dúvida, foi o sistema sexagesimal que levou Ptolomeu a subdividir o diâmetro de seu círculo trigonométrico em 120 partes; cada uma dessas ele subdividiu de novo em sessenta minutos e cada minuto de comprimento em sessenta segundos.

Fonte: BOYER, Carl. *História da Matemática*. Trad. Elza F. Gomide. São Paulo: Edgard Blücher, 1994. p. 116 e 121.

Calculando e compreendendo melhor o texto

1. Ptolomeu dividiu o grau em minutos e o minuto em segundos usando a base 60. Isso nos dá até hoje uma maior facilidade para trabalharmos com o tempo, em especial as frações da hora: meia hora, um quarto de hora, etc. Quais são os divisores do número 60? Quantos minutos tem cada dia?

2. Usando a relação $\alpha \text{ (radiano)} = \frac{\text{arco}}{\text{raio}}$, determine a medida mais próxima, em graus, do arco percorrido por um veículo que percorre uma pista circular de raio 500 m, com velocidade escalar constante de 10 m/s, durante 5 minutos.
a) 280° b) 300° c) 320° d) 340° e) 360°

Ampliando o conteúdo matemático

3. Em 2009 comemorou-se o Ano Internacional da Astronomia. No dia 20 de março desse ano a cidade de Macapá, capital do Amapá, comemorou o acontecimento de um fenômeno interessante chamado equinócio de outono. É quando tanto o dia quanto a noite têm exatamente 12 horas. As cidades Macapá (AP) e Quito (capital do Equador) estão sobre a linha do equador e suas longitudes são, respectivamente, 78° oeste e 52° oeste. Considerando a Terra uma esfera de raio 6400 km, calcule a distância entre essas duas cidades.

DIVULGAÇÃO/ANO INTERNACIONAL DA ASTRONOMIA 2009

Logotipo do Ano Internacional da Astronomia em 2009.

4. Os britânicos são conhecidos por sua pontualidade. Em Londres, no alto da torre do Big Ben, de 98 metros de altura, está um dos relógios mais famosos do mundo.

JUPITERIMAGES/AGENCE FRANCE-PRESSE

Ele possui quatro mostradores com ponteiros que medem 2,74 m (ponteiro das horas) e 4,27 m (ponteiro dos minutos). O relógio é ajustado segundo o Observatório de Greenwich, que determina também os fusos horários de todo o mundo.

a) Calcule, em metros, a menor e a maior distância possível entre os extremos dos ponteiros de um dos mostradores do relógio.

b) Em 24 horas, qual é a distância percorrida pela extremidade do ponteiro dos minutos de um dos mostradores do relógio?

5. Duas inglesas marcaram um encontro para o chá da tarde às 17 horas. Uma chegou pontualmente ao local combinado. A outra olhou para o Big Ben e viu que estava 20 minutos atrasada. Nesse instante, qual é o menor ângulo formado pelos ponteiros do relógio?

6. O ciclismo é um dos mais tradicionais esportes olímpicos e faz parte dessa competição há mais de um século. A bicicleta é também utilizada por muitas pessoas como meio de transporte. Somente na China estimava-se algo perto de meio bilhão de bicicletas no começo do século XXI. É atribuído a Leonardo da Vinci o primeiro projeto de uma bicicleta, mas esse projeto só foi descoberto em 1966, quando a bicicleta já estava difundida no mundo inteiro.

O modelo abaixo, de James Starley, foi patenteado em 1870. Suponha que nesse modelo o diâmetro da roda maior seja de 110 cm e o diâmetro da roda menor seja de 35 cm. Qual é o número mínimo de voltas completas que a roda pequena deve dar para que a roda grande também gire um número inteiro de voltas?

BOB THOMAS/POPPERFOTO/GETTY IMAGESCONTRIBUTOR

7. O gradiano, mais comumente chamado de grado, é uma medida angular em que a circunferência é dividida em 400 partes iguais e, como já vimos, cada ângulo central de uma dessas partes equivale a 1 grado. Quando a circunferência é dividida em 300 partes iguais, cada ângulo central de uma dessas partes equivale a 1 trento. Determine em graus, em trentos e em grados a medida do ângulo $\hat{B}$ ao lado.

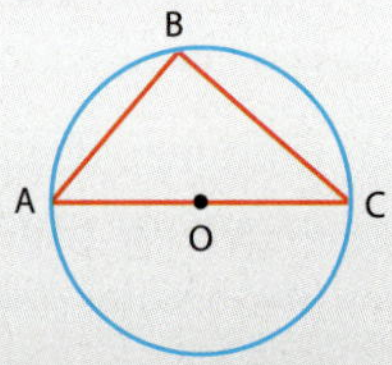

Pesquisando e discutindo

8. O valor da razão entre a medida da circunferência e a medida de seu diâmetro, que é o π (pi), é uma das constantes mais procuradas da história. O π é um número irracional que aparece em diversas fórmulas matemáticas. Pesquise e discuta com seus colegas onde ou em quais fórmulas a constante π é utilizada.

Veja mais sobre o assunto

Procure mais informações em jornais, revistas e nos *sites* <www.zenite.nu>, <educacao.uol.com.br/biografias/ptolomeu.jhtm> e <www.mat.ufrgs.br/~portosil/aplcom1a.html>.

QUESTÕES DE VESTIBULAR

1. (UFRGS-RS) Dentre os desenhos abaixo, aquele que representa o ângulo que tem medida mais próxima de 1 radiano é:

a)
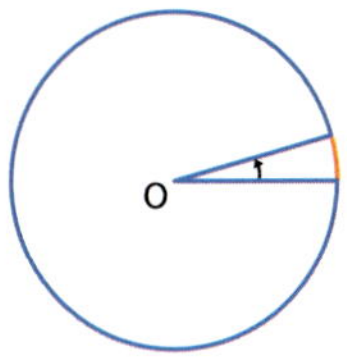

d)
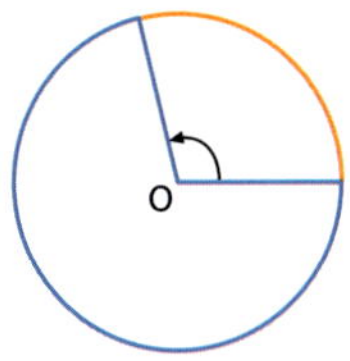

b)
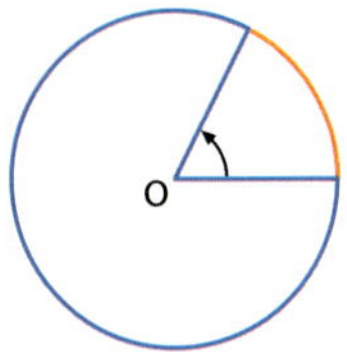

e)
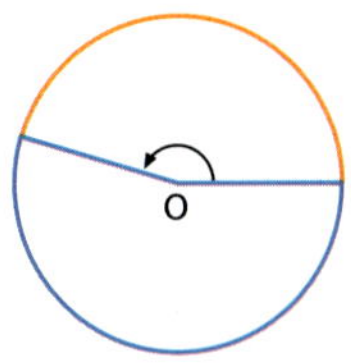

c)
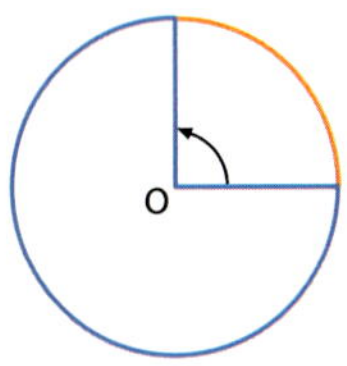

2. (Ufscar-SP) Uma pizza circular será fatiada, a partir do seu centro, em setores circulares. Se o arco de cada setor medir 0,8 radiano, obtém-se um número máximo **N** de fatias idênticas, sobrando, no final, uma fatia menor, que é indicada na figura por fatia N + 1. Considerando $\pi = 3,14$, o arco da fatia N + 1, em radiano, é:

a) 0,74.
b) 0,72.
c) 0,68.
d) 0,56.
e) 0,34.

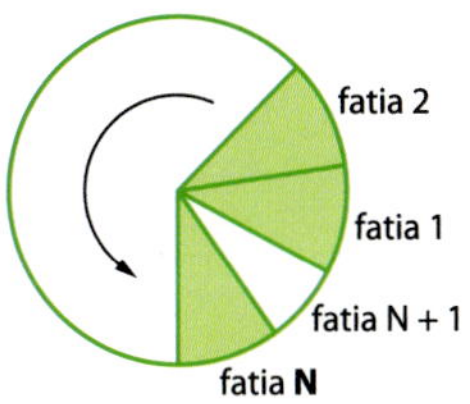

3. (PUC-MG) Ao projetar prédios muito altos, os engenheiros devem ter em mente o movimento de oscilação, que é típico de estruturas de arranha-céus. Se o ponto mais alto de um edifício de 400 m descreve um arco de $\left(\frac{1}{2}\right)^{\circ}$, a medida do arco descrito por esse ponto, em metros, é:

a) π.
b) $\frac{3\pi}{4}$.
c) $\frac{4\pi}{3}$.
d) $\frac{10\pi}{9}$.
e) $\frac{11\pi}{10}$.

4. (UFPI) Uma região de uma cidade possui o formato de um setor circular. Os pontos **A**, **B** e **C** são esquinas, a distância entre os pontos **A** e **B** é de 1 km e o ângulo formado pelas ruas 1 e 2 é de 120°, conforme mostra a figura a seguir.

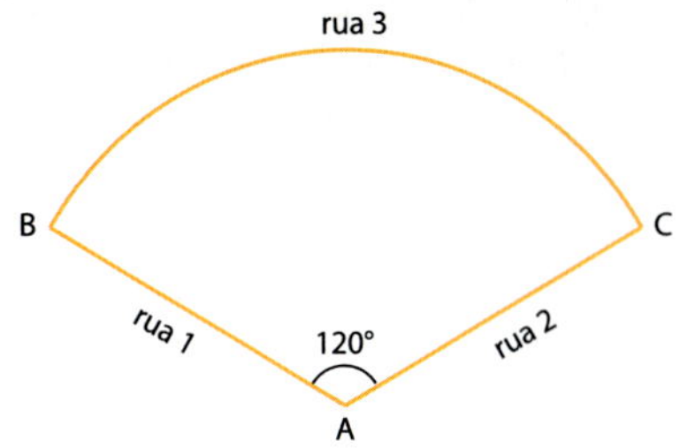

João e Marcos desejam ir do ponto **B** para o ponto **C**. Para tanto, João percorreu as ruas 1 e 2, passando inicialmente por **A**, enquanto Marcos seguiu o trajeto pela rua 3. Podemos afirmar, considerando o valor de π como 3,14, que João e Marcos percorreram, respectivamente, uma distância aproximada de:

a) 2 km e 2,09 km.
b) 2 km e 2 km.
c) 1 km e 2 km.
d) 2,09 km e 2,09 km.
e) 2 km e 1 km.

5. (Cefet-MG) Na figura, tem-se duas circunferências coplanares e concêntricas. Sendo OA = 4 cm, CD = 6 cm e o comprimento do arco AC = 6 cm, o comprimento do arco BD, em cm, é:

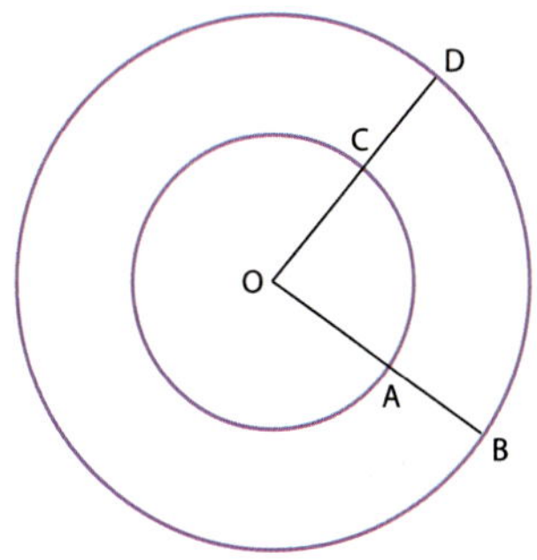

a) 8.
b) 12.
c) 15.
d) 18.

6. (UFG-GO) Deseja-se marcar nas trajetórias circulares concêntricas, representadas na figura abaixo, os pontos **A** e **B**, de modo que dois móveis partindo, respectivamente, dos pontos **A** e **B**, no sentido horário, mantendo-se na mesma trajetória, percorram distâncias iguais até a linha de origem.

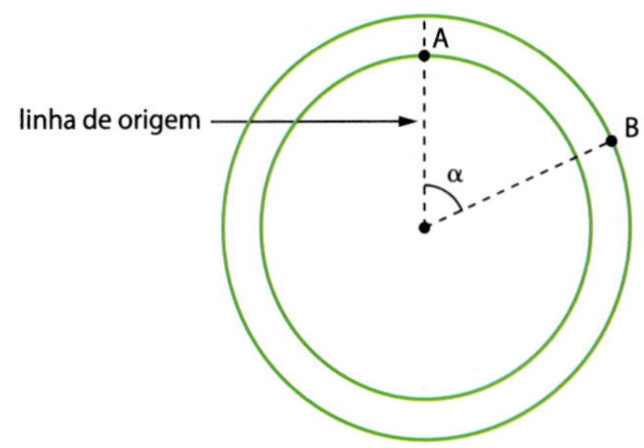

Considerando que o ponto **A** deverá ser marcado sobre a linha de origem a 8 m do centro e o ponto **B** a 10 m do centro, o valor do ângulo α, em graus, será igual a:

a) 30.
b) 36.
c) 45.
d) 60.
e) 72.

7. (Mack-SP) Um veículo percorre uma pista circular de raio 300 m, com velocidade constante de 10 m/s, durante um minuto. Dentre os valores abaixo, o mais próximo da medida, em graus, do arco percorrido é:

a) 90.
b) 115.
c) 145.
d) 75.
e) 170.

8. (UFPR) Maria e seus colegas trabalham em uma empresa localizada em uma praça circular. Essa praça é circundada por uma calçada e dividida em partes iguais a 12 caminhos retos que vão da borda ao centro da praça, conforme o esquema a seguir. A empresa fica no ponto **E**, há um restaurante no ponto **R**, uma agência de correio no ponto **C** e uma lanchonete no ponto **L**. Quando saem para almoçar, as pessoas fazem caminhos diferentes: Maria sempre se desloca pela calçada que circunda a praça; Carmen sempre passa pelo centro da praça, vai olhar o cardápio do restaurante e, se este não estiver do seu agrado, vai almoçar na lanchonete, caminhando pela calçada; Sérgio sempre passa pelo centro da praça e pelo correio, daí seguindo pela calçada para a lanchonete ou para o restaurante.

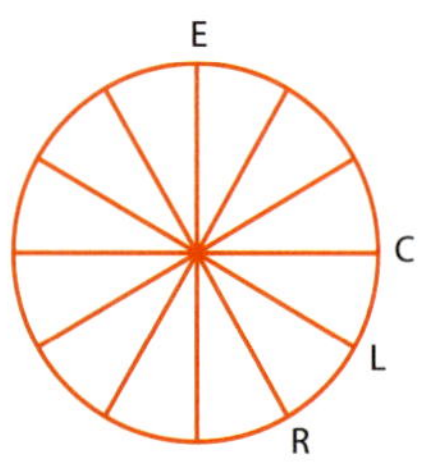

Sabendo que as pessoas sempre percorrem o menor arco possível quando caminham na calçada que circunda a praça, avalie as afirmativas a seguir:

I) Quando Carmen e Sérgio vão almoçar na lanchonete, ambos percorrem a mesma distância.
II) Quando Maria e Sérgio vão almoçar na lanchonete, quem percorre a menor distância é Maria.
III) Quando todos os três vão almoçar no restaurante, Carmen percorre a menor distância.

Assinale a alternativa correta.

a) Somente a afirmativa I é verdadeira.
b) As afirmativas I, II e III são verdadeiras.
c) Somente as afirmativas II e III são verdadeiras.
d) Somente as afirmativas I e III são verdadeiras.
e) Somente as afirmativas I e II são verdadeiras.

9. (Vunesp) Em um jogo eletrônico, o "monstro" tem a forma de um setor circular de raio 1 cm, como mostra a figura. A parte que falta no círculo é a boca do "monstro", e o ângulo de abertura mede 1 radiano. O perímetro do "monstro", em cm, é:

a) $\pi - 1$.
b) $\pi + 1$.
c) $2\pi - 1$.
d) 2π.
e) $2\pi + 1$.

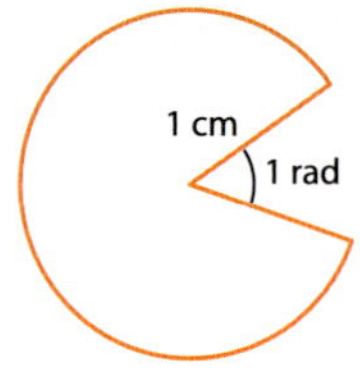

10. (UFPA) Um engenheiro, responsável pela construção de uma pista de atletismo circular de 400 m, precisa orientar o pintor responsável por pintar as linhas de largada e chegada e as faixas de corrida de cada corredor, de modo que cada corredor corra apenas 400 m entre sua linha de largada e a linha de chegada, dentro de uma faixa de 1 m de largura. Considerando que:

- o corredor que corre a faixa 1, a faixa mais próxima do centro da pista, parte da linha de chegada;
- a linha de chegada e a linha de largada do sexto corredor formam um ângulo α de, aproximadamente, 0,457 radianos e que o comprimento do arco entre a linha de chegada e a linha de largada do sexto corredor é 31,43 m (veja figura abaixo);
- o raio de cada faixa é dado pelo segmento que une o centro da pista à circunferência menor da faixa;

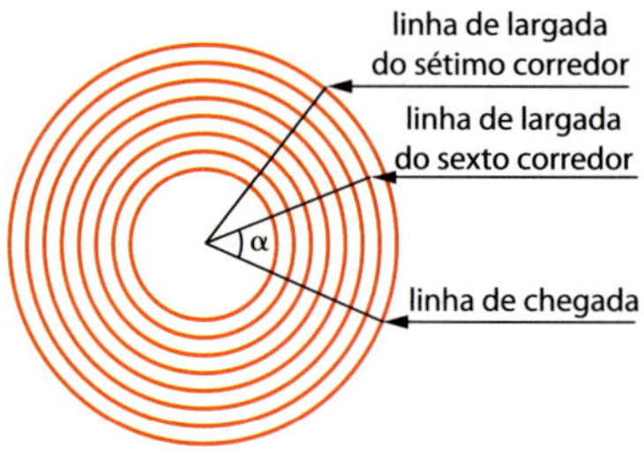

então, admitindo que $2\pi = 6{,}28$, o comprimento, aproximado, do arco entre a linha de chegada e a linha de largada do sétimo corredor é:

a) 41,25 m.
b) 35,11 m.
c) 36,12 m.
d) 38,15 m.
e) 40,10 m.

11. (PUC-SP) Na figura, têm-se 3 circunferências de centros **A**, **B** e **C**, tangentes duas a duas. Os segmentos $\overline{QC}$ e $\overline{PT}$ são perpendiculares. Sendo 4 m o raio da circunferência maior, quantos metros devemos percorrer para ir de **P** a **Q**, seguindo as flechas?

a) 2π
b) 3π
c) 4π
d) 6π
e) 12π

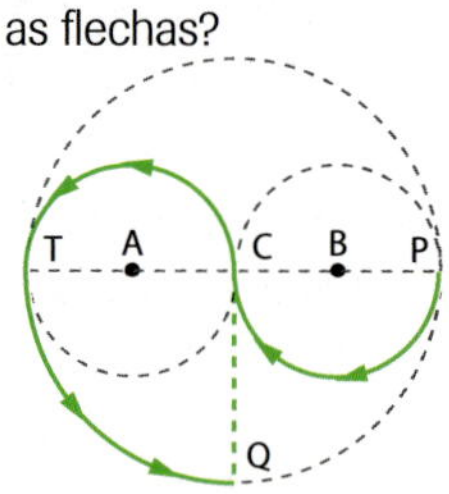

12. (Mack-SP) **A**, **B**, **C**, **D**, **E** e **F** são vértices de um hexágono regular inscrito na circunferência de raio 5. Então, a soma dos comprimentos de todos os arcos da figura é:

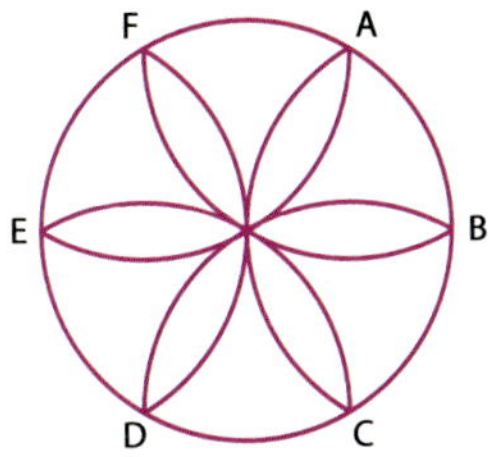

a) 30.

b) 30π.

c) 15.

d) 15π.

e) 6π.

13. (Unifor-CE) O arco α mede 7 632°. O arco β, tal que $0 < \beta < 90°$, é côngruo a α. A medida de β, em radianos, é:

a) $\frac{\pi}{6}$.

b) $\frac{\pi}{5}$.

c) $\frac{\pi}{3}$.

d) $\frac{2\pi}{5}$.

e) $\frac{2\pi}{7}$.

14. (Ufam) O Big Ben, ao contrário do que muitos pensam, não é o famoso relógio do Parlamento Inglês, nem tampouco sua torre. É o nome do sino, que pesa 13 toneladas.

O nome do relógio é Tower Clock, e é muito conhecido pela sua precisão e tamanho.

FSTOCKFOTO/SHUTTERSTOCK/GLOW IMAGES

O ponteiro dos minutos mede 3,4 m (medido do centro do relógio até a extremidade do ponteiro).

Ao se deslocar 42 minutos, a distância percorrida pela extremidade do ponteiro dos minutos deste relógio é aproximadamente (considere $\pi = 3,14$):

a) 11 m.

b) 12 m.

c) 15 m.

d) 19 m.

e) 21 m.

15. (UEPB) O menor ângulo entre os ponteiros de um relógio que marca 13 horas e 38 minutos vale:

a) 168°.

b) 175°.

c) 149°.

d) 179°.

e) 150°.

16. (UFRGS-RS) Se o ponteiro menor de um relógio percorre um arco de $\frac{\pi}{12}$ rad, o ponteiro maior percorre um arco de:

a) $\frac{\pi}{6}$ rad.

b) $\frac{\pi}{4}$ rad.

c) $\frac{\pi}{3}$ rad.

d) $\frac{\pi}{2}$ rad.

e) π rad.

Leitura

Por que a circunferência trigonométrica tem raio 1?

Normalmente as pessoas respondem a essa pergunta dizendo o seguinte: nas definições dadas para tangente e secante (bem como nas definições de seno e cosseno), figura sempre o raio **r** do círculo no denominador. Se supusermos $r = 1$, as fórmulas se simplificarão bastante.

Tal explicação deve ser complementada com a observação de que tomar $r = 1$ corresponde a escolher o (comprimento do) raio como unidade de medida. Como todas as linhas trigonométricas são quocientes entre duas medidas, o valor de cada uma delas se mantém inalterado quando elas passam de uma unidade para outra. Por isso não faz mal convencionar $r = 1$.

No fundo, o que ocorre é que na Geometria Euclidiana, embora haja uma unidade natural para medir ângulo (o radiano), não há uma unidade de comprimento que possa ser escolhida de modo canônico, isto é, independentemente de escolhas arbitrárias. Isso contrasta com a Geometria Hiperbólica (de Lobatchevski e Bolyai), na qual existe uma medida natural para os comprimentos, e portanto para áreas e volumes.

Fonte: LIMA, Elon Lages de. *Meu professor de Matemática*. Rio de Janeiro; IMPA-Vitae, 1991. p. 188.

Capítulo 3
Seno, cosseno e tangente na circunferência trigonométrica

UM POUCO DE HISTÓRIA

➲ Não se sabe ao certo quando surgiu a ideia do radiano, unidade de medida de ângulo, mas sabe-se que esse nome foi criado em 1873, pelo físico inglês James T. Thomson (1822-1892), em trabalho sobre velocidade angular. O radiano é uma unidade que corresponde à medida de um arco com comprimento igual ao raio, permitindo a associação das razões trigonométricas com números reais.

A MATEMÁTICA NA PRÁTICA

➲ A Trigonometria é uma área da Matemática essencial para a engenharia. A projeção das curvas das estradas deve levar em conta que velocidades muito altas provocam uma força que projeta o carro para fora da pista. Por isso, as estradas possuem a parte externa das curvas mais elevada que a parte interna e, assim, quanto maior o ângulo e inclinação nas curvas, maior poderá ser a velocidade máxima permitida.

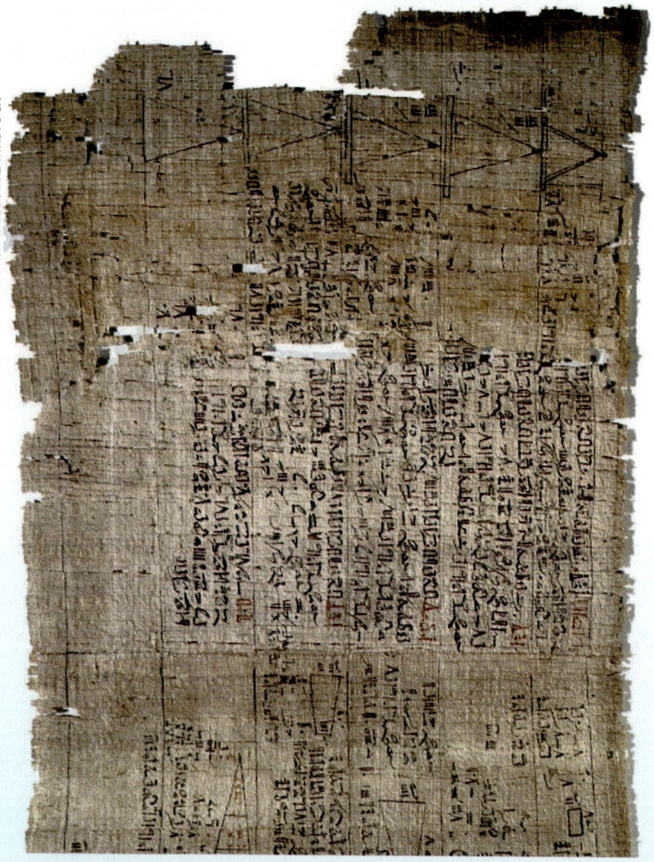

BRITISH MUSEUM/LATINSTOCK

O papiro de Rhind tem 32 cm de largura por 5,13 m de comprimento. Os problemas 56 a 60 (figura acima) tratam de pirâmides, referindo-se a alturas e bases. Usam o *seqt* como unidade de medida de inclinação de uma das faces da pirâmide relativamente à base. Seu nome deve-se ao escocês Alexander Henry Rhind, que o comprou, por volta de 1850, em Luxor, no Egito.

ALEX ARGOZINO/ARQUIVO DA EDITORA

DESAFIO

Sabendo que razões trigonométricas são números não acompanhados de unidade, ou seja, números puros, leia o texto abaixo e explique a expressão "mãos por cúbito". Depois, consulte uma tabela trigonométrica e, usando a relação $\text{cotg } \theta = \dfrac{\cos \theta}{\text{sen } \theta}$, *estime o valor do ângulo* $\boldsymbol{\theta}$.

Para os egípcios, *seqt* era o número obtido quando o "percurso" horizontal de uma pirâmide era dividido pela "elevação" vertical da face dessa pirâmide. Assim, indicava a inclinação da face da pirâmide e corresponde ao que chamamos hoje de *cotangente*.

O problema 56 do papiro de Rhind pede a medida do *seqt* de uma pirâmide de base quadrada que tem 360 cúbitos de lado e 250 cúbitos de altura. Ocorre que o costume egípcio era medir o percurso em "mãos" (aproximadamente 4 polegadas) e a elevação em cúbitos (que os egípcios consideravam igual a 7 mãos ou palmos).

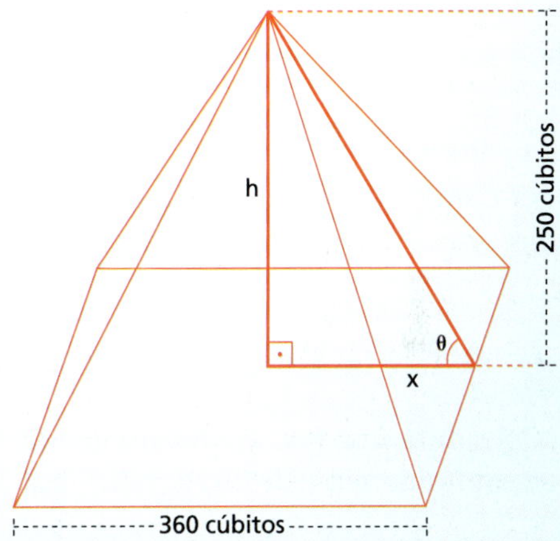

Para essa pirâmide, o escriba obtém o resultado (expresso em notação atual):

$$\text{seqt} = \frac{x}{h} = \frac{180 \cdot 7 \text{ mãos}}{250 \text{ cúbitos}} = \frac{126}{25} \text{ mãos por cúbito}$$

As três pirâmides mais célebres do mundo, construídas pelos faraós Quéops, Quéfren e Miquerinos (pai, filho e neto), há cerca de 4 700 anos, localizam-se às margens do rio Nilo, no planalto de Gizé, Egito. A maior delas, Quéops, tem mais de 146 m de altura.

MARTIN GRAY/GETTY IMAGES

1 Introdução

No volume 1, os valores sen α, cos α e tg α foram definidos apenas para ângulos agudos, ou seja, para $0 < \alpha < \frac{\pi}{2}$, com α indicando a medida do ângulo em radianos.

Para esses valores de α foram demonstradas duas importantes relações:

$$\text{sen}^2\,\alpha + \cos^2\alpha = 1 \quad \text{e} \quad \text{tg}\,\alpha = \frac{\text{sen}\,\alpha}{\cos\alpha}$$

No primeiro capítulo deste volume, os valores de sen α, cos α e tg α foram estendidos para $\alpha = 0$ (ângulo nulo), $\alpha = \frac{\pi}{2}$ (ângulo reto) e $\frac{\pi}{2} < \alpha < \pi$ (ângulos obtusos) para possibilitar a resolução de triângulos quaisquer, mas sem a justificativa desses valores.

Neste capítulo vamos estender a noção de sen α, cos α e tg α para *todos os valores reais de* α, justificando seus valores de modo que sejam mantidas as duas relações fundamentais $\left(\text{sen}^2\,\alpha + \cos^2\alpha = 1 \text{ e } \text{tg}\,\alpha = \frac{\text{sen}\,\alpha}{\cos\alpha}\right)$. Assim, poderemos definir seno, cosseno e tangente como funções de variáveis reais, quando for conveniente. Por isso, muitas vezes nos referimos a seno, cosseno e tangente como *funções trigonométricas*. Porém, a formalização das funções trigonométricas somente será feita no capítulo 6.

2 A ideia de seno, cosseno e tangente de um número real

Consideremos **P**(x, y) um ponto da circunferência trigonométrica, ponto final do arco de medida α rad, definido a partir do número real α. Nessas condições, definimos:

$\text{sen}\,\alpha$ = ordenada de **P**

$\cos\alpha$ = abscissa de **P**

$\text{tg}\,\alpha = \frac{\text{sen}\,\alpha}{\cos\alpha}$ (com $\cos\alpha \neq 0$)

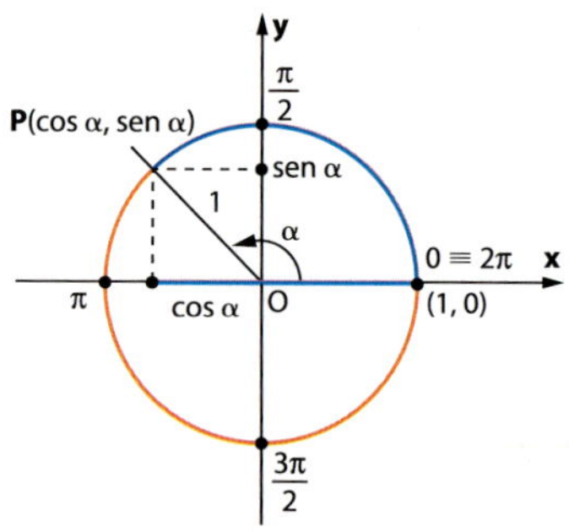

Observe que essa definição coincide com aquela dada para ângulos agudos, pois, como todos os pontos da circunferência trigonométrica estão à distância 1 da origem, pela relação de Pitágoras, temos:

$$\text{sen}^2\,\alpha + \cos^2\alpha = 1$$

Assim, essa definição, estendida agora para qualquer número real, mantém as relações fundamentais.

Observe também que tg α não é definida para alguns valores de α, como para $\alpha = \frac{\pi}{2}$ e $\alpha = \frac{3\pi}{2}$, em que $\cos\alpha = 0$.

Observações:

1ª) Dessa forma, ao associar um número real α a um arco da circunferência, estamos associando o número real ao ponto **P** cuja abscissa é o cosseno de α e cuja ordenada é o seno de α.

2ª) Apesar de a definição de seno e cosseno na circunferência trigonométrica necessitar do arco em radianos — por causa da associação com os números reais (como exposto no capítulo anterior) —, não há problema em se referir aos valores dos ângulos em graus. Então, agora podemos pensar em seno e cosseno de arcos (ou ângulos) maiores do que 90°, algo impensável quando se trabalhava com triângulos retângulos. Também podemos pensar em senos e cossenos de ângulos negativos.

3 Valores notáveis do seno e do cosseno

Observe nas figuras a seguir os pontos **A**(1, 0), **B**(0, 1), **A'**(−1, 0) e **B'**(0, −1). Lembrando que a abscissa do ponto **P** é o cosseno, e a ordenada é o seno, temos:

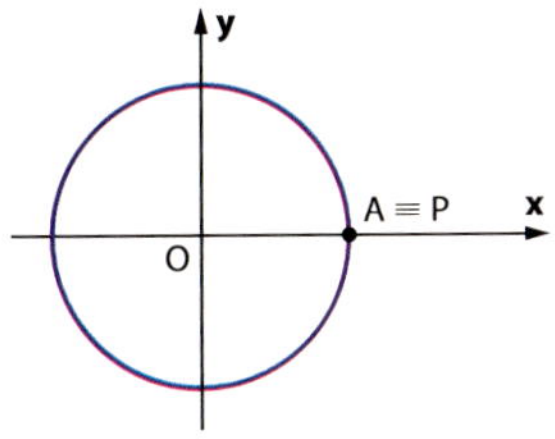

$\alpha = 0\ (0°)$

$\text{sen}\ 0 = 0$

$\cos 0 = 1$

Para refletir

Por que o nome "valores notáveis"?

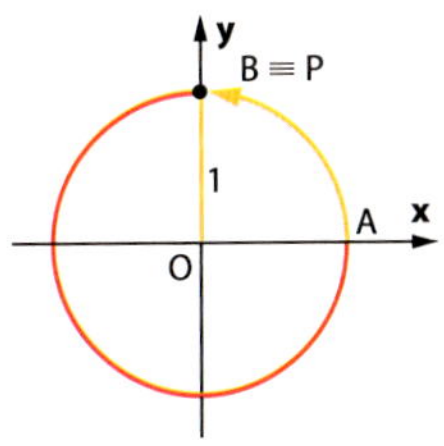

$\alpha = \frac{\pi}{2}\ (90°)$

$\text{sen}\ \frac{\pi}{2} = 1$

$\cos \frac{\pi}{2} = 0$

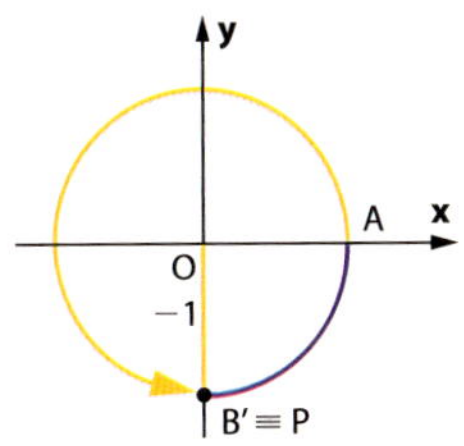

$\alpha = \frac{3\pi}{2}\ (270°)$

$\text{sen}\ \frac{3\pi}{2} = -1$

$\cos \frac{3\pi}{2} = 0$

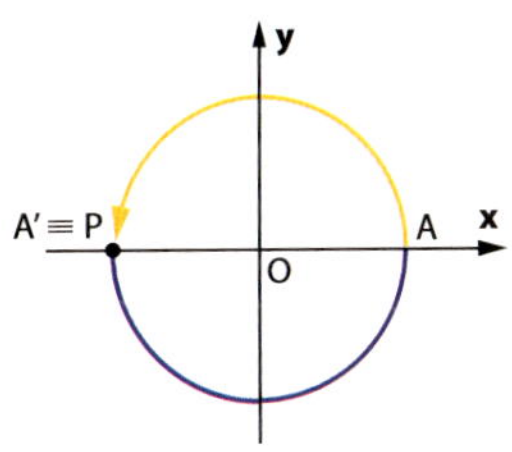

$\alpha = \pi\ (180°)$

$\text{sen}\ \pi = 0$

$\cos \pi = -1$

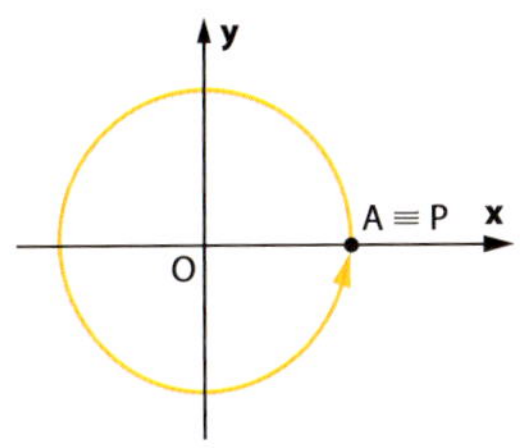

$\alpha = 2\pi\ (360°)$

$\text{sen}\ 2\pi = 0$

$\cos 2\pi = 1$

Veja a tabela com os valores notáveis do seno e do cosseno:

α	0	$\frac{\pi}{6}$ (30°)	$\frac{\pi}{4}$ (45°)	$\frac{\pi}{3}$ (60°)	$\frac{\pi}{2}$ (90°)	π (180°)	$\frac{3\pi}{2}$ (270°)	2π (360°)
sen α	0	$\frac{1}{2}$	$\frac{\sqrt{2}}{2}$	$\frac{\sqrt{3}}{2}$	1	0	−1	0
cos α	1	$\frac{\sqrt{3}}{2}$	$\frac{\sqrt{2}}{2}$	$\frac{1}{2}$	0	−1	0	1

Sabendo esses valores e usando a simetria dos pontos da circunferência, podemos obter valores de seno e cosseno de arcos em todos os quadrantes. Observe como usar a simetria nas figuras a seguir.

Arcos no 2º quadrante

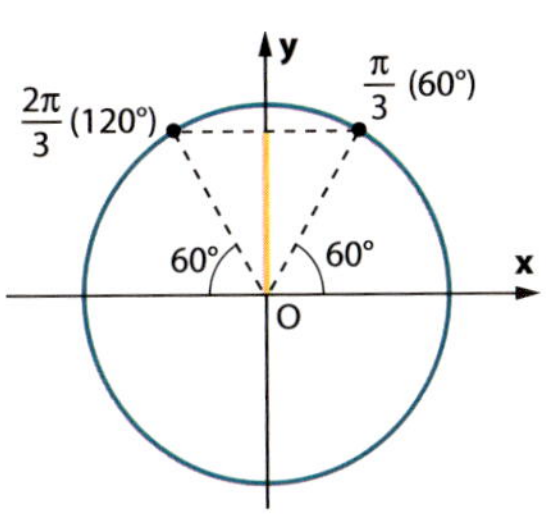

$$\text{sen}\ \frac{2\pi}{3} = \text{sen}\left(\pi - \frac{2\pi}{3}\right) = \text{sen}\ \frac{\pi}{3}$$

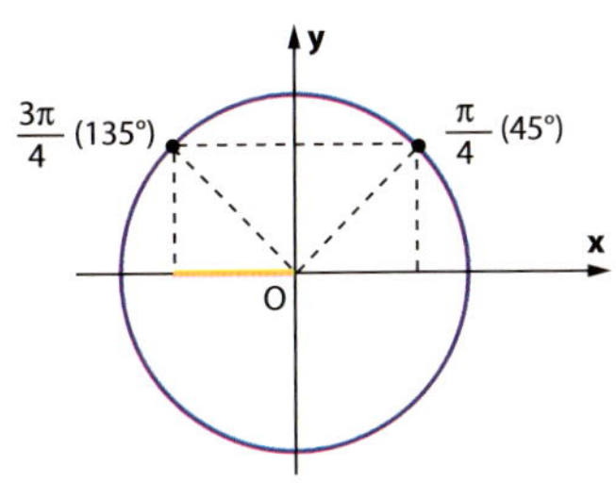

$$\cos \frac{3\pi}{4} = -\cos\left(\pi - \frac{3\pi}{4}\right) = -\cos \frac{\pi}{4}$$

Fique atento

Para determinar o seno ou o cosseno de um ângulo α do 2º quadrante, basta compará-lo com o ângulo correspondente $(\pi - \alpha)$ do 1º quadrante.

$\text{sen}\ \alpha = \text{sen}\ (\pi - \alpha)$

$\cos \alpha = -\cos\ (\pi - \alpha)$

Então, cos 750° é igual a cos 30°, isto é,

$\cos 750° = \frac{\sqrt{3}}{2}$.

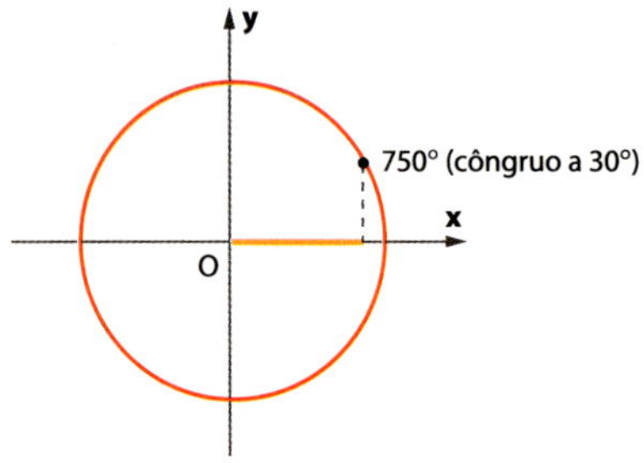

b) $\cos\left(-\frac{5\pi}{4}\right)$

$-\frac{5\pi}{4}$ $(-225°)$
↓
côngruo a $\frac{3\pi}{4}$

Se $\cos \frac{\pi}{4} = \frac{\sqrt{2}}{2}$, então $\cos\left(-\frac{5\pi}{4}\right) = -\frac{\sqrt{2}}{2}$.

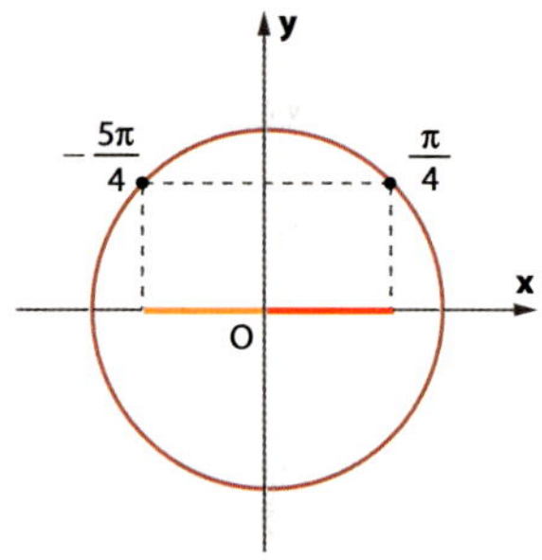

Exercícios propostos

1. Em que quadrante temos simultaneamente:

a) $\text{sen}\,\alpha < 0$ e $\cos \alpha < 0$;

b) $\text{sen}\,\alpha > 0$ e $\cos \alpha > 0$;

c) $\text{sen}\,\alpha < 0$ e $\cos \alpha > 0$.

2. A que quadrante pode pertencer α se:

a) $\text{sen}\,\alpha = -\frac{1}{4}$

b) $\cos \alpha = -\frac{\sqrt{3}}{3}$

c) $\cos \alpha = \frac{2}{5}$

d) $\text{sen}\,\alpha = \frac{\sqrt{5}}{3}$

3. Determine cos x sabendo que $\frac{\pi}{2} < x < \pi$ e $\text{sen}\,x = \frac{3}{5}$. (Lembre-se de que $\text{sen}^2 x + \cos^2 x = 1$.)

4. Use os valores notáveis do seno para calcular pela redução ao 1º quadrante:

a) $\text{sen}\,\frac{5\pi}{6}$

b) $\text{sen}\,\frac{4\pi}{3}$

c) sen 330°

5. Use a tabela da página 31 e calcule fazendo a redução ao 1º quadrante:

a) sen 100°

b) sen 205°

c) sen 310°

d) sen 248°

e) sen 107°

f) sen 355°

g) sen 94°

h) sen 325°

6. Determine **x** nos seguintes casos:

a) $0° \leqslant x < 360°$ e $\text{sen}\,x = -1$

b) $0 \leqslant x \leqslant 2\pi$ e $\text{sen}\,x = \frac{1}{2}$

c) $0 \leqslant x \leqslant \frac{\pi}{2}$ e $\text{sen}\,x = \frac{\sqrt{3}}{2}$

d) $0 \leqslant x < \pi$ e $\text{sen}\,x = 0$

e) $0 \leqslant x < \frac{\pi}{2}$ e $\text{sen}\,x = -\frac{1}{2}$

7. Use os valores notáveis do cosseno e calcule fazendo redução ao 1º quadrante:

a) $\cos \frac{5}{6}$

b) cos 315°

c) $\cos \frac{2\pi}{3}$

d) cos 330°

e) $\cos \frac{5\pi}{4}$

f) cos 240°

8. Use a tabela da página 31 e calcule:

a) cos 28°

b) cos 130°

c) cos 185°

d) cos 310°

9. Determine **x** tal que:

a) $0° \leqslant x < 360°$ e $\cos x = \frac{1}{2}$

b) $0 \leqslant x < 2\pi$ e $\cos x = -\frac{\sqrt{3}}{3}$

10. Use os valores notáveis do seno e calcule:

a) $\text{sen}\,\frac{37\pi}{6}$

b) sen (−225°)

c) sen 630°

d) $\text{sen}\left(-\frac{\pi}{3}\right)$

11. Use a tabela da página 31 e calcule:

a) sen 580°

b) sen (−14°)

c) $\text{sen}\,\frac{34\pi}{9}$

d) $\text{sen}\,\frac{24\pi}{5}$

12. Calcule os possíveis valores reais de **x** em:

a) $\text{sen } x = -1$

b) $\text{sen } x = \dfrac{\sqrt{2}}{2}$

c) $\text{sen } x = -\dfrac{1}{2}$

d) $\text{sen } x = 0$

13. Calcule usando arcos côngruos:

a) $\cos \dfrac{9\pi}{4}$

b) $\cos(-330°)$

c) $\cos \dfrac{9\pi}{2}$

d) $\cos 1\,140°$

e) $\cos \dfrac{25\pi}{6}$

f) $\cos\left(-\dfrac{15\pi}{4}\right)$

g) $\cos 11\pi$

h) $\cos 570°$

14. Use a tabela da página 31 e calcule:

a) $\cos \dfrac{7\pi}{9}$

b) $\cos 730°$

c) $\cos(-83°)$

d) $\cos 1\,125°$

Fique atento

Confira os resultados do exercício 14 em uma calculadora.

15. Calcule o valor das expressões:

a) $\text{sen } 45° + \cos 90°$

b) $2 \cdot \text{sen } \dfrac{\pi}{3} - 5 \cdot \cos \dfrac{5\pi}{6}$

c) $\dfrac{\text{sen } \dfrac{7\pi}{3}}{\cos \dfrac{7\pi}{3}}$

d) $\text{sen}^2 \dfrac{\pi}{6} + \cos^2 \dfrac{\pi}{6}$

e) $\text{sen } (30° + 60°)$

f) $\text{sen } 30° + \text{sen } 60°$

g) $\cos 60° + \cos 30°$

h) $\cos(60° + 30°)$

i) $\text{sen } (2 \cdot 60°)$

j) $2 \cdot \text{sen } 60°$

k) $2 \cdot \text{sen } 60° \cdot \cos 60°$

16. Determine **x** nos seguintes casos:

a) $0° \leqslant x < 360°$ tal que $\cos x = \dfrac{\sqrt{2}}{2}$

b) $0 \leqslant x < 2\pi$ tal que $\cos x = 0$

c) $x \in \mathbb{R}$ tal que $\cos x = -\dfrac{\sqrt{3}}{2}$

d) $x \in \mathbb{R}$ tal que $\cos x = -1$

17. Calcule sen x sabendo que $\cos x = -\dfrac{\sqrt{3}}{3}$ e $x \in \left[\pi, \dfrac{3}{2}\right]$.

18. Se $0 \leqslant x < 2\pi$ e $\text{sen } x = \dfrac{1}{2}$, determine os possíveis valores de cos x e de **x**.

4 A ideia geométrica de tangente

Dado um arco AP de medida α na circunferência trigonométrica, definimos tangente de α como o valor obtido assim:

$$\text{tg } \alpha = \frac{\text{sen } \alpha}{\cos \alpha}, \text{ para } \cos \alpha \neq 0$$

Geometricamente, o $\cos \alpha$ é a abscissa de **P**, e o $\text{sen } \alpha$ é a ordenada de **P**.

Vejamos agora o significado geométrico de $\text{tg } \alpha$.

Para isso, vamos considerar na circunferência trigonométrica a reta **t**, tangente à circunferência no ponto **A**, com a mesma orientação do eixo **y**.

Observe as figuras com **P** em cada um dos quadrantes:

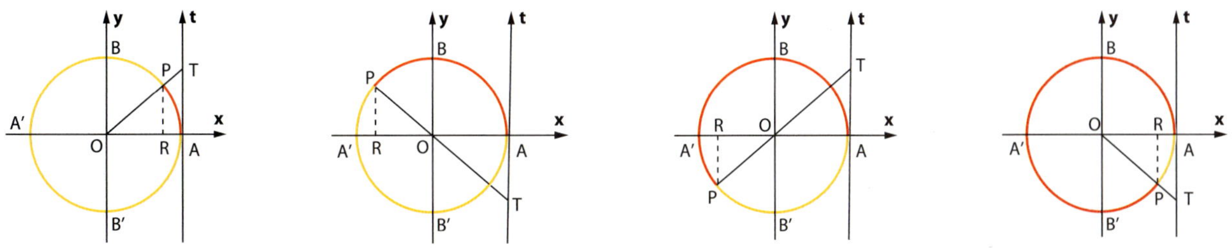

Em todos os casos, $\triangle ORP$ e $\triangle OAT$ são semelhantes. Dessa semelhança, vem:

$$\frac{PR}{OR} = \frac{AT}{OA} \quad \text{ou} \quad \frac{\text{sen } \alpha}{\cos \alpha} = \frac{AT}{1}$$

Para refletir

Justifique que $\triangle ORP \sim \triangle OAT$.

Como $\frac{\text{sen } \alpha}{\cos \alpha} = \text{tg } \alpha$ (com $\cos \alpha \neq 0$) e $\text{tg } \alpha = \frac{AT}{OA} = \frac{AT}{1} = AT$, então temos $\text{tg } \alpha = AT$, ou seja, geometricamente a tg α é AT, medida algébrica de $\overline{AT}$.

Observação: Se **T** é o encontro das retas $\overleftrightarrow{OP}$ e **t**, no caso de essas retas serem paralelas, não existe $\overline{AT}$ e por isso não existe tg α.

Por exemplo, $\text{tg } \frac{\pi}{2}$ e $\text{tg } \frac{3\pi}{2}$ não existem $\left(\text{perceba que } \cos \frac{\pi}{2} = 0 \text{ e } \cos \frac{3\pi}{2} = 0\right)$.

Fique atento

Medida algébrica de $\overline{AT}$ significa que ela pode ser positiva, negativa ou nula.

Valores notáveis da tangente

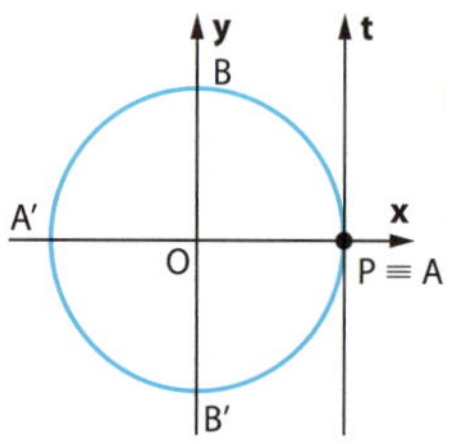

$\alpha = 0$

$\text{tg } 0 = 0$

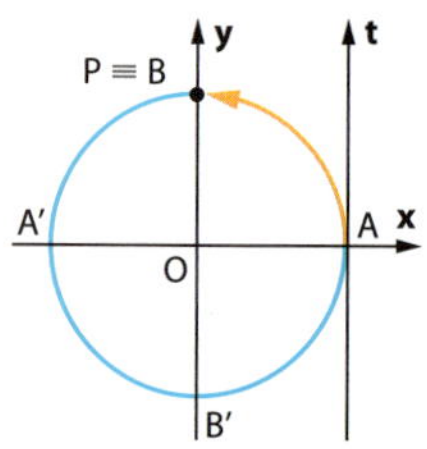

$\alpha = \frac{\pi}{2}$

Não é definida a $\text{tg } \frac{\pi}{2}$.

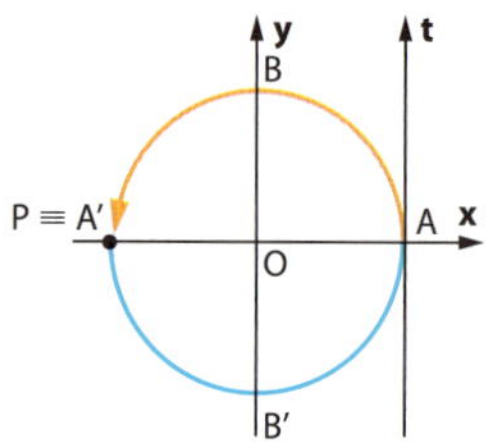

$\alpha = \pi$

$\text{tg } \pi = 0$

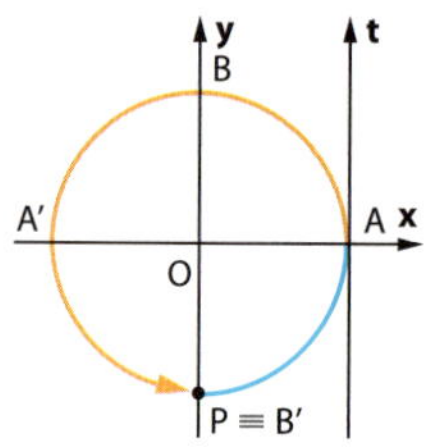

$\alpha = \frac{3\pi}{2}$

Não é definida a $\text{tg } \frac{3\pi}{2}$.

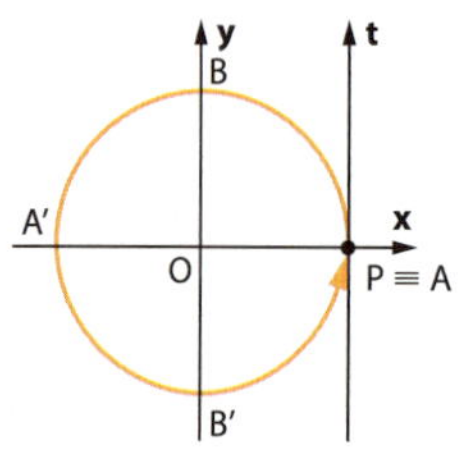

$\alpha = 2\pi$

$\text{tg } 2\pi = 0$

Temos, então, a tabela com os valores notáveis da tangente:

α	0	$\frac{\pi}{6}$ (30°)	$\frac{\pi}{4}$ (45°)	$\frac{\pi}{3}$ (60°)	$\frac{\pi}{2}$ (90°)	π (180°)	$\frac{3\pi}{2}$ (270°)	2π (360°)
tg α	0	$\frac{\sqrt{3}}{3}$	1	$\sqrt{3}$	não é definida	0	não é definida	0

Para o cálculo dos valores das tangentes de ângulos nos 2º, 3º e 4º quadrantes, procedemos exatamente da mesma maneira que fizemos com senos e cossenos: sabendo o sinal da tangente em cada quadrante, basta reduzir cada arco desejado ao 1º quadrante para saber o valor da tangente desse arco.

Acompanhe as simetrias nas figuras abaixo:

Fique atento

Comparação de um arco do 2º quadrante com um correspondente do 1º quadrante.

$\text{tg } (\pi - \alpha) = -\text{tg } \alpha$

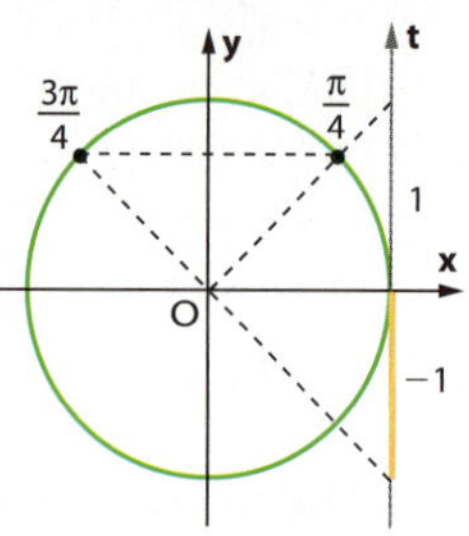

$\text{tg } \frac{3\pi}{4} = -\text{tg } \left(\pi - \frac{3\pi}{4}\right) = -\text{tg } \frac{\pi}{4} = -1$

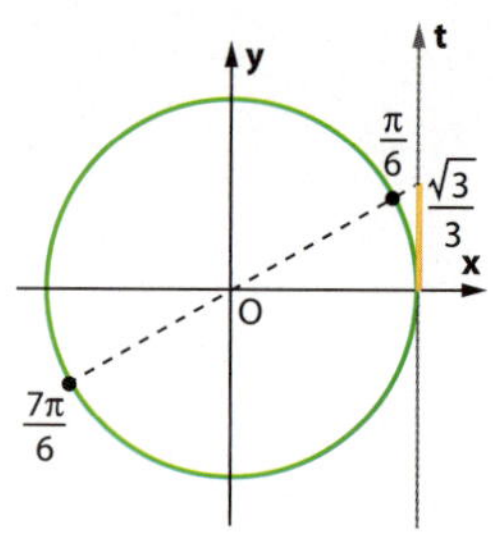

Fique atento

Comparação de um arco do 3º quadrante com um correspondente do 1º quadrante.

$\text{tg } (\pi + \alpha) = \text{tg } \alpha$

$\text{tg } \frac{7\pi}{6} = \text{tg } \left(\frac{7\pi}{6} - \pi\right) = \text{tg } \frac{\pi}{6} = \frac{\sqrt{3}}{3}$

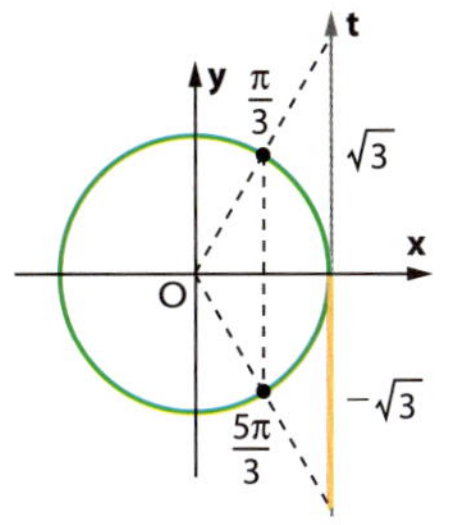

$$\text{tg}\,\frac{5\pi}{3} = -\text{tg}\left(2\pi - \frac{5\pi}{3}\right) = -\text{tg}\,\frac{\pi}{3} = -\sqrt{3}$$

Fique atento

Comparação de um arco do 4º quadrante com um correspondente do 1º quadrante.
$\text{tg}\,\alpha = -\text{tg}\,(2\pi - \alpha)$

Como a reta **t** é orientada "para cima", a tangente é positiva quando **P** é do 1º ou do 3º quadrante; é negativa quando **P** é do 2º ou do 4º quadrante. Assim, sabemos o sinal da tangente em qualquer quadrante.

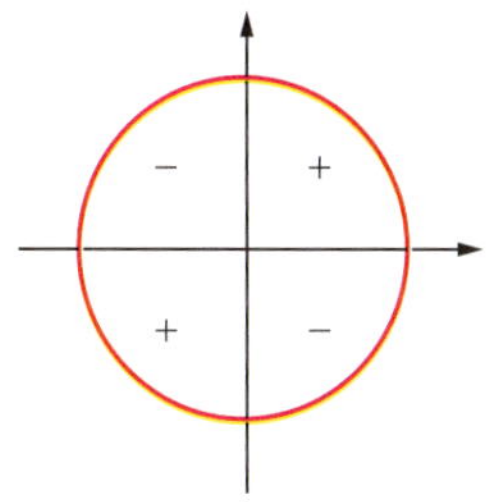

Exercícios resolvidos

6. Determine o valor de sen x e tg x sabendo que $\pi < x < \frac{3\pi}{2}$ e $\cos x = -\frac{1}{3}$.

Resolução:

Aplicando a relação fundamental:

- $\text{sen}^2\,x + \cos^2 x = 1 \Rightarrow \text{sen}^2\,x + \left(-\frac{1}{3}\right)^2 = 1 \Rightarrow$

$\Rightarrow \text{sen}^2\,x = 1 - \frac{1}{9} \Rightarrow \text{sen}^2\,x = \frac{8}{9} \Rightarrow$

$\Rightarrow \text{sen}^2\,x = \pm\sqrt{\frac{8}{9}} \Rightarrow \text{sen}\,x = \pm\frac{2\sqrt{2}}{3}$

Como $\pi < x < \frac{3\pi}{2}$, então, $\text{sen}\,x = -\frac{2\sqrt{2}}{3}$.

- $\text{tg}\,x = \frac{\text{sen}\,x}{\cos x} \Rightarrow \text{tg}\,x = \frac{-\frac{2\sqrt{2}}{3}}{-\frac{1}{3}} \Rightarrow \text{tg}\,x = 2\sqrt{2}$

7. (CPCAR-MG) Observe a figura abaixo, sabendo-se que o raio do arco AB é igual a 1.

A área do trapézio retângulo BCDE vale:

a) $\frac{\sqrt{3}}{24}$.

b) $\frac{\sqrt{3}}{18}$.

c) $\frac{\sqrt{3}}{12}$.

d) $\frac{\sqrt{3}}{6}$.

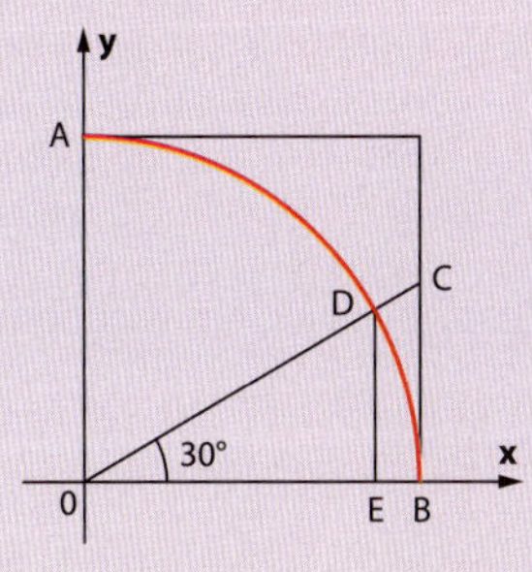

> RESOLUÇÃO PASSO A PASSO:

1. Lendo e compreendendo

a) O que é dado no problema?

É dada uma figura, onde é possível ver um trapézio, e indica-se que o raio do arco AB é igual a 1.

b) O que se pede?

Pede-se a área do trapézio especificado na figura.

2. Planejando a solução

Para obter a área do trapézio, precisamos lembrar que ela é dada pela fórmula:

$$A_T = \frac{(\text{base maior} + \text{base menor}) \cdot \text{altura}}{2}$$

De acordo com a figura, a base maior é o segmento $\overline{CB}$, a base menor é o segmento $\overline{ED}$ e a altura é o segmento $\overline{EB}$. Portanto, precisamos obter a medida desses três segmentos para poder obter a área do trapézio.

É importantíssimo que se perceba que a figura dada corresponde ao 1º quadrante do círculo trigonométrico. Note que o raio do arco AB é 1.

Dessa forma, de acordo com as definições de seno, cosseno e tangente no círculo trigonométrico, temos que a medida do segmento $\overline{ED}$ é o seno do ângulo dado na figura, a de $\overline{OE}$ é o cosseno, e a de $\overline{CB}$ é a tangente. Ou seja: os segmentos $\overline{ED}$ e $\overline{CB}$, necessários para o cálculo da área do trapézio, são de obtenção imediata por definição; o terceiro segmento necessário, $\overline{EB}$, é a diferença entre os valores de $\overline{OB}$ (raio do círculo trigonométrico) e $\overline{OE}$ (cosseno).

3. Executando o que foi planejado

De acordo com nossa estratégia, precisamos obter três segmentos: $\overline{ED}$, $\overline{CB}$ e $\overline{EB}$. Ainda de acordo com a estratégia, para obter $\overline{ED}$ e $\overline{CB}$ bastam as definições de seno e tangente:

$CB = tg\ 30° = \frac{\sqrt{3}}{3}$

$ED = sen\ 30° = \frac{1}{2}$

Já a medida do segmento $\overline{EB}$ equivale à diferença entre $\overline{OB}$ e $\overline{OE}$:

$\overline{OB}$ é o raio do círculo trigonométrico: $OB = 1$

$\overline{OE}$ é, por definição, cosseno do ângulo mostrado na figura: $OE = \cos 30°$

$EB = OB - OE \Rightarrow EB = 1 - \cos 30° = 1 - \frac{\sqrt{3}}{2}$

Assim, a área do trapézio será:

$$A_T = \frac{(\text{base maior} + \text{base menor}) \cdot \text{altura}}{2} =$$

$$= \frac{(CB + ED) \cdot EB}{2} = \frac{\left(\frac{\sqrt{3}}{3} + \frac{1}{2}\right) \cdot \left(1 - \frac{\sqrt{3}}{2}\right)}{2}$$

Agora, precisamos usar nossos conhecimentos algébricos para simplificar o resultado obtido e, assim, conseguir escolher uma alternativa correta. Vamos por partes:

- $\frac{\sqrt{3}}{3} + \frac{1}{2} = \frac{2\sqrt{3} + 3}{6}$
- $1 - \frac{\sqrt{3}}{2} = \frac{2 - \sqrt{3}}{2}$

Então:

$$\left(\frac{\sqrt{3}}{3} + \frac{1}{2}\right) \cdot \left(1 - \frac{\sqrt{3}}{2}\right) = \frac{2\sqrt{3} + 3}{6} \cdot \frac{2 - \sqrt{3}}{2} =$$

$$= \frac{(2\sqrt{3} + 3)(2 - \sqrt{3})}{12} =$$

$$= \frac{4\sqrt{3} - 2(\sqrt{3})^2 + 6 - 3\sqrt{3}}{12} =$$

$$= \frac{4\sqrt{3} - 6 + 6 - 3\sqrt{3}}{12} = \frac{4\sqrt{3} - 3\sqrt{3}}{12} = \frac{\sqrt{3}}{12}$$

E, finalmente:

$$\frac{\left(\frac{\sqrt{3}}{3} + \frac{1}{2}\right) \cdot \left(1 - \frac{\sqrt{3}}{2}\right)}{2} = \frac{\frac{\sqrt{3}}{12}}{2} = \frac{\sqrt{3}}{12} \cdot \frac{1}{2} = \frac{\sqrt{3}}{24}$$

4. Verificando

Para verificar, vamos calcular a área pedida de outra forma. Vamos retirar a área do triângulo DEO (A_2) da área do triângulo CBO (A_1). Então, $A_T = A_1 - A_2$.

A área do triângulo CBO é $\frac{\text{base} \cdot \text{altura}}{2}$, em que a base é o raio unitário do círculo (BO) e a altura é $CB = tg\ 30°$. Assim, $A_1 = \frac{1 \cdot tg\ 30°}{2} = \frac{\sqrt{3}}{6}$.

A área do triângulo DEO é $\frac{\text{base} \cdot \text{altura}}{2}$, em que a base é $OE = \cos 30°$ e a altura é $OD = sen\ 30°$. Assim, $A_1 = \frac{sen\ 30° \cdot \cos 30°}{2} = \frac{\sqrt{3}}{8}$ e

$$AT = \frac{\sqrt{3}}{6} - \frac{\sqrt{3}}{8} = \frac{4\sqrt{3} - 3\sqrt{3}}{24} = \frac{\sqrt{3}}{24}$$

Isso confirma o resultado.

5. Respondendo

A resposta é a alternativa **a**.

6. Ampliando o problema

a) De acordo com a figura dada, qual é a medida do arco BD?

b) Generalize a solução obtida, adotando um ângulo α ($0° < \alpha < 90°$) em substituição ao ângulo de 30° dado no problema.

Exercícios propostos

19. Calcule o valor: (Use os valores notáveis, redução ao 1º quadrante e arcos côngruos.)

a) tg 180°
b) tg 0°
c) tg 30°
d) tg 90°
e) tg 45°
f) tg 60°
g) tg 210°
h) tg 300°
i) $tg \frac{3\pi}{4}$
j) $tg \frac{4\pi}{3}$
k) $tg\left(-\frac{5}{6}\right)$
l) $tg \frac{5\pi}{6}$

20. Use a tabela da página 31 e calcule:

a) tg 100°
b) $tg \frac{10\pi}{9}$
c) tg (−55°)
d) $tg \frac{37\pi}{18}$
e) tg 244°
f) tg (−310°)

21. Calcule usando arcos côngruos:

a) tg 870°
b) tg 2 160°
c) tg −60°
d) $tg \frac{17\pi}{3}$
e) $tg \frac{31\pi}{6}$
f) $tg -\frac{7\pi}{4}$

22. Usando a tabela da página 31, calcule:

a) tg 500°

b) tg (−310°)

c) $tg\ \frac{37\pi}{18}$

d) $tg\ -\frac{7\pi}{18}$

23. Represente a expressão geral de **x** para que se tenha tg x = 1.

24. Determine **x** nos seguintes casos, com $x \in \mathbb{R}$:

a) $tg\ x = \sqrt{3}$

b) $tg\ x = -1$

25. Determine **x** nos seguintes casos, $0 \leqslant x \leqslant 2\pi$:

a) $tg\ x = \frac{\sqrt{3}}{3}$

b) $tg^2\ x = 1$

26. Determine tg x sabendo que $\frac{3\pi}{2} \leqslant x \leqslant 2\pi$ e $sen\ x = -\frac{3}{5}$.

27. Se $x \in [90°, 180°]$, $cos\ x = -\frac{3\sqrt{2}}{5}$ e $tg\ x = -\frac{\sqrt{14}}{6}$, qual é o valor de sen x?

28. Determine o valor de tg 1 935°.

Portal Pedagógico

Acesse o *Portal Pedagógico* (veja instruções na seção "Conheça seu livro", página 5) e amplie o estudo deste capítulo. Selecione o capítulo 3 e você encontrará os seguintes materiais:

- *Atividades adicionais* (Atividades para imprimir);
- *Associação entre ângulos e os números reais* (Texto complementar).

Desafios

1. Qual o valor da expressão A = cos 12° + cos 25° + ... + cos 142° + cos 155° + cos 168°?

2. (ITA-SP) O valor da expressão $x = \frac{2 \cdot tg\ \theta}{1 - tg^2\ \theta}$, quando $cos\ \theta = -\frac{3}{7}$ e $tg\ \theta < 0$, é:

a) $\frac{4\sqrt{10}}{31}$.

b) $-\frac{2\sqrt{10}}{31}$.

c) $\frac{2\sqrt{10}}{31}$.

d) $\frac{3\sqrt{10}}{7}$.

e) n.r.a.

PENSANDO NO ENEM

Utilize o texto como base para responder às questões 1 e 2.

O *mapa-múndi*, também conhecido como *planisfério*, é um mapa que representa o globo terrestre planificado. A linha equatorial divide o mapa-múndi em dois hemisférios (norte e sul), e o meridiano de Greenwich divide o mapa-múndi em outros dois hemisférios (oriental e ocidental). Juntos, a linha equatorial e o meridiano de Greenwich dividem o mapa-múndi em 4 quadrantes, como mostra a figura abaixo.

Mapa-múndi

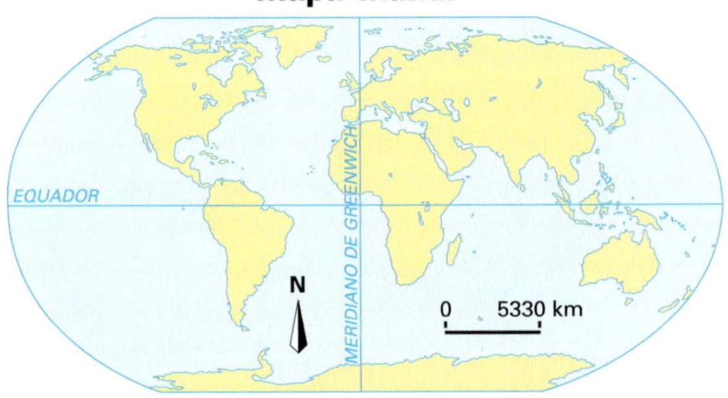

Fonte: Adaptado de *Atlas geográfico escolar*. Rio de Janeiro: IBGE, 2009.

Se fizermos uma analogia entre o mapa-múndi e a circunferência trigonométrica, poderemos dizer que a Ásia situa-se no 1º quadrante e a cidade de Moscou é um ponto do 1º quadrante, de modo que o "seno de Moscou" é um número positivo.

1. As cidades de Brasília, Nova York, Sydney e Tóquio estão respectivamente nos:

a) 1º, 2º, 3º e 4º quadrantes.

b) 2º, 1º, 4º e 3º quadrantes.

c) 3º, 2º, 1º e 4º quadrantes.

d) 3º, 2º, 4º e 1º quadrantes.

e) 3º, 4º, 1º e 2º quadrantes.

2. De acordo com a analogia proposta no texto, seria correto dizer que:

a) "seno de Brasília" é um número positivo.

b) "cosseno de Brasília" é um número positivo.

c) "tangente de Brasília" é um número positivo.

d) "cosseno de Nova York" é um número positivo.

e) "tangente de Nova York" é um número positivo.

A MATEMÁTICA E AS PRÁTICAS SOCIAIS

A Matemática e o pai da aviação

Alberto Santos-Dumont (1873-1932)[...] foi uma das figuras brasileiras mais proeminentes da primeira metade do século XX. Durante os anos que viveu em Paris, cidade natal de seu pai, ele se tornou uma celebridade por suas conquistas na área da aviação e "lançou a moda" de um acessório que é usado até hoje: o relógio de pulso masculino.

BETTMANN/CORBIS/LATINSTOCK

Santos-Dumont a bordo de sua aeronave "Nº 15", no campo de Saint Cyr, arredores de Paris, França (1907).

Em 1904, cansado da falta de praticidade do relógio de bolso, o modelo portátil mais comum de sua época, Santos-Dumont reclamou para um de seus melhores amigos, o joalheiro francês Louis Cartier (fundador da joalheria Cartier). Esses relógios, como indica o nome, ficavam guardados no bolso e, em muitos modelos, eram protegidos por uma tampa, o que obrigava a uma considerável manobra para se ver as horas. Para ele, um homem que passava grande parte do tempo dirigindo máquinas voadoras ou trabalhando em projetos, isso era um problema grave.

Santos-Dumont pediu a Cartier que achasse uma saída para essa limitação. Algum tempo depois, o joalheiro presenteou o aviador com a solução que havia encontrado: o protótipo de um dos primeiros relógios de pulso masculinos, que recebeu o nome "Santos".

SERGEJ RAZVODOVSKIJ/SHUTTERSTOCK/GLOW IMAGES

Relógio de bolso.

Relógios de pulso já existiam antes. Inventados em 1868 pela dupla Antoni Patek e Adrien Philippe (da Patek Philippe), eles eram vistos mais como uma peça feminina. O modelo criado por Cartier diferia do que havia no mercado até então por ter um desenho simples e funcional: uma caixa retangular em metal presa a alças de couro.

Santos-Dumont era um homem de estilo, que gostava de desenhar suas próprias roupas para parecer mais robusto e alto, e, em seu punho, a novidade não passou despercebida da alta roda parisiense, que ele frequentava. Em 1911, Cartier passou a fabricar o relógio comercialmente e a vendê-los em sua butique da Rue de la Paix, em Paris. Desde então, o modelo se tornou um clássico da relojoaria e um símbolo de elegância adotado por várias celebridades, como o bailarino russo Rudolph Nureyev e o artista norte-americano Andy Warhol.

Fonte: <estilo.uol.com.br/ultnot/2009/07/22/ult3617u7440.jhtm>. Acesso em: 25 dez. 2010.

DIMITRIOS KAMBOURIS/WIREIMAGE/GETTY IMAGES

Relógios confeccionados para celebrar o centenário do relógio de pulso Cartier Santos.

Calculando e compreendendo melhor o texto

Considere o relógio de mostrador circular exibido na fotografia ao lado e um sistema de eixos cartesianos sobreposto a ele, estando o centro do mostrador na origem do sistema de coordenadas cartesianas. Além disso, os números 6 e 12 pertencem ao eixo das ordenadas e os números 3 e 9 ao eixo das abscissas.

ERASHOV/SHUTTERSTOCK/GLOW IMAGESTERSTOCK/GLOW IMAGES

1. Cada número no mostrador do relógio está associado a um ponto da circunferência nele desenhada. Assim, nesse relógio, quais são os números desenhados no 3º quadrante? Em cada um dos demais quadrantes, quais são os números simétricos ao número 2?

2. Podemos usar essa associação dos números do mostrador aos pontos da circunferência para calcular senos, cossenos e tangentes. Assim, no relógio, qual é o valor de:

   a) seno de 10? d) seno de 4?
   b) cosseno de 7? e) cosseno de 9?
   c) tangente de 5? f) tangente de 8?

3. Julgue cada afirmação abaixo como verdadeira (**V**) ou falsa (**F**), associando os números do mostrador aos pontos da circunferência.

   a) sen 2 = sen 10 f) tg 11 = tg 7
   b) cos 2 = cos 10 g) sen 8 = sen 2
   c) tg 2 = tg 10 h) cos 8 = cos 2
   d) sen 11 = sen 7 i) tg 8 = tg 2
   e) cos 11 = cos 7

Ampliando o conteúdo matemático

4. Imagine que uma circunferência qualquer foi dividida em exatamente trezentos arcos iguais, que chamaremos de trento. Considerando esses trentos, determine o valor de:

   a) sen (25 trentos);
   b) cos (100 trentos);
   c) tg (200 trentos).

Pesquisando e discutindo

5. Pesquise sobre a mais importante invenção de Alberto Santos-Dumont e discuta com seus colegas sobre o sentimento de Santos-Dumont diante do uso dessa invenção na Primeira Guerra Mundial.

Veja mais sobre o assunto

Procure mais informações sobre esse assunto nos *sites*: <www.santos-dumont.net>, <educacao.uol.com.br/biografias/ult1789u446.jhtm> e <www.fab.mil.br/portal/personalidades/sdumont/index.htm>.

QUESTÕES DE VESTIBULAR

1. (Ufac) O subconjunto **A** do intervalo $[0, 2\pi]$, onde $\text{sen}\, x \leqslant 0$ e $\cos x \geqslant 0$ para todo **x** em **A**, é:

a) $\left[0, \frac{\pi}{2}\right]$.
b) $\left[\frac{\pi}{2}, \pi\right]$.
c) $[\pi, 2\pi]$.
d) $\left[\frac{3\pi}{2}, 2\pi\right]$.
e) $[0, \pi]$.

2. (Ucsal-BA) Se $\theta \in \left]\frac{\pi}{2}, \pi\right[$, os valores reais de **m**, para os quais $\cos\theta = \frac{3m - 1}{4}$, são tais que:

a) $m > \frac{1}{3}$.
b) $m < 3$.
c) $-1 < m < \frac{1}{3}$.
d) $-\frac{1}{3}m < 1$.
e) $m > \frac{5}{3}$ ou $m < -1$.

3. (Uerj) A extremidade **A** de uma planta aquática encontra-se 10 cm acima da superfície da água de um lago (fig. 1). Quando a brisa a faz balançar, essa extremidade toca a superfície da água no ponto **B**, situado a $10\sqrt{3}$ cm do local em que sua projeção ortogonal **C**, sobre a água, se encontrava inicialmente (fig. 2). Considere $\overline{OA}$, $\overline{OB}$ e $\overline{BC}$ segmentos de retas e o arco $\widehat{AB}$ uma trajetória do movimento da planta.

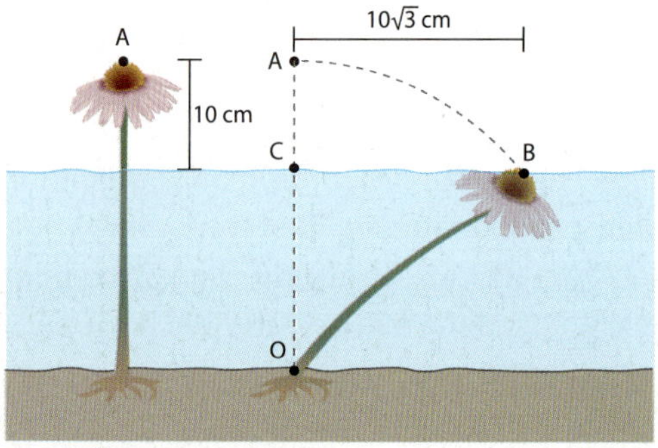

figura 1 figura 2

Determine:

a) a profundidade do lago no ponto **O** em que se encontra a raiz da planta;
b) o comprimento, em cm, do arco $\widehat{AB}$.

4. (Unifor-CE) O valor da expressão

$$\cos\left(\frac{\pi}{3} + \frac{\pi}{6} + \frac{\pi}{12} + ...\right) +$$

$$+ \text{sen}\left(\frac{\pi}{3} + \frac{\pi}{9} + \frac{\pi}{27} + ...\right) \text{ é igual a:}$$

a) -1. b) $-\frac{1}{2}$. c) $\frac{1}{2}$. d) 1. e) 0.

5. (PUC-RS) O limite da soma
$\text{sen}^2 a + \text{sen}^4 a + ... + \text{sen}^{2n} a + ...$,
onde $a \neq k\pi + \frac{\pi}{2}$, $k \in \mathbb{Z}$, é:

a) $\cos^2 a$.
b) $n \cdot \text{sen}^2 a$.
c) $2n \cdot \text{sen}\, a$.
d) $\text{tg}\, a$.
e) $\text{tg}^2 a$.

6. (Fuvest-SP) Dentre os números a seguir, o mais próximo de sen 50° é:

a) 0,2. b) 0,4. c) 0,6. d) 0,8. e) 1,0.

7. (Unifap) Entre que valores está o sen 5?
Observação: Não é 5 graus.

a) -1 e $-\frac{\sqrt{3}}{2}$
b) $-\frac{\sqrt{2}}{2}$ e $-\frac{\sqrt{3}}{2}$
c) $-\frac{\sqrt{2}}{2}$ e 0
d) 0 e $\frac{1}{2}$
e) $\frac{\sqrt{2}}{2}$ e $\frac{\sqrt{3}}{2}$

8. (UFF-RJ) Para $\alpha = 89°$, conclui-se que:

a) $\text{tg}\,\alpha < \text{sen}\,\alpha < \cos\alpha$.
b) $\cos\alpha < \text{sen}\,\alpha < \text{tg}\,\alpha$.
c) $\text{sen}\,\alpha < \cos\alpha < \text{tg}\,\alpha$.
d) $\cos\alpha < \text{tg}\,\alpha < \text{sen}\,\alpha$.
e) $\text{sen}\,\alpha < \text{tg}\,\alpha < \cos\alpha$.

9. (Fatec-SP) Sobre as sentenças:

I) sen 40° < sen 50°
II) cos 190° > cos 200°
III) tg 60° = tg 240°

É **correto** afirmar que somente:

a) I é verdadeira.
b) II é verdadeira.
c) III é verdadeira.
d) I e II são verdadeiras.
e) I e III são verdadeiras.

10. (UFPB/PSS) No estudo de trigonometria, Maria e João se depararam com as seguintes desigualdades:

I) cos (−20°) < cos (35°)
II) sen (20°) < sen (35°)
III) cos (−20°) < sen (−35°)

Está(ão) correta(s) apenas:

a) I.
b) II.
c) III.
d) I e II.
e) I e III.

11. (Aman-RJ) Seja **x** um número real tal que
$x = \cos 2° + \cos 4° + \cos 6° + ... + \cos 176° +$
$+ \cos 178° + \cos 180°$. Então $(0{,}125)^x$ é igual a:

a) $\frac{1}{8}$.
b) 8.
c) $\frac{1}{125}$.
d) 125.
e) 1.

12. (Furg-RS) Na figura abaixo está sombreada a região compreendida entre o segmento OP, a circunferência de raio 1, centrada na origem, e o quadrado circunscrito a essa circunferência. Os lados do quadrado são paralelos aos eixos Ox e Oy. Considere que o segmento OP forma um ângulo θ com o eixo Ox. Quando $0 \leqslant \theta \leqslant \frac{\pi}{4}$ a área $A(\theta)$ está representada na figura a seguir. A área $A(\theta)$ da região sombreada em função do ângulo θ é dada por:

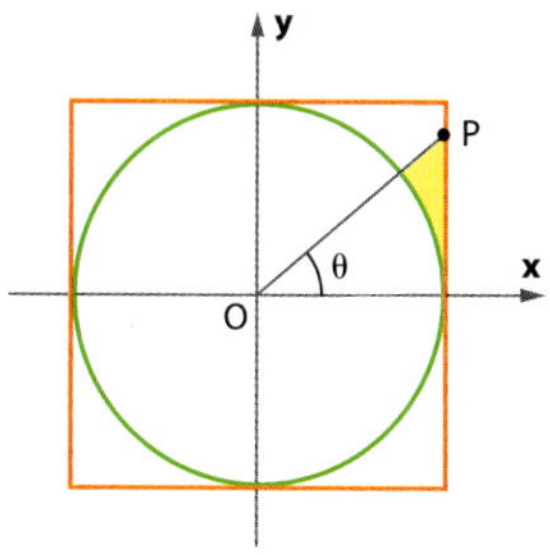

a) $A(\theta) = \frac{\text{tg}\,\theta}{2} - \frac{\theta}{2}$.

b) $A(\theta) = 1 - \frac{\theta}{2}$.

c) $A(\theta) = \frac{\text{tg}\,\theta}{2} - \theta$.

d) $A(\theta) = \frac{2\theta}{\pi}\left(1 - \frac{\theta}{2}\right)$.

e) $A(\theta) = \theta(4 - \pi)$.

13. (UFPB/PSS) Na figura a seguir, α e β são as medidas dos ângulos $\widehat{AOD}$ e $\widehat{AOC}$, respectivamente, e **r** é a reta tangente à circunferência de centro **O** e raio unitário, no ponto **A**.

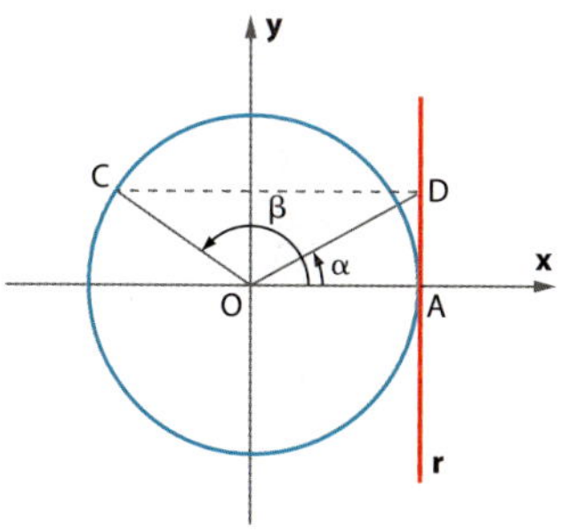

Se $\overline{CD}$ é paralelo a $\overline{OA}$ e $0 < \alpha < \frac{\pi}{4}$, então sen β é igual a:

a) sen α.
b) tg β.
c) cos β.
d) cos α.
e) tg α.

14. (UFRN) Na representação abaixo, EF é diâmetro da circunferência; EG e FG são catetos do triângulo retângulo FGE, inscrito na circunferência trigonométrica; e FG é perpendicular a OX para qualquer α. O raio da circunferência é unitário. Nessas condições, podemos afirmar que, para qualquer α $(0° < \alpha < 90°)$:

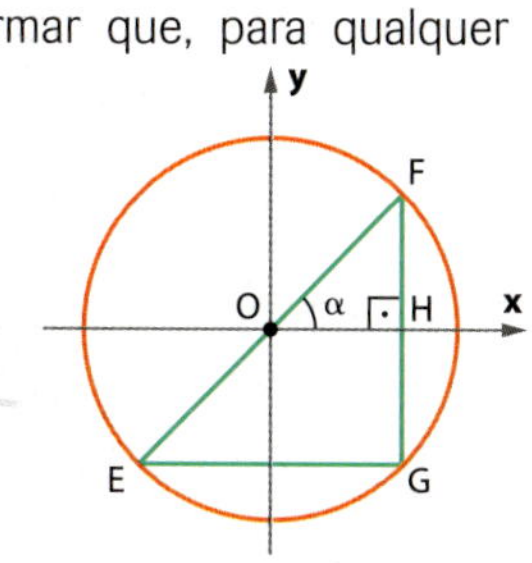

a) $\frac{FG}{EG} = 2 \cdot \text{tg}\,\alpha$.

b) $\text{sen}^2\,\alpha + \cos^2\,\alpha = EF$.

c) $OH = \cos\,(90° - \alpha)$.

d) $FG = 2 \cdot \text{sen}\,\alpha$.

15. (Ufac) Considere um círculo de raio **r** e centro **C** sobre a origem do plano cartesiano. Seja $0 < \theta$ o ângulo formado pelo raio do círculo e o eixo horizontal, conforme a figura abaixo.

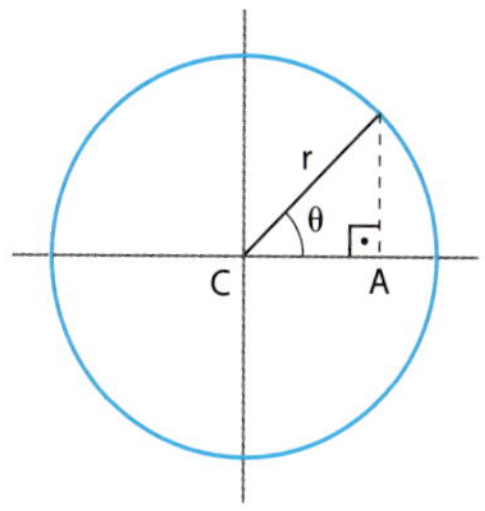

Supondo que $\cos\theta$ cm $+ r = \frac{20 + \sqrt{2}}{2}$ cm e que a distância da origem até o ponto **A** é igual a $5\sqrt{2}$ cm, vale que:

a) **r** mede um número ímpar de centímetros.
b) $\theta < 45°$.
c) **r** é maior que 8 cm.
d) $\theta > 45°$.
e) **r** é menor que 8 cm.

16. (UFF-RJ) Considere os ângulos α, β e γ conforme representados no círculo:

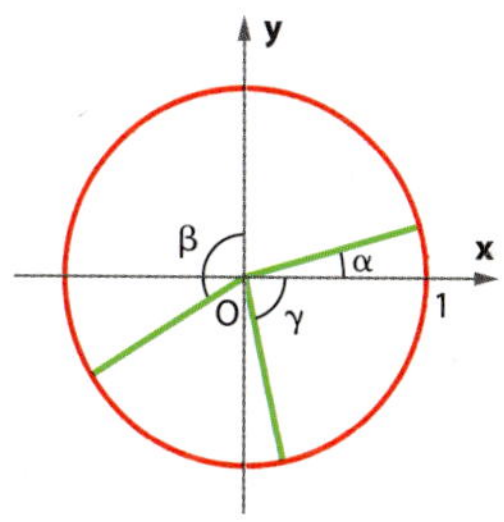

Pode-se afirmar que:

a) $\cos\alpha < \cos\beta$.
b) $\cos\gamma > \cos\alpha$.
c) $\text{sen}\,\alpha > \text{sen}\,\beta$.
d) $\text{sen}\,\beta < \cos\gamma$.
e) $\cos\beta < \cos\gamma$.

17. (Unit-SE) A soma sen 3 720° + cos $\frac{29\pi}{6}$ é igual a:

a) -2.
b) $-\sqrt{3}$.
c) 0.
d) $\frac{\sqrt{3} - 1}{2}$.
e) $\frac{\sqrt{3} + 1}{2}$.

18. (Cesgranrio-RJ) O valor de $\cos\frac{99\pi}{4} + \text{tg}\left(-\frac{16\pi}{3}\right)$ é:

a) $\frac{\sqrt{3} - \sqrt{2}}{2}$.

b) $\frac{3\sqrt{2} + 2\sqrt{3}}{6}$.

c) $\frac{-3\sqrt{2} + 2\sqrt{3}}{6}$.

d) $-\frac{\sqrt{3} + \sqrt{2}}{2}$.

e) $-\left(\sqrt{3} + \frac{\sqrt{2}}{2}\right)$.

Capítulo 4 Relações trigonométricas

A MATEMÁTICA NA PRÁTICA

➲ O exercício do encadeamento lógico é a característica fundamental da Matemática. As relações trigonométricas, por exemplo, derivam umas das outras por raciocínio dedutivo. Desse modo, a aplicação de determinados conceitos matemáticos, por meio da argumentação e da inferência, conduz a outros conceitos, como ocorre com as relações trigonométricas.

DESAFIO

➲ Considere um triângulo retângulo de lados **a**, **b** e **c**, sendo **c** a hipotenusa e α o ângulo formado pelos lados **a** e **c**. Aplicando as razões trigonométricas para esse ângulo, derive da relação de Pitágoras a relação fundamental da Trigonometria, que é $\text{sen}^2\,\alpha + \cos^2\alpha = 1$.

O termo *identidade* refere-se a uma relação de igualdade verdadeira, independentemente de qualquer contexto e dos valores assumidos por suas variáveis. Representa um caso geral e pode resultar em uma propriedade ou princípio.

A principal relação da Trigonometria ($\text{sen}^2\,\alpha + \cos^2\alpha = 1$) deriva do teorema de Pitágoras, cujo enunciado é: "Em todo triângulo retângulo, a área do quadrado construído sobre a hipotenusa é igual à soma das áreas dos quadrados construídos sobre os catetos".

Pitágoras (c. 570 a.C.-c. 500 a.C.) nasceu em Samos, ilha do mar Egeu. Fundou uma escola filosófica em Crotona, no sul da Itália, que ficou conhecida como a "Irmandade Pitagórica". Os pitagóricos eram fascinados pelas propriedades dos números e acreditavam que as relações matemáticas regessem todo o Universo.

Selo editado na Grécia, em 1955, simbolizando o célebre teorema de Pitágoras.

WIKIMEDIA COMMONS/ARQUIVO DA EDITORA

UM POUCO DE HISTÓRIA

Em sua origem, na Grécia antiga, algumas identidades trigonométricas já eram usadas, porém expressas na forma equivalente de corda. Principalmente dos séculos V a XII, por obra de matemáticos hindus, estabeleceram-se as fórmulas conhecidas por RELAÇÕES TRIGONOMÉTRICAS.

Detalhe de *A escola de Atenas* mostrando Pitágoras **(1)** em companhia do filósofo e médico árabe Averróis (1126-1198) **(2)**, da filósofa Hipátia de Alexandria (355-415) **(3)** e do filósofo grego Parmênides de Eleia (c. 530 a.C.-c. 460 a.C.) **(4)**.

ERICH LESSING/ALBUM/LATINSTOCK

A escola de Atenas, do pintor italiano Rafael Sanzio, 1509.

1 Relações fundamentais

Além de seno, cosseno e tangente, existem outras três funções trigonométricas, importantes mais pelo seu valor histórico do que por qualquer outro motivo. São elas: secante, cossecante e cotangente.

As relações entre os valores das funções trigonométricas de um mesmo arco são denominadas *relações trigonométricas*. Já conhecemos duas delas, consideradas fundamentais:

$$\text{sen}^2 x + \cos^2 x = 1, \text{ para todo } x \in \mathbb{R}$$

$$\text{tg } x = \frac{\text{sen } x}{\cos x}, \text{ para todo } x \neq \frac{\pi}{2} + k\pi$$

Existem outras relações fundamentais:

- $\text{cotg } x = \frac{1}{\text{tg } x} = \frac{\cos x}{\text{sen } x}$, para todo $x \neq k\pi$
- $\sec x = \frac{1}{\cos x}$, para todo $x \neq \frac{\pi}{2} + k\pi$
- $\text{cossec } x = \frac{1}{\text{sen } x}$, para todo $x \neq k\pi$

Fique atento

Para simplificar as expressões, consideramos o fator $k \in \mathbb{Z}$, sempre que não especificado.

Exercícios resolvidos

1. Sendo $\text{sen } x = -\frac{1}{4}$, com $\pi < x < \frac{3\pi}{2}$, determine tg x e sec x.

Resolução:

$\text{sen}^2 x + \cos^2 x = 1 \Rightarrow \left(-\frac{1}{4}\right)^2 + \cos^2 x = 1 \Rightarrow$

$\Rightarrow \cos^2 x = \frac{15}{16} \Rightarrow \cos x = \pm\frac{\sqrt{15}}{4}$

Como **x** é do 3º quadrante, $\cos x = -\frac{\sqrt{15}}{4}$. Então:

$$\text{tg } x = \frac{\text{sen } x}{\cos x} \Rightarrow \text{tg } x = \frac{-\frac{1}{4}}{-\frac{\sqrt{15}}{4}} \Rightarrow \text{tg } x = \frac{\sqrt{15}}{15}$$

$$\sec x = \frac{1}{\cos x} \Rightarrow \sec x = \frac{1}{-\frac{\sqrt{15}}{4}} \Rightarrow$$

$$\Rightarrow \sec x = -\frac{4\sqrt{15}}{15}$$

2. Dado $\text{cossec } x = \frac{7}{4}$, com $\frac{\pi}{2} < x < \pi$, determine cos x.

Resolução:

$\text{cossec } x = \frac{1}{\text{sen } x} \Rightarrow \frac{7}{4} = \frac{1}{\text{sen } x} \Rightarrow$

$\Rightarrow 7 \cdot \text{sen } x = 4 \Rightarrow \text{sen } x = \frac{4}{7}$

$\text{sen}^2 x + \cos^2 x = 1 \Rightarrow \left(\frac{4}{7}\right)^2 + \cos^2 x = 1 \Rightarrow$

$\Rightarrow \cos^2 x = \frac{33}{49} \Rightarrow \cos x = \pm\frac{\sqrt{33}}{7}$

Como **x** é do 2º quadrante, $\cos x = -\frac{\sqrt{33}}{7}$.

3. Determine o valor de **m** para que se tenha simultaneamente $\text{sen } x = \sqrt{m - 2}$ e $\cos x = m - 1$.

Resolução:

Usando a relação $\text{sen}^2 x + \cos^2 x = 1$ e fazendo as substituições, temos:

$(\sqrt{m - 2})^2 + (m - 1)^2 = 1 \Rightarrow m - 2 + m^2 - 2m + 1 =$

$= 1 \Rightarrow m^2 - m - 2 = 0$ (equação do 2º grau em **m**)

$\Delta = 9$

$m' = 2$ e $m'' = -1$

O valor $m = -1$ não satisfaz, pois

$\sqrt{m - 2} = \sqrt{-1 - 2} = \sqrt{-3} \notin \mathbb{R}$ ou porque

$\cos x = -1 - 1 = -2$ não satisfaz a existência do cosseno.

Já o valor $m = 2$ serve para

$\text{sen } x = \sqrt{2 - 2} = 0$ e

$\cos x = 2 - 1 = 1$.

Logo, $m = 2$.

Para refletir

No exercício resolvido 3, qual é o valor de **x** para $0 \leq x < 2\pi$?

4. Simplifique a expressão $y = \dfrac{\text{cotg } x + \text{cossec } x}{\text{sen } x}$, supondo $0 < x < \dfrac{\pi}{2}$.

Fique atento

Para $0 < x < \dfrac{\pi}{2}$ existem todas as funções trigonométricas envolvidas no exercício.

Resolução:

Escrevendo todos os termos da expressão em função de sen x e cos x, temos:

$$y = \dfrac{\text{cotg } x + \text{cossec } x}{\text{sen } x} = \dfrac{\dfrac{\cos x}{\text{sen } x} + \dfrac{1}{\text{sen } x}}{\text{sen } x} =$$

$$= \dfrac{\dfrac{\cos x + 1}{\text{sen } x}}{\text{sen } x} = \dfrac{\cos x + 1}{\text{sen } x} : \text{sen } x =$$

$$= \dfrac{\cos x + 1}{\text{sen } x} \cdot \dfrac{1}{\text{sen } x} = \dfrac{\cos x + 1}{\text{sen}^2 x}$$

Como $\text{sen}^2 x + \cos^2 x = 1 \Leftrightarrow \text{sen}^2 x = 1 - \cos^2 x$, fazemos a substituição:

$$y = \dfrac{\cos x + 1}{1 - \cos^2 x} = \dfrac{\cancel{\cos x + 1}}{\cancel{(1 + \cos x)}(1 - \cos x)} =$$

$$= \dfrac{1}{1 - \cos x}$$

Portanto, $y = \dfrac{1}{1 - \cos x}$.

Exercícios propostos

1. Determine os valores das demais funções trigonométricas de um arco **x** quando:

a) $\text{sen } x = -\dfrac{1}{2}$ e $\dfrac{3\pi}{2} < x < 2\pi$.

b) $\cos x = \dfrac{1}{3}$ e $0 < x < \dfrac{\pi}{2}$.

c) $\text{cossec } x = -\sqrt{2}$ e $\pi < x < \dfrac{3\pi}{2}$.

d) $\text{tg } x = \sqrt{3}$ e $0 < x < \dfrac{\pi}{2}$.

2. Sendo $\cos x = \dfrac{4}{5}$ e $0 < x < \dfrac{\pi}{2}$, calcule o valor de $\text{sen}^2 x - 3 \cdot \text{sen } x$.

3. Sabendo que $\cos a = -\dfrac{\sqrt{5}}{5}$ e $\dfrac{\pi}{2} < a < \pi$, determine o valor de $(1 + \text{sen } a)(1 - \text{sen } a)$.

4. Dado $\cos x = \dfrac{\sqrt{2}}{2}$, com $0 < x < \dfrac{\pi}{2}$, determine o valor de $\sec x + \text{cossec } x$.

5. Se $\cos a = \dfrac{1}{2}$ e $0 < a < \dfrac{\pi}{2}$, qual é o valor da expressão $y = \dfrac{\text{cossec } a - \text{sen } a}{\sec a - \cos a}$?

6. Simplifique as expressões:

a) $y = \dfrac{\sec x - \text{cossec } x}{1 - \text{cotg } x}$

b) $y = (\sec x - \cos x)(\text{cossec } x - \text{sen } x)(\text{tg } x + \text{cotg } x)$

7. Determine o valor de $A = \dfrac{\text{cotg } x - 1}{\text{cossec } x - \sec x}$, dado $\cos x = \dfrac{1}{2}$.

2 Relações decorrentes das fundamentais

A partir das relações fundamentais podemos chegar a outras relações também importantes:

- $\text{sen}^2 x + \cos^2 x = 1 \Rightarrow \dfrac{\text{sen}^2 x}{\cos^2 x} + \dfrac{\cos^2 x}{\cos^2 x} = \dfrac{1}{\cos^2 x} \Rightarrow \text{tg}^2 x + 1 = \sec^2 x$ para $\cos x \neq 0$

Assim, $\text{tg}^2 x + 1 = \sec^2 x$, para $x \neq \dfrac{\pi}{2} + k\pi,\ k \in \mathbb{Z}$.

Fique atento

Não se deve confundir $\text{tg}^2 x + 1$ com $\text{tg}^2 (x + 1)$.

- $\text{sen}^2 x + \cos^2 x = 1 \Rightarrow \dfrac{\text{sen}^2 x}{\text{sen}^2 x} + \dfrac{\cos^2 x}{\text{sen}^2 x} = \dfrac{1}{\text{sen}^2 x} \Rightarrow 1 + \text{cotg}^2 x = \text{cossec}^2 x$ para $\text{sen } x \neq 0$

Assim, $\text{cotg}^2 x + 1 = \text{cossec}^2 x$, para $x \neq k\pi$, $k \in \mathbb{Z}$.

Exercício resolvido

5. Dado $\text{sen } x = \dfrac{\sqrt{2}}{2}$, calcule o valor da expressão

$$A = \frac{\sec^2 x - 1}{\text{tg}^2 x + 1}.$$

Resolução:

Vamos escrever a expressão dada em função de sen x e cos x:

$$A = \frac{\sec^2 x - 1}{\text{tg}^2 x + 1} = \frac{\left(\frac{1}{\cos x}\right)^2 - 1}{\left(\frac{\text{sen } x}{\cos x}\right)^2 + 1} = \frac{\frac{1}{\cos^2 x} - 1}{\frac{\text{sen}^2 x}{\cos^2 x} + 1} =$$

$$= \frac{\frac{1 - \cos^2 x}{\cos^2 x}}{\frac{\text{sen}^2 x + \cos^2 x}{\cos^2 x}} =$$

$$= \frac{1 - \cos^2 x}{\cancel{\cos^2 x}} \cdot \frac{\cancel{\cos^2 x}}{\text{sen}^2 x + \cos^2 x} = \frac{\text{sen}^2 x}{1} = \text{sen}^2 x$$

Como $\text{sen } x = \dfrac{\sqrt{2}}{2}$, então o valor da expressão é

$$A = \left(\frac{\sqrt{2}}{2}\right)^2 = \frac{2}{4} = \frac{1}{2}.$$

Para refletir

Como resolver esse exercício usando outra estratégia?

Exercícios propostos

8. Dado $\text{sen } x = \dfrac{1}{3}$, com $\dfrac{\pi}{2} < x < \pi$, determine o valor de cotg x.

9. Para $\cos x = \dfrac{1}{2}$, qual é o valor da expressão

$$y = \frac{\text{cossec } x - \text{sen } x}{\text{cotg } x \cdot \sec x} + \sec x?$$

10. Qual é o valor de sen x, sabendo que $\cos x + 2 \cdot \text{sen } x = 2$?

11. Sejam os números reais **m** e **x** que satisfazem simultaneamente as condições $\text{sen } x = m - 1$ e $\cos x = \sqrt{1 - m^2}$. Qual é o valor de **m**?

12. Encontre os valores de **k** para que sejam satisfeitas simultaneamente as igualdades $\cos a = \dfrac{3k}{5}$ e $\text{cossec } a = \dfrac{5}{4k}$.

13. Se $\text{sen } \alpha = 3t - 1$ e $\cos \alpha = 1 - t$, então α pertence a que quadrante?

14. Calcule o valor de $y = \text{sen } x \cdot \cos x$ sabendo que $\text{tg } x + \text{cotg } x = 2$.

15. Escreva a expressão $y = \text{sen } x \cdot \text{tg } x + 2 \cdot \cos x$ em função de cos x.

16. Se $\text{tg } x = \dfrac{\text{sen } x}{\cos x} = t$, escreva a expressão

$$y = \frac{\text{sen}^2 x + \text{sen } x \cdot \cos x}{\text{sen}^2 x - \cos^2 x}$$ em função de **t**.

(*Sugestão*: Use a fatoração no numerador e no denominador da fração.)

17. Se $m = \text{sen } x + \cos x$ e $n = \text{sen } x - \cos x$, prove que $m^2 + n^2 = 2$.

3 Identidades trigonométricas

Toda igualdade envolvendo funções trigonométricas que se verifica para todos os valores do domínio dessas funções é uma *identidade trigonométrica*. Por exemplo, considerando o domínio das funções, a igualdade sen x · sec x = tg x é uma identidade trigonométrica, pois, independentemente do valor de **x**, ela se verifica. Para $x \neq \frac{\pi}{2} + k\pi$, temos:

$$\text{sen } x \cdot \sec x = \text{sen } x \cdot \frac{1}{\cos x} = \frac{\text{sen } x}{\cos x} = \text{tg } x$$

Já a igualdade sen x + cos x = 1, para $x \in \mathbb{R}$, não é uma identidade, pois ela não é verdadeira para todo $x \in \mathbb{R}$. Dizemos que sen x + cos x = 1 é uma *equação trigonométrica*.

Para demonstrar que uma igualdade é uma identidade, há vários caminhos. Veja alguns exemplos nos exercícios resolvidos a seguir.

Você sabia

As sete relações vistas neste capítulo são identidades trigonométricas.

Para refletir

Verifique o que acontece com sen x + cos x = 1, para $x = \frac{\pi}{2}$ e para $x = \frac{\pi}{4}$.

Exercícios resolvidos

6. Demonstre que $(1 - \cos^2 x)(\text{cotg}^2 x + 1) = 1$, para $x \neq k\pi$, é uma identidade.

Resolução:

Consideramos que o primeiro membro da igualdade é f(x) e o segundo membro é g(x). Vamos simplificar o primeiro membro, expressando-o em função de sen x e de cos x.

$$(1 - \cos^2 x)\left(\frac{\cos^2 x}{\text{sen}^2 x} + 1\right) = \underbrace{(1 - \cos^2 x)}\underbrace{\left(\frac{\cos^2 x + \text{sen}^2 x}{\text{sen}^2 x}\right)} = \underbrace{\cancel{\text{sen}^2 x}} \cdot \underbrace{\frac{1}{\cancel{\text{sen}^2 x}}} = 1$$

Fique atento

Partindo de f(x), chegamos a g(x). Logo, f(x) = g(x).

7. Demonstre que $\frac{\text{tg } x}{1 + \text{tg}^2 x} = \frac{\text{sen } x}{\sec x}$ é uma identidade para $x \neq \frac{\pi}{2} + k\pi$.

Resolução:

Neste problema, vamos simplificar isoladamente cada membro.

- $f(x) = \frac{\text{tg } x}{1 + \text{tg}^2 x} = \frac{\frac{\text{sen } x}{\cos x}}{\sec^2 x} = \frac{\frac{\text{sen } x}{\cos x}}{\frac{1}{\cos^2 x}} = \frac{\text{sen } x}{\cancel{\cos x}} \cdot \overset{\cos x}{\cancel{\cos^2 x}} = \text{sen } x \cdot \cos x$

- $g(x) = \frac{\text{sen } x}{\sec x} = \frac{\text{sen } x}{\frac{1}{\cos x}} = \text{sen } x \cdot \cos x$

Fique atento

Partindo separadamente de f(x) e g(x), chegamos ao mesmo valor. Logo, f(x) = g(x).

8. Demonstre a identidade $\sec^2 x - \text{sen}^2 x = \text{tg}^2 x + \cos^2 x$.

Resolução:

Considerando $\sec^2 x - \text{sen}^2 x$ como f(x) e $\text{tg}^2 x + \cos^2 x$ como g(x), podemos fazer:

$f(x) - g(x) = \sec^2 x - \text{sen}^2 x - \text{tg}^2 x - \cos^2 x =$

$= (\sec^2 x - \text{tg}^2 x) - (\text{sen}^2 x + \cos^2 x) = 1 - 1 = 0$

Se f(x) − g(x) = 0, então f(x) = g(x) ou $\sec^2 x - \text{sen}^2 x = \text{tg}^2 x + \cos^2 x$.

Para refletir

Para que valores de **x** vale essa identidade?

9. Demonstre que $\text{sen}^4 x - \cos^4 x = 1 - 2\cos^2 x$.

Resolução:

$\text{sen}^4 x - \cos^4 x = (\text{sen}^2 x - \cos^2 x)(\text{sen}^2 x + \cos^2 x) = (\text{sen}^2 x - \cos^2 x) \cdot 1 = -1(\cos^2 x - \text{sen}^2 x) =$

$= 1 - \cos^2 x - \cos^2 x = 1 - 2\cos^2 x$

Exercícios propostos

18. Demonstre as seguintes identidades trigonométricas:

a) $\cos x \cdot \text{tg } x \cdot \text{cossec } x = 1$

b) $\text{tg } x \cdot \cos x = \text{sen } x$

c) $(1 + \text{sen } x)(1 - \text{sen } x) = \cos^2 x$

d) $\text{tg}^2 x \cdot \text{cossec}^2 x = 1 + \text{tg}^2 x$

e) $\text{cossec}^2 x \cdot \text{tg } x = \text{cotg } x \cdot \sec^2 x$

f) $\sec^2 x \cdot \text{cossec}^2 x = \sec^2 x + \text{cossec}^2 x$

g) $(\text{sen } x + \text{tg } x)(\cos x + \text{cotg } x) =$
$= (1 + \text{sen } x)(1 + \cos x)$

h) $(\text{tg } x + 1)(1 - \text{tg } x) = 2 - \sec^2 x$

i) $(\text{tg } x - \text{sen } x)^2 + (1 - \cos x)^2 = (\sec x - 1)^2$

j) $(a \cdot \text{sen } x - b \cdot \cos x)^2 + (a \cdot \cos x + b \cdot \text{sen } x)^2 =$
$= a^2 + b^2$

k) $\dfrac{\sec x + \text{tg } x}{\cos x + \text{cotg } x} = \text{tg } x \cdot \sec x$

l) $\dfrac{\text{sen } x}{1 + \text{cotg } x} + \dfrac{\cos x}{1 + \text{tg } x} = \dfrac{1}{\text{sen } x + \cos x}$

m) $(\sec x - \text{tg } x)^2 = \dfrac{1 - \text{sen } x}{1 + \text{sen } x}$

? Você sabia

As demonstrações das identidades podem ser vistas como um exercício de quebra-cabeça trigonométrico.

19. Se $A = (\cos a + \cos b)(\cos a - \cos b) +$
$+ (\text{sen } a + \text{sen } b)(\text{sen } a - \text{sen } b)$, prove que $A = 0$.

20. Se $f(x) = \dfrac{\text{sen } x + \text{tg } x}{\text{cotg } x + \text{cossec } x}$ e $g(x) = \text{sen } x \cdot \text{tg } x$, prove que $f(x) = g(x)$.

21. Se $P = \dfrac{1}{1 + \text{sen}^2 x} + \dfrac{1}{1 + \cos^2 x} +$
$+ \dfrac{1}{1 + \sec^2 x} + \dfrac{1}{1 + \text{cossec}^2 x}$, demonstre que $P = 2$.

4 Equações trigonométricas

Observe as seguintes equações:

- $\text{sen } x = 1$
- $2 \cdot \cos x = \sqrt{3}$
- $1 + \text{tg } 2x = 0$

Essas equações são exemplos de equações trigonométricas, pois nelas a incógnita aparece nas medidas dos arcos ou dos ângulos de funções trigonométricas.

Não existe um modo único que permita resolver todas as equações trigonométricas. Entretanto, o objetivo é chegar sempre a equações básicas do tipo $\text{sen } x = a$, $\cos x = a$ ou $\text{tg } x = a$, que nos permitem obter a variável **x** a partir do conhecimento dos valores de **a**, mesmo que tenhamos que lançar mão de artifícios, identidades, etc.

Para resolver as equações trigonométricas é preciso lembrar que os valores do seno, do cosseno e da tangente podem ser negativos ou positivos dependendo do quadrante em que está o ângulo considerado. Além disso, é importante lembrar dos valores do seno, do cosseno e da tangente dos arcos notáveis também quando esses valores são nulos.

Para refletir

Por que $2x = \cos \dfrac{\pi}{3}$ não é uma equação trigonométrica?

Equações da forma sen x = a, cos x = a e tg x = a

Veja alguns exemplos dessas equações nos exercícios resolvidos a seguir.

Fique atento

Quando não for explicitado o conjunto universo, devemos considerar U = IR.

Exercícios resolvidos

10. Resolva as equações:

a) $\text{sen } x = \frac{1}{2}$

b) $\text{tg } x = 1$

c) $\text{sen } 2x = 1$

d) $\cos\left(x - \frac{\pi}{3}\right) = \frac{\sqrt{3}}{2}$

e) $3 \cdot \text{tg}\left(x + \frac{\pi}{2}\right) = -\sqrt{3}$

Resolução:

a) $\text{sen } x = \frac{1}{2}$

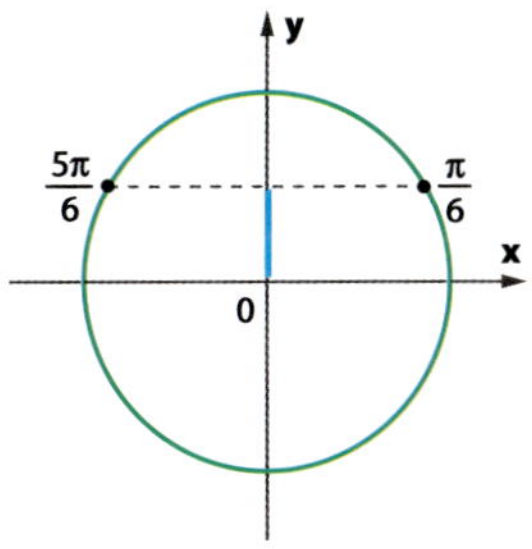

Sabemos que na 1ª determinação os arcos com seno igual a $\frac{1}{2}$ são $\frac{\pi}{6}$ e $\frac{5\pi}{6}$. Então, em todas as voltas temos $x = \frac{\pi}{6} + 2k\pi$ ou $x = \frac{5\pi}{6} + 2k\pi$.

$$S = \left\{x \in \mathbb{R} \mid x = \frac{\pi}{6} + 2k\pi \text{ ou } x = \frac{5\pi}{6} + 2k\pi\right\}$$

b) $\text{tg } x = 1$

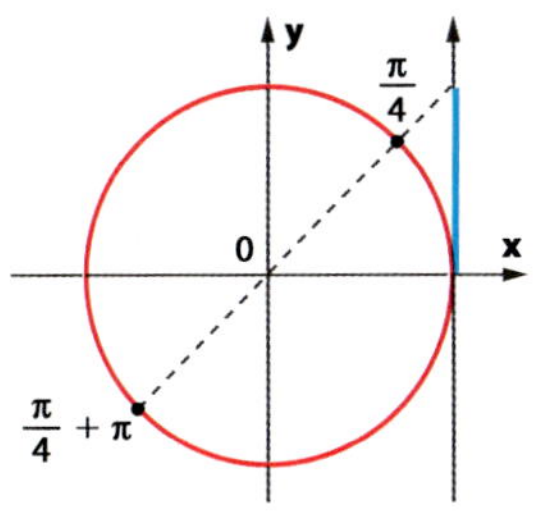

Os arcos com tangente igual a 1 na 1ª determinação são $\frac{\pi}{4}$ e $\frac{5\pi}{4}$. Então, em todas as voltas $x = \frac{\pi}{4} + k\pi$.

$$S = \left\{x \in \mathbb{R} \mid x = \frac{\pi}{4} + k\pi\right\}$$

c) $\text{sen } 2x = 1$

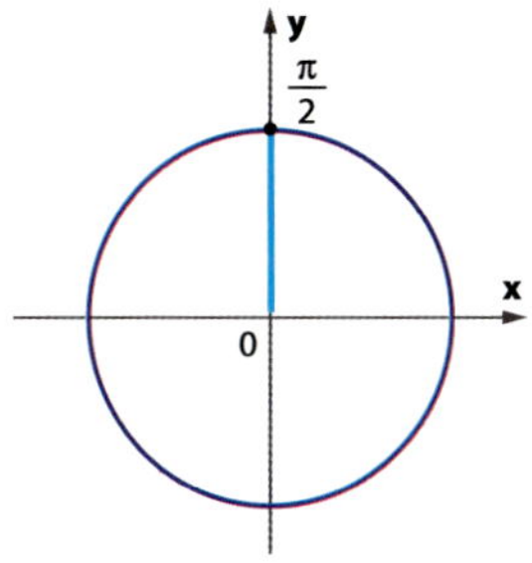

Essa equação pode ser resolvida do mesmo modo que as anteriores, embora se tenha sen 2x e não sen x.

Como $\text{sen } \frac{\pi}{2} = 1$, temos:

$$2x = \frac{\pi}{2} + 2k\pi \Rightarrow x = \frac{\frac{\pi}{2} + 2k\pi}{2} = \frac{\pi}{4} + k\pi$$

$$S = \left\{x \in \mathbb{R} \mid x = \frac{\pi}{4} + k\pi\right\}$$

d) $\cos\left(x - \frac{\pi}{3}\right) = \frac{\sqrt{3}}{2}$

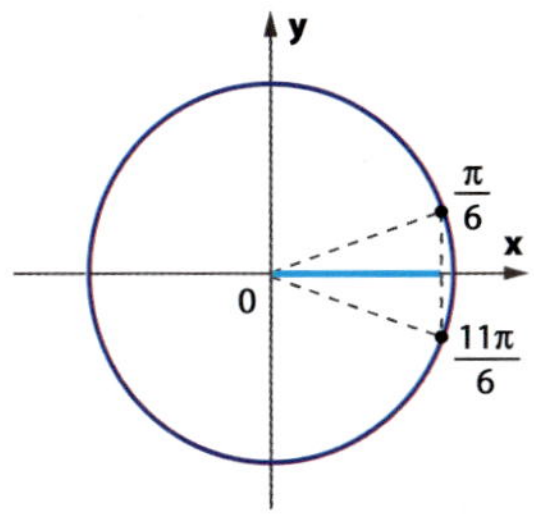

Como na 1ª determinação $\frac{\pi}{6}$ e $\frac{11\pi}{6}$ têm cosseno igual a $\frac{\sqrt{3}}{2}$, temos:

$$x - \frac{\pi}{3} = \frac{\pi}{6} + 2k\pi \Rightarrow x = \frac{\pi}{6} + \frac{\pi}{3} + 2k\pi \Rightarrow$$

$$\Rightarrow x = \frac{\pi}{2} + 2k\pi$$

ou

$$x - \frac{\pi}{3} = \frac{11\pi}{6} + 2k\pi \Rightarrow x = \frac{11\pi}{6} + \frac{\pi}{3} + 2k\pi \Rightarrow$$

côngruo a $\frac{\pi}{6}\left(2\pi + \frac{\pi}{6}\right)$

$$\Rightarrow x = \frac{13\pi}{6} + 2k\pi = \frac{\pi}{6} + 2k\pi$$

$$S = \left\{x \in \mathbb{R} \mid x = \frac{\pi}{2} + 2k\pi \text{ ou } \frac{\pi}{6} + 2k\pi\right\}$$

e) $3 \cdot \text{tg}\left(x + \frac{\pi}{2}\right) = -\sqrt{3} \Rightarrow \text{tg}\left(x + \frac{\pi}{3}\right) = -\frac{\sqrt{3}}{3}$

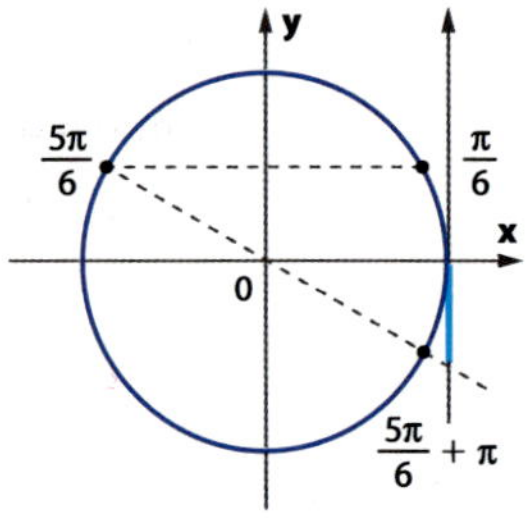

$$\text{tg}\,\frac{\pi}{6} = \frac{\sqrt{3}}{3}$$

$$\text{tg}\,\frac{5\pi}{6} = -\frac{\sqrt{3}}{3}$$

Então:

$$x + \frac{\pi}{2} = \frac{5\pi}{6} + k\pi \Rightarrow x = \frac{5\pi}{6} - \frac{\pi}{2} + k\pi \Rightarrow$$

$$\Rightarrow x = \frac{\pi}{3} + k\pi$$

$$S = \left\{x \in \mathbb{R} \mid x = \frac{\pi}{3} + k\pi\right\}$$

11. Resolva as equações:

a) $\cos^2 x = \frac{1}{2}$

b) $2 \cdot \text{sen}^2 x + 3 \cdot \text{sen}\,x - 2 = 0$

Resolução:

a) $\cos^2 x = \frac{1}{2} \Rightarrow \cos x = \pm\sqrt{\frac{1}{2}} =$

$$= \pm\frac{1}{\sqrt{2}} = \pm\frac{\sqrt{2}}{2}$$

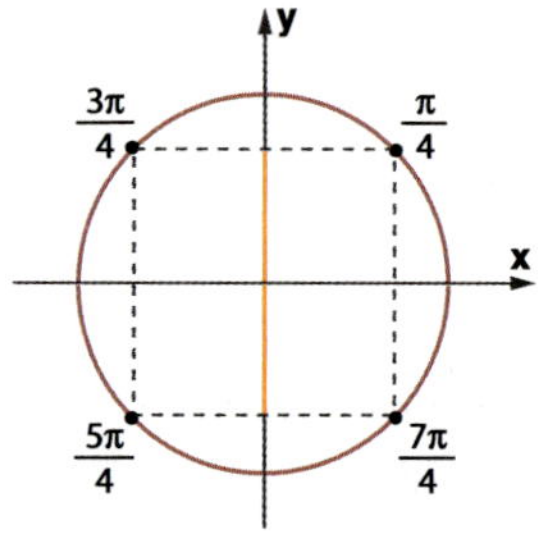

• $\cos x = \frac{\sqrt{2}}{2} \Rightarrow x = \frac{\pi}{4} + 2k\pi$ ou

$x = \frac{7\pi}{4} + 2k\pi$

ou

• $\cos x = -\frac{\sqrt{2}}{2} \Rightarrow x = \frac{3\pi}{4} + 2k\pi$ ou

$x = \frac{5\pi}{4} + 2k\pi$

$$S = \left\{x \in \mathbb{R} \mid x = \frac{\pi}{4} + k \cdot \frac{\pi}{2}\right\}$$

b) $2 \cdot \text{sen}^2 x + 3 \cdot \text{sen}\,x - 2 = 0$

Fazendo sen x = t, ficamos com $2t^2 + 3t - 2 = 0$:

$\Delta = 25$

$t' = \frac{1}{2}$ e $t'' = -2\left(t = \frac{1}{2} \text{ ou } t = -2\right)$

Então:

$$\begin{cases} \text{sen}\,x = \frac{1}{2} \Rightarrow x = \frac{\pi}{6} + 2k\pi \text{ ou} \\ \quad x = \frac{5\pi}{6} + 2k\pi \\ \text{ou} \\ \text{sen}\,x = -2 \Rightarrow \nexists\, x \in \mathbb{R} \end{cases}$$

$$S = \left\{x \in \mathbb{R} \mid x = \frac{\pi}{6} + 2k\pi \text{ ou } x = \frac{5\pi}{6} + 2k\pi\right\}$$

Resolução de uma equação em intervalo dado

Para resolver uma equação trigonométrica num determinado intervalo, fazemos o seguinte:

1º) Resolvemos normalmente a equação, obtendo a solução geral.

2º) Determinamos os valores da solução geral que pertencem ao intervalo dado. Esses valores vão constituir o conjunto solução da equação.

Exercícios resolvidos

12. Resolva a equação $\cos x \cdot \text{tg}\, x - \cos x = 0$ no intervalo $[0, 2\pi]$.

Resolução:

$\cos x \cdot \text{tg}\, x - \cos x = 0 \Rightarrow \cos x \cdot (\text{tg}\, x - 1) = 0 \Rightarrow$

$\Rightarrow \cos x = 0$ ou $\text{tg}\, x = 1$

$\cos x = 0 \Rightarrow x = \frac{\pi}{2}$ ou $x = \frac{3\pi}{2}$

Mas como a tg x não é definida para

$x = \frac{\pi}{2}$ e $x = \frac{3\pi}{2}$, estes valores não servem.

$\text{tg}\, x = 1 \Rightarrow x = \frac{\pi}{4}$ ou $x = \frac{5\pi}{4}$, pois $x \in [0, 2\pi]$

Outra resolução:

- $\cos x = 0 \Rightarrow x = \frac{\pi}{2} + k\pi$

$k = 0 \Rightarrow x = \frac{\pi}{2} \in [0, 2\pi]$

$k = 1 \Rightarrow x = \frac{\pi}{2} + \pi = \frac{3\pi}{2} \in [0, 2\pi]$

$k = 2 \Rightarrow x = \frac{5\pi}{2} \notin [0, 2\pi]$

ou

- $\text{tg}\, x = 1 \Rightarrow x = \frac{\pi}{4} + k\pi$

$k = 0 \Rightarrow x = \frac{\pi}{4} \in [0, 2\pi]$

$k = 1 \Rightarrow x = \frac{5\pi}{4} \in [0, 2\pi]$

$k = 2 \Rightarrow x = \frac{\pi}{4} + 2\pi \notin [0, 2\pi]$

Os valores $\frac{\pi}{2}$ e $\frac{3\pi}{2}$ são do intervalo, mas não servem na equação inicial.

Portanto, $S = \left\{\frac{\pi}{4}, \frac{5\pi}{4}\right\}$.

13. (Vunesp/modificado) A figura abaixo mostra a órbita elíptica de um satélite **S** em torno do planeta Terra. Na elipse estão assinalados dois pontos: o ponto **A** (apogeu), que é o ponto da órbita mais afastado do centro da Terra, e o ponto **P** (perigeu), que é o ponto da órbita mais próximo do centro da Terra. O ponto **O** indica o centro da Terra e o ângulo PÔS tem medida α, com $0° \leqslant \alpha \leqslant 360°$. A altura **H**, em km, do satélite à superfície da Terra, dependendo do ângulo α, é dada aproximadamente pela função:

$$H = \left(-64 + \frac{7980}{100 + 5\cos\alpha}\right) \cdot 10^2.$$

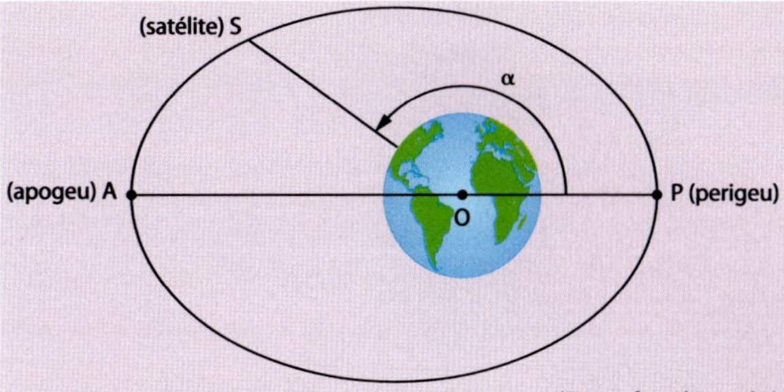

(Figura fora de escala.)

Determine os valores de α, quando a altura **H** do satélite é de 1 580 km.

> RESOLUÇÃO PASSO A PASSO:

1. Lendo e compreendendo

a) O que é dado no problema?

São dados uma função que relaciona a altura **H** do satélite (em km) com o ângulo α, e o intervalo de variação de α, $0° < \alpha < 360°$.

b) O que se pede?

Pede-se ao aluno que determine os valores do ângulo α no momento em que o satélite está a 1 580 km de altura.

2. Planejando a solução

Para obter o valor de α, vamos usar a função dada, substituindo o valor de 1 580 km em **H**, e depois resolver a equação trigonométrica resultante dessa substituição.

3. Executando o que foi planejado

Do enunciado sabemos que

$$H = \left(-64 + \frac{7980}{100 + 5\cos\alpha}\right) \cdot 10^2.$$

Para H = 1 580 km:

$$1580 = \left(-64 + \frac{7980}{100 + 5\cos\alpha}\right) \cdot 10^2.$$

Dividindo ambos os membros por 10^2 (ou seja, 100), temos:

$$15{,}80 = -64 + \frac{7980}{100 + 5\cos\alpha}$$

Vamos agora isolar $\cos\alpha$:

$$15{,}80 + 64 = \frac{7980}{100 + 5\cos\alpha} \Rightarrow$$

$$\Rightarrow 79{,}80 = \frac{7980}{100 + 5\cos\alpha} \Rightarrow$$

$$\Rightarrow 79{,}80 \cdot (100 + 5\cos\alpha) = 7980 \Rightarrow$$

$$\Rightarrow 100 + 5\cos\alpha = \frac{7980}{79{,}80} \Rightarrow 100 + 5\cos\alpha = 100 \Rightarrow$$

$$\Rightarrow 5\cos\alpha = 0 \Rightarrow \cos\alpha = 0$$

Com o cosseno isolado, avaliamos que valores de α são soluções da equação $\cos\alpha = 0$. Considerando-se o intervalo dado no enunciado, $0° \leqslant \alpha \leqslant 360°$, esses valores são $\alpha = 90°$ ou $\alpha = 270°$.

4. Verificando

Para verificar, vamos substituir os valores obtidos ($\alpha = 90°$ e $\alpha = 270°$) na função

$$H = \left(-64 + \frac{7980}{100 + 5 \cos \alpha}\right) \cdot 10^2.$$

Para $\alpha = 90°$:

$$H = \left(-64 + \frac{7980}{100 + 5 \cos 90°}\right) \cdot 10^2 =$$

$$= \left(-64 + \frac{7980}{100 + 5 \cdot 0}\right) \cdot 10^2 =$$

$$= \left(-64 + \frac{7980}{100}\right) \cdot 10^2 = (-64 + 79{,}8) \cdot 10^2 =$$

$$= 15{,}8 \cdot 100 = 1\,580 \text{ km}$$

Para $\alpha = 270°$:

$$H = \left(-64 + \frac{7980}{100 + 5 \cos 270°}\right) \cdot 10^2 =$$

$$= \left(-64 + \frac{7980}{100 + 5 \cdot 0}\right) \cdot 10^2 =$$

$$= \left(-64 + \frac{7980}{100}\right) \cdot 10^2 = (-64 + 79{,}8) \cdot 10^2 =$$

$$= 15{,}8 \cdot 100 = 1\,580 \text{ km}$$

5. Respondendo

Quando o satélite está a 1 580 km de altura os valores de α são: $\alpha = 90°$ ou $\alpha = 270°$.

6. Ampliando o problema

a) Usando a tabela trigonométrica da página 31 ou uma calculadora científica, estime os valores do ângulo α para quando a altura do satélite for de 1 500 km.

b) (Vunesp/modificado) Determine a altura **h** do satélite quando este se encontra no perigeu e também quando se encontra no apogeu.

c) **Discussão em equipe**

Atualmente, os satélites artificiais são empregados em um grande número de atividades. Converse com seus colegas sobre algumas das utilidades dos satélites artificiais.

d) **Pesquisa**

Qual foi o primeiro satélite artificial a ser lançado no espaço, quem o lançou e quando isso ocorreu?

Exercícios propostos

22. Determine o valor de **x**:

a) $\cos x = \frac{\sqrt{2}}{2}$

b) $\text{tg } x = -\sqrt{3}$

c) $2 \cdot \text{sen } x = -1$, para $0 < x < 2\pi$

d) $1 + \cos x = 0$, para $-\pi < x < \pi$

e) $\text{sen } x = \sqrt{2}$

f) $\sec x = \sqrt{2}$

23. Resolva as equações trigonométricas:

a) $\text{sen } 3x = 1$

b) $\cos\left(x + \frac{\pi}{6}\right) = -1$

c) $\text{tg } 5x = 0$, sendo $0 < x < 2\pi$

d) $\text{sen}\left(3x - \frac{\pi}{4}\right) = \frac{\sqrt{2}}{2}$

e) $\cos 2x = 0$

f) $3 \cdot \text{tg } 2x - \sqrt{3} = 0$, com $0 < x < 3\pi$

g) $\sec 2x = \sqrt{2}$, com $-2\pi < x < 2\pi$

h) $\text{cossec}\left(x + \frac{\pi}{3}\right) = \frac{1}{3}$

24. Resolva as equações para $0 < x < 2\pi$:

a) $2 \cdot \text{sen } x \cdot \cos x - \cos x = 0$

b) $\text{sen}^2 x - \text{sen } x = 0$

c) $\text{tg}^2 x = 3$

d) $2 \cdot \text{sen}^2 x + \text{sen } x - 1 = 0$

e) $2 \cdot \cos^2 x - \sqrt{3} \cdot \cos x = 0$

f) $4 \cdot \cos x + 3 \cdot \sec x = 8$

25. Resolva as equações:

a) $\sqrt{2} \cdot \text{sen } x + 1 = 0$

b) $\text{sen } x + \cos x = 0$

c) $\sec x = -2$

d) $\text{cotg } x = \sqrt{3}$

26. Resolva a equação $\text{sen } x = 1 + \text{sen}^2 x$.

5 Inequações trigonométricas

Uma inequação trigonométrica é uma desigualdade em que aparecem funções trigonométricas da incógnita.

Exemplos:

1º) $\text{sen } x < \frac{1}{2}$

2º) $\cos x \leq \frac{\sqrt{2}}{2}$

3º) $\text{tg } x \geq \sqrt{3}$

Exercícios resolvidos

14. Resolva as seguintes inequações:

a) $\operatorname{sen} x \leq -\frac{1}{2}$, em $[0, 2\pi]$

b) $\cos x \leq -\frac{1}{2}$, para $x \in [0, 2\pi]$

c) $\operatorname{tg} x > \sqrt{3}$

Resolução:

a) $\operatorname{sen} x \leq -\frac{1}{2}$, em $[0, 2\pi]$

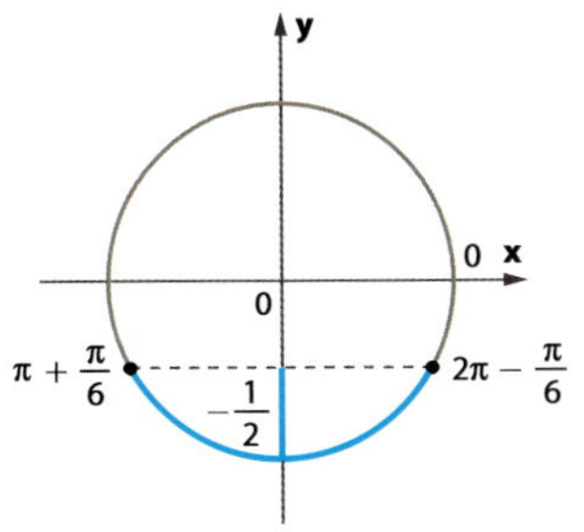

Observando o círculo trigonométrico, temos no intervalo $[0, 2\pi]$:

$$S = \left\{x \in \mathbb{R} \mid \frac{7\pi}{6} \leq x \leq \frac{11\pi}{6}\right\}$$

b) $\cos x \leq -\frac{1}{2}$, para $x \in [0, 2\pi]$

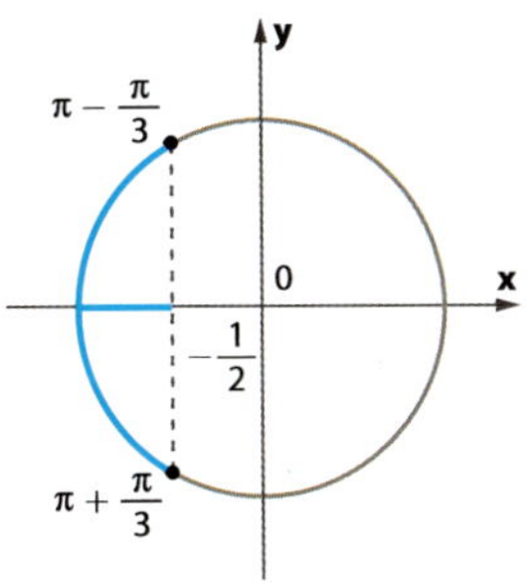

Observando o círculo trigonométrico, temos:

$$S = \left\{x \in \mathbb{R} \mid \frac{2\pi}{3} \leq x \leq \frac{4\pi}{3}\right\}$$

c) $\operatorname{tg} x > \sqrt{3}$

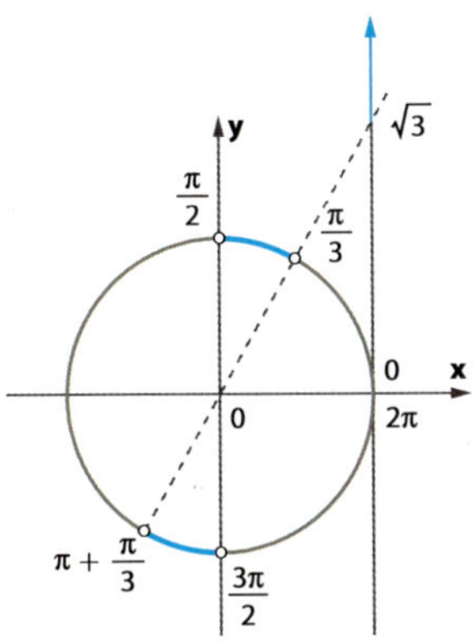

No intervalo $0 \leq x \leq 2\pi$, devemos inicialmente considerar $x \neq \frac{\pi}{2}$ e $x \neq \frac{3\pi}{2}$ (para existir tg x).

Então:

$$\operatorname{tg} x > \sqrt{3} \Rightarrow \begin{cases} \frac{\pi}{3} < x < \frac{\pi}{2} \\ \text{ou} \\ \frac{4\pi}{3} < x < \frac{3\pi}{2} \end{cases}$$

Então, a solução geral é:

$$S = \left\{x \in \mathbb{R} \mid \frac{\pi}{3} + 2k\pi < x < \frac{\pi}{2} + 2k\pi \text{ ou } \frac{4\pi}{3} + 2k\pi < x < \frac{3\pi}{2} + 2k\pi\right\}$$

> **Fique atento**
>
> No exercício resolvido 14c podemos escrever:
>
> $$S = \left\{x \in \mathbb{R} \mid \frac{\pi}{3} + k\pi < x < \frac{\pi}{2} + k\pi\right\}$$

15. Resolva $|\cos x| > \frac{1}{2}$ em $[0, 2\pi]$.

Resolução:

Se $|\cos x| > \frac{1}{2}$, então $\cos x > \frac{1}{2}$ ou $\cos x < -\frac{1}{2}$.

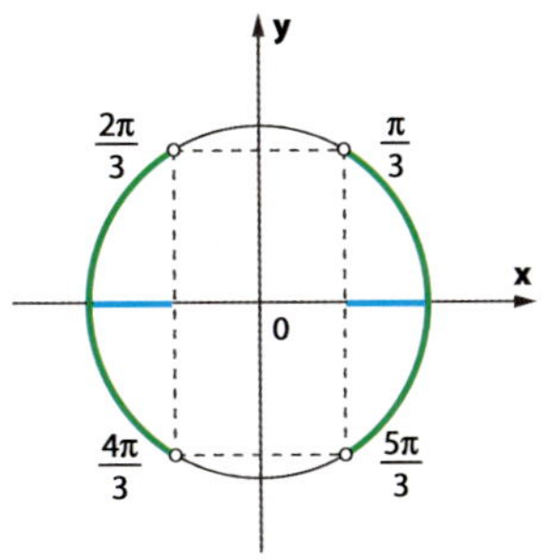

$$S = \left\{x \in \mathbb{R} \mid 0 \leq x < \frac{\pi}{3} \text{ ou } \frac{2\pi}{3} < x < \frac{4\pi}{3} \text{ ou } \frac{5\pi}{3} < x \leq 2\pi\right\}$$

16. Determine **x** tal que $0 \leq x \leq 2\pi$ e $\operatorname{tg}^2 x \leq \operatorname{tg} x$.

Resolução:

Fazendo $\operatorname{tg} x = a$, ficamos com $a^2 - a \leq 0$.

$a^2 - a = 0 \Rightarrow a(a - 1) = 0 \Rightarrow a = 0$ ou $a = 1$

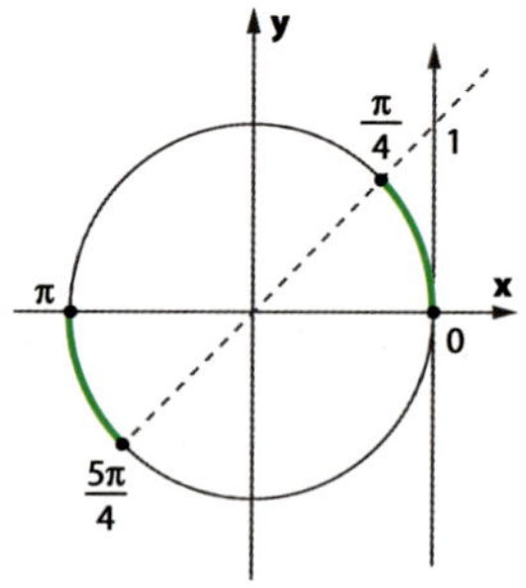

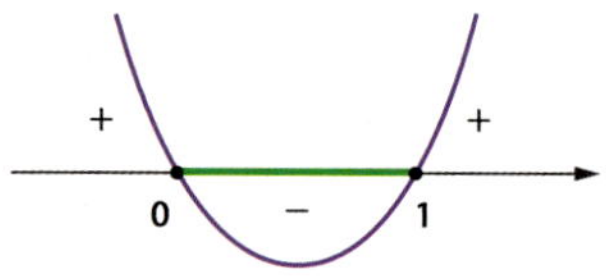

$0 \leqslant a \leqslant 1$

$0 \leqslant \text{tg}\, x \leqslant 1$

$$S = \left\{x \in \mathbb{R} \mid 0 \leqslant x \leqslant \frac{\pi}{4} \text{ ou } \pi \leqslant x \leqslant \frac{5\pi}{4}\right\}$$

17. Determine o domínio da função **f** tal que

$$f(x) = \sqrt{\text{sen}\left(x - \frac{\pi}{3}\right)}.$$

Resolução:

Para que $\sqrt{\text{sen}\left(x - \frac{\pi}{3}\right)}$ exista em $\mathbb{R}$, devemos ter $\text{sen}\left(x - \frac{\pi}{3}\right) \geqslant 0$, que é uma inequação trigonométrica.

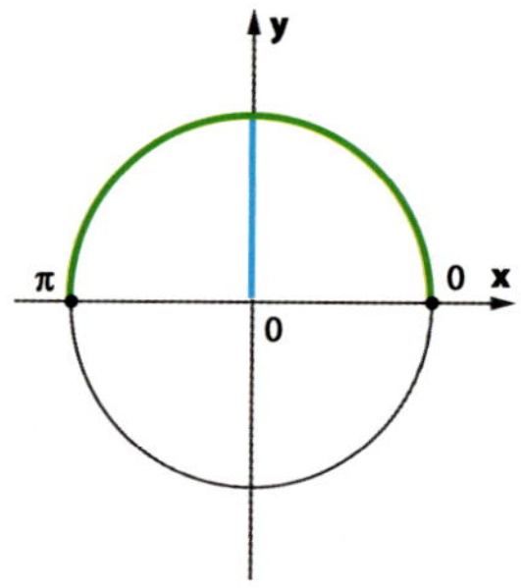

Observando a figura, temos:

$$\text{sen}\left(x - \frac{\pi}{3}\right) \geqslant 0 \Rightarrow$$

$$\Rightarrow 0 + 2k\pi \leqslant x - \frac{\pi}{3} \leqslant \pi + 2k\pi \Rightarrow$$

$$\Rightarrow \frac{\pi}{3} + 2k\pi \leqslant x \leqslant \pi + \frac{\pi}{3} + 2k\pi$$

$$D(f) = \left\{x \in \mathbb{R} \mid \frac{\pi}{3} + 2k\pi \leqslant x \leqslant \frac{4\pi}{3} + 2k\pi\right\}$$

Exercícios propostos

27. Resolva as seguintes inequações trigonométricas no intervalo $0 \leqslant x \leqslant 2\pi$:

a) $\text{sen}\, x > \frac{\sqrt{2}}{2}$

b) $\cos x > \frac{\sqrt{2}}{2}$

c) $\text{tg}\, x + 1 < 0$

d) $0 \leqslant \text{sen}\, x \leqslant \frac{1}{2}$

e) $0 \leqslant \cos x \leqslant \frac{1}{2}$

f) $0 < \text{tg}\, x < \sqrt{3}$

28. Explicite o domínio da função **f** definida por $f(x) = \sqrt{\sec x}$.

29. Resolva a equação $\text{sen}\, x \cdot \cos x = \frac{1}{4}$.

30. Resolva as seguintes inequações:

a) $\text{sen}\, 2x < 0$

b) $\text{tg}\, 2x > 1$

31. Resolva as inequações:

a) $|\text{sen}\, x| \leqslant \frac{\sqrt{2}}{2}$ para $0 \leqslant x \leqslant 2\pi$

b) $2 \cdot \cos^2 x + \cos x - 1 < 0$ para $x \in [0, 2\pi]$

32. Resolva o sistema $\begin{cases} \cos x > 0 \\ \text{sen}\, x \geqslant \frac{1}{2} \end{cases}$, com $x \in [0, 2\pi]$.

Portal Pedagógico

Acesse o *Portal Pedagógico* (veja instruções na seção "Conheça seu livro", página 5) e amplie o estudo deste capítulo. Selecione o capítulo 4 e você encontrará *Atividades adicionais* (Atividades para imprimir).

Desafios

1. (FGV-SP) Simplificando a expressão

$\dfrac{\cos^2 x - \text{cotg } x}{\text{sen}^2 x - \text{tg } x}$, obtemos:

a) $\sec^2 x$.
b) $\text{sen}^2 x$.
c) $\text{tg}^2 x$.
d) $\cos^2 x$.
e) $\text{cotg}^2 x$.

2. (UFPE) Sabendo-se que
$\text{sen}^2 x - 3 \cdot \text{sen } x \cdot \cos x + 2 \cdot \cos^2 x = 0$,
temos que os possíveis valores para tg x são:

a) 0 e −1.
b) 0 e 1.
c) 1 e 2.
d) −1 e −2.
e) −2 e 0.

3. (ITA-SP) A respeito da solução da equação $\text{sen } x + \sqrt{3} \cos x = 2$, com $0 \leqslant x < 2\pi$, podemos afirmar que:

a) existe apenas uma solução no primeiro quadrante.
b) existe apenas uma solução no segundo quadrante.
c) existe apenas uma solução no terceiro quadrante.
d) existe apenas uma solução no quarto quadrante.
e) existem duas soluções no intervalo $0 \leqslant x < 2\pi$.

PENSANDO NO ENEM

1. As belezas naturais de Florianópolis atraem milhares de visitantes todos os anos. Principalmente no verão, turistas brasileiros e de outros países da América do Sul - como argentinos, uruguaios e chilenos - usufruem da diversidade de seu litoral. Na ilha, são encontrados os mais variados tipos de praias: extensas, com larga faixa de areia, ou pequenas, incrustadas em enseadas; praias com ondas fortes e outras de mar tranquilo, parecendo lagoas; praias urbanizadas e repletas de banhistas, e as desertas, com acesso somente por trilhas. É o paraíso para os amantes do surfe, windsurfe, vela e pesca. (...) Atualmente, Florianópolis conta com cerca de 300 mil habitantes, número que triplica durante o verão.

Disponível em: <www.braziltour.com/site/br/cidades/materia.php?id_cidade=1023&regioes=3&estados=24>. Acesso em: 23 dez. 2010.

Considere que a quantidade de habitantes de Florianópolis no ano 2015 seja dada, aproximadamente, pela função $P(t) = 600 + 300 \cdot \text{sen}\left(\dfrac{\pi t}{6} + \dfrac{\pi}{6}\right)$, em milhares de habitantes, em que **t** é o tempo medido em meses (t = 1 é janeiro, t = 2 é fevereiro, e assim por diante).
Nesse ano, preocupada com o trânsito, com o fornecimento de energia elétrica e fornecimento de água, a Prefeitura da cidade resolve identificar em quais meses a quantidade de pessoas na cidade será mínima e máxima. Os meses encontrados foram, respectivamente:

a) janeiro e julho.
b) janeiro e agosto.
c) fevereiro e agosto.
d) fevereiro e setembro.

2. Um dos principais movimentos periódicos oscilatórios é o *movimento harmônico simples* (MHS). Ele ocorre, por exemplo, quando um objeto se move sobre uma reta de modo que a intensidade da força exercida sobre ele aumenta e diminui de forma periódica. Esse tipo de movimento está presente em diversos fenômenos físicos.

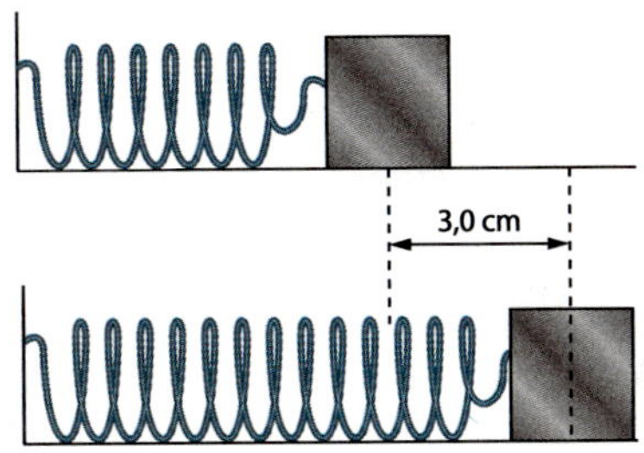

O objeto acima se desloca de tal modo que sua posição **x** (em centímetros) varia com o tempo **t** (em segundos), com $0 \leqslant t \leqslant \pi$. A soma dos valores de **t** quando x = 1 cm, x = 4 cm e x = 7 cm, ou seja, a soma das soluções das equações

$4 + 3 \cdot \cos\left(2t + \dfrac{\pi}{2}\right) = 1$,

$4 + 3 \cdot \cos\left(2t + \dfrac{\pi}{2}\right) = 4$ e

$4 + 3 \cdot \cos\left(2t + \dfrac{\pi}{2}\right) = 7$ é numericamente igual a:

a) $\dfrac{\pi}{2}$.
b) π.
c) $\dfrac{3\pi}{2}$.
d) 2π.
e) $\dfrac{5\pi}{2}$.

A MATEMÁTICA E AS PRÁTICAS SOCIAIS

Calendários e fases da Lua

Os calendários surgiram na Antiguidade pela necessidade que os povos tinham de medir o tempo para organizar o registro de fatos ocorridos e planejar eventos cíclicos determinados pelas estações do ano, como a caça, a pesca e a agricultura (plantios e colheitas).

A partir de observações de fenômenos naturais, esses povos estabeleceram calendários com base em períodos associados à sucessão de dias e noites, às fases da Lua e às sucessões das estações do ano.

As fases da Lua são as denominações da aparência da parte iluminada da Lua pelo Sol, conforme ela é vista por um observador aqui na Terra. Observadores no hemisfério sul e no hemisfério norte veem partes iluminadas da Lua com formas diferentes para uma mesma fase.

A figura abaixo mostra a Lua em 8 posições distintas ao redor da Terra. Na posição 3 (quarto crescente), por exemplo, a Lua é vista por quem está no hemisfério sul como se estivesse iluminada à esquerda e por quem está no hemisfério norte como se iluminada à direita.

ILUSTRAÇÕES: FORMATO COMUNICAÇÃO/ARQUIVO DA EDITORA

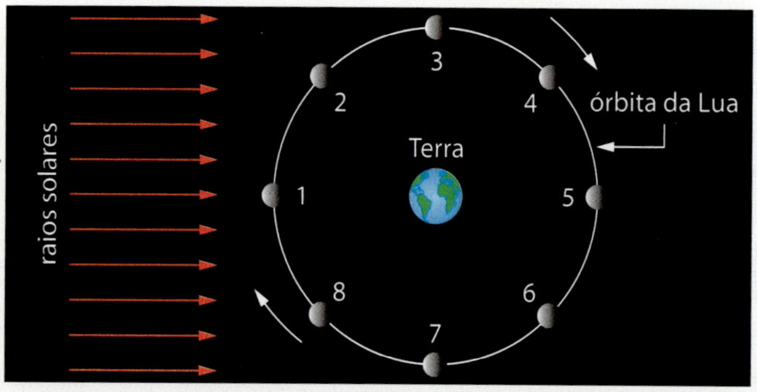

Representação da órbita da Lua em sentido horário, como a perceberia um observador posicionado acima do polo terrestre sul, e da sucessão das diversas fases da Lua. Figura sem escala e considerando-se que a trajetória do movimento da Lua ao redor da Terra seja uma circunferência.

O tempo necessário para que a Lua complete um ciclo (de uma lua nova até a lua nova seguinte) é chamado *lunação* e demora em média 29,5 dias. Para um observador terrestre no hemisfério sul, temos as seguintes etapas na lunação:

	Nome da fase da Lua	Aspecto da Lua	Porção visível à noite
1	Lua nova		0%
2	Lua crescente		De 1% a 49% (à esquerda)
3	Quarto crescente		50% (à esquerda)
4	Lua crescente convexa (Lua gibosa)		De 51% a 99% (à esquerda)
5	Lua cheia		100%
6	Lua minguante convexa (Lua balsâmica)		De 51% a 99% (à direita)
7	Quarto minguante		50% (à direita)
8	Lua minguante		De 1% a 49% (à direita)

Calculando e compreendendo melhor o texto

Um programador de *software*, precisando associar o ângulo α da posição da Lua em relação à Terra (na figura) com a numeração $F(\alpha)$ das fases da Lua (na figura e na tabela), chegou à função $F(\alpha) = \left(\frac{4\alpha}{\pi} + 1\right)$, em que α pertence ao conjunto $\left\{0, \frac{\pi}{4}, \frac{\pi}{2}, \frac{3\pi}{4}, \pi, \frac{3\pi}{2}, \frac{5\pi}{4}, \frac{7\pi}{4}\right\}$. De acordo com essas informações, e levando em consideração o texto, a figura e a tabela apresentados, responda:

1. Qual o nome da fase lunar que está associada ao ângulo de $\alpha = \frac{7\pi}{4}$?
2. Quais são os nomes das fases da Lua que possuem $\cos \alpha = \frac{\sqrt{2}}{2}$?
3. Que fase da Lua está associada ao sistema $\begin{cases} \text{tg } \alpha = -1 \\ \text{sen } \alpha < 0 \end{cases}$?
4. Escrevendo as linhas de código do *software*, em determinado ponto o tal programador escreveu:
   Linha 347: **Escolher um valor de α.**
   Linha 348: **Se $2 \text{ sen}^2 \alpha - \text{sen } \alpha - 1 = 0$, então mostrar a imagem da Lua na tela.**
   Ao rodar esse *software*, quais serão as fases da Lua mostradas na tela nesse momento?

Ampliando o conteúdo matemático

5. Para um observador no hemisfério norte, em cada fase da Lua (exceto a lua nova e a lua cheia), a porção iluminada da Lua é invertida em relação ao que é visto por um observador no hemisfério sul. Por exemplo:

Lua crescente vista do hemisfério norte

Lua crescente vista do hemisfério sul

   Em uma viagem ao deserto do Atacama, um turista canadense, não se lembrando que estava no Chile, olhou para a Lua e pensou estar vendo um quarto crescente. O que ele estava vendo de fato?

6. No texto, é mencionada a duração de uma lunação, em dias. De acordo com esse valor, e pelo que é possível inferir sobre a sucessão das fases da Lua na leitura do texto, qual seria a duração do período de tempo:
   a) de uma lunação, em dias e horas?
   b) entre uma lua nova e a lua cheia seguinte?
   c) entre uma lua nova e o quarto crescente seguinte?
   d) entre uma lua nova e o próximo dia em que uma pessoa no hemisfério sul puder observar 60% da Lua iluminada à esquerda?

Pesquisando e discutindo

7. Um satélite artificial é qualquer objeto colocado pelo ser humano em órbita ao redor da Terra. Atualmente existem satélites de vários tipos operando: comunicação, militares, científicos, sistema de posicionamento global (GPS), entre outros.

CLAUDIA BERTOLAZZI/ARQUIVO DA EDITORA

O GPS (*Global Positioning System*, em inglês, ou Sistema de Posicionamento Global, em português) é um sistema de posicionamento geográfico via satélite criado pelo exército norte-americano na década de 1970. Composto de 24 satélites que se movimentam em seis órbitas, cada um deles circunda a Terra duas vezes ao dia. Com esse sistema é possível determinar a posição de um receptor GPS na superfície da Terra.

   Pesquise e discuta com seus colegas o que impede esses satélites de caírem no solo e a(s) causa(s) que os mantêm em suas órbitas.

Veja mais sobre o assunto

Procure informações sobre esse assunto nos *sites*: <astro.if.ufrgs.br/lua/lua.htm>; <www.brasilescola.com/fisica/satelites-artificiais.htm>; <www.feiradeciencias.com.br/sala24/24_A16.asp>.

QUESTÕES DE VESTIBULAR

1. (Ufal) Para quantos inteiros não nulos **n**, a equação $4 + n \cdot \text{sen } x = (n + 2)^2$ admite solução?

a) 1
b) 2
c) 3
d) 4
e) 5

2. (UEPB) Dado sen x = 0,6, em que **x** é um ângulo agudo de um triângulo retângulo, o valor de cotg x · cossec x é igual a:

a) 1.
b) $\frac{5}{3}$.
c) $\frac{20}{9}$.
d) $\frac{3}{5}$.
e) $\frac{10}{9}$.

3. (UFPI) Seja α um número real satisfazendo $0 < \alpha < \frac{\pi}{2}$ e $\frac{\text{tg } \alpha}{2} = \sqrt{2}$. É correto afirmar que:

a) $\cos \alpha + \text{sen } \alpha = \frac{1 - 2\sqrt{2}}{3}$.
b) $\sec \alpha = 3$.
c) cossec α é um número irracional.
d) $\text{sen } \alpha = 1$.
e) $\text{sen } \alpha \cdot \cos \alpha = 1$.

4. (Ufam) A solução da equação trigonométrica $2 \cos x - 5 \sec x = 9$ é igual a:

a) $S = \left\{x = k\pi \pm \frac{\pi}{4}; k \in \mathbb{Z}\right\}$.
b) $S = \left\{x = k\pi \pm \frac{\pi}{6}; k \in \mathbb{Z}\right\}$.
c) $S = \left\{x = 2k\pi \pm \frac{2\pi}{3}; k \in \mathbb{Z}\right\}$.
d) $S = \left\{x = 2k\pi \pm \frac{\pi}{4}; k \in \mathbb{Z}\right\}$.
e) $S = \left\{x = 2k\pi \pm \frac{\pi}{6}; k \in \mathbb{Z}\right\}$.

5. (Vunesp) Se $\text{tg}(x) = \frac{2ab}{a^2 - b^2}$, em que $a > b > 0$ e $0° < x < 90°$, então o valor de sen x é:

a) $\frac{b}{a}$.
b) $\frac{b}{a + b}$.
c) $\frac{a - b}{a + b}$.
d) $\frac{a^2 - b^2}{a^2 + b^2}$.
e) $\frac{2ab}{a^2 + b^2}$.

6. (PUC-RS) A solução da equação $\cos\left(3x - \frac{\pi}{4}\right) = 0$, quando $0 \leq x \leq \frac{\pi}{2}$, é:

a) $\frac{\pi}{4}$.
b) $-\frac{\pi}{4}$.
c) $\frac{7\pi}{12}$.
d) $\frac{\pi}{2}$.
e) 0.

7. (UFRJ) A equação $x^2 - 2x \cos \theta + \text{sen}^2 \theta = 0$ possui raízes reais iguais. Determine θ, $0 \leq \theta \leq 2\pi$.

8. (FGV-SP) No intervalo $[0, \pi]$, a equação $8^{\text{sen}^2 x} = 4^{\text{sen } x - \frac{1}{8}}$ admite o seguinte número de raízes:

a) 5.
b) 4.
c) 3.
d) 2.
e) 1.

9. (Unifor-CE) A soma de todas as raízes da equação $2 \cdot 2^{\text{sen } x} = \sqrt{2}$, no intervalo $[0, 2\pi]$, é:

a) π.
b) 2π.
c) 3π.
d) 4π.
e) 5π.

10. (FGV-SP) Sabe-se que sen x $= -\frac{1}{4}$ e $\pi < x < \frac{3\pi}{2}$.

Então, a expressão $\cos x \cdot \sec x \cdot tg^2 x$ tem valor:

a) $-\frac{1}{15}$.

b) $\frac{1}{15}$.

c) -1.

d) 1.

e) 0.

11. (UFJF-MG) O valor de:

$y = sen^2 10° + sen^2 20° + sen^2 30° + sen^2 40° + sen^2 50° + sen^2 60° + sen^2 70° + sen^2 80° + sen^2 90°$

é:

a) -1.

b) 1.

c) 2.

d) 4.

e) 5.

12. (UFMS) Sabendo-se que sen (x) cos (x) = 0,4 e que $0 < x < \frac{\pi}{4}$, calcule 300 tg (x).

13. (UFSC) Assinale a(s) proposição(ões) correta(s):

01) Considere um quadrado circunscrito a uma circunferência e um triângulo inscrito na mesma circunferência. Se o lado do triângulo equilátero mede $6\sqrt{3}$ cm, então o lado do quadrado mede 12 cm.

02) Sabendo que tg x = 5 e que $\pi < x < \frac{3\pi}{2}$, então $\cos x = \frac{\sqrt{26}}{26}$.

04) Se os lados de um triângulo retângulo estão em progressão aritmética, então o valor numérico do cosseno do maior ângulo agudo é $\frac{3}{5}$.

08) Para todo **x** real, $x \neq \frac{\pi}{2} + 2k\pi$, em que **k** é um número inteiro qualquer, vale $\frac{1 - tg^2 x}{1 + tg^2 x} = sen^2 x - \cos^2 x$.

16) No intervalo $[0, 2\pi]$ o número de soluções da equação cos 2x = 0 é 2.

14. (UFPE) Quantas soluções a equação trigonométrica $\text{sen } x = \sqrt{1 - \cos x}$ admite no intervalo $[0, 80\pi]$?

15. (Cefet-CE) Sendo sec x + tg x = 3, o valor de sec x − tg x é:

a) 3^{-1}.

b) 3^{-2}.

c) 3^{-3}.

d) 3^{-4}.

e) 3^{-5}.

16. (UFRN) A figura abaixo é composta por dois eixos perpendiculares entre si, **x** e **y**, que se intersectam no centro **O** de um círculo de raio 1, e outro eixo **z**, paralelo a **y** e tangente ao círculo no ponto **P**. A semirreta OQ, com **Q** pertencente a **z**, forma um ângulo α com o eixo **y**.

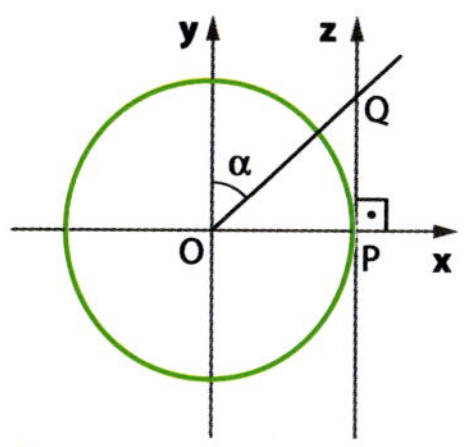

Podemos afirmar que o valor da medida do segmento $\overline{PQ}$ é:

a) sec α.

b) tg α.

c) cotg α.

d) cos α.

Capítulo 5 Transformações trigonométricas

A MATEMÁTICA NA PRÁTICA

➲ Uma aplicação das fórmulas de transformação trigonométrica é a determinação das coordenadas de um ponto **A'**, obtido pela rotação de um ponto inicial **A** em torno da origem do sistema de eixos.

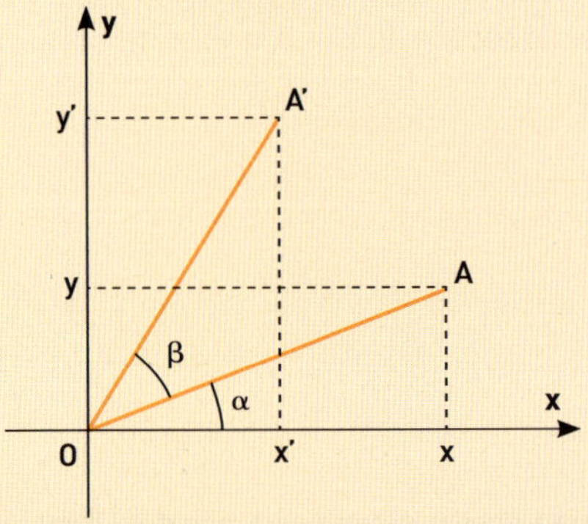

DESAFIO

➲ Tome dois ângulos cujos cossenos sejam familiares a você, por exemplo, 30° e 60°, e verifique a identidade proposta por esse algoritmo ao lado. (Ela poderá ser demonstrada por você no final do capítulo.)

Navegação Astronômica é a ciência que, desde a Antiguidade, tornou possível às pessoas se localizar e encontrar caminhos por meio da observação dos astros e de ângulos formados entre eles e o horizonte terrestre.

O navegador Colombo utilizou conhecimentos de navegação astronômica para atravessar o oceano Atlântico no século XV. Em seu diário, ele comentou que, usando instrumentos navais como o quadrante (objeto em forma de quarto de círculo graduado de 0° a 90°), obtinha medidas que depois passavam por cálculos trabalhosos, feitos por astrônomos, envolvendo repetidas multiplicações de senos e cossenos, a fim de determinar os lados e os ângulos de triângulos esféricos (traçados sobre a superfície terrestre).

Esse processo foi sistematizado por volta de 1580, por meio de estudos de **Christopher Clavius** e de **Tycho Brahe**, que deram origem a um algoritmo que permitia calcular o produto de dois números usando fórmulas da Trigonometria. Esse algoritmo substituía a multiplicação do cosseno de um arco pelo cosseno de outro, pela média aritmética dos cossenos da soma e da diferença desses arcos, sugerindo, assim, uma identidade:

$$\cos \alpha \cdot \cos \beta = \frac{\cos(\alpha + \beta) + \cos(\alpha - \beta)}{2}$$

SCIENCE SOURCE/PHOTO RESEARCHERS/LATINSTOCK

Christopher Clavius (1538-1612), astrônomo alemão.

DETLEV VAN RAVENSWAAY/SCIENCE PHOTO LIBRARY/LATINSTOCK

Tycho Brahe (1546-1601), astrônomo dinamarquês.

UM POUCO DE HISTÓRIA

Entre os conhecimentos de matemática utilizados pela navegação astronômica encontram-se, a partir do século XVI, as TRANSFORMAÇÕES TRIGONOMÉTRICAS.

PAULO MANZI/ARQUIVO DA EDITORA

BETTMANN/CORBIS/LATINSTOCK

Cristóvão Colombo (1451-1506), navegador genovês.

Caravela Santa Maria, utilizada por Cristóvão Colombo.

1 Fórmulas de adição

Introdução

Vamos comparar sen (60° + 30°) e sen 60° + sen 30°:

sen (60° + 30°) = sen 90° = 1

$$\text{sen } 60° + \text{sen } 30° = \frac{\sqrt{3}}{2} + \frac{1}{2} = \frac{\sqrt{3}+1}{2}$$

Logo, sen (60° + 30°) ≠ sen 60° + sen 30°.

De modo geral, podemos verificar que:

- sen (a + b) ≠ sen a + sen b
- sen (a − b) ≠ sen a − sen b
- cos (a + b) ≠ cos a + cos b
- cos (a − b) ≠ cos a − cos b

Veremos agora como é possível expressar sen (a ± b) e cos (a ± b) em função de sen a, sen b, cos a e cos b, sendo **a** e **b** dois números reais quaisquer. Veremos também tg (a ± b) em função de tg a e tg b.

Para refletir

Compare também:
- cos (60° + 30°) e cos 60° + cos 30°
- tg (60° − 30°) e tg 60° − tg 30°
- sen (90° + 0°) e sen 90° + sen 0°

Adição e subtração de arcos

É possível demonstrar que:

1) $\text{sen } (a + b) = \text{sen } a \cdot \cos b + \text{sen } b \cdot \cos a$

2) $\text{sen } (a - b) = \text{sen } a \cdot \cos b - \text{sen } b \cdot \cos a$

3) $\cos (a + b) = \cos a \cdot \cos b - \text{sen } a \cdot \text{sen } b$

4) $\cos (a - b) = \cos a \cdot \cos b + \text{sen } a \cdot \text{sen } b$

5) $\text{tg } (a + b) = \dfrac{\text{tg } a + \text{tg } b}{1 - \text{tg } a \cdot \text{tg } b}$ (para os arcos em que a tangente for definida)

6) $\text{tg } (a - b) = \dfrac{\text{tg } a - \text{tg } b}{1 + \text{tg } a \cdot \text{tg } b}$

Exemplos:

1º) $\text{sen } 75° = \text{sen } (45° + 30°) = \text{sen } 45° \cdot \cos 30° + \text{sen } 30° \cdot \cos 45° = \frac{\sqrt{2}}{2} \cdot \frac{\sqrt{3}}{2} + \frac{1}{2} \cdot \frac{\sqrt{2}}{2} =$

$= \frac{\sqrt{6}}{4} + \frac{\sqrt{2}}{4} = \frac{\sqrt{6}+\sqrt{2}}{4}$

2º) $\text{sen } (\pi + x) = \text{sen } \pi \cdot \cos x + \text{sen } x \cdot \cos \pi = 0 \cdot \cos x + \text{sen } x \cdot (-1) = -\text{sen } x$

3º) $\text{sen } 15° = \text{sen } (45° - 30°) = \text{sen } 45° \cdot \cos 30° - \text{sen } 30° \cdot \cos 45° =$

$= \frac{\sqrt{2}}{2} \cdot \frac{\sqrt{3}}{2} - \frac{1}{2} \cdot \frac{\sqrt{2}}{2} = \frac{\sqrt{6}}{4} - \frac{\sqrt{2}}{4} = \frac{\sqrt{6}-\sqrt{2}}{4}$

Para refletir

Utilize o conhecimento que você obteve no capítulo anterior, desenhe uma circunferência trigonométrica e demonstre que sen (π + x) = −sen x.

4º) $\text{sen } (\pi - x) = \text{sen } \pi \cdot \cos x - \text{sen } x \cdot \cos \pi = 0 \cdot \cos x - \text{sen } x \cdot (-1) = \text{sen } x$

Isso demonstra que ângulos suplementares têm senos iguais.

5º) $\cos 75° = \cos (45° + 30°) = \cos 45° \cdot \cos 30° - \text{sen } 45° \cdot \text{sen } 30° = \frac{\sqrt{2}}{2} \cdot \frac{\sqrt{3}}{2} - \frac{\sqrt{2}}{2} \cdot \frac{1}{2} =$

$= \frac{\sqrt{6}}{4} - \frac{\sqrt{2}}{4} = \frac{\sqrt{6}-\sqrt{2}}{4}$

6º) $\cos (\pi + x) = \cos \pi \cdot \cos x - \text{sen } \pi \cdot \text{sen } x = (-1) \cdot \cos x - 0 \cdot \text{sen } x = -\cos x$

7º) $\cos 15° = \cos (45° - 30°) = \cos 45° \cdot \cos 30° + \text{sen } 45° \cdot \text{sen } 30° =$

$= \frac{\sqrt{2}}{2} \cdot \frac{\sqrt{3}}{2} + \frac{\sqrt{2}}{2} \cdot \frac{1}{2} = \frac{\sqrt{6}}{4} + \frac{\sqrt{2}}{4} = \frac{\sqrt{6} + \sqrt{2}}{4}$

8º) $\cos (\pi - x) = \cos \pi \cdot \cos x + \text{sen } \pi \cdot \text{sen } x =$

$= (-1) \cdot \cos x + 0 \cdot \text{sen } x = -\cos x$

Para refletir

- Calcule cos 15° usando cos (60° − 45°).
- O que se pode concluir do 8º exemplo?

Exercícios resolvidos

1. Dado $\text{sen } x = \frac{1}{3}$, com $0 < x < \frac{\pi}{2}$, calcule $\text{sen}\left(\frac{\pi}{6} - x\right)$.

Resolução:

Inicialmente, vamos calcular o valor de cos x:

$\text{sen}^2 x + \cos^2 x = 1 \Rightarrow \frac{1}{9} + \cos^2 x = 1 \Rightarrow$

$\Rightarrow \cos^2 x = 1 - \frac{1}{9} = \frac{8}{9} \Rightarrow \cos x = \pm\sqrt{\frac{8}{9}} = \pm\frac{\sqrt{8}}{3}$

Como $0 < x < \frac{\pi}{2}$, temos $\cos x = \frac{\sqrt{8}}{3}$.

Vamos aplicar a fórmula:

$\text{sen}\left(\frac{\pi}{6} - x\right) = \text{sen } \frac{\pi}{6} \cdot \cos x - \text{sen } x \cdot \cos \frac{\pi}{6} =$

$= \frac{1}{2} \cdot \frac{\sqrt{8}}{3} - \frac{1}{3} \cdot \frac{\sqrt{3}}{2} = \frac{\sqrt{8}}{6} - \frac{\sqrt{3}}{6} = \frac{\sqrt{8} - \sqrt{3}}{6}$

2. Dados $\text{sen } x = \frac{3}{5}$ e $\cos y = \frac{5}{13}$, calcule cos (x + y) sabendo que $0 < x < \frac{\pi}{2}$ e $\frac{3\pi}{2} < y < 2\pi$.

Resolução:

Calculamos $\cos x \left(0 < x < \frac{\pi}{2}\right)$:

$\cos x = +\sqrt{1 - \text{sen}^2 x} = \sqrt{1 - \frac{9}{25}} = \sqrt{\frac{16}{25}} = \frac{4}{5}$

Calculamos $\text{sen } y \left(\frac{3\pi}{2} < y < 2\pi\right)$:

$\text{sen } y = -\sqrt{1 - \cos^2 y} = -\sqrt{1 - \frac{25}{169}} = -\sqrt{\frac{144}{169}} =$

$= -\frac{12}{13}$

Aplicamos a fórmula:

$\cos (x + y) = \cos x \cdot \cos y - \text{sen } x \cdot \text{sen } y =$

$= \frac{4}{5} \cdot \frac{5}{13} - \frac{3}{5}\left(-\frac{12}{13}\right) = \frac{20}{65} + \frac{36}{65} = \frac{56}{65}$

3. Dados $\text{sen } x = \frac{4}{5}$, com $0 < x < \frac{\pi}{2}$, e $x + y = \frac{\pi}{3}$, determine sen y.

Resolução:

Determinamos $\cos x \left(0 < x < \frac{\pi}{2}\right)$:

$\cos x = +\sqrt{1 - \text{sen}^2 x} = \sqrt{1 - \frac{16}{25}} = \sqrt{\frac{9}{25}} = \frac{3}{5}$

Isolamos **y**:

$x + y = \frac{\pi}{3} \Rightarrow y = \frac{\pi}{3} - x$

Calculamos sen y:

$\text{sen } y = \text{sen}\left(\frac{\pi}{3} - x\right) =$

$= \text{sen } \frac{\pi}{3} \cdot \cos x - \text{sen } x \cdot \cos \frac{\pi}{3} =$

$= \frac{\sqrt{3}}{2} \cdot \frac{3}{5} - \frac{4}{5} \cdot \frac{1}{2} = \frac{3\sqrt{3}}{10} - \frac{4}{10} = \frac{3\sqrt{3} - 4}{10}$

4. Sabe-se que tg x = m e tg y = 2m. Determine tg (x + y) e cotg (x + y), quando existirem, em função de **m**.

Resolução:

- $\text{tg } (x + y) = \frac{\text{tg } x + \text{tg } y}{1 - \text{tg } x \cdot \text{tg } y} = \frac{m + 2m}{1 - m \cdot 2m} =$

  $= \frac{3m}{1 - 2m^2}$

- $\text{cotg } (x + y) =$

  $= \frac{1}{\text{tg } (x + y)} = \frac{1}{\frac{3m}{1 - 2m^2}} = \frac{1 - 2m^2}{3m}$

Para refletir

Para que valores de **m** existe tg (x + y)?

5. Simplifique a expressão

$$y = \frac{\text{sen}\left(\frac{\pi}{2} + x\right) \cdot \cos (\pi - x)}{\cos\left(\frac{3\pi}{2} + x\right) \cdot \text{cotg } (\pi + x)}.$$

Resolução:

Vamos desenvolver separadamente:

- $\text{sen}\left(\frac{\pi}{2} + x\right) = \text{sen}\,\frac{\pi}{2} \cdot \cos x + \text{sen}\,x \cdot \cos\frac{\pi}{2} =$
  $= 1 \cdot \cos x + \text{sen}\,x \cdot 0 = \cos x$
- $\cos(\pi - x) = \cos\pi \cdot \cos x + \text{sen}\,\pi \cdot \text{sen}\,x =$
  $= -1 \cdot \cos x + 0 \cdot \text{sen}\,x = -\cos x$
- $\cos\left(\frac{3\pi}{2} + x\right) = \cos\frac{3\pi}{2} \cdot \cos x - \text{sen}\,\frac{3\pi}{2} \cdot \text{sen}\,x =$
  $= 0 \cdot \cos x - (-1) \cdot \text{sen}\,x = \text{sen}\,x$
- $\text{cotg}\,(\pi + x) = \frac{\cos(\pi + x)}{\text{sen}\,(\pi + x)} =$

$$= \frac{\cos\pi \cdot \cos x - \text{sen}\,\pi \cdot \text{sen}\,x}{\text{sen}\,\pi \cdot \cos x + \text{sen}\,x \cdot \cos\pi} =$$

$$= \frac{-1 \cdot \cos x - 0 \cdot \text{sen}\,x}{0 \cdot \cos x + \text{sen}\,x \cdot (-1)} = \frac{-\cos x}{-\text{sen}\,x} = \frac{\cos x}{\text{sen}\,x}$$

Vamos substituir na expressão:

$$y = \frac{(\cos x)(-\cos x)}{\text{sen}\,x \cdot \frac{\cos x}{\text{sen}\,x}} = \frac{(\cos x)(-\cos x)}{\cos x} = -\cos x$$

6. Simplifique as seguintes expressões:

a) $y = \text{sen}\,3x \cdot \cos x + \text{sen}\,x \cdot \cos 3x$

b) $y = \cos 2a \cdot \cos a - \text{sen}\,2a \cdot \text{sen}\,a$

c) $y = \frac{\text{sen}\,40^\circ \cdot \cos 10^\circ - \text{sen}\,10^\circ \cdot \cos 40^\circ}{\cos 20^\circ \cdot \cos 25^\circ - \text{sen}\,20^\circ \cdot \text{sen}\,25^\circ}$

Resolução:

a) Comparando a expressão ao desenvolvimento de sen (a + b), temos:

$\text{sen}\,a \cdot \cos b + \text{sen}\,b \cdot \cos a = \text{sen}\,(a + b)$

$\text{sen}\,3x \cdot \cos x + \text{sen}\,x \cdot \cos 3x = \text{sen}\,(3x + x) = \text{sen}\,4x$

b) Comparando a expressão com cos (a + b):

$\cos a \cdot \cos b - \text{sen}\,a \cdot \text{sen}\,b = \cos(a + b)$

$\cos 2a \cdot \cos a - \text{sen}\,2a \cdot \text{sen}\,a =$

$= \cos(2a + a) = \cos 3a$

c) Do mesmo modo dos itens anteriores:

$\text{sen}\,a \cdot \cos b - \text{sen}\,b \cdot \cos a = \text{sen}\,(a - b)$

$\text{sen}\,40^\circ \cdot \cos 10^\circ - \text{sen}\,10^\circ \cdot \cos 40^\circ =$

$= \text{sen}\,(40^\circ - 10^\circ) = \text{sen}\,30^\circ$

$\cos a \cdot \cos b - \text{sen}\,a \cdot \text{sen}\,b = \cos(a + b)$

$\cos 20^\circ \cdot \cos 25^\circ - \text{sen}\,20^\circ \cdot \text{sen}\,25^\circ =$

$= \cos(20^\circ + 25^\circ) = \cos 45^\circ$

Então:

$$y = \frac{\text{sen}\,40^\circ \cdot \cos 10^\circ - \text{sen}\,10^\circ \cdot \cos 40^\circ}{\cos 20^\circ \cdot \cos 25^\circ - \text{sen}\,20^\circ \cdot \text{sen}\,25^\circ} =$$

$$= \frac{\text{sen}\,30^\circ}{\cos 45^\circ} = \frac{\frac{1}{2}}{\frac{\sqrt{2}}{2}} = \frac{1}{\sqrt{2}} = \frac{\sqrt{2}}{2}$$

7. *Aplicação na Geometria*

Dado o triângulo retângulo abaixo, calcule tg x.

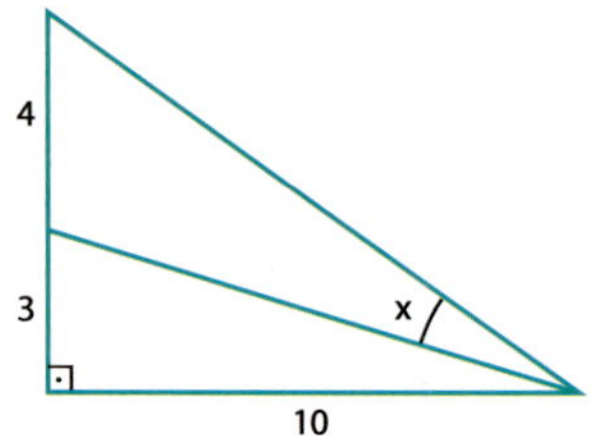

Resolução:

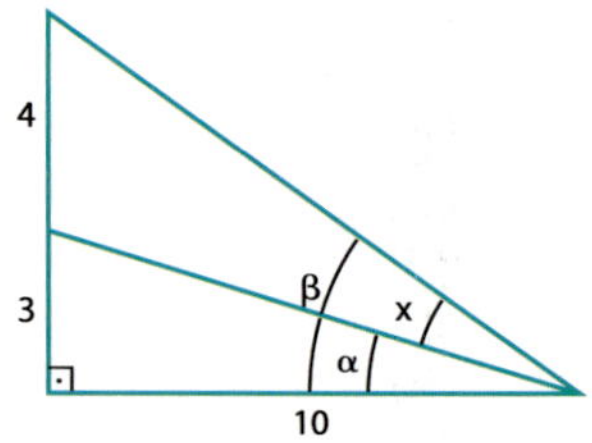

$\text{tg}\,\alpha = \frac{3}{10} = 0{,}3$

$\text{tg}\,\beta = \frac{3 + 4}{10} = \frac{7}{10} = 0{,}7$

Mas:

$\beta = \alpha + x \Rightarrow x = \beta - \alpha$

Logo:

$$\text{tg}\,x = \text{tg}\,(\beta - \alpha) = \frac{\text{tg}\,\beta - \text{tg}\,\alpha}{1 + \text{tg}\,\beta \cdot \text{tg}\,\alpha} = \frac{0{,}7 - 0{,}3}{1 + 0{,}7 \cdot 0{,}3} =$$

$$= \frac{0{,}4}{1 + 0{,}21} = \frac{0{,}4}{1{,}21} = \frac{40}{121}$$

Para refletir

Use a tabela da página 31 e verifique qual destes é o valor mais próximo de **x**: 18°, 20° ou 25°.

Exercícios propostos

1. Usando as fórmulas da adição, determine:

a) sen 105°;

b) cos 135°;

c) cos 195°;

d) sen 165°;

e) sen 225°;

f) cos 225°;

g) cos 300°;

h) sen 345°.

2. Dado o triângulo retângulo abaixo, calcule tg x.

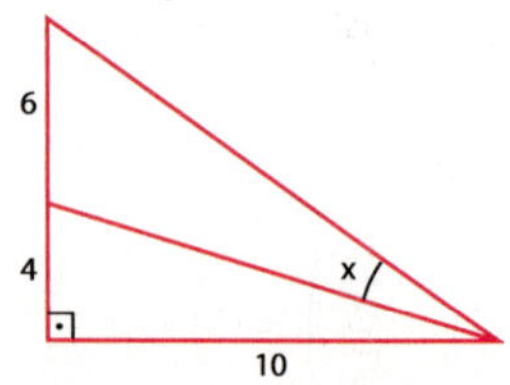

3. Demonstre, usando as fórmulas da adição, que:
a) $\text{sen}(\pi - x) = \text{sen}\, x$;
b) $\text{sen}(2\pi - x) = -\text{sen}\, x$;
c) $\text{sen}\left(\frac{\pi}{2} - x\right) = \cos x$;
d) $\text{sen}\left(\frac{3\pi}{2} - x\right) = -\cos x$;
e) $\cos(2\pi - x) = \cos x$;
f) $\cos(2\pi + x) = \cos x$;
g) $\text{tg}(2\pi - x) = -\text{tg}\, x$;
h) $\text{tg}(2\pi + x) = \text{tg}\, x$.

4. É dado $\text{sen}\, x = \frac{3}{5}$, com $0 < x < \frac{\pi}{2}$. Calcule $\text{sen}\left(x - \frac{\pi}{6}\right)$, $\cos\left(\frac{\pi}{3} + x\right)$ e $\text{tg}\left(x + \frac{\pi}{4}\right)$.

5. Se $\text{tg}\, x = \frac{1}{2}$ e $\text{tg}\, y = \frac{1}{4}$, determine $\text{tg}(x + y)$.

6. Dado $\text{tg}\, x = \frac{1}{2}$, calcule o valor de $y = \text{tg}(x + 45°) + \text{tg}(x - 45°)$.

7. Calcule $\cos(a + b)$ e $\text{sen}(a - b)$, dados $\text{sen}\, a = -\frac{3}{5}$ e $\cos b = \frac{1}{3}$, com $\frac{3\pi}{2} < a, b < 2\pi$.

8. Sabe-se que $\text{sen}\, a = \frac{4}{5}$ e $\text{sen}\, b = \frac{12}{13}$, com $0 < a < \frac{\pi}{2}$ e $0 < b < \frac{\pi}{2}$. Determine, então, $\text{sen}(a + b)$, $\cos(a - b)$ e $\text{tg}(a + b)$.

9. Se $\text{sen}\, a = \frac{3}{5}$ e $\text{tg}\, b = 2$, com $0 < a < \frac{\pi}{2}$ e $0 < b < \frac{\pi}{2}$, calcule $\text{tg}(a + b)$.

10. Se $\text{tg}(x + y) = 2$ e $\text{tg}\, y = 1$, calcule $\text{tg}\, x$.

11. Sabe-se que $x + y = \frac{\pi}{4}$ e $\text{sen}\, x = \frac{5}{13}$, com $0 < x < \frac{\pi}{2}$. Calcule $\text{sen}\, y$ e $\cos y$.

12. Simplifique a expressão

$$y = \frac{\text{sen}\left(\frac{\pi}{2} - x\right) \cdot \text{sen}(\pi + x)}{\cos(\pi - x) \cdot \cos(2\pi - x)}.$$

13. Determine o valor de:
a) $\text{sen}\, 40° \cdot \cos 20° + \text{sen}\, 20° \cdot \cos 40°$;
b) $\cos 50° \cdot \cos 10° - \text{sen}\, 50° \cdot \text{sen}\, 10°$;
c) $\text{sen}\, 160° \cdot \cos 70° - \text{sen}\, 70° \cdot \cos 160°$;
d) $\cos 75° \cdot \cos 15° + \text{sen}\, 75° \cdot \text{sen}\, 15°$;
e) $\frac{\text{tg}\, 46° + \text{tg}\, 14°}{1 - \text{tg}\, 46° \cdot \text{tg}\, 14°}$;
f) $\frac{\text{tg}(45° + x) - \text{tg}\, x}{1 + \text{tg}(45° + x) \cdot \text{tg}\, x}$.

14. Simplifique a expressão

$$\frac{\text{sen}\, 3a \cdot \cos a + \text{sen}\, a \cdot \cos 3a}{\cos 7a \cdot \cos 3a + \text{sen}\, 7a \cdot \text{sen}\, 3a}.$$

Uma aplicação importante

Uma aplicação importante das fórmulas de adição é determinar as coordenadas do ponto **A**′(x′, y′) obtido do ponto **A**(x, y) por meio de uma rotação do ângulo β em torno da origem do sistema de eixos.

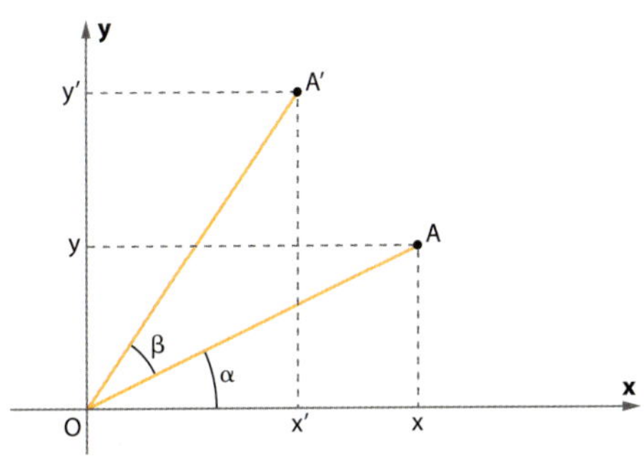

$\overrightarrow{Ox}$ e $\overline{OA}$ formam o ângulo α.

Se r = OA = OA′, temos:

$x = r \cdot \cos\alpha$ $\quad x' = r \cdot \cos(\alpha + \beta)$

$y = r \cdot \text{sen}\,\alpha$ $\quad y' = r \cdot \text{sen}(\alpha + \beta)$

Aplicando as fórmulas de adição, obtemos:

$x' = r \cdot \cos\alpha \cdot \cos\beta - r \cdot \text{sen}\,\alpha \cdot \text{sen}\,\beta = x \cdot \cos\beta - y \cdot \text{sen}\,\beta$

$y' = r \cdot \cos\alpha \cdot \text{sen}\,\beta + r \cdot \text{sen}\,\alpha \cdot \cos\beta = x \cdot \text{sen}\,\beta + y \cdot \cos\beta$

Assim, a rotação do ângulo β em torno da origem é a função que associa a cada par ordenado (x, y) do plano o par ordenado $(x \cdot \cos\beta - y \cdot \text{sen}\,\beta,\ x \cdot \text{sen}\,\beta + y \cdot \cos\beta)$ desse mesmo plano.

Exercícios propostos

15. Dado o ponto **A**(8, 6) no plano cartesiano, obtenha as coordenadas do ponto **A'**, resultado da rotação de 30° do ponto **A** em torno da origem, no sentido anti-horário.

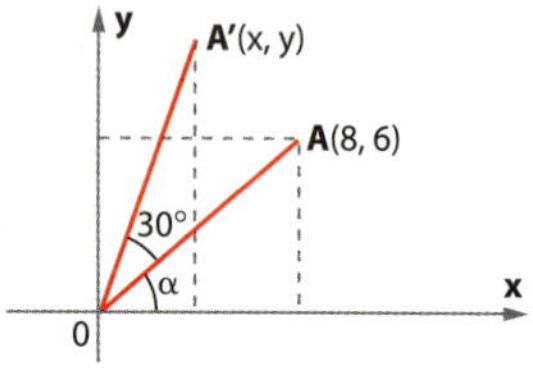

16. Em um sistema de eixos temos **A**(2, 0) e **B**(14, 5). Fazendo uma rotação de $\overline{AB}$ em torno de **A**, de 45° no sentido anti-horário, obtém-se $\overline{AB'}$. Determine **B'**.

(*Sugestão*: Antes de fazer a rotação em torno do ponto **A**, translade o segmento AB de modo que **A** coincida com a origem. Depois de rotacionado, translade o segmento AB de volta à posição original, ou seja, com o ponto **A** em (2, 0).)

2 Fórmulas do arco duplo e do arco metade

Veremos agora as expressões das funções trigonométricas dos arcos duplos, ou seja, dos arcos de medida 2a. Trata-se de um caso particular das fórmulas de adição, sendo suficiente fazer b = a.

Retomando e desenvolvendo as fórmulas da adição, temos:

- $\text{sen } 2a = \text{sen } (a + a) = \text{sen } a \cdot \cos a + \text{sen } a \cdot \cos a = 2 \cdot \text{sen } a \cdot \cos a \Rightarrow$ $\boxed{\text{sen } 2a = 2 \cdot \text{sen } a \cdot \cos a}$

- $\cos 2a = \cos (a + a) = \cos a \cdot \cos a - \text{sen } a \cdot \text{sen } a = \cos^2 a - \text{sen}^2 a \Rightarrow$ $\boxed{\cos 2a = \cos^2 a - \text{sen}^2 a}$

  Além dessa fórmula, para cos 2a podemos obter mais duas fórmulas alternativas apenas combinando a relação fundamental com ela:

  $\text{sen}^2 a + \cos^2 a = 1 \Rightarrow \text{sen}^2 a = 1 - \cos^2 a$ (I)

  ou

  $\cos^2 a = 1 - \text{sen}^2 a$ (II)

  Substituindo (I) em $\cos 2a = \cos^2 a - \text{sen}^2 a$, temos:

  $\cos 2a = \cos^2 a - (1 - \cos^2 a) \Rightarrow$ $\boxed{\cos 2a = 2 \cdot \cos^2 a - 1}$

  Substituindo (II) em $\cos 2a = \cos^2 a - \text{sen}^2 a$, temos:

  $\cos 2a = (1 - \text{sen}^2 a) - \text{sen}^2 a \Rightarrow$ $\boxed{\cos 2a = 1 - 2 \cdot \text{sen}^2 a}$

  Assim, podemos escrever:

  $\boxed{\cos 2a = \cos^2 a - \text{sen}^2 a}$ $\boxed{\cos 2a = 2 \cdot \cos^2 a - 1}$ $\boxed{\cos 2a = 1 - 2 \cdot \text{sen}^2 a}$

- $\text{tg } 2a = \text{tg } (a + a) = \dfrac{\text{tg } a + \text{tg } a}{1 - \text{tg } a \cdot \text{tg } a} = \dfrac{2 \cdot \text{tg } a}{1 - \text{tg}^2 a}$, válida para quando existirem as tangentes envolvidas.

  Portanto:

$$\boxed{\text{tg } 2a = \frac{2 \cdot \text{tg } a}{1 - \text{tg}^2 a}}$$

Observação: Para se obter o arco metade de senos e cossenos não é necessário memorizar novas fórmulas. Basta usar adequadamente as fórmulas alternativas de cos 2a, apenas lembrando que, se 2a é o arco duplo de **a**, então **a** é o arco metade de 2a. O arco metade de tangentes é obtido a partir da própria fórmula da tangente.

Exercícios resolvidos

8. Dado $\text{sen } x = \frac{\sqrt{3}}{2}$, com $0 < x < \frac{\pi}{2}$, determine sen 2x, cos 2x e tg 2x usando as fórmulas do arco duplo.

Resolução:

- Vamos calcular cos x $\left(0 < x < \frac{\pi}{2}\right)$:

  Sendo $0 < x < \frac{\pi}{2}$ e $\text{sen } x = \frac{\sqrt{3}}{2}$, temos $x = \frac{\pi}{3}$.

  Daí, $\cos x = \cos \frac{\pi}{3} = \frac{1}{2}$.

- Vamos calcular tg x:

  Como $x = \frac{\pi}{3}$, então $\text{tg } x = \text{tg } \frac{\pi}{3} = \sqrt{3}$.

- Determinamos, agora, sen 2x, cos 2x e tg 2x:

  $\text{sen } 2x = 2 \cdot \text{sen } x \cdot \cos x = \cancel{2} \cdot \frac{\sqrt{3}}{\cancel{2}} \cdot \frac{1}{2} = \frac{\sqrt{3}}{2}$

  $\cos 2x = \cos^2 x - \text{sen}^2 x = \left(\frac{1}{2}\right)^2 - \left(\frac{\sqrt{3}}{2}\right)^2 =$

  $= \frac{1}{4} - \frac{3}{4} = -\frac{2}{4} = -\frac{1}{2}$

  $\text{tg } 2x = \frac{2 \cdot \text{tg } x}{1 - \text{tg}^2 x} = \frac{2 \cdot \sqrt{3}}{1 - (\sqrt{3})^2} = \frac{2\sqrt{3}}{1 - 3} =$

  $= \frac{\cancel{2}\sqrt{3}}{-\cancel{2}} = -\sqrt{3}$

> **Fique atento**
>
> Como $x = \frac{\pi}{3}$, podemos também determinar sen 2x, cos 2x e tg 2x calculando $\text{sen } \frac{2\pi}{3}$, $\cos \frac{2\pi}{3}$ e $\text{tg } \frac{2\pi}{3}$ através da circunferência trigonométrica.

9. Sabendo que sen x + cos x = 0,2, determine o valor de sen 2x.

Resolução:

$(\text{sen } x + \cos x)^2 = (0{,}2)^2 \Rightarrow$

$\Rightarrow \text{sen}^2 x + 2 \cdot \text{sen } x \cdot \cos x + \cos^2 x = 0{,}04 \Rightarrow$

$\Rightarrow \underbrace{\text{sen}^2 x + \cos^2 x}_{1} + \underbrace{2 \cdot \text{sen } x \cdot \cos x}_{\text{sen } 2x} =$

$= 0{,}04 \Rightarrow 1 + \text{sen } 2x = 0{,}04 \Rightarrow \text{sen } 2x = 0{,}04 - 1 \Rightarrow$

$\Rightarrow \text{sen } 2x = -0{,}96$

> **Fique atento**
>
> O artifício usado no exercício resolvido 9 é muito útil em Trigonometria.

10. Dados $\text{sen } a = \frac{1}{2}$ e $\text{sen } b = \frac{1}{4}$, com $0 < a, b < \frac{\pi}{2}$, determine cos (2a + 2b).

Resolução:

- Vamos desenvolver cos (2a + 2b):

  $\cos(2a + 2b) =$

  $= \cos 2a \cdot \cos 2b - \text{sen } 2a \cdot \text{sen } 2b$ ①

- Vamos determinar cos a e cos b $\left(0 < a, b < \frac{\pi}{2}\right)$:

  $\cos a = +\sqrt{1 - \text{sen}^2 a} = \sqrt{1 - \frac{1}{4}} = \sqrt{\frac{3}{4}} = \frac{\sqrt{3}}{2}$

  $\cos b = +\sqrt{1 - \text{sen}^2 b} = \sqrt{1 - \frac{1}{16}} = \sqrt{\frac{15}{16}} =$

  $= \frac{\sqrt{15}}{4}$

- Determinamos cos 2a, cos 2b, sen 2a e sen 2b:

  $\cos 2a = 2 \cdot \cos^2 a - 1 = 2\left(\frac{\sqrt{3}}{2}\right)^2 - 1 =$

  $= 2 \cdot \frac{3}{4} - 1 = \frac{3}{2} - 1 = \frac{1}{2}$

  $\cos 2b = 2 \cdot \cos^2 b - 1 = 2\left(\frac{\sqrt{15}}{4}\right)^2 - 1 =$

  $= 2 \cdot \frac{15}{16} - 1 = \frac{15}{8} - 1 = \frac{7}{8}$

  $\text{sen } 2a = 2 \cdot \text{sen } a \cdot \cos a = \cancel{2} \cdot \frac{1}{\cancel{2}} \cdot \frac{\sqrt{3}}{2} = \frac{\sqrt{3}}{2}$

  $\text{sen } 2b = 2 \cdot \text{sen } b \cdot \cos b = \cancel{2} \cdot \frac{1}{\cancel{4}_{2}} \cdot \frac{\sqrt{15}}{4} = \frac{\sqrt{15}}{8}$

- Substituímos esses valores na igualdade ① e encontramos:

  $\cos(2a + 2b) = \frac{1}{2} \cdot \frac{7}{8} - \frac{\sqrt{3}}{2} \cdot \frac{\sqrt{15}}{8} =$

  $= \frac{7}{16} - \frac{\sqrt{45}}{16} = \frac{7 - 3\sqrt{5}}{16}$

11. Demonstre a igualdade $\frac{\cos 2x}{1 + \text{sen } 2x} = \frac{1 - \text{tg } x}{1 + \text{tg } x}$.

Resolução:

- $f(x) = \frac{\cos 2x}{1 + \text{sen } 2x} = \frac{\cos^2 x - \text{sen}^2 x}{1 + 2 \cdot \text{sen } x \cdot \cos x} =$

  $= \frac{\cos^2 x - \text{sen}^2 x}{\text{sen}^2 x + \cos^2 x + 2 \cdot \text{sen } x \cdot \cos x} =$

  $= \frac{\cancel{(\cos x + \text{sen } x)}(\cos x - \text{sen } x)}{(\cos x + \text{sen } x)^{\cancel{2}}} =$

  $= \frac{\cos x - \text{sen } x}{\cos x + \text{sen } x}$

- $g(x) = \dfrac{1 - \text{tg } x}{1 + \text{tg } x} = \dfrac{1 - \dfrac{\text{sen } x}{\cos x}}{1 + \dfrac{\text{sen } x}{\cos x}} =$

$$= \dfrac{\dfrac{\cos x - \text{sen } x}{\cos x}}{\dfrac{\cos x + \text{sen } x}{\cos x}} = \dfrac{\cos x - \text{sen } x}{\cos x + \text{sen } x}$$

Como $f(x) = g(x)$, então $\dfrac{\cos 2x}{1 + \text{sen } 2x} = \dfrac{1 - \text{tg } x}{1 + \text{tg } x}$.

12. Simplifique a expressão $k = \dfrac{\text{sen } 3a}{\text{sen } a} - \dfrac{\cos 3a}{\cos a}$.

Resolução:

$$k = \dfrac{\text{sen } 3a}{\text{sen } a} - \dfrac{\cos 3a}{\cos a} \Rightarrow$$

$$\Rightarrow k = \dfrac{\text{sen } 3a \cdot \cos a - \text{sen } a \cdot \cos 3a}{\text{sen } a \cdot \cos a} \Rightarrow$$

$$\Rightarrow k = \dfrac{\text{sen } (3a - a)}{\text{sen } a \cdot \cos a}$$

Sabemos que $2 \cdot \text{sen } a \cdot \cos a = \text{sen } 2a$. Então, multiplicando o numerador e o denominador por 2, teremos:

$$k = \dfrac{2 \cdot \text{sen } 2a}{2 \cdot \text{sen } a \cdot \cos a} \Rightarrow k = \dfrac{2 \cdot \text{sen } 2a}{\text{sen } 2a} \Rightarrow k = 2$$

13. Dado $\cos 45° = \dfrac{\sqrt{2}}{2}$, determine sen 22°30′, cos 22°30′ e tg 22°30′.

> **Fique atento**
>
> 22°30′ é do 1º quadrante. Logo, temos sen 22°30′ > 0, cos 22°30′ > 0 e tg 22°30′ > 0.

Resolução:

$$22°30' = \dfrac{45°}{2} \Rightarrow \begin{cases} 2a = 45° \\ a = 22°30' \end{cases}$$

Aplicando as fórmulas:

- $\cos 2a = 1 - 2 \cdot \text{sen}^2\, a \Rightarrow$

$$\Rightarrow \cos 45° = 1 - 2 \cdot \text{sen}^2\, 22°30' \Rightarrow$$

$$\Rightarrow \dfrac{\sqrt{2}}{2} = 1 - 2 \cdot \text{sen}^2\, 22°30' \Rightarrow$$

$$\Rightarrow \dfrac{\dfrac{\sqrt{2}}{2} - 1}{2} = -\text{sen}^2\, 22°30' \Rightarrow$$

$$\Rightarrow \text{sen}^2\, 22°30' = -\dfrac{\dfrac{\sqrt{2}}{2} - 1}{2} = \dfrac{2 - \sqrt{2}}{4} \Rightarrow$$

$$\Rightarrow \text{sen } 22°30' = \sqrt{\dfrac{2 - \sqrt{2}}{4}}$$

- $\cos 2a = 2 \cdot \cos^2 a - 1 \Rightarrow$

$$\Rightarrow \cos 45° = 2 \cdot \cos^2 22°30' - 1 \Rightarrow$$

$$\Rightarrow \dfrac{\sqrt{2}}{2} = 2 \cdot \cos^2 22°30' - 1 \Rightarrow$$

$$\Rightarrow \dfrac{\sqrt{2}}{2} + 1 = 2 \cdot \cos^2 22°30' \Rightarrow$$

$$\Rightarrow \cos^2 22°30' = \dfrac{\dfrac{\sqrt{2} + 2}{2}}{2} \Rightarrow$$

$$\Rightarrow \cos^2 22°30' = \dfrac{\sqrt{2} + 2}{4} \Rightarrow$$

$$\Rightarrow \cos 22°30' = \sqrt{\dfrac{\sqrt{2} + 2}{4}}$$

- $\text{tg } 2a = \dfrac{\text{sen } 22°30'}{\cos 22°30'} = \dfrac{\dfrac{\sqrt{2 - \sqrt{2}}}{2}}{\dfrac{\sqrt{2 + \sqrt{2}}}{2}} =$

$$= \dfrac{\sqrt{2 - \sqrt{2}}}{\sqrt{2 + \sqrt{2}}} = \sqrt{\dfrac{2 - \sqrt{2}}{2 + \sqrt{2}}} =$$

$$= \sqrt{\dfrac{(2 - \sqrt{2})(2 - \sqrt{2})}{(2 + \sqrt{2})(2 - \sqrt{2})}} = \sqrt{\dfrac{4 - 4\sqrt{2} + 2}{4 - 2}} =$$

$$= \sqrt{\dfrac{6 - 4\sqrt{2}}{2}} = \sqrt{3 - 2\sqrt{2}}$$

14. (UFTM-MG) A figura ilustra recomendações dos especialistas em visão para o posicionamento correto de um indivíduo diante da tela do computador:

$60 \leqslant d \leqslant 65$ (em cm) $\qquad 10° \leqslant \alpha \leqslant 20°$

Seguindo-se tais recomendações e admitindo-se $\cos 10° = k$, todos os comprimentos possíveis da linha de visada (**v**), em cm, estão no intervalo:

a) $\dfrac{60}{k} \leqslant v \leqslant \dfrac{65}{2k^2 - 1}$.

b) $\dfrac{60}{k} \leqslant v \leqslant \dfrac{65}{2 - k^2}$.

c) $\dfrac{65}{2k} \leqslant v \leqslant \dfrac{60}{k}$.

d) $\dfrac{60}{k} \leqslant v \leqslant \dfrac{65}{k^2}$.

e) $\dfrac{30}{k} \leqslant v \leqslant \dfrac{65}{2k}$.

> RESOLUÇÃO PASSO A PASSO:

1. Lendo e compreendendo

a) O que é dado no problema?

São dados os limites de variação de **d** e α e um esquema mostrando o correto posicionamento de uma pessoa em relação ao monitor do computador (relacionando **v**, **d** e α). Também é dado que $\cos 10° = k$.

b) O que se pede?

Pede-se o intervalo de variação da linha de visada **v**, entre o olho do usuário e a tela do computador, de acordo com os limites dados no enunciado.

2. Planejando a solução

Precisamos de duas estratégias, uma para cada parte da resolução. Primeiro, devemos conseguir estabelecer limites máximos e mínimos para o valor **v** da linha de visada. Depois, usaremos os conhecimentos trigonométricos para colocar a resposta em função de **k**.

O esquema mostrando o correto posicionamento de uma pessoa em relação ao monitor do computador é um triângulo retângulo, portanto podemos usar trigonometria básica (cosseno) para relacionar **v**, **d** e α. Depois, usando os limites dados para **d** e α, vamos determinar o intervalo de variação de **v**.

Para colocar os valores em função de **k**, precisamos usar uma das fórmulas de arco duplo para transformar o cosseno de 20° em cosseno de 10° [$\cos(2\alpha) = 2\cos^2\alpha - 1$].

3. Executando o que foi planejado

Do esquema dado, temos que:

$$\cos\alpha = \frac{d}{v} \Rightarrow v = \frac{d}{\cos\alpha}$$

Para estabelecer os limites máximo e mínimo de **v**, precisamos obter o maior e o menor resultados possíveis para a razão $\frac{d}{\cos\alpha}$.

- A maior razão $\frac{d}{\cos\alpha}$ acontecerá com o maior **d** e o menor $\cos\alpha$.
- A menor razão $\frac{d}{\cos\alpha}$ acontecerá com o menor **d** e o maior $\cos\alpha$.

Para estabelecer qual é o maior cosseno, basta perceber que no 1º quadrante o cosseno é decrescente, ou seja, quanto maior o ângulo, menor o cosseno (lembre-se de que $\cos 0° = 1$ e $\cos 90° = 0$). Logo, como $20° > 10°$, temos que $\cos 20° < \cos 10°$.

Assim, a maior razão $\frac{d}{\cos\alpha}$ ocorrerá com $d = 65$ cm e $\cos 20°$, e a menor razão ocorrerá com $d = 60$ cm e $\cos 10°$.

Portanto, $\frac{60}{\cos 10°} \leqslant v \leqslant \frac{65}{\cos 20°}$.

Perceba que isso ainda não é suficiente para escolhermos a resposta correta na questão.

Agora, precisamos escrever $\cos 20°$ em função de $\cos 10°$. Para isso, devemos perceber que 20° é o arco duplo de 10°, portanto podemos usar a fórmula $\cos(2\alpha) = 2\cos^2\alpha - 1$, com $\alpha = 10°$.

$$\cos(20°) = \cos(2 \cdot 10°) = 2 \cdot \cos^2 10° - 1 \Rightarrow$$
$$\Rightarrow \cos 20° = 2k^2 - 1$$

Assim, $\frac{60}{\cos 10°} \leqslant v \leqslant \frac{65}{\cos 20°}$ equivale a $\frac{60}{k} \leqslant v \leqslant \frac{65}{2k^2 - 1}$.

4. Verificando

Primeiro, usando uma calculadora científica (ou uma tabela trigonométrica), vamos descobrir o valor de $\cos 10°$ (ou seja, **k**) e verificar se $\cos 20° = 2k^2 - 1$. Da calculadora, temos $\cos 10° \simeq 0{,}985$, portanto $k \simeq 0{,}985$. Então, $2 \cdot 0{,}985^2 - 1 \simeq 0{,}940$. Vamos verificar se esse é o valor de $\cos 20°$, novamente recorrendo a uma calculadora científica ou tabela, e obter $\cos 20° \simeq 0{,}940$. Isso verifica que $\cos 20° = 2k^2 - 1$, com $k = \cos 10°$.

Sabemos que $v = \frac{d}{\cos\alpha}$. Vamos fazer uma tabela com os valores extremos de **d** e α e usar uma calculadora para obter os valores de $\cos 10°$ e $\cos 20°$:

	d = 60	**d = 65**
$\alpha = 10°$ ($\cos 10° \simeq 0{,}985$)	$v = \frac{60}{0{,}985} \simeq 60{,}9$	$v = \frac{65}{0{,}985} \simeq 66{,}0$
$\alpha = 20°$ ($\cos 20° \simeq 0{,}940$)	$v = \frac{60}{0{,}940} \simeq 63{,}8$	$v = \frac{65}{0{,}940} \simeq 69{,}1$

Portanto, na tabela, temos que $60{,}9 < v < 69{,}1$. Como já vimos anteriormente, 60,9 é o valor de $\frac{60}{\cos 10°}$, ou seja, $\frac{60}{k}$. E 69,1 é o valor de $\frac{65}{\cos 20°}$, ou seja, $\frac{65}{2k^2 - 1}$. Isso confirma nossa resposta anterior, $\frac{60}{k} \leqslant v \leqslant \frac{65}{2k^2 - 1}$.

5. Respondendo

A resposta é a alternativa **a**.

6. Ampliando o problema

a) Refaça o exemplo dado para $10° \leqslant \alpha \leqslant 20°$ e $60 \leqslant v \leqslant 70$ (em cm), obtendo os limites para o valor **d**. Considere novamente $\cos 10° = k$.

b) **Discussão em equipe**

A Ergonomia visa a qualidade da adaptação de um dispositivo a seu operador e à tarefa que ele realiza. Assim, é a ciência que se preocupa, entre muitas outras coisas, em promover a melhor interação homem-computador, de modo a otimizar o bem-estar humano e o desempenho geral do processo como um todo.

Converse com seus colegas e discutam se faz alguma diferença, na qualidade do trabalho do ser humano na frente de um computador, o respeito a alguns requisitos, tais como: distância correta entre a pessoa e a tela do computador; altura dos olhos em relação ao monitor; altura, tipo e posicionamento da cadeira; existência de descanso para o pulso; e uma série de outras preocupações.

Troquem ideias também sobre que tipos de problema podem ocorrer com quem trabalha muito tempo na frente de um computador, sobretudo se não forem observados os requisitos citados.

Exercícios propostos

17. Se $\text{sen } x = \frac{3}{5}$ e $\cos x = \frac{4}{5}$, com $0 < x < \frac{\pi}{2}$, determine sen 2x, cos 2x e tg 2x.

18. Se $\text{tg } x = \frac{1}{4}$, calcule o valor de tg 2x.

19. Sendo $\cos x = -\frac{1}{3}$, com $\pi < x < \frac{3\pi}{2}$, calcule sen 2x e cos 2x.

20. Sabendo que $\text{sen } x = \frac{3}{5}$, com $0 < x < \frac{\pi}{2}$, determine $\text{tg}\left(\frac{\pi}{4} + 2x\right)$.

21. Sabendo que $\cos x = \frac{3}{5}$ e que $0 < x < \frac{\pi}{2}$, encontre o valor de:

a) sen x;
b) sen 2x;
c) cos 2x;
d) sen 3x;
e) cos 3x;
f) sen 4x;
g) cos 4x.

22. Demonstre que:

a) $\text{sen } 3a = 3 \cdot \text{sen } a - 4 \cdot \text{sen}^3 a$;
(*Sugestão*: Faça 3a = 2a + a.)

b) $\cos 3a = 4 \cdot \cos^3 a - 3 \cdot \cos a$;

c) $\text{tg } 3a = \dfrac{3 \cdot \text{tg } a - \text{tg}^2 a}{1 - 3 \cdot \text{tg}^2 a}$.

23. Sabendo que $\text{sen } a - \cos a = \frac{2}{5}$, calcule sen 2a.

24. Mostre que, se $\text{sen } x + \cos x = m$, então $\text{sen } 2x = m^2 - 1$.

25. Simplifique a expressão $A = \dfrac{\text{sen } 2x}{\text{sen } x} - \dfrac{\cos 2x}{\cos x}$.

26. Sabendo que $\cos 2a = \cos^2 a - \text{sen}^2 a$ e $\text{sen}^2 a + \cos^2 a = 1$, demonstre que:

a) $\cos 2a = 2 \cdot \cos^2 a - 1$;
b) $\cos 2a = 1 - 2 \cdot \text{sen}^2 a$.

27. Demonstre que $\cos 4a = 8 \cdot \cos^4 a - 8 \cdot \cos^2 a + 1$. (Faça 4a = 2a + 2a.)

28. Prove que:

a) $\dfrac{1 - \text{tg}^2 x}{1 + \text{tg}^2 x} = \cos 2x$;

b) $2(\text{sen } y + \text{sen } x)(\text{sen } y - \text{sen } x) = \cos 2x - \cos 2y$.

29. Determine BS = x sabendo que AS é bissetriz do ângulo **A** no triângulo retângulo ABC.

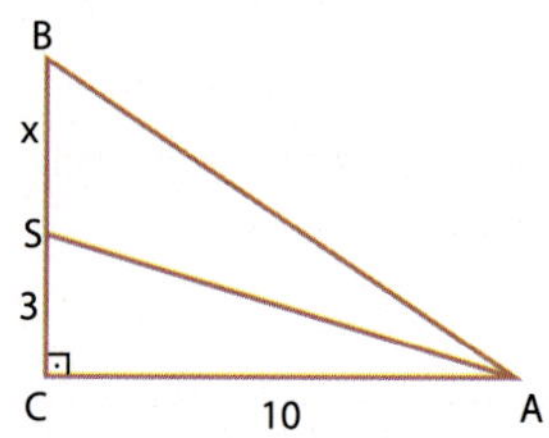

30. Sabendo que $\text{sen } x \cdot \cos x = \frac{1}{2}$, calcule o valor de $\text{sen}^4 x + \cos^4 x$.

31. Calcule $y = \dfrac{1}{\text{sen } 10°} - \dfrac{\sqrt{3}}{\cos 10°}$.

32. Calcule:

a) $y = \cos 36° \cdot \cos 72°$
b) $y = \text{sen } 10° \cdot \cos 20° \cdot \cos 40°$

33. Dado:

a) $\cos x = \frac{1}{2}$, com $0 < x < \frac{\pi}{2}$, determine $\cos \frac{x}{2}$;

b) $\cos x = \frac{2}{3}$, com $0 < x < \frac{\pi}{2}$, determine $\text{sen}\, \frac{x}{2}$;

c) $\text{sen}\, x = \frac{3}{5}$, com $0 < x < \frac{\pi}{2}$, determine $\text{sen}\, \frac{x}{2}$, $\cos \frac{x}{2}$ e $\text{tg}\, \frac{x}{2}$;

d) $\cos 135° = -\frac{\sqrt{2}}{2}$, calcule sen 67°30' e cos 67°30'.

34. Dado $\text{tg}\, \frac{x}{2} = \frac{1}{4}$, determine sen x, cos x e tg x.

35. Sendo $\cos \frac{x}{2} = \frac{1}{3}$ e $\frac{\pi}{2} < x < \pi$, determine o valor de sen x, cos x e tg x.

36. Sabendo que $\text{sen}\, 4a = \frac{1}{4}$ e $0 < 4a < \pi$, determine o valor de sen 2a, cos 2a e tg 2a.

37. Sabendo que $x = \frac{x}{2} + \frac{x}{2}$, prove que:

a) $\text{sen}\, x = 2 \cdot \text{sen}\, \frac{x}{2} \cdot \cos \frac{x}{2}$;

b) $\cos x = \cos^2 \frac{x}{2} - \text{sen}^2\, \frac{x}{2}$;

c) $\cos x = 2 \cdot \cos^2 \frac{x}{2} - 1$.

3 Fórmulas de transformação em produto

Em muitas ocasiões, é útil transformar somas algébricas do tipo sen p + sen q, sen p – sen q, cos p + cos q e cos p – cos q em produtos. Para tanto, retomamos as seguintes fórmulas de adição e subtração:

$\text{sen}\,(A + B) = \text{sen}\, A \cdot \cos B + \text{sen}\, B \cdot \cos A$ (I)

$\text{sen}\,(A - B) = \text{sen}\, A \cdot \cos B - \text{sen}\, B \cdot \cos A$ (II)

$\cos (A + B) = \cos A \cdot \cos B - \text{sen}\, A \cdot \text{sen}\, B$ (III)

$\cos (A - B) = \cos A \cdot \cos B + \text{sen}\, A \cdot \text{sen}\, B$ (IV)

Então, temos:

I + II: $\text{sen}\,(A + B) + \text{sen}\,(A - B) = 2\, \text{sen}\, A \cdot \cos B$

I – II: $\text{sen}\,(A + B) - \text{sen}\,(A - B) = 2\, \text{sen}\, B \cdot \cos A$

III + IV: $\cos (A + B) + \cos (A - B) = 2 \cos A \cdot \cos B$

III – IV: $\cos (A + B) - \cos (A - B) = -2\, \text{sen}\, A \cdot \text{sen}\, B$

Vamos considerar, agora: $\begin{cases} A + B = p \\ A - B = q \end{cases} \Rightarrow A = \frac{p + q}{2}$ e $B = \frac{p - q}{2}$.

Substituindo nas quatro igualdades obtidas, encontramos:

$$\text{sen}\, p + \text{sen}\, q = 2\, \text{sen} \left(\frac{p + q}{2}\right) \cdot \cos \left(\frac{p - q}{2}\right)$$

$$\cos p + \cos q = 2 \cos \left(\frac{p + q}{2}\right) \cdot \cos \left(\frac{p - q}{2}\right)$$

$$\text{sen}\, p - \text{sen}\, q = 2\, \text{sen} \left(\frac{p - q}{2}\right) \cdot \cos \left(\frac{p + q}{2}\right)$$

$$\cos p - \cos q = -2\, \text{sen} \left(\frac{p + q}{2}\right) \cdot \text{sen} \left(\frac{p - q}{2}\right)$$

Exercícios resolvidos

15. Transforme em produto (ou fatore) a expressão sen 60° + sen 30°.

Resolução:

$\text{sen}\, 60° + \text{sen}\, 30° =$

$= 2 \cdot \text{sen}\, \frac{60° + 30°}{2} \cdot \cos \frac{60° - 30°}{2} =$

$= 2 \cdot \text{sen}\, 45° \cdot \cos 15°$

16. Fatore (ou transforme em produto) a expressão sen 2a – sen a.

Resolução:

$\text{sen}\, 2a - \text{sen}\, a = 2 \cdot \text{sen}\, \frac{2a - a}{2} \cdot \cos \frac{2a + a}{2} =$

$= 2 \cdot \text{sen}\, \frac{a}{2} \cdot \cos \frac{3a}{2}$

17. Transforme em produto a expressão cos 5x + cos 3x.

Resolução:

$\cos 5x + \cos 3x = 2 \cdot \cos \frac{5x + 3x}{2} \cdot \cos \frac{5x - 3x}{2} =$

$= 2 \cdot \cos 4x \cdot \cos x$

18. Demonstre que $\dfrac{\text{sen } 3x + \text{sen } x}{\cos 3x + \cos x} = \text{tg } 2x$.

Resolução:

- $f(x) = \dfrac{\text{sen } 3x + \text{sen } x}{\cos 3x + \cos x} =$

$$= \dfrac{2 \cdot \text{sen } \dfrac{3x + x}{2} \cdot \cos \dfrac{3x - x}{2}}{2 \cdot \cos \dfrac{3x + x}{2} \cdot \cos \dfrac{3x - x}{2}} =$$

$$= \dfrac{\cancel{2} \cdot \text{sen } 2x \cdot \cancel{\cos x}}{\cancel{2} \cdot \cos 2x \cdot \cancel{\cos x}} = \dfrac{\text{sen } 2x}{\cos 2x} = \text{tg } 2x$$

- $g(x) = \text{tg } 2x$

Como $f(x) = g(x)$, está demonstrada a identidade.

19. Transforme em produto a expressão $y = 1 + \cos x$.

Resolução:

Sabemos que $1 = \cos 0°$. Então, $y = \cos 0° + \cos x$.

$$y = 2 \cdot \cos \dfrac{0° + x}{2} \cdot \cos \dfrac{0° - x}{2} =$$

$$= 2 \cdot \cos \dfrac{x}{2} \cdot \cos \dfrac{(-x)}{2}$$

Como $\cos\left(-\dfrac{x}{2}\right) = \cos \dfrac{x}{2}$, temos:

$$y = 2 \cdot \cos \dfrac{x}{2} \cdot \cos \dfrac{x}{2} = 2\left(\cos \dfrac{x}{2}\right)^2 = 2 \cdot \cos^2 \dfrac{x}{2}$$

20. Fatore a expressão
$y = \text{sen } x + \text{sen } 3x + \text{sen } 2x + \text{sen } 4x$.

Resolução:

Agrupando os termos dois a dois, temos:

$$y = (\text{sen } x + \text{sen } 3x) + (\text{sen } 2x + \text{sen } 4x) =$$

$$= 2 \cdot \text{sen } \dfrac{x + 3x}{2} \cdot \cos \dfrac{x - 3x}{2} +$$

$$+ 2 \cdot \text{sen } \dfrac{2x + 4x}{2} \cdot \cos \dfrac{2x - 4x}{2} =$$

$$= 2 \cdot \text{sen } 2x \cdot \cos (-x) + 2 \cdot \text{sen } 3x \cdot \cos (-x)$$

- Como $\cos(-x) = \cos x$, colocando $2 \cdot \cos x$ em evidência, temos:

$$y = 2 \cdot \text{sen } 2x \cdot \cos x + 2 \cdot \text{sen } 3x \cdot \cos x =$$

$$= 2 \cdot \cos x \cdot (\text{sen } 2x + \text{sen } 3x) =$$

$$= 2 \cdot \cos x \cdot \left[2 \cdot \text{sen } \dfrac{2x + 3x}{2} \cdot \cos \dfrac{2x - 3x}{2}\right] =$$

$$= 2 \cdot \cos x \cdot 2 \cdot \text{sen } \dfrac{5x}{2} \cdot \cos\left(-\dfrac{x}{2}\right)$$

- Como $\cos\left(-\dfrac{x}{2}\right) = \cos \dfrac{x}{2}$, temos:

$$y = 2 \cdot \cos x \cdot 2 \cdot \text{sen } \dfrac{5x}{2} \cdot \cos \dfrac{x}{2} =$$

$$= 4 \cdot \text{sen } \dfrac{5x}{2} \cdot \cos x \cdot \cos \dfrac{x}{2}$$

21. Escreva em forma de produto a expressão
$A = \text{sen } 2x + 2 \cdot \cos x$.

Resolução:

$$A = \text{sen } 2x + 2 \cdot \cos x = 2 \cdot \text{sen } x \cdot \cos x + 2 \cdot \cos x =$$

$$= 2 \cdot \cos x \cdot (\text{sen } x + 1) =$$

$$= 2 \cdot \cos x \cdot \left(\text{sen } x + \text{sen } \dfrac{\pi}{2}\right) =$$

$$= 2 \cdot \cos x \cdot \left[2 \cdot \text{sen } \dfrac{x + \dfrac{\pi}{2}}{2} \cdot \cos \dfrac{x - \dfrac{\pi}{2}}{2}\right] =$$

$$= 2 \cdot \cos x \cdot 2 \cdot \text{sen}\left(\dfrac{x}{2} + \dfrac{\pi}{4}\right) \cdot \cos\left(\dfrac{x}{2} - \dfrac{\pi}{4}\right) =$$

$$= 4 \cdot \cos x \cdot \text{sen}\left(\dfrac{x}{2} + \dfrac{\pi}{4}\right) \cdot \cos\left(\dfrac{x}{2} - \dfrac{\pi}{4}\right)$$

22. Se $\cos \theta = \dfrac{3}{4}$, determine o valor de

$16 \cdot \text{sen} \dfrac{3\theta}{2} \cdot \text{sen } \dfrac{\theta}{2}$.

Resolução:

Comparando a expressão com o segundo termo da fórmula

$$\cos x - \cos y = -2 \cdot \text{sen } \dfrac{x + y}{2} \cdot \text{sen } \dfrac{x - y}{2},$$

teremos:

$$\begin{cases} \dfrac{x + y}{2} = \dfrac{3\theta}{2} \\ \dfrac{x - y}{2} = \dfrac{\theta}{2} \end{cases} \Rightarrow x = 2\theta \text{ e } y = \theta$$

Substituindo na fórmula:

$$\cos 2\theta - \cos \theta = -2 \text{ sen } \dfrac{3\theta}{2} \cdot \text{sen } \dfrac{\theta}{2} \Rightarrow$$

$$\Rightarrow 1 - 2 \cos^2 \theta - \cos \theta = -2 \text{ sen } \dfrac{3\theta}{2} \cdot \text{sen } \dfrac{\theta}{2} \Rightarrow$$

$$\Rightarrow 1 - 2 \cdot \dfrac{9}{16} - \dfrac{3}{4} = -2 \text{ sen } \dfrac{3\theta}{2} \cdot \text{sen } \dfrac{\theta}{2} \Rightarrow$$

$$\Rightarrow -\dfrac{7}{8} = -2 \text{ sen } \dfrac{3\theta}{2} \cdot \text{sen } \dfrac{\theta}{2} \Rightarrow$$

$$\Rightarrow 16 \text{ sen } \dfrac{3\theta}{2} \cdot \text{sen } \dfrac{\theta}{2} = 7$$

Exercícios propostos

38. Transforme em produto as expressões:

a) $\text{sen } 60° - \text{sen } 40°$

b) $\text{sen } 3a + \text{sen } 5a$

c) $\text{sen } (2x + y) + \text{sen } (2x - y)$

d) $\cos 50° + \cos 30°$

e) $\cos 5x - \cos x$

f) $\cos (a + b + c) + \cos (a + b - c)$

g) $y = \dfrac{\cos x + \cos y}{\cos x - \cos y}$

39. Transforme em produto as expressões:

a) $1 + \cos x$

b) $1 - \cos x$

c) $\cos 2x + 1$

d) $1 + \text{sen } 2x$

e) $\text{sen } x - \cos x$

f) $\text{sen } 60° + \cos 40°$

g) $\text{sen } x \cdot \cos x + \cos^2 x$

40. Demonstre que $\dfrac{\text{sen } 6a + \text{sen } 4a}{\cos 6a + \cos 4a} = \text{tg } 5a$.

41. Simplifique as expressões:

a) $\dfrac{\text{sen } a + \text{sen } b}{\cos a + \cos b}$

b) $\dfrac{\cos 4a + \cos 2a}{\text{sen } 4a - \text{sen } 2a}$

42. Fatore as expressões:

a) $y = \text{sen } 2x - 2 \cdot \text{sen } x$

b) $y = \text{sen } x + \text{sen } x \cdot \cos 4x$

43. Demonstre que $\dfrac{1 - \cos x}{1 + \cos x} = \text{tg}^2 \dfrac{x}{2}$.

44. Simplifique $\dfrac{\text{sen } 30° + \text{sen } 40° + \text{sen } 50°}{\cos 30° + \cos 40° + \cos 50°}$.

45. Guta estava vendo os livros de cálculo de seu irmão João, que cursava Engenharia, e, num capítulo sobre integrais, deparou-se com algumas fórmulas que nunca tinha visto:

1) $\text{sen}^2 x = \dfrac{1}{2}(1 - \cos 2x)$

2) $\cos^2 x = \dfrac{1}{2}(1 + \cos 2x)$

3) $\text{sen } x \cdot \cos x = \dfrac{1}{2} \cdot \text{sen } 2x$

4) $\text{sen } x \cdot \cos y = \dfrac{1}{2}[\text{sen } (x - y) + \text{sen } (x + y)]$

5) $\text{sen } x \cdot \text{sen } y = \dfrac{1}{2}[\cos (x - y) - \cos (x + y)]$

6) $\cos x \cdot \cos y = \dfrac{1}{2}[\cos (x - y) + \cos (x + y)]$

Guta perguntou a seu irmão por que ela não tinha aprendido aquelas fórmulas no ensino médio. João lhe disse que não eram fórmulas novas, e sim as mesmas fórmulas que ela já havia estudado, porém reescritas de forma a serem úteis no cálculo das integrais. Percebendo o interesse da irmã, resolveu mostrar a ela como as fórmulas são obtidas.

"Veja", disse ele, "vou lhe mostrar como se obtém a 4ª fórmula dessa lista". E começou:

"Sabe a fórmula que transforma em produto a soma de senos?"

Guta: "A fórmula

$\text{sen } x + \text{sen } y = 2 \cdot \text{sen}\left(\dfrac{x + y}{2}\right) \cdot \cos\left(\dfrac{x - y}{2}\right)$?"

João: "Isso mesmo. Veja só:

Fazendo $\dfrac{x + y}{2} = A$ e $\dfrac{x - y}{2} = B$, chegamos à conclusão de que $A + B = x$ e $A - B = y$.

Assim:

$\text{sen } x + \text{sen } y = 2 \cdot \text{sen}\left(\dfrac{x + y}{2}\right) \cdot \cos\left(\dfrac{x - y}{2}\right) \Rightarrow$

$\Rightarrow \text{sen } (A + B) + \text{sen } (A - B) =$

$= 2 \cdot \text{sen } A \cdot \cos B \Rightarrow \text{sen } A \cdot \cos B =$

$= \dfrac{1}{2}[\text{sen } (A + B) + \text{sen } (A - B)]$"

Guta: "Mas não tem problema usarmos **A** e **B** no lugar de **x** e **y**?"

João: "Lógico que não. Se você quiser, pode colocar qualquer letra no lugar de **A** e qualquer outra no lugar de **B**."

Guta: "É mesmo!!! Ficou igualzinho. Obrigada, João!"

João: "Agora, quero ver você fazer a demonstração das outras cinco fórmulas..."

Faça a dedução das outras cinco fórmulas que estavam no livro de cálculo de João.

46. Represente cada produto com soma ou diferença de seno ou de cosseno:

a) $2 \cdot \text{sen } 3x \cdot \cos x$

b) $2 \cdot \text{sen } 15° \cdot \cos 75°$

c) $2 \cdot \cos 20° \cdot \cos 10°$

d) $-2 \cdot \text{sen } 2a \cdot \text{sen } a$

47. Qual o valor de $\text{sen } \dfrac{13\pi}{12} \cdot \cos \dfrac{13\pi}{12}$?

Portal Pedagógico

Acesse o *Portal Pedagógico* (veja instruções na seção "Conheça seu livro", página 5) e amplie o estudo deste capítulo. Selecione o capítulo 5 e você encontrará os seguintes materiais:

- *Atividades adicionais* (Atividades para imprimir);
- *Expressões sen (a ± b), cos (a ± b) e tg (a ± b)* (Texto complementar).

Desafios

1. Um projétil lançado horizontalmente descreve uma trajetória parabólica como a representada na figura.

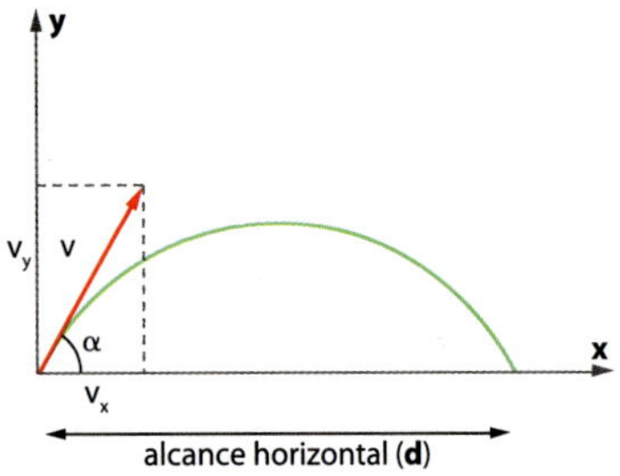

O tempo que o projétil leva do lançamento no solo até a altura máxima é $t = \frac{v_y}{g}$, em que **g** é a aceleração da gravidade e $\mathbf{v_y}$ é a componente vertical da velocidade. O alcance horizontal é dado por $d = v_x \cdot \Delta t$, em que $\mathbf{v_x}$ é a componente vertical da velocidade e Δt é o tempo desde o lançamento até a queda no solo.
Obtenha o ângulo α de lançamento do projétil para que o alcance horizontal seja o máximo possível.

2. (Uece) O número de soluções da equação $|\text{sen } 2x| = |\cos x|$, no intervalo $[0, 2\pi]$, é:

a) 3.
b) 4.
c) 5.
d) 6.

3. (ITA-SP) A soma das raízes da equação $\sqrt{3} \cdot \text{tg } x - \sqrt{3} \cdot \text{sen } 2x + \cos 2x = 0$, que pertencem ao intervalo $[0, 2\pi]$, é:

a) $\frac{17\pi}{4}$.
b) $\frac{16\pi}{3}$.
c) $\frac{15\pi}{4}$.
d) $\frac{14\pi}{3}$.
e) $\frac{13\pi}{4}$.

4. (ITA-SP) Sejam $\mathbf{P_1}$ e $\mathbf{P_2}$ octógonos regulares. O primeiro está inscrito e o segundo circunscrito a uma circunferência de raio **R**. Sendo $\mathbf{A_1}$ a área de $\mathbf{P_1}$ e $\mathbf{A_2}$ a área de $\mathbf{P_2}$, então a razão $\frac{A_1}{A_2}$ é igual a:

a) $\sqrt{\frac{5}{8}}$.
b) $\frac{9\sqrt{2}}{16}$.
c) $3(\sqrt{2} - 1)$.
d) $\frac{4\sqrt{2} + 1}{8}$.
e) $\frac{2 + \sqrt{2}}{4}$.

5. Prove que, se os ângulos internos α, β e γ de um triângulo satisfazem a equação:
$\text{sen } 3\alpha + \text{sen } 3\beta + \text{sen } 3\gamma = 0$, então pelo menos um dos três ângulos, α, β ou γ, é igual a 60°.

PENSANDO NO ENEM

1. A palavra *trigonometria* origina-se da língua grega e significa "medida das partes de um triângulo". Matemáticos gregos, entre eles o astrônomo e matemático Hiparco de Niceia (cerca de 190 a.C.-120 a.C.), conhecido como "o pai da Trigonometria", fizeram cuidadosamente as relações entre ângulos ou arcos em uma circunferência e os comprimentos de suas cordas. A Trigonometria da época baseava-se no estudo da relação entre um arco arbitrário e sua corda. Hiparco elaborou uma obra em doze livros e nela construiu a primeira tabela trigonométrica de que temos registro, apoiando-se em uma tábua com o comprimento de cordas. A corda de um arco não é seu seno, mas, se o comprimento do arco for conhecido, pode-se calcular o seno da metade do arco, já que a metade do comprimento da corda dividida pelo raio do círculo é justamente o valor do seno. Ou seja, considerando um círculo de raio unitário, o comprimento da corda subtendida por um ângulo **x** é $2 \cdot \text{sen } \frac{x}{2}$, conforme a figura a seguir:

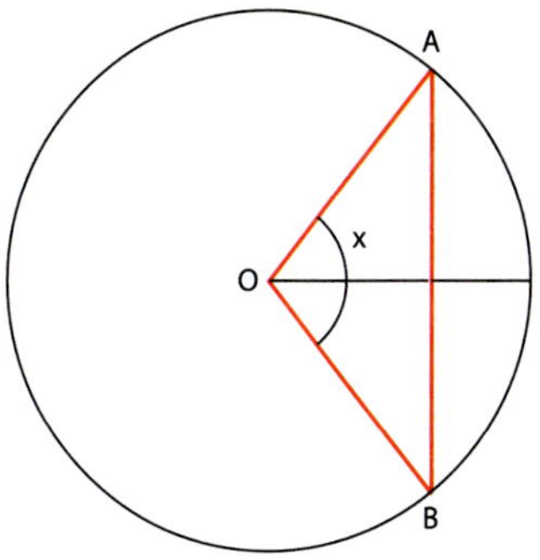

$A\hat{O}B = x$

$\overline{OB} = r$

$\text{sen}\,\dfrac{x}{2} = \dfrac{AB}{2r}$

Analise as afirmações a seguir, supondo $\pi \simeq 3$, AB = 13 cm, e indique a verdadeira.

a) De acordo com o texto, se $x = 80°$ e $r = 10$ cm, então sen 40° é aproximadamente 0,65.

b) Nas condições do item anterior podemos afirmar que o valor de cos 80° é aproximadamente 0,21.

c) Se $\text{sen}\,\dfrac{x}{2} = 0{,}57$e $r = 10$ cm, então $x = 50°$.

d) Na figura temos $\text{sen}\,\dfrac{x}{2} = \dfrac{AB}{2r}$, então é verdade que $\text{sen}\,\dfrac{x^2}{2} = \dfrac{AB^2}{4r}$.

e) Se $x = 50°$ e $r = 5$ cm, então $\cos\dfrac{x}{2} = 0{,}29$, aproximadamente.

2. Em diversas situações, o estudo dos fenômenos físicos requer a presença de um plano inclinado, seja para o cálculo de um coeficiente de atrito, seja por necessidades técnicas de construção, necessidades físicas e biológicas ou mesmo para experimentos laboratoriais.

Para esse estudo pode ser adotado como referência um sistema de coordenadas, sendo o mais comum o *sistema cartesiano*, com os eixos ortogonais na horizontal e vertical. Porém, para facilitar os cálculos, pode-se fazer uma rotação desses eixos de acordo com a inclinação desejada. Veja abaixo a rotação do ponto **A**(x, y) para **A'**(x', y') em torno da origem do sistema de eixos, no sentido anti-horário:

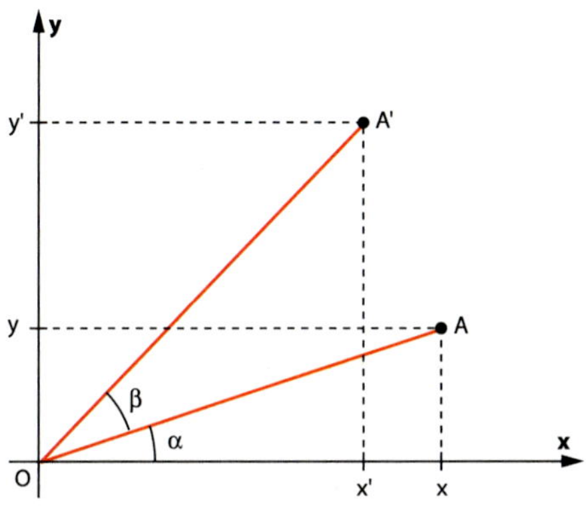

$\overrightarrow{Ox}$ e $\overline{OA}$ formam o ângulo α.

Sendo $r = AO = OA'$, temos:

$$\begin{cases} x = r \cdot \cos\alpha \\ y = r \cdot \text{sen}\,\alpha \end{cases}$$

$$\begin{cases} x' = r \cdot \cos(\alpha + \beta) \\ y' = r \cdot \text{sen}\,(\alpha + \beta) \end{cases}$$

Sabendo que:

- $\cos(\alpha + \beta) = \cos\alpha \cdot \cos\beta - \text{sen}\,\alpha \cdot \text{sen}\,\beta$ e
- $\text{sen}\,(\alpha + \beta) = \text{sen}\,\alpha \cdot \cos\beta + \text{sen}\,\beta \cdot \cos\alpha$,

então é correto afirmar que:

a) $x' = x \cdot \cos\beta + y \cdot \text{sen}\,\beta$

b) $x' = x \cdot \cos\beta - y \cdot \text{sen}\,\beta$

c) $y' = x \cdot \text{sen}\,\beta + y \cdot \text{sen}\,\beta$

d) $y' = x \cdot \text{sen}\,\beta - y \cdot \cos\beta$

e) $x' = x \cdot \cos\beta + y \cdot \cos\beta$

3. Consideremos uma situação na qual um engenheiro deverá fechar os 10 m de frente de um terreno com um portão BCDE, cujo comprimento deverá ser de 3 m, e um muro ABEF, nos 7 m restantes. O problema está no fato de que o proprietário quer que sejam colocadas duas travessas, AD e CE, conforme a figura abaixo.

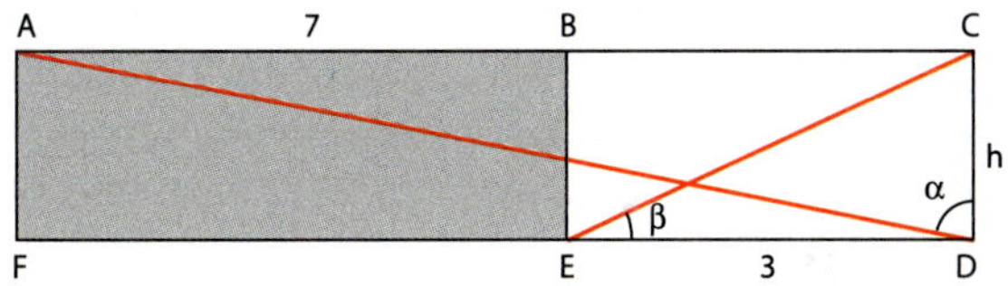

O arquiteto responsável só permitirá a colocação das tais travessas se a diferença α − β dos ângulos mostrados na figura for igual a 45°, pois de outra forma comprometerá a estética do projeto. Para tanto, a altura do muro e a do portão deverão ser a medida **h**, conforme a figura.

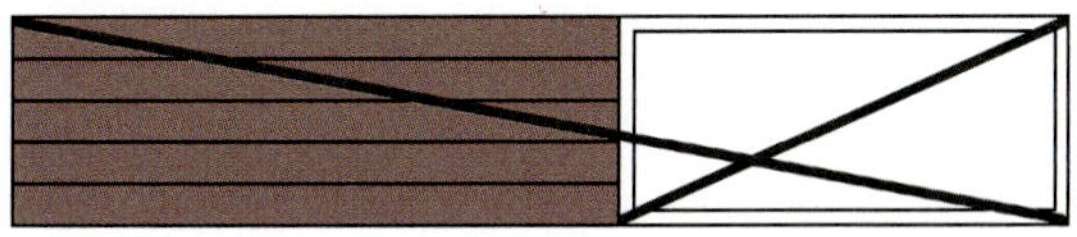

Um valor conveniente de **h** para atender às exigências do enunciado é:

(*Sugestão*: Utilize tg (α − β).)

a) 2 m.

b) 2,5 m.

c) 3 m.

d) 3,5 m.

e) 4 m.

A MATEMÁTICA E AS PRÁTICAS SOCIAIS

A Trigonometria e os cálculos de astrônomos e navegantes

No início do século XVI, os impérios europeus haviam conquistado os mares e estavam expandindo seus domínios para fora do continente, principalmente no Novo Mundo (América). Para resolver problemas relacionados à navegação, utilizavam técnicas desenvolvidas pelos astrônomos, como a "navegação celestial", na qual os navegadores se orientavam pela posição dos corpos celestes. Para isso, calculavam-se os ângulos entre o horizonte e o Sol, a Lua ou uma determinada estrela.

RICHARD WILLIS/COLEÇÃO PARTICULAR/FOTO: THE BRIDGEMAN ART LIBRARY/GRUPO KEYSTONE

Mary Rose, óleo sobre tela, de Richard Willis. A nau Mary Rose, do século XVI, pertencia à frota militar do rei Henrique VIII e foi um dos primeiros navios de guerra ingleses.

Esses cálculos tinham de ser extremamente precisos para garantir que os navios cruzassem os oceanos na direção correta e não se desviassem de seu curso, indo parar em locais inesperados ou desconhecidos. Eram cálculos próprios da Astronomia e consistiam em repetidas multiplicações e divisões de valores de seno e cosseno de arcos, por meio dos quais se determinavam os lados e os ângulos de triângulos esféricos (triângulos traçados sobre a superfície terrestre).

Os navegadores precisavam fazer milhares desses cálculos e, como ainda não existiam calculadoras, despendiam muito tempo nessa tarefa. Uma alternativa era a utilização de cartas, preparadas pelos astrônomos, que previam a posição dos corpos celestes ao longo do dia e da noite. Porém, era muito difícil elaborar essas cartas, demandando também muito tempo, então os navegadores recorriam aos matemáticos.

Foi assim que, por volta do ano 1580, o matemático e astrônomo alemão Christopher Clavius (1538-1612) encontrou um método eficiente para acelerar os cálculos. Acredita-se, entretanto, que tenha sido o astrônomo dinamarquês Tycho Brahe (1546-1601) quem empregou mais esse método.

O método de Brahe, chamado *prostaférese* (do grego *prost*, 'adição', e *aphaíresis*, 'subtração'), era um algoritmo que permitia calcular o produto de dois números usando fórmulas de trigonometria: dados dois números compreendidos entre 0 e 1, procuravam-se, numa tabela trigonométrica, arcos cujos cossenos correspondessem a eles e, em seguida, calculava-se a média aritmética entre os cossenos da soma e da diferença entre esses arcos.

Ou seja, aplicava-se a fórmula $\cos\alpha \cdot \cos\beta = \dfrac{\cos(\alpha + \beta) + \cos(\alpha - \beta)}{2}$, que você conheceu neste capítulo. Com esse método, os navegadores conseguiam uma substancial economia de tempo, o que trazia amplos benefícios para suas expedições.

Mais tarde, essa técnica seria utilizada e aperfeiçoada por John Napier, considerado o inventor dos logaritmos.

Calculando e compreendendo melhor o texto

1. As transformações trigonométricas desenvolvidas a seguir representam, como no exemplo do texto anterior, uma grande ferramenta para a resolução de equações e inequações trigonométricas. Para experimentar, aplique o método apresentado no texto para os valores 122 e 629, cujo produto calcula-se hoje com bastante facilidade. Sejam $x = 122$ e $y = 629$:

1º passo: Reescreva esses números na forma $a \cdot 10^n$, sendo $0 < a < 1$ e $n \in \mathbb{Z}$.

2º passo: Considere somente a parte decimal, ou seja, o valor de **a** para cada um deles.

3º passo: Procure na tabela trigonométrica da página 31 dois arcos α e β cujos cossenos sejam aproximadamente iguais aos valores encontrados no item anterior.

4º passo: Calcule $\alpha + \beta$ e $\alpha - \beta$ e encontre na tabela seus cossenos.

5º passo: Calcule a média aritmética entre esses valores de cossenos. De acordo com o método de Brahe, esse valor corresponderá ao produto $\cos \alpha \cdot \cos \beta$, ou seja, o produto das partes decimais dos números considerados.

6º passo: Como você usou apenas a parte decimal de **x** e **y**, multiplique a média aritmética encontrada no item anterior pelas potências de 10 que você deixou de lado a partir do 2º passo; isso vai fazer com que a resposta esteja com a ordem de grandeza correta.

7º passo: Com uma calculadora, ou manualmente, calcule 122×629 e compare os resultados obtidos.

Observação: Quanto mais casas decimais você considerar ao longo dos passos, mais precisa será a resposta.

2. Uma tabela de secantes pode ser usada para a divisão. Para dividir $x = 3746$ por $y = 82{,}05$, faz-se como no 1º passo do exercício anterior. Considerando $x = 0{,}3746$ e $y = 8{,}205$ (lembre-se de que nesse caso o denominador será a secante de um ângulo, ou seja, maior do que 1), o primeiro número (x) é aproximadamente o cosseno de 68° e o segundo (y), aproximadamente a secante de 83°. Explorando a definição de secante como o inverso do cosseno, nós prosseguimos como na multiplicação do exercício anterior: calculamos a média do cosseno da soma dos ângulos (68° + 83° = 151°) e o cosseno de sua diferença (68° − 83° = −15°):

$$\frac{\cos 151° + \cos(-15°)}{2} = \frac{1}{2}(-0{,}875 + 0{,}966) = $$
$$= 0{,}046$$

Lembrando que $\frac{x}{y} = \frac{3746}{82{,}05} = \frac{0{,}3746 \cdot 10^4}{8{,}205 \cdot 10^1} = $ $= \frac{0{,}3746 \cdot 10^3}{8{,}205}$, é só multiplicar esse resultado pela potência de 10 que vamos encontrar a resposta aproximada, 46.

Adaptado de: <www.worldlingo.com/ma/enwiki/pt/Prosthaphaeresis>. Acesso em: 3 jan. 2011.

Utilizando esse mesmo processo, divida 2678 por 65,78.

Ampliando o conteúdo matemático

3. Dois amigos discutiam a respeito dos valores que funções trigonométricas podem assumir. Um deles afirmava que se um ângulo pertencer ao primeiro quadrante, quanto maior for a medida dele, maior será o seu seno. Então, outro amigo perguntou:

— Se nós dobrarmos a medida desse ângulo, seu seno também vai dobrar?

Discuta com seu colega e mostre que a afirmação não é verdadeira para todo ângulo pertencente ao primeiro quadrante.

4. Considere um ângulo **x** tal que $-\frac{\pi}{4} < x < \frac{\pi}{4}$.

Seja $y = \cos(\text{sen } 2x)$. Qual é o sinal de **y**?

Pesquisando e discutindo

5. No mundo atual, podemos calcular as distâncias utilizando mapas e escalas, telêmetro *laser* e programas como o *Google Earth*. Pesquise e discuta com seus colegas como calcular distâncias utilizando cada uma dessas três ferramentas.

Veja mais sobre o assunto

Procure informações em jornais, revistas e nos *sites*:

- <www.colegioweb.com.br/matematica/transformacao-em-produto.html>;
- <www.profcardy.com/cardicas/prostaferese.php>;
- <www.somatematica.com.br/emedio2.php>;
- <www.worldlingo.com/ma/enwiki/pt/Prosthaphaeresis>.

QUESTÕES DE VESTIBULAR

1. (UPE) O valor da tangente do ângulo de 75° é igual a:

a) $2 - \sqrt{3}$.
b) $\sqrt{3} - 2$.
c) $\sqrt{6} + \sqrt{2}$.
d) $2 + \sqrt{3}$.
e) $\sqrt{6} - \sqrt{2}$.

2. (UFSC) Satisfeitas as condições de existência, determine a soma dos números associados às afirmativas verdadeiras.

01) Se $\text{sen } x - \cos x = m$, então $\text{sen } (2x) = m^2 - 1$.
02) $(2 \cos x + 1) \cdot (2 \cos x - 1) = 2 \cos (2x)$.
04) $\text{sen } \frac{x}{2} = \sqrt{\frac{1 - \cos x}{2}}$, considerando **x** no 1º quadrante.
08) Se $\text{tg } x = 2$, então $\text{tg } 2x = -\frac{4}{3}$.

3. (UFMS) A figura abaixo mostra um retângulo ABCD onde AB = BM = MN = NC. Calcule $6 \text{ tg } \theta + 51$.

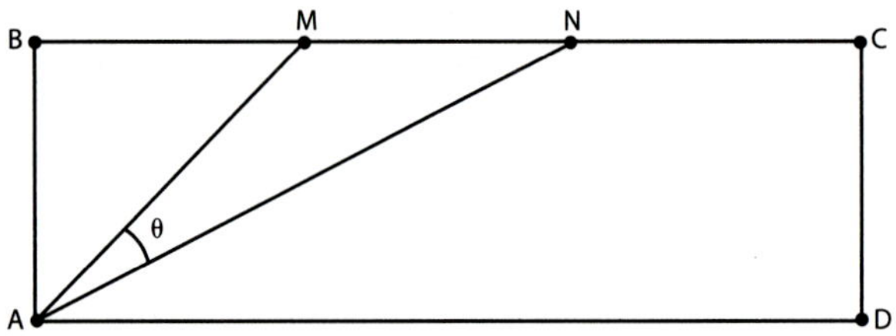

4. (UFT-TO) Dado $\text{sen } \theta = \frac{3}{4}$, $0° < \theta < 90°$. O valor de $\text{sen } (4\theta)$ é:

a) $-\frac{\sqrt{7}}{16}$.
b) $\frac{3\sqrt{7}}{32}$.
c) $\frac{\sqrt{7}}{8}$.
d) $-\frac{3\sqrt{7}}{32}$.

5. (ESPCEX-SP) O retângulo ABCD está dividido em três quadrados, como mostra a figura abaixo.

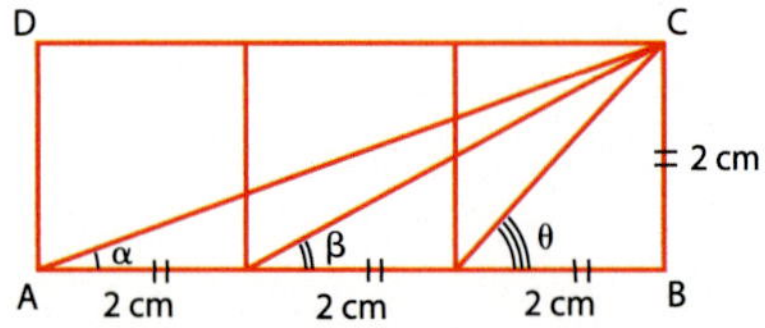

Nessas condições, pode-se concluir que $\alpha + \beta + \theta$ é igual a:

a) $\frac{\pi}{2}$.
b) $\frac{\pi}{4}$.
c) $\frac{\pi}{3}$.
d) $\frac{\pi}{6}$.
e) π.

6. (Uece) A expressão $\cos^4 \frac{\pi}{17} - \text{sen}^4 \frac{\pi}{17}$ é igual a:

a) -1.
b) $4 \text{ sen } \frac{\pi}{17} \cos \frac{\pi}{17}$.
c) $\text{tg } \frac{4\pi}{17}$.
d) $\cos \frac{2\pi}{17}$.

7. (Aman-RJ) A expressão $\text{sen } 7x + 2 \text{ sen } 3x - \text{sen } x$, transformada em produto, é:

a) $4 \cos^2 2x \cdot \text{sen } 3x$.
b) $4 \cos^2 2x \cdot \text{sen } 2x$.
c) $2 \text{ sen}^2 2x \cdot \cos 3x$.
d) $2 \text{ sen}^2 2x \cdot \cos 2x$.
e) nda.

8. (Fuvest-SP) Sejam **x** e **y** números reais positivos tal que $x + y = \frac{\pi}{2}$. Sabendo-se que $\text{sen } (y - x) = \frac{1}{3}$, o valor de $\text{tg}^2 y - \text{tg}^2 x$ é igual a:

a) $\frac{3}{2}$.
b) $\frac{5}{4}$.
c) $\frac{1}{2}$.
d) $\frac{1}{4}$.
e) $\frac{1}{8}$.

9. (UFS-SE) Na figura a seguir, ABC é um triângulo retângulo no qual α e β são as medidas em grau dos ângulos assinalados.

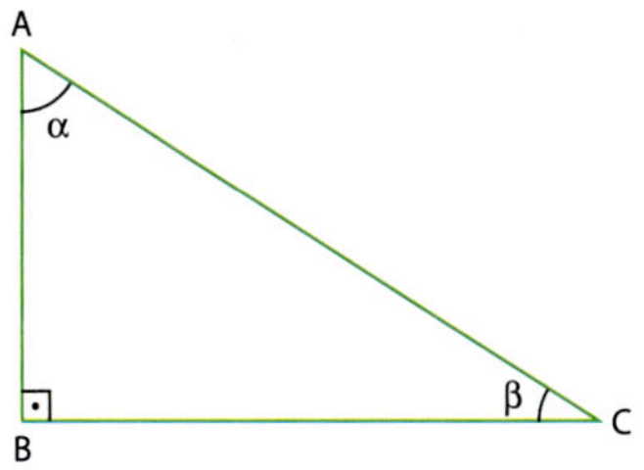

Use as afirmações dadas para analisar se as afirmações seguintes são verdadeiras ou falsas.

a) Se AB = 3 cm e $tg\ \alpha = \frac{4}{3}$, então $\cos\beta = \frac{2}{3}$.

b) Se α é tal que $sen\ 2\alpha - sen\ \alpha = 0$, então $\beta = 30°$.

c) Se $sen\ 8\,745° = \cos\beta$, então $\alpha = 75°$.

d) Se $\alpha - \beta = 50°$, então $0{,}7 < sen\ \alpha < 0{,}8$.

e) Se $\beta = 30°$, então $\frac{sen\ 2\alpha + \cos 3\beta}{tg(\alpha - \beta)} = \frac{3}{2}$.

10. (ITA-SP) O valor de **x** que satisfaz a equação $\sqrt{x} = tg\ \frac{\pi}{12}$ é:

a) $x = 4\sqrt{3}$.

b) $x = 5 - 4\sqrt{3}$.

c) $x = 7 - \sqrt{3}$.

d) $x = 7 - 4\sqrt{3}$.

e) $x = 9 - 4\sqrt{3}$.

11. (Escola Naval-RJ) Sabendo que $sen\ x \cdot \cos x = \frac{1}{\sqrt{6}}$, o valor de **E** na expressão $E = sen^6 x + \cos^6 x$ é igual a:

a) 1.

b) −1.

c) $\frac{1}{2}$.

d) $-\frac{1}{2}$.

e) 0.

12. (Mack-SP) Se $tg\ (x - y) = \frac{a - b}{a + b}$ e $tg\ (y - z) = \frac{b - a}{a + b}$, $a + b \neq 0$, então $tg\ (x - z)$ vale:

a) ab.

b) $\frac{a}{b}$.

c) $\frac{b}{a}$.

d) 1.

e) 0.

13. (ESPCEX-SP) O valor de $\frac{sen\ 80° \cos 40° + sen\ 40° \cos 80°}{\cos 72° \cos 27° + sen\ 72°\ sen\ 27°}$ é:

a) $\frac{\sqrt{6}}{2}$.

b) $\frac{\sqrt{3}}{2}$.

c) $\frac{\sqrt{3}}{4}$.

d) $\frac{\sqrt{6}}{3}$.

e) $\frac{2\sqrt{3}}{5}$.

14. (Uerj) Um holofote está situado no ponto **A**, a 30 metros de altura, no alto de uma torre perpendicular ao plano do chão. Ele ilumina, em movimento de vaivém, uma parte desse chão, do ponto **C** ao ponto **D**, alinhados à base **B**, conforme demonstra a figura abaixo:

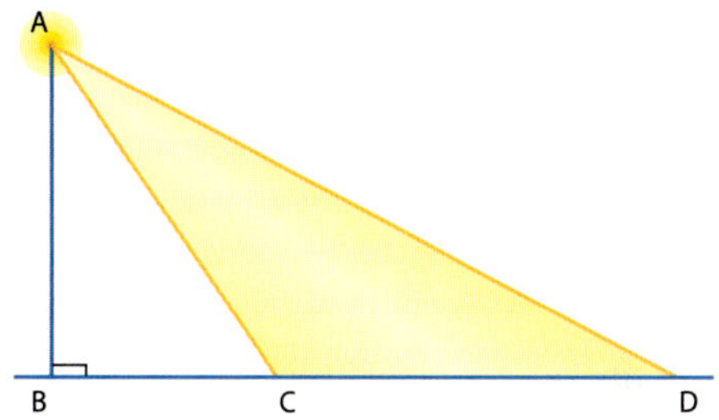

Se o ponto **B** dista 20 metros de **C** e 150 metros de **D**, a medida do ângulo $C\hat{A}D$ corresponde a:

a) 60°.

b) 45°.

c) 30°.

d) 15°.

15. (FGV-SP) A expressão $\frac{sen\ (a - x) + sen\ (2a - 3x)}{\cos\ (a - x) + \cos\ (2a - 3x)}$ é o mesmo que:

a) $-tg\left(a - \frac{3}{2}x\right)$.

b) $cotg\left(a - \frac{3}{2}x\right)$.

c) $-tg\left(\frac{3}{2}a - 2x\right)$.

d) $cotg\left(\frac{3}{2}a - 2x\right)$.

e) nda.

16. (PUC-SP) $sen\ \alpha + 2\ sen\ 2\alpha + sen\ 3\alpha$ é igual a:

a) $2 \cos 2\alpha \cdot sen^2 \frac{\alpha}{2}$.

b) $4\ sen\ 2\alpha \cdot \cos^2 \frac{\alpha}{2}$.

c) $sen\ 2\alpha \cdot \cos 2\alpha$.

d) $3\ sen\ 2\alpha \cdot \cos 2\alpha$.

e) $3\ sen\ 2 \cdot \cos 2\alpha$.

Capítulo 6 Funções trigonométricas

Um movimento que se repete em intervalos de tempos iguais, como o movimento dos ponteiros de um relógio, é chamado *movimento periódico*. Se esse movimento ocorrer sempre na mesma trajetória e tiver seu sentido invertido regularmente (em um vaivém, de um lado a outro), é chamado então *movimento oscilatório* ou *vibratório*.

UM POUCO DE HISTÓRIA

➲ A representação das relações trigonométricas no círculo de raio unitário levou os matemáticos a estudar seu comportamento esboçando-as graficamente. Assim, foram identificadas como funções e foi Gilles Roberval (século XVII) o primeiro a esboçar a curva do seno. O estudo dessas funções teve seu ápice com Joseph Fourier (século XIX), no campo dos movimentos periódicos.

DESAFIO

➲ Excetuando o movimento do pêndulo, citado nestas páginas, indique outros dois fenômenos naturais oscilatórios, isto é, que podem ser descritos por meio de funções trigonométricas.

Componentes do peso em um pêndulo simples

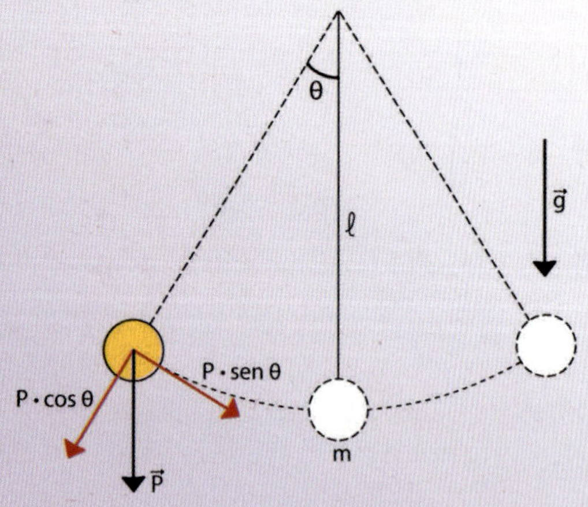

A componente do peso, $P = P \cdot \text{sen}\,\theta$, é a força restauradora do movimento, isto é, a responsável pelo deslocamento. O ângulo **θ** é formado pela direção do fio quando está em sua posição de equilíbrio e a direção que ele tem quando atinge a posição máxima no movimento.

Relógio de pêndulo.

A MATEMÁTICA NA PRÁTICA

Em várias áreas do conhecimento ocorrem fenômenos periódicos oscilatórios cujos comportamentos podem ser estudados e compreendidos se forem descritos por meio de FUNÇÕES TRIGONOMÉTRICAS, por exemplo, seno e cosseno.

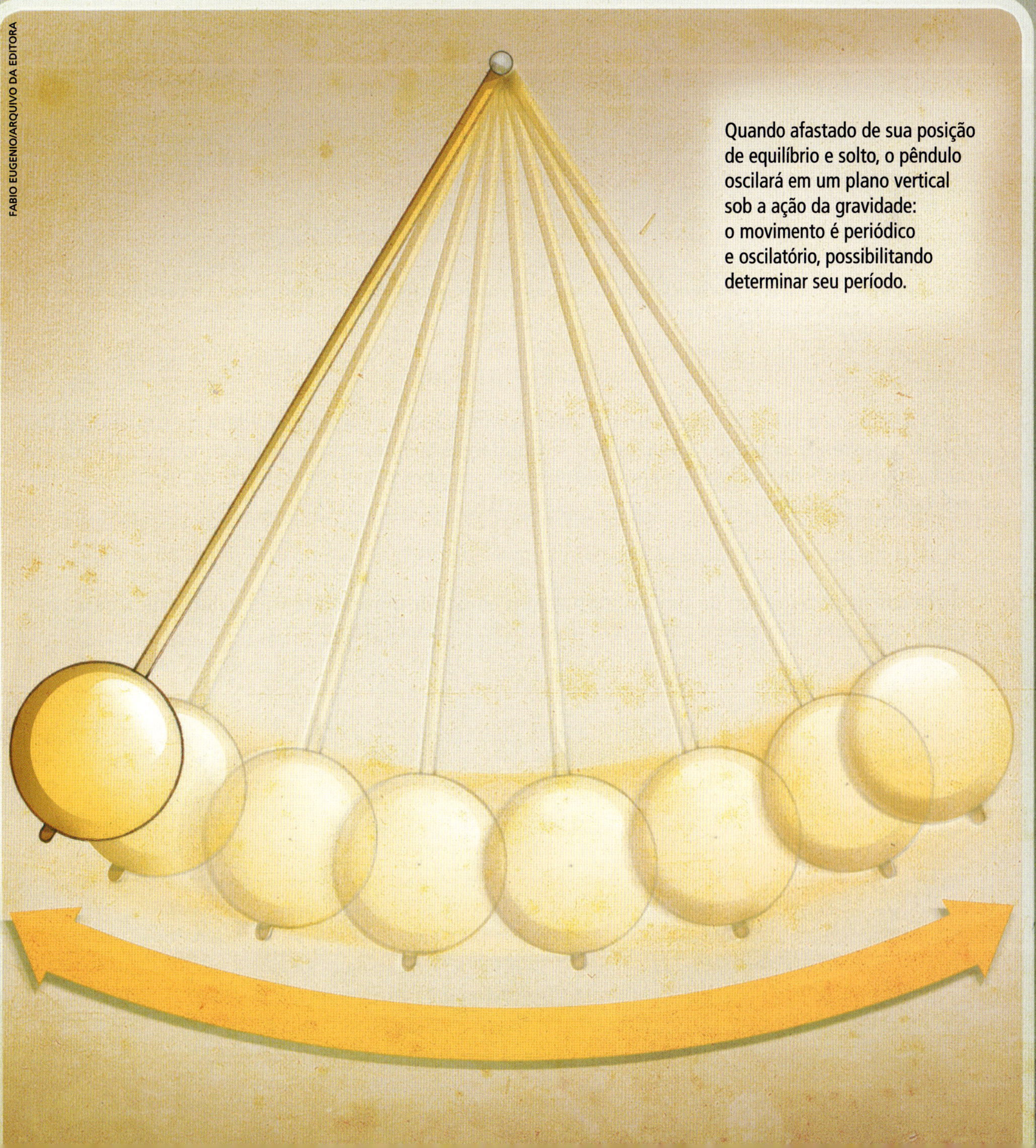

FABIO EUGENIO/ARQUIVO DA EDITORA

1 Introdução

Agora que sabemos como obter valores de senos, cossenos e tangentes para números reais, podemos defini-los como *funções trigonométricas*. Essencialmente, é apenas uma formalização maior em torno do que foi visto no capítulo 3, agora sob o ponto de vista de funções. Assim, estudaremos neste capítulo a *função seno*, a *função cosseno* e outras decorrentes destas.

2 Estudo da função seno

Dado um número real **x**, podemos associar a ele o valor do cosseno de um ângulo (ou arco) de **x** radianos:

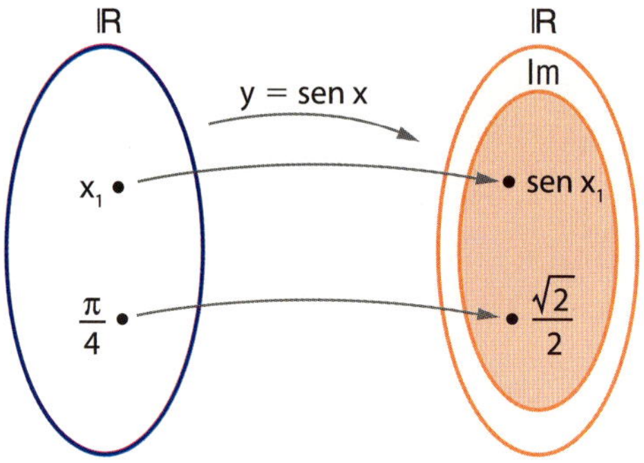

Fique atento

Para cada valor real de **x** existe sempre um único valor real para sen x.

Assim, definimos a *função seno* como a função real de variáveis reais que associa a cada número real **x** o valor real *seno x*, ou seja,

$$f: \mathbb{R} \to \mathbb{R}$$
$$x \to f(x) = \text{sen } x$$

Já estudamos o processo que permite associar um número real **x** à medida **x** de um ângulo (ou arco) para posterior obtenção do valor sen x. Estudamos também como obter os valores sen x para quaisquer valores **x** de medidas de ângulos (ou arcos). Lembramos que **x**, medida de ângulo (ou arco), é expresso em radianos.

Gráfico da função seno

Para construir o gráfico da função seno vamos construir uma tabela com valores de **x** da 1ª volta positiva. O seno, em alguns casos, será usado com valores aproximados.

x	0	$\frac{\pi}{6}$	$\frac{\pi}{4}$	$\frac{\pi}{3}$	$\frac{\pi}{2}$	$\frac{2\pi}{3}$	$\frac{3\pi}{4}$	$\frac{5\pi}{6}$	π
sen x	0	$\frac{1}{2}$	$\frac{\sqrt{2}}{2}$	$\frac{\sqrt{3}}{2}$	1	$\frac{\sqrt{3}}{2}$	$\frac{\sqrt{2}}{2}$	$\frac{1}{2}$	0
sen x	0	0,5	0,7	0,9	1	0,9	0,7	0,5	0

x	$\frac{7\pi}{6}$	$\frac{5\pi}{4}$	$\frac{4\pi}{3}$	$\frac{3\pi}{2}$	$\frac{5\pi}{3}$	$\frac{7\pi}{4}$	$\frac{11\pi}{6}$	2π
sen x	$-\frac{1}{2}$	$-\frac{\sqrt{2}}{2}$	$-\frac{\sqrt{3}}{2}$	-1	$-\frac{\sqrt{3}}{2}$	$-\frac{\sqrt{2}}{2}$	$-\frac{1}{2}$	0
sen x	−0,5	−0,7	−0,9	−1	−0,9	−0,7	−0,5	0

Veja o gráfico inicialmente para $x \in [0, 2\pi]$ e depois para $x \in \mathbb{R}$:

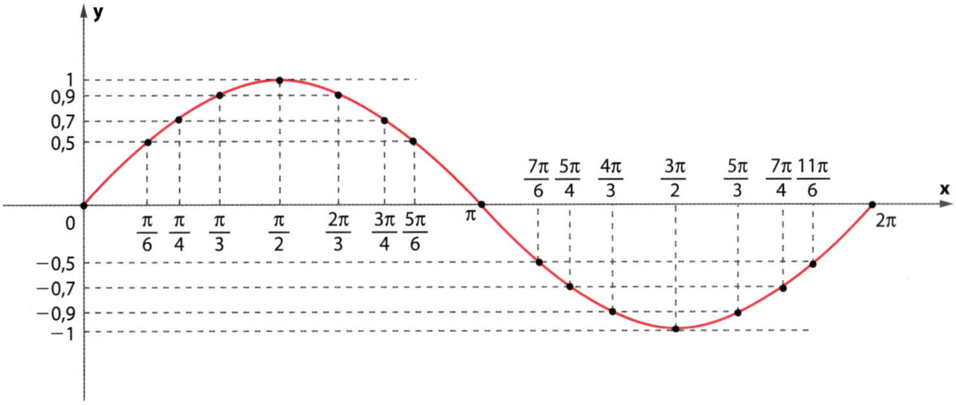

Como a função $f(x) = \text{sen } x$ é definida no conjunto dos números reais, ou seja, seu domínio é $\mathbb{R}$, a curva pode ser estendida para valores de **x** menores do que zero e maiores do que 2π. Assim, o gráfico da função $f: \mathbb{R} \to \mathbb{R}$, definida por $f(x) = \text{sen } x$, é a curva chamada *senoide*, que tem o seguinte aspecto:

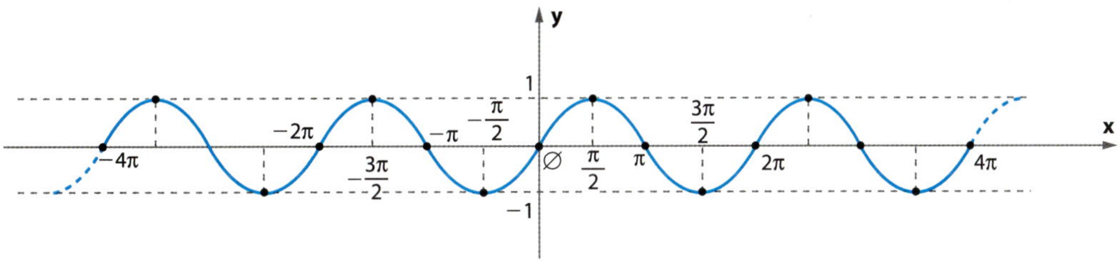

Periodicidade da função seno

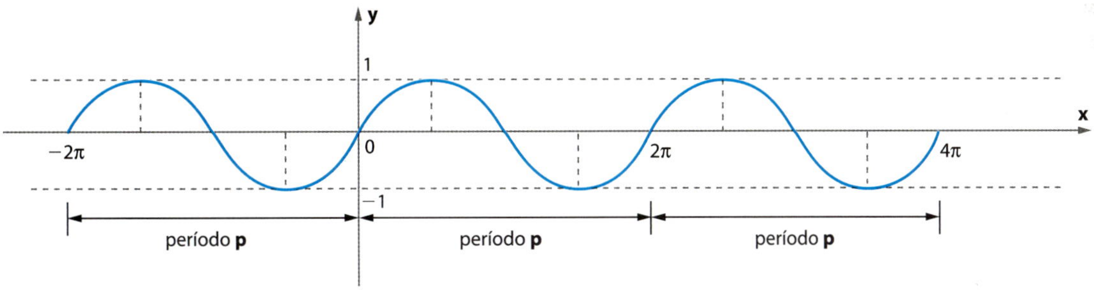

Observando o gráfico da função seno, vemos que a função repete periodicamente seus valores nos intervalos:

$$\ldots, [-2\pi, 0], [0, 2\pi], [2\pi, 4\pi], \ldots$$

Daí dizermos que a função seno é *periódica*.

Observe no gráfico que:

$$\text{sen } x = \text{sen } (x + 2\pi) = \text{sen } (x + 4\pi) = \ldots$$

para todo $x \in \mathbb{R}$.

Dizemos então que o período da função seno é 2π e indicamos assim: $p = 2\pi$.

Para encontrar o período basta observar no gráfico o deslocamento horizontal necessário para que ele comece a se repetir.

Sinal da função seno

Observando o sinal da função seno, vemos que a função é *positiva* para valores do 1º e 2º quadrantes e *negativa* para valores do 3º e 4º quadrantes.

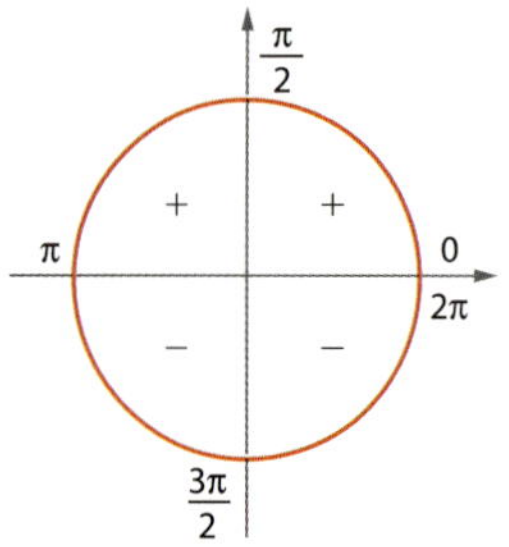

Para refletir

Quais os valores de sen x para $x = 0$, $x = \frac{\pi}{2}$, $x = \pi$ e $x = \frac{3\pi}{2}$ e seus arcos côngruos?

Variação da função seno

Considerando valores de $x \in [0, 2\pi]$, observe o que acontece com sen x_1 e sen x_2, para $x_1 > x_2$ nos quatro quadrantes:

1º quadrante — *2º quadrante* — *3º quadrante* — *4º quadrante*

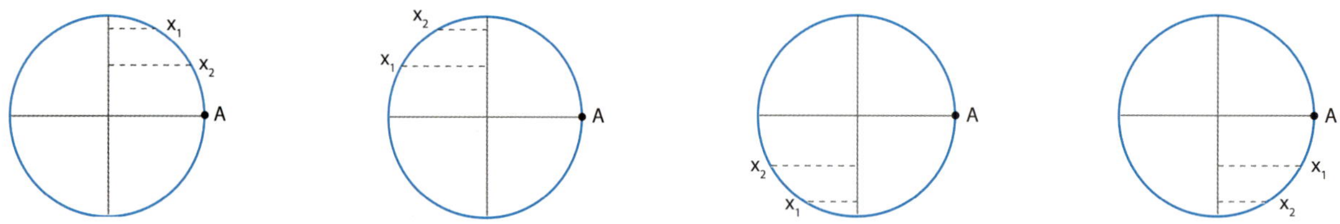

1º quadrante	2º quadrante	3º quadrante	4º quadrante
$x_1 > x_2$	$x_1 > x_2$	$x_1 > x_2$	$x_1 > x_2$
sen $x_1 >$ sen x_2	sen $x_1 <$ sen x_2	sen $x_1 <$ sen x_2	sen $x_1 >$ sen x_2

Vamos interpretar o gráfico construído a partir da variação em cada quadrante.

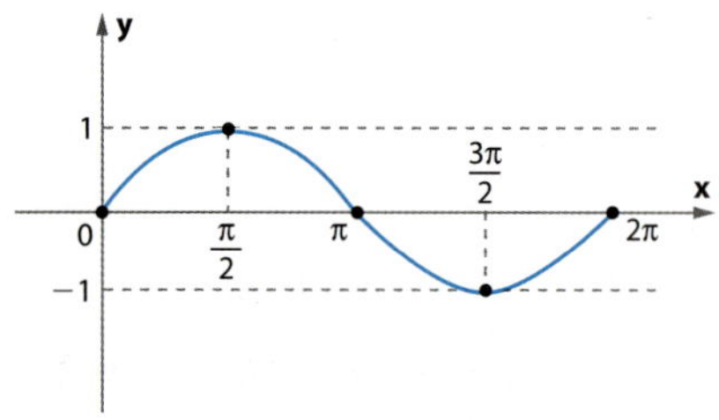

1º quadrante: Quando **x** cresce de 0 a $\frac{\pi}{2}$, sen x cresce de 0 a 1.

2º quadrante: Quando **x** cresce de $\frac{\pi}{2}$ a π, sen x decresce de 1 a 0.

3º quadrante: Quando **x** cresce de π a $\frac{3\pi}{2}$, sen x decresce de 0 a −1.

4º quadrante: Quando **x** cresce de $\frac{3\pi}{2}$ a 2π, sen x cresce de −1 a 0.

Resumo sobre a função seno

Fique atento

x é a medida do arco em radianos.

1º) Função seno é a função de $\mathbb{R}$ em $\mathbb{R}$ definida por $f(x) = \text{sen } x$.

2º) A função seno tem $D = \mathbb{R}$ e $Im = [-1, 1]$.

3º) A função seno não é injetiva nem sobrejetiva.

4º) A função seno é função ímpar, isto é, $\text{sen } x = -\text{sen } (-x)$, para todo x real.

5º) A função seno é periódica de período $p = 2\pi$.

6º) • $\text{sen } x = 0$, para $x = k\pi$, com $k \in \mathbb{Z}$.

• $\text{sen } x > 0$, para **x** do 1º e 2º quadrantes e para $x = \frac{\pi}{2} + 2k\pi$, com $k \in \mathbb{Z}$.

• $\text{sen } x < 0$, para **x** do 3º e 4º quadrantes e para $x = \frac{3\pi}{2} + 2k\pi$, com $k \in \mathbb{Z}$.

Exercícios resolvidos

1. Determine os valores reais que **m** pode assumir para que exista um número real **x** que satisfaça a igualdade sen x = 2m − 3.

Resolução:

Condição: $-1 \leqslant \text{sen } x \leqslant 1 \Rightarrow -1 \leqslant 2m - 3 \leqslant 1$

Resolvendo a dupla desigualdade, temos:

$-1 \leqslant 2m - 3 \leqslant 1 \Rightarrow -1 + 3 \leqslant 2m \leqslant 1 + 3 \Rightarrow$

$\Rightarrow 2 \leqslant 2m \leqslant 4 \Rightarrow 1 \leqslant m \leqslant 2$

Logo, os valores de **m** são dados pelo conjunto $\{m \in \mathbb{R} \mid 1 \leqslant m \leqslant 2\}$.

2. Determine os valores reais de **m** para os quais a equação sen x = m² − m − 1 tenha solução.

Resolução:

Condição: $-1 \leqslant \text{sen } x \leqslant 1 \Rightarrow -1 \leqslant m^2 - m - 1 \leqslant 1$

Resolvendo a dupla desigualdade, temos:

- $m^2 - m - 1 \leqslant 1 \Rightarrow m^2 - m - 2 \leqslant 0$

  $\Delta = 9$

  $m' = 2$ e $m'' = -1$

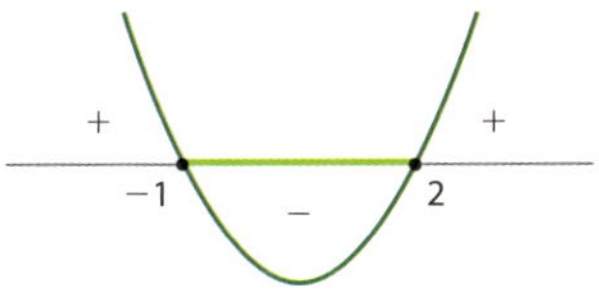

$S_1 = \{m \in \mathbb{R} \mid -1 \leqslant m \leqslant 2\}$

- $m^2 - m - 1 \geqslant -1 \Rightarrow m^2 - m \geqslant 0$

  $\Delta = 1$

  $m' = 1$ e $m'' = 0$

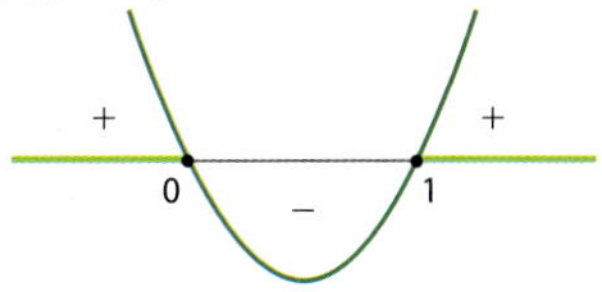

$S_2 = \{m \in \mathbb{R} \mid m \leqslant 0 \text{ ou } m \geqslant 1\}$

Quadro de resolução:

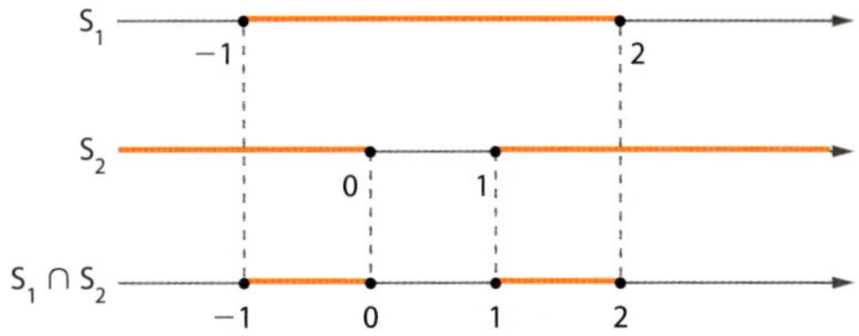

Vemos então que os valores de **m** são dados por $\{m \in \mathbb{R} \mid -1 \leqslant m \leqslant 0 \text{ ou } 1 \leqslant m \leqslant 2\}$.

3. Determine os valores máximo e mínimo da função $y = 2 + 3 \cdot \text{sen } x$.

Resolução:

Para −1, que é o valor mínimo de sen x, temos:

$y = 2 + 3(-1) = -1$

Para 1, que é o valor máximo de sen x, temos:

$y = 2 + 3 \cdot 1 = 5$

Logo, $y_{mín} = -1$ e $y_{máx} = 5$.

Observação: Dessa forma, também podemos afirmar que a imagem dessa função é [−1, 5].

Exercícios propostos

1. Determine os valores reais de **m** para os quais as seguintes equações tenham solução:

a) sen x = 2m − 7
b) sen x = m − 5
c) sen x = 3m − 2
d) sen x = m² + m − 1
e) sen x = m² − 1
f) 4m + sen x = 1

2. Quais os valores máximos e mínimos das funções em cada item?

a) y = sen x − 10
b) y = 4 sen x − 1
c) y = sen (3x + π)
d) y = 6 + 2 sen (4x − π)

3 Estudo da função cosseno

Dado um número real **x**, podemos associar a ele o valor do cosseno de um ângulo (ou arco) de **x** radianos:

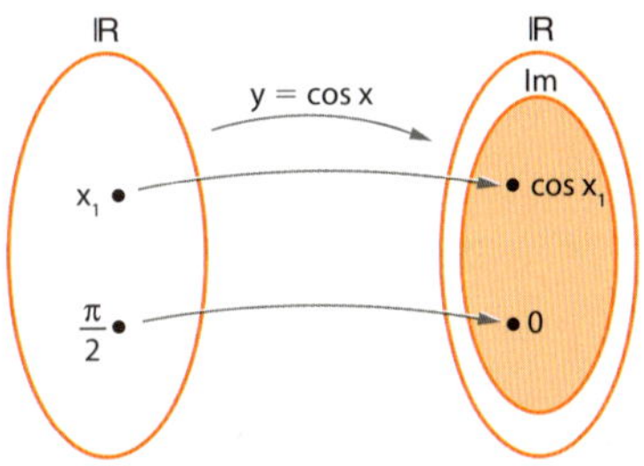

Fique atento

Para cada valor real de **x** existe sempre um único valor real para cos x.

Assim, definimos a *função cosseno* como a função real de variáveis reais que associa a cada número real **x** o valor real *cosseno x*, ou seja,

$$f: \mathbb{R} \to \mathbb{R}$$
$$x \to f(x) = \cos x$$

Já estudamos o processo que permite associar um número real **x** à medida **x** de um ângulo (ou arco) para posterior obtenção do valor cos x. Estudamos também como obter os valores cos x para quaisquer valores **x** de medidas de ângulos (ou arcos). Lembramos que **x**, medida de ângulo (ou arco), é expresso em radianos.

Gráfico da função cosseno

Vamos construir o gráfico da função f(x) = cos x, inicialmente para $x \in [0, 2\pi]$ e depois para $x \in \mathbb{R}$. Alguns valores de cos x serão aproximados.

x	0	$\frac{\pi}{6}$	$\frac{\pi}{4}$	$\frac{\pi}{3}$	$\frac{\pi}{2}$	$\frac{2\pi}{3}$	$\frac{3\pi}{4}$	$\frac{5\pi}{6}$	π
cos x	1	$\frac{\sqrt{3}}{2}$	$\frac{\sqrt{2}}{2}$	$\frac{1}{2}$	0	$-\frac{1}{2}$	$-\frac{\sqrt{2}}{2}$	$-\frac{\sqrt{3}}{2}$	−1
cos x	1	0,9	0,7	0,5	0	−0,5	−0,7	−0,9	−1

x	$\frac{7\pi}{6}$	$\frac{5\pi}{4}$	$\frac{4\pi}{3}$	$\frac{3\pi}{2}$	$\frac{5\pi}{3}$	$\frac{7\pi}{4}$	$\frac{11\pi}{6}$	2π
cos x	$-\frac{\sqrt{3}}{2}$	$-\frac{\sqrt{2}}{2}$	$-\frac{1}{2}$	0	$\frac{1}{2}$	$\frac{\sqrt{2}}{2}$	$\frac{\sqrt{3}}{2}$	1
cos x	−0,9	−0,7	−0,5	0	0,5	0,7	0,9	1

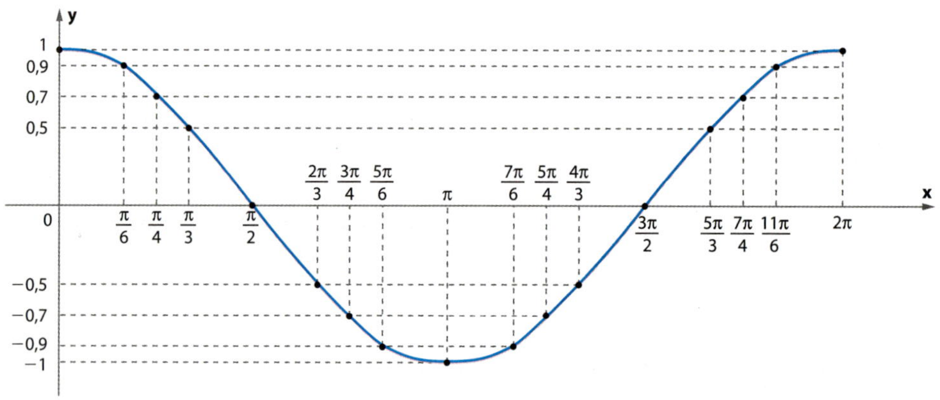

Como a função f(x) = cos x é definida no conjunto dos números reais, ou seja, seu domínio é $\mathbb{R}$, a curva pode ser estendida para valores de **x** menores do que zero e maiores do que 2π. Assim, o gráfico da função $f: \mathbb{R} \to \mathbb{R}$, definida por f(x) = cos x, é a curva chamada *cossenoide*, que tem o seguinte aspecto:

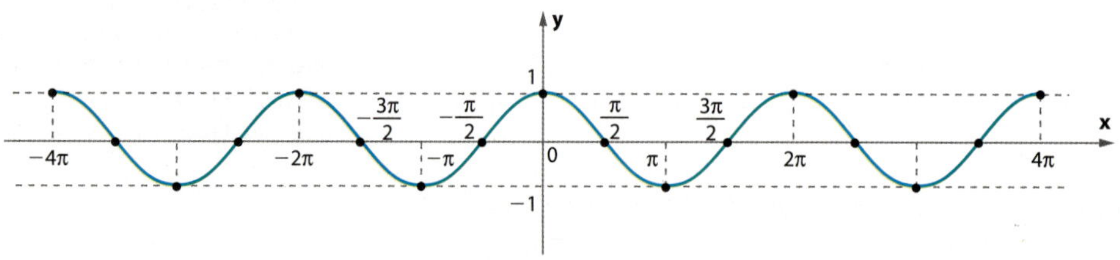

Fique atento

O gráfico de f(x) = cos x é simétrico em relação ao eixo **y**.

Observações sobre a função cosseno:

1ª) A cossenoide *não* é uma nova curva, e sim uma senoide transladada $\frac{\pi}{2}$ unidade para a direita. Observe na senoide da página 107 que, se colocarmos o eixo **y** no ponto de abscissa $x = \frac{\pi}{2}$, teremos exatamente o gráfico da cossenoide. Isso faz com que a maioria dos aspectos relevantes da função cosseno seja a mesma da função seno.

2ª) O domínio é o mesmo: $f: \mathbb{R} \rightarrow \mathbb{R}$ tal que $f(x) = \cos x$ tem $D = \mathbb{R}$.

3ª) A imagem é a mesma: $f: \mathbb{R} \rightarrow \mathbb{R}$ tal que $f(x) = \cos x$ tem $Im = [-1, 1]$.

4ª) O período é o mesmo: a função cosseno é periódica de período $p = 2\pi$.

5ª) A função cosseno não é nem injetiva nem sobrejetiva.

As diferenças entre a função cosseno e a função seno ficam por conta dos aspectos que dependem dos valores das imagens associados aos domínios, que transladam $\frac{\pi}{2}$ unidade. Por exemplo, a função seno é ímpar e a função cosseno é par, pois $\cos x = \cos(-x)$, para todo **x** do $D(f) = \mathbb{R}$.

Sinal da função cosseno

Observando o sinal da função $f(x) = \cos x$, vemos que a função cosseno é *positiva* para valores do 1º e 4º quadrantes e *negativa* para valores do 2º e 3º quadrantes.

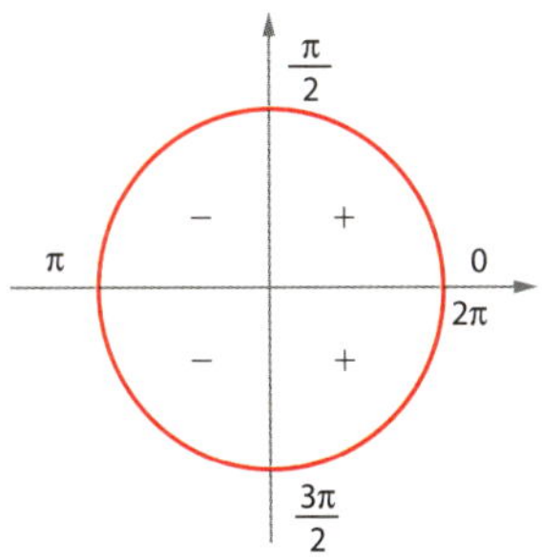

Para refletir

Qual é o valor do cos x para $x = 0$, $x = \frac{\pi}{2}$, $x = \pi$, $x = \frac{3\pi}{2}$ e seus arcos côngruos?

Variação da função cosseno

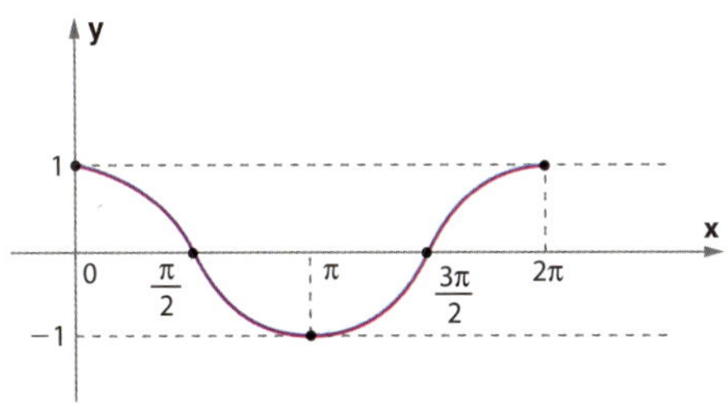

Analisando a variação no intervalo $[0, 2\pi]$, temos o seguinte quadro:

1º quadrante: Quando **x** cresce de 0 a $\frac{\pi}{2}$, cos x decresce de 1 a 0.

2º quadrante: Quando **x** cresce de $\frac{\pi}{2}$ a π, cos x decresce de 0 a −1.

3º quadrante: Quando **x** cresce de π a $\frac{3\pi}{2}$, cos x cresce de −1 a 0.

4º quadrante: Quando **x** cresce de $\frac{3\pi}{2}$ a 2π, cos x cresce de 0 a 1.

Fique atento

Como a função cosseno é periódica de período 2π, essa variação se repete em outros intervalos, como $[2\pi, 4\pi]$, $[-2\pi, 0]$, etc.

Exercícios resolvidos

4. Calcule o valor de sen $\left(-\frac{\pi}{6}\right)$ + cos $\left(-\frac{\pi}{4}\right)$.

Resolução:

Como a função seno é ímpar, então sen $(-x) = -$sen x. Portanto:

$$\text{sen}\left(-\frac{\pi}{6}\right) = -\text{sen}\,\frac{\pi}{6} = -\frac{1}{2}$$

Como a função cosseno é par, então cos $(-x) =$ cos x.

Logo, $\cos\left(-\frac{\pi}{4}\right) = \cos\frac{\pi}{4} = \frac{\sqrt{2}}{2}$.

Assim:

$$\text{sen}\left(-\frac{\pi}{6}\right) + \cos\left(-\frac{\pi}{4}\right) = -\frac{1}{2} + \frac{\sqrt{2}}{2} = \frac{\sqrt{2}-1}{2}$$

5. Observe os gráficos e responda:

I.

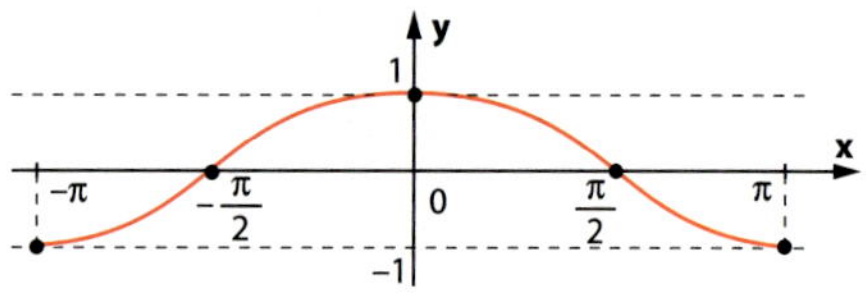

II.

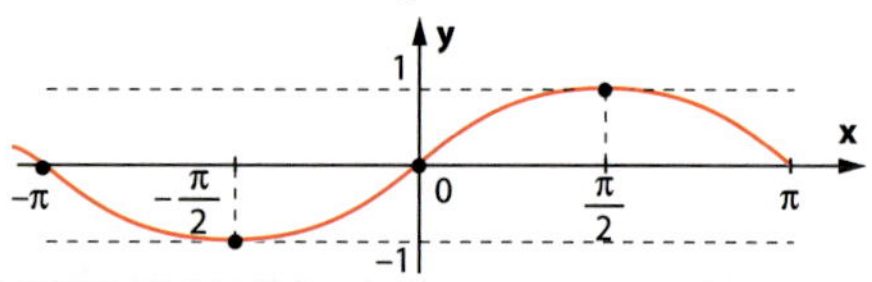

a) Qual é o gráfico da função f(x) = sen x e da função g(x) = cos x?

b) No intervalo $\left[0, \frac{\pi}{2}\right]$, essas funções são crescentes ou decrescentes?

c) Para quais valores de **x**, $-\pi < 0 < \pi$, temos os valores máximos de cada função?

Resolução:

a) De acordo com a tabela abaixo, o gráfico I representa a função cosseno e o gráfico II representa a função seno.

	$-\pi$	$-\frac{\pi}{2}$	0	$\frac{\pi}{2}$	π
sen	0	−1	0	1	0
cos	−1	0	1	0	−1

b) A função seno é crescente e a função cosseno é decrescente.

c) Para a função seno o valor máximo ocorre em $x = \frac{\pi}{2}$, e para a função cosseno o valor máximo ocorre em x = 0.

Exercícios propostos

3. Determine os valores reais de **m** para que exista um número real **x** que satisfaça as seguintes igualdades:

a) $\cos x = 2m + 5$
b) $\cos x = m - 3$
c) $\cos x = 3m + 4$
d) $\cos x = 3m^2 - m - 1$
e) $\cos x = 1 - m^2$
f) $\cos x + 5m = 6$

4. Considerando **f** e **g** funções de IR em IR tal que f(x) = sen x e g(x) = cos x:

a) calcule $f(\pi)$, $g(\pi)$, $f\left(\frac{\pi}{3}\right) - g\left(\frac{\pi}{4}\right)$, $\frac{f\left(\frac{\pi}{6}\right)}{g\left(\frac{\pi}{6}\right)}$, $f\left(-\frac{3\pi}{4}\right)$ e $g\left(-\frac{3\pi}{4}\right)$;

b) determine $x \in [0, 2\pi]$ tal que f(x) = g(x);

c) determine se existe $x \in$ IR tal que $\frac{\pi}{2} < x < \pi$ e f(x) = g(x) (justifique sua resposta);

d) determine **x** tal que $0 \leqslant x \leqslant 2\pi$, $f(x) < 0$ e $g(x) \geqslant 0$.

5. Observando o exercício resolvido 3, da página 109, determine os valores máximo e mínimo de **y** em cada item:

a) $y = \text{sen}\,x - 10$
b) $y = 6 - 10 \cdot \cos x$
c) $y = 3 \cdot \cos^2 x + 1$
d) $y = \text{sen}\,x + \cos x$

6. Seja f(x) = sen x + cos x. Calcule o valor de $\sqrt{6} \cdot f\left(\frac{\pi}{12}\right)$.

4 Senoides

Além das funções trigonométricas estudadas existem outras que envolvem seno e cosseno, que chamaremos *senoides*. Por exemplo, as funções **f** e **g** tal que:

- $f(x) = 2 + \cos x$, com $x \in$ IR.
- $g(x) = \text{sen}\,2x$, com $x \in$ IR.

Exercícios resolvidos

6. Usando as funções dos exemplos dados na página anterior, determine:

a) $f\left(\frac{\pi}{3}\right)$

b) $g\left(\frac{\pi}{2}\right)$

Resolução:

a) $f\left(\frac{\pi}{3}\right) = 2 + \cos\frac{\pi}{3} = 2 + \frac{1}{2} = \frac{5}{2}$

b) $g\left(\frac{\pi}{2}\right) = \text{sen}\left(2 \cdot \frac{\pi}{2}\right) = \text{sen}\ \pi = 0$

7. Construa e analise os gráficos das funções abaixo dando o seu domínio, sua imagem e seu período. (Vamos construir apenas um período completo.)

a) $f(x) = 3 \cdot \text{sen}\ x$ b) $f(x) = 1 + \cos x$

Resolução:

a)

x	sen x	3 · sen x	y = f(x)
0	0	$3 \cdot 0 = 0$	0
$\frac{\pi}{2}$	1	$3 \cdot 1 = 3$	3
π	0	$3 \cdot 0 = 0$	0
$\frac{3\pi}{2}$	−1	$3(-1) = -3$	−3
2π	0	$3 \cdot 0 = 0$	0

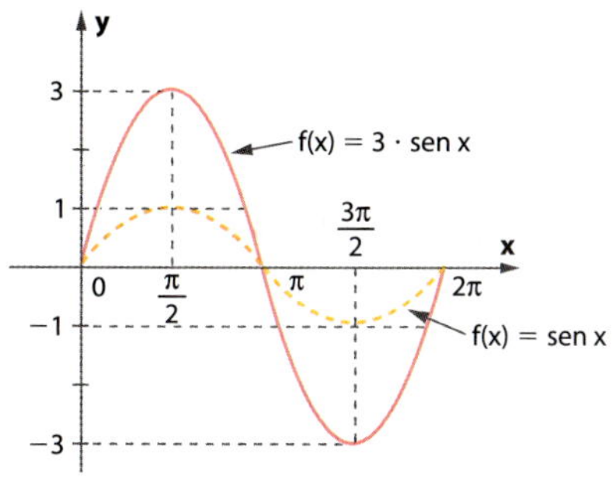

$D = \mathbb{R}$, $Im = [-3, 3]$, $p = 2\pi$

b)

x	cos x	1 + cos x	y = f(x)
0	1	$1 + 1 = 2$	2
$\frac{\pi}{2}$	0	$1 + 0 = 1$	1
π	−1	$1 + (-1) = 0$	0
$\frac{3\pi}{2}$	0	$1 + 0 = 1$	1
2π	1	$1 + 1 = 2$	2

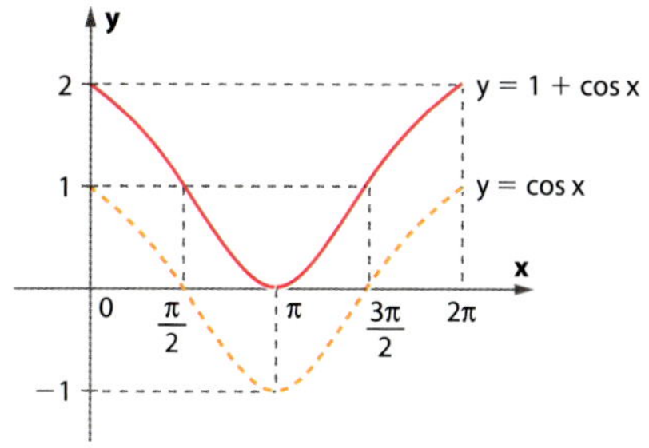

$D = \mathbb{R}$, $Im = [0, 2]$, $p = 2\pi$

Para refletir

Verifique que mudanças ocorreram nos gráficos de:
$f(x) = 3 \cdot \text{sen}\ x$ com relação a $f(x) = \text{sen}\ x$, e $f(x) = 1 + \cos x$ com relação a $f(x) = \cos x$.

8. Determine o domínio da função **f** tal que:

a) $f(x) = \frac{1}{1 - \cos x}$

b) $f(x) = \sqrt{\text{sen}\ x}$

Resolução:

a) Devemos ter $1 - \cos x \neq 0$, ou seja, $\cos x \neq 1$.
Como $\cos x = 1$ para $x = 2k\pi$, então
$D(f) = \{x \in \mathbb{R} \mid x \neq 2k\pi, \text{ com } k \in \mathbb{Z}\}$.

b) Devemos ter $\text{sen}\ x \geq 0$. Observando a figura abaixo, verificamos os possíveis valores de **x**.
Logo:
$D(f) = \{x \in \mathbb{R} \mid 2k\pi \leq x \leq (2k + 1)\pi, \text{ com } k \in \mathbb{Z}\}$

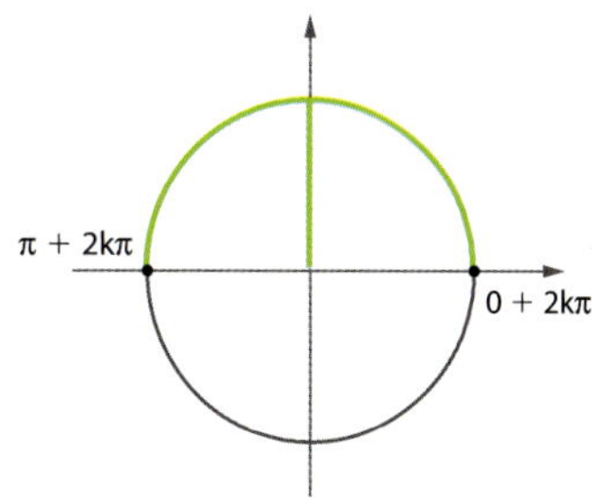

Acompanhe a resolução dos exercícios a seguir, prestando atenção especial ao comentário após cada gráfico que for desenhado.

9. Trace os gráficos das funções abaixo:

a) $f(x) = 2 + \text{sen}\ x$

b) $f(x) = 2 \cdot \text{sen}\ x$

c) $f(x) = \text{sen}\ 2x$

d) $f(x) = \text{sen}\left(x - \frac{\pi}{3}\right)$

Resolução:

Devemos atribuir valores a **x** e calcular **y**, marcar os pontos e traçar o gráfico por esses pontos. Para que o gráfico fique bem definido vamos fazer com que o ângulo seja igual a 0, $\frac{\pi}{2}$, π, $\frac{3\pi}{2}$ e 2π:

a) $f(x) = y = 2 + \text{sen } x$

$x = 0 \rightarrow y = 2 + \text{sen } 0 = 2 + 0 = 2$

$x = \frac{\pi}{2} \rightarrow y = 2 + \text{sen}\frac{\pi}{2} = 2 + 1 = 3$

$x = \pi \rightarrow y = 2 + \text{sen } \pi = 2 + 0 = 2$

$x = \frac{3\pi}{2} \rightarrow y = 2 + \text{sen}\frac{3\pi}{2} = 2 - 1 = 1$

$x = 2\pi \rightarrow y = 2 + \text{sen } 2\pi = 2 + 0 = 2$

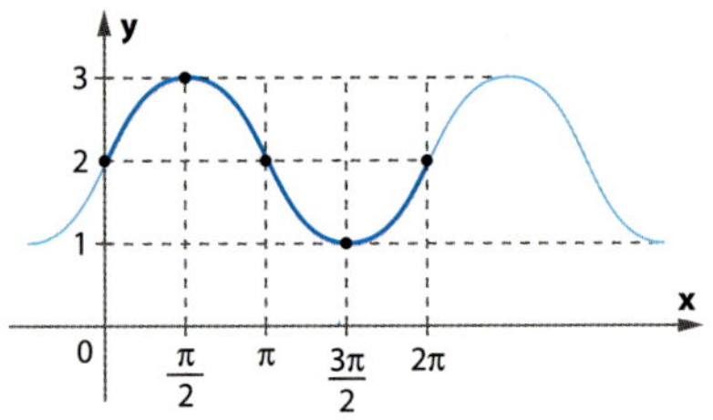

Período $= 2\pi$ Imagem $= [1, 3]$

Observação: Se compararmos o gráfico da função $f(x) = \text{sen } x$ com $f(x) = 2 + \text{sen } x$, veremos que ele sofreu um deslocamento (translação) de duas unidades para cima.

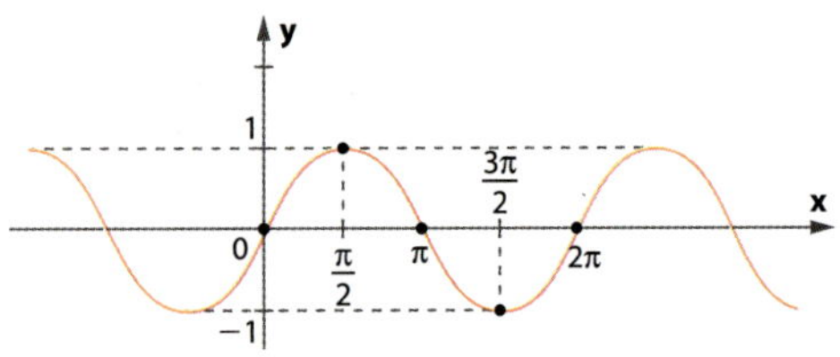

$f(x) = \text{sen } x$

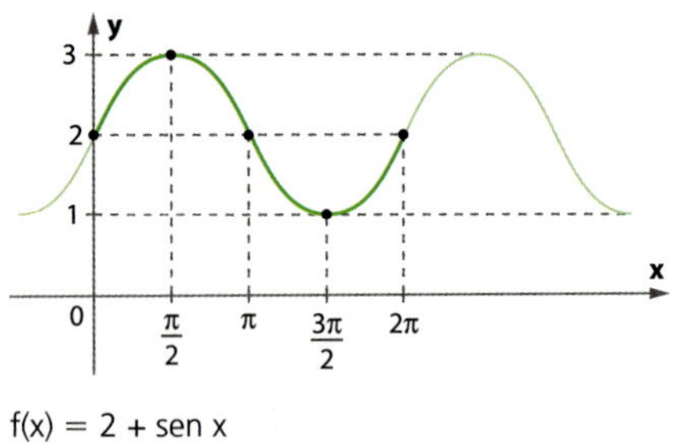

$f(x) = 2 + \text{sen } x$

De modo geral, ao considerarmos a função do tipo $f(x) = a + \text{sen } x$, o gráfico de $f(x) = \text{sen } x$ será transladado para cima $(a > 0)$ ou para baixo $(a < 0)$ em **a** unidades.

b) $f(x) = 2 \cdot \text{sen } x$

$x = 0 \rightarrow y = 2 \cdot \text{sen } 0 = 2 \cdot 0 = 0$

$x = \frac{\pi}{2} \rightarrow y = 2 \cdot \text{sen}\frac{\pi}{2} = 2 \cdot 1 = 2$

$x = \pi \rightarrow y = 2 \cdot \text{sen } \pi = 2 \cdot 0 = 0$

$x = \frac{3\pi}{2} \rightarrow y = 2 \cdot \text{sen}\frac{3\pi}{2} = 2 \cdot (-1) = -2$

$x = 2\pi \rightarrow y = 2 \cdot \text{sen } 2\pi = 2 \cdot 0 = 0$

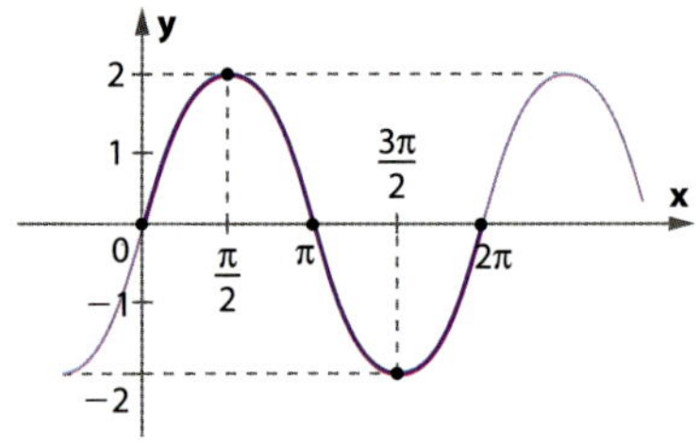

Período $= 2\pi$ Imagem $= [-2, 2]$

Observação: Se compararmos o gráfico da função $f(x) = \text{sen } x$ com $f(x) = 2 \cdot \text{sen } x$, veremos que ele sofreu uma dilatação vertical (esticou) duas vezes.

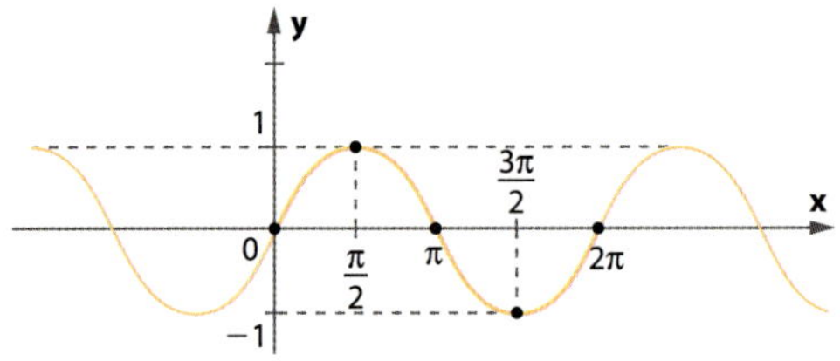

$f(x) = \text{sen } x$

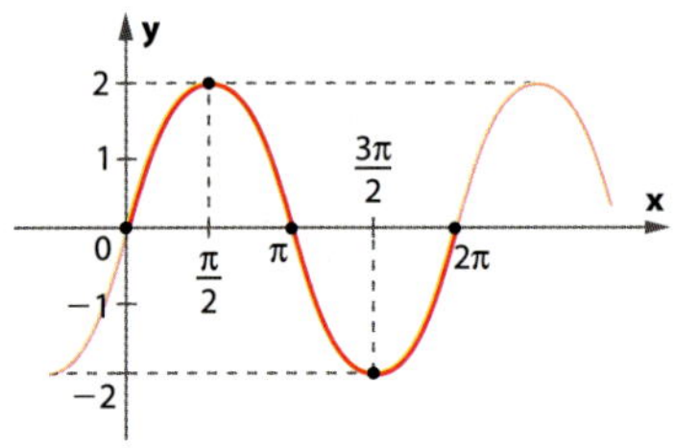

$f(x) = 2 \cdot \text{sen } x$

Considerando a função do tipo $f(x) = b \cdot \text{sen } x$, o gráfico de $f(x) = \text{sen } x$ será dilatado se $|b| > 1$, ou comprimido se $0 < |b| < 1$ um número **b** de vezes. Caso $b < 0$, o gráfico sofre uma rotação em relação ao eixo **x**, ficando simétrico ao gráfico com $b > 0$.

c) $f(x) = y = \text{sen } 2x$

Queremos que os ângulos sejam 0, $\frac{\pi}{2}$, π, $\frac{3\pi}{2}$ e 2π; para isso devemos atribuir a **x** metade desses valores:

$x = 0 \rightarrow y = \text{sen } (2 \cdot 0) = \text{sen } 0 = 0$

$x = \frac{\pi}{4} \rightarrow y = \text{sen}\left(2 \cdot \frac{\pi}{4}\right) = \text{sen}\frac{\pi}{2} = 1$

$x = \frac{\pi}{2} \rightarrow y = \text{sen}\left(2 \cdot \frac{\pi}{2}\right) = \text{sen } \pi = 0$

$x = \frac{3\pi}{4} \rightarrow y = \text{sen}\left(2 \cdot \frac{3\pi}{4}\right) = \text{sen}\frac{3\pi}{2} = -1$

$x = \pi \rightarrow y = \text{sen } 2\pi = 0$

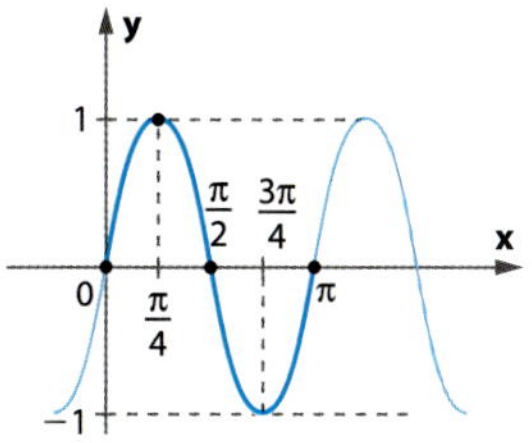

Período = π Imagem = [−1, 1]

Observação: Ao comparar o gráfico de f(x) = sen x com o gráfico de f(x) = sen 2x, vemos que ele sofreu uma compressão horizontal de duas unidades, enquanto o período foi alterado para $\frac{2\pi}{2}$.

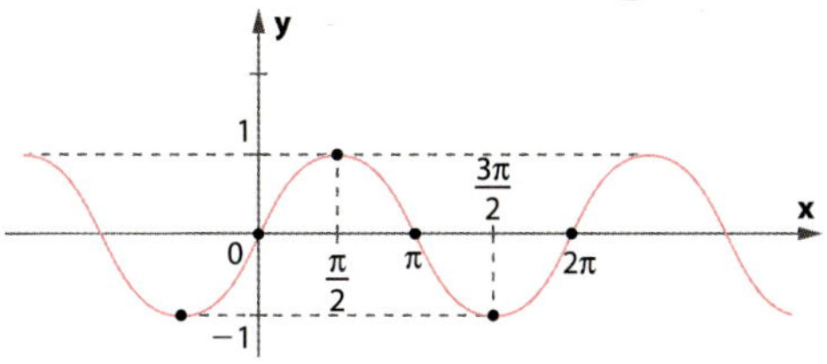

f(x) = sen x

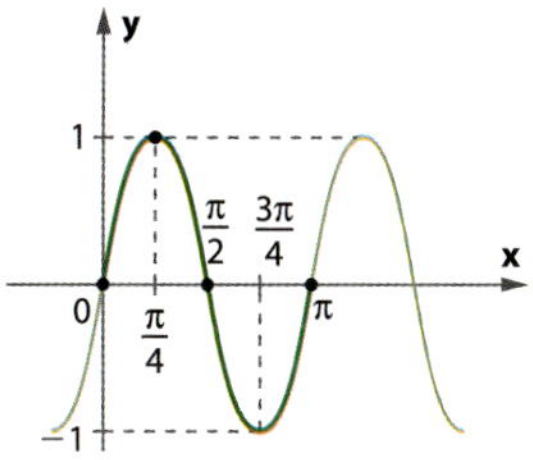

f(x) = sen 2x

Considerando o gráfico do tipo f(x) = sen (c · x), concluímos que o gráfico de f(x) = sen x será comprimido horizontalmente em **c** unidades se $|c| > 1$, porém sofrerá dilatação horizontal se $0 < |c| < 1$. Além disso, temos que o período é igual a $\frac{2\pi}{|c|}$.

d) $f(x) = \text{sen}\left(x - \frac{\pi}{3}\right)$

Queremos que os ângulos sejam $0, \frac{\pi}{2}, \pi, \frac{3\pi}{2}$ e 2π; para isso devemos atribuir a **x** esses valores aumentados em $\frac{\pi}{3}$:

$$x = \frac{\pi}{3} \rightarrow y = \text{sen}\left(\frac{\pi}{3} - \frac{\pi}{3}\right) = \text{sen } 0 = 0$$

$$x = \frac{5\pi}{6} \rightarrow y = \text{sen}\left(\frac{5\pi}{6} - \frac{\pi}{3}\right) = \text{sen } \frac{\pi}{2} = 1$$

$$x = \frac{4\pi}{3} \rightarrow y = \text{sen}\left(\frac{4\pi}{3} - \frac{\pi}{3}\right) = \text{sen } \pi = 0$$

$$x = \frac{11\pi}{6} \rightarrow y = \text{sen}\left(\frac{11\pi}{6} - \frac{\pi}{3}\right) = \text{sen } \frac{3\pi}{2} = -1$$

$$x = \frac{7\pi}{3} \rightarrow y = \text{sen}\left(\frac{7\pi}{3} - \frac{\pi}{3}\right) = \text{sen } 2\pi = 0$$

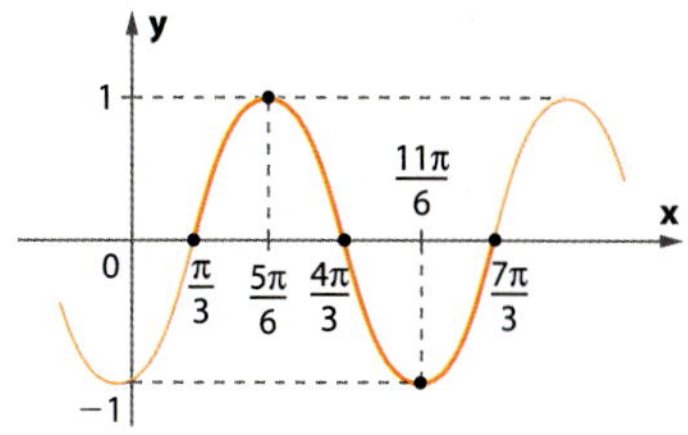

Período = 2π Imagem = [−1, 1]

Observação: Comparando o gráfico de f(x) = sen x com o gráfico de $f(x) = \text{sen}\left(x - \frac{\pi}{3}\right)$, podemos ver que ele sofreu um deslocamento (translação) horizontal para a direita de $\frac{\frac{\pi}{3}}{1}$ unidade.

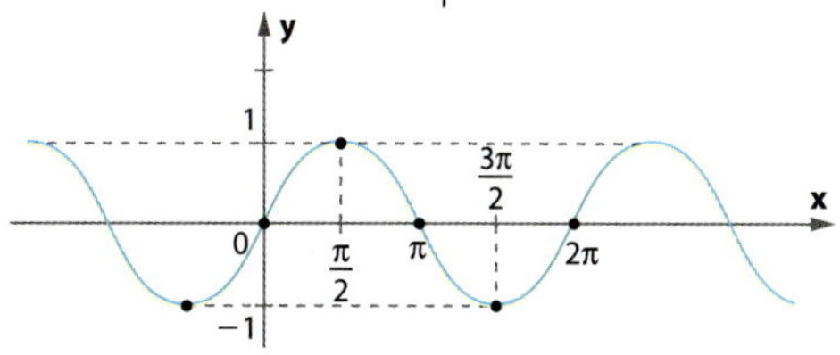

f(x) = sen x

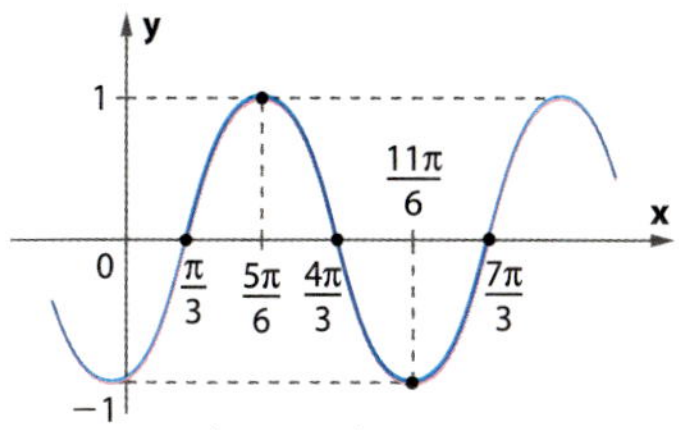

$f(x) = \text{sen}\left(x - \frac{\pi}{3}\right)$

Considerando o gráfico do tipo f(x) = sen (cx − d), concluímos que o gráfico de f(x) = sen x será deslocado horizontalmente em $\left|\frac{d}{c}\right|$ unidades para a direita se $d > 0$, ou para a esquerda se $d < 0$.

As conclusões feitas com relação à translação, dilatação e compressão das funções do tipo f(x) = a + b · sen (cx + d) são válidas para as demais funções.

10. Trace os gráficos das funções:

a) $f(x) = 3 + 2 \cdot \cos x$

b) $f(x) = \cos\left(2x - \frac{\pi}{3}\right)$

c) $f(x) = 2 + 3\cos\left(3x + \frac{\pi}{2}\right)$

Resolução:

a) $f(x) = y = 3 + 2 \cdot \cos x$

$$x = 0 \rightarrow y = 3 + 2 \cdot \cos 0 = 3 + 2 \cdot 1 = 5$$

$$x = \frac{\pi}{2} \rightarrow y = 3 + 2 \cdot \cos\frac{\pi}{2} = 3 + 2 \cdot 0 = 3$$

$$x = \pi \rightarrow y = 3 + 2 \cdot \cos \pi = 3 + 2 \cdot (-1) = 1$$

$$x = \frac{3\pi}{2} \rightarrow y = 3 + 2 \cdot \cos\frac{3\pi}{2} = 3 + 2 \cdot 0 = 3$$

$$x = 2\pi \rightarrow y = 3 + 2 \cdot \cos 2\pi = 3 + 2 \cdot 1 = 5$$

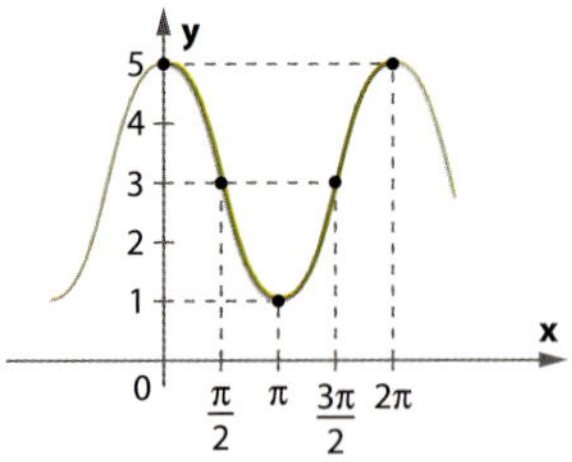

Período = 2π Imagem = [1, 5]

Observação: Comparando o gráfico obtido com o gráfico de f(x) = cos x, podemos observar que ele foi deslocado 3 unidades para cima (a = 3) e dilatado verticalmente 2 vezes (b = 2).

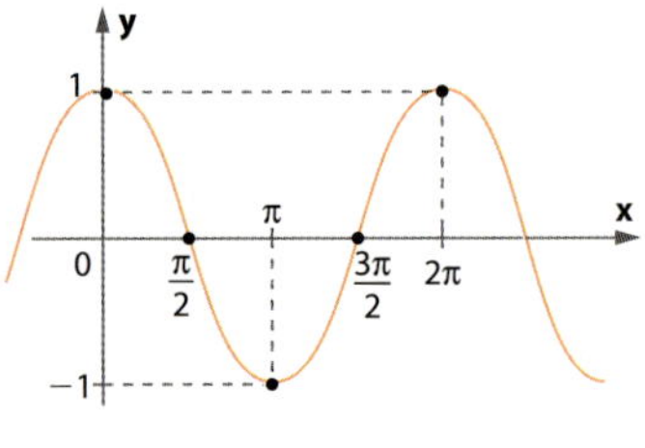

f(x) = cos x

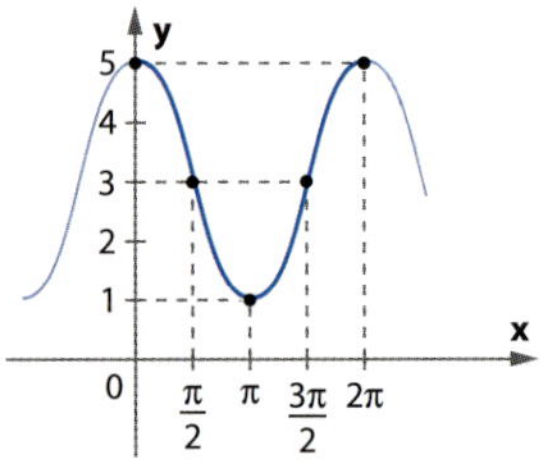

f(x) = 3 + 2 cos x

b) $f(x) = \cos\left(2x - \frac{\pi}{3}\right)$

Queremos que os ângulos sejam $0, \frac{\pi}{2}, \pi, \frac{3\pi}{2}$ e 2π; para isso devemos atribuir esses valores aumentados em $\frac{\pi}{3}$ e divididos por 2:

$$x = \frac{\pi}{6} \rightarrow y = \cos\left(2 \cdot \frac{\pi}{6} - \frac{\pi}{3}\right) = \cos 0 = 1$$

$$x = \frac{5\pi}{12} \rightarrow y = \cos\left(2 \cdot \frac{5\pi}{12} - \frac{\pi}{3}\right) = \cos \frac{\pi}{2} = 0$$

$$x = \frac{2\pi}{3} \rightarrow y = \cos\left(2 \cdot \frac{2\pi}{3} - \frac{\pi}{3}\right) = \cos \pi = -1$$

$$x = \frac{11\pi}{12} \rightarrow y = \cos\left(2 \cdot \frac{11\pi}{12} - \frac{\pi}{3}\right) = \cos \frac{3}{2} = 0$$

$$x = \frac{7\pi}{6} \rightarrow y = \cos\left(2 \cdot \frac{7\pi}{6} - \frac{\pi}{3}\right) = \cos 2\pi = 1$$

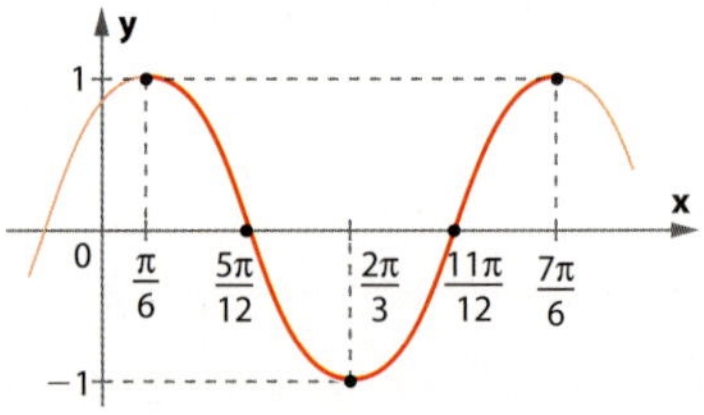

Comparando o gráfico obtido com o gráfico de f(x) = cos x, podemos observar que ele foi comprimido horizontalmente 2 vezes (c = 2) e deslocado para a direita $\frac{\pi}{6}$ rad $\left(\left|\frac{d}{c}\right|\right)$.

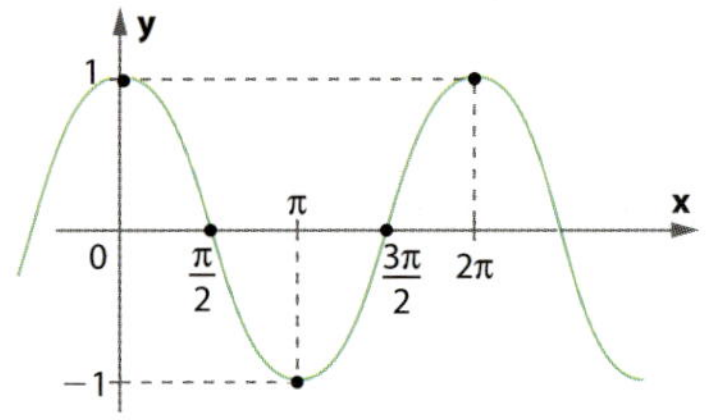

f(x) = cos x

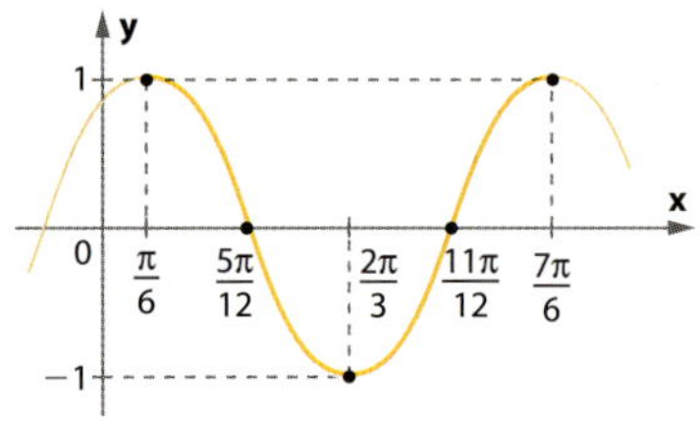

$f(x) = \cos\left(2x - \frac{\pi}{3}\right)$

c) $f(x) = 2 + 3\cos\left(3x + \frac{\pi}{2}\right)$

Queremos que os ângulos sejam $0, \frac{\pi}{2}, \pi, \frac{3\pi}{2}$ e 2π; para isso devemos atribuir a **x** esses valores diminuídos em $\frac{\pi}{2}$ e divididos por 3:

$$x = -\frac{\pi}{6} \rightarrow y = 2 + 3\cos\left[3 \cdot \left(-\frac{\pi}{6}\right) + \frac{\pi}{2}\right] =$$
$$= 2 + 3\cos 0 = 2 + 3 \cdot 1 = 5$$

$$x = 0 \rightarrow y = 2 + 3\cos\left(3 \cdot 0 + \frac{\pi}{2}\right) =$$
$$= 2 + 3\cos\frac{\pi}{2} = 2 + 3 \cdot 0 = 2$$

$$x = \frac{\pi}{6} \rightarrow y = 2 + 3\cos\left(3 \cdot \frac{\pi}{6} + \frac{\pi}{2}\right) =$$
$$= 2 + 3\cos \pi = 2 + 3 \cdot (-1) = -1$$

$$x = \frac{\pi}{3} \rightarrow y = 2 + 3\cos\left(3 \cdot \frac{\pi}{3} + \frac{\pi}{2}\right) =$$
$$= 2 + 3\cos\frac{3\pi}{2} = 2 + 3 \cdot 0 = 2$$

$$x = \frac{\pi}{2} \rightarrow y = 2 + 3\cos\left[3 \cdot \frac{\pi}{2} + \frac{\pi}{2}\right] =$$
$$= 2 + 3\cos 2\pi = 2 + 3 \cdot 1 = 5$$

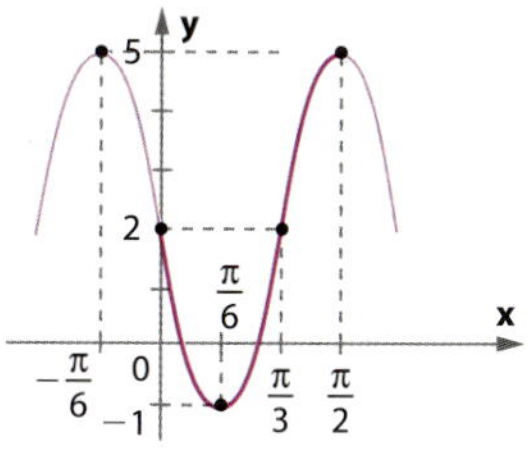

Comparando o gráfico obtido com o gráfico de $f(x) = \cos x$, podemos observar que ele foi deslocado para cima 2 unidades $(a = 2)$, dilatado verticalmente 3 vezes, comprimido horizontalmente 3 vezes $(c = 3)$ e deslocado para a esquerda $-\frac{\pi}{6}$ rad $\left(\left|\frac{d}{c}\right|\right)$.

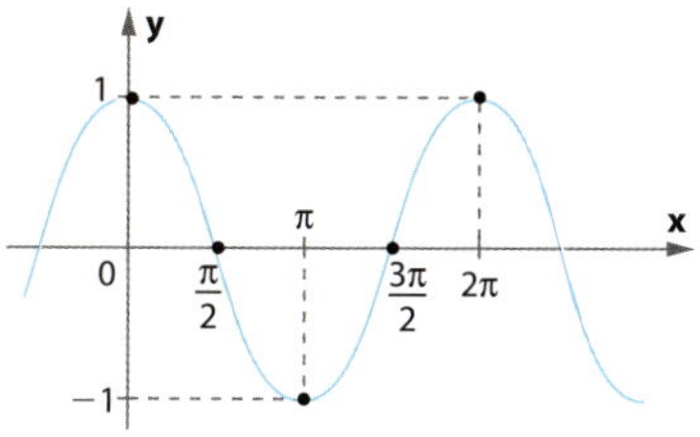

$f(x) = \cos x$

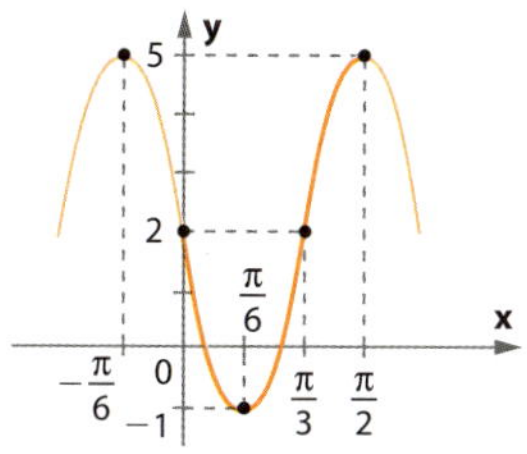

$f(x) = 2 + 3\cos\left(3x + \frac{\pi}{2}\right)$

11. Qual o valor máximo da função
$f(x) = 2\cos^2 x - 4\,\text{sen}^2\, x$?

Resolução:

Substituindo $\text{sen}^2\, x$ por $1 - \cos^2 x$:

$f(x) = 2\cos^2 x - 4(1 - \cos^2 x) \Rightarrow$

$\Rightarrow f(x) = 6\cos^2 x - 4 \Rightarrow$

$\Rightarrow f(x) = 6\cos^2 x - 3 - 1 \Rightarrow$

$\Rightarrow f(x) = 3(2\cos^2 x - 1) - 1 \Rightarrow f(x) = 3\cos 2x - 1$

O valor máximo da função se dá quando $\cos 2x$ for igual a 1; dessa maneira podemos afirmar que o valor máximo é $3 \cdot 1 - 1 = 2$.

12. Qual o valor máximo da função
$f(x) = 3 \cdot \text{sen}\, x + 4 \cdot \cos x$?

Resolução:

Para encontrarmos o valor máximo, dividiremos a expressão por **k** $(k > 0)$:

$$\frac{f(x)}{k} = \frac{3}{k}\,\text{sen}\, x + \frac{4}{k}\cos x$$

Agora vamos considerar um ângulo α, tal que

$\cos\alpha = \frac{3}{k}$ e $\text{sen}\,\alpha = \frac{4}{k}$; portanto:

$$\text{sen}^2\,\alpha + \cos^2\alpha = \left(\frac{4}{k}\right)^2 + \left(\frac{3}{k}\right)^2 \Rightarrow$$

$$\Rightarrow 1 = \frac{16}{k^2} + \frac{9}{k^2} \Rightarrow 1 = \frac{25}{k^2} \Rightarrow k^2 = 25 \Rightarrow k = 5$$

Dessa maneira, a expressão se torna:

$$\frac{f(x)}{5} = \cos\alpha\,\text{sen}\, x + \text{sen}\,\alpha\cos x \Rightarrow$$

$$\Rightarrow \frac{f(x)}{5} = \text{sen}\,(x + \alpha) \Rightarrow f(x) = 5\,\text{sen}\,(x + \alpha)$$

O valor máximo de $f(x)$ se dá quando $\text{sen}\,(x + \alpha) = 1$, ou seja, $f(x)_{máx} = 5 \cdot 1 = 5$.

Exercícios propostos

7. Considere as funções **f** e **g** definidas por:

- $f(x) = \text{sen}\, 4x$
- $g(x) = 1 - \cos x$

Determine:

a) $f\left(\frac{\pi}{2}\right)$

b) $g(\pi)$

c) $f\left(\frac{\pi}{6}\right)$

d) $D(g)$

e) $Im(g)$

f) $x \in [0, 2\pi]$ tal que $f(x) = 1$

8. Construa o gráfico (um período completo) e dê o domínio, a imagem e o período de cada função. (*Sugestão*: para construí-lo, reveja os gráficos de seno e cosseno.)

a) **f** tal que $f(x) = \cos 3x$

b) **g** tal que $g(x) = |\text{sen}\, x|$

c) **f** tal que $f(x) = 2\,\text{sen}\, x$

9. Determine o domínio de cada função **f** tal que:

a) $f(x) = \sqrt{\cos x}$

b) $f(x) = \frac{1}{\sqrt{\text{sen}\, x}}$

c) $f(x) = \text{sen}\, 2x$

Senoides do tipo y = a + b · sen (cx + d)

Também são senoides funções do tipo $y = a + b \cdot \text{sen}\,(cx + d)$ ou $y = a + b \cdot \cos(cx + d)$, como, por exemplo:

- $f(x) = 2 + \cos x$, com $x \in \mathbb{R}$ ($a = 2$; $b = 1$; $c = 1$; $d = 0$)
- $g(x) = \text{sen}\,2x$, com $x \in \mathbb{R}$ ($a = 0$; $b = 1$; $c = 2$; $d = 0$)
- $h(x) = 5 - 3 \cdot \text{sen}\,(3x - \pi)$ ($a = 5$; $b = -3$; $c = 3$; $d = -\pi$)

O domínio de qualquer senoide é sempre $D = \mathbb{R}$. O que varia é a imagem e o período. Para obter a imagem, basta lembrar que $-1 \leqslant \text{sen}\,\alpha \leqslant 1$ e $-1 \leqslant \cos\alpha \leqslant 1$ e substituir nas funções:

- $\left.\begin{array}{l}\text{máximo valor de } f(x) = 2 + \cos x \rightarrow 2 + 1 = 3\\ \text{mínimo valor de } f(x) = 2 + \cos x \rightarrow 2 + (-1) = 1\end{array}\right\} \text{Im}(f) = [1, 3]$
- $\left.\begin{array}{l}\text{máximo valor de } g(x) = \text{sen}\,2x \rightarrow 1\\ \text{mínimo valor de } g(x) = \text{sen}\,2x \rightarrow -1\end{array}\right\} \text{Im}(g) = [-1, 1]$
- $\left.\begin{array}{l}\text{máximo valor de } h(x) = 5 - 3 \cdot \text{sen}\,(3x - \pi) \rightarrow 5 - 3(-1) = 8\\ \text{mínimo valor de } h(x) = 5 - 3 \cdot \text{sen}\,(3x - \pi) \rightarrow 5 - 3(1) = 2\end{array}\right\} \text{Im}(h) = [2, 8]$

Para obter o período, basta fazer $p = \dfrac{2\pi}{|c|}$:

- período de $f(x) = 2 + \cos x \rightarrow p_f = \dfrac{2\pi}{|1|} = 2\pi$
- período de $g(x) = \text{sen}\,2x \rightarrow p_g = \dfrac{2\pi}{|2|} = \pi$
- período de $h(x) = 5 - 3 \cdot \text{sen}\,(3x - \pi) \rightarrow p_h = \dfrac{2\pi}{|3|} = \dfrac{2\pi}{3}$

> **Fique atento**
> **d** positivo: o gráfico translada para a esquerda
> **d** negativo: o gráfico translada para a direita

Além disso, é conveniente saber mais outros três detalhes sobre as senoides:

1º se $b < 0$, o gráfico fica simétrico ao gráfico com $b > 0$ (simetria em relação ao eixo **x**);

2º antes de desenhar o gráfico, é importante deixar o parâmetro **c** positivo. Para isso, usamos a paridade de seno e cosseno: $\text{sen}\,(-cx) = -\text{sen}\,(cx)$ e $\cos(-cx) = \cos(cx)$;

3º se $d \neq 0$, o gráfico translada $\left|\dfrac{d}{c}\right|$ unidades.

Exercícios resolvidos

13. Determine o período da função $f(x) = \cos\left(\dfrac{x}{2} - \dfrac{\pi}{3}\right)$.

Resolução:

Vamos resolver esse exercício de duas maneiras:

1ª maneira:

O período da função cosseno é $p = 2\pi$.

Devemos então verificar o que ocorre com $\left(\dfrac{x}{2} - \dfrac{\pi}{3}\right)$ quando varia de 0 a 2π:

$$\frac{x}{2} - \frac{\pi}{3} = 0 \Rightarrow \frac{x}{2} = \frac{\pi}{3} \Rightarrow x = \frac{2\pi}{3}$$

$$\frac{x}{2} - \frac{\pi}{3} = 2\pi \Rightarrow \frac{x}{2} = 2\pi + \frac{\pi}{3} \Rightarrow \frac{x}{2} = \frac{7\pi}{3} \Rightarrow$$

$$\Rightarrow x = \frac{14\pi}{3}$$

$$p = \frac{14\pi}{3} - \frac{2\pi}{3} = \frac{12\pi}{3} \Rightarrow p = 4\pi$$

O período da função dada é $p = 4\pi$.

2ª maneira:

Como o período padrão da função cosseno é $p = 2\pi$, então:

$$p_y = \frac{2\pi}{\left|\frac{1}{2}\right|} = 4\pi.$$

14. Obtenha o conjunto imagem e o período da função $y = 2 + 4 \cdot \cos 3x$.

Resolução:

O valor mínimo de **y** é $2 + 4(-1) = -2$ e o valor máximo é $2 + 4 \cdot 1 = 6$. Portanto, $Im(y) = [-2, 6]$. Como o período padrão da função cosseno é $p = 2\pi$, então o período da função **y** é $p_y = \frac{2\pi}{|3|} = \frac{2\pi}{3}$.

15. Encontre uma nova maneira de resolver os exercícios resolvidos 7a e 7b da página 113:
Construa e analise os gráficos das funções abaixo, dando o seu domínio, sua imagem e seu período. (Construa apenas um período completo.)

a) $f(x) = 3 \cdot \text{sen } x$ b) $y = f(x) = 1 + \cos x$

Resolução:

a) $f(x) = 3 \cdot \text{sen } x$

Calculando a imagem, o período e o valor da translação horizontal do gráfico, podemos desenhá-lo facilmente.

Imagem: $f(x)_{máx} = 3 \cdot 1 = 3$

$f(x)_{mín} = 3(-1) = -3$

Logo, $Im(f) = [-3, 3]$ (dilatou verticalmente, mas não transladou).

Período: $p_y = \frac{2\pi}{|1|} = 2\pi$ (não mudou)

Translação horizontal: $d = 0$ (não transladou)

Agora, basta esboçar o gráfico:

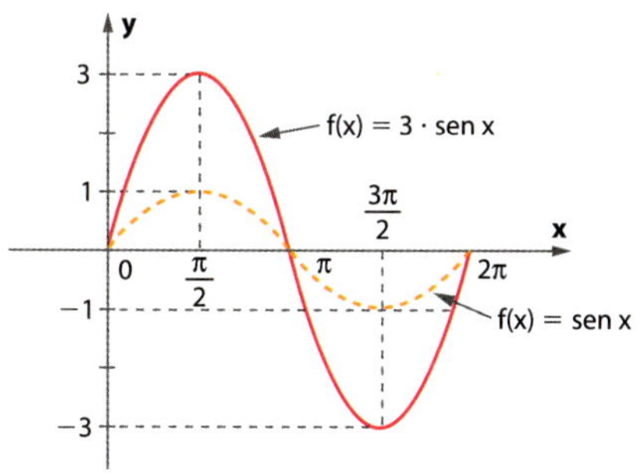

$D = \mathbb{R}$, $Im = [-3, 3]$, $p = 2\pi$

b) $y = f(x) = 1 + \cos x$

Imagem:

$f(x)_{máx} = 1 + 1 = 2$

$f(x)_{mín} = 1 + (-1) = 0$

Logo, $Im(f) = [0, 2]$ (só transladou verticalmente; não dilatou).

Período: $p_y = \frac{2\pi}{|1|} = 2\pi$ (não mudou)

Translação horizontal: $d = 0$ (não transladou)

Agora, basta esboçar o gráfico abaixo:

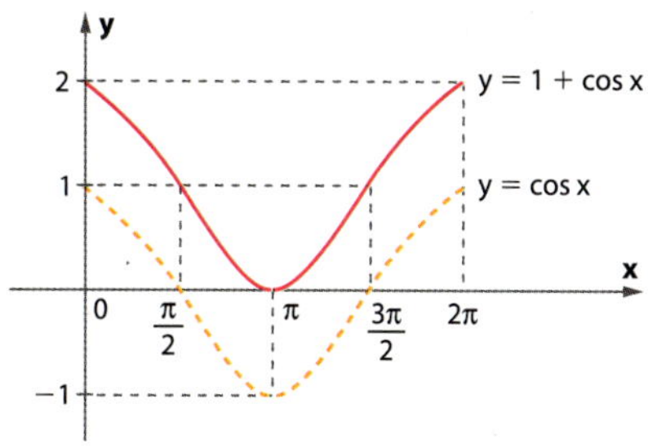

$D = \mathbb{R}$, $Im = [0, 2]$, $p = 2\pi$

16. Qual o período da função $f(x) = \text{sen } 2x \cdot \cos 2x$?

Resolução:

Multiplicando $f(x) = \text{sen } 2x \cdot \cos 2x$ por 2, obtemos:

$2f(x) = 2 \text{ sen } 2x \cdot \cos 2x$

Como:

$\text{sen } (2 \cdot 2x) = 2 \text{ sen } 2x \cdot \cos 2x$

então:

$2f(x) = \text{sen } (2 \cdot 2x) \Rightarrow f(x) = \frac{\text{sen } 4x}{2}$

O período é $\frac{2\pi}{4} = \frac{\pi}{2}$.

Exercícios propostos

10. Determine o conjunto imagem das funções **f** e **g** definidas por $f(x) = 3 + \cos x$ e $g(x) = 3 \cdot \cos x$.

11. Construa o gráfico (um período completo) e dê o domínio, a imagem e o período da função

$g(x) = -2 \cdot \text{sen} \frac{x}{2}$.

12. Determine o período das seguintes funções:

a) $f(x) = \text{sen } 7x$

b) $f(x) = \text{sen}\left(2x - \frac{\pi}{4}\right)$

c) $f(x) = 2 \cdot \cos\left(2x + \frac{\pi}{3}\right)$

d) $f(x) = 1 + \text{sen } (\pi x - 3)$

13. Obtenha a imagem de cada item da questão anterior.

14. Determine:

a) o valor de **m**, sabendo que o período da função $f(x) = 1 + \cos mx$ é igual a 3π;

b) o valor de **a**, sabendo que o período da função $f(x) = \text{sen} \frac{2x}{a}$ é igual a $\frac{5\pi}{2}$;

c) o valor de **m** para que a função $f(x) = \cos\left(mx - \frac{\pi}{2}\right)$ tenha como período $p = \pi$;

15. Determine a imagem e o período da função dada por $f(x) = \text{sen}\,\frac{3x}{8} \cdot \cos\frac{3x}{8}$.

16. Considerando as funções abaixo, obtidas a partir de $f(x) = a + b \cdot \text{sen}\,(cx)$, com $a > 0$, $b > 0$ e $c > 0$, determine os valores de **a**, **b** e **c**:

a)

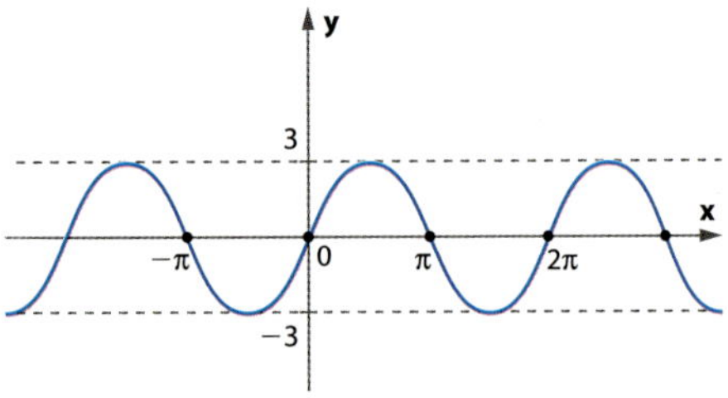

b)

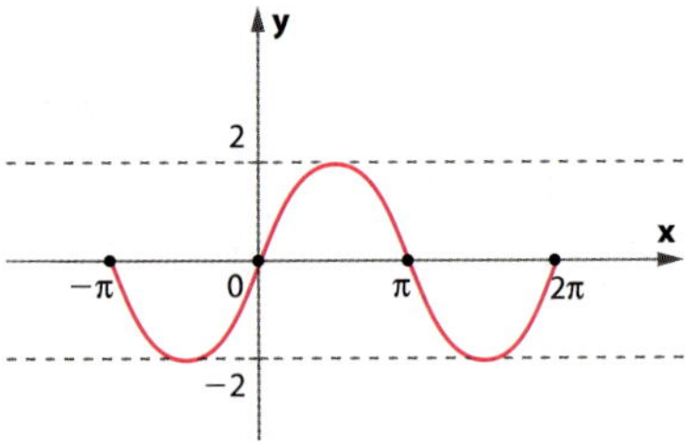

c)

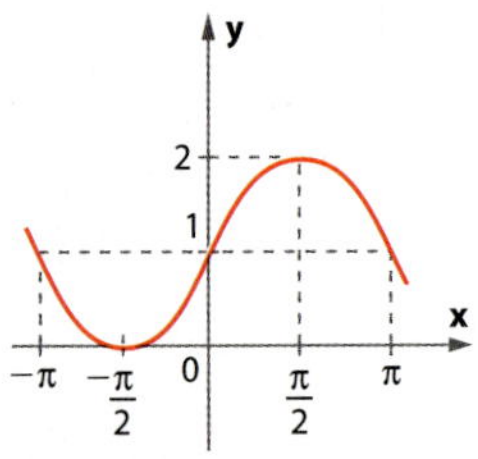

17. Considerando as funções abaixo, obtidas a partir de $f(x) = a + b \cdot \cos\,(cx)$, com $a > 0$, $b > 0$ e $c > 0$, determine os valores de **a**, **b** e **c**:

a)

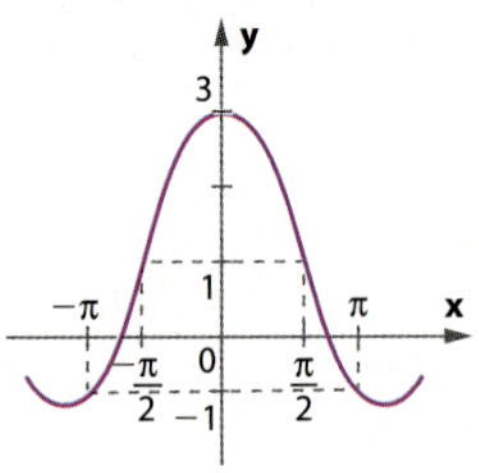

b)

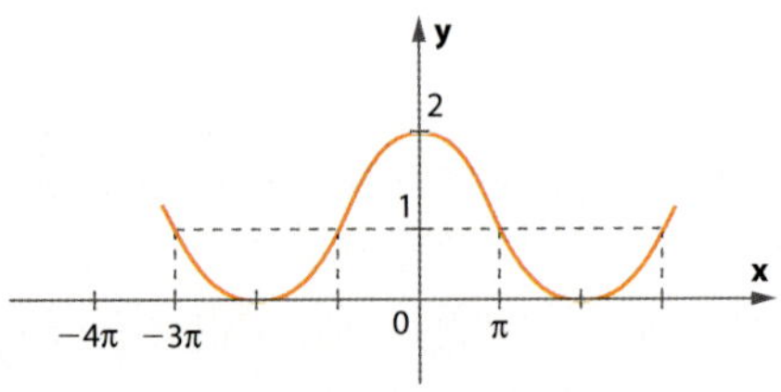

18. Trace os gráficos das funções abaixo, determinando o período, o domínio e a imagem.

a) $f(x) = 4 + \text{sen}\,x$

b) $f(x) = -2 + \text{sen}\,x$

c) $f(x) = 3 \cdot \text{sen}\,x$

d) $f(x) = -3 \cdot \text{sen}\,x$

e) $f(x) = \text{sen}\,(3x)$

f) $f(x) = \text{sen}\left(x - \frac{\pi}{4}\right)$

g) $f(x) = \text{sen}\left(3x - \frac{\pi}{4}\right)$

? Você sabia

Para traçar os gráficos, você pode atribuir valores para **x** ou usar translações, dilatações, etc., conforme sua preferência.

19. Compare cada item do exercício anterior com a função $f(x) = \text{sen}\,x$ e analise o tipo de transformação que ocorreu no gráfico.

20. Trace os gráficos das funções abaixo, determinando o período, o domínio e a imagem.

a) $f(x) = 3 + \cos x$

b) $f(x) = -1 + \cos x$

c) $f(x) = 2 \cdot \cos x$

d) $f(x) = -3 \cdot \cos x$

e) $f(x) = \cos\,(2x)$

f) $f(x) = \cos\left(x + \frac{\pi}{4}\right)$

g) $f(x) = 4 + 2 \cdot \cos\left(3x - \frac{\pi}{4}\right)$

21. Compare cada item do exercício anterior com a função $f(x) = \cos x$ e analise o tipo de transformação que ocorreu no gráfico.

22. Qual o período e a imagem das funções abaixo?

a) $y = 8\,\text{sen}\,x \cdot \cos x$

b) $y = \text{sen}\,x \cdot \cos x$

23. Qual a imagem da função $f(x) = \cos^2 x - \text{sen}^2 x$?

24. Qual o valor mínimo de $f(x) = 3\cos^2 x$?

Fenômenos periódicos

A natureza está repleta de fenômenos físicos ditos periódicos, ou seja, que se repetem sem alteração cada vez que transcorre um intervalo de tempo determinado (período). Por exemplo, os movimentos das marés, da radiação eletromagnética, da luz visível, dos pêndulos, das molas, são todos periódicos.

As funções trigonométricas, em especial as senoides, são excelentes para descrever tais fenômenos, uma vez que são funções periódicas. A maneira mais básica de associar as senoides a um movimento periódico é imaginar um ponto percorrendo toda a circunferência trigonométrica. A projeção desse ponto no eixo dos senos ou no eixo dos cossenos descreve um movimento periódico.

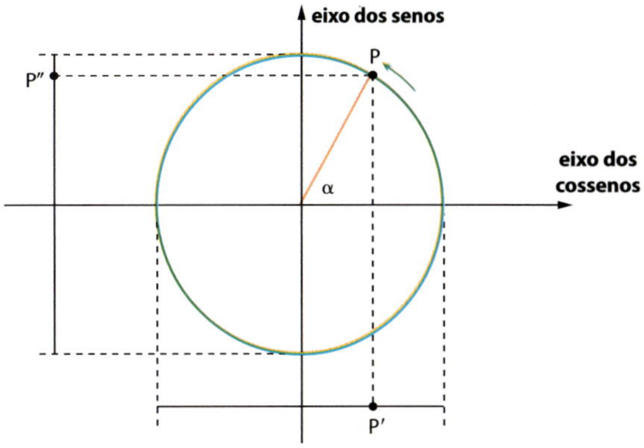

A projeção do ponto **P**(x, y) sobre o eixo dos cossenos descreve um movimento cuja equação é do tipo x = cos α. Sobre o eixo dos senos, descreve um movimento cuja equação é y = sen α.

Dessa forma podemos associar a qualquer movimento periódico uma função senoidal do tipo f(x) = a + b · sen (cx + d) ou f(x) = a + b · cos (cx + d), cuja imagem é dada por [a − |b|, a + |b|], e cujo período é dado por $\frac{2\pi}{|c|}$. Na descrição dos fenômenos periódicos, em geral se opta por valores **b** e **c** positivos, de forma que a imagem da senoide nesses casos passa a ser [a − b; a + b] e o período fica sendo $\frac{2\pi}{c}$.

Exercícios resolvidos

17. (FGV-SP) Um supermercado, que fica aberto 24 horas por dia, faz a contagem do número de clientes na loja a cada 3 horas. Com base nos dados observados, estima-se que o número de clientes possa ser calculado pela função trigonométrica $f(x) = 900 - 800 \text{ sen} \left(\frac{x \cdot \pi}{12}\right)$, onde f(x) é o número de clientes e **x**, a hora da observação (**x** é um inteiro tal que $0 \leq x \leq 24$). Utilizando essa função, a estimativa da diferença entre o número máximo e o número mínimo de clientes dentro do supermercado, em um dia completo, é igual a:

a) 600.
b) 800.
c) 900.
d) 1 500.
e) 1 600.

> RESOLUÇÃO PASSO A PASSO:

1. Lendo e compreendendo

a) O que é dado no problema?
É dada uma função senoide para que o aluno obtenha as informações de que precisa a partir da interpretação dessa função.

b) O que se pede?
Pede-se a estimativa da máxima quantidade de pessoas no supermercado, durante as 24 horas em que ele fica aberto, e também a estimativa da mínima quantidade. Feito isso, pede-se a diferença entre esses dois valores.

2. Planejando a solução

Precisamos do valor máximo e do mínimo da função, para depois obter a diferença. Lembrando que $-1 \leq \text{sen } \alpha \leq 1$, para obter os valores máximo e mínimo de uma senoide basta calcular o valor de f(x) para quando o seno valer 1 e −1. Depois, comparamos os dois valores para estabelecer qual é o mínimo e qual é o máximo.

3. Executando o que foi planejado

Quando tivermos $\text{sen}\left(\frac{x \cdot \pi}{12}\right) = 1$, f(x) valerá $900 - 800 \cdot 1 = 100$, portanto a estimativa é a de que teremos 100 pessoas no supermercado.

Quando tivermos $\text{sen}\left(\frac{x \cdot \pi}{12}\right) = -1$, f(x) valerá $900 - 800 \cdot (-1) = 1700$, portanto a estimativa é a de que teremos 1 700 pessoas no supermercado.

Logo, o mínimo estimado são 100 pessoas e o máximo são 1700 pessoas. A diferença procurada é 1600 pessoas.

4. Verificando

Vamos usar outra estratégia para obter o que é perguntado, ou seja, a diferença entre o máximo e o mínimo número estimado de pessoas. De acordo com a teoria, essa diferença equivale a duas amplitudes. Como sabemos, nas senoides $y = a + b \cdot \text{sen}\,(cx + d)$ a amplitude é dada pelo módulo do parâmetro **b**, ou seja, em $f(x) = 900 - 800 \cdot \text{sen}\left(\frac{x \cdot \pi}{12}\right)$ a amplitude é 800.

Assim, a diferença pedida é $2 \cdot 800 = 1\,600$, valor que verifica o que havia sido obtido anteriormente.

5. Respondendo

A resposta é a alternativa **e**.

6. Ampliando o problema

Nos itens **a**, **b** e **c** abaixo, considere que o valor de **x** seja exatamente o horário durante o dia, contado desde 0h (meia-noite de um dia) até 24h (meia-noite do dia seguinte).

a) Nesse supermercado, em que horário do dia estima-se ter o maior número de clientes?

b) E em que horário do dia a estimativa do número de clientes é menor?

c) Em que horário do dia a estimativa é de ter 1300 clientes?

d) **Discussão em equipe**.
Troque ideias com os colegas sobre o fluxo de clientes em supermercados, bancos, lojas, restaurantes. Vocês acham que existem horários do dia em que é possível prever que haverá mais gente, e que isso aconteça regularmente todos os dias? Ou isso muda de dia para dia? Comparem suas conclusões com os valores obtidos nos itens **a** e **b** e analisem se a função dada no enunciado é coerente com a visão que a equipe tem da realidade.

18. Determine uma senoide que descreva a variação diária da altitude do mar em certo local, sabendo que nesse dia, na maré alta, a altitude do mar foi 1,6 m e na maré baixa foi 0,2 m. As marés altas ocorrem às 2h e às14h, e as marés baixas ocorrem às 8h e às 20h.

Considere a contagem do tempo em horas a partir da meia-noite.

O texto pode ser resumido pelo gráfico a seguir.

Então precisamos obter as constantes **a**, **b**, **c** e **d** em $f(x) = a + b \cdot \text{sen}\,(cx + d)$ ou em $f(x) = a + b \cdot \cos\,(cx + d)$. Optaremos por $h(t) = a + b \cdot \text{sen}\,(ct + d)$ sem que haja motivo específico para isso. Optaremos também por **b** e **c** positivos, que é o mais comum.

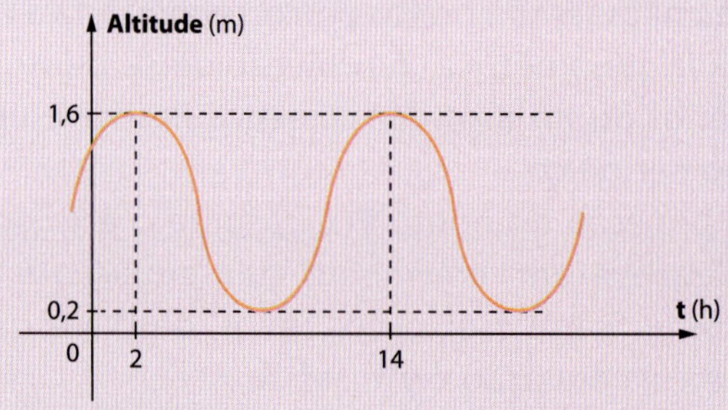

Assim, temos:

$$\begin{cases} a + b = 1{,}6 \\ a - b = 0{,}2 \end{cases} \Rightarrow a = 0{,}9 \text{ e } b = 0{,}7$$

O período das marés é de $14 - 2 = 12$ h. Então:

$$\frac{2\pi}{c} = 12 \Rightarrow c = \frac{\pi}{6}$$

Existe deslocamento horizontal da senoide. Então, para obter a constante **d**, percebemos que nesse caso o máximo seno ocorre quando $t = 2$; como já sabemos que $c = \frac{\pi}{6}$; temos:

$$\text{sen}\left(\frac{\pi}{6} \cdot 2 + d\right) = 1 \Rightarrow \text{sen}\left(\frac{\pi}{3} + d\right) = 1 \Rightarrow$$

$$\Rightarrow \frac{\pi}{3} + d = \frac{\pi}{2} + 2k\pi \Rightarrow$$

$$\Rightarrow d = \frac{\pi}{2} - \frac{\pi}{3} + 2k\pi = \frac{\pi}{6} + 2k\pi$$

Variando **k**, encontramos os possíveis valores de **d**, que são $\frac{\pi}{6}$, $\frac{13\pi}{6}$, etc. Optaremos por $d = \frac{\pi}{6}$.

Assim, nesse dia e nesse local, a altitude do mar pode ser descrita por $h(t) = 0{,}9 + 0{,}7 \cdot \text{sen}\left(\frac{\pi}{6}t + \frac{\pi}{6}\right)$.

Movimento Harmônico Simples (MHS)

Um tipo de movimento periódico muito comum é o movimento harmônico simples (MHS), caracterizado pelo movimento de um corpo em trajetória retilínea, com oscilações em torno de um ponto de equilíbrio. Os MHS são fenômenos periódicos no tempo. As constantes **a**, **b**, **c** e **d** são substituídas por constantes que representam aspectos relevantes do MHS. A constante **a** é nula, pois considera-se que o sistema de coordenadas tem origem na posição de equilíbrio (centro de oscilação); **b** é a amplitude **A** do movimento a partir do centro de oscilação; **c** é a frequência angular ω; **d** é a fase inicial φ_0; e o argumento do seno (ou cosseno), ou seja, $\omega t + \varphi_0$, é chamado fase do movimento no tempo **t**. Dessa forma, a equação do espaço no MHS é comumente apresentada como $x = A \cdot \cos(\omega t + \varphi_0)$ ou $x = A \cdot \text{sen}(\omega t + \varphi_0)$.

As ondas, sejam do mar, sonoras, sejam eletromagnéticas (luz, micro-ondas, raios X, etc.), também são fenômenos periódicos descritos por senoides. Neste caso, são fenômenos periódicos no espaço, e cada onda se caracteriza por uma amplitude **A**, um comprimento λ, uma velocidade de propagação **v** e uma frequência **f** (ou período **T**). O comprimento de onda λ é a distância entre duas cristas, ou seja, é o período da senoide que representa a função, e não deve ser confundido com o período **T** do movimento da onda.

A equação da onda no momento inicial da propagação pode ser descrita por $y = A \cdot \text{sen}(kx)$, sendo o parâmetro **k** chamado de *número de onda*.

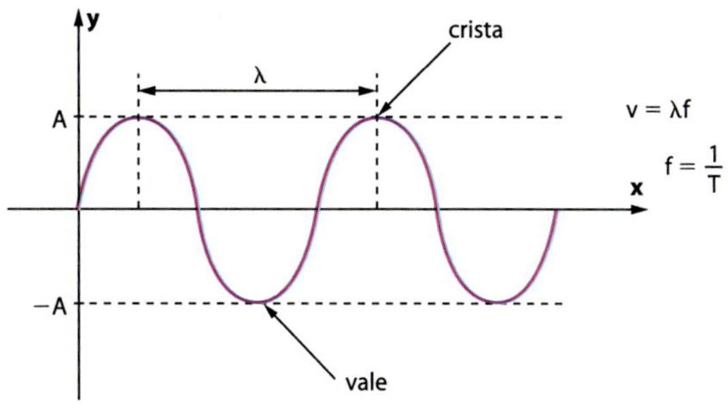

Exercícios resolvidos

19. Considere uma partícula realizando um MHS com função horária $x(t) = A \cdot \cos(\varphi_0 + \omega t)$, em que $x(t)$ representa a posição assumida pela partícula em função do instante **t** a partir de $t_0 = 0$, **A** representa a amplitude do movimento, φ_0 é sua fase inicial e ω é sua pulsação. Na figura temos o gráfico dessa função horária, segundo um certo referencial.

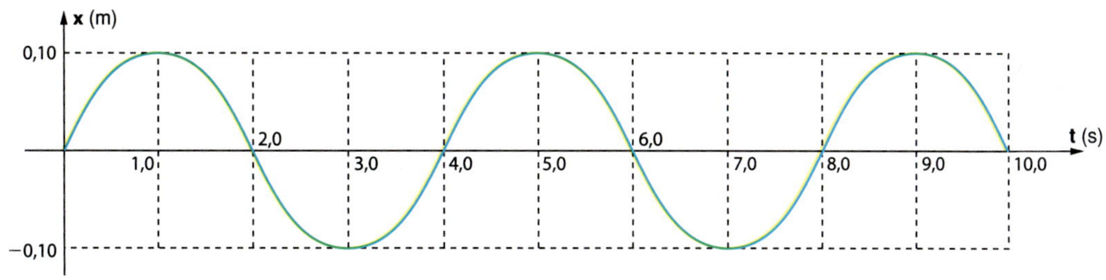

Determine a função da posição dessa partícula, com medidas no SI (Sistema Internacional), e as constantes **A**, φ_0 e ω positivas.

Resolução:

A função pedida é derivada de uma função cosseno. Além disso, o gráfico nos mostra que:

- o período é 4: $4 = \dfrac{2\pi}{|c|} \Rightarrow |c| = \dfrac{\pi}{2} \Rightarrow c = \pm\dfrac{\pi}{2}$
- a imagem é $\text{Im} = [-0,1; 0,1]$: $\begin{cases} a + b = 0,1 \\ a - b = -0,1 \end{cases} \Rightarrow a = 0 \text{ e } b = 0,1$
- existe deslocamento horizontal

Do gráfico temos que o cosseno é máximo em t = 1 s. Então:

$$\cos\left(\frac{\pi}{2} \cdot 1 + d\right) = 1 \Rightarrow \frac{\pi}{2} + d = 0 + 2k\pi \Rightarrow d = -\frac{\pi}{2} + 2k\pi$$

Variando **k**, encontramos os possíveis valores de **d**, que são: $-\dfrac{\pi}{2}, \dfrac{3\pi}{2}$, etc.

Assim, com as constantes positivas, uma equação possível é $x(t) = 0,1 \cdot \cos\left(\dfrac{\pi}{2}t + \dfrac{3\pi}{2}\right)$.

20. *Movimento Harmônico Simples*

Uma das aplicações das funções trigonométricas é o estudo do Movimento Harmônico Simples (MHS) em Física. A seguir, você terá a oportunidade de perceber como seus conhecimentos matemáticos podem auxiliar na resolução de exercícios que envolvem esse assunto.

(Fuvest-SP) Uma caneta move-se ao longo do eixo **y** com um movimento harmônico simples. Ela registra uma linha sobre uma fita de papel e se move com velocidade de 10 cm/s da direita para a esquerda. O gráfico a seguir representa esse movimento.

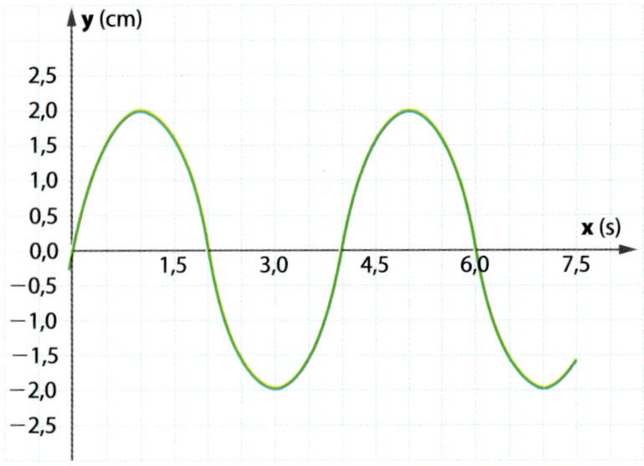

a) Determine a função y(x) que representa a curva mostrada no gráfico.

b) Supondo que o instante t = 0 corresponda à passagem da caneta pelo ponto x = 0 e y = 0, determine a função y(t) que representa seu movimento.

c) Qual a frequência, em hertz, do movimento da caneta?

Observação: Lembre-se de que frequência é o inverso de período.

Resolução:

a) O formato do gráfico é uma senoide sem translação em **x**, portanto d = 0.

A imagem do gráfico é [−2, 2], portanto temos a = 0 e b = 2.

O período é 4, portanto:

$$4 = \frac{2\pi}{|c|} \Rightarrow |c| = \frac{\pi}{2} \Rightarrow c = \pm\frac{\pi}{2}$$

Assim, a função é $y(x) = 2 \cdot \text{sen}\left(\frac{\pi}{2}x\right)$.

Observação: Essa mesma função poderia ser escrita usando-se a função cosseno, bastando para isso lembrar que $\text{sen } x = \cos\left(\frac{\pi}{2} - x\right)$. Portanto, o item **a** poderia ser $y(x) = 2 \cdot \cos\left(\frac{\pi}{2} - \frac{\pi}{2}x\right)$.

b) Como a velocidade é de 10 cm/s, então os valores do eixo **x**, medidos em segundos, são $\frac{1}{10}$ dos valores em centímetros. Assim, apenas o período muda para 0,4:

$$0{,}4 = \frac{2\pi}{|c|} \Rightarrow |c| = \frac{2\pi}{0{,}4} \Rightarrow c = \pm 5\pi$$

Logo, a função y(t) ficaria $y(t) = 2 \cdot \text{sen } 5\pi t$ ou $y(t) = 2 \cdot \cos\left(\frac{\pi}{2} - 5\pi t\right)$.

c) Se a frequência é o inverso do período, então $f = \frac{1}{0{,}4} = 2{,}5$ Hz.

Exercícios propostos

25. O gráfico representa, num dado instante, a velocidade transversal dos pontos de uma corda na qual se propaga uma onda senoidal na direção do eixo dos **x**.

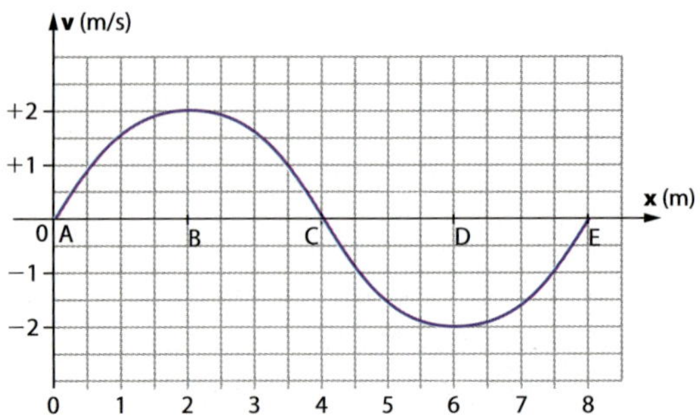

Por esse instante, determine uma senoide que relaciona a velocidade **v** com a posição **x** dos pontos da corda.

26. Utilizando um pequeno bastão e uma tigela com água, uma pessoa produz na superfície da água ondas circulares como mostra a figura a seguir.

Sabendo que a distância entre duas cristas consecutivas das ondas produzidas é de 2 cm, e a amplitude das ondas é de 0,3 cm, obtenha uma função relacionando a altitude **h** da superfície da água (em relação ao nível da água em repouso) para o momento em que, em x = 0, temos h = 0, e a função seja crescente em x = 0.

Portal Pedagógico

Acesse o *Portal Pedagógico* (veja instruções na seção "Conheça seu livro", página 5) e amplie o estudo deste capítulo. Selecione o capítulo 6 e você encontrará os seguintes materiais:

- *Atividades adicionais* (Atividades para imprimir);
- *Estudo da função tangente* e *Funções trigonométricas inversas* (Textos complementares);
- *Funções trigonométricas* (*Slides* para aula);
- *Simulador de gráficos.*

Desafios

1. (FGV-SP) O conjunto solução da equação $x^2 - x \cdot \cos^2 \alpha - \text{sen}^2 \alpha = 0$ na variável **x** é:

a) $S = \{1, \cos^2 \alpha\}$.
b) $S = \{1, \text{sen}\ \alpha\}$.
c) $S = \{\text{sen}\ \alpha, \cos \alpha\}$.
d) $\varnothing$
e) $S = \{-\text{sen}^2 \alpha, 1\}$.

2. (UnB-DF) A função **U**, definida por $U(t) = r \cdot \cos(\overline{\omega}t - \theta)$ descreve o deslocamento, no tempo **t**, de um bloco de massa **m**, preso na extremidade de uma mola, em relação à posição de equilíbrio, conforme a figura adiante. A posição de equilíbrio, nesse caso, é aquela em que $U(t) = 0$. A constante $\overline{\omega}$ depende apenas da mola e da massa **m**. As constantes **r** e θ dependem da maneira como o sistema é colocado em movimento.

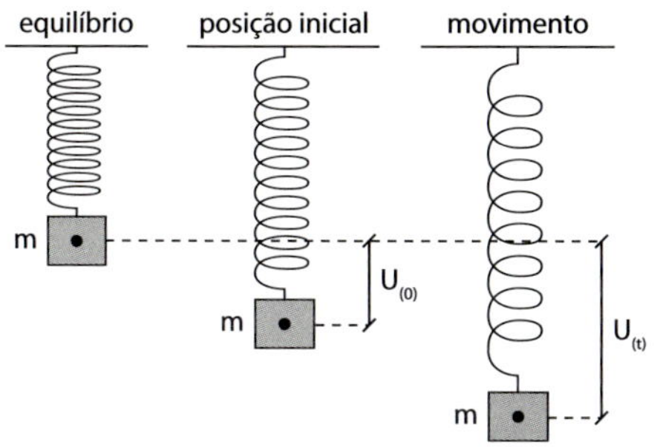

Com base na situação apresentada, julgue os itens que se seguem.

a) A função **U** tem período igual a $(2\pi - \theta)$.

b) No instante $t = \dfrac{2\pi}{\overline{\omega}}$, o bloco está novamente na posição inicial.

c) O maior deslocamento do bloco, em relação à posição de equilíbrio, é igual a **r**.

d) Em qualquer intervalo de tempo que tenha duração igual a $\dfrac{4\pi}{3\overline{\omega}}$, o bloco passa pela posição de equilíbrio.

3. Qual é a imagem da função $f: \mathbb{R} \to \mathbb{R}$; $f(x) = 2 \cdot \text{sen}\ x + 3 \cdot \cos x$?

4. (UFJF-MG) Considere as funções **f**, **g** e **h** definidas a seguir e os três gráficos apresentados.

I) $f: \mathbb{R} \to \mathbb{R}, f(x) = \text{sen}\ (2x)$
II) $g: \mathbb{R} \to \mathbb{R}, g(x) = \text{sen}\ |x|$
III) $h: \mathbb{R} \to \mathbb{R}, h(x) = \text{sen}\ (-x)$

A)

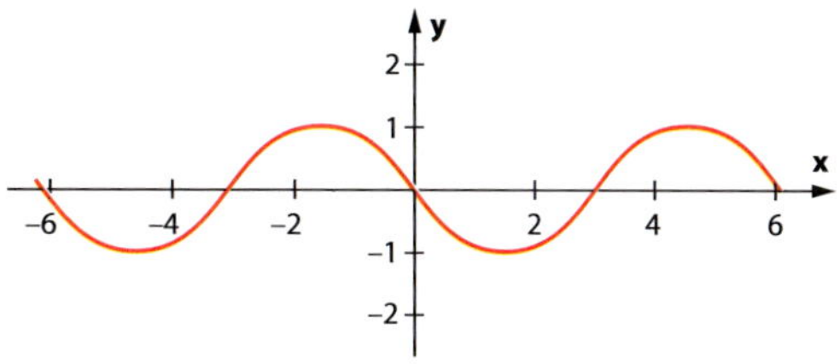

B)

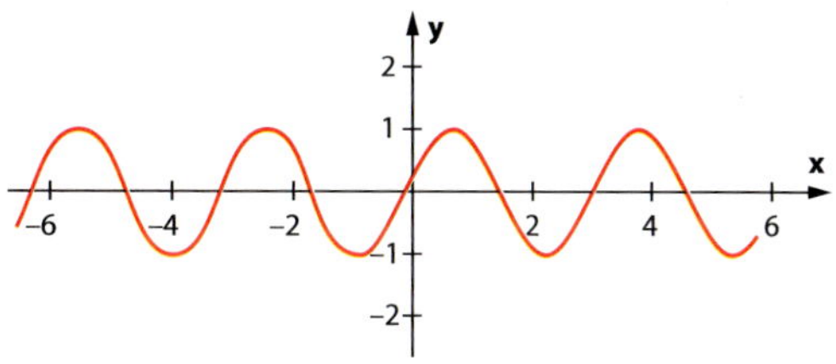

C)

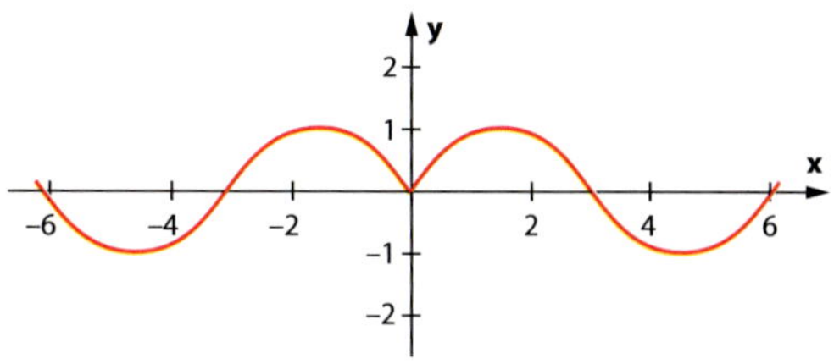

A associação que melhor corresponde cada função ao seu respectivo gráfico é:

a) I-A, II-B e III-C.
b) I-A, II-C e III-B.
c) I-B, II-A e III-C.
d) I-B, II-C e III-A.
e) I-C, II-A e III-B.

PENSANDO NO ENEM

1. A menstruação é uma descamação do endométrio uterino (membrana que reveste a cavidade do útero), acompanhada da saída de sangue. Isso ocorre porque os ovários reduzem muito a secreção de hormônios, e estes, por vários mecanismos, reduzem o estímulo ao endométrio, cujas células morrem e descamam. O primeiro dia do ciclo menstrual é o dia de início da menstruação, não importando quantos dias ela dure.

Ainda enquanto o endométrio descama, o hormônio FSH (folículo estimulante) começa a ser secretado [...], fazendo com que se desenvolvam os folículos ovarianos (bolsas de líquido que contêm os óvulos ou oócitos). Perto do 7º dia do ciclo, o FSH começa a diminuir e, com a falta desse hormônio, alguns folículos param de crescer e morrem. [...]. O folículo começa a crescer mais ou menos a partir do sétimo dia do ciclo. Durante seu crescimento, secreta quantidades cada vez maiores de *estradiol*, que é um hormônio feminino.

Quando a quantidade de estradiol no sangue é máxima, o endométrio atinge também o máximo crescimento e o muco se torna ótimo para ser penetrado pelo espermatozoide. [...]. Nessa ocasião, é estimulada a secreção de um hormônio da hipófise: o hormônio luteinizante (LH). O LH aumenta muito depressa no sangue e atinge o máximo (pico de LH). Algumas horas após, ocorre a ovulação. [...] Em média, a ovulação ocorre no décimo quarto dia do ciclo menstrual (mas pode ocorrer antes ou depois, sem que isso impeça a gravidez).

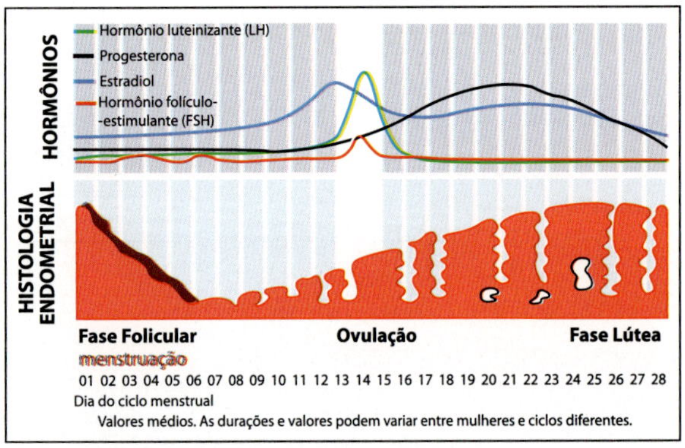

Fontes: <revistaescola.abril.com.br/ensino-medio/processo-ovulacao-humana-586149.shtml>; <www.unifesp.br/grupos/rhumana/ciclo.htm>. Acessos em: 26 jan. 2011.

Suponha que a quantidade do hormônio *estradiol* produzida por uma mulher seja dada aproximadamente pela função $f(x) = 2 \cdot \left|\text{sen}\frac{x}{10}\right|$, com **x** dado em dias. Qual é a duração do ciclo menstrual dessa mulher?

a) 26 dias
b) 28 dias
c) 30 dias
d) 32 dias
e) 34 dias

2. Os alvéolos pulmonares são pequenas estruturas encontradas nos sacos alveolares, ductos alveolares e bronquíolos respiratórios, constituindo a última porção da árvore brônquica. [...] O oxigênio do ar alveolar passa para o sangue capilar através de um conjunto de membranas; o gás carbônico irá se difundir em direção contrária. Estima-se que os pulmões contenham aproximadamente 300 milhões de alvéolos, aumentando de forma considerável a superfície de trocas gasosas.

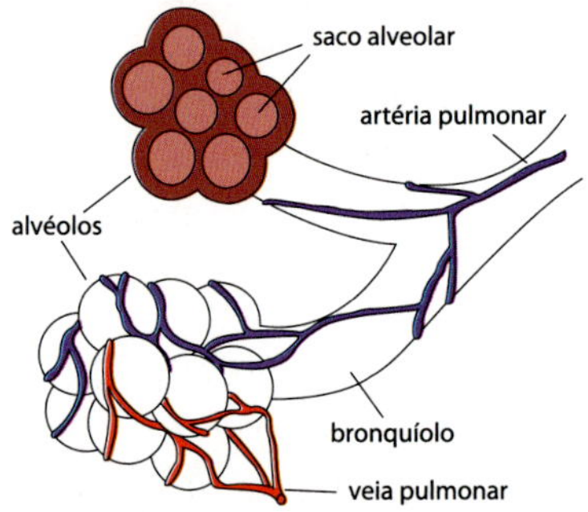

Esquema de pequena parte do pulmão; sem escala; as cores não são as reais.

Fonte: <www.infoescola.com/sistema-respiratorio/alveolos-pulmonares>. Acesso em: 26 jan. 2011.

Considere que o volume total de ar (em litros) nos pulmões de um adulto sadio em função do tempo (em segundos) seja dado pela expressão $V(t) = 4 + 2 \cdot \cos\left(\frac{\pi}{3}t\right)$. Se todos os alvéolos forem considerados esferas de mesmo tamanho, cuja soma dos volumes equivale ao volume máximo de ar que cabe nos pulmões, então o volume de cada alvéolo é:
(Dados: 1 000 cm^3 = 1 litro.)

a) 0,1 mm^3.
b) 0,2 mm^3.
c) 0,01 mm^3.
d) 0,02 mm^3.
e) 0,001 mm^3.

3. O movimento das marés é um movimento periódico motivado pelas forças de atração gravitacional exercidas pelo Sol e pela Lua. Por ser um movimento periódico, pode ser modelado aproximadamente pela função $h(t) = a + b \cdot \text{sen}(c \cdot t)$, em que $h(t)$ representa a altura da maré em metros no tempo **t** e **a**, **b** e **c** são constantes reais positivas. No dia 5 de dezembro de 2010, no Rio de Janeiro (RJ), um estudante olhou no jornal a tábua das marés que apresentava as seguintes informações:

Horário	Altura da maré
0h	1,0 m
3h	1,6 m
6h	1,0 m
9h	0,4 m
12h	1,0 m
15h	1,6 m
18h	1,0 m

Sabendo que ele irá à praia pela manhã após as 9h e que não entra na água se a maré estiver acima de 0,7 m, responda: a que horas, no máximo, o estudante pode chegar à praia de tal maneira que ele possa entrar na água ainda pela manhã?

a) 9h30min
b) 10h
c) 10h30min
d) 11h
e) 11h30min

A MATEMÁTICA E AS PRÁTICAS SOCIAIS

Ondas do barulho, audição

Responda rápido: se uma árvore cai no meio da Amazônia e ninguém ouve, ela faz barulho? A pergunta pode parecer estúpida, mas, até o século XVIII, despertava debates infindáveis entre físicos e filósofos. Para os filósofos, o som era uma sensação conhecida apenas pelos nossos ouvidos e que dependia deles para existir. Venceram os físicos. Ainda que você não possa ouvir, os sons existem sempre que o ar é agitado por vibrações regulares de um corpo qualquer. Essas vibrações fazem com que as moléculas de ar se choquem umas contra as outras, transmitindo energia. "O som é uma onda mecânica, parecida com as que se formam no mar", compara o engenheiro de som José Amauri de Sousa Jr.

Como suas primas aquáticas, as ondas sonoras têm tamanhos diversos. Um sussurro equivale a uma marola e um berro pode ser um vagalhão. A frequência das ondas também influi no que você ouve. Uma corda de violino vibra muitas vezes a cada segundo, produzindo ondas estreitas, de som agudo. Uma corda de contrabaixo, mais grossa, vibra menos, produzindo ondas largas e sons graves.

Explosão supersônica

Quando um avião de caça ultrapassa a barreira do som, a sensação aqui embaixo é a de que uma bomba explodiu. Ao acelerar até a velocidade do som (em torno de 1 224 km/h, o chamado Mach 1), o avião empurra as ondas sonoras, que se concentram junto ao seu bico. No instante em que ultrapassa o Mach 1, deixa para trás as ondas de som, que se expandem pelo ar rapidamente, até o chão. No choque contra o solo, elas provocam um estrondo.

O Concorde da Air France e o Tupolev-144, da ex-União Soviética, foram os únicos aviões civis supersônicos, um tipo de avião cuja velocidade de cruzeiro chegava a 2 170 km/h. O primeiro voo comercial do Concorde foi em 1976, de Paris ao Rio de Janeiro; o último foi em 2003, devido a seu alto custo de manutenção e ao seu painel de controle ultrapassado, além de emitir muito ruído e poluição.

Turbulência era uma coisa que não existia para o Concorde, que voava a uma altitude próxima a 60 000 pés.

Quem sabe é super

A voz humana libera, durante uma conversa, um tênue calorzinho. Para manter uma lâmpada de 50 watts acesa, seria preciso dois milhões de pessoas falando ao mesmo tempo.

Por que dois?

Você tem dois ouvidos, e não um, para localizar os sons. O cérebro analisa qualquer diferença nos sons que chegam a um ouvido e a outro, e calcula a sua origem. Se a fonte está atrás da cabeça, o som atinge os ouvidos ao mesmo tempo. Se a fonte muda de lugar, o som chega antes a um dos ouvidos. O cérebro a localiza com base na mudança de velocidade.

Claudio Ângelo. *Ondas do barulho, audição.*
Disponível em: <super.abril.com.br/saude/ondas-barulho-audicao-442982.shtml>. Acesso em: 26 jan. 2011.

Uma onda é uma perturbação que se propaga em um meio físico, transportando energia, mas sem transportar matéria. O som é uma onda que não se propaga no vácuo, mas a luz, que também tem característica ondulatória, pode se propagar em diversos meios e até no vácuo.

O estudo da propagação das ondas pode ser feito com base na teoria do movimento harmônico simples (MHS), que foi de extrema importância para o desenvolvimento tecnológico. Um movimento harmônico simples é um movimento retilíneo e periódico que pode ser descrito por funções horárias harmônicas (seno ou cosseno), que são funções periódicas.

Calculando e compreendendo melhor o texto

1. Se um avião supersônico ultrapassa a velocidade do som aos 1 224 km/h, então qual é a velocidade do som em m/s nesse meio?

2. Considerando a questão anterior e sabendo que a velocidade do som na água é 4 vezes maior que a velocidade do som no ar, qual é o tempo necessário para que uma onda sonora percorra a distância aproximada de 5 000 km entre o Brasil e a África, seguindo na direção do meridiano $-20°$?

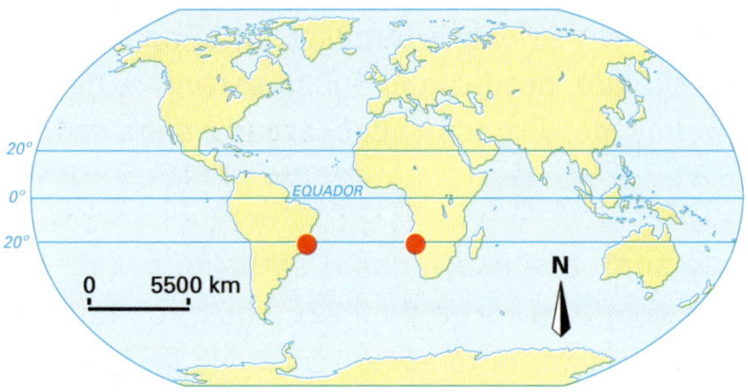

Fonte: Adaptado de *Atlas geográfico escolar*. 5. ed. Rio de Janeiro: IBGE, 2009.

3. Um móvel realiza um movimento harmônico simples obedecendo à função horária expressa em unidade do Sistema Internacional: $x = 2 \cdot \cos\left(\pi t + \frac{\pi}{2}\right)$.
Determine:
a) o maior e o menor valor de **x**.
b) o período do movimento.

4. Parte da trajetória de um objeto realizando um movimento harmônico simples está representada no gráfico ao lado.
Qual é a única alternativa possível para a função horária do movimento?

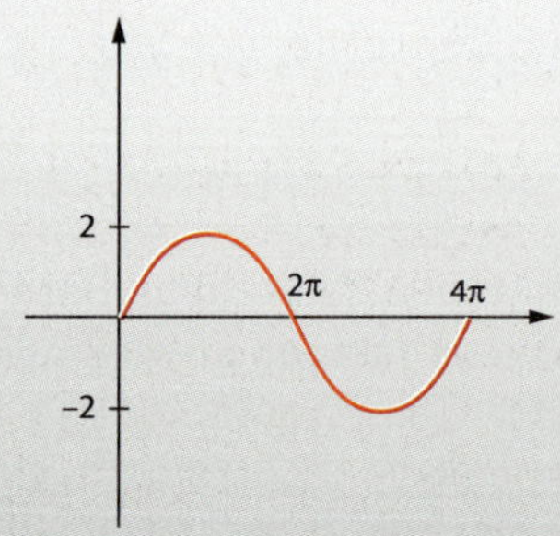

a) $x = \text{sen } t$
b) $x = 2 \text{ sen}\left(\frac{t}{2}\right)$
c) $x = 2 \text{ sen } t$
d) $x = 2 \text{ sen } 2t$
e) $x = \text{sen } 2t$

Ampliando o conteúdo matemático

5. A fim de determinar os custos máximo e mínimo da produção de uma peça, a fábrica montou a seguinte função: $C(t) = 300 + 80 \cdot \text{sen}\left(\frac{\pi}{t} + \pi\right)$, em que C(t) representa o custo em reais e **t** $(t > 0)$ representa o tempo medido em horas. Qual é o custo mínimo e o máximo dessa peça?

6. Carol e Cláudio, passeando em um parque de diversões, resolvem andar na roda-gigante. Segundo informações que leram, a altura que estariam em relação ao solo pode ser aproximadamente descrita pela função $h(t) = 20 + 19 \text{ sen}\left(\frac{\pi}{24}t + \pi\right)$, em que **t** é dado em segundos e **h** em metros.
a) Qual é o raio da roda-gigante?
b) Qual é o tempo necessário para eles darem uma volta completa na roda-gigante?

BICZÓ ZSOLT/SHUTTERSTOCK/GLOW IMAGES

A roda-gigante London Eye, em Londres, tem 135 m de diâmetro.

7. Um professor propôs uma brincadeira aos seus alunos: seguindo a sequência da "chamada", todos deverão dizer os múltiplos naturais de 3 que pertencem ao domínio da função $f(x) = 3 \cdot \text{tg}\left(\frac{\pi}{4}x - \pi\right)$. Ana disse 0. Bia, 3. Carlos, 6. Daniel, 9 e Eduardo, 12. O professor mandou parar e disse que um aluno havia errado. Quem foi?
a) Ana
b) Bia
c) Carlos
d) Daniel
e) Eduardo

8. O fenômeno das marés pode ser aproximadamente modelado por uma função matemática da forma $h(t) = a \cdot \text{sen } (b \cdot t)$, em que **a** é medido em metros e **t** em horas. Se no dia 12 de dezembro de 2010, em uma praia de João Pessoa, PB, onde está a Ponta Seixas, ponto mais oriental das Américas, a função que representava a altura da maré era $h(t) = 1 + 0{,}8 \cdot \text{sen}\left(\frac{\pi}{2}t\right)$, qual foi a diferença, em metros, entre a maré alta (maior maré do dia) e a maré baixa (menor maré do dia)?

Pesquisando e discutindo

9. Pesquise e discuta com seus colegas: qual a velocidade da luz e em quanto tempo, aproximadamente, ela daria a volta na Terra, seguindo pelo equador? O Concorde levaria mais ou menos tempo para percorrer essa mesma distância, sobrevoando o Equador?

Veja mais sobre o assunto

Procure informações em jornais, revistas e nos *sites*:
- <www.ufsm.br/gef/index.html>;
- <www2.ee.ufpe.br/codec/Hertz.html>;
- <educar.sc.usp.br/licenciatura/1999/TRIGO.HTML>.

QUESTÕES DE VESTIBULAR

1. (UFRGS-RS) O período da função definida por $f(x) = \text{sen}\left(3x - \frac{\pi}{2}\right)$ é:

a) $\frac{\pi}{2}$.
b) $\frac{2\pi}{3}$.
c) $\frac{5\pi}{6}$.
d) π.
e) 2π.

2. (Ucsal-BA) Na figura abaixo tem-se um esboço do gráfico da função definida por $f(x) = a \cdot \cos bx$.

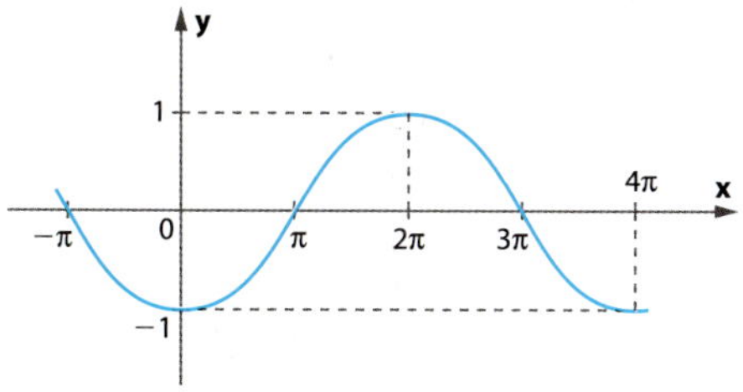

Os valores de **a** e **b** são, respectivamente:

a) 1 e 2.
b) 1 e $\frac{1}{2}$.
c) −1 e $\frac{1}{2}$.
d) −1 e 1.
e) −1 e 2.

3. (UFRGS-RS) O gráfico na figura é o da função $F: [0; 4\pi] \rightarrow \mathbb{R}$ definida por:

a) $F(x) = 2 \text{ sen } 3x$.
b) $F(x) = 2 \text{ sen} \frac{x}{3}$.
c) $F(x) = 3 \text{ sen} \frac{x}{2}$.
d) $F(x) = 3 \text{ sen } 2x$.
e) $F(x) = 4 \text{ sen } 3x$.

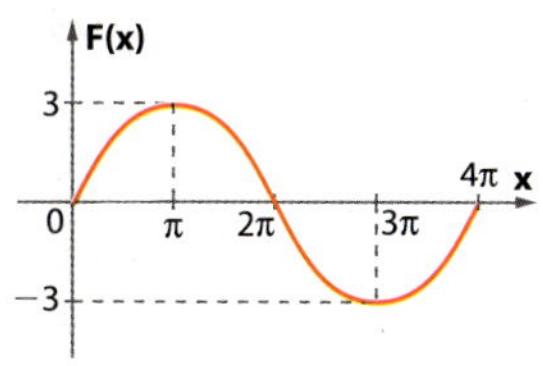

4. (UFSM-RS) Em determinada cidade, a concentração diária, em gramas, de partículas de fósforo na atmosfera é medida pela função $C(t) = 3 + 2 \text{ sen}\left(\frac{\pi t}{6}\right)$, em que **t** é a quantidade de horas para fazer essa medição. O tempo mínimo necessário para fazer uma medição que registrou 4 gramas de fósforo é de:

a) $\frac{1}{2}$ hora.
b) 1 hora.
c) 2 horas.
d) 3 horas.
e) 4 horas.

5. (Vunesp) Uma equipe de agrônomos coletou dados da temperatura (em °C) do solo em uma determinada região, durante três dias, a intervalos de 1 hora. A medição da temperatura começou a ser feita às 3 horas da manhã do primeiro dia ($t = 0$) e terminou 72 horas depois ($t = 72$). Os dados puderam ser aproximados pela função $H(t) = 15 + 5 \cdot \text{sen}\left(\frac{\pi}{12}t + \frac{3\pi}{2}\right)$, em que **t** indica o tempo (em horas) decorrido após o início da observação de H(t) à temperatura (em °C) no instante **t**.

a) Resolva a equação $\text{sen}\left(\frac{\pi}{12}t + \frac{3\pi}{2}\right) = 1$, para $t \in [0, 24]$.
b) Determine a temperatura máxima atingida e o horário em que essa temperatura ocorreu no primeiro dia de observação.

6. (UFRGS-RS) Se $f(x) = a + b \cdot \text{sen } x$ tem como gráfico:

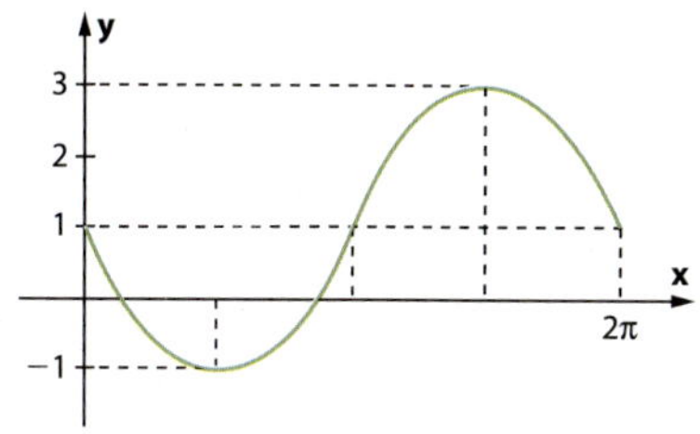

Então:

a) $a = -2$ e $b = 1$.
b) $a = -1$ e $b = 2$.
c) $a = 1$ e $b = -1$.
d) $a = 1$ e $b = -2$.
e) $a = 2$ e $b = -1$.

7. (UFPR) Suponha que o horário do pôr do sol na cidade de Curitiba, durante o ano de 2009, possa ser descrito pela função: $f(t) = 18{,}8 - 1{,}3 \text{ sen}\left(\frac{2\pi}{365}t\right)$, sendo **t** o tempo dado em dias e $t = 0$ no dia 1º de janeiro.
Com base nessas informações, considere as seguintes afirmativas:

1) O período da função acima é 2π.
2) Foi no mês de abril o dia em que o pôr do sol ocorreu mais cedo.
3) O horário em que o pôr do sol ocorreu mais cedo foi 17h30min.

Assinale a alternativa correta.

a) Somente a afirmativa 3 é verdadeira.
b) Somente as afirmativas 1 e 2 são verdadeiras.
c) Somente as afirmativas 1 e 3 são verdadeiras.
d) Somente as afirmativas 2 e 3 são verdadeiras.
e) As afirmativas 1, 2 e 3 são verdadeiras.

8. (FGV-SP) A previsão de vendas mensais de uma empresa para 2011, em toneladas de um produto, é dada por $f(x) = 100 + 0{,}5x + 3 \cdot \text{sen} \frac{\pi x}{6}$, em que $x = 1$ corresponde a janeiro de 2011, $x = 2$ corresponde a fevereiro de 2011 e assim por diante.

A previsão de vendas (em toneladas) para o primeiro trimestre de 2011 é:

(Use a aproximação decimal $\sqrt{3} = 1,7$.)

a) 308,55.
b) 309,05.
c) 309,55.
d) 310,05.
e) 310,55.

9. (Unifesp) Um jogo eletrônico consiste de uma pista retangular e de dois objetos virtuais, $\mathbf{O_1}$ e $\mathbf{O_2}$, os quais se deslocam, a partir de uma base comum, com $\mathbf{O_1}$ sempre paralelamente às laterais da pista e $\mathbf{O_2}$ formando um ângulo **x** com a base, $x \in \left(0, \frac{\pi}{2}\right)$. Considere $\mathbf{v_1}$ e $\mathbf{v_2}$ os módulos, respectivamente, das velocidades de $\mathbf{O_1}$ e $\mathbf{O_2}$. Considere, ainda, que os choques do objeto $\mathbf{O_2}$ com as laterais da pista (lisas e planas) são perfeitamente elásticos e que todos os ângulos de incidência e de reflexão são iguais a **x**.

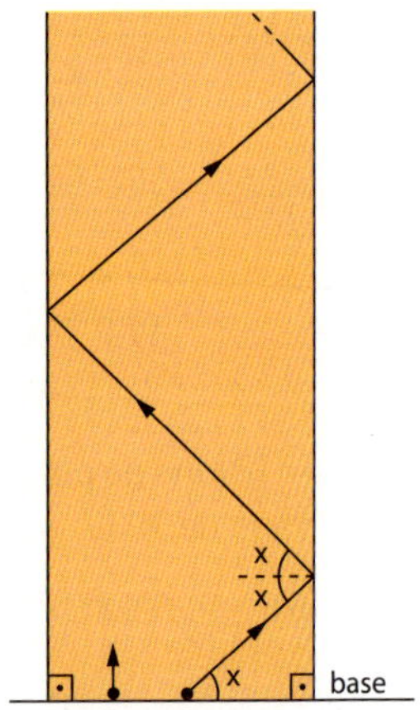

a) Exiba o gráfico da função $y = f(x)$ que fornece o módulo da componente da velocidade de deslocamento do objeto $\mathbf{O_2}$, no sentido do deslocamento do objeto $\mathbf{O_1}$, em função do ângulo, $x \in \left(0, \frac{\pi}{2}\right)$.

b) Se $v_1 = 10$ m/s e $v_2 = 20$ m/s, determine todos os valores de **x**, $x \in \left(0, \frac{\pi}{2}\right)$, para os quais os objetos $\mathbf{O_1}$ e $\mathbf{O_2}$, partindo num mesmo instante, nunca se choquem.

10. (FGV-SP) O gráfico de $y = \text{sen } x - \cos x$, para $0 \leqslant x \leqslant \pi$, é:

a)

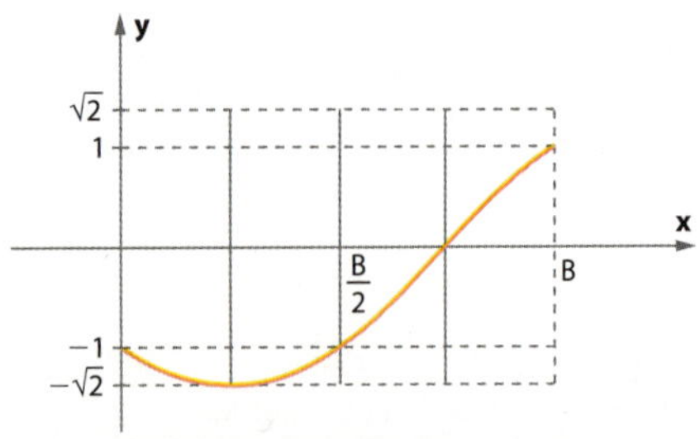

b)

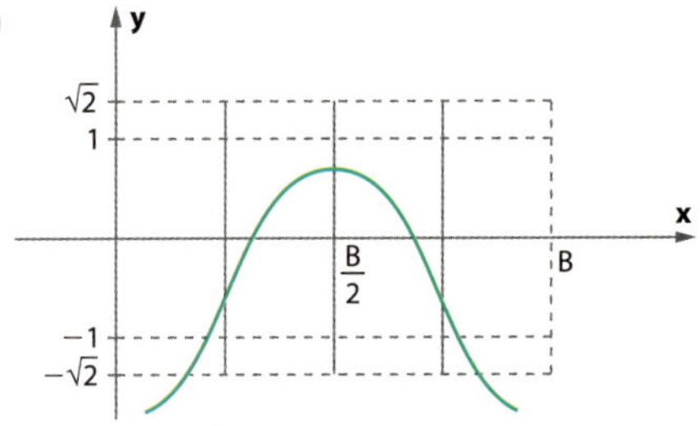

c)

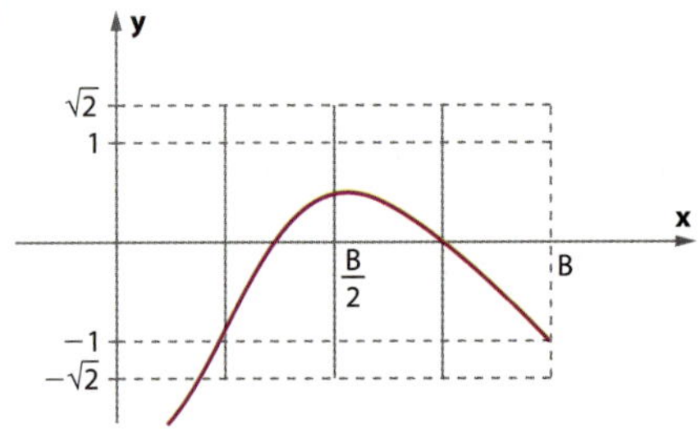

d)

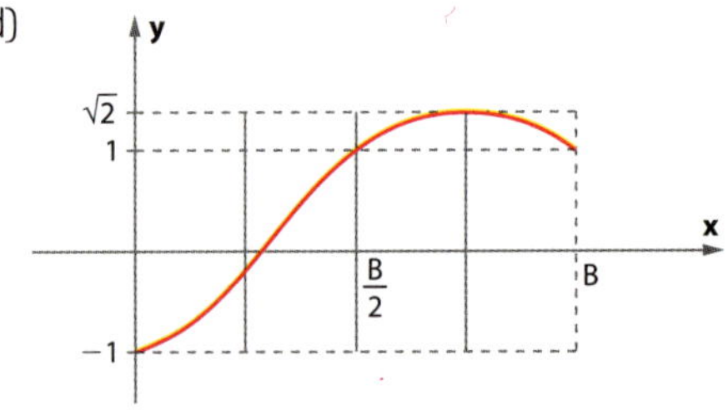

e)

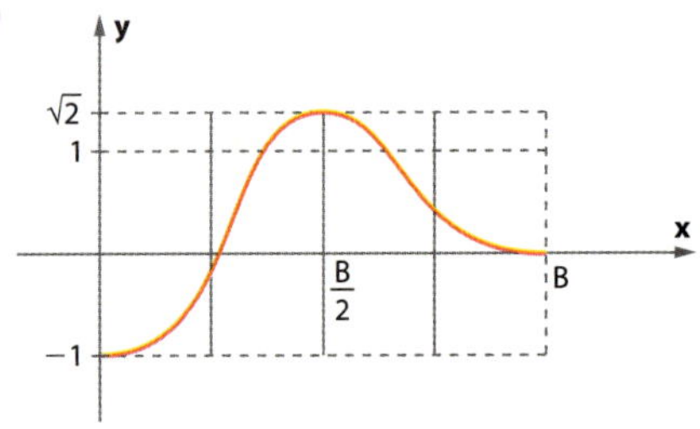

11. (UFPA) O gráfico da função **f** dada por $f(t) = \cos\left[t + \left(\frac{\pi}{2}\right)\right]$ no intervalo $[0, 2\pi]$ é:

a)

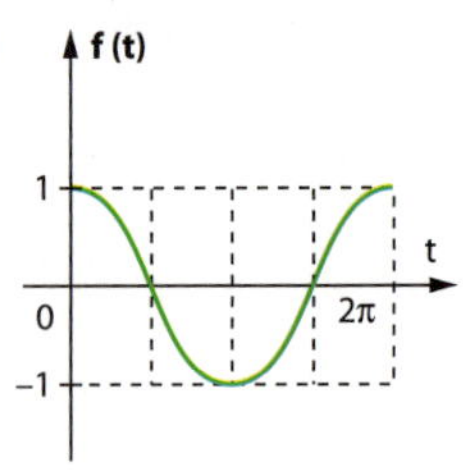

b)

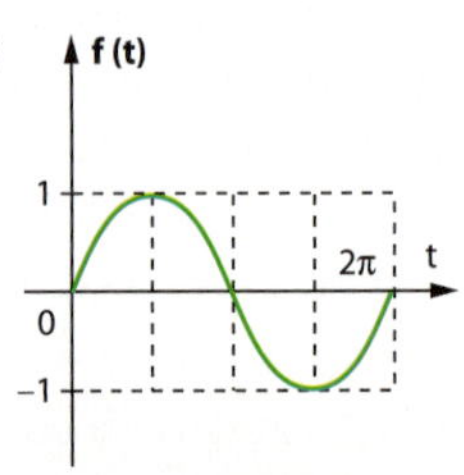

c)

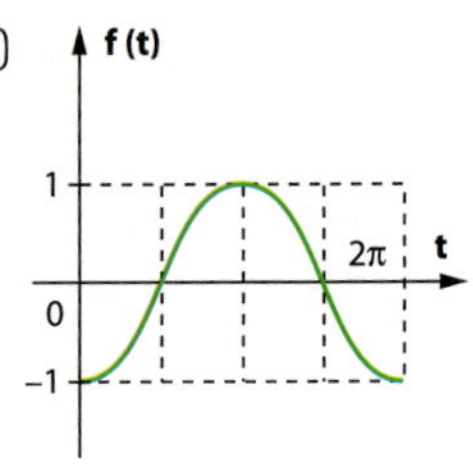

d)

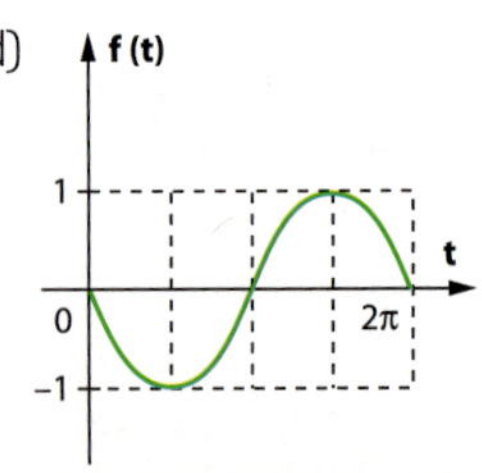

e) 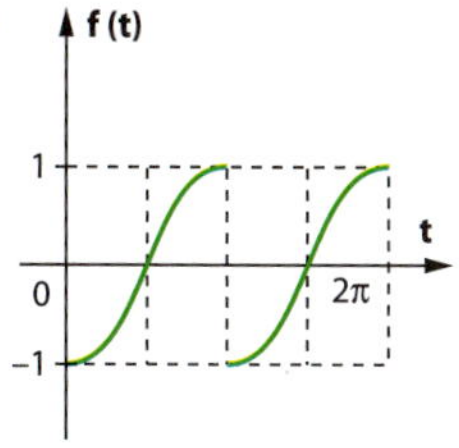

12. (Vunesp) Do solo, você observa um amigo numa roda-gigante. A altura **h** em metros de seu amigo em relação ao solo é dada pela expressão $h(t) = 11{,}5 + 10\ \text{sen}\left[\left(\frac{\pi}{12}\right) \cdot (t - 26)\right]$, onde o tempo **t** é dado em segundos e a medida angular em radianos.

a) Determine a altura em que seu amigo estava quando a roda começou a girar (t = 0).

b) Determine as alturas mínima e máxima que seu amigo alcança e o tempo gasto em uma volta completa (período).

13. (PUC-PR) Um terremoto de magnitude 8 graus da escala Richter atingiu, em setembro de 2009, a região de Samoa. O terremoto causou ondas de até 3 metros. A maré alta neste local ocorreu à meia-noite. Suponha que o nível de água na maré alta era de 3 metros; mais tarde, na maré baixa, era de 3 cm. Supondo que a próxima maré alta seja exatamente ao meio-dia e que a altura da água é dada por uma curva seno ou cosseno, qual das alternativas a seguir corresponde à fórmula para o nível da água na região em função do tempo?

a) $1{,}515 + 1{,}485 \cdot \cos\left(\frac{\pi}{6}t\right)$

b) $1{,}515 + 1{,}485 \cdot \text{sen}\left(\frac{\pi}{6}t\right)$

c) $1{,}485 \cdot \cos\left(\frac{\pi}{6}t\right)$

d) $1{,}485 \cdot \text{sen}\left(\frac{\pi}{6}t\right)$

e) $1{,}485 + 1{,}515 \cdot \cos(\pi t)$

14. (UnB-DF) Leia o texto:

Volume de ar em um ciclo respiratório

O volume total de ar, em litros, contido nos dois pulmões de um adulto em condições físicas normais e em repouso pode ser descrito como função do tempo **t**, em segundos, por $V(t) = 3\frac{[1 - \cos(0{,}4\pi t)]}{2\pi}$.

O fluxo de ar nos pulmões, em litros por segundo, é dado por $v(t) = 0{,}6\ \text{sen}\ (0{,}4\pi t)$.

Os gráficos dessas funções estão representados na figura adiante.

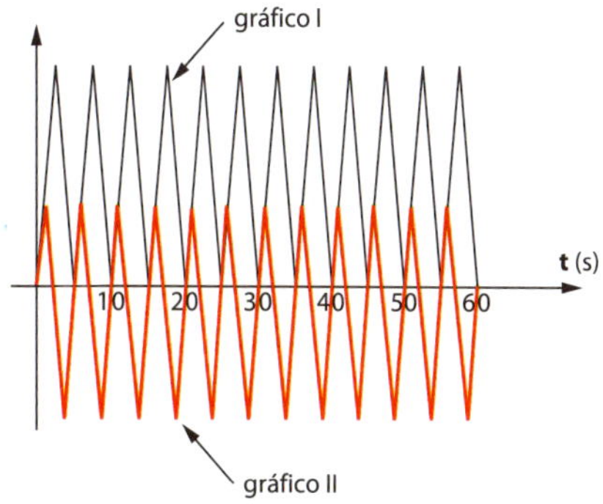

Com base nas informações do texto, julgue os itens a seguir.

a) O gráfico I representa V(t) e o gráfico II, v(t).

b) O volume máximo de ar nos dois pulmões é maior que um litro.

c) O período de um ciclo respiratório completo (inspiração e expiração) é de 6 segundos.

d) A frequência de v(t) é igual à metade da frequência de V(t).

15. (UFC-CE) Considere as funções definidas $f: \mathbb{R} \to \mathbb{R}$ e $g: \mathbb{R} \to \mathbb{R}$, respectivamente, por $f(x) = x^2 + 1$ e $g(x) = \cos x - \text{sen}\ x$.

a) Explicite a função composta h(x) = f(g(x)).

b) Determine o valor máximo da função composta h(x) = f(g(x)).

16. (Ufpel-RS) Considerando a circunferência trigonométrica, identifique as sentenças a seguir como verdadeiras ou falsas.

I) No quadrante onde se localiza o arco de (−4 330°) a função seno é crescente.

II) No quadrante onde se localiza o arco de $\frac{34\pi}{5}$ rad, a função cosseno é decrescente.

III) O valor da tangente do arco de 1 000° é positivo.

Está(ão) correta(s) a(s) afirmativa(s):

a) I e II somente.
b) II e III somente.
c) I, II, e III.
d) III somente.
e) II somente.

Capítulo 7 Matrizes

UM POUCO DE HISTÓRIA

Historicamente, a representação de conjuntos de números em forma de tabelas, posteriormente chamadas de matriz, consolidou-se no século XIX. No entanto, um dos nove capítulos do livro chinês sobre arte matemática *Chiu-Chang Suan-Shu*, escrito em 250 a.C., já trazia alguns tipos de problema que utilizavam tabelas retangulares cujas resoluções eram feitas na forma de matriz.

DESAFIO

Tabelas são utilizadas em diversas situações, como em campeonatos de futebol, para organizar dados. Informalmente, a matriz pode ser concebida como uma tabela de números dispostos em linhas e colunas. Observe as tabelas 1 e 2 e com base nelas complete a tabela 3, sobre a pontuação final de cada seleção do grupo **G** no final da 1ª fase da Copa do Mundo de 2010.

Tabela 1

Resultados do grupo G após a 1ª fase			
	Vitória	Empate	Derrota
Brasil	2	1	0
Portugal	1	2	0
Costa do Marfim	1	1	1
Coreia do Norte	0	0	3

Tabela 2

Pontuação por resultado	
Vitória	3
Empate	1
Derrota	0

Tabela 3

Pontuação final do grupo G	
Brasil	
Portugal	
Costa do Marfim	
Coreia do Norte	

O monitor de computador funciona como uma matriz, com informações (pontos coloridos mostrados na tela, os *pixels*) armazenadas em linhas e colunas.

A definição da imagem apresentada na tela está relacionada com a quantidade de linhas e colunas que a formam. Ela pode ser bem definida (alta resolução) ou distorcida (baixa resolução).

É comum que o monitor de 15 polegadas tenha resolução 600 × 800 (600 linhas, 800 colunas), e o de 21 polegadas tenha resolução 1 200 × 1 600 (1 200 linhas, 1 600 colunas).

Nas fotos ao lado são apresentados nas legendas os números de linhas e colunas da matriz que forma a imagem.

NATA SDOBNIKOVA/SHUTTERSTOCK/GLOW IMAGES

FABIO EUGENIO/ARQUIVO DA EDITORA

A MATEMÁTICA NA PRÁTICA

Certas áreas da Economia, como informática, logística e computação gráfica, exigem uma eficiente organização das informações, obtida por meio de um grupo ordenado de números dispostos em tabelas compostas de linhas e colunas que, na Matemática, são chamadas MATRIZES.

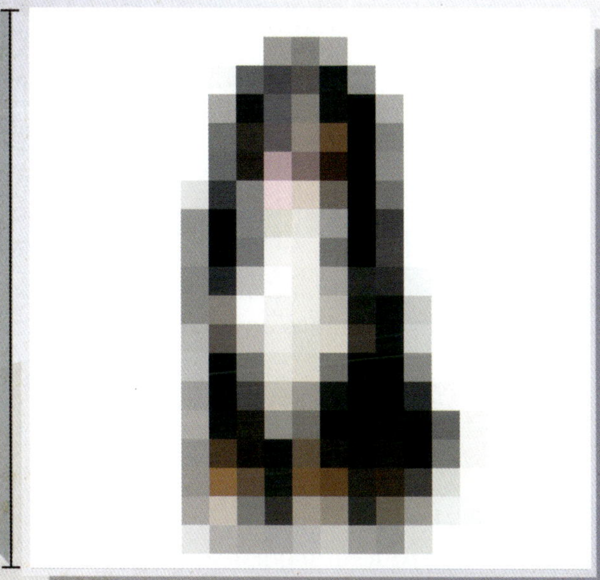

20 × 20 *pixels*

45 × 45 *pixels*

90 × 90 *pixels*

880 × 880 *pixels*

1 Introdução

Em uma editora, a venda de livros de Matemática, Física e Química no primeiro trimestre de um ano pode ser expressa pela tabela a seguir.

	Janeiro	Fevereiro	Março
Matemática	20000	32000	45000
Física	15000	18000	25000
Química	16000	17000	23000

Se quisermos saber:

- quantos livros de Matemática foram vendidos em fevereiro, basta olharmos o número que está na *primeira linha* e na *segunda coluna*;
- quantos livros de Física foram vendidos em janeiro, basta olharmos o número que está na *segunda linha* e na *primeira coluna*;
- quantos livros de Química foram vendidos em março, basta olharmos o número que está na *terceira linha* e na *terceira coluna*.

Uma tabela desse tipo, em que os números estão dispostos em 3 linhas e 3 colunas, denomina-se matriz 3×3 (lê-se três por três) e podemos representá-la por:

$$\begin{bmatrix} 20\,000 & 32\,000 & 45\,000 \\ 15\,000 & 18\,000 & 25\,000 \\ 16\,000 & 17\,000 & 23\,000 \end{bmatrix} \quad \text{ou} \quad \begin{pmatrix} 20\,000 & 32\,000 & 45\,000 \\ 15\,000 & 18\,000 & 25\,000 \\ 16\,000 & 17\,000 & 23\,000 \end{pmatrix}$$

Neste capítulo, estudaremos as matrizes e suas operações básicas, aprendendo a utilizá-las como instrumento. É muito importante que se domine um instrumento matemático antes de poder utilizá-lo como ferramenta nas diversas aplicações possíveis.

2 Definição

Sejam **m** e **n** dois números inteiros maiores ou iguais a 1.

> Denomina-se matriz $m \times n$ (lê-se **m** por **n**) uma tabela retangular formada por $m \cdot n$ números reais, dispostos em **m** linhas e **n** colunas.

Dizemos que a matriz é do tipo $m \times n$ ou de ordem $m \times n$.

Exemplos:

1º) $\begin{bmatrix} 2 & 3 \\ 5 & 1 \end{bmatrix}$ é uma matriz do tipo 2×2 (dois por dois).

2º) $\begin{pmatrix} \frac{1}{2} & -5 & 1 \\ 2 & \sqrt{3} & 0 \end{pmatrix}$ é uma matriz do tipo 2×3 (dois por três).

3º) Quando $m = 1$, a matriz é chamada matriz linha. Por exemplo, $(1 \quad 3 \quad -2)$ é uma matriz linha do tipo 1×3.

4º) Quando $n = 1$, a matriz é chamada matriz coluna. Por exemplo, $\begin{pmatrix} \sqrt{5} \\ 2 \\ -1 \\ 0 \end{pmatrix}$ é uma matriz coluna do tipo 4×1.

Quando tivermos matrizes linha ou matrizes coluna, também poderemos chamá-las de *vetores*. Embora essa não seja uma denominação comum no ensino médio, é largamente utilizada no ensino superior, principalmente em Computação e Álgebra Linear. É muito comum uma matriz linha como $[2 \quad 0 \quad 5]$ ser escrita como (2, 0, 5) quando se trabalha com vetores.

Exercícios propostos

1. Escreva a matriz correspondente à tabela de notas dos três alunos abaixo no primeiro bimestre.

	Matemática	Física	Química	Biologia
Ana	6	4	5	8
Antônio	5	7	5	5
Beatriz	5	6	7	4

2. Identifique o tipo das seguintes matrizes:

a) $\begin{bmatrix} 4 & 6 \\ 1 & 5 \end{bmatrix}$

b) $\begin{pmatrix} \frac{1}{2} \\ 5 \\ -\sqrt{6} \end{pmatrix}$

c) $\begin{bmatrix} 1 & 3 & 0 \\ 2 & -6 & 2 \\ 5 & 4 & 1 \\ 10 & -1 & -3 \\ 0 & 0 & -1 \end{bmatrix}$

Para refletir

Entre as matrizes do exercício 2, qual é a matriz coluna?

3 Representação genérica de uma matriz

Os números que aparecem na matriz são chamados de *elementos* ou *termos* da matriz.

Analisemos, por exemplo, a seguinte matriz:

$$\begin{pmatrix} 3 & 2 & 5 & -1 \\ -5 & 4 & 10 & 0 \\ 6 & -2 & 1 & \sqrt{2} \end{pmatrix}$$

Nela, podemos observar que:

- o elemento 3 está na *1ª linha* e na *1ª coluna*; indica-se: a_{11} (lê-se **a** um um) = 3.
- o elemento −5 está na *2ª linha* e na *1ª coluna*; indica-se: a_{21} (lê-se **a** dois um) = −5.
- o elemento 6 está na *3ª linha* e na *1ª coluna*; indica-se: a_{31} (lê-se **a** três um) = 6.
- o elemento 2 está na *1ª linha* e na *2ª coluna*; indica-se: a_{12} (lê-se **a** um dois) = 2.
- o elemento $\sqrt{2}$ está na *3ª linha* e na *4ª coluna*; indica-se: a_{34} (lê-se **a** três quatro) = $\sqrt{2}$.

Assim:

- para representar o elemento de uma matriz, usamos uma letra com dois índices: o primeiro indica em que *linha* o elemento se encontra, e o segundo indica em que *coluna*; por exemplo, $\mathbf{a_{23}}$ é o elemento que está na 2ª linha e na 3ª coluna;
- o elemento genérico de uma matriz **A** será indicado por $\mathbf{a_{ij}}$, em que **i** representa a linha e **j** representa a coluna na qual o elemento se encontra; ele é chamado de ij-ésimo elemento da matriz;
- a matriz **A**, do tipo m × n, será escrita, genericamente, do seguinte modo:

$$\begin{bmatrix} a_{11} & a_{12} & a_{13} & \cdots & a_{1n} \\ a_{21} & a_{22} & a_{23} & \cdots & a_{2n} \\ a_{31} & a_{32} & a_{33} & \cdots & a_{3n} \\ \vdots & \vdots & \vdots & & \vdots \\ a_{m1} & a_{m2} & a_{m3} & \cdots & a_{mn} \end{bmatrix} \text{ ou } \begin{pmatrix} a_{11} & a_{12} & a_{13} & \cdots & a_{1n} \\ a_{21} & a_{22} & a_{23} & \cdots & a_{2n} \\ a_{31} & a_{32} & a_{33} & \cdots & a_{3n} \\ \vdots & \vdots & \vdots & & \vdots \\ a_{m1} & a_{m2} & a_{m3} & \cdots & a_{mn} \end{pmatrix}$$

Fique atento

Podemos também escrever: $A = [a_{ij}]_{m \times n}$

A lista ordenada (a_{i1}, a_{i2}, ..., a_{in}) chama-se a i-ésima linha ou o i-ésimo vetor linha da matriz, enquanto (a_{1j}, a_{2j}, ..., a_{mj}) a j-ésima coluna ou o j-ésimo vetor coluna da matriz.

De maneira abreviada, podemos escrever a matriz **A** na forma:

$$A = (a_{ij})_{m \times n}, \text{ com } 1 \leq i \leq m, 1 \leq j \leq n \text{ e } i, j \in \mathbb{N}$$

Lê-se matriz **A**, dos elementos $\mathbf{a_{ij}}$, do tipo m × n.

Exercícios resolvidos

1. Escreva a matriz $A = (a_{ij})_{3 \times 2}$ tal que $a_{ij} = 3i - 2j + 4$.

Resolução:

A matriz deve ter 3 linhas e 2 colunas.

$$A = \begin{pmatrix} a_{11} & a_{12} \\ a_{21} & a_{22} \\ a_{31} & a_{32} \end{pmatrix}$$

$a_{ij} = 3i - 2j + 4$ é a "lei de formação" da matriz. Cada termo da matriz é definido substituindo-se **i** e **j** pelos valores correspondentes.

$a_{11} = 3 \cdot 1 - 2 \cdot 1 + 4 = 5$

$a_{12} = 3 \cdot 1 - 2 \cdot 2 + 4 = 3$

$a_{21} = 3 \cdot 2 - 2 \cdot 1 + 4 = 8$

$a_{22} = 3 \cdot 2 - 2 \cdot 2 + 4 = 6$

$a_{31} = 3 \cdot 3 - 2 \cdot 1 + 4 = 11$

$a_{32} = 3 \cdot 3 - 2 \cdot 2 + 4 = 9$

Portanto, a matriz pedida é $A = \begin{pmatrix} 5 & 3 \\ 8 & 6 \\ 11 & 9 \end{pmatrix}$.

2. Escreva a matriz $X = (a_{ij})$, com $1 \leq i \leq 3$ e $1 \leq j \leq 3$, tal que $\begin{cases} a_{ij} = 1 \text{ para } i = j \\ a_{ij} = 0 \text{ para } i \neq j \end{cases}$.

Resolução:

A matriz deve ter 3 linhas e 3 colunas tal que:

$a_{11} = a_{22} = a_{33} = 1$

$a_{12} = a_{13} = a_{21} = a_{23} = a_{31} = a_{32} = 0$

Assim, $X = \begin{bmatrix} 1 & 0 & 0 \\ 0 & 1 & 0 \\ 0 & 0 & 1 \end{bmatrix}$.

Exercícios propostos

3. Identifique:

a) os elementos a_{11}, a_{22} e a_{13} na matriz $\begin{pmatrix} 2 & 6 & 10 \\ 4 & -5 & -1 \end{pmatrix}$;

b) os elementos a_{31}, a_{23} e a_{33} na matriz $\begin{bmatrix} 1 & 3 & 0 \\ -4 & 10 & 2 \\ 6 & \sqrt{3} & \sqrt{2} \end{bmatrix}$.

4. Escreva as matrizes:

a) $A = (a_{ij})_{2 \times 3}$ tal que $a_{ij} = i^2 + j^2$

b) $M = (a_{ij})$, com $1 \leq i \leq 3$ e $1 \leq j \leq 3$, tal que $a_{ij} = 3i + 2j - 5$

c) $X = (a_{ij})_{4 \times 2}$ de modo que $a_{ij} = 2i^2 - j$

d) $A = (a_{ij})$, com $1 \leq i \leq 3$ e $1 \leq j \leq 3$, tal que $\begin{cases} a_{ij} = i^j, \text{ para } i = j \\ a_{ij} = 2i + j, \text{ para } i \neq j \end{cases}$

Dependendo de certas características, algumas matrizes recebem nomes especiais, como a matriz linha e a matriz coluna, já vistas.

A seguir, veremos mais algumas dessas matrizes.

4 Matriz quadrada

Consideremos uma matriz $m \times n$.

Quando $m = n$ (o número de linhas é igual ao número de colunas), diz-se que a matriz é *quadrada* do tipo $n \times n$ ou simplesmente de ordem **n**.

Exemplos:

1º) $\begin{bmatrix} 3 & 5 \\ 2 & 6 \end{bmatrix}$ é uma matriz quadrada de *ordem 2* ($m = n = 2$).

2º) $\begin{pmatrix} 5 & 3 & 10 \\ -1 & -4 & 6 \\ \sqrt{2} & 0 & -\frac{1}{2} \end{pmatrix}$ é uma matriz quadrada de *ordem 3* ($m = n = 3$).

Numa matriz quadrada de ordem **n**, os elementos a_{11}, a_{22}, a_{33}, ..., a_{nn} formam a *diagonal principal* da matriz (são os elementos a_{ij} com i = j).

$$\begin{pmatrix} 3 & 2 \\ -1 & 6 \end{pmatrix} \qquad \begin{pmatrix} 1 & 3 & 10 \\ -3 & 0 & 8 \\ 5 & -1 & 6 \end{pmatrix}$$

diagonal principal — diagonal principal

A outra diagonal da matriz quadrada denomina-se *diagonal secundária* (são os elementos $\mathbf{a}_{ij}$ com i + j = n + 1).

diagonal secundária — diagonal secundária

$$\begin{pmatrix} 3 & 2 \\ -1 & 6 \end{pmatrix} \qquad \begin{pmatrix} 1 & 3 & 10 \\ -3 & 0 & 8 \\ 5 & -1 & 6 \end{pmatrix}$$

Fique atento

Se i = j, então $\mathbf{a}_{ij}$ está na diagonal principal.
Se i > j, então $\mathbf{a}_{ij}$ está abaixo da diagonal principal.
Se i < j, então $\mathbf{a}_{ij}$ está acima da diagonal principal.

5 Matriz triangular

Vamos considerar uma matriz quadrada de ordem **n**.

Quando os elementos acima **ou** abaixo da diagonal principal são todos nulos, dizemos que a matriz é *triangular*.

Exemplos:

$$\begin{pmatrix} 2 & 0 & 0 \\ 8 & 3 & 0 \\ 7 & 9 & -5 \end{pmatrix} \qquad \begin{pmatrix} 1 & 5 & 7 & -9 \\ 0 & 3 & 8 & -\frac{2}{3} \\ 0 & 0 & 0 & -1 \\ 0 & 0 & 0 & 4 \end{pmatrix} \qquad \begin{bmatrix} 3 & 0 \\ 2 & 5 \end{bmatrix}$$

matriz triangular inferior — matriz triangular superior — matriz triangular inferior

Em uma matriz triangular, $a_{ij} = 0$ para i > j ou $a_{ij} = 0$ para i < j.

Fique atento

Toda matriz triangular é quadrada, mas nem toda matriz quadrada é triangular.

6 Matriz diagonal

A matriz quadrada de ordem **n** em que todos os elementos acima **e** abaixo da diagonal principal são nulos é chamada de *matriz diagonal*. Os elementos da diagonal principal também podem ser nulos.

Exemplos:

$$\begin{bmatrix} 2 & 0 & 0 \\ 0 & 3 & 0 \\ 0 & 0 & -5 \end{bmatrix} \qquad \begin{pmatrix} 1 & 0 & 0 & 0 \\ 0 & -1 & 0 & 0 \\ 0 & 0 & 3 & 0 \\ 0 & 0 & 0 & 4 \end{pmatrix} \qquad \begin{pmatrix} 2 & 0 \\ 0 & -\frac{1}{3} \end{pmatrix} \qquad \begin{bmatrix} 0 & 0 & 0 \\ 0 & 0 & 0 \\ 0 & 0 & 0 \end{bmatrix}$$

Em uma matriz diagonal, $a_{ij} = 0$ para i ≠ j.

Para refletir

Qual é a diferença entre "acima *ou* abaixo" e "acima e abaixo" da diagonal principal?

7 Matriz identidade

A matriz quadrada de ordem **n** em que todos os elementos da diagonal principal são iguais a 1 e os outros elementos são iguais a zero é chamada de *matriz identidade* e seu símbolo é $\mathbf{I}_n$.

Exemplos:

$$I_3 = \begin{bmatrix} 1 & 0 & 0 \\ 0 & 1 & 0 \\ 0 & 0 & 1 \end{bmatrix} \qquad I_2 = \begin{bmatrix} 1 & 0 \\ 0 & 1 \end{bmatrix} \qquad I_5 = \begin{bmatrix} 1 & 0 & 0 & 0 & 0 \\ 0 & 1 & 0 & 0 & 0 \\ 0 & 0 & 1 & 0 & 0 \\ 0 & 0 & 0 & 1 & 0 \\ 0 & 0 & 0 & 0 & 1 \end{bmatrix} \qquad I_1 = [1]$$

Em uma matriz identidade, temos $\begin{cases} a_{ij} = 1, \text{ para } i = j \\ a_{ij} = 0, \text{ para } i \neq j \end{cases}$.

Fique atento

Uma matriz identidade é matriz quadrada, matriz triangular e matriz diagonal.

8 Matriz nula

No conjunto das matrizes, a matriz que tem todos os elementos iguais a zero denomina-se *matriz nula*. Vamos simbolizar a matriz nula do tipo m × n por $0_{m \times n}$ e a matriz nula de ordem **n** por $\mathbf{0_n}$.

São exemplos de matriz nula:

$$0_{3 \times 2} = \begin{pmatrix} 0 & 0 \\ 0 & 0 \\ 0 & 0 \end{pmatrix} \qquad 0_3 = \begin{pmatrix} 0 & 0 & 0 \\ 0 & 0 & 0 \\ 0 & 0 & 0 \end{pmatrix}$$

$$0_2 = \begin{bmatrix} 0 & 0 \\ 0 & 0 \end{bmatrix} \qquad 0_{1 \times 4} = [0 \quad 0 \quad 0 \quad 0]$$

Na matriz nula do tipo m × n temos $a_{ij} = 0$, quaisquer que sejam **i** e **j**, com $1 \leqslant i \leqslant m$ e $1 \leqslant j \leqslant n$.

Exercícios propostos

5. Qual é a ordem da matriz quadrada

$$\begin{pmatrix} 2 & 6 & 1 & 0 \\ 3 & -2 & 7 & 5 \\ -1 & 0 & 2 & -4 \\ 0 & 3 & -1 & 3 \end{pmatrix}?$$

6. Quais são os números que formam a diagonal principal da matriz quadrada $\begin{pmatrix} 2 & 10 & 1 \\ 3 & -5 & 6 \\ 8 & -1 & 4 \end{pmatrix}$?

7. Calcule o produto dos elementos da diagonal principal da matriz $\begin{bmatrix} 2 & 5 \\ -1 & -4 \end{bmatrix}$.

8. Seja a matriz quadrada $\begin{pmatrix} 3 & 6 \\ 2 & 10 \end{pmatrix}$. Calcule a diferença entre o produto dos elementos da diagonal principal e o produto dos elementos da diagonal secundária.

9. Escreva a matriz quadrada de ordem 2, cujo elemento genérico é $a_{ij} = 4i - 2j + 3$.

10. Escreva a matriz diagonal de ordem 3, em que $a_{ij} = i + j$ para $i = j$.

11. Escreva a matriz triangular de ordem 4, em que

$$\begin{cases} a_{ij} = 0, \text{ para } i > j \\ a_{ij} = (i + j)^2, \text{ para } i = j. \\ a_{ij} = -2, \text{ para } i < j \end{cases}$$

9 Igualdade de matrizes

Vamos considerar duas matrizes **A** e **B**, de mesmo tipo m × n, no caso 3 × 2:

$$A = \begin{pmatrix} a_{11} & a_{12} \\ a_{21} & a_{22} \\ a_{31} & a_{32} \end{pmatrix} \qquad B = \begin{pmatrix} b_{11} & b_{12} \\ b_{21} & b_{22} \\ b_{31} & b_{32} \end{pmatrix}$$

Em matrizes de mesmo tipo, os elementos que ocupam a mesma posição são denominados *elementos correspondentes*.

Então, nas matrizes **A** e **B** consideradas, são elementos correspondentes:

a_{11} e b_{11} $\qquad$ a_{12} e b_{12}

a_{21} e b_{21} $\qquad$ a_{22} e b_{22}

a_{31} e b_{31} $\qquad$ a_{32} e b_{32}

Definimos:

Duas matrizes **A** e **B** são iguais se, e somente se:

- elas têm o mesmo tipo;
- seus elementos correspondentes são iguais.

Dadas as matrizes $A = (a_{ij})_{m \times n}$ e $B = (b_{ij})_{m \times n}$, temos, simbolicamente:

$$A = B \Leftrightarrow a_{ij} = b_{ij}, \text{ com } 1 \leq i \leq m \text{ e } 1 \leq j \leq n$$

Exemplos:

1º) $\begin{pmatrix} 3 & 1 \\ 5 & 6 \end{pmatrix} = \begin{pmatrix} 6:2 & 2-1 \\ 5 \cdot 1 & 4+2 \end{pmatrix} \rightarrow$ as matrizes são quadradas de ordem 2 e os elementos correspondentes são iguais.

2º) $\begin{bmatrix} 3 \cdot 4 & 8:4 \\ 1-1 & 3+1 \\ 5+2 & 2-3 \end{bmatrix} = \begin{bmatrix} 12 & 2 \\ 0 & 4 \\ 7 & -1 \end{bmatrix} \rightarrow$ as matrizes são do mesmo tipo 3×2 e os elementos correspondentes são iguais.

Exercícios resolvidos

3. Verifique se as matrizes $A = \begin{bmatrix} 1 & 3 & 2 \\ -1 & 0 & 4 \end{bmatrix}$ e $B = \begin{bmatrix} 1 & 3 \\ -1 & 0 \\ 2 & 4 \end{bmatrix}$ são iguais.

Resolução:

A matriz **A** é do tipo (2×3) e a matriz **B** é do tipo 3×2.

Portanto, $A \neq B$, pois **A** e **B** não têm o mesmo tipo.

4. Determine **x** e **y** para que as matrizes $\begin{pmatrix} 3x+2y & 2 \\ 2 & 3x-3y \end{pmatrix}$ e $\begin{pmatrix} 7 & 2 \\ 2 & -3 \end{pmatrix}$ sejam iguais.

Resolução:

As duas matrizes têm a mesma ordem (2).

Para que as matrizes sejam iguais devemos ter ainda:

$$\begin{cases} 3x + 2y = 7 \\ 3x - 3y = -3 \end{cases}$$

Resolvendo esse sistema de equações do 1º grau, temos:

$$\begin{array}{r} \cancel{3x} + 2y = 7 \\ -\ \cancel{3x} + 3y = 3 \\ \hline 5y = 10 \Rightarrow y = 2 \end{array}$$

$3x + 2y = 7 \Rightarrow 3x + 2(2) = 7 \Rightarrow 3x + 4 = 7 \Rightarrow$
$\Rightarrow 3x = 3 \Rightarrow x = 1$

Portanto, $x = 1$ e $y = 2$.

Exercícios propostos

12. Sabendo que $\begin{bmatrix} a+b & b+c \\ 2b & 2a-3d \end{bmatrix} = \begin{bmatrix} 9 & -1 \\ 6 & 18 \end{bmatrix}$, determine **a**, **b**, **c** e **d**.

13. Determine **a**, **b**, **x** e **y** para que as matrizes

$\begin{pmatrix} x+y & 2a+b \\ 2x-y & a-b \end{pmatrix}$ e $\begin{pmatrix} 3 & -1 \\ 0 & 7 \end{pmatrix}$ sejam iguais.

14. Determine **m** e **n** para que se tenha

$\begin{pmatrix} m+n & m \\ 0 & n \end{pmatrix} = I_2$.

15. Determine **a**, **b** e **c** para que se tenha

$\begin{pmatrix} a+b-1 & 0 \\ a-3c & b \\ 2b & 0 \end{pmatrix} = 0_{3 \times 2}$.

10 Adição de matrizes

Consideremos duas matrizes **A** e **B** do tipo 2×3:

$$A = \begin{pmatrix} 3 & 5 & -2 \\ 2 & 8 & -6 \end{pmatrix} \qquad B = \begin{pmatrix} 1 & -4 & -1 \\ 7 & 0 & 2 \end{pmatrix}$$

Vamos determinar uma matriz **C** tal que $c_{ij} = a_{ij} + b_{ij}$, ou seja, $A + B = C$:

$$\underbrace{\begin{pmatrix} 3 & 5 & -2 \\ 2 & 8 & -6 \end{pmatrix}}_{A} + \underbrace{\begin{pmatrix} 1 & -4 & -1 \\ 7 & 0 & 2 \end{pmatrix}}_{B} = \begin{pmatrix} 3+1 & 5+(-4) & (-2)+(-1) \\ 2+7 & 8+0 & (-6)+2 \end{pmatrix} = \underbrace{\begin{pmatrix} 4 & 1 & -3 \\ 9 & 8 & -4 \end{pmatrix}}_{C}$$

A matriz **C** assim obtida denomina-se *soma da matriz **A** com a matriz **B*** ou *soma das matrizes **A** e **B***. Assim:

> Dadas duas matrizes **A** e **B** do mesmo tipo $m \times n$, denomina-se soma da matriz **A** com a matriz **B**, que representamos por $A + B$, a matriz **C** do tipo $m \times n$ na qual cada elemento é obtido adicionando-se os elementos correspondentes de **A** e **B**.
>
> Se $A = (a_{ij})$ e $B = (b_{ij})$ são matrizes do tipo $m \times n$, a soma $A + B$ é a matriz $C = (c_{ij})$ do tipo $m \times n$ tal que:
>
> $$c_{ij} = a_{ij} + b_{ij}, \text{ com } 1 \leqslant i \leqslant m \text{ e } 1 \leqslant j \leqslant n$$

Para refletir

Escolha três matrizes, **A**, **B** e **C**, de mesma ordem e verifique que:
- $A + B = B + A$
- $(A + B) + C = A + (B + C)$
- $A + 0 = 0 + A = A$, sendo 0 a matriz nula de mesma ordem
- $A + (-A) = (-A) + A = 0$

Exercícios propostos

16. Dadas as matrizes $A = \begin{pmatrix} -2 & 4 \\ 0 & -1 \end{pmatrix}$, $B = \begin{pmatrix} 4 & 2 \\ -6 & 0 \end{pmatrix}$ e $C = \begin{pmatrix} 3 & 0 \\ -5 & 2 \end{pmatrix}$, calcule:

a) $A + B$ b) $B + C$ c) $A + B + C$

17. Seja a matriz $A = (a_{ij})$ do tipo 3×2 dada por $a_{ij} = 3i - j$. Calcule:

a) $A + A$ b) $A + 0_{3 \times 2}$

18. Dadas as seguintes matrizes quadradas de ordem 2:

A com $a_{ij} = \begin{cases} i + 2j, \text{ para } i \geqslant j \\ 0, \text{ para } i < j \end{cases}$ e **B** com

$b_{ij} = \begin{cases} i^3, \text{ para } i \geqslant j \\ 0, \text{ para } i < j \end{cases}$, calcule $A + B$ e $B + A$.

Matriz oposta de uma matriz *A*

Denomina-se *matriz oposta* de uma matriz **A** (representa-se **−A**) a matriz que somada com **A** dá como resultado uma matriz nula.

Exemplos:

1º) Se $A = \begin{pmatrix} 3 & 6 \\ -2 & 1 \end{pmatrix}$, então a matriz oposta de **A** é $\begin{pmatrix} -3 & -6 \\ 2 & -1 \end{pmatrix}$, pois:

$$\underbrace{\begin{pmatrix} 3 & 6 \\ -2 & 1 \end{pmatrix}}_{A} + \underbrace{\begin{pmatrix} -3 & -6 \\ 2 & -1 \end{pmatrix}}_{-A} = \underbrace{\begin{pmatrix} 0 & 0 \\ 0 & 0 \end{pmatrix}}_{\text{matriz nula}}$$

2º) Se $B = \begin{bmatrix} -3 & 8 & 0 \\ 6 & -4 & 1 \end{bmatrix}$, então a matriz oposta de **B** é $\begin{bmatrix} 3 & -8 & 0 \\ -6 & 4 & -1 \end{bmatrix}$, pois:

$$\underbrace{\begin{bmatrix} -3 & 8 & 0 \\ 6 & -4 & 1 \end{bmatrix}}_{B} + \underbrace{\begin{bmatrix} 3 & -8 & 0 \\ -6 & 4 & -1 \end{bmatrix}}_{-B} = \underbrace{\begin{bmatrix} 0 & 0 & 0 \\ 0 & 0 & 0 \end{bmatrix}}_{\text{matriz nula}}$$

Fique atento

Os elementos correspondentes de **A** e **−A** são números opostos. Obtemos **−A** mudando os sinais de todos os elementos de **A**.

Exercícios propostos

19. Escreva a matriz oposta de $A = \begin{pmatrix} 3 & 0 \\ 10 & -5 \\ -4 & 2 \end{pmatrix}$.

20. Se $A = (a_{ij})$ é uma matriz quadrada de ordem 2 tal que $a_{ij} = 2i + 3j - 5$, escreva a matriz oposta de **A**.

21. Se $X + \begin{bmatrix} -3 & 2 & -1 \\ 6 & -10 & 7 \end{bmatrix} = 0$, escreva a matriz **X** sabendo que 0 é a matriz nula do tipo 2×3.

Propriedades da adição de matrizes

Já foram estudadas no ensino fundamental as propriedades da adição de números reais.

Com a definição dada para adição de matrizes, é possível verificar que essas propriedades são válidas para a adição de matrizes.

	Números reais	**Matrizes m × n**
Comutativa	$a + b = b + a$	$A + B = B + A$
Associativa	$(a + b) + c = a + (b + c)$	$(A + B) + C = A + (B + C)$
Elemento neutro	$a + 0 = 0 + a = a$	$A + 0 = 0 + A = A$
Elemento oposto	$a + (-a) = (-a) + a = 0$	$A + (-A) = (-A) + A = 0$
Cancelamento	$a = b \Leftrightarrow a + c = b + c$	$A = B \Leftrightarrow A + C = B + C$

11 Subtração de matrizes

Sendo **A** e **B** duas matrizes do tipo $m \times n$, denomina-se *diferença* entre **A** e **B** (representada por $A - B$) a soma da matriz **A** com a matriz oposta de **B**.

$$A - B = A + (-B)$$

Por exemplo:

$$\begin{pmatrix} 3 & -2 & 5 \\ 10 & 0 & -1 \end{pmatrix} - \begin{pmatrix} 2 & -3 & 6 \\ -4 & 5 & 1 \end{pmatrix} = \begin{pmatrix} 3 & -2 & 5 \\ 10 & 0 & -1 \end{pmatrix} - \begin{pmatrix} 2 & 3 & -6 \\ -4 & -5 & -1 \end{pmatrix} = \begin{pmatrix} 1 & 1 & -1 \\ 14 & -5 & -2 \end{pmatrix}$$

Podemos também definir $A - B$ assim:

Dadas as matrizes $A = (a_{ij})_{m \times n}$ e $B = (b_{ij})_{m \times n}$, $A - B = (c_{ij})_{m \times n}$ tal que $c_{ij} = a_{ij} - b_{ij}$, para $1 \leqslant i \leqslant m$ e $1 \leqslant j \leqslant n$.

Exercícios propostos

22. Dadas as matrizes $A = \begin{pmatrix} 2 \\ 6 \\ 3 \end{pmatrix}$, $B = \begin{pmatrix} 1 \\ 6 \\ 2 \end{pmatrix}$ e $C = \begin{pmatrix} 0 \\ 4 \\ -2 \end{pmatrix}$, calcule:

a) $A + B - C$; b) $A - B + C$; c) $A - B - C$.

23. Determine **x**, **y** e **z** sabendo que

$$\begin{pmatrix} x \\ y \\ z \end{pmatrix} - \begin{pmatrix} 3 \\ -5 \\ 8 \end{pmatrix} = \begin{pmatrix} 10 \\ -4 \\ -6 \end{pmatrix}.$$

12 Multiplicação de um número real por uma matriz

Dada a matriz $A = \begin{pmatrix} 5 & 8 & -1 \\ -4 & 3 & 6 \end{pmatrix}$, vamos determinar 2A.

$$2A = 2\begin{pmatrix} 5 & 8 & -1 \\ -4 & 3 & 6 \end{pmatrix} = \begin{pmatrix} 2 \cdot 5 & 2 \cdot 8 & 2(-1) \\ 2(-4) & 2 \cdot 3 & 2 \cdot 6 \end{pmatrix} = \begin{pmatrix} 10 & 16 & -2 \\ -8 & 6 & 12 \end{pmatrix}$$

Então:

Se **A** é uma matriz $m \times n$, de elementos a_{ij}, e α é um número real, então α**A** é uma matriz $m \times n$ cujos elementos são αa_{ij}.

Para refletir

Sendo $\boldsymbol{\alpha}$ e $\boldsymbol{\beta}$ números reais e **A** e **B** matrizes de mesma ordem, verifique que:
$(\alpha + \beta)A = \alpha A + \beta A$
$\alpha(A + B) = \alpha A + \alpha B$
$\alpha(\beta A) = (\alpha\beta)A$
$1A = A$

Exemplos:

1º) Se $A = \begin{bmatrix} 5 & -4 \\ 2 & 10 \end{bmatrix}$, então $3A = \begin{bmatrix} 3 \cdot 5 & 3(-4) \\ 3 \cdot 2 & 3 \cdot 10 \end{bmatrix} = \begin{bmatrix} 15 & -12 \\ 6 & 30 \end{bmatrix}$.

2º) Se $A = \begin{pmatrix} 1 & -2 & 0 \\ -3 & 6 & 5 \end{pmatrix}$, então $-\frac{1}{2}A = \begin{pmatrix} -\frac{1}{2} \cdot 1 & -\frac{1}{2}(-2) & -\frac{1}{2} \cdot 0 \\ -\frac{1}{2}(-3) & -\frac{1}{2} \cdot 6 & -\frac{1}{2} \cdot 5 \end{pmatrix} = \begin{pmatrix} -\frac{1}{2} & 1 & 0 \\ \frac{3}{2} & -3 & -\frac{5}{2} \end{pmatrix}$.

Exercício proposto

24. Sendo $A = \begin{pmatrix} 2 & 0 & -1 \\ -4 & 1 & 3 \end{pmatrix}$ e $B = \begin{pmatrix} 0 & -1 & 2 \\ 5 & 0 & 6 \end{pmatrix}$, determine:

a) 5A
b) $-2B$
c) $\frac{1}{2}A$
d) $2A + 3B$
e) $3A - \frac{1}{2}B$
f) $5A - O_{2 \times 3}$

13 Matriz transposta de uma matriz dada

Seja **A** uma matriz $m \times n$.

Denomina-se *matriz transposta* de **A** (indica-se por $\mathbf{A}^t$) a matriz $n \times m$ cujas linhas são, ordenadamente, as colunas de **A**.

Para refletir

Qual é o significado da palavra *ordenadamente* nessa definição?

Exemplos:

1º) $A = \begin{bmatrix} 4 & 2 & 1 \\ 0 & 5 & 8 \\ -3 & 2 & 10 \end{bmatrix} \Rightarrow A^t = \begin{bmatrix} 4 & 0 & -3 \\ 2 & 5 & 2 \\ 1 & 8 & 10 \end{bmatrix}$

2º) $A = \begin{pmatrix} 3 & 10 & -1 \\ 0 & -2 & 6 \end{pmatrix} \Rightarrow A^t = \begin{pmatrix} 3 & 0 \\ 10 & -2 \\ -1 & 6 \end{pmatrix}$

Notamos que, se $A = (a_{ij})$ é do tipo $m \times n$, então $A^t = (b_{ji})$ é do tipo $n \times m$ e $b_{ji} = a_{ij}$.

Exercícios propostos

25. Escreva a matriz transposta das seguintes matrizes:

a) $A = (5\ 2\ 6)$

b) $B = \begin{pmatrix} 2 & 5 \\ -1 & 4 \\ 0 & 6 \end{pmatrix}$

c) $C = \begin{pmatrix} -4 & 2 \\ 5 & -1 \end{pmatrix}$

d) $D = \begin{pmatrix} 1 & 3 & 2 \\ 0 & 0 & 5 \\ -1 & 4 & 3 \end{pmatrix}$

26. Sendo $A = \begin{pmatrix} 1 & 2 \\ 3 & 4 \end{pmatrix}$ e $B = \begin{pmatrix} 2 & 0 \\ 1 & 2 \end{pmatrix}$, mostre que:

a) $(A^t)^t = A$

b) $(A + B)^t = A^t + B^t$

c) $(2A)^t = 2A^t$

d) $(A - B)^t = A^t - B^t$

Para refletir

Verifique que:
- $(A^t)^t = A$
- $(\alpha A)^t = \alpha \cdot A^t$
- $(A + B)^t = A^t + B^t$

Agora que já aprendemos algumas operações, vamos fazer exercícios que envolvam várias delas.

Exercícios propostos

27. Calcule $\begin{pmatrix} 3 & 5 \\ 2 & 8 \end{pmatrix} + \begin{pmatrix} 1 & 6 \\ 4 & 5 \end{pmatrix}$.

28. Dada a matriz $A = \begin{bmatrix} 4 & 1 \\ 3 & -4 \end{bmatrix}$, calcule:

a) $A + A$

b) $A + A + A$

c) $\underbrace{A + A + \ldots + A}_{6 \text{ parcelas}}$

29. **A** e **B** são duas matrizes quadradas de ordem 2, cujos elementos são dados por $a_{ij} = 3i - 2j$ e $b_{ij} = (a_{ij})^2$. Calcule $A - B$.

30. Sendo $A = \begin{pmatrix} 2 & 1 \\ 3 & 2 \end{pmatrix}$ e $B = \begin{pmatrix} 1 & 5 \\ 2 & -2 \end{pmatrix}$, determine:

a) $A^t + B$

b) $A + B^t$

c) $3 \cdot A^t$

d) $(5A - B)^t$

e) $(3A)^t - 3A^t$

f) $-(A^t + B^t)$

31. Seja **A** uma matriz quadrada de ordem 3 cujos elementos são dados por $a_{ij} = \begin{cases} 0, \text{ se } i \neq j \\ i + j, \text{ se } i = j \end{cases}$. Calcule:

a) $A + A$

b) $A + I_3$

c) $A + 0_3$

d) $A - A$

e) $A - I_3$

f) $A - 0_3$

14 Multiplicação de matrizes

A multiplicação de matrizes não é uma operação tão simples como as outras já estudadas até aqui; não basta multiplicar os elementos correspondentes.

Vamos introduzi-la por meio da seguinte situação: durante a primeira fase da Copa do Mundo de futebol, realizada na África do Sul em 2010, o grupo **G** era formado por quatro países: Brasil, Coreia do Norte, Costa do Marfim e Portugal. Observe os resultados (número de vitórias, empates e derrotas) de cada um, registrados em uma tabela e em uma matriz **A**, do tipo 4×3:

	Vitórias	Empates	Derrotas
Brasil	2	1	0
Coreia do Norte	0	0	3
Costa do Marfim	1	1	1
Portugal	1	2	0

$$A = \begin{bmatrix} 2 & 1 & 0 \\ 0 & 0 & 3 \\ 1 & 1 & 1 \\ 1 & 2 & 0 \end{bmatrix}$$

Pelo regulamento da Copa, cada resultado (vitória, empate ou derrota) tem pontuação correspondente (3 pontos, 1 ponto ou 0 ponto). Veja esse fato registrado em uma tabela e em uma matriz **B**, do tipo 3×1.

Número de pontos	
Vitória	3
Empate	1
Derrota	0

$$B = \begin{bmatrix} 3 \\ 1 \\ 0 \end{bmatrix}$$

Terminada a primeira fase, foi verificado o total de pontos dos países participantes. Essa pontuação pode ser registrada numa matriz que é representada por AB (produto de **A** por **B**). Veja como é obtida a matriz da pontuação dos países de cada grupo:

Brasil: $2 \cdot 3 + 1 \cdot 1 + 0 \cdot 0 = 7$

Coreia do Norte: $0 \cdot 3 + 0 \cdot 1 + 3 \cdot 0 = 0$

Costa do Marfim: $1 \cdot 3 + 1 \cdot 1 + 1 \cdot 0 = 4$

Portugal: $1 \cdot 3 + 2 \cdot 1 + 0 \cdot 0 = 5$

$$AB = \begin{bmatrix} 7 \\ 0 \\ 4 \\ 5 \end{bmatrix}$$

Esse exemplo sugere como deve ser feita a multiplicação de matrizes. Observe a relação que existe entre as ordens das matrizes:

$$A_{4 \times 3} \cdot B_{3 \times 1} = AB_{4 \times 1}$$

Para refletir

Como é determinado cada elemento de AB?

Veja agora a definição matemática da multiplicação de matrizes:

Dada uma matriz $A = (a_{ij})$ do tipo $m \times n$ e uma matriz $B = (b_{ij})$ do tipo $n \times p$, o produto da matriz **A** pela matriz **B** é a matriz $C = (c_{ij})$ do tipo $m \times p$ tal que o elemento c_{ij} é calculado multiplicando-se ordenadamente os elementos da linha **i**, da matriz **A**, pelos elementos da coluna **j**, da matriz **B**, e somando-se os produtos obtidos.

Para dizer que a matriz **C** é o produto de **A** por **B**, vamos indicá-la por AB.

Observe que só definimos o produto AB de duas matrizes quando o número de colunas de **A** for igual ao número de linhas de **B**; além disso, notamos que o produto AB possui o número de linhas de **A** e o número de colunas de **B**:

$$A_{Ⓜ \times n} \cdot B_{n \times Ⓟ} = AB_{Ⓜ \times Ⓟ}$$

Exercícios resolvidos

5. Dados $A = \begin{pmatrix} 3 & 2 \\ 5 & 0 \\ 1 & 4 \end{pmatrix}$ e $B = \begin{pmatrix} 3 & 1 \\ 6 & 2 \end{pmatrix}$, determine AB.

Resolução:

Como **A** é uma matriz 3×2 e **B** é uma matriz 2×2, o número de colunas de **A** é igual ao número de linhas de **B**; assim, está definido o produto AB, que será uma matriz 3×2, isto é:

$$AB = \begin{pmatrix} c_{11} & c_{12} \\ c_{21} & c_{22} \\ c_{31} & c_{32} \end{pmatrix} = \underbrace{\begin{pmatrix} 3 & 2 \\ 5 & 0 \\ 1 & 4 \end{pmatrix}}_{3 \times ②} \underbrace{\begin{pmatrix} 3 & 1 \\ 6 & 2 \end{pmatrix}}_{② \times 2} = \begin{pmatrix} 3 \cdot 3 + 2 \cdot 6 & 3 \cdot 1 + 2 \cdot 2 \\ 5 \cdot 3 + 0 \cdot 6 & 5 \cdot 1 + 0 \cdot 2 \\ 1 \cdot 3 + 4 \cdot 6 & 1 \cdot 1 + 4 \cdot 2 \end{pmatrix} = \underbrace{\begin{pmatrix} 21 & 7 \\ 15 & 5 \\ 27 & 9 \end{pmatrix}}_{3 \times 2}$$

6. Dados $A = \begin{bmatrix} 1 & 3 & 2 \\ 0 & 5 & -1 \end{bmatrix}$ e $B = \begin{bmatrix} 3 & 0 \\ 4 & -2 \\ 1 & 6 \end{bmatrix}$, determine o elemento $\mathbf{c_{21}}$ da matriz C = AB.

Resolução:

$\left.\begin{array}{l} \mathbf{A} \text{ é uma matriz } 2 \times 3 \\ \mathbf{B} \text{ é uma matriz } 3 \times 2 \end{array}\right\}$ AB será uma matriz 2×2.

$$AB = \begin{bmatrix} c_{11} & c_{12} \\ c_{21} & c_{22} \end{bmatrix}$$

$\mathbf{c_{21}}$: usa-se a 2ª linha de **A** e a 1ª coluna de **B**: $0 \cdot 3 + 5 \cdot 4 + (-1)1 = 19$

Portanto, $c_{21} = 19$.

7. (FGV-SP) Seja a matriz $A = \begin{pmatrix} 1 & 1 \\ 0 & 1 \end{pmatrix}$. A soma dos elementos da matriz $\mathbf{A^{100}}$ é:

a) 102. b) 118. c) 150. d) 175. e) 300.

Resolução:

$$A = \begin{pmatrix} 1 & 1 \\ 0 & 1 \end{pmatrix}$$

$$A^2 = \begin{pmatrix} 1 & 1 \\ 0 & 1 \end{pmatrix} \cdot \begin{pmatrix} 1 & 1 \\ 0 & 1 \end{pmatrix} = \begin{pmatrix} 1 & 2 \\ 0 & 1 \end{pmatrix}$$

$$A^3 = \begin{pmatrix} 1 & 2 \\ 0 & 1 \end{pmatrix} \cdot \begin{pmatrix} 1 & 1 \\ 0 & 1 \end{pmatrix} = \begin{pmatrix} 1 & 3 \\ 0 & 1 \end{pmatrix}$$

$$\vdots \qquad \vdots$$

$$A^{100} = \begin{pmatrix} 1 & 100 \\ 0 & 1 \end{pmatrix}$$

Logo, a soma de seus elementos é:

$1 + 100 + 0 + 1 = 102$

Resposta: alternativa **a**.

8. (UEL-PR) Uma nutricionista recomendou aos atletas de um time de futebol a ingestão de uma quantidade mínima de certos alimentos (fruta, leite e cereais) necessária para uma alimentação sadia. A matriz **D** fornece a quantidade diária mínima (em gramas) daqueles alimentos. A matriz **M** fornece a quantidade (em gramas) de proteínas, gorduras e carboidratos fornecida por cada grama ingerido dos alimentos citados.

$$D = \begin{bmatrix} 200 \\ 300 \\ 600 \end{bmatrix} \begin{array}{l} \text{fruta} \\ \text{leite} \\ \text{cereais} \end{array} \qquad M = \begin{array}{c} \begin{array}{ccc} \text{fruta} & \text{leite} & \text{cereais} \end{array} \\ \begin{bmatrix} 0{,}006 & 0{,}033 & 0{,}108 \\ 0{,}001 & 0{,}035 & 0{,}018 \\ 0{,}084 & 0{,}052 & 0{,}631 \end{bmatrix} \end{array} \begin{array}{l} \text{proteínas} \\ \text{gorduras} \\ \text{carboidratos} \end{array}$$

A matriz que mostra a quantidade diária mínima (em gramas) de proteínas, gorduras e carboidratos fornecida pela ingestão daqueles alimentos é:

a) $\begin{bmatrix} 18{,}20 \\ 36{,}30 \\ 454{,}20 \end{bmatrix}$. b) $\begin{bmatrix} 29{,}70 \\ 16{,}20 \\ 460{,}20 \end{bmatrix}$. c) $\begin{bmatrix} 48{,}30 \\ 36{,}00 \\ 432{,}40 \end{bmatrix}$. d) $\begin{bmatrix} 51{,}90 \\ 48{,}30 \\ 405{,}60 \end{bmatrix}$. e) $\begin{bmatrix} 75{,}90 \\ 21{,}50 \\ 411{,}00 \end{bmatrix}$.

> RESOLUÇÃO PASSO A PASSO:

1. Lendo e compreendendo

a) O que é dado no problema?

São dadas duas matrizes, uma delas com a quantidade mínima de frutas, leite e cereais necessária para uma alimentação sadia dos atletas de um time de futebol; e a outra com a quantidade de proteínas, gorduras e carboidratos obtida pela ingestão de cada grama de frutas, leite e cereais.

b) O que se pede?

Pede-se a matriz que contém como elementos a quantidade mínima diária de proteínas, gorduras e carboidratos fornecida pela ingestão dos alimentos recomendados pela nutricionista do enunciado.

2. Planejando a solução

Podemos adotar duas estratégias:

- na primeira, usando as matrizes apenas como fonte de informação e interpretando corretamente o texto, podemos determinar as quantidades pedidas, para posteriormente montar uma matriz com essas quantidades;
- a segunda estratégia, mais teórica, faz uso do conceito de multiplicação de matrizes. A matriz resposta desejada será o produto da matriz **M** pela matriz **D**, *nessa ordem*, pois sabemos que na matriz resposta teremos as linhas sendo quantidade de proteínas, gorduras e carboidratos, como na matriz **M**. Assim, chamando de **X** a matriz resposta, teremos que $X = M \cdot D$.

Usaremos a 2ª estratégia para obter a solução e a 1ª, que é mais trabalhosa, para fazer a verificação.

3. Executando o que foi planejado

Se a matriz resposta será dada por $X = M \cdot D$, então:

$$X = \begin{bmatrix} 0{,}006 & 0{,}033 & 0{,}108 \\ 0{,}001 & 0{,}035 & 0{,}018 \\ 0{,}084 & 0{,}052 & 0{,}631 \end{bmatrix} \cdot \begin{bmatrix} 200 \\ 300 \\ 600 \end{bmatrix} = \begin{bmatrix} 0{,}006 \cdot 200 + 0{,}033 \cdot 300 + 0{,}108 \cdot 600 \\ 0{,}001 \cdot 200 + 0{,}035 \cdot 300 + 0{,}018 \cdot 600 \\ 0{,}084 \cdot 200 + 0{,}052 \cdot 300 + 0{,}631 \cdot 600 \end{bmatrix} = \begin{bmatrix} 75{,}90 \\ 21{,}50 \\ 411{,}00 \end{bmatrix}$$

Portanto, a alternativa correta é a **e**.

Usar a 2ª estratégia, em vez da primeira (que será usada na verificação), exige o saber teórico necessário para que se perceba que o problema pode ser resolvido pelo produto de matrizes. De forma geral, quanto mais conhecimento teórico reunimos sobre determinado assunto, menos trabalho "braçal" será empregado na resolução dos problemas, pois será possível avaliar a melhor estratégia na hora da resolução. Observe como a estratégia que usaremos na verificação é bem mais trabalhosa.

4. Verificando

Para fazer a verificação, usaremos a primeira estratégia, e para isso basta interpretar adequadamente o conteúdo de cada matriz dada.

Assim, para obter a quantidade de proteína ingerida, basta sabermos a quantidade de cada alimento e quanto cada grama desse alimento contém de proteína.

- Da matriz **D** sabemos que são 200 g de frutas; da matriz **M** sabemos que cada grama de fruta nos dá 0,006 g de proteína. Assim, o total de proteína obtido com a ingestão de frutas é $200 \cdot 0{,}006 = 1{,}2$ g.
- Da matriz **D** sabemos que são 300 g de leite; da matriz **M** sabemos que cada grama de leite nos dá 0,033 g de proteína. Assim, o total de proteína obtido com a ingestão de leite é $300 \cdot 0{,}033 = 9{,}9$ g.
- Da matriz **D** sabemos que são 600 g de cereais; da matriz **M** sabemos que cada grama de cereais nos dá 0,108 g de proteína. Assim, o total de proteína obtido com a ingestão de cereais é $600 \cdot 0{,}108 = 64{,}8$ g.

Assim, o total de proteína ingerido é $1{,}2 + 9{,}9 + 64{,}8 = 75{,}9$ g.

É interessante notar que esse resultado já é suficiente para que possamos verificar que a resposta obtida estava correta, pois a alternativa **e** é a única que contém 75,9 g de proteínas na matriz resposta.

Outra coisa a ressaltar é que essa estratégia, também correta, é mais trabalhosa que a estratégia escolhida para obter a solução (2ª estratégia), pois para obter a matriz resposta toda ainda faltaria fazer os cálculos para gorduras e carboidratos, de forma análoga ao que fizemos para o cálculo das proteínas.

5. Respondendo

A resposta é a alternativa **e**.

6. Ampliando o problema

a) Suponha que os atletas dessa equipe necessitem também de certa quantidade de vitamina C, que é fornecida por frutas, leite e cereais em determinadas quantidades. Com essa introdução da necessidade de vitamina C, o que mudaria nas matrizes **D** e **M** para que a matriz resposta contivesse também a quantidade de vitamina C, além de proteínas, gorduras e carboidratos?

b) **Discussão em equipe**

A profissão de nutricionista está cada vez mais presente nos vários setores da vida cotidiana, seja preparando uma dieta para pessoas que precisam controlar seu "peso" ou têm problemas de saúde, seja estabelecendo cardápios adequados para atletas de várias modalidades esportivas. Converse com seus colegas e discutam se uma alimentação adequada influi na prática de esportes.

Exercícios propostos

32. Só definimos o produto AB de duas matrizes quando o número de colunas de **A** for igual ao número de linhas de **B**. Então, associe **V** ou **F** a cada uma das seguintes afirmações:

a) Se A é uma matriz 3×1 e **B** é uma matriz 1×2, existe o produto AB.

b) Se $A = \begin{pmatrix} 1 \\ 3 \\ 5 \end{pmatrix}$ e $B = (1 \quad 5 \quad 2)$, existe o produto AB.

c) Se **A** é uma matriz 4×3 e **B** é uma matriz 1×4, existe o produto AB.

d) Se **A** e **B** são matrizes quadradas de ordem 2, então o produto AB será, também, uma matriz quadrada de ordem 2.

33. Responda, pensando na definição:

a) Dadas duas matrizes quaisquer, é sempre possível determinar o seu produto?

b) Pela definição, se **A** é uma matriz $m \times n$ e **B** é uma matriz $n \times p$, existe o produto AB? Se existe, de que tipo é a matriz AB?

c) Se **A** é uma matriz 2×3 e **B** é uma matriz 3×4, existe o produto AB?
Existindo o produto, de que tipo é a matriz AB?

d) Dadas duas matrizes quadradas de ordem **n**, seu produto sempre existe? Se existir, de que tipo é a matriz produto?

34. Seja a equação matricial $A \cdot B + X = C^t$. Se **A** e **B** são matrizes de tipos 3×4 e 4×2, respectivamente, então para que exista uma matriz **X**, solução da equação, a matriz **C** deve ser do tipo:

a) 2×3.
b) 2×4.
c) 3×2.
d) 3×3.
e) 3×4.

35. Determine os produtos:

a) $\begin{pmatrix} 6 & 5 \\ 1 & 0 \end{pmatrix}\begin{pmatrix} 2 & 4 \\ 1 & 3 \end{pmatrix}$

b) $\begin{pmatrix} 1 \\ 3 \\ 6 \end{pmatrix}(2 \quad 5 \quad 0)$

c) $\begin{bmatrix} 1 & 3 & 6 \\ 2 & 5 & 1 \\ 4 & 0 & 2 \end{bmatrix}\begin{bmatrix} 5 & 0 \\ 2 & 4 \\ 3 & 2 \end{bmatrix}$

d) $\begin{bmatrix} 5 & 1 \\ 3 & 2 \end{bmatrix}\begin{bmatrix} 0 & 5 & 1 & 6 \\ 2 & -1 & 4 & -3 \end{bmatrix}$

e) $\begin{pmatrix} 1 & 6 \\ -2 & 1 \\ 4 & 3 \end{pmatrix}\begin{pmatrix} 3 & 5 \\ -1 & 2 \end{pmatrix}$

f) $\begin{pmatrix} 5 & -4 \\ 2 & 1 \end{pmatrix}\begin{pmatrix} 7 & 4 \\ -6 & 2 \end{pmatrix}$

36. Considere as matrizes:
$A = (a_{ij})_{3 \times 4}$, onde $a_{ij} = i + j$;
$B = (b_{ij})_{4 \times 5}$, onde $b_{ij} = ij$;
$C = A \cdot B$.
Determine o valor do elemento $\mathbf{c_{32}}$.

37. Dadas as matrizes $A = \begin{pmatrix} 2 & 3 \\ 5 & 1 \end{pmatrix}$ e $B = \begin{pmatrix} 3 & 1 \\ 2 & 1 \end{pmatrix}$, determine:

a) $\mathbf{A^2}$, em que $A^2 = AA$;
b) $\mathbf{B^2}$, em que $B^2 = BB$;
c) $(A + B)(A - B)$;
d) $A^2 - B^2$.

Fique atento
Só podemos calcular A^2 quando **A** é matriz quadrada.

38. Observando os resultados obtidos no exercício anterior, responda: Para essas matrizes **A** e **B** vale a igualdade $(A + B)(A - B) = A^2 - B^2$?

39. Sejam as matrizes $A = \begin{pmatrix} 2 & 3 \\ 1 & 4 \end{pmatrix}$ e $B = \begin{pmatrix} 1 & -1 \\ 2 & 5 \end{pmatrix}$.

Determine:

a) A^2;
b) B^2;
c) AB;
d) 2AB;
e) $(A + B)^2$;
f) $A^2 + 2AB + B^2$.

40. Observando os resultados obtidos no exercício anterior, responda: Para essas matrizes **A** e **B** vale a igualdade $(A + B)^2 = A^2 + 2AB + B^2$?

41. Determine o produto AB quando:

a) $A = \begin{pmatrix} 4 & 1 \\ 8 & 2 \end{pmatrix}$ e $B = \begin{pmatrix} -3 & 5 \\ 12 & -20 \end{pmatrix}$;

b) $A = \begin{pmatrix} 5 & 1 \\ 10 & 2 \end{pmatrix}$ e $B = \begin{pmatrix} 3 & -2 \\ -15 & 10 \end{pmatrix}$.

42. Observando os resultados obtidos no exercício anterior, responda: O produto de duas matrizes não nulas pode resultar numa matriz nula?

43. Sendo $A = \begin{pmatrix} 3 & -1 \\ 0 & 1 \end{pmatrix}$ e $B = \begin{pmatrix} 0 & 2 \\ -2 & -1 \end{pmatrix}$, determine:

a) A^tB;
b) AB^t;
c) A^tB^t;
d) B^tA^t;
e) $(AB)^t$.

44. Para a fabricação de caminhões, uma indústria montadora precisa de eixos e rodas para seus três modelos, com a seguinte especificação:

COMPONENTES \ MODELO	A	B	C
Eixos	2	3	4
Rodas	4	6	8

Para os dois primeiros meses do ano, a produção da fábrica deverá seguir a tabela ao lado:

MODELO \ MESES	Janeiro	Fevereiro
A	30	20
B	25	18
C	20	15

Usando a multiplicação de matrizes, responda: Nessas condições, quantos eixos e quantas rodas são necessários em cada um dos meses para que a montadora atinja a produção planejada?

Propriedades da multiplicação de matrizes

Já conhecemos as propriedades da multiplicação dos números reais; veremos agora que apenas algumas delas são válidas para a multiplicação de matrizes.

A multiplicação de matrizes não é comutativa

Observe os seguintes exemplos:

1º) Dadas as matrizes $A = \begin{pmatrix} 2 & 5 \\ -1 & 3 \end{pmatrix}$ e $B = \begin{pmatrix} -3 & 2 \\ 4 & 6 \end{pmatrix}$ vamos calcular AB e BA.

$$AB = \begin{pmatrix} 2 & 5 \\ -1 & 3 \end{pmatrix}\begin{pmatrix} -3 & 2 \\ 4 & 6 \end{pmatrix} = \begin{pmatrix} 14 & 34 \\ 15 & 16 \end{pmatrix} \qquad BA = \begin{pmatrix} -3 & 2 \\ 4 & 6 \end{pmatrix}\begin{pmatrix} 2 & 5 \\ -1 & 3 \end{pmatrix} = \begin{pmatrix} -8 & -9 \\ 2 & 38 \end{pmatrix}$$

Notamos que $AB \neq BA$.

2º) Vejamos agora para $A = \begin{bmatrix} 1 & 0 \\ -1 & 1 \end{bmatrix}$ e $B = \begin{bmatrix} 2 & 0 \\ 1 & 2 \end{bmatrix}$.

A é de ordem 2 e **B** é de ordem 2. Logo podemos calcular AB e também BA.

$$AB = \begin{bmatrix} 1 & 0 \\ -1 & 1 \end{bmatrix}\begin{bmatrix} 2 & 0 \\ 1 & 2 \end{bmatrix} = \begin{bmatrix} 2 & 0 \\ -1 & 2 \end{bmatrix} \qquad BA = \begin{bmatrix} 2 & 0 \\ 1 & 2 \end{bmatrix}\begin{bmatrix} 1 & 0 \\ -1 & 1 \end{bmatrix} = \begin{bmatrix} 2 & 0 \\ -1 & 2 \end{bmatrix}$$

Quando AB = BA, dizemos que as matrizes **A** e **B** comutam, ou **A** comuta com **B**, ou **A** e **B** são comutáveis. Mas devemos lembrar que a multiplicação de matrizes não é comutativa, ou seja, AB nem sempre é igual a BA.

Fique atento

- Com números reais: $a \cdot b = b \cdot a, \forall a, b \in \mathbb{R}$.
- Com matrizes: AB e BA podem ou não ter resultados iguais.

Na multiplicação de matrizes não vale a propriedade do cancelamento

Dadas as matrizes $A = \begin{pmatrix} 1 & 2 \\ 1 & 2 \end{pmatrix}$, $B = \begin{pmatrix} 3 & 0 \\ 4 & 7 \end{pmatrix}$ e $C = \begin{pmatrix} 11 & 2 \\ 0 & 6 \end{pmatrix}$, vamos calcular AB e AC.

$$AB = \begin{pmatrix} 1 & 2 \\ 1 & 2 \end{pmatrix}\begin{pmatrix} 3 & 0 \\ 4 & 7 \end{pmatrix} = \begin{pmatrix} 11 & 14 \\ 11 & 14 \end{pmatrix}$$

$$AC = \begin{pmatrix} 1 & 2 \\ 1 & 2 \end{pmatrix}\begin{pmatrix} 11 & 2 \\ 0 & 6 \end{pmatrix} = \begin{pmatrix} 11 & 14 \\ 11 & 14 \end{pmatrix}$$

Você sabia

Com números reais, se $ab = ac$, com $a \neq 0$, então $b = c$.

Note que podemos ter $AB = AC$, com $B \neq C$.

Se **A**, **B** e **C** são matrizes tal que AB = AC, não podemos garantir que **B** e **C** sejam iguais.

Na multiplicação de matrizes não vale a propriedade do anulamento

Dadas as matrizes $A = \begin{pmatrix} 1 & -1 \\ -2 & 2 \end{pmatrix}$ e $B = \begin{pmatrix} 5 & 5 \\ 5 & 5 \end{pmatrix}$, não nulas, vamos calcular AB.

$$AB = \begin{pmatrix} 1 & -1 \\ -2 & 2 \end{pmatrix}\begin{pmatrix} 5 & 5 \\ 5 & 5 \end{pmatrix} = \begin{pmatrix} 0 & 0 \\ 0 & 0 \end{pmatrix} = 0$$

Notamos que $AB = 0$, mas $A \neq 0$ e $B \neq 0$.

Fique atento

Com números reais, $ab = 0 \Rightarrow a = 0$ ou $b = 0$.

Se **A** e **B** são matrizes tal que $AB = 0$ (matriz nula), não podemos garantir que uma delas seja nula.

Observação: A definição de multiplicação de matrizes e o fato de ela não ser comutativa nos levam a analisar com cuidado a propriedade do elemento neutro.

Seja **A** uma matriz quadrada, por exemplo, de ordem 3: $A = \begin{bmatrix} 2 & -1 & 0 \\ 3 & 4 & 2 \\ -1 & -2 & 5 \end{bmatrix}$.

Veja o que acontece fazendo AI_3 e I_3A:

$$AI_3 = \begin{bmatrix} 2 & -1 & 0 \\ 3 & 4 & 2 \\ -1 & -2 & 5 \end{bmatrix}\begin{bmatrix} 1 & 0 & 0 \\ 0 & 1 & 0 \\ 0 & 0 & 1 \end{bmatrix} = \begin{bmatrix} 2 & -1 & 0 \\ 3 & 4 & 2 \\ -1 & -2 & 5 \end{bmatrix} = A \qquad I_3A = \begin{bmatrix} 1 & 0 & 0 \\ 0 & 1 & 0 \\ 0 & 0 & 1 \end{bmatrix}\begin{bmatrix} 2 & -1 & 0 \\ 3 & 4 & 2 \\ -1 & -2 & 5 \end{bmatrix} = \begin{bmatrix} 2 & -1 & 0 \\ 3 & 4 & 2 \\ -1 & -2 & 5 \end{bmatrix} = A$$

Agora, seja **A** uma matriz não quadrada, por exemplo, do tipo 2×3: $A = \begin{bmatrix} 5 & 3 & 1 \\ -1 & 0 & 2 \end{bmatrix}$.

Podemos fazer: $\underset{2\times 3}{A} \cdot \underset{3\times 3}{I_3} = \begin{bmatrix} 5 & 3 & 1 \\ -1 & 0 & 2 \end{bmatrix}\begin{bmatrix} 1 & 0 & 0 \\ 0 & 1 & 0 \\ 0 & 0 & 1 \end{bmatrix} = \begin{bmatrix} 5 & 3 & 1 \\ -1 & 0 & 2 \end{bmatrix} = A$

$$\underset{2\times 2}{I_2} \cdot \underset{2\times 3}{A_3} = \begin{bmatrix} 1 & 0 \\ 0 & 1 \end{bmatrix}\begin{bmatrix} 5 & 3 & 1 \\ -1 & 0 & 2 \end{bmatrix} = \begin{bmatrix} 5 & 3 & 1 \\ -1 & 0 & 2 \end{bmatrix} = A$$

Fique atento

Com números reais, $1 \cdot a = a \cdot 1 = a, \forall a \in \mathbb{R}$.

Podemos escrever:

- Se **A** é uma matriz quadrada de ordem **n**, então $AI_n = I_nA = A$.
- Se **A** é uma matriz do tipo $m \times n$, com $m \neq n$, então $AI_n = I_mA = A$.

As propriedades associativa e distributiva valem para a multiplicação de matrizes

Pode-se demonstrar que, na multiplicação de matrizes, sempre que for possível efetuar as multiplicações envolvidas, temos:

$A(BC) = (AB)C$ $\qquad (A + B)C = AC + BC$ $\qquad A(B + C) = AB + AC$

Escolha três matrizes, **A**, **B** e **C**, e verifique essas propriedades.

Para refletir

É preciso cuidado com a posição das matrizes envolvidas. Não se pode garantir, por exemplo, que A(BC) e (BA)C sejam iguais. Justifique.

Uma propriedade envolvendo transposta de matriz produto

No caso de existirem os produtos envolvidos temos mais uma propriedade da multiplicação de matrizes:

$$(AB)^t = B^tA^t$$

Para refletir

Use $A = \begin{pmatrix} 3 & -1 \\ 0 & 2 \end{pmatrix}$ e $B = \begin{pmatrix} 4 & 0 \\ -2 & -1 \end{pmatrix}$ e calcule $(AB)^t$, A^tB^t e B^tA^t.

Exercícios resolvidos

9. As matrizes $A = \begin{pmatrix} 1 & 2 \\ 3 & 0 \end{pmatrix}$ e $B = \begin{pmatrix} x & y \\ 3 & 5 \end{pmatrix}$ comutam, isto é, são tais que AB = BA. Calcule **x** e **y**.

Resolução:

$$AB = \begin{pmatrix} 1 & 2 \\ 3 & 0 \end{pmatrix}\begin{pmatrix} x & y \\ 3 & 5 \end{pmatrix} = \begin{pmatrix} 1x + 2 \cdot 3 & 1y + 2 \cdot 5 \\ 3x + 0 \cdot 3 & 3y + 0 \cdot 5 \end{pmatrix} =$$

$$= \begin{pmatrix} x + 6 & y + 10 \\ 3x & 3y \end{pmatrix}$$

$$BA = \begin{pmatrix} x & y \\ 3 & 5 \end{pmatrix}\begin{pmatrix} 1 & 2 \\ 3 & 0 \end{pmatrix} =$$

$$= \begin{pmatrix} x \cdot 1 + 3y & x \cdot 2 + y \cdot 0 \\ 3 \cdot 1 + 5 \cdot 3 & 3 \cdot 2 + 5 \cdot 0 \end{pmatrix} = \begin{pmatrix} x + 3y & 2x \\ 18 & 6 \end{pmatrix}$$

Como AB = BA, pela igualdade de matrizes, temos:

$$\begin{cases} x + 6 = x + 3y \\ y + 10 = 2x \\ 3x = 18 \\ 3y = 6 \end{cases}$$

Resolvendo o sistema:

$3x = 18 \Rightarrow x = 6$

$3y = 6 \Rightarrow y = 2$

Esses valores satisfazem também as outras duas equações.

> **Para refletir**
>
> Verifique que $x = 6$ e $y = 2$ satisfazem as equações $y + 10 = 2x$ e $x + 6 = x + 3y$.

10. Dadas as matrizes $A = \begin{pmatrix} 1 & 0 & 0 \\ 0 & -1 & 2 \\ 2 & 0 & 1 \end{pmatrix}$ e $B = \begin{pmatrix} 2 \\ 3 \\ 1 \end{pmatrix}$, determine a matriz **X** na equação matricial AX = B.

Resolução:

Pela definição de multiplicação de matrizes, a matriz **X** deve ter:

- número de linhas = número de colunas de **A**;
- número de colunas = número de colunas de **B**.

Logo, **X** é uma matriz 3 × 1, ou seja, $X = \begin{pmatrix} x \\ y \\ z \end{pmatrix}$.

Então:

$$\begin{pmatrix} 1 & 0 & 0 \\ 0 & -1 & 2 \\ 2 & 0 & 1 \end{pmatrix}\begin{pmatrix} x \\ y \\ z \end{pmatrix} = \begin{pmatrix} 2 \\ 3 \\ 1 \end{pmatrix} \Rightarrow \begin{pmatrix} x \\ -y + 2z \\ 2x + z \end{pmatrix} = \begin{pmatrix} 2 \\ 3 \\ 1 \end{pmatrix}$$

Pela igualdade de matrizes, temos:

$$\begin{cases} x = 2 \\ -y + 2z = 3 \\ 2x + z = 1 \end{cases}$$

$x = 2$

$2x + z = 1 \Rightarrow 2(2) + z = 1 \Rightarrow 4 + z = 1 \Rightarrow z = -3$

$-y + 2z = 3 \Rightarrow -y + 2(-3) = 3 \Rightarrow -y - 6 = 3 \Rightarrow$

$\Rightarrow -y = 9 \Rightarrow y = -9$

Logo, a matriz procurada é $X = \begin{pmatrix} 2 \\ -9 \\ -3 \end{pmatrix}$.

11. Sendo $A = \begin{pmatrix} 2 & 1 \\ 0 & 3 \end{pmatrix}$, determine a matriz **X** tal que $AX = I_2$.

Resolução:

X é uma matriz quadrada de ordem 2, ou seja, $X = \begin{pmatrix} a & b \\ c & d \end{pmatrix}$.

Então:

$$\begin{pmatrix} 2 & 1 \\ 0 & 3 \end{pmatrix}\begin{pmatrix} a & b \\ c & d \end{pmatrix} = \begin{pmatrix} 1 & 0 \\ 0 & 1 \end{pmatrix} \Rightarrow$$

$$\Rightarrow \begin{pmatrix} 2a + c & 2b + d \\ 0a + 3c & 0b + 3d \end{pmatrix} = \begin{pmatrix} 1 & 0 \\ 0 & 1 \end{pmatrix}$$

Pela igualdade de matrizes, temos o seguinte sistema de equações:

$\begin{cases} 2a + c = 1 \\ 2b + d = 0 \\ 3c = 0 \\ 3d = 1 \end{cases}$, que resolvido nos dá $a = \frac{1}{2}$, $b = -\frac{1}{6}$, $c = 0$ e $d = \frac{1}{3}$.

Logo, a matriz pedida é:

$$X = \begin{pmatrix} \frac{1}{2} & -\frac{1}{6} \\ 0 & \frac{1}{3} \end{pmatrix}$$

Exercícios propostos

45. Sendo:

$A = \begin{pmatrix} 0 & 2 \\ 3 & 1 \end{pmatrix}$, $B = \begin{pmatrix} 1 & 2 \\ 3 & 2 \end{pmatrix}$ e $C = \begin{pmatrix} 1 & 3 \\ 3 & 0 \end{pmatrix}$, verifique que:

a) $AB = BA$;

b) $A(BC) = (AB)C$;

c) $A(B + C) = AB + AC$;

d) $BC \neq CB$;

e) $BI_2 = I_2B = B$.

46. Sendo $A = \begin{pmatrix} 2 & 1 \\ 4 & -2 \end{pmatrix}$ e $B = \begin{pmatrix} 1 & 2 \\ 5 & 0 \end{pmatrix}$, mostre que $(AB)^2 \neq A^2B^2$.

47. Sendo $A = \begin{pmatrix} 5 & 2 \\ -1 & 6 \end{pmatrix}$, determine a matriz **X** tal que $AX = A$.

48. Dado $A = \begin{pmatrix} 6 & 4 \\ 1 & 3 \end{pmatrix}$, determine o produto AI_2.

49. Se $A = \begin{pmatrix} mn & -m^2 \\ n^2 & -mn \end{pmatrix}$, prove que $A^2 = 0$, quaisquer que sejam **m** e **n**.

50. Sendo $A = \begin{pmatrix} 2 & 3 \\ 1 & 2 \end{pmatrix}$ e $B = \begin{pmatrix} 0 & 3 \\ 1 & 0 \end{pmatrix}$, mostre que $A^2 - 4B - 7I_2 = 0$.

51. Considere **A** e **B** matrizes quadradas de mesma ordem. As afirmações $(A + B)^2 = A^2 + 2AB + B^2$ e $(A + B)(A - B) = A^2 - B^2$ podem ou não ser verdadeiras.

Justifique e diga em que casos elas são verdadeiras.

> **Para refletir**
>
> Se **a** e **b** são números reais, as afirmações $(a + b)^2 = a^2 + 2ab + b^2$ e $(a + b)(a - b) = a^2 - b^2$ são sempre verdadeiras. Justifique.

52. Calcule a matriz **X** sabendo que:

a) $A = \begin{pmatrix} 4 & 1 \\ 2 & -1 \end{pmatrix}$, $B = \begin{pmatrix} 24 \\ 6 \end{pmatrix}$ e $AX = B$

b) $A = \begin{pmatrix} 1 & 2 \\ 0 & 1 \end{pmatrix}$, $B = \begin{pmatrix} 2 \\ 1 \end{pmatrix}$ e $AX = B$

c) $X\begin{pmatrix} 2 & 4 \\ 2 & 5 \end{pmatrix} = I_2$

d) $A = \begin{pmatrix} 1 & 3 \\ 4 & -3 \end{pmatrix}$, $B = \begin{pmatrix} 6 \\ 4 \end{pmatrix}$ e $AX = 3B$

53. Se $A = \begin{pmatrix} a & 0 \\ 0 & b \end{pmatrix}$, calcule **a** e **b** para que $A^2 = I_2$.

54. Mostre a propriedade $(AB)^t = B^tA^t$ no caso de **A** e **B** serem matrizes quadradas de ordem 2.

15 Matriz inversa de uma matriz dada

Dada uma matriz quadrada **A**, de ordem **n**, se **X** é uma matriz tal que $AX = I_n$ e $XA = I_n$, então **X** é denominada *matriz inversa* de **A** e é indicada por A^{-1}. Lembre-se de que **I** é a matriz identidade.

Quando existe a matriz inversa de **A**, dizemos que **A** é uma matriz invertível ou não singular.

Exemplo:

A matriz $A = \begin{pmatrix} 1 & -1 \\ 2 & 0 \end{pmatrix}$ é invertível e sua matriz inversa

é $A^{-1} = \begin{pmatrix} 0 & \frac{1}{2} \\ -1 & \frac{1}{2} \end{pmatrix}$.

> **Fique atento**
>
> Todo número real **a** diferente de zero possui o inverso multiplicativo $\mathbf{a^{-1}}$, pois $aa^{-1} = a^{-1}a = 1$.
> Dada uma matriz quadrada $n \times n$, nem sempre existe uma matriz **B**, do tipo $n \times n$, tal que $AB = BA = I_n$.

Note que $\begin{pmatrix} 1 & -1 \\ 2 & 0 \end{pmatrix} \begin{pmatrix} 0 & \frac{1}{2} \\ -1 & \frac{1}{2} \end{pmatrix} = \underbrace{\begin{pmatrix} 1 & 0 \\ 0 & 1 \end{pmatrix}}_{I_2}$ e $\begin{pmatrix} 0 & \frac{1}{2} \\ -1 & \frac{1}{2} \end{pmatrix} \begin{pmatrix} 1 & -1 \\ 2 & 0 \end{pmatrix} = \underbrace{\begin{pmatrix} 1 & 0 \\ 0 & 1 \end{pmatrix}}_{I_2}$.

Para refletir

Verifique as multiplicações efetuadas.

Então, **A** é invertível e $A^{-1} = \begin{pmatrix} 0 & \frac{1}{2} \\ -1 & \frac{1}{2} \end{pmatrix}$, ou seja, $AA^{-1} = A^{-1} \cdot A = I_2$.

Observação: A existência ou não da matriz inversa e sua determinação, quando existir, serão analisadas nos próximos exercícios. Optaremos pela obtenção da matriz inversa a partir da resolução de sistemas lineares, método que se mostra não muito prático com matrizes de ordens maiores do que 2. Existem outros métodos de determinação da matriz inversa, usando determinantes (que serão estudados no capítulo 8). Entretanto, mesmo esses outros métodos não são práticos. A noção teórica da matriz inversa é muito mais importante que a sua determinação prática.

Exercícios resolvidos

12. Verifique se existe e, em caso afirmativo, determine a matriz inversa de $A = \begin{pmatrix} 5 & 8 \\ 2 & 3 \end{pmatrix}$.

Resolução:

Seja **X** a matriz quadrada de ordem 2 procurada, isto é, $X = \begin{pmatrix} a & b \\ c & d \end{pmatrix}$.

Pela definição, inicialmente devemos ter:

$$\begin{pmatrix} 5 & 8 \\ 2 & 3 \end{pmatrix} \begin{pmatrix} a & b \\ c & d \end{pmatrix} = \begin{pmatrix} 1 & 0 \\ 0 & 1 \end{pmatrix} \Rightarrow$$

$$\Rightarrow \begin{pmatrix} 5a + 8c & 5b + 8d \\ 2a + 3c & 2b + 3d \end{pmatrix} = \begin{pmatrix} 1 & 0 \\ 0 & 1 \end{pmatrix}$$

Pela igualdade de matrizes, temos os sistemas:

Ⓘ $\begin{cases} 5a + 8c = 1 \\ 2a + 3c = 0 \end{cases}$, que resolvido nos dá $a = -3$ e $c = 2$.

Ⓘⓘ $\begin{cases} 5b + 8d = 0 \\ 2b + 3d = 1 \end{cases}$, que resolvido nos dá $b = 8$ e $d = -5$.

Daí, temos $X = \begin{pmatrix} a & b \\ c & d \end{pmatrix} = \begin{pmatrix} -3 & 8 \\ 2 & -5 \end{pmatrix}$, para a qual $AX = I_2$.

A seguir, verificamos se $XA = I_2$:

$$\begin{pmatrix} -3 & 8 \\ 2 & -5 \end{pmatrix} \begin{pmatrix} 5 & 8 \\ 2 & 3 \end{pmatrix} = \begin{pmatrix} 1 & 0 \\ 0 & 1 \end{pmatrix}$$

Então, podemos dizer que $\begin{pmatrix} -3 & 8 \\ 2 & -5 \end{pmatrix}$ é a matriz inversa de $\begin{pmatrix} 5 & 8 \\ 2 & 3 \end{pmatrix}$, ou seja, $A^{-1} = \begin{pmatrix} -3 & 8 \\ 2 & -5 \end{pmatrix}$.

13. Determine a matriz inversa de $A = \begin{pmatrix} 3 & 2 \\ 6 & 4 \end{pmatrix}$, se existir.

Resolução:

Seja **X** a matriz quadrada de ordem 2 procurada tal que $X = \begin{pmatrix} a & b \\ c & d \end{pmatrix}$.

Pela definição, devemos ter inicialmente:

$$\begin{pmatrix} 3 & 2 \\ 6 & 4 \end{pmatrix} \begin{pmatrix} a & b \\ c & d \end{pmatrix} = \begin{pmatrix} 1 & 0 \\ 0 & 1 \end{pmatrix} \Rightarrow$$

$$\Rightarrow \begin{pmatrix} 3a + 2c & 3b + 2d \\ 6a + 4c & 6b + 4d \end{pmatrix} = \begin{pmatrix} 1 & 0 \\ 0 & 1 \end{pmatrix}$$

Pela igualdade de matrizes, temos os sistemas:

Ⓘ $\begin{cases} 3a + 2c = 1 \quad \cdot(-2) \\ 6a + 4c = 0 \end{cases} \Rightarrow$

$$\Rightarrow \begin{cases} \cancel{-6a} - \cancel{4c} = -2 \\ \cancel{6a} + \cancel{4c} = 0 \end{cases}$$
$$0 = -2 \text{ (impossível)}$$

Ⓘⓘ $\begin{cases} 3b + 2d = 0 \\ 6b + 4d = 1 \end{cases}$

Se o sistema Ⓘ é impossível, não há necessidade da resolução do sistema Ⓘⓘ.

Podemos afirmar que a matriz **A** não admite inversa ou que a matriz **A** não é invertível ou que é singular.

Exercícios propostos

55. Determine, se existir, a inversa de cada uma das seguintes matrizes:

a) $A = \begin{pmatrix} 1 & 3 \\ 0 & 2 \end{pmatrix}$ b) $A = \begin{pmatrix} 5 & 10 \\ 2 & 4 \end{pmatrix}$

56. Se $A = \begin{pmatrix} 1 & 2 \\ 2 & 1 \end{pmatrix}$, determine $(A^{-1})^t$.

57. $A = \begin{pmatrix} 1 & 0 \\ 0 & 1 \end{pmatrix}$ é uma matriz quadrada de ordem 2.

Determine $(A + A^{-1})^2$.

58. Dadas as matrizes $A = \begin{pmatrix} 3 & 2 \\ 7 & 5 \end{pmatrix}$ e $B = \begin{pmatrix} 1 & 1 \\ -1 & 1 \end{pmatrix}$, calcule $AB + A^{-1}$.

16 Equações matriciais

Definidas as operações de adição, subtração e multiplicação de matrizes e multiplicação de um número real por uma matriz, já é possível resolver equações cujas incógnitas são matrizes.

Essas equações são chamadas de *equações matriciais*.

Exercícios resolvidos

14. Sendo $A = \begin{pmatrix} 1 & -3 \\ 1 & 5 \\ 2 & 0 \end{pmatrix}$ e $B = \begin{pmatrix} -1 & -3 \\ 1 & -5 \\ 2 & 4 \end{pmatrix}$, obtenha a matriz **X** tal que $X + A = B$.

Para refletir

Verifique em cada passagem abaixo qual foi a propriedade usada.

Resolução:

$X + A = B \Rightarrow X + A + (-A) = B + (-A) \Rightarrow$
$\Rightarrow X + 0 = B - A \Rightarrow X = B - A$

$$X = \begin{pmatrix} -1 & -3 \\ 1 & -5 \\ 2 & 4 \end{pmatrix} - \begin{pmatrix} 1 & -3 \\ 1 & 5 \\ 2 & 0 \end{pmatrix} =$$

$$= \begin{pmatrix} -1 & -3 \\ 1 & -5 \\ 2 & 4 \end{pmatrix} + \begin{pmatrix} -1 & 3 \\ -1 & -5 \\ -2 & 0 \end{pmatrix} = \begin{pmatrix} -2 & 0 \\ 0 & -10 \\ 0 & 4 \end{pmatrix}$$

Logo, a matriz pedida é $X = \begin{pmatrix} -2 & 0 \\ 0 & -10 \\ 0 & 4 \end{pmatrix}$.

15. Resolva o sistema de equações matriciais, ou seja, determine as matrizes **X** e **Y** tal que

$\begin{cases} X + Y = A + 3B \\ 2X - Y = 3A - 2B \end{cases}$, em que $A = \begin{pmatrix} 3 & 0 \\ -1 & 2 \end{pmatrix}$ e $B = \begin{pmatrix} 1 & -2 \\ 0 & 4 \end{pmatrix}$.

Fique atento

Verifique que a resolução é feita usando as propriedades das operações estudadas com matrizes.

Resolução:

Vamos, inicialmente, resolver o sistema:

$$\begin{cases} X + Y = A + 3B \\ 2X - Y = 3A - 2B \end{cases}$$

$$\begin{array}{l} X + \cancel{Y} = A + 3B \\ 2X - \cancel{Y} = 3A - 2B \\ \hline 3X = 4A + B \Rightarrow X = \dfrac{4A + B}{3} \end{array}$$

$X + Y = A + 3B \Rightarrow \dfrac{4A + B}{3} + Y = A + 3B \Rightarrow$

$\Rightarrow 4A + B + 3Y = 3A + 9B \Rightarrow$

$\Rightarrow 3Y = 3A + 9B - 4A - B \Rightarrow$

$\Rightarrow 3Y = 8B - A \Rightarrow Y = \dfrac{8B - A}{3}$

Cálculo da matriz **X**:

$X = \dfrac{4A + B}{3} = \dfrac{4}{3}A + \dfrac{1}{3}B \Rightarrow$

$\Rightarrow X = \dfrac{4}{3}\begin{pmatrix} 3 & 0 \\ -1 & 2 \end{pmatrix} + \dfrac{1}{3}\begin{pmatrix} 1 & -2 \\ 0 & 4 \end{pmatrix} =$

$= \begin{pmatrix} 4 & 0 \\ -\dfrac{4}{3} & \dfrac{8}{3} \end{pmatrix} + \begin{pmatrix} \dfrac{1}{3} & -\dfrac{2}{3} \\ 0 & \dfrac{4}{3} \end{pmatrix} = \begin{pmatrix} \dfrac{13}{3} & -\dfrac{2}{3} \\ -\dfrac{4}{3} & 4 \end{pmatrix}$

Cálculo da matriz **Y**:

$$Y = \frac{8B - A}{3} = \frac{8}{3}B - \frac{1}{3}A \Rightarrow$$

$$\Rightarrow Y = \frac{8}{3}\begin{pmatrix} 1 & -2 \\ 0 & 4 \end{pmatrix} - \frac{1}{3}\begin{pmatrix} 3 & 0 \\ -1 & 2 \end{pmatrix} =$$

$$= \begin{pmatrix} \frac{8}{3} & -\frac{16}{3} \\ 0 & \frac{32}{3} \end{pmatrix} - \begin{pmatrix} 1 & 0 \\ -\frac{1}{3} & \frac{2}{3} \end{pmatrix} = \begin{pmatrix} \frac{5}{3} & -\frac{16}{3} \\ \frac{1}{3} & 10 \end{pmatrix}$$

Exercícios propostos

59. Determine a matriz **X** tal que $X - A + B = 0$, sendo dados $A = \begin{pmatrix} 3 \\ -2 \\ 5 \end{pmatrix}$ e $B = \begin{pmatrix} 1 \\ -2 \\ 4 \end{pmatrix}$.

60. Qual é a matriz **X** solução da equação $\begin{pmatrix} 0 & 1 \\ 1 & 0 \end{pmatrix} + X = \begin{pmatrix} 1 & 0 \\ 0 & 1 \end{pmatrix}$?

61. Sendo $A = \begin{bmatrix} 2 & 1 \\ 3 & -1 \end{bmatrix}$, $B = \begin{bmatrix} -1 & 2 \\ 1 & 0 \end{bmatrix}$ e $C = \begin{bmatrix} 4 & -1 \\ 2 & 1 \end{bmatrix}$, determine a matriz **X** que verifica a igualdade $3(X - A) = 2(B + X) + 6C$.

62. Sabe-se que $A = \begin{pmatrix} 1 & 2 \\ 0 & 1 \end{pmatrix}$ e $B = \begin{pmatrix} 1 & 2 \\ 1 & 1 \end{pmatrix}$. Calcule as matrizes **X** e **Y** que verificam as condições

$$\begin{cases} 2X + Y = 3A + B \\ X - Y = 2A - 3B \end{cases}$$

63. Sabendo que $A = \begin{pmatrix} 1 & 0 \\ -1 & 1 \end{pmatrix}$ e $B = \begin{pmatrix} 2 & 5 \\ 3 & -1 \end{pmatrix}$:

a) verifique se $A^{-1} = \begin{pmatrix} 1 & 0 \\ 1 & 1 \end{pmatrix}$;

b) determine **X** tal que $AX = B$.

17 Aplicações de matrizes

Exercícios resolvidos

16. *Computação gráfica: rotação, escala e translação*

As imagens em uma tela de computador são na verdade formadas por pequenos pontos (*pixels*) que são elementos de uma matriz. Uma imagem de resolução 800×600 tem $800 \cdot 600 = 480\,000$ *pixels* em 800 colunas e 600 linhas. Quando um programa gráfico altera a posição da imagem, gira a imagem ou muda a escala da imagem, na verdade está mudando a posição dos *pixels* que a formam. Isso tudo é feito por operações de matrizes, e em computação gráfica é o que se chama de transformação geométrica.

Basicamente, as transformações geométricas no plano são três: rotação, escala e translação.

Observe nas figuras a seguir um △ABC sujeito a cada uma dessas transformações:

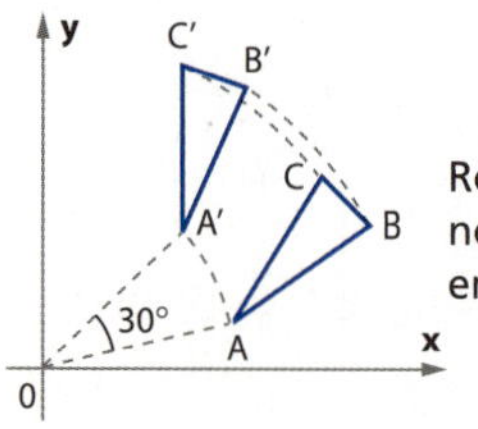

Rotação do △ABC, de 30° no sentido anti-horário, em torno da origem.

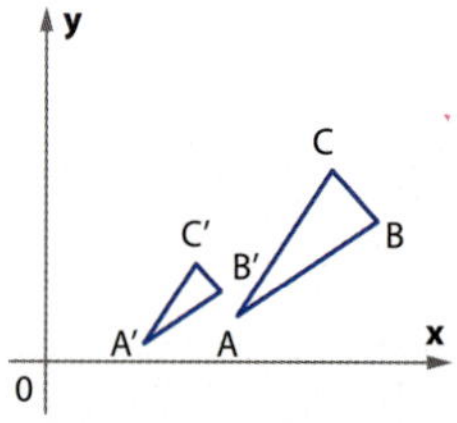

Mudança de escala do △ABC em 50%.

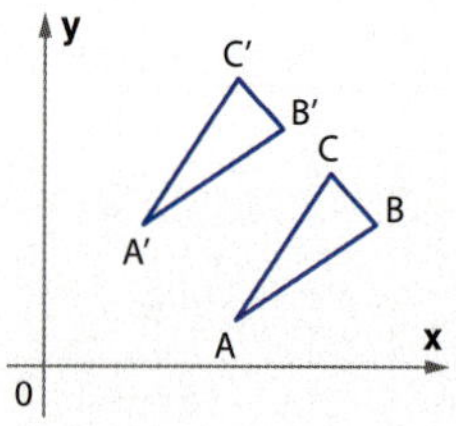

Translação do △ABC em 2 unidades para a esquerda e 2 unidades para cima.

Rotação: Uma rotação de α graus de um ponto (**x**, **y**), no sentido anti-horário e em torno da origem, é feita a partir da multiplicação da matriz $R = \begin{bmatrix} \cos\alpha & -\text{sen}\ \alpha \\ \text{sen}\ \alpha & \cos\alpha \end{bmatrix}$ pela matriz $P = \begin{bmatrix} x \\ y \end{bmatrix}$, gerando uma matriz $P' = \begin{bmatrix} x' \\ y' \end{bmatrix}$, com a nova posição (x', y') dos pontos após a rotação: $P' = RP$.

Escala: Uma mudança de escala de um ponto (x, y) em relação à origem, usando um fator multiplicativo Sx para a coordenada **x** e um fator Sy para a coordenada **y**, é feita usando-se a matriz $E = \begin{bmatrix} Sx & 0 \\ 0 & Sy \end{bmatrix}$ e a matriz $P = \begin{bmatrix} x \\ y \end{bmatrix}$, de forma que $P' = EP$.

Translação: Já uma translação de um ponto (x, y) de Tx unidades para a direita na coordenada **x** e Ty unidades para cima na coordenada **y** é feita pela soma da matriz $T = \begin{bmatrix} Tx \\ Ty \end{bmatrix}$, com a matriz $P = \begin{bmatrix} x \\ y \end{bmatrix}$, gerando uma matriz $P' = \begin{bmatrix} x' \\ y' \end{bmatrix}$, com a nova posição (x', y') dos pontos após a translação: $P' = T + P$.

Com base no texto anterior:

a) encontre a nova posição do ponto (2, 3) após uma rotação de 90° no sentido anti-horário, em torno da origem;

b) escale as duas coordenadas do ponto (2, 3) em 100%;

c) traslade o ponto (2, 3) em 4 unidades para cima e 3 unidades para a esquerda.

Resolução:

a) $\begin{bmatrix} x' \\ y' \end{bmatrix} = \begin{bmatrix} \cos 90° & -\text{sen } 90° \\ \text{sen } 90° & \cos 90° \end{bmatrix} \cdot \begin{bmatrix} 2 \\ 3 \end{bmatrix} =$

$= \begin{bmatrix} 0 & -1 \\ 1 & 0 \end{bmatrix} \cdot \begin{bmatrix} 2 \\ 3 \end{bmatrix} = \begin{bmatrix} -3 \\ 2 \end{bmatrix}$

Portanto, a nova posição será (−3, 2).

b) Aumentar 100% é multiplicar por 2. Assim, $Sx = 2$ e $Sy = 2$. Logo:

$\begin{bmatrix} x' \\ y' \end{bmatrix} = \begin{bmatrix} 2 & 0 \\ 0 & 2 \end{bmatrix} \cdot \begin{bmatrix} 2 \\ 3 \end{bmatrix} = \begin{bmatrix} 4 \\ 6 \end{bmatrix}$

Portanto, a nova posição será (4, 6).

c) Para $Tx = -3$ e $Ty = 4$, vem:

$\begin{bmatrix} x' \\ y' \end{bmatrix} = \begin{bmatrix} -3 \\ 4 \end{bmatrix} + \begin{bmatrix} 2 \\ 3 \end{bmatrix} = \begin{bmatrix} -1 \\ 7 \end{bmatrix}$

Logo, a nova posição será (−1, 7).

17. *Computação gráfica: composição de transformações geométricas*

Uma operação de translação no plano, em princípio, não é uma operação de multiplicação de matrizes, o que dificulta a composição de transformações geométricas. Para facilitar a composição das transformações geométricas (rotação, escala e translação), tornando em multiplicação de matrizes todas essas operações, é necessário usar coordenadas homogêneas, em que um ponto (x, y) do plano é descrito pela matriz $\begin{bmatrix} x \\ y \\ 1 \end{bmatrix}$. Usando-se coordenadas homogêneas, as matrizes **R** de rotação, **E** de escala e **T** de translação são, respectivamente, $R = \begin{bmatrix} \cos\alpha & -\text{sen }\alpha & 0 \\ \text{sen }\alpha & \cos\alpha & 0 \\ 0 & 0 & 1 \end{bmatrix}$,

$E = \begin{bmatrix} Sx & 0 & 0 \\ 0 & Sy & 0 \\ 0 & 0 & 1 \end{bmatrix}$ e $T = \begin{bmatrix} 1 & 0 & Tx \\ 0 & 1 & Ty \\ 0 & 0 & 1 \end{bmatrix}$.

Na composição de transformações geométricas usando-se coordenadas homogêneas, basta multiplicar o ponto original pela sequência inversa das transformações que afetarão o(s) ponto(s). Por exemplo, para rotacionar, escalar e transladar um ponto **P**, nessa ordem (ou seja, primeiro rotacionar, depois escalar e finalmente transladar), obtém-se o ponto **P'** fazendo as seguintes multiplicações: $P' = TERP$.

Com base no texto anterior, gire em 30° no sentido horário o segmento AB em torno do ponto **A** sabendo que **A**(2, 5) e **B**(4, 3).

Resolução:

Não podemos simplesmente fazer uma rotação, pois o ponto **A** não é a origem. Assim, primeiro deve-se transladar o segmento AB para A'B' de tal forma que **A'**(0, 0). Em seguida, rotaciona-se o ponto **B'** e, finalmente, translada-se o segmento devolvendo o ponto **A'** para a coordenada original.

1ª transformação: translação com $Tx = -2$ e $Ty = -5$ para **A** e **B**

2ª transformação: rotação de 30° em **B**

3ª transformação: translação com $Tx = 2$ e $Ty = 5$ para **A** e **B**

O ponto **B**, portanto, será obtido de:

$$\begin{bmatrix} x' \\ y' \\ 1 \end{bmatrix} = \begin{bmatrix} 1 & 0 & 2 \\ 0 & 1 & 5 \\ 0 & 0 & 1 \end{bmatrix} \cdot \begin{bmatrix} \frac{\sqrt{3}}{2} & -\frac{1}{2} & 0 \\ \frac{1}{2} & \frac{\sqrt{3}}{2} & 0 \\ 0 & 0 & 1 \end{bmatrix} \cdot \begin{bmatrix} 1 & 0 & -2 \\ 0 & 1 & -5 \\ 0 & 0 & 1 \end{bmatrix} \cdot$$

$$\cdot \begin{bmatrix} 4 \\ 3 \\ 1 \end{bmatrix} = \begin{bmatrix} 1 & 0 & 2 \\ 0 & 1 & 5 \\ 0 & 0 & 1 \end{bmatrix} \cdot \begin{bmatrix} \frac{\sqrt{3}}{2} & -\frac{1}{2} & 0 \\ \frac{1}{2} & \frac{\sqrt{3}}{2} & 0 \\ 0 & 0 & 1 \end{bmatrix} \cdot \begin{bmatrix} 2 \\ -2 \\ 1 \end{bmatrix} =$$

$$= \begin{bmatrix} 1 & 0 & 2 \\ 0 & 1 & 5 \\ 0 & 0 & 1 \end{bmatrix} \cdot \begin{bmatrix} \sqrt{3} + 1 \\ 1 - \sqrt{3} \\ 1 \end{bmatrix} = \begin{bmatrix} \sqrt{3} + 3 \\ 6 - \sqrt{3} \\ 1 \end{bmatrix}.$$

Portanto, as novas coordenadas do ponto **B** serão $\left(\sqrt{3} + 3, 6 - \sqrt{3}\right)$.

Exercícios propostos

64. *Computação gráfica: rotação*
Com base no texto do exercício resolvido 16 da página 154, encontre a nova posição do ponto (4, −2) após uma rotação de 60° no sentido horário, em torno da origem.

65. *Computação gráfica: escala*
Com base no texto do exercício resolvido 16 da página 154, e dado o retângulo ABCD de vértices **A**(−2, 1), **B**(2, 1), **C**(2, −1) e **D**(−2, −1), obtenha as novas coordenadas de seus vértices após um aumento de 200% em **y** e 300% em **x**.

66. *Computação gráfica: translação*
Com base no texto do exercício resolvido 16 da página 154, obtenha as novas coordenadas do retângulo ABCD de vértices **A**(−2, 1), **B**(2, 1), **C**(2, −1) e **D**(−2, −1) após uma translação de 10 unidades para a direita em **x** e 6 unidades para baixo em **y**.

67. *Computação gráfica: translação usando-se coordenadas homogêneas*
Usando coordenadas homogêneas, obtenha a nova posição do ponto (2, 1) após uma translação de 5 unidades para a esquerda e 6 unidades para cima. Lembre que para tornar a translação uma operação de multiplicação de matrizes usam-se as coordenadas homogêneas, em que um ponto (x, y) é dado pela matriz $P = \begin{bmatrix} x \\ y \\ 1 \end{bmatrix}$, a matriz de translação é $T = \begin{bmatrix} 1 & 0 & Tx \\ 0 & 1 & Ty \\ 0 & 0 & 1 \end{bmatrix}$ e a nova coordenada homogênea (x′, y′) do ponto (x, y) após a translação é obtida pela multiplicação TP.

68. *Computação gráfica: composição de transformações geométricas*
Com base no texto do exercício resolvido 17 da página 155, obtenha a matriz que resume a sequência de transformações geométricas para rotacionar um quadrado em 45° no sentido anti-horário em torno do vértice **A**(8, 8) e depois duplicar o tamanho do quadrado.

Portal Pedagógico

Acesse o *Portal Pedagógico* (veja instruções na seção "Conheça seu livro", página 5) e amplie o estudo deste capítulo. Selecione o capítulo 7 e você encontrará os seguintes materiais:

- *Atividades adicionais* (Atividades para imprimir);
- *Propriedades da matriz transposta* e *Matriz simétrica e matriz antissimétrica* (Textos complementares);
- *Matrizes* (*Slides* para aula).

Desafios

1. (ESPM-SP) Analise as matrizes a seguir:
$A = (a_{ij})_{4 \times 7}$, em que $a_{ij} = i - j$
$B = (b_{ij})_{7 \times 9}$, em que $b_{ij} = i$
$C = (c_{ij})$ e $C = A \cdot B$
O elemento $\mathbf{C_{63}}$ é:
a) −112.
b) −18.
c) −56.
d) 112.
e) não existe.

2. Duas outras transformações geométricas são muito utilizadas: espelhamento em relação ao eixo **x** e em relação ao eixo **y**.
Um ponto **P**(x, y) espelhado em relação ao eixo **x** torna-se **P**′(x, −y) e, espelhado em relação ao eixo **y**, torna-se **P**″(−x, y). Obtenha as matrizes $\mathbf{M_x}$ e $\mathbf{M_y}$ responsáveis, respectivamente, pela transformação de **P** em **P**′ e pela transformação de **P** em **P**″. Não é necessário usar coordenadas homogêneas, portanto assuma que $P = \begin{bmatrix} x \\ y \end{bmatrix}$.

3. (ITA-SP) Se **A** é uma matriz real, considere as definições:
I) Uma matriz quadrada **A** é ortogonal se e só se **A** for invertível e $A^{-1} = A^t$.
II) Uma matriz quadrada **A** é diagonal se e só se $a_{ij} = 0$, para todo i, j = 1, ..., n, com $i \neq j$.
Determine as matrizes quadradas de ordem 3 que são, simultaneamente, diagonais e ortogonais.

PENSANDO NO ENEM

O assunto específico deste capítulo não é conteúdo programático do Enem. No entanto, com as atividades a seguir, você poderá desenvolver ainda mais suas habilidades para estar bem preparado para esse exame. Então, vamos lá!

1. O anuário estatístico apresenta uma compilação de informações anuais relativas ao comportamento de diversos setores da área turística, entre eles: fluxo mensal de turistas estrangeiros para o Brasil pelos principais portões de entrada, via de acesso, residência permanente e informações sobre as características de seu perfil, movimentação de passageiros, evolução do turismo internacional e resultados econômicos da atividade.

Veja algumas informações sobre o turismo em visita ao Brasil:

Disponível em: <www.turismo.gov.br/dadosefatos>. Acesso em: 6 fev. 2011.

Média de gasto do turista estrangeiro	
Ano	**Valor** (US$)
2006	860
2005	721
2004	672
2003	600
2002	528
2001	363
2000	341

Fonte: Ministério do Turismo.

Origem dos turistas estrangeiros			
Ano	**Europeu**	**Sul-americano**	**Outras procedências**
1992	349 971	1 100 722	241 385
1995	509 153	1 106 063	376 200
2000	1 305 674	3 036 169	971 620
2002	1 394 178	1 441 498	949 222
2003	1 522 694	1 579 889	1 030 264
2004	1 834 164	1 829 013	1 130 526
2005	2 069 221	2 016 202	1 272 747

Fonte: Polícia Federal e Ministério da Justiça.
Disponível em: <www.brasilturismo.com/turismo/dadosdoturismo.php>.
Acesso em: 4 fev. 2011.

Com base nas informações acima, consideremos a matriz $\mathbf{A}_{3 \times 1}$ representando o gasto (em dólares) por turista no Brasil nos anos de 2003, 2004 e 2005, respectivamente. Consideremos também a matriz $\mathbf{A}_{3 \times 3}$ representando o número de turistas (valores aproximados, em milhares) nas linhas, durante os anos de 2003, 2004 e 2005, respectivamente; e nas colunas a procedência, Europa, América do Sul e outras procedências, respectivamente.

$$A = \begin{bmatrix} 600 \\ 672 \\ 721 \end{bmatrix} \qquad B = \begin{bmatrix} 1520 & 1580 & 1030 \\ 1835 & 1830 & 1130 \\ 2070 & 2016 & 1270 \end{bmatrix}$$

Analise as afirmações abaixo e indique a verdadeira.

a) Em 2004, o turista sul-americano rendeu aos cofres do país pouco menos de 1 bilhão de dólares.

b) O Brasil faturou 3,2 bilhões de dólares com o turista europeu nos três anos analisados.

c) Durante esses três anos, o turismo rendeu aos cofres do país aproximadamente 9,5 bilhões de dólares.

d) A soma dos valores deixados no Brasil pelo turista europeu em 2003, mais a do turista sul-americano em 2004, com a do turista de outras procedências em 2005, é inferior a 3 bilhões de dólares.

e) O turista que mais rendeu ao país foi o sul-americano em 2005 e o que menos rendeu foi o europeu em 2003.

2. Vamos supor que, com os incentivos dados pelo governo, a venda de automóveis tenha crescido bastante. Confira na tabela abaixo quais foram os três modelos mais vendidos, em versões duas e quatro portas, e as respectivas quantidades, nos meses janeiro a março de 2011.

Modelo		**Janeiro**		**Fevereiro**		**Março**	
		Número de portas					
		4	2	4	2	4	2
1º	X	130	28	150	30	250	43
2º	Y	95	11	80	26	150	33
3º	Z	90	9	80	26	130	30

ALEXANDRE CARVALHO/FOTOARENA/FOLHAPRESS

Esta outra tabela mostra os preços desses três modelos de automóvel, que se manteve constante nos três meses condiderados.

Modelo		Preço (em mil reais)	
		2 portas	4 portas
1º	X	25	28
2º	Y	20	25
3º	Z	24	26

Sejam as matrizes:

$$A = \begin{pmatrix} 130 & 150 & 250 \\ 95 & 80 & 150 \\ 90 & 80 & 130 \end{pmatrix},\ B = \begin{pmatrix} 28 & 30 & 43 \\ 11 & 26 & 33 \\ 9 & 26 & 30 \end{pmatrix} \text{ e } C = \begin{pmatrix} 25 & 28 \\ 20 & 25 \\ 24 & 26 \end{pmatrix}.$$

- Em **A**, as linhas indicam o 1º, o 2º e o 3º colocados em quantidades vendidas, considerando a versão 4 portas, e as colunas indicam as vendas nos meses de janeiro, fevereiro e março, respectivamente.
- Em **B**, são indicados os mesmos dados de **A**, porém para a versão 2 portas.
- Em **C**, as linhas indicam o preço de venda do 1º, 2º e 3º colocados, nessa ordem, e as colunas as versões 2 e 4 portas.

Analise as afirmações abaixo e indique a verdadeira:

a) O produto CA indica a arrecadação com as vendas dos veículos versão 4 portas nos meses de janeiro, fevereiro e março.

b) O produto AC indica a arrecadação com as vendas dos veículos nas versões 2 e 4 portas nos meses de janeiro, fevereiro e março.

c) O produto (A + B)C indica o total da arrecadação com as vendas dos veículos nas versões 2 e 4 portas nos meses de janeiro, fevereiro e março.

d) A soma dos produtos dos elementos da segunda linha de **A** pelos elementos correspondentes da segunda coluna de **B** é igual à arrecadação com a venda dos veículos de 2 portas do modelo **Z**.

e) O produto do elemento $\mathbf{b_{11}}$ da matriz **B** pelo elemento $\mathbf{c_{11}}$ da matriz **C** representa a arrecadação com a venda do modelo **X** com 2 portas no mês de janeiro.

3. Dois supermercados, o "Compre e Coma" (CC) e o "Tudo no Atacado" (TA), têm em seus interiores restaurantes para melhor servir os clientes. Cada um deles disponibiliza três pratos distintos: **A**, **B** e **C**, os quais são compostos por arroz, feijão, macarrão, carne e salada. Em cada dia, as vendas desses restaurantes são estimadas conforme a tabela **M** de venda diária abaixo:

Restaurante	Prato A	Prato B	Prato C
CC	100	40	20
TA	60	60	30

A composição desses pratos segue a quantidade em gramas de acordo com a tabela **N** a seguir:

Prato	Arroz	Feijão	Macarrão	Carne	Saladas
A	200 g	150 g	100 g	100 g	30 g
B	180 g	180 g	80 g	120 g	20 g
C	190 g	150 g	120 g	80 g	20 g

As gerências desses supermercados, para melhor atender e para que nada falte em relação à matéria-prima utilizada na composição dos tipos de pratos, quer saber qual quantidade deverá estocar semanalmente de cada um dos cinco itens utilizados. Escreva a matriz correspondente a cada uma das tabelas e analise estas afirmações, indicando qual é a verdadeira:

a) O restaurante TA deverá estocar semanalmente mais arroz do que o CC.

b) O restaurante TA deverá estocar semanalmente a mesma quantidade de macarrão que o CC.

c) O restaurante TA deverá estocar pelo menos 171 kg de feijão semanalmente.

d) O restaurante CC deverá estocar no mínimo 35 kg de salada semanalmente.

e) O restaurante TA utiliza diariamente 1,7 kg de carne a menos que o CC.

Adaptado de: *Coleção do Professor de Matemática*, vol. 3, p. 132.

A MATEMÁTICA E AS PRÁTICAS SOCIAIS

O nosso calendário

O calendário gregoriano é utilizado na maior parte do mundo e em todos os países ocidentais. Foi promulgado pelo papa Gregório XIII, em 24 de fevereiro de 1582, para substituir o calendário juliano.

Gregório XIII reuniu um grupo de especialistas para reformar o calendário juliano e, passados cinco anos de estudos, foi elaborado o calendário gregoriano, que foi sendo implementado lentamente em vários países. Oficialmente, o primeiro dia desse calendário foi 15 de outubro de 1582.

ALBUM/AKG-IMAGES/LATINSTOCK

Papa Gregório XIII (1572-1585), da Igreja Católica Romana, nascido em Bolonha, Itália, promulgou o calendário e fundou o sistema de seminários para formação de padres católicos romanos.

A reforma gregoriana tinha por finalidade fazer regressar o equinócio da primavera a 21 de março e desfazer o erro de 10 dias então existente. Para isso, a bula papal mandava que o dia imediato à quinta-feira, 4 de outubro, fosse designado por sexta-feira, 15 de outubro. Como se vê, embora houvesse um salto nos dias, manteve-se intacto o ciclo semanal.

Para evitar, no futuro, a repetição da diferença foi estabelecido que os anos seculares só seriam bissextos se fossem divisíveis por 400. Seriam suprimidos, assim, 3 dias em cada 400 anos, razão pela qual o ano 1600 foi bissexto, mas não o foram os anos 1700, 1800 e 1900, que o teriam sido, segundo a regra juliana, por serem divisíveis por 4.

A duração do ano gregoriano é, em média, de 365 d 05 h 49 min 12 s, isto é, tem atualmente mais 27 s do que o ano trópico. A acumulação dessa diferença ao longo do tempo representará um dia em cada 3000 anos. É evidente que não valia a pena, aos astrônomos de Gregório XIII, atender a tão pequena e longínqua diferença, nem na atualidade ela ainda tem importância. Talvez lá pelo ano 5000 da nossa era, se continuarmos com o mesmo calendário, seja necessário ter isso em consideração.

Portugal, Espanha e Itália foram os únicos países que aceitaram de imediato a reforma do calendário. Na França e nos Estados católicos dos Países Baixos a supressão dos 10 dias fez-se ainda em 1582, durante o mês de dezembro (9 para 20 na França, 14 para 25 nos Países Baixos). Os Estados católicos da Alemanha e da Suíça acolheram a reforma em 1584; a Polônia, após alguma resistência, em 1586; e a Hungria, em 1587. A repugnância foi grande mesmo nos países protestantes, pois isso significava sacrificar 10 dias e romper aparentemente com a continuidade do tempo. Essas reações mostram que o calendário toca o coração das pessoas e que convém tratar a questão com prudência.

Adaptado de: *Calendário gregoriano*, Museu de Topografia Prof. Laureano Ibrahim Chaffe, Departamento de Geodésia – UFRGS. Texto original de autoria de: Manuel Nunes Marques, Diretor do Observatório Astronômico de Lisboa. Ampliação de: Iran Carlos Stalliviere Corrêa.

Calculando e compreendendo melhor o texto

1. Em nosso calendário os anos têm 365 dias com exceção dos anos bissextos, que têm 366 dias. Um ano é bissexto quando é múltiplo de 4, mas não é múltiplo de 100, a menos que também seja múltiplo de 400. Quantos anos bissextos tem o século XXI?

2. (Enem/adaptado) Existem muitas diferenças entre as culturas cristã e islâmica. Uma das principais diz respeito ao calendário. Enquanto o calendário cristão (gregoriano) considera um ano como o período correspondente ao movimento de translação da Terra em torno do Sol, aproximadamente 365 dias, o calendário muçulmano se baseia nos movimentos de translação da Lua em torno da Terra, aproximada-

mente 12 meses por ano, o que corresponde a anos intercalados de 354 e 355 dias. Considere que o calendário muçulmano teve início em 622 da era cristã e que cada 33 anos do calendário muçulmano correspondem a 32 anos do calendário cristão. O ano de 2013 no calendário muçulmano corresponderá a que ano no calendário cristão?

a) 2013
b) 2236
c) 2574
d) 2815
e) 3027

3. O calendário chinês combina os calendários solares e lunares. Cada ano está representado por um animal. Veja um exemplo de ciclo do calendário chinês:

	Animal	Período
1	Dragão	5 de fevereiro de 2000 a 23 de janeiro de 2001
2	Serpente	24 de janeiro de 2001 a 11 de fevereiro de 2002
3	Cavalo	12 de fevereiro de 2002 a 31 de janeiro de 2003
4	Cabra	1 de fevereiro de 2003 a 21 de janeiro de 2004
5	Macaco	22 de janeiro de 2004 a 8 de fevereiro de 2005
6	Galo	9 de fevereiro de 2005 a 28 de janeiro de 2006
7	Cão	29 de janeiro de 2006 a 17 de fevereiro de 2007
8	Porco	18 de fevereiro de 2007 a 6 de fevereiro de 2008
9	Rato	7 de fevereiro de 2008 a 25 de janeiro de 2009
10	Boi	26 de janeiro de 2009 a 13 de fevereiro de 2010
11	Tigre	14 de fevereiro de 2010 a 2 de fevereiro de 2011
12	Coelho	3 de fevereiro de 2011 a 22 de janeiro de 2012

Com base nesse calendário, quando será o primeiro ano do cavalo no próximo século?

4. Em maio de 2007, um dos maiores jogadores de todos os tempos marca seu milésimo gol. Romário fez o gol de número mil contra o Sport após uma cobrança de pênalti. O dia da semana em que Romário realizou essa façanha é o mesmo de um dos elementos da matriz AB, em que **A** é a matriz 4×7 formada apenas pelos números do calendário

$$\begin{matrix} D & S & T & Q & Q & S & S \end{matrix}$$
$$\begin{pmatrix} 1 & 2 & 3 & 4 & 5 & 6 & 7 \\ 8 & 9 & 10 & 11 & 12 & 13 & 14 \\ 15 & 16 & 17 & 18 & 19 & 20 & 21 \\ 22 & 23 & 24 & 25 & 26 & 27 & 28 \end{pmatrix}$$

e **B** é a matriz $\begin{pmatrix} 5 \\ 2 \\ -5 \\ 0 \\ 0 \\ 0 \\ 1 \end{pmatrix}$. Portanto, Romário marcou seu milésimo gol em qual destes dias da semana?

a) domingo
b) segunda
c) terça
d) quarta
e) quinta

TASSO MARCELO/AGÊNCIA ESTADO

Romário, jogador do Vasco, marca o milésimo gol de sua carreira contra o Sport em 20/5/2007.

Pesquisando e discutindo

5. A data da Páscoa oscila entre 22 de março e 25 de abril. A Semana Santa tem uma grande influência para os cristãos, para o turismo e para a economia. Pesquise por que essa data é variável.

Veja mais sobre o assunto

Procure mais informações em jornais, revistas e nos *sites* <www.ufrgs.br/museudetopografia/p_inicio.htm>, <calendario.incubadora.fapesp.br/portal/textos/aluno> e <educacao.uol.com.br/matematica/ult1705u36.jhtm>.

QUESTÕES DE VESTIBULAR

1. (Ufop-MG) Observe a matriz $\begin{bmatrix} 1 & 2 & 3 \\ 0 & x & 4 \\ 0 & 0 & y \end{bmatrix}$. Chama-se *traço* de uma matriz quadrada a soma dos elementos de sua diagonal principal. Determine **x** e **y** na matriz acima de tal forma que seu traço valha 9 e **x** seja o triplo de **y**.

2. (UFC-CE) Considere a matriz $A = \begin{bmatrix} 1 & 1 \\ 0 & 1 \end{bmatrix}$ de ordem 2×2. Então pode-se afirmar que a soma $A + A^2 + ... + A^n$ é igual a:

a) $\begin{bmatrix} 1 & n \\ 0 & 1 \end{bmatrix}$.

b) $\begin{bmatrix} n & n^2 \\ 0 & n \end{bmatrix}$.

c) $\begin{bmatrix} 1 & \frac{n(n+1)}{2} \\ 0 & 1 \end{bmatrix}$.

d) $\begin{bmatrix} n & \frac{n^2+n}{2} \\ 0 & n \end{bmatrix}$.

e) $\begin{bmatrix} n & n \\ 0 & n \end{bmatrix}$.

3. (Vunesp) Determine os valores de **x**, **y** e **z** na igualdade abaixo, envolvendo matrizes reais 2×2:

$$\begin{bmatrix} 0 & 0 \\ x & 0 \end{bmatrix}\begin{bmatrix} 0 & x \\ 0 & 0 \end{bmatrix} = \begin{bmatrix} x - y & 0 \\ x & z \end{bmatrix} + \begin{bmatrix} z - 4 & 0 \\ y - z & 0 \end{bmatrix}$$

4. (UFC-CE) A matriz quadrada **M**, de ordem $n > 1$, satisfaz a equação $M^2 = M - I$, onde **I** é a matriz identidade de ordem $n > 1$. Determine, em termos de **M** e **I**, a matriz $\mathbf{M^{2003}}$.

5. (Fuvest-SP) Diz-se que a matriz quadrada **A** tem posto 1 se uma de suas linhas é não nula e as outras são múltiplas dessa linha. Determine os valores de **a**, **b** e **c** para os quais a matriz

$$A = \begin{bmatrix} 2 & \frac{1}{2} & 3 \\ 3a - b + 2c & 1 & 6 \\ b + c - 3a & \frac{1}{2} & c - 2a + b \end{bmatrix}, 3 \times 3,$$

tem posto 1.

6. (Ufam) Determine a matriz real $X = (x_{ij})_{2 \times 2}$, tal que $2A + 3X = X + 4A^t$. Em que $A = (x_{ij})_{2 \times 2}$ é uma matriz real, definida por $a_{ij} = \begin{cases} i - j, \text{ se } i > j \\ -1, \text{ se } i = j \\ j + i, \text{ se } i < j \end{cases}$.

a) $\begin{pmatrix} -1 & -1 \\ -5 & -1 \end{pmatrix}$

b) $\begin{pmatrix} -1 & -1 \\ 5 & -1 \end{pmatrix}$

c) $\begin{pmatrix} -1 & 1 \\ 5 & -1 \end{pmatrix}$

d) $\begin{pmatrix} -1 & -1 \\ 5 & 1 \end{pmatrix}$

e) $\begin{pmatrix} 1 & 1 \\ 5 & 1 \end{pmatrix}$

7. (UFC-CE) O valor $2A^2 + 4B^2$ quando $A = \begin{bmatrix} 2 & 0 \\ 0 & -2 \end{bmatrix}$ e $B = \begin{bmatrix} 0 & -1 \\ 1 & 0 \end{bmatrix}$ é igual a:

a) $\begin{bmatrix} 4 & 4 \\ 4 & 4 \end{bmatrix}$.

b) $\begin{bmatrix} 4 & 0 \\ 0 & 4 \end{bmatrix}$.

c) $\begin{bmatrix} 0 & 0 \\ 0 & 0 \end{bmatrix}$.

d) $\begin{bmatrix} 0 & 4 \\ 4 & 0 \end{bmatrix}$.

e) $\begin{bmatrix} 6 & 0 \\ 0 & 6 \end{bmatrix}$.

8. (Uerj) A temperatura corporal de um paciente foi medida, em graus Celsius, três vezes ao dia, durante cinco dias. Cada elemento $\mathbf{a_{ij}}$ da matriz abaixo corresponde à temperatura observada no instante **i** do dia **j**.

$$\begin{bmatrix} 35{,}6 & 36{,}4 & 38{,}6 & 38{,}0 & 36{,}0 \\ 36{,}1 & 37{,}0 & 37{,}2 & 40{,}5 & 40{,}4 \\ 35{,}5 & 35{,}7 & 36{,}1 & 37{,}0 & 39{,}2 \end{bmatrix}$$

Determine:

a) o instante e o dia em que o paciente apresentou a maior temperatura;

b) a temperatura média do paciente no terceiro dia de observação.

9. (Uerj) Três barracas de frutas, $\mathbf{B_1}$, $\mathbf{B_2}$ e $\mathbf{B_3}$, são propriedade de uma mesma empresa. Suas vendas são controladas por meio de uma matriz, na qual cada elemento $\mathbf{b_{ij}}$ representa a soma dos valores arrecadados pelas barracas $\mathbf{B_i}$ e $\mathbf{B_j}$, em milhares de reais, ao final de um determinado dia de feira.

$$B = \begin{bmatrix} x & 1{,}8 & 3{,}0 \\ a & y & 2{,}0 \\ d & c & z \end{bmatrix}$$

Calcule, para esse dia, o valor, em reais:

a) arrecadado a mais pela barraca $\mathbf{B_3}$ em relação à barraca $\mathbf{B_2}$;

b) arrecadado em conjunto pelas três barracas.

10. (FGV-SP) Uma fábrica decide distribuir os excedentes de três produtos alimentícios **A**, **B** e **C** a dois países da América Central, $\mathbf{P_1}$ e $\mathbf{P_2}$. As quantidades, em toneladas, são descritas mediante a matriz **Q**:

$$\begin{matrix} & \mathbf{A} & \mathbf{B} & \mathbf{C} & \\ & \downarrow & \downarrow & \downarrow & \end{matrix}$$
$$Q = \begin{bmatrix} 200 & 100 & 150 \\ 100 & 150 & 200 \end{bmatrix} \begin{matrix} \leftarrow \mathbf{P_1} \\ \leftarrow \mathbf{P_2} \end{matrix}$$

Para o transporte aos países de destino, a fábrica recebeu orçamentos de duas empresas, em reais por tonelada, como indica a matriz **P**:

$$P = \begin{bmatrix} 500 & 300 \\ 400 & 200 \end{bmatrix} \begin{matrix} \leftarrow \text{1ª empresa} \\ \leftarrow \text{2ª empresa} \end{matrix}$$

a) Efetue o produto das duas matrizes, na ordem que for possível. Quem representa o elemento $\mathbf{a_{13}}$ da matriz produto?

b) Que elemento da matriz produto indica o custo de transportar o produto **A**, com a segunda empresa, aos dois países?

c) Para transportar os três produtos aos dois países, qual empresa deveria ser escolhida, considerando que as duas apresentam exatamente as mesmas condições técnicas? Por quê?

11. (Unir-RO) Em uma determinada cidade, a cada ano, 30% das mulheres casadas se divorciam e 20% das mulheres solteiras se casam. Existem, hoje, 8 000 mulheres casadas e 2 000 mulheres solteiras. Supondo que a população total de mulheres permaneça constante e que as mulheres divorciadas sejam consideradas solteiras, quantas mulheres estarão casadas e quantas estarão solteiras depois de 1 ano? E depois de 2 anos? Para tanto, forme uma matriz **A** onde os elementos da primeira linha são os percentuais, respectivamente, das mulheres casadas e das solteiras que estarão casadas um ano depois, e os elementos da segunda linha são os percentuais, respectivamente, das mulheres casadas e das solteiras que estarão solteiras um ano depois. Então $A = \begin{pmatrix} 0{,}70 & 0{,}20 \\ 0{,}30 & 0{,}80 \end{pmatrix}$. Se $X = \begin{pmatrix} 8\,000 \\ 2\,000 \end{pmatrix}$, o número de mulheres casadas e solteiras depois de 1 ano pode ser obtido multiplicando-se **A** por **X**. Para encontrar o número de mulheres casadas e solteiras depois de 2 anos, calcule A^2X, ou seja, $A(AX)$. Assinale a razão entre o número das mulheres casadas e o das solteiras depois de 2 anos.

a) 1 b) $\frac{3}{2}$ c) $\frac{2}{3}$ d) $\frac{1}{2}$

12. (Fuvest-SP) Uma matriz real **A** é ortogonal se $AA^t = I$, onde **I** indica a matriz identidade e $\mathbf{A^t}$ indica a transposta de **A**. Se $A = \begin{bmatrix} \frac{1}{2} & x \\ y & z \end{bmatrix}$ é ortogonal, então $x^2 + y^2$ é igual a:

a) $\frac{1}{4}$.

b) $\frac{\sqrt{3}}{4}$.

c) $\frac{1}{2}$.

d) $\frac{\sqrt{3}}{2}$.

e) $\frac{3}{2}$.

13. (UFG-GO) Seja $M = [a_{ij}]_{n \times n}$ uma matriz quadrada de ordem **n**, onde $a_{ij} = i + j$. Nessas condições, a soma dos elementos da diagonal principal dessa matriz é:

a) n^2.

b) $2n + 2n^2$.

c) $2n + n^2$.

d) $n^2 + n$.

e) $n + 2n^2$.

14. (UEL-PR) Dadas as matrizes $A = (a_{ij})_{3 \times 2}$, definida por $a_{ij} = i - j$; $B = (b_{ij})_{2 \times 3}$, definida por $b_{ij} = j$; $C = (c_{ij})$, definida por $C = A \cdot B$, é correto afirmar que o elemento $\mathbf{c_{23}}$ é:

a) igual ao elemento $\mathbf{c_{12}}$.

b) igual ao produto de $\mathbf{a_{23}}$ por $\mathbf{b_{23}}$.

c) o inverso do elemento $\mathbf{c_{32}}$.

d) igual à soma de $\mathbf{a_{12}}$ com $\mathbf{b_{11}}$.

e) igual ao produto de $\mathbf{a_{21}}$ por $\mathbf{b_{13}}$.

15. (UFMS) Seja **A** uma matriz $(a_{ij})_{2 \times 2}$, tal que $a_{ij} = n$ se $i = j$ e $a_{ij} = m$ se $i \neq j$. Se $A \cdot A^{-1} = A^2$, então assinale a(s) proposição(ões) correta(s).

(001) Se a matriz **A** satisfaz as condições dadas, $A \cdot A^{-1}$ é a matriz identidade.

(002) Uma matriz que satisfaz as condições dadas é a matriz nula.

(004) A única matriz que satisfaz as condições dadas é a matriz identidade.

(008) Somente 4 matrizes **A** diferentes satisfazem as condições dadas.

16. (Vunesp) Considere as matrizes $A = \begin{pmatrix} 1 & x \\ y & z \end{pmatrix}$, $B = \begin{pmatrix} 1 & 2 \\ 1 & 1 \end{pmatrix}$ e $C = \begin{pmatrix} 4 & 5 \\ 36 & 45 \end{pmatrix}$, com **x**, **y**, **z** números reais. Se $A \cdot B = C$, a soma dos elementos da matriz **A** é:

a) 9.
b) 40.
c) 41.
d) 50.
e) 81.

17. (UFF-RJ) Em uma plantação, as árvores são classificadas de acordo com seus tamanhos em três classes: pequena (**P**), média (**M**) e grande (**G**).

Considere, inicialmente, que havia na plantação $\mathbf{p_0}$ árvores da classe **P**, $\mathbf{m_0}$ da classe **M** e $\mathbf{g_0}$ da classe **G**.

Foram cortadas árvores para venda. A fim de manter a quantidade total de árvores que havia na floresta, foram plantadas **k** mudas (pertencentes à classe **P**). Algum tempo após o replantio, as quantidades de árvores das classes **P**, **M** e **G** passaram a ser, respectivamente, $\mathbf{p_1}$, $\mathbf{m_1}$ e $\mathbf{g_1}$, determinadas segundo a equação matricial

$$\begin{bmatrix} p_1 \\ m_1 \\ g_1 \end{bmatrix} = \begin{bmatrix} 0{,}8 & 0 & 0 \\ 0{,}2 & 0{,}9 & 0 \\ 0 & 0{,}1 & 0{,}95 \end{bmatrix} \begin{bmatrix} p_0 \\ m_0 \\ g_0 \end{bmatrix} + \begin{bmatrix} k \\ 0 \\ 0 \end{bmatrix}.$$

Observando-se que $\mathbf{p_1} + \mathbf{m_1} + \mathbf{g_1} = \mathbf{p_0} + \mathbf{m_0} + \mathbf{g_0}$, pode-se afirmar que **k** é igual a:

a) 5% de $\mathbf{g_0}$.
b) 10% de $\mathbf{g_0}$.
c) 15% de $\mathbf{g_0}$.
d) 20% de $\mathbf{g_0}$.
e) 25% de $\mathbf{g_0}$.

18. (Udesc) Considere as matrizes $A = \begin{bmatrix} 1 & x \\ x & 1 \end{bmatrix}$, $I = \begin{bmatrix} 1 & 0 \\ 0 & 1 \end{bmatrix}$ e $0 = \begin{bmatrix} 0 & 0 \\ 0 & 0 \end{bmatrix}$, a soma dos valores numéricos de **x**, para os quais a igualdade $A^2 - 2A - 3I = 0$ é verificada para:

a) x = 0.
b) x = 2.
c) x = 1.
d) x = −2.
e) x = −1.

19. (UEL-PR) Uma das formas de se enviar uma mensagem secreta é por meio de códigos matemáticos, seguindo os passos:

1) Tanto o destinatário quanto o remetente possuem uma matriz chave **C**.

2) O destinatário recebe do remetente uma matriz **P**, tal que MC = P, onde **M** é a matriz mensagem a ser decodificada.

3) Cada número da matriz **M** corresponde a uma letra do alfabeto: 1 = a, 2 = b, 3 = c, ..., 23 = z.

4) Consideremos o alfabeto com 23 letras, excluindo as letras **k**, **w** e **y**.

5) O número zero corresponde ao ponto de exclamação.

6) A mensagem é lida, encontrando a matriz **M**, fazendo a correspondência número/letra e ordenando as letras por linhas da matriz conforme segue: $m_{11}m_{12}m_{13}m_{21}m_{22}m_{23}m_{31}m_{32}m_{33}$.

Considere as matrizes $C = \begin{bmatrix} 1 & 1 & 0 \\ 0 & -1 & 0 \\ 0 & 2 & 1 \end{bmatrix}$ e $P = \begin{bmatrix} 2 & -10 & 1 \\ 18 & 38 & 17 \\ 19 & 14 & 0 \end{bmatrix}$.

Com base nos conhecimentos e nas informações descritas, assinale a alternativa que apresenta a mensagem que foi enviada por meio da matriz **M**.

a) Boasorte!
b) Boaprova!
c) Boatarde!
d) Ajudeme!
e) Socorro!

20. (UFC-CE) O valor de **a** para que a igualdade matricial $\begin{bmatrix} 2 & 1 \\ 1 & 1 \end{bmatrix} \begin{bmatrix} 1 & -1 \\ -1 & a \end{bmatrix} = \begin{bmatrix} 1 & 0 \\ 0 & 1 \end{bmatrix}$ seja verdadeira é:

a) 1.
b) 2.
c) 0.
d) −2.
e) −1.

Capítulo 8

Determinantes

A MATEMÁTICA NA PRÁTICA

➲ Os determinantes são um importante recurso para a resolução de sistemas de equações, assunto que será estudado no próximo capítulo e que encontra aplicações em diversas áreas, como Astronomia, Economia, Computação Gráfica e Engenharia.

DESAFIO

➲ O determinante associado a uma matriz quadrada de ordem 2 é calculado assim:

$$\begin{vmatrix} a_{11} & a_{12} \\ a_{21} & a_{22} \end{vmatrix} = a_{11} \cdot a_{22} - a_{12} \cdot a_{21}$$

Qual deve ser o valor de a_{22} para o determinante $\begin{vmatrix} 4 & 7 \\ 2 & a_{22} \end{vmatrix}$ ser igual a 218?

A teoria dos determinantes, assim chamadas as expressões numéricas provenientes de um sistema de equações, recebeu esse nome no século XIX por obra do matemático alemão Carl Friedrich Gauss.

Essa teoria foi desenvolvida paralelamente à teoria das matrizes, com a contribuição de diversos matemáticos ao longo dos séculos XVIII e XIX. Durante o estudo deste capítulo, você encontrará propriedades e teoremas que, em homenagem aos matemáticos que os desenvolveram, levam seus nomes.

(Leia mais sobre o assunto na seção Leitura, *na página 183.)*

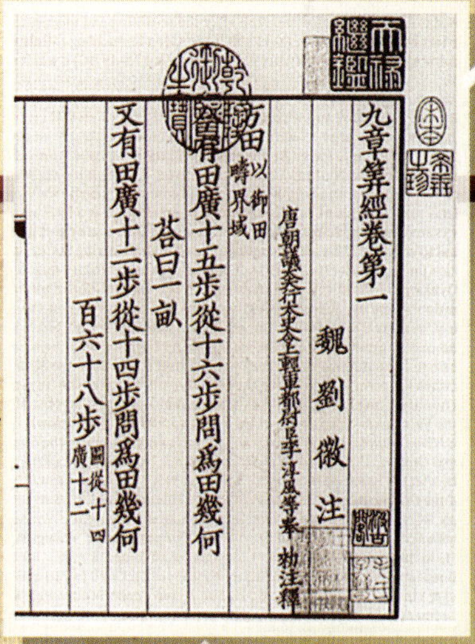
九章算經卷第一
魏 劉徽 注
今有田廣十五步從十六步問爲田幾何
荅曰一畝
又有田廣十二步從十四步問爲田幾何
百六十八步

WIKIMEDIA COMMONS/ARQUIVO DA EDITORA

Página com resolução de sistema de equações do livro *Nove capítulos sobre a arte da Matemática*, escrito em cerca de 250 a.C., na China.

Ilustração alusiva ao método de cálculo do determinante de uma matriz.

Felice Chió (1813-1871)

Outras contribuições são os trabalhos do italiano Felice Chió e do francês Alexandre-Théophile Vandermonde (1735-1796), que estudaram as propriedades dos determinantes dissociados dos sistemas de equações.

UM POUCO DE HISTÓRIA

Um dos registros históricos mais importantes sobre o DETERMINANTE foi feito em 1683 pelo matemático japonês Seki Kowa, que sistematizou um antigo procedimento chinês para resolver sistemas de equações, encontrado no livro Nove capítulos sobre a arte da Matemática, *escrito em cerca de 250 a.C., na China.*

Seki Kowa
(1642-1708)

WIKIMEDIA COMMONS /ARQUIVO DA EDITORA

Colin MacLaurin
(1698-1746)

PHOTO RESEARCHERS, INC/LATINSTOCK

Gabriel Cramer
(1704-1752)

A regra de Cramer deve-se ao trabalho do matemático escocês Colin MacLaurin, provavelmente de 1729. O matemático suíço Gabriel Cramer também chegou independentemente a essa mesma regra, publicando-a em 1750, em um estudo sobre curvas planas.

WIKIMEDIA COMMONS /ARQUIVO DA EDITORA

WIKIMEDIA COMMONS/ARQUIVO DA EDITORA

Carl Gustav Jacob Jacobi
(1804-1851)

SCIENCE PHOTO LIBRARY/LATINSTOCK

Louis Augustin Cauchy
(1789-1857)

WIKIMEDIA COMMONS /ARQUIVO DA EDITORA

Jacques Philippe Marie Binet
(1786-1856)

Assim como Cauchy, o alemão Carl Gustav Jacob Jacobi deu grande impulso à notação e à aplicação desse conceito.

Em 1812, o francês Louis Augustin Cauchy criou o termo *determinante*, usado atualmente, em um artigo em que reúne tudo o que era conhecido sobre o assunto, propondo simplificações na notação e demonstrando um importante teorema de forma mais precisa que uma demonstração feita anteriormente por outro francês, Jacques Philippe Marie Binet.

FABIO EUGENIO/ARQUIVO DA EDITORA

1 Introdução

Toda matriz quadrada tem, associada a ela, um número chamado de *determinante da matriz*, obtido por meio de operações que envolvem todos os elementos da matriz.

Há um detalhe sobre este assunto que deve ser lembrado sempre: *Não existe determinante de matriz que não seja quadrada.*

2 Determinante de matriz quadrada de ordem 1

Seja a matriz quadrada de ordem 1, indicada por $A = [a_{11}]$.

Por definição, o determinante de **A** é igual ao número a_{11}.

Indicamos assim: $\det A = a_{11}$.

Por exemplo, dadas as matrizes $A = [4]$ e $B = [-2]$, escrevemos $\det A = 4$; $\det B = -2$; $\det A + \det B = 4 + (-2) = 2$.

3 Determinante de matriz quadrada de ordem 2

Se **A** é uma matriz quadrada de ordem 2, calculamos seu determinante fazendo o produto dos elementos da diagonal principal menos o produto dos elementos da diagonal secundária.

Dada a matriz $A = \begin{bmatrix} a_{11} & a_{12} \\ a_{21} & a_{22} \end{bmatrix}$, indicamos seu determinante assim:

$$\det A = a_{11} \cdot a_{22} - a_{12} \cdot a_{21} \quad \text{ou} \quad \begin{vmatrix} a_{11} & a_{12} \\ a_{21} & a_{22} \end{vmatrix} = a_{11} \cdot a_{22} - a_{12} \cdot a_{21}$$

Por exemplo, o determinante da matriz **A** (det A), sendo $A = \begin{pmatrix} 6 & 3 \\ 2 & -4 \end{pmatrix}$, é dado por:

$$\det A = \begin{vmatrix} 6 & 3 \\ 2 & -4 \end{vmatrix} = 6 \cdot (-4) - 2 \cdot 3 = -24 - 6 = -30$$

Fique atento

É errado escrever $\begin{bmatrix} 6 & 3 \\ 2 & -4 \end{bmatrix} = -30$, pois não é a matriz, e sim seu determinante, que é -30. O correto é $\det A = -30$ ou $\begin{vmatrix} 6 & 3 \\ 2 & -4 \end{vmatrix} = -30$.

4 Determinante de matriz quadrada de ordem 3

Consideremos a matriz genérica de ordem 3:

$$A = \begin{bmatrix} a_{11} & a_{12} & a_{13} \\ a_{21} & a_{22} & a_{23} \\ a_{31} & a_{32} & a_{33} \end{bmatrix}$$

Fique atento

Quando se diz determinante de ordem **n**, deve-se entender determinante de uma matriz de ordem **n**.

Define-se o determinante da matriz de ordem 3 ao número:

$$\det A = \begin{vmatrix} a_{11} & a_{12} & a_{13} \\ a_{21} & a_{22} & a_{23} \\ a_{31} & a_{32} & a_{33} \end{vmatrix} = a_{11}a_{22}a_{33} + a_{12}a_{23}a_{31} + a_{13}a_{32}a_{21} - a_{13}a_{22}a_{31} - a_{12}a_{21}a_{33} - a_{11}a_{32}a_{23}$$

Podemos obter esses seis produtos de uma forma prática, conhecida como regra de Sarrus, fazendo o seguinte:

- repetimos as duas primeiras colunas à direita da matriz e efetuamos as seis multiplicações como indicado:

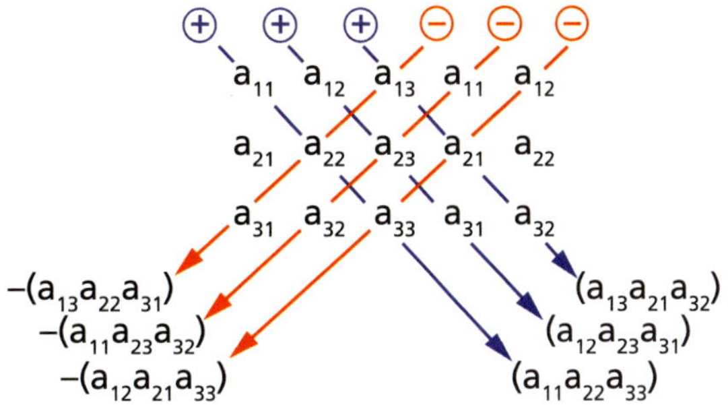

- os produtos obtidos na direção da diagonal principal permanecem com o mesmo sinal;
- os produtos obtidos na direção da diagonal secundária mudam de sinal;
- o determinante é a soma dos valores assim obtidos.

Fique atento

Os três produtos da esquerda já estão com o sinal trocado.

Exemplo:

$$A = \begin{bmatrix} 3 & 1 & 5 \\ 2 & 0 & -2 \\ -1 & 4 & -3 \end{bmatrix}$$

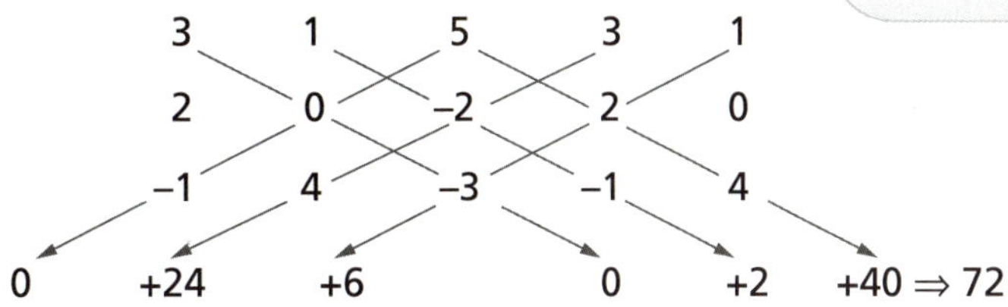

Portanto, det A = 72.

Exercícios resolvidos

1. Calcule o determinante $\begin{vmatrix} \sqrt{2} & -1 \\ 3 & 5\sqrt{2} \end{vmatrix}$.

Resolução:

$$\begin{vmatrix} \sqrt{2} & -1 \\ 3 & 5\sqrt{2} \end{vmatrix} = (\sqrt{2})(5\sqrt{2}) - 3 \cdot (-1) = 10 + 3 = 13$$

2. Resolva a equação $\begin{vmatrix} 5 & 2 \\ x - 1 & x + 3 \end{vmatrix} = -1$.

Resolução:

Vamos calcular o determinante:

$$\begin{vmatrix} 5 & 2 \\ x - 1 & x + 3 \end{vmatrix} = 5(x + 3) - 2(x - 1) =$$

$= 5x + 15 - 2x + 2 = 3x + 17$

A equação a ser resolvida é:

$3x + 17 = -1 \Rightarrow 3x = -1 - 17 \Rightarrow 3x = -18 \Rightarrow x = -6$

$S = \{-6\}$

3. Dadas as matrizes

$A = \begin{bmatrix} 3 & 1 \\ -1 & 2 \end{bmatrix}$ e $B = \begin{bmatrix} -1 & 5 \\ 0 & -1 \end{bmatrix}$, calcule:

a) det (A + B)

b) det (AB)

c) (det A)B

Resolução:

a) Obtemos inicialmente a matriz $A + B = \begin{bmatrix} 2 & 6 \\ -1 & 1 \end{bmatrix}$ para depois calcular:

$$\det (A + B) = \begin{vmatrix} 2 & 6 \\ -1 & 1 \end{vmatrix} = 2 + 6 = 8$$

b) Obtemos $AB = \begin{bmatrix} -3 & 14 \\ 1 & -7 \end{bmatrix}$ e, em seguida,

$\det (AB) = 21 - 14 = 7.$

c) Calculamos $\det A = 6 + 1 = 7$ e depois

$$(\det A)B = 7\begin{bmatrix} -1 & 5 \\ 0 & -1 \end{bmatrix} = \begin{bmatrix} -7 & 35 \\ 0 & -7 \end{bmatrix}.$$

4. Dadas as matrizes $A = \begin{bmatrix} 2 & x \\ 3 & 9 \end{bmatrix}$ e $B = \begin{bmatrix} 1 & -1 & 0 \\ 2 & 3 & x \\ -1 & 2 & 1 \end{bmatrix}$, determine o valor de **x** para que se tenha det A = det B.

Resolução:

- **A** é matriz de ordem 2:

$\det A = 2 \cdot 9 - 3x =$

$= 18 - 3x$

Fique atento

Podemos ter A ≠ B com det A = det B.

- **B** é matriz de ordem 3; usamos a regra de Sarrus:

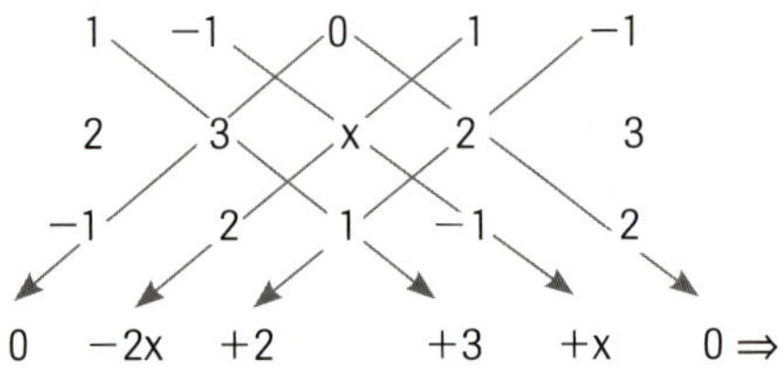

$\Rightarrow \det B = -x + 5$

$\det A = \det B \Rightarrow 18 - 3x = -x + 5 \Rightarrow$

$\Rightarrow -3x + x = 5 - 18 \Rightarrow -2x = -13 \Rightarrow 2x = 13 \Rightarrow$

$\Rightarrow x = \dfrac{13}{2}$

Logo, $x = \dfrac{13}{2}$.

5. Resolva a equação $\begin{vmatrix} x & 3 & 5 \\ x+1 & 2 & 1 \\ 3 & 2 & 4 \end{vmatrix} = 0$.

Resolução:

Vamos calcular o determinante pela regra de Sarrus:

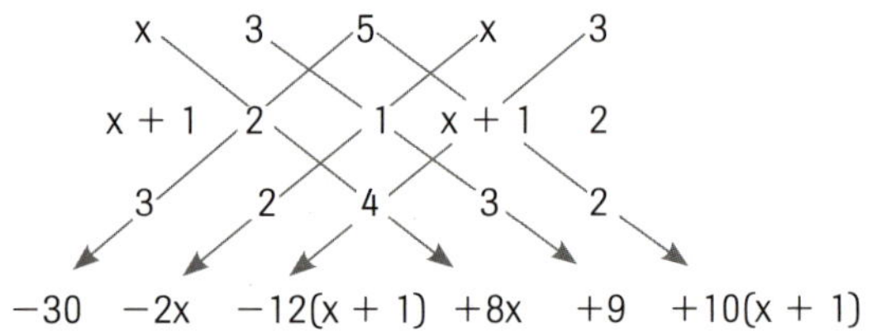

$-30 - 2x - 12x - 12 + 8x + 9 + 10x + 10 =$

$= 4x - 23$

A equação a ser resolvida é:

$4x - 23 = 0 \Rightarrow 4x = 23 \Rightarrow x = \dfrac{23}{4}$

$S = \left\{\dfrac{23}{4}\right\}$

6. (Vunesp/modificado) Foi realizada uma pesquisa, num bairro de determinada cidade, com um grupo de 500 crianças de 3 a 12 anos de idade. Para esse grupo, em função da idade **x** da criança, concluiu-se que o "peso" médio p(x), em quilogramas, era dado pelo determinante da matriz **A**, onde $A = \begin{bmatrix} 1 & -1 & 1 \\ 3 & 0 & -x \\ 0 & 2 & \frac{2}{3} \end{bmatrix}$.

Com base na fórmula p(x) = det A, determine o "peso" médio de uma criança de 5 anos.

> RESOLUÇÃO PASSO A PASSO:

1. Lendo e compreendendo

a) O que é dado no problema?

É dada uma matriz **A** cujo determinante é o "peso" médio de uma criança de idade **x** anos.

b) O que se pede?

Pede-se o "peso" médio de uma criança de 5 anos com base na fórmula dada no enunciado.

2. Planejando a solução

Primeiramente, devemos calcular o determinante da matriz **A** para obter a lei da função que relaciona o "peso" médio com a idade **x** da criança.

Em seguida, devemos atribuir para **x** o valor pedido (5 anos) e calcular o "peso" médio referente a essa idade.

3. Executando o que foi planejado

Usando a regra de Sarrus, temos:

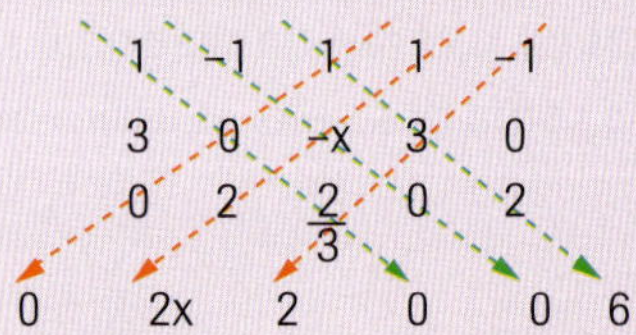

$\Rightarrow \det A = 2x + 8$

Portanto, $p(x) = 2x + 8$. Para $x = 5$, temos $p(5) = 2 \cdot 5 + 8 = 18$ kg.

4. Verificando

Vamos substituir o valor $x = 5$ na matriz e calcular o determinante:

Usando a regra de Sarrus, temos:

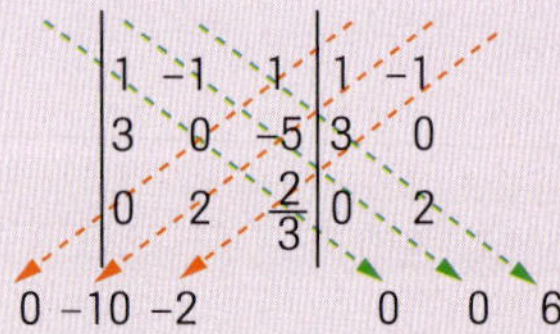

$\Rightarrow \det A = 10 + 2 + 6 = 18$

Portanto, a resposta está verificada.

5. Respondendo

O "peso" médio de uma criança de 5 anos é 18 kg.

6. Ampliando o problema

a) (Vunesp/modificado) Ainda com base na fórmula p(x) = det A, determine a idade mais provável de uma criança cujo "peso" é 30 kg.

b) **Discussão em equipe**

Um estudo publicado pela Sociedade Brasileira de Endocrinologia e Metabologia, SBEM, indica que 15% das crianças no Brasil são obesas ou têm sobrepeso, e essa característica não faz distinção de nível socioeconômico, atingindo crianças de todas as classes sociais. Essas crianças e adolescentes acabam tendo uma maior predisposição para doenças crônicas, como doenças cardíacas, hipertensão arterial, diabetes e problemas emocionais na adolescência e idade adulta. Troque ideias com seus colegas sobre o problema da obesidade infantil. Discutam estas questões:

- Quais seriam as suas causas?
- E as suas soluções?

Exercícios propostos

1. Calcule os determinantes:

a) $\begin{vmatrix} 6 & 2 \\ 4 & 3 \end{vmatrix}$

b) $\begin{vmatrix} -3 & -8 \\ 1 & 2 \end{vmatrix}$

c) $\begin{vmatrix} 1+\sqrt{5} & 3 \\ 4 & 1-\sqrt{5} \end{vmatrix}$

e) $\begin{vmatrix} \text{sen } x & \cos x \\ -\text{sen } y & \cos y \end{vmatrix}$

d) $\begin{vmatrix} a & a+1 \\ b & b+1 \end{vmatrix}$

2. Dadas as matrizes

$A = [5]$, $B = \begin{bmatrix} -1 & 2 \\ 3 & -5 \end{bmatrix}$ e $C = \begin{bmatrix} 2 & -2 \\ 3 & 0 \end{bmatrix}$, calcule:

a) det A
b) det B
c) det C
d) det A − det B
e) det B · det C
f) det (B − C)
g) (det C)B
h) 2 · det B
i) det (2B)
j) det $(I_2 + C)$

3. Resolva as equações:

a) $\begin{vmatrix} x-2 & 6 \\ 3 & 5 \end{vmatrix} = 2$

b) $\begin{vmatrix} x+3 & 5 \\ 1 & x-1 \end{vmatrix} = 0$

4. Determine os valores de **x** que anulam o determinante $\begin{vmatrix} x & 2 \\ 3x & x \end{vmatrix}$.

5. Se $A = \begin{pmatrix} 2 & 1 \\ 3 & 4 \end{pmatrix}$ e $B = \begin{pmatrix} 4 & 2 \\ 3 & -1 \end{pmatrix}$, determine o número real **x** tal que det (A − xB) = 0.

6. Sendo **x** e **y**, respectivamente, os determinantes das matrizes $\begin{pmatrix} a & b \\ c & d \end{pmatrix}$ e $\begin{pmatrix} 2a & 2c \\ 3b & 3d \end{pmatrix}$, calcule o valor de $\frac{x}{y}$.

7. Aplicando a regra de Sarrus, calcule os determinantes:

a) $\begin{vmatrix} 3 & 2 & -1 \\ 5 & 0 & 4 \\ 2 & -3 & 1 \end{vmatrix}$

b) $\begin{vmatrix} 2 & 1 & -2 \\ 3 & -1 & 0 \\ 4 & 1 & -3 \end{vmatrix}$

c) $\begin{vmatrix} a & 0 & 0 \\ 0 & b & a \\ 0 & 1 & 1 \end{vmatrix}$

d) $\begin{vmatrix} 1 & 0 & a \\ 0 & 1 & a \\ a & a & 1 \end{vmatrix}$

e) $\begin{vmatrix} 3 & 5 & -1 \\ 0 & 4 & 2 \\ 0 & 0 & -2 \end{vmatrix}$

f) $\begin{vmatrix} 1 & 2 & 0 \\ 1 & 4 & 4 \\ 1 & 8 & 0 \end{vmatrix}$

8. Seja $A = (a_{ij})$ a matriz quadrada de ordem 3 em que

$a_{ij} = \begin{cases} 0, \text{ se } i < j \\ i + j, \text{ se } i = j \\ i - j, \text{ se } i > j \end{cases}$. Calcule det A.

9. Resolva a equação $\begin{vmatrix} 2 & 3 & -2 \\ 0 & 1 & x \\ 2 & x & -3 \end{vmatrix} = 2$.

10. Para que valores de **x** o determinante $\begin{vmatrix} 2 & 4 & 1 \\ 2 & 4 & x \\ 3 & 1 & 2 \end{vmatrix}$ é positivo?

11. Lembrando que $\text{sen}^2 x + \cos^2 x = 1$, calcule o determinante associado à matriz quadrada

$A = \begin{pmatrix} \text{sen } x & \cos^2 x & 1 \\ \text{sen } x & \cos x & 0 \\ \text{sen } x & 1 & 1 \end{pmatrix}$.

12. Calcule o determinante $\begin{vmatrix} 1 & \sec^2 x & \text{cossec}^2 x \\ \text{sen}^2 x & 1 & 1 \\ \cos^2 x & \text{tg}^2 x & \text{cotg}^2 x \end{vmatrix}$,

para $x \in \mathbb{R}$ e $x \neq \frac{k\pi}{2}$ $(k \in \mathbb{Z})$.

5 Propriedades dos determinantes

O estudo das propriedades dos determinantes nos permite mais agilidade em alguns cálculos de determinantes.

1ª propriedade: fila de zeros

Se todos os elementos de uma linha (ou uma coluna) de uma matriz quadrada **M** forem iguais a zero, seu determinante será nulo, isto é, det M = 0.

Exemplos:

1º) $\begin{vmatrix} 0 & 48 \\ 0 & -\frac{1}{3} \end{vmatrix} = 0$

2º) Se $A = \begin{bmatrix} -1 & -4 & 9 \\ 2 & 8 & 3 \\ 0 & 0 & 0 \end{bmatrix}$, então det A = 0.

2ª propriedade: filas iguais

Se os elementos correspondentes de duas linhas (ou duas colunas) de uma matriz quadrada **M** forem iguais, seu determinante será nulo, isto é, det M = 0.

Exemplos:

1º) $\begin{vmatrix} 4 & 5 & 5 & 9 \\ 6 & -2 & -2 & 8 \\ -7 & 3 & 3 & 0 \\ 1 & 8 & 8 & 6 \end{vmatrix} = 0$ (2ª e 3ª colunas iguais)

2º) Se $A = \begin{bmatrix} x & 3 & 4 \\ 8 & -6 & 9 \\ x & 3 & 4 \end{bmatrix}$, então det A = 0, pois a 1ª e a 3ª linhas são iguais.

3ª propriedade: filas proporcionais

Se uma matriz quadrada **M** possui duas linhas (ou duas colunas) proporcionais, seu determinante será nulo, isto é, det M = 0.

Exemplos:

1º) $\begin{bmatrix} 3 & 7 \\ 9 & 21 \end{bmatrix} = 0$ (2ª linha: triplo da 1ª)

2º) $\begin{vmatrix} 1 & 0 & 2 & 4 \\ 4 & 2 & 8 & 7 \\ -3 & 8 & -6 & 9 \\ 5 & 6 & 10 & 6 \end{vmatrix} = 0$ (3ª coluna: dobro da 1ª)

Fique atento

A 2ª propriedade é um caso particular da 3ª.

4ª propriedade: multiplicação de uma fila por uma constante

Se todos os elementos de uma linha (ou uma coluna) de uma matriz quadrada são multiplicados por um mesmo número real **k**, então seu determinante fica multiplicado por **k**.

Exemplos:

1º) $\begin{vmatrix} 21 & -35 \\ 4 & 9 \end{vmatrix} = 7\begin{vmatrix} 3 & -5 \\ 4 & 9 \end{vmatrix}$

2º) Se $A = \begin{bmatrix} 3 & -6 & 7 \\ 9 & 8 & -5 \\ 4 & 2 & -9 \end{bmatrix}$ e $B = \begin{bmatrix} 3 & -3 & 7 \\ 9 & 4 & -5 \\ 4 & 1 & -9 \end{bmatrix}$, então $\det B = \frac{1}{2} \det A$ ou $\det A = 2 \cdot \det B$.

5ª propriedade: multiplicação da matriz por uma constante

Se uma matriz quadrada **M** de ordem **n** é multiplicada por um número real **k**, o seu determinante fica multiplicado por k^n, isto é:

$$\det (kM_n) = k^n \cdot \det M_n$$

Exemplos:

1º) $A = \begin{bmatrix} 3 & 4 \\ 2 & 5 \end{bmatrix} \Rightarrow \det A = 15 - 8 = 7$

$$5A = \begin{bmatrix} 15 & 20 \\ 10 & 25 \end{bmatrix} \Rightarrow \det (5A) = 375 - 200 = 175 = 5^2 \cdot 7$$

Fique atento

Esta 5ª propriedade é decorrente da aplicação sucessiva da 4ª propriedade.

2º) $B = \begin{bmatrix} 1 & 2 & -1 \\ 5 & 3 & 0 \\ 2 & -2 & 5 \end{bmatrix} \Rightarrow \det B = 15 + 0 + 10 + 6 + 0 - 50 = -19$

$$2B = \begin{bmatrix} 2 & 4 & -2 \\ 10 & 6 & 0 \\ 4 & -4 & 10 \end{bmatrix} \Rightarrow \det (2B) = 120 + 0 + 80 + 48 + 0 - 400 = -152 = 2^3(-19)$$

Observação: Não devemos confundir $3\begin{bmatrix} 5 & 4 \\ -1 & 2 \end{bmatrix}$ com $3\begin{vmatrix} 5 & 4 \\ -1 & 2 \end{vmatrix}$. Observe para $A = \begin{bmatrix} 5 & 4 \\ -1 & 2 \end{bmatrix}$.

$$3\begin{bmatrix} 5 & 4 \\ -1 & 2 \end{bmatrix} = \begin{bmatrix} 15 & 12 \\ -3 & 6 \end{bmatrix} \rightarrow \text{3A é uma matriz}$$

$$3\begin{vmatrix} 5 & 4 \\ -1 & 2 \end{vmatrix} = 3(10 + 4) = 42 \text{ ou } 3\begin{vmatrix} 5 & 4 \\ -1 & 2 \end{vmatrix} = \begin{vmatrix} 15 & 12 \\ -1 & 2 \end{vmatrix} = 30 + 12 = 42$$

↓ $3 \cdot \det A$ é um número

6ª propriedade: determinante da transposta

O determinante de uma matriz quadrada **M** é igual ao determinante de sua transposta, isto é, $\det M = \det (M^t)$.

Exemplo:

$$A = \begin{bmatrix} 2 & 3 \\ 4 & 5 \end{bmatrix} \text{ e } A^t = \begin{bmatrix} 2 & 4 \\ 3 & 5 \end{bmatrix} \Rightarrow \det A = -2 \text{ e } \det A^t = -2 \Rightarrow \det A = \det A^t$$

7ª propriedade: troca de filas paralelas

Se trocarmos de posição (entre si) duas linhas (ou duas colunas) de uma matriz quadrada **M**, o determinante da nova matriz obtida é o oposto do determinante da matriz anterior.

Exemplo:

$$A = \begin{bmatrix} 1 & -2 & 3 \\ 4 & 5 & 6 \\ 7 & 8 & -9 \end{bmatrix} \text{ e } B = \begin{bmatrix} -2 & 1 & 3 \\ 5 & 4 & 6 \\ 8 & 7 & -9 \end{bmatrix}$$

A matriz **B** foi obtida a partir de **A**, trocando a 1ª e a 2ª colunas.

$\det A = -45 - 84 + 96 - 105 - 48 - 72 = 96 - 354 = -258$
$\det B = 72 + 48 + 105 - 96 + 84 + 45 = -96 + 354 = 258$
números opostos

8ª propriedade: determinante da matriz triangular

O determinante de uma matriz triangular é igual ao produto dos elementos da diagonal principal.

Exemplos:

1º) $A = \begin{bmatrix} 5 & 3 \\ 0 & 2 \end{bmatrix} \Rightarrow \det A = 5 \cdot 2 + 0 \cdot 3 = \underset{5 \cdot 2}{\underbrace{10}}$

2º) $B = \begin{bmatrix} 5 & 0 & 0 \\ -1 & 2 & 0 \\ 3 & 1 & 4 \end{bmatrix} \Rightarrow \det B = 5 \cdot 2 \cdot 4 + 0 \cdot 0 \cdot 3 + 0 \cdot (-1) \cdot 1 - 0 \cdot 2 \cdot 3 - 0 \cdot 1 \cdot 5 - 0 \cdot (-1) \cdot 4 = \underset{5 \cdot 2 \cdot 4}{\underbrace{40}}$

9ª propriedade: teorema de Binet

Sendo **A** e **B** duas matrizes quadradas de mesma ordem e **AB** a matriz produto, então $\det (AB) = (\det A)(\det B)$ (teorema de Binet).

Exemplo:

$A = \begin{bmatrix} 3 & 2 \\ 5 & -1 \end{bmatrix}, B = \begin{bmatrix} 0 & 2 \\ 3 & 4 \end{bmatrix}$

$AB = \begin{bmatrix} 6 & 14 \\ -3 & 6 \end{bmatrix} \Rightarrow \det (AB) = 36 + 42 = 78$

$\det A \cdot \det B = (-3 - 10)(0 - 6) = (-13)(-6) = 78$

Para refletir

Calcule e compare: $\det (A + B)$ e $\det A + \det B$.

10ª propriedade: teorema de Jacobi

O determinante de uma matriz quadrada não se altera quando se adicionam, aos elementos de uma fila (linha ou coluna) qualquer, os elementos correspondentes de outra fila (linha ou coluna) paralela previamente multiplicada por uma constante.

Exemplos:

1º) $A = \begin{bmatrix} 1 & 5 \\ 4 & 9 \end{bmatrix} \Rightarrow \det A = 9 - 20 = -11$

Multiplicando a 1ª linha por -2 e somando os resultados à 2ª linha, obtemos:

$B = \begin{bmatrix} 1 & 5 \\ 2 & -1 \end{bmatrix} \Rightarrow \det B = -1 - 10 = -11$, ou seja, $\det A = \det B$

Para refletir

A partir de **A** do 1º exemplo, multiplique a 2ª coluna por 5 e some à 1ª coluna, obtendo **B**. Calcule det A e det B para confirmar a propriedade.

Vamos indicar assim:

$$\cdot(-2)\begin{vmatrix} 1 & 5 \\ 4 & 9 \end{vmatrix} = \begin{vmatrix} 1 & 5 \\ 2 & -1 \end{vmatrix} = -11$$

2º) $A = \begin{bmatrix} 1 & -2 & 5 \\ -1 & 4 & -10 \\ 3 & 3 & -4 \end{bmatrix}$

Vamos obter a matriz **B**, multiplicando a 2ª coluna por 3 e somando os resultados à 3ª coluna:

$$B = \begin{bmatrix} 1 & -2 & -1 \\ -1 & 4 & 2 \\ 3 & 3 & 5 \end{bmatrix}$$

Usando a regra de Sarrus, verificamos:

$$\left.\begin{array}{l} \det A = -16 + 60 - 15 - 60 + 30 + 8 = 7 \\ \det B = 20 - 12 + 3 + 12 - 6 - 10 = 7 \end{array}\right\} \det A = \det B$$

Veja como podemos indicar:

$$\begin{vmatrix} 1 & -2 & 5 \\ -1 & 4 & -10 \\ 3 & 3 & -4 \end{vmatrix} = \begin{vmatrix} 1 & -2 & -1 \\ -1 & 4 & 2 \\ 3 & 3 & 5 \end{vmatrix} = 7$$

$\cdot 3$ (+)

> **Para refletir**
> A partir de **A** do 2º exemplo, faça o mesmo com outra linha ou coluna e obtenha **B**. Depois confirme que det A = det B.

11ª propriedade: determinante da inversa

> Seja **A** uma matriz quadrada invertível e A^{-1} sua inversa. Então, $\det A^{-1} = \dfrac{1}{\det A}$.

Exemplo:

Observe que $\begin{bmatrix} 1 & -1 \\ 2 & 0 \end{bmatrix} \cdot \begin{bmatrix} 0 & \frac{1}{2} \\ -1 & \frac{1}{2} \end{bmatrix} = \begin{bmatrix} 0 & \frac{1}{2} \\ -1 & \frac{1}{2} \end{bmatrix} \cdot \begin{bmatrix} 1 & -1 \\ 2 & 0 \end{bmatrix} = \begin{bmatrix} 1 & 0 \\ 0 & 1 \end{bmatrix}$.

Então, se $A = \begin{bmatrix} 1 & -1 \\ 2 & 0 \end{bmatrix}$, temos $A^{-1} = \begin{bmatrix} 0 & \frac{1}{2} \\ -1 & \frac{1}{2} \end{bmatrix}$.

Assim, $\det A = 0 + 2 = 2$ e $\det A^{-1} = 0 + \dfrac{1}{2} = \dfrac{1}{2}$, ou seja, $\det A^{-1} = \dfrac{1}{\det A}$.

Essa propriedade sugere um fato importante: **A** é invertível se e somente se $\det A \neq 0$.

> **Para refletir**
> Demonstre a 11ª propriedade lembrando que, se **A** é invertível, então vale a igualdade $A \cdot A^{-1} = I$ (se precisar, reveja matriz inversa na página 151).
> *Sugestão*: Aplique a 9ª propriedade no 1º membro da igualdade e a 8ª propriedade no 2º membro.

12ª propriedade: adição de determinantes (ou decomposição de uma fila)

> Se cada elemento de uma linha (ou coluna) de uma matriz é a soma de duas parcelas, então o determinante dessa matriz é a soma de dois determinantes, em cada um dos quais aquela linha (ou coluna) tem seus elementos substituídos por uma das parcelas.

Exemplos:

1º) $A = \begin{bmatrix} 1 & 0 & -1 \\ 2 & 3 & 1 \\ 4 & -2 & 0 \end{bmatrix} \Rightarrow \det A = 18$ $\quad B = \begin{bmatrix} 1 & 5 & -1 \\ 2 & 1 & 1 \\ 4 & 1 & 0 \end{bmatrix} \Rightarrow \det B = 21$

$$C = \begin{bmatrix} 1 & 0+5 & -1 \\ 2 & 3+1 & 1 \\ 4 & -2+1 & 0 \end{bmatrix} = \begin{bmatrix} 1 & 5 & -1 \\ 2 & 4 & 1 \\ 4 & -1 & 0 \end{bmatrix} \Rightarrow \det C = 39 = \det A + \det B$$

2º) $A = \begin{bmatrix} 0 & 3 \\ 4 & 2 \end{bmatrix}$ $\quad B = \begin{bmatrix} 0 & 1 \\ 4 & 1 \end{bmatrix}$ $\quad C = \begin{bmatrix} 0 & 3+1 \\ 4 & 2+1 \end{bmatrix} = \begin{bmatrix} 0 & 4 \\ 4 & 3 \end{bmatrix}$

$\det A = -12$ $\quad \det B = -4$ $\quad \det C = -16 = \det A + \det B$

Fique atento

Observe que os determinantes de duas matrizes de ordem **n** só podem ser somados se as matrizes tiverem n − 1 linhas (ou colunas) respectivamente iguais.

Exercícios propostos

13. Das seis matrizes seguintes, cinco têm o determinante igual a zero. Descubra quais são elas, usando as propriedades dos determinantes. Justifique.

$$A = \begin{pmatrix} 5 & -4 & 10 & -1 \\ 3 & 9 & 6 & 6 \\ 1 & 5 & 2 & -3 \\ 2 & 3 & 4 & 2 \end{pmatrix}$$

$$B = \begin{pmatrix} 3 & -2 & 9 & 6 \\ 2 & 9 & -1 & 8 \\ 6 & 7 & 4 & 0 \\ 6 & 7 & 4 & 0 \end{pmatrix}$$

$$C = \begin{pmatrix} 8 & 0 & 0 & 0 \\ 1 & 4 & 0 & 0 \\ -2 & 1 & 3 & 0 \\ 3 & 2 & 1 & 5 \end{pmatrix}$$

$$D = \begin{pmatrix} 3 & 0 & 2 & 4 \\ 2 & 0 & 6 & 8 \\ -1 & 0 & -3 & 6 \\ 4 & 0 & 1 & 5 \end{pmatrix}$$

$$E = \begin{pmatrix} 2 & 9 & -3 & 4 \\ 0 & 5 & -2 & 2 \\ 0 & 0 & 0 & 3 \\ 0 & 0 & 0 & 7 \end{pmatrix}$$

$$F = \begin{pmatrix} -4 & 5 & 0 & 2 \\ 3 & -1 & 2 & 5 \\ 4 & -5 & 0 & -2 \\ 6 & 8 & 3 & -5 \end{pmatrix}$$

14. Dada a matriz $A = \begin{pmatrix} 1 & 2 & a \\ 3 & 2 & 2 \\ 0 & 1 & 1 \end{pmatrix}$, calcule **a** para que **A** seja invertível. (Lembre-se: **A** é invertível se $\det A \neq 0$.)

15. Se det A = 10, qual é o determinante de A^{-1}?

16. Se det A = 20, calcule det (A^t).

17. Se det A = $\begin{vmatrix} a & b \\ c & d \end{vmatrix}$ = 10, calcule:

a) det B = $\begin{vmatrix} b & a \\ d & c \end{vmatrix}$

b) det B = $\begin{vmatrix} 4a & 4b \\ c & d \end{vmatrix}$

18. Seja **A** uma matriz quadrada de ordem 3 tal que det A = m. Calcule det (2A) em função de **m**.

19. Sendo A = $\begin{vmatrix} 2 & 5 & -1 & 3 \\ 0 & 3 & 0 & 1 \\ 0 & 0 & 5 & -1 \\ 0 & 0 & 0 & 10 \end{vmatrix}$, calcule det A.

20. Sejam **A** e **B** duas matrizes quadradas de mesma ordem. Sabendo que det A = 6 e det B = 4, calcule det (AB).

21. Sendo M = $\begin{vmatrix} 3 & 0 & 0 \\ 1 & 5 & 0 \\ 2 & 4 & 1 \end{vmatrix}$, calcule det M.

22. Seja **M** uma matriz quadrada de 2ª ordem tal que det M = D. Constrói-se uma nova matriz quadrada **N** de 2ª ordem em que cada elemento é igual ao triplo dos elementos da matriz **M**. Calcule det N.

23. Sendo A = $\begin{pmatrix} 1 & 2 \\ 1 & 3 \end{pmatrix}$, calcule det A^{-1}.

24. Verifique se a matriz A = $\begin{pmatrix} 1 & 2 \\ 3 & 2 \end{pmatrix}$ é invertível.

25. Sabendo que A = $\begin{pmatrix} 3 & -1 & 0 \\ 0 & 1 & 2 \\ -1 & 1 & 3 \end{pmatrix}$, calcule det A^{-1}, se existir A^{-1}.

26. Determine os valores reais de **x** que verifiquem a desigualdade $\begin{vmatrix} 0 & 4 & 0 & 0 \\ x^2 & x & 6 & x \\ x & 6 & 3 & 4 \\ 0 & 7 & 0 & 1 \end{vmatrix} > 0$.

6 Abaixamento de ordem ou regra de Chió

Veremos agora uma regra que nos permite calcular o determinante de uma matriz de ordem **n** usando uma matriz de ordem n − 1. Essa regra, conhecida como regra de Chió, é muito prática se o elemento $\mathbf{a_{11}}$ for igual a 1. Assim:

- Sendo a_{11} = 1, suprime-se a 1ª linha e a 1ª coluna da matriz.
- De cada elemento restante, subtrai-se o produto dos dois elementos suprimidos, na linha e na coluna desse elemento restante.
- Com os resultados das subtrações acima obtém-se uma matriz de ordem menor que a anterior, porém com mesmo determinante.

Observe as passagens acima no exemplo com a matriz M = $\begin{bmatrix} 1 & 2 & 0 & -1 \\ 1 & 3 & 6 & 9 \\ 4 & 1 & 2 & 0 \\ -2 & 2 & 3 & -4 \end{bmatrix}$ de ordem 4.

- $\begin{bmatrix} 1 & 2 & 0 & -1 \\ 1 & 3 & 6 & 9 \\ 4 & 1 & 2 & 0 \\ -2 & 2 & 3 & -4 \end{bmatrix}$

- $\begin{bmatrix} 3 - 2 \cdot 1 & 6 - 0 \cdot 1 & 9 - (-1)1 \\ 1 - 2 \cdot 4 & 2 - 0 \cdot 4 & 0 - (-1)4 \\ 2 - 2(-2) & 3 - 0(-2) & -4 - (-1)(-2) \end{bmatrix}$

- $\begin{bmatrix} 1 & 6 & 10 \\ -7 & 2 & 4 \\ 6 & 3 & -6 \end{bmatrix}$

A matriz $\begin{bmatrix} 1 & 6 & 10 \\ -7 & 2 & 4 \\ 6 & 3 & -6 \end{bmatrix}$ tem o mesmo determinante que a matriz $\begin{bmatrix} 1 & 2 & 0 & -1 \\ 1 & 3 & 6 & 9 \\ 4 & 1 & 2 & 0 \\ -2 & 2 & 3 & -4 \end{bmatrix}$. A diferença é que, usando a matriz de ordem 3, ele pode ser calculado facilmente pela regra de Sarrus.

Observações:

1ª) Se o elemento $\mathbf{a_{11}}$ não for 1, porém existir algum elemento igual a 1 em algum lugar da matriz, é possível obter uma matriz com determinante equivalente usando no máximo duas vezes a 7ª propriedade, ou seja, trocando-se a posição de linhas e colunas. No exemplo a seguir, primeiro troca-se a 1ª linha com a 3ª linha, depois troca-se a 2ª coluna com a 1ª coluna:

$$\begin{vmatrix} 3 & 2 & 0 & -1 \\ 2 & 3 & 6 & 9 \\ 4 & \textcircled{1} & 2 & 0 \\ -2 & 2 & 3 & -4 \end{vmatrix} = -\begin{vmatrix} 4 & \textcircled{1} & 2 & 0 \\ 2 & 3 & 6 & 9 \\ 3 & 2 & 0 & -1 \\ -2 & 2 & 3 & -4 \end{vmatrix} = \begin{vmatrix} \textcircled{1} & 4 & 2 & 0 \\ 3 & 2 & 6 & 9 \\ 2 & 3 & 0 & -1 \\ 2 & -2 & 3 & -4 \end{vmatrix}$$

O sinal do determinante passou de + para − e voltou de − para +.

2ª) Se o elemento $\mathbf{a_{11}}$ não for 1 e não houver nenhum elemento igual a 1 na matriz, pode-se usar a 10ª propriedade (teorema de Jacobi) para criar elementos iguais a 1 na matriz.

Note que existem muitas maneiras de criar "1" nessa matriz. No exemplo abaixo multiplicamos a 2ª linha por (−1) e somamos esse resultado à 1ª linha.

$$\begin{vmatrix} 3 & 2 & 0 & -1 \\ 2 & 3 & 6 & 9 \\ 4 & 5 & 2 & 0 \\ -2 & 2 & 3 & -4 \end{vmatrix} \begin{matrix} \leftarrow + \\ \cdot(-1) \\ \\ \\ \end{matrix} = \begin{vmatrix} 1 & -1 & -6 & -10 \\ 2 & 3 & 6 & 9 \\ 4 & 5 & 2 & 0 \\ -2 & 2 & 3 & -4 \end{vmatrix}$$

3ª) Outra propriedade que também pode ser útil para criar elemento "1" na matriz é a 4ª propriedade (colocar um número em evidência).

Por exemplo:

$$\begin{vmatrix} 4 & 6 & 2 & 0 \\ 3 & -3 & 5 & 2 \\ -4 & 5 & -3 & 3 \\ 6 & 7 & -2 & 4 \end{vmatrix} = 2 \cdot \begin{vmatrix} 2 & 3 & 1 & 0 \\ 3 & -3 & 5 & 2 \\ -4 & 5 & -3 & 3 \\ 6 & 7 & -2 & 4 \end{vmatrix}$$

Trocando as posições da 1ª coluna e da 3ª coluna (7ª propriedade), temos:

$$(-1) \cdot 2 \cdot \begin{vmatrix} 1 & 3 & 2 & 0 \\ 5 & -3 & 3 & 2 \\ -3 & 5 & -4 & 3 \\ -2 & 7 & 6 & 4 \end{vmatrix}$$

Exercícios resolvidos

7. Encontre o valor do determinante $\begin{vmatrix} 1 & 3 & 2 & 1 \\ 0 & 4 & 2 & 3 \\ 3 & 1 & -1 & -2 \\ -1 & 0 & 4 & 5 \end{vmatrix}$.

Resolução:

$$\begin{vmatrix} 1 & 3 & 2 & 1 \\ 0 & 4 & 2 & 3 \\ 3 & 1 & -1 & -2 \\ -1 & 0 & 4 & 5 \end{vmatrix} \xrightarrow{\text{Chió}}$$

$$\xrightarrow{\text{Chió}} \begin{vmatrix} 4-0\cdot 3 & 2-0\cdot 2 & 3-0\cdot 1 \\ 1-3\cdot 3 & -1-3\cdot 2 & -2-3\cdot 1 \\ 0-(-1)\cdot 3 & 4-(-1)\cdot 2 & 5-(-1)\cdot 1 \end{vmatrix} =$$

$$= \begin{vmatrix} 4 & 2 & 3 \\ -8 & -7 & -5 \\ 3 & 6 & 6 \end{vmatrix}$$

Aplicando Sarrus, temos:

det = −63

8. Encontre o valor do determinante

$$\begin{vmatrix} 2 & -1 & 0 & 3 & 2 \\ -2 & 3 & 2 & 0 & -2 \\ -3 & 2 & -1 & -5 & 4 \\ -1 & 3 & 2 & -2 & 0 \\ 0 & 4 & -2 & -1 & 3 \end{vmatrix}.$$

Resolução:

Usando o teorema de Jacobi (10ª propriedade), podemos multiplicar a 2ª coluna por 1 e somar o resultado à 1ª coluna. Depois, podemos usar a regra de Chió:

$$\begin{vmatrix} 2 & -1 & 0 & 3 & 2 \\ -2 & 3 & 2 & 0 & -2 \\ -3 & 2 & -1 & -5 & 4 \\ -1 & 3 & 2 & -2 & 0 \\ 0 & 4 & -2 & -1 & 3 \end{vmatrix} \xrightarrow{\text{Jacobi}}$$

(× 1)

$$\xrightarrow{\text{Jacobi}} \begin{vmatrix} 1 & -1 & 0 & 3 & 2 \\ 1 & 3 & 2 & 0 & -2 \\ -1 & 2 & -1 & -5 & 4 \\ 2 & 3 & 2 & -2 & 0 \\ 4 & 4 & -2 & -1 & 3 \end{vmatrix} \xrightarrow{\text{Chió}}$$

$$\xrightarrow{\text{Chió}} \begin{vmatrix} 4 & 2 & -3 & -4 \\ 1 & -1 & -2 & 6 \\ 5 & 2 & -8 & -4 \\ 8 & -2 & -13 & -5 \end{vmatrix}$$

Agora, trocando as posições da 1ª linha com a 2ª linha (4ª propriedade), podemos novamente aplicar Chió:

$$-\begin{vmatrix} 1 & -1 & -2 & 6 \\ 4 & 2 & -3 & -4 \\ 5 & 2 & -8 & -4 \\ 8 & -2 & -13 & -5 \end{vmatrix} \xrightarrow{\text{Chió}}$$

(trocou)

$$\xrightarrow{\text{Chió}} -\begin{vmatrix} 6 & 5 & -28 \\ 7 & 2 & -34 \\ 6 & 3 & -53 \end{vmatrix}$$

Aplicando Sarrus, temos:

det = −559

9. Resolva a equação $\begin{vmatrix} x & x & x & x \\ x & 3 & 3 & 3 \\ x & 3 & 2 & 2 \\ x & 3 & 2 & 1 \end{vmatrix} = 0$.

Resolução:

Usando a 5ª propriedade, colocamos **x** em evidência na 1ª linha e usamos a regra de Chió:

$$x\begin{vmatrix} 1 & 1 & 1 & 1 \\ x & 3 & 3 & 3 \\ x & 3 & 2 & 2 \\ x & 3 & 2 & 1 \end{vmatrix} \xrightarrow{\text{Chió}} x\begin{vmatrix} 3-x & 3-x & 3-x \\ 3-x & 2-x & 2-x \\ 3-x & 2-x & 1-x \end{vmatrix}$$

Usando novamente a 5ª propriedade, colocamos (3 − x) em evidência na 1ª linha e usamos a regra de Chió:

$$x(3-x)\begin{vmatrix} 1 & 1 & 1 \\ 3-x & 2-x & 2-x \\ 3-x & 2-x & 1-x \end{vmatrix} \xrightarrow{\text{Chió}}$$

$$\xrightarrow{\text{Chió}} x(3-x)\begin{vmatrix} -1 & -1 \\ -1 & -2 \end{vmatrix} = x(3-x)(2-1) = x(3-x)$$

Assim:

$x(3-x) = 0 \Rightarrow x = 0$ ou $x = 3$

Logo, S = {0, 3}.

Exercícios propostos

27. Encontre o valor de cada determinante:

a) $\begin{vmatrix} 1 & 1 & 1 & 1 \\ 1 & 2 & 2 & 2 \\ 1 & 2 & 3 & 3 \\ 1 & 2 & 3 & 4 \end{vmatrix}$

b) $\begin{vmatrix} 1 & 2 & 0 & 0 \\ 2 & 3 & 0 & 0 \\ 0 & 0 & 3 & 1 \\ 0 & 0 & 1 & 1 \end{vmatrix}$

c) $\begin{vmatrix} 1 & 1 & 0 & 0 \\ x & 1 & x & 0 \\ x & x & 1 & 0 \\ x & 1 & 0 & 1 \end{vmatrix}$

d) $\begin{vmatrix} 1 & 0 & -4 & -1 & 0 \\ 0 & 1 & 1 & 1 & 1 \\ 3 & 2 & -10 & -2 & 4 \\ 0 & 0 & 1 & 6 & -1 \\ 2 & 1 & -5 & 0 & 5 \end{vmatrix}$

28. Uma matriz quadrada **A**, de ordem $n \geq 2$, é chamada de matriz de Vandermonde quando tem a seguinte forma:

$$A = \begin{bmatrix} 1 & 1 & 1 & \dots & 1 \\ a_1 & a_2 & a_3 & \dots & a_n \\ a_1^2 & a_2^2 & a_3^2 & \dots & a_n^2 \\ \vdots & \vdots & \vdots & \vdots & \vdots \\ a_1^{n-1} & a_2^{n-1} & a_3^{n-1} & \dots & a_n^{n-1} \end{bmatrix}$$

Nesse caso, é possível encontrar o determinante fazendo:

$\det A = (a_2 - a_1)(a_3 - a_1)(a_3 - a_2) \cdot \dots \cdot$

$\cdot\ (a_n - a_1)(a_n - a_2)(a_n - a_3) \cdot \dots \cdot (a_n - a_{n-1})$

Dentre as matrizes seguintes, determine qual é a de Vandermonde e, com ela, calcule o determinante pela regra de Sarrus ou de Chió e depois pela regra indicada anteriormente:

$A = \begin{bmatrix} 1 & 1 & 1 \\ 3 & 5 & -2 \\ 6 & 10 & -4 \end{bmatrix}$ $\quad C = \begin{bmatrix} 1 & 1 & 1 \\ -2 & 3 & 5 \\ 4 & 9 & 25 \end{bmatrix}$

$B = \begin{bmatrix} 1 & 1 & 1 \\ 1 & 0 & -1 \\ 2 & 0 & 1 \end{bmatrix}$

29. Calcule o determinante da seguinte matriz de Vandermonde:

$$A = \begin{bmatrix} 1 & 1 & 1 & 1 \\ 2 & -1 & 0 & 3 \\ 4 & 1 & 0 & 9 \\ 8 & -1 & 0 & 27 \end{bmatrix}$$

30. Encontre o valor de **x** para que o determinante

$\begin{vmatrix} 1 & 1 & 1 & 1 \\ x & 3 & 4 & 5 \\ x^2 & 9 & 16 & 25 \\ x^3 & 27 & 64 & 125 \end{vmatrix}$ seja nulo.

31. Calcule os valores dos determinantes abaixo:

a) $\begin{vmatrix} 1 & 4 & 16 & 64 \\ 1 & 3 & 9 & 27 \\ 1 & 1 & 1 & 1 \\ 1 & -1 & 1 & -1 \end{vmatrix}$

b) $\begin{vmatrix} 1 & 1 & 1 & 1 \\ 1 & 2 & 3 & 4 \\ 1^2 & 2^2 & 3^2 & 4^2 \\ 1^3 & 2^3 & 3^3 & 4^3 \end{vmatrix}$

32. Seja $y = \begin{vmatrix} x & 1 & 2 & 0 \\ 0 & x & 1 & 1 \\ 0 & 0 & x & 1 \\ 0 & 0 & 0 & x \end{vmatrix}$. Calcule os valores reais de **x** para que $y^2 - 2y + 1 = 0$.

33. Calcule $\det A = \begin{vmatrix} 0 & -1 & 0 & 7 & -6 \\ 0 & 2 & 5 & -2 & 1 \\ 0 & -3 & 0 & 7 & 2 \\ 2 & 2 & 3 & 1 & -1 \\ 0 & 5 & 0 & 3 & -2 \end{vmatrix}$.

34. Calcule os determinantes pela regra de Chió:

a) $\begin{vmatrix} 2 & 1 & 3 & 1 \\ -1 & 2 & 5 & 1 \\ 4 & 1 & 3 & 4 \\ 0 & 0 & -2 & -1 \end{vmatrix}$

b) $\begin{vmatrix} 2 & 1 & -3 & 2 \\ 3 & 0 & 0 & 0 \\ 4 & 1 & 5 & 1 \\ 10 & 3 & -2 & 2 \end{vmatrix}$

c) $\begin{vmatrix} 0 & a & 1 & 0 \\ 1 & b & -1 & 1 \\ 2 & c & 0 & -1 \\ 0 & d & 1 & 0 \end{vmatrix}$

Portal Pedagógico

Acesse o *Portal Pedagógico* (veja instruções na seção "Conheça seu livro", página 5) e amplie o estudo deste capítulo. Selecione o capítulo 8 e você encontrará os seguintes materiais:

- *Atividades adicionais* (Atividades para imprimir);
- *Teorema de Laplace, Justificativas das propriedades dos determinantes* e *Vetores* (Textos complementares).

Desafios

1. (ITA-SP) Sejam as matrizes:

$$A = \begin{bmatrix} 1 & 0 & \frac{1}{2} & -1 \\ -2 & 5 & 2 & -3 \\ 1 & -1 & 2 & 1 \\ -5 & 1 & \frac{3}{2} & 0 \end{bmatrix} \text{ e}$$

$$B = \begin{bmatrix} 1 & 3 & -\frac{1}{2} & 1 \\ 1 & -2 & -2 & 3 \\ -1 & 1 & 1 & 1 \\ 5 & -1 & \frac{1}{2} & 5 \end{bmatrix}$$, determine o elemento c_{34} da matriz $C = (A + B)^{21}$.

2. (Mack-SP) Dada a matriz $A = \begin{pmatrix} \frac{1}{2} & 0 \\ 0 & \frac{1}{3} \end{pmatrix}$, considere a sequência formada por todas as potências inteiras e positivas de **A**, isto é, A, A^2, A^3, ..., A^n, ... Somando-se todas as matrizes desta sequência, obtemos uma matriz cujo determinante é:

a) $\frac{1}{3}$.

b) $\frac{1}{4}$.

c) $\frac{1}{6}$.

d) $\frac{1}{5}$.

e) $\frac{1}{2}$.

3. (ITA-SP) Sejam **A** e **C** matrizes $n \times n$ invertíveis tal que $\det(1 + C^{-1}A) = \frac{1}{3}$ e $\det A = 5$. Sabendo-se que $B = 3(A^{-1} + C^{-1})^t$, então o determinante de **B** é igual a:

a) 3^n.

b) $2 \cdot \left(\frac{3^n}{5^2}\right)$.

c) $\frac{1}{5}$.

d) $\frac{3^{n-1}}{5}$.

e) $5 \cdot 3^{n-1}$.

4. Leia atentamente o texto a seguir, pois ele dará a base necessária para resolver o desafio.

Caracterização geométrica dos determinantes

Os determinantes de ordem 2 podem ser interpretados geometricamente como a área de um paralelogramo; os determinantes de ordem 3, como o volume de um paralelepípedo. Para isso, é necessário considerar tanto o paralelogramo quanto o paralelepípedo definidos pelos seus vetores, no plano ou no espaço.

O paralelogramo é definido pelos vetores **u** e **v**, pois, a partir do ponto **P**, os outros três vértices são $A = P + u$, $B = P + v$ e $C = P + u + v$.

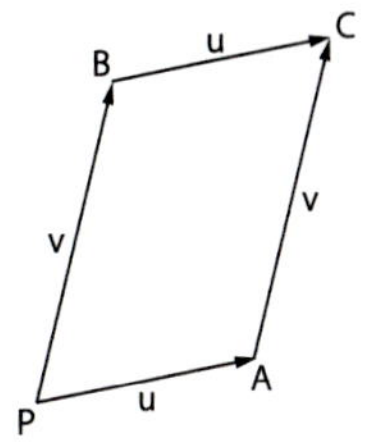

Sejam os vetores $u = (u_x, u_y)$ e $v = v_x, v_y)$ dados em função de suas projeções nos eixos **x** e **y**; então a área do paralelogramo é dada pelo módulo do determinante $\begin{vmatrix} u_x & u_y \\ v_x & v_y \end{vmatrix}$.

O paralelepípedo é definido pelos vetores **u**, **v** e **w**, pois, a partir do ponto **P**, os outros sete vértices são $A = P + u$, $B = P + v$, $C = P + w$, $D = P + u + v$, $E = P + v + w$, $F = P + u + w$ e $G = P + u + w + v$.

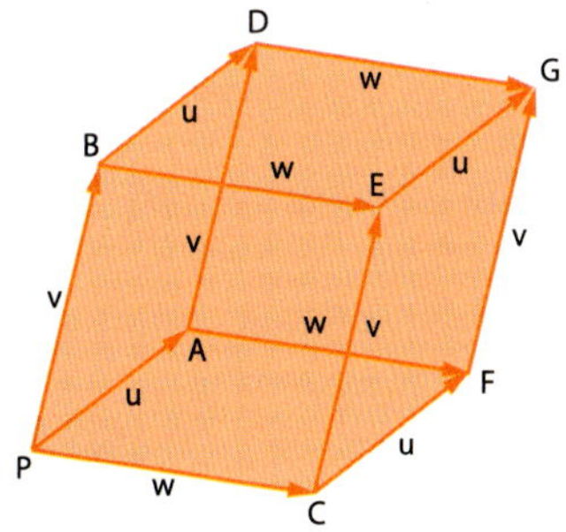

Sejam os vetores $u = (u_x, u_y, u_z)$, $v = (v_x, v_y, v_z)$ e $w = (w_x, w_y, w_z)$ dados em função de suas projeções nos eixos **x**, **y** e **z**. Então, o volume do paralelepípedo é dado pelo módulo do determinante $\begin{vmatrix} u_x & u_y & u_z \\ v_x & v_y & v_z \\ w_x & w_y & w_z \end{vmatrix}$.

Com base no texto acima, calcule:

a) a área de um paralelogramo ABCD, sabendo que as coordenadas cartesianas dos vértices são **A**(0, 0), **B**(1, 5), **C**(5, 6) e **D**(4, 1).

b) o volume de um paralelepípedo ABCDEFGP, sabendo que $\overline{AB}$, $\overline{AC}$ e $\overline{AD}$ são arestas do paralelepípedo e as coordenadas espaciais desses vértices são **A**(0, 0, 0), **B**(1, 2, 0), **C**(−3, 5, 0) e **D**(1, 1, 4).

PENSANDO NO ENEM

O assunto específico deste capítulo não é conteúdo programático do Enem. No entanto, com a atividade a seguir, você poderá desenvolver ainda mais suas habilidades para estar bem preparado para esse exame. Então, vamos lá!

O Ministério da Saúde disponibiliza em seu portal da internet um documento denominado *Guia alimentar para a população brasileira*, que traz orientações sobre a alimentação adequada para prevenir doenças causadas por deficiências nutricionais, reforçar a resistência orgânica a doenças infecciosas e reduzir a incidência de doenças crônicas não transmissíveis (DCNT). No início, esse guia apresenta algumas afirmações que remontam a centenas de anos e já atestavam a relação vital entre a alimentação e a saúde:

> "Deixe que a alimentação seja o seu remédio e o remédio a sua alimentação". (Hipócrates)
>
> "O destino das nações depende daquilo e de como as pessoas se alimentam". (Brillat-Savarin, 1825)

Fonte: <dtr2001.saude.gov.br/editora/produtos/livros/pdf/05_1109_M.pdf>. Acesso em: 27 abr. 2011.

De acordo com esse documento, o consumo de vegetais, como frutas, verduras e legumes, em doses adequadas, pode contribuir para a prevenção de doenças crônicas decorrentes da obesidade, doenças por falta de micronutrientes e de alguns tipos de câncer. Para isso é necessário que as pessoas adultas consumam 400 g de vegetais por dia, considerando-se uma dieta de 2 000 kcal, o que significa aumentar em pelo menos três vezes o consumo médio atual da população.

FOTOCRISIS/SHUTTERSTOCK/GLOW IMAGES

O ministério incentiva o consumo desses alimentos em suas formas naturais, excluindo assim os produtos com alta concentração de açúcar, como as geleias de frutas, as bebidas com sabor de frutas e os vegetais em conserva.

Após ler essas informações, Paulo saiu para almoçar com sua família, mas antes fizeram uma pesquisa para saber em que restaurante obteriam o preço mais baixo. Eles iriam pedir três tipos de salada: uma de alface, outra de agrião e a terceira de tomate. Pediriam em porções com 100 g para cada tipo de salada, como mostra a tabela **M**. A tabela **N** representa as quantidades de calorias, cálcio e vitamina C, em mg, e a tabela **P** indica o preço, em reais, dessas três saladas em três diferentes restaurantes. A tabela **Q** mostra a quantidade de calorias, cálcio e vitamina C que a família iria ingerir. (Os valores das tabelas a seguir são aproximados.)

Matriz M (porções de 100 g)	
Alface	3
Agrião	4
Tomate	2

	Matriz N (por 100 g)		
	Alface	**Agrião**	**Tomate**
Calorias	10	30	20
Cálcio (mg)	40	110	40
Vitamina C (mg)	10	40	20

	Matriz P (R$ por 100 g)		
	Alface	**Agrião**	**Tomate**
Coma bem	2	5	2,5
Bom sabor	1,8	6	3
Coma e viva	1,6	7	2

	Matriz Q (porções de 100 g)
Calorias	190
Cálcio (mg)	640
Vitamina C (mg)	230

Considere que a matriz **N**, 3×3, seja construída com os elementos da tabela **N** e a matriz **P**, também 3×3, construída com os elementos da tabela **P**. Considere também que as matrizes inversas de **N** e **P** sejam $\mathbf{N}^{-1}$ e $\mathbf{P}^{-1}$ e assinale qual das afirmações abaixo é a verdadeira:

a) O determinante de $\mathbf{N}^{-1}$ é igual à décima parte do determinante de **N**.

b) O determinante de $N \cdot P$ é maior do que o determinante de $P \cdot N$.

c) O determinante de $N \cdot P$ é o inverso do determinante de $P \cdot N$.

d) O determinante de $\mathbf{N}^{-1}$ é igual a $25 \cdot 10^{-5}$.

e) O determinante de $\mathbf{P}^{-1}$ é o oposto do determinante de **P**.

QUESTÕES DE VESTIBULAR

1. (Vunesp) Determine os valores de θ, $0 \leq \theta \leq 2\pi$, de maneira que o determinante $\begin{vmatrix} \cos\theta & 0 & \text{sen}\,\theta \\ \text{sen}\,\theta & 1 & \cos\theta \\ \cos\theta & \text{sen}\,\theta & \text{sen}\,\theta \end{vmatrix}$ seja nulo.

2. (Vunesp) Seja **A** uma matriz. Se $A^3 = \begin{bmatrix} 1 & 0 & 0 \\ 0 & 6 & 14 \\ 0 & 14 & 34 \end{bmatrix}$, o determinante **A** é:

a) 8. b) $2\sqrt{2}$. c) 2. d) $\sqrt[3]{2}$. e) 1.

3. (Cefet-PR) Se $\begin{vmatrix} 4 & 3 & 1 \\ x & y & z \\ 1 & 3 & 4 \end{vmatrix} = -5$, então $\begin{vmatrix} x & y & z \\ 4 & 3 & 1 \\ 1 & 3 & 4 \end{vmatrix}$ vale:

a) 7. b) 6. c) 5. d) 4. e) 3.

4. (Uece) Considere as matrizes $A = \begin{bmatrix} 1 & 2 & 3 \\ 2 & 0 & 2 \\ 3 & 2 & 1 \end{bmatrix}$ e $B = \begin{bmatrix} 1 & 2 & 3 \\ 0 & 1 & 2 \\ 0 & 0 & 1 \end{bmatrix}$. O valor do determinante da matriz $C = A \cdot B$ é:

a) 6. b) 16. c) 26. d) –6.

5. (UFC-CE) Sejam **A** e **B** matrizes 3×3 tal que det A = 3 e det B = 4. Então det $(A \cdot 2B)$ é igual a:

a) 32. c) 64. e) 96.
b) 48. d) 80.

6. (PUC-RS) Sendo $A = \begin{bmatrix} a & b & c \\ 1 & 2 & 3 \\ m & t & k \end{bmatrix}$, $B = \begin{bmatrix} m & t & k \\ 1 & 2 & 3 \\ a & b & c \end{bmatrix}$ e det A = 4, o determinante de **B** é igual a:

a) $-\frac{1}{4}$. c) $\frac{3}{4}$. e) -4.
b) $\frac{1}{4}$. d) 4.

7. (UEL-PR) Se o determinante da matriz $A = \begin{bmatrix} x & 2 & 1 \\ 1 & -1 & 1 \\ 2x & -1 & 3 \end{bmatrix}$ é nulo, então:

a) $x = 23$. c) $x = -1$. e) $x = \frac{7}{4}$.
b) $x = -\frac{7}{4}$. d) $x = 0$.

8. (UFPR) Considere a função **f** definida pela expressão

$$f(x) = \det \begin{bmatrix} \cos(2x) & \text{sen}\,x & 0 \\ \cos x & \frac{1}{2} & 0 \\ 1 & 0 & 2 \end{bmatrix}.$$

a) Calcule f(0) e $f = \left(\frac{\pi}{4}\right)$.

b) Para quais valores de **x** se tem $f(x) = 0$?

9. (ESPM-SP) Considerando log 2 = 0,3, o valor do determinante $\begin{vmatrix} 1 & 1 & 1 \\ \log 4 & \log 16 & \log 400 \\ (\log 2)^2 & (\log 4)^2 & (\log 20)^2 \end{vmatrix}$ é igual a:

a) 0,36. d) 0,74.
b) 0. e) 0,42.
c) 3.

10. (Ufscar-SP) Sejam as matrizes $A = \begin{bmatrix} 3 & 2 \\ \log 0{,}1 & 5 \end{bmatrix}$ e $B = \begin{bmatrix} \log 0{,}1 & 0 \\ 4 & -3 \end{bmatrix}$. Calcule:

a) o determinante da matriz (B – A);
b) a matriz inversa da matriz (B – A).

11. (Uece) Se **n** é um número inteiro positivo e **X** é a matriz $\begin{bmatrix} 1 & 0 & 0 \\ 1 & 2 & 0 \\ 1 & 1 & 3 \end{bmatrix}$, então o valor do determinante da matriz $Y = X^n$ é:

a) 2^n. c) 6^n.
b) 3^n. d) 9^n.

12. (PUCC-SP) O *biodiesel* resulta da reação química desencadeada por uma mistura de óleo vegetal (soja, milho, mamona, babaçu e outros) com álcool de cana. O ideal é empregar uma mistura do *biodiesel* com *diesel* de petróleo, cuja proporção ideal ainda será definida. Quantidades exageradas de *biodiesel* fazem decair o desempenho do combustível.

Considerando-se que $f(p) = 12p - p^2$ e $g(p) = p^3 - 24p^2 + 144p$, o valor do determinante da matriz $M = \begin{bmatrix} f(2) & f(1) & f(0) \\ g(2) & g(1) & g(0) \\ 1 & 1 & 1 \end{bmatrix}$ é igual a:

a) 4 620. c) 2 200. e) 220.
b) 2 420. d) 400.

13. (UEG-GO) Sendo **x** e **y**, respectivamente, os determinantes das matrizes $\begin{bmatrix} a & b \\ c & d \end{bmatrix}$ e $\begin{bmatrix} -4a & -4c \\ 5b & 5d \end{bmatrix}$, é verdade que $\frac{y}{x}$ é igual a:

a) $\frac{1}{20}$.
b) $-\frac{1}{20}$.
c) 20.
d) -20.
e) $\frac{3}{20}$.

14. (PUC-RS) O determinante da matriz

$$\begin{bmatrix} \text{sen } x & \text{sen } x & \text{cotg } x \\ \cos x & \cos x & -1 \\ 0 & \text{sen } x & \text{tg } x \end{bmatrix}$$ é:

a) 0.
b) 1.
c) sen x + cos x.
d) $\text{sen}^2 x$.
e) $(\text{sen } x + \cos x)^2$.

15. (Ufes) Se as matrizes **A** e **B** a seguir, com $k \notin \{-1, 0, 1\}$, então o determinante da matriz BAB^{-1} é:

$$A = \begin{pmatrix} 0 & 1 & 0 \\ 1 & 0 & 0 \\ 0 & 0 & 1 \end{pmatrix} \qquad B = \begin{pmatrix} 1 & 0 & 0 \\ 0 & 1 & 0 \\ k & 0 & 1 \end{pmatrix}$$

a) -1.
b) 0.
c) 1.
d) k.
e) $\frac{1}{k}$.

16. (Fatec-SP) O traço de uma matriz quadrada é a soma dos elementos de sua diagonal principal. Se os números inteiros **x** e **y** são tais que a matriz $\begin{pmatrix} 2 & 1 & 0 \\ 3 & x & 4 \\ 1 & 1 & y \end{pmatrix}$ tem traço igual a 4 e determinante igual a -19, então o produto xy é igual a:

a) -4.
b) -3.
c) -1.
d) 1.
e) 3.

17. (FGV-SP) Seja $D = \begin{vmatrix} 1 & 1 & 0 \\ 1 & \sec x & \text{tg } x \\ 0 & \text{tg } x & \sec x \end{vmatrix}$.

Se $D = 0$ e $\pi \leqslant x \leqslant 2\pi$, então:

a) $x = \pi$.
b) $x = 2\pi$.
c) $x = \frac{5\pi}{4}$.
d) $x = \frac{4\pi}{3}$.
e) $x = \frac{7\pi}{6}$.

18. (ITA-SP) Considere as afirmações dadas a seguir, em que **A** é uma matriz quadrada $n \times n$, $n \geqslant 2$:

I. O determinante de **A** é nulo se, e somente se, **A** possui uma linha ou uma coluna nula.

II. Se $A = a_{ij}$ é tal que $a_{ij} = 0$ para $i > j$, com $i, j = 1, 2, ..., n$, então $\det A = a_{11}a_{22}...a_{nn}$.

III. Se **B** for obtida de **A**, multiplicando-se a primeira coluna por $\sqrt{2} + 1$ e a segunda por $\sqrt{2} - 1$, mantendo-se inalteradas as demais colunas, então $\det B = \det A$.

Então, podemos afirmar que é (são) verdadeira(s):

a) apenas II.
b) apenas III.
c) apenas I e II.
d) apenas II e III.
e) todas.

19. (ITA-SP) Seja $x \in \mathbb{R}$ e a matriz $A = \begin{bmatrix} 2^x & (x^2 + 1)^{-1} \\ 2^x & \log_2 5 \end{bmatrix}$.

Assinale a opção correta:

a) $\forall x \in \mathbb{R}$, **A** possui inversa.
b) Apenas para $x > 0$, **A** possui inversa.
c) São apenas dois os valores de **x** para os quais **A** possui inversa.
d) Não existe valor de **x** para o qual **A** possui inversa.
e) Para $x = \log_2 5$, **A** não possui inversa.

20. (ITA-SP) Se $\det \begin{vmatrix} a & b & c \\ p & q & r \\ x & y & z \end{vmatrix} = -1$, então o valor do

$\det \begin{vmatrix} -2a & -2b & -2c \\ 2p + x & 2q + y & 2r + z \\ 3x & 3y & 3z \end{vmatrix}$ é igual a:

a) 0.
b) 4.
c) 8.
d) 12.
e) 16.

21. (PUC-MG) Considere as matrizes $A = \begin{bmatrix} 2 & 1 \\ -3 & 4 \end{bmatrix}$ e $B = \begin{bmatrix} 3 & -1 \\ -2 & 2 \end{bmatrix}$. É correto afirmar que o valor do determinante da matriz AB é:

a) 32.
b) 44.
c) 51.
d) 63.

Leitura

Matemáticos que contribuíram para a teoria dos determinantes*

Durante a leitura deste capítulo, você deparou com vários nomes de matemáticos que contribuíram para a teoria dos determinantes. Vamos aprender um pouco sobre esses e outros matemáticos.

Sarrus (pronuncia-se Sarrí) era francês e chamava-se **Pierre Frederic Sarrus**. Nasceu em Saint Affrique em 1798 e morreu na mesma cidade, em 1861. Foi professor na Universidade Francesa de Estrasburgo durante trinta anos e escreveu a famosa regra de Sarrus por volta de 1833. Foi premiado pela Academia Francesa de Ciências em 1842.

Vandermonde também era francês e chamava-se **Alexandre-Théophile Vandermonde**. Nasceu em Paris em 1735 e morreu nessa mesma cidade, em 1796. Músico, tornou-se matemático apenas aos 35 anos. Foi eleito para a Academia Francesa de Ciências e suas pesquisas começaram a aparecer. Deixou contribuições para o cálculo dos determinantes em um estudo de 1772. A 7ª propriedade (troca de filas paralelas) e, por consequência, a 2ª propriedade foram enunciadas por ele. Porém, o determinante que leva seu nome não é encontrado nesse trabalho. Já se especulou que falhas nas interpretações das notações usadas por Vandermonde possam ter levado outros matemáticos a achar que tal determinante estava presente nos trabalhos dele, fato que deve ter contribuído para difundir essa falsa referência.

Chió era italiano e chamava-se **Felice Chió**. Nasceu em Crescentino em 1813 e morreu em Turim, em 1871. Foi professor da Academia Militar e da Universidade de Turim.

Binet, outro francês, chamava-se **Jacques Philippe Marie Binet**. Nasceu em Rennes em 1786 e morreu em Paris, em 1856. Foi professor da Escola Politécnica. Em 1812 enunciou o teorema sobre a multiplicação dos determinantes. Foi ele quem descobriu a regra para multiplicação de matrizes, também em 1812, feito pelo qual deveria ser lembrado e não o é. Também teve contribuições na Física e na Astronomia.

Jacobi era alemão e chamava-se **Carl Gustav Jacobi**. Nasceu em Potsdam, na Prússia (atualmente Alemanha), em 1804, e morreu em Berlim, em 1851. Filho de banqueiros, era muito inteligente e foi um excelente professor da Universidade de Berlim. Seu trabalho sobre determinantes, apresentado em 1841, trouxe muitas contribuições para essa área, inclusive tratando os determinantes como eles são tratados atualmente. Foi um dos matemáticos mais importantes do seu tempo.

Laplace era francês e chamava-se **Pierre-Simon Laplace**. Nasceu em Beaumont-en-Auge em 1749 e morreu em 1827, em Paris. Era também físico e astrônomo e deixou importantes contribuições nessa área. Exerceu cargos políticos, sendo ministro de Napoleão. Seu teorema foi enunciado em 1772 num trabalho sobre órbitas dos planetas. Naquela época, o termo determinante ainda não havia aparecido. Laplace chamava os "determinantes" de "resultantes". Deixou também importantes trabalhos no campo da teoria das probabilidades. Foi sem dúvida um dos mais importantes matemáticos da época da Revolução Francesa.

Lagrange era italiano e chamava-se **Joseph-Louis Lagrange**. Nasceu em Turim em 1736 e morreu em Paris, em 1813. É considerado por muitos um matemático francês, porém seu nome de batismo era Giuseppe Lodovico Lagrangia. Aos 19 anos já era professor da Escola de Artilharia Real de Turim. Sua capacidade intelectual impressionou Euler, que o levou à Universidade de Berlim. Deixou trabalhos em variados ramos, desde Astronomia à teoria das probabilidades, passando pela Mecânica e fundamentos de cálculo. Em 1773 publicou estudos sobre determinantes. Foi também um importante matemático de sua época.

Muitos outros matemáticos deixaram trabalhos na área dos determinantes, sendo até mais importantes que alguns citados acima. Entretanto, quem pode dizer o que leva a História a imortalizar o nome de um matemático em uma regra ou teorema? Nomes como Gauss, Seki, Cardano, Leibniz, Cramer, Bezout, Cauchy, D'Alembert, Cayley, Sylvester, entre outros, também tiveram papel fundamental na teoria dos determinantes. Para dar um exemplo, o termo "determinante" foi cunhado por Gauss em 1801.

Adaptado de: <www-history.mcs.st-and.ac.uk/history> e <www.dm.unito.it/sism/m_italiani/biografie/tricomi/chio.html>. Acesso em: 5 fev. 2011.

* Texto elaborado pelo Prof. Eloy Ferraz Machado Neto.

Capítulo 9 Sistemas lineares

UM POUCO DE HISTÓRIA

➲ Documentos históricos comprovam que antigas civilizações orientais, como a babilônica e a chinesa, já trabalhavam com equações lineares.
O interesse dos matemáticos ocidentais pelo tema aprofundou-se apenas no século XVII, a partir de um artigo do alemão Gottfried W. Leibniz (1646-1716), que estabeleceu condições para associar o sistema de equações lineares a um determinante.

DESAFIO

➲ Resolva o problema proposto em um antigo documento babilônico:
"Aqui, $\frac{1}{4}$ da largura mais o comprimento é igual a 7 mãos, e comprimento mais largura é igual a 10 mãos."
Chamando o comprimento de **x** e a largura de **y**, e substituindo "mãos" por "dedos", escreva um sistema de equações que represente o problema e encontre as medidas, em "mãos", de **x** e **y**.

A aplicação de sistemas lineares é fundamental na resolução de problemas que envolvem equações com muitas incógnitas. Problemas desse tipo se apresentam, por exemplo, na distribuição de energia elétrica, no gerenciamento das linhas de telecomunicações e na logística para transporte de mercadorias em uma região.

De fato, seria dispensável citar as áreas em que a resolução de sistema linear se aplica, pois ela permeia todo campo do conhecimento que envolve o raciocínio matemático.

Os sistemas de equação linear auxiliam a distribuir, do melhor modo, os contêineres nos navios. Esta fotografia mostra um navio porta-contêiner no Porto de Santos, em Santos, SP. Esse é o principal porto brasileiro, onde se verifica o maior movimento de contêineres da América Latina e Caribe.

A MATEMÁTICA NA PRÁTICA

Do grego systema (sy significa 'junto' e sta, 'permanecer'), sistema em Matemática é o conjunto de equações que devem ser resolvidas juntas, ou seja, os resultados devem satisfazê-las simultaneamente. O SISTEMA LINEAR é formado por equações cujas incógnitas são elevadas ao expoente 1.

No interior dos contêineres, as mercadorias – como os automóveis abaixo – ficam protegidas das intempéries da natureza e de outros danos.

ALEX ARGOZINO/ARQUIVO DA EDITORA

NAIR BUENO/DIÁRIO DO LITORAL/FUTURA PRESS

1 Introdução

Vejamos os seguintes problemas:

1º) Em uma partida de basquete, dois jogadores marcaram juntos 42 pontos. Quantos pontos marcou cada um?

Resolução:

Sendo **x** e **y**, respectivamente, o número de pontos que cada jogador marcou, temos uma equação com duas incógnitas:

$$x + y = 42$$

Nessa equação:

- se $x = 21$, então $21 + y = 42 \Rightarrow y = 21$.
  Logo, $x = 21$ e $y = 21$ constituem uma solução da equação, que indicamos por (21, 21).
- se $x = 30$, então $30 + y = 42 \Rightarrow y = 12$.
  Logo, $x = 30$ e $y = 12$ constituem outra solução da equação, que indicamos por (30, 12).
- se $x = 16$, então $16 + y = 42 \Rightarrow y = 26$.
  Logo, $x = 16$ e $y = 26$ constituem uma outra solução da equação, que indicamos por (16, 26).

Na verdade, essa equação admite *várias soluções*: **x** pode assumir um valor qualquer natural de 0 a 42, e **y** será igual à diferença entre 42 e o valor atribuído a **x**.

Fique atento

No 1º problema, se $\alpha \in \mathbb{N}$ e $42 - \alpha \in \mathbb{N}$, dizemos que $(\alpha, 42 - \alpha)$ é a solução geral da equação $x + y = 42$.

Verificamos assim que os dados do problema não são suficientes para determinar o número de pontos marcados por jogador.

2º) Um terreno de 8 000 m^2 deve ser dividido em dois lotes. O lote maior deverá ter 1 000 m^2 a mais que o lote menor. Calcule a área que cada um deverá ter.

Resolução:

Sendo **x** e **y**, respectivamente, as áreas destinadas ao lote maior e ao lote menor do terreno, temos um sistema de duas equações com duas incógnitas:

$$\begin{cases} x + y = 8\,000 \\ x = y + 1\,000 \end{cases}$$

Resolvendo esse sistema por qualquer dos métodos já estudados, obtemos $x = 4\,500$ e $y = 3\,500$, que é a *única solução* do sistema e que indicamos por (4 500, 3 500).

Logo, o maior lote terá uma área de 4 500 m^2 e o menor terá uma área de 3 500 m^2.

Esses dois problemas mostram que seus dados podem resultar em mais de uma solução e uma única solução. Veremos também que há casos em que não há nenhuma solução.

2 Equações lineares

Dizemos que:

- $3x + 2y = 7$ é uma *equação linear* nas incógnitas **x** e **y**;
- $2x + 3y - 2z = 10$ é uma *equação linear* nas incógnitas **x**, **y** e **z**;
- $x - 5y + z - 4t = 0$ é uma *equação linear* nas incógnitas **x**, **y**, **z** e **t**;
- $4x - 3y = x + y + 1$ é uma *equação linear* nas incógnitas **x** e **y**.

De modo geral, denomina-se equação linear toda equação que pode ser escrita na forma:

$$a_1x_1 + a_2x_2 + a_3x_3 + \ldots + a_nx_n = b$$

na qual:

- $x_1, x_2, x_3, \ldots, x_n$ são as incógnitas;
- $a_1, a_2, a_3, \ldots, a_n$ são números reais chamados coeficientes das incógnitas;
- **b** é o termo independente.

Fique atento

As incógnitas $\mathbf{x_1}, \mathbf{x_2}, \mathbf{x_3}, \ldots$ geralmente aparecem como **x**, **y**, **z**, ...

Pela definição, não são equações lineares:

$$xy = 10$$
$$x^2 + y = 6$$
$$x^2 - xy - yz + z^2 = 1$$

Observe, agora, as seguintes equações lineares:

1ª) $3x + 2y = 18$

Dizemos que:

o par (4, 3) é uma solução da equação, pois $3 \cdot 4 + 2 \cdot 3 = 18$;

o par (6, 0) é uma solução da equação, pois $3 \cdot 6 + 2 \cdot 0 = 18$;

o par (5, 1) não é solução da equação, pois $3 \cdot 5 + 2 \cdot 1 \neq 18$.

2ª) $3x + y - 2z = 8$

Dizemos que:

o terno (2, 4, 1) é uma solução da equação, pois $3 \cdot 2 + 4 - 2 \cdot 1 = 8$;

o terno (0, 6, −1) é uma solução da equação, pois $3 \cdot 0 + 6 - 2 \cdot (-1) = 8$;

o terno (5, −2, 3) não é solução da equação, pois $3 \cdot 5 + (-2) - 2 \cdot 3 \neq 8$.

Generalizando, dada a equação linear:

$$a_1x_1 + a_2x_2 + a_3x_3 + ... + a_nx_n = b$$

dizemos que a ênupla de números reais $(\alpha_1, \alpha_2, \alpha_3, ..., \alpha_n)$ é solução da equação se, e somente se:

$$a_1\alpha_1 + a_2\alpha_2 + a_3\alpha_3 + ... + a_n\alpha_n = b$$

Para refletir

Por que as equações ao lado não são lineares?

Fique atento

O par ordenado $\left(\alpha, \dfrac{18 - 3\alpha}{2}\right)$, com $\alpha \in \mathbb{R}$, é a solução geral da 1ª equação.

Fique atento

Para $\alpha \in \mathbb{R}$ e $\beta \in \mathbb{R}$, o terno ordenado $\left(\alpha, \beta, \dfrac{-8 + 3\alpha + \beta}{2}\right)$ é a solução geral da 2ª equação.

Fique atento

Geometricamente:

a) cada par ordenado (x, y) de números reais representa um ponto do plano;

b) cada terno ordenado (x, y, z) de números reais representa um ponto no espaço.

Exercícios propostos

1. Identifique com a letra **A** as equações lineares e com a letra **B** as equações que não são lineares:

a) $5x - 2y = 6$

b) $x + 4y - z = 0$

c) $x + y - z - t = 0$

d) $x^2 + y = 10$

e) $3xy = 10$

2. Verifique se o par ordenado:

a) (6, 2) é uma solução da equação linear $4x - 3y = 18$.

b) (3, −5) é uma solução da equação linear $2x + 3y = 21$.

3. Verifique se o terno ordenado:

a) (1, 3, 2) é uma solução da equação linear $2x + y + 5z = 15$.

b) (0, 0, 0) é uma solução da equação linear $2x + 7y - 3z = 0$.

4. Calcule o valor de **k** para que o par ordenado (3, k) seja uma solução da equação linear $3x - 2y = 5$.

5. Dada a equação $2x - y = -1$, fazendo $x = \alpha$, com $\alpha \in \mathbb{R}$, escreva a solução geral dessa equação.

3 A igualdade ax = b, com incógnita *x* e *a* e *b* constantes reais

Observe igualdades desse tipo nos exemplos:

1º) Em $2x = 6$, temos $x = \dfrac{6}{2} = 3$ como o único valor real possível para **x**.

2º) Em $0x = 7$, não temos valor real para **x**, pois não existe número real que multiplicado por 0 dê 7.

3º) Em $0x = 0$, **x** pode assumir qualquer valor real, pois todo número real multiplicado por 0 dá 0.

De modo geral:

- $ax = b$, com $a \neq 0 \Rightarrow x = \dfrac{b}{a}$ é o valor único de **x**.
- $ax = b$, com $a = 0$ e $b \neq 0 \Rightarrow$ não existe valor real para **x**.
- $ax = b$, com $a = 0$ e $b = 0 \Rightarrow$ **x** pode assumir qualquer valor real.

4 Sistema de equações lineares

Denomina-se *sistema linear m × n* o conjunto **S** de **m** equações lineares em **n** incógnitas, que pode ser representado assim:

$$S = \begin{cases} a_{11}x_1 + a_{12}x_2 + a_{13}x_3 + \ldots + a_{1n}x_n = b_1 \\ a_{21}x_1 + a_{22}x_2 + a_{23}x_3 + \ldots + a_{2n}x_n = b_2 \\ \ldots\ldots\ldots\ldots\ldots\ldots\ldots\ldots\ldots\ldots\ldots\ldots \\ a_{m1}x_1 + a_{m2}x_2 + a_{m3}x_3 + \ldots + a_{mn}x_n = b_m \end{cases}$$

Fique atento

m × n se lê "**m** por **n**".

Exemplos:

1º) $\begin{cases} 3x - 2y = 6 \\ x + 3y = 10 \end{cases}$ é um sistema linear 2 × 2 nas incógnitas **x** e **y**.

2º) $\begin{cases} x - y = 3 - 2x \\ 2x + y = 12 + y \end{cases}$ é um sistema linear 2 × 2 nas incógnitas **x** e **y**, pois equivale a $\begin{cases} 3x - y = 3 \\ 2x + 0y = 12 \end{cases}$.

3º) $\begin{cases} x - 2y - z = 0 \\ 2x - y - z = -1 \\ x - y + z = 8 \end{cases}$ é um sistema linear 3 × 3 nas incógnitas **x**, **y** e **z**.

4º) $\begin{cases} x + 4y - 2z = 1 \\ 3x - y + z = 6 \end{cases}$ é um sistema linear 2 × 3 nas incógnitas **x**, **y** e **z**.

Solução de um sistema linear

Dizemos que $(\alpha_1, \alpha_2, \alpha_3, \ldots, \alpha_n)$ é solução de um sistema linear quando $(\alpha_1, \alpha_2, \alpha_3, \ldots, \alpha_n)$ é solução de cada uma das equações do sistema, ou seja, satisfaz simultaneamente todas as equações do sistema.

Veja:

1º) (5, 1) é solução do sistema $\begin{cases} 2x + 3y = 13 \\ 3x - 5y = 10 \end{cases}$, pois $\begin{cases} 2 \cdot 5 + 3 \cdot 1 = 13 \\ 3 \cdot 5 - 5 \cdot 1 = 10 \end{cases}$

2º) (2, 3) não é solução do sistema $\begin{cases} 2x + 3y = 13 \\ 3x - 5y = 10 \end{cases}$, pois $\begin{cases} 2 \cdot 2 + 3 \cdot 3 = 13 \\ 3 \cdot 2 - 5 \cdot 3 \neq 10 \end{cases}$

3º) (1, 3, −2) é solução do sistema $\begin{cases} x + 2y + 3z = 1 \\ 4x - y - z = 3 \\ x + y - z = 6 \end{cases}$. Verifique.

4º) (0, 2, 5) não é solução do sistema $\begin{cases} x + 2y - 3z = 1 \\ 4x - y - z = 3 \\ x + y - z = 6 \end{cases}$. Verifique.

Fique atento

Geometricamente:
a) cada equação do primeiro sistema representa os pontos de uma reta no plano;
b) cada equação do terceiro sistema representa os pontos de um plano no espaço.

Exercício proposto

6. Verifique se:

a) (3, −1) é uma solução do sistema $\begin{cases} 2x - 5y = 11 \\ 3x + 6y = 3 \end{cases}$

b) (4, 1, 3) é uma solução do sistema $\begin{cases} 2x + y - z = 6 \\ x + 3y + 2z = 13 \end{cases}$

c) (5, 2) é uma solução do sistema $\begin{cases} 2x + 3y = 18 \\ x - 2y = 1 \end{cases}$

d) (1, 2, 3) é uma solução do sistema $\begin{cases} x + y - z = 2 \\ 2x + y + 5z = 15 \end{cases}$

5 Sistemas lineares equivalentes

Dois sistemas lineares são equivalentes quando possuem o mesmo conjunto solução. Se ambos possuírem como conjunto solução o conjunto vazio, ainda assim serão equivalentes.

Consideremos o 1º e o 3º sistemas lineares resolvidos na página 188.

Para o sistema linear do 1º caso, cuja solução é (5, 1), um dos possíveis sistemas lineares equivalentes é $\begin{cases} 4x - 8y = 12 \\ 2x - y = 9 \end{cases}$, cuja solução também é o par (5, 1).

Para o sistema linear do 3º caso, cuja solução é (1, 3, −2), um sistema linear equivalente é $\begin{cases} 2x + 4y + 6z = 2 \\ -4x + y + z = -3 \\ 2x - y + 2z = -5 \end{cases}$, cuja solução é a tripla (1, 3, −2).

Exercício resolvido

1. Calcule **a** e **b** para que os sistemas $\begin{cases} x - y = 9 \\ x + y = 5 \end{cases}$ e $\begin{cases} ax + y = 12 \\ 2x - by = 20 \end{cases}$ sejam equivalentes.

Resolução:

Inicialmente, vamos resolver o sistema $\begin{cases} x - y = 9 \\ x + y = 5 \end{cases}$.

$$\begin{array}{l} x - y = 9 \\ \underline{x + y = 5} \\ 2x = 14 \Rightarrow x = 7 \end{array}$$

$7 - y = 9 \Rightarrow y = 7 - 9 \Rightarrow y = -2$

Para que os sistemas sejam equivalentes, $S = \{(7, -2)\}$ também deve ser o conjunto solução do outro sistema dado; então:

$ax + y = 12 \Rightarrow a(7) + (-2) = 12 \Rightarrow$

$\Rightarrow 7a - 2 = 12 \Rightarrow 7a = 14 \Rightarrow a = 2$

$2x - by = 20 \Rightarrow 2(7) - b(-2) = 20 \Rightarrow$

$\Rightarrow 14 + 2b = 20 \Rightarrow 2b = 6 \Rightarrow b = 3$

Portanto, a = 2 e b = 3.

Exercícios propostos

7. Os sistemas $\begin{cases} x + y = 20 \\ x - y = 4 \end{cases}$ e $\begin{cases} ax + 2y = 32 \\ 3x - by = 20 \end{cases}$ são equivalentes. Calcule **a** e **b**.

8. Sejam os sistemas $\begin{cases} 2x - y = 1 \\ 3x + 2y = 5 \end{cases}$ e $\begin{cases} kx + y = 3k + 5 \\ x + y = 2 \end{cases}$, com $k \in IR$. Calcule **k** para que os sistemas sejam equivalentes.

6 Classificação de sistema linear

Os sistemas lineares podem ser classificados de acordo com suas soluções, conforme mostra o diagrama:

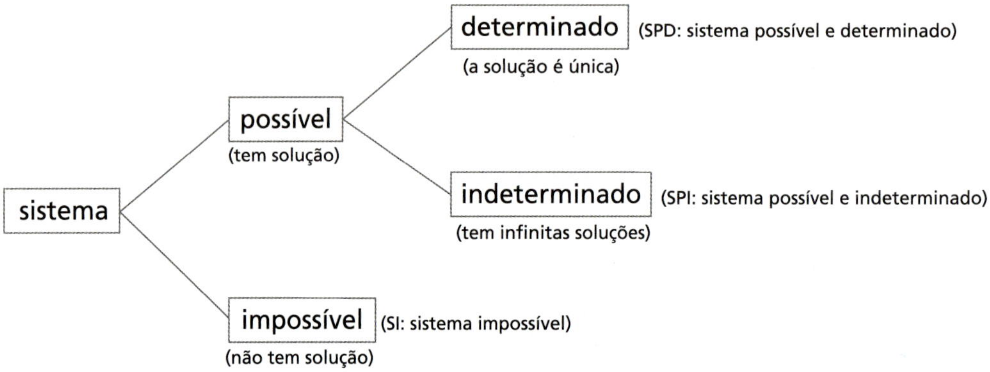

Essa classificação dos sistemas lineares é feita por meio de alguns processos, como veremos ao longo deste capítulo.

7 Sistemas lineares 2 × 2

Resolução pelo método da adição

Resolver um sistema linear significa descobrir o seu conjunto solução **S**, formado por todas as soluções do sistema.

A resolução dos sistemas lineares 2 × 2, em $\mathbb{R} \times \mathbb{R}$, já foi vista no ensino fundamental por meio de alguns métodos como *adição*, *substituição*, *comparação* e outros.

Vamos retomar, com exemplos, a resolução pelo *método da adição*:

Você sabia

$\mathbb{R} \times \mathbb{R}$: conjunto de todos os pares ordenados de números reais.

1º) $\begin{cases} 3x - y = 10 \quad \cdot (5) \\ 2x + 5y = 1 \end{cases} \Rightarrow \begin{cases} 15x - \cancel{5y} = 50 \\ 2x + \cancel{5y} = 1 \end{cases}$

$17x = 51 \Rightarrow x = \frac{51}{17} = 3$ (valor único de **x**)

Para refletir

Faça a verificação do par ordenado (3, −1) no sistema dado.

$\begin{cases} 3x - y = 10 \quad \cdot (-2) \\ 2x + 5y = 1 \quad \cdot (3) \end{cases} \Rightarrow \begin{cases} -\cancel{6x} + 2y = -20 \\ \cancel{6x} + 15y = 3 \end{cases}$

$17y = -17 \Rightarrow y = \frac{-17}{17} = -1$ (valor único de **y**)

Então, (3, −1) é o único par ordenado de $\mathbb{R} \times \mathbb{R}$ que é solução do sistema.

Dizemos então que o sistema tem como solução S = {(3, −1)} e que ele é um *sistema possível e determinado* (tem uma única solução, ou seja, o conjunto solução é unitário).

2º) $\begin{cases} x - 2y = 5 \quad \cdot (-2) \\ 2x - 4y = 2 \end{cases} \Rightarrow \begin{cases} -\cancel{2x} + 4y = -10 \\ \cancel{2x} - 4y = 2 \end{cases}$

$0y = -8$

Se em 0y = −8 não existe valor real para **y**, então não existe par de números reais que seja solução do sistema.

Dizemos que o sistema tem como solução S = ∅ e que ele é um *sistema impossível* (não tem nenhuma solução, ou seja, o conjunto solução é vazio).

3º) $\begin{cases} 2x - 6y = 8 \ \cdot (3) \\ 3x - 9y = 12 \ \cdot (-2) \end{cases} \Rightarrow \begin{cases} \cancel{6x} - 18y = 24 \\ -\cancel{6x} + 18y = -24 \end{cases}$

$$0y = 0$$

Se 0y = 0, a incógnita **y** pode assumir qualquer valor real. Fazendo $y = \alpha$, com $\alpha \in \mathbb{R}$, e substituindo em uma das equações do sistema, temos:

$$2x - 6y = 8 \Rightarrow 2x - 6\alpha = 8 \Rightarrow 2x = 8 + 6\alpha \Rightarrow x = \frac{8 + 6\alpha}{2} = 4 + 3\alpha$$

O par ordenado $(4 + 3\alpha, \alpha)$, com $\alpha \in \mathbb{R}$, é a solução geral do sistema. Para cada valor de α, temos uma solução para o sistema, como por exemplo: (7, 1), (4, 0), (1, −1) , conforme α seja respectivamente 1, 0 ou −1.

Dizemos que o sistema tem como solução $S = \{(4 + 3\alpha, \alpha) \mid \alpha \in \mathbb{R}\}$ e que ele é um *sistema possível e indeterminado* (tem infinitas soluções, ou seja, o conjunto solução é infinito).

Interpretação geométrica do sistema linear 2 × 2

Os pares ordenados de números reais que são soluções de uma equação linear com duas incógnitas determinam, no gráfico, uma reta. A intersecção das duas retas das equações do sistema determina sua solução, se existir.

Veja a representação gráfica dos três sistemas resolvidos por adição:

1º) $\begin{cases} 3x - y = 10 \rightarrow (4, 2), (2, -4), \ldots \\ 2x + 5y = 1 \rightarrow (-2, 1), (3, -1), \ldots \end{cases}$

As retas concorrentes indicam que existe um único par ordenado que é solução do sistema (sistema possível e determinado).

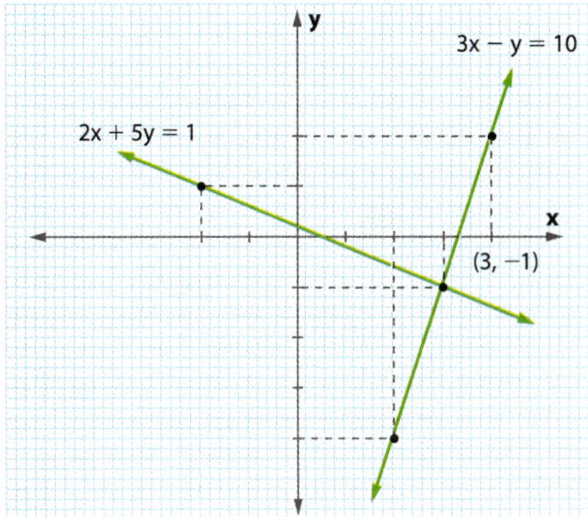

2º) $\begin{cases} x - 2y = 5 \rightarrow (1, -2), (-1, -3), \ldots \\ 2x - 4y = 2 \rightarrow (1, 0), (3, 1), \ldots \end{cases}$

As retas paralelas e distintas indicam que não existe par ordenado que seja solução do sistema (sistema impossível).

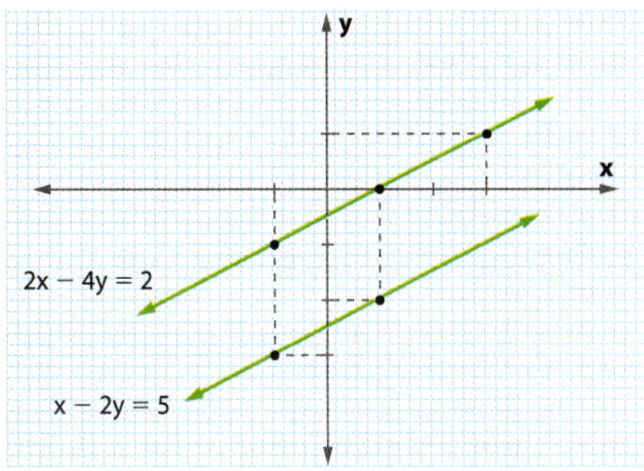

3º) $\begin{cases} 2x - 6y = 8 \rightarrow (4, 0), (1, -1), \ldots \\ 3x - 9y = 12 \rightarrow (1, -1), (-2, -2), \ldots \end{cases}$

As retas coincidentes indicam que existem infinitos pares ordenados que são soluções do sistema (sistema possível e indeterminado).

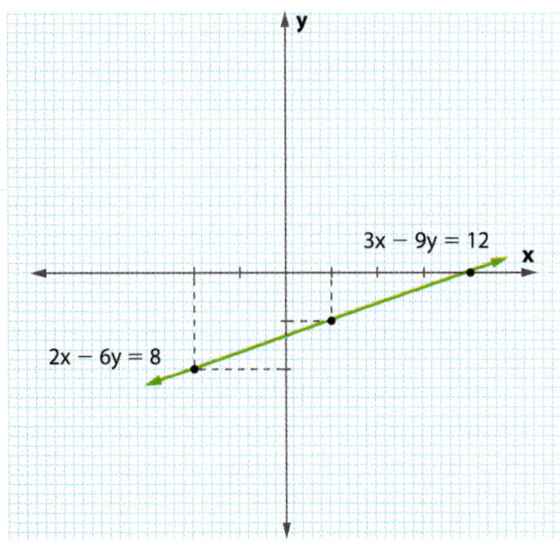

Exercício proposto

9. Resolva cada sistema linear 2 × 2 usando o método da adição; classifique-os quanto ao número de soluções e faça sua representação gráfica.

a) $\begin{cases} 4x + 2y = 4 \\ 2x + y = 5 \end{cases}$

b) $\begin{cases} 3x - 2y = -12 \\ 5x + 6y = 8 \end{cases}$

c) $\begin{cases} 5x - 10y = 15 \\ 2x - 4y = 6 \end{cases}$

Classificação de um sistema linear 2 × 2

Em um sistema linear 2 × 2, é simples fazer essa classificação apenas observando suas equações. Vejamos algumas condições:

- Se há proporcionalidade entre os coeficientes das mesmas incógnitas e essa proporcionalidade se mantém nos termos independentes, o sistema é possível e indeterminado (SPI). Equações assim são chamadas *equivalentes*.
- Se há proporcionalidade entre os coeficientes das mesmas incógnitas e essa proporcionalidade **não** se mantém nos termos independentes, o sistema é impossível (SI). Dizemos que equações assim são *incompatíveis*.
- Se **não** há proporcionalidade entre os coeficientes das mesmas incógnitas, o sistema é possível e determinado (SPD).

Resumindo:

$$\begin{cases} a_1x + b_1y = k_1 \\ a_2x + b_2y = k_2 \end{cases} \Rightarrow \begin{array}{l} \dfrac{a_1}{a_2} = \dfrac{b_1}{b_2} = \dfrac{k_1}{k_2} \Rightarrow \text{SPI} \\ \dfrac{a_1}{a_2} = \dfrac{b_1}{b_2} \neq \dfrac{k_1}{k_2} \Rightarrow \text{SI} \\ \dfrac{a_1}{a_2} \neq \dfrac{b_1}{b_2} \Rightarrow \text{SPD} \end{array}$$

Exemplos de classificação de sistemas:

1º) $\begin{cases} 3x - 2y = 4 \\ x - 4y = 2 \end{cases}$

Os coeficientes das mesmas incógnitas nas duas equações não são proporcionais: 3 é o triplo de 1 e −2 é metade de −4. Então, o sistema é possível e determinado $\left(\dfrac{3}{1} \neq \dfrac{-2}{-4} \text{ ou } 3(-4) \neq 1(-2)\right)$.

2º) $\begin{cases} 2x - 6y = 5 \\ 3x - 9y = 1 \end{cases}$

Nesse sistema, os coeficientes das mesmas incógnitas nas duas equações são proporcionais, porém essa proporcionalidade não se mantém nos termos independentes: 2 está para 3 assim como −6 está para −9, porém não como 5 está para 1. Então, o sistema é impossível $\left(\dfrac{2}{3} = \dfrac{-6}{-9} \neq \dfrac{5}{1}\right)$.

3º) $\begin{cases} 3x + y = -2 \\ -6x - 2y = 4 \end{cases}$

Nesse caso, há proporcionalidade entre os coeficientes das mesmas incógnitas e essa proporcionalidade se mantém nos termos independentes: −6 está para 3 assim como −2 está para 1, assim como 4 está para −2 (ou, ainda, a 2ª equação é o oposto do dobro da 1ª). Então, o sistema é possível e indeterminado $\left(\dfrac{3}{-6} = \dfrac{1}{-2} = \dfrac{-2}{4}\right)$.

Observação: o sistema linear $\begin{cases} a_1x + b_1y = k_1 \\ a_2x + b_2y = k_2 \end{cases}$ pode ser escrito na forma matricial:

$$\begin{bmatrix} a_1 & b_1 \\ a_2 & b_2 \end{bmatrix} \cdot \begin{bmatrix} x \\ y \end{bmatrix} = \begin{bmatrix} k_1 \\ k_2 \end{bmatrix}$$

Para refletir

Verifique que esse produto de matrizes resulta no sistema dado.

A partir da forma matricial, podemos usar o determinante da matriz dos coeficientes para saber se o sistema é determinado ou não.

No sistema $\begin{cases} a_1x + b_1y = k_1 \\ a_2x + b_2y = k_2 \end{cases}$ a matriz dos coeficientes é $\begin{bmatrix} a_1 & b_1 \\ a_2 & b_2 \end{bmatrix}$, cujo determinante é $D = a_1b_2 - a_2b_1$.

É fácil notar que, se $\frac{a_1}{a_2} \neq \frac{b_1}{b_2}$, então $D = a_1b_2 - a_2b_1 \neq 0$. Assim, basta o determinante da matriz dos coeficientes não ser nulo para o sistema ser determinado.

Entretanto, note que, se o determinante for nulo, não poderemos fazer nenhuma afirmação, pois restarão duas possibilidades, SPI e SI. Saberemos que o sistema não é determinado, mas não saberemos classificá-lo sem examinar os valores $\mathbf{k_1}$ e $\mathbf{k_2}$.

Exercício proposto

10. Classifique os seguintes sistemas lineares:

a) $\begin{cases} x + y = 6 \\ x - y = 8 \end{cases}$

b) $\begin{cases} x + 2y = 4 \\ 2x - y = 3 \end{cases}$

c) $\begin{cases} x + y = 10 \\ 2x + 2y = 20 \end{cases}$

d) $\begin{cases} 4x - 6y = 2 \\ 6x - 9y = 3 \end{cases}$

e) $\begin{cases} 2x + 3y = 6 \\ 2x + 3y = 12 \end{cases}$

f) $\begin{cases} x + y = 10 \\ 2x + 2y = 30 \end{cases}$

g) $\begin{cases} 5(x - 2y + 1) = x - 8y + 7 \\ \frac{2x - y}{3} = \frac{1}{5} \end{cases}$

h) $\begin{cases} 2x + y = x + 4 \\ 2x + y = x + 2y + 1 \end{cases}$

i) $\begin{cases} 6x - 10y = 8 \\ 9x = 15y + 12 \end{cases}$

Discussão de um sistema linear 2 × 2

Observe o sistema $\begin{cases} 3x + y = b \\ ax + 2y = 4 \end{cases}$.

Nesse sistema de incógnitas **x** e **y**, o coeficiente **a** e o termo independente **b** são chamados de parâmetros; seus valores não estão estabelecidos.

Discutir um sistema significa descobrir para que valores dos parâmetros ele é possível e determinado, possível e indeterminado ou impossível.

Para saber em que condições o sistema é SPD, podemos calcular o determinante da matriz dos coeficientes do sistema. No sistema dado acima, temos:

$$D = \begin{vmatrix} 3 & 1 \\ a & 2 \end{vmatrix} = 6 - a$$

Quando $a \neq 6$, teremos $D \neq 0$, e poderemos garantir que o sistema é possível e determinado, independentemente do valor de **b**.

Quando $a = 6$, teremos $D = 0$, portanto não poderemos classificar o sistema sem observar as duas equações. Substituindo $a = 6$ no sistema, teremos:

$$\begin{cases} 3x + 1y = b \\ 6x + 2y = 4 \end{cases}$$

Nesse caso, já temos proporcionalidade entre os coeficientes das mesmas incógnitas. Para que ela se mantenha nos termos independentes, precisamos ter $b = 2$. Então, nessas condições, as equações serão equivalentes e teremos um sistema indeterminado. E, se $b \neq 2$, as equações serão incompatíveis e o sistema será impossível.

Assim:

- para $a \neq 6$, o sistema é possível e determinado (SPD) (para qualquer $b \in \mathbb{R}$);
- para $a = 6$ e $b = 2$, o sistema é possível e indeterminado (SPI);
- para $a = 6$ e $b \neq 2$, o sistema é impossível (SI).

Exercícios resolvidos

2. Discuta o sistema linear $\begin{cases} x + ky = 1 \\ x + 2y = 3 \end{cases}$.

Resolução:

$$D = \begin{vmatrix} 1 & k \\ 1 & 2 \end{vmatrix} = 2 - k$$

- $D \neq 0$, ou seja, $2 - k \neq 0 \Rightarrow k \neq 2$, o sistema é possível e determinado.
- $D = 0$, ou seja, $2 - k = 0 \Rightarrow k = 2$, devemos substituir $k = 2$ no sistema $\begin{cases} x + 2y = 1 \\ x + 2y = 3 \end{cases}$ e observar as equações.

Nessas condições, com $k = 2$, o sistema terá conjunto solução vazio, pois as duas equações são incompatíveis.

Portanto:

$$\begin{cases} \text{para } k \neq 2, \text{ o sistema é possível e determinado} \\ \text{para } k = 2, \text{ o sistema é impossível} \end{cases}$$

3. Para que valores de **a** e **b** o sistema $\begin{cases} ax + 2y = 2 \\ x + y = b \end{cases}$ é possível e indeterminado?

Resolução:

Para que o sistema seja possível e indeterminado, deve-se ter inicialmente:

$$D = 0 \Rightarrow \begin{vmatrix} a & 2 \\ 1 & 1 \end{vmatrix} = 0 \Rightarrow a - 2 = 0 \Rightarrow a = 2$$

No entanto, apenas $D = 0$ não garante que o sistema seja possível e indeterminado; ele poderia ser também impossível (que não é o caso desejado).

Devemos substituir $a = 2$ no sistema $\begin{cases} 2x + 2y = 2 \\ x + y = b \end{cases}$ e observar as equações.

Para que as duas equações sejam equivalentes, precisamos de $b = 1$ (assim a 1ª equação passa a valer o dobro da 2ª).

Logo, o sistema é possível e indeterminado para $a = 2$ e $b = 1$.

4. Determine os valores de **a** para que o sistema linear $\begin{cases} a + 3y = a \\ 3x + ay = -a \end{cases}$ seja possível e determinado.

Resolução:

Para que o sistema seja possível e determinado, deve-se ter:

$$D \neq 0 \Rightarrow \begin{vmatrix} a & 3 \\ 3 & a \end{vmatrix} \neq 0 \Rightarrow a^2 - 9 \neq 0 \Rightarrow a \neq 3 \text{ e } a \neq -3$$

Logo, o sistema será possível e determinado sempre que $a \neq 3$ e $a \neq -3$.

Exercícios propostos

11. Classifique e resolva os sistemas lineares:

a) $\begin{cases} 3x + y = 10 \\ 2x - 3y = -8 \end{cases}$

b) $\begin{cases} 2x + 5y = 20 \\ 4x + 10y = 40 \end{cases}$

c) $\begin{cases} 3x + y = 10 \\ -x + 2y = -8 \end{cases}$

12. Discuta o sistema linear $\begin{cases} mx + y = 2 \\ x - y = 1 \end{cases}$.

13. Calcule os valores de **a** para que o sistema $\begin{cases} 3x + 2y = 1 \\ ax - 6y = 0 \end{cases}$ seja possível e determinado.

14. Resolva a equação matricial $\begin{pmatrix} 2 & 1 \\ 1 & -3 \end{pmatrix}\begin{pmatrix} x \\ y \end{pmatrix} = \begin{pmatrix} 7 \\ 7 \end{pmatrix}$.

15. Calcule o valor de **k** para que o sistema $\begin{cases} x + y = 1 \\ 3x + 3y = k + 1 \end{cases}$ seja possível e indeterminado.

8 Sistemas lineares 3 × 3

Consideremos o sistema

$$\begin{cases} a_1x + b_1y + c_1z = d_1 \\ a_2x + b_2y + c_2z = d_2 \\ a_3x + b_3y + c_3z = d_3 \end{cases}$$

de três equações com três incógnitas. Geometricamente, cada uma das equações, nessa ordem, define os planos π_1, π_2 e π_3, respectivamente. O terno ordenado (x, y, z) é solução desse sistema quando o ponto **P**(x, y, z) pertence à intersecção $\pi_1 \cap \pi_2 \cap \pi_3$, ou seja, quando **P** está simultaneamente nos três planos.

> **Fique atento**
> Nos sistemas de duas equações com duas incógnitas tínhamos duas retas no plano. Agora, temos três planos no espaço.

Associadas a esse sistema há duas matrizes: a incompleta (I) e a completa (II).

$$\begin{bmatrix} a_1 & b_1 & c_1 \\ a_2 & b_2 & c_2 \\ a_3 & b_3 & c_3 \end{bmatrix}_{3 \times 3} \text{(I)} \quad \text{e} \quad \begin{bmatrix} a_1 & b_1 & c_1 & d_1 \\ a_2 & b_2 & c_2 & d_2 \\ a_3 & b_3 & c_3 & d_3 \end{bmatrix}_{3 \times 4} \text{(II)}$$

Os vetores linha da matriz incompleta são $\ell_1 = (a_1, b_1, c_1)$, $\ell_2 = (a_2, b_2, c_2)$ e $\ell_3 = (a_3, b_3, c_3)$, e os vetores linha da matriz completa são $L_1 = (a_1, b_1, c_1, d_1)$, $L_2 = (a_2, b_2, c_2, d_2)$ e $L_3 = (a_3, b_3, c_3, d_3)$, todos não nulos.

Possibilidades para as posições relativas dos três planos no espaço

Existem oito possibilidades para as posições relativas dos três planos, π_1, π_2 e π_3, no espaço.

1ª possibilidade: os três planos coincidem

Neste caso, *todos* os pontos **P**(x, y, z) de π_1 são soluções do sistema. Há, portanto, infinitas soluções para o sistema.

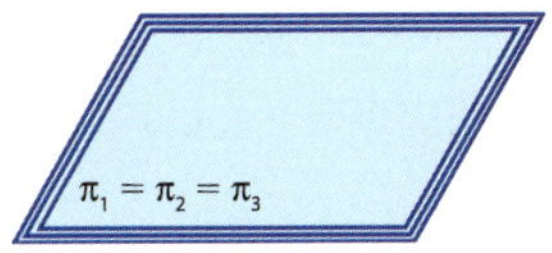

O sistema é possível e indeterminado (SPI).

Pode-se provar que isso ocorre quando $\mathbf{L_1}$, $\mathbf{L_2}$ e $\mathbf{L_3}$ são múltiplos uns dos outros. Por exemplo:

$$\begin{cases} x + y - z = 1 \rightarrow L_1 = (1, 1, -1, 1) \\ 2x + 2y - 2z = 2 \rightarrow L_2 = (2, 2, -2, 2) \\ 4x + 4y - 4z = 4 \rightarrow L_3 = (4, 4, -4, 4) \end{cases}$$

Nesse caso, temos $L_2 = 2L_1$, $L_3 = 4L_1$ e $L_3 = 2L_2$.

Da primeira equação $x + y - z = 1$ tiramos que $z = x + y - 1$. Assim, as soluções do sistema são todos os pontos da forma $(x, y, x + y - 1)$, em que **x** e **y** são números reais arbitrários.

Por exemplo, são soluções (1, 1, 1); (1, 2, 2); (2, 5, 6); etc.

2ª possibilidade: dois planos coincidem e o terceiro é paralelo a eles

Neste caso, o sistema é impossível, não possui solução (SI).

Pode-se provar que isso ocorre quando $\mathbf{L_2}$ é múltiplo de $\mathbf{L_1}$, ou seja, $L_2 = kL_1$, o que acarreta $\ell_2 = k\ell_1$; $\ell_3 = m\ell_1$; mas $\mathbf{L_3}$ não é múltiplo de $\mathbf{L_1}$.

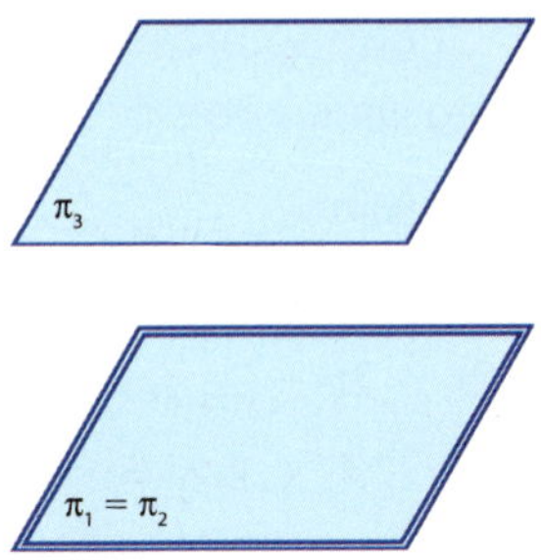

Exemplo:

$$\begin{cases} x + y - z = 1 \rightarrow L_1 = (1, 1, -1, 1) \text{ e } \ell_1 = (1, 1, -1) \\ 2x + 2y - 2z = 2 \rightarrow L_2 = (2, 2, -2, 2) \text{ e } \ell_2 = (2, 2, -2) \\ 4x + 4y - 4z = 7 \rightarrow L_3 = (4, 4, -4, 7) \text{ e } \ell_3 = (4, 4, -4) \end{cases}$$

Nesse caso, temos $L_2 = 2L_1$; $\ell_3 = 4\ell_1$; mas $\mathbf{L_3}$ não é múltiplo de $\mathbf{L_1}$. Logo, o sistema não tem solução; é impossível.

3ª possibilidade: dois planos coincidem e o terceiro os intersecta segundo uma reta

Neste caso, todos os pontos **P**(x, y, z) da reta são soluções. Há, portanto, infinitas soluções. O sistema é possível e indeterminado (SPI). Pode-se provar que isso ocorre quando $L_2 = kL_1$ (e, portanto, $\ell_2 = k\ell_1$); mas ℓ_3 não é múltiplo de ℓ_1.

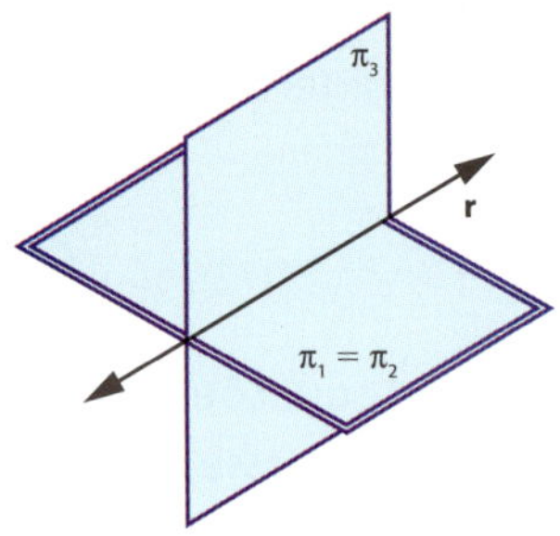

Exemplo:

$$\begin{cases} x + y - z = 1 \rightarrow L_1 = (1, 1, -1, 1) \text{ e } \ell_1 = (1, 1, -1) \\ 2x + 2y - 2z = 2 \rightarrow L_2 = (2, 2, -2, 2) \text{ e } \ell_2 = (2, 2, -2) \\ 4x + 4y - z = 4 \rightarrow L_3 = (4, 4, -1, 4) \text{ e } \ell_3 = (4, 4, -1) \end{cases}$$

$\pi_1 = \pi_2$, mas $\ell_3 = (4, 4, -1)$ não é múltiplo de $\ell_1 = (1, 1, -1)$. Assim, $\pi_3 \cap \pi_1$ é a reta **r**. Essa reta é formada pelos pontos **P**(x, y, z), cujas coordenadas são as soluções do sistema:

$$\begin{cases} x + y - z = 1 \\ 4x + 4y - z = 4 \end{cases} \Rightarrow \begin{cases} y - z = 1 - x \cdot (-4) \\ 4y - z = 4 - 4x \end{cases} \Rightarrow \begin{cases} \cancel{-4y} + 4z = \cancel{-4} + \cancel{4x} \\ \cancel{4y} - z = \cancel{4} - \cancel{4x} \end{cases}$$

$$3z = 0 \Rightarrow z = 0$$

Se z = 0, então y = 1 − x.

Portanto, as soluções do sistema são todos os pontos da forma (x, 1 − x, 0) para qualquer valor real de **x**. Por exemplo, são soluções (1, 0, 0); (2, −1, 0); (6, −5, 0); etc.

4ª possibilidade: os planos são paralelos dois a dois

Neste caso, o sistema não possui solução; é impossível (SI). Pode-se provar que isso ocorre quando cada um dos vetores, ℓ_1, ℓ_2 e ℓ_3, é múltiplo do outro, mas os vetores $\mathbf{L_1}$, $\mathbf{L_2}$ e $\mathbf{L_3}$ não são múltiplos um do outro, dois a dois.

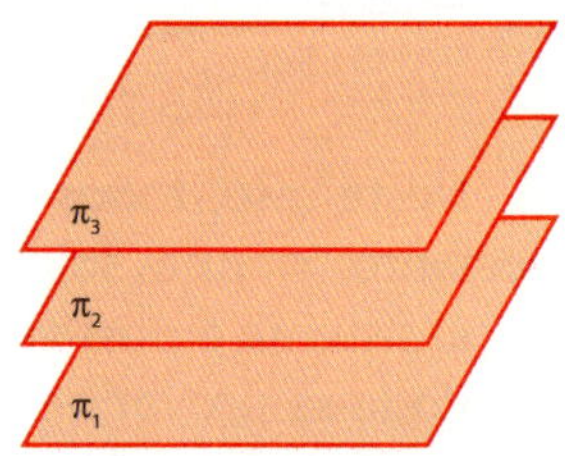

Exemplo:

$$\begin{cases} x + y - z = 1 \rightarrow L_1 = (1, 1, -1, 1) \text{ e } \ell_1 = (1, 1, -1) \\ 2x + 2y - 2z = 3 \rightarrow L_2 = (2, 2, -2, 3) \text{ e } \ell_2 = (2, 2, -2) \\ 4x + 4y - 4z = 7 \rightarrow L_3 = (4, 4, -4, 7) \text{ e } \ell_3 = (4, 4, -4) \end{cases}$$

Nesse caso, temos que ℓ_1, ℓ_2 e ℓ_3 são múltiplos um do outro, mas $\mathbf{L_1}$, $\mathbf{L_2}$ e $\mathbf{L_3}$ não são múltiplos um do outro, dois a dois.

Logo, esse sistema não tem solução; é impossível.

5ª possibilidade: dois planos são paralelos e o outro os intersecta segundo retas paralelas *r* e *s*

π_1 e π_2 são paralelos. Logo, $\pi_1 \cap \pi_2 = \varnothing$. Isso acarreta que $\pi_1 \cap \pi_2 \cap \pi_3 = \varnothing$. Portanto, o sistema não possui solução; é impossível (SI).

Pode-se provar que isso acontece quando $\ell_2 = k\ell_1$, mas $\mathbf{L_2}$ não é múltiplo de $\mathbf{L_1}$, pois $\pi_1 /\!/ \pi_2$. Além disso, ℓ_3 não é múltiplo de ℓ_1, pois $\pi_3 \not\parallel \pi_1$.

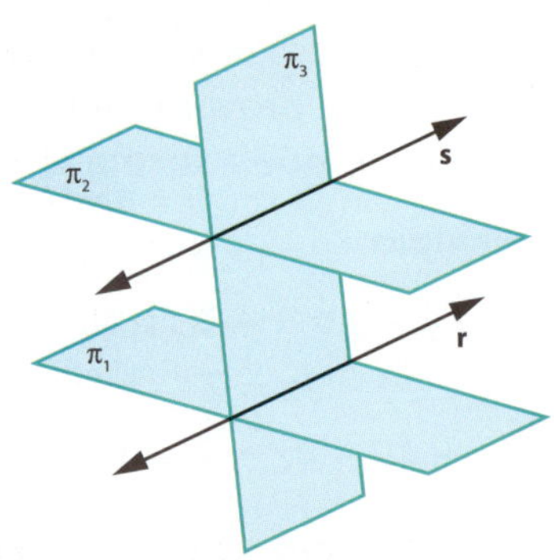

Exemplo:

$$\begin{cases} x + y - z = 1 \rightarrow L_1 = (1, 1, -1, 1) \text{ e } \ell_1 = (1, 1, -1) \\ 2x + 2y - 2z = 3 \rightarrow L_2 = (2, 2, -2, 3) \text{ e } \ell_2 = (2, 2, -2) \\ 4x + 4y - z = 4 \rightarrow L_3 = (4, 4, -1, 4) \text{ e } \ell_3 = (4, 4, -1) \end{cases}$$

Observe que $\ell_2 = 2\ell_1$, porém $\mathbf{L_2}$ não é múltiplo de $\mathbf{L_1}$. Observe também que ℓ_3 não é múltiplo de ℓ_1.

Logo, o sistema é impossível.

6ª possibilidade: os três planos são distintos e têm uma reta em comum

Neste caso, *todos* os pontos **P**(x, y, z) da reta **r** são soluções. Há, portanto, infinitas soluções.

O sistema é possível e indeterminado (SPI). Pode-se provar que isso ocorre quando nenhum dos vetores ℓ_1, ℓ_2 e ℓ_3 é múltiplo do outro e $\mathbf{L_3}$ pode ser escrito como combinação linear de $\mathbf{L_1}$ e $\mathbf{L_2}$, isto é, $L_3 = kL_2 + mL_1$.

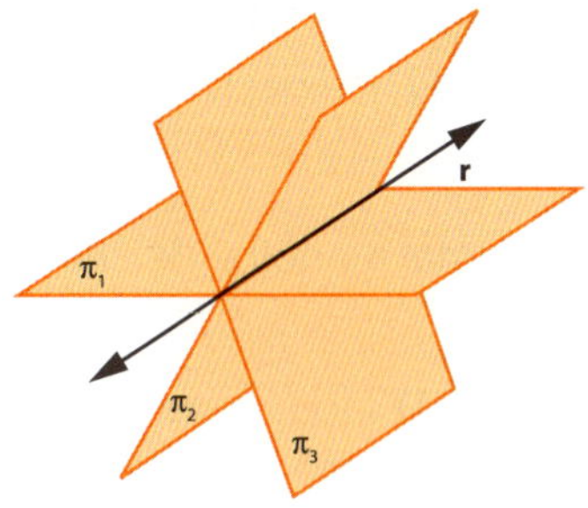

$\pi_1 \cap \pi_2 \cap \pi_3 = r$

Exemplo:

$$\begin{cases} x + y + z = 1 \rightarrow L_1 = (1, 1, 1, 1) \text{ e } \ell_1 = (1, 1, 1) \\ 2x - y + z = 5 \rightarrow L_2 = (2, -1, 1, 5) \text{ e } \ell_2 = (2, -1, 1) \\ 4x + y + 3z = 7 \rightarrow L_3 = (4, 1, 3, 7) \text{ e } \ell_3 = (4, 1, 3) \end{cases}$$

Observe que nenhum dos vetores ℓ_1, ℓ_2 e ℓ_3 é múltiplo do outro. E, também, que $L_3 = 2L_1 + L_2$:

$$\begin{array}{rl} 2L_1 \rightarrow & 2x + 2y + 2z = 2 \\ L_2 \rightarrow & \underline{2x - y + z = 5} \\ & 4x + y + 3z = 7 \rightarrow L \end{array}$$

Logo, o sistema é indeterminado.

$\pi_1 \cap \pi_2 \cap \pi_3 = r$. Esta reta é formada pelos pontos **P**(x, y, z), cujas coordenadas são as soluções dos sistemas:

$$\begin{cases} x + y + z = 1 \\ 2x - y + z = 5 \end{cases} \text{ e } \begin{cases} 2x - y + z = 5 \\ 4x + y + 3z = 7 \end{cases} \Rightarrow \begin{cases} -6x + 3y - 3z = -15 \\ 4x + y + 3z = 7 \end{cases}$$

$$\Downarrow \qquad\qquad\qquad\qquad \Downarrow$$

$$z = \frac{6 - 3x}{2} \qquad\qquad y = \frac{-4 + x}{2}$$

Portanto, as soluções do sistema são todos os pontos da forma $\left(x, \frac{-4 + x}{2}, \frac{6 - 3x}{2}\right)$ para qualquer valor real de **x**. Por exemplo, são soluções do sistema: (0, −2, 3); (2, −1, 0); (−2, −3, 6); etc.

7ª possibilidade: os três planos se intersectam, dois a dois, segundo retas paralelas umas às outras

Neste caso, o sistema é impossível (SI).

Os vetores ℓ_1, ℓ_2 e ℓ_3 não são múltiplos um do outro, pois não há paralelismo nem coincidência entre nenhum dos planos. Além disso, é possível provar que $\ell_3 = k\ell_1 + m\ell_2$ e $L_3 \neq kL_1 + mL_2$.

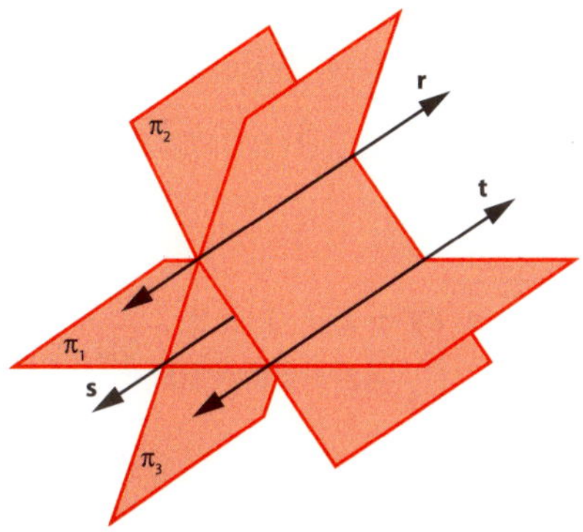

Exemplo:

$$\begin{cases} x + y - 3z = 1 \rightarrow L_1 = (1, 1, -3, 1) \text{ e } \ell_1 = (1, 1, -3) \\ 5x + 2y + z = 2 \rightarrow L_2 = (5, 2, 1, 2) \text{ e } \ell_2 = (5, 2, 1) \\ 9x + 3y + 5z = 5 \rightarrow L_3 = (9, 3, 5, 5) \text{ e } \ell_3 = (9, 3, 5) \end{cases}$$

Observe que os vetores ℓ_1, ℓ_2 e ℓ_3 não são múltiplos um do outro. Note também que $\ell_3 = 2\ell_2 - \ell_1$, mas $L_3 \neq 2L_2 - L_1$. Vejamos: $L_3 = (9, 3, 5, 5)$; $2L_2 = (10, 4, 2, 4)$; $-L_1 = (-1, -1, 3, -1)$; logo, $2L_2 - L_1 = (9, 3, 5, 3)$ e $L_3 = (9, 3, 5, 5)$. Assim, $L_3 \neq 2L_2 - L_1$.

Portanto, esse sistema é impossível.

8ª possibilidade: os três planos têm um único ponto em comum

Neste caso, o sistema é possível e determinado (SPD).

É possível provar que o sistema tem uma única solução se, e somente se, os vetores ℓ_1, ℓ_2 e ℓ_3 são linearmente independentes (LI).

Exemplo:

$$\begin{cases} x + 2y - 3z = 4 \rightarrow \ell_1 = (1, 2, -3) \\ 2x + 3y + 4z = 5 \rightarrow \ell_2 = (2, 3, 4) \\ 4x + 7y - z = 13 \rightarrow \ell_3 = (4, 7, -1) \end{cases}$$

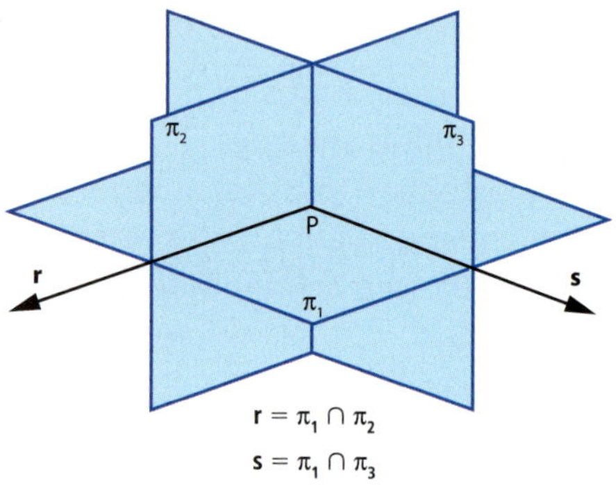

Uma maneira de saber se os vetores (1, 2, −3), (2, 3, 4) e (4, 7, −1) são LI é verificar se o determinante $\begin{vmatrix} 1 & 2 & -3 \\ 2 & 3 & 4 \\ 4 & 7 & -1 \end{vmatrix}$ é diferente de zero.

Como $\begin{vmatrix} 1 & 2 & -3 \\ 2 & 3 & 4 \\ 4 & 7 & -1 \end{vmatrix} = -1 \neq 0$, os vetores são LI. Portanto, esse sistema é possível e determinado (SPD).

Nos próximos itens você aprenderá como determinar a solução de um sistema como esse.

9 Escalonamento de sistemas lineares

Veremos agora um método para classificar, resolver e discutir sistemas lineares de quaisquer ordens, chamado *método do escalonamento*.

Inicialmente é necessário saber o que é um sistema linear escalonado.

Considerando um sistema genérico m × n, dizemos que ele está escalonado quando a matriz dos coeficientes tiver, em cada uma de suas linhas, o primeiro elemento não nulo situado à esquerda do primeiro elemento não nulo da linha seguinte. Além disso, linhas com todos os elementos nulos devem estar abaixo de todas as outras. Observando as equações do sistema escalonado, percebe-se que, em cada linha considerada, a primeira incógnita com coeficiente não nulo está sempre à esquerda da primeira incógnita com coeficiente não nulo da linha seguinte.

São exemplos de sistemas escalonados:

- $\begin{cases} x - 2y + 5z = 7 \\ 3y + 2z = 1 \\ 4z = 8 \end{cases}$

- $\begin{cases} 3x_1 + 2x_2 + 7x_3 = 11 \\ 4x_2 + 5x_3 = -4 \end{cases}$ ou $\begin{cases} 3x_1 + 2x_2 + 7x_3 = 11 \\ 4x_2 + 5x_3 = -4 \\ 0x_3 = 0 \end{cases}$

- $\begin{cases} x + 2y + z + t = 9 \\ 4z + 5t = 10 \end{cases}$ ou $\begin{cases} x + 2y + z + t = 9 \\ 0y + 4z + 5t = 10 \\ 0z + 0t = 0 \\ 0t = 0 \end{cases}$

Classificação e resolução de sistemas lineares escalonados

Para classificar um sistema escalonado, basta observar a última linha. Mas é preciso estar atento, pois a última linha num sistema de **n** incógnitas é a n-ésima linha, que, se não existir, deve ser considerada totalmente nula (0x + 0y + 0z + ... = 0, que equivale a 0 = 0), como mostram o segundo e o terceiro exemplo acima.

Na última linha, podemos ter:

- uma equação do 1º grau com uma incógnita (exemplo: 2z = 4; 5w = 0; z = −1, ...): o sistema é SPD;
- uma igualdade sem incógnitas que é verdadeira (exemplo: 0 = 0; 2 = 2; 5 = 5; ...): o sistema é SPI;
- uma igualdade sem incógnitas que é falsa (exemplo: 0 = 9; 0 = 2; 0 = −4; ...): o sistema é SI.

É possível entender por que o determinante dos coeficientes de um sistema n × n não é nulo apenas se o sistema for determinado, se lembrarmos que o determinante de uma matriz com uma fila de zeros é sempre nulo (1ª propriedade, capítulo 8, página 170). Note que um sistema escalonado só não terá os coeficientes da última linha nulos *se ele for determinado*.

Fique atento

A classificação de um sistema usando-se determinantes só será possível se o determinante for diferente de zero, a exemplo do que ocorre com sistemas 2 × 2. Se o determinante for nulo, o sistema terá de ser escalonado, e o tempo gasto no determinante será perdido. Assim, é preferível partir logo para o escalonamento.

Exemplos:

1º) $\begin{cases} 3x - 2y + z = -6 \\ \quad 4y - 2z = 0 \\ \qquad 5z = 10 \end{cases}$

Sistema 3 × 3 já escalonado (número de equações = número de incógnitas).
Da 3ª equação tiramos $z = 2$.
Da 2ª equação, fazendo $z = 2$, temos $4y - 2 \cdot 2 = 0$ e daí $y = 1$.
Fazendo $y = 1$ e $z = 2$ na 1ª equação, temos $3x - 2(1) + 2 = -6$ e daí $x = -2$.
Podemos concluir que o sistema é possível e determinado, com $S = \{(-2, 1, 2)\}$.

2º) $\begin{cases} 9x - 2y + 3z - w = 1 \\ \quad y - 2z + 4w = 6 \\ \qquad 5z + 2w = 3 \\ \qquad\quad 0w = 9 \end{cases}$

Sistema 4 × 4 já escalonado.
A 4ª equação permite dizer que o sistema é impossível, logo $S = \varnothing$.

3º) $\begin{cases} x + y + z = 0 \\ \quad 3y - 6z = 0 \end{cases}$

Sistema 2 × 3 já escalonado (número de equações < número de variáveis).
Quando um sistema escalonado tem mais incógnitas que equações e pelo menos um coeficiente não nulo em cada equação, ele é possível e indeterminado, pois as equações que faltam podem ser consideradas todas $0 = 0$. A incógnita que não aparece no começo das equações é chamada incógnita livre. Nesse exemplo, **z** é a incógnita livre. Fazemos $z = k$, com $k \in \mathbb{R}$, para descobrir a solução geral do sistema.
Da 2ª equação, temos $3y - 6k = 0 \Rightarrow y = 2k$.
Usando $z = k$ e $y = 2k$, temos $x + 2k + k = 0 \Rightarrow x = -3k$.
Portanto, o sistema é possível e indeterminado e sua solução geral é $(-3k, 2k, k)$.

Fique atento

No 3º exemplo dizemos que o grau de indeterminação é 1 (3 − 2) e que temos uma incógnita livre.
- para $k = 0$, a solução é $(0, 0, 0)$;
- para $k \neq 0$, as soluções são $(-3, 2, 1)$, $(-15, 10, 5)$ e outras.

4º) $\begin{cases} 2x - y + z - t = 2 \\ \qquad 2z + 3t = 1 \end{cases}$

Aqui o sistema é possível e indeterminado (está escalonado e tem 2 equações e 4 incógnitas) e são duas as incógnitas livres (**y** e **t**).
Fazemos $y = \alpha$ e $t = \beta$, com $\alpha \in \mathbb{R}$ e $\beta \in \mathbb{R}$.
Substituindo nas equações:

$$2z + 3\beta = 1 \Rightarrow 2z = 1 - 3\beta \Rightarrow z = \frac{1 - 3\beta}{2}$$

$$2x - \alpha + \frac{1 - 3\beta}{2} - \beta = 2 \Rightarrow 4x = 2\alpha - 1 + 3\beta + 2\beta + 4 \Rightarrow$$

$$\Rightarrow 4x = 2\alpha + 5\beta + 3 \Rightarrow x = \frac{2\alpha + 5\beta + 3}{4}$$

Solução geral: $\left(\frac{2\alpha + 5\beta + 3}{4}, \alpha, \frac{1 - 3\beta}{2}, \beta\right)$.

Fique atento

No 4º exemplo o grau de indeterminação é 2 (4 − 2) e são duas as incógnitas livres. O sistema tem infinitas soluções e duas delas são $(2, 0, -1, 1)$ e $\left(\frac{11}{2}, 2, -4, 3\right)$.

Exercício proposto

16. Classifique e resolva os sistemas lineares escalonados.

a) $\begin{cases} 2x - y + 3z = 0 \\ 2y - z = 1 \\ 2z = -6 \end{cases}$

b) $\begin{cases} 5x - 2y + z = 3 \\ 4y - z = 5 \\ 0z = 8 \end{cases}$

c) $\begin{cases} 3x_1 - 2x_2 + x_3 = 2 \\ x_2 - x_3 = 0 \end{cases}$

d) $\begin{cases} x - y + z - w = 0 \\ y + z + w = 5 \\ -z - 2w = 1 \\ -w = 2 \end{cases}$

e) $\begin{cases} a + 2b - c + d = 2 \\ c - d = 0 \end{cases}$

f) $\begin{cases} 3x - 5y = 6 \\ 2y = 1 \end{cases}$

Processo para escalonamento de um sistema linear

Quando o sistema linear não está escalonado, podemos obter um sistema equivalente a ele, que esteja escalonado, por meio de algumas operações elementares. Note que algumas operações são idênticas às permitidas no teorema de Jacobi (assunto do capítulo anterior). Para transformar um sistema não escalonado num sistema equivalente escalonado, alguns procedimentos podem ser feitos:

- Podemos trocar a posição das equações. Exemplo:

$$\begin{cases} 3x - 2y = 6 \\ x + 4y = 1 \end{cases} \Rightarrow \begin{cases} x + 4y = 1 \\ 3x - 2y = 6 \end{cases}$$

- Podemos multiplicar todos os termos de uma equação pelo mesmo número real diferente de zero:

$3x - y + z = 5 \Rightarrow 6x - 2y + 2z = 10$

- Podemos multiplicar os dois membros de uma equação por um mesmo número real diferente de zero e somar o resultado aos membros correspondentes da outra equação. Exemplo:

$$\begin{cases} x - 2y + 4z = 7 \quad \cdot(-3) \\ 3x - 5y + 9z = 25 \leftarrow + \end{cases} \Rightarrow \begin{cases} x - 2y + 4z = 7 \\ y - 3z = 4 \end{cases}$$

- Se no processo de escalonamento obtivermos uma equação com todos os coeficientes nulos e o termo independente diferente de zero, essa equação será suficiente para afirmar que o sistema é impossível, isto é, tem $S = \varnothing$.

Exemplo:

$0x + 0y + 0z = 7 \Rightarrow S = \varnothing$

Vejamos agora alguns exemplos nos quais os sistemas são escalonados e depois classificados e resolvidos.

1º) $\begin{cases} x + 2y + z = 7 \quad \cdot(-2) \quad \cdot 3 \\ 2x + 7y + z = 21 \leftarrow + \\ -3x - 5y + 2z = -8 \leftarrow + \end{cases}$

Para anular os coeficientes de **x** na 2ª e na 3ª equação podemos:

- multiplicar a 1ª por −2 e somar com a 2ª;
- multiplicar a 1ª por 3 e somar com a 3ª.

Depois, podemos trocar as posições das duas últimas equações para que o coeficiente de **y** seja 1 na 2ª equação.

$$\begin{cases} x + 2y + z = 7 \\ 3y - z = 7 \\ y + 5z = 13 \end{cases} \Rightarrow \begin{cases} x + 2y + z = 7 \\ y + 5z = 13 \quad \cdot(-3) \\ 3y - z = 7 \leftarrow + \end{cases} \Rightarrow \begin{cases} x + 2y + z = 7 \\ y + 5z = 13 \\ -16z = -32 \end{cases}$$

Fique atento

É conveniente que o 1º coeficiente da equação que vai ser multiplicada seja 1.

O sistema obtido está escalonado e é equivalente ao sistema dado.
Podemos agora resolver:

- $z = \dfrac{-32}{-16} = 2$
- $y + 5 \cdot 2 = 13 \Rightarrow y = 13 - 10 = 3$
- $x + 2 \cdot 3 + 2 = 7 \Rightarrow x = 7 - 6 - 2 = -1$

Sistema possível e determinado, com $S = \{(-1, 3, 2)\}$.

> **Fique atento**
> **y** poderia também ser a incógnita livre.

2º) $\begin{cases} x + 2y - z = 3 & \cdot(-3) \quad \cdot(-2) \\ 3x - y + z = 1 \\ 2x + 4y - 2z = 6 \end{cases} \Rightarrow \begin{cases} x + 2y - z = 3 \\ -7y + 4z = -8 \\ 0x + 0y + 0z = 0 \end{cases} \Rightarrow \begin{cases} x + 2y - z = 3 \\ -7y + 4z = -8 \\ 0z = 0 \end{cases}$

Sistema possível e indeterminado (escalonado é 2×3). Dizemos que **z** é uma incógnita livre, ou seja, o valor de **z** pode ser qualquer número real.

$z = \alpha \Rightarrow -7y + 4\alpha = -8 \Rightarrow -7y = -8 - 4\alpha \Rightarrow y = \dfrac{8 + 4\alpha}{7}$

$x + 2 \cdot \dfrac{8 + 4\alpha}{7} - \alpha = 3 \Rightarrow 7x + 16 + 8\alpha - 7\alpha = 21 \Rightarrow 7x = 5 - \alpha \Rightarrow x = \dfrac{5 - \alpha}{7}$

Solução geral: $\left(\dfrac{5 - \alpha}{7}, \dfrac{8 + 4\alpha}{7}, \alpha\right)$.

3º) $\begin{cases} 2x - 4y + 10z = 6 & :(2) \\ 3x - 6y + 15z = 11 \end{cases} \Rightarrow \begin{cases} x - 2y + 5z = 3 & \cdot(-3) \\ 3x - 6y + 15z = 11 \end{cases} \Rightarrow \begin{cases} x - 2y + 5z = 3 \\ 0x + 0y + 0z = 2 \end{cases}$

Sistema impossível, portanto $S = \varnothing$.

> **Fique atento**
> Dividir todos os termos por 2 equivale a multiplicar por $\dfrac{1}{2}$.

4º) $\begin{cases} 3x - 2y = -5 \\ x + 3y = 2 \\ -x + 4y = 5 \end{cases} \Rightarrow \begin{cases} x + 3y = 2 & \cdot(-3) \quad \cdot 1 \\ 3x - 2y = -5 \\ -x + 4y = 5 \end{cases} \Rightarrow \begin{cases} x + 3y = 2 \\ -11y = -11 \\ 7y = 7 \end{cases}$

Esse sistema tem o número de equações maior que o número de variáveis (3×2).
As duas primeiras equações obtidas formam um sistema escalonado, que resolvido nos dá $y = \dfrac{-11}{-11} = 1$ e $x = 2 - 3 \cdot 1 = -1$.

O valor $y = 1$ satisfaz também a 3ª equação ($7y = 7$).
Logo, o sistema dado é possível e determinado e tem $S = \{(-1, 1)\}$.

5º) $\begin{cases} x - 2y = 4 & \cdot(-4) \quad \cdot(-6) \\ 4x - 6y = 10 \\ 6x - 9y = 0 \end{cases} \Rightarrow \begin{cases} x - 2y = 4 \\ 2y = -6 \\ 3y = -24 \end{cases}$

De $2y = -6$ obtemos $y = -3$, e de $3y = -24$ obtemos $y = -8$.
Logo, o sistema é impossível, pois não podemos ter, simultaneamente, $y = -3$ e $y = -8$. Portanto, $S = \varnothing$.

6º) $\begin{cases} 3x - 9y = 6 & :(3) \\ 5x - 15y = 10 \\ -2x + 6y = -4 \end{cases} \Rightarrow \begin{cases} x - 3y = 2 & \cdot(-5) \quad \cdot(+2) \\ 5x - 15y = 10 \\ -2x + 6y = -4 \end{cases} \Rightarrow \begin{cases} x - 3y = 2 \\ 0x + 0y = 0 \\ 0x - 0y = 0 \end{cases} \Rightarrow \begin{cases} x - 3y = 2 \\ 0y = 0 \end{cases}$

A incógnita **y** é livre.
Para $y = \alpha$, com $\alpha \in \mathbb{R}$, temos: $x - 3\alpha = 2$ e daí $x = 2 + 3\alpha$.
Logo, o sistema é possível e indeterminado, com solução geral $(2 + 3\alpha, \alpha)$.

Exercício resolvido

5. (FGV-SP/modificado) As livrarias **A**, **B**, **C** e **D** de uma cidade vendem livros de Matemática de 6º ao 9º anos do Ensino Fundamental, de uma mesma coleção, com preço comum estabelecido pela editora. Os dados de vendas diárias são os seguintes:

Livrarias	Número de livros vendidos				Valor total recebido (R$)
	6º ano	7º ano	8º ano	9º ano	
A	2	2	3	2	563,10
B	2	1	2	4	566,10
C	0	5	0	0	304,50
D	3	2	5	1	687,90

Qual o preço de venda de cada um dos livros da coleção?

> RESOLUÇÃO PASSO A PASSO:

1. Lendo e compreendendo

a) O que é dado no problema?

É dada uma tabela contendo o valor total recebido por 4 livrarias na venda de certas quantidades diárias de livros de uma coleção. Por exemplo, segundo a tabela, a livraria **A** recebeu R$ 563,10 pela venda de 2 livros do 6º ano, 2 do 7º ano, 3 do 8º ano e 2 do 9º ano.

b) O que se pede?

Pede-se o preço de venda de cada um dos livros da coleção: do livro do 6º ano, do livro do 7º ano, do livro do 8º ano e do livro do 9º ano.

2. Planejando a solução

Devemos montar um sistema de equações com os dados da tabela e resolvê-lo. O sistema terá 4 equações e 4 incógnitas, e o ideal será resolvê-lo por escalonamento. Convém notar que a terceira linha terá apenas uma incógnita, que pode ser obtida imediatamente e, se substituída no sistema, o reduz para um sistema de três equações e três incógnitas.

3. Executando o que foi planejado

Vamos chamar de **x**, **y**, **z** e **w** os valores do livro do 6º ano, 7º ano, 8º ano e 9º ano, respectivamente. Assim, montando o sistema, temos:

$$\begin{cases} 2x + 2y + 3z + 2w = 563{,}10 \\ 2x + y + 2z + 4w = 566{,}10 \\ 5y = 304{,}50 \\ 3x + 2y + 5z + w = 687{,}90 \end{cases}$$

Da terceira linha temos que $5y = 304{,}50 \Rightarrow y = 60{,}90$. Substituindo esse valor nas outras três linhas, temos o seguinte sistema:

$$\begin{cases} 2x + 3z + 2w = 441{,}30 \\ 2x + 2z + 4w = 505{,}20 \\ 3x + 5z + w = 566{,}10 \end{cases}$$

Dividimos a segunda linha por 2 e invertemos a posição da segunda linha com a primeira linha:

$$\begin{cases} 2x + 3z + 2w = 441{,}30 \\ x + z + 2w = 252{,}60 \\ 3x + 5z + w = 566{,}10 \end{cases} \Rightarrow \begin{cases} x + z + 2w = 252{,}60 \\ 2x + 3z + 2w = 441{,}30 \\ 3x + 5z + w = 566{,}10 \end{cases}$$

Multiplicamos a primeira linha por -2 e somamos na segunda linha; também multiplicamos a primeira linha por -3 e somamos na terceira linha, eliminando a incógnita **x** dessas linhas:

$$\begin{cases} x + z + 2w = 252{,}60 \\ z - 2w = -63{,}90 \\ 2z - 5w = -191{,}70 \end{cases}$$

Agora multiplicamos a segunda linha por -2 e somamos na terceira linha, eliminando a incógnita **z** da terceira linha:

$$\begin{cases} x + z + 2w = 252{,}60 \\ z - 2w = -63{,}90 \\ -w = -63{,}90 \end{cases}$$

Da terceira linha temos que w = 63,90. Substituindo esse valor na segunda linha, temos:

$z - 2 \cdot 63{,}90 = -63{,}90 \Rightarrow z = 63{,}90$

Substituindo **z** e **w** na primeira linha, temos $x + 63{,}90 + 2 \cdot 63{,}90 = 252{,}60 \Rightarrow x = 60{,}90$

Portanto, $x = y = 60{,}90$ e $z = w = 63{,}90$.

4. Verificando

Vamos substituir os valores $x = 60{,}90$; $y = 60{,}90$; $z = 63{,}90$ e $w = 63{,}90$ nas equações formuladas a partir do enunciado:

$$\begin{cases} 2x + 2y + 3z + 2w = 563{,}10 \\ 2x + y + 2z + 4w = 566{,}10 \\ 5y = 304{,}50 \\ 3x + 2y + 5z + w = 687{,}90 \end{cases}$$

$2 \cdot 60{,}90 + 2 \cdot 60{,}90 + 3 \cdot 63{,}90 + 2 \cdot 63{,}90 = 563{,}10$ (OK)

$2 \cdot 60{,}90 + 60{,}90 + 2 \cdot 63{,}90 + 4 \cdot 63{,}90 = 566{,}10$ (OK)

$5 \cdot 60{,}90 = 304{,}50$ (OK)

$3 \cdot 60{,}90 + 2 \cdot 60{,}90 + 5 \cdot 63{,}90 + 63{,}90 = 687{,}90$ (OK)

Então, a resposta foi verificada.

5. Respondendo

Os preços de venda dos livros são: 6º e 7º anos, R$ 60,90 cada; 8º e 9º anos, R$ 63,90 cada.

6. Ampliando o problema

a) (FGV-SP/modificado) Quantas coleções completas (do 6º ao 9º ano) são vendidas diariamente em cada uma das livrarias?

b) (FGV-SP/modificado) Quando uma livraria compra 100 coleções completas (do 6º ao 9º ano), a editora emite uma fatura no valor de R$ 22 963,20. Qual a porcentagem de desconto que a livraria recebe nesse caso?

c) **Discussão em equipe**

Em 2006, uma influente revista britânica, *The Economist*, causou polêmica com o artigo "Brasil, um país de não leitores", em que afirmava que a situação precária das bibliotecas públicas e o baixo índice de leitura dos brasileiros constituíam "motivo para vergonha nacional". Pense a respeito disso: Você é um dos brasileiros que leem pouco? E seus familiares? Deveríamos ler mais? Converse com seus colegas e exponha sua opinião.

Exercícios propostos

17. Escalone, classifique e resolva os sistemas lineares abaixo:

a) $\begin{cases} x + 2y + 4z = 0 \\ 2x + 3y - z = 0 \\ x - 14z = 0 \end{cases}$

b) $\begin{cases} 2x + 3y + z = 1 \\ 3x - 3y + z = 8 \\ 2y + z = 0 \end{cases}$

c) $\begin{cases} x + y = 3 \\ 2x + 2y = 6 \\ 3x + 3y = 8 \end{cases}$

d) $\begin{cases} x + y - z = 2 \\ 2x + 3y + 2z = 5 \end{cases}$

18. Determine a solução do sistema $\begin{cases} x + 2y + z = 1 \\ 4x + 3y + 5z = 5 \\ 3x + y + 4z = 4 \end{cases}$

19. Classifique o sistema linear $\begin{cases} 2x - y + z = 3 \\ x - 2y - z = 0 \\ 3x - y + 2z = 1 \end{cases}$.

20. Se (a, b, c) é solução do sistema $\begin{cases} x - y = 3 \\ x + z = 4 \\ y + 4z = 10 \end{cases}$, calcule o valor de abc.

21. Resolva o sistema $\begin{cases} x + y + z = -1 \\ x + z + w = 5 \\ y + z + w = 7 \\ x + y + w = 4 \end{cases}$.

22. Resolva a equação matricial $\begin{pmatrix} 1 & 4 & 7 \\ 2 & 3 & 6 \\ 5 & 1 & -1 \end{pmatrix} \begin{pmatrix} x \\ y \\ z \end{pmatrix} = \begin{pmatrix} 2 \\ 2 \\ 8 \end{pmatrix}$.

23. Determine o valor de **w** no sistema a seguir:

$$\begin{cases} x + y + z + w = 0 \\ 2x - y + w = 1 \\ y + z - 2w = 0 \\ 4y + 3z = 7 \end{cases}$$

10 Discussão de um sistema linear

Usaremos o processo de escalonamento na discussão de sistemas lineares.

Veja um exemplo.

Vamos discutir o sistema $\begin{cases} x + y = 0 \\ 4x + 3y = 5 \\ x + by = b \end{cases}$ usando escalonamento:

$$\begin{cases} x + y = 0 & \cdot(-4) \quad \cdot(-1) \\ 4x + 3y = 5 \\ x + by = b \end{cases} \Rightarrow \begin{cases} x + y = 0 \\ -y = 5 & \cdot(b-1) \\ (b-1)y = b \end{cases} \Rightarrow \begin{cases} x + y = 0 \\ -y = 5 \\ 0y = 6b - 5 \end{cases}$$

Se $6b - 5 = 0$, temos $b = \frac{5}{6}$, a 3ª equação é eliminada ($0y = 0$) e o sistema fica escalonado com duas equações e duas incógnitas: SPD com $S = \{(5, -5)\}$.

Se $6b - 5 \neq 0$, temos $b \neq \frac{5}{6}$, a 3ª equação fica impossível ($0y = 6b - 5 \neq 0$) e o sistema será impossível (SI).

Para discutir um sistema qualquer $n \times n$, é conveniente utilizar o cálculo do determinante da matriz dos coeficientes aliado ao escalonamento.

Primeiramente calcula-se o determinante de modo que seu valor não seja nulo, obtendo então as condições dos parâmetros para que o sistema seja SPD.

Depois, com o mesmo determinante, impõe-se que seu valor seja nulo para então substituirmos no sistema os valores obtidos a partir dessa condição (se houver mais de um valor para o mesmo parâmetro, teremos mais de um sistema a ser considerado).

Em seguida, escalona(m)-se o(s) sistema(s) obtido(s) até a última linha e, a partir dela, pode ser concluída a discussão do sistema de acordo com as classificações possíveis dos sistemas lineares escalonados.

Exercícios resolvidos

6. Discuta o sistema $\begin{cases} ax + 2y = 1 \\ x + y = b \end{cases}$.

Resolução:

$$D = \begin{vmatrix} a & 2 \\ 1 & 1 \end{vmatrix} = a - 2$$

Se $D \neq 0 \Rightarrow a - 2 \neq 0 \Rightarrow a \neq 2$, teremos SPD.

Para $D = 0 \Rightarrow a = 2$, é preciso escalonar ou, então, como esse sistema é 2×2, observar as duas equações.

Substituindo $a = 2$, temos $\begin{cases} 2x + 2y = 1 \\ x + y = b \end{cases}$.

Note que os coeficientes da 1ª equação são o dobro dos da 2ª equação. Então, para termos equações equivalentes, $b = \frac{1}{2}$. Para serem incompatíveis, $b \neq \frac{1}{2}$.

Portanto:

- $a \neq 2$ SPD
- $a = 2$ e $b = \frac{1}{2} \rightarrow$ SPI
- $a = 2$ e $b \neq \frac{1}{2} \rightarrow$ SI

7. Discuta o sistema $\begin{cases} x - 2y + az = 1 \\ x - y - z = 2 \\ -x + 2y - 2z = b \end{cases}$ em função dos parâmetros **a** e **b**.

Resolução:

$$D = \begin{vmatrix} 1 & -2 & a \\ 1 & -1 & -1 \\ -1 & 2 & -2 \end{vmatrix} = a - 2$$

Para $D \neq 0 \Rightarrow a \neq 2$ (SPD).

Com a = 2, temos D = 0.

$$\begin{cases} x - 2y + 2z = 1 \\ x - y - z = 2 \\ -x + 2y - 2z = b \end{cases} \Rightarrow \text{escalonando} \Rightarrow$$

$$\Rightarrow \begin{cases} x - 2y + 2z = 1 \\ y - 3z = 1 \\ 0 = b + 1 \end{cases}$$

Observando a última linha, teremos uma igualdade verdadeira se b + 1 = 0, portanto, b = −1 (SPI).

A igualdade será falsa para $b + 1 \neq 0$ ou $b \neq -1$ (SI).

Portanto:

- $a \neq 2 \Rightarrow$ SPD
- $a = 2$ e $b = -1 \Rightarrow$ SPI
- $a = 2$ e $b \neq -1 \Rightarrow$ SI

Exercícios propostos

24. Discuta os seguintes sistemas lineares:

a) $\begin{cases} x + y + z = 3 \\ x + 2y + 3z = 6 \\ 2x + 3y + 4z = a \end{cases}$

b) $\begin{cases} 2x + my = 3 \\ mx - 8y = 6 \end{cases}$

c) $\begin{cases} x + 2y + z = 0 \\ 2x + y + \lambda z = 0 \\ 3x + 3y + \lambda z = 0 \end{cases}$

25. Determine **a** para que o sistema

$\begin{cases} -y + az = -2 \\ ax - 2y + 4z = -5 \\ x + y + z = a \end{cases}$ admita uma única solução.

26. Seja o sistema linear $\begin{cases} 2x + 3y - 4z = 1 \\ 3x + 4y + 3z = b. \\ 5x + 7y + az = 8 \end{cases}$

Calcule os valores de **a** e **b** para que o sistema seja impossível.

27. Dado o sistema linear $\begin{cases} x + y + z = 1 \\ x + a^2y + z = a^2 \\ 2x + 2y + (3 - a)z = b \end{cases}$

determine **a** e **b** para que o sistema seja possível e indeterminado.

28. Determine **k** para que o sistema abaixo seja possível e indeterminado.

$\begin{cases} -3x + 2y = 3 - k \\ 4x - 2z = 2 \\ -4y + 3z = 1 \end{cases}$

11 Resolução de sistema pela regra de Cramer

A regra de Cramer, uma das regras mais tradicionais para resolver sistemas de equações lineares, apresenta vantagens e desvantagens sobre outros métodos. A grande vantagem é que ela fornece os valores das incógnitas diretamente como quociente de dois determinantes. Mas, em comparação com o método do escalonamento, ela apresenta duas desvantagens. A primeira delas é que a *regra de Cramer só se aplica quando o determinante da matriz do sistema é diferente de zero*. A segunda é que é mais trabalhosa; por exemplo, dá mais trabalho calcular quatro determinantes do que escalonar um único sistema 3 × 3.

Consideremos o sistema de três equações lineares com três incógnitas:

$$\begin{cases} a_1x + b_1y + c_1z = d_1 \\ a_2x + b_2y + c_2z = d_2 \\ a_3x + b_3y + c_3z = d_3 \end{cases}$$

- Inicialmente, calcula-se **D**, o determinante da matriz dos coeficientes do sistema (matriz incompleta).

$$D = \begin{vmatrix} a_1 & b_1 & c_1 \\ a_2 & b_2 & c_2 \\ a_3 & b_3 & c_3 \end{vmatrix}$$

Se $D \neq 0$, podemos prosseguir, pois o sistema é possível e determinado (SPD).

Se $D = 0$, *não se aplica a regra de Cramer*.

- Em seguida, para cada incógnita que se quer determinar, calcula-se um novo determinante, que é o determinante da matriz obtida, substituindo-se, na matriz dos coeficientes, a coluna dos coeficientes da incógnita a ser determinada pela coluna dos termos independentes:

$$D_x \text{ (para determinar } \mathbf{x}) = \begin{vmatrix} d_1 & b_1 & c_1 \\ d_2 & b_2 & c_2 \\ d_3 & b_3 & c_3 \end{vmatrix} \qquad D_z \text{ (para determinar } \mathbf{z}) = \begin{vmatrix} a_1 & b_1 & d_1 \\ a_2 & b_2 & d_2 \\ a_3 & b_3 & d_3 \end{vmatrix}$$

$$D_y \text{ (para determinar } \mathbf{y}) = \begin{vmatrix} a_1 & d_1 & c_1 \\ a_2 & d_2 & c_2 \\ a_3 & d_3 & c_3 \end{vmatrix}$$

- O valor de cada incógnita é o quociente de cada um desses determinantes por **D**, ou seja:

$$x = \frac{D_x}{D} \qquad y = \frac{D_y}{D} \qquad z = \frac{D_z}{D}$$

A regra de Cramer pode ser usada para qualquer sistema n × n, com $D \neq 0$.

Vamos demonstrá-la para um sistema 2×2:

Consideremos um sistema linear genérico 2×2 que seja determinado: $\begin{cases} a_1x + b_1y + c_1 \\ a_2x + b_2y = c_2 \end{cases}$, com

$\frac{a_1}{a_2} \neq \frac{b_1}{b_2}$, ou seja, $a_1b_2 \neq a_2b_1$, ou, ainda, $a_1b_2 - a_2b_1 \neq 0$.

Observe sua resolução por adição:

$$\begin{cases} a_1x + b_1y = c_1 & \cdot (b_2) \\ a_2x + b_2y = c_2 & \cdot (-b_1) \end{cases} \Rightarrow \begin{cases} a_1b_2x + \cancel{b_1b_2y} = b_2c_1 \\ -a_2b_1x - \cancel{b_1b_2y} = -b_1c_2 \end{cases}$$

$$(a_1b_2 - a_2b_1)x = b_2c_1 - b_1c_2 \quad \text{(I)}$$

$$\begin{cases} a_1x + b_1y = c_1 & \cdot (-a_2) \\ a_2x + b_2y = c_2 & \cdot (a_1) \end{cases} \Rightarrow \begin{cases} \cancel{-a_1a_2x} + a_2b_1y = -a_2c_1 \\ \cancel{a_1a_2x} - a_1b_2y = a_1c_2 \end{cases}$$

$$(a_1b_2 - a_2b_1)y = a_1c_2 - a_2c_1 \quad \text{(II)}$$

Observe agora os determinantes de matrizes obtidas a partir do sistema:

$$D = \begin{vmatrix} a_1 & b_1 \\ a_2 & b_2 \end{vmatrix} = a_1b_2 - a_2b_1 \neq 0$$

$$D_x = \begin{vmatrix} c_1 & b_1 \\ c_2 & b_2 \end{vmatrix} = b_2c_1 - b_1c_2$$

$$D_y = \begin{vmatrix} a_1 & c_1 \\ a_2 & c_2 \end{vmatrix} = a_1c_2 - a_2c_1$$

Comparando as igualdades (I) e (II) com os valores de **D**, $\mathbf{D_x}$ e $\mathbf{D_y}$, podemos escrever $D \cdot x = D_x$ e $D \cdot y = D_y$.

Como $D \neq 0$, temos uma única solução para o sistema, dada por:

$$x = \frac{D_x}{D} \quad \text{e} \quad y = \frac{D_y}{D}$$

Exercícios resolvidos

8. Resolva os sistemas pela regra de Cramer:

a) $\begin{cases} 2x - 5y = -2 \\ 3x + 2y = 16 \end{cases}$ b) $\begin{cases} 5x + y - 1 = 2(x + y) \\ 2x + 2y = 4 - 3x \end{cases}$

Resolução:

a) $D = \begin{vmatrix} 2 & -5 \\ 3 & 2 \end{vmatrix} = 19 \neq 0$

$D_x = \begin{vmatrix} -2 & -5 \\ 16 & 2 \end{vmatrix} = 76$

$D_y = \begin{vmatrix} 2 & -2 \\ 3 & 16 \end{vmatrix} = 38$

$x = \frac{D_x}{D} = \frac{76}{19} = 4$

$y = \frac{D_y}{D} = \frac{38}{19} = 2$

$S = \{(4, 2)\}$

b) O sistema dado pode ser escrito como

$\begin{cases} 3x - y = 1 \\ 5x + 2y = 4 \end{cases}$. Daí obtemos:

$D = \begin{vmatrix} 3 & -1 \\ 5 & 2 \end{vmatrix} = 11$

$D_x = \begin{vmatrix} 1 & -1 \\ 4 & 2 \end{vmatrix} = 6$

$D_y = \begin{vmatrix} 3 & 1 \\ 5 & 4 \end{vmatrix} = 7$

$x = \frac{D_x}{D} = \frac{6}{11}$

$y = \frac{D_y}{D} = \frac{7}{11}$

$S = \left\{\left(\frac{6}{11}, \frac{7}{11}\right)\right\}$

Para refletir

Verifique a correspondência do sistema dado em **b** e o sistema usado na resolução.

9. Resolva a equação matricial $\begin{pmatrix} 1 & -1 \\ 2 & 5 \end{pmatrix}\begin{pmatrix} x \\ y \end{pmatrix} = \begin{pmatrix} 4 \\ 1 \end{pmatrix}$ usando a regra de Cramer.

Resolução:

Essa equação matricial equivale ao sistema $\begin{cases} x - y = 4 \\ 2x + 5y = 1 \end{cases}$, no qual $\begin{pmatrix} 1 & -1 \\ 2 & 5 \end{pmatrix}$ é a matriz dos coeficientes das incógnitas. Daí:

$D = \begin{vmatrix} 1 & -1 \\ 2 & 5 \end{vmatrix} = 7$

$D_x = \begin{vmatrix} 4 & -1 \\ 1 & 5 \end{vmatrix} = 21$

$D_y = \begin{vmatrix} 1 & 4 \\ 2 & 1 \end{vmatrix} = -7$

$x = \frac{D_x}{D} = \frac{21}{7} = 3$

$y = \frac{D_y}{D} = \frac{-7}{7} = -1$

Logo, a solução é $\begin{pmatrix} 3 \\ -1 \end{pmatrix}$, ou seja, $x = 3$ e $y = -1$.

10. Resolva o sistema $\begin{cases} 2x - y + z = 3 \\ x + y + z = 6 \\ x - y + 2z = 3 \end{cases}$.

Resolução:

$D = \begin{vmatrix} 2 & -1 & 1 \\ 1 & 1 & 1 \\ 1 & -1 & 2 \end{vmatrix} = 5$

Como $D = 5 \neq 0$, o sistema é SPD; então podemos prosseguir.

$D_x = \begin{vmatrix} 3 & -1 & 1 \\ 6 & 1 & 1 \\ 3 & -1 & 2 \end{vmatrix} = 9$

$D_y = \begin{vmatrix} 2 & 3 & 1 \\ 1 & 6 & 1 \\ 1 & 3 & 2 \end{vmatrix} = 12$

$D_z = \begin{vmatrix} 2 & -1 & 3 \\ 1 & 1 & 6 \\ 1 & -1 & 3 \end{vmatrix} = 9$

$x = \frac{D_x}{D} = \frac{9}{5}$

$y = \frac{D_y}{D} = \frac{12}{5}$

$z = \frac{D_z}{D} = \frac{9}{5}$

A solução do sistema é dada pelo terno $\left(\frac{9}{5}, \frac{12}{5}, \frac{9}{5}\right)$.

Exercícios propostos

29. Resolva os sistemas lineares abaixo usando a regra de Cramer:

a) $\begin{cases} 3x - 4y = 1 \\ x + 3y = 9 \end{cases}$ b) $\begin{cases} 2x + y = 4 \\ 3x - 2y = -1 \end{cases}$

30. Os seguintes sistemas lineares admitem uma única solução; determine essa solução aplicando a regra de Cramer:

a) $\begin{cases} x - 2y - 2z = -1 \\ x - y + z = -2 \\ 2x + y + 3z = 1 \end{cases}$

b) $\begin{cases} 2x + 3y + 3z = 18 \\ 3x + 2y + 5z = 23 \\ 5x + 4y + 2z = 27 \end{cases}$

c) $\begin{cases} x + y + z = 7 \\ 2x - 3y - 2z = 4 \\ 3x + 4y - z = -1 \end{cases}$

31. Resolva o sistema:

$\begin{cases} \cos a \cdot x + \text{sen } a \cdot y = \text{sen } a \\ -\text{sen } a \cdot x + \cos a \cdot y = \cos a \end{cases}$

32. Considere o sistema:

$\begin{cases} x \cdot \cos a + y \cdot \text{sen } a = \text{sen } 2a \\ x \cdot \text{sen } a - y \cdot \cos a = -\cos 2a \end{cases}$

Se a solução do sistema satisfaz a igualdade $4 \cdot x \cdot y = 1$, determine a medida de **a**.

12 Sistemas lineares homogêneos

Se num sistema linear todos os termos independentes são nulos, o sistema é denominado *sistema linear homogêneo*.

Assim, são sistemas lineares homogêneos:

- $\begin{cases} 2x - y = 0 \\ x + y = 0 \end{cases}$

- $\begin{cases} x + 2y - z = 0 \\ 3x - 2y + z = 0 \\ x - 4y + 2z = 0 \end{cases}$

Convém notar que um sistema linear homogêneo $n \times n$ (com $n \geqslant 2$) é sempre possível, pois admite pelo menos a solução (0, 0, 0), denominada *solução trivial, nula* ou *imprópria*.

Esses sistemas homogêneos, como são sempre possíveis, são os únicos que podem ser classificados apenas a partir do cálculo do determinante. Como não há chance de o sistema homogêneo ser SI, se o determinante for nulo, o sistema homogêneo será SPI. Mesmo assim, para resolver o sistema quando $D = 0$, teremos de escaloná-lo.

Observação: o uso de determinantes ou de escalonamento na resolução, classificação e discussão de sistemas fica a critério de cada um, de acordo com as características do exercício.

Exercícios resolvidos

11. Verifique se o sistema:

$\begin{cases} 2x + 5y = 0 \\ x - 3y = 0 \end{cases}$ é determinado ou indeterminado.

Resolução:

a) Usando determinante:

$D = \begin{vmatrix} 2 & 5 \\ 1 & -3 \end{vmatrix} = -11 \neq 0$

b) Usando escalonamento:

$$\begin{cases} x - 3y = 0 \quad \cdot (-2) \\ 2x + 5y = 0 \end{cases} \Rightarrow \begin{cases} x - 3y = 0 \\ 11y = 0 \end{cases}$$

O sistema é determinado; logo, $S = \{(0, 0)\}$.

12. Resolva os sistemas:

a) $\begin{cases} 4x - 6y = 0 \\ 6x - 9y = 0 \end{cases}$

b) $\begin{cases} x - y + z = 0 \\ 2x + y + z = 0 \\ -x + 2y + 5z = 0 \end{cases}$

Resolução:

a) $D = \begin{vmatrix} 4 & -6 \\ 6 & -9 \end{vmatrix} = -36 + 36 = 0$

Se $D = 0$ e o sistema é homogêneo, ele só pode ser possível e indeterminado (tem a solução trivial e outras).

Vamos, então, determinar a solução geral:

Fazendo $y = k$ e tomando uma das equações, temos:

$4x - 6y = 0 \Rightarrow 4x - 6k = 0 \Rightarrow 4x = 6k \Rightarrow$

$\Rightarrow x = \frac{6k}{4} = \frac{3k}{2}$

A solução $x = \frac{3k}{2}$ e $y = k$, tirada da 1ª equação, é também solução da 2ª, pois:

$6 \cdot \frac{3k}{2} - 9k = 9k - 9k = 0$

$S = \left\{\left(\frac{3k}{2}, k\right) \mid k \in \mathbb{R}\right\}$

Para refletir

Faça $x = k$, determine a solução geral e veja que ela é equivalente a essa solução geral obtida.

b) $D = \begin{vmatrix} 1 & -1 & 1 \\ 2 & 1 & 1 \\ -1 & 2 & 5 \end{vmatrix} = 19$

Se $D \neq 0$ e o sistema é homogêneo, então a única solução do sistema é a trivial, ou seja, $S = \{(0, 0, 0)\}$.

13. Determine **a** para que o sistema

$\begin{cases} x + y - az = 0 \\ x + ay - z = 0 \\ x + (a + 1)y + z = 0 \end{cases}$ admita outras soluções

além da solução trivial (0, 0, 0).

Resolução:

Para que um sistema homogêneo 3×3 admita outras soluções além da trivial, devemos ter $D = 0$, ou seja:

$\begin{vmatrix} 1 & 1 & -a \\ 1 & a & -1 \\ 1 & a+1 & 1 \end{vmatrix} = 0 \Rightarrow a - 1 = 0 \Rightarrow a = 1$

Logo, $a = 1$.

Exercícios propostos

33. Verifique se o sistema linear homogêneo

$\begin{cases} x + y + z = 0 \\ 2x + 2y + 4z = 0 \\ x + y + 3z = 0 \end{cases}$

é determinado ou indeterminado.

34. Para quais valores de **k** o sistema linear abaixo admite apenas a solução trivial?

$\begin{cases} kx + 2y = 0 \\ kx + ky = 0 \end{cases}$

35. Classifique quanto ao número de soluções o sistema

linear $\begin{cases} x + y + 2z = 0 \\ x + 4y = 0 \\ x - y - 3z = 0 \end{cases}$.

36. Calcule os valores de **a** para que o sistema

$\begin{cases} x + y + z = 0 \\ x + 3y + az = 0 \\ x + 9y + a^2z = 0 \end{cases}$

seja determinado.

37. Calcule os valores de **a** para os quais o sistema

$\begin{cases} a^2x + y - a^2z = 0 \\ x - a^2y + z = 0 \\ x + y - z = 0 \end{cases}$

admita outras soluções além de $x = y = z = 0$.

13 Sistemas lineares n × n, n ⩾ 4

Sistemas lineares n × n devem ser tratados como os sistemas 3 × 3. Apesar de neste caso valer a regra de Cramer, deve-se dar preferência ao *escalonamento* para resolver, classificar ou discutir os sistemas n × n.

Aplicações

Exercícios resolvidos

14. Quando se escreve uma equação química, é importante verificar sempre se o número de átomos de cada elemento é o mesmo em ambos os lados da equação, ou seja, se ela está balanceada. Para realizar o balanceamento, temos de colocar um número (denominado coeficiente estequiométrico) antes dos símbolos. Esses coeficientes usados no balanceamento de uma equação química devem ser sempre os menores números inteiros possíveis, pois não dá para imaginar $\frac{1}{2}$ molécula de algum elemento químico. Veja como exemplo o balanceamento da equação da água.

A equação $H_2 + O_2 \rightarrow H_2O$ não está balanceada; note que a quantidade de oxigênio em ambos os lados não é a mesma.

Se os coeficientes estequiométricos forem, respectivamente, **x**, **y** e **z**, temos que:

$\mathbf{x}H_2 + \mathbf{y}O_2 \rightarrow \mathbf{z}H_2O$

ou seja:

$$\begin{cases} 2x = 2z \text{ (hidrogênio)} \\ 2y = z \text{ (oxigênio)} \end{cases}$$

O sistema é SPI e admite mais de uma solução (x, y, z), porém nos interessa a menor solução inteira. A solução genérica desse sistema é $(2\alpha, \alpha, 2\alpha)$, portanto temos a menor solução inteira para $\alpha = 1$.

Assim, x = 2, y = 1 e z = 2, e a equação balanceada é $2H_2 + O_2 \rightarrow 2H_2O$.

Obtenha os quatro coeficientes estequiométricos para o balanceamento da equação abaixo:

$C_6H_6 + O_2 \rightarrow CO_2 + H_2O$

Resolução:

$\mathbf{x}C_6H_6 + \mathbf{y}O_2 \rightarrow \mathbf{z}CO_2 + \mathbf{w}H_2O$

$$\begin{cases} 6x = z \\ 6x = 2w \\ 2y = 2z + w \end{cases} \Rightarrow \begin{cases} 6x - z = 0 \\ 6x - 2w = 0 \\ 2y - 2z - w = 0 \end{cases} \rightarrow$$

$$\rightarrow \text{escalonamento} \rightarrow \text{SPI} \rightarrow S = \left\{\left(\frac{\alpha}{3}, \frac{5\alpha}{2}, 2\alpha, \alpha\right)\right\}$$

Então a menor solução inteira precisa de $\alpha = 6$:

S = {(2, 15, 12, 6)}

Portanto, a equação balanceada é

$2C_6H_6 + 15O_2 \rightarrow 12CO_2 + 6H_2O$.

15. O latão é uma liga metálica composta basicamente de cobre e zinco. Em geral, a porcentagem de zinco na liga varia de 20% a 35%, dependendo das características que se quer dar ao latão. Uma empresa possuía em estoque dois grandes lotes de latão, sendo um lote de 4 toneladas de latão com 23% de zinco na sua composição e um lote de 5 toneladas de latão com 33% de zinco. Essa empresa foi consultada sobre a possibilidade de fazer uma entrega de uma certa quantidade de latão, de modo que no total a porcentagem de zinco fosse de 25%.

a) Para cada tonelada com 25% de zinco, quantos quilos de cada tipo de latão que a empresa tinha em estoque seriam necessários?

b) Qual a quantidade máxima que ela poderia obter de latão com 25% de zinco, com base em seus estoques atuais?

Resolução:

a) x = quantidade de latão com 23% de zinco

y = quantidade de latão com 33% de zinco

$$\begin{cases} x + y = 1000 \\ 0{,}23x + 0{,}33y = 250 \end{cases}$$

Resolvendo o sistema, obtemos x = 800 e y = 200. Assim:

latão com 23% de zinco: 800 kg para cada tonelada

latão com 33% de zinco: 200 kg para cada tonelada

b) Quantidades máximas que poderiam ser obtidas do latão a partir do estoque:

latão com 23% de zinco: $\frac{4000}{800} = 5$

latão com 33% de zinco: $\frac{5000}{200} = 25$

Então, só é possível obter 5 toneladas de latão com 25% de zinco.

Exercícios propostos

38. Uma nutricionista vai preparar um suco a partir de três espécies de alimento: laranja, couve e gengibre. Ao pesquisar, obteve o seguinte resultado para a composição de cada um deles, em função de três componentes nutricionais, **A**, **B** e **C**:

	A	B	C
Laranja	1	3	4
Couve	2	3	5
Gengibre	3	0	3

Sabendo que para a elaboração de 1 copo de suco ela quer obter 11 unidades de **A**, 9 unidades de **B** e 20 unidades de **C**, e que 1 laranja custa R$ 0,60, 1 folha de couve, R$ 0,10 e 1 ramo de gengibre, R$ 0,10, calcule:

a) a quantidade de laranjas, folhas de couve e ramos de gengibre (tomados necessariamente inteiros) necessária para a elaboração de 1 copo de suco;

b) o custo de cada copo de suco.

39. Tenho 156 moedas que pesam ao todo meio quilo e totalizam R$ 34,00. Sabendo que dentre elas há as de 1 real, que pesam 10 g cada, as de 50 centavos, que pesam 8 g cada, e as de 10 centavos, que pesam 2 g cada, quantas são as moedas de cada tipo?

40. Num campeonato, a vitória vale 2 pontos, o empate 1 ponto e a derrota zero. Uma equipe já acumula 7 pontos nos 10 primeiros jogos e ainda vai participar de mais 5 jogos. Quais são as possibilidades de resultados para essa equipe, se para ser vencedora precisa completar 12 pontos? É possível, nessas condições, que essa equipe não empate em nenhum jogo? E quanto às derrotas, é possível não haver alguma? Justifique.

41. O exercício anterior é representado por um sistema linear possível e indeterminado, mas o conjunto solução não é infinito. Ao contrário, possui um número finito de elementos maior que 1. Por quê?

Ainda analisando esse problema, responda:

a) Quantas são as possibilidades de resultados (número de vitórias, empates e derrotas), levando-se em conta as duas etapas mencionadas no enunciado?

b) Quantas são as possibilidades de resultados se não forem consideradas as duas etapas, ou seja, se a equipe participar de 15 jogos e precisar somar 12 pontos?

42. O sistema linear $\begin{cases} x + 2y + z = 12 \\ 5x + 12y + 5z = 66 \\ x - y + 12z = 47 \end{cases}$ é determinado e sua solução é $\{(2, 3, 4)\}$. Invente um enunciado, criando uma situação que possa ser representada por ele.

Portal Pedagógico

Acesse o *Portal Pedagógico* (veja instruções na seção "Conheça seu livro", página 5) e amplie o estudo deste capítulo. Selecione o capítulo 9 e você encontrará os seguintes materiais:

- *Atividades adicionais* (Atividades para imprimir);
- *Introdução à programação linear* (Texto complementar).

Desafios

1. (ITA-SP) Considere o sistema $Ax = b$, em que

$$A = \begin{pmatrix} 1 & -2 & 3 \\ 2 & k & 6 \\ -1 & 3 & k-3 \end{pmatrix},\ b = \begin{pmatrix} 1 \\ 6 \\ 0 \end{pmatrix} \text{ e } k \in \mathbb{R}. \text{ Sendo}$$

T a soma de todos os valores de **k** que tornam o sistema impossível e sendo **S** a soma de todos os valores de **k** que tornam o sistema possível e indeterminado, então o valor de $T - S$ é:

a) -4. b) -3. c) 0. d) 1. e) 4.

2. (Unicamp-SP) Pedro precisa comprar **x** borrachas, **y** lápis e **z** canetas. Após fazer um levantamento em duas papelarias, ele descobriu que a papelaria **A** cobra R$ 23,00 pelo conjunto de borrachas, lápis e canetas, enquanto a papelaria **B** cobra R$ 25,00 pelo mesmo material. Em seu levantamento, ele descobriu também que a papelaria **A** cobra R$ 1,00 pela borracha, R$ 2,00 pelo lápis e R$ 3,00 pela caneta e que a papelaria **B** cobra R$ 1,00 pela borracha, R$ 1,00 pelo lápis e R$ 4,00 pela caneta.

a) Forneça o número de lápis e de borrachas que Pedro precisa comprar em função do número de canetas que ele pretende adquirir.

b) Levando em conta que $x \geqslant 1$, $y \geqslant 1$ e $z \geqslant 1$, e que essas três variáveis são inteiras, determine todas as possíveis quantidades de lápis, borrachas e canetas que Pedro deseja comprar.

3. (PUC-SP) Uma pessoa tem apenas **x** moedas de 5 centavos, **y** moedas de 10 centavos e **z** moedas de 25 centavos. A equação matricial seguinte permite determinar as possíveis quantidades dessas moedas.

$$\begin{bmatrix} 1 & 2 & 5 \\ 1 & 1 & 1 \end{bmatrix} \cdot \begin{bmatrix} x \\ y \\ z \end{bmatrix} = \begin{bmatrix} 78 \\ 32 \end{bmatrix}$$

Com base nesses dados, é correto afirmar que:

a) há exatamente 7 possibilidades de solução para essa equação.

b) não podem existir dois tipos de moedas distintas em quantidades iguais.

c) os três tipos de moedas totalizam a quantia de R$ 78,00.

d) se o número de moedas de 10 centavos fosse 4, o problema admitiria uma única solução.

e) o número de moedas de 25 centavos deve ser menor do que 5.

PENSANDO NO ENEM

1. O controle do fluxo de veículos nas ruas de mão única no horário do *rush* no centro de uma cidade pode ser compilado e estudado com o auxílio de um sistema de equações lineares. A figura abaixo representa dois conjuntos de ruas de mão única que se cruzam, no centro de uma cidade.

Observação: as ruas na direção horizontal formam um conjunto e as ruas na direção vertical formam outro conjunto.

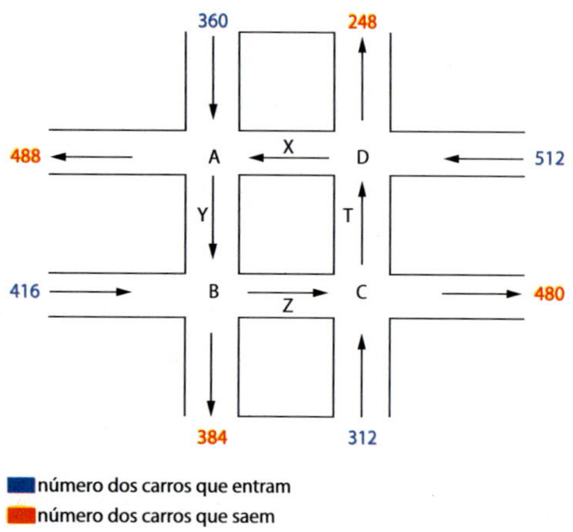

A média do número de veículos por hora que entram e a média dos que saem de uma seção durante o horário de *rush* estão informadas na figura. O número de veículos que entram tem de ser igual ao número de veículos que saem; leve em consideração as setas indicadas pela figura e os dados nela mostrados. Analise as afirmações abaixo e indique qual é a verdadeira, sabendo que em **T** a média é de 160 veículos por hora:

a) Em **Z** a quantidade de veículos é igual a 348.

b) Na passagem de **A** para **B** temos 240 veículos.

c) Entre o cruzamento **A** e **B** temos mais veículos que entre o cruzamento **B** e **C**.

d) Entre os cruzamentos **D** e **A**, temos 424 veículos.

e) Entre **B** e **C** temos 428 veículos.

Atividade elaborada pelos professores Letícia M. Panciera e Márcio V. Ferreira, da Unifra-RS.

2. O organismo humano, bem como o de outros animais, para seu bom funcionamento necessita de vários tipos de substâncias, sais minerais, vitaminas, proteínas, etc. Vamos supor que uma pessoa necessite fazer uma receita de modo que a quantidade de cada alimento a ser ingerido corresponda às necessidades diárias de vitamina C, cálcio e magnésio. Ela se alimentará de três diferentes ingredientes, e cada um deles possui uma determinada quantidade de nutrientes (expressa em miligramas) por unidade de ingrediente (por exemplo, por colher), conforme apresentado na tabela a seguir.

Nutriente	Tipo de alimento			Total necessário de nutrientes (mg)
	1	2	3	
Vitamina C	10	20	30	100
Cálcio	40	40	10	210
Magnésio	20	10	30	110

(Os dados da tabela são meramente ilustrativos.)

Analise os dados da tabela em relação à quantidade **x**, **y** e **z** de unidades dos ingredientes 1, 2 e 3, respectivamente, e assinale a afirmação verdadeira.

a) A quantidade necessária de unidades do ingrediente 1 é o dobro da quantidade de unidades do ingrediente 2.

b) Para que a receita satisfaça as necessidades de vitamina C, cálcio e magnésio, são necessárias 3 unidades do ingrediente 2.

c) A quantidade de unidades do ingrediente 2 é o dobro da quantidade de unidades do ingrediente 3.

d) O ingrediente 1 deve contribuir com 40% do total necessário de vitamina C, cálcio e magnésio necessários à dieta alimentar do paciente.

e) O ingrediente 2 contribuirá com 50 mg de cálcio para que a receita alcance o resultado desejado.

3. Atualmente, na propaganda de aparelhos eletrônicos, os fabricantes são obrigados pelo governo a destacar seu consumo, ou seja, a *potência* requerida pelo aparelho. Podemos citar como exemplos os aparelhos de som, os chuveiros e os ferros elétricos.

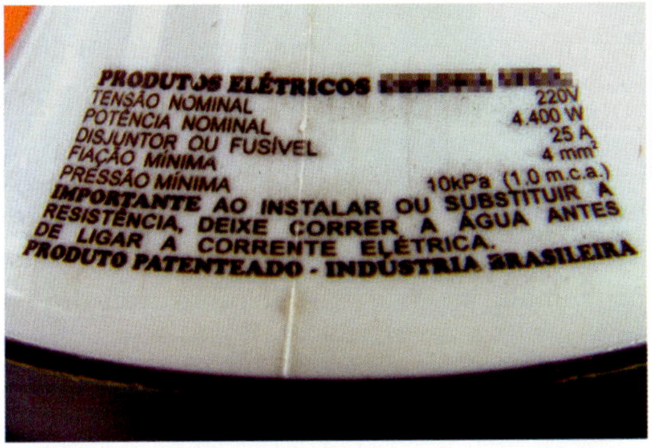

GABOR NEMES/KINO.COM.BR

Observe a informação sobre a potência do aparelho.

Sabemos que esses aparelhos necessitam de energia elétrica para funcionar. Ao receberem a energia elétrica, eles a transformam em outra forma de energia. No caso do chuveiro e do ferro elétrico, por exemplo, a energia elétrica é transformada em energia térmica. Quanto mais energia for transformada em um menor intervalo de tempo, maior será a potência do aparelho. Portanto, podemos concluir que potência elétrica é uma grandeza que mede a rapidez com que a energia elétrica é transformada em outra forma de energia.
Considere a tabela 1, que mostra a potência necessária para o funcionamento de eletrodomésticos nas casas 1 e 2:

Tabela 1

	Ferro elétrico (watts/hora)	**Chuveiro elétrico** (watts/hora)
Casa 1	1 200	3 000
Casa 2	900	5 200

A tabela 2 mostra o consumo de energia relativo aos dois eletrodomésticos nas residências 1 e 2:

Tabela 2

	Consumo (watts/mês)
Casa 1	66 000
Casa 2	108 500

Vamos considerar que a tabela 1 dê origem à matriz **A** e que a tabela 2 dê origem à matriz **C**. Além disso, que essas duas residências utilizem *em média* o mesmo tempo de ferro elétrico, bem como o mesmo tempo de chuveiro (**x** horas/mês de ferro elétrico e **y** horas/mês de chuveiro, que formam a matriz **B**). Determine, com os dados do texto acima, o valor de **x** e **y**.

4. *Preferência na fila ou fila preferencial?*
Há alguns anos, o modo de atender os clientes nos bancos era muito diferente do atual. Por exemplo, cada caixa atendia a uma fila formada diante de seu guichê de trabalho. A tabela abaixo simula uma situação de atendimento ao público para cada um dos caixas: caixa 1, caixa 2 e caixa 3, de acordo com a experiência e habilidade no trabalho de cada profissional, referente à quantidade total de clientes que devem ser atendidos por ele em sua jornada de trabalho.

Caixa	**Classificação** (cliente/hora)			**Total** (clientes/dia)
	Geral	**Idosos**	**PNE/Gestantes**	
1	10	8	5	51
2	6	6	4	34
3	8	7	5	43

(PNE é a sigla de Pessoa com Necessidades Especiais.)

Com base na tabela acima, e sabendo que as quantidades de horas por dia que cada caixa gasta com cada uma das classes de clientes são **x**, **y** e **z**, para as classes Geral, Idosos e PNE/Gestantes, respectivamente, determine o número de clientes idosos atendidos por dia pelos três caixas.

5. O termo inglês *container*, conhecido em português como contêiner ou contentor, é um equipamento utilizado para transportar carga. Trata-se de um recipiente de metal ou madeira, geralmente de grandes dimensões, destinado ao acondicionamento e transporte de carga em navios, trens, etc. É também conhecido como cofre de carga, por ser dotado de dispositivos de segurança previstos em legislações nacionais e convenções internacionais.
Imagine que o navio de uma companhia de transporte marítimo tenha compartimentos com capacidades diferenciadas: **A**, **B** e **C**. Nesses compartimentos são colocados os contêineres, que podem ser de três tamanhos: I, II e III. A quantidade de compartimentos e suas capacidades são dadas pela tabela:

Recipiente	**Tipo**		
	I	**II**	**III**
A	4	3	2
B	5	2	3
C	2	2	3

Sabendo-se que certa companhia deve transportar 42 contêineres do tipo I, 27 contêineres do tipo II e 33 contêineres do tipo III , os números de compartimentos **x**, **y** e **z** dos tamanhos **A**, **B**, **C** de cada categoria são tais que a soma $(x + y + z)$ é igual a:

a) 10.
b) 11.
c) 12.
d) 13.
e) 14.

A MATEMÁTICA E AS PRÁTICAS SOCIAIS

Biocombustíveis

Biocombustíveis são derivados de biomassa renovável que podem substituir, parcial ou totalmente, combustíveis derivados de petróleo e gás natural em motores a combustão ou em outro tipo de geração de energia.

Os dois principais biocombustíveis líquidos usados no Brasil são o etanol (álcool) extraído de cana-de-açúcar e, em escala crescente, o *biodiesel*, que é produzido a partir de óleos vegetais ou de gorduras animais e adicionado ao *diesel* de petróleo em proporções variáveis.

Cerca de 45% da energia e 18% dos combustíveis consumidos no Brasil já são renováveis. No resto do mundo, 86% da energia vêm de fontes energéticas não renováveis. Pioneiro mundial no uso de biocombustíveis, o Brasil alcançou uma posição almejada por muitos países que buscam fontes renováveis de energia, como alternativas estratégicas ao petróleo.

A evolução dos biocombustíveis no Brasil

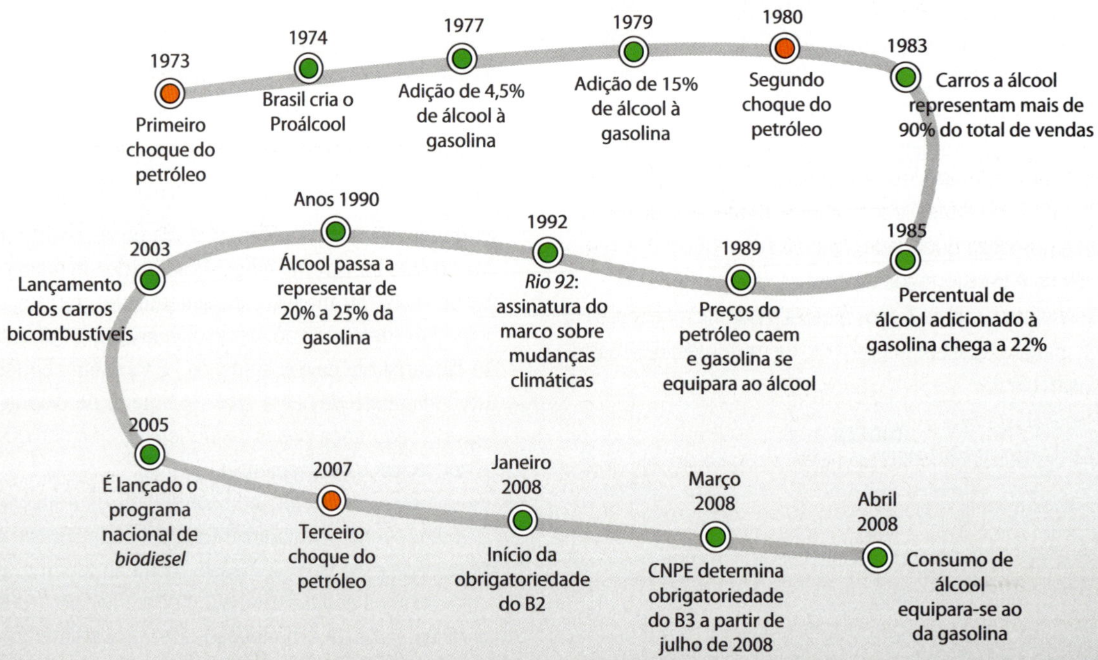

A ANP e os biocombustíveis

A Lei nº 11097, publicada em 13 de janeiro de 2005, introduziu o *biodiesel* na matriz energética brasileira e ampliou a competência administrativa da ANP, que passou desde então a denominar-se Agência Nacional do Petróleo, Gás Natural e Biocombustíveis e assumiu as atribuições de especificar e fiscalizar a qualidade dos biocombustíveis e garantir o abastecimento do mercado, em defesa do interesse dos consumidores. A Agência também executa as diretrizes do Conselho Nacional de Política Energética para os biocombustíveis.

No caso do álcool, a ANP determina a especificação do produto, monitora e fiscaliza sua comercialização nos postos de gasolina em todo o país.

No caso do *biodiesel*, a ANP tem as funções de estabelecer as normas regulatórias, autorizar e fiscalizar as atividades relacionadas à produção, armazenagem, importação, exportação, distribuição, revenda e comercialização.

Menos impacto sobre o meio ambiente

Os biocombustíveis poluem menos por emitirem menos compostos do que os combustíveis fósseis no processo de combustão dos motores e também porque seu processo de produção tende a ser mais limpo.

A adoção do etanol é considerada um dos principais mecanismos de combate ao aquecimento global, pois reduz as emissões de gás carbônico (CO_2). Parte do CO_2 emitido pelos veículos movidos a álcool é reabsorvida pelas plantações de cana-de-açúcar. Isso faz com que as emissões do CO_2 sejam parcialmente compensadas.

Na comparação com o *diesel* de petróleo, o *biodiesel* também tem significativas vantagens ambientais. Estudos do *National Biodiesel Board* (associação que representa a indústria de *biodiesel* nos Estados Unidos) demonstraram que a queima de *biodiesel* pode emitir em média 48% menos monóxido de carbono; 47% menos material particulado (que penetra nos pulmões); 67% menos hidrocarbonetos. Como esses percentuais variam de acordo com a quantidade de B100 adicionado ao *diesel* de petróleo, no B3 essas reduções ocorrem de modo proporcional.

Fonte: <http://www.anp.gov.br>. Acesso em: 8 mar. 2010.

Calculando e compreendendo melhor o texto

1. Se em 1985 um motorista colocou 50 litros de gasolina, então, com base na proporção de álcool existente na gasolina, quantos litros de álcool ele colocou?

2. Em 2009, na cidade de João Pessoa (PB) o litro do álcool na bomba de combustível custava R$ 1,50 e o litro da gasolina custava R$ 2,60. Um motorista abasteceu seu carro flex (modelo que suporta, sem problemas, os dois tipos de combustíveis) com 40 litros, parte com gasolina e parte com álcool. Sabendo que o total pago pelo motorista foi R$ 76,50, quantos litros ele colocou de cada combustível?

3. Jorge, motorista atento, sabe que o consumo do seu carro abastecido com gasolina é 12 km/litro e abastecido com álcool é 8 km/litro. Em uma viagem, o carro de Jorge consumiu 50 litros de combustível, e a quantidade do álcool consumido foi o quádruplo da quantidade de gasolina. Qual foi a distância percorrida por Jorge nessa viagem?

4. O *biodiesel* é um combustível desenvolvido geralmente a partir da transformação química do óleo de soja. O B2 é o nome da mistura de 98% de óleo *diesel* derivado do petróleo e 2% de *biodiesel*, e o B3 é o nome da mistura de 97% de óleo *diesel* derivado do petróleo e 3% de *biodiesel*. Se um tanque contém 100 litros de B3, quantos litros de *diesel* derivado do petróleo deverão ser adicionados nesse tanque para que a mistura resultante seja B2?

   a) 1 litro
   b) 20 litros
   c) 50 litros
   d) 100 litros
   e) 150 litros

Ampliando o conteúdo matemático

5. Três grandes empresas de táxi resolveram renovar parte de suas frotas:
   - a primeira comprou 1 carro modelo **A**, 1 modelo **B** e 1 modelo **C**, pagando R$ 180 000,00;
   - a segunda comprou 1 carro modelo **A**, 2 modelo **B** e 3 modelo **C**, pagando R$ 380 000,00;
   - a terceira comprou 2 carros modelo **A**, 3 modelo **B** e 1 modelo **C**, pagando R$ 350 000,00.

   Qual é o valor de cada carro?

Pesquisando e discutindo

6. Um carro modelo flex gasta em média 30% mais combustível quando abastecido só com álcool do que quando usa exclusivamente gasolina. Para saber qual é o combustível ideal para abastecer o carro, deve-se multiplicar o valor do litro da gasolina por 0,7. Se o resultado for maior do que o preço do álcool, é vantajoso rodar com álcool. Se for igual, independe usar gasolina ou álcool. E, se for menor, é mais vantajoso usar gasolina.

   Pesquise os preços dos litros do álcool e da gasolina nas bombas de postos da sua cidade e identifique qual combustível seria mais vantajoso financeiramente para um carro flex. Troque ideias com um colega.

Veja mais sobre o assunto

Procure mais informações em jornais, revistas e nos *sites* <www.anp.gov.br>, <www.ibp.org.br> e <www.biocombustiveis.com.br>.

QUESTÕES DE VESTIBULAR

1. (UEL-PR) Um comerciante varejista comprou 80 calças de dois tamanhos diferentes, pequeno e médio, gastando R$ 4 300,00. Cada calça de tamanho pequeno custou R$ 50,00 e cada calça de tamanho médio custou R$ 60,00. Quantas calças de tamanho pequeno e médio, respectivamente, ele comprou?

a) 30 e 50
b) 37 e 43
c) 40 e 40
d) 43 e 37
e) 50 e 30

2. (Unicamp-SP) Uma empresa deve enlatar uma mistura de amendoim, castanha-de-caju e castanha-do-pará. Sabe-se que o quilo de amendoim custa R$ 5,00, o quilo de castanha-de-caju, R$ 20,00, e o quilo de castanha-do-pará, R$ 16,00. Cada lata deve conter meio quilo da mistura e o custo total dos ingredientes de cada lata deve ser de R$ 5,75. Além disso, a quantidade de castanha-de-caju em cada lata deve ser igual a um terço da soma das outras duas.

a) Escreva o sistema linear que representa a situação descrita acima.
b) Resolva o referido sistema, determinando as quantidades, em gramas, de cada ingrediente por lata.

3. (UFPB) Em um determinado moinho, são usados dois tipos de grão de café, que são misturados e moídos para se obter o café em pó, vendido aos consumidores em três embalagens diferentes (**A**, **B** e **C**). Os percentuais dos tipos de grão presentes no café moído estão indicados, por embalagem, na tabela a seguir.

Tipos de grãos	Embalagem		
	A	B	C
I	40%	60%	30%
II	60%	40%	70%

O preço por kg do café da embalagem **A** é R$ 4,80 e o da embalagem **B**, R$ 5,20. Nesse contexto, sabendo-se que o preço do café, em cada embalagem, é proporcional aos respectivos percentuais dos tipos de grão da mistura, é correto afirmar que o preço por kg do café da embalagem **C** é:

a) R$ 5,80.
b) R$ 6,40.
c) R$ 4,60.
d) R$ 4,20.
e) R$ 5,60.

4. (Fuvest-SP) João entrou na lanchonete BOG e pediu 3 hambúrgueres, 1 suco de laranja e 2 cocadas, gastando R$ 21,50. Na mesa ao lado, algumas pessoas pediram 8 hambúrgueres, 3 sucos de laranja e 5 cocadas, gastando R$ 57,00. Sabendo-se que o preço de um hambúrguer, mais o de um suco de laranja, mais o de uma cocada totaliza R$ 10,00, calcule o preço de cada um desses itens.

5. (Uneb-BA) Uma loja de discos classificou seus CDs em três tipos, **A**, **B** e **C**, unificando o preço para cada tipo. Quatro consumidores fizeram compras nessa loja nas seguintes condições:

- O primeiro comprou 2 CDs do tipo **A**, 3 do tipo **B** e 1 do tipo **C**, gastando R$ 121,00.
- O segundo comprou 4 CDs do tipo **A**, 2 do tipo **B**, e gastou R$ 112,00.
- O terceiro comprou 3 CDs do tipo **A**, 1 do tipo **C**, e gastou R$ 79,00.
- O quarto comprou um CD de cada tipo.

Com base nessas informações, o valor gasto, em reais, pelo quarto consumidor, na compra dos CDs, foi igual a:

a) 48,00.
b) 54,00.
c) 57,00.
d) 63,00.
e) 72,00.

6. (Fuvest-SP) Um senhor feudal construiu um fosso, circundado por muros, em volta de seu castelo, conforme a planta a seguir, e uma ponte para atravessá-lo. Em um certo dia, ele deu uma volta completa no muro externo, atravessou a ponte e deu uma volta completa no muro interno. Esse trajeto foi completado em 5 320 passos. No dia seguinte, ele deu duas voltas completas no muro externo, atravessou a ponte e deu uma volta completa no muro interno, completando esse novo trajeto em 8 120 passos. Pode-se concluir que a largura **L** do fosso, em passos, é:

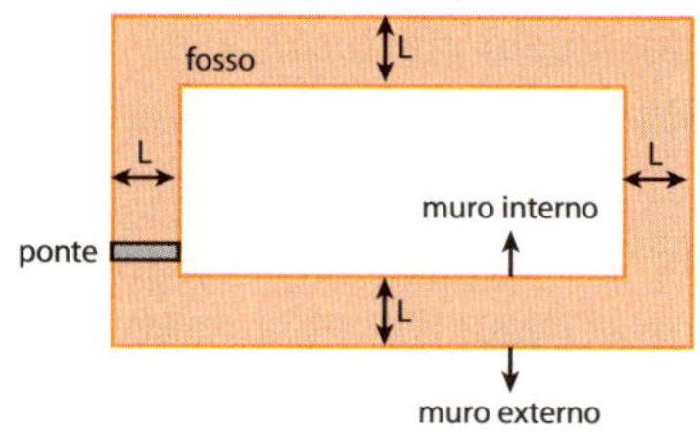

a) 36.
b) 40.
c) 44.
d) 48.
e) 50.

7. (Ufal) Uma herança de R$ 165 000,00 deve ser dividida entre três herdeiros: Álvaro, Beatriz e Carmem. O valor que caberá a Beatriz corresponde à metade da soma do que receberão Álvaro e Carmem. Além disso, a diferença entre o que receberá Carmem e o que receberá Álvaro é de R$ 20 000,00. Quanto receberá Carmem?

a) R$ 50 000,00
b) R$ 55 000,00
c) R$ 60 000,00
d) R$ 65 000,00
e) R$ 70 000,00

8. (ITA-SP) Em uma mesa de uma lanchonete, o consumo de 3 sanduíches, 7 xícaras de café e 1 pedaço de torta totalizou R$ 31,50. Em outra mesa, o consumo de 4 sanduíches, 10 xícaras de café e 1 pedaço de torta totalizou R$ 42,00. Então, o consumo de 1 sanduíche, 1 xícara de café e 1 pedaço de torta totaliza o valor de:

a) R$ 17,50.
b) R$ 16,50.
c) R$ 12,50.
d) R$ 10,50.
e) R$ 9,50.

9. (UFPI) Maria comprou um par de sandálias, uma blusa e um *short*, pagando o total de R$ 65,00. Se tivesse comprado um par de sandálias, duas blusas e três *shorts*, teria gasto R$ 100,00. Considerando-se os mesmos preços, quanto Maria gastaria para comprar dois pares de sandálias, cinco blusas e oito *shorts*?

a) R$ 220,00 c) R$ 230,00 e) R$ 240,00
b) R$ 225,00 d) R$ 235,00

10. (Ufal) Em uma padaria, 3 sanduíches, 2 sucos e 4 cafezinhos custam, juntos, R$ 12,90, enquanto 2 sanduíches, 3 sucos e 5 cafezinhos custam, juntos, R$ 13,50. Nesta padaria quanto custam, juntos, 4 sanduíches, 1 suco e 3 cafezinhos?

a) R$ 12,00 c) R$ 12,40 e) R$ 12,60
b) R$ 12,30 d) R$ 12,50

11. (FGV-SP) O sistema linear $\begin{cases} x + \alpha y - 2z = 0 \\ x + y + z = 0 \\ x - y - z = 0 \end{cases}$ admite solução não trivial, se:

a) $\alpha = -2$.
b) $\alpha \neq -2$.
c) $\alpha = 2$.
d) $\alpha \neq 2$.
e) $\alpha \in \mathbb{R}$, sendo $\mathbb{R}$ o conjunto dos números reais.

12. (Ufam) Determine o valor de **x**, **y** e **z**, respectivamente, tais que $\begin{cases} \frac{2}{x} - \frac{1}{y} - \frac{1}{z} = -1 \\ \frac{1}{x} + \frac{1}{y} + \frac{1}{z} = 0 \\ \frac{3}{x} - \frac{2}{y} + \frac{1}{z} = 4 \end{cases}$

a) $-3, -\frac{9}{14}$ e $-\frac{9}{17}$
b) $-3, \frac{9}{14}$ e $\frac{9}{17}$
c) $3, -\frac{9}{14}$ e $\frac{9}{17}$
d) $-3, -\frac{9}{14}$ e $\frac{9}{17}$
e) $-3, \frac{9}{14}$ e $-\frac{9}{17}$

13. (UFT-TO) Considere o seguinte sistema de equações no conjunto dos números reais $\mathbb{R}$, nas variáveis, **x**, **y**, **z**, no qual **k** é um parâmetro:

$$\begin{cases} (k - 2)x + y + (k - 2)z = 4 \\ x + (k - 2)y + z = -7 \\ x + y + (k - 2)z = 10 \end{cases}$$

O conjunto que representa os valores de **k** para os quais o sistema possua uma única solução é dado por:

a) $\mathbb{R} - \{1, 3\}$.
b) $\mathbb{R} - \{-1, 1\}$.
c) $\{1; 3\}$.
d) $\{-1, 1\}$.

14. (UFRGS-RS) O sistema linear $\begin{cases} (k+2)x + y - z = 0 \\ x + ky + z = 0 \\ -x + (k-1)z = 4 \end{cases}$ é possível e determinado, exceto para um número finito de valores de **k**. A soma de todos esses valores de **k** é:

a) -1. b) $-\frac{1}{2}$. c) 0. d) $\frac{1}{2}$. e) 1.

15. (UFPE) Sabendo-se que o sistema $\begin{cases} x + y = 1 \\ y + z = 0 \\ x + mz = n \end{cases}$ é possível e indeterminado e que **m** e **n** são números reais, é correto afirmar que o valor de:

a) **m** é igual a -1, e o valor de **n** pode ser qualquer número real.
b) **n** é igual a 1, e o valor de **m** pode ser qualquer número real.
c) **m** é igual a -1, e o valor de **n** é igual a 1.
d) **m** é igual a zero, e o valor de **n** é igual a 1.
e) **m** é igual a 1, e o valor de **n** é igual a -1.

16. (UFBA) Determine os valores de **k** para que o sistema de equações $\begin{cases} 2x + 2y - 2z = 2 \\ 3x + 4y + (k-1)z = 4 \\ x + ky + 3z = 2 \end{cases}$ seja:

- possível e determinado.
- impossível.
- possível e indeterminado.

17. (Unir-RO) Considere o sistema de equações lineares $\begin{cases} 4x - 6y - 2z = 0 \\ -3x + 2y + z = 0 \\ -2x + 3y - az = 0 \end{cases}$.

Qual deve ser o valor de **a** para que o sistema tenha infinitas soluções?

a) -2 b) 0 c) 1 d) -1 e) 2

18. (ITA-SP) O sistema linear $\begin{cases} bx + y = 1 \\ by + z = 1 \\ x + bz = 1 \end{cases}$ não admite solução se e somente se o número real **b** for igual a:

a) -1. b) 0. c) 1. d) 2. e) -2.

19. (UFBA) Um quadrado mágico é uma matriz quadrada de ordem maior ou igual a 3, cujas somas dos termos de cada linha, de cada coluna, da diagonal principal e da diagonal secundária têm o mesmo valor, que é chamado de constante mágica.
Estabeleça um sistema de equações que permita determinar os valores de **x**, **y** e **z** que tornam a matriz $A = \begin{pmatrix} -2x + 3 & z + 9 & x + 2y + 1 \\ x + y + 2 & -y + 8 & -x + 8 \\ -4z + 5 & y - z + 1 & -x + z + 4 \end{pmatrix}$ um quadrado mágico e calcule esses valores.

Capítulo 10 Geometria espacial – Uma introdução intuitiva

UM POUCO DE HISTÓRIA

- Euclides viveu no século III a.C. Foi professor da Biblioteca de Alexandria e reuniu e organizou a maior parte do conhecimento matemático de sua época nos treze livros da coleção *Os elementos*. Ela apresenta os postulados e teoremas da Geometria dita euclidiana, que influenciou o desenvolvimento das ciências por mais de 2 mil anos e é estudada até hoje.

(Leia mais na seção Leitura, *na página 251.)*

DESAFIOS

1. Por que os fotógrafos utilizam tripés como apoio para as máquinas fotográficas em vez de "quadripés"?
2. Quais os números mínimos de pontos para determinar uma reta, um plano e um sólido?

Especialmente em construções contemporâneas, a Geometria de posição é fundamental para viabilizar a elaboração de projetos estruturais cujas formas arquitetônicas situam-se entre o limite da Matemática e da Física.

Muitas vezes, *designs* (projetos) ousados conferem um ar futurista às construções, porém para elas serem viáveis é preciso haver material adequado para a construção das formas projetadas.

Veja na foto o edifício do Museu de Arte de São Paulo Assis Chateaubriand – Masp, em São Paulo, SP.

Ele foi projetado pela arquiteta Lina Bo Bardi, em 1957, e inaugurado em 1968, pela rainha Elizabeth II, do Reino Unido.

Tem um dos maiores vãos livres de concreto do mundo, com 74 metros.

Situado na avenida Paulista, tornou-se um dos mais importantes símbolos da cidade.

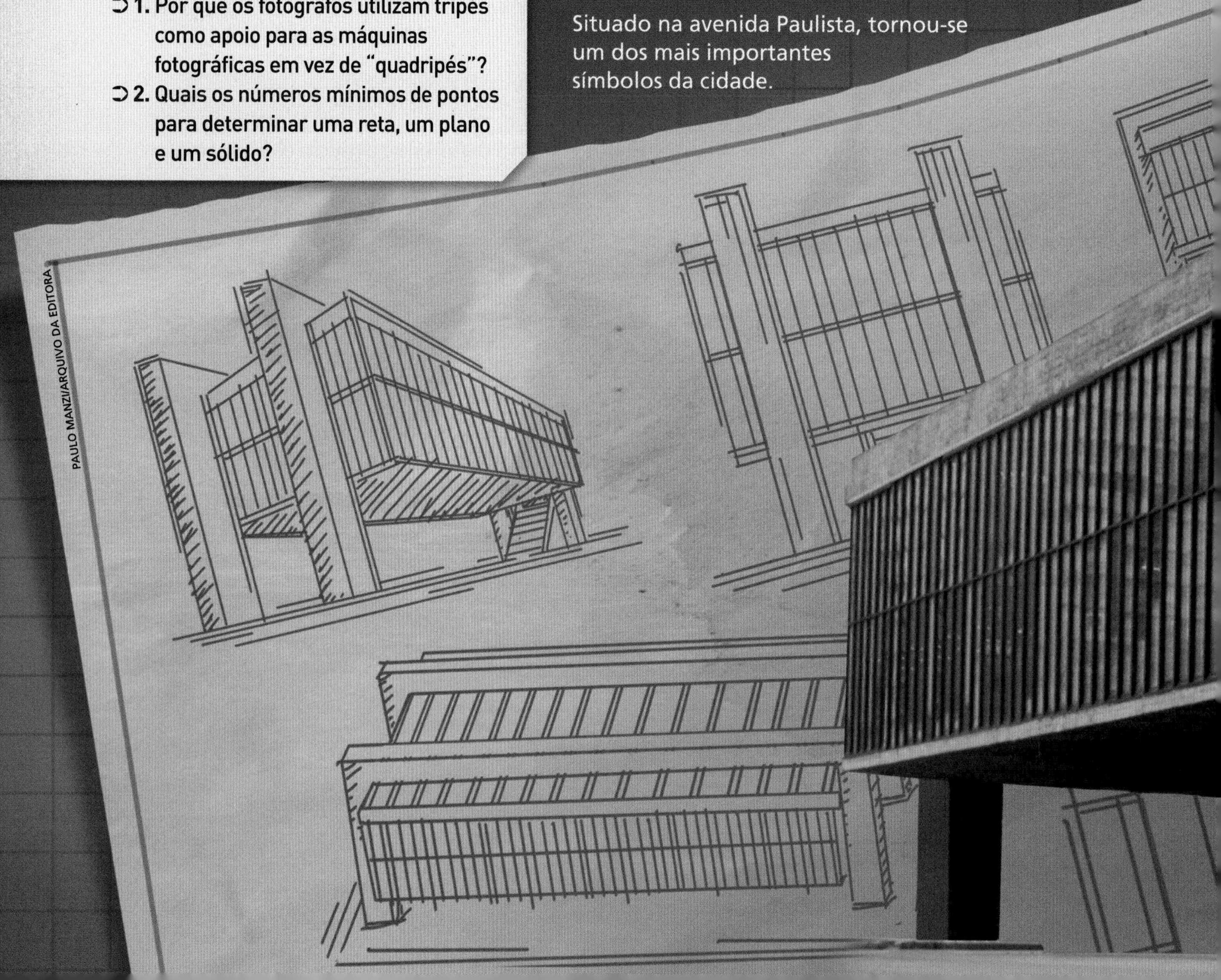

PAULO MANZI/ARQUIVO DA EDITORA

A MATEMÁTICA NA PRÁTICA

A GEOMETRIA é aplicada em diversas áreas da atividade humana. Uma evidência muito forte desse uso é encontrada na arquitetura. Como projetar uma casa, um monumento ou um prédio sem o conhecimento das noções geométricas?

FOTO: SILVIO KLIGIN/ARQUIVO DA EDITORA

1 Introdução

No ensino fundamental foi feito o estudo das posições relativas de pontos e retas de um mesmo plano (Geometria de posição no plano).

Por exemplo:

- **Relação entre um ponto e uma reta**

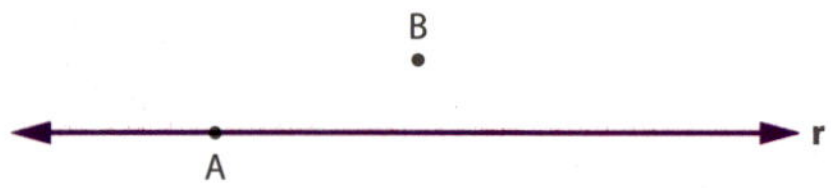

O ponto **A** pertence à reta **r** ($A \in r$).

O ponto **B** não pertence à reta **r** ($B \notin r$).

- **Relação entre pontos**

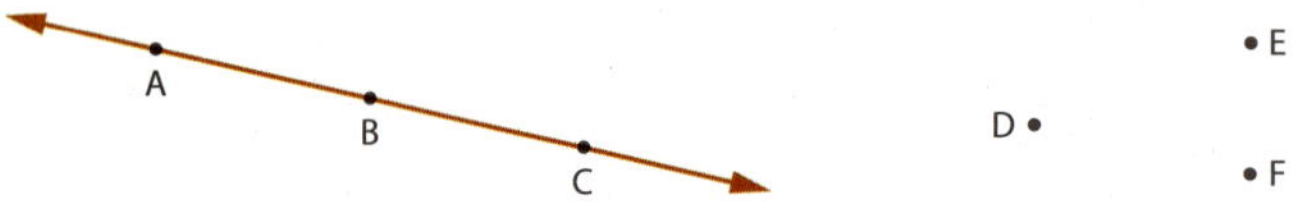

> **Fique atento**
> Dois pontos são sempre colineares.

Os pontos **A**, **B** e **C** são *colineares* (existe uma reta que passa pelos três).

Os pontos **D**, **E** e **F** não são colineares (não existe reta que passe pelos três simultaneamente).

- **Relação entre duas retas de um plano**

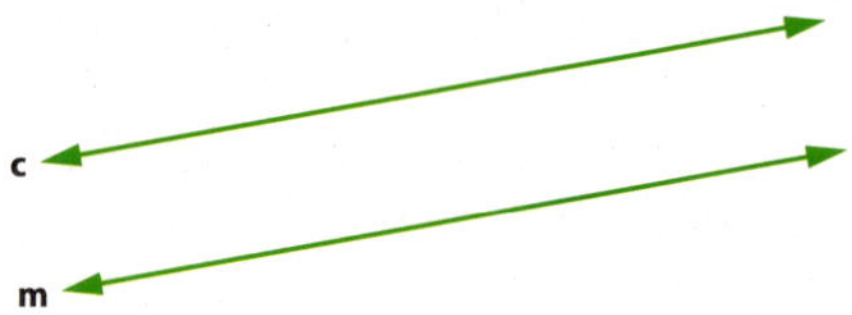

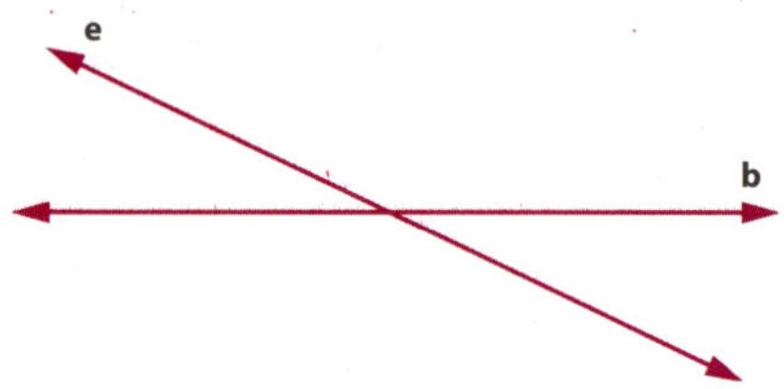

As retas **c** e **m** são distintas e paralelas.

As retas **b** e **e** são concorrentes e oblíquas.

As retas **p** e **n** são concorrentes e perpendiculares.

As retas **a** e **r** são coincidentes (paralelas iguais).

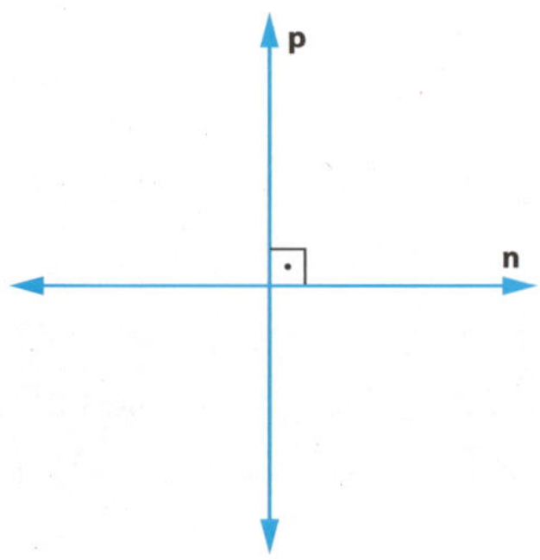

> **Fique atento**
> Ao se considerar a reta um conjunto infinito de pontos, o termo ideal seria *paralelas iguais*, já que dois conjuntos com os mesmos elementos são ditos *iguais*.

Agora, no ensino médio, será feito o estudo das posições relativas de pontos, retas e planos no espaço (Geometria de posição espacial).

Com isso, surgirão novas relações, como entre reta e plano ou entre planos. Veremos também que algumas relações estudadas no plano terão um enfoque diferente quando estudadas no espaço, como será mostrado no exemplo da página seguinte.

Neste capítulo, o estudo da Geometria de posição no espaço será feito de maneira intuitiva, apoiado essencialmente na observação de modelos, figuras e objetos (podemos usar um lápis ou uma régua para sugerir uma reta e a folha do caderno ou a parede para sugerir um plano).

Dadas as retas distintas **a**, **b**, **c**:

- No plano: se **a** é perpendicular a **b**, e **c** é perpendicular a **b**, então **a** é paralela a **c**.

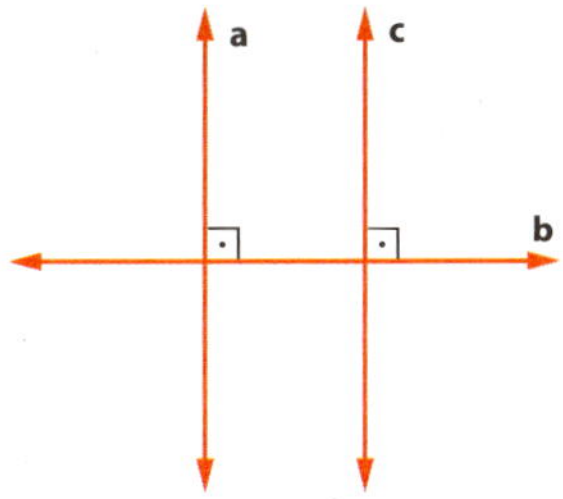

- No espaço: se **a** é perpendicular a **b**, e **c** é perpendicular a **b**, então **a** pode ser paralela a **c** ou não.

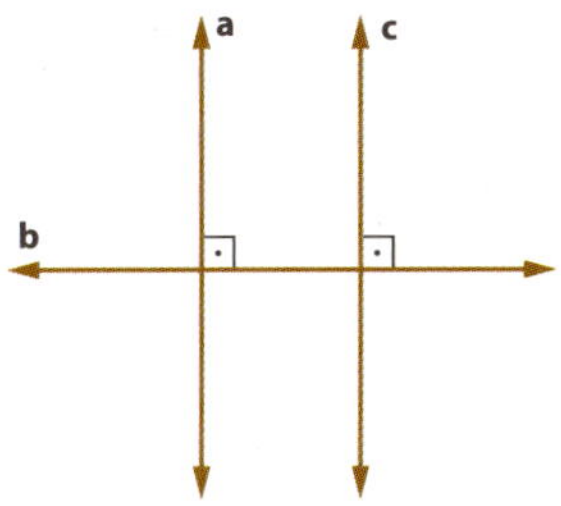

ou

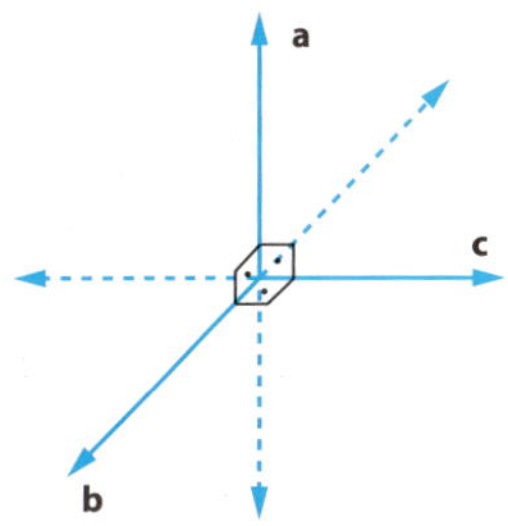

Observe como as figuras serão representadas:

Ponto (A, B, C, ...).

Reta (r, s, p, ...).

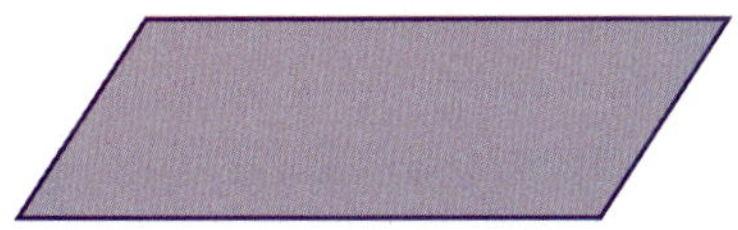

Plano (α, β, γ, ...).

Você já deve ter notado que conceitos como ponto, reta, plano e espaço nunca foram definidos porque são intuitivos, estão na nossa mente de forma natural e os distinguimos espontaneamente. Basta observar que tanto reta como plano e espaço são considerados conjuntos infinitos de pontos, sem que seja necessário dizer como são dispostos.

Os conceitos primitivos são os elementos iniciais da teoria que vamos desenvolver agora. Outros conceitos serão definidos a partir deles, e as propriedades da Geometria resultarão de suas relações.

No início, algumas afirmações serão admitidas sem que seja necessário demonstrá-las — elas se chamam *axiomas* ou *postulados* — e as conclusões que puderem ser tiradas a partir delas serão os *teoremas*, que só são aceitos mediante uma demonstração, uma argumentação lógica.

> Para melhor identificação, neste capítulo, os enunciados considerados axiomas ou postulados estão indicados em fundo azul ; os teoremas, em fundo laranja ; e as definições, indicadas em fundo rosa .

Além disso, como se trata de um enfoque intuitivo da Geometria espacial, os teoremas não serão demonstrados ao longo do capítulo. Apenas no final faremos algumas demonstrações a título de ilustração.

Usaremos a simbologia da teoria dos conjuntos vista no volume 1.

2 Posições relativas: ponto e reta; ponto e plano

Como ponto é elemento da reta e do plano, dizemos que ele pertence ou não a eles. Assim:

- dados um ponto **P** e uma reta **r**, temos $P \in r$ ou $P \notin r$.
- dados um ponto **P** e um plano α, temos $P \in \alpha$ ou $P \notin \alpha$.

Veja alguns exemplos:

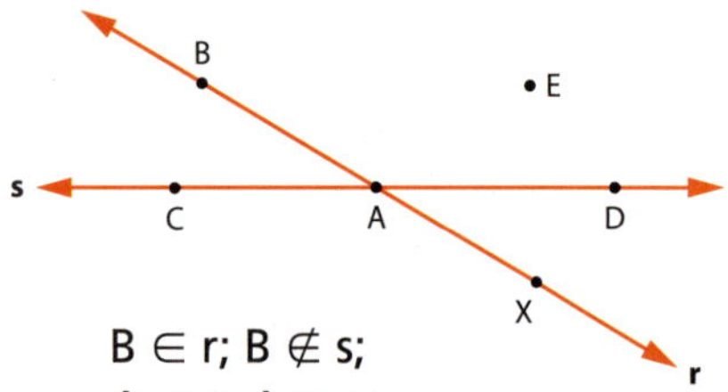

$B \in r$; $B \notin s$;
$A \in r$; $A \in s$;
$E \notin r$; $E \notin s$.

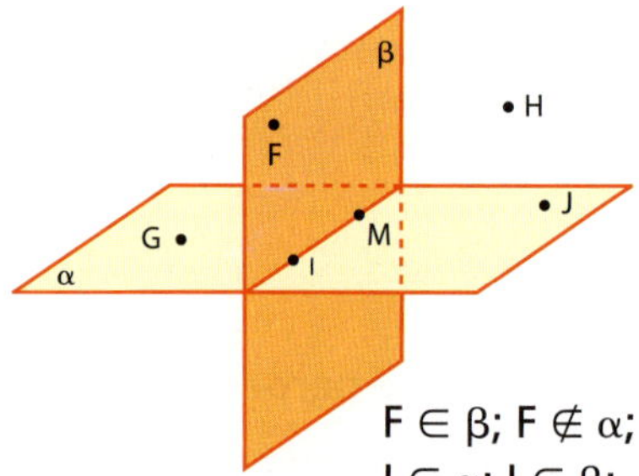

$F \in \beta$; $F \notin \alpha$;
$I \in \alpha$; $I \in \beta$;
$H \notin \alpha$; $H \notin \beta$.

Para refletir

Qual é a posição dos pontos **C**, **D** e **X** em relação às retas **r** e **s**? E dos pontos **J**, **M** e **G** em relação aos planos α e β?

3 Posições relativas de pontos no espaço

Dados dois ou mais pontos no espaço:

- eles são ou não pontos *colineares* (existe ou não uma reta que passa por todos eles);
- eles são ou não pontos *coplanares* (existe ou não um plano que passa por todos).

Veja as figuras:

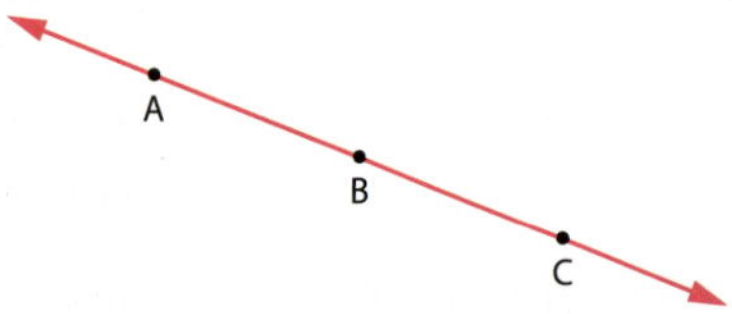

A, **B** e **C** são pontos colineares.

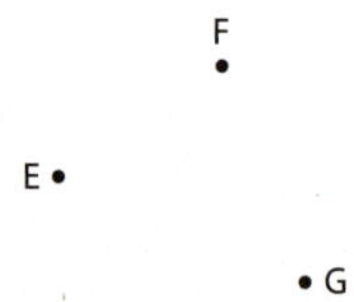

E, **F** e **G** não são colineares.

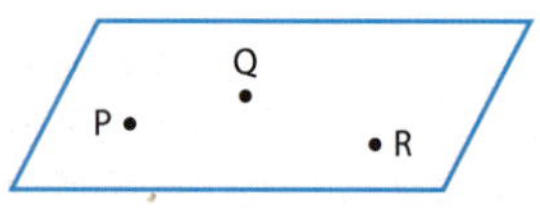

P, **Q** e **R** são três pontos coplanares.

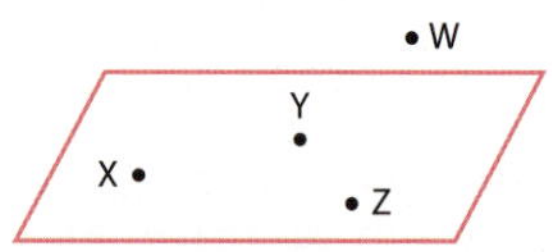

X, **Y**, **Z** e **W** são pontos não coplanares.

Observações:

1ª) Dois pontos distintos são sempre colineares e sobre eles passa uma única reta. Dizemos então que *dois pontos distintos **A** e **B** determinam uma reta* ($\overleftrightarrow{AB}$).

2ª) Três pontos não colineares são sempre coplanares e sobre eles passa um único plano. Dizemos então que *três pontos não colineares **A**, **B** e **C** determinam um plano p(**A**, **B**, **C**).*

Exercícios propostos

1. Defina:

a) pontos não colineares;

b) pontos não coplanares.

2. Observe os pontos de **A** a **K** nos vértices, arestas e faces do cubo abaixo.

Verifique se os pontos indicados em cada item são ou não colineares e coplanares.

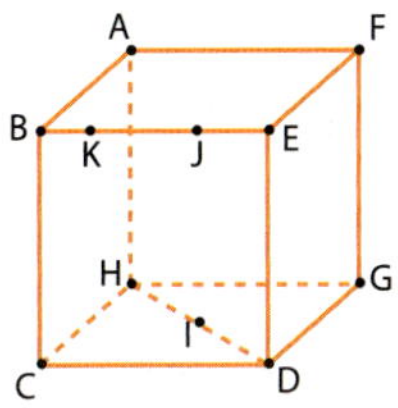

a) **A** e **D**

b) **A**, **F** e **E**

c) **H**, **I** e **D**

d) **B**, **C** e **D**

e) **E**, **J** e **K**

f) **B**, **E**, **K** e **J**

g) **C**, **H**, **F** e **E**

h) **B**, **C**, **H** e **I**

i) **H**, **D**, **I** e **E**

3. Considere que os pontos, as retas e os planos citados são distintos e verifique se cada afirmação é verdadeira (**V**) ou falsa (**F**):

a) Por 2 pontos passa uma única reta.

b) 3 pontos são sempre colineares.

c) 3 pontos nunca são colineares.

d) 3 pontos podem ser colineares.

e) Existem 5 pontos coplanares.

f) Existem 5 pontos não coplanares.

g) Existem 3 pontos não coplanares.

h) Pontos colineares são coplanares.

i) Pontos coplanares são colineares.

j) Pontos coplanares podem ser colineares.

4 Posições relativas de duas retas no espaço

Observe o paralelepípedo da figura abaixo:

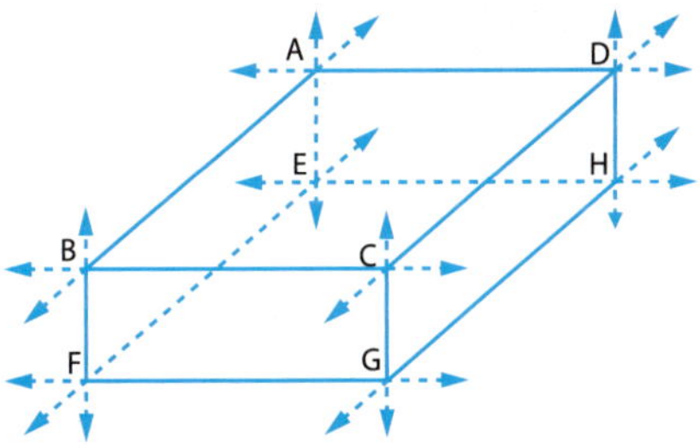

Para refletir

Em cada plano há infinitas retas. No plano da face ABCD, por exemplo, além das retas indicadas temos $\overleftrightarrow{AC}$, $\overleftrightarrow{BD}$ e outras. No espaço há infinitas retas. Localize na figura dada as retas $\overleftrightarrow{AG}$, $\overleftrightarrow{BE}$, $\overleftrightarrow{BG}$ e $\overleftrightarrow{DF}$.

São 12 as arestas do paralelepípedo: $\overline{AB}$, $\overline{BC}$, $\overline{CD}$, $\overline{AD}$, $\overline{EF}$, $\overline{FG}$, $\overline{GH}$, $\overline{EH}$, $\overline{BF}$, $\overline{CG}$, $\overline{AE}$ e $\overline{DH}$.

São 6 as suas faces, determinadas por: ABCD, FGHE, CDHG, BFGC, ADHE e ABFE.

Nesse modelo:

- As arestas serão "representações" das retas que as contêm.
  Por exemplo:
  $\overleftrightarrow{AB}$: reta do espaço que contém a aresta $\overline{AB}$.
  $\overleftrightarrow{BC}$: reta do espaço que contém a aresta $\overline{BC}$.
- As faces serão "representações" dos planos que as contêm.
  Por exemplo:
  p(ABCD): plano do espaço que contém a face determinada por ABCD.
  p(BCFG): plano do espaço que contém a face determinada por BCGF.
- Os vértices serão representações dos pontos do espaço: **A, B, C**, etc.

Usando esse modelo, podemos estudar as posições relativas de retas distintas no espaço:

Fique atento

$\overleftrightarrow{AB}$ e $\overleftrightarrow{GH}$ são retas coplanares. $\overleftrightarrow{BC}$ e $\overleftrightarrow{EF}$ não são retas coplanares.

Para refletir

No espaço há infinitos planos. Além dos 6 planos determinados pelas faces do paralelepípedo, procure imaginar outros, como p(ADGF), p(ABGH), p(AEGC), etc.

Duas ou mais retas são coplanares quando existe um plano que contém todas elas.

$\overleftrightarrow{AB}$, $\overleftrightarrow{BC}$, $\overleftrightarrow{CD}$, $\overleftrightarrow{DA}$ e $\overleftrightarrow{AC}$ são retas coplanares porque o plano p(ABCD) as contém. Também são retas coplanares as retas $\overleftrightarrow{AE}$, $\overleftrightarrow{EH}$ e $\overleftrightarrow{DH}$ porque o plano p(AEHD) contém essas três retas.

Observe que as retas coplanares $\overleftrightarrow{AB}$ e $\overleftrightarrow{CD}$ não têm ponto comum. O mesmo acontece com as retas coplanares $\overleftrightarrow{BC}$ e $\overleftrightarrow{AD}$.

Retas coplanares que não têm ponto comum são chamadas de *retas paralelas distintas*.

> **Para refletir**
> $\overleftrightarrow{AD}$ e $\overleftrightarrow{FG}$ são retas paralelas. Justifique.

Outros pares de retas paralelas distintas são: $\overleftrightarrow{CD}$ e $\overleftrightarrow{GH}$, $\overleftrightarrow{AD}$ e $\overleftrightarrow{EH}$, $\overleftrightarrow{CG}$ e $\overleftrightarrow{DH}$, etc.

O par de retas $\overleftrightarrow{AB}$ e $\overleftrightarrow{AD}$ tem um único ponto comum, isto é, as retas intersectam-se em um ponto. O mesmo acontece com $\overleftrightarrow{BC}$ e $\overleftrightarrow{CD}$.

Retas que têm um único ponto comum são chamadas *retas concorrentes*.

> **Para refletir**
> $\overleftrightarrow{CH}$ e $\overleftrightarrow{GD}$ são retas concorrentes. Justifique.

Outros pares de retas concorrentes são: $\overleftrightarrow{FG}$ e $\overleftrightarrow{GH}$, $\overleftrightarrow{CG}$ e $\overleftrightarrow{FG}$, $\overleftrightarrow{AD}$ e $\overleftrightarrow{DH}$, etc.

Duas retas concorrentes são sempre coplanares.

Dadas as retas $\overleftrightarrow{AB}$ e $\overleftrightarrow{FG}$, não existe um plano que contém as duas; o mesmo ocorre com os pares de retas $\overleftrightarrow{GH}$ e $\overleftrightarrow{AD}$, $\overleftrightarrow{BC}$ e $\overleftrightarrow{EF}$ e outros.

Dadas duas retas, quando não existe um plano que contém as duas, elas são chamadas de *retas reversas* (ou não coplanares).

> **Para refletir**
> $\overleftrightarrow{AC}$ e $\overleftrightarrow{FH}$ são retas reversas. Justifique.

Quadro-resumo:

Posições relativas de duas retas no espaço

- Duas retas no espaço
  - distintas
    - coplanares
      - paralelas
      - concorrentes
    - reversas
  - coincidentes (paralelas iguais)

> **Para refletir**
> Considere o "encontro" de duas paredes como representação de uma reta. Localize na sua sala duas retas paralelas, duas retas concorrentes e duas retas reversas.

Observação: No espaço, o fato de duas retas não serem paralelas não significa necessariamente que elas sejam concorrentes, como acontece no plano. Duas retas reversas, por exemplo, não são paralelas nem concorrentes.

Exercício proposto

4. Observe a pirâmide de base quadrada e verifique se as retas indicadas em cada item são paralelas, concorrentes ou reversas.

a) $\overleftrightarrow{AC}$ e $\overleftrightarrow{AD}$
b) $\overleftrightarrow{AB}$ e $\overleftrightarrow{ED}$
c) $\overleftrightarrow{BC}$ e $\overleftrightarrow{ED}$
d) $\overleftrightarrow{EC}$ e $\overleftrightarrow{BD}$
e) $\overleftrightarrow{BE}$ e $\overleftrightarrow{AE}$
f) $\overleftrightarrow{CD}$ e $\overleftrightarrow{BE}$
g) $\overleftrightarrow{BC}$ e $\overleftrightarrow{AE}$
h) $\overleftrightarrow{AE}$ e $\overleftrightarrow{AC}$
i) $\overleftrightarrow{CD}$ e $\overleftrightarrow{BC}$

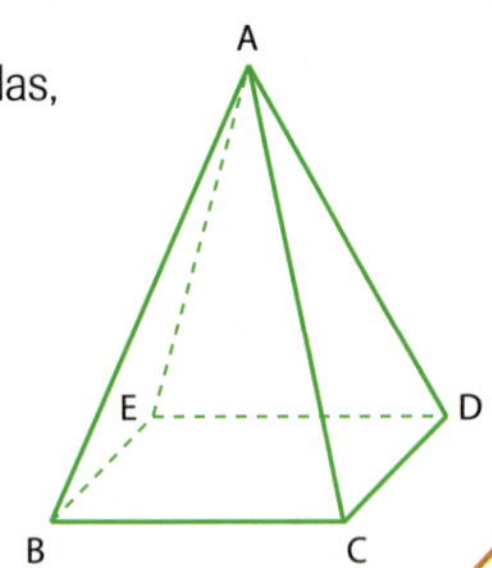

Reta e plano perpendiculares

Vimos que, dados uma reta **r** e um plano α, podem ocorrer três situações: a reta é paralela ao plano e não está contida nele ($r \parallel \alpha$); a reta está contida no plano ($r \subset \alpha$); ou a reta intersecta o plano em um ponto **P**, isto é, $r \cap \alpha = \{P\}$.

Veremos agora que, quando a reta intersecta o plano, ela pode ou não ser perpendicular a ele, conforme a definição:

Uma reta que intersecta um plano é perpendicular a ele quando e somente quando ela é perpendicular a todas as retas desse plano que passam pelo ponto de intersecção.

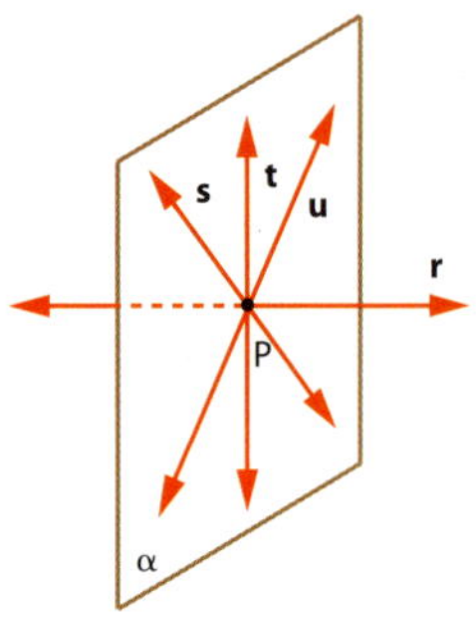

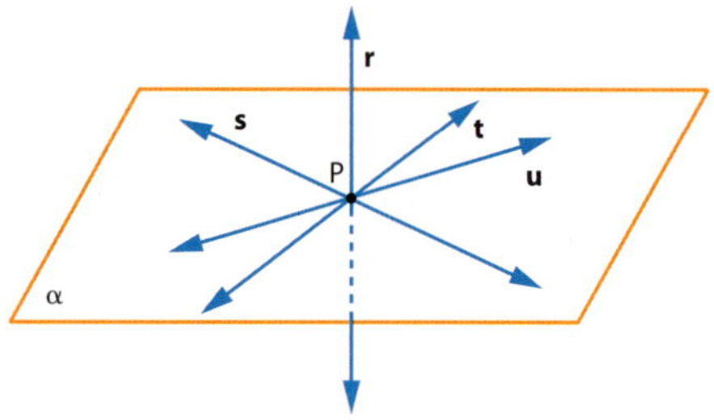

A expressão "quando e somente quando" nos permite fazer as seguintes deduções:

- dizer que uma reta **r** intersecta um plano α no ponto **P** e é perpendicular a todas as retas de α que passam por **P** implica dizer que a reta **r** é perpendicular ao plano α;
- dizer que uma reta **r** é perpendicular a um plano α implica dizer que **r** intersecta α em um ponto e é perpendicular a todas as retas de α que passam por esse ponto;
- dizer que uma reta **r** é perpendicular a um plano α implica dizer que **r** é ortogonal a todas as retas contidas em α que não passam pelo ponto de intersecção da reta com o plano.

O ponto **P**, nesse caso, é chamado "pé da perpendicular".

Para refletir

Se $r \perp \alpha$ no ponto **P**, qual é a posição de **r** em relação às retas de α que não passam por **P**?

Se uma reta intersecta um plano e não é perpendicular a ele, dizemos que ela é oblíqua ao plano.

Veja a figura e os símbolos correspondentes.

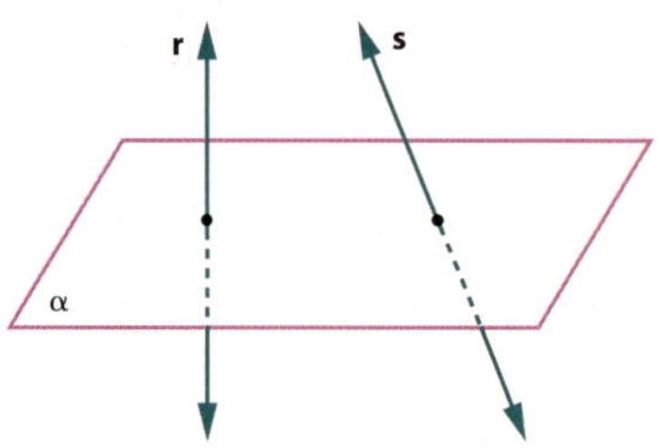

r é perpendicular a α ($r \perp \alpha$)
s é oblíqua a α ($s \angle \alpha$)

Algumas propriedades sobre perpendicularismo entre reta e plano

1ª propriedade:

Para que uma reta seja perpendicular a um plano, é necessário e suficiente que ela seja perpendicular a duas retas concorrentes nesse plano no ponto de intersecção.

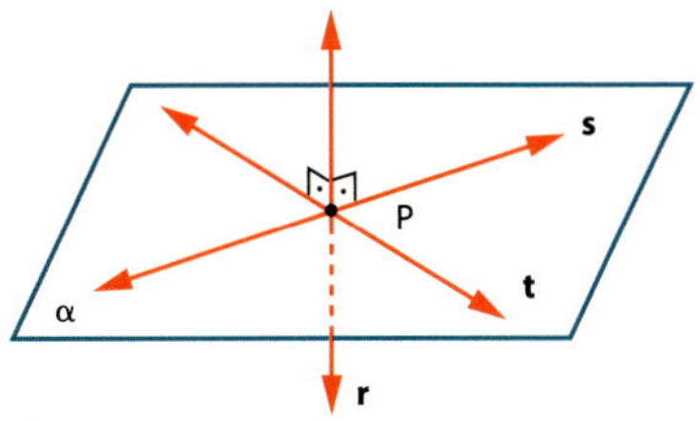

Fique atento

São equivalentes as expressões "quando e somente quando", "se e somente se", "é necessário e suficiente".

Observe que uma reta pode ser perpendicular a uma reta do plano e não ser perpendicular ao plano:

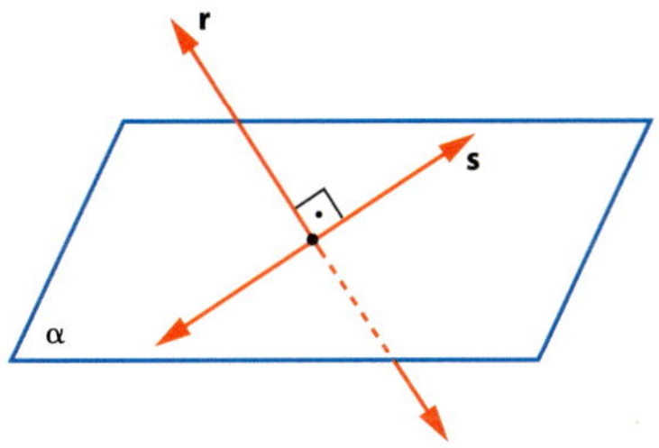

s está contida em α
r $\perp$ s
r não é perpendicular a α

Assim, para uma reta ser perpendicular a um plano α é preciso ser perpendicular a duas retas concorrentes em α, ou seja, são necessárias duas retas porque uma reta não é suficiente para garantir o perpendicularismo. Por outro lado, bastam duas retas concorrentes, ou seja, elas são suficientes, pois essas duas concorrentes já determinam o plano α.

Para refletir

Reproduza concretamente essas figuras e comprove as afirmações feitas.

2ª propriedade:

Dados um ponto **P** e uma reta **r**, existe um único plano que passa por **P** e é perpendicular a **r**.

1º caso: P $\in$ r

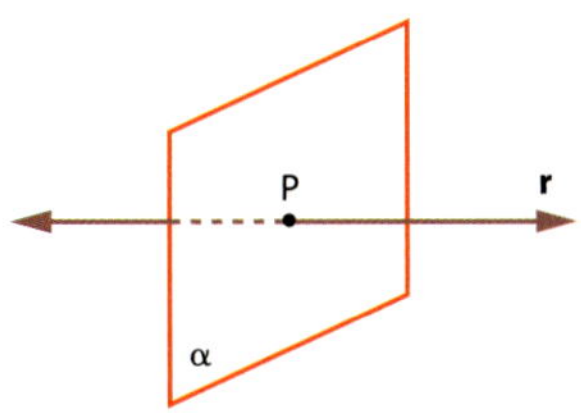

2º caso: P $\notin$ r

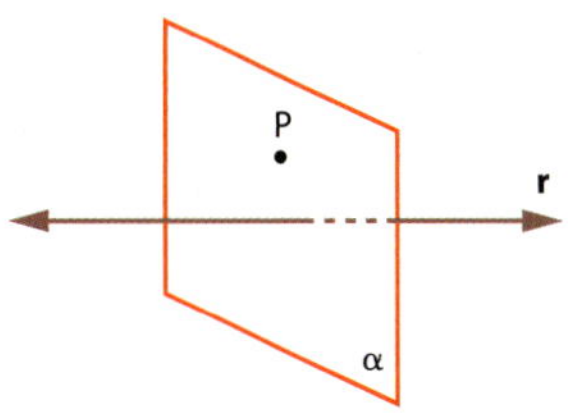

3ª propriedade:

Se uma reta é perpendicular a um plano, qualquer reta paralela a ela é também perpendicular ao plano.

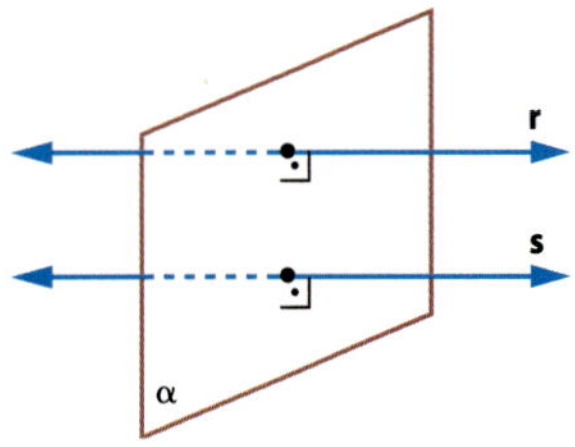

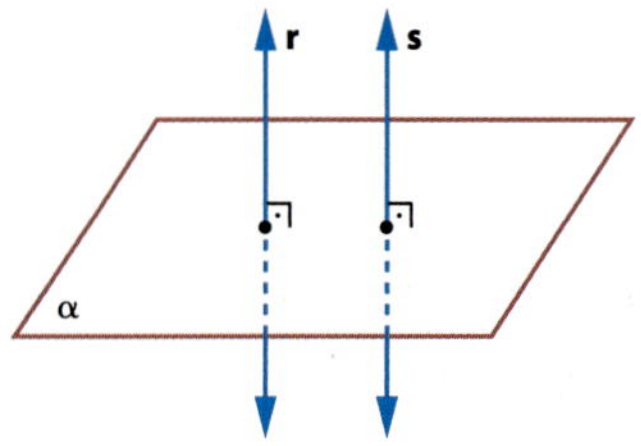

4ª propriedade:

Se dois planos são paralelos, toda reta perpendicular a um deles é também perpendicular ao outro.

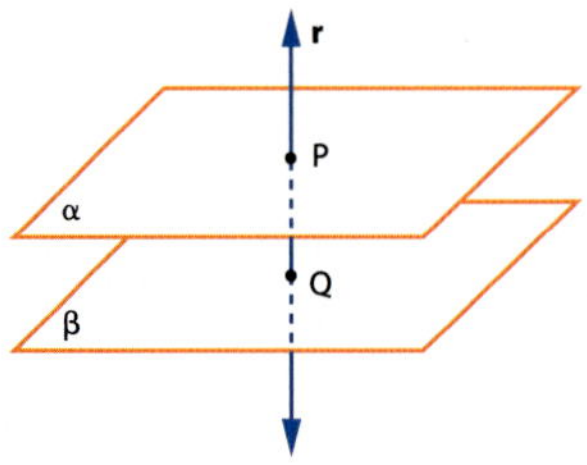

Observação: As duas últimas propriedades levam às seguintes afirmações:

- duas retas perpendiculares a um mesmo plano são paralelas;
- dois planos perpendiculares a uma mesma reta são paralelos.

5ª propriedade (conhecida por *teorema das três perpendiculares*):

Dados: uma reta **r** perpendicular a um plano α no ponto **P**; uma reta **s**, contida em α, que não passa por **P**; uma reta **t**, contida em α, que passa por **P** e é perpendicular a **s** no ponto **A**.

Então, se **B** é um ponto de **r**, a reta AB é perpendicular à reta **s**.

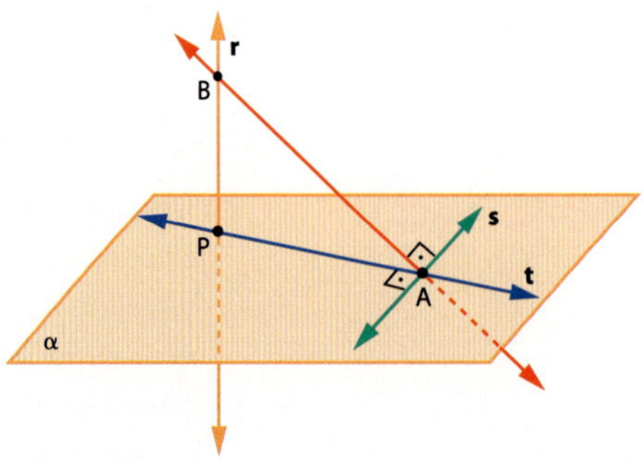

O quadro-resumo envolvendo as posições relativas de uma reta e um plano no espaço fica assim:

Posições relativas de uma reta e um plano no espaço

Uma reta **r** e um plano α no espaço:
- a reta é paralela ao plano $(r \parallel \alpha)$
- a reta está contida no plano $(r \subset \alpha)$
- a reta intersecta o plano
  - a reta é perpendicular ao plano $(r \perp \alpha)$
  - a reta é oblíqua ao plano $(r \angle \alpha)$

Exercício resolvido

(Fuvest-SP) Uma formiga resolveu andar de um vértice a outro do prisma reto de bases triangulares ABC e DEG, seguindo um trajeto especial. Ela partiu do vértice **G**, percorreu toda a aresta perpendicular à base ABC, para em seguida caminhar toda a diagonal da face ADGC e, finalmente, completou seu passeio percorrendo a aresta reversa a CG. A formiga chegou ao vértice:

a) **A**.
b) **B**.
c) **C**.
d) **D**.
e) **E**.

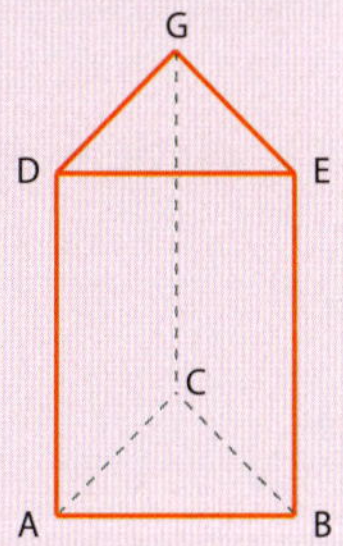

> RESOLUÇÃO PASSO A PASSO:

1. Lendo e compreendendo

a) O que é dado no problema?

São dados a figura de um prisma triangular com os 6 vértices assinalados de **A** a **G** e o trajeto da formiga ao longo do prisma.

b) O que se pede?

Pede-se o vértice ao qual a formiga chegou após percorrer os caminhos descritos no texto.

2. Planejando a solução

Precisamos ler o trajeto descrito seguindo-o como se fôssemos a formiga e executando cada etapa do percurso. Assim, ao final da descrição do trajeto, estaremos no vértice pedido.

3. Executando o que foi planejado

Vamos percorrer cada etapa do percurso descrito como se estivéssemos seguindo um mapa.

a) A formiga partiu do vértice **G** e percorreu toda a aresta perpendicular à base ABC.

Das três arestas perpendiculares à base ABC, a única que contém o ponto **G** é a aresta CG. Assim, essa foi a aresta percorrida pela formiga na primeira etapa, chegando ao vértice **C**.

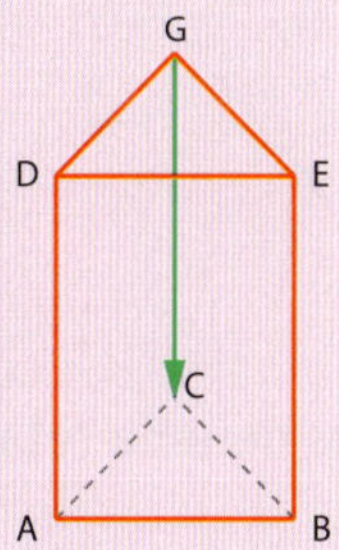

b) Em seguida, a formiga caminhou toda a diagonal da face ADGC. Como ela estava no vértice **C**, das duas diagonais da face ADGC, a única que contém o vértice **C** é a diagonal CD. Assim, o caminho percorrido na segunda etapa levou ao vértice **D**.

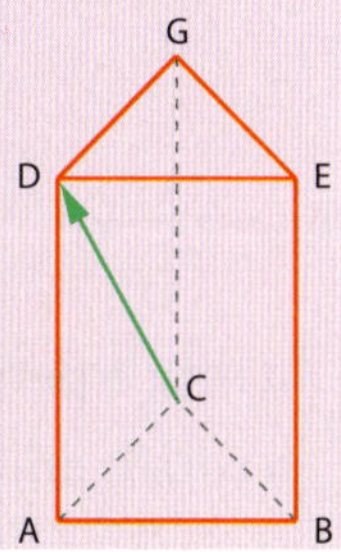

c) Finalmente, a formiga completou seu passeio percorrendo a aresta reversa a CG.

Existem duas arestas reversas a CG: a aresta AB e a aresta DE. Como a formiga estava em **D**, a aresta que ela percorreu nessa etapa foi DE, chegando ao vértice **E**.

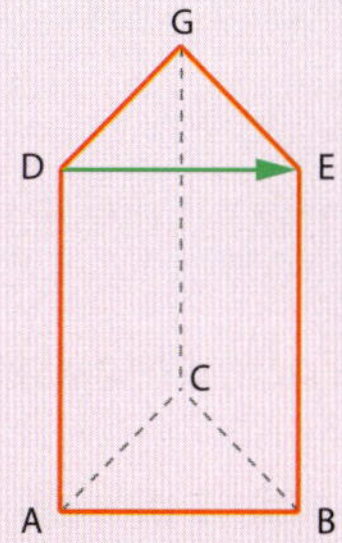

4. Verificando

Vamos partir de **E**, seguindo os caminhos na ordem inversa do proposto, e verificar se chegaremos ao vértice **G**, que é o ponto de partida original. Os caminhos a serem percorridos, em ordem inversa, são:

- percorrer a aresta reversa a CG;
- caminhar toda a diagonal da face ADGC;
- percorrer toda a aresta perpendicular à base ABC.

Assim, partindo de **E** e percorrendo a aresta reversa a CG chegamos a **D**; de **D**, caminhando pela diagonal da face ADGC, chegamos a **C**; e de **C**, percorrendo a aresta perpendicular à base ABC, chegamos a **G**. Isso verifica o resultado obtido, de que o caminho normal leva de **G** até **E**.

5. Respondendo

A resposta é a alternativa **e**.

6. Ampliando o problema

a) Se as bases desse prisma são triângulos equiláteros de lado 6 cm, e os três retângulos da lateral têm dimensões 6 cm × 8 cm, qual terá sido o total percorrido pela formiga?

b) **Discussão em equipe**

Estudos mostram que grupos de formigas são capazes de apresentar comportamento coletivo muito mais eficaz do que o de uma formiga sozinha. Em grupo, as formigas são capazes de achar sempre o melhor caminho entre o formigueiro e uma fonte de comida. Imagine que, no prisma considerado no problema, o formigueiro esteja no ponto médio da aresta AB, e a fonte de comida esteja no vértice **G**. Converse com seus colegas e tentem descobrir qual seria o caminho mais curto conectando a fonte de alimento e o formigueiro. Para facilitar, considerem que o prisma seja formado por triângulos de lados 4 cm e retângulos de lados 4 cm e 8 cm. Vale fazer um modelo de papel, recortar e montar, para descobrir qual é o menor caminho. (*Dica*: com essas dimensões, o caminho mais curto tem exatos 10 cm.)

Exercícios propostos

17. Associe **V** ou **F** a cada uma das afirmações:

a) Duas retas perpendiculares a um mesmo plano são coplanares.

b) Por um ponto passa uma única reta perpendicular a um plano dado.

c) Se uma reta está contida num plano, toda perpendicular a ela será perpendicular ao plano.

d) Se dois planos distintos, α e β, são paralelos, então toda reta **r** perpendicular a um deles é perpendicular ao outro.

e) Por um ponto passa um único plano perpendicular a uma reta dada.

f) Se uma reta é perpendicular a um plano, ela é perpendicular a todas as retas desse plano.

g) Duas retas perpendiculares a um mesmo plano são paralelas.

h) Se uma reta é perpendicular a uma reta do plano, então ela é perpendicular a esse plano.

i) Se uma reta e um plano são paralelos, toda reta perpendicular à reta dada é perpendicular ao plano.

18. A figura abaixo é um paralelepípedo.

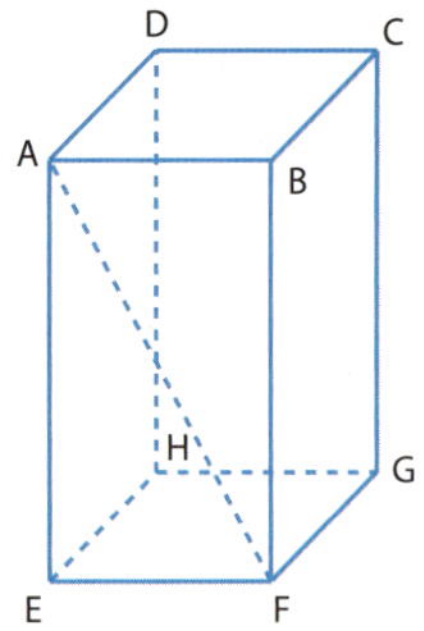

a) Cite duas retas que sejam perpendiculares ao plano EFGH.

b) A reta $\overleftrightarrow{AB}$ é perpendicular ao plano determinado por BCGF. Cite um outro plano perpendicular à reta $\overleftrightarrow{AB}$.

c) A reta $\overleftrightarrow{AF}$ é perpendicular à reta $\overleftrightarrow{FG}$? Justifique a resposta.

Planos perpendiculares

Estudamos neste capítulo que, dados dois planos distintos (α e β), podemos ter as duas situações abaixo:

- os planos são paralelos ($\alpha // \beta$), ou seja, não têm ponto comum ($\alpha \cap \beta = \varnothing$);
- os planos são concorrentes, ou seja, têm uma reta comum ($\alpha \cap \beta = r$).

Veremos agora que, quando dois planos são concorrentes, eles podem ser ou não perpendiculares, de acordo com a definição:

Um plano é perpendicular a outro quando e somente quando existe uma reta contida em um deles e perpendicular ao outro.

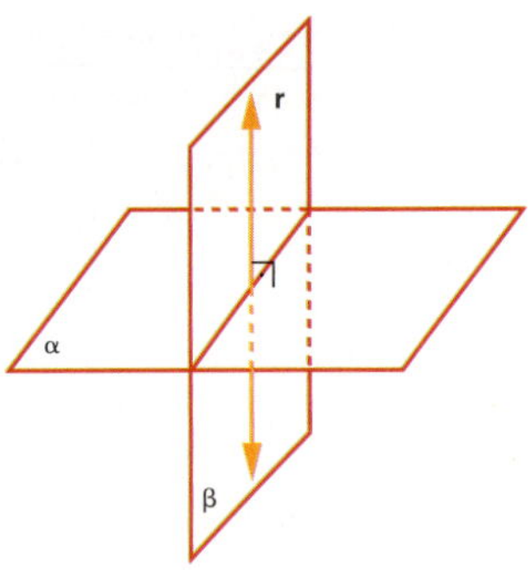

Se dois planos concorrentes não são perpendiculares, dizemos que são oblíquos.

Para refletir

Use seu caderno e um esquadro para representar planos perpendiculares e oblíquos.

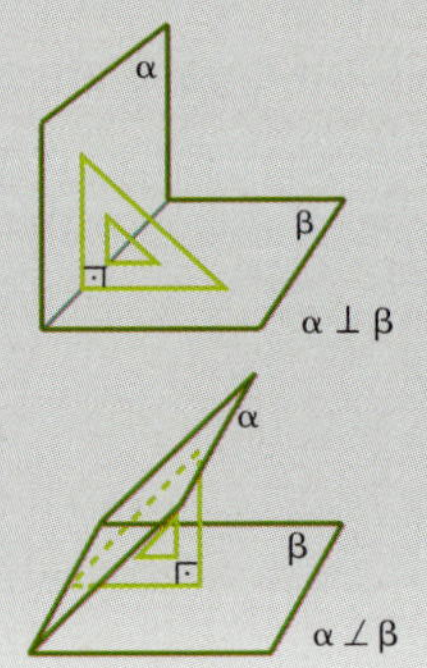

Consequências:

Quando uma reta é perpendicular a um plano, todos os planos que a contêm são perpendiculares ao plano inicial.

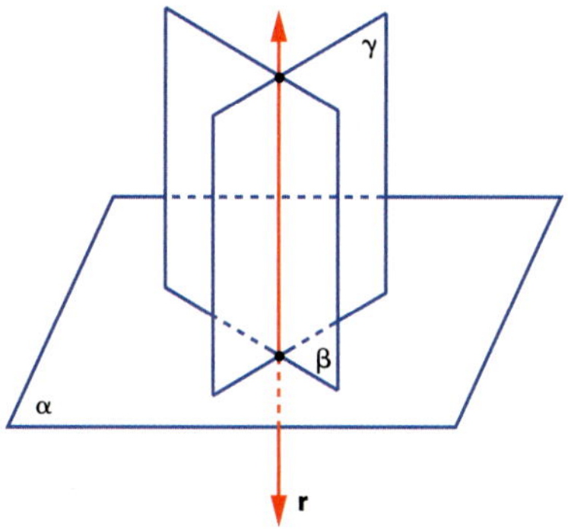

$r \perp \alpha$
Os planos β e γ, que contêm **r**, são perpendiculares a α.

Em dois planos oblíquos (que se intersectam e não são perpendiculares), nenhuma reta de um é perpendicular ao outro plano. Em outras palavras:

Se dois planos α e β são oblíquos e a reta **r** está contida em α, então **r** não é perpendicular a β.

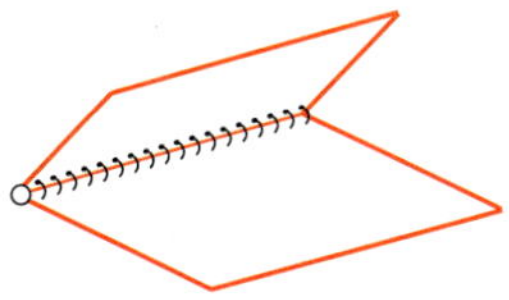

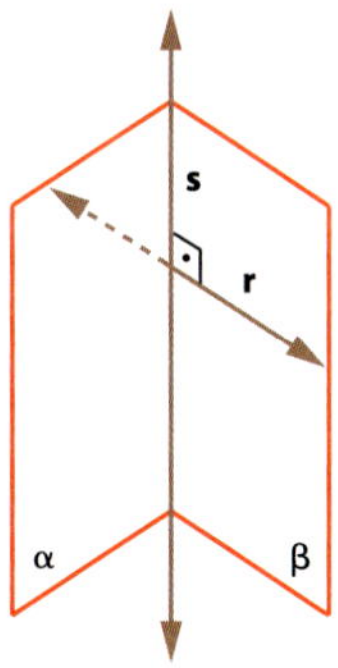

Quando α e β são oblíquos, uma reta (**r**) de um pode ser perpendicular à reta (**s**) de intersecção, mas não perpendicular ao outro plano.

Algumas propriedades sobre planos perpendiculares

1ª propriedade:

Se uma reta **r** e um plano α são ambos perpendiculares a um plano β, a reta **r** está contida no plano α ou é paralela ao plano α.

1º caso: $r \subset \alpha$

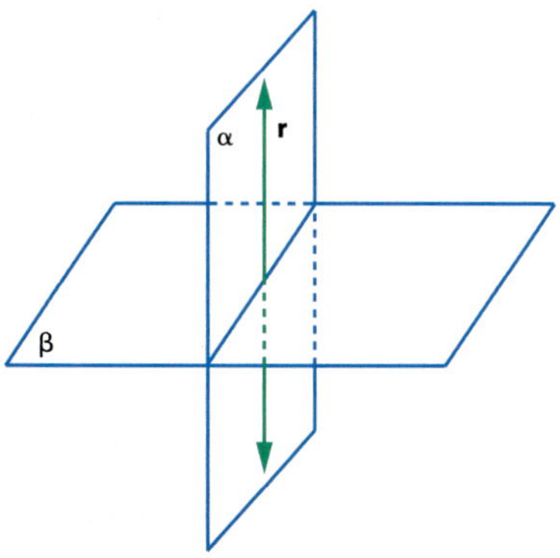

ou

2º caso: $r \cap \alpha = \varnothing$

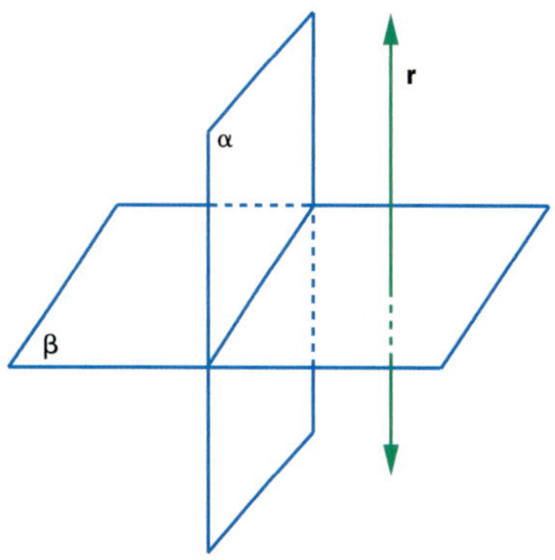

2ª propriedade:

Se dois planos α e β se intersectam segundo uma reta r e se γ é outro plano perpendicular a cada um dos planos α e β, então γ é perpendicular à reta r.

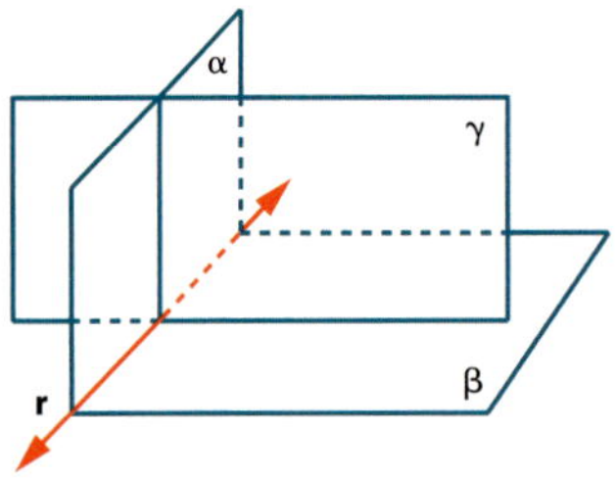

O quadro-resumo envolvendo dois planos no espaço agora fica assim:

Dois planos no espaço

- Dois planos no espaço
  - distintos
    - paralelos
    - secantes
      - perpendiculares
      - oblíquos
  - coincidentes (paralelos iguais)

Exercícios propostos

19. Considerando o paralelepípedo ao lado e os planos determinados pelas faces, resolva as questões:

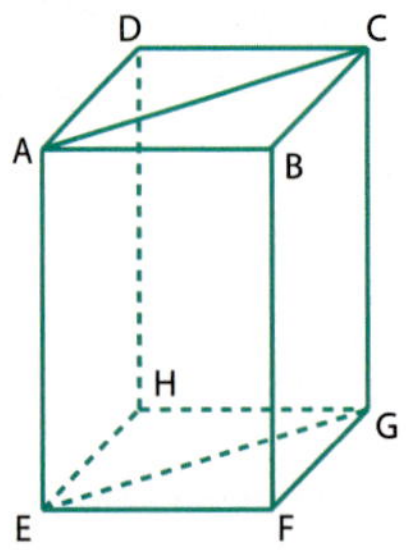

a) Cite todos os planos perpendiculares a p(ABFE).

b) Quais são os dois planos que contêm a reta $\overleftrightarrow{DH}$ e são perpendiculares ao plano EFGH?

c) O plano diagonal ACGE é perpendicular ao plano EFGH? Por quê?

d) A reta $\overleftrightarrow{CG}$ é perpendicular ao plano EFGH. Qual é a posição dos planos CDGH, ACGE e BCGF em relação ao plano CDHG?

20. Associe **V** ou **F** a cada uma das afirmações:

a) Se dois planos são perpendiculares, toda reta de um deles que for perpendicular à intersecção será perpendicular ao outro.

b) Se dois planos forem perpendiculares, toda reta paralela a um deles será perpendicular ao outro.

c) Dados um plano α e uma reta **r**, existe um plano β que contém **r** e é perpendicular a α.

21. Observando o paralelepípedo da figura, responda:

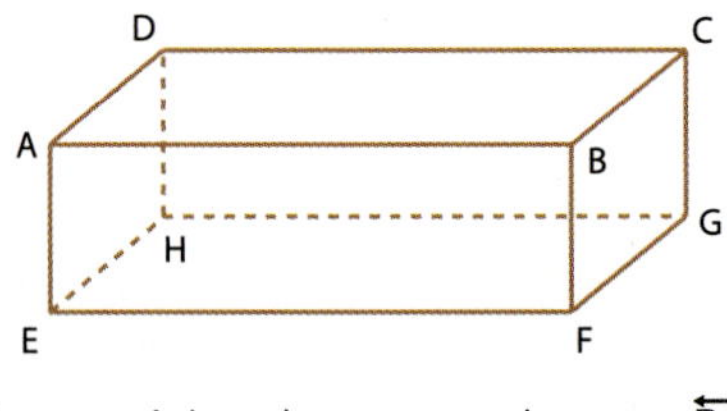

a) Existe um único plano contendo a reta $\overleftrightarrow{BC}$ e que é perpendicular ao plano ADHE. Qual é esse plano?

b) Cite uma reta e um plano que são perpendiculares ao plano ABFE, de tal forma que a reta considerada esteja contida no plano citado.

c) Existe um único plano contendo a reta $\overleftrightarrow{CG}$ e que é perpendicular ao plano ADHE. Qual é esse plano?

d) Os planos ADHE e EFGH se intersectam segundo a reta $\overleftrightarrow{EH}$. Cite um plano que seja perpendicular a cada um dos planos dados e perpendicular à reta $\overleftrightarrow{EH}$.

e) Qual a posição da reta $\overleftrightarrow{EH}$ em relação ao plano BCGF?

f) Qual é o único plano perpendicular ao plano ABCD e que contém a reta $\overleftrightarrow{GH}$?

g) Cite uma reta contida no plano BCGF e que seja perpendicular ao plano ABCD.

10 Projeção ortogonal

De um ponto sobre um plano

Traçamos a reta perpendicular ao plano α pelo ponto **P** e encontramos **P'**. O ponto **P'** é chamado projeção ortogonal do ponto **P** sobre o plano α.

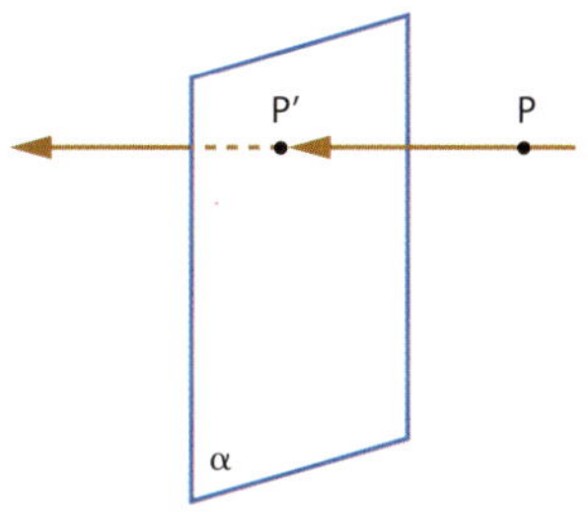

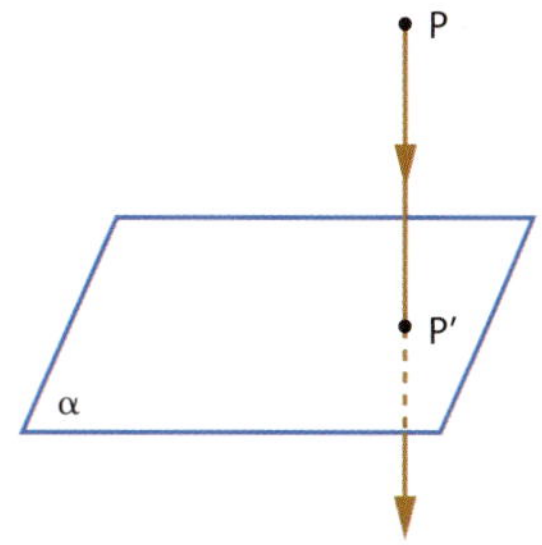

Fique atento

A projeção ortogonal do ponto **P** sobre o plano α é o "pé da perpendicular" ao plano α que passa por **P**.

Observação: Quando P ∈ α, os pontos **P** e **P'** coincidem (**P** ≡ **P'**).

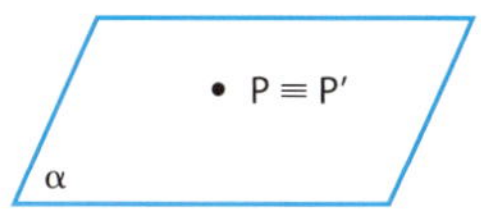

De uma figura qualquer sobre um plano

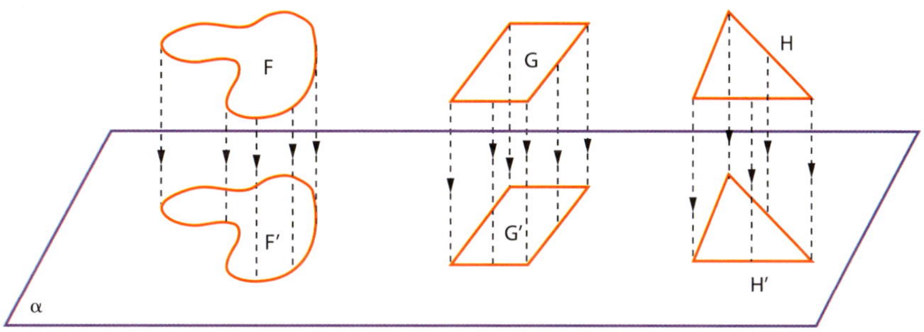

As figuras **F'**, **G'** e **H'** são as projeções ortogonais das figuras **F**, **G** e **H**, respectivamente, sobre o plano α. Elas são formadas pelas projeções ortogonais de todos os pontos das figuras **F**, **G** e **H** sobre α.

Casos particulares

1º) Projeção ortogonal de uma reta sobre um plano: pode ser uma reta ou um ponto.

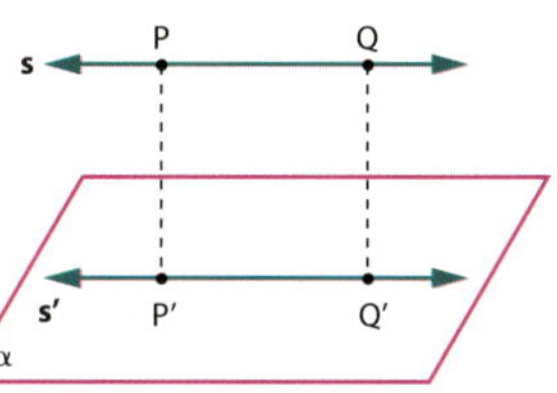

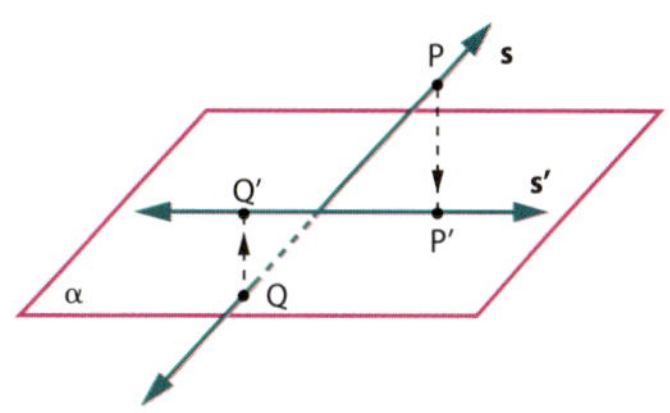

A reta **s** é paralela ou oblíqua ao plano α.

A projeção ortogonal de **s** sobre α é a reta **s'**, determinada pelos pontos **P'** e **Q'**, que são projeções ortogonais dos pontos **P** e **Q** pertencentes à reta **s**.

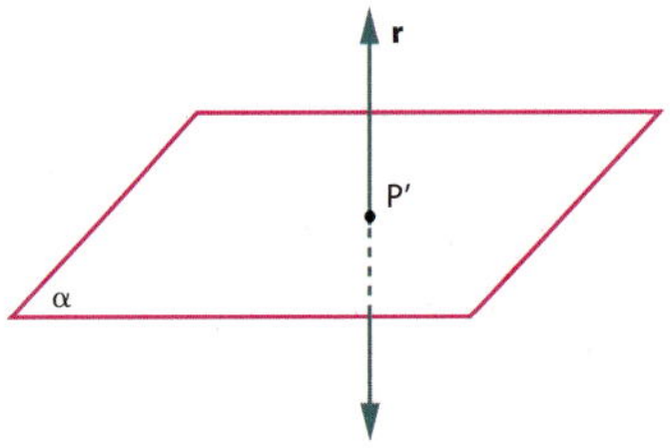

> **Para refletir**
>
> Qual é a projeção ortogonal da reta **r** sobre o plano α, quando $r \subset \alpha$?

A reta **r** é perpendicular ao plano α pelo ponto **P'**. O ponto **P'** é, então, a projeção ortogonal da reta **r** sobre o plano α.

2º) Projeção ortogonal de um segmento sobre um plano: pode ser um segmento ou um ponto.

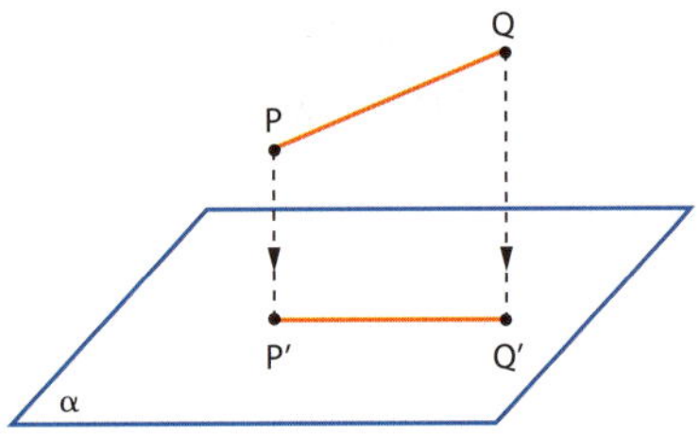

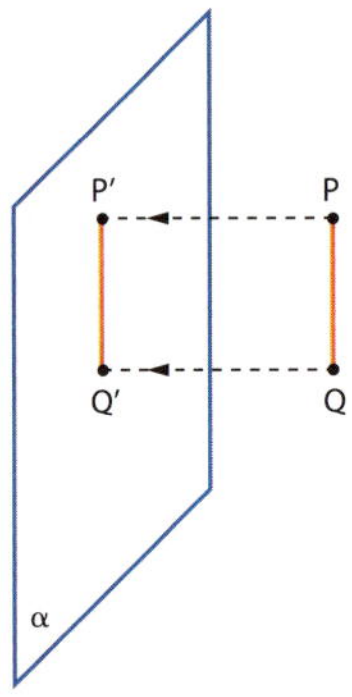

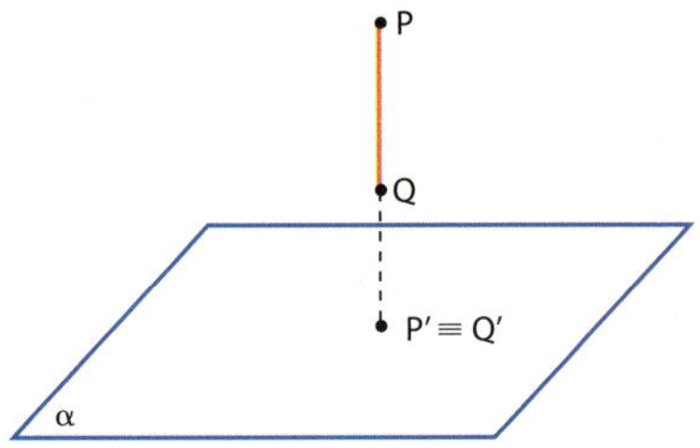

Exercícios propostos

22. Observe as figuras:

a)

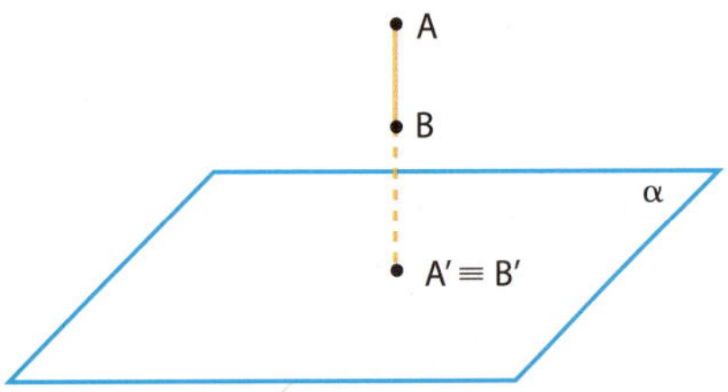

b)

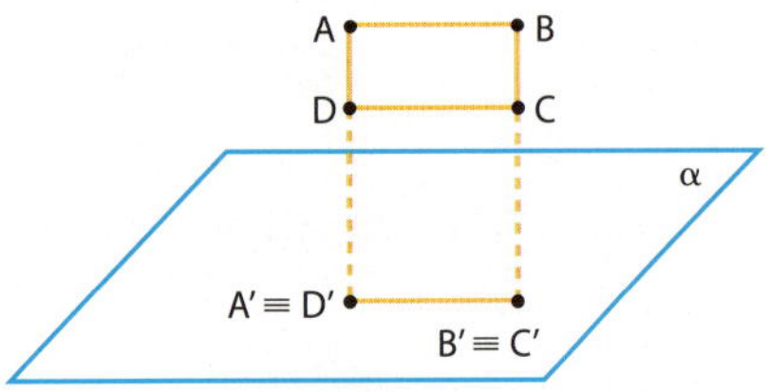

c)

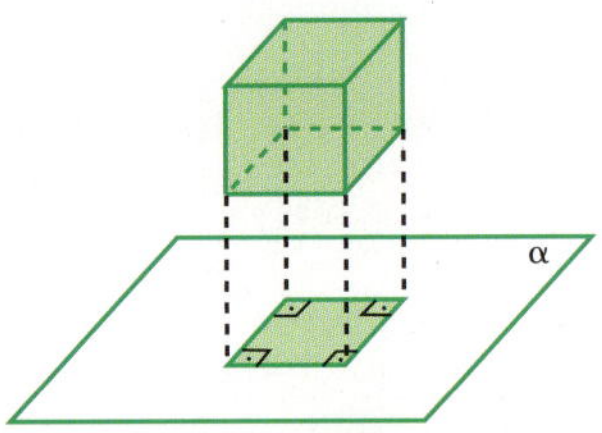

d)

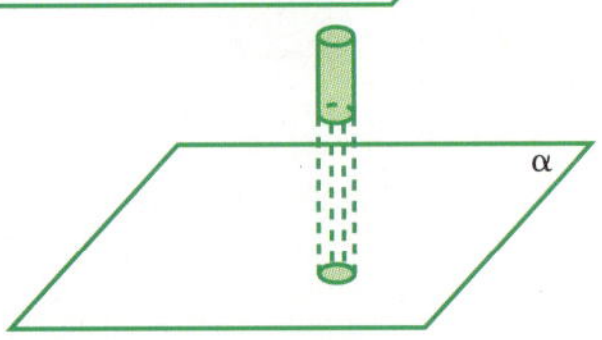

Do item **a** podemos afirmar: A projeção ortogonal de um segmento sobre um plano pode ser um ponto.
O que podemos afirmar dos itens **b**, **c** e **d**?

23. Verifique se cada afirmação é verdadeira ou falsa.

a) A projeção ortogonal de um triângulo sobre um plano pode ser um segmento.

b) A projeção ortogonal de uma circunferência sobre um plano pode ser um ponto.

c) Se a projeção ortogonal de $\overline{AB}$ sobre α é $\overline{A'B'}$, então a medida de $\overline{A'B'}$ é menor que a de $\overline{AB}$.

d) Se a projeção ortogonal do $\triangle ABC$ sobre um plano α é o $\triangle A'B'C'$ e $\triangle ABC$ é congruente ao triângulo $\triangle A'B'C'$, então o $\triangle ABC$ está contido em α ou está contido em um plano distinto e paralelo a α.

e) A projeção ortogonal de uma esfera sobre um plano é sempre um círculo.

f) As projeções de três pontos não colineares sobre um plano podem ser três pontos colineares.

24. Considere um plano α, uma reta **r** e um ponto **P** tal que $r \not\subset \alpha$, $P \notin \alpha$ e $P \notin r$.
Assinale todas as possibilidades quando se faz a projeção ortogonal respectivamente de **r** e **P** sobre α.

a) Uma reta e um ponto fora dela.

b) Um único ponto.

c) Dois pontos distintos.

d) Uma reta.

e) Duas retas.

11 Distâncias

Distância entre dois pontos

Dados dois pontos distintos **A** e **B**, a distância entre **A** e **B** é a medida do segmento AB.

Se **A** e **B** coincidem, dizemos que a distância entre **A** e **B** é zero.

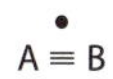

Fique atento

Quando se diz que a distância entre **A** e **B** é $\overline{AB}$, subentende-se que é a medida de $\overline{AB}$.

Distância de um ponto a uma reta

Dados um ponto **P** e uma reta **r**, podemos traçar uma reta que passa por **P** e é perpendicular a **r** no ponto **A**.

A distância do ponto **P** à reta **r** é a distância entre os pontos **P** e **A**.

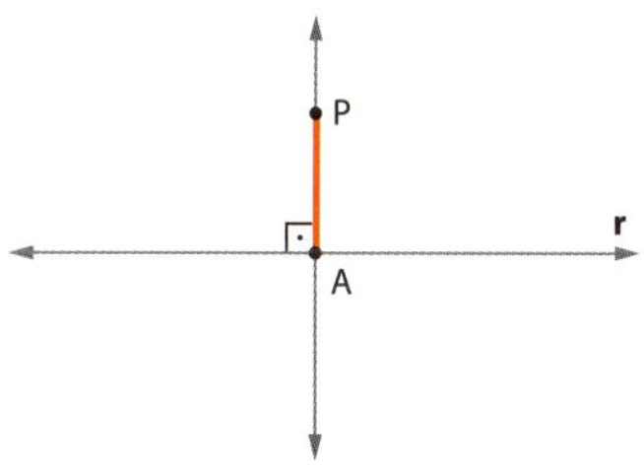

Para refletir

Em que condições a distância entre **P** e **r** é igual a zero?

Distância de um ponto a um plano

Dados um ponto **P** e um plano α, podemos determinar **P′**, que é a projeção ortogonal de **P** sobre α.
A distância do ponto **P** ao plano α é a distância entre os pontos **P** e **P′**.

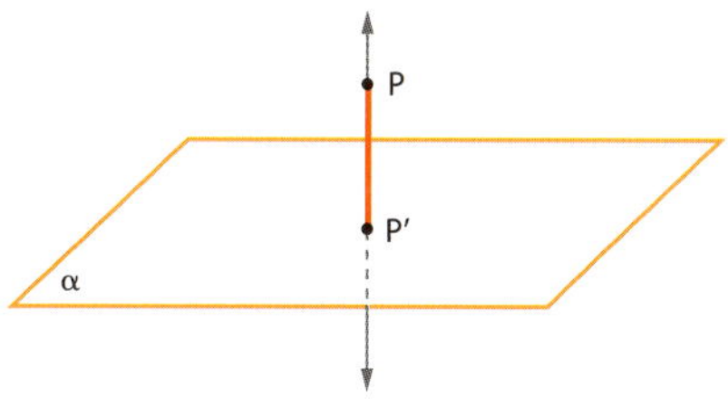

Para refletir

Qual é a distância entre **P** e α, quando $P \in \alpha$?

Distância entre duas retas distintas e paralelas

Dadas as retas **r** e **s**, distintas e paralelas, a distância entre **r** e **s** é a distância de qualquer ponto de uma delas à outra reta.

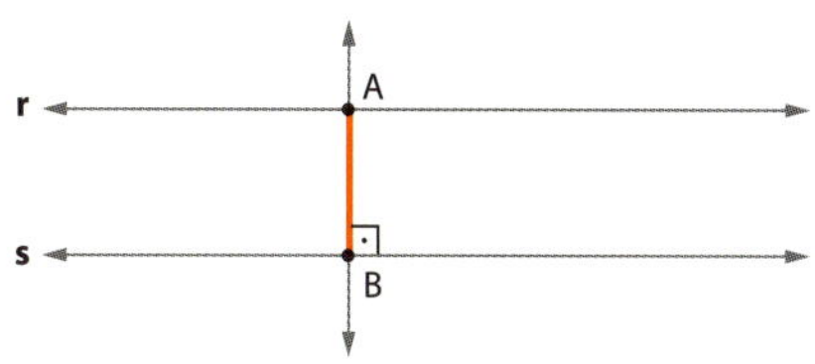

Fique atento

Não se pode definir distância entre duas retas concorrentes.

Se duas retas são coincidentes (paralelas iguais), a distância entre elas é zero.

Distância de uma reta a um plano (quando a reta é paralela ao plano e não está contida nele)

Dados a reta **r** e o plano α tal que $r \parallel \alpha$, a distância da reta **r** ao plano α é a distância de qualquer ponto de **r** ao plano α.

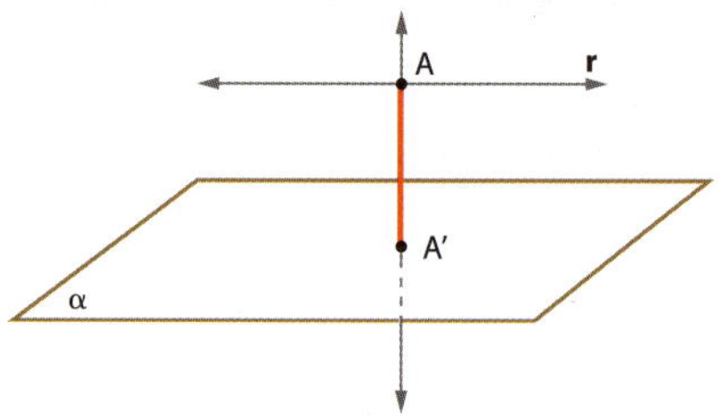

Para refletir

- Não se pode falar em distância de uma reta a um plano quando ela é oblíqua a ele.
- Se uma reta está contida num plano, qual é a distância da reta ao plano?

Distância entre dois planos distintos e paralelos

Dados dois planos distintos α e β tal que $\alpha \parallel \beta$, a distância entre esses dois planos é a distância de qualquer ponto de um deles ao outro plano.

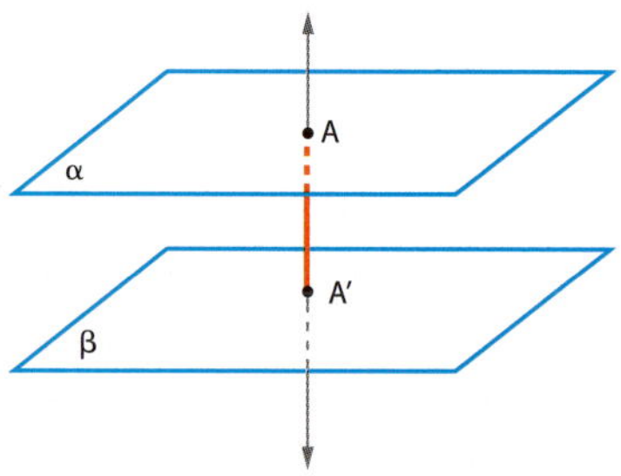

Para refletir

- Não se pode falar em distância entre dois planos concorrentes.
- Quando a distância entre dois planos é zero?

Distância entre duas retas reversas

Dadas duas retas reversas **r** e **s**, vamos considerar um ponto qualquer de **r** e o plano que contém **s** e é paralelo a **r**. A distância entre **r** e **s** é a distância desse ponto a esse plano.

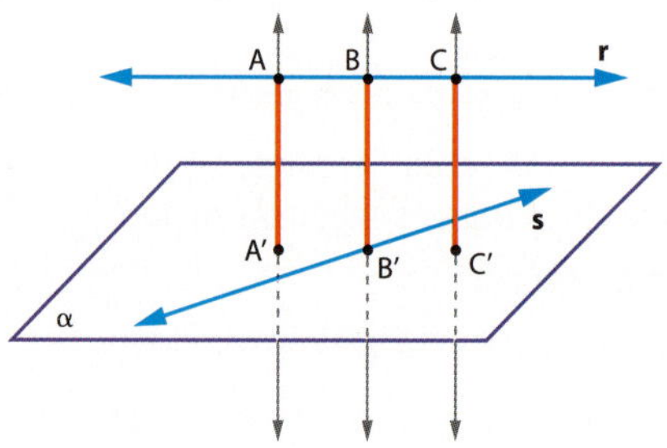

Para refletir

É possível a distância entre duas retas reversas ser zero?

Veja um exemplo que usa um cubo com arestas de medida 3 no qual são calculados os vários tipos de medidas.

a) distância entre os pontos **B** e **G** $\rightarrow 3$

b) distância entre **F** e **H** $\rightarrow 3\sqrt{2}$

c) distância entre **E** e **B** $\rightarrow 3\sqrt{3}$

d) distância de **H** a $\overleftrightarrow{AB} \rightarrow 3$

e) distância entre $\overleftrightarrow{DE}$ e $\overleftrightarrow{BG} \rightarrow 3\sqrt{2}$

f) distância entre $\overleftrightarrow{BD}$ e $\overleftrightarrow{EF} \rightarrow 3$

g) distância de $\overleftrightarrow{EF}$ a p(A, B, C) $\rightarrow 3$

h) distância de $\overleftrightarrow{FC}$ a p(E, D, B) $\rightarrow \dfrac{3\sqrt{2}}{2}$

i) distância entre p(A, B, G) e p(E, F, C) $\rightarrow 3$

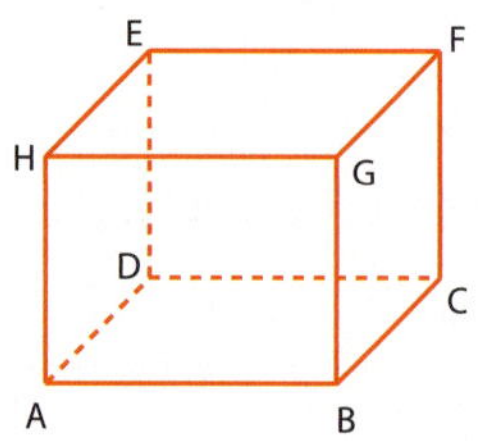

Para refletir

Como foi feito o cálculo nos itens **b** e **c**?

Exercícios propostos

25. Observando o paralelepípedo da figura seguinte, indique um segmento que determina a distância:

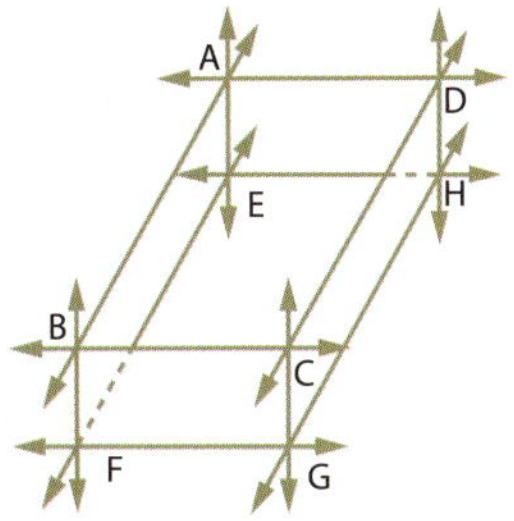

a) entre os pontos **C** e **D**.
b) do ponto **A** à reta $\overleftrightarrow{EF}$.
c) do ponto **D** ao plano EFGH.
d) das retas paralelas $\overleftrightarrow{BG}$ e $\overleftrightarrow{AH}$.
e) do ponto **D** ao plano BCGF.
f) da reta $\overleftrightarrow{AB}$ ao plano DCGH.
g) da reta $\overleftrightarrow{BC}$ ao plano ADHE.
h) da reta $\overleftrightarrow{AF}$ ao plano CDHG.
i) entre os planos ABCD e EFGH.
j) entre os planos ABFE e CDHG.
k) entre as retas $\overleftrightarrow{AB}$ e $\overleftrightarrow{FG}$.
l) entre as retas $\overleftrightarrow{GH}$ e $\overleftrightarrow{AD}$.

26. Observando a figura ao lado, indique um segmento que determina a distância:

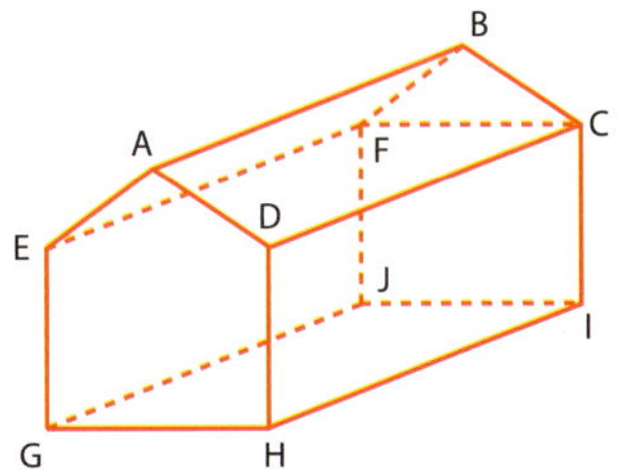

a) da parede da frente à parede dos fundos da casa.
b) entre as paredes laterais.
c) da cumeeira ao piso (ponto **A** ao plano GHIJ).

27. Considere um paralelepípedo com as medidas indicadas na figura abaixo.

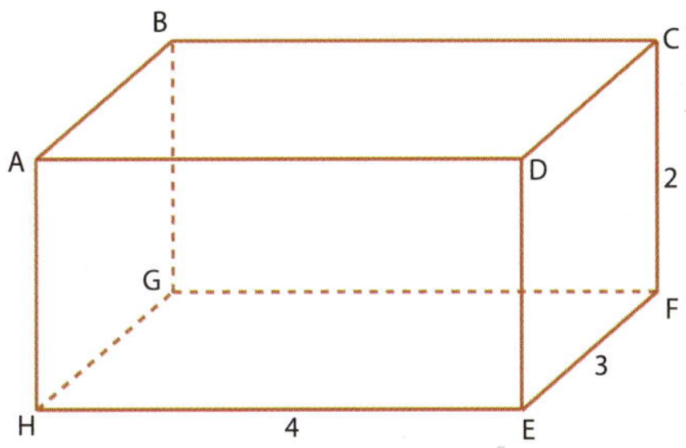

Determine as distâncias:
a) entre os pontos **A** e **B**.
b) entre os pontos **H** e **F**.
c) entre os pontos **C** e **E**.
d) entre os pontos **D** e **H**.
e) do ponto médio de $\overline{AB}$ à reta $\overleftrightarrow{CD}$.
f) do ponto médio de $\overline{BC}$ à reta $\overleftrightarrow{HE}$.
g) do ponto **F** ao plano p(A, B, G).
h) entre as retas $\overleftrightarrow{HE}$ e $\overleftrightarrow{AD}$.
i) entre as retas $\overleftrightarrow{CE}$ e $\overleftrightarrow{BH}$.
j) da reta $\overleftrightarrow{BD}$ ao plano p(E, F, H).
k) entre os planos p(A, D, E) e q(B, G, F).
l) entre as retas $\overleftrightarrow{GH}$ e $\overleftrightarrow{BD}$.
m) entre os pontos **B** e **E**.

Portal Pedagógico

Acesse o *Portal Pedagógico* (veja instruções na seção "Conheça seu livro", página 5) e amplie o estudo deste capítulo. Selecione o capítulo 10 e você encontrará os seguintes materiais:

- *Atividades adicionais* (Atividades para imprimir);
- *O método dedutivo: algumas demonstrações* (Texto complementar).

Desafios

1. (Unicamp-SP) É comum encontrarmos mesas com 4 pernas que, mesmo apoiadas em um piso plano, balançam e nos obrigam a colocar um calço em uma das pernas se a quisermos firme. Explique, usando argumentos de geometria, por que isso não acontece com uma mesa de 3 pernas.

2. Quais são as posições relativas das projeções ortogonais, sobre um plano, de duas retas reversas?

3. (UFPE) Sejam π_1 e π_2 planos que se interceptam em uma reta **t** e formam um ângulo de 45°. Em π_1 escolha pontos $\mathbf{P_1}$, $\mathbf{P_2}$, $\mathbf{P_3}$, $\mathbf{P_4}$ e $\mathbf{P_5}$ distando respectivamente 3 cm, 7 cm, 8 cm, 15 cm e 21 cm de **t**. A reta perpendicular a π_1 passando por $\mathbf{P_i}$ intercepta π_2 em um ponto $\mathbf{Q_i}$. Qual o valor, em cm, de $P_1Q_1 + P_2Q_2 + P_3Q_3 + P_4Q_4 + P_5Q_5$?

Para refletir

Pesquise o significado de ângulo entre dois planos concorrentes.

PENSANDO NO ENEM

1. Um arquiteto decidiu colocar, na parede vertical de um quarto, uma janela retangular de vidro de lados $a = 1{,}5$ m e $b = 1{,}0$ m, conforme a figura abaixo, em que o lado **a** é paralelo ao piso plano e horizontal. Sabe-se que a luz solar, às 14h, incide perpendicularmente ao lado **a**, com inclinação de 60° em relação à parede. O arquiteto deseja pôr um tapete que preencha totalmente a imagem da janela projetada no piso nesse horário (14h).

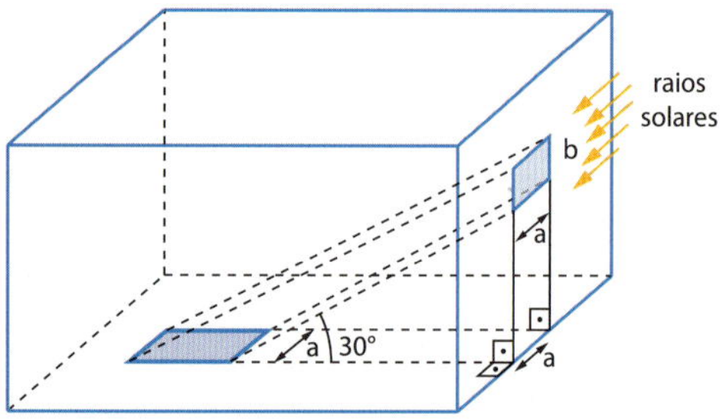

Quanto custará o tapete, sabendo que o metro quadrado custa R$ 100,00? $\left(\text{Considere } \sqrt{3} = 1{,}7.\right)$

a) R$ 200,00
b) R$ 255,00
c) R$ 170,00
d) R$ 150,00
e) R$ 271,00

2. Quando um plano intercepta um cubo, sobre o mesmo podem ser geradas várias figuras planas, por exemplo, um hexágono, como mostra a figura a seguir.
Assinale a alternativa que contém um polígono que não pode ser obtido na intersecção de um plano e um cubo.

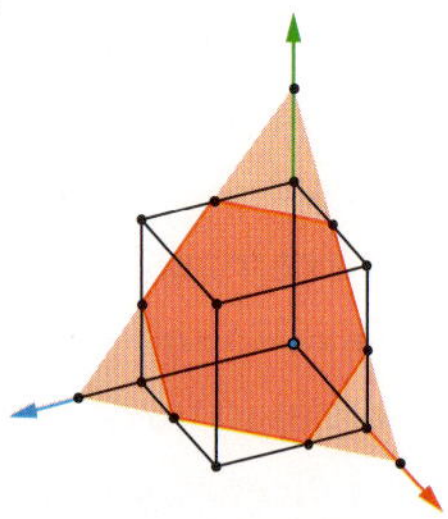

a) Triângulo
b) Quadrado
c) Pentágono
d) Hexágono
e) Heptágono

3. Casas estranhas
O fato de não existir limites para a imaginação humana não é novidade para ninguém, mas surpreende constatar que muitas ideias excêntricas sejam colocadas em prática. Observe alguns exemplos:

Foto 1

SEAN GALLUP/GETTY IMAGES

Casa construída na Alemanha para a exposição "O mundo de cabeça para baixo".

Foto 2

BETO NOVAES/EM/D.A PRESS

Duas casas: uma construída de lado e outra invertida, em Belo Horizonte, MG.

Foto 3

TONI SALAMA/CHICAGO TRIBUNE/MCT/GETTY IMAGES

WonderWorks, Orlando, Estados Unidos.

Entre as afirmações a seguir, assinale a verdadeira:

a) Na foto 1, considere um plano que contenha uma parede qualquer da casa. Se **r** e **s** forem retas perpendiculares a esse plano, então serão concorrentes.

b) Na foto 2, considerando os 8 planos que contêm as paredes das casas, podemos afirmar que pelo menos dois deles são coincidentes.

c) Na foto 2, se o ângulo formado entre os planos que contêm os pisos das casas medir 90°, haverá apenas outro plano distinto desses dois e perpendicular a eles.

d) Na foto 3, se as retas determinadas pelas intersecções dos planos das quatro paredes, duas a duas, forem paralelas entre si, então serão retas distintas.

e) Considerando dois planos não paralelos que contenham paredes da casa da foto 3, podemos dizer que qualquer reta paralela a esses planos será ortogonal à intersecção desses planos.

A MATEMÁTICA E AS PRÁTICAS SOCIAIS

Determinando medidas no espaço

A maioria dos trabalhos de engenharia civil, arquitetura e agronomia é desenvolvida em função das características do terreno que vai ser utilizado, a exemplo de construção de viadutos ou pontes, núcleos habitacionais, obras de irrigação, usinas hidrelétricas, etc. Algumas das informações necessárias para o planejamento e a execução dessas obras são obtidas com a ajuda da Topografia, uma área do conhecimento que usa a matemática como ferramenta. O nome dessa ciência tem origem na língua grega, na qual *topos* significa "lugar" e *graphen* significa "desenho ou descrição".

ANTHONY WEST/CORBIS/LATINSTOCK

O teodolito moderno, um instrumento portátil, é um telescópio montado sobre um tripé; tem dois círculos graduados, um vertical e outro horizontal, que servem para medir os ângulos.

Os métodos e instrumentos da topografia permitem realizar representações detalhadas de uma região limitada da superfície da Terra que possa ser considerada plana. Nessa representação são informadas com precisão as medidas do terreno, mesmo que haja lagos, pontes ou montes que impeçam a medição direta, e também a forma do relevo, dados imprescindíveis para a construção de obras e para a agropecuária, por exemplo.

Desse modo, a partir das informações obtidas em topografia, estudam-se e desenvolvem-se projetos. Os topógrafos e outros profissionais utilizam conhecimentos matemáticos e instrumentos de trabalho como os apresentados a seguir.

- Teodolito: instrumento óptico usado para realizar medidas de ângulos verticais e horizontais pertencentes a triângulos de redes de triangulação projetadas sobre o terreno.
- Fio de prumo: instrumento que determina a vertical de um lugar. Foi inventado por astrônomos do Egito antigo, em cerca de 3000 a.C., para se obter o alinhamento das quatro direções — norte, sul, leste e oeste —, importante para a construção das pirâmides. O prumo é basicamente composto por um peso preso a um cordel, o que permite suspendê-lo ou abaixá-lo sobre o lugar (ponto) onde pretende-se obter a vertical. A direção do cordel (o fio de prumo propriamente dito), quando tensionado pelo peso, indica a direção da vertical do lugar. O fio de prumo é usado na construção civil para verificar a verticalidade (aprumo) de pilares, paredes, etc.

DELFIM MARTINS/PULSAR IMAGENS

Pedreiro verificando a verticalidade de corte no solo com o fio de prumo.

RESTYLER/SHUTEERSTOCK/GLOW IMAGES

Nível de bolha de ar com bolha no centro.

- Nível de bolha de ar: instrumento usado para nivelar uma superfície com a horizontal ou, simplesmente, para verificar a horizontalidade de uma superfície plana. O nível de bolha de ar pode ser usado, por exemplo, para verificar a horizontalidade de um piso; se ele estiver nivelado, a bolha de ar fica exatamente no meio do tubo, mas, se houver desnivelamento, ela se desloca para um dos lados do tubo. Esse instrumento tem, encaixado nele, um tubo de vidro com água e espaço para uma bolha de ar. Seu funcionamento tem base no **princípio dos vasos comunicantes**, ou seja, em vários recipientes que se comunicam, a água se comporta como se estivesse em um só recipiente, mantendo em todos eles o mesmo nível na horizontal.

Calculando e compreendendo melhor o texto

1. Um pedreiro, para verificar se uma coluna está construída corretamente na vertical, aproxima um fio de prumo a uma pequena distância da coluna e observa se essa distância se mantém ao longo do fio. As conclusões tiradas pelo pedreiro são intuitivas, ou seja, ele não precisou estudar com rigor a Geo-

metria de posição para chegar a tais resultados. Justifique matematicamente, com o que você estudou neste capítulo, como o pedreiro pode garantir a verticalidade da coluna e associe os elementos da situação-problema com os elementos estudados na teoria.

Texto para as questões 2 a 4.

Taiane, uma pedreira bastante experiente em construção de contrapiso, ao construir um quartinho, fixou três taliscas (pedaços de cerâmica) em posições não colineares de um piso desnivelado.

ILUSTRAÇÕES: DAVID IIZUKA/ ARQUIVO DA EDITORA

2. Com intenção de colocar as superfícies das taliscas sobre uma mesma horizontal, o que Taiane deve fazer, se ela dispõe de uma barra de alumínio perfeitamente reta e um nível de bolha? (Justifique o procedimento matematicamente, com base no conteúdo abordado neste capítulo.)

3. Depois de seca a massa que fixava as taliscas, Taiane preencheu a região com argamassa, para depois retirar o excesso com uma barra de alumínio, passando a argamassa por duas taliscas de cada vez, deixando a superfície perfeitamente lisa. Desse modo, as taliscas ficaram como partes da superfície. Com esse procedimento, a pedreira pode garantir que o piso passou a ser plano e horizontal? (Justifique o procedimento matematicamente, com base no conteúdo abordado neste capítulo.)

4. Depois da construção do contrapiso, Taiane terminou a construção do primeiro quarto, que tinha o formato de um cubo.
Classifique como verdadeiro ou falso:
   a) O plano que continha a parede era perpendicular ao plano que continha o chão.
   b) O plano que contém uma das paredes é sempre perpendicular ao plano que contém outra parede.
   c) O plano que contém uma das paredes é sempre paralelo ao plano que contém outra parede.
   d) O plano que contém o chão e o plano que contém o teto são paralelos.
   e) É possível encontrar um plano contendo um dos elementos da construção (chão, parede e teto) perpendicular a outros 2 planos que contenham também elementos dessa construção.

Ampliando o conteúdo matemático

5. Renata, uma aluna do 2º ano do ensino médio, mora em uma casa com forma de cubo. A garota, fugindo um pouco do rigor da matemática, considerou que o espaço entre as cerâmicas no chão da casa formava retas e que paredes, chão e teto formavam planos. Então, relacionou essas observações com o conteúdo de Geometria de posição e propôs a si mesma alguns desafios. Verifique se as proposições de Renata são verdadeiras ou falsas.
   a) Uma reta contida no chão é perpendicular a qualquer parede da casa.
   b) Duas paredes da casa serão sempre perpendiculares.
   c) O chão e qualquer parede serão perpendiculares.
   d) Uma reta contida no chão será paralela ao teto.
   e) Se uma reta **r** é paralela ao chão, então existem nesse chão retas paralelas a **r** e retas perpendiculares a **r**.

Pesquisando e discutindo

6. Pesquise e discuta com seus colegas: você se lembra de algum prédio em que os planos do teto e do chão não são paralelos? E de prédios em que as paredes não formam planos paralelos? O que você acha da estética e da segurança dessas construções?

Veja mais sobre o assunto

Procure mais informações sobre esse assunto em jornais, revistas e nos *sites*:

- <www.ufrgs.br/museudetopografia/museu/museu/his_topo.html>;
- <guiadoestudante.abril.com.br/profissoes/engenharia-producao/engenharia-civil-602943.shtml>;
- <pt.encydia.com/es/Teodolito>.

QUESTÕES DE VESTIBULAR

1. (ITA-SP) Qual das afirmações abaixo é verdadeira?

a) Três pontos, distintos dois a dois, determinam um plano.
b) Um ponto e uma reta determinam um plano.
c) Se dois planos distintos têm um ponto em comum, tal ponto é único.
d) Se uma reta é paralela a um plano e não está contida neste plano, então ela é paralela a qualquer reta desse plano.
e) Se α é o plano determinado por duas retas concorrentes **r** e **s**, então toda reta **m** desse plano, que é paralela à **r**, não será paralela à reta **s**.

2. (Ufam) Considere as seguintes proposições:

I) Se dois planos α e β são paralelos a uma reta **r**, então α é paralelo a β.
II) Se as projeções ortogonais de duas retas, sobre um plano, são paralelas, então as retas são paralelas.
III) Se dois pontos distintos de uma reta pertencem a um plano, então a reta está contida neste plano.
IV) Se duas retas **r** e **s** são concorrentes, então elas possuem um único ponto em comum.

Podemos afirmar:

a) Somente as proposições I e II são falsas.
b) Somente as proposições II e III são falsas.
c) Somente as proposições I e IV são verdadeiras.
d) Todas as proposições são falsas.
e) Todas as proposições são verdadeiras.

3. (UFMT) Sobre a geometria espacial de posição, assinale a afirmativa correta.

a) Se dois planos são paralelos a uma reta, então eles são paralelos entre si.
b) Quatro pontos no espaço determinam quatro planos.
c) Três planos distintos podem se cortar, dois a dois, segundo três retas duas a duas paralelas.
d) A interseção de dois planos secantes pode ser um único ponto.
e) Duas retas reversas determinam um plano.

4. (UFC-CE) Coloque **V** nas afirmações verdadeiras e **F** nas afirmações falsas.

( ) Dado um ponto **M** num plano, existe uma única reta passando por **M** e contida no plano.
( ) Dados dois pontos distintos **P** e **Q** no espaço, existe um plano que os contém.
( ) Existe um único plano que contém três pontos não colineares.
( ) Três pontos quaisquer num plano determinam sempre três retas contidas neste plano.

A sequência correta de letras, de cima para baixo, é:

a) V, V, F, F.
b) V, F, F, V.
c) F, V, V, F.
d) F, F, V, V.

5. (UFBA) Na questão a seguir escreva nos parênteses a soma dos itens corretos.

Sobre pontos, retas e planos, pode-se afirmar:

01) Por três pontos, passa uma única reta.
02) Por três pontos, passa um único plano.
04) Por um ponto fora de um plano, passa uma única reta perpendicular a esse plano.
08) Planos paralelos interceptam duas retas distintas quaisquer, determinando sobre elas segmentos proporcionais.
16) O plano que contém uma perpendicular a outro plano é perpendicular a esse segundo plano.
32) Toda reta paralela a um plano é paralela a qualquer reta desse plano.

Soma ( )

6. (UFMS) A seguir foram feitas afirmações sobre geometria espacial. Assinale a(s) correta(s).

(001) Toda reta paralela a dois planos, não paralelos, é paralela à interseção deles.
(002) Toda reta que contém dois pontos de um plano pertence a esse plano.
(004) A partir de quatro pontos não coplanares, são definidos exatamente quatro planos distintos.
(008) Três retas concorrentes num único ponto definem um único plano.
(016) Toda reta perpendicular a duas retas não paralelas pertence ao plano definido por essas duas retas não paralelas.

7. (UEG-GO) Observe e classifique as afirmações abaixo como sendo verdadeiras ou falsas:

I) Se um plano intercepta dois outros planos paralelos, então as intersecções são retas paralelas.
II) Se dois planos são paralelos, qualquer reta de um deles é paralela a qualquer reta do outro.
III) Se uma reta é paralela a dois planos, então esses planos são paralelos.
IV) Se dois planos são paralelos, uma reta de um deles pode ser reversa a uma reta do outro.

Marque a alternativa correta:

a) Apenas as afirmações I e II são verdadeiras.
b) Apenas as afirmações I e III são verdadeiras.
c) Apenas as afirmações I e IV são verdadeiras.
d) Apenas as afirmações II e IV são verdadeiras.
e) Apenas as afirmações III e IV são verdadeiras.

8. (UFRN) A cada equação do tipo $ax + by = c$, com **a**, **b** e **c** reais, sendo **a** ou **b** não nulos, corresponde uma única reta no plano xy.

Se o sistema $\begin{cases} a_1x + b_1y = c_1 \\ a_2x + b_2y = c_2 \end{cases}$, com $\mathbf{a_i}$, $\mathbf{b_i}$, e $\mathbf{c_i}$, nas condições acima, tiver uma única solução, as respectivas retas:

a) se interceptarão em um só ponto.

b) se interceptarão em dois pontos.

c) não se interceptarão.

d) serão coincidentes.

9. (Ufam) A equação linear ax + by + cz + d = 0 com a, b, c, d ∈ IR e $a^2 + b^2 + c^2 \neq 0$ é representada geometricamente por um plano. Considere o sistema de 3 equações e 3 incógnitas:

$$\begin{cases} a_1x + b_1y + c_1z + d_1 = 0 \\ a_2x + b_2y + c_2z + d_2 = 0 \\ a_3x + b_3y + c_3z + d_3 = 0 \end{cases}$$

Sabendo que o sistema possui uma única solução, a representação geométrica do sistema é dada por:

a)
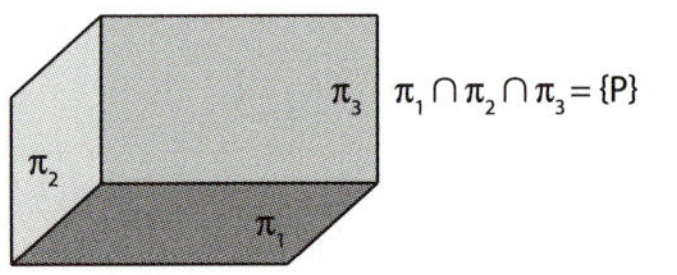

b)
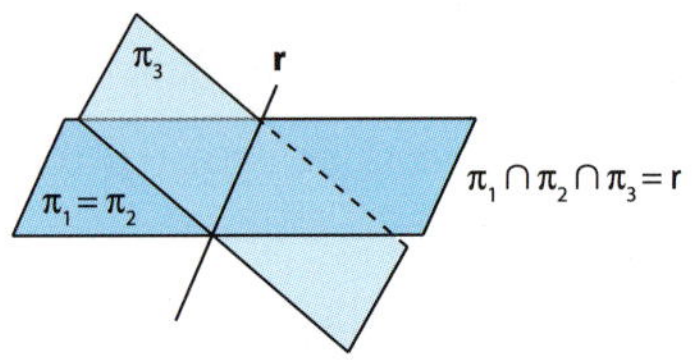

c)
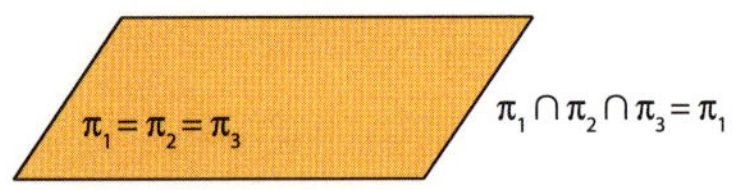

d)
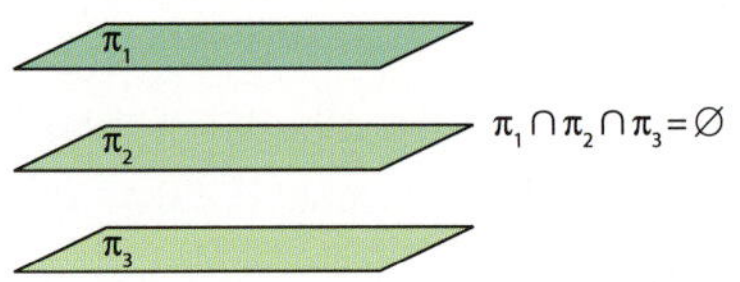

e)
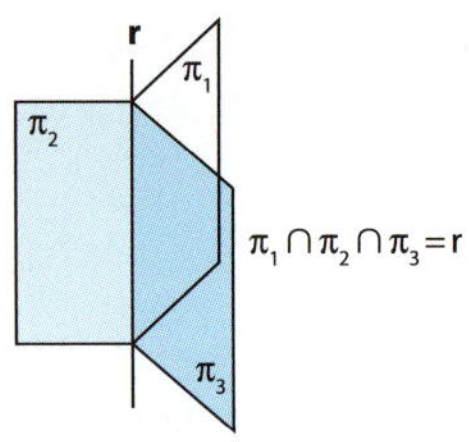

10. (Unifesp) Considere o sólido geométrico exibido na figura a seguir constituído de um paralelepípedo encimado por uma pirâmide. Seja **r** a reta suporte de uma das arestas do sólido, conforme mostrado.

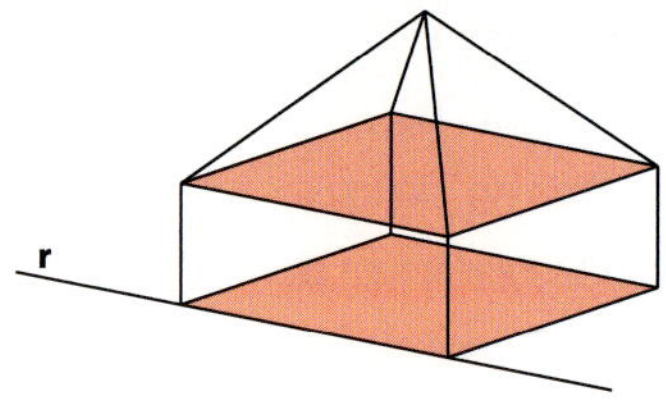

Quantos pares de retas reversas é possível formar com as retas suportes das arestas do sólido, sendo **r** uma das retas do par?

a) 12

b) 10

c) 8

d) 7

e) 6

11. (Faap-SP) O galpão da figura a seguir está no prumo e a cumeeira está "bem no meio" da parede.

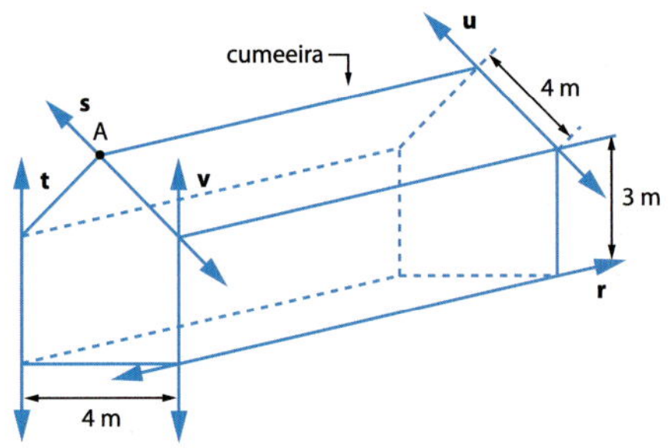

Das retas assinaladas podemos afirmar que:

a) **t** e **u** são reversas.

b) **s** e **u** são reversas.

c) **t** e **u** são concorrentes.

d) **s** e **r** são concorrentes.

e) **t** e **u** são perpendiculares.

12. (Fatec-SP) Na figura a seguir tem-se: o plano α definido pelas retas **c** e **d**, perpendiculares entre si; a reta **b**, perpendicular a α em **A**, com A ∈ c; o ponto **B**, intersecção de **c** e **d**. Se **X** é um ponto de **b**, X ∉ α, então a reta **s**, definida por **X** e **B**:

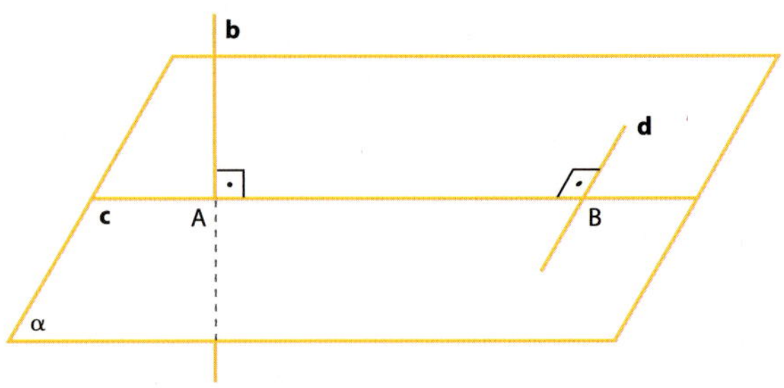

a) é paralela à reta **c**.

b) é paralela à reta **b**.

c) está contida no plano α.

d) é perpendicular à reta **d**.

e) é perpendicular à reta **b**.

13. (UFPB) A figura abaixo representa uma escultura que se encontra em uma praça de certa cidade:

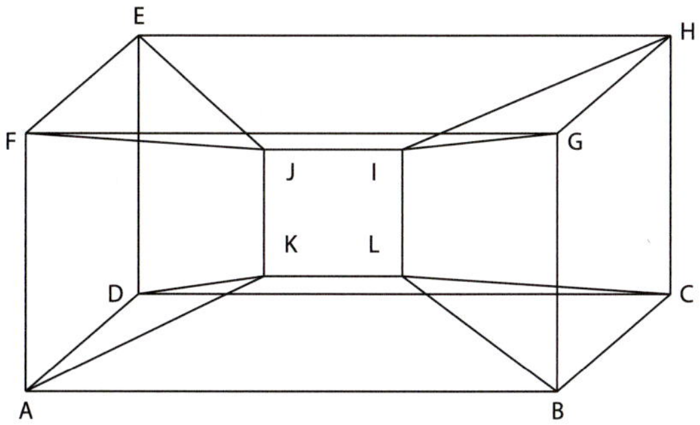

Essa escultura foi feita com tubos de ferro, soldados uns aos outros de forma que:

- os pontos **A**, **B**, **C**, **D**, **E**, **F**, **G** e **H** são os vértices de um paralelepípedo reto retangular;
- os pontos **I**, **J**, **K** e **L** são os vértices de um quadrado.
- os quatro triângulos, ADK, EFJ, GHI e BCL, são isósceles e congruentes dois a dois.
- os oito trapézios, AFJK, DEJK, CDKL, EHIJ, CHIL, BGIL, ABLK e FGIJ, são congruentes dois a dois.

Com base nessas informações, identifique as afirmativas corretas:

I) os lados EJ e HI são coplanares.

II) os lados BG e DE são congruentes.

III) os lados AD e EF são paralelos.

IV) os pontos **A**, **B**, **E** e **G** são coplanares.

V) os trapézios AFJK e EJKD têm um lado em comum.

14. (Fatec-SP) O ponto **A** pertence à reta **r**, contida no plano α. A reta **s**, perpendicular a α, o intercepta no ponto **B**. O ponto **C** pertence a **s** e dista $2\sqrt{5}$ cm de **B**. Se a projeção ortogonal de $\overline{AB}$ em **r** mede 5 cm e o ponto **B** dista 6 cm de **r**, então a distância de **A** a **C**, em centímetros, é igual a:

a) $9\sqrt{5}$.

b) 9.

c) 7.

d) 4.

e) $3\sqrt{5}$.

15. (UEL-PR) As retas **r** e **s** foram obtidas prolongando-se duas arestas de um cubo, como está representado na figura a seguir:

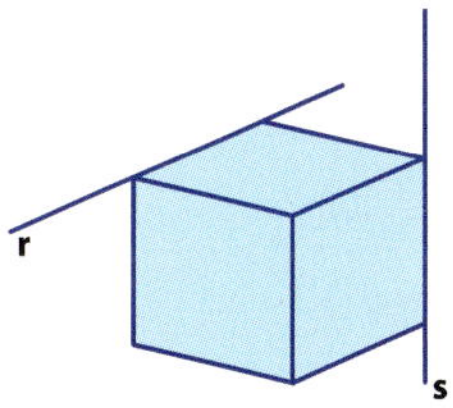

Sobre a situação dada, assinale a afirmação incorreta.

a) **r** e **s** são retas paralelas.

b) **r** e **s** são retas reversas.

c) **r** e **s** são retas ortogonais.

d) Não existe plano contendo **r** e **s**.

e) $r \cap s = \varnothing$

16. (Mack-SP) **r**, **s** e **t** são retas distintas tais que **s** é perpendicular a **r** e **t** é perpendicular a **r**. Relativamente às retas **s** e **t**, podemos afirmar que:

a) elas podem ser unicamente paralelas ou concorrentes.

b) elas podem ser unicamente paralelas ou reversas.

c) elas podem ser unicamente concorrentes ou reversas.

d) elas podem ser paralelas, concorrentes ou reversas.

e) elas podem ser unicamente reversas.

17. (UFC-CE) Coloque **V** nas afirmações verdadeiras e **F** nas afirmações falsas.

( ) O lugar geométrico dos pontos de um plano, situado a uma distância **d** de um ponto **P**, é uma reta.

( ) A intersecção de dois planos não paralelos é uma reta.

( ) Para que uma reta seja paralela a um plano, é necessário e suficiente que seja paralela a toda reta do plano.

( ) Um plano fica bem determinado por uma reta e um ponto.

A sequência correta de letras, de cima para baixo, é:

a) V, F, V, V.

b) F, F, V, F.

c) V, V, F, V.

d) F, V, F, F.

Leitura

A Geometria euclidiana

Há evidentes indícios de que os babilônios, desde 2 000 a.C., desenvolveram um considerável conhecimento geométrico.

No Egito, agrimensores usavam a Geometria para medir terrenos e construtores recorriam a ela para suas edificações. A existência das grandes pirâmides prova que os egípcios conheciam a Geometria e sabiam usá-la bem. Tão famosa era a Geometria egípcia que matemáticos gregos como Tales de Mileto e Pitágoras viajavam de sua terra natal ao Egito para ver o que havia de novo em matéria desse conhecimento.

Por volta de 600 a.C., filósofos e matemáticos gregos, entre os quais Tales e Pitágoras, passaram a sistematizar os conhecimentos geométricos da época. Há até mesmo quem afirme que a Geometria antes dos gregos era puramente experimental e que eles introduziram o raciocínio dedutivo.

Foi porém com Euclides (matemático grego) que a Geometria foi sistematizada, e a cidade egípcia de Alexandria tornou-se o grande centro mundial da Geometria (século III a.C.).

Euclides teria reunido em treze volumes, a que chamou *Elementos*, grande parte do conhecimento sobre a Geometria de seu tempo. Sistematizando a grande massa de conhecimentos que os egípcios haviam adquirido desordenadamente ao longo do tempo, o matemático grego teria dado ordem lógica e trabalhado a fundo as propriedades das figuras geométricas, as áreas e os volumes.

Para Euclides, a Geometria seria uma ciência dedutiva que operava a partir de certas hipóteses básicas — chamadas atualmente de axiomas ou postulados. O "postulado das paralelas" de Euclides, por exemplo, era uma hipótese aceita sem discussão.

No século XIX os matemáticos começaram a discutir os axiomas e verificaram um fato surpreendente: bastava pôr de lado o "postulado das paralelas" — viga mestra da Geometria euclidiana — para tornar possível o desenvolvimento de novos sistemas geométricos.

O matemático russo Lobatchevsky foi o primeiro a criar sua própria teoria; outro mestre da Geometria, o alemão Riemann, seguiu o exemplo e criou um sistema diferente.

Essas novas concepções, que se tornaram conhecidas pelo nome de "geometrias não euclidianas", permitiram às ciências exatas do século XX uma série de avanços, entre os quais destaca-se a Teoria da Relatividade de Einstein.

Nota histórica

Euclides (c. 300 a.C.) teria sido um dos mais jovens alunos de Platão. Seus primeiros estudos em Matemática teriam ocorrido em Atenas, através de discípulos de Platão, pois a maioria dos geômetras e matemáticos com quem ele conviveu pertencia a essa escola. Em Alexandria, no tempo de Ptolomeu I (366 a.C.-283 a.C.), Euclides poderia desenvolver seus trabalhos sobre Geometria.

O grande trabalho atribuído a Euclides, *Elementos*, tornou-se um clássico logo após a publicação. Desde o tempo de Arquimedes são feitas referências a essa obra, que é considerada um texto básico no campo da Geometria. Considera-se que Euclides teria superado todos os seus predecessores: é atribuída a ele a súmula de todos os teoremas de Eudoxo, o aperfeiçoamento dos teoremas de Teeteto e demonstrações sólidas para temas que haviam sido demonstrados com pouco rigor por seus predecessores. Conta a História que, quando Ptolomeu I perguntou a Euclides se não havia um caminho mais curto para a Geometria do que os *Elementos*, teria recebido esta resposta: "Não há uma estrada real para a Geometria".

Outros trabalhos atribuídos a Euclides são: *Datas*, usado na solução de problemas de análise geométrica; *Sobre as divisões* (de figuras geométricas); *Óptica e fenômenos*, um tratado sobre a Geometria na esfera para uso em Astronomia.

J. W. COOK/THE BRIDGEMAN ART LIBRARY/GRUPO KEYSTONE

Euclides de Alexandria (c. 330 a.C.–260 a.C.), professor e estudioso da Biblioteca de Alexandria, o mais importante autor de matemática da Antiguidade.

Capítulo 11 Poliedros: prismas e pirâmides

UM POUCO DE HISTÓRIA

As formas poliédricas já eram estudadas na Antiguidade, especialmente pelos gregos. Os poliedros regulares tetraedro, cubo e dodecaedro eram cultuados desde Pitágoras (570 a.C.-500 a.C.), mas ficaram conhecidos como sólidos platônicos, pois a eles Platão (427 a.C.-347 a.C.) juntou o octaedro e o icosaedro e associou a cada um deles um elemento da natureza.

(Leia mais sobre o assunto em Leitura, *na página 297.)*

DESAFIO

Observe ao lado a representação de uma unidade estrutural do sal de cozinha (NaCℓ).

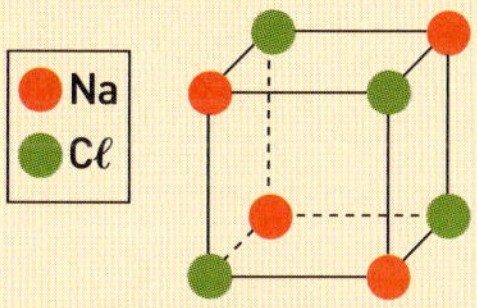

Quantos átomos de cloro e de sódio haverá em um trecho da estrutura cristalina de NaCℓ com 8 dessas unidades? Pesquise como essas unidades estruturais se ligam quimicamente para formar uma estrutura cristalina.

As estruturas cristalinas, resultantes de ligações atômicas, podem ser entendidas mais facilmente se os cristais forem observados na forma de poliedros. Por exemplo, a unidade estrutural básica do sal de cozinha (NaCℓ) é o cubo. Assim, a Matemática disponibiliza modelos, como os poliedros, para o estudo da natureza.

A MATEMÁTICA NA PRÁTICA

Na Computação Gráfica, POLIEDROS são usados como uma malha de controle para a representação de superfícies e para o desenvolvimento de objetos tridimensionais. Os poliedros regulares apresentam simetrias que permitem diversas organizações no espaço tridimensional.

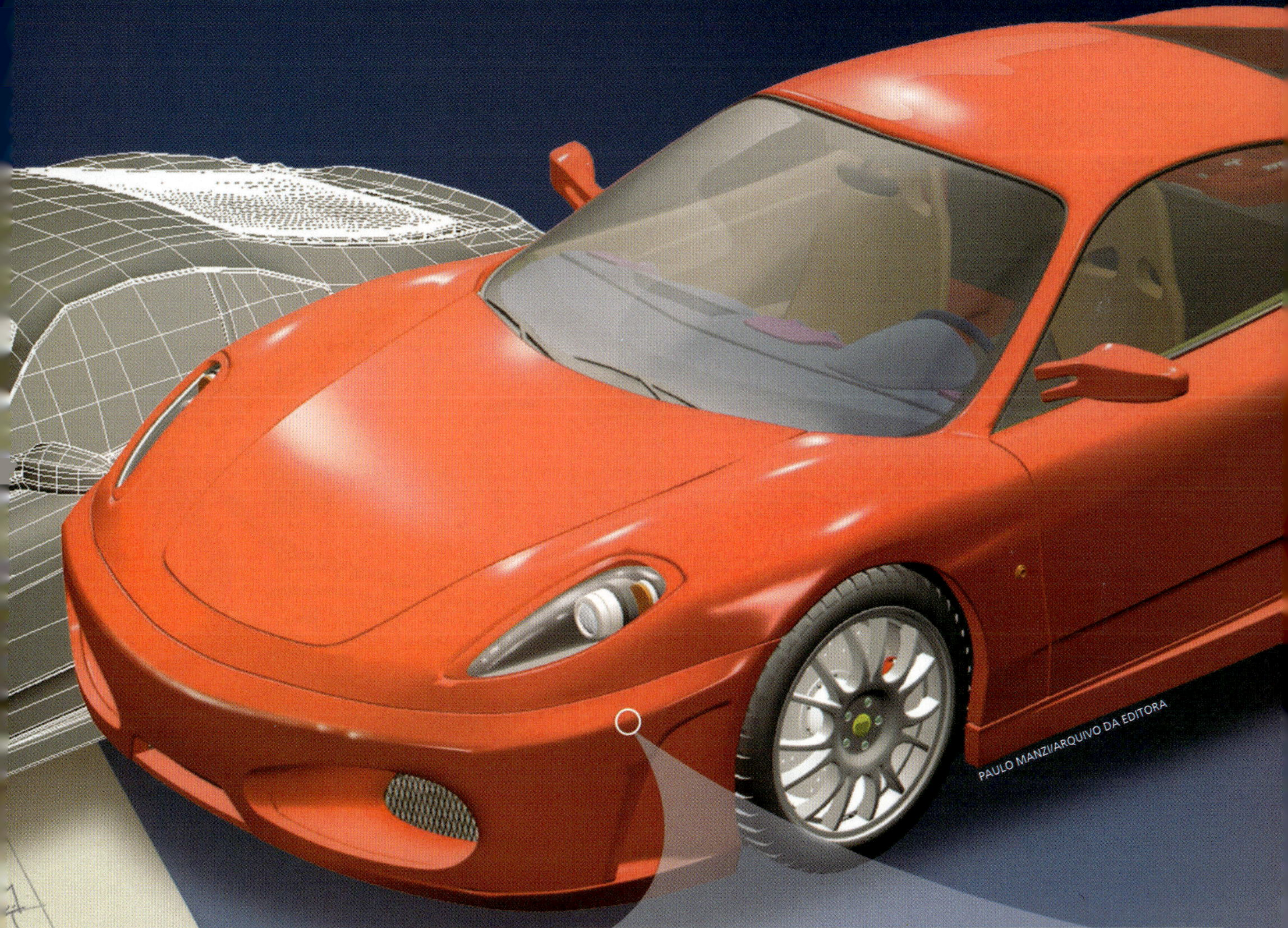

PAULO MANZI/ARQUIVO DA EDITORA

O agrupamento de poliedros possibilita compor estruturas em três dimensões que podem se movimentar no espaço. Assim, esse recurso gráfico auxilia na visualização dos objetos por diferentes pontos de vista, propiciando vê-los movimentando-se no espaço em três dimensões.

Observe que o aumento do número de faces melhora a resolução da imagem.

1 Introdução

Duas caixas ocas de madeira serão construídas com as formas e medidas indicadas nas figuras.

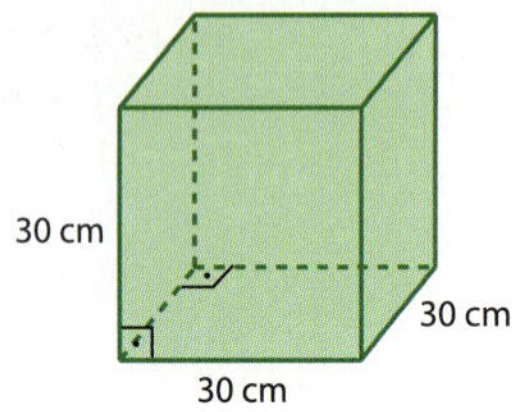

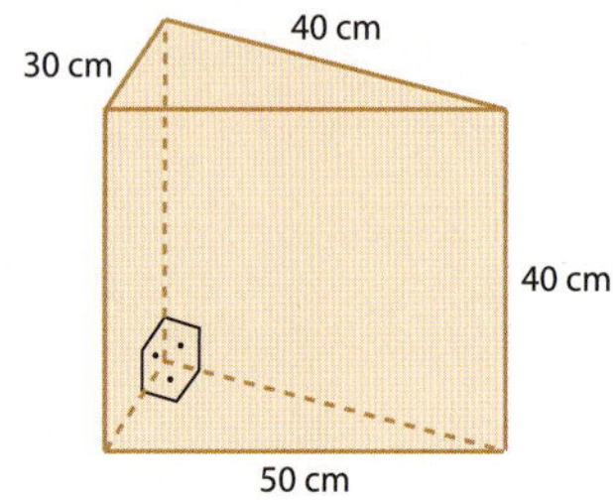

Deseja-se saber:

- Em qual delas será usada maior quantidade de madeira?
- Qual delas terá espaço interno maior?

A resolução desse e de outros problemas é possível com o estudo de assuntos que veremos neste capítulo, como a noção de poliedro, o cálculo da área total e do volume de um prisma e de uma pirâmide, etc.

2 A noção de poliedro

As figuras espaciais abaixo são exemplos de poliedros.

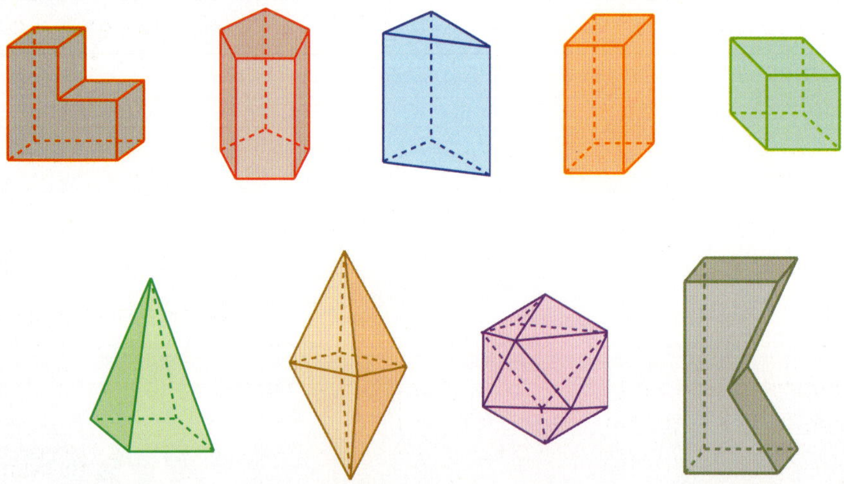

Cada poliedro é formado pela reunião de um número finito **n** ($n \geqslant 4$) de regiões poligonais planas, chamadas *faces*, e a região do espaço limitada por elas. Cada lado de uma dessas regiões poligonais é também lado de uma outra única região poligonal. A intersecção de duas faces quaisquer ou é um lado comum, ou é um vértice, ou é vazia.

Cada lado de uma região poligonal, comum a exatamente duas faces, é chamado *aresta* do poliedro. E cada vértice de uma face é um *vértice* do poliedro.

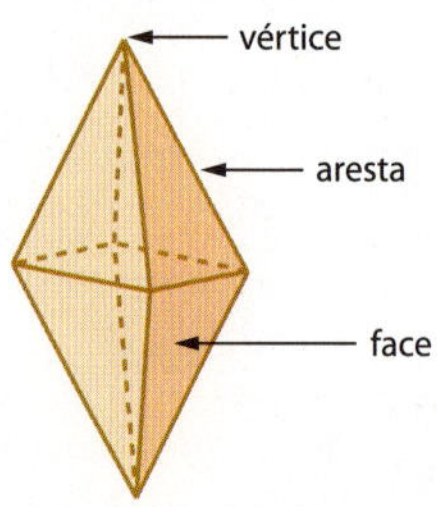

Fique atento

Cada vértice do poliedro é um ponto comum a três ou mais arestas.

Exercício proposto

1. Analise o poliedro da figura ao lado e responda:

a) Qual é o número de faces, de arestas e de vértices?

b) Qual é a forma de cada face?

c) O vértice **C** é comum a quantas arestas?

d) O vértice **A** é comum a quantas arestas?

e) Qual é a posição relativa das retas determinadas pelas arestas $\overline{AE}$ e $\overline{BC}$?

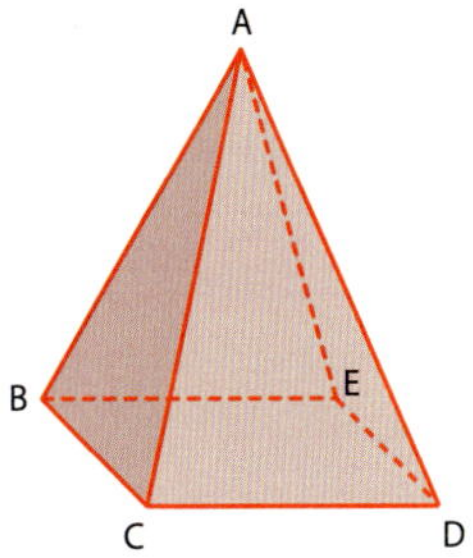

Para refletir

Qual é o número mínimo de faces que um poliedro pode ter?

3 Poliedro convexo e poliedro não convexo

Vamos recordar o que é uma região convexa do plano.

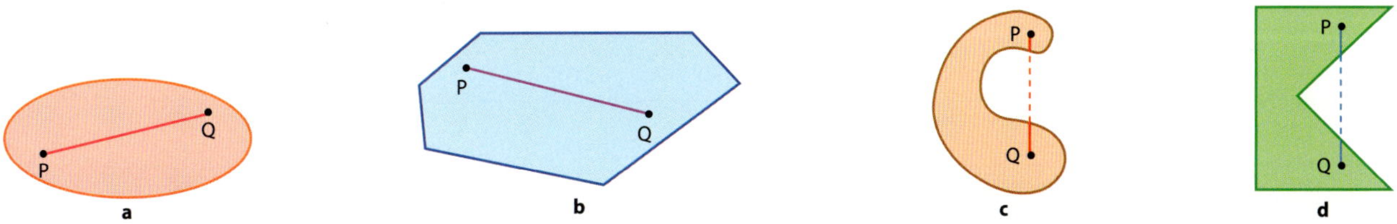

Uma região do plano é *convexa* quando o segmento de reta que liga dois pontos quaisquer dessa região está inteiramente contido nela. Nas figuras acima, **a** e **b** são regiões convexas e **c** e **d** são regiões *não convexas* do plano. De modo equivalente podemos dizer também que uma região plana é convexa se qualquer reta **r** desse plano intersecta seu contorno em, no máximo, dois pontos:

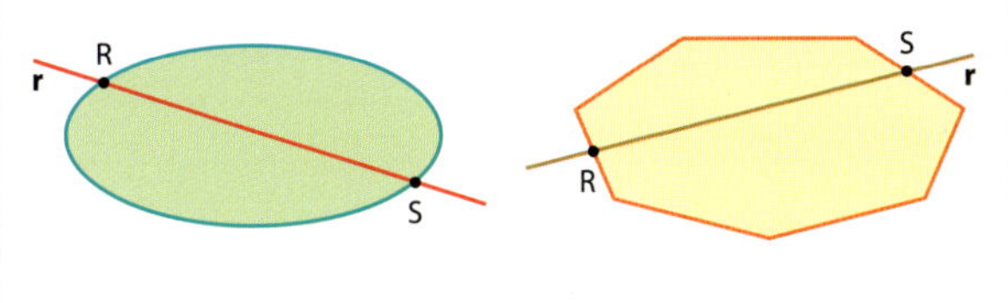

regiões planas convexas

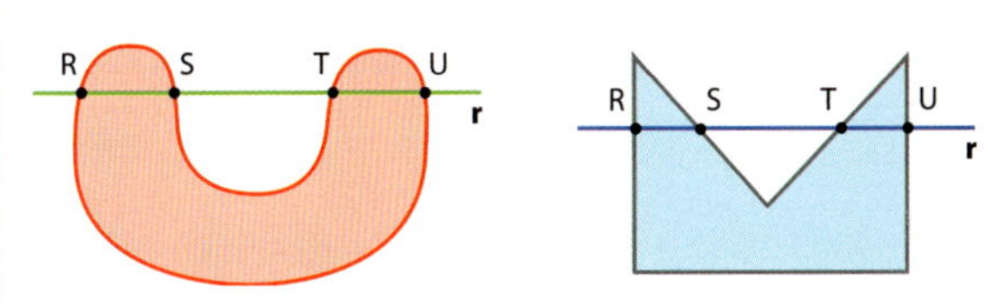

regiões planas não convexas

Considere um número finito **n** (n ⩾ 4) de polígonos convexos, tal que:

- dois desses polígonos não estejam no mesmo plano;
- cada lado de qualquer um desses polígonos seja comum a dois e somente dois polígonos;
- o plano de cada polígono deixe os demais polígonos em um mesmo semiespaço.

Desse modo, ficam determinados **n** semiespaços, cada um com sua origem no plano de um dos polígonos e contendo os demais polígonos. Chamamos de poliedro convexo a intersecção desses semiespaços.

Você sabia

Todo plano α divide o espaço em dois conjuntos **A** e **A'**, os conjuntos $\alpha \cup A$ e $\alpha \cup A'$ são semiespaços e α é a origem desses dois semiespaços.

O poliedro a seguir é um exemplo de poliedro convexo; procure visualizar nele as condições impostas acima.

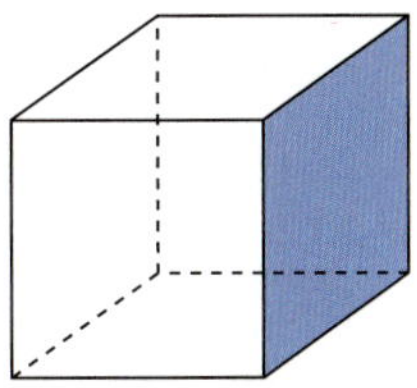

Podemos ainda dizer que um poliedro é convexo quando o segmento que liga dois de seus pontos está sempre contido nele.

De modo equivalente, podemos dizer que um poliedro é convexo se qualquer reta não paralela a nenhuma das faces intersecta suas faces em, no máximo, dois pontos:

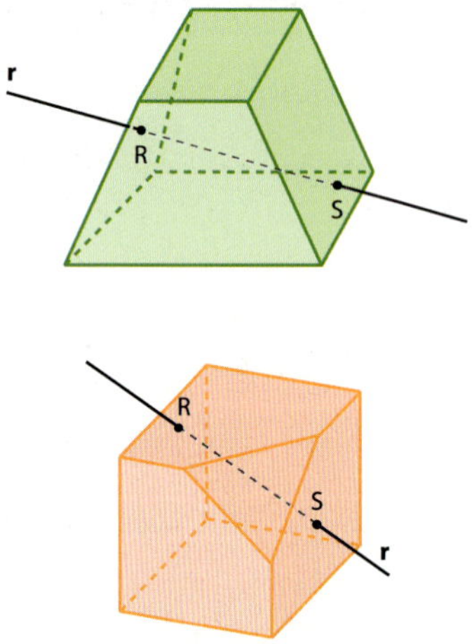

Poliedros convexos

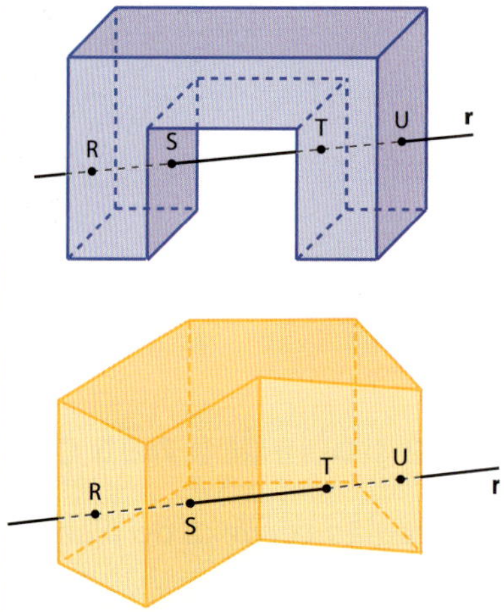

Poliedros não convexos

> **Para refletir**
>
> Pode-se dizer também que um poliedro é convexo quando se situa do mesmo lado de qualquer plano que contenha uma de suas faces. Constate isso nos poliedros ao lado.

Exercício proposto

2. Classifique cada um dos poliedros em **convexo** ou **não convexo**.

a) 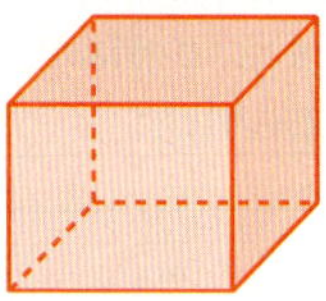

b) 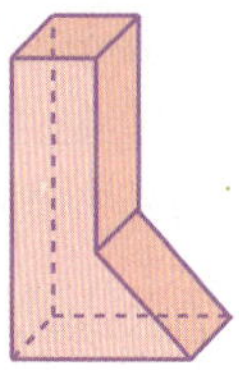

c) 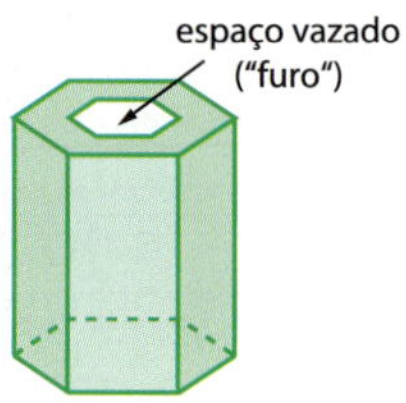

d) 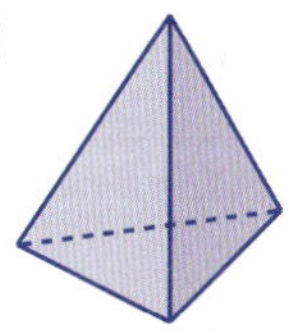

Observação: O estudo que será feito a partir daqui vai considerar apenas os poliedros convexos. Por isso, sempre que aparecer a palavra *poliedro*, deve-se subentender que ele é convexo.

4 A relação de Euler

O matemático suíço Leonhard Euler (1707-1783) descobriu uma importante relação entre o número de vértices (**V**), o número de arestas (**A**) e o número de faces (**F**) de um poliedro convexo.

Observe estes exemplos:

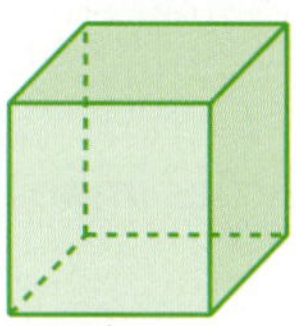
cubo

F = 6
V = 8
A = 12

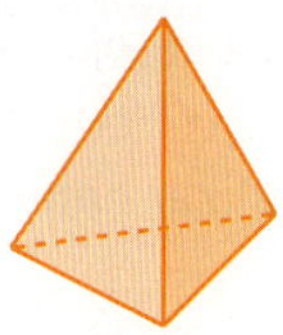
tetraedro

F = 4
V = 4
A = 6

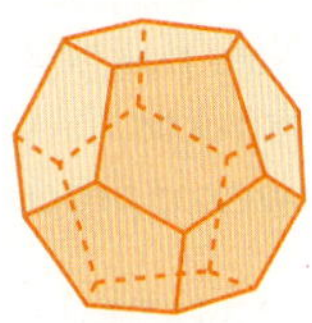
dodecaedro

F = 12
V = 20
A = 30

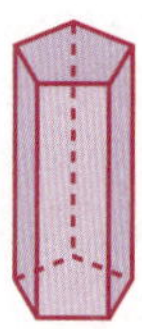
prisma de base pentagonal

F = 7
V = 10
A = 15

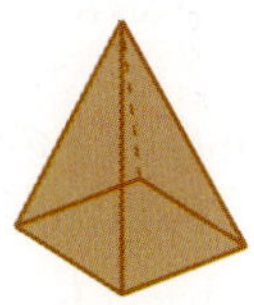
pirâmide de base quadrangular

F = 5
V = 5
A = 10

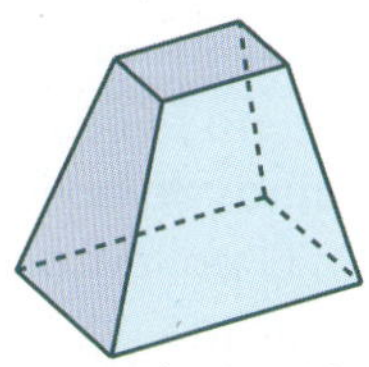
tronco de pirâmide de base retangular

F = 6
V = 8
A = 12

Veja que, para cada um dos poliedros, o número de arestas é exatamente 2 unidades menos que a soma do número de faces com o número de vértices.

Essa relação pode ser escrita assim:

$$V - A + F = 2 \quad \text{(relação de Euler)}$$

O valor 2 dessa expressão é uma característica de todos os poliedros convexos. Note a relação de Euler em mais um poliedro convexo:

> **Para refletir**
>
> No cubo, temos: $8 - 12 + 6 = 2$.
> Escreva a relação de Euler para as outras figuras.

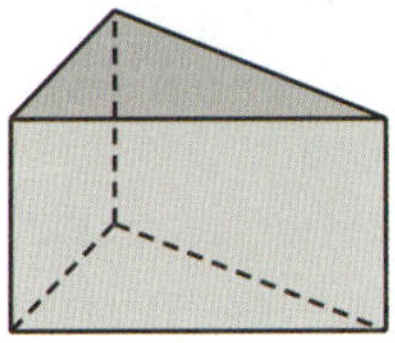

V = 6
F = 5
A = 9

$$\begin{matrix} V & - & A & + & F & = 2 \\ \downarrow & & \downarrow & & \downarrow & \\ 6 & - & 9 & + & 5 & = 2 \end{matrix}$$

Observações:

1ª) Em alguns (não em todos) poliedros não convexos vale também a relação de Euler. Examine um exemplo dessa afirmação no poliedro não convexo abaixo:

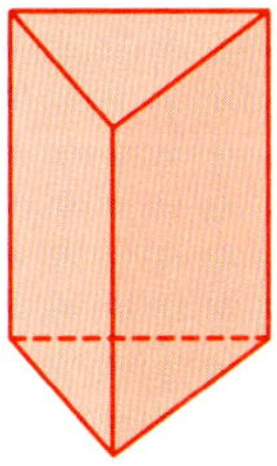

V = 7
F = 7
A = 12

$$\begin{matrix} V & - & A & + & F & = 2 \\ \downarrow & & \downarrow & & \downarrow & \\ 7 & - & 12 & + & 7 & = 2 \end{matrix}$$

2ª) A expressão $V - A + F$ pode assumir valores diferentes de 2 quando o poliedro não é convexo. Examine o poliedro abaixo, que é um exemplo dessa situação:

$$\begin{matrix} V & - & A & + & F & \neq 2 \\ \downarrow & & \downarrow & & \downarrow & \\ 16 & - & 32 & + & 16 & = 0 \end{matrix}$$

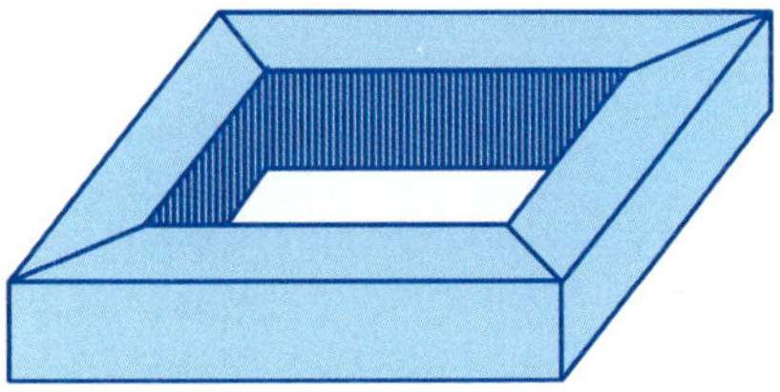

poliedro não convexo

> **Fique atento**
>
> Todo poliedro convexo satisfaz a relação de Euler, mas nem todo poliedro que satisfaz a relação de Euler é convexo.

3ª) Dados três números **V**, **A** e **F** tal que $V - A + F = 2$, nem sempre existe um poliedro que tenha **V** vértices, **A** arestas e **F** faces. Por exemplo, $V = 1$, $A = 3$ e $F = 4$.

Exercícios resolvidos

1. Determine o número de arestas e o número de vértices de um poliedro convexo com 6 faces quadrangulares e 4 faces triangulares.

Resolução:

Como o poliedro tem 6 faces quadrangulares, temos:

$6 \cdot 4 = 24$ arestas

O poliedro tem 4 faces triangulares:

$4 \cdot 3 = 12$ arestas

Como cada aresta foi contada duas vezes, o número total de arestas é:

$$A = \frac{24 + 12}{2} = 18$$

Temos então $F = 10$, $A = 18$.

Aplicando a relação de Euler:

$V - A + F = 2 \Rightarrow V - 18 + 10 = 2 \Rightarrow V = 10$

Logo, o poliedro tem 18 arestas e 10 vértices.

2. Arquimedes (séc. III a.C.) descobriu um poliedro convexo formado por 12 faces pentagonais e 20 faces hexagonais, todas regulares. Esse poliedro inspirou a fabricação da bola de futebol usada na Copa do Mundo de 1970. Quantos vértices possui esse poliedro?

Resolução:

Como o poliedro tem 12 faces pentagonais, então:

$12 \cdot 5 = 60$ arestas

O poliedro tem 20 faces hexagonais, assim:

$20 \cdot 6 = 120$ arestas

Logo:

$F = 12 + 20 = 32$

Cada aresta foi contada duas vezes, portanto, temos:

$2A = 60 + 120 \Rightarrow 2A = 180 \Rightarrow A = 90$

Como o poliedro é convexo, vale a relação de Euler, $V - A + F = 2$:

$V - 90 + 32 = 2 \Rightarrow V = 2 + 90 - 32 \Rightarrow V = 60$

Assim, o número de vértices é 60.

FORMATO COMUNICAÇÃO/ ARQUIVO DA EDITORA

STAFF/AGENCE FRANCE-PRESSE/STF

Jogadores disputam a bola em jogo entre Alemanha e Marrocos na Copa do Mundo de Futebol realizada no México em 1970.

Exercícios propostos

3. Num poliedro convexo, o número de vértices é 5 e o de arestas é 10. Qual é o número de faces?

4. Em um poliedro convexo de 20 arestas, o número de faces é igual ao número de vértices. Quantas faces tem esse poliedro?

5. Um poliedro convexo apresenta uma face hexagonal e seis faces triangulares. Quantos vértices tem esse poliedro?

6. Um poliedro convexo tem 6 faces triangulares e 4 faces hexagonais. Quantas arestas e quantos vértices tem esse poliedro?

7. Qual é o número de faces de um poliedro convexo de 20 vértices tal que em cada vértice concorrem 5 arestas?

8. Determine o número de vértices de um poliedro convexo que tem três faces triangulares, uma face quadrangular, uma face pentagonal e duas faces hexagonais.

9. Em um poliedro convexo, o número de vértices corresponde a $\frac{2}{3}$ do número de arestas e o número de faces é três unidades menor que o de vértices. Quantas são as faces, os vértices e as arestas desse poliedro?

10. Um poliedro convexo de 20 arestas e 10 vértices só possui faces triangulares e quadrangulares. Determine quantas faces triangulares e quantas faces quadrangulares ele possui.

11. Certo poliedro convexo possui apenas faces triangulares, quadrangulares e pentagonais. Determine o número de faces de cada tipo, sabendo que o poliedro tem 7 vértices e que o número de faces triangulares excede o de faces pentagonais em duas unidades.

12. Um poliedro convexo possui 7 vértices; de um deles partem 6 arestas e dos demais partem 3 arestas. Determine o número de faces desse poliedro. Tente desenhar um poliedro que satisfaça tais condições.

Soma dos ângulos das faces de um poliedro convexo

Em todo poliedro convexo, a soma dos ângulos das faces é dada por:

$$S = (V - 2) \cdot 360°$$

em que **V** é o número de vértices do poliedro.

Demonstração:

Seja $n_1, n_2, n_3, ..., n_F$ o número de lados de cada uma das **F** faces do poliedro.

Assim, a soma dos ângulos das faces é:

$$S = (n_1 - 2) \cdot 180° + (n_2 - 2) \cdot 180° + ... + (n_F - 2) \cdot 180° \Rightarrow$$

$$\Rightarrow S = 180°\underbrace{(n_1 + n_2 + \cdots + n_F)}_{2A} - 180°\underbrace{(2 + 2 + 2 + \cdots + 2)}_{F \text{ parcelas}} \Rightarrow$$

$$\Rightarrow S = 180° \cdot 2A - 180° \cdot 2F \Rightarrow S = 360°(A - F)$$

Da relação de Euler, $V - 2 = A - F$, temos $S = (V - 2) \cdot 360°$.

Fique atento

Em um polígono, a soma dos ângulos internos é $S_i = (n - 2) \cdot 180°$, em que **n** é o número de lados do polígono.

Fique atento

$n_1 + n_2 + ... + n_F = 2A$, pois, quando juntamos os polígonos para formar o poliedro, cada dois lados tornam-se uma aresta.

Considere agora o seguinte poliedro:

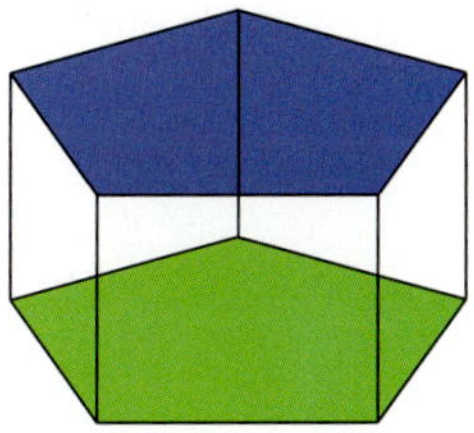

Esse poliedro, chamado prisma pentagonal, possui duas faces pentagonais e cinco faces retangulares. Logo, sem usar a fórmula, temos a soma dos ângulos de todas as faces dada por:

$$S = 2 \cdot \underline{540°} + 5 \cdot \underline{360°} = 2\,880°$$

Soma dos ângulos internos de um pentágono: $(5 - 2) \cdot 180°$

Soma dos ângulos internos de um quadrilátero: $(4 - 2) \cdot 180°$

Como esse poliedro tem 10 vértices, podemos ver rapidamente, com a relação acima demonstrada, que a soma dos ângulos de todas as suas faces é:

$$S = (10 - 2) \cdot 360° = 2\,880°$$

Exercícios propostos

13. Determine a soma dos ângulos das faces de um poliedro que possui:

a) 5 vértices; b) 12 arestas e 6 faces.

14. A soma dos ângulos das faces de um poliedro convexo é 5 760° e as faces são apenas triângulos e heptágonos. Quantas são as faces heptagonais, sabendo que há um total de 28 arestas no poliedro?

a) 2 b) 3 c) 5 d) 7 e) 8

15. Um poliedro convexo de 18 faces tem somente faces quadrangulares e hexagonais. Determine o número de faces de cada tipo, sabendo que a soma dos ângulos das faces é igual a 8 640°.

16. A soma dos ângulos das faces de um poliedro convexo é 1 800°. Calcule o número de faces, sabendo que o número de vértices corresponde a cinco unidades a menos que o número de arestas.

5 Poliedros regulares

Um poliedro convexo é regular quando todas as faces são regiões poligonais regulares e congruentes e em todos os vértices concorre o mesmo número de arestas.

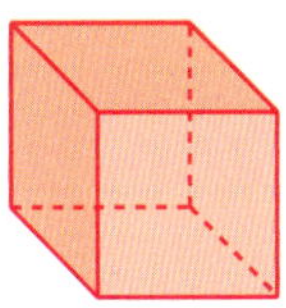

poliedro regular

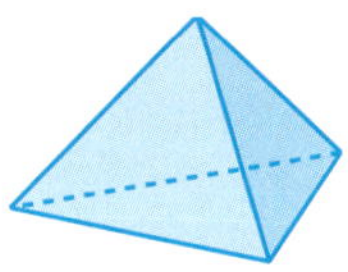

poliedro regular

Fique atento

Uma região poligonal regular é limitada por um polígono regular, ou seja, por um polígono que tem todos os lados e ângulos internos congruentes.

Observe agora:

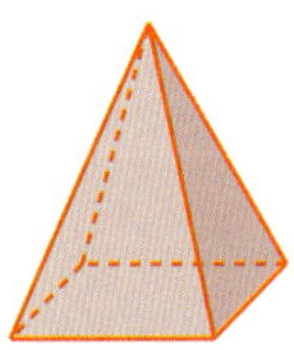

Poliedro não regular: as faces não têm o mesmo número de lados.

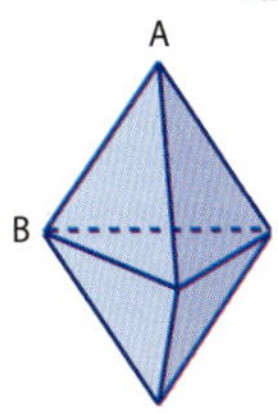

Poliedro não regular: as faces são regulares e congruentes, mas para o vértice **A** convergem 3 arestas e para o **B** convergem 4 arestas.

Propriedade: existem apenas cinco poliedros regulares convexos*

Vamos demonstrar essa propriedade.

Consideremos um poliedro regular em que **n** é o número de lados de cada face e **p** é o número de arestas que concorrem em cada vértice.

Assim, temos:

$$2A = nF = pV$$

o que acarreta:

$$A = \frac{nF}{2} \quad \text{e} \quad V = \frac{nF}{p}$$

Para refletir

O cubo é um poliedro regular. Verifique nele que $2A = nF = pV$.

Substituindo esses valores na relação de Euler, $V - A + F = 2$, temos:

$$\frac{nF}{p} - \frac{nF}{2} + F = 2 \Rightarrow \frac{2nF - npF + 2pF}{2p} = \frac{4p}{2p} \Rightarrow F(2n + 2p - np) = 4p \Rightarrow F = \frac{4p}{2n + 2p - np}$$

Precisamos ter $2n + 2p - np > 0$, isto é:

$$2n > np - 2p \Rightarrow 2n > p(n - 2) \Rightarrow \frac{2n}{n - 2} > p$$

Como $p \geqslant 3$, temos que:

$$\frac{2n}{n - 2} > p \geqslant 3 \Rightarrow 2n > 3n - 6 \Rightarrow -n > -6 \Rightarrow n < 6$$

Portanto, temos as seguintes possibilidades: $n = 3$, $n = 4$ e $n = 5$.

Fique atento

$2A = nF$, pois cada aresta está contida em 2 faces.
$2A = pV$, pois cada aresta contém 2 vértices.

Para refletir

$n \geqslant 3$ e $p \geqslant 3$. Por quê?

- Para $n = 3$:

$$F = \frac{4p}{6 - p} \rightarrow \begin{cases} p = 3 \rightarrow F = 4 \text{ (tetraedro)} \\ p = 4 \rightarrow F = 8 \text{ (octaedro)} \\ p = 5 \rightarrow F = 20 \text{ (icosaedro)} \end{cases}$$

- Para $n = 5$:

$$F = \frac{4p}{10 - 3p} \rightarrow p = 3 \rightarrow F = 12$$

(dodecaedro)

- Para $n = 4$:

$$F = \frac{4p}{8 - 2p} = \frac{2p}{4 - p} \rightarrow p = 3 \rightarrow F = 6$$

(cubo)

Examine estes desenhos:

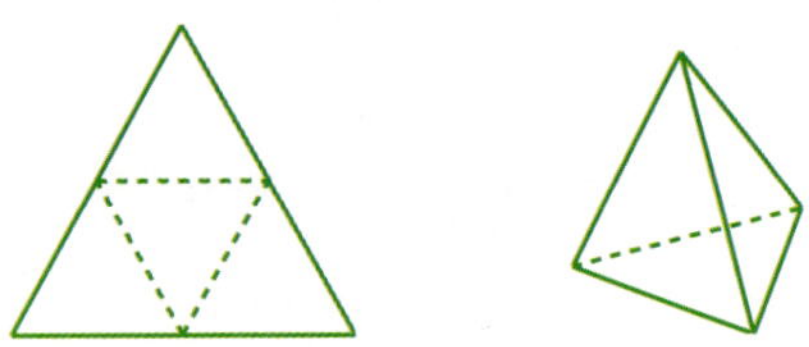

Tetraedro: 4 faces triangulares equiláteras e 3 arestas que concorrem em cada vértice.

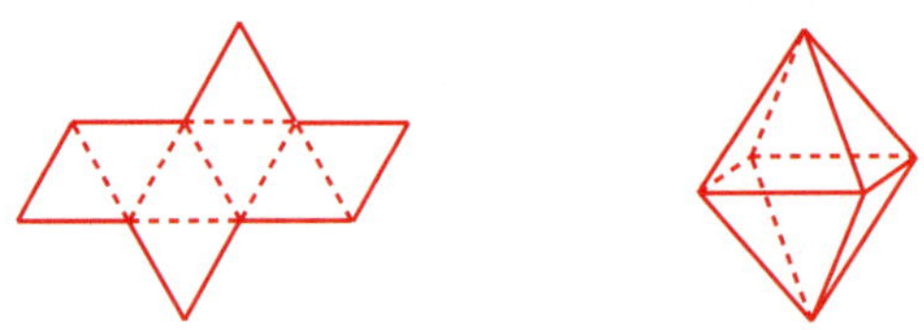

Octaedro: 8 faces triangulares equiláteras e 4 arestas que concorrem em cada vértice.

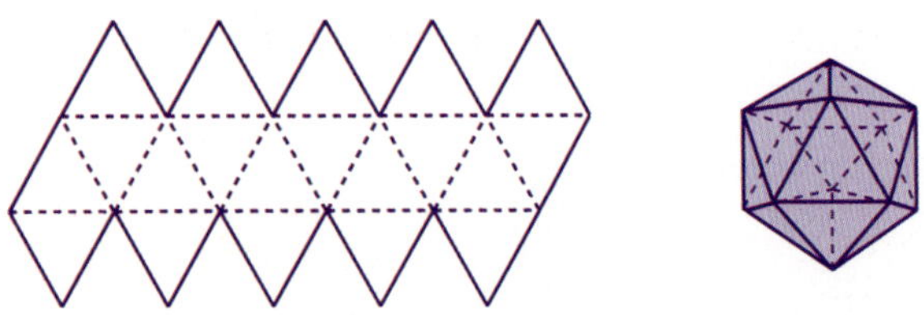

Icosaedro: 20 faces triangulares equiláteras e 5 arestas que concorrem em cada vértice.

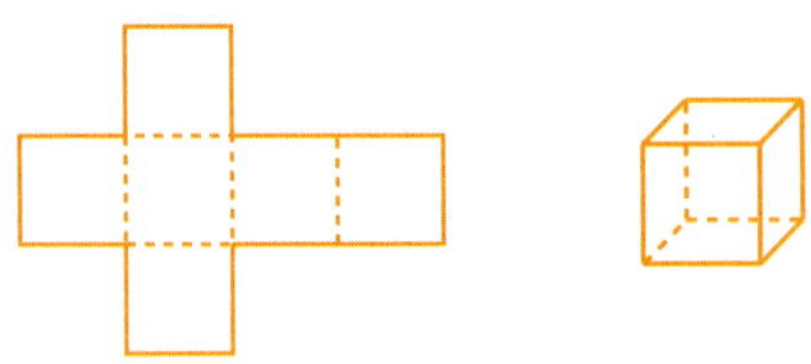

Cubo: 6 faces quadradas e 3 arestas que concorrem em cada vértice.

* Leia mais sobre o assunto em *Leitura*, no final deste capítulo.

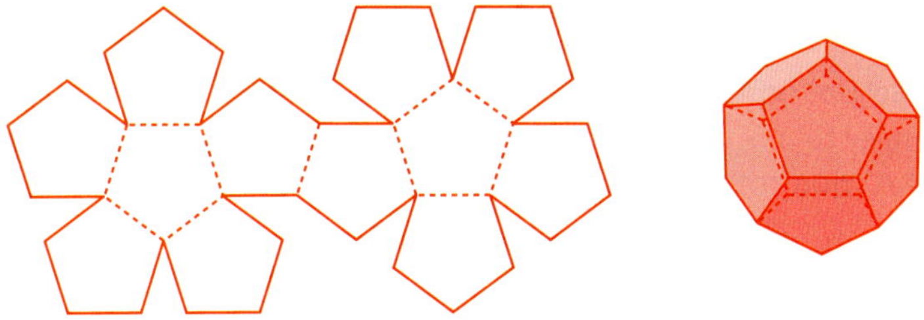

Dodecaedro: 12 faces pentagonais regulares congruentes e 3 arestas que concorrem em cada vértice.

Exercício proposto

17. Complete a tabela com os nomes e o número de faces, de vértices e de arestas dos poliedros convexos regulares. Coloque também a forma das faces e verifique em cada um a relação de Euler.

Poliedros regulares	Número de faces	Número de vértices	Número de arestas	Forma das faces	Relação de Euler
tetraedro	4	4	6	triangular	$4 - 6 + 4 = 2$

Poliedros de Platão

Um poliedro é denominado *poliedro de Platão* se, e somente se, forem verificadas as seguintes condições:

- Todas as faces têm o mesmo número de arestas.
- Em todos os vértices concorrem o mesmo número de arestas.
- Vale a relação de Euler: $V - A + F = 2$.

> **Fique atento**
> Num poliedro de Platão as faces não precisam ser polígonos regulares.

Dessa forma, todos os poliedros regulares convexos são poliedros de Platão.

E, da mesma maneira que foi demonstrado que só existem cinco poliedros regulares convexos, podemos demonstrar que só existem cinco classes de poliedros de Platão: tetraedros, hexaedros, octaedros, dodecaedros e icosaedros.

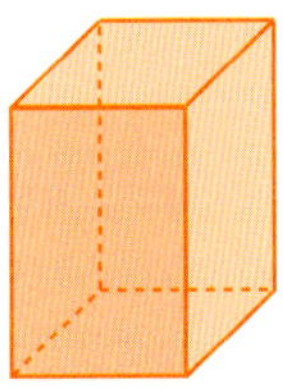

Este hexaedro é poliedro de Platão, mas não é regular, pois não é o cubo.

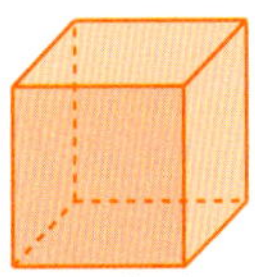

O cubo é poliedro regular e é poliedro de Platão.

6 Prismas

Entre os poliedros mais conhecidos, destacamos os prismas, que vamos estudar com mais detalhes. Veja alguns exemplos e procure perceber suas características.

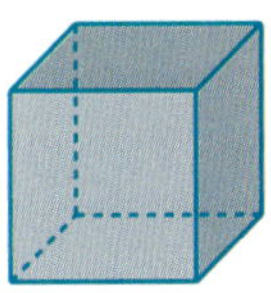

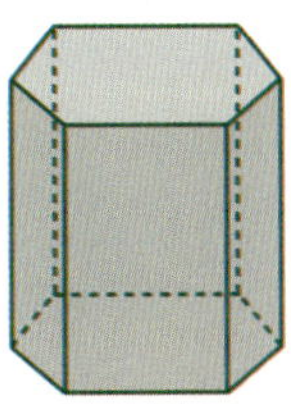

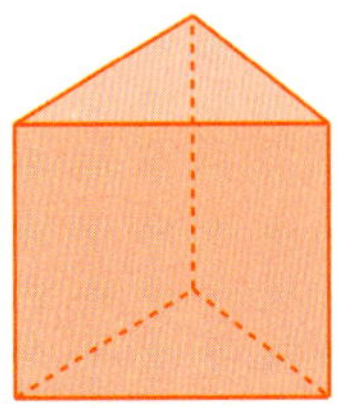

Construção e definição de prisma

Considere uma região poligonal, por exemplo, ABCDE, contida em um plano α. Escolha um ponto **A**′ qualquer, não pertencente a α. Por **A**′ trace o plano β paralelo a α. Pelos demais pontos, **B**, **C**, **D**, **E**, trace retas paralelas a AA′ que cortem β nos pontos **B**′, **C**′, **D**′, **E**′. Essas retas são paralelas entre si.

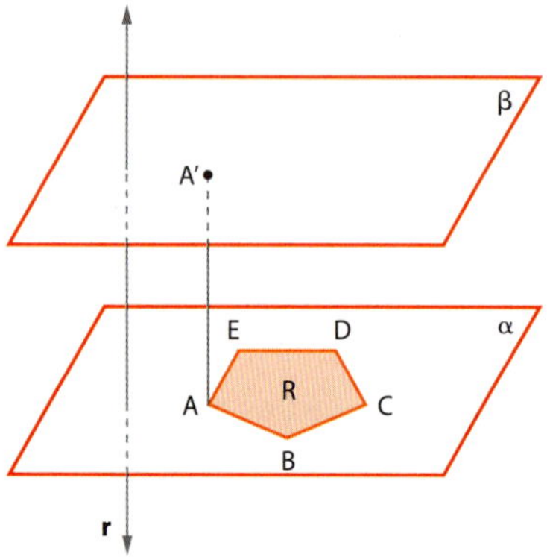

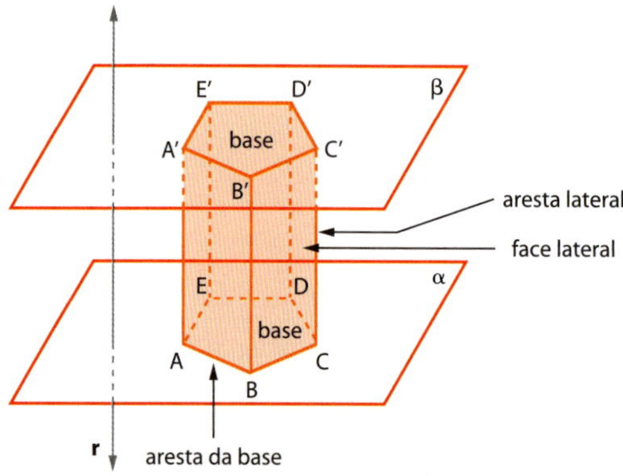

Tome dois segmentos consecutivos assim determinados, por exemplo $\overline{AA'}$ e $\overline{BB'}$. O quadrilátero AA′B′B é plano, pois seus lados AA′ e BB′ são paralelos. Isso acarreta que $\overline{AB}$ e $\overline{A'B'}$ também são paralelos (pois estão contidos em retas coplanares que não se intersectam por estar contidas em planos paralelos). Logo, o quadrilátero AA′B′B é um paralelogramo. As regiões limitadas por paralelogramos assim determinados, juntamente com as regiões poligonais ABCDE e A′B′C′D′E′, determinam um poliedro chamado *prisma* de bases ABCDE e A′B′C′D′E′.

A região do espaço ocupada por um prisma é formada pelos pontos dos segmentos nos quais cada extremidade está em uma das bases.

As arestas AA′, BB′, CC′, DD′ e EE′ são chamadas de *arestas laterais*. Todas as arestas laterais são paralelas e de mesmo comprimento.

Arestas laterais consecutivas determinam regiões que têm a forma de paralelogramos e são chamadas de *faces laterais* do prisma.

As bases ABCDE e A′B′C′D′E′ são congruentes. A *altura* do prisma é a distância entre as bases.

Observação: Quando nos exercícios relacionados a esse assunto as bases forem chamadas de polígonos, devemos entendê-las como regiões poligonais (por exemplo, a expressão *prisma cuja base é um quadrado* deve ser entendida como *prisma cuja base é uma região quadrada*).

Caso particular: o paralelepípedo

Quando a base é uma região em forma de paralelogramo, temos um prisma particular chamado *paralelepípedo*.

Paralelepípedos são prismas cuja particularidade é que qualquer de suas faces pode ser tomada como base, pois duas faces opostas quaisquer estão situadas em planos paralelos e são ligadas por arestas paralelas entre si.

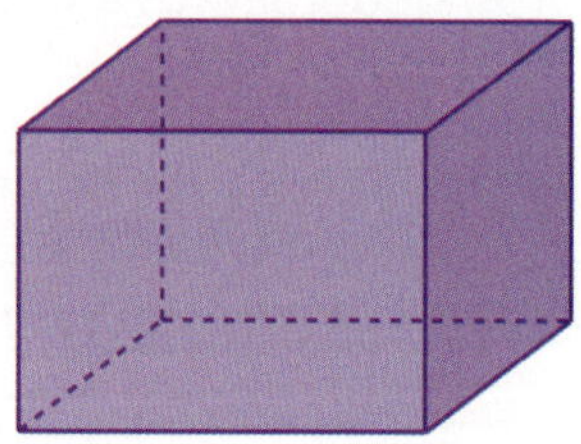

Prismas retos

O prisma é reto quando as arestas laterais são perpendiculares às bases, e é oblíquo quando não o são.

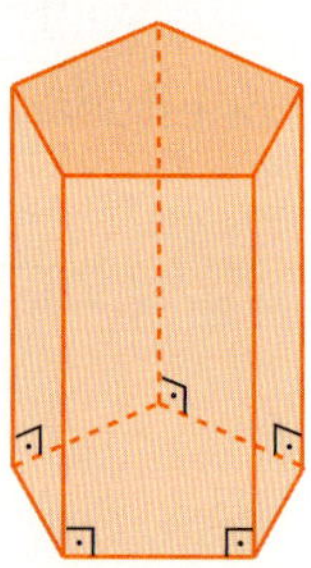
prisma reto

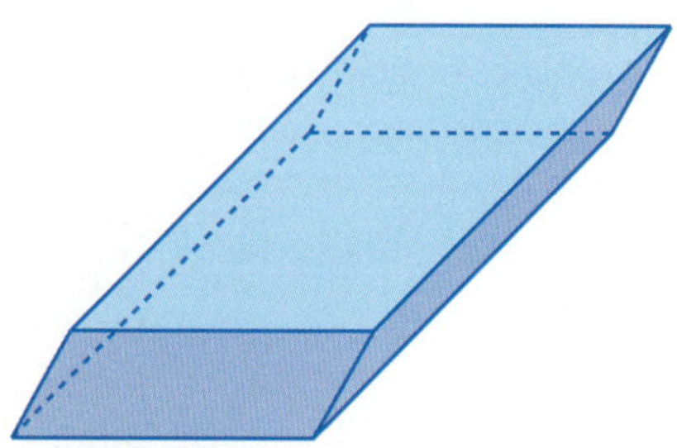
prisma oblíquo

Assim, num prisma reto, as faces laterais são regiões retangulares.

De acordo com a região poligonal das bases, o prisma recebe nomes especiais. Veja alguns exemplos:

> **Fique atento**
> Retângulo é um caso particular de paralelogramo.

1º) Prisma reto de base triangular ou prisma reto triangular.

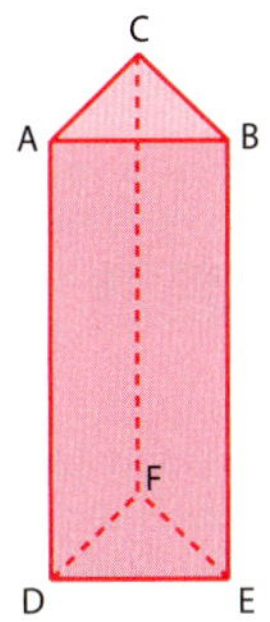

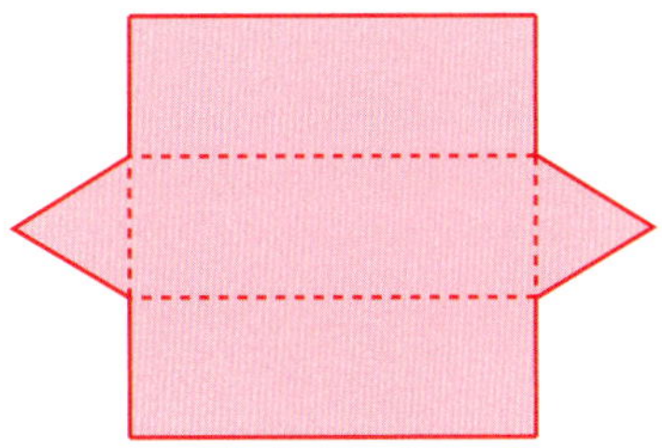
planificado

> **Fique atento**
> As faces laterais dos prismas são limitadas por paralelogramos particulares, ou seja, por retângulos.

Bases: regiões ABC e DEF

Faces laterais: regiões ABED, ACFD, BCFE

Arestas laterais: $\overline{AD}$, $\overline{CF}$ e $\overline{BE}$

2º) Prisma reto de base pentagonal ou prisma reto pentagonal.

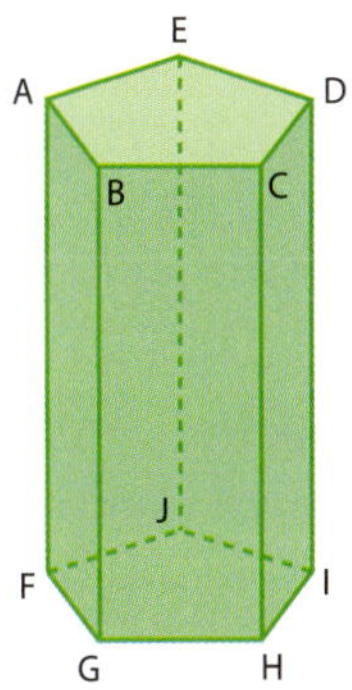

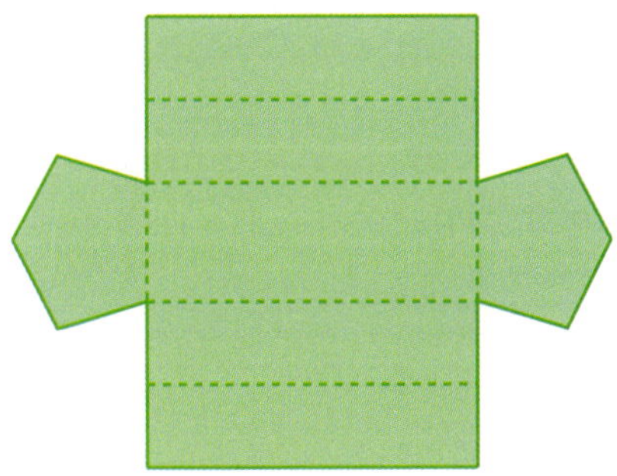
planificado

Bases: regiões ABCDE e FGHIJ

Faces laterais: regiões BCHG, CDIH, DEJI, AEJF e ABGF (retangulares)

Arestas laterais: $\overline{AF}$, $\overline{BG}$, $\overline{EJ}$, $\overline{CH}$ e $\overline{DI}$

3º) Prisma reto de base retangular ou paralelepípedo retângulo ou bloco retangular.

Quando o prisma é reto e a base é uma região retangular, obtemos um *paralelepípedo retângulo* ou *bloco retangular*, no qual cada face é uma região retangular.

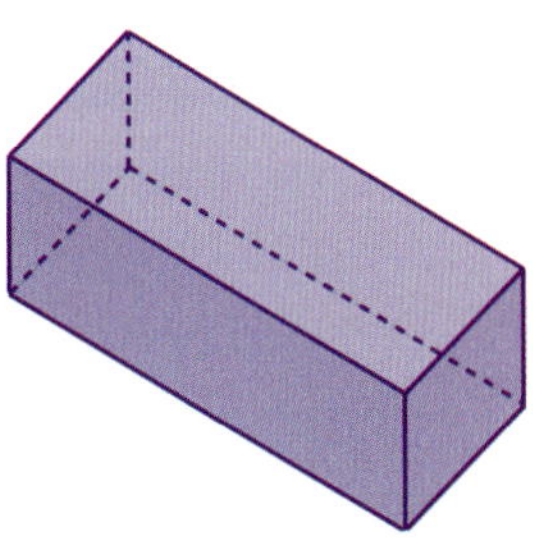
paralelepípedo retângulo ou bloco retangular

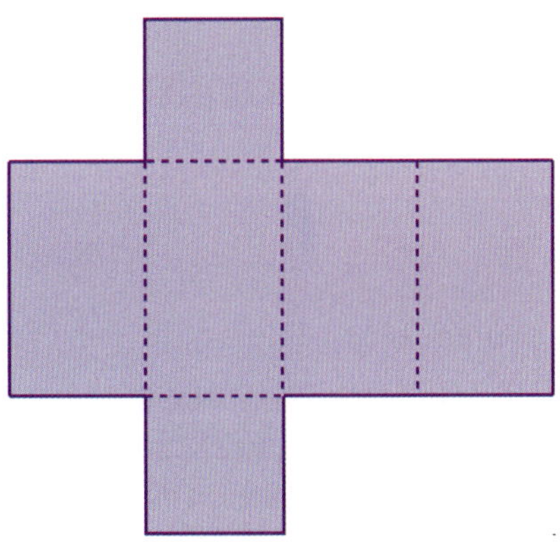
paralelepípedo retângulo planificado

> **Fique atento**
> Um paralelepípedo retângulo é um prisma reto em que qualquer face serve de base.

4º) Cubo ou hexaedro regular.

Quando, em um prisma reto, a base é uma região poligonal regular, temos um *prisma regular*. Um exemplo é o cubo ou hexaedro regular, que é um caso particular de paralelepípedo retângulo no qual cada face é uma região quadrada. Assim:

Prisma regular é um prisma reto cuja base é uma região poligonal regular.

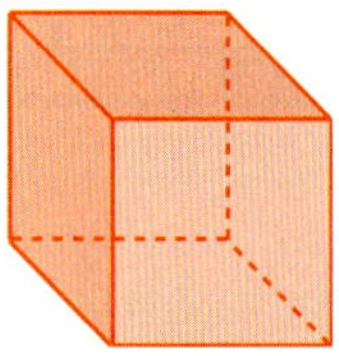
cubo ou hexaedro regular

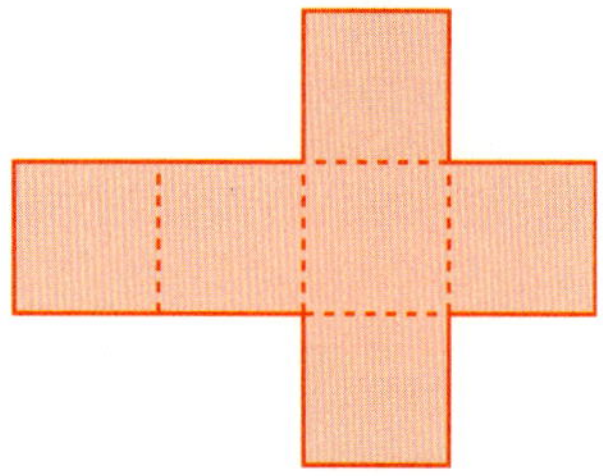
cubo planificado

Você sabia?

Todo quadrado é um retângulo. Todo retângulo é um paralelogramo. Então, todo quadrado é um paralelogramo.

Examine essa classificação em um diagrama:

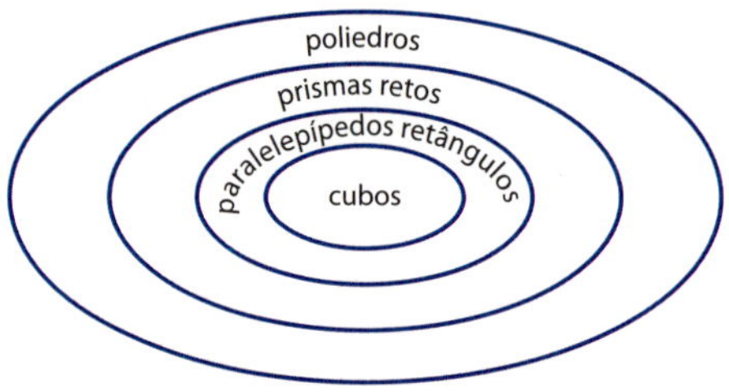

Você sabia?

Todo cubo é um paralelepípedo, mas nem todo paralelepípedo é cubo.

Cálculo da diagonal de um paralelepípedo reto retangular e de um cubo

No paralelepípedo de dimensões **a**, **b** e **c**, temos:

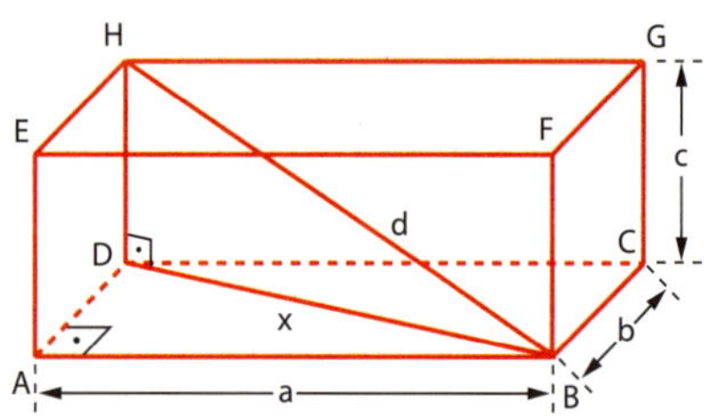

d = medida da diagonal do paralelepípedo
x = medida da diagonal da base

Na figura podemos localizar dois triângulos retângulos:

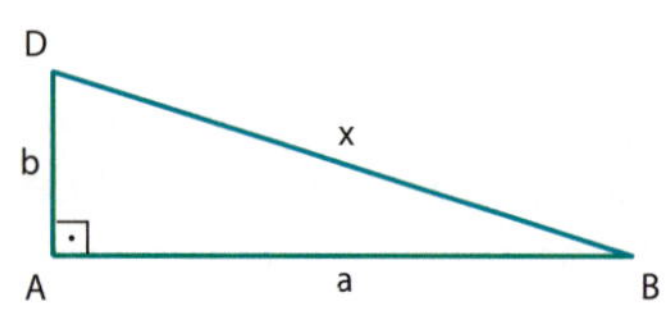

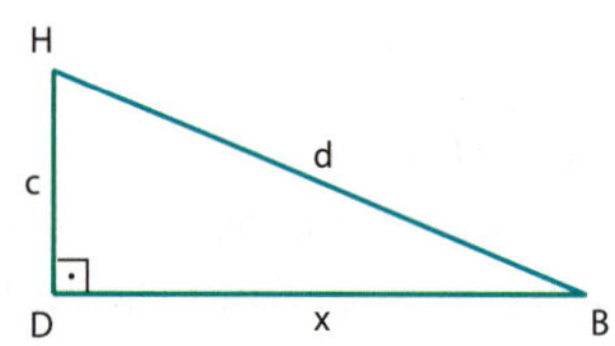

- Como o triângulo ABD é retângulo em **A**, temos, pela relação de Pitágoras: $x^2 = a^2 + b^2$ (I)
- Como o triângulo DBH é retângulo em **D**, temos, pela relação de Pitágoras: $d^2 = x^2 + c^2$ (II)
- Substituindo (I) em (II), vem:

$$d^2 = x^2 + c^2 = a^2 + b^2 + c^2 \Rightarrow d = \sqrt{a^2 + b^2 + c^2}$$

Como o cubo é um caso particular de paralelepípedo reto retangular, temos:

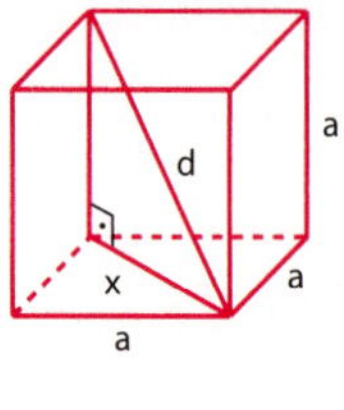

$$d = \sqrt{a^2 + a^2 + a^2} = \sqrt{3a^2} = a\sqrt{3}$$

$$d = a\sqrt{3}$$

Exercícios propostos

18. Quanto mede a diagonal de um paralelepípedo reto retangular cujas dimensões são 10 cm, 6 cm e 8 cm?

19. Um cubo tem $10\sqrt{3}$ cm de aresta. Calcule a medida de sua diagonal.

20. Num cubo, a soma das medidas de todas as arestas é 48 cm. Calcule a medida da diagonal desse cubo.

21. A diagonal de um paralelepípedo reto retangular mede $20\sqrt{2}$ cm. As dimensões desse paralelepípedo são proporcionais aos números 5, 4 e 3, respectivamente. Calcule as dimensões desse paralelepípedo.

$\left(\text{Faça } \frac{a}{5} = \frac{b}{4} = \frac{c}{3} = k \Rightarrow a = 5k,\ b = 4k,\ c = 3k.\right)$

Área da superfície de um prisma

Em todo prisma, consideramos:

- *superfície lateral*: é formada pelas faces laterais;
- *área lateral* (A_ℓ): é a área da superfície lateral;
- *superfície total*: é formada pelas faces laterais e pelas bases;
- *área total* (A_t): é a área da superfície total.

Exercícios resolvidos

3. Em um prisma hexagonal regular, a aresta da base mede 3 cm e a aresta da face lateral mede 6 cm. Calcule a área total.

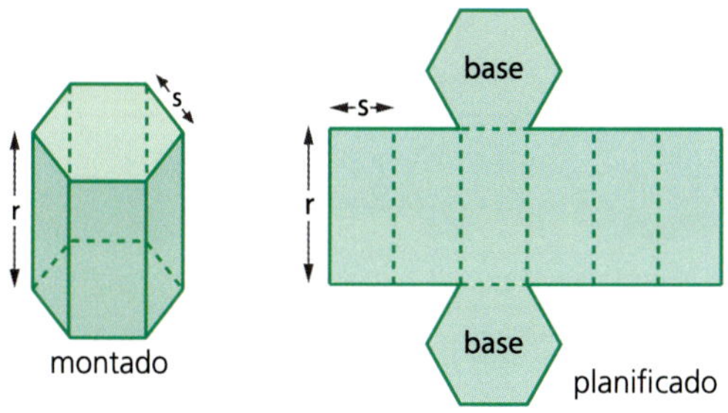

Na figura, temos:

r = medida da aresta lateral = 6 cm

s = medida da aresta da base = 3 cm

Resolução:

Observando a figura, vemos que:

área lateral: $A_\ell = 6(r \cdot s) = 6(6 \cdot 3) = 108 \text{ cm}^2$

área da base: A_b = área da região limitada pelo hexágono regular

A região hexagonal é formada por 6 regiões triangulares equiláteras.

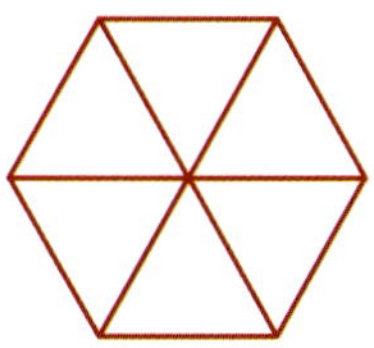

Foi visto no volume 1 que a área de uma região triangular equilátera de lado ℓ é $A = \frac{\ell^2\sqrt{3}}{4}$.

Nesse caso, temos:

$$A_b = 6 \cdot \frac{s^2\sqrt{3}}{4} = 6 \cdot \frac{3^2\sqrt{3}}{4} = \frac{27\sqrt{3}}{2} \text{ cm}^2$$

Como são duas bases, temos:

$$2A_b = 2 \cdot \frac{27\sqrt{3}}{2} = 27\sqrt{3} \text{ cm}^2$$

área total = área lateral + área das bases

Nesse caso, a área total é dada por:

$$A_t = A_\ell + 2A_b = \left(108 + 27\sqrt{3}\right)\text{cm}^2$$

Como $\sqrt{3} \simeq 1{,}7$, temos $A_t \simeq 153{,}9 \text{ cm}^2$.

4. Uma indústria precisa fabricar 10 000 caixas de sabão com as medidas da figura abaixo. Desprezando as abas, calcule, aproximadamente, quantos metros quadrados de papelão serão necessários.

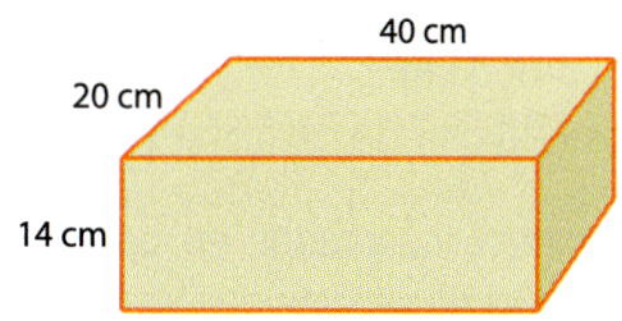

Resolução:

A caixa tem a forma de um paralelepípedo retângulo:

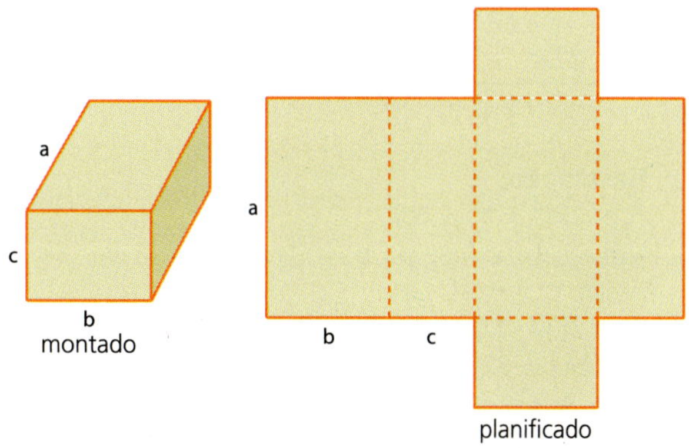

Todo paralelepípedo retângulo é formado por 6 faces:

- duas regiões retangulares de medidas **a** e **b**;
- duas regiões retangulares de medidas **a** e **c**;
- duas regiões retangulares de medidas **b** e **c**.

Daí, temos:

área total $= A_t = 2ab + 2ac + 2bc = 2(ab + ac + bc)$

No exercício dado:

área de cada caixa $= A_t = 2(40 \cdot 20 + 40 \cdot 14 + 20 \cdot 14) = 2(800 + 560 + 280) = 3\,280\ cm^2$

Como são 10 000 caixas, temos:

$A = 3\,280 \cdot 10\,000 = 32\,800\,000\ cm^2 = 3\,280\ m^2$

Serão necessários pelo menos 3 280 m² de papelão.

Fique atento

Se 1 m = 100 cm, então $1\ m^2 = 10\,000\ cm^2$.

5. Quantos centímetros quadrados de cartolina, aproximadamente, foram usados para montar uma caixa com a forma de um cubo com 10 cm de aresta?

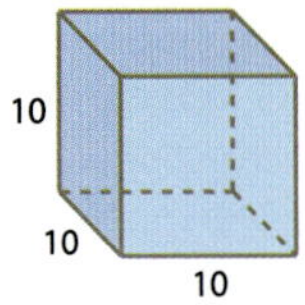

Resolução:

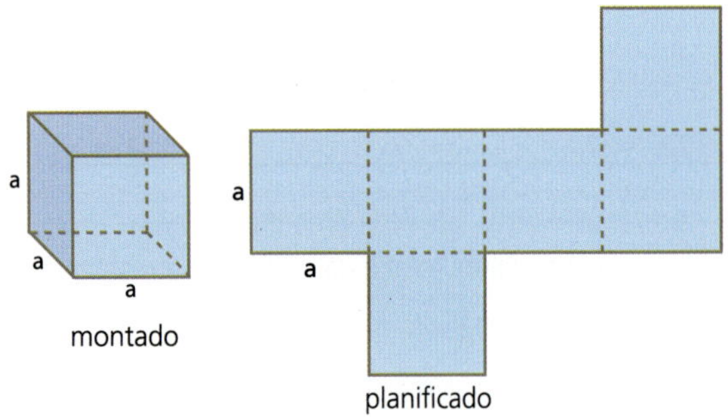

A superfície total de um cubo é formada por 6 regiões quadradas de lado **a**. Então, a sua área total é dada por $A_t = 6a^2$, em que **a** é a aresta do cubo.

No problema dado, a área de cada uma das 6 regiões quadradas é $10 \cdot 10 = 100\ cm^2$.

$A_t = 6 \cdot 100 = 600\ cm^2$

Foram usados 600 cm² de cartolina.

6. Quantos centímetros quadrados de papelão são gastos para fazer uma caixa de sapatos do tipo e tamanho abaixo?

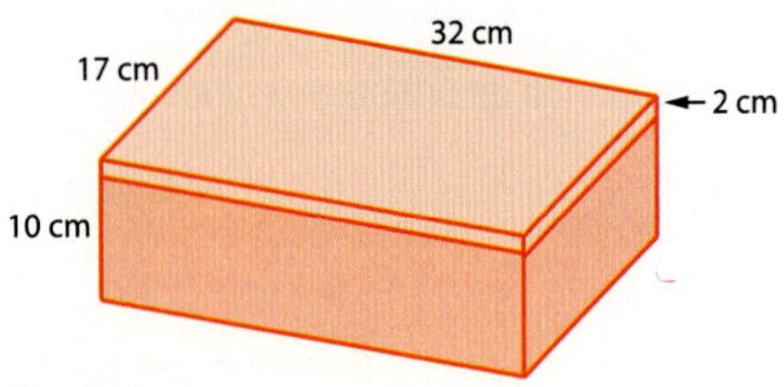

Resolução:

$A_t = 2(ab + ac + bc)$

Nesse caso, a = 32 cm, b = 17 cm e c = 10 cm.

Assim:

$A_t = 2(32 \cdot 17 + 32 \cdot 10 + 17 \cdot 10) = 2(544 + 320 + 170) = 2(1\,034) = 2\,068\ cm^2$

Logo, $A_t = 2\,068\ cm^2$.

A aba da tampa é formada por quatro regiões retangulares: duas cujas medidas são 2 cm por 17 cm e duas cujas medidas são 2 cm por 32 cm.

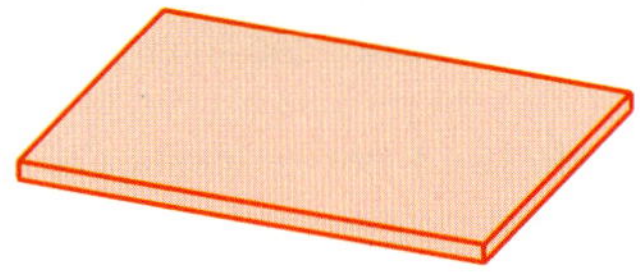

Assim:

$A = 2 \cdot 2 \cdot 17 + 2 \cdot 2 \cdot 32 = 68 + 128 = 196\ cm^2$

quantidade total $= 2\,068\ cm^2 + 196\ cm^2 = 2\,264\ cm^2$ de papelão

Portanto, são gastos 2 264 cm² de papelão para fazer essa caixa de sapatos.

7. Dispondo de uma folha de cartolina de 50 cm de comprimento por 30 cm de largura, pode-se construir uma caixa aberta cortando um quadrado de 8 cm de lado em cada canto da folha (ver figura abaixo). Quantos centímetros quadrados de material são necessários para que seja construída essa caixa?

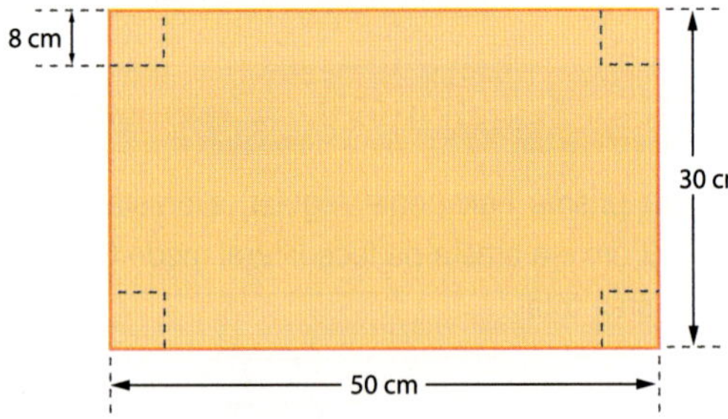

Montando a caixa, temos a figura abaixo:

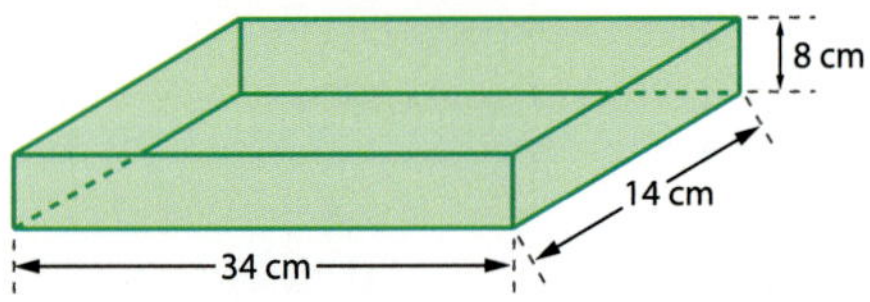

Resolução:

Observando a caixa montada, verificamos que temos:

- duas regiões retangulares de 34 cm por 8 cm:
  $A_1 = 34 \cdot 8 = 272\ cm^2$
- duas regiões retangulares de 14 cm por 8 cm:
  $A_2 = 14 \cdot 8 = 112\ cm^2$
- uma região retangular de 34 cm por 14 cm (fundo da caixa):
  $A_3 = 34 \cdot 14 = 476\ cm^2$

Portanto, a quantidade de material necessária é:

$2A_1 + 2A_2 + A_3 = 2 \cdot 272 + 2 \cdot 112 + 476 = 544 + 224 + 476 = 1\,244\ cm^2$

Outra resolução:

A região retangular de 50 cm por 30 cm tem área de $50 \cdot 30 = 1\,500\ cm^2$.

Cada "canto" é um quadrado de 8 cm de lado, portanto, com área de $8 \cdot 8 = 64\ cm^2$.

Como são 4 cantos, temos $4 \cdot 64 = 256\ cm^2$.

São necessários para fazer a caixa $1\,500 - 256 = 1\,244\ cm^2$ de material.

Exercícios propostos

22. Um cubo tem área total de 96 m^2. Qual é a medida da aresta do cubo?

23. Quantos metros quadrados de madeira são necessários para fazer a prateleira abaixo, que apresenta fundo de madeira?

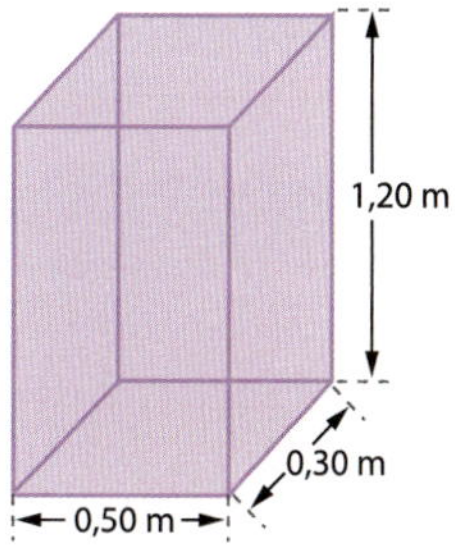

24. As bases de um prisma são triângulos equiláteros e as faces laterais são regiões retangulares. Determine a área total do prisma sendo 6 cm a medida da aresta da base e 10 cm a medida da aresta lateral.

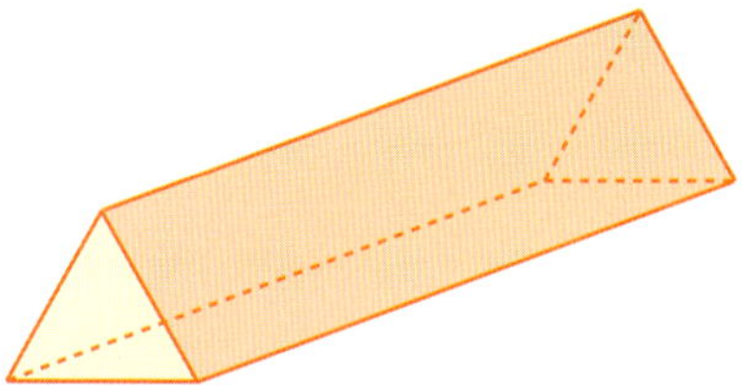

25. Num prisma triangular regular, a aresta da base mede 4 cm e a aresta lateral mede 9 cm. Calcule a área lateral e a área total do prisma.

26. É dado um prisma pentagonal regular no qual a aresta da base mede 5 cm e a aresta lateral mede 10 cm. Calcule a área lateral do prisma.

27. Num prisma regular triangular, a aresta da base mede **a** e a aresta lateral mede 3a. Calcule a área lateral e a área total do prisma, em função de **a**.

28. Quantos metros quadrados de madeira são gastos, aproximadamente, para fabricar 100 caixas para transportar geladeiras? (A forma e as medidas da caixa estão indicadas na figura abaixo.)

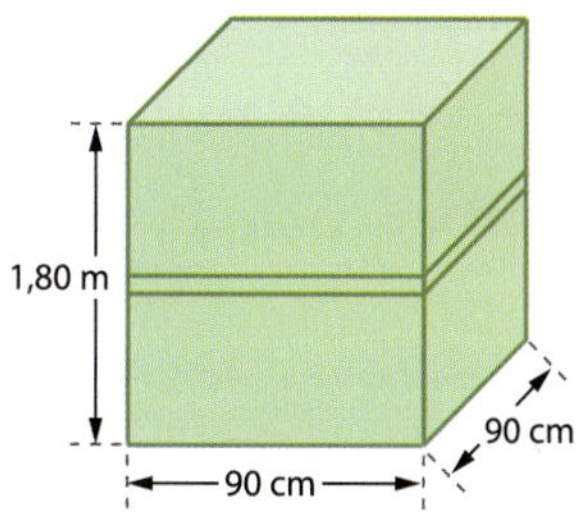

29. Escreva a área total de um cubo em função da medida **d** da sua diagonal.

30. A diagonal de um cubo mede $10\sqrt{3}$ m. Qual é a área total desse cubo?

31. Quantos metros quadrados de azulejo são necessários para revestir até o teto as quatro paredes de uma cozinha com as dimensões da figura abaixo? Sabe-se também que cada porta tem 1,60 m^2 de área e a janela tem uma área de 2 m^2.

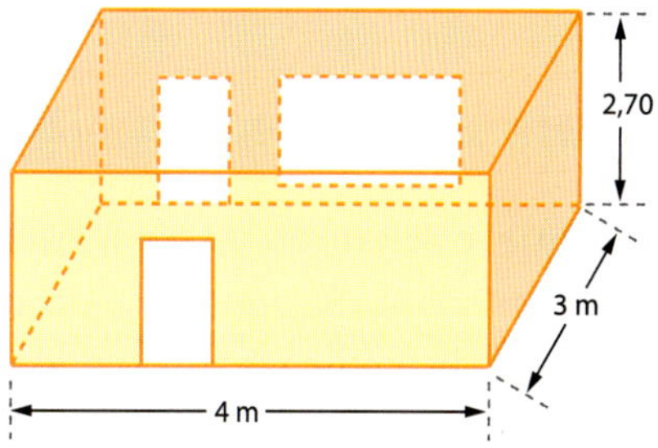

32. A figura abaixo nos mostra uma peça de enfeite. A aresta do cubo mede 20 cm. A cavidade, em forma de prisma regular de base triangular de aresta 5 cm, estende-se da face inferior à face superior do cubo. Determine a área total da peça.

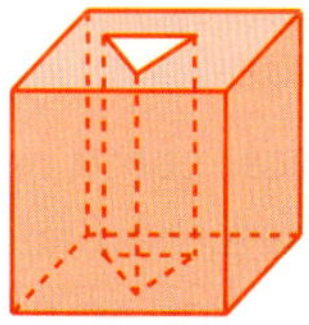

33. Quanto de papelão se gasta (em centímetros quadrados) para fazer uma caixa de bombons cuja forma e medidas estão indicadas na figura indicada abaixo?

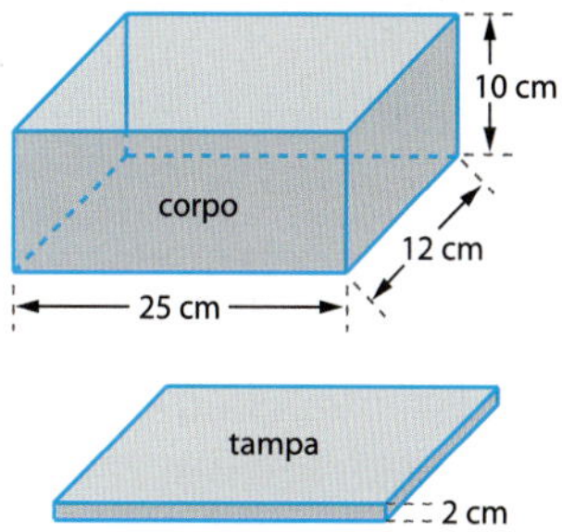

34. Uma caixa de papelão tem o tipo e o tamanho da figura abaixo. Sua base é uma região limitada por um trapézio isósceles de altura 20 cm e de bases 10 cm e 40 cm. Quantos metros quadrados de papelão são necessários para fazer uma caixa desse tipo?

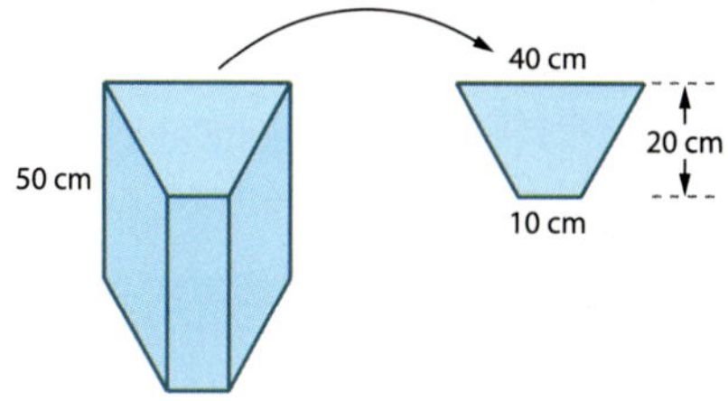

35. Quanto de material se gasta para fabricar a carroceria fechada de um caminhão sabendo que suas dimensões são: comprimento = 12 m, largura = 3 m e altura = 2,5 m?

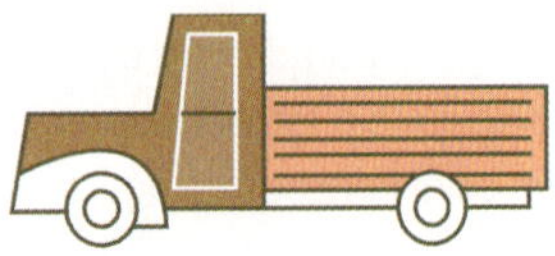

36. Qual é a área total do sólido representado pela figura abaixo?

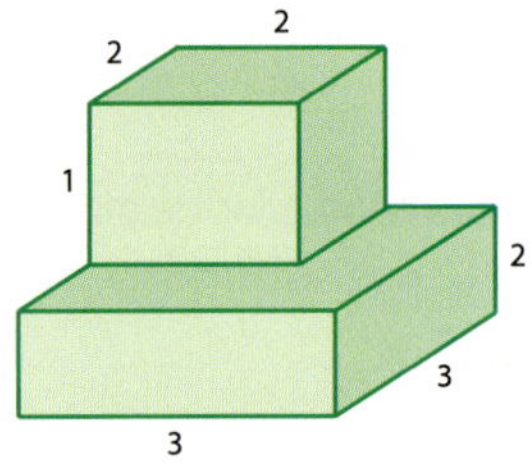

7 A ideia intuitiva de volume

Suponha que queiramos medir a quantidade de espaço ocupado por um sólido **S**. Para isso, precisamos comparar **S** com uma unidade de volume. O resultado dessa comparação é um número que exprime quantas vezes o sólido **S** contém a unidade de volume. Esse número é a medida do volume de **S**, que costumamos chamar, simplesmente, volume de **S**.

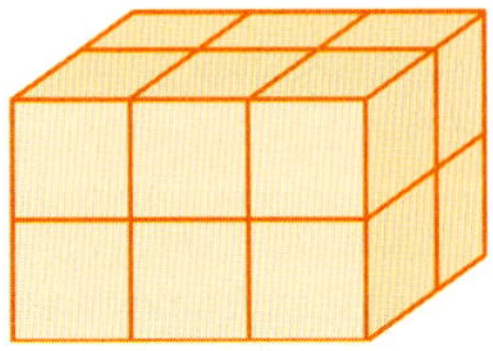
sólido **S**

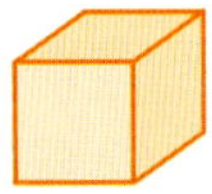
unidade de volume: **U**

Por exemplo, o volume do sólido **S** ao lado é de 12 unidades de volume: 12 U, ou seja:

volume de **S** = 12 U

Cubo unitário

Vamos estabelecer como *unidade de volume* um cubo cuja aresta mede 1 unidade de comprimento. Ele será chamado de *cubo unitário*.

Qualquer cubo cuja aresta meça 1 terá, por definição, volume igual a 1.

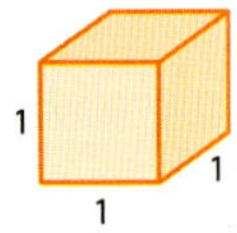

cubo unitário

Volume do paralelepípedo retângulo ou bloco retangular

O bloco retangular é um poliedro formado por 6 faces retangulares. Ele é determinado por três medidas: o seu comprimento (**a**), a sua largura (**b**) e a sua altura (**c**). Indicaremos o volume desse bloco retangular por V(a, b, c) e o volume do cubo unitário por V(1, 1, 1) = 1.

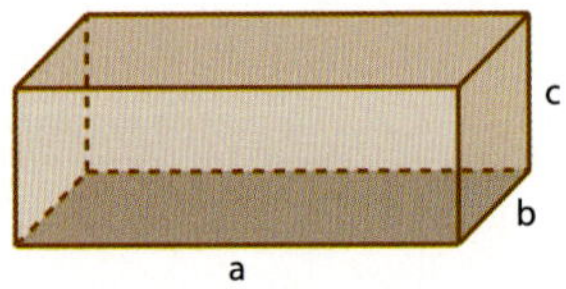

O volume do bloco retangular é proporcional a cada uma de suas dimensões, ou seja, se mantivermos constantes duas das dimensões e multiplicarmos a terceira dimensão por um número natural qualquer, o volume será multiplicado pelo mesmo número natural. Isso pode ser observado no exemplo abaixo:

$$V(a, b, 3c) = V(a, 3b, c) = V(3a, b, c) = 3V(a, b, c)$$

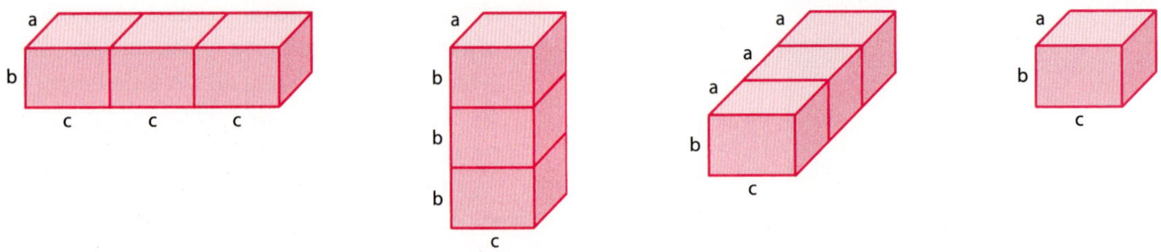

É possível provar que esse fato, constatado com um número natural, vale para qualquer número real positivo. Ou seja, mantidas constantes duas dimensões do bloco retangular, seu volume é proporcional à terceira dimensão. Assim, temos:

$V(a, b, c) = a \cdot V(1, b, c) = ab \cdot V(1, 1, c) = abc \cdot V(1, 1, 1) = abc \cdot 1 = abc$

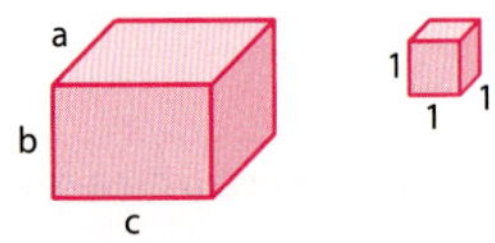

Logo:

$$V(a, b, c) = abc$$

Portanto, o volume de um paralelepípedo retângulo é dado pelo produto das suas dimensões.

Observações:

1ª) Como **ab** indica a área da base e **c** indica a altura, é possível também indicar o volume do paralelepípedo retângulo assim:

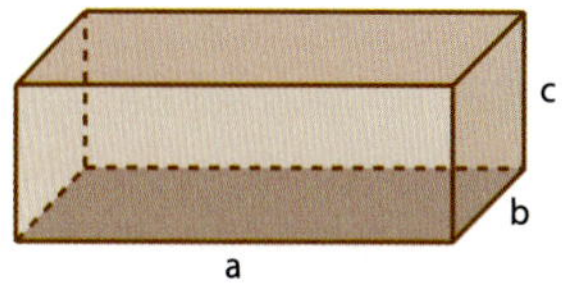

$$V = A_b h$$

em que $A_b = ab$ (área da base) e $h = c$ (altura correspondente).
Assim, pode-se dizer que o volume de um paralelepípedo retângulo é o produto da área da base pela altura.

2ª) Como o cubo é um caso particular de paralelepípedo retângulo com todas as arestas de medidas iguais, seu volume é dado por:

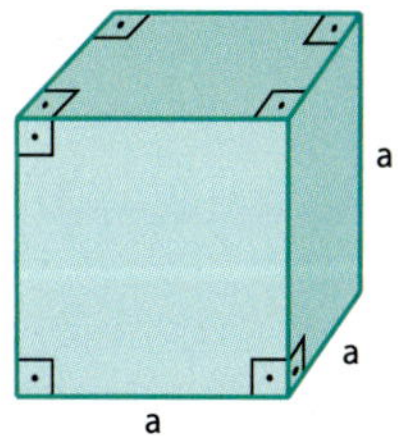

$$V = a \cdot a \cdot a \quad \text{ou} \quad V = a^3$$

3ª) Agora podemos provar o fato de figuras geométricas semelhantes de razão **k** entre suas grandezas lineares terem volumes com razão $\mathbf{k^3}$. De fato, se $V(x, y, z)$ é o volume de um sólido qualquer e $V(kx, ky, kz)$ é o volume do sólido semelhante, então:
$V(kx, ky, kz) = kV(x, ky, kz) = k^2V(x, y, kz) = k^3V(x, y, z)$
Ou seja:

$$V(kx, ky, kz) = k^3V(x, y, z)$$

Exercícios resolvidos

8. Calcule o volume de um paralelepípedo retângulo cujas dimensões são: 3 cm; 2,8 cm e $3\sqrt{2}$ cm. (Dado: $\sqrt{2} \simeq 1{,}41$.)

Resolução:

$V = abc = 3 \cdot 2{,}8 \cdot 3\sqrt{2} = 25{,}2\sqrt{2} \simeq 35{,}532 \text{ cm}^3$

Portanto, o volume é aproximadamente 35,532 cm³.

9. Qual é o volume de concreto necessário para construir uma laje de 20 cm de espessura em uma sala de 3 m por 4 m?

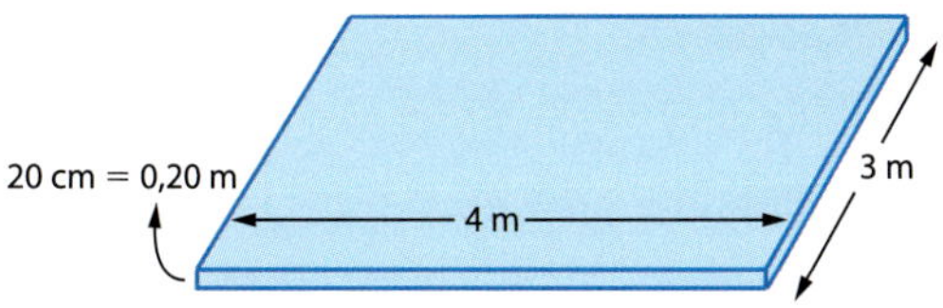

Resolução:

área da base $= A_b = 3 \cdot 4 = 12 \text{ m}^2$

$V = \text{área da base} \cdot \text{altura} = A_bh = 12 \text{ m}^2 \cdot 0{,}20 \text{ m} =$
$= 2{,}40 \text{ m}^3$

São necessários 2,40 m³ de concreto.

10. Calcule os volumes dos cubos cujas arestas medem:

a) 4 cm; b) 5,5 cm; c) $2\sqrt{2}$ cm.

Resolução:

a) $V = a^3 = 4 \cdot 4 \cdot 4 = 64 \text{ cm}^3$ (ou seja, em um cubo cuja medida da aresta é 4 cm cabem 64 cubinhos cuja medida da aresta é 1 cm).

b) $V = a^3 = (5{,}5 \text{ cm})^3 = 166{,}375 \text{ cm}^3$

c) $V = a^3 = \left(2\sqrt{2} \text{ cm}\right)^3 = 2^3\sqrt{2^3} \text{ cm}^3 =$
$= 2^3 \cdot 2\sqrt{2} \text{ cm}^3 = 16\sqrt{2} \text{ cm}^3$

11. Determine as medidas das arestas dos cubos cujos volumes são:

a) 125 dm³; b) $3\sqrt{3}$ cm³.

Resolução:

a) $V = 125 \text{ dm}^3 \Rightarrow a^3 = 125 \Rightarrow$
$\Rightarrow a = \sqrt[3]{125} = \sqrt[3]{5^3} = 5 \text{ dm}$

b) $V = 3\sqrt{3} \text{ cm}^3 \Rightarrow a^3 = 3\sqrt{3} \Rightarrow$
$\Rightarrow a = \sqrt[3]{3\sqrt{3}} = \sqrt[3]{\sqrt{3^2 \cdot 3}} = \sqrt[6]{3^3} = \sqrt{3}$

12. Sabendo que foram gastos 0,96 m² de material para montar a caixa cúbica cuja figura está ao lado, calcule o volume dessa caixa.

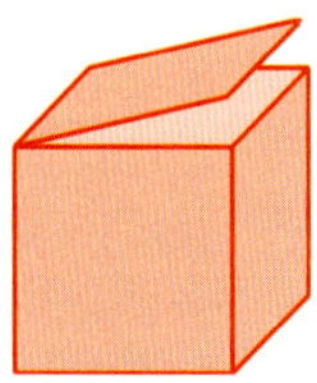

Resolução:

Neste caso, temos que a área total do cubo é:

$0{,}96\ m^2 = 96\ dm^2 = 9\,600\ cm^2$

Sabendo que $A_t = 6a^2$, temos:

$9\,600 = 6a^2 \Rightarrow a^2 = 1\,600 \Rightarrow a = 40\ cm$

Como $V = a^3$, temos:

$V = (40\ cm)^3 = 64\,000\ cm^3 = 64\ dm^3 = 0{,}064\ m^3$

13. Na caixa cúbica da figura ao lado, a ripa transversal mede 8 dm. Qual é o volume da caixa?

Resolução:

Vamos, inicialmente, estabelecer o modelo matemático:

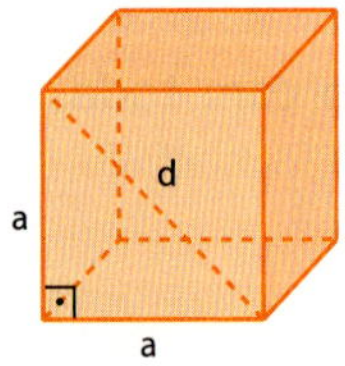

Pela figura, precisamos determinar a aresta **a**, conhecendo a diagonal **d** de uma face:

$d^2 = a^2 + a^2 \Rightarrow d = a\sqrt{2}$

Como d = 8 dm, temos:

$$8 = a\sqrt{2} \Rightarrow a = \frac{8}{\sqrt{2}} = \frac{8\sqrt{2}}{2} = 4\sqrt{2}$$

Vamos calcular o volume:

$V = a^3 = (4\sqrt{2}\ dm)^3 = 4^3\sqrt{2^3}\ dm^3 = 128\sqrt{2}\ dm^3$

O volume da caixa é $128\sqrt{2}\ dm^3$.

14. (Enem) Eclusa é um canal que, construído em águas de um rio com grande desnível, possibilita a navegabilidade, subida ou descida de embarcações. No esquema abaixo, está representada a descida de uma embarcação, pela eclusa do Porto Primavera, do nível mais alto do rio Paraná até o nível da jusante.

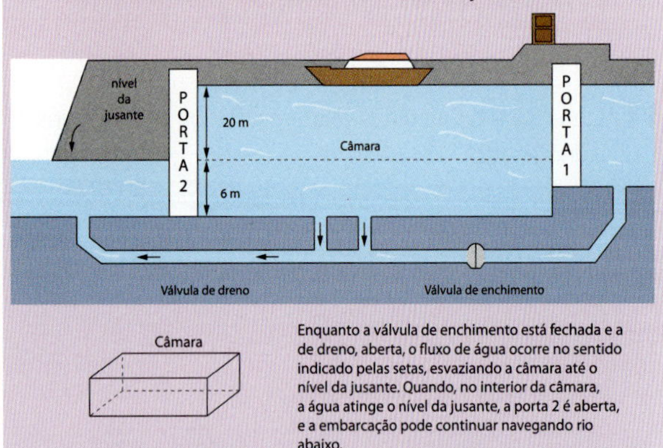

Enquanto a válvula de enchimento está fechada e a de dreno, aberta, o fluxo de água ocorre no sentido indicado pelas setas, esvaziando a câmara até o nível da jusante. Quando, no interior da câmara, a água atinge o nível da jusante, a porta 2 é aberta, e a embarcação pode continuar navegando rio abaixo.

A câmara dessa eclusa tem comprimento aproximado de 200 m e largura igual a 17 m. A vazão aproximada da água durante o esvaziamento da câmara é de $4\,200\ m^3$ por minuto. Assim, para descer do nível mais alto até o nível da jusante, uma embarcação leva cerca de:

a) 2 minutos.
b) 5 minutos.
c) 11 minutos.
d) 16 minutos.
e) 21 minutos.

> RESOLUÇÃO PASSO A PASSO:

1. Lendo e compreendendo

a) O que é dado no problema?

São dados o esquema de funcionamento da eclusa do Porto Primavera, as dimensões da câmara da eclusa (200 m × 17 m), a diferença de nível de água entre as duas partes do rio Paraná (20 m) e a vazão de água quando a câmara é esvaziada ($4\,200\ m^3/min$).

b) O que se pede?

Pede-se o tempo que uma embarcação leva para descer pela eclusa.

2. Planejando a solução

O tempo que a embarcação leva para descer equivale ao tempo que a câmara leva para ser esvaziada. Dessa forma, sabendo o volume de água que precisa ser retirado da câmara e a vazão de saída da água, podemos calcular esse tempo.

3. Executando o que foi planejado

A câmara de água equivale a um paralelepípedo reto retângulo, de dimensões 200 × 20 × 17 m. Assim, seu volume é dado por $V = 200 \times 20 \times 17 = 68\ 000\ m^3$ de água.

Uma vazão de $4\,200\ m^3$ de água por minuto significa que, a cada minuto, saem da câmara $4\,200\ m^3$ de água. Logo, o tempo necessário para escoar toda a água é de $\frac{68\,000}{4\,200} \simeq 16{,}20$ min.

4. Verificando

Vamos verificar qual é o volume de água que é escoado em 16 minutos:

$16 \cdot 4200 = 67\,200\ m^3$

Como o total de água da câmara é

$200 \cdot 20 \cdot 17 = 68\,000\ m^3$, então o tempo necessário é aproximadamente 16 min.

5. Respondendo

A resposta é a alternativa **d**.

6. Ampliando o problema

a) Suponha que se deseje que o tempo de descida da embarcação não supere 10 min. Nesse caso, qual teria de ser a vazão mínima de água?

b) **Discussão em equipe**

Eclusa é uma obra de engenharia que permite que barcos subam ou desçam os rios ou mares em locais onde há desníveis (barragem, quedas-d'água ou corredeiras), permitindo assim a navegação em trechos que de outro modo não seriam navegáveis. São "elevadores", que levam o navio de um "andar" para outro em um rio ou mar.

Troque ideias com seus colegas sobre estas questões:

- O transporte fluvial (pelos rios) é importante?
- Ele é necessário?
- Vale a pena gastar dinheiro fazendo eclusas?

Para ajudar a formação de opinião, leiam o texto abaixo sobre o Canal do Panamá:

"O Canal do Panamá é um canal com 82 quilômetros de extensão que corta o istmo do Panamá, ligando assim o Oceano Atlântico e o Oceano Pacífico. O canal possui dois grupos de eclusas no lado do Pacífico e um no do Atlântico. Neste último, as portas maciças de aço das eclusas triplas de Gatún têm 21 metros de altura e pesam 745 toneladas cada uma, mas são tão bem contrabalançadas que um motor de 30 kW é suficiente para abri-las e fechá-las. O lago Gatún, que fica a 26 metros acima do nível do mar, é alimentado pelo rio Chagres, onde foi construída uma barragem para a formação do lago. Do lago Gatún, o canal passa pela falha de Gaillard e desce em direção ao Pacífico, primeiro através de um conjunto de eclusas em Pedro Miguel, no lago Miraflores, a 16,5 metros acima do nível do mar, e, depois, através de um conjunto duplo de eclusas em Miraflores. Todas as eclusas do canal são duplas, de modo que os barcos possam passar nas duas direções. Os navios são dirigidos ao interior das eclusas por pequenos aparelhos ferroviários. O lado do Pacífico é 24 centímetros mais alto do que o lado do Atlântico e tem marés muito mais altas". <http://pt.wikipedia.org/wiki/Canal_do_Panama>. Acesso em: 14 ago. 2009.)

c) **Pesquisa**

- Quando o Canal do Panamá entrou em atividade?
- Que grande acontecimento mundial teve início no mesmo ano da inauguração do Canal do Panamá?

Exercícios propostos

37. Num paralelepípedo, as dimensões da base são 4 cm e 7 cm. Se a altura dele é 5 cm, determine o seu volume.

38. Quantos litros de água são necessários para encher uma caixa-d'água cujas dimensões são: 1,20 m por 0,90 m por 1 m? (Lembre-se: 1 dm³ corresponde a 1 ℓ.)

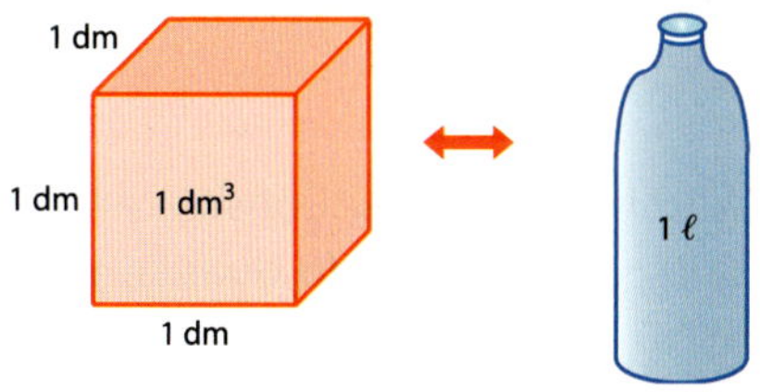

39. Certos lingotes de metal são fundidos na forma de paralelepípedo. Suas dimensões são 40 cm por 16 cm por 20 cm. Qual é o volume desse lingote de metal?

40. Qual é o volume de um cubo de aresta $5\sqrt{3}$ cm?

41. Qual deve ser a medida da aresta de uma caixa-d'água cúbica para que ela possa conter 8 000 ℓ de água?

42. Para fabricar uma caixa cúbica de papelão são gastos 600 cm² de material. Qual é o volume dessa caixa?

43. Qual é o volume de um sólido cujas forma e medidas estão indicadas na figura a seguir?

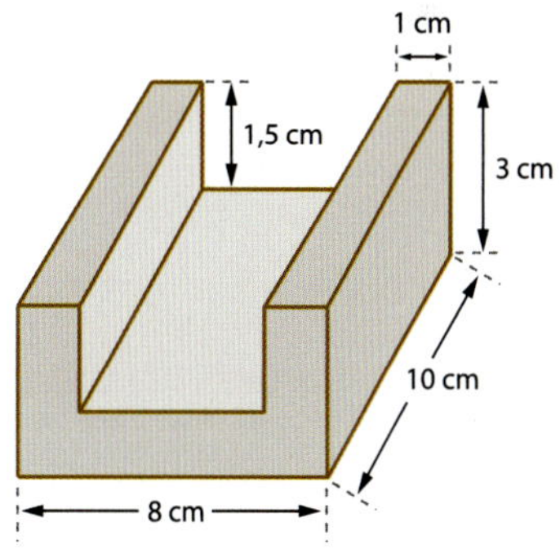

44. Ao projetar uma estrada, a equipe de engenharia de uma empresa verifica que é preciso fazer um corte em um morro de acordo com a forma e as medidas indicadas na figura a seguir. Qual é o volume de terra a ser removido?

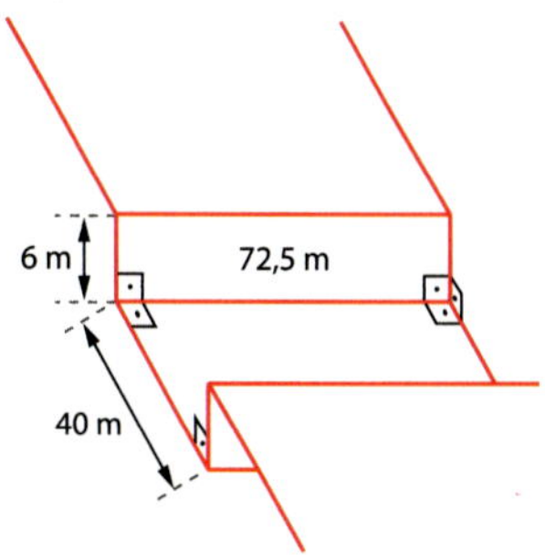

45. Uma piscina tem o formato e as medidas representadas na figura a seguir. Qual é o volume máximo de água que essa piscina pode conter?

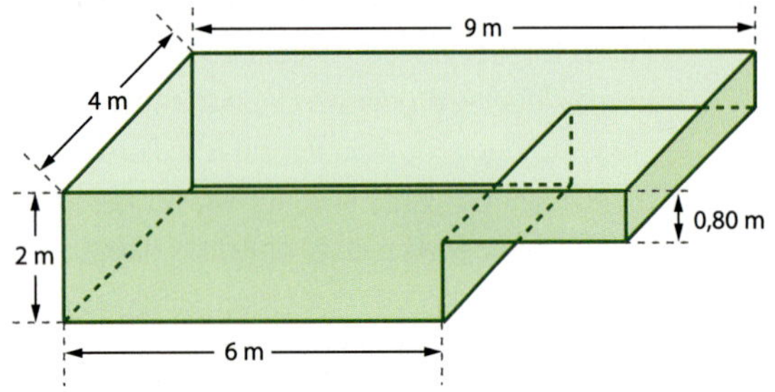

46. Três cubos de chumbo, com arestas de 6 cm, 8 cm e 10 cm, respectivamente, são fundidos em uma só peça cúbica. Qual é o volume da peça cúbica obtida?

47. A diagonal de um cubo mede $10\sqrt{3}$ cm. Qual é o volume desse cubo?

48. Sabendo que as dimensões de um tijolo de argila são 20 cm por 9 cm por 7 cm, qual é o volume de argila empregado para fabricar esse tijolo?

8 Princípio de Cavalieri

Imagine três pilhas com o mesmo número de folhas de papel, arrumadas de formas diferentes, como indicam as figuras:

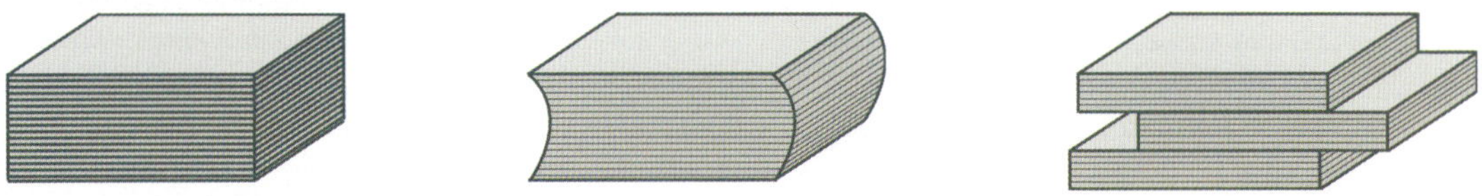

Note que qualquer plano horizontal que seccione as três pilhas terá intersecções de mesma área (uma folha); note também que as três pilhas têm volumes iguais (só mudam as formas).

Essa situação serve para ilustrar o *princípio de Cavalieri*, que veremos em seguida.

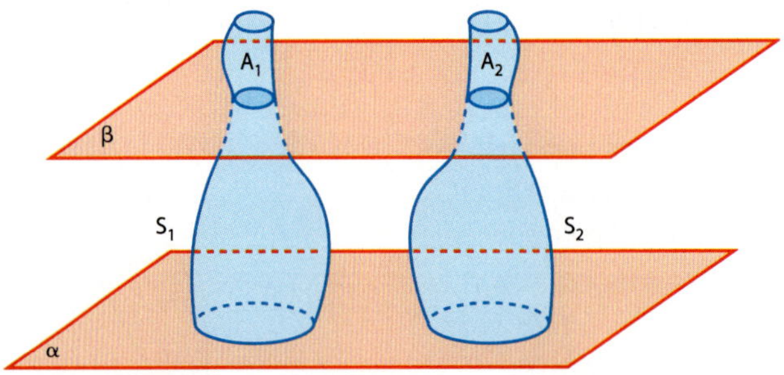

Vamos considerar os sólidos $\mathbf{S_1}$ e $\mathbf{S_2}$ apoiados em um plano horizontal α. Consideremos também o plano β, paralelo a α, que, ao secionar $\mathbf{S_1}$, também secciona $\mathbf{S_2}$, determinando duas regiões planas de áreas $\mathbf{A_1}$ e $\mathbf{A_2}$.

Nessas condições, podemos afirmar que, *se para todo plano β temos $A_1 = A_2$*, então:

$$\textit{volume } S_1 = \textit{volume } S_2$$

É possível demonstrar o princípio de Cavalieri, mas aqui vamos considerá-lo verdadeiro sem fazer a sua demonstração. Veremos que esse princípio simplifica muito o cálculo de volumes.

Um pouco de História

O italiano Bonaventura Francesco Cavalieri (1598-1647), que foi discípulo de Galileu, publicou em 1635 sua *Teoria do indivisível*, contendo o que hoje é conhecido como "princípio de Cavalieri". Entretanto, sua teoria, que permitia que se encontrassem rapidamente e com exatidão a área e o volume de muitas figuras geométricas, foi duramente criticada na época. Segundo seus críticos, a teoria não se mostrava suficientemente embasada.

Mal sabiam esses críticos que o princípio de Cavalieri se tornaria um dos pilares do que hoje conhecemos como cálculo integral, ajudando a definir a noção de integral.

Em 1647 Cavalieri publicou a obra *Exercitationes geometricae sex*, na qual apresentou sua teoria de maneira mais clara. Esse livro transformou-se em fonte importante para os matemáticos do século XVII. Cavalieri também escreveu sobre Astronomia e Óptica.

Fonte: <http://ecalculo.if.usp.br/historia/cavalieri.htm>. Acesso em: 26 nov. 2009.

9 Volume do prisma

Para calcular o volume de um prisma qualquer, aplicamos o princípio de Cavalieri.

Inicialmente, observamos que, num prisma qualquer com a base contida num plano α, se π é paralelo a α, a secção determinada por π no prisma será sempre congruente à base, e por isso essa secção e a base terão sempre áreas iguais.

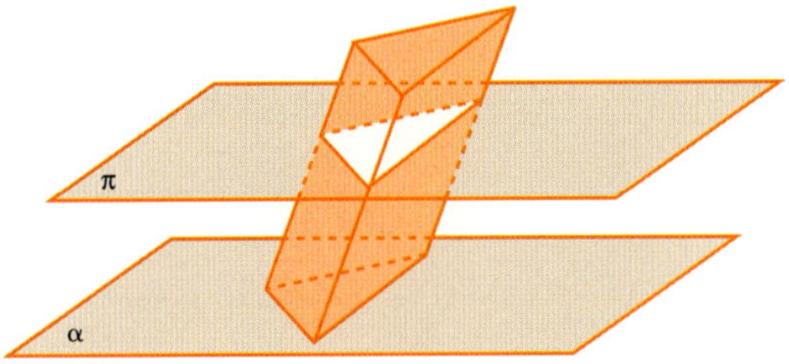

Fique atento

Em todo prisma uma secção paralela à base é congruente a essa base.

Podemos agora calcular o volume de um prisma qualquer utilizando o paralelepípedo retângulo como auxílio.

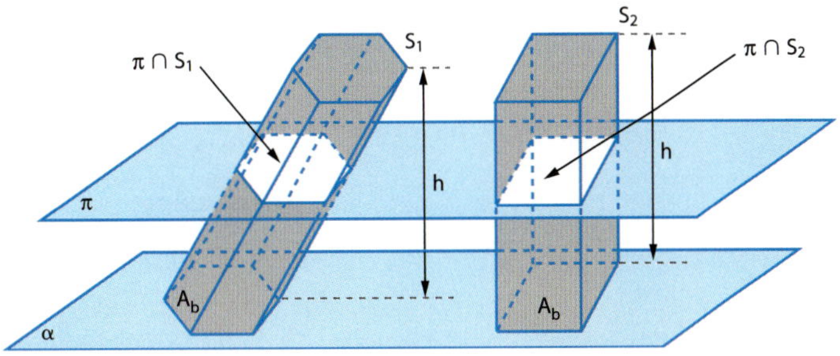

Vamos considerar um prisma $\mathbf{S_1}$, cuja área da base é $\mathbf{A_b}$ e a altura é **h**, e também um paralelepípedo retângulo $\mathbf{S_2}$, cuja área da base é $\mathbf{A_b}$ e a altura é **h**. O plano α que contém as bases é horizontal. Qualquer plano horizontal π que secciona os dois sólidos determina no prisma $\mathbf{S_1}$ a secção $\pi \cap S_1$, cuja área é igual a $\mathbf{A_b}$, e no paralelepípedo retângulo $\mathbf{S_2}$ determina a secção $\pi \cap S_2$, cuja área é igual a $\mathbf{A_b}$.

Como área $(\pi \cap S_1) = A_b$ e área $(\pi \cap S_2) = A_b$, para qualquer plano horizontal π temos:

$$\text{área } (\pi \cap S_1) = \text{área } (\pi \cap S_2)$$

Pelo princípio de Cavalieri, concluímos que:

volume do prisma = volume do paralelepípedo retângulo

Como o volume do paralelepípedo retângulo é obtido multiplicando-se a área da base pela altura, temos:

$$\text{volume do prisma} = \text{área da base} \cdot \text{altura}$$
$$V = A_b h$$

Exercícios resolvidos

15. Calcule o volume do prisma reto indicado na figura abaixo.

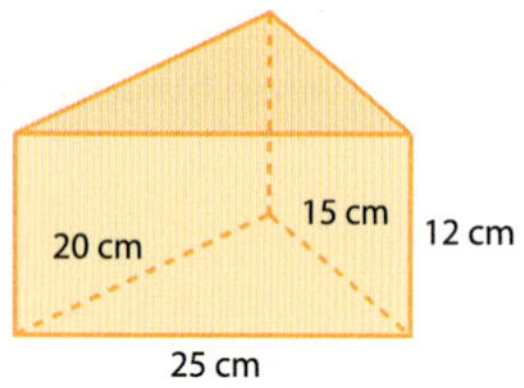

Resolução:

A base desse prisma é um triângulo do qual são conhecidos os três lados.

Pode-se obter a área usando a fórmula de Heron:

$A = \sqrt{p(p-a)(p-b)(p-c)}$, apresentada no volume 1.

$A_b = \sqrt{30 \cdot 5 \cdot 10 \cdot 15} = \sqrt{22\,500} = 150$

A altura do prisma é de 12 cm. Seu volume é:

$V = A_b h = 150 \cdot 12 = 1\,800 \text{ cm}^3$

Logo, o volume do prisma é de 1 800 cm^3.

16. Queremos encher de areia a caixa indicada na figura seguinte. Qual é o volume de areia que cabe nessa caixa? (Dado: $\sqrt{3} \simeq 1{,}7$.)

realidade

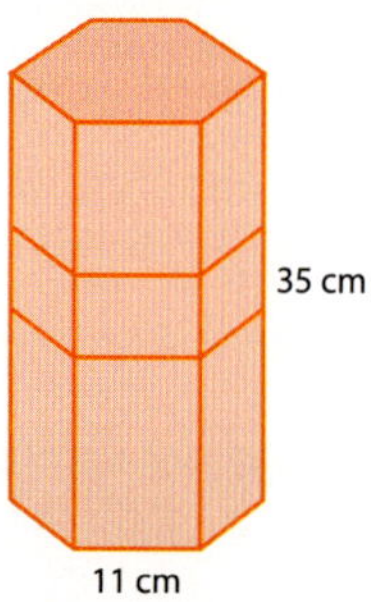

modelo matemático

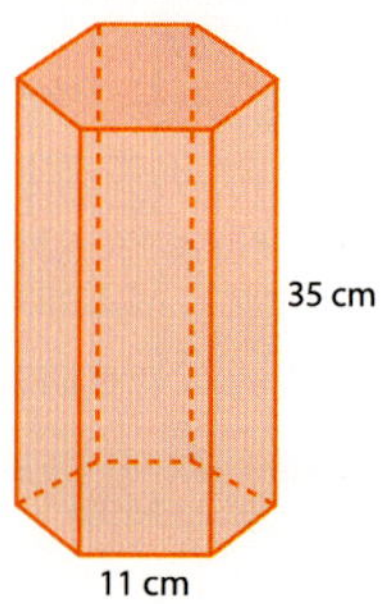

Resolução:

A área da base é a área de um hexágono regular cujo lado mede 11 cm. Sabemos que o hexágono regular é formado por 6 triângulos equiláteros e que a área de um triângulo equilátero de lado ℓ é dada por $\frac{\ell^2\sqrt{3}}{4}$.

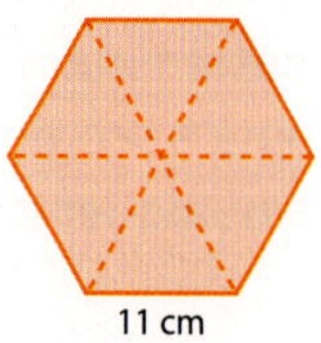

Logo, a área da base é dada por:

$$A_b = 6 \cdot \frac{11^2\sqrt{3}}{4} \simeq 308{,}6 \text{ cm}^2$$

O volume do prisma é dado por $V = A_b h$, sendo $A_b \simeq 308{,}6 \text{ cm}^2$ e $h = 35$ cm.

$V = 308{,}6 \text{ cm}^2 \cdot 35 \text{ cm} = 10\,801 \text{ cm}^3 = 10{,}801 \text{ dm}^3$

O volume de areia que cabe nessa caixa é de aproximadamente 11 dm^3.

17. Calcule o volume de uma porca de parafuso cuja forma e cujas medidas estão indicadas na figura abaixo.

Resolução:

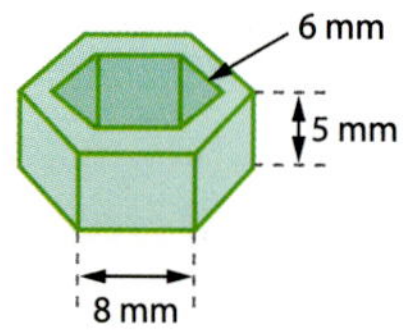

Vamos indicar por:

$\mathbf{V_1}$: o volume do prisma maior

$\mathbf{V_2}$: o volume do prisma menor

$V = V_1 - V_2$: volume da porca

- Vamos calcular $\mathbf{V_1}$:

$$A_{b_1} = 6 \cdot \frac{\ell^2\sqrt{3}}{4} = 6 \cdot \frac{8^2\sqrt{3}}{4} \simeq 163{,}2 \text{ mm}^2$$

$$V_1 = A_{b_1} h = 163{,}2 \text{ mm}^2 \cdot 5 \text{ mm} = 816 \text{ mm}^3$$

- Vamos calcular $\mathbf{V_2}$:

$$A_{b_2} = 6 \cdot \frac{\ell^2\sqrt{3}}{4} = 6 \cdot \frac{6^2\sqrt{3}}{4} \simeq 91{,}8 \text{ mm}^2$$

$$V_2 = A_{b_2} h = 91{,}8 \text{ mm}^2 \cdot 5 \text{ mm} = 459 \text{ mm}^3$$

- Vamos calcular $\mathbf{V}$:

$V = V_1 - V_2 = 816 - 459 = 357 \text{ mm}^3$

O volume da porca de parafuso é 357 mm^3.

18. A área total de um prisma hexagonal regular é $\left(96 + 12\sqrt{3}\right) \text{m}^2$. A aresta da base do prisma mede 2 m. Calcule a altura e o volume do prisma.

Resolução:

Calculamos primeiro a área da base, em que a = 2:

$$A_b = 6 \cdot \frac{a^2\sqrt{3}}{4} = 6 \cdot \frac{\cancel{4}\sqrt{3}}{\cancel{4}} = 6\sqrt{3}$$

Vamos agora calcular a área lateral, sabendo que cada face é uma região retangular de dimensões 2 e **h**:

$A_\ell = 6 \cdot 2h = 12h$

Como $A_t = A_\ell + 2A_b$, temos:

$$96 + \cancel{12\sqrt{3}} = 12h + \cancel{12\sqrt{3}} \Rightarrow 12h = 96 \Rightarrow h = 8$$

Vamos calcular o volume do prisma:

$V = A_b h = 6\sqrt{3} \cdot 8 = 48\sqrt{3} \text{ m}^3$

Portanto, a altura mede 8 m e o volume é $48\sqrt{3} \text{ m}^3$.

19. Aumentando em 1 cm a aresta de um cubo, sua área lateral aumenta em 164 cm^2. Qual é o volume do cubo original?

Resolução:

Seja **a** a aresta do cubo original e (a + 1) a aresta do novo cubo.

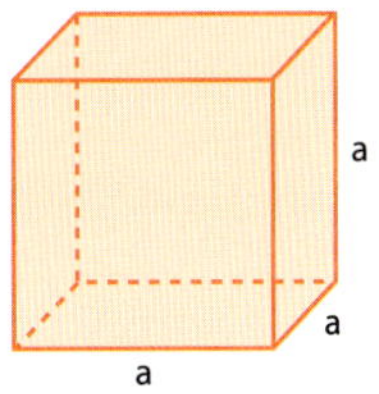

cubo 1
$A_\ell = 4a^2$

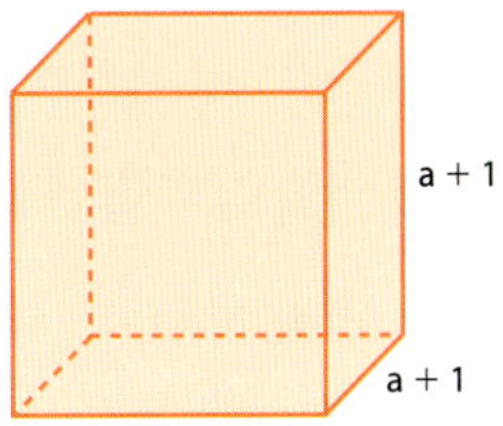

cubo 2
$A_\ell = 4(a + 1)^2$

Pelos dados do problema, temos:

$4(a + 1)^2 = 4a^2 + 164 \Rightarrow$

$\Rightarrow \cancel{4a^2} + 8a + 4 - \cancel{4a^2} = 164 \Rightarrow 8a = 160 \Rightarrow$

$\Rightarrow a = 20$

Portanto, a aresta do cubo original é $a = 20$ cm e seu volume é:

$V = a^3 = (20 \text{ cm})^3 = 8\,000 \text{ cm}^3$

Exercícios propostos

49. Determine o volume de um prisma triangular regular cuja aresta da base mede 4 cm e cuja altura mede $10\sqrt{3}$ cm.

50. Uma barra de ouro é fundida na forma de um prisma cuja base é um trapézio (figura ao lado). As bases desse trapézio medem 8 cm e 12 cm e a altura da barra é 5 cm. O comprimento da barra é 30 cm. Qual é o seu volume?

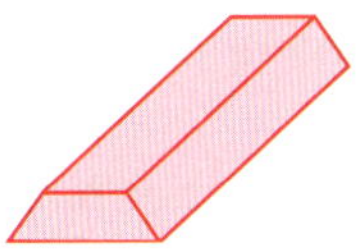

51. Calcule o volume de uma peça de metal cuja forma e cujas medidas estão indicadas na figura abaixo:

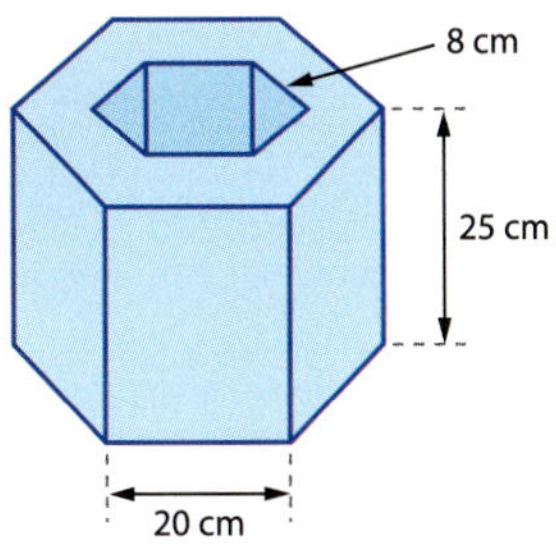

52. É dada uma cunha cuja forma está indicada na figura abaixo. A base da cunha é triangular regular e sua aresta mede 16 cm. A altura da cunha é de 10 cm. Qual é o seu volume?

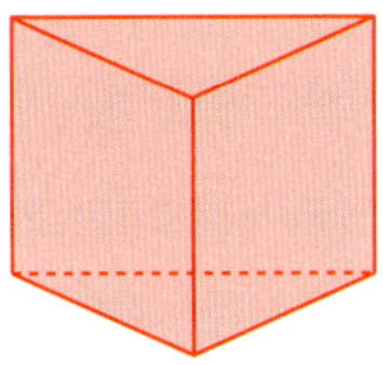

53. *Situação-problema da introdução do capítulo (p. 254)*
Duas caixas ocas de madeira serão construídas com as formas e medidas indicadas nas figuras a seguir.

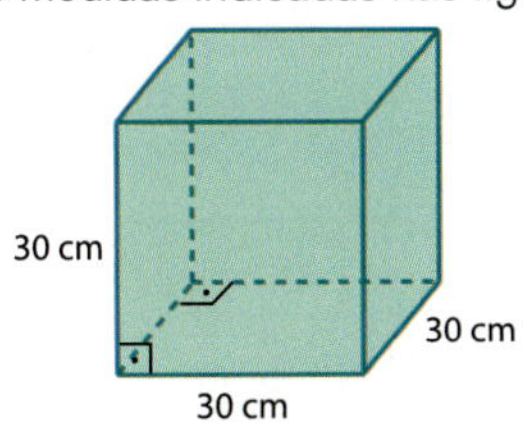

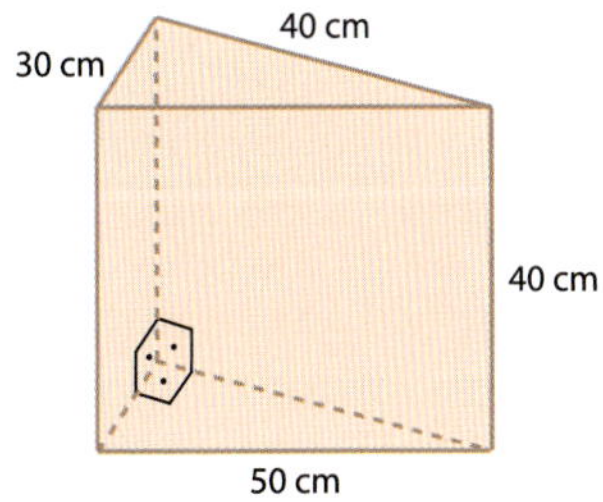

Deseja-se saber:

- Em qual delas será usada maior quantidade de madeira?
- Qual delas terá espaço interno maior?

54. O volume de um prisma regular de base quadrada é 700 cm³. O perímetro da base é de 40 cm. Calcule a altura e a área total do prisma.

55. A base de um prisma reto é um hexágono regular de lado 8 cm. As faces laterais desse prisma são quadradas. Calcule o volume e a área total do prisma.

56. Consideremos dois prismas regulares de mesma altura, o primeiro de base triangular e o segundo de base hexagonal. Em ambos os prismas, a aresta da base mede 4 cm. Qual é a razão entre seus volumes?

57. As dimensões de um paralelepípedo retângulo são 9 m, 6 m e 4 m. Calcule a medida da aresta de um cubo cujo volume é igual ao volume do paralelepípedo.

58. Em um paralelepípedo retângulo, o volume é 600 cm³. Uma das dimensões da base é igual ao dobro da outra, enquanto a altura é 12 cm. Calcule a área total do paralelepípedo.

59. Um paralelepípedo retângulo tem 1 m de comprimento, 2 m de largura e 3 m de altura. Um segundo paralelepípedo retângulo tem o mesmo volume que o primeiro, o comprimento **x** metros maior do que o anterior, a largura **x** metros maior do que a anterior e a altura **x** metros menor do que a anterior. Determine o valor de **x**.

60. Um cubo tem 96 m² de área total. Aumentando-se em **x** metros a sua aresta, o volume do cubo se torna igual a 216 m³. Calcule o valor de **x**.

10 Pirâmides

Construção e definição de pirâmide

Considere uma região poligonal, por exemplo, ABCDE, contida em um plano α e um ponto **V** exterior ao plano da região poligonal. Traçamos os segmentos $\overline{VA}$, $\overline{VB}$, $\overline{VC}$, $\overline{VD}$ e $\overline{VE}$. Cada dois vértices consecutivos de ABCDE determinam com **V** uma região triangular. Essas regiões triangulares, juntamente com a região poligonal ABCDE, determinam um poliedro chamado *pirâmide* de base ABCDE e vértice **V**.

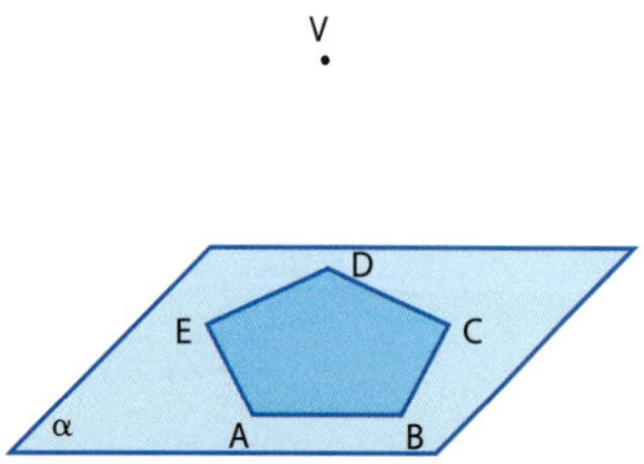

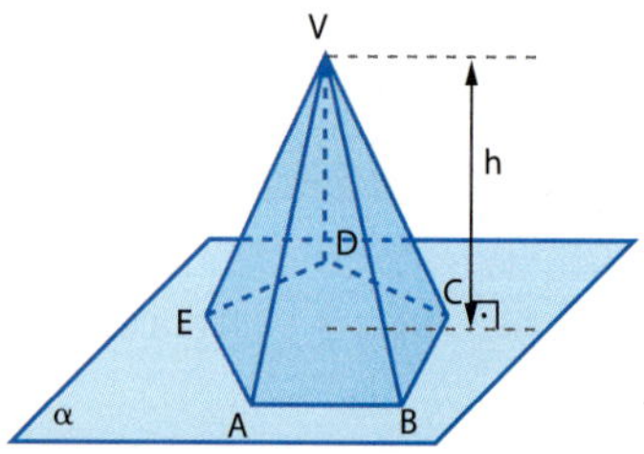

A região do espaço ocupada pela pirâmide é formada pelos pontos dos segmentos de reta que ligam o vértice **V** aos pontos da região poligonal (base).

A distância do vértice ao plano da base, que indicamos por **h**, é chamada *altura da pirâmide*.

Os segmentos $\overline{VA}$, $\overline{VB}$, $\overline{VC}$, $\overline{VD}$ e $\overline{VE}$ são chamados de *arestas laterais*, e as regiões triangulares VAB, VBC, VCD, VDE e VEA, de *faces laterais* da pirâmide.

Veja a seguir alguns exemplos de pirâmides:

1º)

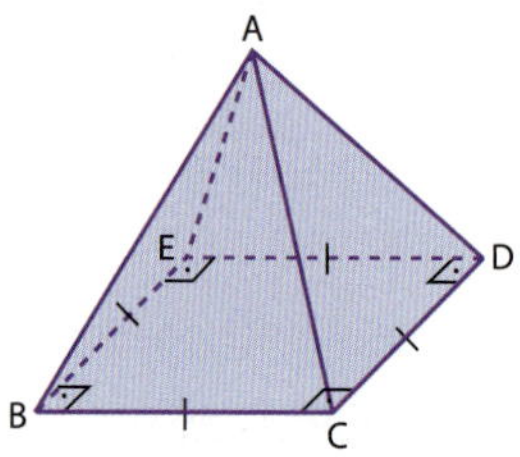

2º)

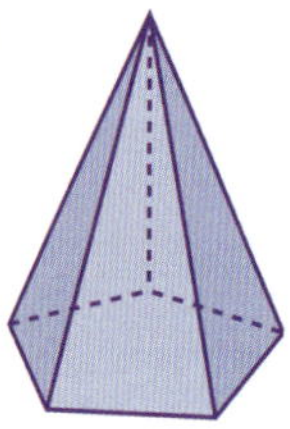

3º)

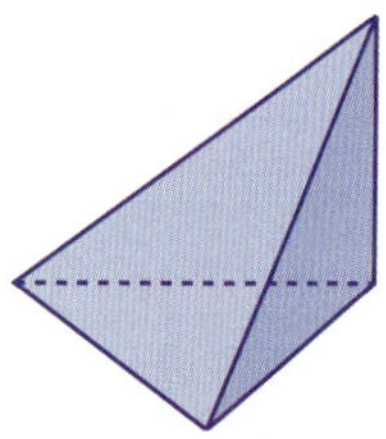

A 1ª pirâmide, ABCDE, é uma pirâmide de base quadrada (ou pirâmide quadrada); a região poligonal BCDE é sua base, $\overline{AC}$ é uma aresta lateral, $\overline{BC}$ é uma aresta da base e a região triangular ACD é uma das faces laterais.

A 2ª pirâmide tem base pentagonal (ou pirâmide pentagonal) e a 3ª tem base triangular (tetraedro).

Observação: Se todas as arestas laterais são congruentes, a pirâmide é *reta*; caso contrário, ela é *oblíqua*. Nos exemplos dados, a 1ª e a 2ª são pirâmides retas e a 3ª é oblíqua.

Pirâmide regular

Pirâmide regular é uma pirâmide reta cuja base é uma região poligonal limitada por um polígono regular.

Vamos considerar uma pirâmide cuja base é uma região quadrada com arestas laterais congruentes:

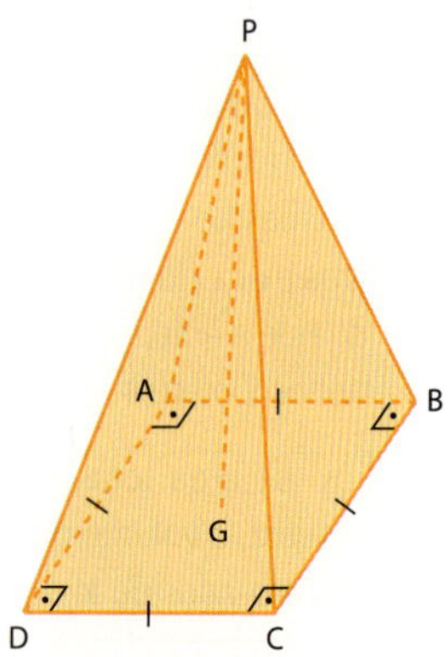

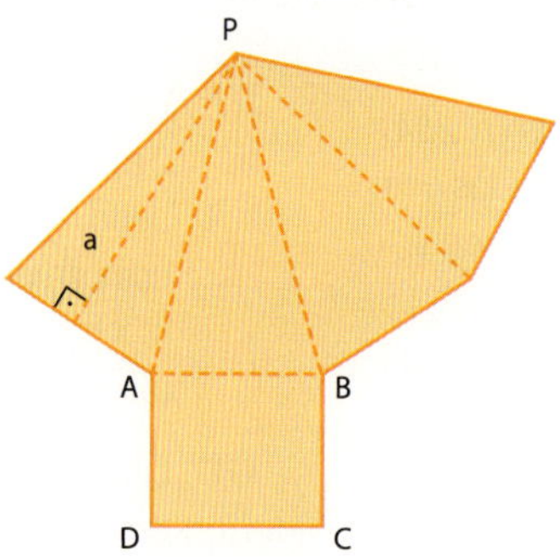

pirâmide planificada

Fique atento

Polígono regular é o que tem todos os lados e todos os ângulos internos congruentes. Ele pode sempre ser inscrito numa circunferência, cujo centro é considerado também centro do polígono regular.

Essa pirâmide é regular, pois sua base é uma região poligonal regular (quadrada) e suas arestas são congruentes (pirâmide reta).

Nesse caso, podemos ainda afirmar que:

- o segmento $\overline{PG}$ que liga o vértice ao centro da base é a altura da pirâmide;
- as faces laterais são regiões triangulares isósceles e congruentes;
- a altura de cada face lateral é conhecida por apótema da pirâmide regular (**a**).

Observação: Em toda pirâmide regular devemos destacar quatro importantes triângulos retângulos, nos quais aparecem: a aresta da base (ℓ), a aresta lateral (ℓ_1), o raio da base (**r**), o apótema da pirâmide (**a**), o apótema da base (**a_1**) e a altura da pirâmide (**h**).

Veja, em uma pirâmide regular pentagonal, a aplicação da relação de Pitágoras nesses triângulos:

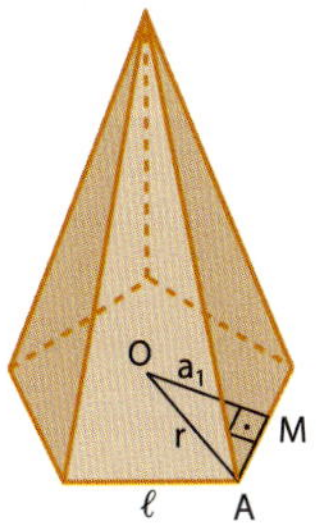

$\triangle OMA$

$$r^2 = a_1^2 + \left(\frac{\ell}{2}\right)^2$$

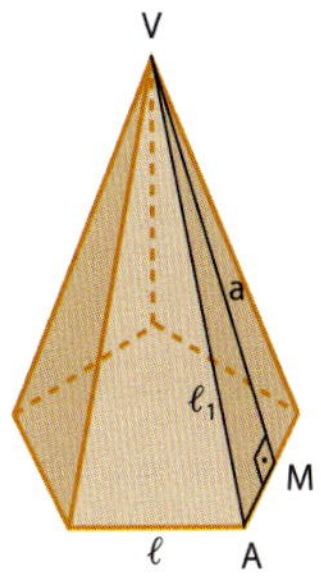

$\triangle VMA$

$$\ell_1^2 = a^2 + \left(\frac{\ell}{2}\right)^2$$

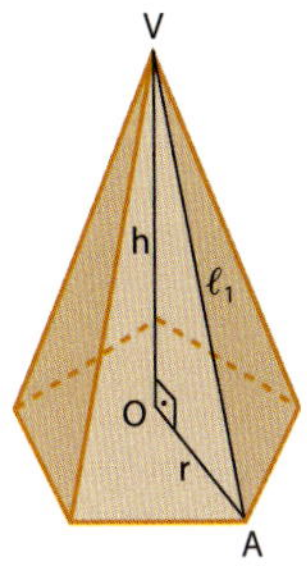

$\triangle VOA$

$$\ell_1^2 = h^2 + r^2$$

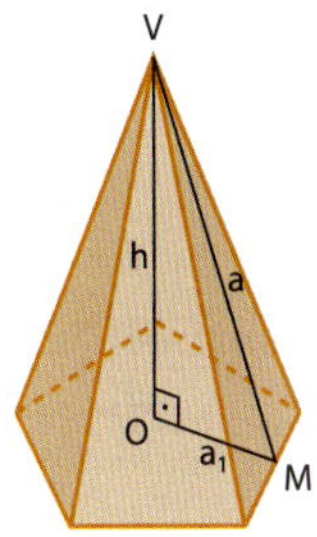

$\triangle VOM$

$$a^2 = h^2 + a_1^2$$

Caso particular importante: o tetraedro regular

Uma pirâmide particular formada por quatro regiões triangulares congruentes e equiláteras é o *tetraedro regular* (*tetra*: quatro; *edro*: face).

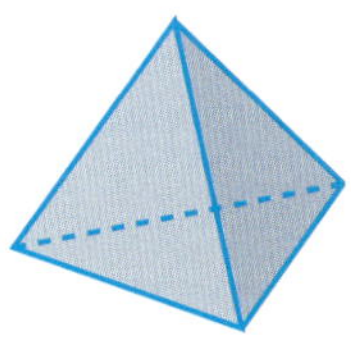

tetraedro regular

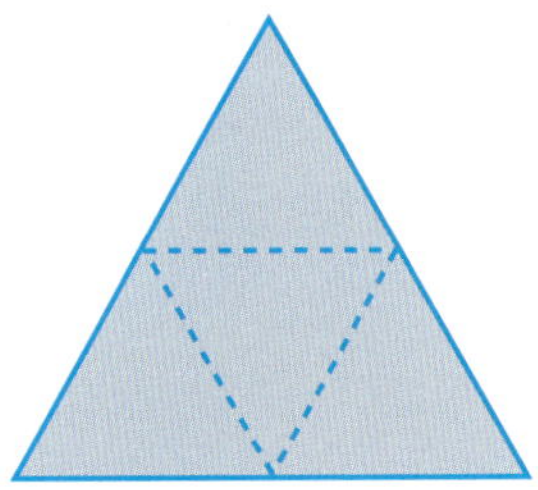

planificado

Nele, qualquer uma das faces pode ser considerada base. O tetraedro regular é um caso particular de pirâmide regular.

Área da superfície de uma pirâmide

Do mesmo modo que foi visto nos prismas, nas pirâmides também temos:

- *superfície lateral*: é formada pelas faces laterais (triangulares);
- *área lateral*: é a área da superfície lateral;
- *superfície total*: é formada pelas faces laterais e pela base;
- *área total*: é a área da superfície total.

Exercício resolvido

20. Uma pirâmide regular hexagonal tem 8 cm de altura e a aresta da sua base mede $3\sqrt{3}$ cm. Calcule a área total.

Resolução:

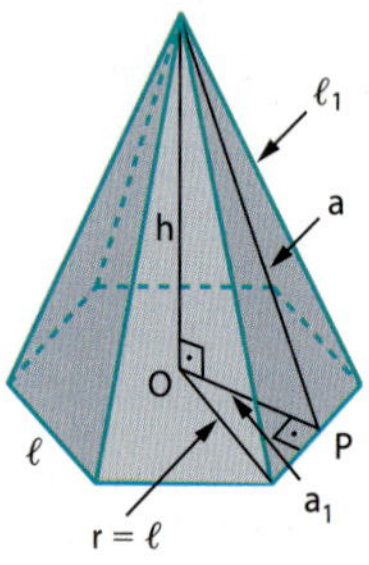

Sabemos que:

$$\begin{cases} A_{total} = A_{base} + A_{lateral}\ (A_t = A_b + A_\ell) \\ a_1 = \dfrac{\ell\sqrt{3}}{2} \\ A_b = 6 \cdot \dfrac{\ell^2\sqrt{3}}{4} \\ r = \ell \\ r^2 = \ell^2 = a_1^2 + \left(\dfrac{\ell}{2}\right)^2 \\ a^2 = h^2 + a_1^2 \\ \ell = 3\sqrt{3} \\ h = 8 \end{cases}$$

- Cálculo de $\mathbf{A_b}$ (área da base):

$$A_b = 6 \cdot \frac{(3\sqrt{3})^2 \cdot \sqrt{3}}{4} = \frac{6 \cdot 9 \cdot 3\sqrt{3}}{4} =$$

$$= \frac{162\sqrt{3}}{4} \simeq 68{,}85$$

- Cálculo de $\mathbf{a_1}$ (apótema da base):

$$a_1 = \frac{3\sqrt{3} \cdot \sqrt{3}}{2} = \frac{9}{2}$$

ou

$$(3\sqrt{3})^2 = a_1^2 + \left(\frac{3\sqrt{3}}{2}\right)^2 \Rightarrow$$

$$\Rightarrow a_1^2 = 27 - \frac{27}{4} = \frac{81}{4} \Rightarrow a_1 = \frac{9}{2}$$

- Cálculo de **a** (apótema da pirâmide):

$$a^2 = 8^2 + \left(\frac{9}{2}\right)^2 = 64 + \frac{81}{4} = \frac{337}{4} =$$

$$= 84{,}25 \Rightarrow a = \sqrt{84{,}25} \simeq 9{,}1$$

- Cálculo de $\mathbf{A_\ell}$ (área lateral):

$$A_\ell = 6 \cdot \frac{\ell a}{2} = 3 \cdot 3\sqrt{3} \cdot 9{,}1 \simeq 139{,}23$$

- Cálculo de $\mathbf{A_t}$ (área total):

$$A_t = A_b + A_\ell = 68{,}85 + 139{,}23 = 208{,}08 \text{ cm}^2$$

Exercícios propostos

61. Uma pirâmide regular hexagonal tem 10 cm de altura e a aresta da sua base mede 4 cm. Considerando $\sqrt{3} = 1{,}7$, calcule:

a) o apótema da base

b) o apótema da pirâmide

c) a aresta lateral

d) a área da base

e) a área lateral

f) a área total

62. Num tetraedro regular, a aresta mede $2\sqrt{3}$ cm.

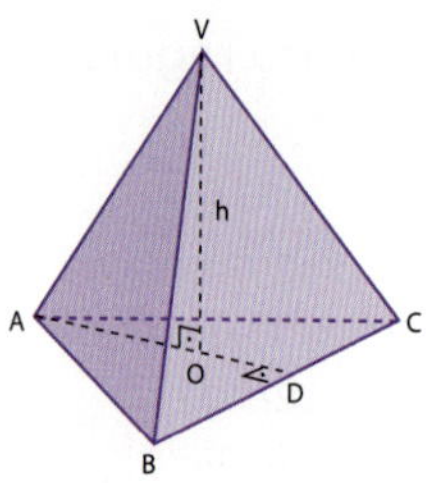

Calcule:

a) a altura do tetraedro

b) a área total

(Dica: o ponto **O** é o baricentro do triângulo ABC.)

63. Determine a área total de uma pirâmide regular cuja altura é 15 cm e cuja base é um quadrado de 16 cm de lado.

64. Calcule a área lateral de uma pirâmide regular triangular cuja aresta lateral mede 13 cm e o apótema da pirâmide mede 12 cm.

65. A soma das medidas de todas as arestas de um tetraedro regular é 72 cm. Calcule a área total do tetraedro.

66. Uma pirâmide quadrangular regular tem todas as arestas iguais e a área da base igual a 16 cm². Qual é a área total da pirâmide?

67. A base de uma pirâmide é uma das faces de um cubo de aresta 2 cm. Sendo a aresta lateral da pirâmide desenhada ao lado igual à diagonal do cubo e supondo que a pirâmide e o cubo estão em semiespaços opostos em relação ao plano da base da pirâmide, calcule a área total do sólido formado pela união da pirâmide com o cubo.

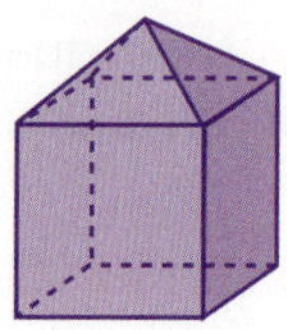

68. Determine a área total de uma pirâmide regular hexagonal, sabendo que a aresta da base mede 8 cm e a altura da pirâmide mede 12 cm.

Volume da pirâmide

Observe a figura abaixo.

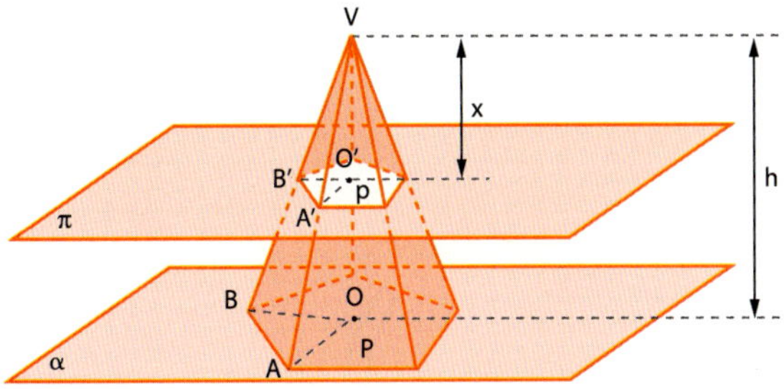

> **Fique atento**
>
> Regiões poligonais semelhantes têm ângulos congruentes e segmentos correspondentes proporcionais. Se $\frac{a}{b}$ é a razão constante entre seus segmentos correspondentes, então $\left(\frac{a}{b}\right)^2$ é a razão entre suas áreas.

A pirâmide tem a base **P** contida no plano α e está sendo seccionada pelo plano horizontal π, paralelo a α.

A secção da pirâmide pelo plano π é uma região poligonal **p** semelhante à base **P**. É interessante notar que a secção de uma pirâmide por um plano paralelo à base destaca uma pirâmide menor, que é semelhante à original. A pirâmide miniatura tem base **p** e altura **x** (distâncias do ponto **V** ao plano π), e a pirâmide original tem base **P** e altura **h**.

Foi visto no volume 1 que, se duas figuras geométricas são semelhantes, com razão **k** entre suas dimensões lineares, então suas áreas têm razão $\mathbf{k^2}$. No caso, **k** é a razão entre as alturas **h** e **x** das pirâmides semelhantes.

$$k = \frac{h}{x} \Rightarrow k^2 = \left(\frac{h}{x}\right)^2$$

Assim, se **p** e **P** são semelhantes, então:

$$\frac{\text{área de } \mathbf{P}}{\text{área de } \mathbf{p}} = \left(\frac{h}{x}\right)^2$$

Vamos agora considerar duas pirâmides cujas áreas das bases são iguais e têm a mesma altura. Vejamos o que acontece com as áreas das secções transversais situadas à mesma distância do vértice da pirâmide.

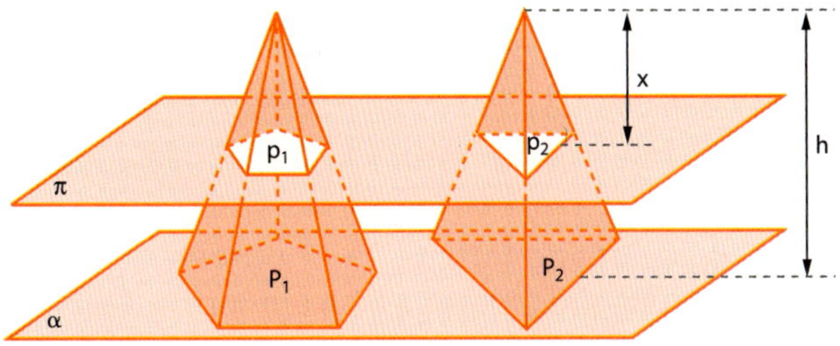

Já vimos que $\frac{\text{área de } \mathbf{P_1}}{\text{área de } \mathbf{p_1}} = \left(\frac{h}{x}\right)^2$ e $\frac{\text{área de } \mathbf{P_2}}{\text{área de } \mathbf{p_2}} = \left(\frac{h}{x}\right)^2$.

Daí tiramos $\frac{\text{área de } \mathbf{P_1}}{\text{área de } \mathbf{p_1}} = \frac{\text{área de } \mathbf{P_2}}{\text{área de } \mathbf{p_2}}$.

Como consideramos inicialmente que área de $\mathbf{P_1}$ = área de $\mathbf{P_2}$, concluímos que:

área de $\mathbf{p_1}$ = área de $\mathbf{p_2}$ para qualquer plano horizontal π

Então, pelo princípio de Cavalieri, temos que os volumes das pirâmides são iguais, ou seja:

Pirâmides com áreas das bases iguais e com mesma altura têm volumes iguais.

Cálculo do volume da pirâmide triangular

Vamos agora decompor um prisma triangular em três pirâmides, como indicam as figuras:

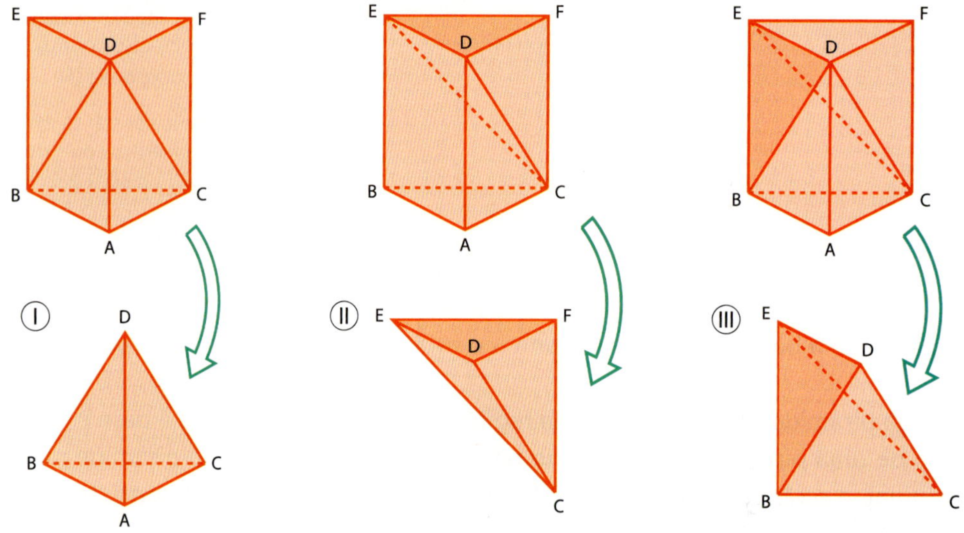

Observações:

1ª) As pirâmides **I** e **II** têm bases congruentes e alturas iguais. De fato, os triângulos ABC e DEF são congruentes e a distância de **D** ao plano (ABC) é igual à distância de **C** ao plano (DEF) – altura do prisma original. Logo, **I** e **II** têm o mesmo volume.

2ª) As pirâmides **II** e **III** também têm bases congruentes e alturas iguais. De fato, o triângulo CEF é congruente ao triângulo BCE, pois cada um deles é a metade do paralelogramo BCFE, e a altura de cada uma dessas pirâmides é a distância de **D** ao plano (BCFE). Logo, **II** e **III** têm o mesmo volume. Assim, $V_I = V_{II}$ e $V_{II} = V_{III}$ e, portanto, os três volumes são iguais.

Lembrando que $V_{prisma} = V_I + V_{II} + V_{III}$ e fazendo $V_I = V_{II} = V_{III} = V$, temos que:

$$V_{prisma} = 3V \Rightarrow V = \frac{V_{prisma}}{3}$$

Como V_{prisma} = área da base · altura, temos:

$$V \text{ ou } V_{\text{pirâmide triangular}} = \frac{\text{área da base} \cdot \text{altura}}{3}$$

3ª) A propriedade tratada na 2ª observação pode ser verificada experimentalmente. Se quiséssemos encher de água uma vasilha em forma de prisma usando um recipiente em forma de pirâmide, com mesma base e mesma altura, seria necessário usá-lo três vezes para encher a vasilha.

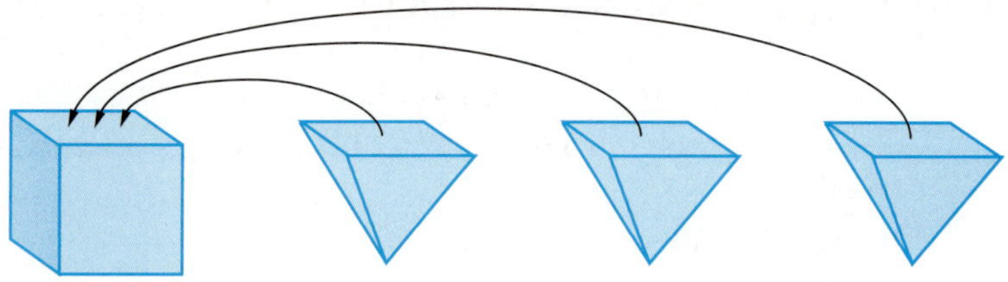

Cálculo do volume de uma pirâmide qualquer

Agora, para determinar o volume de uma *pirâmide qualquer*, usamos a conclusão anterior e o princípio de Cavalieri. Assim, dada uma pirâmide qualquer, consideramos uma outra pirâmide triangular que tenha a mesma área da base e a mesma altura que essa pirâmide qualquer.

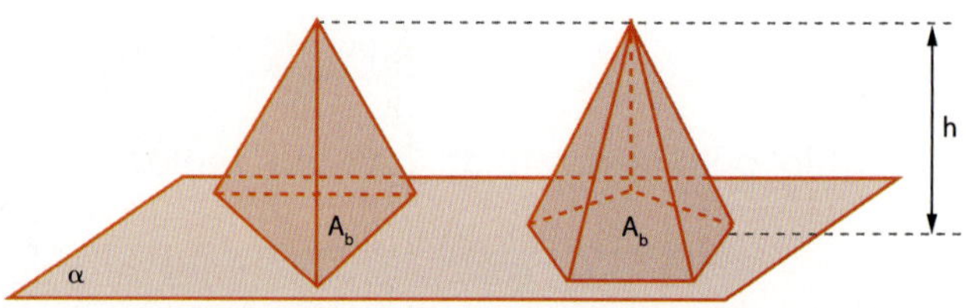

O princípio de Cavalieri garante que duas pirâmides com áreas das bases iguais e com a mesma altura têm volumes iguais. Então:

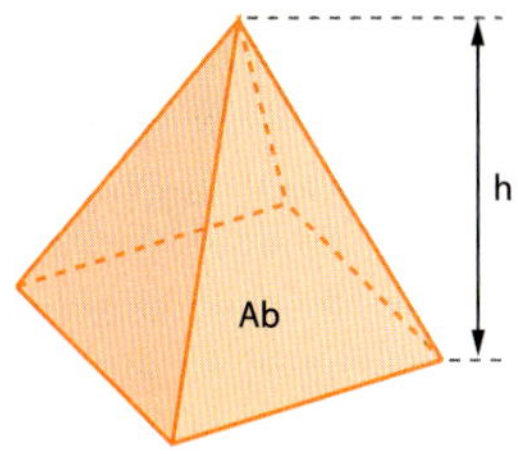

volume da pirâmide triangular = volume de uma pirâmide qualquer (de mesma área da base e mesma altura)

Como o volume da pirâmide triangular é obtido pela fórmula $\frac{\text{área da base} \cdot \text{altura}}{3}$, concluímos que:

$$\text{volume de uma pirâmide qualquer} = \frac{\text{área da base} \cdot \text{altura}}{3}$$

ou seja:

$$V = \frac{A_b h}{3}$$

Exercícios resolvidos

21. A área da base de uma pirâmide é 36 cm². Uma secção transversal feita a 3 cm da base tem 9 cm² de área. Calcule a altura da pirâmide.

Resolução:

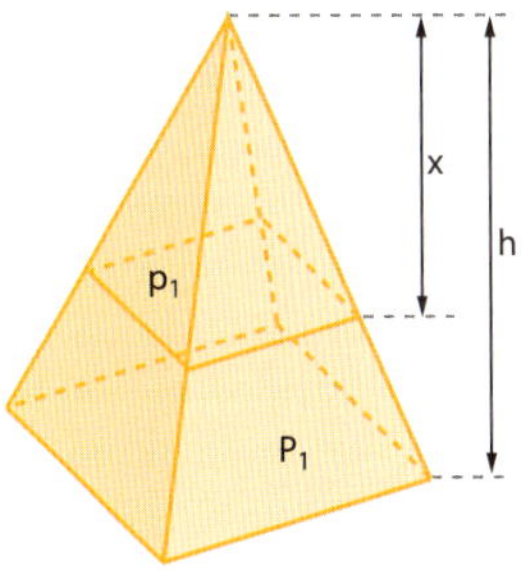

Na figura, temos:

$P_1 = 36 \text{ cm}^2$

$p_1 = 9 \text{ cm}^2$

$h - x = 3 \text{ cm} \Rightarrow$

$\Rightarrow x = h - 3$

$$\frac{P_1}{p_1} = \frac{h^2}{x^2} \Rightarrow \frac{36}{9} = \frac{h^2}{(h-3)^2} \Rightarrow 4 = \frac{h^2}{(h-3)^2} \Rightarrow$$

$$\Rightarrow 2 = \frac{h}{h-3} \Rightarrow 2h - 6 = h \Rightarrow h = 6$$

A altura da pirâmide é 6 cm.

22. Calcule o volume de uma pirâmide quadrada cuja aresta da base mede 4 cm, e a altura, 7 cm.

Resolução:

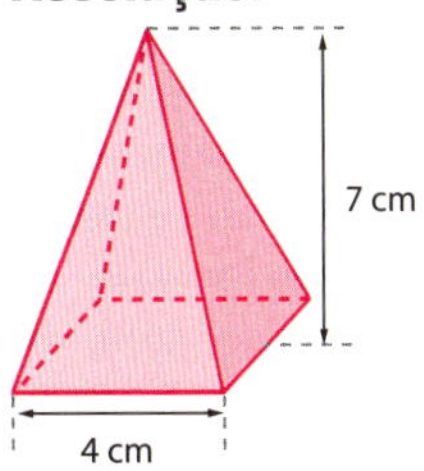

$A_b = 4 \text{ cm} \cdot 4 \text{ cm} = 16 \text{ cm}^2$

$h = 7 \text{ cm}$

$$V = \frac{A_b h}{3} = \frac{16 \text{ cm}^2 \cdot 7 \text{ cm}}{3} =$$

$$= \frac{112 \text{ cm}^3}{3} \simeq 37{,}3 \text{ cm}^3$$

O volume da pirâmide é de aproximadamente 37,3 cm³.

23. Qual é o volume de um tetraedro regular de aresta **a**?

Resolução:

Sabemos que, num tetraedro regular (figura a seguir), as quatro faces são triângulos equiláteros.

- Vamos calcular a área da base: $A_b = \frac{a^2\sqrt{3}}{4}$ (área de um triângulo equilátero de lado **a**):

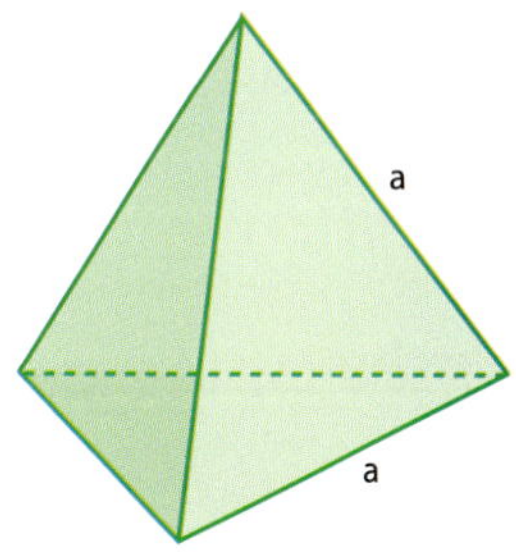

- Calculamos, agora, a altura do tetraedro:

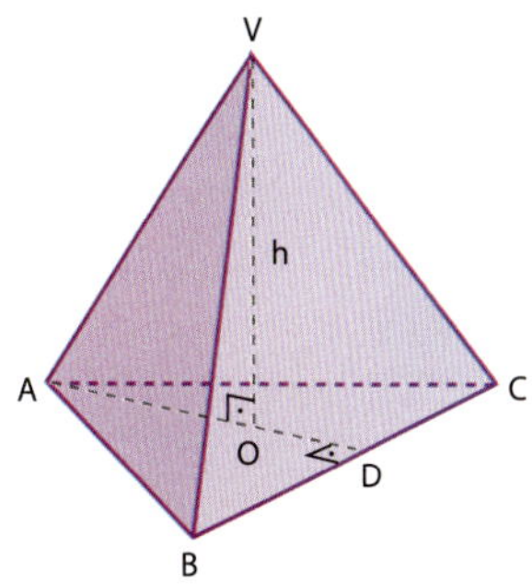

- **O** é o centro do triângulo equilátero ABC
- $\overline{AD}$ é a mediana relativa ao lado $\overline{BC}$
- $\overline{AO} = \frac{2}{3}\overline{AD}$
- $\overline{AD}$ é a altura do $\triangle ABC$ relativa ao lado $\overline{BC}$:

$$\overline{AD} = \frac{a\sqrt{3}}{2}$$

Das observações feitas, podemos tirar que:

$$\overline{AO} = \frac{\not{2}}{3} \cdot \frac{a\sqrt{3}}{\not{2}} = \frac{a\sqrt{3}}{3}$$

Considerando o triângulo retângulo AOV ($\hat{O}$ é reto), temos:

$$\overline{AV}^2 = \overline{AO}^2 + \overline{OV}^2 \Rightarrow a^2 = \left(\frac{a\sqrt{3}}{3}\right)^2 + h^2 \Rightarrow$$

$$\Rightarrow h^2 = a^2 - \frac{a^2}{3} = \frac{2a^2}{3} \Rightarrow h = \frac{a\sqrt{2}}{\sqrt{3}} = \frac{a\sqrt{6}}{3}$$

Vamos, agora, calcular o volume:

$$V = \frac{A_b h}{3} = \frac{\frac{a^2\sqrt{3}}{4} \cdot \frac{a\sqrt{6}}{3}}{3} = \frac{3a^3\sqrt{2}}{36} = \frac{a^3\sqrt{2}}{12}$$

Então, o volume do tetraedro regular é $\frac{a^3\sqrt{2}}{12}$.

24. Quando duas pirâmides regulares de bases quadradas, cujas faces laterais são triângulos equiláteros, são colocadas base a base, o sólido resultante (figura abaixo, à direita) é chamado octaedro regular. Calcule o volume do octaedro regular de aresta 5 cm.

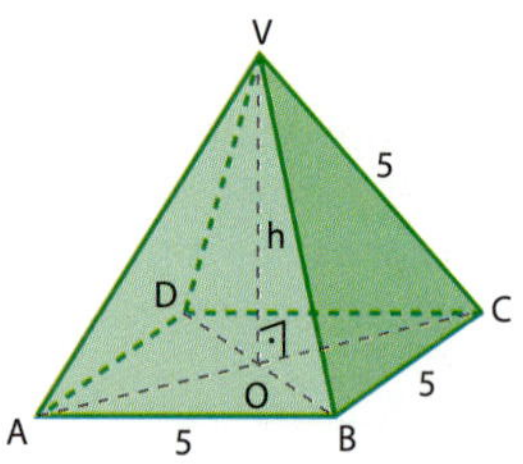

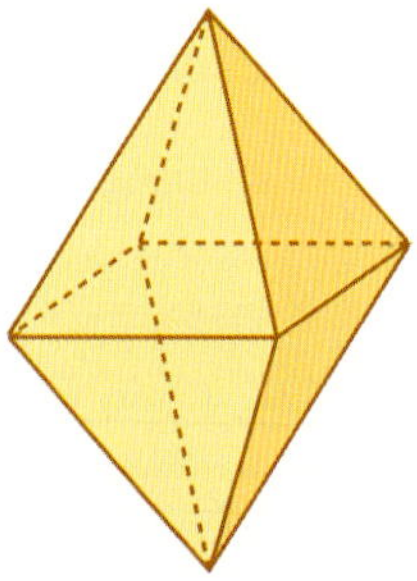

Resolução:

Vamos calcular a altura de cada pirâmide:

- $\overline{AC}$ = diagonal do quadrado $= 5\sqrt{2}$
- $\overline{VO}$ = altura da pirâmide (**h**)
- $\overline{OC}$ = metade da diagonal do quadrado $= \frac{5\sqrt{2}}{2}$

No triângulo retângulo VOC ($\hat{O}$ é reto) temos:

$$5^2 = h^2 + \left(\frac{5\sqrt{2}}{2}\right)^2 \Rightarrow$$

$$\Rightarrow h^2 = 25 - \frac{50}{4} = \frac{50}{4} \Rightarrow$$

$$\Rightarrow h = \frac{5\sqrt{2}}{2}$$

Vamos calcular o volume:

$A_b = 5 \cdot 5 = 25$

$$V = \frac{A_b h}{3} = \frac{25 \cdot \frac{5\sqrt{2}}{2}}{3} \simeq \frac{125 \cdot 1{,}4}{6} \simeq 29{,}1$$

Como são duas pirâmides, temos:

$V \simeq 2 \cdot 29{,}1 = 58{,}2\ cm^3$

Portanto, o volume do octaedro regular é de aproximadamente $58{,}2\ cm^3$.

Exercícios propostos

69. Uma pirâmide tem por base um quadrado de lado 8 cm. A altura da pirâmide é 20 cm. Calcule a área da secção transversal feita a 12 cm do vértice.

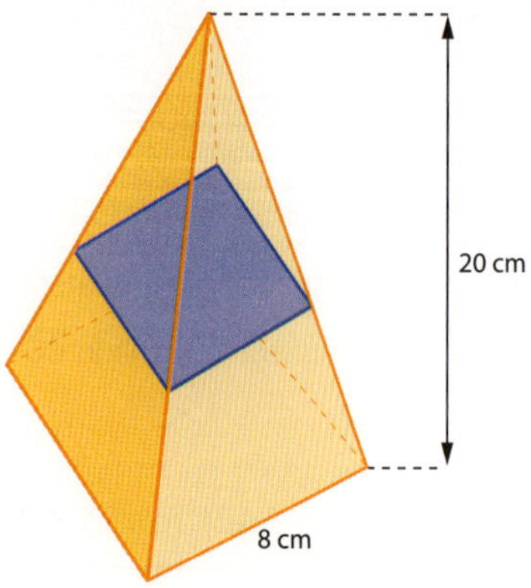

70. Uma secção transversal é feita a 4 cm do vértice de uma pirâmide. A área da secção transversal é igual a $\frac{4}{9}$ da área da base da pirâmide. Calcule a altura da pirâmide.

71. A aresta da base de uma pirâmide quadrada mede 10 cm e a altura da pirâmide mede 12 cm. Determine o volume da pirâmide.

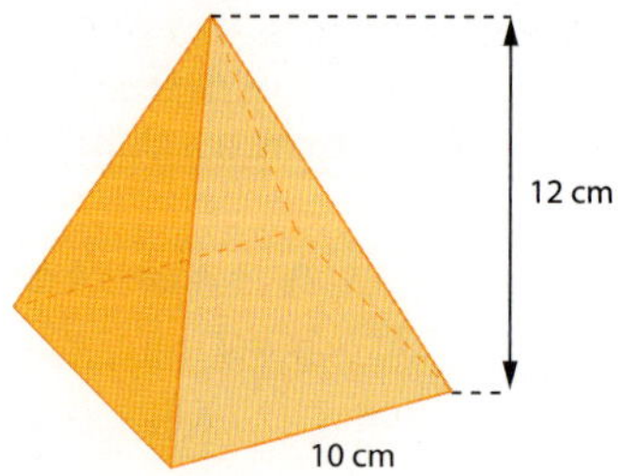

72. Uma pedra preciosa tem a forma da figura ao lado. Sabendo que a pedra tem 6 mm em todas as arestas, calcule o seu volume.

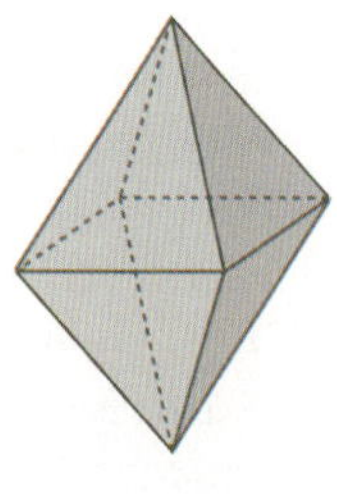

73. A parte mais alta da torre de uma igreja é uma pirâmide quadrada (figura abaixo). A aresta da base tem 6 m e a altura da pirâmide é 4 m. Qual é o volume dessa parte da torre?

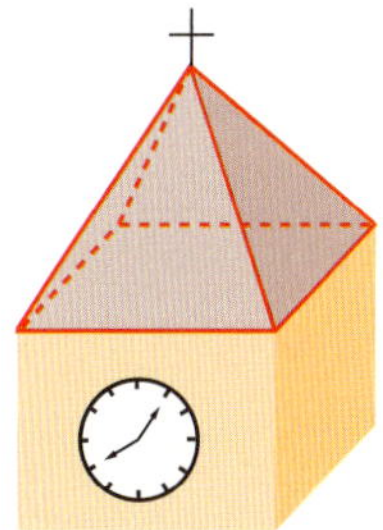

74. A pirâmide de Quéops é conhecida como a Grande Pirâmide do Egito. Sua base tem aproximadamente 230 m de aresta e sua altura é de 137 m. Qual é o volume dessa pirâmide?

NIELS ANDREAS/FOLHA PRESS

75. Uma peça maciça de cristal tem o formato de um tetraedro (figura a seguir). Sabendo que cada aresta da peça mede 10 cm, qual é o volume de cristal usado para fazer essa peça?

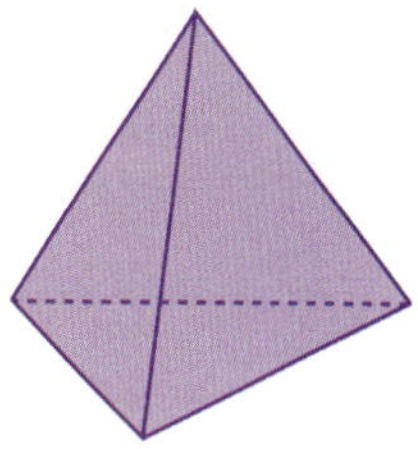

76. Uma barraca piramidal é sustentada por seis hastes metálicas cujas extremidades são o vértice da pirâmide e os seis vértices da base. A base é um polígono cujos lados têm todos o mesmo comprimento, que é de 3 m. Se a altura da barraca é de 3 m, qual é o volume de ar nessa barraca?

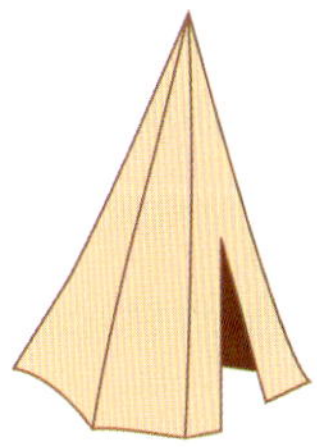

77. Uma peça de vidro tem o formato e as medidas da figura abaixo. Supondo-a maciça, qual é o volume de vidro usado para fazer essa peça?

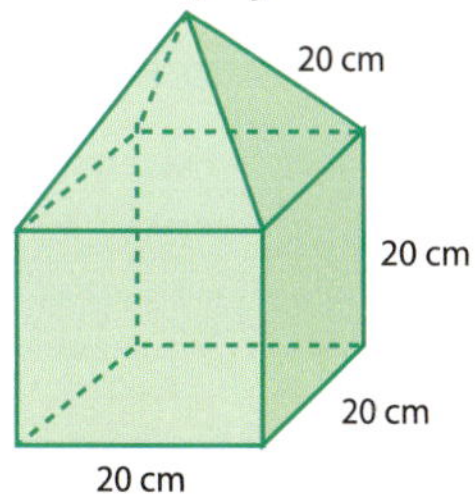

Tronco de pirâmide

Vamos considerar uma pirâmide de vértice **V** e altura **h**. Traçando um plano paralelo à base, que secciona a pirâmide a uma distância **d** do vértice, obtemos dois poliedros: uma pirâmide de vértice **V** e altura **d** e um poliedro que é chamado *tronco da pirâmide inicial*.

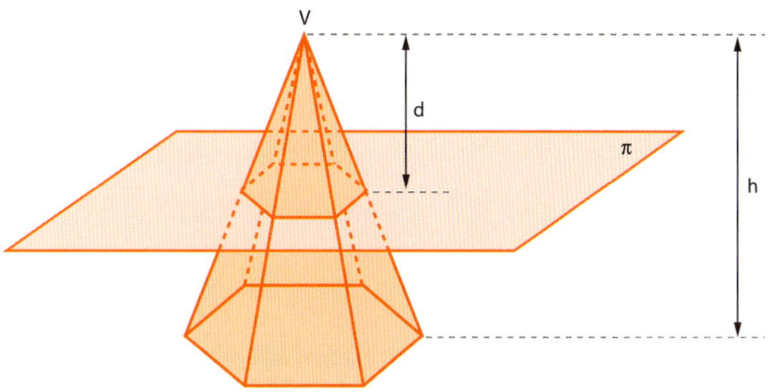

No tronco da pirâmide, destacamos:

- duas bases: a base da pirâmide inicial (base maior do tronco) e a secção determinada por π (base menor do tronco);

- as faces laterais, que são regiões limitadas por trapézios;
- a distância entre as bases do tronco, que se chama altura do tronco; sua medida é expressa por $h_1 = h - d$.

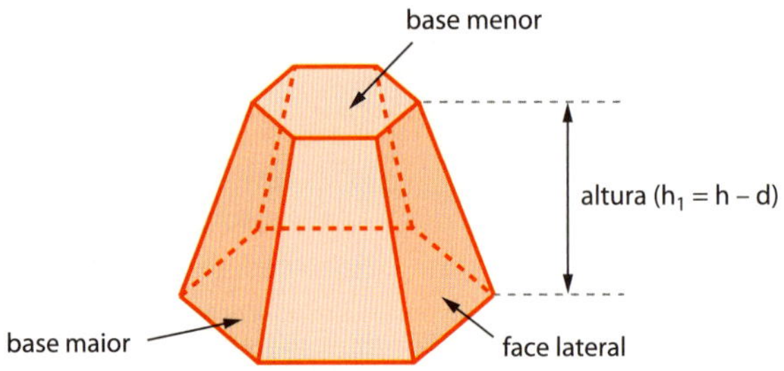

Quando a pirâmide original é regular, o tronco de pirâmide é chamado de *regular* e, nesse caso:

- as bases são regiões poligonais regulares e semelhantes;
- as faces laterais são regiões limitadas por trapézios isósceles;
- a altura de um desses trapézios é chamada *apótema* do tronco.

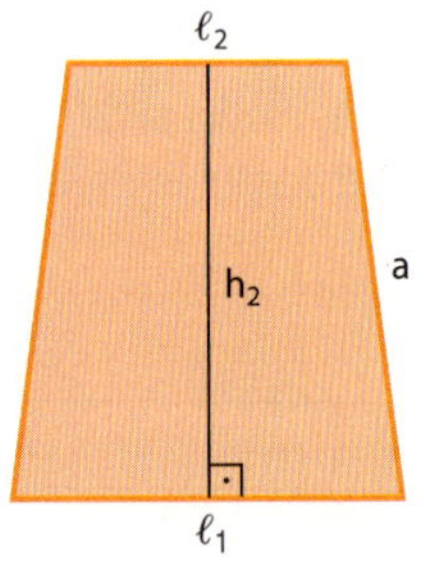

ℓ_1 = aresta da base maior do tronco
ℓ_2 = aresta da base menor do tronco
a = aresta lateral do tronco
h_2 = apótema do tronco (ou altura da face lateral)

Volume do tronco de pirâmide

Consideremos o tronco de pirâmide representado pela figura abaixo.

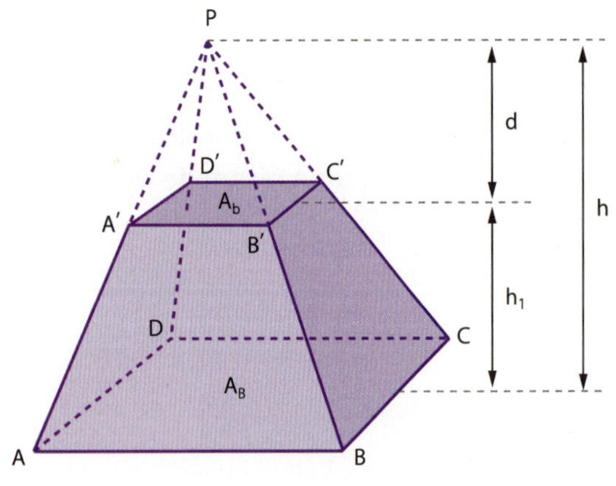

A_B = área da base maior
A_b = área da base menor
h = altura da pirâmide PABCD
d = altura da pirâmide PA'B'C'D'
h_1 = altura do tronco
V = volume do tronco

Demonstra-se que o volume do tronco da pirâmide é dado por:

$$V = \frac{h_1}{3}\left(A_B + \sqrt{A_B A_b} + A_b\right)$$

Observação: Na prática, em geral é mais adequado obter o volume do tronco pela subtração dos volumes das pirâmides semelhantes (o original e a miniatura), em vez de decorar a fórmula acima. Entretanto, fica a critério de cada um o processo a ser usado.

Exercícios resolvidos

25. Um tronco de pirâmide tem como bases duas regiões quadradas de lados 5 cm e 12 cm. A altura do tronco é 8 cm. Calcule o volume desse tronco.

Resolução:

1ª maneira: usando a fórmula

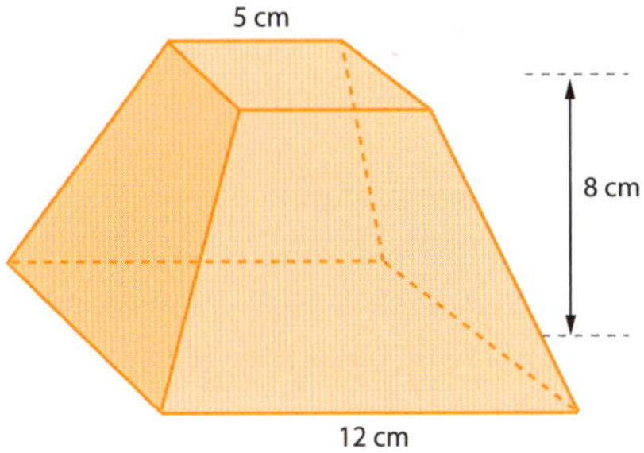

$A_B = 12 \text{ cm} \cdot 12 \text{ cm} = 144 \text{ cm}^2$

$A_b = 5 \text{ cm} \cdot 5 \text{ cm} = 25 \text{ cm}^2$

$h_1 = 8 \text{ cm}$

$$V = \frac{h_1}{3}\left(A_B + \sqrt{A_B A_b} + A_b\right) =$$

$$= \frac{8}{3}(144 + 60 + 25) =$$

$$= \frac{8}{3} \cdot 229 = \frac{1832}{3} \simeq 610{,}6 \text{ cm}^3$$

O volume do tronco é de 610,6 cm³, aproximadamente.

2ª maneira: sem usar a fórmula

A partir do tronco, consideremos as pirâmides original e miniatura, com suas alturas **h** e **x**. Temos que $h = x + 8$ e que a razão de semelhança entre as duas pirâmides semelhantes é:

$$k = \frac{5}{12} = \frac{x}{h} \Rightarrow 5h = 12x \Rightarrow 5(x + 8) = 12x \Rightarrow$$

$$\Rightarrow x = \frac{40}{7} \text{ cm e } h = \frac{96}{7} \text{ cm}$$

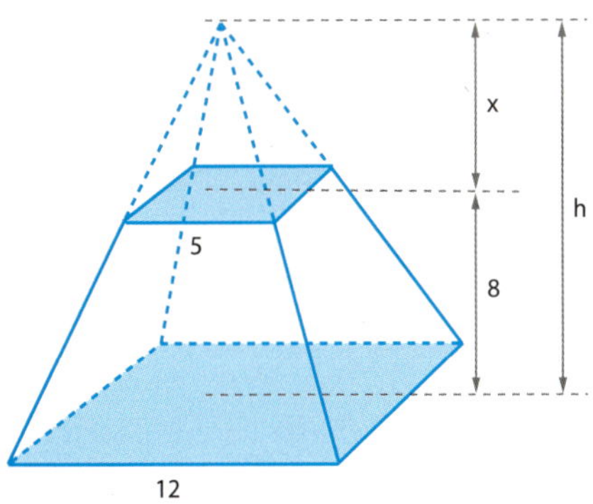

O volume da pirâmide original é:

$$\frac{1}{3} \cdot 12^2 \cdot \frac{96}{7} = \frac{4608}{7} \text{ cm}^3$$

O volume da pirâmide miniatura é:

$$\frac{1}{3} \cdot 5^2 \cdot \frac{40}{7} = \frac{1000}{21} \text{ cm}^3$$

Então, o volume do tronco é:

$$\frac{4608}{7} - \frac{1000}{21} = \frac{1832}{3} \simeq 610{,}6 \text{ cm}^3.$$

26. Um obelisco de granito tem a forma de um tronco de pirâmide de base triangular regular. Os lados das bases têm 3 m e 1 m. A altura do obelisco é de 15 m. Calcule o volume de granito usado para a construção do obelisco.

RUBENS CHAVES/ACERVO DO FOTÓGRAFO

Resolução:

1ª maneira: usando a fórmula

Sendo 3 m o lado da base maior, temos:

$$A_B = \frac{3^2\sqrt{3}}{4} = \frac{9\sqrt{3}}{4} \text{ m}^2$$

Sendo 1 m o lado da base menor, temos:

$$A_b = \frac{1^2\sqrt{3}}{4} = \frac{\sqrt{3}}{4} \text{ m}^2$$

Sendo h = 15 m, temos:

$$V = \frac{h_1}{3}(A_B + \sqrt{A_B A_b} + A_b) =$$

$$= \frac{15}{3}\left(\frac{9\sqrt{3}}{4} + \sqrt{\frac{27}{16}} + \frac{\sqrt{3}}{4}\right) =$$

$$= 5\left(\frac{9\sqrt{3}}{4} + \frac{3\sqrt{3}}{4} + \frac{\sqrt{3}}{4}\right) = 5 \cdot \frac{13\sqrt{3}}{4} \simeq$$

$$\simeq \frac{65 \cdot 1{,}7}{4} = 27{,}6 \text{ m}^3$$

O volume de granito usado é 27,6 m³, aproximadamente.

2ª maneira: sem usar a fórmula

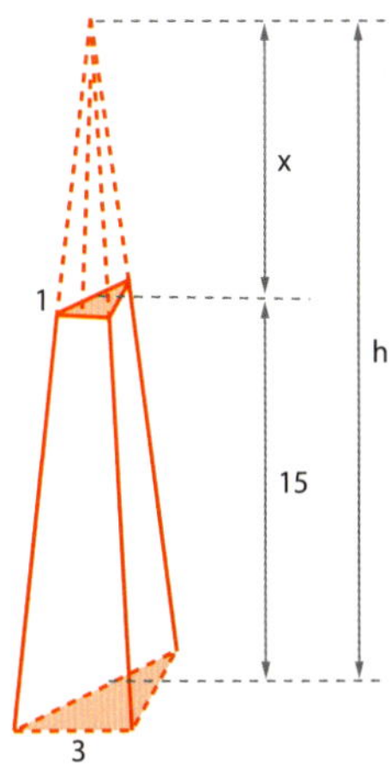

A partir do tronco, consideremos as pirâmides original e miniatura, com suas alturas **h** e **x**. Temos que $h = x + 15$ e que a razão de semelhança entre as duas pirâmides semelhantes é:

$k = \frac{1}{3} = \frac{x}{h} \Rightarrow h = 3x \Rightarrow x + 15 = 3x \Rightarrow$

$\Rightarrow x = \frac{15}{2} = 7{,}5\text{ m e } h = \frac{45}{2} = 22{,}5\text{ m}$

O volume da pirâmide original é:

$$\frac{1}{3} \cdot \frac{3^2\sqrt{3}}{4} \cdot \frac{45}{2} = \frac{135\sqrt{3}}{8}\text{ m}^3$$

O volume da pirâmide miniatura é:

$$\frac{1}{3} \cdot \frac{1^2\sqrt{3}}{4} \cdot \frac{15}{2} = \frac{5\sqrt{3}}{8}\text{ m}^3$$

Então, o volume do granito é:

$$\frac{135\sqrt{3}}{8} - \frac{5\sqrt{3}}{8} = \frac{65\sqrt{3}}{4} \simeq 27{,}6\text{ m}^3$$

27. As bases de um tronco de pirâmide regular são regiões quadradas de lados 8 m e 2 m, respectivamente. A aresta lateral do tronco mede 5 m. Calcule o volume do tronco.

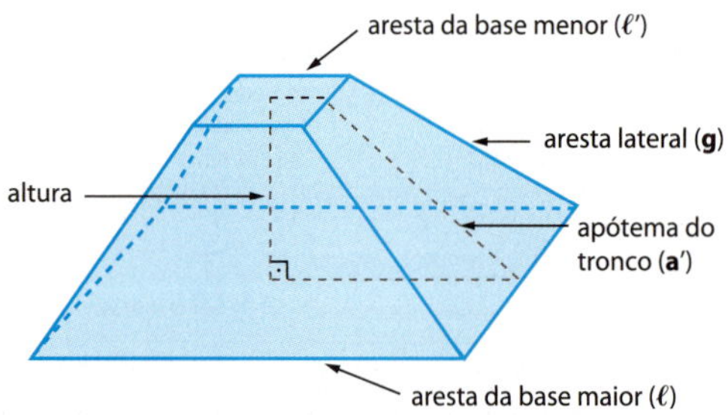

Resolução:

1ª maneira: usando a fórmula

A face lateral desse tronco de pirâmide determina um trapézio isósceles, conforme nos mostra a figura abaixo.

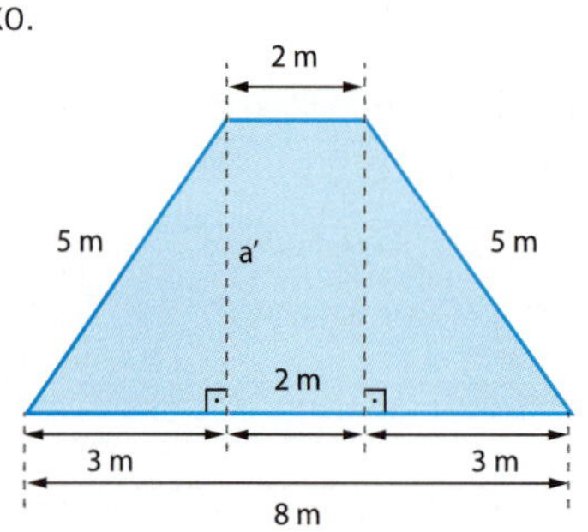

Pela figura, temos:

$5^2 = a'^2 + 3^2 \Rightarrow a'^2 = 16 \Rightarrow a' = 4\text{ m}$

Vamos calcular a altura do tronco:

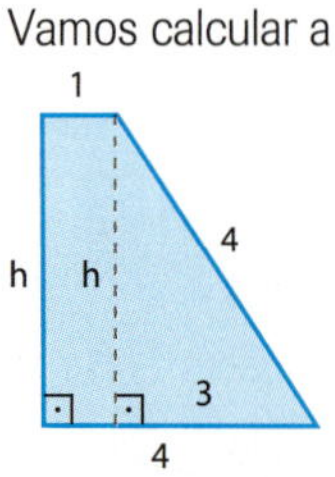

Para refletir

Localize a figura da esquerda no desenho do tronco e justifique os valores 4, 1, 4 e 3.

Pela figura, temos:

$4^2 = 3^2 + h^2 \Rightarrow h^2 = 7 \Rightarrow h = \sqrt{7}\text{ m}$

Vamos calcular o volume do tronco no qual temos $A_B = 64\text{ m}^2$, $A_b = 4\text{ m}^2$, $h = \sqrt{7}\text{ m}$:

$$V = \frac{h}{3}(A_B + \sqrt{A_B A_b} + A_b) =$$

$$= \frac{\sqrt{7}}{3}(64 + \sqrt{64 \cdot 4} + 4) = \frac{\sqrt{7}}{3}(64 + 16 + 4) =$$

$$= \frac{84\sqrt{7}}{3} = 28\sqrt{7}\text{ m}^3$$

Logo, o volume do tronco é $28\sqrt{7}\text{ m}^3$.

2ª maneira: sem usar a fórmula

Mesmo procedimento até obter $h = \sqrt{7}$; depois, a partir do tronco, consideremos as pirâmides original e miniatura, com suas alturas **h** e **x**.

Temos que $h = x + \sqrt{7}$ e que a razão de semelhança entre as duas pirâmides semelhantes é:

$k = \frac{2}{8} = \frac{x}{h} \Rightarrow 2h = 8x \Rightarrow h = 4x \Rightarrow$

$\Rightarrow x + \sqrt{7} = 4x \Rightarrow x = \frac{\sqrt{7}}{3}$

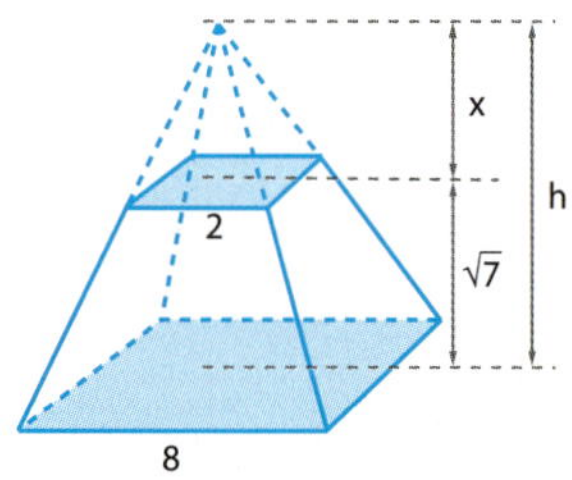

Não calcularemos **h**.

O volume da pirâmide miniatura é:

$$\frac{1}{3} \cdot 2^2 \cdot \frac{\sqrt{7}}{3} = \frac{4\sqrt{7}}{9}\text{ m}^3$$

A razão entre os volumes da pirâmide miniatura e original é $k^3 = \left(\frac{2}{8}\right)^3 = \frac{1}{64}$. Assim:

$$\frac{V_{mini}}{V_{original}} = \frac{1}{64} \Rightarrow V_{original} = V_{mini} \cdot 64 = \frac{256\sqrt{7}}{9}\text{ m}^3$$

Então, o volume do tronco é:

$$\frac{256\sqrt{7}}{9} - \frac{4\sqrt{7}}{9} = \frac{252\sqrt{7}}{9} = 28\sqrt{7}\text{ m}^3$$

28. Em um tetraedro trirretângulo 3 das 4 faces são triângulos retângulos, cujos ângulos retos têm o mesmo vértice. Calcule o volume de um tetraedro trirretângulo cujas 3 arestas perpendiculares sejam **a**, **b** e **c**.

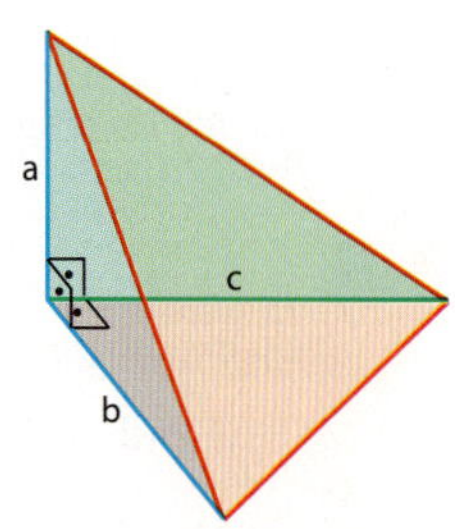

Resolução:

A base é um triângulo retângulo de catetos **b** e **c**, portanto a área da base é $\frac{bc}{2}$. A altura é a aresta **a**, portanto o volume do tetraedro trirretângulo é

$V = \frac{1}{3} \cdot a \cdot \frac{bc}{2} = \frac{abc}{6}$.

29. (PUC-MG) Cortando-se uma pirâmide de 30 dm de altura por um plano paralelo à base e distante 24 dm do vértice, obtém-se uma secção cuja área mede 144 dm².

A medida da área da base de tal pirâmide, em dm², é:

a) 180.
b) 200.
c) 212.
d) 225.
e) 288.

Resolução:

As pirâmides semelhantes com razão de semelhança **k** têm suas áreas na proporção **k²**. Assim, se

$k = \frac{24}{30} = \frac{4}{5}$, então $k^2 = \frac{16}{25}$. Logo:

$\frac{144}{A} = \frac{16}{25} \Rightarrow A = 225 \text{ dm}^2$

Resposta: alternativa **d**.

Exercícios propostos

78. Um tronco de pirâmide tem como bases dois quadrados de lados 8 cm e 12 cm, respectivamente. A altura do tronco é 21 cm. Calcule o volume do tronco.

79. Uma peça de cristal tem a forma e as medidas indicadas na figura abaixo. Qual é o volume de cristal empregado para fazer essa peça, se a sua altura é de 15 cm?

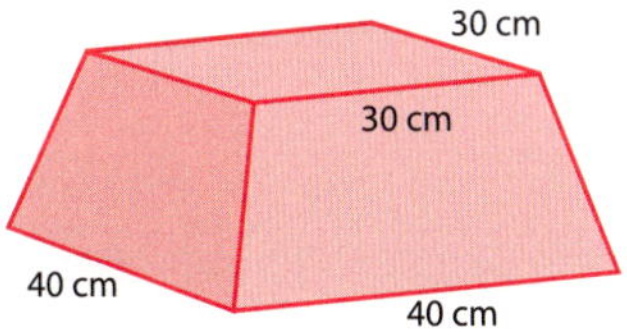

80. Um reservatório tem a forma e as medidas representadas na figura abaixo. A sua profundidade é de 6 m. Qual é o volume máximo de água, em litros, que esse reservatório pode conter? (Use 1 dm³ = 1 ℓ.)

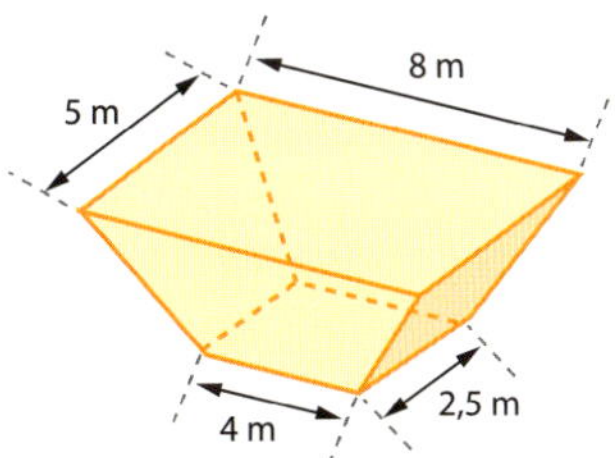

81. Em São Paulo, no Parque do Ibirapuera, há um monumento de concreto chamado Obelisco aos Heróis de 1932, uma homenagem aos homens que morreram na Revolução Constitucionalista de 1932. Esse monumento tem a forma de um tronco de pirâmide (foto ao lado) e 72 m de altura. Suas bases são quadrados de arestas 9 m e 7 m. Qual é o volume de concreto usado na construção desse monumento?

HEUDES REGIS/EDITORA ABRIL

82. Uma peça maciça de vidro é feita juntando-se dois troncos de pirâmides congruentes de bases quadradas, conforme mostra a figura ao lado. As bases têm 20 cm e 8 cm de arestas e a altura da peça é de 30 cm. Calcule o volume de vidro usado para fazer essa peça.

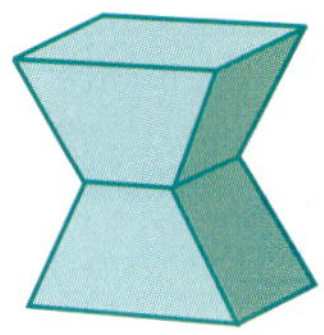

83. Uma pirâmide de base quadrada é cortada por um plano π, paralelo à base. Sabe-se que a área da secção plana é igual a $\frac{1}{3}$ da área da base. Sendo $\mathbf{V_1}$ o volume da pirâmide maior e $\mathbf{V_2}$ o volume da pirâmide menor, calcule $\frac{V_1}{V_2}$.

84. Consideremos uma pirâmide regular de base quadrada.

Um plano π, paralelo à base, intercepta a altura da pirâmide em um ponto situado a $\frac{3}{4}$ da distância do vértice à base, a partir do vértice. A altura da pirâmide é 16 cm e a aresta da base é 24 cm. Qual é o volume do tronco?

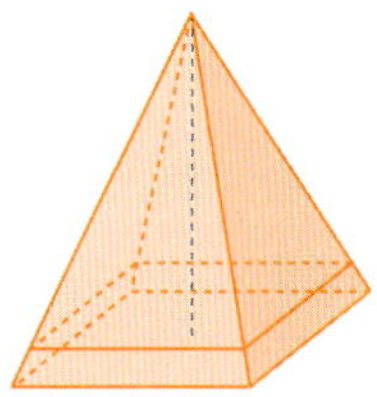

85. Descreva como são:

a) as faces de um poliedro;
b) as faces e as bases de um prisma;
c) as faces e as bases de um prisma reto pentagonal;
d) as faces e as bases de um prisma regular octogonal;
e) as faces e a base de uma pirâmide retangular;
f) as faces e a base de uma pirâmide regular pentagonal.

86. Verifique se as afirmações são verdadeiras ou falsas:

a) Todo poliedro é um prisma.

b) Todo prisma é um poliedro.

c) Em uma pirâmide triangular todas as faces são regiões triangulares.

d) Em um prisma reto todas as faces laterais são retangulares.

e) Em uma pirâmide regular quadrada todas as faces laterais são regiões triangulares equiláteras.

f) Em um prisma regular triangular a região triangular da base pode ser escalena.

g) Toda pirâmide reta é regular.

h) Se, em um polígono convexo, **V** é o número de vértices, **F** o de faces e **A** o de arestas, então $V + F - A = 2$.

i) Todo prisma regular é um poliedro regular.

Portal Pedagógico

Acesse o *Portal Pedagógico* (veja instruções na seção "Conheça seu livro", página 5) e amplie o estudo deste capítulo. Selecione o capítulo 11 e você encontrará os seguintes materiais:

- *Atividades adicionais* (Atividades para imprimir);
- *Poliedros* (*Slides* para aula).
- *Poliedros, prismas e pirâmides* (Animações de Geometria espacial).

Desafios

1. (Uerj) Considere o icosaedro a seguir, construído em plástico inflável, cujos vértices e pontos médios de todas as arestas estão marcados.

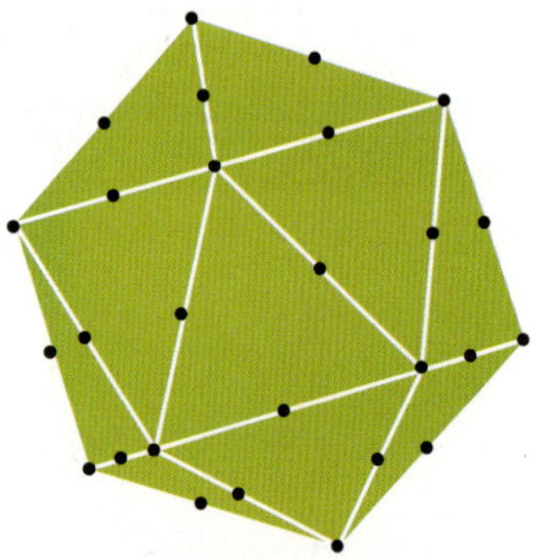

A partir dos pontos médios, quatro triângulos equiláteros congruentes foram formados em cada face do icosaedro. Admita que o icosaedro seja inflado até que todos os pontos marcados fiquem sobre a superfície de uma esfera, e os lados dos triângulos tornem-se arcos de circunferências, como ilustrado na figura abaixo.

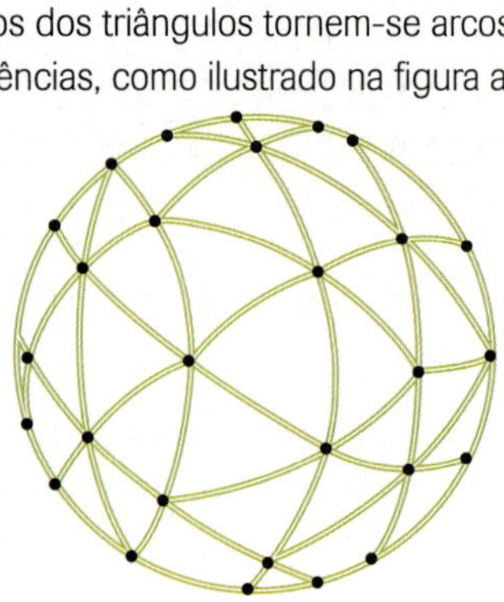

Observe agora que, substituindo-se esses arcos por segmentos de reta, obtém-se uma nova estrutura poliédrica de faces triangulares, denominada *geodésica*.

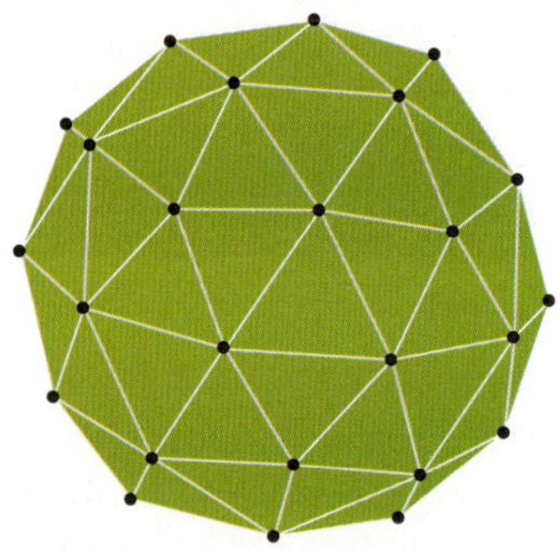

O número de arestas dessa estrutura é igual a:

a) 90. b) 120. c) 150. d) 180. e) 200.

2. (UFCG-PB) Um arquiteto projetou um museu na forma de um prisma reto com 6 metros de altura e tendo como base um hexágono *equiângulo* (isto é, com todos os ângulos internos congruentes). Sabendo que quatro lados consecutivos do hexágono medem em metros, respectivamente, 8, 4, 10 e 6, pode-se concluir que a área lateral (externa) do museu é igual a:

a) 240 m^2. b) 246 m^2. c) 252 m^2. d) 264 m^2. e) 258 m^2.

3. (IME-RJ) Seja uma pirâmide regular de vértice **V** e base quadrangular ABCD. O lado da base da pirâmide mede ℓ e a aresta lateral $\ell\sqrt{2}$. Corta-se essa pirâmide por um plano que contém o vértice **A**, é paralelo à reta BD e contém o ponto médio da aresta VC. Calcule a área da secção determinada pela intersecção do plano com a pirâmide.

PENSANDO NO ENEM

1. Fortes temporais atingiram o Estado do Rio de Janeiro em janeiro de 2011, deixando centenas de mortos e milhares de desabrigados e desalojados, principalmente na região serrana. As ruas ficaram alagadas e as estradas tiveram trechos afetados por deslizamentos.

JOSÉ PATRÍCIO/AGÊNCIA ESTADO

Destruição provocada pela enchente e deslizamentos de terra em Nova Friburgo, Rio de Janeiro, em 2 fev. 2011.

A população brasileira, sensibilizada com a tragédia, em ato de solidariedade, enviou grande quantidade de donativos, como água potável, roupas, alimentos e cobertores, para postos de arrecadação. Lá, caminhões eram abastecidos e saíam em direção às áreas atingidas.

Suponha, agora, que a carroceria de um caminhão que entregará garrafas de água tenha as seguintes dimensões internas: 3 m, 4 m e 5 m. Se cada lote com 10 garrafas de 1 litro de água mineral for colocado em uma caixa cúbica de 25 cm de aresta, qual a quantidade máxima de litros de água que esse caminhão poderá transportar em uma viagem?

a) 25 400 ℓ
b) 28 300 ℓ
c) 34 600 ℓ
d) 38 400 ℓ
e) 40 100 ℓ

2. Uma bola de futebol é formada por 12 faces pentagonais e 20 faces hexagonais, todas com lados congruentes entre si. Sabe-se que, para costurar essas faces lado a lado, formando a superfície de um poliedro convexo, usam-se 20 cm de linha em cada aresta do poliedro. Essa mesma estrutura da bola de futebol repete-se em uma molécula tridimensional formada por átomos de carbono, o *buckminsterfullereno*, em que os átomos ocupam os vértices do poliedro convexo. Veja as figuras:

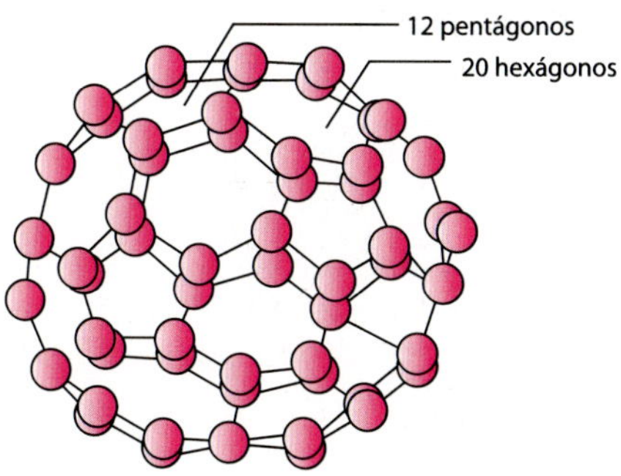

LE DO/SHUTTERSTOCK/GLOW IMAGES

Com base nessas informações, pode-se inferir que:

a) a molécula possui 40 átomos de carbono e o número de ligações entre esses átomos é 90.
b) são necessários 20 metros de linha para costurar inteiramente a bola.
c) o número de ligações entre 60 átomos da molécula é 90.
d) a molécula possui 60 átomos de carbono e são necessários 18 metros de linha para costurar inteiramente a bola.
e) a bola de futebol possui 32 faces, 90 arestas e 30 vértices.

3. Artur quer encher a piscina de sua casa, pois a previsão do tempo indicou que o dia seguinte será muito quente e ele convidou sua família para um almoço nesse dia. Veja as dimensões da piscina:

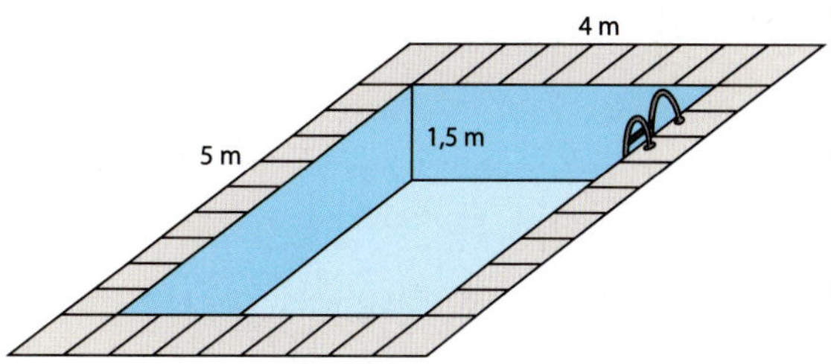

A piscina receberá água através de uma mangueira. Como Artur está sem tempo para ficar acompanhando o enchimento da piscina, ele verifica que a mangueira despeja água durante 30 segundos para encher uma lata em forma de paralelepípedo de dimensões 0,2 m × 0,2 m × 0,5 m. Sabendo-se que a piscina estava completamente seca e Artur começou a enchê-la às 20h, a que horas a piscina estará completamente cheia?

a) 23h do mesmo dia.
b) 3h30min do dia seguinte.
c) 6h do dia seguinte.
d) 8h30min do dia seguinte.
e) 21h do dia seguinte.

A MATEMÁTICA E AS PRÁTICAS SOCIAIS

Operação Caapora apreende 5,5 mil metros cúbicos de madeira ilegal extraída de terra indígena

BELÉM (24/4/2009) – Até a tarde de ontem, a Operação Caapora contabilizou cerca de 5,5 mil metros cúbicos de madeira ilegal apreendida e pouco mais de R$ 7 milhões em multas lavradas nos municípios de Nova Esperança do Piriá, Viseu e Cachoeira do Piriá, nordeste do estado. A equipe doou parte da madeira para a Caritas — rede da igreja católica para atendimento social — e outra parte será doada para os municípios de Nova Esperança do Piriá e Garrafão do Norte.

As duas prefeituras já estão com a madeira que deverá ser utilizada na construção de oito pontes em Nova Esperança do Piriá, quatro pontes em Garrafão do Norte e na reforma de doze escolas municipais e rurais em ambas as localidades, após a finalização do processo de doação pela Superintendência do Ibama no Pará. [...]

Apreensões em Cachoeira do Piriá e Viseu

A Operação [...] encontrou nesta semana dez serrarias em Viseu e Cachoeira do Piriá que tinham madeira sem origem legal em depósito, das quais quatro foram desmontadas por serem totalmente ilegais, sem qualquer documentação. [...].

Dados da operação apontam que as pessoas envolvidas nessa atividade ilegal fomentavam o trabalho análogo à escravidão; não pagavam qualquer tipo de imposto; e além de extraírem, ilegalmente, madeira da terra indígena, deixaram à população do município apenas prejuízos econômicos, sociais e ambientais.

ALMEIDA, Luciana. Ascom/Ibama/PA.
Disponível em: <www.ibama.gov.br/archives/4726>. Acesso em: 14 fev. 2011.

PAULO SANTOS/REUTERS/LATINSTOCK

Apreensão de madeira ilegal pelo Ibama no estado do Pará, 14 abr. 2010.

Calculando e compreendendo melhor o texto

1. Supondo que o Instituto Brasileiro do Meio Ambiente e dos Recursos Naturais Renováveis — Ibama possua na região 10 caminhões, cada um com capacidade para transportar um volume de 22 m^3 de madeira, qual seria o número mínimo de viagens necessárias para que o comboio transportasse toda a madeira apreendida às sedes das entidades beneficiadas?

2. Supondo também que todas as pontes a serem construídas nos municípios de Nova Esperança do Piriá e Garrafão do Norte, com a madeira apreendida, serão idênticas e terão formato de um prisma quadrangular regular com 8 m de largura, 10 m de comprimento e 0,8 m de espessura, determine, em m^3, a quantidade total de madeira que será usada na construção das pontes.

Ampliando o conteúdo matemático

3. Imagine que em uma das serrarias foi encontrado o tronco cortado de uma grande árvore cujo volume era equivalente ao de um prisma quadrangular regular de aresta da base medindo 2,5 m e cuja altura era de 24 m. Considerando o valor de mercado do metro cúbico dessa madeira R$ 2 500,00, qual seria o valor desse tronco?

4. Uma das maravilhas do mundo antigo, as grandes pirâmides do Egito (Quéops, Quéfrem e Miquerinos) sobreviveram até os dias de hoje estruturalmente intactas, tendo perdido apenas parte de seu revestimento nesses 4 500 anos. Elas são todas pirâmides de base quadrada, e a pirâmide de Quéops tem 230 m de aresta da base e 137 m de altura.

BRIAN K/SHUTTERSTOCK/ GLOW IMAGES

Pirâmides de Gizé (Quéops, Quéfrem e Miquerinos), no Egito.

Vamos supor que, com as sobras das madeiras das pontes, um dos municípios tenha resolvido erguer uma cabana na praça central, imitando a forma das pirâmides egípcias, mas em tamanho reduzido, ou seja, com 24 m de altura e 20 m de aresta da base. Ela será oca por dentro, de forma que a madeira será usada apenas para fazer as quatro faces laterais; o chão será de cimento. Calcule a área total que será coberta com madeira.

5. Um escultor resolve fazer um monumento de madeira usando sobras das construções das pontes. A escultura que ele imaginou tem o formato de um poliedro convexo de 11 faces, sendo seis faces triangulares e as demais quadrangulares. Determine o número de vértices e o número de arestas dessa escultura.

Pesquisando e discutindo

6. Leia o texto a seguir e pesquise algumas medidas tomadas pelo governo e pela sociedade para evitar a extração ilegal da madeira e os consequentes danos ambientais. Depois, discuta com seus colegas como vocês podem contribuir para solucionar essa questão.

Rota da madeira ilegal

Quando a madeira é extraída ilegalmente, critérios ambientais são desrespeitados. As árvores mais valorizadas são retiradas destruindo outras ao redor. A legislação trabalhista é ignorada e há registros de mão de obra escrava ou infantil. Muitas vezes, a floresta é derrubada, dando lugar a pastagens ou plantios agrícolas.

Disponível em: <assets.wwf.org.br/downloads/infografico_1.pdf>. Acesso em: 15 fev. 2011.

Veja mais sobre o assunto

Procure mais informações sobre esse assunto em jornais, revistas e nos *sites*:

- <www.greenpeace.org.br>;
- <www.mma.gov.br>;
- <www.amazonia.org.br>;
- <assets.wwf.org.br/downloads/infografico_1.pdf>.

QUESTÕES DE VESTIBULAR

1. (PUC-PR) O tetraexaedro é um sólido convexo limitado por 4 faces triangulares e 6 hexagonais, todas regulares. O número de arestas e vértices desse sólido é:

a) A = 21 e V = 13.
b) A = 24 e V = 16.
c) A = 48 e V = 40.
d) A = 32 e V = 24.
e) A = 34 e V = 24.

2. (UFPA) A pirâmide truncada é um poliedro convexo, cujo desenvolvimento no plano é mostrado na figura abaixo.

Observando a figura, é correto afirmar que seu número de vértices é:

a) 10. b) 11. c) 12. d) 13. e) 14.

3. (Uespi) Duzentos e quarenta cubos, com faces brancas e arestas medindo 1 cm, são arrumados para formar um paralelepípedo retângulo com comprimento 12 cm, largura 5 cm e altura 4 cm. Em seguida, a superfície do paralelepípedo é pintada de vermelho e os cubos são desarrumados. Quantos cubos de aresta 1 cm têm, agora, pelo menos uma face pintada de vermelho?

a) 180 b) 170 c) 160 d) 150 e) 140

4. (UnB-DF) Dois cubos claros e idênticos são encaixados em um sólido escuro, formando um cubo maior, como mostra a obra de Hércules Barsotti reproduzida a seguir, que se encontra no Museu de Arte Moderna de São Paulo.

Considerando que o lado do cubo maior seja o dobro do lado do cubo claro, julgue os itens subsequentes.

1) Considerando as faces do cubo maior, a razão entre a área clara total e a área escura total é igual a $\frac{1}{3}$.
2) A razão entre a área total do sólido escuro e a área total do cubo maior é igual a $\frac{3}{4}$.
3) A razão entre o volume total dos dois cubos claros e o volume do sólido escuro é igual a $\frac{1}{3}$.

5. (Unicamp-SP) Ao serem retirados 128 ℓ de água de uma caixa-d'água de forma cúbica, o nível da água baixa 20 cm.

a) Calcule o comprimento das arestas da referida caixa.
b) Calcule a sua capacidade em litros (1 ℓ equivale a 1 dm³).

6. (UEPB) Se um prisma hexagonal regular de altura 6 cm possui volume igual a $1728\sqrt{3}$ cm³, é verdadeiro afirmar que:

a) a área lateral é igual à metade da área da base.
b) a área lateral é igual à área da base.
c) a área lateral é igual ao dobro da área da base.
d) a área lateral é igual ao quádruplo da área da base.
e) a área lateral é igual ao triplo da área da base.

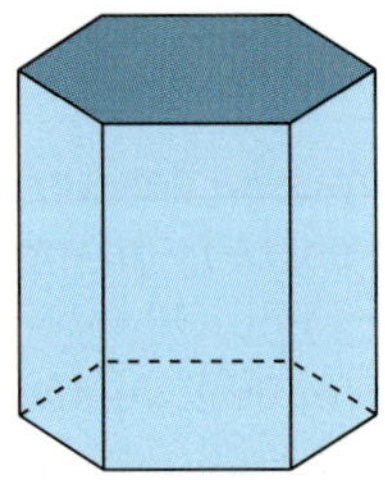

7. (UFPR) A estrutura de um telhado tem a forma de um prisma triangular reto conforme o esquema abaixo. Sabendo que são necessárias 20 telhas por metro quadrado para cobrir esse telhado, assinale a alternativa que mais se aproxima da quantidade de telhas necessárias para construí-lo.

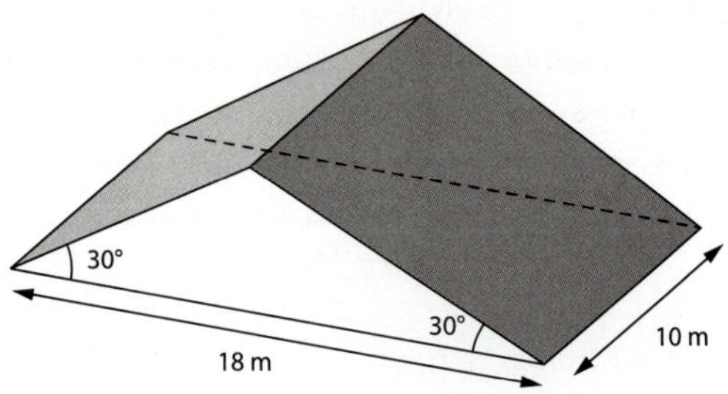

a) 4080
b) 5712
c) 4896
d) 3670
e) 2856

8. (Unifesp) Um cubo de aresta de comprimento **a** vai ser transformado num paralelepípedo reto retangular de altura 25% menor, preservando-se, porém, o seu volume e o comprimento de uma de suas arestas.

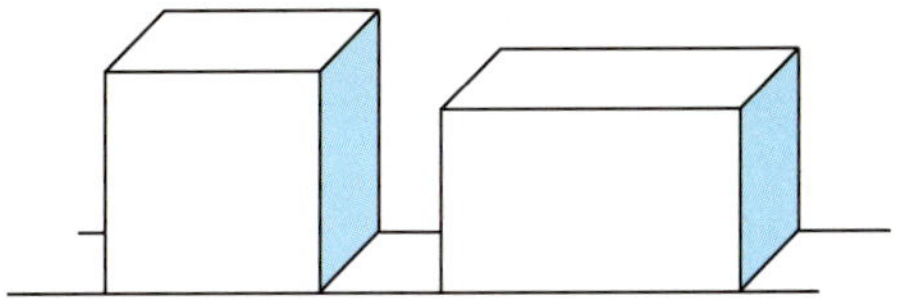

A diferença de área entre a área total (a soma das áreas das seis faces) do novo sólido e a área total do sólido original será:

a) $\frac{1}{6}a^2$.
b) $\frac{1}{3}a^2$.
c) $\frac{1}{2}a^2$.
d) $\frac{2}{3}a^2$.
e) $\frac{5}{6}a^2$.

9. (Fuvest-SP) A base de uma pirâmide regular é um quadrado ABCD de lado 6 e diagonais $\overline{AC}$ e $\overline{BD}$. A distância de seu vértice **E** ao plano que contém a base é 4.

a) Determine o volume do tetraedro ABDE.
b) Determine a distância do ponto **B** ao plano que contém a face ADE.

10. (UFPB) O reservatório de água de certo edifício tem a forma de um paralelepípedo reto retangular com base de dimensões internas 3 m × 4 m, conforme a figura abaixo.

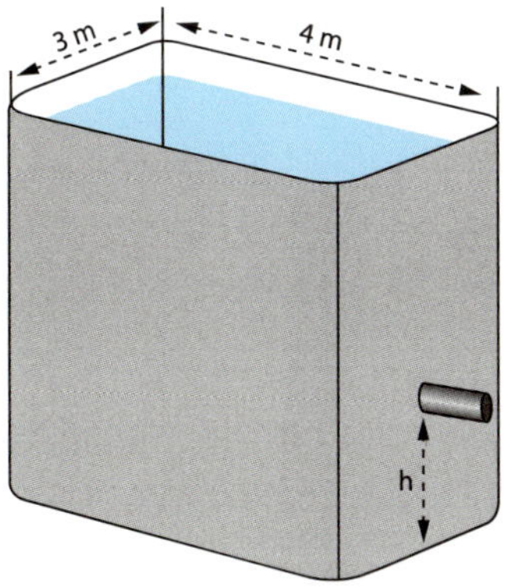

De acordo com as condições do edifício, por medida de segurança, recomenda-se que, no reservatório, deve ficar retida uma quantidade de água correspondente a 18 m³, para combater incêndio. Para atender essa recomendação, o ponto de saída de água, destinada ao consumo diário dos moradores e do condomínio, deve ficar a uma determinada altura (**h**) do fundo do reservatório, de modo que a água, acumulada no reservatório até essa altura, seja destinada para combate a incêndio. Nessas condições, a altura (**h**) da saída da água para consumo diário deve ser, pelo menos, de:

a) 1 m. b) 1,5 m. c) 2 m. d) 2,5 m. e) 3 m.

11. (UFPE) Um paralelepípedo reto de base quadrada, como o ilustrado a seguir, deve ser construído de tal modo que a soma das suas arestas seja 36 cm, e a área total de sua superfície seja máxima.

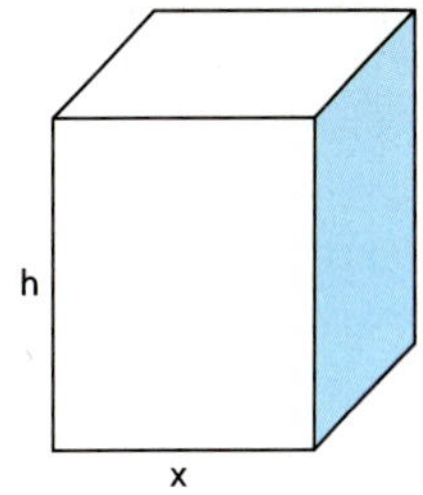

Qual o volume do paralelepípedo?

a) 29 cm³
b) 28 cm³
c) 27 cm³
d) 26 cm³
e) 25 cm³

12. (UFMS) Para fazer uma caixa sem tampa com um único pedaço de papelão, utilizou-se um retângulo de 16 cm de largura e 30 cm de comprimento. De cada um dos quatro cantos desse retângulo, foram retirados quadrados idênticos de lados com **x** cm de comprimento ($0 < x < 8$). Depois, foram dobradas para cima as abas resultantes. A expressão que representa a área lateral da caixa é:

a) $(92x - 8x^2)$ cm².
b) $(62x - 6x^2)$ cm².
c) $(72x - 6x^2)$ cm².
d) $(46x - 4x^2)$ cm².
e) $(32x - 4x^2)$ cm².

13. (UFF-RJ) A grande pirâmide de Quéops, antiga construção localizada no Egito, é uma pirâmide regular de base quadrada, com 137 m de altura. Cada face dessa pirâmide é um triângulo isósceles cuja altura relativa à base mede 179 m. A área da base dessa pirâmide, em m², é:

a) 13 272.
b) 26 544.
c) 39 816.
d) 53 088.
e) 79 432.

14. (UFRRJ) Observe o bloco retangular da figura 1, de vidro totalmente fechado com água dentro. Virando-o, como mostra a figura 2, podemos afirmar que o valor de **x** é:

a) 12 cm.
b) 11 cm.
c) 10 cm.
d) 5 cm.
e) 6 cm.

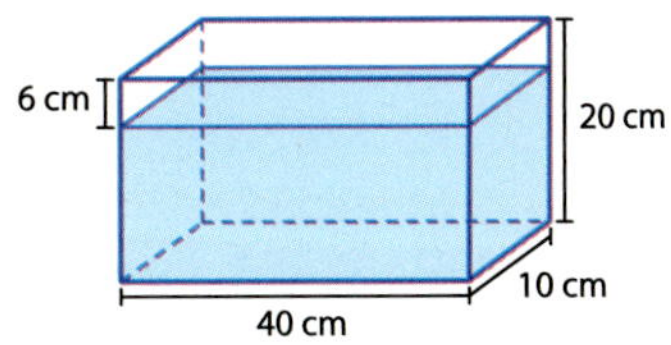

Figura 1

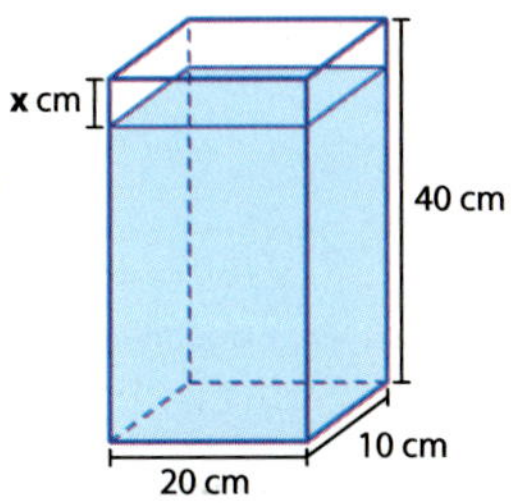

Figura 2

15. (UFMS) Durante uma forte chuva, uma calha, em forma de prisma reto, de 10 m de comprimento e secção transversal trapezoidal isósceles de base maior 80 cm, base menor 60 cm e profundidade 80 cm, como na figura a seguir, enche de água.

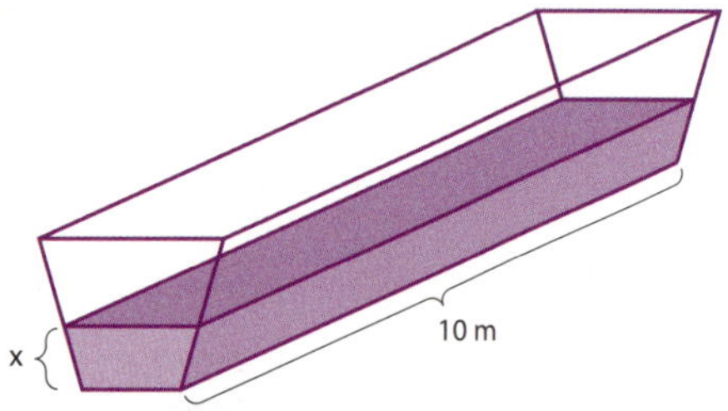

Se V(x) é a função que define o volume de água na calha, em cm^3, em relação à profundidade **x**, em centímetros, determine V(x).

a) $V(x) = 125x + 60\,000x^2$

b) $V(x) = 60\,125x^2$

c) $V(x) = 24\,000x$

d) $V(x) = 60\,000x + 125x^2$

e) $V(x) = 600x + \frac{5}{4}x^2$

16. (UNA-MG) Se um tijolo, dos usados em uma construção, pesa 4,8 kg, então um tijolinho de brinquedo, feito do mesmo material e cujas dimensões sejam 4 vezes menores, pesará:

a) 75 g.

b) 300 g.

c) 1 728 g.

d) 1 200 g.

17. (ITA-SP) Seja uma pirâmide regular de base hexagonal e altura 10 m. A que distância do vértice devemos cortá-la por um plano paralelo à base de tal modo que o volume da pirâmide obtida seja $\frac{1}{8}$ do volume da pirâmide original?

a) 2 m

b) 4 m

c) 5 m

d) 6 m

e) 8 m

18. (UFRR) Dois cubos têm volumes **V** e **2V**. Se a aresta do menor é **a**, então a aresta do maior é:

a) 4a.

b) 2a.

c) $a\sqrt[2]{2}$.

d) $a\sqrt[3]{2}$.

e) $3a\sqrt[2]{2}$.

19. (UFMG) Em uma indústria de velas, a parafina é armazenada em caixas cúbicas, cujo lado mede **a**. Depois de derretida, a parafina é derramada em modelos em formato de pirâmides de base quadrada, cuja altura e cuja aresta da base medem, cada uma, $\frac{a}{2}$. Considerando-se essas informações, é correto afirmar que, com a parafina armazenada em apenas uma dessas caixas, enche-se um total de:

a) 6 moldes.

b) 8 moldes.

c) 24 moldes.

d) 32 moldes.

20. (Unir-RO) Retira-se de um cubo de aresta **a** cm outro de aresta $\frac{a}{2}$ cm, resultando o sólido mostrado na figura.

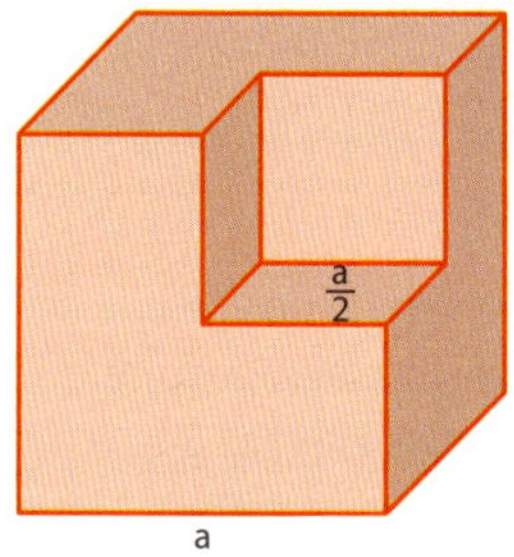

A partir dessas informações, assinale a afirmativa incorreta.

a) A área total do sólido resultante é $6a^2$ cm^2.

b) A área total do sólido resultante é menor que a área total do cubo de aresta **a** cm.

c) O volume do sólido resultante é $\frac{7}{8}a^3$ cm^3.

d) A área total do cubo de aresta **a** cm é $6a^2$ cm^2.

e) A área total do cubo de aresta **a** cm é o quádruplo da área total do cubo de aresta $\frac{a}{2}$ cm.

21. (Furg-RS) Dado um sólido com formato de um cubo com aresta **a**, onde **a** é um número inteiro positivo, considere um vértice **B** e os pontos médios **M**, **S** e **N** de cada aresta adjacente a esse vértice. Esses quatro pontos definem um tetraedro que é retirado do cubo, conforme ilustra a figura abaixo.

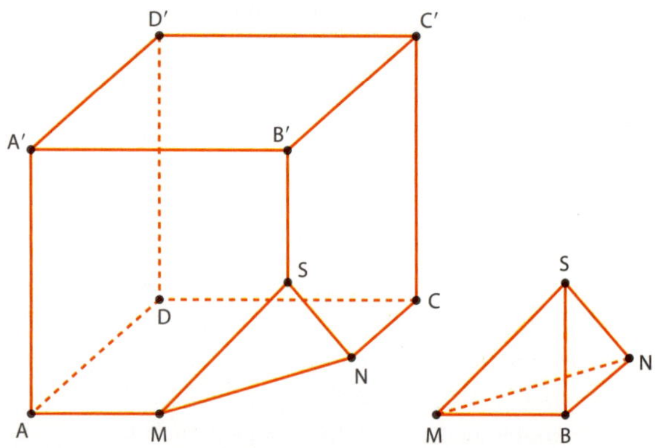

Sabendo que o volume de uma pirâmide é um terço da área da base pela altura, então a razão do volume do cubo original e do volume do tetraedro definido pelos vértices **M**, **S**, **B** e **N** é dada por:

a) 48.

b) $\frac{a}{25}$.

c) $\frac{a^2}{25}$.

d) $\frac{a\sqrt{2}}{50}$.

e) $\frac{1}{25}$.

22. (UFMG) Nesta figura, estão representados o cubo ABCDEFGH e o prisma ACRPQO:

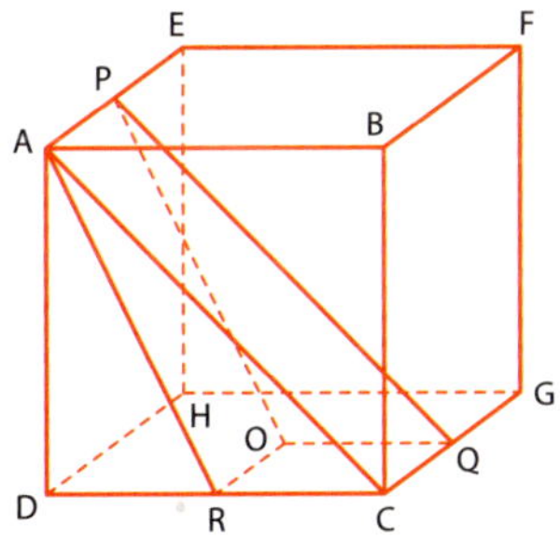

Sabe-se que:

- **P**, **Q** e **R** são, respectivamente, os pontos médios das arestas AE, CG e CD;
- o ponto **O** é o centro da face CDHG; e
- o volume do prisma ACRPQO é 24 cm³.

Então, é correto afirmar que o comprimento de cada aresta desse cubo é:

a) $4\sqrt[3]{2}$ cm.

b) $2\sqrt[3]{3}$ cm.

c) $4\sqrt[3]{3}$ cm.

d) $2\sqrt[3]{2}$ cm.

23. (UFRJ) A pirâmide ABCD é tal que as faces ABC, ABD e ACD são triângulos retângulos cujos catetos medem **a**. Considere o cubo de volume máximo contido em ABCD tal que um de seus vértices seja o ponto **A**, como ilustra a figura a seguir.

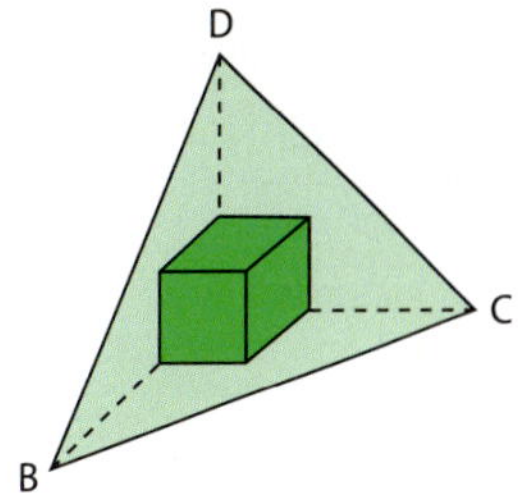

Determine a medida da aresta desse cubo em função de **a**.

24. (Vunesp) É dada uma pirâmide de altura H = 9 cm e volume V = 108 cm³. Um plano paralelo à base dessa pirâmide corta-a determinando um tronco de pirâmide de altura h = 3 cm. O volume desse tronco de pirâmide resultante é:

a) 36 cm³.

b) 38 cm³.

c) 54 cm³.

d) 72 cm³.

e) 76 cm³.

25. (UFPE) O cubo duplo, ilustrado a seguir, é construído a partir de um cubo de aresta 2 cm, adicionando, em cada uma de suas faces, um tetraedro, que é congruente ao obtido do cubo cortando-o por um plano que passa pelos pontos médios de duas arestas incidentes em um vértice, e pelo outro extremo da terceira aresta que incide no vértice. Calcule a área da superfície do cubo duplo, em cm².

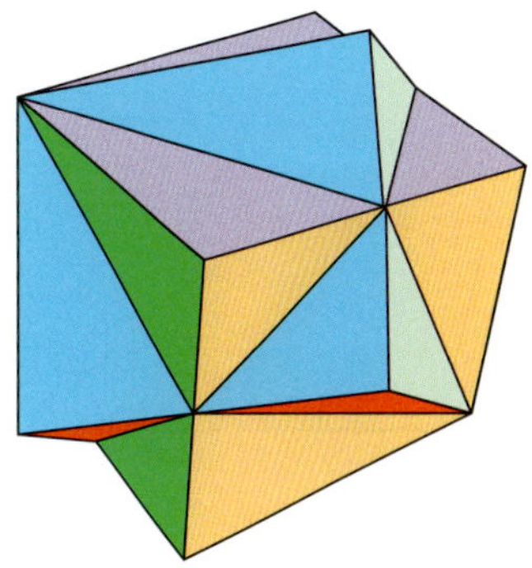

26. (Ufes) Um reservatório de água tem a forma de uma pirâmide retangular de base quadrada. O vértice do reservatório está apoiado no solo, e seu eixo está posicionado perpendicularmente ao solo. Com o reservatório vazio, abre-se uma torneira que despeja água no reservatório com uma vazão constante. Após 10 minutos, o nível da água, medido a partir do vértice, atinge $\frac{1}{4}$ da altura do reservatório. O tempo que ainda falta para encher completamente o reservatório é de:

a) 6 horas e 10 minutos.

b) 8 horas e 15 minutos.

c) 8 horas e 20 minutos.

d) 10 horas e 30 minutos.

e) 10 horas e 40 minutos.

27. (Fuvest-SP) Considere uma caixa sem tampa com a forma de um paralelepípedo reto de altura 8 m e base quadrada de lado 6 m. Apoiada na base, encontra-se uma pirâmide sólida reta de altura 8 m e base quadrada com lado 6 m. O espaço interior à caixa e exterior à pirâmide é preenchido com água, até uma altura **h**, a partir da base ($h \leq 8$). Determine o volume da água para um valor arbitrário de **h**, $0 \leq h \leq 8$.

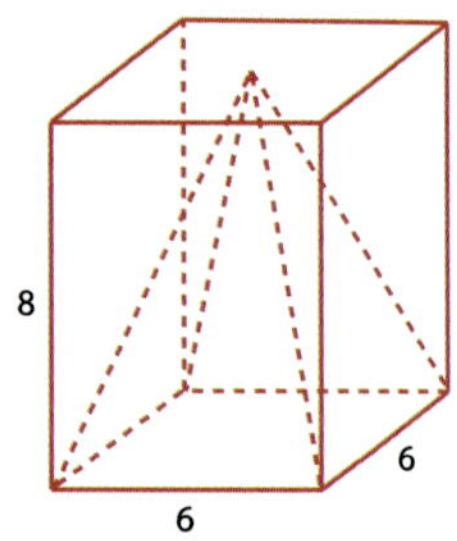

28. (Uespi) Um tetraedro tem cinco arestas medindo 6 cm, e a sexta aresta mede $6\sqrt{2}$ cm.

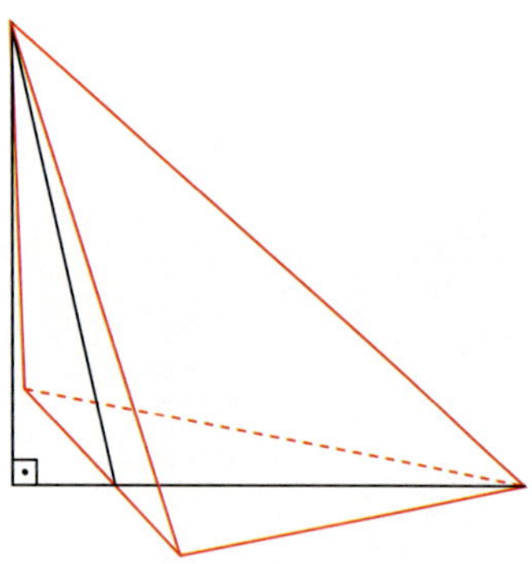

Qual o volume do tetraedro?

a) 28 cm^3

b) $19\sqrt{2}$ cm^3

c) 26 cm^3

d) 27 cm^3

e) $18\sqrt{2}$ cm^3

29. (UFMG) Observe esta figura:

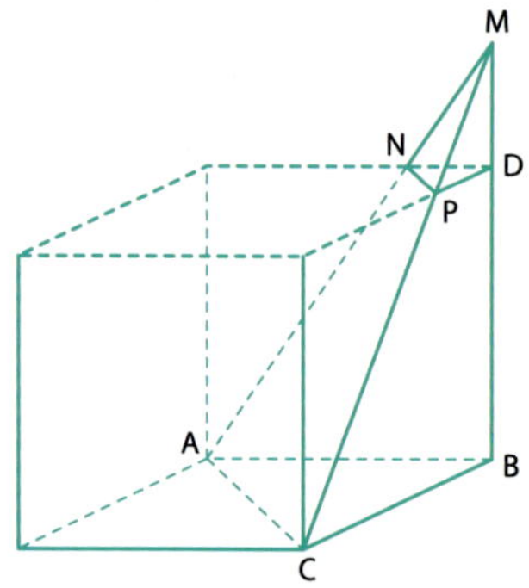

Nessa figura, estão representados um cubo, cujas arestas medem, cada uma, 3 cm, e a pirâmide MABC, que possui três vértices em comum com o cubo. O ponto **M** situa-se sobre o prolongamento da aresta BD do cubo. Os segmentos MA e MC interceptam arestas desse cubo, respectivamente, nos pontos **N** e **P** e o segmento ND mede 1 cm. Considerando-se essas informações, é correto afirmar que o volume da pirâmide MNPD é, em cm^3:

a) $\frac{1}{6}$.

b) $\frac{1}{4}$.

c) $\frac{1}{2}$.

d) $\frac{1}{8}$.

30. (Uece) Um triângulo equilátero, cuja medida do lado é 6 m, é a base de uma pirâmide regular cuja medida de uma aresta lateral é $\sqrt{15}$ m. O volume desta pirâmide, em m^3, é:

a) 9.

b) 10.

c) $\frac{9}{2}\sqrt{3}$.

d) $\frac{9}{2}\sqrt{5}$.

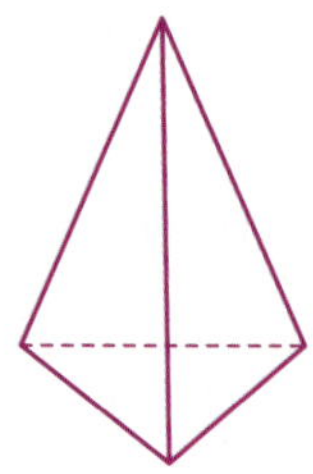

31. (PUC-PR) Um poliedro convexo é formado por faces quadrangulares e 4 faces triangulares. A soma dos ângulos de todas as faces é igual a 12 metros. Qual o número de arestas desse poliedro?

a) 8

b) 6

c) 4

d) 2

e) 1

Leitura

Platão e seus poliedros

Filósofo grego, Platão foi discípulo de Sócrates. Nasceu em Atenas em 427 a.C. e morreu em 347 a.C., com 80 anos de idade. Fundou uma escola em Atenas, no ano de 386 a.C., a "Academia", onde transmitia ensinamentos a seus discípulos. Via nos filósofos-governantes a solução para os problemas políticos. Suas obras são conhecidas como *Diálogos*, pois retratavam diálogos (reais e imaginários) entre Sócrates e outras pessoas que focavam principalmente a política e a moral. Os *Diálogos* de Platão estão entre as maiores obras literárias do mundo, sendo considerados por muitos verdadeiras obras de arte.

CATEDRAL DE SIENA, ITÁLIA

Estátua de Platão (427 a.C.-347 a.C.) na Academia de Atenas.

O mais importante diálogo de Platão é a *República*, sendo também um dos mais longos. Nesse diálogo, Platão enfoca a política, a educação, a arte, a poesia e a filosofia pura, ocupando-se principalmente da natureza da justiça. É uma visão geral de toda a filosofia de Platão e é nele que está a famosa "Alegoria da caverna".

No diálogo *Timeu* (350 a.C.), Platão apresentou um estudo do Universo, que para ele consistia em formas; em objetos particulares; em Deus, o artesão; em espaço absoluto e em matéria bruta. Platão acreditava que tudo era composto de terra, ar, fogo e água, e que a cada um desses elementos correspondia um poliedro regular – que já era conhecido dos gregos. Platão associou à terra o hexaedro (mais especificamente, o cubo) por causa da sua "estabilidade"; ao fogo, o tetraedro; ao ar, o octaedro; e à água, o icosaedro, por serem sólidos constituídos de triângulos, para ele a unidade básica de todas as coisas. O dodecaedro representava o elemento do qual o Universo seria feito.

Leia, a seguir, um trecho de *Timeu*:

Devemos prosseguir distribuindo as figuras cujas origens acabamos de escrever pelo fogo, terra, água e ar. Atribuímos o cubo à terra, uma vez que é o mais imóvel dos quatro corpos e o que tem a forma mais estável, sendo estas características que deve possuir a figura com as formas mais estáveis. [...]

Mantemos assim o nosso princípio de verossimilhança atribuindo o cubo à terra e, de forma semelhante, atribuímos à água a menos móvel das outras figuras, a mais móvel ao fogo e a intermédia ao ar. E de novo atribuímos a menor figura ao fogo, a maior à água, a intermédia ao ar; a mais cortante ao fogo, a segunda mais cortante ao ar e a menos cortante à água. Resumindo, a figura que tem o menor número de faces deverá ser, pela natureza das coisas, a mais móvel, assim como a mais cortante e a mais penetrante e, finalmente, sendo composta pelo menor número de partes semelhantes, a mais leve. A nossa segunda figura será a segunda em todas as características, e a nossa terceira será a terceira. Deste modo, a lógica e a verossimilhança exigem que olhemos a pirâmide como a figura sólida que é a unidade básica ou a semente do fogo; e podemos olhar a segunda das figuras que construímos (o octaedro) como a unidade básica do ar, a terceira (icosaedro) a da água.

DAVID IIZUKA/ARQUIVO DA EDITORA

Adaptado de: MAGEE, Bryan. *História da filosofia*. São Paulo: Loyola, 1999. *Platão – vida e obra*. Coleção Os pensadores. São Paulo: Nova Cultural, 1999. <http://scienceworld.wolfram.com/biography/Plato.html>; <http://joanario.no.sapo.pt/poliedros.htm#solidos>; <www.ufrgs.br/proin/versao_1/autores3/index06.html>. (Acesso em jul. 2011.)

Capítulo 12 Corpos redondos: cilindro, cone e esfera

UM POUCO DE HISTÓRIA

➲ Muitos conhecimentos atuais sobre corpos redondos nos foram legados por estudiosos da Antiguidade. O matemático grego Arquimedes (287 a.C.-212 a.C.), com base em ideias anteriores do filósofo Demócrito (século V a.C.), desenvolveu um método pelo qual calculou a área superficial e o volume da esfera.

(Veja mais sobre o assunto em Leituras, *na página 331.)*

DESAFIO

➲ Com qual destes moldes podemos montar um cone?

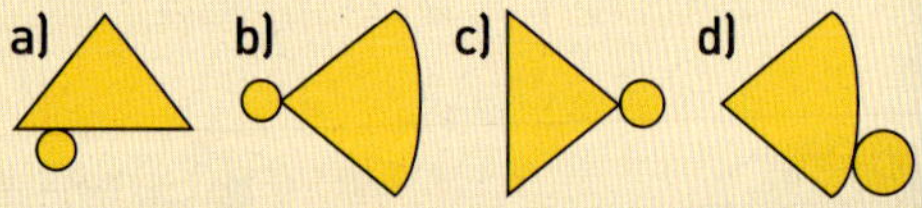

O conhecimento geométrico permite ao ser humano construir os mais diversos objetos associando formas, dimensões e quantidades de material necessárias. Permite, também, entender melhor a natureza.

Alguns tipos de vulcão são montanhas clássicas, em forma de cone, com uma cratera no topo. Originam-se de camadas provenientes de fluxos de lava, cinzas e rochas que se depositam nas encostas após cada rajada.

Um tipo muito comum de vulcão são os cones de escórias. Eles têm alturas geralmente menores que 300 metros e formato de cones íngremes, quase perfeitos, por causa do material homogêneo que ejetam. Já o vulcão do tipo estratovulcão tem cone mais alto, construído por fluxos sucessivos de lavas em diversos períodos de atividade.

O conhecimento matemático, especialmente de Geometria, em algumas situações contribui para antecipar o padrão de escoamento da lava, ou seja, saber para onde e em que velocidade ela vai correr.

MARTIN RIETZE/WESTEND61/CORBIS/LATINSTOCK

Erupção do Stromboli durante a noite.

A MATEMÁTICA NA PRÁTICA

O cone, classificado entre os CORPOS REDONDOS, está presente no estudo do formato característico de muitos vulcões.

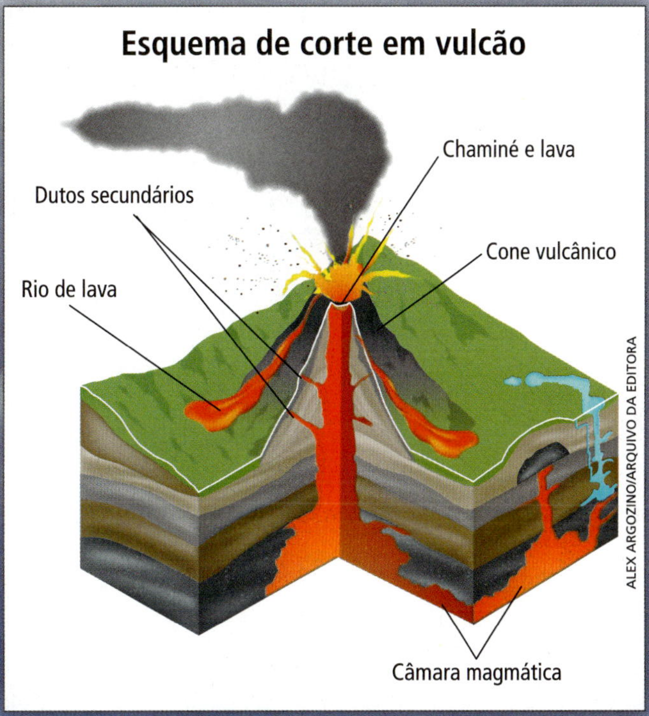

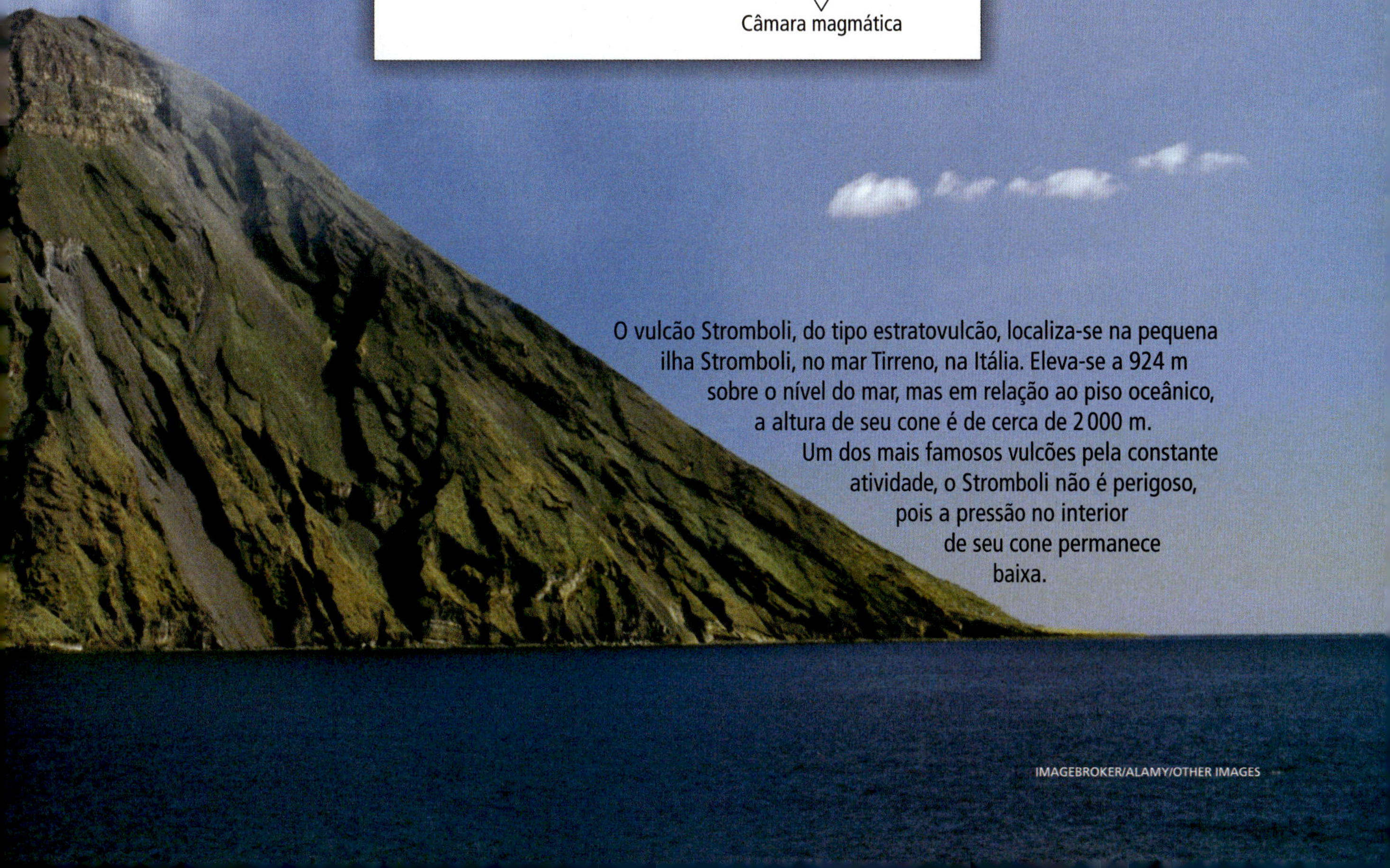

O vulcão Stromboli, do tipo estratovulcão, localiza-se na pequena ilha Stromboli, no mar Tirreno, na Itália. Eleva-se a 924 m sobre o nível do mar, mas em relação ao piso oceânico, a altura de seu cone é de cerca de 2 000 m. Um dos mais famosos vulcões pela constante atividade, o Stromboli não é perigoso, pois a pressão no interior de seu cone permanece baixa.

IMAGEBROKER/ALAMY/OTHER IMAGES

1 Introdução

Você sabia que:

- três quartos da superfície da Terra são cobertos de água?
- a linha do equador mede, aproximadamente, 40 000 km?

Pense agora nas seguintes questões, relativas ao planeta Terra:

- Como calcular seu volume e a área de sua superfície?
- Como calcular a área coberta de água (em km²) em sua superfície?

NASA

Fotografia do planeta Terra composta a partir de imagens de satélite.

As respostas a essas questões são possíveis com o estudo dos corpos redondos, que faremos neste capítulo.

Veja exemplos de corpos redondos:

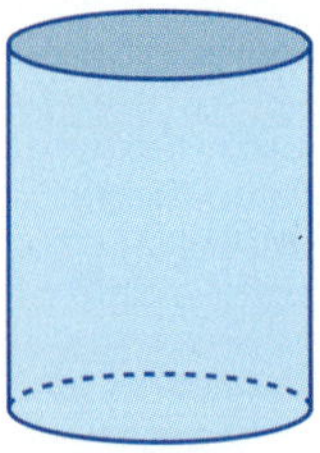

cilindro

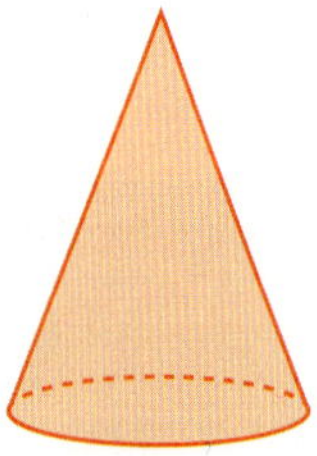

cone

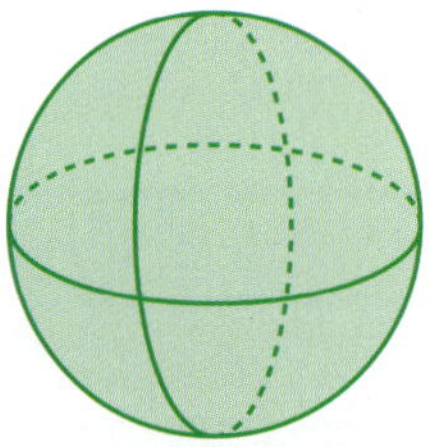

esfera

Para refletir

Por que esses sólidos são chamados de corpos redondos?

2 O cilindro

Considere dois planos α e β, distintos e paralelos, e um segmento de reta MN com **M** pertencente a α e **N** pertencente a β. Dado um círculo **C** de centro **O** e raio **r**, contido em α, chamamos *cilindro circular* (ou simplesmente *cilindro*) à reunião de todos os segmentos de reta, paralelos e congruentes ao segmento MN, que unem um ponto do círculo **C** a um ponto de β. No caso de $\overline{MN}$ ser perpendicular a α, o cilindro é reto.

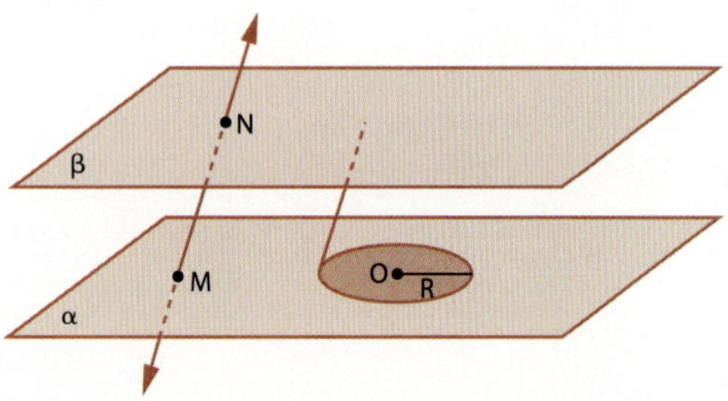

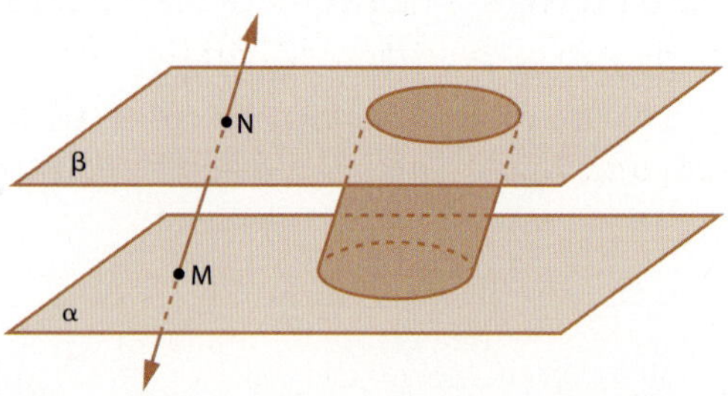

Podemos intuitivamente imaginar um cilindro como o conjunto de pontos gerado por uma translação de um círculo.

A superfície do cilindro é formada por duas partes planas, que são as bases, e uma parte não plana, "arredondada", que é a superfície lateral.

A altura do cilindro é a distância entre os planos das bases.

cilindro reto

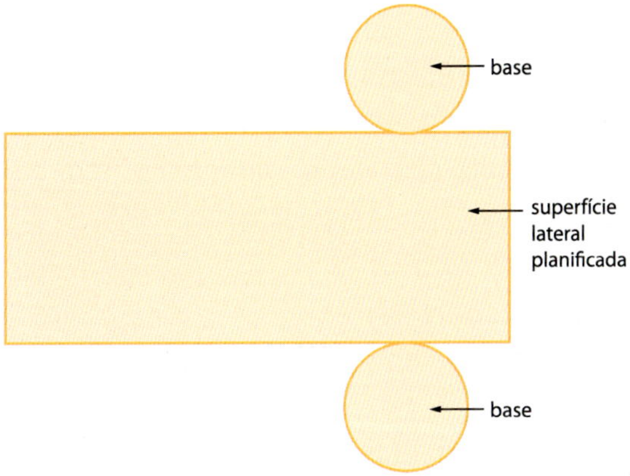

cilindro reto planificado

A reta que passa pelos centros das bases de um cilindro é chamada *eixo*.

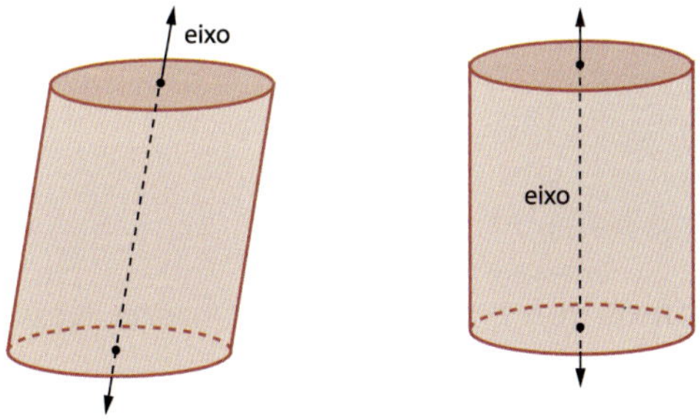

No cilindro reto, o eixo é perpendicular aos planos das bases.

Os segmentos paralelos ao eixo, cujas extremidades são pontos das circunferências das bases, são chamados *geratrizes* do cilindro.

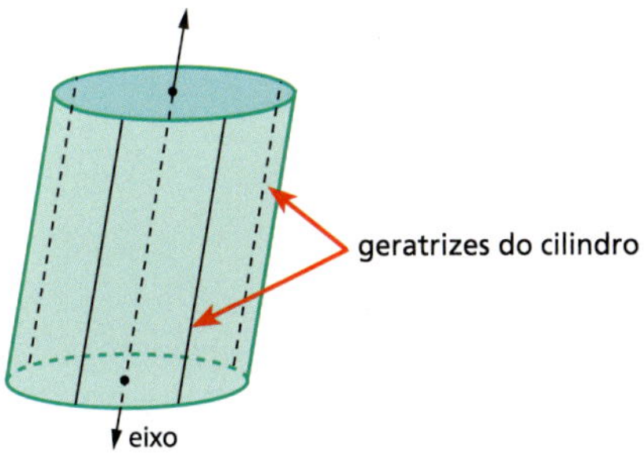

Para refletir

Em que caso a altura e a geratriz do cilindro têm a mesma medida?

Um cilindro reto pode ser obtido girando-se uma região retangular em torno de uma reta que contém um de seus lados. Por isso, o cilindro circular reto pode ser chamado também de *cilindro de revolução*, uma vez que é o sólido gerado quando uma região retangular faz um giro completo em torno do eixo determinado por um de seus lados.

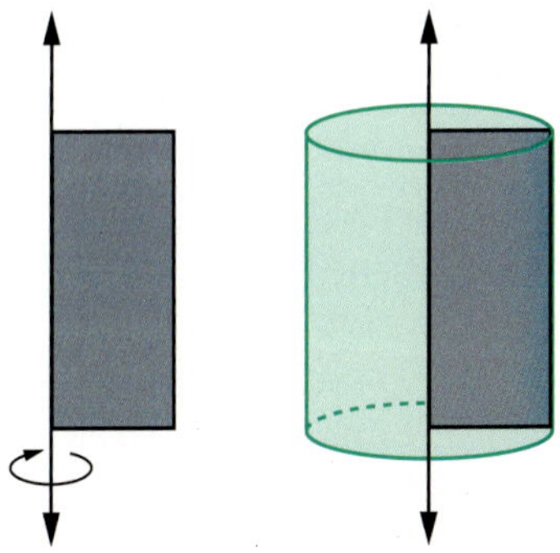

Secções de um cilindro

Secção transversal

É a intersecção do cilindro com um plano paralelo às suas bases.

A secção transversal é um círculo congruente às bases.

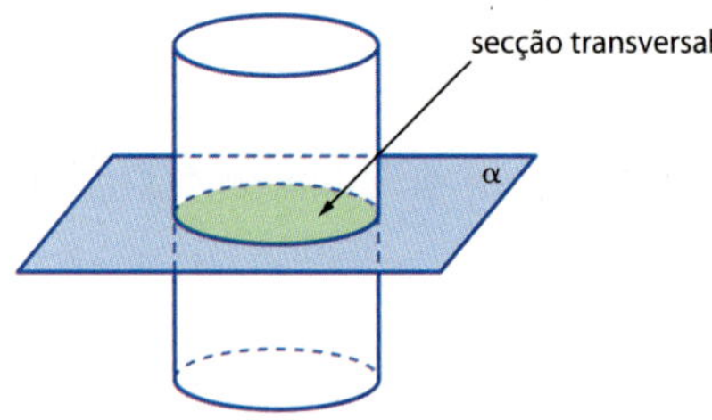

Secção meridiana

É a intersecção do cilindro com um plano que contém o seu eixo.

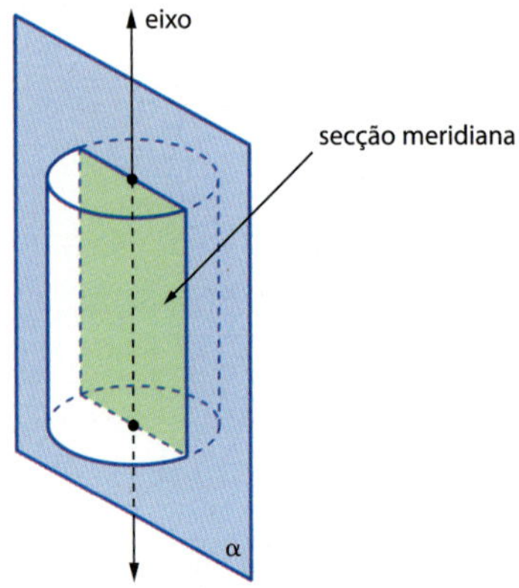

A secção meridiana de um cilindro reto é um retângulo.

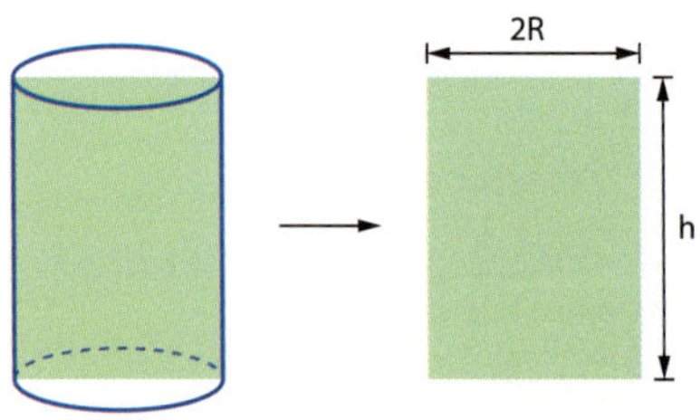

Observação: Se a secção meridiana for um quadrado, dizemos que o cilindro é *equilátero*. Nesse caso, h = 2R.

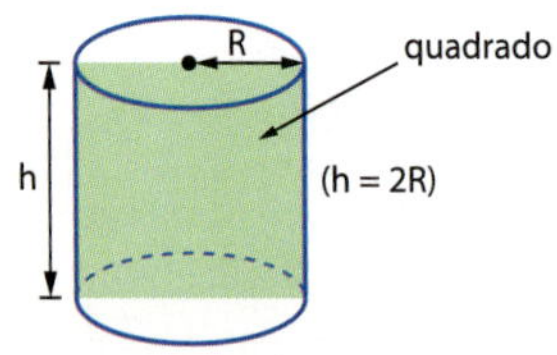

cilindro equilátero

Área da superfície de um cilindro reto

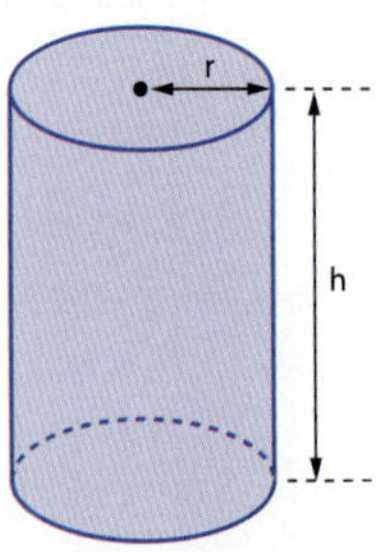

montado

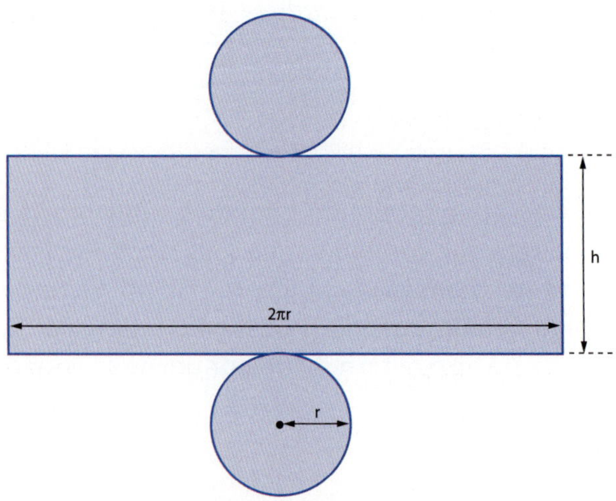

planificado

A superfície total do cilindro é formada pela superfície lateral mais as superfícies das duas bases.

Assim:

área lateral $= A_\ell = (2\pi r)h = 2\pi rh \Rightarrow A_\ell = 2\pi rh$

área das bases $= 2A_b = 2\pi r^2$

área total $= A_t = A_\ell + 2A_b = 2\pi rh + 2\pi r^2 = 2\pi r(h + r) \Rightarrow A_t = 2\pi r(h + r)$

Fique atento

A superfície lateral planificada do cilindro reto é uma região retangular cujas dimensões são: a altura do cilindro (**h**) e o comprimento da circunferência da base ($2\pi r$). Cada base do cilindro é um círculo com área πr^2.

Exercícios resolvidos

1. Quantos centímetros quadrados de material são usados, aproximadamente, para fabricar a lata de óleo indicada ao lado?

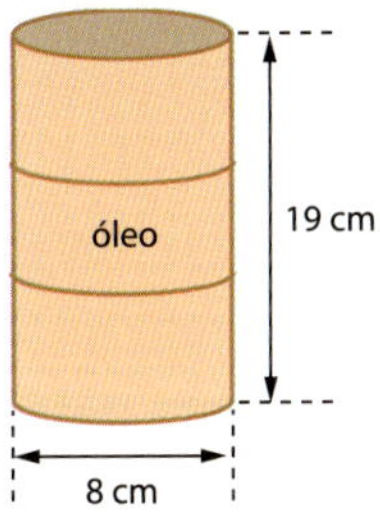

Resolução:

diâmetro = 8 cm; r = 4 cm;

h = 19 cm

Logo, considerando $\pi = 3{,}14$, temos:

$A_\ell = 2\pi rh = 2 \cdot 3{,}14 \cdot 4 \cdot 19 = 477{,}28$ cm²

$2A_b = 2\pi r^2 = 2 \cdot 3{,}14 \cdot 4^2 = 100{,}48$ cm²

$A_t = 477{,}28 + 100{,}48 = 577{,}76$ cm²

São necessários, aproximadamente, 577,76 cm² de material.

Podemos resolver esse exercício em função de π. Veja:

$A_\ell = 2\pi rh = 2\pi \cdot 4 \cdot 19 = 152\pi$ cm²

$2A_b = 2\pi r^2 = 2\pi \cdot 4^2 = 32\pi$ cm²

$A_t = 152\pi + 32\pi = 184\pi$ cm²

2. Qual deve ser o comprimento de um tubo, de forma cilíndrica, se a sua superfície total pode ser coberta com 43,7088 cm² de plástico e o diâmetro de cada base tem 8 mm? (Use $\pi = 3{,}14$.)

Resolução:

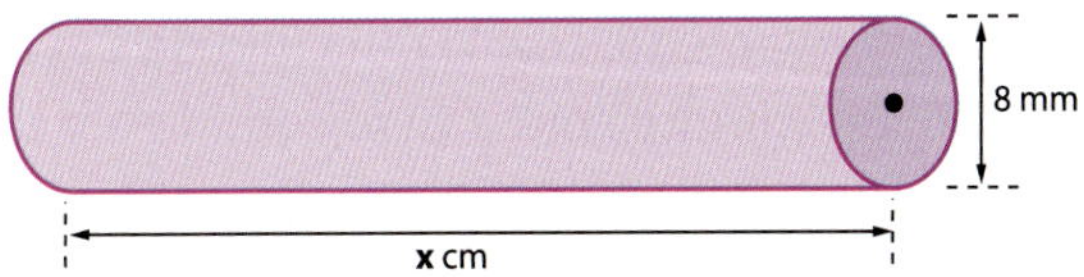

O diâmetro da base é 8 mm = 0,8 cm. Logo, r = 0,4 cm.

$2A_b = 2\pi r^2 = 2 \cdot 3{,}14 \cdot 0{,}4^2 = 1{,}0048$

$A_\ell = 2\pi rh = 2 \cdot 3{,}14 \cdot 0{,}4x = 2{,}512x$

$A_t = 2A_b + A_\ell = 43{,}7088 \Rightarrow 1{,}0048 + 2{,}512x = 43{,}7088 \Rightarrow$

$\Rightarrow 2{,}512x = 42{,}704 \Rightarrow x = 17$

Portanto, o comprimento do tubo deve ser de 17 cm.

Exercícios propostos

1. A base de um cilindro reto tem 4 cm de diâmetro. A altura do cilindro também mede 4 cm. Determine:

a) a área das bases;

b) a área lateral;

c) a área total.

Fique atento

O cilindro reto desse exercício é exemplo de *cilindro equilátero*, pois nele o diâmetro da base tem a mesma medida que a altura.

2. Quantos centímetros quadrados de papel são necessários, aproximadamente, para a fabricação de um cigarro sabendo que o diâmetro de sua forma cilíndrica é 0,8 cm e seu comprimento 8 cm?

3. Um tanque cilíndrico tem 3 m de profundidade. Sua base superior é aberta e tem 4 m de diâmetro. Quantos galões de tinta são necessários para pintar o interior desse tanque, se para cada metro quadrado se gasta $\frac{1}{4}$ de galão?

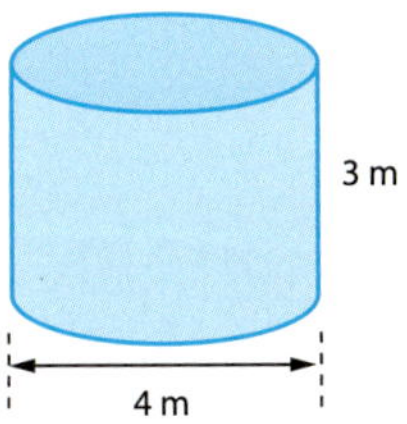

4. Num cilindro, a altura é igual ao raio da base. Sabe-se também que a área lateral desse cilindro é 16π cm². Calcule a área total do cilindro.

5. Uma lata de refrigerante tem forma cilíndrica, com 8 cm de diâmetro nas bases e 15 cm de altura. Quantos centímetros quadrados de material são necessários, aproximadamente, para fabricar essa lata de refrigerante?

6. Num cilindro de raio **r** e altura **h**, a área lateral é igual à área de uma base. Determine o valor de **h** em função de **r**.

7. Sabe-se que a área lateral de um cilindro é 20π cm². Se o raio da base é 5 cm, calcule a medida **h** da altura e a área total do cilindro.

8. Duas latas têm forma cilíndrica. A lata mais alta tem o dobro da altura da outra, mas seu diâmetro é a metade do diâmetro da lata mais baixa.

Em qual das duas latas se utiliza menos material?

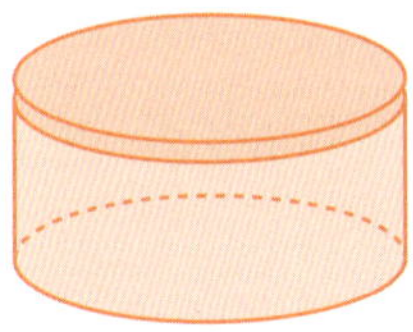

9. Um primeiro cilindro tem altura 2h e raio da base **r**. Um segundo tem altura **h** e raio da base 2r. Qual é a razão entre as áreas laterais desses cilindros?

10. Qual é a razão entre a área total e a área lateral do cilindro equilátero?

11. Uma caneta esferográfica tem a forma cilíndrica. O raio da base é 6 mm e o comprimento da caneta 16 cm. Quantos centímetros quadrados tem a superfície lateral dessa caneta?

12. Calcule a área total de um cilindro reto que tem altura de 6 cm e área lateral de 48π cm^2.

13. Quanto de material (em metros quadrados) se gasta para fazer um depósito tampado de combustível com a forma e as medidas da figura abaixo?

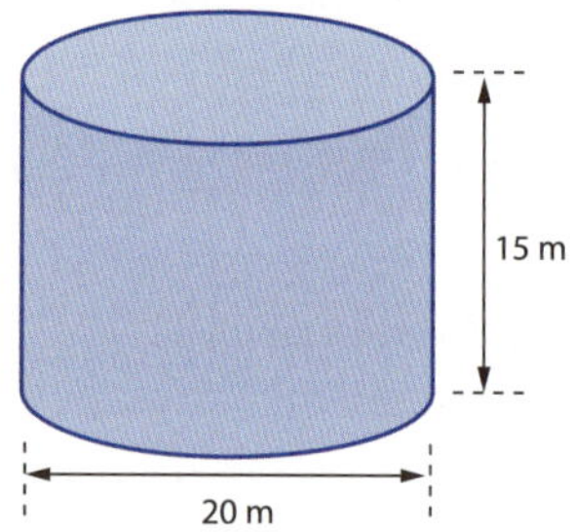

Volume do cilindro

Vamos novamente usar o princípio de Cavalieri, agora para determinar o volume do cilindro.

Dado um cilindro com a base contida em um plano α, vamos considerar um paralelepípedo retângulo, também com a base contida em α, que tem a área da base igual à área da base do cilindro e altura igual à do cilindro.

O plano β, paralelo a α, que secciona um dos sólidos também secciona o outro, e as secções determinadas por β em cada um deles têm a mesma área de suas bases.

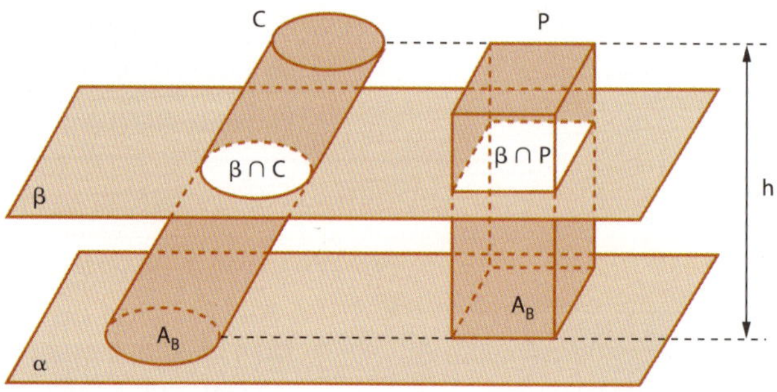

Como área ($\beta \cap C$) = A_B e área ($\beta \cap P$) = A_B, temos:

$$\text{área } (\beta \cap C) = \text{área } (\beta \cap P)$$

para qualquer plano horizontal β. Pelo princípio de Cavalieri concluímos que:

volume do cilindro = volume do paralelepípedo retângulo

Como o volume do paralelepípedo retângulo é o produto da área da base pela altura, segue que:

volume do cilindro = área da base · altura

Sendo a base do cilindro um círculo de raio **r** e área πr^2, temos:

volume do cilindro = $V = \pi r^2 h$

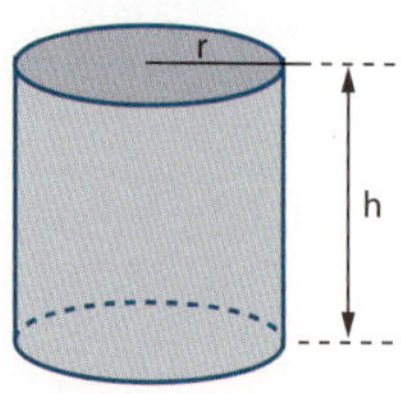

Fique atento

O volume do cilindro é calculado da mesma forma que calculamos o volume de um prisma: área da base · altura.

Exercícios resolvidos

3. Qual é a capacidade de uma lata de molho de tomate que tem a forma cilíndrica, com 7,5 cm de diâmetro e 11 cm de altura?

Realidade

Modelo matemático

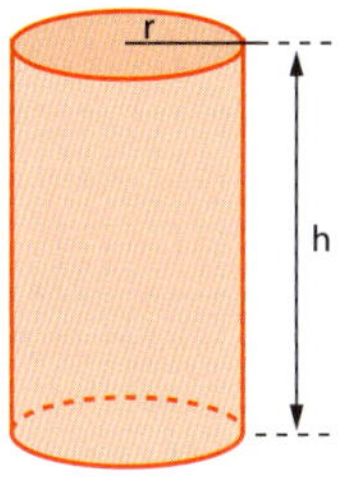

cilindro

Resolução:

Se o diâmetro é de 7,5 cm, então r = 3,75 cm.

h = 11 cm

$V = \pi r^2 h = \pi \cdot 3{,}75^2 \cdot 11 \simeq 154{,}7\pi \text{ cm}^3$

Considerando $\pi = 3{,}14$ e sabendo que $1 \text{ dm}^3 = 1\ell$ e $1 \text{ cm}^3 = 1 \text{ m}\ell$, temos:

$154{,}7 \cdot 3{,}14 \simeq 485{,}76 \text{ m}\ell$

Logo, a capacidade da lata é de aproximadamente 485,76 mℓ.

4. Para fabricar uma caixa de chocolates, é preciso saber inicialmente qual é o volume de cada chocolate. Calcule então o volume de um chocolate que tem 1,5 cm de diâmetro e 6,5 cm de comprimento e, em seguida, determine o volume aproximado de 20 chocolates. (Use $\pi = 3{,}14$.)

Resolução:

Realidade

Modelo matemático

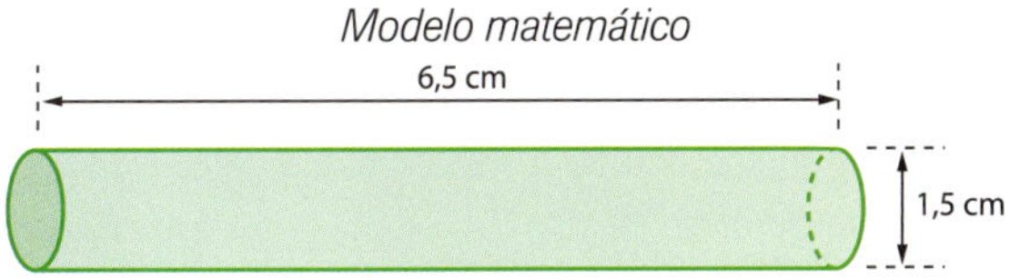

cilindro

Se o diâmetro é de 1,5 cm, então r = 0,75 cm.

h = 6,5 cm

$V = \pi r^2 h = \pi \cdot 0{,}75^2 \cdot 6{,}5 \simeq 3{,}14 \cdot 0{,}56 \cdot 6{,}5 = 11{,}4296 \text{ cm}^3$

O volume de um chocolate é de aproximadamente 11,4 cm^3; logo, o volume de 20 chocolates é de cerca de $20 \cdot 11{,}4 = 228 \text{ cm}^3$.

5. Um cilindro circular reto tem 10 cm de altura e sua base tem 12 cm de diâmetro. Calcule a área lateral, a área total e o volume do cilindro.

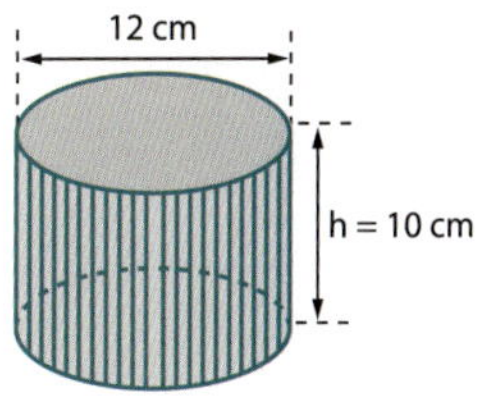

Resolução:

Se o diâmetro é igual a 12 cm, então r = 6 cm.

área da base $= A_b = \pi r^2 = \pi \cdot 6^2 = 36\pi \text{ cm}^2$

área lateral $= A_\ell = 2\pi rh = 2\pi \cdot 6 \cdot 10 = 120\pi \text{ cm}^2$

área total $= A_t = A_\ell + 2A_b = 120\pi + 2(36\pi) = 192\pi \text{ cm}^2$

volume $= V = A_b h = \pi r^2 h = \pi \cdot 6^2 \cdot 10 = 360\pi \text{ cm}^3$

Portanto, a área lateral é $120\pi \text{ cm}^2$, a área total é $192\pi \text{ cm}^2$ e o volume é $360\pi \text{ cm}^3$.

6. A figura abaixo mostra um cilindro inscrito num cubo. O volume do cilindro é $64\pi \text{ cm}^3$. Calcule o volume do cubo.

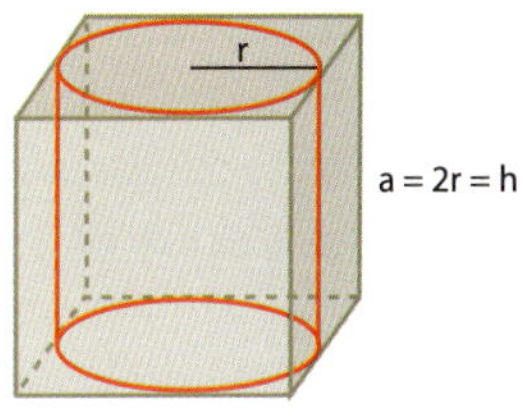

Resolução:

Como a altura do cilindro é igual ao seu diâmetro, temos:

$V = \pi r^2 h \Rightarrow 64\not{\pi} = \not{\pi} r^2 \cdot 2r \Rightarrow 2r^3 = 64 \Rightarrow r^3 = 32 \Rightarrow$

$\Rightarrow r = 2\sqrt[3]{4} \text{ cm}$

Como a aresta do cubo é igual ao diâmetro do cilindro, temos:

$a = 2r = 4\sqrt[3]{4} \text{ cm}$

Vamos então calcular o volume do cubo:

$V = a^3 = (4\sqrt[3]{4})^3 = 256 \text{ cm}^3$

Portanto, o volume do cubo é 256 cm^3.

Fique atento

Todo cilindro inscrito num cubo é um cilindro equilátero: o diâmetro da base e a altura têm a mesma medida da aresta do cubo.

7. (Enem) Uma artesã confecciona dois diferentes tipos de vela ornamental a partir de moldes feitos com cartões de papel retangulares de 20 cm × 10 cm (conforme ilustram as figuras a seguir). Unindo dois lados opostos do cartão, de duas maneiras, a artesã forma cilindros e, em seguida, os preenche completamente com parafina.

Tipo I

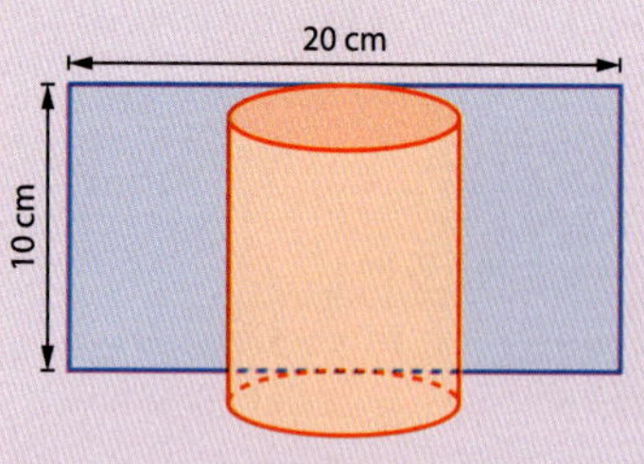

Tipo II

Supondo-se que o custo da vela seja diretamente proporcional ao volume de parafina empregado, o custo da vela do tipo I, em relação ao custo da vela do tipo II, será:

a) o triplo.
b) o dobro.
c) igual.
d) a metade.
e) a terça parte.

> RESOLUÇÃO PASSO A PASSO:

1. Lendo e compreendendo

a) O que é dado no problema?

São dadas as dimensões de dois moldes usados por uma artesã na confecção de velas; é explicado como esses moldes são feitos a partir do papel-cartão.

b) O que se pede?

Pede-se a relação entre os custos dos dois tipos de velas fabricados pela artesã.

2. Planejando a solução

De acordo com as instruções de montagem dos dois tipos de molde, vamos obter as dimensões necessárias para o cálculo do volume do cilindro (raio e altura). Com as dimensões para os dois casos, calcularemos o volume e, como o custo das velas é proporcional ao volume, poderemos determinar a relação pedida entre os custos.

3. Executando o que foi planejado

Vamos determinar as dimensões da altura (**h**) e do raio (**r**) para cada um dos moldes:

Tipo I

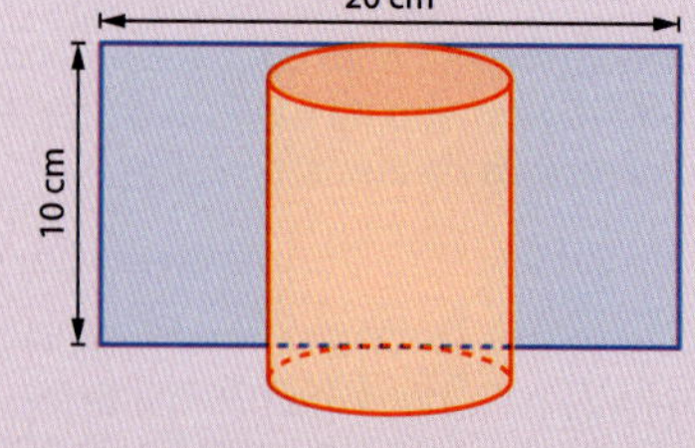

No tipo I, a altura é $h = 10$ cm e o comprimento da circunferência da base é 20 cm. Como o comprimento de uma circunferência é dado por $2\pi r$, temos:

$$2\pi r = 20 \Rightarrow r = \frac{10}{\pi}$$

Tipo II

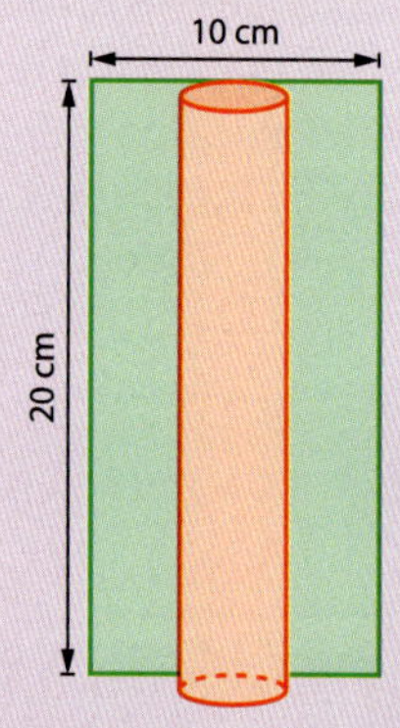

No tipo II, a altura é $h = 20$ cm e o comprimento da circunferência da base é 10 cm. Então, temos:

$$2\pi r = 10 \Rightarrow r = \frac{5}{\pi}$$

Vamos calcular o volume de parafina empregado em cada molde. Para isso, devemos lembrar que o volume de um cilindro é dado por $V = \pi r^2 h$.

Volume no molde do tipo I: $V_I = \pi\left(\frac{10}{\pi}\right)^2 \cdot 10 \Rightarrow$

$$\Rightarrow V_I = \pi \cdot \frac{100}{\pi^2} \cdot 10 = \frac{1000}{\pi} \text{ cm}^3$$

Volume no molde do tipo II: $V_{II} = \pi\left(\frac{5}{\pi}\right)^2 \cdot 20 \Rightarrow$

$$\Rightarrow V_{II} = \pi \cdot \frac{25}{\pi^2} \cdot 20 = \frac{500}{\pi} \text{ cm}^3$$

A relação entre os volumes é a relação entre os custos. Assim:

$$\frac{V_I}{V_{II}} = \frac{\frac{1000}{\pi}}{\frac{500}{\pi}} = \frac{1000}{\pi} \cdot \frac{\pi}{500} = 2$$

Ou seja, o volume de parafina empregado no molde do tipo I é o dobro do volume de parafina empregado no molde do tipo II. Assim, o custo da vela I é o dobro do custo da vela II.

4. Verificando

Podemos verificar o resultado usando uma 2ª estratégia para obter a razão dos volumes. Pelas figuras, o cilindro do tipo I tem a metade da altura do cilindro do tipo II, mas o comprimento da circunferência de sua base é o dobro do comprimento da circunferência da base do tipo II. Como o raio de uma circunferência é proporcional ao seu perímetro, então o raio da base do cilindro do tipo I é o dobro do raio do cilindro do tipo II.

Assim, $R_I = 2 \cdot R_{II}$ (I) e $h_I = 0{,}5 \cdot h_{II}$ (II).

Se $V_I = \pi \cdot R_I^2 \cdot h_I$ (III) e $V_{II} = \pi \cdot R_{II}^2 \cdot h_{II}$, então, substituindo os valores de (I) e (II) em (III), temos:

$V_I = \pi \cdot (2 \cdot R_{II})^2 \cdot 0{,}5 \cdot h_{II} = \pi \cdot 4 \cdot R_{II}^2 \cdot 0{,}5 \cdot h_{II} =$
$= 2 \cdot \pi \cdot R_{II}^2 \cdot h_{II} = 2 \cdot V_{II}$

Dessa forma, verificamos que realmente o volume do cilindro do tipo I é o dobro do volume do cilindro do tipo II, o que leva o preço da vela do tipo I a ser o dobro do preço da vela do tipo II.

5. Respondendo

A resposta é a alternativa **b**.

6. Ampliando o problema

a) Qual deve ser o tamanho de um cartão retangular para que uma vela de 20 cm de altura custe o mesmo que uma vela de 10 cm feita com o molde do tipo I do enunciado?

b) **Discussão em equipe**

"Além das belezas naturais, o Brasil se destaca pela produção cultural concebida pela nossa gente. O artesanato brasileiro retrata os costumes dos mais de cinco séculos de história de um povo rico e miscigenado, cheio de histórias e emoções para registrar. Com produtos fabricados através de técnicas transmitidas de pai para filho, o artesanato brasileiro é a forma de expressão mais usual de uma população que lida diariamente com matérias-primas simples e as transforma em verdadeiras obras de arte" (<www.artesanato.com>, acesso em: 17 ago. 2009).

Troque ideias com seus colegas sobre o texto acima. Vocês acham que o artesanato reflete a história do povo? Ou é apenas um passatempo para relaxar?

Exercícios propostos

14. Um reservatório tem as dimensões e a forma da figura abaixo. Quantos litros de combustível ele pode armazenar?

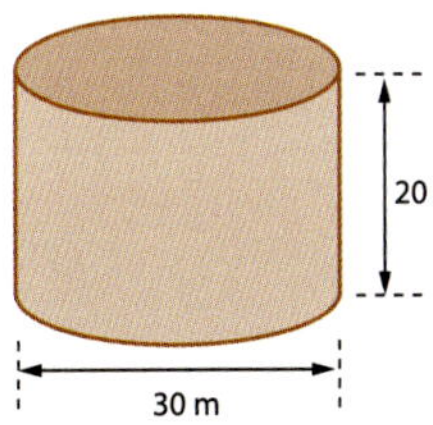

15. O reservatório de tinta de uma caneta esferográfica tem a forma cilíndrica. Seu diâmetro é de 2 mm e o seu comprimento é de 12 cm. Quantos mℓ de tinta podem ser acondicionados nesse reservatório?

16. Uma seringa tem a forma cilíndrica, com 2 cm de diâmetro por 8 cm de comprimento. Quando o êmbolo se afasta 5 cm da extremidade da seringa próxima à agulha, qual é o volume, em mililitros, de remédio líquido que a seringa pode conter?

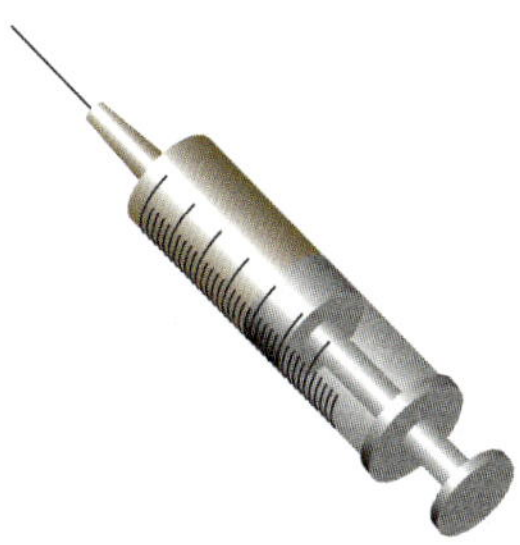

17. Um cilindro reto tem 48π m² de área total. A altura do cilindro mede 5 m. Determine o volume do cilindro.

18. O volume de um cilindro é 225π cm³ e a altura é 9 cm. Calcule a área lateral desse cilindro.

19. A figura abaixo mostra um cilindro inscrito em um cubo. Sendo $\mathbf{V_1}$ o volume do cilindro e $\mathbf{V_2}$ o volume do cubo, calcule a razão $\frac{V_1}{V_2}$.

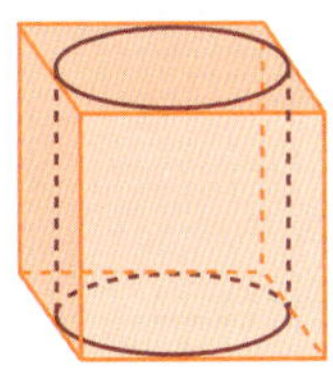

20. Uma peça de madeira tem as dimensões e a forma da figura abaixo. Qual é o volume de madeira empregado para fabricar esta peça?

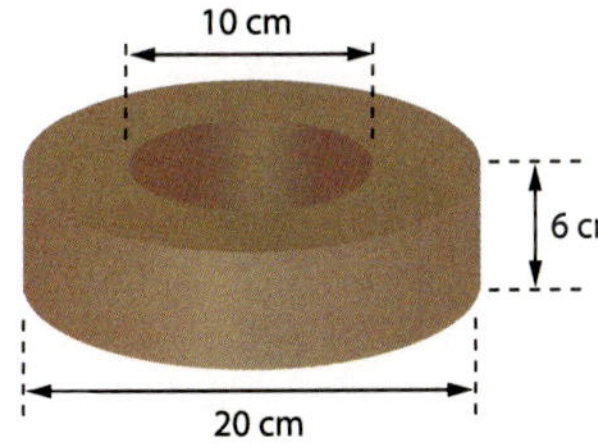

21. Uma ponte de concreto tem a forma da figura a seguir. Suas dimensões estão assinaladas na figura. Qual é o volume de concreto usado para construir a ponte?

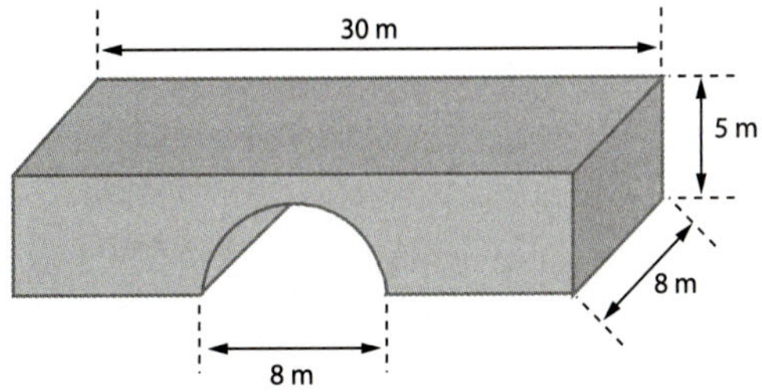

22. A bobina abaixo é formada por três cilindros e é feita de madeira. Os cilindros das extremidades têm 20 cm de diâmetro e o cilindro intermediário tem 8 cm de diâmetro. Qual é o volume de madeira necessário para fazer essa peça?

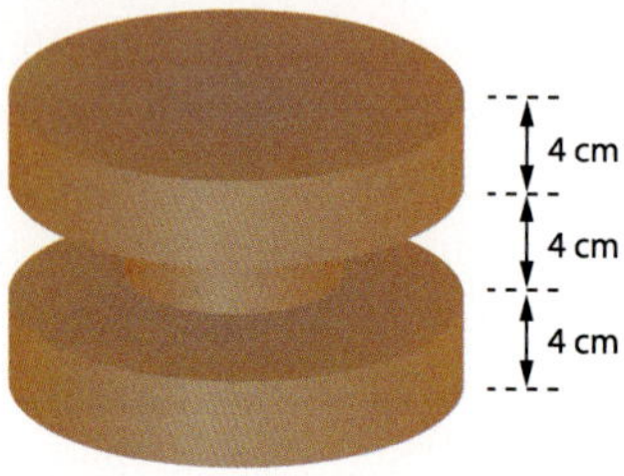

23. Em um cilindro equilátero, a área da base é 900π cm^2. Calcule o volume desse cilindro.

24. Uma indústria produz latas com a forma de paralelepípedo cujas medidas estão na figura I. Deseja-se modificar a forma das latas, passando-se a fabricar latas cilíndricas cujas medidas estão na figura II. Qual das duas embalagens utiliza menos material? Qual delas tem maior capacidade?

Figura I

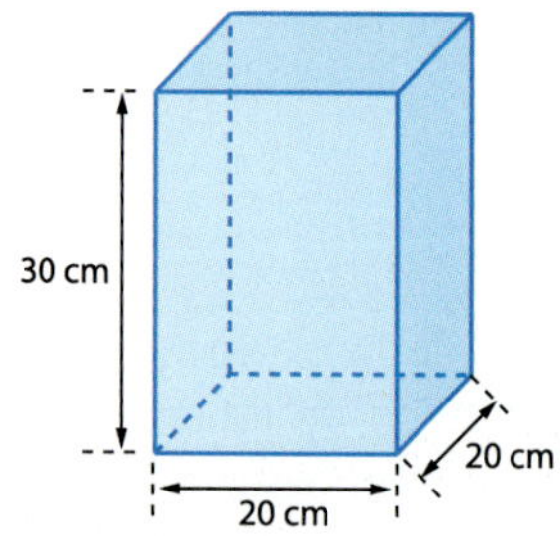

Figura II

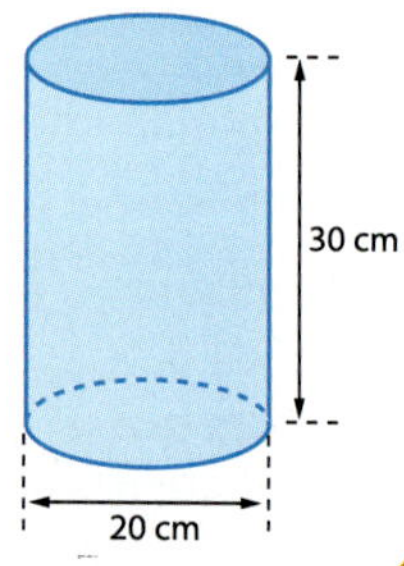

3 O cone

Vamos considerar um plano α, uma região circular **R** nesse plano e um ponto **P** não pertencente a α.

A reunião de todos os segmentos que ligam cada ponto de **R** ao ponto **P** é um sólido chamado *cone circular*.

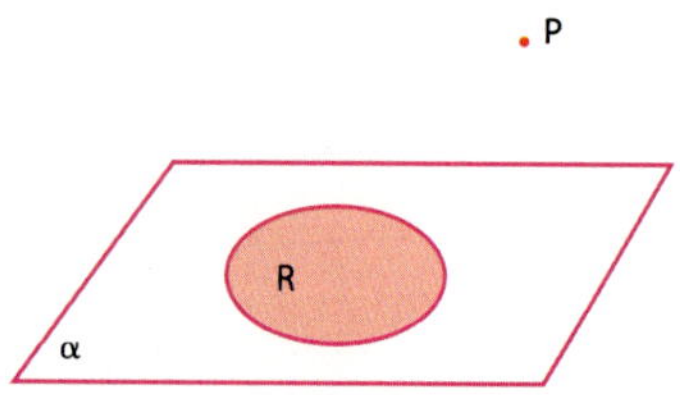

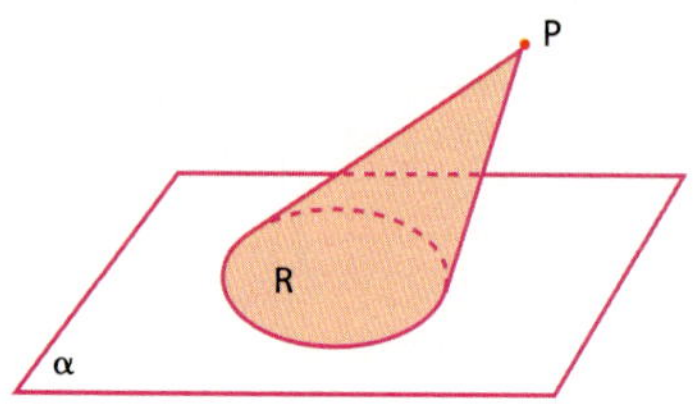

A superfície do cone é formada por uma parte plana, a região circular, que é a sua base, e uma parte não plana, "arredondada", que é a sua superfície lateral.

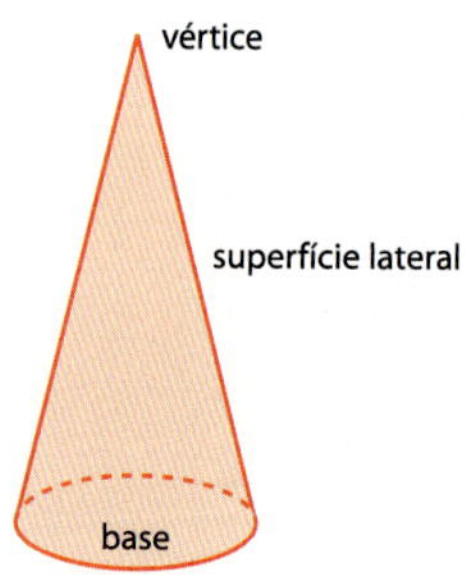

O eixo do cone é o segmento de reta que liga o vértice ao centro da base.

Se o eixo é perpendicular à base, o cone denomina-se *cone reto*.

Se o eixo é oblíquo à base, o cone é chamado *cone oblíquo*.

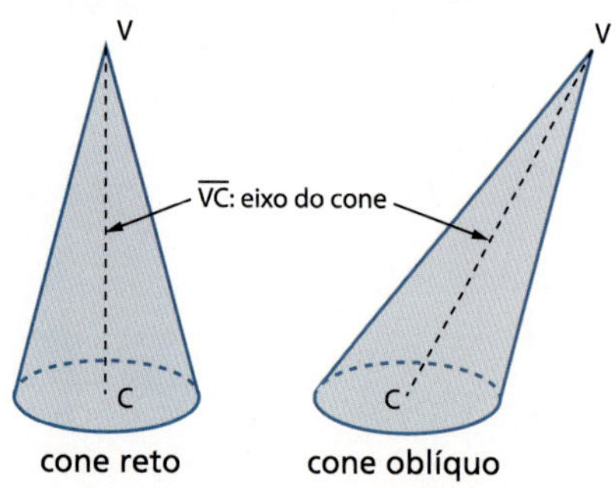

A altura **h** do cone é o segmento de reta perpendicular traçado do vértice ao plano da base. No caso do cone reto, a medida do eixo coincide com a da altura **h**.

No cone reto, cada segmento que liga o vértice a um ponto da circunferência da base é chamado *geratriz do cone*.

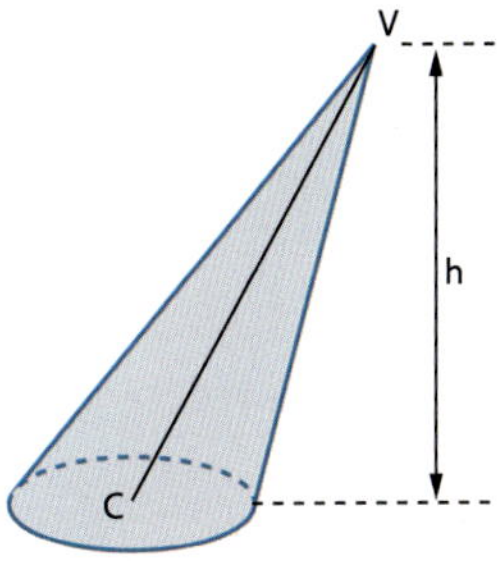

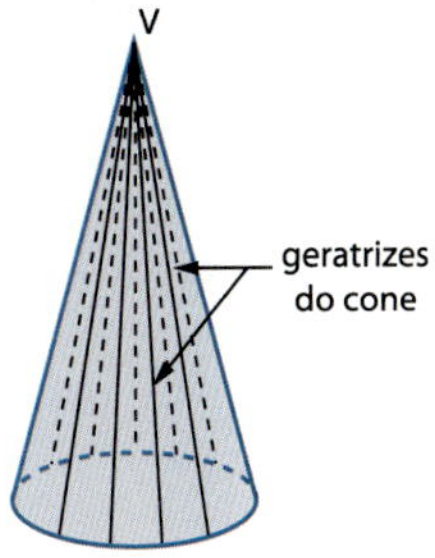

Um cone reto pode ser obtido girando-se uma região triangular cujo contorno é um triângulo retângulo em torno de uma reta que contém um dos catetos.

Por esse motivo, o cone reto é considerado um *sólido* ou *corpo de revolução* e é chamado *cone de revolução*.

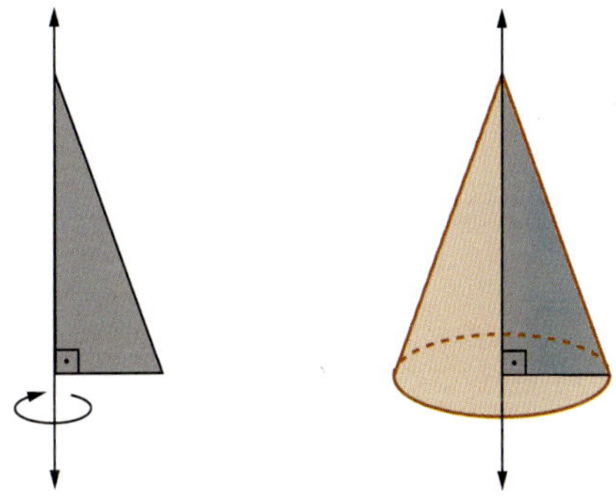

Para refletir

O que indicam o outro cateto e a hipotenusa?

Secções do cone

Secção transversal

A secção transversal é a intersecção do cone com um plano paralelo à sua base.

A secção transversal do cone é um círculo.

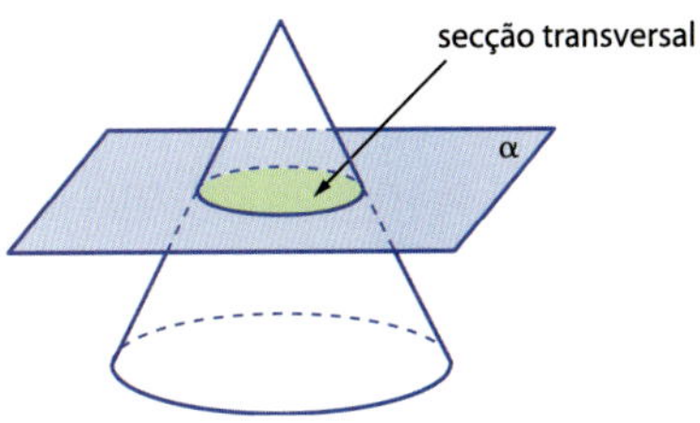

Secção meridiana

A secção meridiana é a intersecção do cone com um plano que contém o seu eixo.

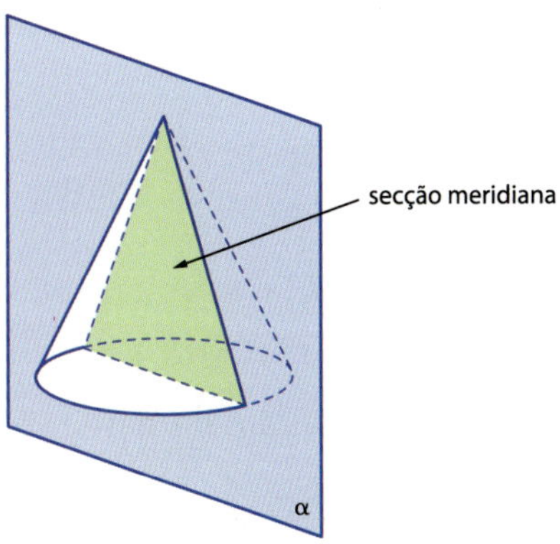

A secção meridiana de um cone reto é um triângulo isósceles.

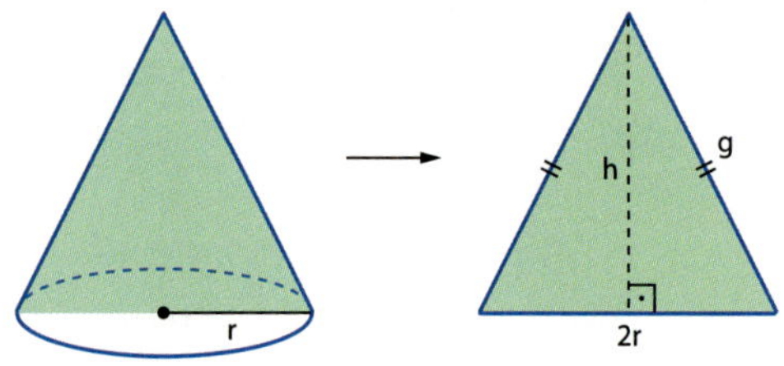

Observação: Se a secção meridiana for um triângulo equilátero, diremos que o cone é *equilátero*. Nesse caso, $g = 2r$ e $h = r\sqrt{3}$.

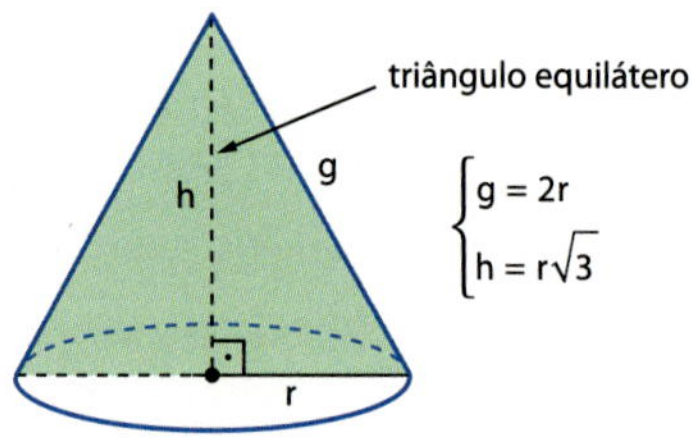

cone equilátero

Área da superfície de um cone reto

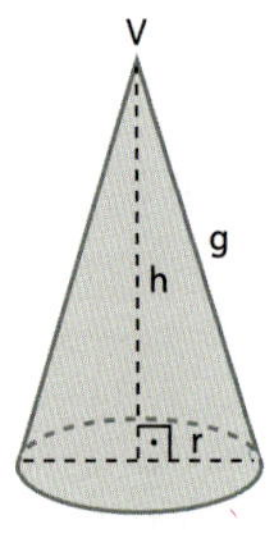

montado

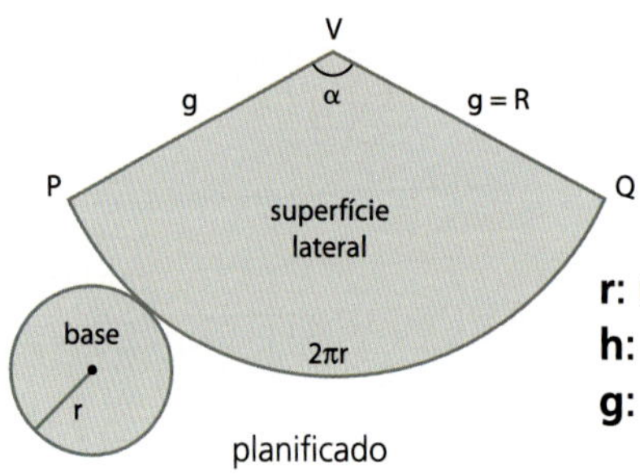

planificado

r: raio da base
h: altura
g: geratriz

> **Fique atento**
> - A geratriz (**g**) do cone reto é o raio do setor circular ($g = R$).
> - Não se deve confundir o raio da base (**r**) com o raio do setor (**R**).

A superfície total do cone reto é formada pela superfície lateral (um setor circular) mais a superfície da base (um círculo), isto é, $A_t = A_\ell + A_b$.

Inicialmente calculamos a área do setor ($\mathbf{A_\ell}$).

Como vimos no volume 1 desta coleção, a área de um setor circular é proporcional à área do círculo correspondente, de forma que:

$$\frac{A_{setor}}{\pi R^2} = \frac{\alpha_{graus}}{360°} = \frac{\alpha_{rad}}{2\pi} = \frac{\ell}{2\pi R}$$

Assim, podemos calcular a área do setor como $A_{setor} = \dfrac{\ell}{2\pi R} \cdot \pi R^2$.

No caso do cone, temos $\ell = 2\pi r$ e $R = g$. Logo:

$$A_\ell = \frac{2\pi r}{2\pi g} \cdot \pi g^2 = \pi rg$$

A área da base é a área do círculo de raio **r**: $A_b = \pi r^2$.

Logo, a área total do cone reto é $A_t = \pi rg + \pi r^2 = \pi r(g + r)$.

Resumindo, para um cone reto de geratriz **g** e raio da base **r**, temos:

$A_\ell = \pi rg$ $\quad$ $A_b = \pi r^2$ $\quad$ $A_t = \pi r(g + r)$

Exercícios resolvidos

8. Um cone reto tem 10 cm de altura e raio da base igual a 4 cm.

Calcule a:

a) medida da sua geratriz;

b) área lateral;

c) área total;

d) medida do ângulo do setor circular. (Use $\pi = 3{,}14$.)

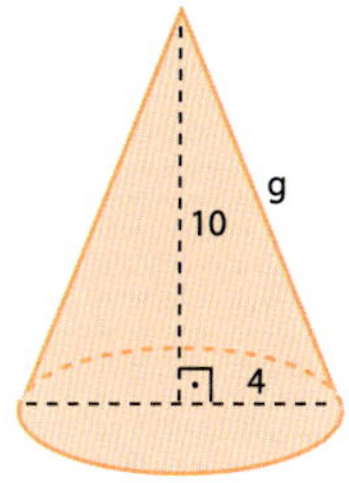

Resolução:

a) $g^2 = 10^2 + 4^2 \Rightarrow g = \sqrt{116} \simeq 10{,}8$ cm

b) $A_\ell = \pi rg = 3{,}14 \cdot 4 \cdot 10{,}8 \simeq 135{,}6$ cm²

c) $A_b = \pi r^2 = 3{,}14 \cdot 4^2 = 50{,}24$ cm²

$A_t = A_\ell + A_b = 135{,}6 + 50{,}24 = 185{,}84$ cm²

d) Nesse caso, $R = g = 10{,}8$ cm e $\ell = 2\pi \cdot 4 = 8\pi$:

$$\frac{\alpha}{360°} = \frac{\ell}{2\pi R} \Rightarrow \frac{\alpha}{360°} = \frac{8\pi}{2\pi \cdot 10{,}8} \Rightarrow$$

$$\Rightarrow \alpha = \frac{8\pi \cdot 360°}{2\pi \cdot 10{,}8} = 133{,}3° = 133°18'$$

Logo, $\alpha = 133°18'$.

9. A geratriz de um cone reto mede 5 cm e o ângulo central do setor circular mede 72°. Calcule a área lateral do cone.

Resolução:

De acordo com os dados do problema, temos $\alpha = 72°$ (ângulo central) e $g = R =$ raio do setor circular $= 5$ cm.

Então:

$$\frac{A_\ell}{\pi \cdot 5^2} = \frac{72}{360} \Rightarrow A_\ell = \pi(5)^2 \cdot \frac{\cancel{72}^{\,1}}{\cancel{360}_{\,5}} = \pi \cdot \cancel{25}^{\,5} \cdot \frac{1}{\cancel{5}_{\,1}} =$$

$$= 5\pi = 5 \cdot 3{,}14 = 15{,}70 \text{ cm}^2$$

Fique atento

Neste exercício, a superfície lateral do cone é um setor circular cuja área é $\frac{1}{5}$ do círculo de raio 5. Logo, $A_\ell = \frac{25\pi}{5} = 5\pi$.

Exercícios propostos

25. Um cone reto tem 24 cm de altura e o raio da base é igual a 18 cm. Calcule:

a) a medida de sua geratriz;

b) a área lateral;

c) a área total.

26. A geratriz de um cone circular reto mede 10 cm e o raio da base é igual a 4 cm. Calcule:

a) a altura do cone;

b) a área lateral;

c) a área total;

d) a medida do ângulo do setor circular.

27. Quantos centímetros quadrados de cartolina serão gastos para fazer o chapéu de palhaço cujas medidas estão na figura abaixo?

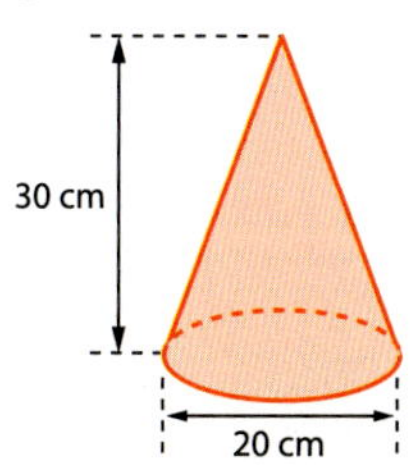

28. Quantos centímetros quadrados de vidro são necessários para fabricar uma ampulheta cujas dimensões estão na figura abaixo?

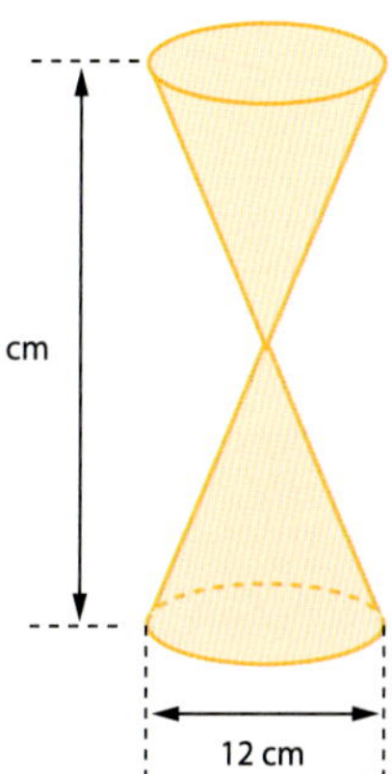

29. Desenvolvendo a superfície lateral de um cone reto, obtemos um setor circular de raio 6 cm e ângulo central de 60°. Calcule a área lateral do cone.

30. Considere um cone equilátero cuja base é um círculo de raio **r**. Determine a área lateral e a área total em função de **r**.

Volume do cone

Mais uma vez usaremos o princípio de Cavalieri.

Consideramos um cone de altura **H** e base de área **A** contida em um plano horizontal α.

Consideramos ainda uma pirâmide de altura **H** e base de área **A**, também contida em α.

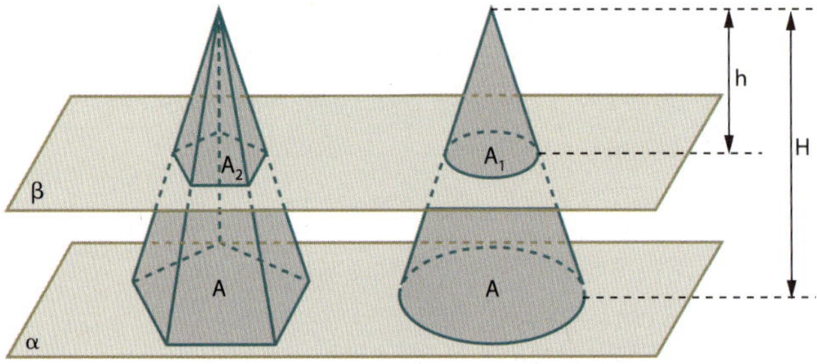

Se um plano horizontal β com distância **h** dos vértices secciona os dois sólidos, determinando regiões planas de áreas $\mathbf{A_1}$ e $\mathbf{A_2}$, temos:

$$\frac{A_1}{A} = \frac{h^2}{H^2} \text{ e } \frac{A_2}{A} = \frac{h^2}{H^2} \Rightarrow \frac{A_2}{A} = \frac{A_1}{A} \Rightarrow A_1 = A_2$$

Pelo princípio de Cavalieri podemos afirmar que o cone e a pirâmide iniciais têm o mesmo volume. Como já sabemos o volume da pirâmide $\left(V = \frac{AH}{3}\right)$, o volume do cone também é o mesmo.

$$V_{cone} = \frac{\text{área da base} \cdot \text{altura}}{3}$$

Então, para um cone circular de raio **r** e altura **h**, podemos dizer que:

$$V = \frac{1}{3}A_b h$$

$$V = \frac{1}{3}\pi r^2 h$$

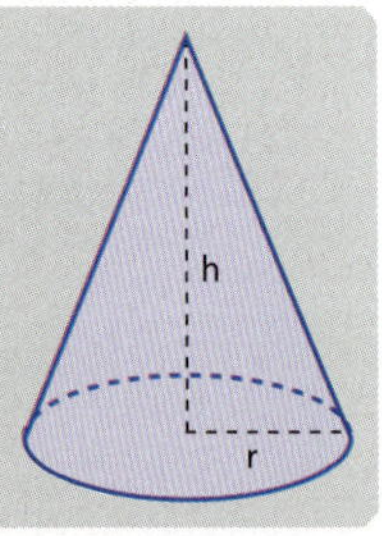

Observação: Lembrando a relação entre os volumes do prisma e da pirâmide de mesma altura e mesma área da base e usando o princípio de Cavalieri, podemos concluir:

O volume de um cone de mesma área da base e mesma altura de um cilindro é igual a $\frac{1}{3}$ do volume do cilindro.

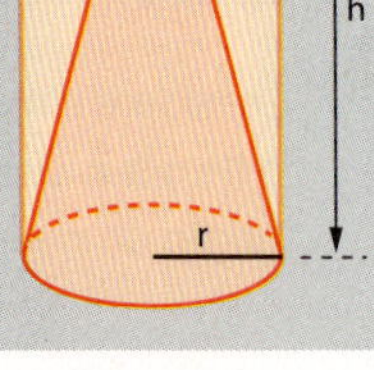

$$V_{cilindro} = \pi r^2 h$$

$$V_{cone} = \frac{1}{3}\pi r^2 h$$

Podemos comprovar isso experimentalmente: para encher de água uma vasilha em forma de cilindro usando como medida um recipiente em forma de cone, de mesma área da base e mesma altura do cilindro, será necessário repetir o procedimento 3 vezes.

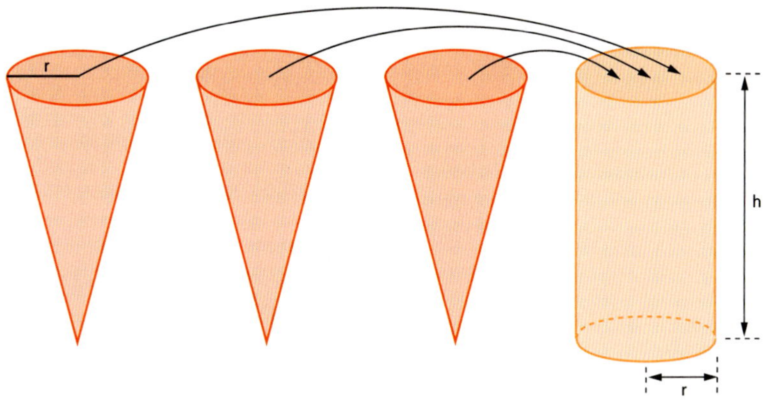

Exercícios resolvidos

10. Qual é o volume de um cone de raio 7 cm e altura 12 cm?

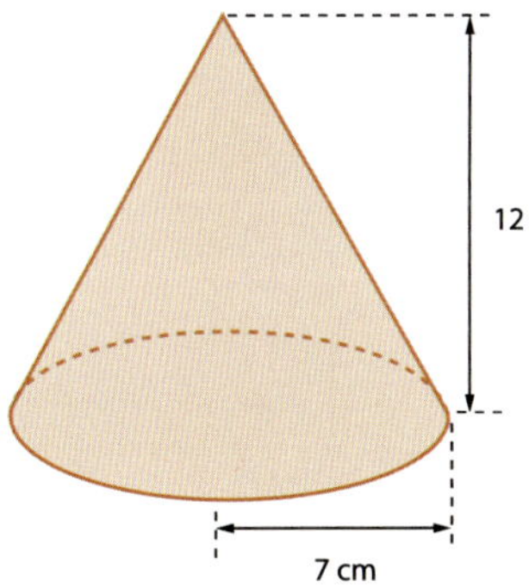

Resolução:

$V = \frac{1}{3}\pi r^2 h = \frac{1}{3}\pi \cdot 7^2 \cdot 12 = 196\pi \simeq 615{,}44\ cm^3$

O volume do cone é 615,44 cm^3, aproximadamente.

11. Qual é a capacidade de uma casquinha de sorvete de forma cônica cujo diâmetro é 6 cm e cuja altura é 10 cm? (Use $\pi = 3{,}14$.)

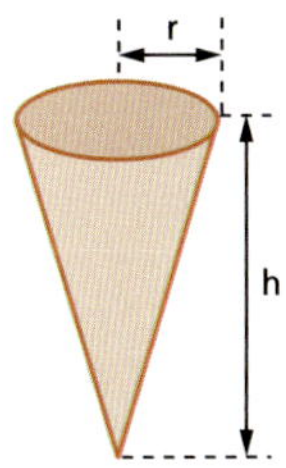

cone

Resolução:

diâmetro = 6 cm; raio = 3 cm; h = 10 cm

$V = \frac{1}{3}\pi r^2 h = \frac{1}{3}\pi \cdot 3^2 \cdot 10 = 30\pi \simeq 94{,}20\ cm^3$

Como 1 cm^3 = 1 mℓ, a capacidade da casquinha é de 94,20 mℓ, aproximadamente.

12. Em um cone reto, a geratriz mede 15 cm e o raio da base mede 9 cm. Calcule a altura e o volume do cone.

Resolução:

Pela figura, temos:

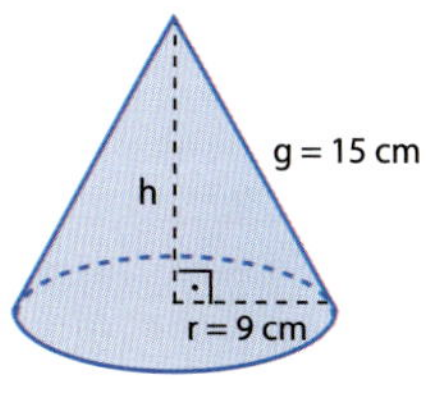

$g^2 = h^2 + r^2 \Rightarrow 15^2 = h^2 + 9^2 \Rightarrow$

$\Rightarrow h^2 = 225 - 81 = 144 \Rightarrow$

$\Rightarrow h = 12$ cm

Vamos calcular o volume:

$V = \frac{1}{3}\pi r^2 h = \frac{1}{3}\pi (9)^2 \cdot 12 =$

$= 324\pi\ cm^3$

A altura do cone é 12 cm e o volume é $324\pi\ cm^3$.

13. Um cone reto tem $15\pi\ cm^2$ de área lateral e $24\pi\ cm^2$ de área total. Calcule o volume desse cone.

Resolução:

$A_\ell = \pi rg \Rightarrow \pi rg = 15\pi \Rightarrow rg = 15 \Rightarrow g = \frac{15}{r}$ (I)

$A_t = \pi r(g + r) \Rightarrow \pi r(g + r) = 24\pi$ (II)

Substituindo (I) em (II), temos:

$\pi r\left(\frac{15}{r} + r\right) = 24\pi \Rightarrow 15\pi + \pi r^2 = 24\pi \Rightarrow$

$\Rightarrow \pi r^2 = 9\pi \Rightarrow r^2 = 9 \Rightarrow r = 3$ cm

Se r = 3 cm, então $g = \frac{15}{3} = 5$ cm; daí:

$g^2 = h^2 + r^2 \Rightarrow 5^2 = h^2 + 3^2 \Rightarrow h^2 = 25 - 9 = 16 \Rightarrow$

$\Rightarrow h = 4$ cm

Vamos calcular o volume:

$V = \frac{1}{3}\pi r^2 h = \frac{1}{3}\pi (3)^2 \cdot 4 = 12\pi\ cm^3$

O volume do cone é $12\pi\ cm^3$.

Exercícios propostos

31. Um tanque cônico tem 4 m de profundidade e seu topo circular tem 6 m de diâmetro. Qual é o volume máximo de líquido, em litros, que esse tanque pode conter?

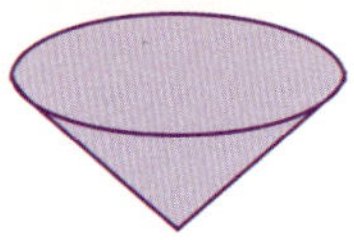

32. Um silo para armazenar cereais tem a forma da figura abaixo. O raio do cilindro e o do cone têm 4 m. A altura total do silo é 10 m e a altura do cone é 4 m. Quantos metros cúbicos de cereais podem ser armazenados nesse silo?

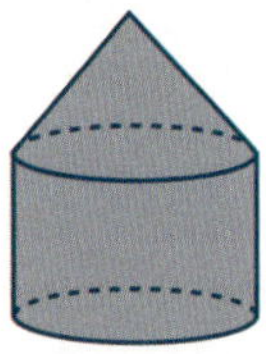

33. Uma fábrica de doces produz chocolates em forma de guarda-chuvinha, com 7 cm de altura e 2 cm de diâmetro. Qual é o volume desses chocolates?

34. Uma vasilha tem a forma da figura dada. Seu topo circular tem 30 cm de diâmetro e a altura da vasilha é 20 cm. Qual é o volume máximo de líquido que essa vasilha pode conter, em litros?

35. Uma sorveteria utiliza copos de forma cônica para colocar sorvete. O copo tem 10 cm de profundidade por 4 cm de diâmetro na abertura. Num copo, foram colocadas duas colheradas de sorvete, cada uma delas com um volume de $\frac{16\pi}{3}$ cm^3. Se o sorvete colocado no copo derreter, ele transbordará?

36. Um cone reto tem 13 cm de geratriz e 12 cm de altura. Calcule o raio da base, a área lateral e o volume desse cone.

37. O volume de um cone equilátero é igual a $9\pi\sqrt{3}$ cm^3. Calcule a altura do cone.

38. O volume de um cone é 400π m^3 e o raio de sua base é 5 m. Calcule a altura, a geratriz e a área lateral do cone.

39. Observe a ampulheta cujas dimensões estão indicadas na figura. Qual é o volume de areia necessário para encher completamente um dos cones dessa ampulheta?

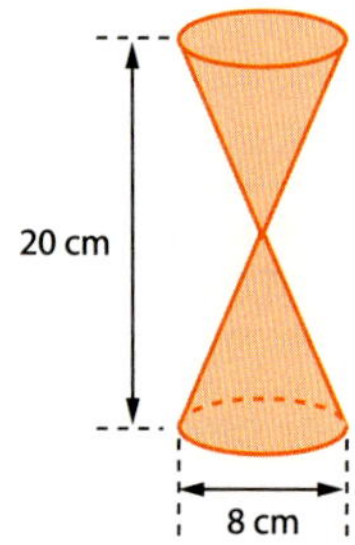

Tronco de cone reto

Vamos considerar um cone circular reto de vértice **V** e altura **h** e um plano α paralelo à base que secciona o cone a uma distância **d** do vértice, conforme a figura:

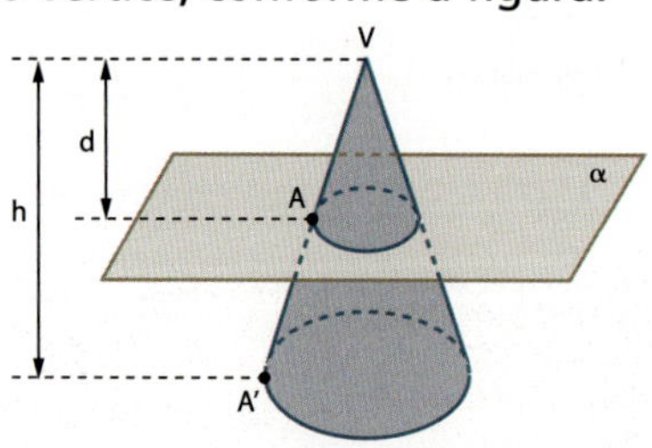

$\overline{VA}$: g_2
$\overline{AA'}$: g_1
$\overline{VA'}$: g

Nesse caso, obtemos dois sólidos; um cone de vértice **V** e altura **d** e outro sólido, chamado *tronco* do cone inicial:

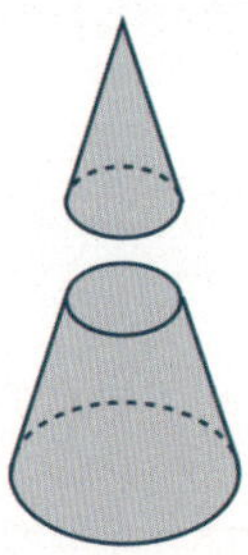

No tronco do cone, destacamos:

- duas bases: a base maior (base do cone inicial) e a base menor (secção determinada por α);
- a altura ($\mathbf{h_1}$), que é a distância entre as bases ($h_1 = h - d$);
- a geratriz, cuja medida ($\mathbf{g_1}$) é obtida pela diferença das medidas das geratrizes dos dois cones:
  $g_1 = g - g_2$, em que **g** é a geratriz do cone inicial e $\mathbf{g_2}$ é a geratriz do cone determinado por α.

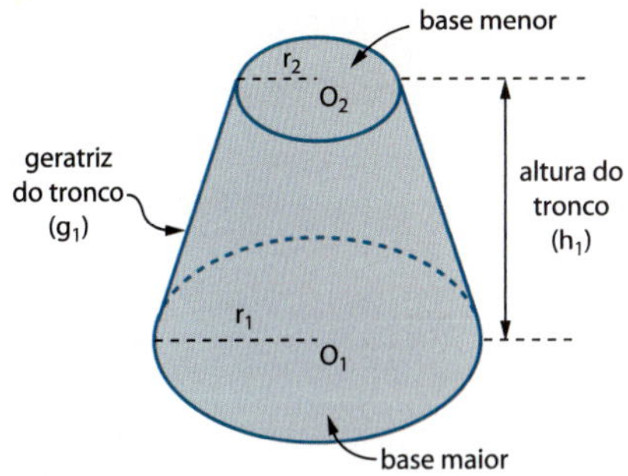

Observação: O tronco de cone pode ser considerado de forma análoga ao tronco de pirâmide. Assim como acontece com as pirâmides, um plano paralelo à base que secciona o cone origina um tronco e um cone miniatura semelhante ao cone original, de forma que para os dois cones podem ser usadas todas as relações de semelhança: lineares, de área e de volume.

Assim:

$$\frac{h}{d} = \frac{r_1}{r_2} = \frac{g}{g_2}$$

$\left(\frac{h}{d}\right)^2 = \frac{A_b}{A_B}$, em que $\mathbf{A_b}$ é a área da base menor e $\mathbf{A_B}$ é a área da base maior

$\left(\frac{h}{d}\right)^3 = \frac{V}{V_2}$, em que **V** é o volume do cone inicial e $\mathbf{V_2}$ é o volume do cone determinado por α

Volume do tronco de cone reto

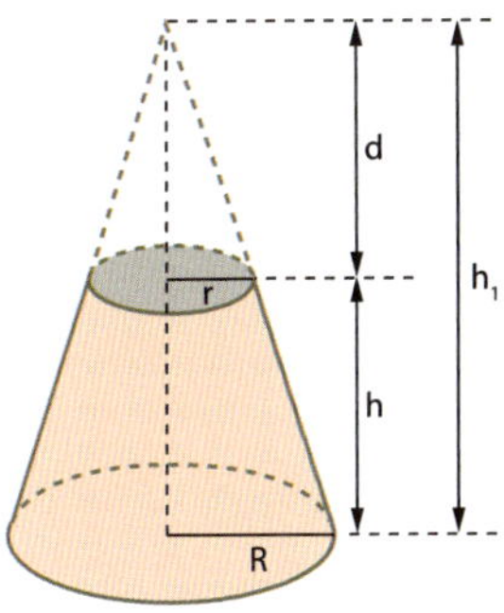

$$V_{tronco} = V_{cone\ maior} - V_{cone\ menor} \Rightarrow V_{tronco} = \frac{1}{3}\pi R^2 h_1 - \frac{1}{3}\pi r^2 d =$$

$$= \frac{\pi}{3}(R^2 h_1 - r^2 d) = \frac{\pi}{3}\left[R^2 h_1 - r^2(h_1 - h)\right] =$$

$$= \frac{\pi}{3}\left[R^2 h_1 - r^2 h_1 + r^2 h\right] = \frac{\pi}{3}\left[(R^2 - r^2)h_1 + r^2 h\right] \quad \text{(I)}$$

Da semelhança de triângulos, temos:

$$\frac{R}{r} = \frac{h_1}{d} \Rightarrow Rd = rh_1 \Rightarrow R(h_1 - h) = rh_1 \Rightarrow Rh_1 - Rh = rh_1 \Rightarrow Rh_1 - rh_1 = Rh \Rightarrow h_1(R - r) = Rh \Rightarrow h_1 = \frac{Rh}{R - r} \quad \text{(II)}$$

Substituindo (II) em (I), temos:

$$V_{tronco} = \frac{\pi}{3}\left[(R^2 - r^2) \cdot \frac{Rh}{R - r} + r^2 h\right] = \frac{\pi}{3}\left[\frac{(R + r)\cancel{(R - r)}Rh}{\cancel{R - r}} + r^2 h\right] =$$

$$= \frac{\pi}{3}\left[(R + r)Rh + r^2 h\right] = \frac{\pi}{3}\left[R^2 h + rRh + r^2 h\right] = \frac{\pi h}{3}(R^2 + Rr + r^2)$$

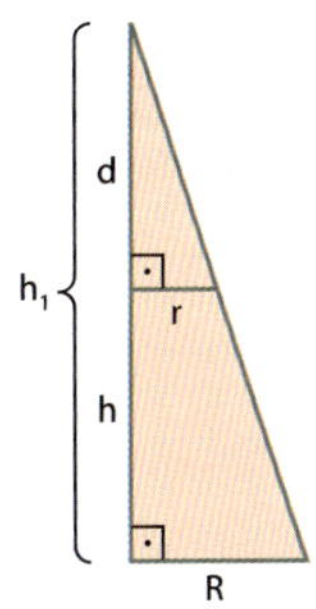

Logo:

$$V_{tronco} = \frac{\pi h}{3}(R^2 + Rr + r^2)$$

Na prática, em vez de usar a fórmula deduzida, em geral é mais adequado obter o volume do tronco do cone pela subtração dos volumes dos cones semelhantes (o original e a miniatura), como no caso do tronco de pirâmide. Entretanto, fica a critério de cada um a escolha da estratégia para a resolução dos exercícios.

Exercícios resolvidos

14. Os raios das bases de um tronco de cone são 3 m e 2 m. A altura do tronco é 6 m. Calcule o seu volume. (Use $\pi = 3,14$.)

Resolução:

1º método: usando a fórmula

$R = 3$ m
$r = 2$ m
$h = 6$ m

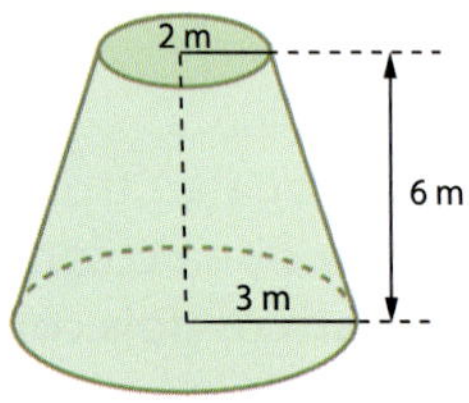

$$V = \frac{\pi h}{3}(R^2 + Rr + r^2) = \frac{6\pi}{3}(3^2 + 3 \cdot 2 + 2^2) =$$

$$= 38\pi \simeq 119,32 \text{ m}^3$$

2º método: sem o uso da fórmula

Seja $x + 6$ a altura do cone que deu origem ao tronco de cone do exercício:

Usando semelhança, podemos escrever:

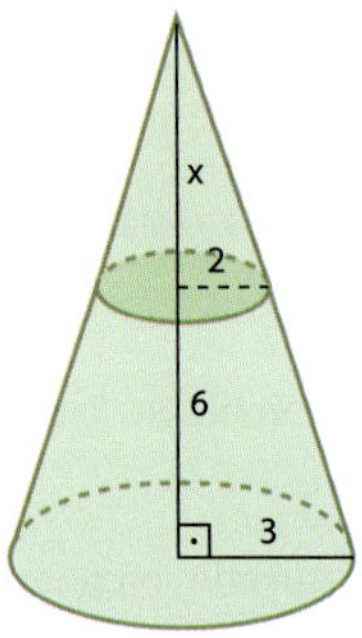

$$\frac{x}{x+6} = \frac{2}{3} \Rightarrow 3x = 2x + 12 \Rightarrow$$

$$\Rightarrow x = 12$$

Podemos calcular o volume do tronco assim:

$$V_{\text{tronco}} = V_{\text{cone maior}} - V_{\text{cone menor}} =$$

$$= \frac{1}{3}\pi \cdot 9 \cdot 18 - \frac{1}{3}\pi \cdot 4 \cdot 12 = 54\pi - 16\pi =$$

$$= 38\pi \simeq 119,32$$

O volume do tronco de cone é de 119,32 m³.

15. Uma vasilha (figura abaixo) tem a forma de um tronco de cone. Suas dimensões estão indicadas na figura. Qual é o volume máximo de água que a vasilha pode conter, em litros? (Use $\pi = 3,14$.)

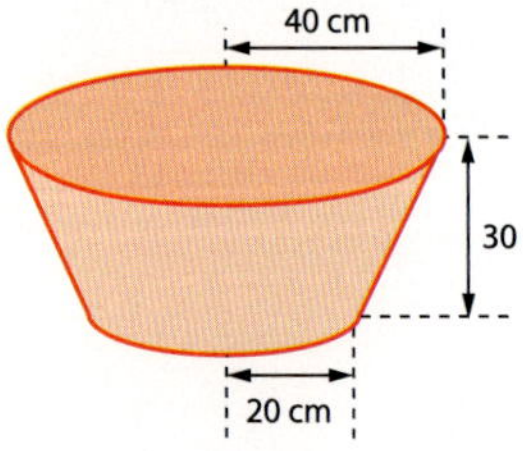

Para refletir

Resolva esse problema também sem usar a fórmula.

Resolução:

$R = 40$ cm; $r = 20$ cm; $h = 30$ cm

$$V = \frac{h\pi}{3}(R^2 + Rr + r^2) = \frac{30\pi}{3}(40^2 + 40 \cdot 20 + 20^2) =$$

$$= 10\pi\,(2800) = 28\,000\pi \simeq 87\,920 \text{ cm}^3 = 87{,}920 \text{ dm}^3$$

Como 1 dm³ = 1 ℓ, temos que o volume máximo de água que a vasilha pode conter é de cerca de 87,92 ℓ.

16. A figura a seguir mostra um tronco de cone. Os raios das bases são $\mathbf{r_1}$ e $\mathbf{r_2}$. Sendo $\mathbf{g_1}$ a geratriz do tronco, mostre que a área lateral do tronco é dada por $A_\ell = \pi g_1(r_1 + r_2)$.

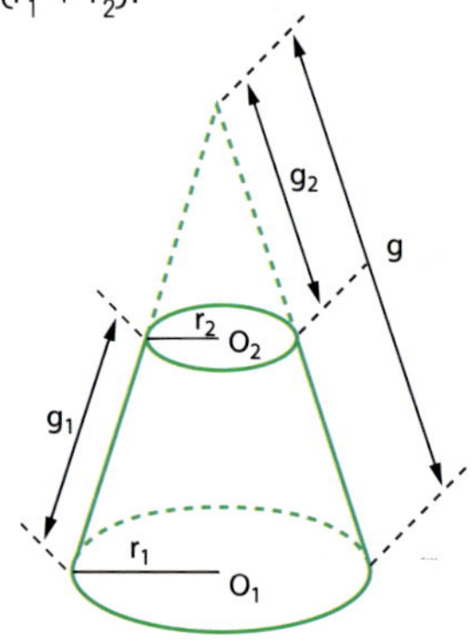

Resolução:

Planificando a superfície lateral do tronco de cone, temos:

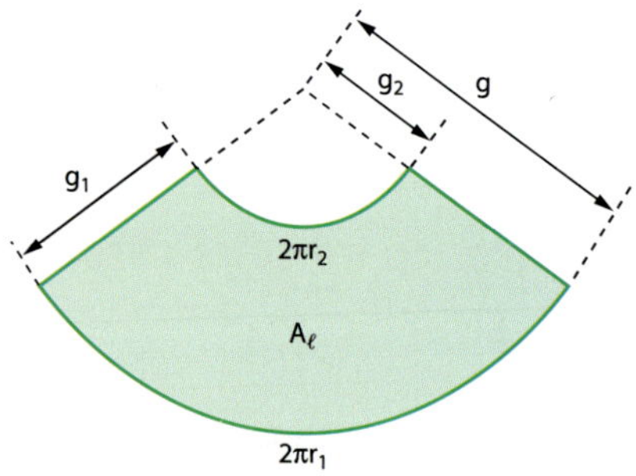

A_1 = área lateral do cone maior = $\pi r_1 g$

A_2 = área lateral do cone menor = $\pi r_2 g_2$

A_ℓ = área lateral do tronco = $A_1 - A_2$

$A_\ell = A_1 - A_2 = \pi r_1 g_1 - \pi r_2 g_2 = \pi(r_1 g - r_2 g_2)$ (I)

Considerando a figura original, temos:

$$\frac{g}{g_2} = \frac{r_1}{r_2} \Rightarrow \begin{cases} \dfrac{g - g_2}{g} = \dfrac{r_1 - r_2}{r_1} \Rightarrow \dfrac{g_1}{g} = \dfrac{r_1 - r_2}{r_1} \Rightarrow \\ \Rightarrow g = \dfrac{r_1 g_1}{r_1 - r_2} \quad \text{(II)} \\ \dfrac{g - g_2}{g} = \dfrac{r_1 - r_2}{r_1} \Rightarrow \dfrac{g_1}{g_2} = \dfrac{r_1 - r_2}{r_2} \Rightarrow \\ \Rightarrow g_2 = \dfrac{r_2 g_1}{r_1 - r_2} \quad \text{(III)} \end{cases}$$

Substituindo (II) e (III) em (I), temos:

$$A_\ell = \pi(r_1 g - r_2 g_2) = \pi\left(r_1 \cdot \frac{r_1 g_1}{r_1 - r_2} - r_2 \cdot \frac{r_2 g_1}{r_1 - r_2}\right) =$$

$$= \pi g_1\left(\frac{r_1^2 - r_2^2}{r_1 - r_2}\right) = \pi g_1\left[\frac{(r_1 + r_2)\cancel{(r_1 - r_2)}}{\cancel{r_1 - r_2}}\right] \Rightarrow$$

$$\Rightarrow A_\ell = \pi g_1(r_1 + r_2)$$

Exercícios propostos

40. O copo da figura ao lado tem as seguintes medidas internas: 6 cm e 8 cm de diâmetro nas bases e 9 cm de altura. Qual é o volume máximo de água que esse copo pode conter, em mℓ?

41. Um depósito de combustível tem a forma de um tronco de cone. Suas dimensões são dadas na figura ao lado. Se apenas 30% de sua capacidade estão ocupados por combustível, qual é a quantidade, em litros, de combustível existente no depósito? (Use1 $dm^3 = 1$ ℓ.)

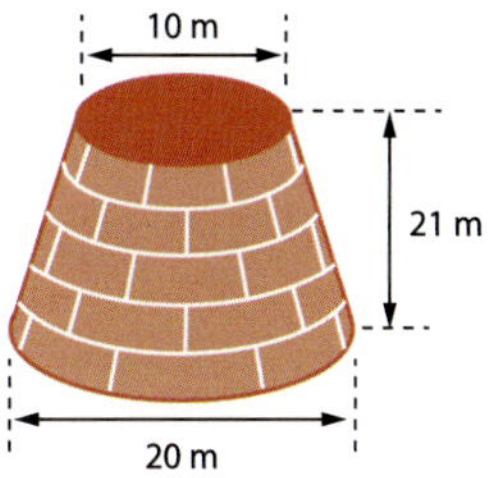

42. Em um cone, a altura é 9 cm. Um plano π, paralelo ao plano da base, intersecta o cone, determinando um cone menor na parte superior. Sabendo que a distância entre os planos é 5 cm, pedem-se o volume do cone menor, o volume do cone maior e o volume do tronco de cone obtido.

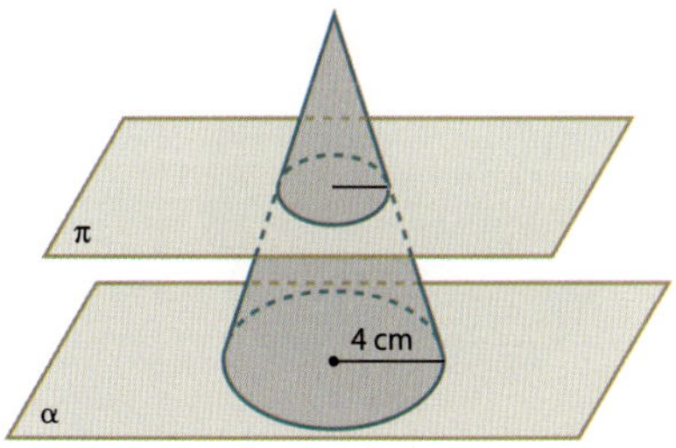

43. Num tronco de cone, os perímetros das bases são 16π cm e 8π cm e a geratriz mede 5 cm. Calcule a altura, a área lateral e o volume do tronco.

44. Na figura ao lado, o eixo da cavidade cilíndrica coincide com o eixo do tronco de cone. Qual é o volume do sólido resultante, sabendo que a cavidade cilíndrica é oca?

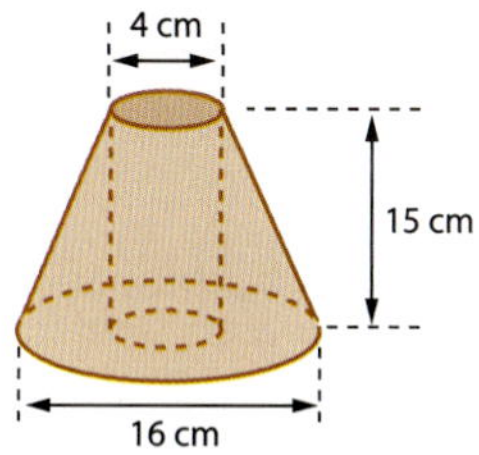

45. Um depósito de cereais tem a forma da figura (um cilindro mais um tronco de cone). Suas medidas estão assinaladas na figura. Qual é o volume desse depósito?

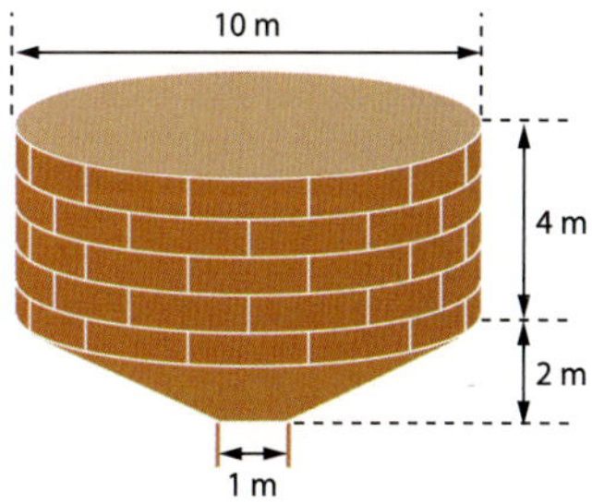

46. Qual é o volume de madeira usado para fazer um carretel cujas dimensões estão na figura ao lado?

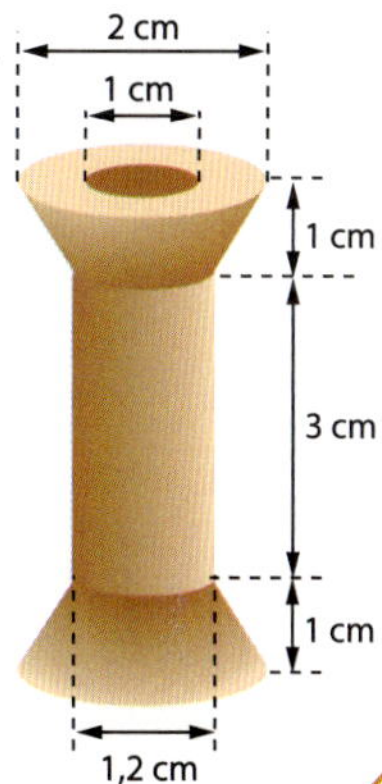

4 A esfera

Consideremos um ponto **C** e um número real positivo **R** qualquer.

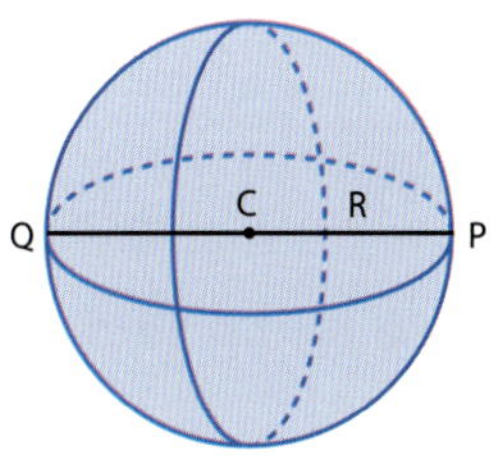

C: centro da esfera
$\overline{CP}$: raio da esfera
$\overline{PQ}$: diâmetro da esfera
R: medida do raio da esfera

A esfera de centro **C** e raio de medida **R** é o conjunto de todos os pontos do espaço que estão a uma distância menor ou igual a **R** do ponto **C**.

A "casquinha" ou a fronteira da esfera chama-se *superfície esférica*.

Área da superfície esférica

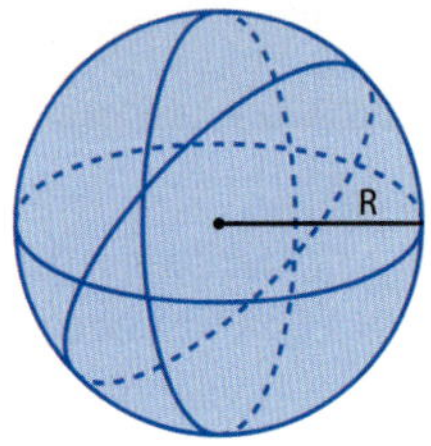

Na figura ao lado estão desenhados três círculos máximos. A área da superfície esférica é dada pelo quádruplo da área de um dos círculos máximos, ou seja:

$$A = 4\pi R^2$$

Por exemplo, se o raio de uma esfera é 9 cm, a área da superfície esférica será dada por:

$$A = 4\pi R^2 \simeq 4 \cdot 3{,}14 \cdot 9^2 \simeq 1\,017{,}36\ \text{cm}^2$$

Observação: Essa fórmula será justificada na seção *Leitura*, na página final deste capítulo.

Exercícios propostos

47. Determine a área da superfície esférica cujo raio é 6 cm.

48. Numa esfera, o diâmetro é 10 cm. Qual é a área da superfície dessa esfera?

49. Quantos metros quadrados de plástico são gastos aproximadamente para fazer o balão da figura abaixo?

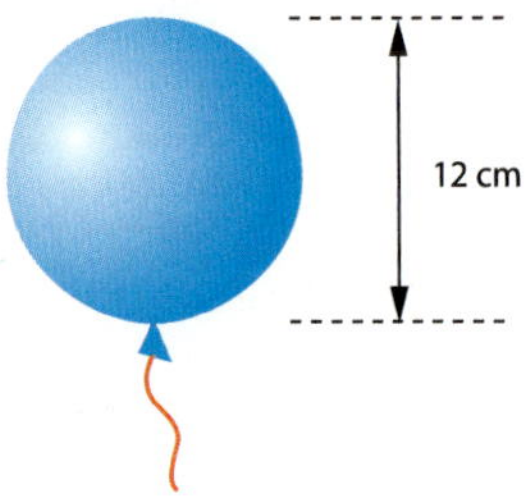

50. A figura a seguir representa um hemisfério. Qual é a área da superfície desse hemisfério?

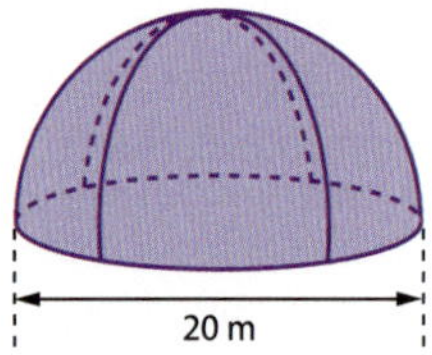

51. Quanto de borracha (em centímetros quadrados) se gasta para fazer a bola cuja medida está na figura?

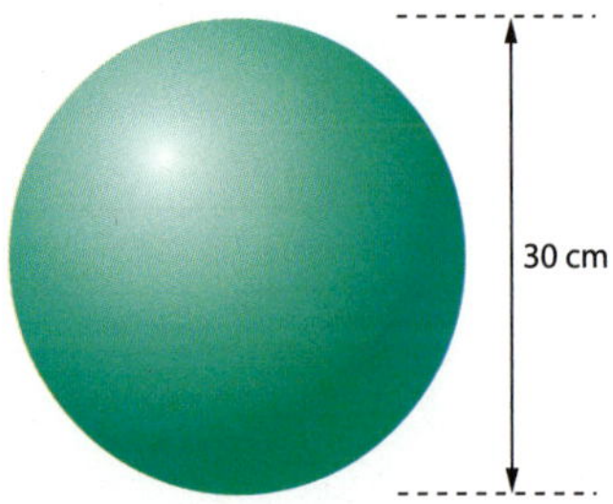

52. O diâmetro de uma esfera é igual ao raio de outra esfera. Qual é a razão entre as áreas das superfícies esféricas?

Volume da esfera

Observe a figura abaixo, em que aparece a secção determinada em uma esfera de raio **R** por um plano β.

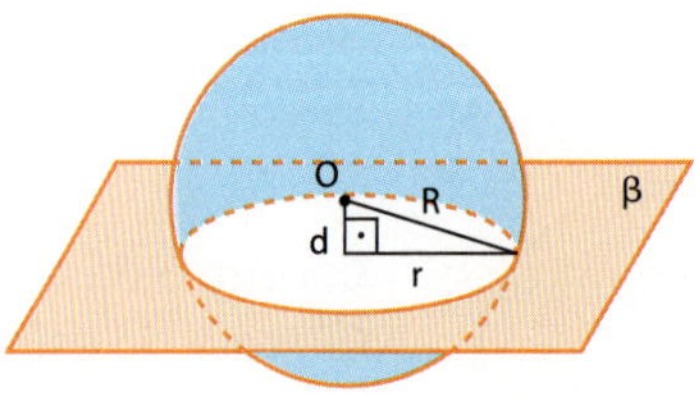

A intersecção do plano β com a esfera é um círculo de raio **r**. Se **d** é a distância de **O** (centro da esfera) ao plano β, temos:

$$R^2 = d^2 + r^2 \Rightarrow r^2 = R^2 - d^2$$

Portanto, a área da secção é dada por:

$$\pi(R^2 - d^2)$$

Fique atento

Se um plano secciona uma esfera, a secção é sempre um círculo.

O volume da esfera será determinado utilizando-se o princípio de Cavalieri. Para isso, vamos considerar inicialmente um sólido **S**, que será obtido da seguinte maneira: de um cilindro equilátero de raio **R** e altura 2R retiramos dois cones de raio **R**, altura **R** e vértice **P**.

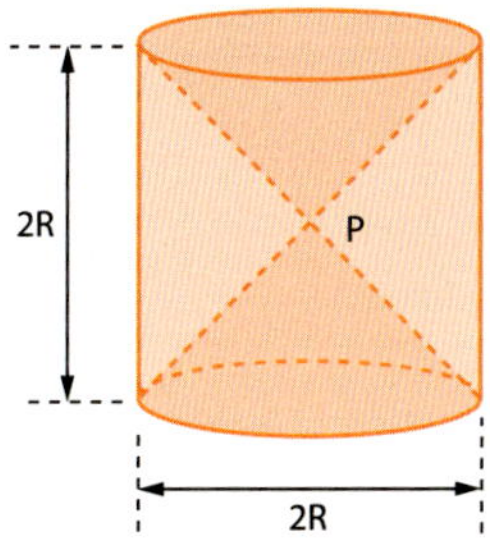

O volume do sólido **S** é tal que:

$$\text{volume de S} = \underbrace{\pi R^2 \cdot 2R}_{\text{cilindro}} - \underbrace{2 \cdot \frac{1}{3}\pi R^2 \cdot R}_{\text{2 cones}} = 2\pi R^3 - \frac{2}{3}\pi R^3 = \frac{4}{3}\pi R^3$$

Agora podemos considerar, apoiados em um plano α, esse sólido **S** e uma esfera **E** de raio **R**, conforme mostra a figura:

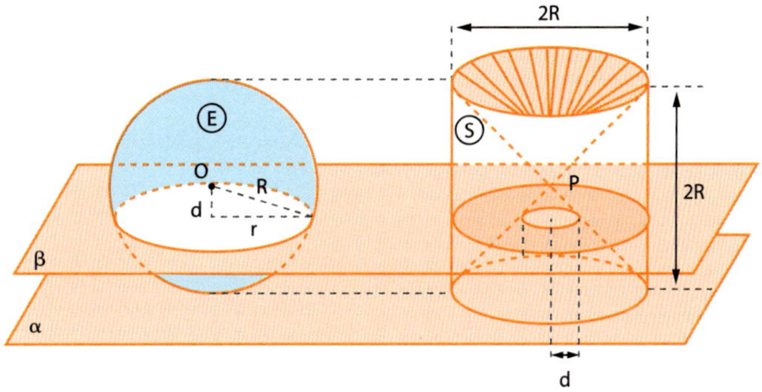

Se um plano β, paralelo a α, seccionar a esfera **E**, a área da secção será $\pi(R^2 - d^2)$, conforme foi visto. Além disso, β também secciona o sólido **S** e a secção será uma coroa circular de raios **R** e **d** e também de área igual a $\pi(R^2 - d^2)$.

A igualdade das áreas das secções permite concluir, pelo princípio de Cavalieri, que a esfera **E** tem o mesmo volume que o sólido **S** que, como sabemos, é $\frac{4}{3}\pi R^3$.

Podemos então concluir que, se uma esfera tem raio **R**, seu volume é:

$$V = \frac{4}{3}\pi R^3$$

Fique atento

A reta $\overleftrightarrow{OP}$ é paralela ao plano α. O raio do círculo menor da coroa é **d**, pois o $\triangle PXY$ indicado abaixo é retângulo e isósceles, para qualquer plano β.

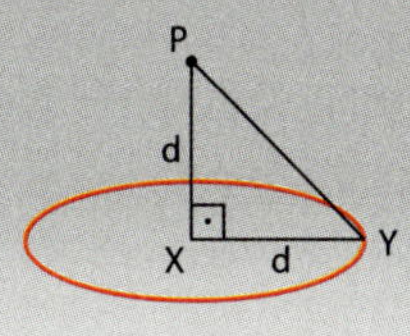

Exercícios resolvidos

17. Responda às questões propostas na introdução deste capítulo, relativas ao planeta Terra:

a) Como calcular seu volume e qual a área de sua superfície?

b) Como calcular a área coberta de água (em km²) em sua superfície?

Resolução:

a) Sabe-se que a linha do Equador tem 40 000 km, aproximadamente.

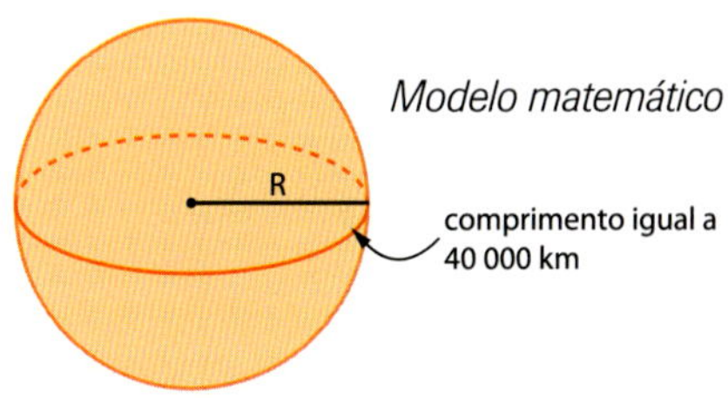

Considerando a Terra uma figura de forma esférica, temos $V = \frac{4}{3}\pi R^3$.

Como C = 40 000 km e $C = 2\pi R$, vamos determinar **R**, considerando $\pi = 3{,}14$:

$$40\,000 = 2\pi R \Rightarrow R = \frac{40\,000}{2\pi} \simeq 6\,369 \text{ km}$$

$$V = \frac{4}{3}\pi R^3 = \frac{4}{3} \cdot 3{,}14 \cdot 6\,369^3 \simeq 1{,}08 \cdot 10^{12} \text{ km}^3$$

A área da superfície da esfera é dada por $A = 4\pi R^2$.
No caso do planeta Terra, como $R \simeq 6369$ km, temos:
$A \simeq 4 \cdot 3{,}14 \cdot 6\,369^2 = 509\,485\,862{,}1 \text{ km}^2$
Portanto, o volume aproximado da Terra é $1{,}08 \cdot 10^{12}$ km³ e sua área aproximada é $5{,}09 \cdot 10^8$ km².

b) A área coberta de água é:

$$\frac{3}{4}A \simeq \frac{3}{4} \cdot 5{,}09 \cdot 10^8 \simeq 3{,}82 \cdot 10^8 \text{ km}^2$$

A área coberta de água é de aproximadamente $3{,}82 \cdot 10^8$ km².

18. Quantos mililitros cabem, aproximadamente, na vasilha abaixo?

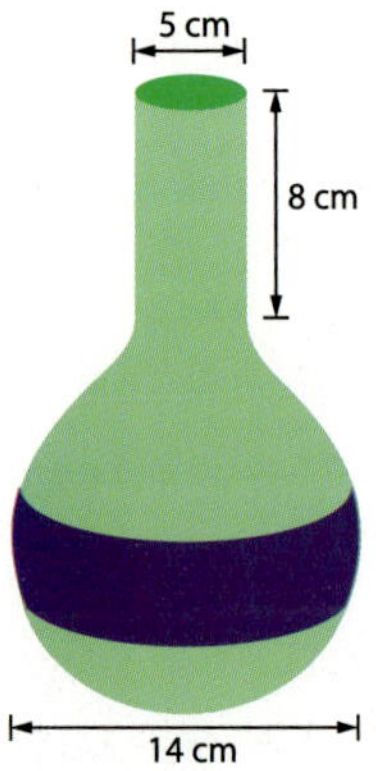

Resolução:

- o volume do cilindro no qual r = 2,5 cm e h = 8 cm:
  $V = \pi r^2 h = \pi(2{,}5)^2 \cdot 8 = 50\pi \text{ cm}^3$
- o volume da esfera na qual R = 7 cm:
  $V = \frac{4}{3}\pi R^3 = \frac{4}{3}\pi(7)^3 = \frac{1\,372\pi}{3} \text{ cm}^3$
- o volume da vasilha:
  $V = 50\pi + \frac{1\,372\pi}{3} = \frac{1\,522\pi}{3} \text{ cm}^3$

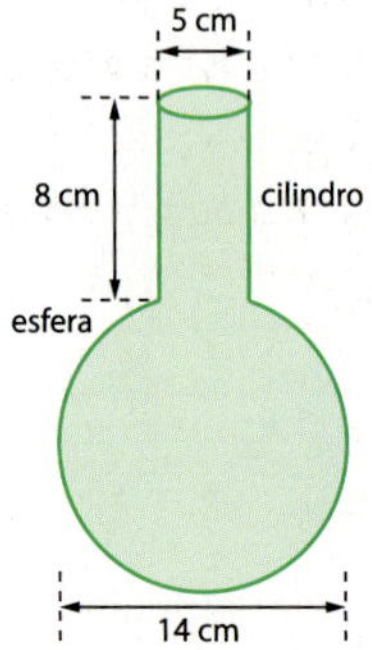

Considerando $\pi = 3{,}14$, temos $V \simeq 1\,593$ cm³.
Como 1 cm³ = 1 mℓ, o volume da vasilha é de, aproximadamente, 1 593 mℓ.

19. Uma esfera é seccionada por um plano α 12 cm distante de seu centro. O raio da secção obtida é 9 cm. Calcule o volume da esfera.

Resolução:

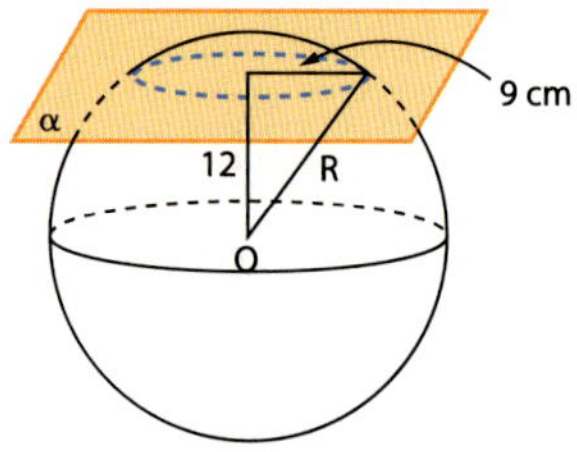

Vamos calcular o raio **R** da esfera:
$R^2 = 12^2 + 9^2 = 144 + 81 = 225 \Rightarrow R = 15$ cm
Vamos calcular o volume:

$$V = \frac{4}{3}\pi R^3 = \frac{4}{3}\pi(15)^3 = \frac{4}{3}\pi \cdot 3\,375 \text{ cm}^3 =$$
$$= 4\,500\pi \text{ cm}^3$$

Portanto, o volume da esfera é $4\,500\pi$ cm³.

20. Um cone equilátero está inscrito em uma esfera. O raio da base do cone é 2 cm. Calcule o volume da esfera.

Resolução:

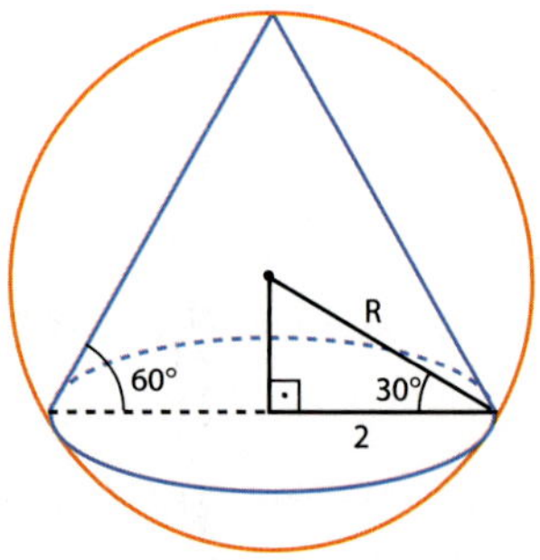

$$\cos 30° = \frac{2}{R} \Rightarrow \frac{\sqrt{3}}{2} = \frac{2}{R} \Rightarrow R = \frac{4}{\sqrt{3}} = \frac{4\sqrt{3}}{3}$$

Vamos calcular o volume da esfera:

$$V = \frac{4}{3}\pi R^3 = \frac{4}{3}\pi\left(\frac{4\sqrt{3}}{3}\right)^3 = \frac{4}{3}\pi \cdot \frac{192\sqrt{3}}{27} =$$
$$= \frac{256\pi\sqrt{3}}{27} \text{ cm}^3$$

Logo, o volume da esfera é $\frac{256\pi\sqrt{3}}{27}$ cm³.

Exercícios propostos

53. Qual é o volume de uma bola de basquete cujo diâmetro mede 26 cm?

54. Um reservatório tem a forma de um hemisfério (figura abaixo). Qual é o volume máximo de líquido que cabe nesse reservatório, em litros?

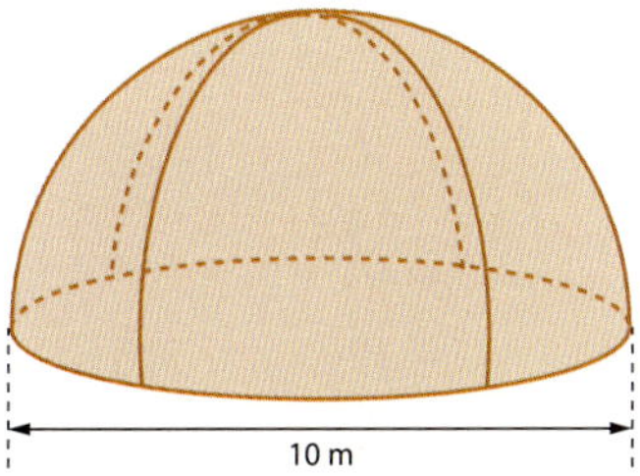

55. Considere uma laranja como uma esfera composta de 12 gomos exatamente iguais. Se a laranja tem 8 cm de diâmetro, qual é o volume de cada gomo?

56. O volume de uma esfera é $\frac{512\pi}{3}$ cm³. Calcule o raio e a área da superfície esférica.

57. Sabemos que uma boia (figura abaixo) serve para orientar os navios na entrada de um porto. Essa boia é formada por um hemisfério de 2 m de diâmetro e por um cone que tem 80 cm de altura. Qual é o volume da boia?

58. A figura abaixo mostra uma peça formada por um cilindro que tem 3 cm de comprimento por 2 cm de diâmetro e um hemisfério que tem 2 cm de raio. Sendo maciça, qual é o volume dessa peça?

59. A soma de todas as arestas de um cubo é 36 cm. Uma esfera está inscrita nesse cubo (figura abaixo). Qual é a área da superfície dessa esfera?

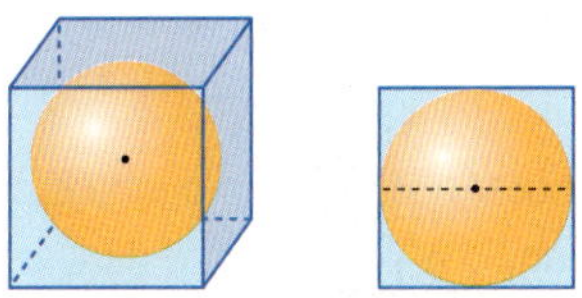

60. Um reservatório tem a forma de um hemisfério acoplado a um cilindro (figura abaixo). Qual será o volume, em litros, de um líquido que ocupe totalmente o reservatório?

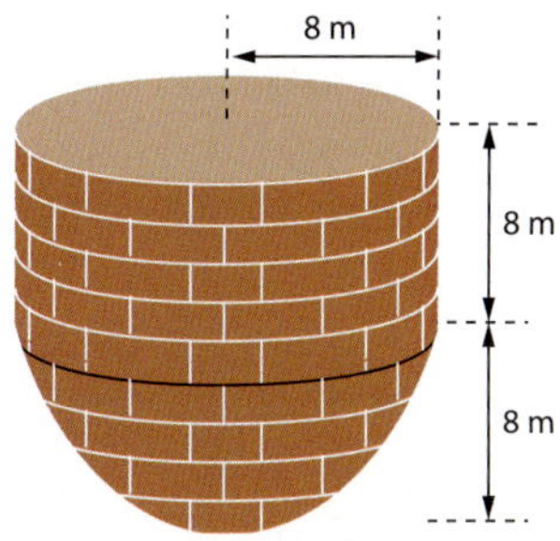

61. Duas esferas são concêntricas e seus raios medem 3 m e 2 m. Qual é o volume do sólido compreendido entre as superfícies esféricas?

62. Qual é o volume de um hemisfério cuja base, assentada no solo, tem uma área de 25π cm²?

63. Numa esfera de raio **R** circunscrevemos um cone reto cuja geratriz é igual ao diâmetro da base. O raio da base do cone é **r**. Calcule o volume do cone em função do raio **R** da esfera.

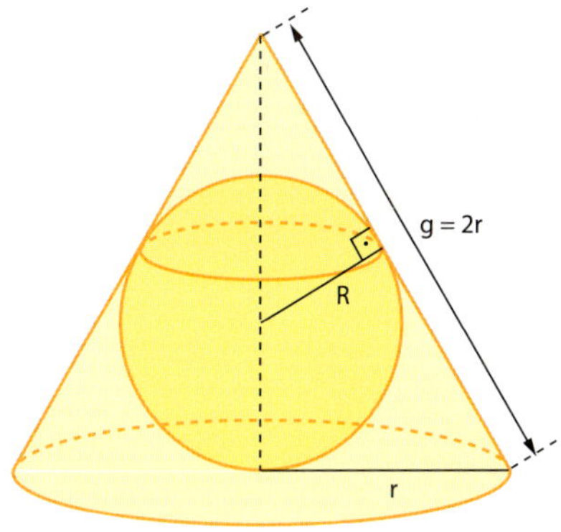

64. Em uma esfera de raio 2R está inscrito um cilindro. A base do cilindro tem raio **R**. Calcule o volume e a área total do cilindro.

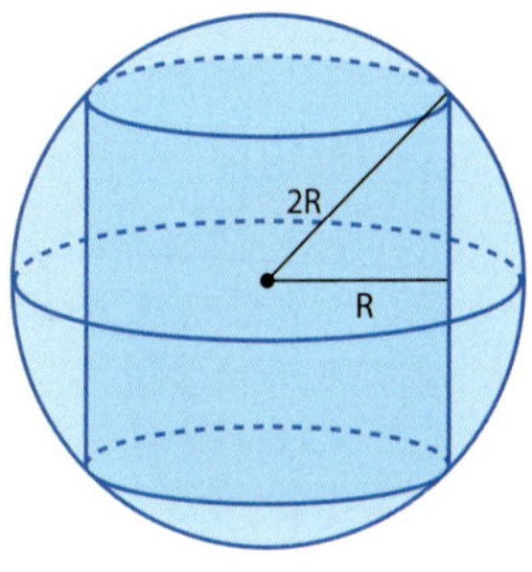

65. A razão entre o volume e a área de uma esfera é igual a 3 m. Calcule o volume da esfera.

66. Os volumes de uma esfera e de um cilindro reto são iguais. O raio da esfera é igual ao raio da base do cilindro. Calcule a altura **h** do cilindro em função do raio **R** da esfera.

67. Na figura, a esfera está inscrita em um cilindro reto. Sejam $\mathbf{V_1}$ o volume da esfera e $\mathbf{V_2}$ o volume do cilindro. Demonstre que, nesse caso, o volume $\mathbf{V_1}$ é igual a $\frac{2}{3}$ do volume $\mathbf{V_2}$.

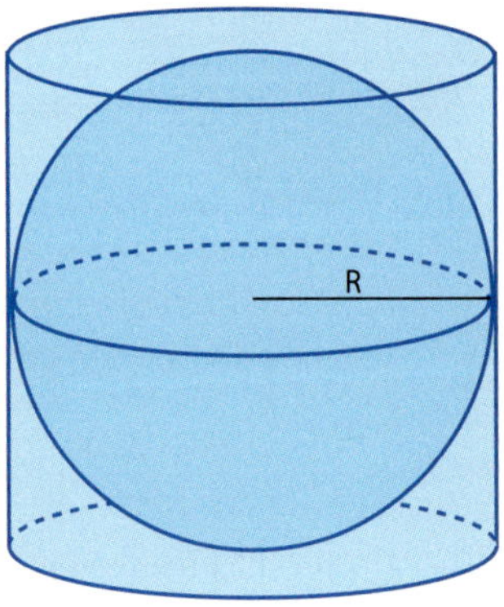

68. Um copo cuja forma é a de um cilindro equilátero de raio **r** está cheio de água. Vertendo-se a água num cálice hemisférico de raio **R**, verifica-se que a água enche totalmente o cálice. Calcule o valor de **r** em função de **R**.

69. Um reservatório tem a forma de um hemisfério acoplado a um cilindro, conforme a figura abaixo. Quantos metros quadrados tem a superfície externa desse reservatório?

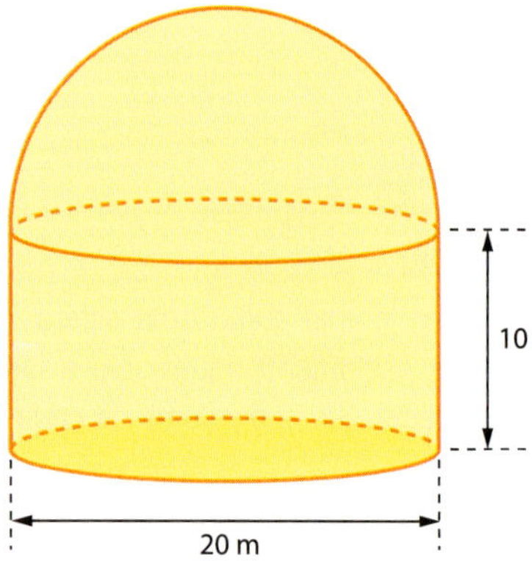

Outras aplicações

Exercícios resolvidos

21. Um fuso esférico é uma parte da superfície esférica, gerada pela rotação (de α graus ou radianos) de uma semicircunferência de raio **R** com as extremidades num eixo. A área do fuso é proporcional ao ângulo α, de forma que, quando α for 360° (ou 2π rad), tem-se a área da superfície esférica, ou seja, $4\pi r^2$. Encontre a fórmula que permite obter a área do fuso em função do raio **R** e do ângulo α para graus e para radianos.

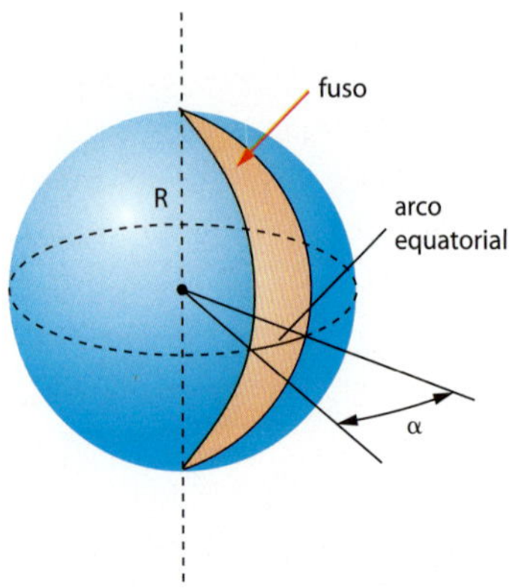

Resolução:

Pelo enunciado, temos que $\frac{A_{fuso}}{4\pi R^2} = \frac{\alpha_{graus}}{360^\circ} = \frac{\alpha_{rad}}{2\pi}$.

Então:

$$A_{fuso} = \frac{\alpha_{graus}}{360^\circ} \cdot 4\pi R^2 = \frac{\alpha\pi R^2}{90^\circ} \text{ (}\alpha\text{ em graus)}$$

$$A_{fuso} = \frac{\alpha_{rad}}{2\pi} \cdot 4\pi R^2 = 2\alpha R^2 \text{ (}\alpha\text{ em radianos)}$$

22. Uma cunha esférica é uma parte da esfera, gerada pela rotação (de α graus ou radianos) de um semicírculo de raio **R** com as extremidades num eixo. O volume da cunha é proporcional ao ângulo α, de forma que, quando α for 360° (ou 2π rad), tem-se o volume da esfera, ou seja, $\frac{4}{3}\pi R r^3$. Encontre a fórmula que permite obter o volume da cunha em função do raio **R** e do ângulo α para graus e para radianos.

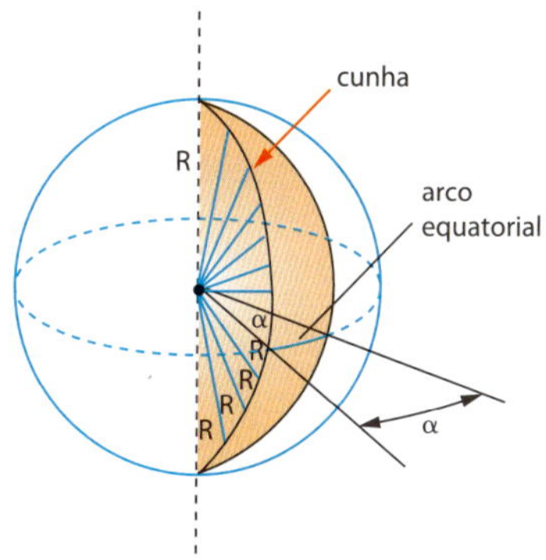

Resolução:

Pelo enunciado, temos que

$$\frac{V_{cunha}}{\frac{4}{3}\pi R^3} = \frac{\alpha_{graus}}{360°} = \frac{\alpha_{rad}}{2\pi}. \text{ Então:}$$

$$V_{cunha} = \frac{\alpha_{graus}}{360°} \cdot \frac{4}{3}\pi R^3 = \frac{\alpha\pi R^3}{270°} \ (\alpha \text{ em graus})$$

$$V_{cunha} = \frac{\alpha_{rad}}{2\pi} \cdot \frac{4}{3}\pi R^3 = \frac{2\alpha R^3}{3} \ (\alpha \text{ em radianos})$$

Exercícios propostos

70. Uma cunha esférica correspondente a um ângulo de 72° tem volume igual a 6,4 m^3. Calcule a área do fuso esférico determinado por essa cunha na esfera. Considere $\pi = 3$.

71. Supondo que uma laranja seja esférica, cada um de seus gomos corresponde a uma cunha e a cada cunha corresponde um fuso. Se o fuso de um gomo dessa laranja tem área 5π cm^2 e a laranja tem área 100π cm^2, calcule o ângulo do fuso. Se todos os gomos fossem de mesmo ângulo, quantos gomos teria essa laranja?

72. Uma esfera de 2 cm de raio é seccionada por um plano. A área da secção assim obtida é igual à área de um fuso de 36° dessa esfera. A que distância do centro da esfera está situado o plano?

73. De uma esfera de raio 10 cm retira-se uma cunha de 30°. Pretende-se colorir a superfície total dessa cunha. Calcule o volume de tinta necessário, em litros, sabendo que se gasta 1 cm^3 por cm^2 de superfície. Considere $\pi = 3$.

74. A soma das medidas dos raios de duas esferas é 20 cm e o fuso de 60° de uma delas tem a mesma área que o fuso de 30° da outra. Calcule as medidas dos raios dessas esferas.

Portal Pedagógico

Acesse o *Portal Pedagógico* (veja instruções na seção "Conheça seu livro", página 5) e amplie o estudo deste capítulo. Selecione o capítulo 12 e você encontrará os seguintes materiais:

- *Atividades adicionais* (Atividades para imprimir);
- *Corpos redondos* (*Slides* para aula);
- *Cilindros, Cones* e *Esferas* (Animações de Geometria espacial).

Desafios

1. O professor perguntou ao aluno qual seria o volume gerado pela rotação de um retângulo em torno de um eixo que contém um de seus lados. O aluno respondeu corretamente, calculando o volume de um cilindro. Em seguida, o professor traçou a diagonal do retângulo e perguntou ao aluno quais seriam os volumes gerados pelos dois triângulos formados. O aluno então dividiu a resposta anterior por dois. Ele fez o procedimento correto? Justifique.

2. Um copo cilíndrico tem 1 cm de raio e 4 cm de altura. Estando inicialmente cheio de água, o copo é inclinado até que o plano de sua base faça 45° com o plano horizontal. Calcule o volume de água derramado.

3. (IME-RJ) Dadas duas esferas de raios respectivamente iguais a **R** e **r**, tangentes exteriores, e um cone circunscrito a elas. Calcule a área da superfície lateral do tronco de cone que tenha por bases os círculos de contato das esferas com o cone.

PENSANDO NO ENEM

1. O dono de um armazém deseja construir para um cão de guarda um abrigo anexo ao armazém. O abrigo será retangular e aberto, consistindo em dois lados verticais de 2 m de largura e um teto na forma da metade da superfície lateral de um cilindro. O teto deve ser feito de um tipo de metal que custa R\$ 10,00 o metro quadrado, e os outros dois lados devem ser de compensado, que custa R\$ 30,00 o metro quadrado. Levando em consideração as informações dadas, leia atentamente as alternativas a seguir e assinale a correta.

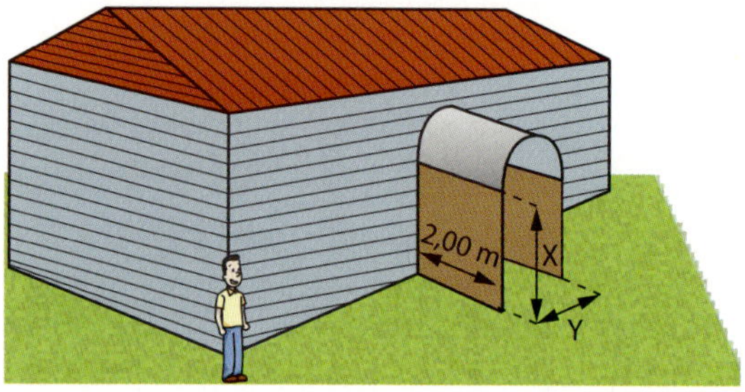

a) A área da superfície do abrigo a ser construído é dada em função de **x** e **y** por $A(x, y) = 4x + 6y$.

b) O custo em reais para a construção desse abrigo é dado em função de **x** e **y** por $C(x, y) = 30x + 10y$.

c) O volume do abrigo é expresso como função de **x** e **y** por $V(x, y) = 2xy + \pi y^2$.

d) Para dividir esse abrigo ao meio com uma folha de compensado retangular na posição vertical, essa folha deverá ter comprimento de 2 m e altura de $(x + y)$ m.

e) Se o dono do armazém tomar $x = 1$ m e $y = 2$ m, o custo de construção do abrigo será R\$ 182,80.

2. Considere as informações do infográfico e da tabela a seguir.

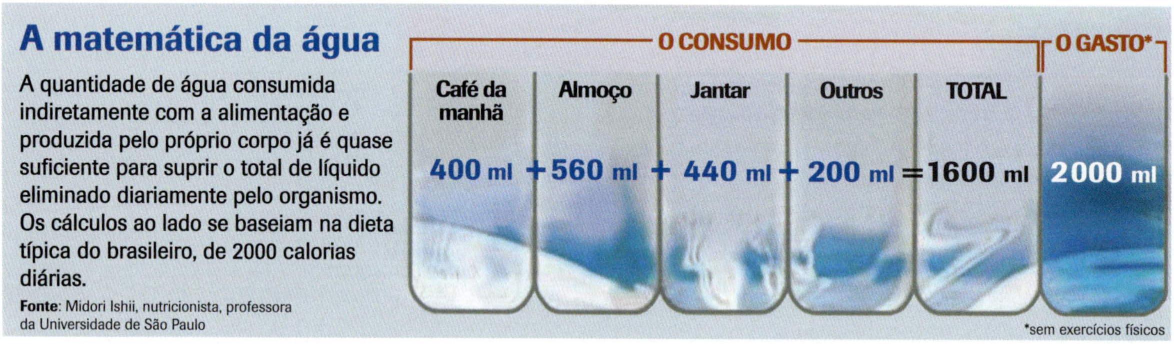

Fonte: *Veja*, 31 out. 2001. São Paulo: Abril.

Melancia	Laranja
 LEO/SHUTTERSTOCK/GLOW IMAGES	 ATOSS/SHUTTERSTOCK/GLOW IMAGES
Forma: elipsoide 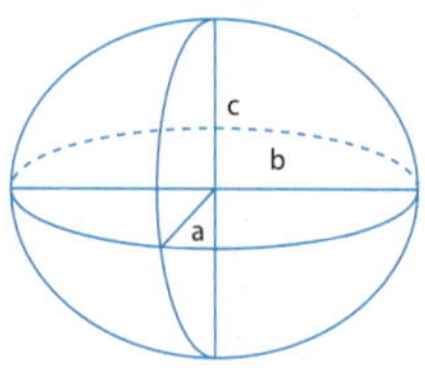 Semieixos: $a = 10$ cm; $b = 15$ cm e $c = 9$ cm Volume: $V = \frac{4abc}{3}$ Porcentagem de água: 94%	Forma: esférica 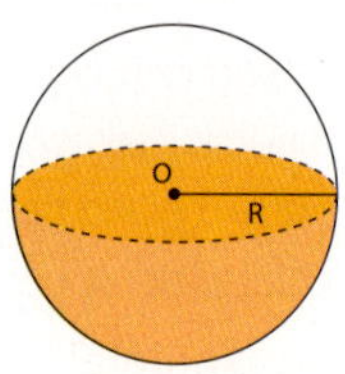 Raio: $R = 4$ cm Volume: $V = \frac{4\pi R^3}{3}$ Porcentagem de água: 87%

De acordo com os dados apresentados e considerando que a quantidade ideal de água para o consumo diário seja 2 litros, incluindo a água presente nos alimentos que comemos, infere-se que (Use $\pi = 3$.):

a) o volume de água contido em meia melancia corresponde à quantidade de água ingerida no café da manhã e no almoço.

b) o volume de água contido em uma melancia inteira corresponde à quantidade de água ingerida no almoço e no jantar.

c) o volume de água contido em um quarto de melancia corresponde à quantidade de água ingerida no café da manhã e no almoço.

d) uma fatia correspondente a $\frac{1}{18}$ da melancia contém cerca de 50 mℓ a mais de água do que uma laranja inteira.

e) o volume de água presente em uma única melancia corresponde ao volume de água de 30 laranjas.

A MATEMÁTICA E AS PRÁTICAS SOCIAIS

A água no mundo

"A água faz parte do patrimônio do planeta. Cada continente, cada povo, cada nação, cada região, cada cidade, cada cidadão é plenamente responsável aos olhos de todos."

Divisão da água no mundo	Quantidade em trilhões de toneladas
97,3% é salgada e está nos mares e oceanos	1 235 000
Menos de 3% é água doce e está assim distribuída:	41 000
75% congelada nas calotas polares e geleiras	30 750
13,785% no subsolo entre 3 750 m e 750 m (lençóis profundos)	5 652
10,79% no subsolo acima de 750 m (lençóis superficiais)	4 424
0,3% em lagos e lagoas	123
0,03% nos rios	12
0,06% na umidade do solo	25
0,035% na atmosfera na forma de vapor de água	14

MAURÍCIO DE SOUSA/MAURÍCIO DE SOUSA PRODUÇÕES

Economia em casa

De acordo com a Organização das Nações Unidas, cada pessoa necessita de 3,3 m³ de água por mês (cerca de 110 litros de água por dia) para atender às necessidades de consumo e higiene. Gastar mais do que isso por dia é jogar dinheiro fora e desperdiçar nossos recursos naturais. No entanto, no Brasil, o consumo por pessoa chega a mais de 200 litros/dia.

Veja algumas dicas de como economizar água e dinheiro – sem prejudicar a higiene e a saúde das pessoas nem a limpeza da casa.

No banheiro

Banho de 15 minutos? O banho deve ser rápido. Cinco minutos são suficientes para higienizar o corpo. Banho de ducha por 15 minutos, com o registro meio aberto, consome 135 litros de água. Se fechamos o registro do chuveiro quando nos ensaboamos e reduzimos o tempo para 5 minutos, o consumo de água cai para 45 litros.

Ao escovar os dentes. Se uma pessoa escova os dentes em 5 minutos com a torneira não muito aberta, gasta 12 litros de água. No entanto, com alguns cuidados é possível economizar 11,5 litros de água: basta manter a torneira fechada enquanto escova os dentes e usar um copo com água para enxaguá-los.

Descarga e vaso sanitário. Uma bacia sanitária com a válvula e tempo de acionamento de 6 segundos gasta de 10 a 14 litros de água. Bacias sanitárias com caixa acoplada de 6 litros por acionamento, fabricadas a partir de 2001, necessitam de um tempo de acionamento 50% menor para efetuar a limpeza. Para evitar desperdício, nunca use a privada como lixeira ou cinzeiro e não acione a descarga à toa.

Na cozinha

Numa casa, lavando louça durante 15 minutos com a torneira meio aberta, são gastos 117 litros de água. Com economia o consumo pode chegar a 20 litros.

Uma lavadora de louças com capacidade para 44 utensílios e 40 talheres gasta 40 litros. O ideal é utilizá-la somente quando estiver cheia.

Na área de serviço

No tanque, com a torneira aberta por 15 minutos, o gasto de água pode chegar a 279 litros. O melhor é deixar acumular roupa, colocar a água no tanque para ensaboar e manter a torneira fechada.

A lavadora de roupas com capacidade de 5 quilos gasta 135 litros. O ideal é usá-la somente com a capacidade total. E que tal aproveitar a água do enxágue para lavar o quintal?

Carro

Muita gente gasta até 30 minutos para lavar o carro. Com uma mangueira não muito aberta, gastam-se 216 litros de água. Com meia volta de abertura, o desperdício alcança 560 litros. Para reduzir o consumo, basta lavar o carro somente uma vez por mês com balde. Nesse caso, o gasto é de apenas 40 litros de água.

Fonte: Sabesp.

Calculando e compreendendo melhor o texto

1. Calcule o volume mensal de água gasto por uma pessoa que escova os dentes 4 vezes ao dia, sabendo que a cada escovada ela consome 12 litros de água.

2. Qual é a economia mensal (em litros) gerada por uma família que gastava 135 litros de água por banho e passa a adotar o procedimento descrito na página anterior, sabendo que no total a família toma 3 banhos diários?

Ampliando o conteúdo matemático

3. (Vunesp) Numa região muito pobre e com escassez de água, uma família usa para tomar banho um chuveiro manual, cujo reservatório de água tem o formato de um cilindro circular reto de 30 cm de altura e base com 12 cm de raio, seguido de um tronco de cone reto cujas bases são círculos paralelos, de raios medindo 12 cm e 6 cm, respectivamente, e altura 10 cm, como mostrado na figura abaixo.

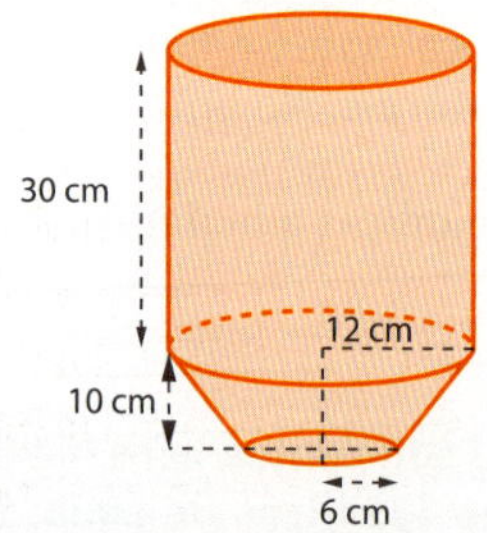

Por outro lado, numa praça de uma certa cidade há uma torneira com um gotejamento que provoca um desperdício de 46,44 litros de água por dia. Considerando a aproximação $\pi = 3$, determine quantos dias de gotejamento são necessários para que a quantidade de água desperdiçada seja igual à usada para 6 banhos, ou seja, encher completamente 6 vezes aquele chuveiro manual. Dado: $1\,000\ cm^3 = 1$ litro.

4. (UFF-RJ) O professor J. C. S. Florençano, da Universidade de Taubaté/SP, está construindo uma casa que aproveita a água da chuva. O sistema é simples, fácil e, principalmente, barato (...) um melhoramento do que já era feito nos castelos medievais. A água da chuva é captada por um sistema de calhas e direcionada para uma primeira caixa, onde ocorre um processo natural de decantação. A segunda e a terceira caixas-d'água servem de reservatórios. (Adaptado de <http://noticias.terra.com.br/ciencia/interna/0,OI1500368-EI300,00.html>.)
A figura a seguir representa uma possibilidade para o sistema de reservatório do professor, formado por duas caixas-d'água de mesma altura e mesmo volume: a primeira tem forma de um paralelepípedo retangular e a segunda, de um cilindro circular reto.

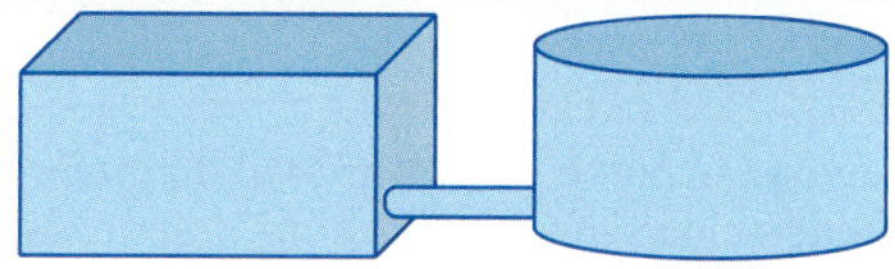

Considerando **D** o diâmetro da caixa cilíndrica e **A** e **B**, as medidas do comprimento e da largura da base da caixa retangular (todas as medidas em uma mesma unidade de comprimento), pode-se afirmar que:

a) $D^2 > AB$
b) $D^2 = AB$
c) $\frac{AB}{2} < D^2 < AB$
d) $D^2 = \frac{AB}{2}$
e) $D^2 < \frac{AB}{2}$

5. Alexandre é um rapaz que gosta muito de refrigerantes. Todos os dias ele bebe 2 litros. Em aproximadamente quanto tempo ele terá bebido o equivalente a uma pequena piscina com a forma de um paralelepípedo com 5 m de comprimento, 3 m de largura e 1,5 m de profundidade?

a) 10 anos
b) 20 anos
c) 30 anos
d) 40 anos
e) 50 anos

Pesquisando e discutindo

6. Analise a conta de água de sua residência, identifique o consumo mensal de água e determine os consumos diário e anual de sua família. Compare os dados com os de seus colegas.

7. O parágrafo que inicia esta seção é o artigo 1º da Declaração Universal dos Direitos da Água. Localize-o, pesquise quais são os outros artigos dessa declaração e discuta com seus colegas como vocês podem contribuir para evitar o desperdício de água.

8. "Uma opção para minimizar o problema da captação de água potável, nas próximas décadas, é o rebocamento de *icebergs* até as regiões mais necessitadas. O volume de um *iceberg*, entretanto, diminui durante seu deslocamento, devido ao atrito e à temperatura da água. A temperatura dos mares, em cada uma das cinco zonas climáticas do planeta, varia." (Extraído de questão de vestibular da UnB-2004. Acesso em 30/8/2009.)
Em dupla, pesquise a temperatura dos mares nas diversas zonas climáticas da Terra (tropical, subtropical, temperada, subpolar e polar). Depois, cada um elabora individualmente uma questão e passa para o colega resolver.

Veja mais sobre o assunto

Procure mais informações em jornais, revistas e nos *sites* <www.amigodaagua.com.br>, <www.uniagua.org.br> e <www.webciencia.com>.

QUESTÕES DE VESTIBULAR

1. (Vunesp) Considere um cilindro circular reto de altura **x** cm e raio da base igual a **y** cm. Usando a aproximação $\pi = 3$, determine **x** e **y** nos seguintes casos:

a) O volume do cilindro é 243 cm^3 e a altura é igual ao triplo do raio.

b) A área da superfície lateral do cilindro é 450 cm^2 e a altura tem 10 cm a mais que o raio.

2. (UFPB) Em uma cidade, há um túnel reto de 1 quilômetro de comprimento, cujas seções transversais, perpendiculares ao túnel, são todas congruentes e têm o formato de um retângulo de 12 metros de largura por 4 metros de altura, com um semicírculo em cima, cujo raio mede 6 metros, conforme a figura abaixo:

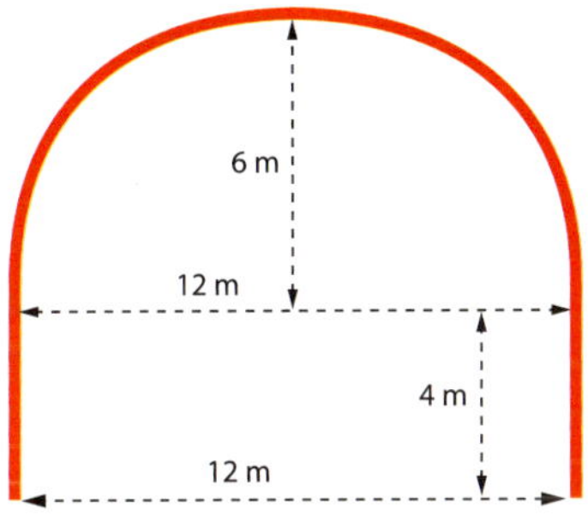

Para pintar a parte interna desse túnel (o chão não será pintado) serão utilizados galões de tinta, sendo cada galão suficiente para pintar até 20 metros quadrados. Com base nessas informações, é correto afirmar que, para pintar a parte interna do túnel, o número mínimo necessário de galões de tinta é de:

(Use $\pi = 3{,}14$.)

a) 1 926.
b) 1 822.
c) 1 634.
d) 1 488.
e) 1 342.

3. (UFMS) Para o armazenamento do material reciclável, foram utilizados recipientes dispostos no interior de uma escola, sendo um deles formado por metade de um cilindro circular reto e por um paralelepípedo retângulo, conforme a figura.

A capacidade desse recipiente, em m^3, é de:

a) $\frac{1}{25}(10 + \pi)$.

b) $\frac{2}{25}(10 + \pi)$.

c) $\frac{4}{25}(5 + \pi)$.

d) $\frac{1}{50}(40 + \pi)$.

e) $\frac{1}{25}(20 + \pi)$.

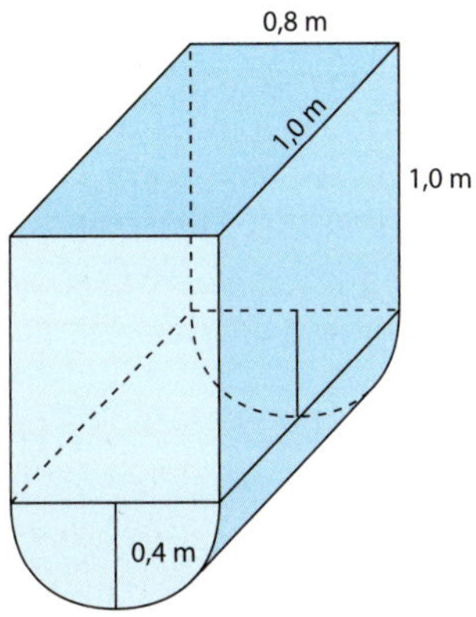

4. (UFPA) A gasolina contida em um tanque cilíndrico do terminal da cidade deve ser distribuída entre vários postos. Se cada posto tem dois tanques (também cilíndricos) com a altura e o diâmetro de bases iguais, respectivamente, a $\frac{1}{5}$ e $\frac{1}{4}$ das dimensões do tanque do terminal, quantos postos poderão ser abastecidos?

a) 10 b) 20 c) 30 d) 40 e) 50

5. (Unir-RO) A figura a seguir representa um reservatório de água formado por três partes sobrepostas, todas com a forma de cilindro circular reto, com alturas iguais a **x** centímetros, com os raios das bases iguais a 100, 90 e 80 centímetros, e com eixos centrais coincidentes. Sabendo que o reservatório tem capacidade de 1 000 litros, assinale o valor inteiro mais próximo de **x**.

(Utilize $\pi = 3{,}14$.)

a) 10 cm
b) 16 cm
c) 19 cm
d) 13 cm
e) 22 cm

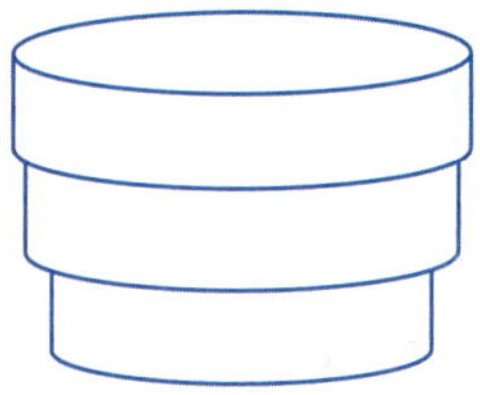

6. (Unicamp-SP) Um cilindro circular reto é cortado por um plano não paralelo à sua base, resultando no sólido ilustrado na figura. Calcule o volume desse sólido em termos do raio da base **r**, da altura máxima AB = a e da altura mínima CD = b. Justifique seu raciocínio.

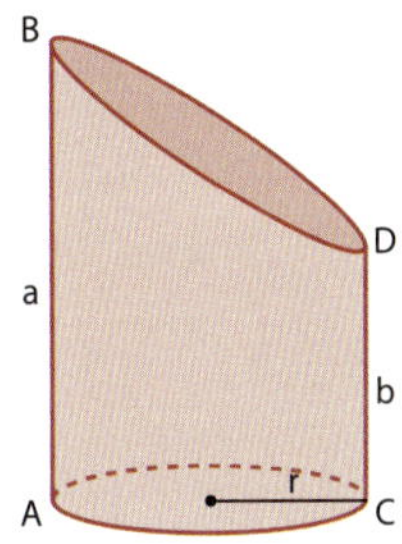

7. (UFRN) Um tanque cilíndrico, cheio de combustível, de raio R = 1 m e altura H = 4 m, ao ser suspenso por um cabo de aço fixado no ponto **P**, inclinou-se até a posição mostrada na figura a seguir. Parte do combustível foi derramada de modo que o restante ficou como se vê na figura abaixo.

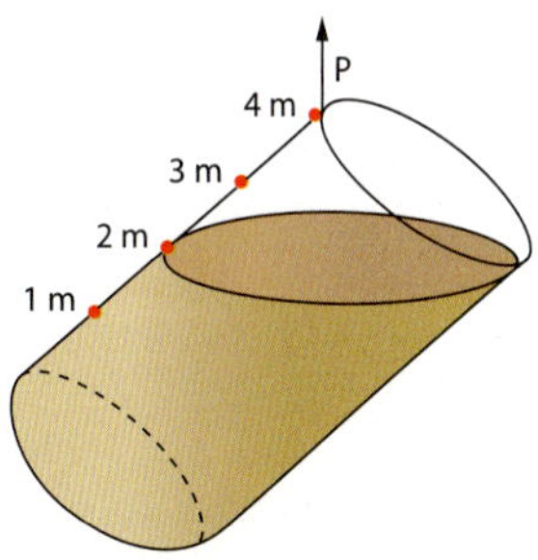

A quantidade de combustível que restou no tanque foi, aproximadamente:

a) 9,42 m³.
c) 6,28 m³.
b) 3,14 m³.
d) 12,56 m³.

8. (Unifap) Uma indústria quer calcular qual o volume de material gasto para produzir pinos onde estes são compostos de duas partes: corpo do pino que é de forma cilíndrica (cilindro reto) com base medindo 1 cm de raio e 0,75 cm de altura e a outra parte é a cabeça sextavada do pino (prisma reto com base que é um hexágono regular) com altura de 0,5 cm, e um dos lados do hexágono regular medindo 1 cm. Qual é o volume de material a ser gasto em 5 000 unidades destes pinos?

a) $750\left(\pi + \sqrt{3}\right)$ cm³
d) $6\,750\left(\pi + \sqrt{3}\right)$ cm³
b) $1250\left(\pi + \sqrt{3}\right)$ cm³
e) $7\,500\left(\pi + \sqrt{3}\right)$ cm³
c) $3\,750\left(\pi + \sqrt{3}\right)$ cm³

9. (UFPR) A parte superior de uma taça tem formato de um cone, com as dimensões indicadas na figura.

a) Qual o volume de líquido que essa taça comporta quando está completamente cheia?
b) Obtenha uma expressão para o volume **V** de líquido nessa taça, em função da altura **x** indicada na figura.

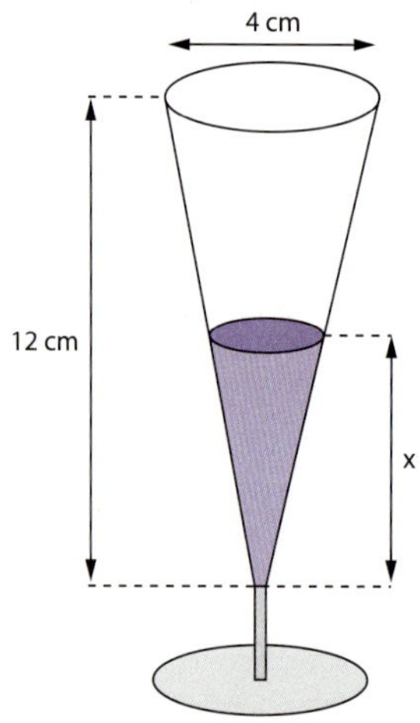

10. (UFRN) Um recipiente cônico foi projetado de acordo com desenho abaixo no qual o tronco do cone foi obtido de um cone de altura igual a 18 cm.

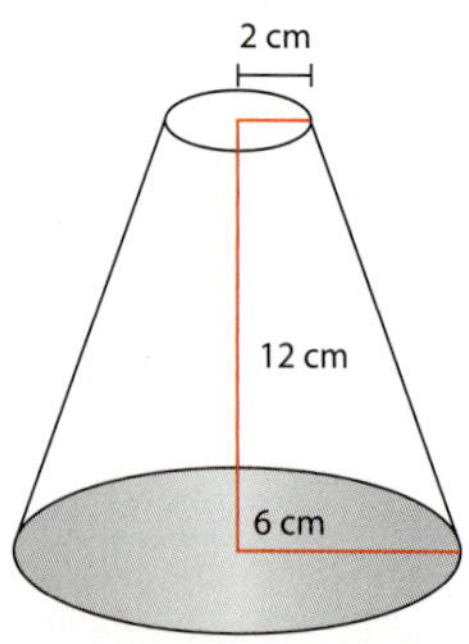

O volume desse recipiente, em cm³, é igual a:

a) 216π.
c) 224π.
b) 208π.
d) 200π.

11. (FGV-SP) Um cálice com a forma de cone contém **V** cm³ de uma bebida. Uma cereja de forma esférica com diâmetro de 2 cm é colocada dentro do cálice. Supondo-se que a cereja repousa apoiada nas laterais do cálice e o líquido recobre exatamente a cereja a uma altura de 4 cm a partir do vértice do cone, determine o valor de **V**.

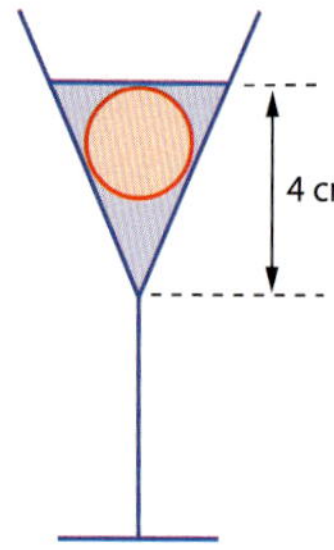

12. (PUC-SP) A altura e o raio da base de um cone circular reto medem 4 cm e 15 cm, respectivamente. Aumenta-se a altura e diminui-se o raio da base desse cone, de uma mesma medida **x**, $x \neq 0$, para obter-se outro cone circular reto, de mesmo volume que o original. Determine **x**, em centímetros.

13. (Ufla-MG) Um reservatório de forma cônica para armazenamento de água tem capacidade para atender às necessidades de uma comunidade por 81 dias. Esse reservatório possui uma marca a uma altura **h** para indicar que a partir desse nível a quantidade de água é suficiente para abastecer a comunidade por mais 24 dias. O valor de **h** é:

a) $h = \dfrac{2}{9}H$.
d) $h = \dfrac{1}{10}\sqrt[3]{H}$.
b) $h = \dfrac{2}{3}H$.
e) $h = \dfrac{1}{2}H$.
c) $h = \dfrac{8}{27}\sqrt{H}$.

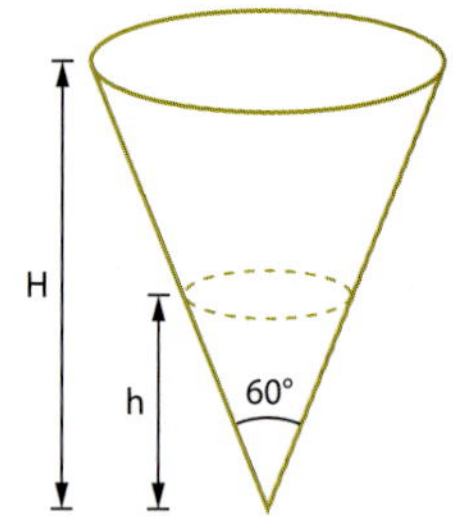

14. (UFMS) Um recipiente cônico de vidro, de altura igual ao raio da base circular, completamente fechado, está apoiado com sua base circular sobre a mesa, como na figura 1, de forma que o líquido em seu interior atinge a metade da profundidade do recipiente. Se virarmos o recipiente, como na figura 2, de forma que a base circular fique paralela à mesa, qual será a profundidade do líquido em seu interior, com o recipiente nessa nova posição?

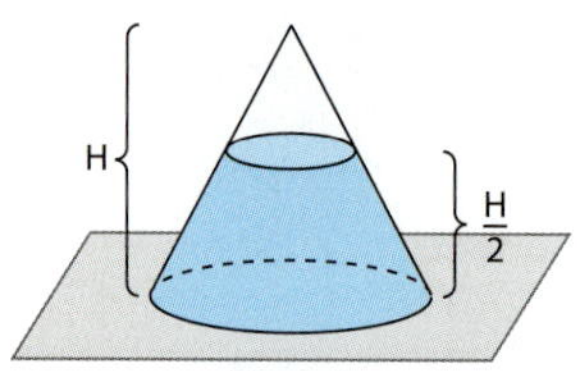

Figura 1

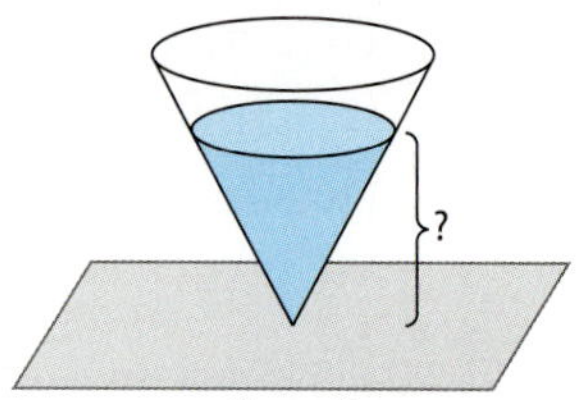

Figura 2

a) $\dfrac{H\sqrt{7}}{2}$
c) $\dfrac{H}{2}$
e) $\dfrac{H}{2\sqrt[3]{7}}$
b) $\dfrac{H\sqrt[3]{7}}{2}$
d) $\dfrac{3H}{4}$

15. (UFV-MG) Um chapéu, no formato de um cone circular reto, é feito de uma folha circular de raio 30 cm, recortando-se um setor circular de ângulo $\theta = \frac{2\pi}{3}$ radianos e juntando os lados. A área da base do chapéu, em cm², é:

a) 140π.
b) 110π.
c) 130π.
d) 100π.
e) 120π.

16. (Ufal) Um recipiente na forma de um cilindro reto, com raio da base 1 m e altura 5 m, está completamente cheio de água. A água é despejada em dois cones invertidos, ligados por um duto, de volume desprezível, como ilustrado a seguir.

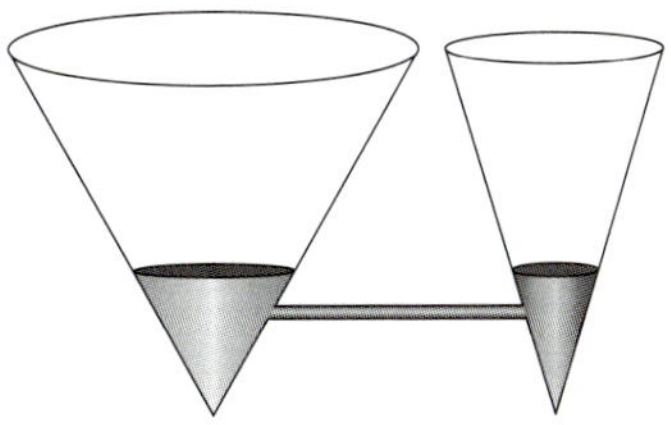

Se os cones têm altura 6 m e raios das bases 4 m (o da esquerda) e 2 m (o da direita), como ilustrado na figura, calcule a altura da água nos cones.

a) 2,9 m
b) 3,0 m
c) 3,1 m
d) 3,2 m
e) 3,3 m

17. (UFT-TO) Um sorvete em uma casquinha é um sólido completamente cheio cuja parte externa tem a forma de um cone circular reto invertido de altura H = 12 cm e raio R = 6 cm e uma semiesfera sobreposta à base do cone, conforme figura 1. Parte do sorvete é consumida por Lúcia, e o restante tem a forma de um cone circular reto completamente cheio de altura h = 4 cm, conforme figura 2.

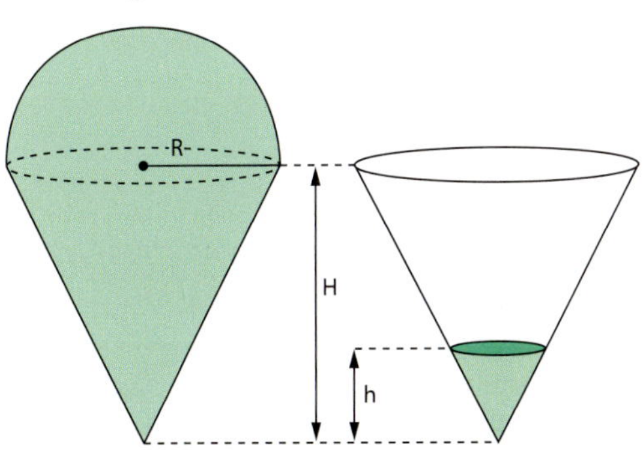

Figura 1 Figura 2

Supondo que não haja perda de volume além do que Lúcia consome, o volume consumido por Lúcia foi de:

a) $\frac{638\pi}{3}$ cm³.
b) $\frac{848\pi}{3}$ cm³.
c) $\frac{547}{3}$ cm³.
d) $\frac{761\pi}{3}$ cm³.

18. (Uespi) Qual o volume do sólido obtido pelo giro de um quadrado de lado medindo $3\sqrt{2}$, em torno de uma de suas diagonais?

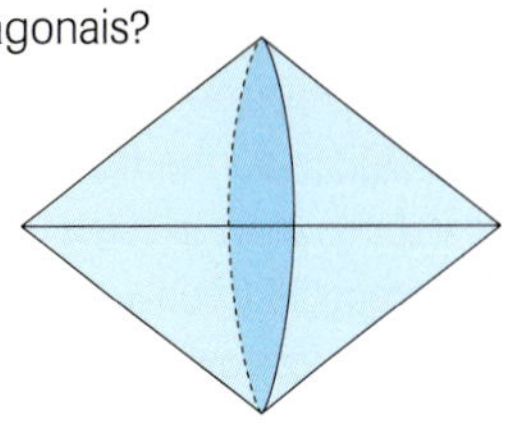

a) 14π
b) 15π
c) 16π
d) 17π
e) 18π

19. (UFG-GO) A terra retirada na escavação de uma piscina semicircular de 6 m de raio e 1,25 m de profundidade foi amontoada, na forma de um cone circular reto, sobre uma superfície horizontal plana. Admita que a geratriz do cone faça um ângulo de 60° com a vertical e que a terra retirada tenha volume 20% maior do que o volume da piscina. Nessas condições, a altura do cone, em metros, é de:

a) 2,0.
b) 2,8.
c) 3,0.
d) 3,8.
e) 4,0.

20. (Fuvest-SP) Uma garrafa de vidro tem a forma de dois cilindros sobrepostos. Os cilindros têm a mesma altura de 4 cm e raios das bases **R** e **r**, respectivamente.

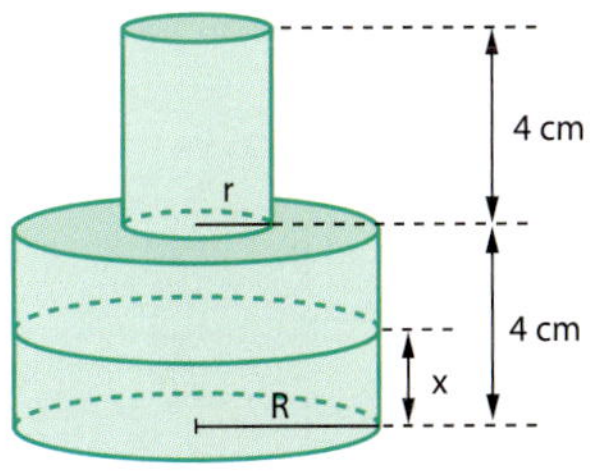

Se o volume V(x) de um líquido que atinge a altura **x** da garrafa se expressa segundo o gráfico a seguir, quais os valores de **R** e de **r**?

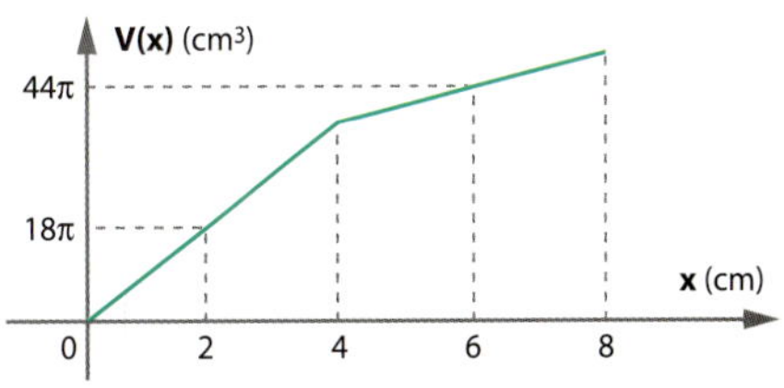

21. (UFMT) Duas esferas cujos raios medem **a** cm e **b** cm estão apoiadas em um mesmo plano horizontal e encostadas uma à outra, conforme figura abaixo.

A distância entre os seus respectivos pontos de apoio nesse plano horizontal é:

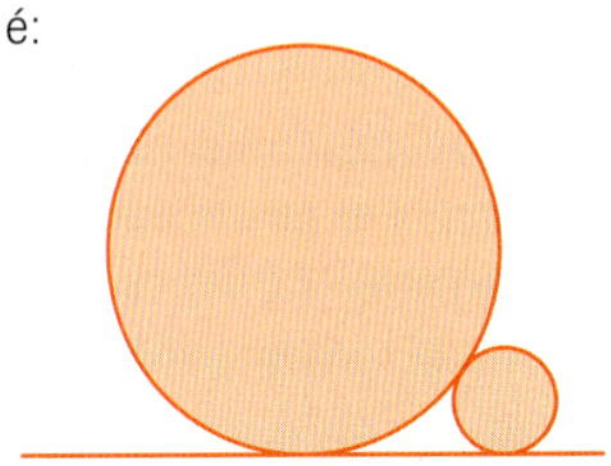

a) $3\sqrt{ab}$ cm.
b) $2\sqrt{ab}$ cm.
c) 2ab cm.
d) 3ab cm.
e) $\sqrt{3ab}$ cm.

22. (UFMS) Um recipiente para perfume tem formato de um cilindro circunscrito numa esfera (sendo essa esfera oca, de capacidade máxima de 32 mililitros), conforme figura ao lado. Se o espaço entre a esfera e o cilindro é preenchido com material translúcido, qual será o volume total, em cm^3, gasto com esse material, desprezando-se as espessuras das superfícies da esfera e do cilindro? (Considere $\pi = 3$.)

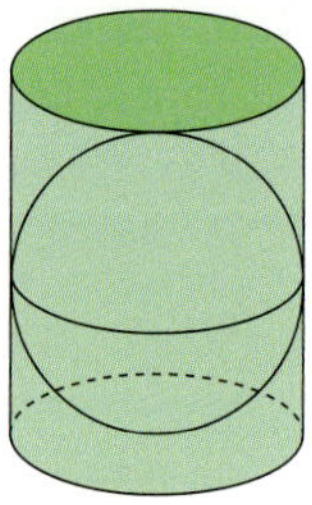

23. (Uece) Um cone circular reto está inscrito em uma esfera, de tal modo que sua base é um círculo máximo da esfera e seu vértice é um ponto da casca esférica. Se a medida do raio da esfera é 3 m, então a medida do volume do cone, em m^3, é:

a) $3\sqrt{3}\pi$. b) 6π. c) $6\sqrt{3}\pi$. d) 9π.

24. (Vunesp) Uma quitanda vende fatias de melancia embaladas em plástico transparente. Uma melancia com forma esférica de raio de medida **R** cm foi cortada em 12 fatias iguais, onde cada fatia tem a forma de uma cunha esférica, como representado na figura.

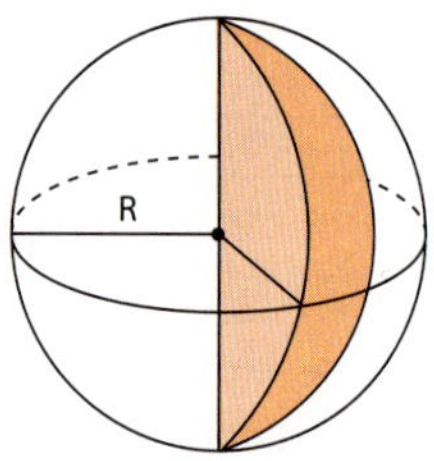

Sabendo que a área de uma superfície esférica de raio **R** cm é $4\pi R^2$ cm^2, determine, em função de π e de **R**:

a) a área da casca de cada fatia de melancia (fuso esférico);

b) quantos centímetros quadrados de plástico foram necessários para embalar cada fatia (sem nenhuma perda e sem sobrepor camadas de plástico), ou seja, qual é a área da superfície total de cada fatia.

25. (UFSM-RS) A área da superfície de uma esfera e a área total de um cone circular reto são iguais. Se o raio da base do cone mede 4 cm e o volume do cone é 16π cm^3, o raio da esfera é dado por:

a) $\sqrt{3}$ cm. b) 2 cm. d) 4 cm. e) $4 + \sqrt{2}$ cm.

26. (UFC-CE) Em um contêiner de 10 m de comprimento, 8 m de largura e 6 m de altura, podemos facilmente empilhar 12 cilindros de 1 m de raio e 10 m de altura cada, bastando dispô-los horizontalmente, em três camadas de quatro cilindros cada. Porém, ao fazê-lo, um certo volume do contêiner sobrará como espaço vazio. Adotando 3,14 como aproximação para π, é correto afirmar que a capacidade volumétrica desse espaço vazio é:

a) inferior à capacidade de um cilindro.

b) maior que a capacidade de um cilindro, mas menor que a capacidade de dois cilindros.

c) maior que a capacidade de dois cilindros, mas menor que a capacidade de três cilindros.

d) maior que a capacidade de três cilindros, mas menor que a capacidade de quatro cilindros.

e) maior que a capacidade de quatro cilindros.

27. (UTFPR) Uma lata de achocolatado em pó tem 10 cm de diâmetro e 10 cm de altura, e é embalada em caixas de papelão, com quatro fileiras de seis latas, conforme a figura a seguir. A caixa comporta 2 latas na sua altura, tendo uma capacidade total para 48 latas.

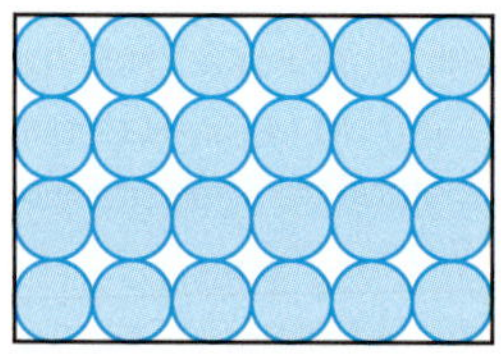

Com base nos estudos de cilindros e paralelepípedos, afirma-se que: ($\pi = 3{,}14$)

I) o volume de cada lata é de 785 cm^3.

II) a área total de cada lata é de 471 cm^2.

III) o volume da caixa de papelão é de 24 000 cm^3.

Analisando-se as afirmações acima, conclui-se que:

a) I e II estão corretas.

b) I e III estão corretas.

c) II e III estão corretas.

d) I, II e III estão corretas.

e) I, II e III estão incorretas.

28. (UEFS-BA) Uma certa marca de óleo era vendida em uma embalagem, completamente cheia, no formato de um cilindro circular reto de altura 10 cm e raio da base 6 cm, pelo preço de R$ 4,00. Diminuindo-se em 1 cm a altura, aumentando-se em 1 cm o raio da base e mantendo-se o preço anterior para essa embalagem, pode-se afirmar que o preço do produto:

a) se mantém estável.

b) aumenta entre 10% e 20%.

c) aumenta entre 20% e 30%.

d) diminui entre 10% e 20%.

e) diminui entre 20% e 30%.

Leituras

Ideias de Arquimedes

Sobre Arquimedes não há muitos relatos confiáveis. Dizem que nasceu em Siracusa, na Sicília (então território grego), em 212 a.C., e morreu aos 75 anos. Passou boa parte da vida em Alexandria, de onde se correspondia com alguns poucos interlocutores espalhados pela região do Mediterrâneo capazes de entendê-lo.

Os resultados de seus trabalhos eram todos baseados na ideia do infinito e na aplicação da física à geometria (que ele chamava de "princípio do equilíbrio"). Entre os principais resultados estão a área do círculo e o valor do π, a área e o volume da esfera e a hidrostática (elaborou o conhecido *princípio de Arquimedes* dos corpos flutuantes).

A figura abaixo ilustra metaforicamente o raciocínio de Arquimedes. Para haver equilíbrio, o braço HA que segura a esfera deve medir 3 unidades de comprimento, e o braço AT que segura o cilindro, 2 unidades de comprimento.

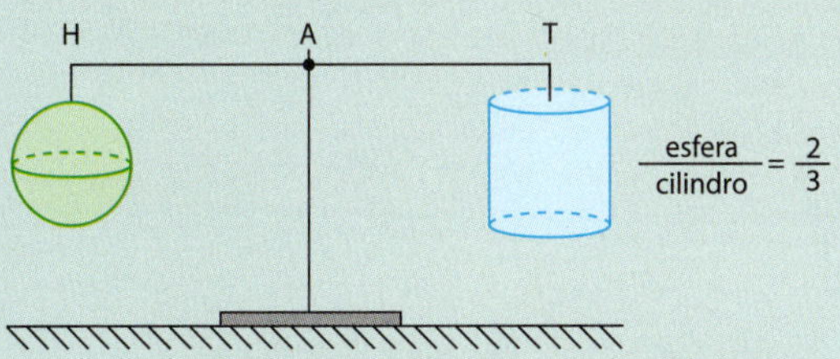

Alavanca em equilíbrio com uma esfera em um braço e o cilindro circunscrito a essa esfera no outro braço.

A partir dessa relação é possível chegar ao cálculo do volume da esfera:

$$V = \frac{4\pi R^3}{3}$$

Com demonstrações maravilhosas como essa, em que aplicava o princípio do equilíbrio, Arquimedes chegou a diversos resultados práticos.

Área da superfície esférica

Depois de conhecer o volume da esfera, podemos justificar por que a área da superfície esférica é:

$$A = 4\pi R^2$$

Podemos imaginar a esfera, de maneira aproximada, como a reunião em torno de um ponto (centro da esfera) de um grande número de pirâmides, conforme as figuras a seguir:

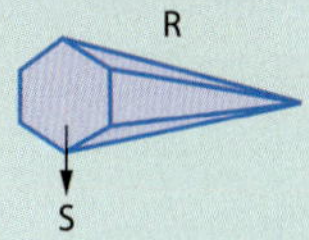

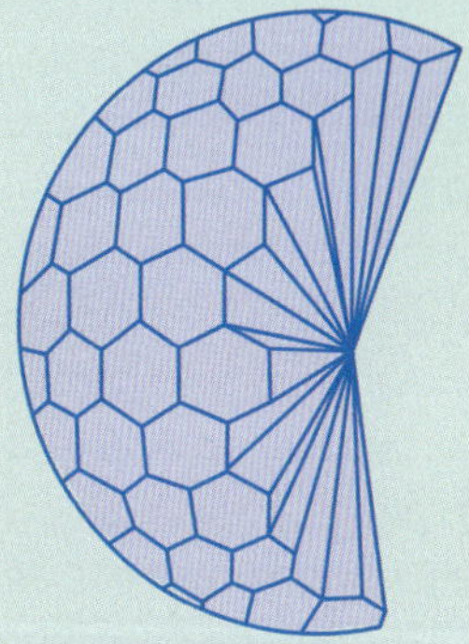

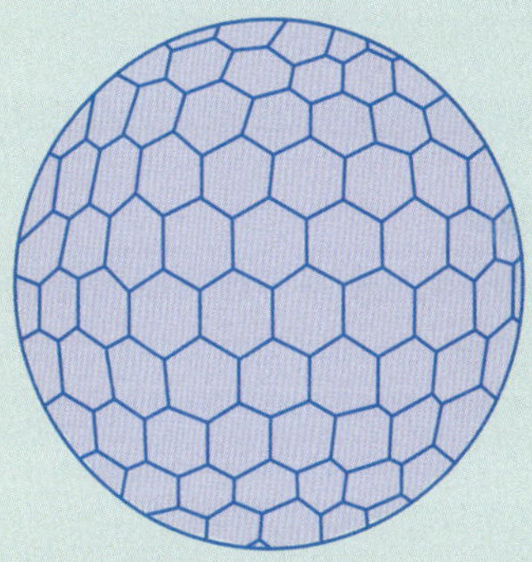

Assim, o volume da esfera é, aproximadamente, igual à soma dos volumes de todas as pirâmides componentes. Repare que a altura da pirâmide é o raio da esfera. Pensando assim, a superfície esférica fica dividida em um grande número de "polígonos" (base das pirâmides).

Digamos que a superfície esférica tenha ficado dividida em **n** polígonos, cuja áreas são S_1, S_2, ..., S_n.

Lembrando que o volume de cada pirâmide é:

$$V = \frac{Sh}{3} = \frac{SR}{3}$$

e que $S_1 + S_2 + ... + S_n = A$ é a área da superfície esférica, vem:

$$V = \frac{1}{3}S_1R + \frac{1}{3}S_2R + ... + \frac{1}{3}S_nR =$$

$$= \frac{1}{3}(S_1 + S_2 + ... + S_n)R = \frac{1}{3}AR$$

ou seja:

$$\frac{4}{3}\pi R^3 = \frac{1}{3}AR \Rightarrow A = 4\pi R^2$$

Logo, a área da superfície esférica de raio **R** é $A = 4\pi R^2$.

Capítulo 13 Análise combinatória

UM POUCO DE HISTÓRIA

➲ Problemas resolvidos por meio de noções estudadas hoje pela Análise combinatória já existiam na Grécia antiga. Conta-se que Arquimedes de Siracusa (287 a.C.- 212 a.C.) estudou um jogo de quebra-cabeça chamado Stomachion e calculou de quantas maneiras as catorze peças planas de vários formatos e tamanhos podiam ser reunidas para formar um quadrado.

(Veja mais sobre o assunto em Leitura, *na página 369.)*

Na Informática existe um método de criptografia que consiste em permutar os elementos (*bits*) da mensagem original (misturar os elementos de acordo com uma regra reversível qualquer), impedindo que sejam compreendidos por computadores que não tenham a chave para decodificar a mensagem. Isso evita que, durante o tráfego pela internet, as informações sigilosas sejam alteradas ou fiquem legíveis para eventuais intrusos, mantendo sua privacidade e garantindo sua autenticidade.

DESAFIO

➲ Esta bolinha pode se deslocar apenas para as casas imediatamente acima ou à direita. Qual é o número de caminhos distintos possíveis para ela chegar à posição 3C?

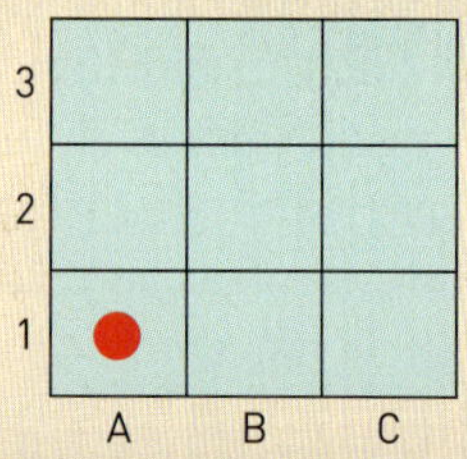

A palavra *criptografia*, de origem grega, significa 'arte de escrever em códigos'. Sua finalidade está relacionada à necessidade de manter em segredo a informação. Foi utilizada no passado principalmente para fins militares.

FABIO EUGENIO/ARQUIVO DA EDITORA

A MATEMÁTICA NA PRÁTICA

Um dos métodos mais simples de criptografar uma mensagem, usado desde a Antiguidade, é alterar a posição de seus elementos, desarranjando-os e tornando a mensagem ilegível. Atualmente, com a tecnologia e as contribuições da ANÁLISE COMBINATÓRIA, o uso da criptografia sofisticou-se.

Hoje, o uso da informação codificada, chamada de *texto cifrado*, expandiu-se: está presente em cartões de crédito, na internet e até em ligações telefônicas.

WHISSON/JORDAN/CORBIS

1 Introdução

Analise a situação-problema a seguir:

Usando as 26 letras e os 10 algarismos conhecidos, quantas placas de automóvel diferentes podem ser feitas para que em cada uma existam três letras (não repetidas) seguidas de quatro algarismos (repetidos ou não)?

Problemas como esse envolvem o cálculo do número de agrupamentos que podem ser feitos com os elementos de um ou mais conjuntos, submetidos a certas condições.

Esses problemas são resolvidos por meio da *análise combinatória*, assunto que estudaremos neste capítulo.

2 Princípio da multiplicação ou princípio fundamental da contagem

Acompanhe a seguir a resolução de alguns problemas.

1º) Uma pessoa quer viajar de Recife a Porto Alegre passando por São Paulo. Sabendo que há 5 roteiros diferentes para chegar a São Paulo partindo de Recife e 4 roteiros diferentes para chegar a Porto Alegre partindo de São Paulo, de quantas maneiras possíveis essa pessoa poderá viajar de Recife a Porto Alegre?

Para facilitar a compreensão vamos utilizar os esquemas seguintes:

Para refletir

Dizemos que a viagem de Recife a Porto Alegre é um evento composto por duas etapas sucessivas e independentes. Quais são elas?

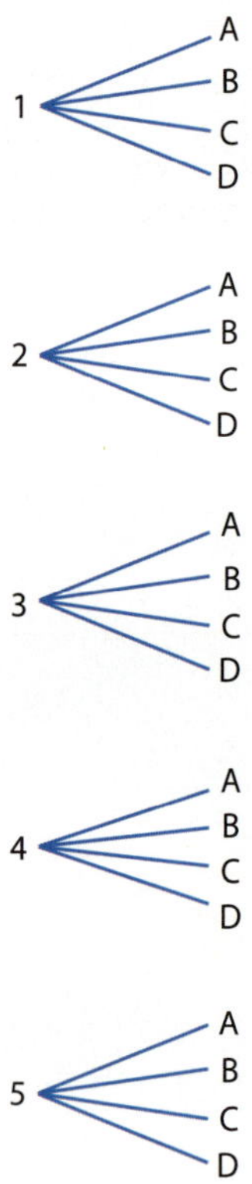

ou

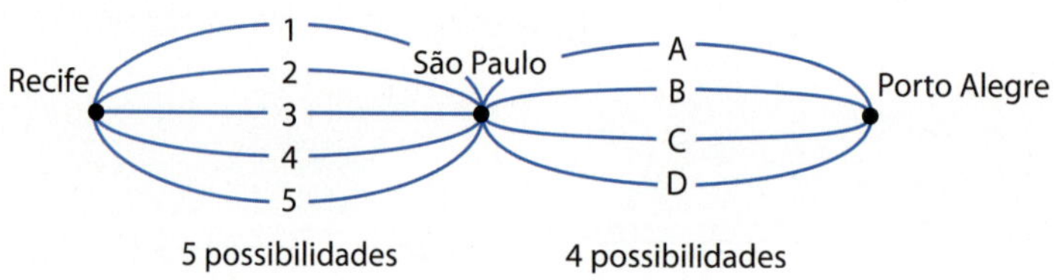

Você sabia

A esse 1º esquema damos o nome de *árvore de possibilidades* ou *diagrama de árvore*.

Total de possibilidades: $5 \cdot 4 = 20$.

São elas: 1A, 1B, 1C, 1D, 2A, 2B, 2C, 2D, 3A, 3B, 3C, 3D, 4A, 4B, 4C, 4D, 5A, 5B, 5C, 5D. Portanto, há 20 maneiras possíveis de viajar de Recife a Porto Alegre passando por São Paulo.

2º) Ao lançarmos uma moeda e um dado, temos as seguintes possibilidades para o resultado (sendo **C**: cara e **$\overline{\text{C}}$**: coroa):

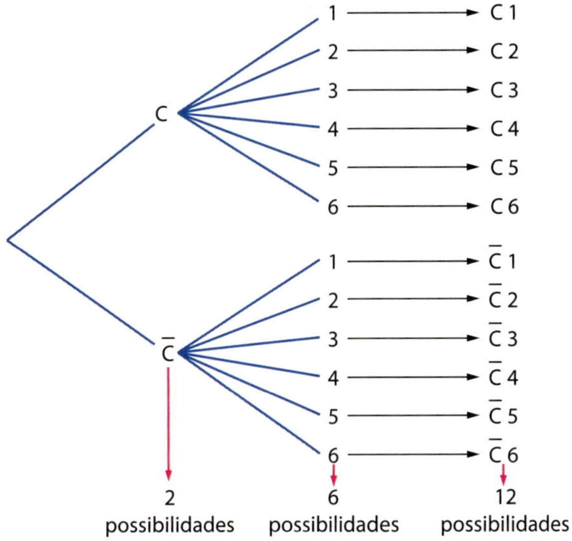

Observe que o evento tem duas etapas, com 2 possibilidades em uma e 6 possibilidades em outra, totalizando $2 \cdot 6 = 12$ possibilidades.

3º) Quantos números de 3 algarismos podem ser escritos nas seguintes condições: o algarismo das centenas corresponde a um múltiplo de 3, o das dezenas é 4 ou 7, e o das unidades corresponde a um múltiplo de 5?

Neste caso, o número (evento) é composto de 3 etapas (algarismos):

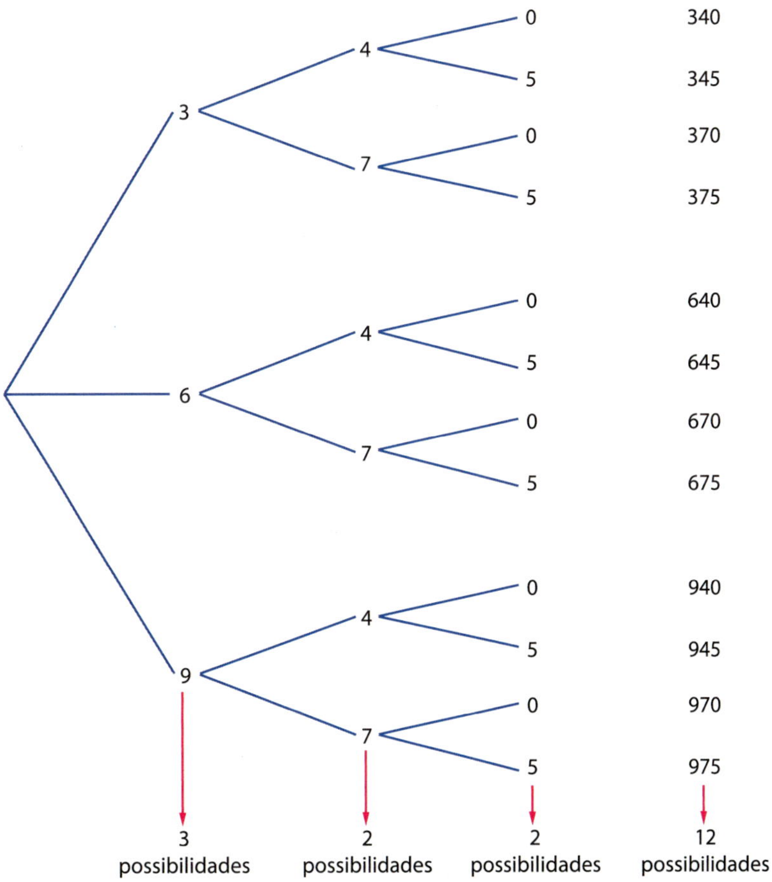

Para refletir

Mesmo sendo múltiplo de 3, o zero é excluído do algarismo das centenas, pois o número considerado deve ter 3 algarismos. Justifique.

Há 3 possibilidades para o algarismo das centenas, 2 possibilidades para o algarismo das dezenas e 2 possibilidades para o algarismo das unidades, totalizando $3 \cdot 2 \cdot 2 = 12$ possibilidades. Portanto, podemos escrever 12 números nas condições dadas.

De modo geral, podemos enunciar o *princípio fundamental da contagem* deste modo:

> Se um evento é composto de duas etapas sucessivas e independentes de tal maneira que o número de possibilidades na 1ª etapa é **m** e para cada possibilidade da 1ª etapa o número de possibilidades na 2ª etapa é **n**, então o número total de possibilidades de o evento ocorrer é dado pelo produto m · n.

Observação: O produto dos números de possibilidades vale para qualquer número finito de etapas independentes.

? Você sabia

Dizemos que duas etapas sucessivas são independentes quando o número de possibilidades de ocorrer a segunda etapa é o mesmo, independentemente do elemento escolhido na primeira etapa.

Exercícios resolvidos

1. Num restaurante há 2 tipos de salada, 3 tipos de pratos quentes e 3 tipos de sobremesa. Quais e quantas possibilidades temos para fazer uma refeição com uma salada, um prato quente e uma sobremesa?

Resolução:

Representando por $\mathbf{S_1}$ e $\mathbf{S_2}$ os dois tipos de salada; por $\mathbf{P_1}$, $\mathbf{P_2}$ e $\mathbf{P_3}$ os três tipos de pratos quentes; e por $\mathbf{s_1}$, $\mathbf{s_2}$ e $\mathbf{s_3}$ os três tipos de sobremesa, temos:

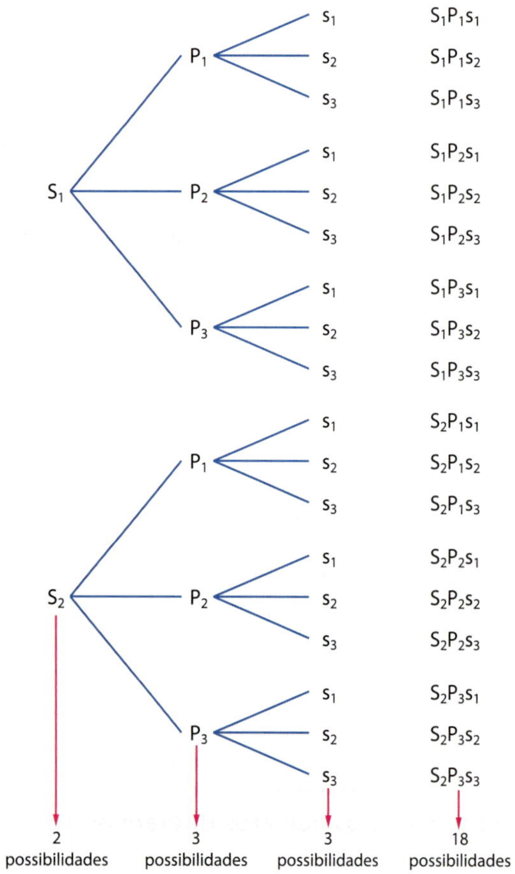

Repare que a ordem das etapas foi esta: inicialmente escolheu-se a salada, depois o prato quente e por fim a sobremesa. Como *independentemente* da salada escolhida há *sempre* três possibilidades para a escolha do prato quente, essas duas etapas são ditas *independentes*. O mesmo ocorre com a 2ª e a 3ª etapas. Logo, pelo princípio multiplicativo, temos que o total de possibilidades de formar uma refeição é $2 \cdot 3 \cdot 3 = 18$.

2. Quantos números de 3 algarismos podemos formar com os algarismos 1, 2, 3, 4, 5 e 6?

Resolução:

____ ____ ____
centena dezena unidade

Há 6 possibilidades para preencher a lacuna das centenas, 6 possibilidades para preencher a lacuna das dezenas e outras 6 possibilidades para preencher a lacuna das unidades, pois um algarismo pode aparecer mais de uma vez no mesmo número.

Portanto, temos $6 \cdot 6 \cdot 6 = 6^3$ possibilidades no total, o que indica que podemos escrever $6^3 = 216$ números de três algarismos com os algarismos 1, 2, 3, 4, 5 e 6.

3. Quantos números de 3 algarismos *distintos* podemos formar com os algarismos 1, 2, 3, 4, 5 e 6?

Resolução:

____ ____ ____
centena dezena unidade

Há 6 possibilidades para a centena, 5 possibilidades para a dezena e 4 possibilidades para a unidade, já que o exercício pede números de 3 algarismos distintos.

Então, temos $6 \cdot 5 \cdot 4 = 120$ possibilidades, ou seja, podemos formar 120 números.

4. Com os algarismos 0, 1, 2, 3, 4, 5, 6 e 7:

a) quantos números de 3 algarismos podemos formar?

b) quantos números de 3 algarismos distintos podemos formar?

Resolução:

a) ____ ____ ____
centena dezena unidade

Há 7 possibilidades para a centena (0 não é permitido), 8 para a dezena e 8 para a unidade. Portanto, podemos formar $7 \cdot 8 \cdot 8 = 448$ números.

b) ____ ____ ____
centena dezena unidade

Com 3 algarismos distintos, há 7 possibilidades para a centena, 7 para a dezena e 6 para a unidade. Portanto, podemos formar $7 \cdot 7 \cdot 6 = 294$ números de 3 algarismos distintos com os algarismos 0, 1, 2, 3, 4, 5, 6 e 7.

Exercícios propostos

1. Existem 2 vias de locomoção de uma cidade **A** para uma cidade **B** e 3 vias de locomoção da cidade **B** para uma cidade **C**. De quantas maneiras pode-se ir de **A** a **C** passando por **B**?

2. De quantas maneiras diferentes pode-se vestir uma pessoa que tenha 5 camisas, 3 calças, 2 pares de meia e 2 pares de sapato?

3. Ao lançarmos sucessivamente 3 moedas diferentes, quantas e quais são as possibilidades de resultado?

4. Numa lanchonete há 5 tipos de sanduíche, 4 tipos de refrigerante e 3 tipos de sorvete. De quantas maneiras podemos tomar um lanche composto por 1 sanduíche, 1 refrigerante e 1 sorvete?

5. Quantos números de dois algarismos podemos formar sabendo que o algarismo das dezenas corresponde a um múltiplo de 2 (diferente de zero) e o algarismo das unidades corresponde a um múltiplo de 3?

6. Usando somente os algarismos 1, 2, 3, 4, 5 e 6:

a) quantos números de 2 algarismos podemos formar?

b) quantos números pares de 2 algarismos podemos formar?

c) quantos números ímpares de 2 algarismos podemos formar?

d) quantos números de 2 algarismos distintos podemos formar?

e) quantos números de 2 algarismos pares podemos formar?

3 Permutações simples e fatorial de um número

Permutações simples

Permutar é sinônimo de trocar. Intuitivamente, nos problemas de contagem, devemos associar a permutação à noção de embaralhar, de trocar objetos de posição.

Vejamos agora quantos agrupamentos é possível formar quando temos **n** elementos e todos serão usados em cada agrupamento. Observe os exemplos:

1º) Quantos números de 3 algarismos (sem repeti-los num mesmo número) podemos formar com os algarismos 1, 2 e 3?

Podemos resolver por tentativa. Assim temos: 123, 132, 213, 231, 312 e 321. Concluímos então que são seis os números procurados. Podemos também fazer uma árvore de possibilidades:

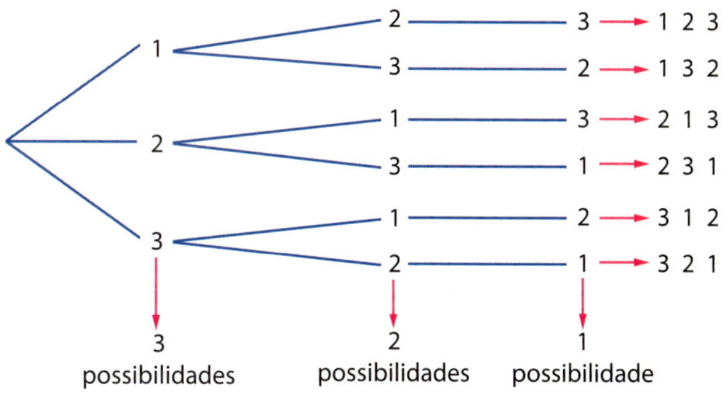

Pelo princípio fundamental da contagem temos $3 \cdot 2 \cdot 1 = 6$ possibilidades.

Observe que a *ordem dos algarismos* é muito importante. Todos os números diferem entre si pela ordem de seus algarismos.

2º) Quantos são os anagramas (diferentes disposições das letras de uma palavra) da palavra ANEL?

Considerando as quatro letras: **a**, **n**, **e** e **l**, há 4 possibilidades para a primeira posição, 3 possibilidades para a segunda, 2 possibilidades para a terceira e 1 possibilidade para a quarta posição.

Pelo princípio fundamental da contagem, temos $4 \cdot 3 \cdot 2 \cdot 1 = 24$ possibilidades, ou seja, são 24 anagramas.

Concluímos:

> Se temos **n** elementos distintos, então o número de agrupamentos ordenados que podemos obter com todos esses **n** elementos é dado por:
>
> $$n \cdot (n-1) \cdot (n-2) \cdot ... \cdot 3 \cdot 2 \cdot 1 = n!$$
>
> Esses agrupamentos ordenados (diferem pela ordem) recebem o nome de *permutações simples*. Indicamos por $\mathbf{P_n}$ o número de permutações simples de **n** elementos:
>
> $$P_n = n \cdot (n-1) \cdot (n-2) \cdot ... \cdot 3 \cdot 2 \cdot 1$$

Fatorial

O valor obtido com $\mathbf{P_n}$ é também chamado de *fatorial* do número natural **n** e indicado por **n!** (lê-se "fatorial de **n**" ou "**n** fatorial").

Assim, temos $n! = n \cdot (n-1) \cdot (n-2) \cdot ... \cdot 3 \cdot 2 \cdot 1$, para $n \geqslant 1$.

Considera-se $0! = 1$.

Exemplos:

1º) $P_5 = 5 \cdot 4 \cdot 3 \cdot 2 \cdot 1 = 120$
$5! = 5 \cdot 4 \cdot 3 \cdot 2 \cdot 1 = 120$

2º) $P_4 = 4! = 4 \cdot 3 \cdot 2 \cdot 1 = 24$

3º) $P_2 = 2! = 2 \cdot 1 = 2$

> **Fique atento**
>
> Podemos escrever:
> $n! = n \cdot (n-1)!$
> $15! = 15 \cdot 14 \cdot 13!$

Exercícios resolvidos

5. Simplifique as expressões:

a) $\dfrac{20!}{18!}$ b) $\dfrac{48! + 49!}{50!}$ c) $\dfrac{n!}{(n+1)!}$

Resolução:

a) $\dfrac{20!}{18!} = \dfrac{20 \cdot 19 \cdot \cancel{18!}}{\cancel{18!}} = 380$

b) $\dfrac{48! + 49!}{50!} = \dfrac{\cancel{48!}\,(1 + 49)}{50 \cdot 49 \cdot \cancel{48!}} = \dfrac{\cancel{50}}{\cancel{50} \cdot 49} = \dfrac{1}{49}$

c) $\dfrac{n!}{(n+1)!} = \dfrac{\cancel{n!}}{(n+1)\cancel{n!}} = \dfrac{1}{n+1}$

6. (FEI-SP) Se $(n+4)! + (n+3)! = 15(n+2)!$, então:

a) $n = 4$.
b) $n = 3$.
c) $n = 2$.
d) $n = 1$.
e) $n = 0$.

Resolução:

$(n+4)! + (n+3)! = 15(n+2)! \Rightarrow$
$\Rightarrow (n+4)(n+3)(n+2)! + (n+3)(n+2)! =$
$= 15(n+2)! \Rightarrow (n+4)(n+3) + (n+3) = 15 \Rightarrow$
$\Rightarrow n^2 + 8n + 15 = 15 \Rightarrow n = 0$ ou
$n = -8$ (não convém)

Resposta: alternativa **e**.

7. De quantas maneiras podem ser arrumados de forma horizontal três selos: 1 da Argentina, 1 do Brasil e 1 do Chile?

Resolução:

Temos três tipos de selos, que indicaremos por **A**: Argentina; **B**: Brasil; **C**: Chile. Para saber de quantas maneiras eles podem ser arrumados horizontalmente, podemos construir a árvore de possibilidades:

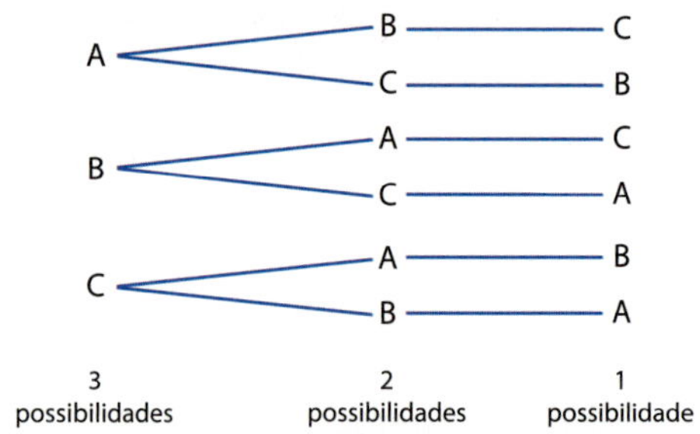

Usando o princípio fundamental da contagem, temos $3 \cdot 2 \cdot 1 = 6$ possibilidades.

Os agrupamentos ordenados são: ABC, ACB, BAC, BCA, CAB, CBA.

Observação: Podemos calcular diretamente o número de permutações simples de 3 elementos:
$P_3 = 3! = 3 \cdot 2 \cdot 1 = 6$.

Logo, é possível arrumar os três selos de 6 maneiras diferentes.

8. Responda:

a) Quantos são os anagramas da palavra PERDÃO?

b) Quantos são os anagramas da palavra PERDÃO que iniciam com **P** e terminam em **O**?

c) Quantos são os anagramas da palavra PERDÃO em que as letras **A** e **O** aparecem juntas e nessa ordem (ÃO)?

d) Quantos são os anagramas da palavra PERDÃO em que **P** e **O** aparecem nos extremos?

e) Quantos são os anagramas da palavra PERDÃO em que as letras PER aparecem juntas, em qualquer ordem?

Resolução:

a) Basta calcular $P_6 = 6! = 6 \cdot 5 \cdot 4 \cdot 3 \cdot 2 \cdot 1 = 720$.

b) Anagramas iniciados por **P** e terminados em **O**:

P _ _ _ _ O

Devemos permutar as 4 letras não fixas, ou seja, calcular $\mathbf{P_4}$:

$P_4 = 4 \cdot 3 \cdot 2 \cdot 1 = 24$

Portanto, há 24 anagramas da palavra PERDÃO iniciados com **P** e terminados em **O**.

c) Anagramas da palavra PERDÃO em que as letras **A** e **O** aparecem juntas e nessa ordem (ÃO).

É como se a expressão ÃO fosse uma só letra, PERD(ÃO); assim, temos que calcular $\mathbf{P_5}$:

$P_5 = 5 \cdot 4 \cdot 3 \cdot 2 \cdot 1 = 120$

d) P _ _ _ _ O

O _ _ _ _ P

Temos então $2P_4 = 2 \cdot 4! = 48$ anagramas.

e) Considerando PER como uma só letra, (PER)DÃO, temos que calcular $\mathbf{P_4}$:

$P_4 = 4! = 24$

Como as 3 letras de PER podem aparecer em qualquer ordem, temos $P_3 = 3! = 6$ possibilidades de escrevê-las juntas.

Assim, o número total de anagramas pedido é:

$P_4 \cdot P_3 = 24 \cdot 6 = 144$ anagramas.

Exercícios propostos

7. Calcule o valor ou simplifique:

a) $6!$

b) $\dfrac{7!}{4!}$

c) $\dfrac{3!5!}{4!6!}$

d) $\dfrac{12!}{10! + 9!}$

e) $\dfrac{n!}{(n-2)!}$

f) $\dfrac{(n+1)!}{(n+2)!}$

g) $\dfrac{(n+3)!}{(n-2)!} \cdot \dfrac{(n-1)!}{(n+2)!}$

8. Encontre o valor de **n**: $(n!)^2 - 25n! + 24 = 0$.

9. Quantas palavras (com significado ou não) de 3 letras podemos formar com as letras **A**, **L** e **I**? Quais são essas palavras?

10. Quantos números de 4 algarismos podemos escrever com os algarismos 2, 4, 6 e 8? E de 4 algarismos distintos?

11. De quantas maneiras uma família de 5 pessoas pode sentar-se num banco de 5 lugares para tirar uma foto?

12. De quantas maneiras uma família de 5 pessoas pode sentar-se num banco de 5 lugares, ficando duas delas (por exemplo, pai e mãe) sempre juntas, em qualquer ordem?

13. Quantos são os anagramas da palavra AMOR?

14. Quantos números naturais de algarismos distintos entre 5 000 e 10 000 podemos formar com os algarismos 1, 2, 4 e 6?

4 Arranjo simples

Vimos que permutação simples de **n** elementos é qualquer agrupamento ordenado desses **n** elementos. Agora, tendo **n** elementos, vamos estudar os *agrupamentos ordenados* de 1 elemento, de 2 elementos, de 3 elementos, ..., de **p** elementos, com $p \leq n$.

Observe os exemplos:

1º) Consideremos as letras **a**, **b**, **c** e **d**. Quais e quantos agrupamentos ordenados diferentes de 2 letras distintas é possível formar com elas?

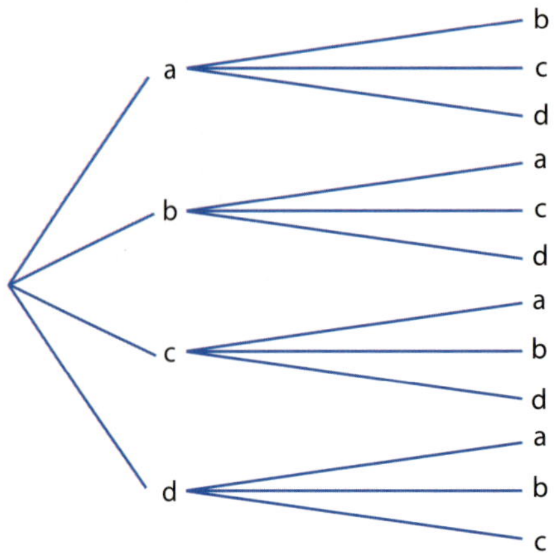

1ª posição
4 possibilidades

2ª posição
3 possibilidades

Na primeira posição temos 4 possibilidades (pois temos 4 elementos disponíveis). Na segunda posição, 3 possibilidades (pois temos 3 elementos disponíveis).

Pelo princípio fundamental da contagem, há, no total, $4 \cdot 3 = 12$ possibilidades.

Os 12 agrupamentos ordenados diferentes são:

ab	ba	ca	da
ac	bc	cb	db
ad	bd	cd	dc

Esses agrupamentos são chamados de *arranjos simples*. Arranjamos 4 elementos 2 a 2, e o número desses arranjos foi 12. Escrevemos então:

$A_{4,2} = 4 \cdot 3 = 12$ (o arranjo de 4 elementos tomados 2 a 2 é igual a 12)

2º) Usando os algarismos 2, 3, 5, 7 e 9, quantos números naturais de 3 algarismos distintos podemos formar?

___ ___ ___
centena dezena unidade

Há 5 possibilidades para o 1º algarismo, 4 para o 2º e 3 para o 3º.

No total podemos então formar $5 \cdot 4 \cdot 3 = 60$ números.

Dizemos neste exemplo que fizemos arranjos de 5 elementos 3 a 3, e o número desses arranjos é 60.

Indicamos assim: $A_{5,3} = 5 \cdot 4 \cdot 3 = 60$.

Fórmula dos arranjos simples

Vejamos como calcular o número total desses agrupamentos no caso geral de **n** elementos arranjados **p** a **p**, com $n \geqslant p$, ou seja, como calcular $A_{n,p}$ (lê-se arranjo de **n** elementos tomados **p** a **p**).

Para $n = p$, temos $A_{n,n} = P_n = n!$, já estudado.

Para $n > p$, temos **n** elementos distintos e vamos arranjá-los **p** a **p**.

- na primeira posição: **n** possibilidades (pois temos **n** elementos disponíveis)
- na segunda posição: $(n - 1)$ possibilidades (pois temos $(n - 1)$ elementos disponíveis)
- na terceira posição: $(n - 2)$ possibilidades (pois temos $(n - 2)$ elementos disponíveis)

⋮ ⋮

- na p-ésima posição: $n - (p - 1)$ possibilidades (pois temos $n - (p - 1)$ elementos disponíveis)

Aplicando o princípio fundamental da contagem, temos que o número total de possibilidades é dado por:

$$A_{n,\,p} = \underbrace{n \cdot (n-1) \cdot (n-2) \cdot \ldots \cdot [n-(p-1)]}_{\text{p fatores}}$$

> **Fique atento**
> - $n - (p - 1)$ é o mesmo que $n - p + 1$.
> - Observe que o cálculo do número de arranjos de um conjunto é uma aplicação direta do princípio fundamental da contagem.

Podemos ainda indicar $A_{n,\,p}$ por meio de fatoriais. Observe:

$$A_{n,\,p} = n \cdot (n-1) \cdot (n-2) \cdot \ldots \cdot (n-p+1)$$

Multiplicando esse número por $\frac{(n-p)!}{(n-p)!}$, temos:

$$A_{n,\,p} = n \cdot (n-1) \cdot (n-2) \cdot \ldots \cdot (n-p+1) \cdot \frac{(n-p)!}{(n-p)!} =$$

$$= \frac{n \cdot (n-1) \cdot (n-2) \cdot \ldots \cdot (n-p+1) \cdot (n-p)!}{(n-p)!} = \frac{n!}{(n-p)!}$$

> **Fique atento**
> Como $n > p$, multiplicar um número por $\frac{(n-p)!}{(n-p)!}$ significa multiplicá-lo por 1; logo, seu valor não se altera.

Portanto:

$$A_{n,\,p} = \frac{n!}{(n-p)!}$$

Resumindo:

> Arranjos simples de **n** elementos tomados **p** a **p** ($p \leqslant n$) são os agrupamentos ordenados diferentes que se podem formar com **p** dos **n** elementos dados.
>
> Indica-se por $A_{n,\,p}$ ou A_n^p o total desses agrupamentos, que calculamos assim:
>
> $$A_{n,\,p} = n \cdot (n-1) \cdot (n-2) \cdot \ldots \cdot (n-p+1)$$
>
> *ou*
>
> $$A_{n,\,p} = \frac{n!}{(n-p)!}$$

> **Fique atento**
> Usando a 2ª fórmula, podemos comprovar que:
> $$A_{n,\,n} = \frac{n!}{(n-n)!} = \frac{n!}{0!} = \frac{n!}{1} = n!$$

Veja:

$$A_{10,\,4} = 10 \cdot 9 \cdot 8 \cdot \underset{\uparrow\,(10-4+1)}{7} = 5040 \quad ou \quad A_{10,\,4} = \frac{10!}{6!} = \frac{10 \cdot 9 \cdot 8 \cdot 7 \cdot \cancel{6!}}{\cancel{6!}} = 5040$$

$$A_{8,\,2} = 8 \cdot \underset{\uparrow\,(8-2+1)}{7} = 56 \; ou \; A_{8,\,2} = \frac{8 \cdot 7 \cdot \cancel{6!}}{\cancel{6!}} = 56$$

Observação: Você pode usar tanto o conceito de arranjo como o princípio fundamental da contagem para resolver problemas, como veremos nos exercícios resolvidos a seguir. Mais importante do que decorar uma fórmula e aplicá-la é compreender o que está sendo feito.

Exercícios resolvidos

9. Quantos números de dois algarismos diferentes podemos escrever com os algarismos 1, 2, 3, 4, 5, 6, 7, 8 e 9?

Resolução:

1ª maneira: usando a fórmula

Procuramos agrupamentos de 2 elementos em que a ordem é importante, pois, por exemplo, 12 ≠ 21. Temos 9 elementos para serem arranjados 2 a 2. Assim, temos que calcular:

$$A_{9,\,2} = \frac{9!}{(9-2)!} = \frac{9!}{7!} = \frac{9 \cdot 8 \cdot \cancel{7!}}{\cancel{7!}} = 72$$

Portanto, existem 72 números de dois algarismos diferentes que podem ser escritos com os algarismos de 1 a 9.

2ª maneira: sem usar a fórmula

Para o algarismo das dezenas temos 9 opções e, para o algarismo das unidades, apenas 8 opções, pois não podemos repetir algarismos. Assim, temos $9 \cdot 8 = 72$ possibilidades. Portanto, são 72 números.

10. Quantos números de 2 algarismos diferentes podemos escrever com os algarismos 1, 2, 3 e 4?

Resolução:

1ª maneira: sem usar a fórmula

Para o algarismo das dezenas temos 4 opções e, para o algarismo das unidades, apenas 3, pois não podemos repetir algarismos. Assim, temos $4 \cdot 3 = 12$ possibilidades, e, portanto, 12 números.

2ª maneira: sem usar a fórmula

Nesse caso, temos quatro dígitos, 1, 2, 3 e 4, e queremos saber quantos números de 2 algarismos diferentes podemos escrever com eles. Precisamos calcular $A_{4,\,2}$:

$$A_{4,\,2} = \frac{4!}{2!} = \frac{4 \cdot 3 \cdot \cancel{2!}}{\cancel{2!}} = 12$$

Portanto, podemos escrever 12 números com 2 algarismos diferentes com os dígitos 1, 2, 3 e 4.

11. Responda às seguintes questões:

a) Quantos anagramas podemos formar com as letras da palavra CONTAGEM?

b) Quantas palavras de 4 letras distintas podemos formar com as letras da palavra CONTAGEM?

c) Quantas dessas palavras começam com **E**?

d) Quantas terminam com TA?

e) Quantas contêm a letra **M**?

f) Quantas não contêm a letra **M**?

Resolução:

a) $P_8 = 8! = 8 \cdot 7 \cdot 6 \cdot 5 \cdot 4 \cdot 3 \cdot 2 \cdot 1 = 40\,320$

b) *1ª maneira: sem usar a fórmula*

Temos 8 possibilidades para a 1ª letra, 7 para a 2ª, 6 para a 3ª e 5 para a 4ª letra. Assim, temos $8 \cdot 7 \cdot 6 \cdot 5 = 1\,680$ palavras.

2ª maneira: usando a fórmula

$A_{8,\,4} = 8 \cdot 7 \cdot 6 \cdot 5 = 1\,680$

c) *1ª maneira: sem usar a fórmula*

Fixando **E** como 1ª letra, restam 7 possibilidades para a 2ª letra, 6 para a 3ª e 5 para a 4ª letra. Assim, temos $7 \cdot 6 \cdot 5 = 210$.

2ª maneira: usando a fórmula

Fixando **E** como 1ª letra, temos que arranjar as 3 restantes das 7 que sobraram. Assim:

$A_{7,\,3} = 7 \cdot 6 \cdot 5 = 210$

d) *1ª maneira: sem usar a fórmula*

Fixando TA como 3ª e 4ª letras, restam 6 possibilidades para a 1ª letra e 5 para a 2ª. Assim, temos $6 \cdot 5 = 30$ palavras.

2ª maneira: usando a fórmula

Fixando as duas últimas como TA, temos que arranjar as 2 iniciais das 6 que sobraram. Assim:

$A_{6,\,2} = 6 \cdot 5 = 30$

e) *1ª maneira: sem usar a fórmula*

Fixando **M** como 1ª letra, restam 7 possibilidades para a 2ª letra, 6 para a 3ª e 5 para a 4ª letra. Assim, temos $7 \cdot 6 \cdot 5 = 210$ palavras com o **M** na 1ª posição. Da mesma forma, teremos 210 possibilidades para o **M** na 2ª posição, na 3ª posição e na 4ª posição. Assim, temos $4 \cdot 210 = 840$ palavras.

2ª maneira: usando a fórmula

Colocado o **M** temos $A_{7,\,3} = 7 \cdot 6 \cdot 5 = 210$ possibilidades para as outras letras. Como podemos colocar o **M** de quatro maneiras diferentes:

M __ __ __; __ M __ __; __ __ M __

e __ __ __ M, temos:

$4 \cdot 210 = 840$

f) *1ª maneira: sem usar a fórmula*

Sem o **M** teremos 7 letras para compor a palavra: 7 possibilidades para a 1ª letra, 6 para a 2ª, 5 para a 3ª e 4 para a 4ª letra. Assim, temos $7 \cdot 6 \cdot 5 \cdot 4 = 840$ palavras.

2ª maneira: usando a fórmula

Retirando o **M**, passamos a ter 7 letras. Como os anagramas devem conter 4 letras, temos:

$A_{7,\,4} = 7 \cdot 6 \cdot 5 \cdot 4 = 840$

Observação: Também poderíamos ter feito $1\,680 - 840$ para obter 840, subtraindo o número de palavras obtido em **e** do número total obtido em **b**.

12. De quantas maneiras 5 meninos podem se sentar num banco que tem apenas 3 lugares?

Resolução:

1ª maneira: usando a fórmula

Estamos interessados nos agrupamentos ordenados de 3 elementos, retirados de 5 elementos, ou seja:

$$A_{5,3} = \frac{5!}{2!} = 5 \cdot 4 \cdot 3 = 60$$

Portanto, há 60 maneiras possíveis.

2ª maneira: sem usar a fórmula

5 meninos são possíveis para o 1º lugar do banco, 4 para o 2º e 3 para o 3º. Então, são $5 \cdot 4 \cdot 3 = 60$ possibilidades.

13. Quantas frações diferentes (e não iguais a 1) podemos escrever usando os números 2, 3, 5, 7, 11 e 13?

Resolução:

1ª maneira: usando a fórmula

Nesse caso estamos procurando agrupamentos de dois elementos nos quais a ordem deles é importante, pois $\left(\frac{2}{3} \neq \frac{3}{2}\right)$ e nos quais um mesmo número não pode ser repetido na mesma fração $\left(\frac{3}{3} = 1\right)$.

Esses agrupamentos de 2 elementos devem ser formados com os 6 elementos: 2, 3, 5, 7, 11 e 13. Logo, temos:

$$A_{6,2} = \frac{6!}{4!} = 6 \cdot 5 = 30$$

Portanto, podemos formar 30 frações nessas condições.

2ª maneira: sem usar a fórmula

Para o denominador temos 6 opções e, para o numerador, 5 opções. Então, $6 \cdot 5 = 30$ frações.

14. Quantos números ímpares de 4 algarismos não repetidos podemos escrever com os algarismos 1, 2, 3, 4, 5, 6, 7, 8 e 9?

Resolução:

1ª maneira: sem usar a fórmula

Para que o número seja ímpar, devemos ter como algarismo das unidades uma das 5 opções apresentadas (1, 3, 5, 7 ou 9). Para a dezena, temos 8 opções, pois não podemos repetir o algarismo usado nas unidades. Para a centena, 7 opções, para o milhar, 6 opções. Assim, $6 \cdot 7 \cdot 8 \cdot 5 = 1\,680$ números.

2ª maneira: usando a fórmula

Dos 9 algarismos, 5 deles são ímpares. Terminando com um desses 5 algarismos (por exemplo, _ _ _ 1) podemos escrever $A_{8,3}$ números de 4 algarismos.

Como são 5 as possibilidades para a última posição, podemos escrever:

$$5A_{8,3} = 5 \cdot \frac{8!}{5!} = 5(8 \cdot 7 \cdot 6) = 1\,680$$

Portanto, há 1 680 números ímpares de 4 algarismos não repetidos com os dígitos 1 a 9.

15. Um estudante tem 5 lápis de cores diferentes. De quantas maneiras diferentes ele poderá pintar os estados da região Sul do Brasil, cada um de uma cor?

Resolução:

1ª maneira: sem usar a fórmula

São 3 estados: Rio Grande do Sul, Paraná e Santa Catarina. Para pintar o Rio Grande do Sul há 5 possibilidades, para o Paraná há 4 possibilidades e para Santa Catarina há 3 possibilidades. Logo, $5 \cdot 4 \cdot 3 = 60$ possibilidades.

2ª maneira: usando a fórmula

Os estados do sul do Brasil são 3: Paraná, Santa Catarina e Rio Grande do Sul. Logo, devemos calcular $A_{5,3}$.

$$A_{5,3} = \frac{5!}{2!} = 5 \cdot 4 \cdot 3 = 60$$

Portanto, há 60 maneiras diferentes de pintar os estados do Sul usando 5 cores.

16. Com os algarismos 1, 2, 3, 4, 5 e 6, quantos números de 3 algarismos distintos maiores do que 350 podemos formar?

Resolução:

Temos as possibilidades:

- 6 _ _
- 5 _ _
- 4 _ _

} $3A_{5,2}$

- 3 5 _
- 3 6 _

} $2A_{4,1}$

Então, o total de números é:

$$3A_{5,2} + 2A_{4,1} = 3(5 \cdot 4) + 2 \cdot 4 = 68$$

17. Com os dígitos 3, 4 e 5, quantos números naturais de algarismos distintos podemos formar?

Resolução:

- de 1 algarismo: 3
- de 2 algarismos: $A_{3,2} = 3 \cdot 2 = 6$
- de 3 algarismos: $P_3 = 6$

total: $3 + 6 + 6 = 15$ números

Exercícios propostos

15. Calcule:

a) $A_{4,\,2}$
b) $A_{6,\,3}$
c) $A_{8,\,2}$
d) $A_{4,\,4}$
e) $A_{5,\,1}$
f) $A_{7,\,0}$

16. Determine a expressão correspondente a:

a) $A_{x,\,2}$
b) $A_{x-3,\,2}$
c) $A_{2x+1,\,3}$

17. Determine o valor de **x** nas equações:

a) $A_{x-1,\,2} = 30$
b) $A_{x,\,3} = x^3 - 40$

Para refletir

Procure resolver os exercícios 18 a 20 sem usar a fórmula e usando a fórmula.

18. Um clube tem 30 membros. A diretoria é formada por um presidente, um vice-presidente, um secretário e um tesoureiro. Se uma pessoa pode ocupar apenas um desses cargos, de quantas maneiras é possível formar uma diretoria?

19. Responda às questões:

a) Quantos números de 4 algarismos distintos podem ser formados pelos dígitos 4, 5, 6, 7 e 8?
b) Quantos desses números formados são ímpares?

20. De quantas maneiras podemos escolher um pivô e um ala num grupo de 12 jogadores de basquete?

21. Considere os algarismos 1, 2, 3, 4, 5, 6, 7, 8 e 9.

a) Quantos números de três algarismos distintos podemos escrever?
b) Quantos números de quatro algarismos distintos que terminem com 7 podemos escrever?
c) Quantos números de sete algarismos distintos que iniciem com 3 e terminem com 8 podemos escrever?
d) Quantos números de sete algarismos distintos podemos escrever com os algarismos 5 e 6 sempre juntos e nessa ordem?

22. Num sofá há lugares para 4 pessoas. De quantas maneiras diferentes podem se sentar 6 pessoas?

23. Um estudante tem 6 lápis de cores diferentes. De quantas maneiras ele poderá pintar os estados da região Sudeste do Brasil (São Paulo, Rio de Janeiro, Minas Gerais e Espírito Santo), cada um de uma cor?

5 Combinações simples

Nos problemas de contagem, o conceito de combinação está intuitivamente associado à noção de escolher subconjuntos.

Observe com atenção estes dois exemplos:

1º) Ane, Elisa, Rosana, Felipe e Gustavo formam uma equipe. Dois deles precisam representar a equipe em uma apresentação. Quais e quantas são as possibilidades?

Representemos por **A**: Ane; **E**: Elisa; **R**: Rosana; **F**: Felipe e **G**: Gustavo. Precisamos determinar todos os subconjuntos de 2 elementos do conjunto de 5 elementos {A, E, R, F, G}. A ordem em que os elementos aparecem nesses subconjuntos não importa, pois Ane-Elisa, por exemplo, é a mesma dupla que Elisa-Ane.

Então, os subconjuntos de 2 elementos são: {A, E}, {A, R}, {A, F}, {A, G}, {E, R}, {E, F}, {E, G}, {R, F}, {R, G}, {F, G}.

A esses subconjuntos chamamos de combinações simples de 5 elementos tomados com 2 elementos, ou tomados 2 a 2, e escrevemos: $C_{5,\,2}$.

Como o número total dessas combinações é 10, escrevemos $C_{5,\,2} = 10$.

2º) Consideremos um conjunto com 5 elementos e calculemos o número de combinações simples de 3 elementos, ou seja, o número de subconjuntos com 3 elementos.

Conjunto com 5 elementos: {a, b, c, d, e}.

Combinações simples de 3 elementos: {a, b, c}, {a, b, d}, {a, b, e}, {a, c, d}, {a, c, e}, {a, d, e}, {b, c, d}, {b, c, e}, {b, d, e}, {c, d, e}.

Cada combinação dessas dá origem a 6 arranjos, permutando de todos os modos possíveis seus 3 elementos. Por exemplo: ao permutar todos os elementos da combinação {a, b, c} encontramos os arranjos: (a, b, c), (a, c, b), (b, a, c), (b, c, a), (c, a, b), (c, b, a). Isso significa que o número de arranjos de 5 elementos tomados 3 a 3 é seis vezes o número de combinações de 5 elementos tomados 3 a 3, ou seja:

$$A_{5,\,3} = 6C_{5,\,3}$$

Como o 6 foi obtido fazendo permutações dos 3 elementos de, por exemplo, {a, b, c}, temos $P_3 = 6$. Logo,

$$A_{5,\,3} = P_3 \cdot C_{5,\,3}$$

ou

$$C_{5,\,3} = \frac{A_{5,\,3}}{P_3} = \frac{\frac{5!}{(5-3)!}}{3!} = \frac{5!}{3!(5-3)!} = \frac{5 \cdot 4 \cdot 3!}{3!2!} = \frac{20}{2} = 10$$

Fórmula das combinações simples

A cada combinação de **n** elementos tomados **p** a **p** correspondem **p!** arranjos, que são obtidos pela permutação dos elementos da combinação, ou seja:

$$C_{n,\,p} = \frac{A_{n,\,p}}{p!} = \frac{\frac{n!}{(n-p)!}}{p!} = \frac{n!}{p!(n-p)!}$$

Então:

$$C_{n,\,p} = \frac{A_{n,\,p}}{p!} \text{ ou } C_{n,\,p} = \frac{n!}{p!(n-p)!}$$

> Combinações simples de **n** elementos tomados **p** a **p** ($p \leq n$) são os subconjuntos com exatamente **p** elementos que se podem formar com os **n** elementos dados.
>
> Indica-se por $C_{n,\,p}$, C_n^p ou $\binom{n}{p}$ o número total de combinações de **n** elementos tomados **p** a **p** e calcula-se por $C_{n,\,p} = \frac{n!}{p!(n-p)!}$ ou $C_{n,\,p} = \frac{A_{n,\,p}}{p!}$.

Observações:

1ª) Como são subconjuntos de um conjunto, *a ordem dos elementos não importa*. Só consideramos subconjuntos distintos os que diferem pela natureza dos seus elementos.

2ª) Como foi observado acima, do mesmo modo que se obtém a fórmula da combinação por meio da divisão de um arranjo pela permutação, podemos obter a combinação sem usar a fórmula, calculando o arranjo sem a fórmula e dividindo o resultado pela permutação dos elementos escolhidos.

Uma propriedade importante das combinações

Observemos que:

- $C_{3,\,2} = C_{3,\,1}$, pois $C_{3,\,2} = 3$ e $C_{3,\,1} = 3$ ($2 + 1 = 3$)
- $C_{5,\,3} = C_{5,\,2}$, pois $C_{5,\,3} = \frac{A_{5,\,3}}{3!} = \frac{5 \cdot 4 \cdot 3}{3 \cdot 2 \cdot 1} = 10$ ($3 + 2 = 5$)
- $C_{5,\,2} = \frac{A_{5,\,2}}{2!} = \frac{5 \cdot 4}{2 \cdot 1} = 10$

Fique atento

Dado um conjunto de 5 elementos, para cada subconjunto de 3 elementos sobra um de 2 elementos. Daí $C_{5,\,3} = C_{5,\,2}$.

De modo geral, vale a propriedade:

$$C_{n,\,p} = C_{n,\,n-p}$$

pois:

$$C_{n,\,p} = \frac{n!}{p!(n-p)!} = \frac{n!}{(n-p)!p!} = \frac{n!}{(n-p)!\,(n-(n-p))!} = C_{n,\,n-p}$$

Essa propriedade é muito útil para simplificar os cálculos e é conhecida por igualdade de combinações complementares.

Veja:

- $C_{100,\,98} = C_{100,\,2} = \dfrac{100 \cdot 99}{2 \cdot 1} = 4950$
- $C_{43,\,42} = C_{43,\,1} = 43$

Para refletir

Para p = n, temos $C_{n,\,n}$. Qual é seu valor?

Exercícios resolvidos

18. Calcule o valor de:

a) $C_{6,\,3}$

b) $C_{5,\,2}$

c) C_4^3

d) $\binom{4}{2}$

e) $C_{21,\,19}$

Resolução:

a) $C_{6,\,3} = \dfrac{6!}{3!(6-3)!} = \dfrac{6!}{3!3!} = \dfrac{6 \cdot 5 \cdot 4 \cdot \cancel{3!}}{3!\,\cancel{3!}} = \dfrac{6 \cdot 5 \cdot 4}{3 \cdot 2 \cdot 1} = 20$

ou

$C_{6,\,3} = \dfrac{A_{6,\,3}}{3!} = \dfrac{\cancel{6} \cdot 5 \cdot 4}{\cancel{3} \cdot \cancel{2} \cdot 1} = 20$

b) $C_{5,\,2} = \dfrac{5!}{2!(5-2)!} = \dfrac{5!}{2!3!} = \dfrac{5 \cdot 4 \cdot \cancel{3!}}{2!\cancel{3!}} = 10$ ou $C_{5,\,2} = \dfrac{5 \cdot 4}{2 \cdot 1} = 10$

c) $C_4^3 = \dfrac{4!}{3!(4-3)!} = \dfrac{4!}{3!1!} = \dfrac{4 \cdot \cancel{3!}}{\cancel{3!}1!} = 4$

ou $C_4^3 = \dfrac{4 \cdot 3 \cdot 2}{3 \cdot 2 \cdot 1} = 4$

d) $\binom{4}{2} = \dfrac{4!}{2!(4-2)!} = \dfrac{4!}{2!2!} = \dfrac{4 \cdot 3}{2} = 6$

ou $\binom{4}{2} = \dfrac{A_{4,\,2}}{2!} = \dfrac{4 \cdot 3}{2 \cdot 1} = 6$

e) $C_{21,\,19} = C_{21,\,2} = \dfrac{21 \cdot 20}{2 \cdot 1} = 210$

19. No primeiro dia de aula de Matemática do 2º ano, 30 alunos estavam presentes na sala de aula. Para se conhecerem melhor, o professor sugeriu que cada aluno cumprimentasse o outro com um aperto de mão e uma breve apresentação. Qual foi o total de apertos de mão?

> RESOLUÇÃO PASSO A PASSO:

1. Lendo e compreendendo

a) O que é dado no problema?

O problema informa que há 30 alunos numa sala. Eles vão se cumprimentar com um aperto de mão e uma pequena apresentação.

b) O que se pede?

Pede-se o número total de cumprimentos (apertos de mão) entre os alunos.

c) Entendendo melhor o enunciado

Se apenas 2 alunos estivessem na sala, teríamos 1 cumprimento. Por exemplo, se Pedro cumprimenta Maria, Maria cumprimentará Pedro, e isso conta apenas 1 cumprimento e não 2.

2. Planejando a solução

Há várias estratégias para resolver este problema. Vejamos três delas:

- *1ª estratégia* – Elaborando diagramas e analisando casos mais simples.
- *2ª estratégia* – Elaborando uma tabela, descobrindo regularidades e usando progressão aritmética (PA).
- *3ª estratégia* – Usando raciocínio combinatório, isto é, usando a ideia de combinação.

Vamos obter a solução pela 3ª estratégia.

3. Executando o que foi planejado

De acordo com a 3ª estratégia, usaremos a ideia de combinação para obter a solução. São 30 alunos que vão se cumprimentar. Já vimos que não importa a ordem no cumprimento, ou seja, quando **A** cumprimenta **B**, **B** já cumprimentou **A** (não conta duas vezes, conta uma vez só). Assim, estamos combinando 30 alunos, dois a dois. Para encontrar o número total de combinações, fazemos:

$$C_{30,\,2} = \frac{30!}{2!(30-2)!} = \frac{30 \cdot 29 \cdot \cancel{28!}}{2!\,\cancel{28!}} = \frac{30 \cdot 29}{2} = \frac{870}{2} = 435$$

Assim, temos 435 cumprimentos.

4. Verificando

Para verificar o resultado, usaremos a 2ª estratégia:

Elaborando uma tabela, descobrindo regularidades e usando PA. Observe os diagramas e a tabela a seguir:

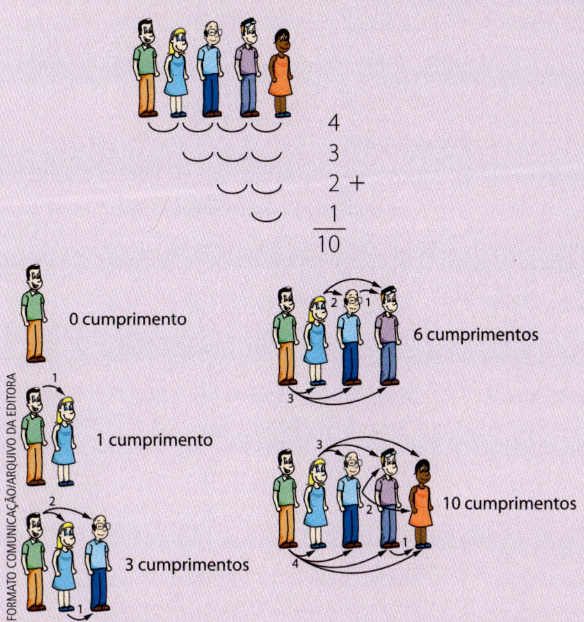

Número de pessoas	Número de cumprimentos
1	0
2	1
3	3 = 1 + 2
4	6 = 1 + 2 + 3
5	10 = 1 + 2 + 3 + 4
⋮	⋮
10	1 + 2 + 3 + 4 + 5 + 6 + 7 + 8 + 9
⋮	⋮
30	1 + 2 + 3 + ... + 28 + 29

Observe a regularidade:

a) para 4 pessoas, temos 1 + 2 + 3 = 6 cumprimentos

b) para 5 pessoas, temos 1 + 2 + 3 + 4 = 10 cumprimentos

c) o último número da expressão 1 + 2 + 3 + [4] é igual ao número de pessoas menos 1

Seguindo esse padrão, para 30 pessoas teremos: 1 + 2 + 3 + 4 + ... + 28 + 29 cumprimentos.

A sequência 1, 2, 3, 4, ..., 28, 29 é uma PA de razão igual a 1, onde o primeiro termo é 1, o último termo é 29 e o número de termos é 29.

Já estudamos no volume 1 que a soma de uma PA finita é dada por $S_n = \frac{(a_1 + a_n)n}{2}$. Nesse caso, $a_1 = 1$, $a_n = 29$ e $n = 29$.

Assim: $S_{29} = \frac{(1+29)29}{2} = \frac{30 \cdot 29}{2} = \frac{870}{2} = 435$

Portanto, teremos 435 cumprimentos.

Desta forma, o resultado foi verificado.

Também poderíamos ter usado a 1ª estratégia para verificar, observe:

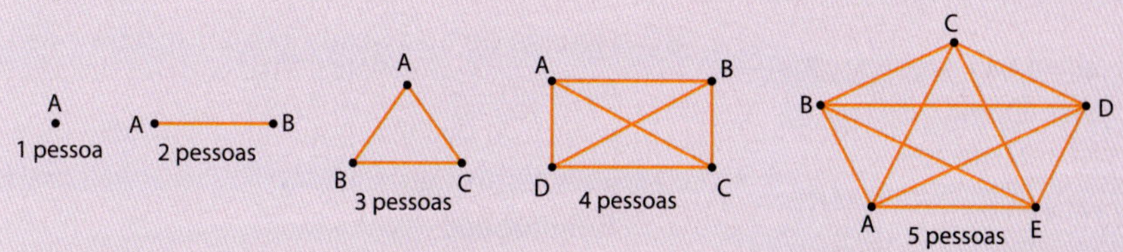

Os diagramas acima representam os cumprimentos para 1, 2, 3, 4 e 5 pessoas.

Observe que o problema dos cumprimentos se reduz à contagem do número de segmentos necessários para conectar vários números de pontos.

Vamos ver o caso de 4 pessoas. **A** cumprimenta 3 pessoas: **B**, **C** e **D** (3 cumprimentos). **B** também cumprimenta 3 pessoas: **A**, **C** e **D** (3 cumprimentos), e assim por diante. Cada pessoa cumprimenta outras 3 pessoas. Parece então que teremos $4 \cdot 3$ ou 12 cumprimentos. Mas note que os cumprimentos entre **A** e **B** foram contados duas (2) vezes. Isso ocorre com cada uma das 4 pessoas. Consequentemente, cada cumprimento foi contado duas vezes. Assim, para obter a resposta, precisamos dividir 12 por 2, ou seja, fazer $\frac{4 \cdot 3}{2}$ ou 6, que é igual ao número de segmentos de reta traçados na figura ($\overline{AB}$, $\overline{AC}$, $\overline{AD}$, $\overline{BC}$, $\overline{BD}$, $\overline{CD}$).

Faça esse mesmo raciocínio para o caso de haver 5 pessoas. Você descobrirá que serão $\frac{5 \cdot 4}{2}$ ou 10 cumprimentos ou 10 segmentos de reta ligando 5 pontos não alinhados do plano. Podemos generalizar esse raciocínio para um número qualquer de pessoas. Usando a estratégia acima, nosso problema fica resolvido fazendo $\frac{30 \cdot 29}{2} = \frac{870}{2}$ ou 435 cumprimentos.

5. Respondendo

Quando 30 alunos se cumprimentam com um aperto de mão, há 435 cumprimentos no total.

6. Ampliando o problema

a) E se fossem 20 alunos, qual seria o total de cumprimentos? Escolha uma das maneiras e resolva.

b) **Discussão em equipe**

Troque ideias com seus colegas sobre qual maneira de resolver o problema foi a mais criativa, qual foi a mais fácil, qual foi a mais rápida. Justifiquem suas escolhas.

20. De quantas maneiras diferentes um técnico pode escalar seu time de basquete tendo à sua disposição 12 atletas que jogam em qualquer posição?

Resolução:

1ª maneira: usando a fórmula

Procuramos o número total de subconjuntos (ou combinações) com 5 elementos tirados de um conjunto de 12 elementos. A ordem não importa; cada subconjunto difere um do outro apenas pela natureza dos seus elementos. Assim, procuramos:

$$C_{12,5} = \frac{A_{12,5}}{5!} = \frac{\not{12} \cdot 11 \cdot \not{10} \cdot 9 \cdot 8}{\not{5} \cdot \not{4} \cdot \not{3} \cdot \not{2} \cdot 1} = 11 \cdot 9 \cdot 8 = 792$$

Portanto, podemos formar 792 times de basquete diferentes com 12 atletas.

2ª maneira: sem usar a fórmula

São 5 jogadores a serem escolhidos entre 12. Então, teríamos $12 \cdot 11 \cdot 10 \cdot 9 \cdot 8 = 95\,040$ possibilidades se estivéssemos calculando um arranjo. Como é uma combinação, então devemos dividir o resultado pelo fatorial dos elementos escolhidos (5 elementos):

$$\frac{12 \cdot 11 \cdot 10 \cdot 9 \cdot 8}{5!} = 792 \text{ possibilidades.}$$

21. Em um plano marcamos 6 pontos distintos, dos quais 3 nunca estão em linha reta.

a) Quantos segmentos de reta podemos traçar ligando-os 2 a 2?

b) Quantos triângulos podemos formar tendo sempre 3 deles como vértices?

Resolução:

a) Marcamos 6 pontos em um plano, onde não existem 3 alinhados. Como em cada segmento temos 2 extremos e, por exemplo, o segmento $\overline{AD}$ é o mesmo que o segmento $\overline{DA}$, o número de segmentos é $C_{6,2} = \frac{6 \cdot 5}{2} = 15$.

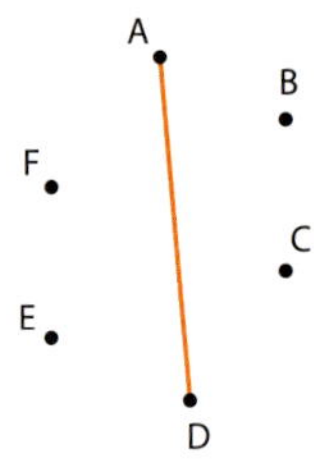

Portanto, podemos traçar 15 segmentos de retas.

b) Como cada triângulo fica determinado por 3 pontos não colineares, temos, independentemente da ordem deles:

$$C_{6,3} = \frac{\not{6} \cdot 5 \cdot 4}{\not{3} \cdot \not{2} \cdot 1} = 5 \cdot 4 = 20$$

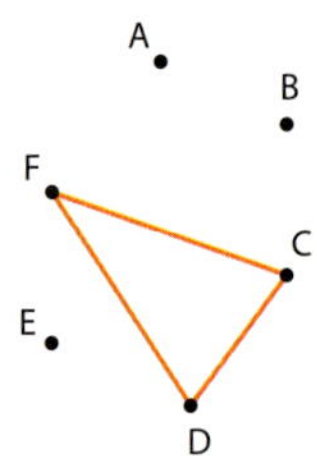

Logo, podemos formar 20 triângulos.

22. Quantas diagonais tem um hexágono convexo?

Resolução:

O número de segmentos que unem 2 vértices é, como no exercício anterior, $C_{6,2} = 15$.

Nesses 15 segmentos, além das diagonais, estão inclusos os 6 lados do hexágono.

Então:

$C_{6,2} - 6 = 15 - 6 = 9$

Logo, o número de diagonais do hexágono convexo é 9.

23. No jogo de truco, cada jogador recebe 3 cartas de um baralho de 40 cartas (são excluídas as cartas 8, 9 e 10). De quantas maneiras diferentes um jogador pode receber suas 3 cartas?

Resolução:

As 3 cartas diferem entre si pela natureza delas, e não pela ordem. Como a ordem não importa, o problema fica resolvido calculando:

$$C_{40,3} = \frac{40 \cdot 39 \cdot 38}{3 \cdot 2 \cdot 1} = 9\,880$$

Portanto, cada jogador pode receber suas 3 cartas de 9 880 maneiras diferentes.

24. O conselho desportivo de uma escola é formado por 2 professores e 3 alunos. Candidataram-se 5 professores e 30 alunos. De quantas maneiras diferentes esse conselho pode ser eleito?

Resolução:

Se escolhermos os professores de **x** maneiras e os alunos de **y** maneiras, pelo princípio fundamental da contagem escolheremos os professores e alunos de xy maneiras. Assim:

- escolha dos professores: $C_{5,2} = \frac{5!}{2!3!} =$
$$= \frac{5 \cdot 4 \cdot \cancel{3!}}{2!\cancel{3!}} = \frac{5 \cdot 4}{2 \cdot 1} = 10$$
- escolha dos alunos: $C_{30,3} = \frac{30!}{3!27!} =$
$$= \frac{30 \cdot 29 \cdot 28 \cdot \cancel{27!}}{3!\cancel{27!}} = \frac{30 \cdot 29 \cdot 28}{3 \cdot 2} = 4\,060$$

Logo:

$C_{5,2} \cdot C_{30,3} = 10 \cdot 4\,060 = 40\,600$

Portanto, o conselho pode ser eleito de 40 600 maneiras diferentes.

25. Num voo da ponte aérea Rio-São Paulo, há apenas 7 lugares disponíveis e um grupo de 10 pessoas pretende embarcar nesse voo. De quantas maneiras é possível lotar o avião?

Resolução:

Estamos procurando todos os subconjuntos (combinações) de 7 pessoas formados de um grupo de 10 pessoas. Daí:

$$C_{10,7} = C_{10,3} = \frac{10 \cdot 9 \cdot 8}{3 \cdot 2} = 120$$

Logo, há 120 maneiras possíveis de lotar o avião.

26. Após uma reunião de negócios, foram trocados 15 apertos de mão. Sabendo que cada executivo cumprimentou todos os outros, qual é o número de executivos que estavam presentes nessa reunião?

Resolução:

Aqui temos um problema inverso. Sabemos que $C_{n,2} = 15$ e procuramos o valor de **n**:

$$\frac{n!}{2!(n-2)!} = \frac{n(n-1)\cancel{(n-2)!}}{2!\cancel{(n-2)!}} = \frac{n(n-1)}{2} = 15 \Rightarrow$$

$\Rightarrow n^2 - n - 30 = 0 \Rightarrow n = 6$ ou $n = -5$

Portanto, o número de executivos era 6 (**n** não pode ser negativo).

Para conferir, verifique que $C_{6,2} = 15$.

27. Dados 8 pontos num mesmo plano e considerando que 5 deles pertencem a uma reta, 3 pertencem a outra e nenhum pertence às duas retas, responda:

a) Quantas retas eles determinam?

b) Quantos triângulos eles determinam?

Resolução:

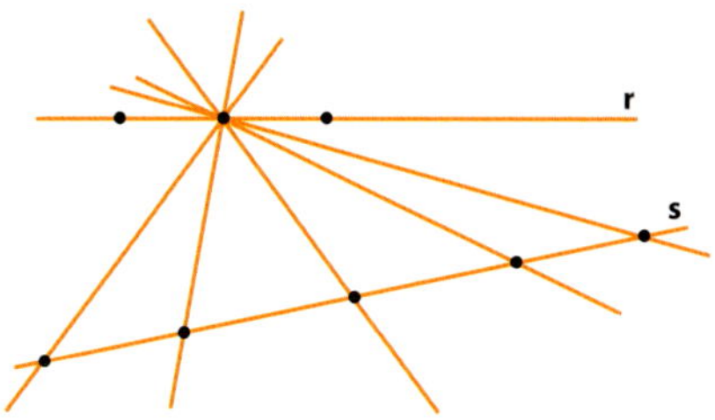

a) Para cada ponto de **r** com um dos 5 pontos de **s** temos $C_{5,1}$ retas. Como são 3 pontos em **r**, temos $3C_{5,1}$. Considerando ainda as retas **r** e **s**, temos o total de $3C_{5,1} + 2$ retas, ou seja:

$$3 \cdot \frac{5!}{1!4!} + 2 =$$
$$= 3 \cdot 5 + 2 = 17$$

Portanto, ficam determinadas 17 retas.

> **Fique atento**
>
> A resolução do item **a** pode ser feita, diretamente, também assim:
> $3 \cdot 5 + 2 = 17$

Outra resolução:

$5C_{3,1} + 2 = 17$

b) Um triângulo fica determinado quando temos:

I) um ponto em **r** e dois em **s**;

II) um ponto em **s** e dois em **r**.

Calculemos essas duas possibilidades e somemos:

I) Temos 5 pontos em **s** e precisamos de 2. Vamos combiná-los 2 a 2:

$$C_{5,2} = \frac{5!}{2!3!} = 10$$

Como em **r** há 3 pontos e podemos considerar qualquer um deles, temos:

$3C_{5,2} = 3 \cdot 10 = 30$ possibilidades

II) Da mesma forma, temos 3 pontos em **r** e precisamos de 2. Combinando-os 2 a 2, temos:

$$C_{3,2} = \frac{3!}{2!1!} = 3$$

Como em **s** há 5 pontos e podemos considerar qualquer um deles, temos:

$5C_{3,2} = 5 \cdot 3 = 15$ possibilidades

Juntando as possibilidades, temos:

$3C_{5,2} + 5C_{3,2} = 30 + 15 = 45$

Portanto, são determinados 45 triângulos com esses 8 pontos.

Outra resolução:

Os 8 pontos agrupados 3 a 3 formam

$$C_{8,3} = \frac{8 \cdot 7 \cdot 6}{3 \cdot 2} = 56.$$

Os 3 pontos de **r** agrupados 3 a 3 formam $C_{3,3} = 1$ (não é triângulo).

Os 5 pontos de **s** agrupados 3 a 3 formam

$C_{5,3} = \frac{5 \cdot 4 \cdot 3}{3 \cdot 2} = 10$ (não são triângulos).

Portanto, o total de triângulos é:

$56 - 1 - 10 = 45$

28. De quantas maneiras podemos colocar 10 bolas em 3 urnas, de modo que fiquem 2 bolas na primeira urna, 3 bolas na segunda urna e 5 bolas na terceira?

Resolução:

Há $C_{10,2}$ maneiras de escolher as 2 bolas que ficarão na primeira urna. Para cada maneira há $C_{8,3}$ possibilidades de escolher as 3 bolas que ficarão na segunda urna. Pelo princípio fundamental da contagem há, então, $C_{10,2} \cdot C_{8,3}$ maneiras de distribuir as 2 bolas na primeira urna e as 3 bolas na segunda urna. Para cada uma dessas possibilidades, há $C_{5,5}$ maneiras de colocar as 5 bolas na terceira urna. Portanto, novamente pelo princípio fundamental da contagem, há $C_{10,2} \cdot C_{8,3} \cdot C_{5,5}$ maneiras diferentes de colocar 2 bolas na primeira urna, 3 bolas na segunda urna e 5 bolas na terceira urna.

1ª urna		2ª urna		3ª urna	
2 bolas em 10		3 bolas em 8		5 bolas em 5	
$C_{10,2}$	$\cdot$	$C_{8,3}$	$\cdot$	$C_{5,5}$	$=$

$= \frac{10!}{2!8!} \cdot \frac{8!}{3!5!} \cdot \frac{\cancel{5!}}{\cancel{5!}0!} = \frac{10 \cdot 9}{2 \cdot 1} \cdot \frac{8 \cdot 7 \cdot 6}{3 \cdot 2 \cdot 1} \cdot 1 =$

$= 45 \cdot 56 = 2\,520$

Portanto, existem 2 520 possibilidades de fazer essa distribuição.

Exercícios propostos

24. Calcule o valor de:

a) $C_{6,4}$

b) $C_{4,1}$

c) C_7^5

d) $C_{45,44}$

25. Quantas equipes de 3 astronautas podem ser formadas com 20 astronautas?

26. Numa prova de 10 questões, o aluno deve resolver apenas 8. De quantas maneiras diferentes ele poderá escolher essas 8 questões?

27. Uma associação tem uma diretoria formada por 10 pessoas: 6 homens e 4 mulheres. De quantas maneiras podemos formar uma comissão dessa diretoria que tenha 3 homens e 2 mulheres?

28. Quantas comissões de 5 elementos podemos formar com os 30 alunos de uma classe?

29. Determine o valor de **x** em:

a) $5 + C_{x,2} = x + 14$

b) $C_{x+3,2} = 15$

6 Permutações com repetição

Consideremos os exemplos:

1º) Quantos são os anagramas da palavra BATATA?

Se os **As** fossem diferentes e os **Ts** também, teríamos as letras **B**, A_1, A_2, A_3, T_1, T_2, e o total de anagramas seria $P_6 = 6!$.

Mas as permutações entre os 3 **As** não produzirão novo anagrama. Para corrigir esse erro de contagem, dividimos P_6 por P_3, que é o número de permutações das letras **A**. O mesmo ocorre com os dois **Ts**: precisamos dividir também por P_2.

Portanto, o número de anagramas da palavra BATATA é:

$$\frac{P_6}{P_3 \cdot P_2} = \frac{6!}{3!2!} = \frac{6 \cdot 5 \cdot 4 \cdot \cancel{3!}}{\cancel{3!}2!} = 60$$

Fique atento

Geralmente, quando dividimos uma contagem pelo fatorial de um número, estamos corrigindo essa contagem, ou seja, evitando que agrupamentos iguais, gerados pela permutação dos elementos repetidos, sejam contados várias vezes.

2º) Quantos anagramas tem a palavra PAPA?

Se a palavra tivesse as 4 letras distintas, teríamos $P_4 = 4! = 4 \cdot 3 \cdot 2 = 24$.

Como a letra **A** e a letra **P** aparecem 2 vezes, devemos então fazer:

$$\frac{P_4}{P_2 \cdot P_2} = \frac{4!}{2!2!} = \frac{\not{4} \cdot 3 \cdot 2}{\not{2} \cdot \not{2}} = 6$$

Logo, a palavra PAPA tem 6 anagramas.

Generalizando:

Para refletir

Quais são os 6 anagramas da palavra PAPA?

A permutação de **n** elementos, dos quais um deles aparece α vezes, outro aparece β vezes e outro aparece γ vezes, com $\alpha + \beta + \gamma = n$, é dada por:

$$P_n^{\alpha, \beta, \gamma} = \frac{n!}{\alpha!\beta!\gamma!}$$

Exercícios resolvidos

29. Quantos são os anagramas da palavra ARARA?

Resolução:

Nesse caso, há 3 três letras **A**, 2 letras **R** e um total de 5 letras. Então:

$$P_5^{3,2} = \frac{5!}{3!2!} = \frac{5 \cdot 4 \cdot \not{3!}}{\not{3!}2!} = 10$$

Logo, são 10 os anagramas da palavra ARARA.

30. Quantos são os anagramas da palavra DEZESSETE?

Resolução:

Nesse caso, há 4 letras **E**, 2 letras **S** e uma vez as letras **D**, **Z** e **T**, num total de 9 letras. Então, temos:

$$P_9^{4,2,1,1,1} = \frac{9!}{4!2!} = \frac{9 \cdot 8 \cdot 7 \cdot 6 \cdot 5 \cdot \not{4!}}{\not{4!}2!} = 7560$$

Logo, são 7 560 os anagramas.

31. Quantos anagramas da palavra CAMARADA começam pela letra **C**?

Resolução:

Fixamos a letra **C** como 1ª letra e fazemos:

$$P_7^4 = \frac{7!}{4!} = 7 \cdot 6 \cdot 5 = 210$$

Portanto, são 210 os anagramas de CAMARADA que começam por **C**.

32. Quantos anagramas de CAMARADA começam com **A**?

Resolução:

A$\underbrace{\text{CAMARAD}}$

$$P_7^3 = \frac{7!}{3!} = 7 \cdot 6 \cdot 5 \cdot 4 = 840 \text{ anagramas}$$

33. Determine quantas soluções naturais possui a equação $x + y + z = 6$.

Resolução:

Como a soma dos valores de **x**, **y** e **z** é 6, vamos considerar que precisamos separar 6 elementos em 3 partes. Cada modo de separarmos 6 elementos idênticos em 3 partes é uma solução da equação. Por exemplo:

•• | •• | •• equivale a $x = 2$, $y = 2$ e $z = 2$

• | ••••• equivale a $x = 1$, $y = 5$ e $z = 0$

|| •••••• equivale a $x = 0$, $y = 0$ e $z = 6$

Dessa forma, permutando as 6 bolinhas e os 2 separadores (2 separadores para separar em 3 partes) temos a quantidade de soluções naturais da equação dada:

$$P_8^{2,6} = \frac{8!}{6!2!} = \frac{8 \cdot 7 \cdot \not{6!}}{\not{6!} \cdot 2 \cdot 1} = 28 \text{ soluções naturais}$$

Exercícios propostos

30. Determine quantos são os anagramas da palavra:
a) MISSISSIPPI;
b) ARARAQUARA;
c) ABÓBORA;
d) BISCOITO;
e) ARARAQUARA
que começam e terminam com **A**.

Fique atento

Por convenção não se considera a acentuação gráfica nos anagramas. Na palavra *abóbora*, por exemplo, a letra **o** com ou sem acento tem o mesmo significado.

31. Quantas soluções inteiras e positivas possui a equação $x + y + z = 10$?

32. Se seguirmos as linhas do diagrama abaixo, caminhando apenas para a direita e para cima, de quantas maneiras podemos ir do ponto **A** ao ponto **B**?

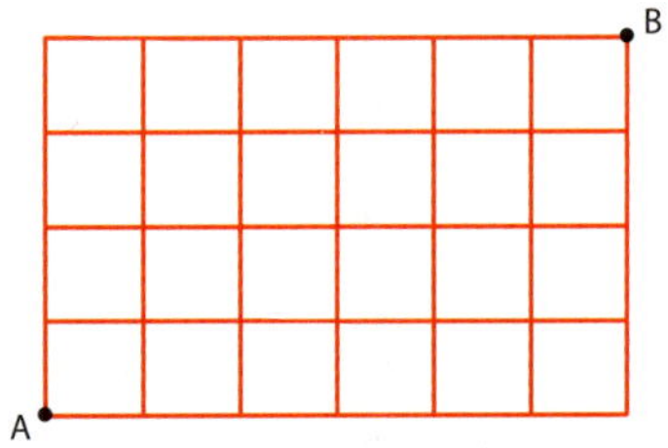

7 Problemas que envolvem os vários tipos de agrupamento

Os exercícios resolvidos a seguir resumem os vários tipos de agrupamentos estudados e as formas de calcular o número de agrupamentos. O último exercício é a resolução do problema da introdução deste capítulo.

Exercícios resolvidos

34. Usando os algarismos 5, 6 e 8, quantos números de 3 algarismos distintos podemos formar?

Resolução:

$P_3 = 3! = 3 \cdot 2 \cdot 1 = 6$ números

35. Usando os algarismos 1, 3, 4, 6 e 9, quantos números de 3 algarismos distintos podemos formar?

Resolução:

$$A_{5,3} = \frac{5!}{2!} = \frac{5 \cdot 4 \cdot 3 \cdot \cancel{2} \cdot \cancel{1}}{\cancel{2} \cdot \cancel{1}} = 60 \text{ ou}$$

$A_{5,3} = 5 \cdot 4 \cdot 3 = 60$ números

36. Quantas comissões diferentes de 3 pessoas podemos formar para representar um grupo de 10 pessoas?

Resolução:

$$C_{10,3} = \frac{10!}{3!7!} = \frac{10 \cdot 9 \cdot 8 \cdot \cancel{7!}}{3 \cdot 2 \cdot 1 \cdot \cancel{7!}} = 120 \text{ ou}$$

$$C_{10,3} = \frac{A_{10,3}}{3!} = \frac{10 \cdot 9 \cdot 8}{3 \cdot 2 \cdot 1} = 120 \text{ comissões}$$

37. Quantos anagramas tem a palavra BANANA?

Resolução:

$$P_6^{3,2} = \frac{6!}{3!2!} = \frac{6 \cdot 5 \cdot 4 \cdot 3!}{3! \cdot 2 \cdot 1} = 60 \text{ anagramas}$$

38. Quantos números naturais de 2 algarismos (distintos ou não) podemos formar com os algarismos 4, 7, 8 e 9?

Resolução:

4 possibilidades para o primeiro algarismo e 4 para o segundo: $4 \cdot 4 = 16$ números.

39. *Problema da introdução do capítulo*

Usando as 26 letras e os 10 algarismos conhecidos, quantas placas de automóvel diferentes podem ser feitas de modo que, em cada uma, existam três letras (não repetidas) seguidas de quatro algarismos (repetidos ou não)?

Resolução:

As 26 letras serão agrupadas de 3 em 3 sem repetição:

$26 \cdot 25 \cdot 24 = 15\,600$ agrupamentos de letras

Os 10 algarismos serão agrupados de 4 em 4, com repetição:

$10 \cdot 10 \cdot 10 \cdot 10 = 10\,000$ agrupamentos de algarismos

Para cada agrupamento de letras podemos usar todos os agrupamentos de algarismos. Então, o total de placas é:

$15\,600 \cdot 10\,000 = 156\,000\,000$ placas

Para refletir

Qual será o número de placas se as letras também puderem ser repetidas? Resolva esse problema usando uma calculadora.

Exercícios propostos

33. Determine o valor de **x**, sabendo que:

a) $A_{x,\,3} = 24C_{x\,-\,2,\,2}$

b) $C_{x,\,24} = C_{x,\,6}$

c) $\dfrac{A_{x,\,3}}{C_{x,\,4}} = 12$

34. Determine o valor de **n** em $\dfrac{A_{n,\,4}}{A_{n,\,3}} = 4$.

35. Uma menina tem 5 blusas e 4 saias. De quantos modos distintos ela pode se vestir?

36. Uma sorveteria oferece 10 sabores de sorvete. Se uma pessoa vai tomar 3 bolas, do mesmo sabor ou não, quantas opções diferentes ela tem?

37. Quantos números de 4 algarismos podemos escrever com os algarismos 1, 2, 3, 4, 5, 6, 7, 8 e 9?

38. Quantos triângulos podemos formar unindo os vértices de um octógono?

39. A diretoria de um clube é composta de 10 membros, que podem ocupar a função de presidente, secretário ou tesoureiro. De quantas maneiras podemos formar, com os 10 membros, chapas que contenham presidente, secretário e tesoureiro?

40. Num ônibus há 5 lugares vagos. Duas pessoas entram no ônibus. De quantas maneiras diferentes elas podem se sentar?

41. Numa competição com 10 países, de quantas maneiras podem ser distribuídas as medalhas de ouro, prata e bronze?

42. Quantos são os anagramas da palavra MATEMÁTICA?

43. Sobre uma circunferência são marcados 6 pontos distintos. Quantos quadriláteros podemos traçar com vértices nesses pontos?

44. Quantos subconjuntos de exatamente 4 elementos podemos formar com um conjunto de 7 elementos?

45. Considere a palavra LÓGICA:

a) Quantas permutações (anagramas) podemos formar?

b) Quantos anagramas começam com **L**?

c) Quantos começam com LO?

d) Quantos começam e terminam com vogal?

e) Quantos começam com consoante e terminam com vogal?

f) Em quantos anagramas as letras **L**, **O**, **G** estão juntas, nessa ordem?

g) Em quantos as letras **L**, **O**, **G** estão juntas?

46. Quantos números de 4 algarismos distintos maiores que 2 000 podemos formar com os algarismos 1, 2, 3, 4, 5 e 6?

47. As placas dos automóveis são formadas por três letras seguidas de quatro algarismos. Quantas placas podemos criar com as letras **A** e **B** e os algarismos pares, repetindo a letra e não repetindo o algarismo?

48. Quantas duplas diferentes podemos formar com um grupo de 8 tenistas?

49. Quantos números existem inferiores a 1 000 com algarismos distintos?

50. Num grupo de 20 pessoas há 6 mulheres. Quantas comissões de 4 pessoas podem ser formadas, de modo que nelas haja pelo menos uma mulher?

51. Quantos números de 6 algarismos maiores que 540 000 podemos formar com os algarismos 1, 2, 3, 4, 5 e 6?

52. Quantos anagramas da palavra ESCOLA têm as vogais e as consoantes alternadas?

53. Na despedida de um grupo de amigos, 36 abraços foram trocados. Sabendo que cada um abraçou todos os outros, quantos amigos estavam reunidos?

54. Tenho 6 livros diferentes de Português e 6 diferentes de Matemática. Quero colocar 4 livros de Português e 3 de Matemática na prateleira de uma estante. De quantas maneiras posso fazer isso, para que livros da mesma matéria fiquem juntos?

55. Com os algarismos 1, 2, 3, 4, 5, 6 e 7, quantos números de 3 algarismos distintos maiores que 340 podemos formar?

56. Quantas comissões de 3 pessoas podem ser formadas com 10 pessoas, se determinada pessoa figurar em todas as comissões?

57. Num plano estão marcados 12 pontos, dos quais 5 estão sobre uma mesma reta e, dos 7 que estão fora dela, não há 3 colineares. Quantas retas distintas podemos traçar ligando esses pontos 2 a 2?

58. Com os dígitos 1, 2, 3, 4 e 5, quantos números de 4 algarismos distintos menores que 4 000 podemos formar?

59. De quantas maneiras diferentes podemos colocar 8 livros em 3 gavetas para que fiquem 2 na primeira gaveta, 3 na segunda e 3 na terceira gaveta?

60. De quantas maneiras podemos extrair 5 cartas de um baralho de 52 cartas para que em cada extração haja pelo menos 1 ás?

61. Quantas diagonais (não das faces) tem um cubo?

62. De quantas maneiras é possível colocar 6 pessoas em fila de modo que duas dessas pessoas, Sérgio e Valdir, não fiquem juntas?

63. Um chaveiro foi contratado para fazer cópias das chaves de 10 salas. Ele, entretanto, não as etiquetou, e viu-se obrigado a repor as chaves por tentativas. Quantas tentativas, no máximo, deverá fazer?

64. Até 2002, os números dos telefones da cidade de Rio Claro (São Paulo) eram constituídos de 7 dígitos, quando então passaram para 8. Sabendo que o primeiro dígito nunca pode ser zero, quando os números dos telefones passaram a ser formados por 8 dígitos, qual foi o aumento possível na quantidade de telefones?

65. Permutam-se de todas as formas possíveis os algarismos 1, 3, 5, 7, 9 e escrevem-se os números formados em ordem crescente. Determine:

a) que lugar ocupa o número 53 179.

b) qual é a soma dos números assim formados.

66. Quantas são as maneiras diferentes de dividir um grupo de 10 pessoas em:

a) dois subgrupos, um com 6 pessoas e outro com 4 pessoas?

b) dois subgrupos, cada um com 5 pessoas?

67. Em um campeonato de futebol, uma vitória corresponde a 3 pontos ganhos, um empate corresponde a 1 ponto ganho e em caso de derrota não há pontuação. Em cinco jogos, de quantas maneiras diferentes um time pode obter exatamente:

a) oito pontos?

b) cinco pontos?

68. Definimos a diagonal de um poliedro convexo como o segmento interno formado por dois vértices de faces distintas.

a) Mostre que o número de diagonais de um poliedro convexo é dado por $D = C_{v,\,2} - A - d$, em que **v** é o número de vértices, **A** o número de arestas e **d** é a soma das diagonais de todas as faces do poliedro.

b) Calcule o número de diagonais do fulereno, molécula de carbono em forma de um poliedro de 12 faces pentagonais e 20 faces hexagonais, como o representado na figura a seguir.

REUTERS/LATINSTOCK

Representação da estrutura do fulereno em torno de um átomo de gás nobre.

8 Números binomiais

Chama-se *número binomial* o número $\binom{n}{p}$, com **n** e **p** naturais, $n \geqslant p$, tal que $\binom{n}{p} = \frac{n!}{p!(n-p)!}$ (**n** é o numerador e **p** é a classe do número binomial).

Exemplo:

$$\binom{5}{2} = \frac{5!}{2!(5-2)!} = \frac{5!}{2! \cdot 3!} = \frac{5 \cdot 4 \cdot \cancel{3!}}{2 \cdot 1 \cdot \cancel{3!}} = 10$$

Propriedades decorrentes da definição

Veja a seguir algumas propriedades do número binomial.

1ª) $\binom{n}{0} = 1$, para qualquer $n \in \mathbb{N}$.

Demonstração:

$$\binom{n}{0} = \frac{n!}{0!(n-0)!} = \frac{n!}{1 \cdot n!} = 1$$

2ª) $\binom{n}{n} = 1$, para qualquer $n \in \mathbb{N}$.

Demonstração:

$$\binom{n}{n} = \frac{n!}{n!(n-n)!} = \frac{1}{0!} = 1$$

3ª) $\binom{n}{1} = n$, para qualquer $n \in \mathbb{N}^*$.

Demonstração:

$$\binom{n}{1} = \frac{n!}{1!(n-1)!} = \frac{n(n-1)!}{1(n-1)!} = n$$

4ª) $\binom{n}{n-1} = n$, para qualquer $n \in \mathbb{N}^*$.

Demonstração:

$$\binom{n}{n-1} = \frac{n!}{(n-1)!\big(n-(n-1)\big)!} = \frac{n(n-1)!}{(n-1)! \cdot 1!} = n$$

5ª) $\binom{n}{p} = \binom{n}{n-p}$, para quaisquer n e $p \in \mathbb{N}$, com $n \geqslant p$.

Demonstração:

$$\binom{n}{n-p} = \frac{n!}{(n-p)!\big(n-(n-p)\big)!} = \frac{n!}{(n-p)!p!} = \binom{n}{p}$$

Essa 5ª propriedade é conhecida como *propriedade dos números binomiais complementares.*

Além das propriedades acima, de modo geral afirma-se que:

> Dois números binomiais são iguais se tiverem o mesmo numerador e:
> - suas classes forem iguais, ou
> - a soma de duas classes for igual ao numerador (binomiais complementares).

Exercícios resolvidos

40. Calcule o valor da soma

$$S = \binom{5}{1} + \binom{8}{0} + \binom{13}{12} + \binom{2011}{2011}.$$

Resolução:

Pela 3ª propriedade, temos $\binom{5}{1} = 5$.

Pela 1ª propriedade, temos $\binom{8}{0} = 1$.

Pela 4ª propriedade, temos $\binom{13}{12} = 13$.

Pela 2ª propriedade, temos $\binom{2011}{2011} = 1$.

Assim, temos $S = 5 + 1 + 13 + 1 = 20$.

41. Obtenha o valor de **x** sabendo que $\binom{7}{3} = \binom{7}{x}$.

Resolução:

Sabemos que a igualdade acontece em duas situações: $x = 3$ ou $3 + x = 7$. Se $3 + x = 7$, então $x = 4$.

Logo, os valores de **x** são $x = 3$ ou $x = 4$.

Exercícios propostos

69. Calcule o valor de:

a) $\binom{7}{6}$

b) $\binom{6}{2}$

c) $\binom{7}{3}$

d) $\binom{6}{0}$

e) $\binom{20}{18}$

70. Se $\binom{m}{9} = \binom{m}{8}$, calcule $\binom{m}{17}$.

71. Determine o valor de **x**, sabendo que:

a) $\binom{20}{2x} = \binom{20}{x+1}$.

b) $\binom{30}{2x} = \binom{30}{x+6}$

72. Simplifique a fração $\dfrac{\binom{12}{4}}{\binom{12}{5}}$.

73. Determine inteiros **n** e **p** de modo que:

$$\frac{\binom{n}{p}}{1} = \frac{\binom{n}{p+1}}{2} = \frac{\binom{n}{p+2}}{3}$$

9 Binômio de Newton

Toda potência da forma $(x + y)^n$, com $x \in \mathbb{R}$, $y \in \mathbb{R}$ e $n \in \mathbb{N}$, é conhecida como binômio de Newton.

O desenvolvimento do binômio de Newton é simples em casos como os seguintes, que você já estudou no ensino fundamental.

- $(5x - 7)^0 = 1$
- $(2x + y)^1 = 2x + y$
- $(x + y)^2 = (x + y)(x + y) = x^2 + 2xy + y^2$
- $(x + y)^3 = (x + y)^2(x + y) = x^3 + 3x^2y + 3xy^2 + y^3$

? Você sabia

Isaac Newton (1642-1727) foi um matemático e físico inglês.

Em casos como $(x + y)^7$, $(2x - y)^5$, $(x + 2)^{10}$ e outros, vamos recorrer aos conhecimentos adquiridos na análise combinatória.

Observe nos exemplos seguintes os binômios de Newton desenvolvidos e veja como são os coeficientes de cada termo:

1º) $(x + y)^2 = x^2 + 2xy + y^2 = 1x^2y^0 + 2x^1y^1 + 1x^0y^2 = \binom{2}{0}x^2y^0 + \binom{2}{1}x^1y^1 + \binom{2}{2}x^0y^2$

2º) $(x + y)^3 = x^3 + 3x^2y + 3xy^2 + y^3 = 1x^3y^0 + 3x^2y^1 + 3x^1y^2 + 1x^0y^3 =$

$= \binom{3}{0}x^3y^0 + \binom{3}{1}x^2y^1 + \binom{3}{2}x^1y^2 + \binom{3}{3}x^0y^3$

3º) $(x + y)^4 = x^4 + 4x^3y + 6x^2y^2 + 4xy^3 + y^4 = 1x^4y^0 + 4x^3y^1 + 6x^2y^2 + 4x^1y^3 + 1x^0y^4 =$

$= \binom{4}{0}x^4y^0 + \binom{4}{1}x^3y^1 + \binom{4}{2}x^2y^2 + \binom{4}{3}x^1y^3 + \binom{4}{4}x^0y^4$

Fórmula do binômio de Newton

A fórmula do binômio de Newton é a que dá o desenvolvimento de $(x + y)^n$. Ela é encontrada fazendo o produto:

$$\underbrace{(x + y) \cdot (x + y) \cdot \ldots \cdot (x + y)}_{\textbf{n vezes}}$$

O termo genérico do produto é obtido tomando em **p** dos fatores (p = 0, 1, 2, ..., n) a segunda parcela e tomando nos restantes n − p fatores a primeira parcela. Como isso pode ser feito de $C_n^p \left(\text{ou} \binom{n}{p}\right)$ modos, o termo genérico do produto é $C_n^p y^p x^{n-p} \left(\text{ou} \binom{n}{p} y^p x^{n-p}\right)$ e

$$(x + y)^n = C_n^0 y^0 x^n + C_n^1 y^1 x^{n-1} + C_n^2 y^2 x^{n-2} + \ldots + C_n^n y^n x^0 \text{ ou}$$

$$(x + y)^n = \binom{n}{0}x^n + \binom{n}{1}x^{n-1}y + \binom{n}{2}x^{n-2}y^2 + \ldots + \binom{n}{k}x^{n-k}y^k + \ldots + \binom{n}{n}y^n$$

Note que os expoentes de **x** começam em **n** e decrescem de 1 em 1 até 0, enquanto os expoentes de **y** começam em 0 e crescem de 1 em 1 até **n**.

Observação: Dados os números naturais **n** e **p**, com $n \geq p$, o número $\binom{n}{p}$ é chamado de número binomial **n** sobre **p**.

Lembre que:

$$C_{n,p} = \binom{n}{p} = \frac{n!}{p!(n-p)!}$$

Exercícios resolvidos

42. Efetue o desenvolvimento de:

a) $(x + a)^5$

b) $(2x - a)^4$

c) $\left(x - \frac{1}{2}\right)^6$

d) $\left(\sqrt{3} + \sqrt{5}\right)^4$

Resolução:

a) $(x + a)^5 = \binom{5}{0}x^5 + \binom{5}{1}x^4a + \binom{5}{2}x^3a^2 + \binom{5}{3}x^2a^3 + \binom{5}{4}xa^4 + \binom{5}{5}a^5$

com $\binom{5}{0} = 1$, $\binom{5}{1} = 5$, $\binom{5}{2} = 10$, $\binom{5}{3} = 10$, $\binom{5}{4} = 5$, $\binom{5}{5} = 1$

Portanto:

$(x + a)^5 = x^5 + 5x^4a + 10x^3a^2 + 10x^2a^3 + 5xa^4 + a^5$

b) $(2x - a)^4 = [2x + (-a)]^4 = \binom{4}{0}(2x)^4 + \binom{4}{1}(2x)^3(-a) + \binom{4}{2}(2x)^2(-a)^2 + \binom{4}{3}(2x)(-a)^3 + \binom{4}{4}(-a)^4 =$

com $\binom{4}{0} = 1$, $\binom{4}{1} = 4$, $\binom{4}{2} = 6$, $\binom{4}{3} = 4$, $\binom{4}{4} = 1$

$= 1 \cdot 16x^4 + 4 \cdot 8x^3(-a) + 6 \cdot 4x^2a^2 + 4 \cdot 2x(-a)^3 + 1a^4 =$

$= 16x^4 - 32x^3a + 24x^2a^2 - 8xa^3 + a^4$

c) $\left(x - \frac{1}{2}\right)^6 = \left[x + \left(-\frac{1}{2}\right)\right]^6 =$

$= \binom{6}{0}x^6 + \binom{6}{1}x^5\left(-\frac{1}{2}\right) + \binom{6}{2}x^4\left(-\frac{1}{2}\right)^2 + \binom{6}{3}x^3\left(-\frac{1}{2}\right)^3 + \binom{6}{4}x^2\left(-\frac{1}{2}\right)^4 + \binom{6}{5}x\left(-\frac{1}{2}\right)^5 + \binom{6}{6}\left(-\frac{1}{2}\right)^6$

Calculando $\binom{6}{0} = \binom{6}{6} = 1$; $\binom{6}{1} = \binom{6}{5} = 6$; $\binom{6}{2} = \binom{6}{4} = 15$; $\binom{6}{3} = 20$, temos:

$\left(x - \frac{1}{2}\right)^6 = x^6 - \frac{6}{2}x^5 + \frac{15}{4}x^4 - \frac{20}{8}x^3 + \frac{15}{16}x^2 - \frac{6}{32}x + \frac{1}{64} =$

$= x^6 - 3x^5 + \frac{15}{4}x^4 - \frac{5}{2}x^3 + \frac{15}{16}x^2 - \frac{3}{16}x + \frac{1}{64}$

d) $(\sqrt{3} + \sqrt{5})^4 = \binom{4}{0}(\sqrt{3})^4 +$

$+ \binom{4}{1}(\sqrt{3})^3\sqrt{5} + \binom{4}{2}(\sqrt{3})^2(\sqrt{5})^2 +$

$+ \binom{4}{3}\sqrt{3}(\sqrt{5})^3 + \binom{4}{4}(\sqrt{5})^4 =$

$= (\sqrt{3})^4 + 4(\sqrt{3})^3\sqrt{5} + 6(\sqrt{3})^2(\sqrt{5})^2 +$

$+ 4\sqrt{3}(\sqrt{5})^3 + (\sqrt{5})^4 =$

$= 9 + 12\sqrt{3} \cdot \sqrt{5} + 6 \cdot 3 \cdot 5 + 20\sqrt{3} \cdot \sqrt{5} +$

$+ 25 = 124 + 32\sqrt{15}$

43. Qual o valor da soma dos coeficientes do desenvolvimento de $(3x - y)^{10}$?

Resolução:

Para obter apenas a soma dos coeficientes, basta fazer $x = y = 1$. Assim:

$S = (3 \cdot 1 - 1)^{10} = 2^{10} = 1\,024$

44. Qual o valor de

$S = \binom{10}{0} + \binom{10}{1} \cdot 3 + \binom{10}{2} \cdot 3^2 + ... +$

$+ \binom{10}{9} \cdot 3^9 + \binom{10}{10} \cdot 3^{10}$?

Resolução:

Note que **S** pode ser reescrito como:

$S = \binom{10}{0} \cdot 1^{10} \cdot 3^0 + \binom{10}{1} \cdot 1^9 \cdot 3^1 +$

$+ \binom{10}{2} \cdot 1^8 \cdot 3^2 + ... + \binom{10}{10} \cdot 1^0 \cdot 3^{10} \Rightarrow$

$\Rightarrow S = (1 + 3)^{10} = 4^{10}$

Exercícios propostos

74. Efetue os seguintes desenvolvimentos:

a) $(x + 2)^5$

b) $(a - 3)^4$

c) $(x^2 - 1)^7$

d) $\left(x + \dfrac{1}{x}\right)^4$

e) $(\sqrt{5} - \sqrt{3})^5$

f) $\left(\dfrac{1}{2} - x\right)^6$

75. Qual o valor da soma dos coeficientes obtidos no desenvolvimento de $(3x - 2y)^{23}$?

76. O valor numérico da expressão

$x^n + \binom{n}{1}x^{n-1}y + \binom{n}{2}x^{n-2}y^2 + ... + y^n$, para

$x = y = 2$, é:

a) 2^{n-1}.

b) 2^n.

c) 2^{n+1}.

d) 2^{2n}.

e) 4^{n-1}.

Termo geral do binômio

No desenvolvimento de $(x + y)^n$ vimos que:

$$(x + y)^n = \underbrace{\binom{n}{0}x^n}_{T_1} + \underbrace{\binom{n}{1}x^{n-1}y}_{T_2} + \underbrace{\binom{n}{2}x^{n-2}y^2}_{T_3} + ... + \underbrace{\binom{n}{k}x^{n-k}y^k}_{T_{k+1}} + ... + \underbrace{\binom{n}{n}y^n}_{T_{n+1}}$$

Assim, o *termo geral* é dado por:

$$T_{k+1} = \binom{n}{k}x^{n-k}y^k$$

Observe que o desenvolvimento tem (n + 1) termos.

Exercícios resolvidos

45. Qual é o 5º termo do desenvolvimento de $(x + 3)^5$ de acordo com as potências decrescentes de **x**?

Resolução:

Procuramos o valor de $\mathbf{T_5}$. Como $5 = k + 1 \Rightarrow k = 4$, temos:

$$T_5 = \binom{5}{4}x^{5-4} \cdot 3^4 = \frac{5!}{4!1!}x \cdot 81 = 405x$$

Portanto, o 5º termo de $(x + 3)^5$ é $405x$.

46. Calcule o termo independente de **x** no desenvolvimento de $\left(x + \frac{1}{x}\right)^6$.

Resolução:

$$T_{k+1} = \binom{6}{k}x^{6-k}\left(\frac{1}{x}\right)^k = \binom{6}{k}x^{6-k} \cdot x^{-k} =$$

$$= \binom{6}{k}x^{6-2k}$$

O termo independente de **x** é o de $\mathbf{x^0}$, ou seja, quando $6 - 2k = 0 \Rightarrow k = 3$.

Logo, o termo independente de **x** é:

$$T_4 = \binom{6}{3} = \frac{6!}{3!3!} = \frac{6 \cdot 5 \cdot 4 \cdot \cancel{3!}}{3!\cancel{3!}} = 20$$

47. Qual é o termo médio (ou central) no desenvolvimento de $(x - 3)^6$?

> **Fique atento**
>
> No desenvolvimento de $(x + y)^n$, se **n** é par, existe termo central, que é o termo T_{k+1}, em que $k = \frac{n}{2}$.

Resolução:

Como o binômio está elevado à 6ª potência, o desenvolvimento tem 7 termos. Procuramos então o 4º termo, que é o termo central:

$k + 1 = 4 \Rightarrow k = 3$

$$T_4 = \binom{6}{3}x^{6-3}(-3)^3 = -\binom{6}{3}27x^3 =$$

$$= -20 \cdot 27x^3 = -540x^3$$

48. Qual é o termo em $\mathbf{x^5}$ no desenvolvimento $(x + 3)^8$?

Resolução:

O termo geral é dado por $T_{k+1} = \binom{8}{k}x^{8-k} \cdot 3^k$.

O termo em $\mathbf{x^5}$ ocorre quando $8 - k = 5$, ou seja, quando $k = 3$.

Assim, o termo em $\mathbf{x^5}$ é dado por:

$$T_4 = \binom{8}{3}x^{8-3} \cdot 3^3 = 56 \cdot 27x^5 = 1\,512x^5$$

Exercícios propostos

77. Determine:

a) o 7º termo do desenvolvimento de $(x - 1)^9$;

b) o 6º termo do desenvolvimento de $(x - 2a)^{10}$;

c) o 2º e o penúltimo termo do desenvolvimento de $(x - 1)^{20}$.

78. Determine, quando existir, o termo independente de **x**:

a) $\left(x^5 + \frac{2}{x}\right)^8$

b) $\left(x + \frac{2}{x}\right)^5$

c) $\left(x - \frac{1}{x}\right)^6$

79. Qual é o termo em $\mathbf{x^6}$ no desenvolvimento de $(x - 1)^9$?

80. Determine o termo central no desenvolvimento de:

a) $(x - 2)^8$

b) $\left(x + \frac{1}{3}\right)^{10}$

81. Qual é o valor do produto dos coeficientes do 2º e do penúltimo termo do desenvolvimento de $(x - 1)^{80}$?

82. Qual é o valor do quociente entre os quintos termos dos desenvolvimentos de $(x + 2)^8$ e $(x - 2)^8$?

83. Qual é o termo independente do desenvolvimento de $(x - 3)^8$?

10 Triângulo de Pascal

Os coeficientes dos desenvolvimentos de:

$(x + y)^0 = 1$

$(x + y)^1 = 1x + 1y$

$(x + y)^2 = 1x^2 + 2xy + 1y^2$

$(x + y)^3 = 1x^3 + 3x^2y + 3xy^2 + 1y^3$

$(x + y)^4 = 1x^4 + 4x^3y + 6x^2y^2 + 4xy^3 + 1y^4$

$(x + y)^5 = 1x^5 + 5x^4y + 10x^3y^2 + 10x^2y^3 + 5xy^4 + 1y^5$

...

podem ser colocados nas seguintes formas "triangulares":

$$\begin{array}{llllll} 1 \\ 1 & 1 \\ 1 & 2 & 1 \\ 1 & 3 & 3 & 1 \\ 1 & 4 & 6 & 4 & 1 \\ 1 & 5 & 10 & 10 & 5 & 1 \end{array}$$

ou

$$\begin{array}{c} 1 \\ 1 \quad 1 \\ 1 \quad 2 \quad 1 \\ 1 \quad 3 \quad 3 \quad 1 \\ 1 \quad 4 \quad 6 \quad 4 \quad 1 \\ 1 \quad 5 \quad 10 \quad 10 \quad 5 \quad 1 \\ \ldots \end{array}$$

De modo geral:

$$\begin{array}{lc} (x+y)^0: & \binom{0}{0} \\ (x+y)^1: & \binom{1}{0} \quad \binom{1}{0} \\ (x+y)^2: & \binom{2}{0} \quad \binom{2}{1} \quad \binom{2}{2} \\ (x+y)^3: & \binom{3}{0} \quad \binom{3}{1} \quad \binom{3}{2} \quad \binom{3}{3} \\ (x+y)^4: & \binom{4}{0} \quad \binom{4}{1} \quad \binom{4}{2} \quad \binom{4}{3} \quad \binom{4}{4} \\ & \ldots \quad \ldots \quad \ldots \quad \ldots \quad \ldots \quad \ldots \\ (x+y)^n: & \binom{n}{0} \quad \binom{n}{1} \quad \binom{n}{2} \quad \binom{n}{3} \quad \ldots \quad \binom{n}{n} \end{array}$$

Essa maneira de dispor tais coeficientes é conhecida por *triângulo de Pascal*.

Propriedades no triângulo de Pascal

Observando o triângulo de Pascal podemos tirar as seguintes propriedades:

1ª) Por exemplo: $\binom{3}{1} = \binom{3}{2} \rightarrow 1 + 2 = 3$

$\binom{4}{1} = \binom{4}{3} \rightarrow 1 + 3 = 4$

$\binom{5}{2} = \binom{5}{3} \rightarrow 2 + 3 = 5$

De modo geral, como já foi visto no estudo dos números binomiais:

$\binom{n}{p} = \binom{n}{n-p} \rightarrow p + (n - p) = n$ (binomiais complementares ou combinações complementares)

Prova: O número de modos de escolher, entre **n** objetos, **p** objetos para usar é igual ao de escolher n – p objetos para não usar.

2ª) Observe:

$\binom{3}{1} + \binom{3}{2} = \binom{4}{2}$ → Considere um conjunto **A** com 4 elementos. Podemos formar $\binom{4}{2}$ subconjuntos de 2 elementos. Considere agora **x** um dos elementos de **A**. **x** está presente em $\binom{3}{1}$ subconjuntos de **A** e **x** não está presente em $\binom{3}{2}$ subconjuntos de **A**.

$\binom{3}{2} + \binom{3}{3} = \binom{4}{3}$

$\binom{4}{2} + \binom{4}{3} = \binom{5}{3}$

Logo, $\binom{3}{1} + \binom{3}{2} = \binom{4}{2}$.

1

1 1

1 2 1

1 3 3 1

1 4 6 4 1

1 5 10 10 5 1

...

(Somando dois elementos lado a lado no triângulo obtém-se o elemento situado abaixo no meio deles.)

De modo geral:

$$\binom{n-1}{p-1} + \binom{n-1}{p} = \binom{n}{p} \quad \text{(relação de Stifel)}$$

Prova: Considere que **x** é um dos elementos de um conjunto **A** de **n** elementos. O número de subconjuntos de **A** com **p** elementos é $\binom{n}{p}$. Esse número é igual à soma do número de subconjuntos nos quais **x** não figura, $\binom{n-1}{p}$, com o número de subconjuntos nos quais **x** figura, $\binom{n-1}{p-1}$.

3ª) Observe a soma dos elementos de uma mesma linha no triângulo de Pascal:

$\binom{0}{0} = 1 = 2^0$

$\binom{1}{0} + \binom{1}{1} = 1 + 1 = 2 = 2^1$

$\binom{2}{0} + \binom{2}{1} + \binom{2}{2} = 1 + 2 + 1 = 4 = 2^2$

$\binom{3}{0} + \binom{3}{1} + \binom{3}{2} + \binom{3}{3} = 1 + 3 + 3 + 1 = 8 = 2^3$

$\binom{4}{0} + \binom{4}{1} + \binom{4}{2} + \binom{4}{3} + \binom{4}{4} = 1 + 4 + 6 + 4 + 1 = 16 = 2^4$

Qual seria o valor de $\binom{6}{0} + \binom{6}{1} + \binom{6}{2} + \binom{6}{3} + \binom{6}{4} + \binom{6}{5} + \binom{6}{6}$?

De modo geral, temos:

$$\binom{n}{0} + \binom{n}{1} + \binom{n}{2} + \binom{n}{3} + \ldots + \binom{n}{n-1} + \binom{n}{n} = 2^n$$

Para refletir

Veja que 2^n é o mesmo que $(1 + 1)^n$.

Essa propriedade é conhecida também como *teorema das linhas*.

Lembremos que em um conjunto **A** de **n** elementos distintos $\binom{n}{p} = C_{n,p}$ é o número de subconjuntos de **p** elementos também distintos, ou seja, a soma $\binom{n}{0} + \binom{n}{1} + \binom{n}{2} + \cdots + \binom{n}{n}$ representa o total de subconjuntos distintos de **A**.

Entretanto, na formação de um subconjunto de **A**, cada elemento tem apenas duas possibilidades: participa ou não participa do subconjunto. Assim, usando o princípio multiplicativo, o total de subconjuntos de **A** é $\underbrace{2 \times 2 \times \cdots \times 2}_{\text{n vezes}} = 2^n$. Assim, $\binom{n}{0} + \binom{n}{1} + \binom{n}{2} + \cdots + \binom{n}{n} = 2^n$.

Exercícios propostos

84. Calcule o valor das expressões usando as propriedades do triângulo de Pascal:

a) $\binom{5}{0} + \binom{5}{1} + \binom{5}{2} + \binom{5}{3} + \binom{5}{4} + \binom{5}{5}$

b) $\binom{8}{6} + \binom{8}{2}$

c) $\binom{5}{3} + \binom{5}{4}$

d) $\binom{4}{3} + \binom{4}{4}$

e) $\binom{9}{5} + \binom{9}{4}$

f) $\binom{8}{0} + \binom{8}{1} + \binom{8}{2} + \binom{8}{3}$

85. Escreva o triângulo de Pascal com pelo menos 8 linhas. Quais propriedades você observa nele?

86. Demonstre a relação de Stifel:

$\binom{n-1}{p-1} + \binom{n-1}{p} = \binom{n}{p}$.

87. Demonstre que a soma dos coeficientes no desenvolvimento de $(x + y)^n$ é igual a 2^n.

88. Um salão tem 6 janelas. De quantas maneiras podemos abrir essas janelas para que o salão nunca fique com todas as janelas fechadas?

89. Dez pontos estão distribuídos em uma circunferência. Quantos polígonos podemos fazer usando quaisquer desses pontos como vértices?

90. Em uma sorveteria, o cliente pode escolher quantos e quais desejar entre 8 tipos de coberturas para colocar no seu sorvete, podendo também não colocar nenhuma cobertura. De quantos modos o cliente pode fazer a sua escolha?

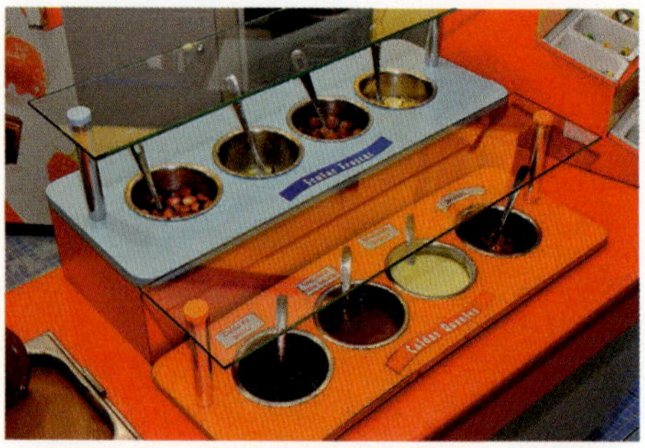

A. PARRAMÓN/AP PHOTO

Portal Pedagógico

Acesse o *Portal Pedagógico* (veja instruções na seção "Conheça seu livro", página 5) e amplie o estudo deste capítulo. Selecione o capítulo 13 e você encontrará os seguintes materiais:

- *Atividades adicionais* (Atividades para imprimir);
- *Demonstração da Relação de Stifel* e *Outras propriedades dos números binomiais* (Textos complementares).

Desafios

1. (IME-RJ) Ao final de um campeonato de futebol, somaram-se as pontuações das equipes, obtendo-se um total de 35 pontos. Cada equipe jogou com todos os outros adversários apenas uma vez. Determine quantos empates houve no campeonato, sabendo que cada vitória valia 3 pontos, cada empate valia 1 ponto e que derrotas não pontuavam.

2. (ITA-SP) Quantos anagramas com 6 caracteres distintos podemos formar usando as letras da palavra QUEIMADO, anagramas estes que contenham duas consoantes e que, entre as consoantes, haja pelo menos uma vogal?

a) 7 200
b) 7 000
c) 4 800
d) 3 600
e) 2 400

3. (IME-RJ) Um elevador com 7 pessoas parte do andar térreo de um prédio e faz 4 paradas em andares diferentes. Determine de quantas maneiras diferentes aquelas 7 pessoas podem desembarcar até a 4ª parada, inclusive.

PENSANDO NO ENEM

1. Os grupos musculares mais trabalhados na musculação são coxas, glúteos, abdominais, peitorais, ombros, bíceps e tríceps. Alice deseja perder peso através da musculação. Então, considerando os exercícios específicos para os músculos citados e a recomendação de que por dia deve-se trabalhar apenas três desses músculos, indique quantas séries distintas de três destes exercícios ela poderá fazer se deseja trabalhar em cada série sempre a coxa ou o abdômen.

a) 35 b) 15 c) 10 d) 25 e) 20

2. As máquinas automáticas de venda foram construídas inicialmente para a venda de refrigerantes e tornaram-se populares em todo o mundo. A maior diversidade dessas máquinas é encontrada no Japão, onde elas são empregadas na venda não somente de refrigerantes, mas de numerosos produtos, de ovos a comida para peixe.

SANCHOME/FLICK

Esta máquina de venda de refrigerantes vira-se para chamar a atenção do cliente. Ela fica na estação de Shibuya, próximo a Tóquio.

Suponha que o preço do refrigerante em uma dessas máquinas custe R$ 3,50, e a máquina aceite apenas moedas de R$ 1,00 e R$ 0,50. Se você tiver na carteira R$ 5,00 em moedas idênticas de R$ 1,00 e R$ 4,00 em moedas idênticas de R$ 0,50, quantas sequências de moedas podem ser usadas para comprar o refrigerante?

Considere diferentes as sequências (R$ 0,50; R$ 1,00; R$ 1,00; R$ 1,00) e (R$ 1,00; R$ 0,50; R$ 1,00; R$ 1,00).

a) 20
b) 10
c) 6
d) 16
e) 21

3. Doze amigos foram acampar e levaram 3 barracas, sendo uma para 3 pessoas, outra para 4 pessoas e a última para 5 pessoas. Entre as doze pessoas estavam os irmãos Ivanildo, de 29 anos, e Rosinha, de 24 anos. Como Ivanildo era o mais velho, seu pai pediu a ele que cuidasse bem da irmã e que dormissem na mesma barraca. Quantas seriam as maneiras de distribuir as 12 pessoas nas três barracas para que o pedido do pai fosse atendido?

a) 1 260
b) 9 240
c) 2 520
d) 7 980
e) 3 360

A MATEMÁTICA E AS PRÁTICAS SOCIAIS

Números do Campeonato Brasileiro de Futebol - Série A

Existem no Brasil diversos campeonatos oficiais da Confederação Brasileira de Futebol (CBF), que envolvem equipes de todo o Brasil.

Um campeonato importante é a série **A** do Campeonato Brasileiro de Futebol. Essa competição é disputada por 20 times que jogam em um único grupo, e cada time enfrenta todos os demais, em turno e returno (ou seja, cada time joga 2 vezes com cada adversário, "em casa" e "fora"). No final do campeonato, o time que tiver mais pontos conquistará o título de Campeão Brasileiro. Já os quatro últimos classificados serão rebaixados, e no ano seguinte disputarão a série **B** do Campeonato Brasileiro. Por outro lado, os quatro primeiros classificados na série **B** serão promovidos para a disputa da série **A** no ano seguinte.

PEDRO VILELA/AGIF/GAZETAPRESS

Jogo Fluminense × Cruzeiro, pelo Campeonato Brasileiro de Futebol de 2010.

Veja abaixo como terminou a série **A** do Campeonato Brasileiro em 2010.

Classificação do Campeonato Brasileiro Série A - 2010										
Pos.	**Clube**	PG	J	V	E	D	GP	GC	SG	%
1º	**Fluminense/RJ**	71	38	20	11	7	62	36	26	62,3%
2º	**Cruzeiro/MG**	69	38	20	9	9	53	38	15	60,5%
3º	**Corinthians/SP**	68	38	19	11	8	65	41	24	59,6%
4º	**Grêmio/RS**	63	38	17	12	9	68	43	25	55,3%
5º	**Atlético/PR**	60	38	17	9	12	43	45	−2	52,6%
6º	**Botafogo/RJ**	59	38	14	17	7	54	42	12	51,8%
7º	**Internacional/RS**	58	38	16	10	12	48	41	7	50,9%
8º	**Santos/SP**	56	38	15	11	12	63	50	13	49,1%
9º	**São Paulo/SP**	55	38	15	10	13	54	54	0	48,2%
10º	**Palmeiras/SP**	50	38	12	14	12	42	43	−1	43,9%
11º	**Vasco/RJ**	49	38	11	16	11	43	45	−2	43,0%
12º	**Ceará/CE**	47	38	10	17	11	35	44	−9	41,2%
13º	**Atlético/MG**	45	38	13	6	19	52	64	−12	39,5%
14º	**Flamengo/RJ**	44	38	9	17	12	41	44	−3	38,6%
15º	**Avaí/SC**	43	38	11	10	17	49	58	−9	37,7%
16º	**Atlético/GO**	42	38	11	9	18	51	57	−6	36,8%
17º	**Vitória/BA**	42	38	9	15	14	42	48	−6	36,8%
18º	**Guarani/SP**	37	38	8	13	17	33	53	−20	32,5%
19º	**Goiás/GO**	33	38	8	9	21	41	68	−27	28,9%
20º	**Grêmio Prudente/SP**	28	38	7	10	21	39	64	−25	24,6%

Pos. = Posição do clube / PG = Pontos ganhos
J = Jogos / V = Vitórias
E = Empates / D = Derrotas
GP = Gols pró / GC = Gols contra
SG = Saldo de gols
% = Percentual de aproveitamento

Fonte: Confederação Brasileira de Futebol (CBF).

Calculando e compreendendo melhor o texto

1. Sabendo que os jogos da série **A** do Campeonato Brasileiro de Futebol têm turno e returno, quantos jogos cada equipe realiza? E qual é o total de jogos nesse campeonato?

2. Suponha que, em uma promoção, as pessoas que acertarem na ordem correta os 3 primeiros colocados do campeonato receberão um brinde. Qual é o número máximo de palpites *diferentes* que essa promoção permite?

3. Como já informado no texto, independentemente de se obter a 17ª, 18ª, 19ª ou 20ª posição, o time que estiver em alguma das 4 últimas colocações ao final do campeonato será rebaixado para a série **B**. Considerando aspectos puramente matemáticos (ou seja, desconsidere a qualidade individual de cada time), de quantas formas seria possível escolher aleatoriamente os quatro times que serão rebaixados?

4. Novamente considerando aspectos puramente matemáticos (ou seja, desconsiderando a qualidade individual de cada time), de quantas formas poderíamos ter uma tabela com os nomes dos times em ordem de classificação, no final do campeonato?

Ampliando o conteúdo matemático

5. Em um torneio municipal de futebol de um só turno, quatro equipes (**A**, **B**, **C** e **D**) jogam entre si. O vencedor de uma partida ganha 3 pontos, e o perdedor não ganha nenhum ponto; em caso de empate, cada equipe ganha 1 ponto.
No final do campeonato, tivemos o seguinte resultado:

Equipes	Pontuação
A	7
B	6
C	3
D	1

Com base nas informações acima, determine a proposição correta.
a) A equipe **A** obteve mais vitórias que todas as outras.
b) A equipe **C** obteve empates.
c) A equipe **B** obteve o mesmo número de vitórias que **C**.
d) A equipe **A** obteve menos empates que **D**.
e) A equipe **D** obteve o mesmo número de derrotas que **C**.

6. Uma liga esportiva elaborou um campeonato de futebol que foi disputado em turno único, ou seja, cada equipe jogou uma única vez contra cada uma das demais. Foram realizados, no total, 120 jogos. Quantas equipes participaram desse torneio?

7. Um técnico de futsal deseja montar sua equipe de 1 goleiro e 4 jogadores. De quantas formas a equipe poderá ser montada se estão disponíveis 2 goleiros e 8 jogadores que jogam em qualquer posição da linha?

8. Suponha que Telma e Marta sejam atacantes de um time e, em determinado jogo, devam participar de uma barreira com 5 jogadoras. Por questões táticas, elas não podem ficar lado a lado na barreira. De quantas formas essa barreira poderá ser montada?

9. No dia 17 de julho de 1994, o Brasil interrompeu um jejum de 24 anos, sendo consagrado tetracampeão em uma vitória decidida na cobrança de pênaltis (Brasil 3 × 2 Itália). Romário, um dos jogadores do time campeão, disse ao treinador que gostaria de ser escalado para bater um dos pênaltis, mas não gostaria de ser o último, pois assim existiria o risco de não efetuar a cobrança. Sabendo que um time de futebol tem 11 jogadores e que o goleiro da época (Taffarel) não realizava esse tipo de cobrança, de quantas maneiras o treinador brasileiro poderia ter elaborado a sequência dos seus cinco cobradores de modo que Romário fizesse parte da relação, mas não fosse o último a cobrar o pênalti?

Pesquisando e discutindo

10. Pesquise e discuta com seus colegas qual é o número de jogos do campeonato de seu estado e verifique de quantas maneiras poderia ser feita a classificação dos três primeiros colocados.

11. Pesquise e discuta quantas são as possibilidades de resultado no jogo denominado *Loteca*, da Caixa Econômica Federal.

Veja mais sobre o assunto

Procure mais informações sobre esse assunto em jornais, revistas e no *site*: <www.cbf.com.br>.

QUESTÕES DE VESTIBULAR

1. (UEPB) Simplificando-se a expressão

$$\frac{[(n-1)!]^2 - (n-2)!(n-1)!}{(n-2)!(n-1)!}, \text{ obtém-se:}$$

a) $(n - 1)!$
b) $n - 1$
c) $n!$
d) $n - 2$
e) $(n - 2)!$

2. (PUC-RJ) Se $\dfrac{n!}{(n+2)! + (n+1)!} = \dfrac{1}{48}$, então:

a) $n = 2$.
b) $n = 12$.
c) $n = 5$.
d) $n = 7$.
e) $n = 10$.

3. (UFRR) Numa cidade havia cinco candidatos à prefeitura no primeiro turno e houve segundo turno no processo eleitoral. Cada eleitor podia votar no candidato de sua preferência, votar em branco ou votar nulo. Uma pessoa que compareceu às urnas nos dois turnos dispôs (incluindo as duas votações) de um total de possibilidades diferentes de escolha igual a:

a) 7.
b) 10.
c) 28.
d) 240.
e) 120.

4. (Udesc) Suponha que um campeonato com 16 equipes seja disputado em turno único, isto é, quaisquer duas equipes jogam entre si apenas uma vez; o número total de jogos do campeonato é:

a) 120.
b) 240.
c) 160.
d) 360.
e) 16.

5. (UFRR) Cada candidato aprovado no vestibular 2010 da UFRR que realizar sua matrícula receberá um número que o identificará. Este número será composto por 9 algarismos, sendo que os quatro primeiros algarismos são fixos referentes ao ano de ingresso, os da quinta e sexta posição também são fixos e referem-se ao curso de ingresso e os três últimos podem ser qualquer algarismo entre 0 e 9. Quantas maneiras distintas existem para a constituição do número de matrícula de um aluno?

a) 10^9
b) 729
c) 1 000
d) 27
e) 9^9

6. (Uespi) O código de abertura de um cofre é formado por seis dígitos (que podem se repetir, e o código pode começar com o dígito 0). Quantos são os códigos de abertura com pelo menos um dígito 7?

a) 468 559
b) 468 595
c) 486 595
d) 645 985
e) 855 964

7. (Ufac) A quantidade de números inteiros múltiplos de 5, formados por três algarismos distintos, é:

a) 120.
b) 150.
c) 180.
d) 136.
e) 144.

8. (Unemat-MT) Existem 6 caminhos diferentes ligando as escolas $\mathbf{E_1}$ e $\mathbf{E_2}$ e 4 caminhos diferentes ligando $\mathbf{E_2}$ e $\mathbf{E_3}$. Os trajetos diferentes que podem ser utilizados para ir de $\mathbf{E_1}$ a $\mathbf{E_3}$ passando por $\mathbf{E_2}$ são:

a) 10 caminhos.
b) 15 caminhos.
c) 12 caminhos.
d) 24 caminhos.
e) 360 caminhos.

9. (Ufam) As cidades **A**, **X**, **Y**, **Z** e **B** estão interligadas por rodovias indicadas conforme a figura a seguir.

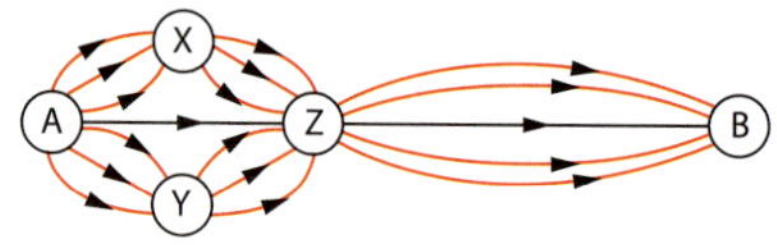

De quantos modos uma pessoa pode sair da cidade **A** e chegar à cidade **B**, passando apenas uma vez por cada cidade em cada caminho escolhido?

a) 90
b) 92
c) 94
d) 95
e) 102

10. (Unicamp-SP) De quantas maneiras podem ser escolhidos 3 números naturais distintos de 1 a 30 de modo que sua soma seja par? Justifique sua resposta.

11. (Fuvest-SP) Três empresas devem ser contratadas para realizar quatro trabalhos distintos em um condomínio. Cada trabalho será atribuído a uma única empresa e todas elas devem ser contratadas. De quantas maneiras distintas podem ser distribuídos os trabalhos?

a) 12
b) 18
c) 36
d) 72
e) 108

12. (UFG-GO) Num episódio de uma série policial de televisão, um agente secreto encontra-se diante do desafio de descobrir a senha de quatro dígitos digitada no teclado numérico, instalado na porta de entrada de um laboratório. Para isso, o agente utiliza o seguinte artifício: borrifa um *spray* sobre o teclado, fazendo com que os algarismos recém-digitados para abrir a porta fiquem destacados, como mostra a figura.

Para sua surpresa, apenas três dígitos são ressaltados pelo *spray*, indicando que um dos dígitos aparece duas vezes na senha.

Com base nestas informações, a quantidade de sequências de quatro dígitos que podem ser encontradas utilizando o artifício do agente secreto é a seguinte:

a) 4.
b) 13.
c) 16.
d) 24.
e) 36.

13. (UFPA) É do grande poeta português Fernando Pessoa a belíssima frase: "Tudo vale a pena se a alma não é pequena". Tomados pelo espírito dessa frase, queremos formar novas sequências de palavras, permutando-se as palavras do verso, indiferentemente de constituir ou não frases, por exemplo: "A pena não vale tudo se pequena é a alma" ou "A a é pena não se vale pequena tudo alma". É correto afirmar que o número de sequências distintas de palavras que se pode construir, utilizando-se todas as dez palavras, é igual a:

a) 453 600.
b) 907 200.
c) 1 814 400.
d) 3 628 800.
e) 7 257 600.

14. (PUC-RS) O número de anagramas da palavra CONJUNTO que começam por **C** e terminam por **T** é:

a) 15.
b) 30.
c) 180.
d) 360.
e) 720.

15. (Ufes) Deseja-se pintar as faces de um dado com as cores verde, azul, amarelo, vermelho, violeta e alaranjado.

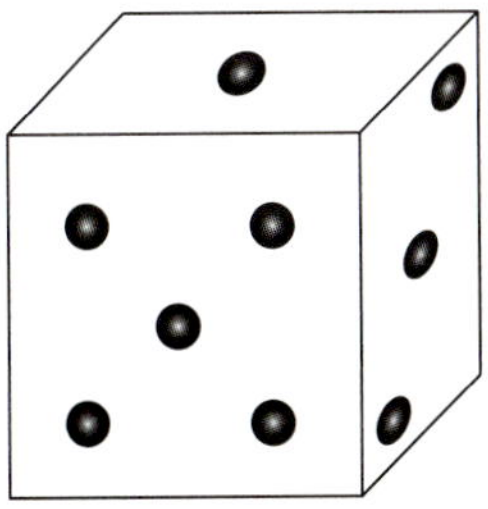

Se cada uma das faces deve ser pintada de uma mesma cor, então o número de maneiras possíveis de pintá-las, sem repetir cores, é:

a) 6^6.
b) $(6!)^3$.
c) $6!$.
d) 6^3.
e) 6.

16. (UFMT) Cinco pescadores, pescando individualmente, conseguiram pegar ao todo 10 peixes. Uma pessoa, que não participou da pescaria, propôs descobrir quantos peixes cada um havia pescado. O número mínimo de tentativas que garante que essa pessoa acerte é:

a) 10.
b) 1 001.
c) 252.
d) 30 240.
e) 120.

17. (Ufop-MG) Para compor a tripulação de um avião, dispomos de 20 pilotos, 4 copilotos, 3 comissárias e 5 comissários de bordo. Sabendo que em cada voo vão 2 comissárias, 2 comissários, 1 piloto e 2 copilotos, de quantos modos pode ser escolhida a tripulação?

18. (Vunesp) Uma prova consta de 3 partes, cada uma com 5 questões. Cada questão, independentemente da parte a que pertença, vale 1 ponto, sendo o critério de correção "certo ou errado". De quantas maneiras diferentes podemos alcançar 10 pontos nessa prova, se devem ser resolvidas pelo menos 3 questões de cada parte e 10 questões no total?

19. (UFSC) Sobre uma reta são marcados 7 pontos, e sobre uma outra reta, paralela à primeira, 3 pontos. Qual é o número de triângulos com vértices em três desses pontos?

20. (Ufam) Na rua do Amparo, na cidade de Olinda, Pernambuco, foram escolhidas 9 casas distintas, sendo 5 do lado direito e 4 do lado esquerdo da rua.

Se for escolhida uma pessoa ao acaso em cada uma das 9 casas, quantas comissões de três pessoas podem ser formadas, de modo que elas não morem no mesmo lado da rua?

21. (Ufal) O diretor de um departamento de uma empresa quer selecionar equipes formadas por 5 pessoas entre seus 12 empregados (que são 5 homens e 7 mulheres). Quantas equipes ele poderá formar se cada equipe deve conter pelo menos um homem e pelo menos uma mulher?

a) 770
b) 760
c) 750
d) 740
e) 730

22. (Unir-RO) Para ganhar na *Mega-Sena* deve-se acertar os 6 números sorteados dentre os 60 primeiros números inteiros positivos, que são os números utilizados para o sorteio. Cada jogo é feito marcando-se em um cartão 6, 7, 8, 9 ou 10 números dos 60 dados. Admitindo-se que o preço de um cartão é proporcional à quantidade de combinações de 6 números presentes nele e que um cartão com 6 números custa R$ 3,00, quanto custará um cartão com 8 números?

a) R$ 54,00
b) R$ 84,00
c) R$ 26,00
d) R$ 8,00
e) R$ 120,00

23. (UEMS) Considerando 5 pontos distintos sobre uma circunferência, quantos polígonos convexos inscritos podem ser construídos com vértices nesses pontos?

a) 12
b) 14
c) 16
d) 18
e) 22

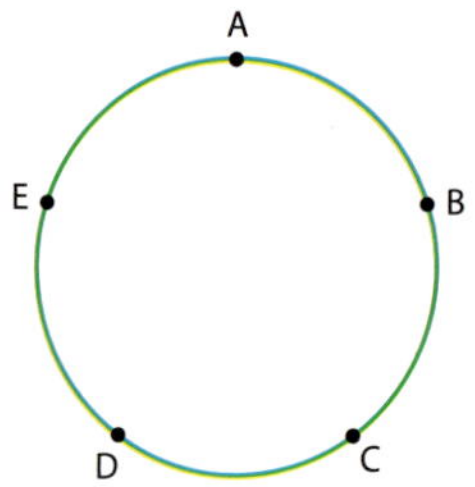

24. (UFMG) A partir de um grupo de oito pessoas, quer-se formar uma comissão constituída de quatro integrantes. Nesse grupo, incluem-se Gustavo e Danilo, que, sabe-se, não se relacionam um com o outro. Portanto, para evitar problemas, decidiu-se que esses dois, juntos, não deveriam participar da comissão a ser formada. Nessas condições, de quantas maneiras distintas se pode formar essa comissão?

a) 70
b) 35
c) 45
d) 55

25. (UEL-PR) Um professor entrega 8 questões aos alunos para que, em uma prova, escolham 5 questões para resolver, sendo que duas destas questões são obrigatórias. Ao analisar as provas, o professor percebeu que não havia provas com as mesmas 5 questões. Assim, é correto afirmar que o número máximo de alunos que entregou a prova é:

a) 6.
b) 20.
c) 56.
d) 120.
e) 336.

26. (Faap-SP) Os valores de **x** que satisfazem a igualdade $\binom{12}{3x-1} = \binom{12}{x+1}$ são:

a) 1 e 4.
b) 1 e 3.
c) 3 e 4.
d) 2 e 3.

27. (ITA-SP) Resolva a equação $\binom{15}{x-1} = \binom{15}{2x+1}$.

28. (Unifor-CE) Por uma das propriedades do triângulo de Pascal, o valor da soma $\binom{50}{20} + \binom{50}{21} + \binom{51}{22} + \binom{52}{23}$ vale:

a) $\binom{53}{23}$.
b) $\binom{52}{21}$.
c) $\binom{52}{22}$.
d) $\binom{51}{22}$.
e) $\binom{51}{21}$.

29. (Unifor-CE) A soma

$\binom{3}{0} + \binom{4}{1} + \binom{5}{2} + \ldots + \binom{12}{9}$ é igual a:

a) $\binom{65}{10}$.
b) $\binom{15}{9}$.
c) $\binom{13}{10}$.
d) $\binom{13}{9}$.
e) $\binom{12}{10}$.

30. (Ufal) Na expansão de $\left(x + \frac{1}{x^2}\right)^{12}$, qual é o coeficiente independente de **x**?

a) 491
b) 492
c) 493
d) 494
e) 495

31. (UEPB) No desenvolvimento de $\left(\sqrt[3]{x} + \sqrt[5]{y}\right)^{30}$, seja **n** o número de termos que não contenham radicais, então **n** é:

a) 0.
b) 2.
c) 1.
d) 30.
e) 3.

32. (FEI-SP) Sendo

$$S = \binom{20}{0} + \binom{20}{1}2 + \binom{20}{2}2^2 + \ldots + \binom{20}{19}2^{19} + \binom{20}{20}2^{20},$$

tem-se:

a) $S = 2^{40}$.
b) $S = 9^{10}$.
c) $S = 20^{20}$.
d) $S = 20!$.
e) n.r.a.

33. (UFC-CE) Determine o coeficiente de x^7 no desenvolvimento de $\left(\frac{x^2}{2} - \frac{2}{x}\right)^8$.

Leitura

O triângulo aritmético

Também conhecido como triângulo de Pascal, triângulo de Tartaglia ou triângulo de Yang-Hui, o triângulo aritmético já era conhecido dos matemáticos havia muito tempo. Referências ao triângulo aritmético ou a seus coeficientes podem ser encontradas rudimentarmente em obras indianas e chinesas de épocas anteriores a Cristo.

Na China, o *Manual de Matemática* de Jia Xian, escrito por volta do ano 1050, já traz o triângulo. O mais famoso matemático chinês associado ao triângulo aritmético foi Yang-Hui, que estudou e aplicou o triângulo aritmético por volta do ano 1250. Outra importante referência chinesa ao triângulo aritmético é o livro *Precioso espelho dos quatro elementos*, escrito em 1303 por Chu Shih-Chieh. Esse livro traz figuras de triângulos com até nove linhas; entretanto, a denominação chinesa mais comum para o triângulo aritmético é *Triângulo de Yang-Hui*.

O poeta, astrônomo e matemático persa Omar Khayyam (1048-1131) descreveu o triângulo aritmético em alguns trabalhos por volta de 1100. Um arranjo semelhante dos coeficientes era conhecido dos árabes na mesma época e, em 1265, o árabe Nasir al-Din al-Tusi (1201-1274) faz uma clara referência ao triângulo aritmético em uma de suas obras.

Na Europa, um século antes de Pascal, muitos matemáticos trabalharam com o triângulo aritmético. Um dos mais antigos foi o matemático alemão Apianus (Petrus Apianus, 1495-1552), que em 1527 publicou um livro cuja capa trazia um desenho do triângulo aritmético. Mas o alemão que mais divulgou o triângulo foi Stifel (Michael Stifel, 1486-1567), principalmente através da sua importante e influente obra *Arithmetica Integra*, de 1544.

Após os alemães, alguns matemáticos italianos redescobriram o triângulo aritmético. O principal deles foi Tartaglia (Niccolò Fontana Tartaglia, 1499-1557), que dedicou a esse assunto muitas páginas de seu extenso livro *General tratato di numeri et misure*, de 1556. Tartaglia reivindicou a criação do triângulo aritmético para ele, e atualmente em alguns países o triângulo aritmético é chamado de *triângulo de Tartaglia*.

O francês Pascal (Blaise Pascal, 1623-1662) chegou ao triângulo aritmético motivado pela resolução de um problema que envolvia a probabilidade de obter um duplo 6 jogando dois dados. Escreveu uma monografia de 60 páginas sobre o triângulo aritmético, *Traité du triangle arithmétique*, publicada postumamente em 1665. Pascal propôs o triângulo em nova forma e estudou suas propriedades mais a fundo que seus antecessores, provando várias delas. A consagração da denominação atual *triângulo de Pascal* ocorreu pelo fato de, em 1739, De Moivre (Abraham de Moivre, 1667-1754) ter publicado um trabalho de grande repercussão na época, em que usou a denominação *triangulum arithmeticum pascalianum* para o triângulo aritmético.

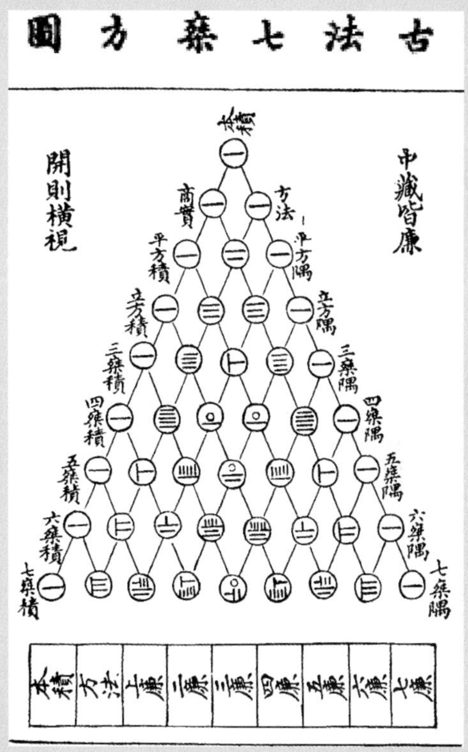

YANG HUI/WIKIMEDIA COMMONS

Adaptado de:

Davis, Harold T. *Tópicos de história da matemática para uso em sala de aula*. São Paulo: Atual, 1992.

Galera, María Cristina Solaeche. *Sistema de tabulación de coeficientes binomiales o triángulo de Pascal: un modelo numérico rasga el telar de los tiempos*. Venezuela, Divulgaciones matemáticas. n. 1, p. 61-68, v. 6, 1998.

Morgado, Augusto César de Oliveira et al. *Análise combinatória e probabilidade*. Rio de Janeiro: SBM, 1991. Coleção do Professor de Matemática.

<www.ou.edu/oumathed/EDMA4053/pascal.html>;
<athena.mat.ufrgs.br/~portosil/histo2b.html>;
<www-history.mcs.st-and.ac.uk/history/BiogIndex.html>. (Acesso em jun. 2011.)

Capítulo 14 Probabilidade

UM POUCO DE HISTÓRIA

➲ A noção de probabilidade foi construída empiricamente. Ela nasceu relacionada à observação de resultados de jogos de azar e ao surgimento do seguro contra perdas. Já o cálculo sistemático de probabilidades inicia-se nos séculos XVI e XVII, com estudiosos como Girolamo Cardano (1501-1576) e Galileu Galilei (1564-1642).

DESAFIO

➲ O serviço de meteorologia previu que há 60% de probabilidade de chover no próximo sábado e 40% de chover no domingo. Qual a probabilidade de que ocorra chuva nesse fim de semana?

Da previsão do tempo ao lançamento de uma nave espacial, a probabilidade quantifica as incertezas possibilitando que se criem estratégias para redução de falhas e alcance de melhores resultados.

Será que hoje vai chover? O céu está cinzento, há sensação de ar abafado, umidade do ar.

O modo mais seguro de responder a essa pergunta é consultando boletins de previsão do tempo elaborados pela Meteorologia, uma das ciências que estudam os fenômenos atmosféricos relacionados a pressão, temperatura e umidade do ar.

Todos os dias, previsões meteorológicas são usadas para definir ações do governo e da defesa civil, períodos ideais para plantio e colheita, previsões de início e andamento de obras da construção civil, etc. Por isso, muita atenção é dada à precisão das análises de dados meteorológicos, que vem sendo intensificada pelo avanço das tecnologias computacionais vinculadas a conhecimentos probabilísticos.

ALE VIANNA/NEWS FREE/AGÊNCIA ESTADO

Ponto de alagamento na rua Ibitirama, no bairro de Vila Prudente, São Paulo (SP), em 21 de fevereiro de 2011.

A MATEMÁTICA NA PRÁTICA

Noções de PROBABILIDADE são aplicadas em todas as áreas do conhecimento que utilizam a Estatística, como Engenharia, Economia, Física, Biologia e Psicologia.

O TEMPO NO PAÍS (21/2/2011)

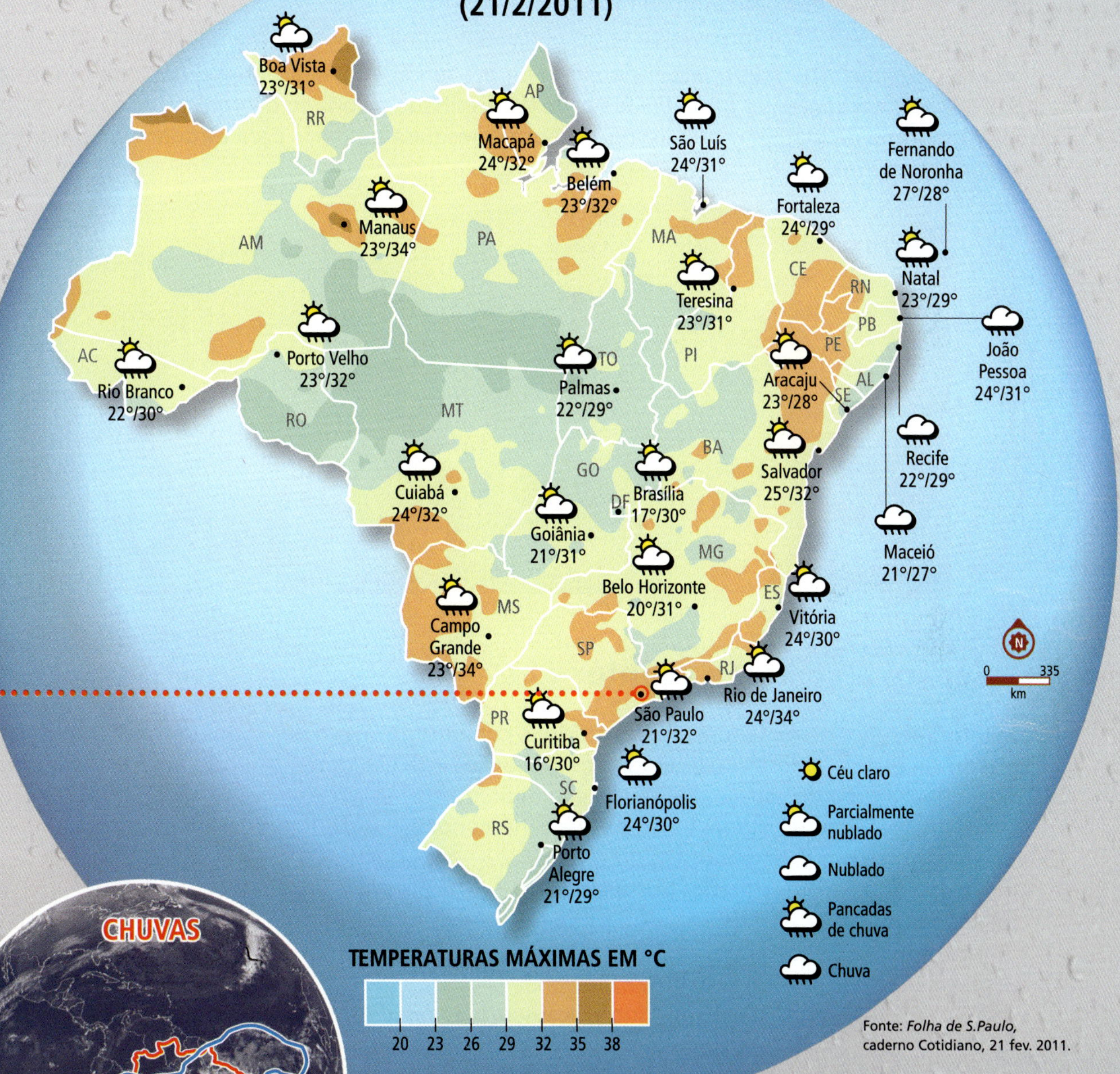

Fonte: *Folha de S.Paulo*, caderno Cotidiano, 21 fev. 2011.

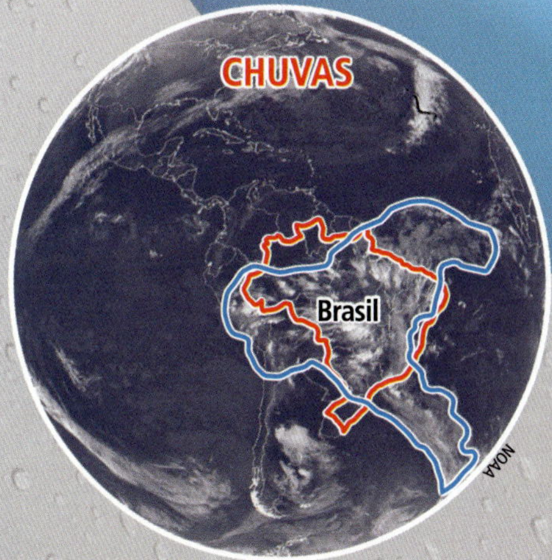

Os estudos meteorológicos baseiam-se nas análises de registros históricos de dados climáticos de diversas regiões, comparando-os com as condições atmosféricas que se deseja estudar. Essas comparações permitem estimar a probabilidade de ocorrências climáticas, como sol ou chuva, bem como a intensidade desses fenômenos.

1 Introdução

Há certos fenômenos (ou experimentos) que, embora sejam repetidos muitas vezes e sob condições idênticas, não apresentam os mesmos resultados. Por exemplo, no lançamento de uma moeda perfeita, o resultado é imprevisível; não se pode determiná-lo antes de ser realizado. Não sabemos se sairá cara ou coroa. Aos fenômenos (ou experimentos) desse tipo damos o nome de *fenômenos aleatórios* (ou *casuais*).

Por exemplo, são aleatórios os seguintes fenômenos:

- lançamento de um dado "não viciado";
- número de peças defeituosas fabricadas por uma máquina;
- resultado de um jogo de roleta;
- número de pessoas que ganharão na loteria;
- número de chamadas telefônicas que serão efetuadas numa cidade no Dia das Mães.

> **Para refletir**
>
> Qual é o significado de expressões como "moeda perfeita" ou dado "não viciado"?

Pelo fato de não sabermos o resultado exato de um fenômeno aleatório é que buscamos os resultados prováveis, as chances, as *probabilidades* de determinado resultado ocorrer. A *teoria das probabilidades* é um ramo da Matemática que cria, elabora e pesquisa modelos para estudar experimentos ou fenômenos aleatórios.

DALAYO/SHUTTERSTOCK/GLOW IMAGES

2 Espaço amostral e evento

Em um experimento (ou fenômeno) aleatório, o conjunto formado por todos os resultados possíveis é chamado de *espaço amostral* (Ω). (Todos os conjuntos que estudaremos neste capítulo são finitos.) Qualquer subconjunto do espaço amostral é chamado de *evento*.

Vamos analisar a seguir alguns exemplos de fenômenos (ou experimentos) *aleatórios*:

1º) Lançamento de um dado e registro do resultado.
Conjunto de todos os resultados possíveis: {1, 2, 3, 4, 5, 6}
Um *subconjunto* dele é {1, 3, 5}, que pode ser identificado por "ocorrer número ímpar no lançamento de um dado".

- *espaço amostral*: $\Omega = \{1, 2, 3, 4, 5, 6\}$
- *evento* **A**: "ocorrer número ímpar no lançamento de um dado" $\rightarrow$ A = {1, 3, 5}

2º) Retirar uma carta de um baralho de 52 cartas e registrar o seu naipe.
Considerando C = copas, E = espadas, O = ouros e P = paus, temos:
Conjunto de todos os resultados possíveis: {C, E, O, P}
Um *subconjunto* dele é {O}, que pode ser identificado por "retirar uma carta cujo naipe seja ouros".

- *espaço amostral*: $\Omega = \{C, E, O, P\}$
- *evento* **A**: "retirar uma carta cujo naipe seja ouros" $\rightarrow$ A = {O}

Observação: Quando um evento é formado apenas por um elemento do espaço amostral, ele é chamado de *evento elementar*.

Exercícios resolvidos

1. No lançamento de uma moeda, determine o espaço amostral e o evento "sair cara".

Resolução:

Denotamos "cara" por **C** e "coroa" por $\overline{\mathbf{C}}$. Logo:
espaço amostral: $\Omega = \{C, \overline{C}\}$
evento **A**: "sair cara" $\rightarrow A = \{C\}$

2. No experimento de registrar o número de peças defeituosas fabricadas por uma máquina em um dia, determine o espaço amostral e os eventos "número de peças defeituosas em um dia é 8" e "número de peças defeituosas em um dia é maior do que 5".

Resolução:

Se representamos por **n** o número total de peças fabricadas em um dia, temos:
espaço amostral: $\Omega = \{0, 1, 2, 3, ..., n\}$
evento **A**: "número de peças defeituosas em um dia é 8" $\rightarrow A = \{8\}$
evento **B**: "número de peças defeituosas em um dia é maior do que 5" $\rightarrow B = \{6, 7, 8, ..., n\}$

3. No lançamento simultâneo de dois dados, um branco e um vermelho, determine o espaço amostral e os eventos **A**: "sair o mesmo número em ambos os dados"; **B**: "sair soma 7"; **C**: "sair soma maior do que 10"; **D**: "sair soma menor do que 5"; **E**: "sair soma maior do que 12" e **F**: "sair soma maior do que 1 e menor do que 13".

Resolução:

Nesse caso, podemos representar o espaço amostral por um diagrama:

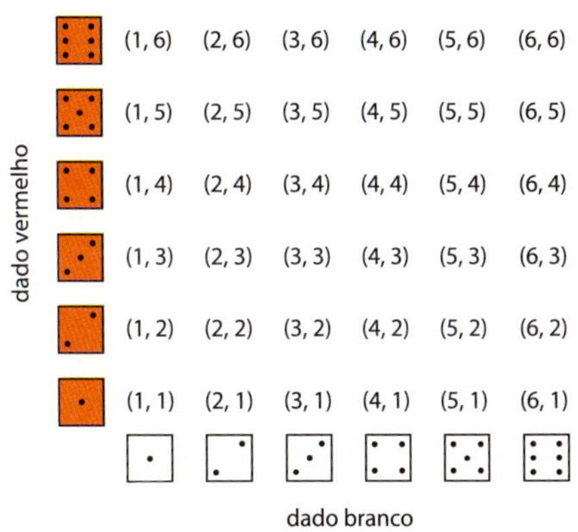

> **Fique atento**
>
> O espaço amostral depende do experimento. eja a diferença quando se tem o lançamento de um dado e de dois dados.

O espaço amostral é formado por 36 elementos e é:
$\Omega = \{(1, 1), (1, 2), (1, 3), (1, 4), (1, 5), (1, 6), (2, 1), (2, 2), (2, 3), (2, 4), (2, 5), (2, 6), (3, 1), (3, 2), (3, 3), (3, 4), (3, 5), (3, 6), (4, 1), (4, 2), (4, 3), (4, 4), (4, 5), (4, 6), (5, 1), (5, 2), (5, 3), (5, 4), (5, 5), (5, 6), (6, 1), (6, 2), (6, 3), (6, 4), (6, 5), (6, 6)\}$

evento **A**: "sair o mesmo número em ambos os dados"
$A = \{(1, 1), (2, 2), (3, 3), (4, 4), (5, 5), (6, 6)\}$

evento **B**: "sair soma 7"
$B = \{(1, 6), (2, 5), (3, 4), (4, 3), (5, 2), (6, 1)\}$

evento **C**: "sair soma maior do que 10"
$C = \{(5, 6), (6, 5), (6,6)\}$

evento **D**: "sair soma menor do que 5"
$D = \{(1, 1), (1, 2), (1, 3), (2, 1), (2, 2), (3,1)\}$

evento **E**: "sair soma maior do que 12"
$E = \varnothing$

evento **F**: "sair soma maior do que 1 e menor do que 13"
$F = \{(1,1), (1, 2), (1, 3), ..., (6, 5), (6, 6)\} = \Omega$

4. No lançamento simultâneo de 3 moedas distinguíveis (ou no lançamento de uma moeda três vezes), determine o espaço amostral e os eventos **A**: "sair 3 caras"; **B**: "sair mais do que 1 cara"; **C**: "sair exatamente 2 coroas".

Resolução:

Nesse caso, um diagrama que auxilia a determinação do espaço amostral é o diagrama de árvore:

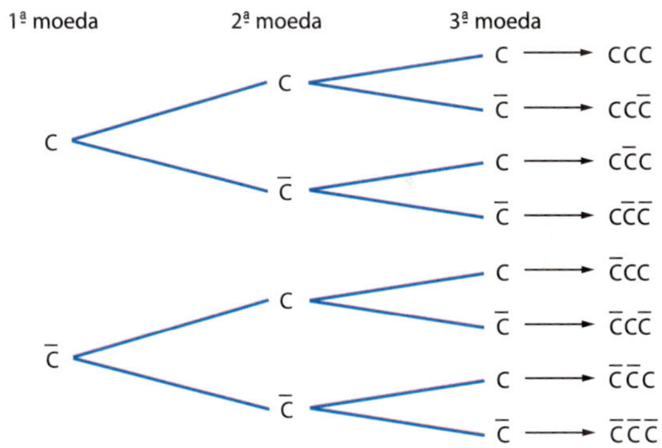

Portanto:
espaço amostral: $\Omega = \{(C, C, C), (C, C, \overline{C}), (C, \overline{C}, C), (C, \overline{C}, \overline{C}), (\overline{C}, C, C), (\overline{C}, C, \overline{C}), (\overline{C}, \overline{C}, C), (\overline{C}, \overline{C}, \overline{C})\}$
evento **A**: "sair 3 caras" $\rightarrow A = \{(C, C, C)\}$
evento **B**: "sair mais do que 1 cara" $\rightarrow B = \{(C, C, C), (C, C, \overline{C})\ (C, \overline{C}, C), (\overline{C}, C, C)\}$
evento **C**: "sair exatamente 2 coroas" $\rightarrow C = \{(C, \overline{C}, \overline{C}), (\overline{C}, C, \overline{C}), (\overline{C}, \overline{C}, C)\}$

5. Uma urna contém 2 bolas verdes e 4 amarelas. Defina o espaço amostral do experimento "retirar uma bola ao acaso" e os eventos **A**: "retirar bola verde"; **B**: "retirar bola amarela".

Resolução:

Nesse caso, o espaço amostral é
$\Omega = \{V_1, V_2, A_1, A_2, A_3, A_4\}$.
evento **A**: retirar bola verde $\rightarrow A = \{V_1, V_2\}$
evento **B**: retirar bola amarela $\rightarrow B = \{A_1, A_2, A_3, A_4\}$

Exercícios propostos

1. No lançamento de um dado, defina o espaço amostral e os eventos **A**: ocorrência de número par; **B**: ocorrência de um número menor do que 4; **C**: ocorrência de múltiplo de 3; **D**: ocorrência de um número menor do que 1; **E**: ocorrência de um número maior do que zero e menor do que 7.

2. Ao girar a "roleta" abaixo, defina o espaço amostral e os eventos **A**: ocorrência do número 2; **B**: ocorrência de número ímpar.

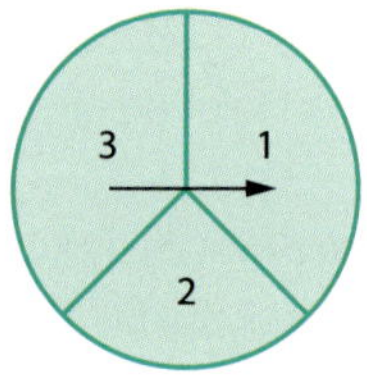

3. No lançamento simultâneo de duas moedas distinguíveis, defina o espaço amostral e os eventos **A**: ocorrência de exatamente uma cara; **B**: ocorrência de coroa em ambas; **C**: ocorrência de pelo menos uma cara.

4. Defina o espaço amostral do experimento "retirar uma carta, ao acaso, de um baralho de 52 cartas" e os eventos **A**: ocorrência de ás; **B**: ocorrência de ás de ouros; **C**: ocorrência do número 2.

5. Usando um diagrama de árvore e chamando de **M**: filho do sexo masculino e **F**: filho do sexo feminino, defina o espaço amostral expondo todos os arranjos possíveis de meninos e meninas numa família com, exatamente, 3 crianças. Determine os eventos **A**: todas as crianças são meninos; **B**: nenhuma criança é menino; **C**: todas as crianças são do mesmo sexo.

3 Eventos certo, impossível e mutuamente exclusivos

No experimento aleatório "lançar um dado e registrar o resultado", temos:

- espaço amostral $\Omega = \{1, 2, 3, 4, 5, 6\}$
- evento **A**: "ocorrência de um número menor do que 7" $\rightarrow A = \{1, 2, 3, 4, 5, 6\}$
  Portanto, $A = \Omega$.
- evento **B**: "ocorrência de número maior do que 6" $\rightarrow$ no dado não existe número maior do que 6
  Portanto, $B = \varnothing$.

Dizemos que:

> Quando um evento coincide com o espaço amostral, ele é chamado **evento certo**.
> Quando um evento é vazio, ele é chamado **evento impossível**.

No exemplo acima, **A** é um evento certo e **B** é um evento impossível.

União de eventos, intersecção de eventos e complementar de um evento

Consideremos, no exemplo do lançamento de um dado, os eventos:

- **C**: ocorrência de número par $\rightarrow C = \{2, 4, 6\}$
- **D**: ocorrência de múltiplo de 3 $\rightarrow D = \{3, 6\}$
- **E**: ocorrência de número par **ou** número múltiplo de 3 $\rightarrow E = C \cup D = \{2, 4, 6\} \cup \{3, 6\} = \{2, 3, 4, 6\}$ (união de eventos)
- **F**: ocorrência de número par **e** múltiplo de 3 $\rightarrow F = C \cap D = \{2, 4, 6\} \cap \{3, 6\} = \{6\}$ (intersecção de eventos)
- **H**: ocorrência de número ímpar $\rightarrow H = \{1, 3, 5\}$

Indicamos assim: $H = \bar{C} = \complement_{\Omega}^{C}$ (complementar de **C** em relação a Ω)

C e **H** são chamados *eventos complementares*. Observe que $C \cap H = \varnothing$ e $C \cup H = \Omega$.

Quando a intersecção de dois eventos é o conjunto vazio, eles são chamados *eventos mutuamente exclusivos*.

4 Cálculo de probabilidade

Considere o espaço amostral $\Omega = \{a_1, a_2, ..., a_n\}$. Se, ao realizar certo experimento e repeti-lo um grande número de vezes, esperarmos que o resultado $\mathbf{a_i}$ ocorra em uma fração $\mathbf{p_i}$ do número total de ocorrências, dizemos que a probabilidade de se observar $\mathbf{a_i}$ é igual a $\mathbf{p_i}$. Como $\mathbf{p_i}$ é uma razão de dois números positivos, devemos ter $p_i \geqslant 0$ para cada **i** e, além disso, $p_1 + p_2 + ... + p_n = 1$.

Geralmente, os valores das probabilidades $\mathbf{P_i}$ podem ser obtidos experimentalmente. Em alguns casos, é razoável supor que todos os resultados são igualmente prováveis e que, portanto, a probabilidade é de que cada um deles seja igual a $\frac{1}{n}$. Por exemplo, ao lançar um dado de material homogêneo não há nenhuma razão para esperar que uma face ocorra com maior frequência que outra. Logo, a probabilidade é associada a cada face é igual a $\frac{1}{6}$. Modelos probabilísticos que têm essa característica são chamados *equiprováveis*, e neles a probabilidade associada a um evento **A** com **a** elementos é igual a $a \cdot \frac{1}{n} = \frac{a}{n}$. Nesses casos, costuma-se dizer que a probabilidade é a razão entre o número de casos favoráveis ao evento e o número de casos possíveis.

$$p(A) = \frac{\text{número de elementos de A}}{\text{número de elementos de } \Omega} = \frac{n(A)}{n(\Omega)} \text{ ou } p(A) = \frac{\text{número de resultados favoráveis}}{\text{número de resultados possíveis}}$$

Exercícios resolvidos

6. Consideremos o experimento aleatório do lançamento de uma moeda perfeita. Qual é a probabilidade de sair cara?

Resolução:

Tanto "sair cara" como "sair coroa" (que são os eventos elementares) têm a mesma chance de ocorrer. Assim, temos:

espaço amostral: $\Omega = \{C, \overline{C}\} \Rightarrow n(\Omega) = 2$

evento **A**: ocorrência de cara $\rightarrow A = \{C\} \Rightarrow n(A) = 1$

Portanto, $p(A) = \frac{n(A)}{n(\Omega)} = \frac{1}{2}$.

Como $\frac{1}{2} = \frac{50}{100} = 50\%$, temos que, no lançamento de uma moeda, a probabilidade de sair cara é $\frac{1}{2}$ ou 50%. Isso não significa que, se jogarmos duas vezes a moeda, em uma das jogadas sairá cara e, na outra, sairá coroa. Significa *sim* que, *após um grande número de jogadas*, é esperado que em aproximadamente 50% delas saia cara.

7. No lançamento de um dado perfeito, qual é a probabilidade de sair número maior do que 4?

Resolução:

Nesse caso, temos:

espaço amostral: $\Omega = \{1, 2, 3, 4, 5, 6\} \Rightarrow n(\Omega) = 6$

evento **A**: ocorrência de número maior do que 4 $\rightarrow$

$\rightarrow A = \{5, 6\} \Rightarrow n(A) = 2$

Logo, $p(A) = \frac{n(A)}{n(\Omega)} = \frac{2}{6} = \frac{1}{3}$.

Como $\frac{1}{3} = 1 : 3 \simeq 0,33$, então $\frac{1}{3} \simeq 33\%$. Portanto, a probabilidade de obtermos número maior do que 4 no lançamento de um dado é de $\frac{1}{3}$ ou 33%, aproximadamente.

8. Qual é a probabilidade de sair um "dois" ao retirar, ao acaso, uma carta de um baralho de 52 cartas?

Resolução:

Num baralho, há 4 "dois" (copas, espadas, ouros e paus). Como há um total de 52 cartas, temos:

$n(\Omega) = 52$ e $n(A) = 4$

$p(A) = \frac{n(A)}{n(\Omega)} = \frac{4}{52} = \frac{1}{13} \simeq 7\%$ (pois $1 : 13 \simeq 0,07$)

Portanto, a probabilidade de sair um "dois" é de $\frac{1}{13}$ ou, aproximadamente, 7%.

9. No lançamento simultâneo de 3 moedas perfeitas distinguíveis, qual é a probabilidade de serem obtidas:

a) *pelo menos* 2 caras?

b) *exatamente* 2 caras?

Para refletir

Qual a diferença em se dizer "pelo menos duas" e "exatamente duas"?

Resolução:

Neste caso, é conveniente usar o diagrama de árvore:

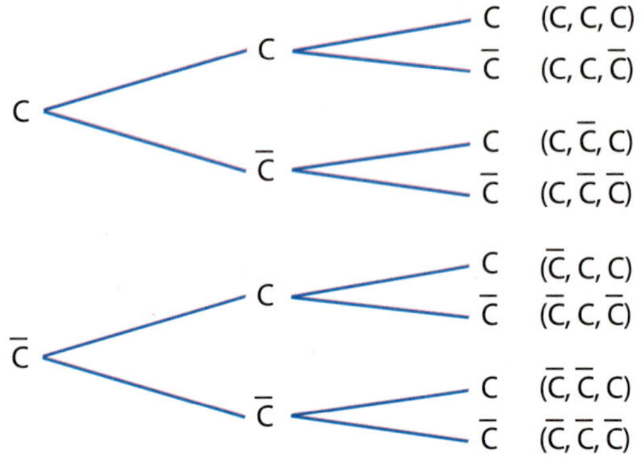

$\Omega = \{(C, C, C), (C, C, \overline{C}), (C, \overline{C}, C), (C, \overline{C}, \overline{C}), (\overline{C}, C, C), (\overline{C}, C, \overline{C}), (\overline{C}, \overline{C}, C), (\overline{C}, \overline{C}, \overline{C})\} \Rightarrow n(\Omega) = 8$

a) evento **A**: obter pelo menos 2 caras $\rightarrow$

$\rightarrow A = \{(C, C, C), (C, C, \overline{C}), (C, \overline{C}, C), (\overline{C}, C, C)\} \Rightarrow$
$\Rightarrow n(A) = 4$

$$p(A) = \frac{n(A)}{n(\Omega)} = \frac{4}{8} = \frac{1}{2} = 50\%$$

b) evento **B**: obter exatamente 2 caras $\rightarrow$

$\rightarrow B = \{(C, C, \overline{C}), (C, \overline{C}, C), (\overline{C}, C, C)\} \Rightarrow n(B) = 3$

$$p(B) = \frac{n(B)}{n(\Omega)} = \frac{3}{8} = 37{,}5\%, \text{ pois } 3 : 8 = 0{,}375$$

10. No lançamento simultâneo de dois tetraedros distinguíveis perfeitos cujas faces estão numeradas de 1 a 4, qual é a probabilidade de que:

a) o mesmo número apareça em ambos os tetraedros?
b) a soma dos números seja maior do que 5?
c) a soma dos números seja maior do que 1?
d) a soma dos números seja menor do que 1?
e) a soma dos números seja 7?
f) a soma dos números seja divisível por 3?

Resolução:

Nesse caso, o espaço amostral pode ser representado pelo diagrama abaixo:

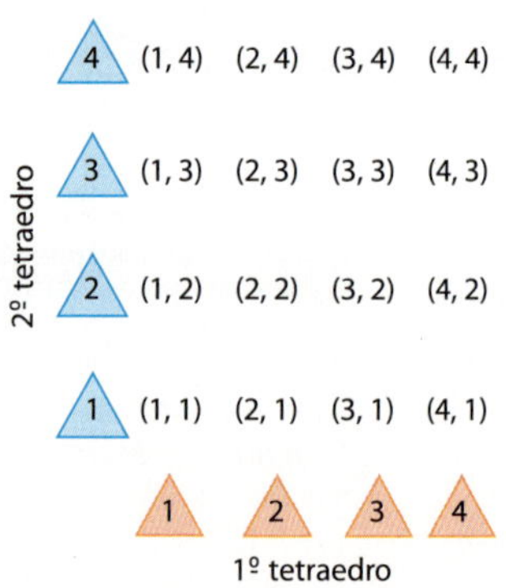

Logo:

$\Omega = \{(1, 1), (1, 2), (1, 3), (1, 4), (2, 1), (2, 2), (2, 3), (2, 4), (3, 1), (3, 2), (3, 3), (3, 4), (4, 1), (4, 2), (4, 3), (4, 4)\} \Rightarrow n(\Omega) = 16$

a) evento **A** $= \{(1, 1), (2, 2), (3, 3), (4, 4)\} \Rightarrow n(A) = 4$

$$p(A) = \frac{n(A)}{n(\Omega)} = \frac{4}{16} = \frac{1}{4} = 25\%$$

b) evento **B** $= \{(2, 4), (3, 3), (3, 4), (4, 2), (4, 3), (4, 4)\} \Rightarrow n(B) = 6$

$$p(B) = \frac{n(B)}{n(\Omega)} = \frac{6}{16} = \frac{3}{8} = 37{,}5\%$$

(pois $3 : 8 = 0{,}375$)

c) evento **C** $= \{(1, 1), (1, 2), (1, 3), (1, 4), (2, 1), (2, 2), (2,3), (2,4), (3,1), (3,2), (3,3), (3,4), (4,1), (4,2), (4,3), (4, 4)\}$ $C = \Omega \Rightarrow n(C) = n(\Omega) = 16$

$$p(C) = \frac{n(C)}{n(\Omega)} = \frac{16}{16} = 1 \ (100\%)$$

d) evento **D** $= \varnothing \Rightarrow n(D) = 0$

$$p(D) = \frac{n(D)}{n(\Omega)} = \frac{0}{16} = 0 \ (0\%)$$

e) evento **E** $= \{(3, 4), (4, 3)\} \Rightarrow n(E) = 2$

$$p(E) = \frac{n(E)}{n(\Omega)} = \frac{2}{16} = \frac{1}{8} = 12{,}5\%$$

(pois $1 : 8 = 0{,}125$)

f) evento **F** $= \{(1, 2), (2, 1), (2, 4), (3, 3), (4, 2)\} \Rightarrow$
$\Rightarrow n(F) = 5$

$$p(F) = \frac{n(F)}{n(\Omega)} \simeq \frac{5}{16} \simeq 31\%$$

(pois $5 : 16 \simeq 0{,}31$)

11. Forme todos os números de 3 algarismos distintos permutando os dígitos 7, 8 e 9. Qual é a probabilidade de, escolhendo um número desses ao acaso, ele ser:

a) ímpar?
b) par?
c) múltiplo de 6?
d) múltiplo de 4?
e) maior do que 780?

Resolução:

$\Omega = \{789, 798, 879, 897, 978, 987\} \Rightarrow n(\Omega) = 6$

a) evento **A**: ser ímpar $\rightarrow A = \{789, 879, 897, 987\} \Rightarrow$
$\Rightarrow n(A) = 4$

$$p(A) = \frac{n(A)}{n(\Omega)} = \frac{4}{6} = \frac{2}{3} \simeq 66\%$$

(pois $2 : 3 \simeq 0{,}66$)

b) evento **B**: ser par → B = {798, 978} ⇒ n(B) = 2

$$p(B) = \frac{n(A)}{n(\Omega)} = \frac{2}{6} = \frac{1}{3} \simeq 33\%$$

(pois 1 : 3 ≃ 0,33)

c) evento **C**: ser múltiplo de 6 → C = {798, 978} ⇒ n(C) = 2

$$p(C) = \frac{n(C)}{n(\Omega)} = \frac{2}{6} = \frac{1}{3} \simeq 33\%$$

d) evento **D**: ser múltiplo de 4 → D = ∅ (nenhum desses números é múltiplo de 4) ⇒ n(D) = 0

$$p(D) = \frac{n(D)}{n(\Omega)} = \frac{0}{6} = 0\ (0\%)$$

e) evento **E**: ser maior do que 780 → E = Ω ⇒ ⇒ n(E) = 6

$$p(E) = \frac{n(E)}{n(\Omega)} = \frac{6}{6} = 1\ (100\%)$$

Observação: Para determinar n(Ω) e n(A) e depois calcular $p(A) = \frac{n(A)}{n(\Omega)}$ não se deve necessariamente determinar Ω e **A**. Veja os exercícios seguintes.

12. Considere todos os números naturais de 4 algarismos distintos que é possível formar com os algarismos 1, 3, 4, 7, 8 e 9. Escolhendo um deles ao acaso, qual é a probabilidade de sair um número que comece por 3 e termine em 7?

Resolução:

$\underline{?}\ \underline{?}\ \underline{?}\ \underline{?} \rightarrow n(\Omega) = A_{6,4} = 6 \cdot 5 \cdot 4 \cdot 3 = 360$

$\underline{3}\ \underline{?}\ \underline{?}\ \underline{7} \rightarrow n(A) = A_{4,2} = 4 \cdot 3 = 12$

$$p(A) = \frac{12}{360} = \frac{1}{30}$$

13. Em um grupo de 75 jovens, 16 gostam de música, esporte e leitura; 24 gostam de música e esporte; 30 gostam de música e leitura; 22 gostam de esporte e leitura; 6 gostam somente de música; 9 gostam somente de esporte; e 5 jovens gostam somente de leitura.

a) Qual é a probabilidade de, ao apontar ao acaso um desses jovens, ele gostar de música?

b) Qual é a probabilidade de, ao apontar ao acaso um desses jovens, ele não gostar de nenhuma dessas atividades?

Resolução:

Neste caso, elaboramos o diagrama de Venn ao lado, considerando

M = música,

E = esporte e

L = leitura.

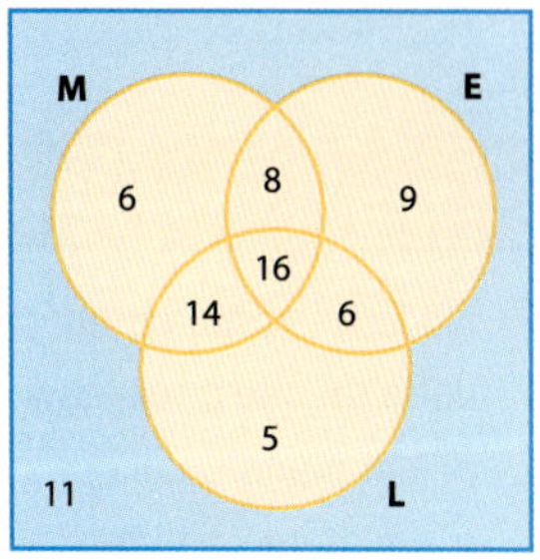

Observamos que:

- 6 + 8 + 16 + 14 = 44 gostam de música.
- 75 − (6 + 9 + 5 + 8 + 6 + 14 + 16) = 75 − 64 = 11 não gostam de nenhuma dessas atividades.

Como n(Ω) = 75, temos:

a) probabilidade de gostar de música:

$$p(A) = \frac{n(A)}{n(\Omega)} = \frac{44}{75} \simeq 0{,}586 \simeq 59\%$$

b) probabilidade de não gostar de nenhuma dessas atividades:

$$p(B) = \frac{n(B)}{n(\Omega)} = \frac{11}{75} \simeq 0{,}146 \simeq 15\%$$

Logo, ao se apontar ao acaso um desses jovens, a probabilidade de ele gostar de música é $\frac{44}{75} \simeq 59\%$, e a probabilidade de ele não gostar de nenhuma dessas atividades é de $\frac{11}{75} \simeq 15\%$.

Certeza e impossibilidade

Vamos agora relacionar a probabilidade do evento impossível e do evento certo com os demais eventos.

Os conjuntos ∅, **A** e Ω estão sempre relacionados por:

$$\varnothing \subset A \subset \Omega$$

Relacionando o número de elementos desses conjuntos, temos:

$$n(\varnothing) \leqslant n(A) \leqslant n(\Omega)$$

Dividindo esses três números por n(Ω) > 0, encontramos:

$$\frac{n(\varnothing)}{n(\Omega)} \leqslant \frac{n(A)}{n(\Omega)} \leqslant \frac{n(\Omega)}{n(\Omega)}$$

Como $n(\varnothing) = 0$, $\frac{n(A)}{n(\Omega)} = p(A)$ e $\frac{n(\Omega)}{n(\Omega)} = 1$, concluímos:

$$0 \leqslant p(A) \leqslant 1$$

Isso significa que a probabilidade pode assumir valores de 0 a 1.

Quando $p(A) = 0$, o evento **A** é o *evento impossível*; não há possibilidade de que ele venha a ocorrer.

Quando $p(A) = 1$, o evento **A** é o *evento certo*, e há *certeza* de que ele ocorrerá.

Exercícios propostos

6. No lançamento de um dado perfeito, qual é a probabilidade de que o resultado seja:

a) um número par?
b) um número primo?
c) o número 3?
d) um número menor do que 3?
e) um número menor do que 1?
f) um número menor do que 7?

7. Numa caixa há 6 bolas brancas e 4 bolas vermelhas. Qual é a probabilidade de, ao acaso, ser retirada:

a) uma bola vermelha?
b) uma bola branca?

(**Observação**: Para indicar o evento "sair bola vermelha" use índices assim: $A = \{V_1, V_2, V_3, V_4\}$.)

8. Escreva em pedaços iguais de papel os nomes dos dias da semana. Dobre-os igualmente, de modo que qualquer um deles tenha a mesma chance de ser retirado de uma caixa. Qual é a probabilidade de que o nome do dia retirado comece com a letra **S**?

9. Qual é a probabilidade de, ao retirar ao acaso uma carta de um baralho de 52 cartas, obter:

a) uma carta de copas?
b) um ás?
c) um ás de copas?
d) uma carta com naipe vermelho?
e) um "três" vermelho?

10. No lançamento simultâneo de duas moedas perfeitas e distinguíveis, qual é a probabilidade de que:

a) em ambas ocorra cara?
b) ocorra cara em uma e coroa na outra?
c) não ocorra nenhuma cara?
d) ocorra exatamente uma coroa?

11. No lançamento simultâneo de dois dados perfeitos e distinguíveis, um branco e outro vermelho, qual é a probabilidade de que:

a) a soma seja 7?
b) a soma seja par?
c) a soma seja um número primo?
d) a soma seja maior do que 1 e menor do que 8?
e) ambos os números sejam pares?
f) ambos os números sejam iguais?
g) o primeiro número seja múltiplo do segundo?

12. Um casal planeja ter exatamente 3 crianças. Faça um diagrama de árvore para mostrar todos os possíveis arranjos de meninos e meninas. Qual é a probabilidade de que:

a) duas crianças sejam meninos e a outra seja menina?
b) todas as crianças sejam meninas?
c) pelo menos uma criança seja menino?
d) todas as crianças sejam do mesmo sexo?
e) nenhuma criança seja menina?

13. Em uma enquete foram entrevistados 100 estudantes. Setenta deles responderam que frequentavam curso de informática, 28 responderam que frequentavam curso de inglês e 10 responderam que frequentavam ambos, informática e inglês. Qual é a probabilidade de um desses estudantes, selecionado ao acaso:

a) estar frequentando somente o curso de informática?
b) não estar frequentando nenhum desses cursos?

14. Em uma enquete foram entrevistadas 80 pessoas sobre os meios de transporte que utilizavam para ir ao trabalho e/ou à escola. Quarenta e duas responderam ônibus, 28 responderam carro e 30 responderam moto. Doze utilizavam-se de ônibus e carro, 14 de carro e moto e 18 de ônibus e moto. Cinco utilizavam-se dos três: carro, ônibus e moto. Qual é a probabilidade de que uma dessas pessoas, selecionada ao acaso, utilize:

a) somente ônibus?

b) somente carro?

c) carro e ônibus, mas não moto?

d) nenhum dos três veículos?

e) apenas um desses veículos?

5 Definição teórica de probabilidade e consequências

Vamos analisar o fenômeno aleatório *lançamento de uma moeda perfeita*.

Nesse caso, temos:

- $\Omega = \{C, \overline{C}\} \Rightarrow p(\Omega) = 1$
- Os subconjuntos de Ω são: $\varnothing$, $\{C\}$, $\{\overline{C}\}$ e $\{C, \overline{C}\}$.

Assim:

$$p(\varnothing) = 0 \qquad p(\{C\}) = \frac{1}{2} \qquad p(\{\overline{C}\}) = \frac{1}{2} \qquad p(\{C, \overline{C}\}) = 1$$

Vemos que $p(A) \geqslant 0$, para todo $A \subset \Omega$.

- Considerando $A = \{C\}$ e $B = \{\overline{C}\}$, vemos que $A \cap B = \varnothing$ e

$$p(A \cup B) = p(\{C\} \cup \{\overline{C}\}) = p\{(C, \overline{C})\} = p(\Omega) = 1 = \frac{1}{2} + \frac{1}{2} = p(\{C\}) + p(\{\overline{C}\}) = p(A) + p(B).$$

Assim, podemos teoricamente considerar probabilidade como uma função definida nas partes de um conjunto (espaço amostral Ω) com valores reais, satisfazendo as seguintes propriedades:

P_1: $p(A) \geqslant 0$, para qualquer $A \subset \Omega$

P_2: $p(\Omega) = 1$

P_3: $p(A \cup B) = p(A) + p(B)$, quando $A \cap B = \varnothing$ (eventos mutuamente exclusivos)

Observe que essas três propriedades são satisfeitas no exemplo anterior.

Consequências da definição

Como consequências da definição teórica de probabilidade, temos as seguintes propriedades:

1ª propriedade: Impossibilidade ou $p(\varnothing) = 0$

Como um evento qualquer **A** (**A** subconjunto de Ω) pode ser escrito como $A \cup \varnothing$ e como $A \cap \varnothing = \varnothing$, podemos aplicar a propriedade **P_3** e temos:

$$p(A) = p(A \cup \varnothing) \overset{P_3}{=} p(A) + p(\varnothing) \Rightarrow p(\varnothing) = 0$$

$$p(\varnothing) = 0$$

2ª propriedade: Probabilidade do evento complementar

Observe que, sendo $\overline{A}$ a notação para "complementar de **A**", temos:

$A \cup \overline{A} = \Omega$ e $A \cap \overline{A} = \varnothing$

Logo:

$p(\Omega) = p(A \cup \overline{A})$

Aplicando **P_2** e **P_3**, temos:

$1 = p(A) + p(\bar{A})$ ou, equivalentemente, $p(\bar{A}) = 1 - p(A)$

$$p(\bar{A}) = 1 - p(A)$$

3ª propriedade: Probabilidade da união de dois eventos

Conhecemos as probabilidades de ocorrência de dois eventos quaisquer **A** e **B** e procuramos a probabilidade de ocorrer o evento $A \cup B$. Ou seja, conhecemos p(A) e p(B) e procuramos uma expressão que nos dê $p(A \cup B)$. Vejamos qual é essa expressão.

Já sabemos, pela propriedade $\mathbf{P_3}$, que, se $A \cap B = \varnothing$, então $p(A \cup B) = p(A) + p(B)$.

Sabemos também que, se **A** e **B** são conjuntos quaisquer, temos:

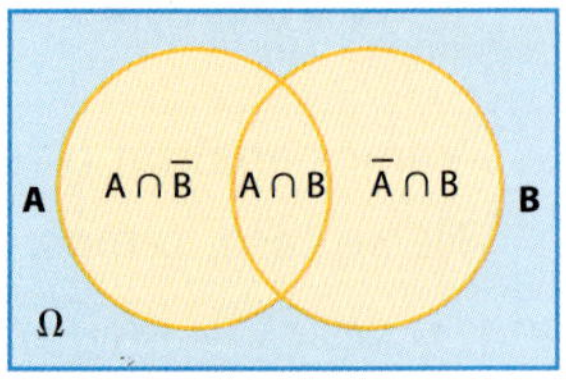

$A \cup B = (A \cap \bar{B}) \cup (A \cap B) \cup (\bar{A} \cap B)$ (I)

$A = (A \cap B) \cup (A \cap \bar{B})$
$B = (A \cap B) \cup (\bar{A} \cap B)$ (II)

Como $(A \cap \bar{B})$, $(A \cap B)$ e $(\bar{A} \cap B)$ são dois a dois disjuntos, podemos aplicar $\mathbf{P_3}$ e obtemos:

$p(A \cup B) = p(A \cap \bar{B}) + p(A \cap B) + p(\bar{A} \cap B)$ (III)

Considerando as probabilidades dos eventos **A** e **B** em (II), temos:

$p(A) = p(A \cap B) + p(A \cap \bar{B}) \Leftrightarrow p(A \cap \bar{B}) = p(A) - p(A \cap B)$ (IV)

$p(B) = p(A \cap B) + p(\bar{A} \cap B) \Leftrightarrow p(\bar{A} \cap B) = p(B) - p(A \cap B)$ (V)

Substituindo (IV) e (V) em (III), concluímos que:

$p(A \cup B) = p(A) + p(B) - p(A \cap B)$ → probabilidade da união de dois eventos quaisquer

Exercícios resolvidos

14. No lançamento simultâneo de dois dados perfeitos distinguíveis, qual é a probabilidade de não sair soma 5?

Resolução:

Neste caso, já vimos que Ω tem 36 elementos:

$\Omega = \{(1, 1), (1, 2), (1, 3), ..., (6, 5), (6, 6)\} \Rightarrow n(\Omega) = 36$

Seja **A** o evento "sair soma 5":

$A = \{(1, 4), (2, 3), (3, 2), (4, 1)\} \Rightarrow n(A) = 4$

$p(A) = \frac{n(A)}{n(\Omega)} = \frac{4}{36} = \frac{1}{9}$ e

$p(\bar{A}) = 1 - p(A) = 1 - \frac{1}{9} = \frac{9}{9} - \frac{1}{9} = \frac{8}{9}$

A probabilidade de não sair soma 5 é $\frac{8}{9}$.

15. No lançamento simultâneo de dois dados perfeitos distinguíveis, qual é a probabilidade de se obter soma par ou soma múltipla de 3?

Fique atento

A soma de dois números naturais é par nos seguintes casos: par + par; ímpar + ímpar.

Resolução:

Já sabemos que, neste caso:

$\Omega = \{(1, 1), (1, 2), (1, 3), ..., (6, 5), (6, 6)\} \Rightarrow n(\Omega) = 36$

evento **A**: "sair soma par":

$A = \{(1, 1), (1, 3), (1, 5), (2, 2), (2, 4), (2, 6), (3, 1), (3, 3), (3, 5), (4, 2), (4, 4), (4, 6), (5, 1), (5, 3), (5, 5), (6, 2), (6, 4), (6, 6)\}$

Portanto, $n(A) = 18$.

evento **B**: "sair soma múltipla de 3":

$B = \{(1, 2), (1, 5), (2, 1), (2, 4), (3, 3), (3, 6), (4, 2), (4, 5), (5, 1), (5, 4), (6, 3), (6, 6)\}$

Portanto, $n(B) = 12$.

$A \cap B = \{(1, 5), (2, 4), (3, 3), (4, 2), (5, 1), (6, 6)\} \Rightarrow$
$\Rightarrow n(A \cap B) = 6$

Logo:

$p(A) = \frac{18}{36} = \frac{1}{2}$

$p(B) = \frac{12}{36} = \frac{1}{3}$

$p(A \cap B) = \frac{6}{36} = \frac{1}{6}$

Assim, a probabilidade de se obter "soma par ou soma múltipla de 3" é dada por:

$p(A \cup B) = p(A) + p(B) - p(A \cap B) =$

$= \underbrace{\frac{1}{2}}_{\text{probabilidade de se obter soma par}} + \underbrace{\frac{1}{3}}_{\text{probabilidade de se obter soma múltipla de 3}} - \underbrace{\frac{1}{6}}_{\text{probabilidade de se obter soma par e múltipla de 3}} =$

$= \frac{3}{6} + \frac{2}{6} - \frac{1}{6} = \frac{4}{6} = \frac{2}{3}$

16. No lançamento de um dado perfeito, determine as probabilidades de, em cada evento:

a) sair número par;

b) sair número múltiplo de 3;

c) sair número par e múltiplo de 3;

d) sair número par ou múltiplo de 3;

e) não sair par nem múltiplo de 3;

f) não sair par ou não sair múltiplo de 3.

Resolução:

Neste caso, $\Omega = \{1, 2, 3, 4, 5, 6\} \Rightarrow n(\Omega) = 6$.

a) evento "sair número par" $\rightarrow A = \{2, 4, 6\} \Rightarrow$
$\Rightarrow n(A) = 3$

$p(A) = \frac{3}{6} = \frac{1}{2}$

b) evento "sair múltiplo de 3" $\rightarrow B = \{3, 6\} \Rightarrow$
$\Rightarrow n(B) = 2$

$p(B) = \frac{2}{6} = \frac{1}{3}$

c) evento "sair número par e múltiplo de 3" $\rightarrow$
$\rightarrow A \cap B = \{6\} \Rightarrow n(A \cap B) = 1$

$p(A \cap B) = \frac{1}{6}$

d) evento "sair número par ou múltiplo de 3" $\rightarrow A \cup B$

$p(A \cup B) = p(A) + p(B) - p(A \cap B) =$

$= \frac{1}{2} + \frac{1}{3} - \frac{1}{6} = \frac{2}{3}$

e) evento "não sair par nem múltiplo de 3" $\rightarrow$
$\rightarrow \overline{A} \cap \overline{B}$

Sabemos pela teoria dos conjuntos que $\overline{A} \cap \overline{B} =$
$= \overline{A \cup B}$.

Logo:

$p(\overline{A} \cap \overline{B}) = p(\overline{A \cup B}) = 1 - p(A \cup B) =$

$= 1 - \frac{2}{3} = \frac{3}{3} - \frac{2}{3} = \frac{1}{3}$

f) evento "não sair par ou não sair múltiplo de 3" $\rightarrow$
$\rightarrow \overline{A} \cup \overline{B}$

$p(\overline{A} \cup \overline{B}) = p(\overline{A}) + p(\overline{B}) - p(\overline{A} \cap \overline{B}) =$

$= [1 - p(A)] + [1 - p(B)] - p(\overline{A} \cap \overline{B}) =$

$= \left(1 - \frac{1}{2}\right) + \left(1 - \frac{1}{3}\right) - \frac{1}{3} = \frac{1}{2} + \frac{2}{3} - \frac{1}{3} =$

$= \frac{3}{6} + \frac{4}{6} - \frac{2}{6} = \frac{5}{6}$

Outra solução:

Sabemos pela teoria dos conjuntos que
$\overline{A} \cup \overline{B} = \overline{A \cap B}$.

Logo:

$p(\overline{A} \cup \overline{B}) = p(\overline{A \cap B}) = 1 - p(A \cap B) =$

$= 1 - \frac{1}{6} = \frac{6}{6} - \frac{1}{6} = \frac{5}{6}$

17. Ao retirar uma carta de um baralho de 52 cartas, qual é a probabilidade de que essa carta seja vermelha ou um ás?

Resolução:

evento **V**: "a carta é vermelha"; evento **A**: "a carta é ás"

evento $(V \cup A)$: "a carta é vermelha ou ás"

$p(V \cup A) = p(V) + p(A) - p(V \cap A)$

Em um baralho de 52 cartas, há 26 cartas vermelhas e 26 cartas pretas. Há também 4 ases, dos quais 2 são vermelhos.

Logo:

$p(V) = \frac{26}{52} = \frac{1}{2}$

$p(A) = \frac{4}{52} = \frac{1}{13}$

$p(V \cap A) = \frac{2}{52} = \frac{1}{26}$

Assim:

$p(V \cup A) = \frac{1}{2} + \frac{1}{13} - \frac{1}{26} = \frac{14}{26} = \frac{7}{13}$

A probabilidade de a carta retirada ser vermelha ou ás é de $\frac{7}{13}$.

18. Se **A** e **B** são eventos *mutuamente exclusivos* e $p(A) = 0{,}25$ e $p(B) = 0{,}5$, determine:

a) $p(\overline{A \cup B})$

b) $p(A \cup B)$

c) $p(\overline{A})$

d) $p(\overline{B})$

e) a probabilidade do evento "**A** mas não **B**"

Resolução:

a) $p(\overline{A \cup B}) = 1 - p(A \cup B) =$
$= 1 - [p(A) + p(B) - p(A \cap B)]$

Temos:

$p(A) = 0{,}25$

$p(B) = 0{,}5$

$p(A \cap B) = 0$ $(A \cap B) = \varnothing$ (mutuamente exclusivos)

Logo, $p(\overline{A \cup B}) = 1 - (0{,}25 + 0{,}5) = 0{,}25$.

b) $p(A \cup B) = p(A) + p(B) - p(A \cap B) =$
$= 0,25 + 0,5 - 0 = 0,75$

c) $p(\overline{A}) = 1 - p(A) = 1 - 0,25 = 0,75$

d) $p(\overline{B}) = 1 - p(B) = 1 - 0,5 = 0,5$

e) "**A** mas não **B**" é equivalente a "**A** e não **B**":
$A \cap \overline{B}$.
Como $A \cap \overline{B} = A - (A \cap B)$, temos:
$p(A \cap \overline{B}) = p(A) - p(A \cap B) = 0,25 - 0 = 0,25$

19. Uma máquina produziu 50 parafusos dos quais 5 eram defeituosos. Ao pegar ao acaso 3 parafusos, qual é a probabilidade de que:

a) os três sejam perfeitos?

b) os três sejam defeituosos?

c) pelo menos dois sejam defeituosos?

d) pelo menos um seja defeituoso?

Resolução:

$n(\Omega)$ = número de combinações de 50 elementos tomados 3 a 3.

$$n(\Omega) = \binom{50}{3} = \frac{50!}{3!\,47!} = \frac{50 \cdot 49 \cdot 48 \cdot \cancel{47!}}{3 \cdot 2 \cdot \cancel{47!}} =$$
$$= 50 \cdot 49 \cdot 8$$

a) evento **A**: os três parafusos são perfeitos

$$n(A) = \binom{45}{3} = \frac{45!}{3!\,42!} = \frac{45 \cdot 44 \cdot 43 \cdot \cancel{42!}}{3 \cdot 2 \cdot \cancel{42!}} =$$
$$= 15 \cdot 22 \cdot 43$$
$$p(A) = \frac{n(A)}{n(\Omega)} = \frac{15 \cdot 22 \cdot 43}{50 \cdot 49 \cdot 8} \simeq 0,72398$$

b) evento **B**: os três parafusos são defeituosos, o que pode ocorrer de $\binom{5}{3}$ maneiras. Logo:

$$n(B) = \binom{5}{3} = \frac{5!}{3!\,2!} = 5 \cdot 2 = 10$$
$$p(B) = \frac{n(B)}{n(\Omega)} = \frac{10}{50 \cdot 49 \cdot 8} = \frac{1}{1960} \simeq 0,0005$$

c) evento **C**: pelo menos 2 são defeituosos, ou seja, ou 2 ou 3 são defeituosos. Chamando de **D** o evento "2 são defeituosos" e de **B** o evento "3 são defeituosos", temos $C = D \cup B$.

$p(C) = p(D \cup B) = p(D) + p(B) - p(D \cap B)$
Como $D \cap B = \varnothing$, $p(D \cap B) = 0$. Logo,
$p(C) = p(D) + p(B)$. Basta então calcular $p(D)$.

Para cada $\binom{5}{2}$ escolhas de 2 defeituosos, existem $\binom{45}{1}$ possibilidades de o outro parafuso ser perfeito, ou seja:

$$n(D) = \binom{5}{2}\binom{45}{1}$$

Logo:

$$p(D) = \frac{\binom{5}{2}\binom{45}{1}}{\binom{50}{3}} = \frac{\frac{5!}{2!\,3!} \cdot \frac{45!}{44!}}{\frac{50!}{3!\,47!}} = \frac{9}{392} \simeq 0,02296$$

$p(C) = p(D) + p(B) \simeq 0,02296 + 0,0005 =$
$= 0,02346$

d) evento **E**: "pelo menos um é defeituoso", que é o complementar do evento **A**: "os três são perfeitos" (que é o mesmo que "nenhum é defeituoso"). Logo:
$p(E) = p(\overline{A}) = 1 - p(A) = 1 - 0,72398 =$
$= 0,27602$

20. Cada uma das 20 classes de um colégio de ensino médio tem 3 representantes. Uma comissão de 20 alunos representantes de classe, escolhida ao acaso, deverá ser formada para dinamizar a parte cultural e esportiva do colégio. Consideremos os eventos:

A: a 2ª série **A** está representada na comissão;

B: todas as classes estão representadas. Determine:

a) p(A);

b) p(B).

Resolução:

a) Neste caso, $n(\Omega) = C_{60,\,20} \rightarrow$ número total de comissões possíveis de 20 alunos, formadas de um total de 60 alunos.

Calculamos $p(\overline{A})$ e usamos a propriedade $p(A) = 1 - p(\overline{A})$.

$\overline{\mathbf{A}}$: a 2ª série não está representada na comissão. Há, então, 60 representantes, dos quais 57 não são da 2ª série **A**.

Logo:

$$p(\overline{A}) = \frac{n(\overline{A})}{n(\Omega)} = \frac{C_{57,\,20}}{C_{60,\,20}} = \frac{\frac{57!}{37!\,20!}}{\frac{60!}{40!\,20!}} = \frac{57!}{37!} \cdot \frac{40!}{60!} =$$
$$= \frac{40 \cdot 39 \cdot 38}{60 \cdot 59 \cdot 58} = \frac{59\,280}{205\,320} \simeq 0,28872$$

Portanto:

$p(A) = 1 - p(\overline{A}) \simeq 1 - 0,28872 \simeq 0,71128$.

b) Neste caso, também $n(\Omega) = C_{60,20}$.

$n(B) = 3^{20}$, pois há 3^{20} maneiras diferentes de se escolher uma comissão, incluindo um representante de cada classe. Portanto:

$$p(B) = \frac{3^{20}}{C_{60,\,20}} = \frac{3^{20}}{\frac{60!}{40!\,20!}} = \frac{40!\,20! \cdot 3^{20}}{60!} =$$
$$= \frac{20! \cdot 3^{20}}{60 \cdot 59 \cdot \ldots \cdot 41}$$

21. Em uma moeda viciada, a probabilidade de sair cara é o dobro da probabilidade de sair coroa. Qual é a probabilidade de sair cara?

Resolução:

Quando a moeda é viciada, os eventos elementares não são equiprováveis. Porém, sabemos que $P(\Omega) = 1$. Assim:

$P(C) + P(\overline{C}) = 1$ (propriedade)

$P(C) = 2 \cdot P(\overline{C})$ (enunciado)

Logo, $3 \cdot P(\overline{C}) = 1$ e $P(\overline{C}) = \frac{1}{3}$. Portanto:

$P(C) = 1 - P(\overline{C}) = \frac{2}{3}$

Fique atento

Quando um experimento é dito "viciado" ou "não honesto", os eventos elementares do espaço amostral não são equiprováveis.

22. (Enem) Um time de futebol amador ganhou uma taça ao vencer um campeonato. Os jogadores decidiram que o prêmio seria guardado na casa de um deles. Todos quiseram guardar a taça em suas casas. Na discussão para se decidir com quem ficaria o troféu, travou-se o seguinte diálogo:

Pedro, camisa 6: — Tive uma ideia. Nós somos 11 jogadores e nossas camisas estão numeradas de 2 a 12. Tenho dois dados com as faces numeradas de 1 a 6. Se eu jogar os dois dados, a soma dos números das faces que ficarem para cima pode variar de 2 (1 + 1) até 12 (6 + 6). Vamos jogar os dados, e quem tiver a camisa com o número do resultado vai guardar a taça.

Tadeu, camisa 2: — Não sei não... Pedro sempre foi muito esperto... Acho que ele está levando alguma vantagem nessa proposta...

Ricardo, camisa 12: — Pensando bem... Você pode estar certo, pois, conhecendo o Pedro, é capaz que ele tenha mais chances de ganhar que nós dois juntos...

Desse diálogo conclui-se que:

a) Tadeu e Ricardo estavam equivocados, pois a probabilidade de ganhar a guarda da taça era a mesma para todos.

b) Tadeu tinha razão e Ricardo estava equivocado, pois, juntos, tinham mais chances de ganhar a guarda da taça do que Pedro.

c) Tadeu tinha razão e Ricardo estava equivocado, pois, juntos, tinham a mesma chance que Pedro de ganhar a guarda da taça.

d) Tadeu e Ricardo tinham razão, pois os dois juntos tinham menos chances de ganhar a guarda da taça do que Pedro.

e) Não é possível saber qual dos jogadores tinha razão, por se tratar de um resultado probabilístico, que depende exclusivamente da sorte.

> RESOLUÇÃO PASSO A PASSO:

1. Lendo e compreendendo

a) O que é dado no problema?

É explicado o modo como Pedro sugere que seja feito o sorteio do jogador que guardará a taça, e é mostrada a opinião de Tadeu e Ricardo.

b) O que se pede?

Pede-se que se conclua se Tadeu e Ricardo têm razão ou não.

2. Planejando a solução

De acordo com o texto, vamos calcular a probabilidade de Pedro, Tadeu e Ricardo serem sorteados para ficar com a taça. Com os resultados, veremos quem tem razão.

3. Executando o que foi planejado

Jogando dois dados, o espaço amostral é composto por 36 elementos, uma vez que cada dado apresenta 6 resultados possíveis. Cada elemento do espaço amostral é do tipo ($dado_1$, $dado_2$). Assim:

$\Omega = \{(1, 1), (1, 2), (1, 3), (1, 4), (1, 5), (1, 6), (2, 1), (2, 2), (2, 3), (2, 4), (2, 5), (2, 6), (3, 1), (3, 2), (3, 3), (3, 4), (3, 5), (3, 6), (4, 1), (4, 2), (4, 3), (4, 4), (4, 5), (4, 6), (5, 1), (5, 2), (5, 3), (5, 4), (5, 5), (5, 6), (6, 1), (6, 2), (6, 3), (6, 4), (6, 5), (6, 6)\}$

- Para Pedro ser sorteado, a soma dos resultados deve ser 6. Assim, temos 5 elementos do espaço amostral compondo o evento $A = \{(1, 5), (2, 4), (3, 3), (4, 2), (5, 1)\}$. Dessa forma, a probabilidade de Pedro ser sorteado é $PA = \frac{n(A)}{n(\Omega)} = \frac{5}{36}$.
- Para Tadeu ser sorteado, a soma dos resultados deve ser 2. Assim, temos um único elemento do espaço amostral compondo o evento $B = \{(1, 1)\}$. Dessa forma, a probabilidade de Tadeu ser sorteado é $P_B = \frac{n(B)}{n(\Omega)} = \frac{1}{36}$.
- Para Ricardo ser sorteado, a soma dos resultados deve ser 12. Assim, também temos um único elemento do espaço amostral compondo o evento $C = \{(6, 6)\}$. Dessa forma, a probabilidade de Ricardo ser sorteado é $P_C = \frac{n(C)}{n(\Omega)} = \frac{1}{36}$.

Com esses resultados, podemos concluir o seguinte:

a) Tadeu não estava equivocado; Pedro estava levando vantagem, pois $P_A > P_B$ e $P_A > P_C$.

b) Ricardo não estava equivocado; a probabilidade de Pedro ganhar é maior do que a probabilidade de Ricardo e Tadeu juntos, pois $P_A > P_B + P_C$.

4. Verificando

Ao jogar 2 dados, o espaço amostral será o mesmo para todos. Então, verificando os eventos favoráveis a cada um, podemos comparar as chances de cada um.

Como a camisa de Pedro é a 6, então os eventos favoráveis são: (1, 5), (2, 4), (3, 3), (4, 2), (5, 1), totalizando 5 eventos. A camisa de Tadeu é a 2, portanto apenas 1 evento é favorável: (1, 1). A camisa de Ricardo é a 12, então também temos apenas 1 evento favorável: (6, 6). Como a soma dos eventos favoráveis a Tadeu e Ricardo (2 eventos) é menor que os 5 eventos favoráveis a Pedro, Tadeu e Ricardo tinham razão. Isso confirma o resultado anteriormente obtido.

5. Respondendo

A resposta é a alternativa **d**.

6. Ampliando o problema

a) Pedro era o jogador com maior chance de levar a taça para casa, dentre todos os 11 jogadores do time?

b) Alguém sugeriu usarem um dado e uma moeda, da seguinte forma: atribui-se o valor 1 para cara e o valor 7 para coroa; jogam-se simultaneamente a moeda e o dado, e somam-se os resultados. Por exemplo, saindo cara e "5" ganha Pedro, pois a soma seria 6. No caso de sair coroa e "6", joga-se novamente, pois a soma seria 13 e ninguém tem essa camisa. Nessa nova maneira de sortear, Pedro continuaria levando vantagem?

c) **Discussão em equipe**

O futebol amador é praticado em todo o Brasil, por todo tipo de brasileiro. Você conhece algum time de futebol amador da sua cidade ou região? Conhece alguém que joga ou já jogou? Troque ideias com seus colegas sobre futebol amador, discutindo a importância dessa modalidade esportiva.

Quadro-resumo

Evento	A	$\overline{A}$	$A \cup B$	$\overline{A} \cap \overline{B}$	$\overline{A} \cup \overline{B}$	$A \cap \overline{B}$
Probabilidade	$p(A) = \dfrac{n(A)}{n(\Omega)}$	$1 - p(A)$	$p(A) + p(B) - p(A \cap B)$	$p(\overline{A \cup B}) = 1 - p(A \cup B)$	$p(\overline{A \cap B}) = 1 - p(A \cap B)$	$p(A) - p(A \cap B)$

Exercícios propostos

15. Suponhamos que **A** e **B** sejam eventos de um mesmo espaço amostral e que $p(A) = 0{,}4$, $p(B) = 0{,}3$ e $p(A \cap B) = 0{,}1$. Determine a probabilidade de cada um dos eventos.

a) $A \cup B$
b) $\overline{A \cup B}$
c) $\overline{A}$
d) $\overline{B}$
e) $\overline{A \cap B}$
f) **A** mas não **B**
g) **B** mas não **A**
h) nem **A** nem **B**

16. Numa urna existem bolas numeradas de 1 a 17. Qualquer uma delas tem a mesma chance de ser retirada. Qual é a probabilidade de se retirar uma bola cujo número seja:

a) par?
b) primo?
c) par ou primo?
d) par e primo?
e) nem par nem primo?
f) par mas não primo?
g) primo mas não par?

17. No lançamento de um dado viciado a probabilidade de sair um número **n** é representada por $p(n) = n \cdot p(1)$, sendo $n \in \{1, 2, 3, 4, 5, 6\}$. Calcule a probabilidade de sair:

a) o número 3.
b) o número 2 ou 4.
c) um número par.

18. Em determinada região, a chance de uma grávida ter um filho do sexo masculino é 50% maior que a chance de ter um filho do sexo feminino. Qual é a probabilidade de uma grávida dar à luz uma menina, nessa região?

19. No lançamento de um dado perfeito, qual é a probabilidade de não sair o 6?

20. No lançamento de dois dados perfeitos, qual é a probabilidade de se obter soma 8 ou números iguais nas faces superiores?

21. Uma carta é retirada ao acaso de um baralho de 52 cartas e, ao mesmo tempo, uma moeda é lançada. Qual é a probabilidade de se obter:

a) carta vermelha e cara?

b) carta vermelha ou cara?

c) carta de figura (dama, valete, rei) e coroa?

d) carta de figura ou coroa?

22. Duas cartas são retiradas aleatoriamente de um baralho de 52 cartas. Qual é a probabilidade de que:

a) ambas sejam de ouros?

b) uma seja de copas e outra de ouros?

c) pelo menos uma seja de ouros?

Probabilidade condicional

Analisemos a seguinte situação:

Uma moeda é lançada três vezes. Já vimos que nesse caso o espaço amostral é:

$$\Omega = \{CCC, CC\overline{C}, C\overline{C}C, C\overline{C}\,\overline{C}, \overline{C}CC, \overline{C}C\overline{C}, \overline{C}\,\overline{C}C, \overline{C}\,\overline{C}\,\overline{C}\}$$

Consideremos o evento **A**: sair cara exatamente duas vezes.

Então:

$$A = \{CC\overline{C}, C\overline{C}C, \overline{C}CC\} \rightarrow p(A) = \frac{3}{8}$$

Agora, consideremos que, ao ser lançada a moeda três vezes, "o resultado do primeiro lançamento foi cara". Qual é a probabilidade de sair cara exatamente duas vezes?

O espaço amostral passa a ser **B** com:

$$B = \{CCC, CC\overline{C}, C\overline{C}C, C\overline{C}\,\overline{C}\} \quad \text{e} \quad A' = \{CC\overline{C}, C\overline{C}C\}$$

em que $A' = A \cap B$ e a probabilidade pedida é:

$$p(A') = \frac{n(A')}{n(B)} = \frac{2}{4} = \frac{1}{2}$$

Observe que a probabilidade do evento "sair cara em ambos os lançamentos" foi modificada pela presença do evento condicionante "o resultado do primeiro lançamento foi cara".

Definimos:

- evento **A**: exatamente dois dos três lançamentos dão cara $\rightarrow A = \{CC\overline{C}, C\overline{C}C, \overline{C}CC\}$
- evento **B**: o primeiro lançamento dá cara $\rightarrow B = \{CCC, CC\overline{C}, C\overline{C}C, C\overline{C}\,\overline{C}\}$

e denotamos por A/B o "evento **A** condicionado ao fato de que o evento **B** já ocorreu" e por p(A/B) a *probabilidade condicional de ocorrer **A**, tendo ocorrido **B**.*

No exemplo dado, p(A/B) é a probabilidade de sair cara exatamente duas vezes, tendo saído cara no primeiro lançamento.

Vimos que:

$$p(A/B) = p(A') = \frac{1}{2}$$

Então:

$$p(A/B) = \frac{n(A')}{n(B)} = \frac{n(A \cap B)}{n(B)} \Rightarrow p(A/B) = \frac{\frac{n(A \cap B)}{n(\Omega)}}{\frac{n(B)}{n(\Omega)}} = \frac{p(A \cap B)}{p(B)} \quad (\text{com } n(\Omega) \neq 0)$$

Logo:

$$\boxed{p(A/B) = \frac{p(A \cap B)}{p(B)}} \quad \text{ou} \quad \boxed{p(A \cap B) = p(A/B) \cdot p(B)}$$

Exercícios resolvidos

23. Ao retirar uma carta de um baralho de 52 cartas, qual é a probabilidade de sair um ás vermelho sabendo que ela é de copas?

Resolução:

Neste caso temos $n(\Omega) = 52$.

evento **A**: sair ás vermelho

evento **B**: sair copas

O que o problema pede é p(A/B), ou seja, a probabilidade de sair ás vermelho tendo saído copas.

evento **A**: {ás de copas, ás de ouros}

evento **B**: {cartas de copas} $\Rightarrow n(B) = 13$

$A \cap B = \{\text{ás de copas}\} \Rightarrow n(A \cap B) = 1$

Logo, $p(A \cap B) = \frac{1}{52}$ e $p(B) = \frac{13}{52}$. Portanto:

$$p(A/B) = \frac{p(A \cap B)}{p(B)} = \frac{\frac{1}{52}}{\frac{13}{52}} = \frac{1}{13}$$

Assim, ao retirar uma carta de um baralho de 52 cartas, a probabilidade de sair ás vermelho sabendo que ela é de copas é de $\frac{1}{13}$.

24. Uma família planejou ter 3 crianças. Qual é a probabilidade de que a família tenha 3 homens, já que a primeira criança que nasceu é homem?

Resolução:

Neste caso, chamando **M**: mulher e **H**: homem, temos:

$\Omega = \{HHH, HHM, HMM, MMM, MMH, MHH, HMH, MHM\} \Rightarrow n(\Omega) = 8$

evento **A**: a família tem 3 homens $\Rightarrow A = \{HHH\}$

evento **B**: a primeira criança é homem $\Rightarrow$

$\Rightarrow B = \{HHH, HHM, HMH, HMM\}$

$A \cap B = \{HHH\}$; $p(A \cap B) = \frac{1}{8}$; $p(B) = \frac{4}{8} = \frac{1}{2}$

$$p(A/B) = \frac{p(A \cap B)}{p(B)} = \frac{\frac{1}{8}}{\frac{1}{2}} = \frac{1}{4}$$

25. Dois dados perfeitos são lançados. Qual é a probabilidade de sair soma 8 se ocorreu o 3 no primeiro dado?

Resolução:

$\Omega = \{(1, 1), (1, 2), ..., (6, 5), (6, 6)\} \Rightarrow n(\Omega) = 36$

evento **A**: sair soma 8 $\Rightarrow$

$\Rightarrow A = \{(2, 6), (3, 5), (4, 4), (5, 3), (6, 2)\}$

evento **B**: sair 3 no primeiro dado $\Rightarrow$

$\Rightarrow B = \{(3, 1), (3, 2), (3, 3), (3, 4), (3, 5), (3, 6)\}$

$A \cap B = \{(3, 5)\}$; $p(A \cap B) = \frac{1}{36}$; $p(B) = \frac{6}{36} = \frac{1}{6}$

$$p(A/B) = \frac{p(A \cap B)}{p(B)} = \frac{\frac{1}{36}}{\frac{1}{6}} = \frac{1}{6}$$

26. Numa população de 500 pessoas, 280 são mulheres e 60 exercem a profissão de advogado, sendo 20 do sexo feminino. Tomando ao acaso uma dessas pessoas, qual é a probabilidade de que, sendo mulher, seja advogada?

Resolução:

Consideremos:

evento **A**: a pessoa exerce advocacia

evento **B**: a pessoa é do sexo feminino

Procuramos p(A/B).

$$\left.\begin{array}{l} p(B) = \frac{280}{500} = \frac{14}{25} \\ n(A \cap B) = 20 \\ p(A \cap B) = \frac{20}{500} = \frac{1}{25} \end{array}\right\} \Rightarrow p(A/B) = \frac{\frac{1}{25}}{\frac{14}{25}} = \frac{1}{14}$$

Outra maneira:

Em lugar de estudar a população toda, poderíamos nos restringir às mulheres e perguntar qual é a probabilidade de ser advogada uma mulher tomada ao acaso. Teríamos:

$$p(A/B) = \frac{20}{280} = \frac{1}{14}$$

27. As pesquisas de opinião apontam que 20% da população é constituída de mulheres que votam no partido **X**. Sabendo que 56% da população são mulheres, qual é a probabilidade de que uma mulher selecionada ao acaso da população toda vote no partido **X**?

Resolução:

B: a pessoa escolhida é mulher

A: a pessoa vota no partido **X**

$A \cap B$: mulher que vota no partido **X**

Procuramos p(A/B).

$p(B) = 0{,}56$, que é equivalente a dizer que 56% da população são mulheres.

$p(A \cap B) = 0{,}2$, que é equivalente a dizer que 20% da população são mulheres que votam no partido **X**.

Portanto, $p(A/B) = \frac{0{,}2}{0{,}56} = 0{,}35$, que é equivalente a dizer que 35% das mulheres votam no partido **X**.

Exercícios propostos

23. Se **A** e **B** são eventos com $p(A) = 0{,}4$, $p(B) = 0{,}2$ e $p(A \cap B) = 0{,}1$, calcule:

a) $p(A/B)$; b) $p(B/A)$; c) $p(A/A \cup B)$.

24. Se **A** e **B** são eventos com $p(A) = \frac{3}{5}$, $p(B) = \frac{1}{2}$ e $p(A \cap B) = \frac{3}{10}$, determine a probabilidade de:

a) **A**, dado **B**.

b) **B**, dado **A**.

c) **A**, dado $A \cup B$.

d) $A \cup B$, dado **A**.

25. Jogam-se dois dados. Qual é a probabilidade de se obter o 4 no primeiro dado, se a soma dos resultados é 9?

26. Ao jogar um dado, descubra a probabilidade de ter saído número ímpar, sabendo que não saiu o número 4.

27. Um grupo de pessoas está classificado da seguinte maneira:

	Professor	Advogado	Dentista
Homens	60	80	50
Mulheres	90	40	30

Define-se que **H**: homem; **M**: mulher; **P**: professor; **A**: advogado; **D**: dentista. Escreva o que significa cada uma das expressões, supondo que cada pessoa tenha uma única profissão.

a) $p(A/H)$

b) $p(P/M)$

c) $p(D/H)$

d) $p(A/M)$

e) $p(\bar{A}/\bar{M})$

f) $p(\bar{D}/H)$

g) $p(P/\bar{H})$

Calcule os valores de **a**, **b** e **c**.

28. Uma moeda é lançada três vezes. Determine a probabilidade de se obter:

a) 3 caras.

b) 3 caras, dado que a primeira foi cara.

c) exatamente 2 caras.

d) 2 caras, dado que a primeira foi coroa.

e) cara no 2º lançamento, dado que 2 coroas e 1 cara foram obtidas.

f) cara no 2º lançamento, dado que 3 caras foram obtidas.

g) cara no 2º lançamento, dado que pelo menos 1 cara foi obtida.

29. Uma família planeja ter 3 crianças. Qual é a probabilidade de que a família tenha exatamente 2 meninas, dado que a primeira criança que nasceu é menina?

30. Numa cidade, 20% da população são mulheres que não podem votar (menores de 16 anos). Se 60% da população são mulheres, qual é a probabilidade de que uma mulher selecionada ao acaso não possa votar?

Eventos independentes

O conceito de independência de eventos é muito importante em probabilidade. Após analisar um exemplo, definiremos o que são *eventos independentes*.

Consideremos o experimento "lançar dois dados perfeitos de cores diferentes". Seja **A** o evento "sair o 6 no 1º dado" e **B** o evento "sair o 3 no 2º dado". Observemos que:

- $n(\Omega) = 36$
- $A = \{(6, 1), (6, 2), (6, 3), (6, 4), (6, 5), (6, 6)\}$
- $B = \{(1, 3), (2, 3), (3, 3), (4, 3), (5, 3), (6, 3)\}$
- $p(A) = \frac{6}{36} = \frac{1}{6}$
- $p(B) = \frac{6}{36} = \frac{1}{6}$
- $A \cap B = \{(6, 3)\} \Rightarrow p(A \cap B) = \frac{1}{36}$
- $p(B/A) = \frac{p(B \cap A)}{p(A)} = \frac{\frac{1}{36}}{\frac{1}{6}} = \frac{1}{6}$

Assim, $p(B) = p(B/A) = \frac{1}{6}$, ou seja, a probabilidade de "sair 3 no 2º dado" não foi afetada pelo fato de "sair 6 no 1º dado", ou, ainda, a probabilidade de ocorrer **B** *não dependeu* da ocorrência de **A**.

Nesse caso dizemos que **A** e **B** são *eventos independentes*. A probabilidade de ocorrer um deles não depende do fato de ter ou não ocorrido o outro.

Dessa forma, também é verdade que $p(A) = p(A/B)$.

Assim, como $p(A/B) = \dfrac{p(A \cap B)}{p(B)}$, temos:

$$p(A \cap B) = \underbrace{p(A/B)}_{p(A)} \cdot p(B) = p(A) \cdot p(B)$$

Logo, o fato de **A** e **B** serem eventos independentes é equivalente a dizer que $p(A \cap B) = p(A) \cdot p(B)$. Podemos, então, dar a definição:

> Dois eventos **A** e **B** de um espaço amostral Ω (com $p(A) \neq 0$ e $p(B) \neq 0$) são independentes se e somente se $p(A/B) = p(A)$, ou de modo equivalente:
> $$p(A \cap B) = p(A) \cdot p(B)$$

Com isso, podemos afirmar que dois eventos **A** e **B** são *dependentes* quando $p(A \cap B) \neq p(A) \cdot p(B)$.

Exercícios resolvidos

28. Uma moeda perfeita é lançada duas vezes. Considerando os eventos **A**: sair cara na 1ª jogada e **B**: sair cara na 2ª jogada, demonstre que os eventos **A** e **B** são independentes.

Resolução:

$\Omega = \{CC, C\overline{C}, \overline{C}C, \overline{C}\overline{C}\}$

$A = \{CC, C\overline{C}\} \Rightarrow p(A) = \dfrac{2}{4} = \dfrac{1}{2}$

$B = \{CC, \overline{C}C\} \Rightarrow p(B) = \dfrac{2}{4} = \dfrac{1}{2}$

$A \cap B = \{CC\} \Rightarrow p(A \cap B) = \dfrac{1}{4}$

Como $\dfrac{1}{4} = \dfrac{1}{2} \cdot \dfrac{1}{2}$, então $p(A \cap B) = p(A) \cdot p(B)$.

Logo, **A** e **B** são independentes.

Outra maneira:

$$p(A/B) = \frac{p(A \cap B)}{p(B)} = \frac{\frac{1}{4}}{\frac{1}{2}} = \frac{1}{2}$$

Como $p(A) = \dfrac{1}{2}$, então $p(A/B) = p(A)$ e os eventos **A** e **B** são independentes.

29. Consideremos uma cria de cachorros com 3 filhotes. Sejam os eventos **A**: obtenção de pelo menos dois machos e **B**: obtenção de pelo menos um filhote de cada sexo. Os eventos **A** e **B** são independentes? Por quê?

Resolução:

m: macho; **f**: fêmea

$\Omega = \{mmm, mmf, mfm, fmm, mff, fmf, ffm, fff\}$

$A = \{mmm, mmf, mfm, fmm\} \Rightarrow p(A) = \dfrac{1}{2}$

$B = \{mmf, mfm, fmm, mff, fmf, ffm\} \Rightarrow p(B) = \dfrac{3}{4}$

$A \cap B = \{mmf, mfm, fmm\} \Rightarrow p(A \cap B) = \dfrac{3}{8}$

Vemos que $\dfrac{3}{8} = \dfrac{1}{2} \cdot \dfrac{3}{4}$.

Como $p(A \cap B) = p(A) \cdot p(B)$, temos que **A** e **B** são independentes.

30. Uma fábrica produz três produtos, **A**, **B** e **C**. Qual é a probabilidade de se selecionar, ao acaso, um produto defeituoso **A**, se é sabido que 30% dos produtos produzidos pela fábrica são produtos **A** e 5% dos produtos **A** são defeituosos?

Resolução:

D: selecionar produto defeituoso

$D \cap A$: selecionar produto defeituoso **A**

$p(A) = \dfrac{30}{100} = \dfrac{3}{10}$

$p(D/A) = \dfrac{5}{100} = \dfrac{1}{20}$

$p(D \cap A) = p(D/A) \cdot p(A) = \dfrac{1}{20} \cdot \dfrac{3}{10} =$

$= \dfrac{3}{200} = 1{,}5\%$

Portanto, $p(D \cap A) = 1{,}5\%$.

31. São realizados dois lançamentos sucessivos de um dado perfeito. Qual é a probabilidade de ocorrer, nos dois casos, o número 5?

Resolução:

A: ocorrência de 5 no 1º lançamento $\Rightarrow p(A) = \dfrac{1}{6}$

B: ocorrência de 5 no 2º lançamento $\Rightarrow p(B) = \dfrac{1}{6}$

A e **B** são independentes. Procuramos $p(A \cap B)$.

$p(A \cap B) = p(A) \cdot p(B) = \dfrac{1}{6} \cdot \dfrac{1}{6} = \dfrac{1}{36}$

Exercícios propostos

31. Se **A** e **B** são eventos independentes com p(A) = 0,2 e p(B) = 0,4, determine:

a) $p(A \cap B)$ b) $p(A \cup B)$

32. Se **A** e **B** são eventos independentes com p(A) = 0,5 e $p(A \cap B) = 0{,}3$, determine p(B).

33. Se p(A) = 0,3, p(B) = 0,2 e $p(A \cup B) = 0{,}4$, determine p(A/B). **A** e **B** são independentes?

34. Dois dados perfeitos são lançados. Consideremos os eventos **A**: sair número ímpar no 1º dado e **B**: a soma dos resultados é 7. Determine:

a) p(A);
b) p(B);
c) $p(A \cap B)$;
d) p(B/A);
e) se **A** e **B** são independentes.

35. Um dado perfeito é lançado e os eventos **A** e **B** são dados por A = {1, 2, 3} e B = {3, 4, 5}. Mostre que os eventos **A** e **B** não são independentes.

36. Consideremos uma família com 3 crianças e os eventos **A**: a família tem no máximo 1 menino; **B**: a família tem crianças de ambos os sexos. Os eventos **A** e **B** são independentes?

37. Uma carta é retirada de um baralho de 52 cartas e, em seguida, reposta no baralho. Daí uma segunda carta é retirada. Qual é a probabilidade de que:

a) a primeira carta seja de copas?
b) a segunda carta seja de paus, dado que a primeira é uma carta de copas?
c) a primeira carta seja de copas e a segunda seja de paus?

38. Num conjunto de 100 parafusos, 90 deles estão em boas condições. Dois deles são retirados, sucessivamente, ao acaso, sem reposição. Qual é a probabilidade de que o primeiro parafuso defeituoso seja encontrado na 2ª retirada?

39. Trinta por cento (30%) de uma população tem deficiência de uma certa vitamina, devido a uma alimentação não equilibrada. Dez por cento (10%) das pessoas com essa deficiência de vitamina têm uma certa doença. Qual é a probabilidade de que uma pessoa selecionada ao acaso tenha a doença e a deficiência de vitamina?

40. No campeonato amador de futebol de uma cidade, 22 times são divididos em dois grupos de 11 times. Qual é a probabilidade de dois desses times ficarem no mesmo grupo?

6 Outras aplicações

Exercícios resolvidos

32. O brinquedo conhecido como Blocos lógicos consiste em diversas peças de formas, tamanhos, espessuras e cores variadas. São 48 peças construídas combinando-se 3 cores (azul, vermelha e amarela), 4 formas (triangular, quadrada, retangular e circular), 2 tamanhos (grande e pequeno) e 2 espessuras (grossa e fina). Cada peça tem apenas uma cor, uma forma, um tamanho e uma espessura e existem peças para todas as combinações possíveis. Escolhendo uma peça ao acaso, o que é mais provável tirar:

a) uma peça azul e grande, ou uma peça quadrada e fina?
b) uma peça circular ou uma peça grande e grossa?

Resolução:

a) Peça azul e grande: $P = \frac{1}{3} \cdot \frac{1}{2} = \frac{1}{6}$

Peça quadrada e fina: $P = \frac{1}{4} \cdot \frac{1}{2} = \frac{1}{8}$

Como $\frac{1}{6} > \frac{1}{8}$, então é mais provável tirar uma peça azul e grande.

b) Peça circular: $P = \frac{1}{4}$

Peça grande e grossa: $P = \frac{1}{2} \cdot \frac{1}{2} = \frac{1}{4}$

Como $\frac{1}{4} = \frac{1}{4}$, então a probabilidade é a mesma para os dois eventos.

33. (Vunesp) Os 500 estudantes de um colégio responderam a uma pergunta sobre qual a sua área de conhecimento preferida, entre exatas, humanidades e biológicas. As respostas foram computadas e alguns dados foram colocados na tabela a seguir.

Área	Sexo		
	Masculino (M)	Feminino (F)	Total
Exatas (E)	120		200
Humanidades (H)		80	125
Biológicas (B)	100		175
Total			500

a) Sabendo que cada estudante escolheu uma única área, copie a tabela em seu caderno e complete-a com os dados que estão faltando.

b) Um estudante é escolhido ao acaso. Sabendo que é do sexo feminino, determine a probabilidade de essa estudante preferir humanidades ou biológicas.

Resolução:

a)

Área	Sexo		
	Masculino (M)	Feminino (F)	Total
Exatas (E)	120	80	200
Humanidades (H)	45	80	125
Biológicas (B)	100	75	175
Total	265	235	500

b) $P = \frac{155}{235} = \frac{31}{47}$

Exercícios propostos

41. Um famoso jogo do sistema operacional *Windows* é o Campo minado, em que o jogador precisa descobrir em que posições (delimitadas pelos quadrados) estão colocadas 10 minas (bombas). As regras do jogo são as seguintes:

- A área do jogo contém o campo, um contador de minas no lado esquerdo (são 10 ao todo) e um cronômetro no lado direito.
- Você pode revelar um quadrado clicando nele com o *mouse*. Se você revelar uma mina, perderá o jogo.
- O número que aparece no quadrado indica quantas minas existem nos oito quadrados que o cercam. No exemplo ao lado, o número 2 indica que existem 2 minas espalhadas nos 8 quadrados que o cercam.

- Para marcar um quadrado que você acha que contém uma mina, clique nele com o botão direito do *mouse*. Ele ficará marcado com uma bandeirinha.

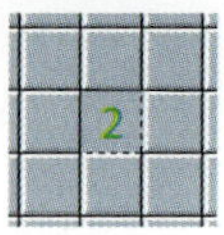

Baseado nessas informações, verifique qual das opções a seguir é a mais indicada para dar o próximo clique, considerando que o objetivo é não revelar acidentalmente uma mina. Justifique sua escolha.

Opção 1: Qualquer um dos 8 quadrados que cercam o número 2 já revelado.

Opção 2: Qualquer um dos 8 quadrados que cercam o número 1 já revelado.

Opção 3: Qualquer um dos quadrados restantes não incluídos nas opções anteriores.

42. No jogo da Quina, mantido pela Caixa Econômica Federal, são sorteadas cinco dezenas de um total de 80. O apostador deve marcar um mínimo de 5 e um máximo de 7 dezenas em um volante. O valor da aposta varia de acordo com o número de dezenas marcadas, segundo a tabela abaixo:

Aposta (dezenas)	**Preço** (R$)
5	0,75
6	3,00
7	7,50

Carlos encontrou 15 reais no bolso e decidiu apostar na sorte. Diante da porta da lotérica, olhando a tabela de preços, veio-lhe a dúvida: o que seria preferível?

Opção 1: Gastar 15 reais fazendo dois volantes distintos com 7 dezenas marcadas.

Opção 2: Gastar 15 reais fazendo cinco volantes distintos com 6 dezenas marcadas.

Opção 3: Gastar 15 reais fazendo vinte volantes distintos com 5 dezenas marcadas.

Ajude Carlos a tomar a decisão correta.

7 O método binomial

O método do produto de probabilidades é usado, por exemplo, quando se quer saber qual é a probabilidade de, numa família, todas as crianças serem meninos ou todas serem meninas. Se um casal planejou ter 4 filhos, a probabilidade de que todos sejam meninos é:

$$\frac{1}{2} \cdot \frac{1}{2} \cdot \frac{1}{2} \cdot \frac{1}{2} = \frac{1}{16}$$

Quando há mistura de sexos, por exemplo, 3 meninos e 1 menina, 2 meninos e 2 meninas, etc. e não se especifica a ordem de ocorrência, podemos usar o *método binomial*. Para isso, vamos inicialmente retomar as potências do binômio $(a + b)^n$, conhecidas como binômio de Newton, que estudamos no capítulo anterior:

$(a + b)^1 = 1a + 1b$

$(a + b)^2 = (a + b)(a + b) = a^2 + ab + ba + b^2 = 1a^2 + 2ab + 1b^2$

$(a + b)^3 = (a + b)^2(a + b) = 1a^3 + 3a^2b + 3ab^2 + 1b^3$

$(a + b)^4 = (a + b)^3(a + b) = 1a^4 + 4a^3b + 6a^2b^2 + 4ab^3 + 1b^4$

$(a + b)^5 = (a + b)^4(a + b) = 1a^5 + 5a^4b + 10a^3b^2 + 10a^2b^3 + 5ab^4 + 1b^5$

Os coeficientes são os elementos do triângulo de Pascal, conhecidos como números binomiais:

$$\begin{array}{c} 1 \\ 1 \quad 1 \\ 1 \quad 2 \quad 1 \\ 1 \quad 3 \quad 3 \quad 1 \\ 1 \quad 4 \quad 6 \quad 4 \quad 1 \\ 1 \quad 5 \quad 10 \quad 10 \quad 5 \quad 1 \\ \dots \end{array}$$

que podem ser escritos assim:

$$\begin{array}{c} \binom{0}{0} \\ \binom{1}{0} \quad \binom{1}{1} \\ \binom{2}{0} \quad \binom{2}{1} \quad \binom{2}{2} \\ \binom{3}{0} \quad \binom{3}{1} \quad \binom{3}{2} \quad \binom{3}{3} \\ \binom{4}{0} \quad \binom{4}{1} \quad \binom{4}{2} \quad \binom{4}{3} \quad \binom{4}{4} \\ \binom{5}{0} \quad \binom{5}{1} \quad \binom{5}{2} \quad \binom{5}{3} \quad \binom{5}{4} \quad \binom{5}{5} \\ \dots \end{array}$$

em que, como já sabemos:

$$\binom{n}{k} = \frac{n!}{k!(n-k)!} \quad \text{ou} \quad \binom{n}{k} = \frac{A_{n,\,k}}{k!}$$

é o número total de combinações de **n** objetos tomados **k** a **k**, ou seja, é o número de subconjuntos de **k** elementos tomados de um conjunto com **n** elementos.

Vejamos agora, por meio de exemplos, no que consiste o método binomial e quando podemos usá-lo.

1º) Consideremos uma família com 2 crianças. Se representamos o nascimento de 1 menino por **M** e o nascimento de 1 menina por **F**, temos:

$$\left.\begin{array}{l} \bullet\ p(M) = p = \frac{1}{2} \\ \bullet\ p(F) = q = \frac{1}{2} \end{array}\right\} p + q = 1$$

- $\Omega = \{MM, MF, FM, FF\}$

Como experimentalmente sabemos que cada nascimento é independente de nascimentos anteriores, temos:

- $p(MM) = p(M) \cdot p(M) = p \cdot p = p^2 = \frac{1}{4}$
- $p(FM) = p(F) \cdot p(M) = q \cdot p = \frac{1}{2} \cdot \frac{1}{2} = \frac{1}{4}$
- $p(MF) = p(M) \cdot p(F) = p \cdot q = \frac{1}{2} \cdot \frac{1}{2} = \frac{1}{4}$
- $p(FF) = p(F) \cdot p(F) = q \cdot q = q^2 = \frac{1}{2} \cdot \frac{1}{2} = \frac{1}{4}$

Observe que a probabilidade total é igual a 1:

$$\frac{1}{4} + \frac{1}{4} + \frac{1}{4} + \frac{1}{4} = 1$$

Se não considerarmos a ordem em que ocorreram os nascimentos, podemos escrever:

p^2	+	$2pq$	+	q^2	=	1
probabilidade de nascerem 2 meninos MM		probabilidade de nascerem 1 menino e 1 menina MF; FM		probabilidade de nascerem 2 meninas FF		

Assim:

- a probabilidade de nascerem 2 meninos é $\mathbf{p^2}$, ou seja:

$$\frac{1}{2} \cdot \frac{1}{2} = \frac{1}{4}$$

- a probabilidade de nascerem 1 menino e 1 menina (sem considerar a ordem) é 2pq, ou seja:

$$2 \cdot \frac{1}{2} \cdot \frac{1}{2} = \frac{1}{2}$$

- a probabilidade de nascerem 2 meninas é $\mathbf{q^2}$, ou seja:

$$\frac{1}{2} \cdot \frac{1}{2} = \frac{1}{4}$$

Observemos que:

$$1p^2 + 2pq + 1q^2 = \binom{2}{0}p^2 + \binom{2}{1}pq + \binom{2}{2}q^2 = (p + q)^2 = 1^2 = 1$$

2º) Consideremos o nascimento de 3 crianças e as mesmas representações do exemplo anterior. Agora, as possibilidades de nascimento são dadas por:

$$\Omega = \{MMM, MMF, MFM, FMM, MFF, FMF, FFM, FFF\}$$

Assim:

- $p(MMM) = p(M) \cdot p(M) \cdot p(M) = p \cdot p \cdot p = p^3$
- $p(MMF) = ppq = p^2q$
- $p(MFM) = pqp = p^2q$
- $p(FMM) = qpp = p^2q$
- $p(MFF) = pqq = pq^2$
- $p(FMF) = qpq = pq^2$
- $p(FFM) = qqp = pq^2$
- $p(FFF) = qqq = q^3$

Se não consideramos a ordem dos nascimentos, as possibilidades se reduzem a MMM, MMF, MFF e FFF, e as probabilidades correspondentes são dadas por:

- $p(MMM) = p^3$
- $p(MMF) = 3p^2q$
- $p(MFF) = 3pq^2$
- $p(FFF) = q^3$

e escrevemos:

$$p^3 + 3p^2q + 3pq^2 + q^3 = 1$$

que é a expressão do binômio $(p + q)^3 = 1$.

Portanto, podemos dizer que:

- a probabilidade de que as 3 crianças sejam meninos é:

$$p^3 = p \cdot p \cdot p = \frac{1}{2} \cdot \frac{1}{2} \cdot \frac{1}{2} = \frac{1}{8}$$

- a probabilidade de que nasçam 2 meninos e 1 menina é:

$$3p^2q = 3ppq = 3 \cdot \frac{1}{2} \cdot \frac{1}{2} \cdot \frac{1}{2} = \frac{3}{8}$$

- a probabilidade de que nasçam 1 menino e 2 meninas é:

$$3pq^2 = 3pqq = 3 \cdot \frac{1}{2} \cdot \frac{1}{2} \cdot \frac{1}{2} = \frac{3}{8}$$

- a probabilidade de que nasçam 3 meninas é:

$$q^3 = qqq = \frac{1}{2} \cdot \frac{1}{2} \cdot \frac{1}{2} = \frac{1}{8}$$

e notamos que:

$$\frac{1}{8} + \frac{3}{8} + \frac{3}{8} + \frac{1}{8} = \frac{8}{8} = 1$$

Observamos ainda que:

$$1p^3 + 3p^2q + 3pq^2 + 1q^3 = \binom{3}{0}p^3 + \binom{3}{1}p^2q + \binom{3}{2}pq^2 + \binom{3}{3}q^3$$

Generalizando:

Em uma família, a probabilidade de nascerem **n** crianças, das quais **k** sejam meninos e $n - k$ sejam meninas, é dada por:

$$p(\mathbf{k}\text{ meninos, } n - k \text{ meninas}) = \binom{n}{k}p^k q^{n-k}$$

Quando usamos essa fórmula, dizemos que estamos aplicando o método binomial.

Essa probabilidade é um termo da expansão binomial $(p + q)^n$.

Exercício resolvido

34. Um casal pretende ter 4 filhos e quer saber qual é a probabilidade de nascerem:

a) 4 meninos;

b) 3 meninos e 1 menina;

c) 2 meninos e 2 meninas;

d) 1 menino e 3 meninas;

e) 4 meninas.

Resolução:

Neste caso, $n = 4$. Há duas maneiras de resolver este problema:

1ª maneira:

Desenvolver $(p + q)^4$, obtendo $p^4 + 4p^3q + 6p^2q^2 + 4pq^3 + q^4$ e efetuar os cálculos. Vejamos:

a) 4 meninos. A probabilidade é dada por p^4.

Como $p = \frac{1}{2}$, temos $\left(\frac{1}{2}\right)^4 = \frac{1}{16}$.

b) 3 meninos e 1 menina. A probabilidade é dada por $4p^3q$. Observe a correspondência:

3 meninos → o expoente do **p** é 3 e 1 menina → o expoente do **q** é 1

Como $p = q = \frac{1}{2}$, temos $4p^3q = 4\left(\frac{1}{2}\right)^3 \cdot \frac{1}{2} = \frac{1}{4}$.

c) 2 meninos e 2 meninas. A probabilidade é dada por $6p^2q^2$.

Observe a correspondência outra vez. *Isso sempre ocorre.*

Como $p = q = \frac{1}{2}$, temos

$$6p^2q^2 = 6\left(\frac{1}{2}\right)^2\left(\frac{1}{2}\right)^2 = \frac{3}{8}.$$

d) 1 menino e 3 meninas. A probabilidade é dada por

$$4pq^3 = 4\left(\frac{1}{2}\right)\left(\frac{1}{2}\right)^3 = \frac{1}{4}.$$

e) 4 meninas. A probabilidade é dada por

$$q^4 = \left(\frac{1}{2}\right)^4 = \frac{1}{16}.$$

Observe que:

$$\frac{1}{16} + \frac{1}{4} + \frac{3}{8} + \frac{1}{4} + \frac{1}{16} = 1$$

2ª maneira:

Fazemos as devidas substituições na fórmula geral e os cálculos.

Para exemplificar, vamos resolver apenas o item **b**: qual é a probabilidade de nascerem 3 meninos e 1 menina?

Neste caso, $n = 4$, $k = 3$, $n - k = 4 - 3 = 1$ e $p = q = \frac{1}{2}$. Assim:

$$p(3M, 1F) = \binom{4}{3}\left(\frac{1}{2}\right)^3\left(\frac{1}{2}\right) =$$

$$= \frac{4!}{3!(4-3)!} \cdot \frac{1}{8} \cdot \frac{1}{2} = \frac{1}{4}$$

Outras aplicações do método binomial

O método binomial pode ser usado em outros assuntos, nos quais os problemas tenham estrutura análoga à dos exemplos dados a seguir.

1º) Um dado é jogado 7 vezes. Qual é a probabilidade de sair o número 5 quatro vezes?

Probabilidade de sair o 5 em cada jogada: $p = \frac{1}{6}$

Probabilidade de não sair o 5 em cada jogada: $q = 1 - p = \frac{5}{6}$

Probabilidade de sair o 5 em 4 das 7 jogadas: $\binom{7}{4}\left(\frac{1}{6}\right)^4\left(\frac{5}{6}\right)^3$

2º) Uma prova é constituída de 10 exercícios em forma de teste com 5 alternativas em cada teste. Se um aluno "chutar" todas as respostas, qual é a probabilidade de ele acertar 6 exercícios?

Probabilidade de acertar, em cada questão: $p = \frac{1}{5}$

Probabilidade de errar (não acertar), em cada questão: $q = 1 - p = \frac{4}{5}$

Probabilidade de acertar em 6 das 10 questões: $\binom{10}{6}\left(\frac{1}{5}\right)^6\left(\frac{4}{5}\right)^4$

Generalizando:

- Uma experiência é realizada **n** vezes independentemente.
- Em cada uma das **n** vezes, um evento **A** tem probabilidade **p** de ocorrer.
- A probabilidade de **A** não ocorrer em cada vez é $q = 1 - p$.
- A probabilidade de **A** ocorrer em **k** das **n** vezes é dada por: $\binom{n}{k}p^kq^{n-k}$

Exercício resolvido

35. Uma moeda é lançada 8 vezes. Qual é a probabilidade de sair cara 5 vezes?

> **Fique atento**
> "Não sair cara" equivale a "sair coroa".

Resolução:

Em cada lançamento:

- a probabilidade de sair cara é $p = \frac{1}{2}$;
- a probabilidade de não sair cara é $q = 1 - \frac{1}{2} = \frac{1}{2}$.

Então, a probabilidade de sair cara 5 vezes é:

$$\binom{8}{5}\left(\frac{1}{2}\right)^5\left(\frac{1}{2}\right)^3 = \frac{8 \cdot 7 \cdot 6 \cdot 5 \cdot 4}{5 \cdot 4 \cdot 3 \cdot 2 \cdot 1} \cdot \frac{1}{32} \cdot \frac{1}{8} =$$

$$= \frac{7}{32} = 0{,}21875 = 21{,}875\%$$

Portanto, ao lançar-se uma moeda 8 vezes, a probabilidade de sair cara 5 vezes é de $\frac{7}{32}$ (aproximadamente 22%).

Exercícios propostos

43. Um casal pretende ter 5 filhos e deseja saber qual é a probabilidade de ter:

a) 5 meninos;
b) 2 meninos e 3 meninas;
c) 1 menino e 4 meninas;
d) o 1º homem, o 2º mulher, o 3º mulher, o 4º homem e o 5º mulher. (Cuidado, neste caso a ordem importa.)

44. Um casal pretende ter 6 filhos. Use a fórmula geral para determinar a probabilidade de ele ter:

a) 3 meninos e 3 meninas;
b) 4 meninos e 2 meninas.

45. Se uma moeda é lançada 6 vezes, qual é a probabilidade de sair coroa 4 vezes?

46. Um dado é lançado 5 vezes. Calcule a probabilidade de a face 6 sair 2 vezes.

47. A probabilidade de um saltador atingir seu objetivo é de 40% em cada salto. Calcule a probabilidade de, em 8 saltos, ele conseguir seu objetivo:

a) em todos eles;
b) em 6 deles.

8 Aplicações de probabilidade à Genética

A Genética é, talvez, o ramo da Biologia que mais utiliza os conceitos matemáticos envolvidos na teoria das probabilidades. Isso porque, em probabilidade, trabalhamos com os eventos chamados aleatórios e um bom exemplo de evento aleatório é o encontro de dois tipos de gametas com determinados genes. Um indivíduo heterozigoto para determinada característica (Aa) forma dois tipos de espermatozoides, **A** e **a**. Se uma mulher também for heterozigota, poderá formar óvulos **A** e **a**. Depende apenas do acaso o fato de ser o espermatozoide **A** ou **a** o responsável pela fecundação, assim como também depende apenas do acaso o fato de ser a célula feminina **A** ou **a** a fecundada.

Assim, considere o seguinte esquema:

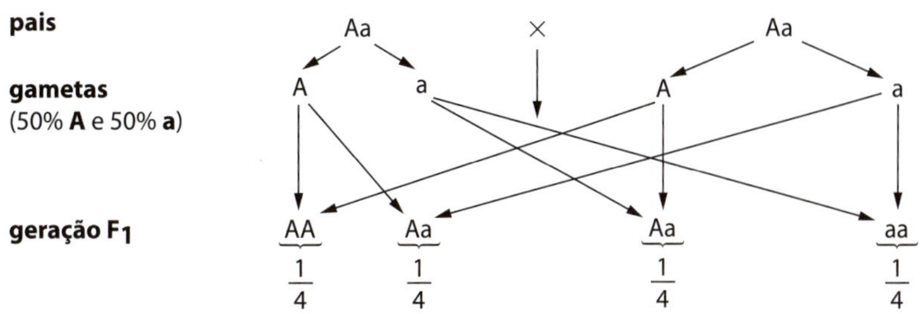

e o quadro de possibilidades com suas respectivas probabilidades:

♂ \ ♀	A → $\frac{1}{2}$	a → $\frac{1}{2}$
A → $\frac{1}{2}$	$\frac{1}{4}$ AA	$\frac{1}{4}$ Aa
a → $\frac{1}{2}$	$\frac{1}{4}$ Aa	$\frac{1}{4}$ aa

Exercícios resolvidos

36. No ser humano o albinismo é determinado por um gene recessivo **a**, enquanto a pele normal é determinada pelo alelo dominante **A**. Um casal heterozigoto com pigmentação normal teve como primeiro descendente uma criança albina. Responda:

a) Qual é a probabilidade de que seus próximos dois filhos sejam albinos?

b) Qual é a probabilidade de que seus próximos dois filhos tenham pigmentação normal?

c) Qual é a probabilidade de pelo menos um dos seus próximos dois filhos ser albino e menino?

Resolução:

a) O fato de a primeira criança ser albina não influenciará, nesse aspecto, a hereditariedade das futuras crianças. São, pois, eventos independentes.

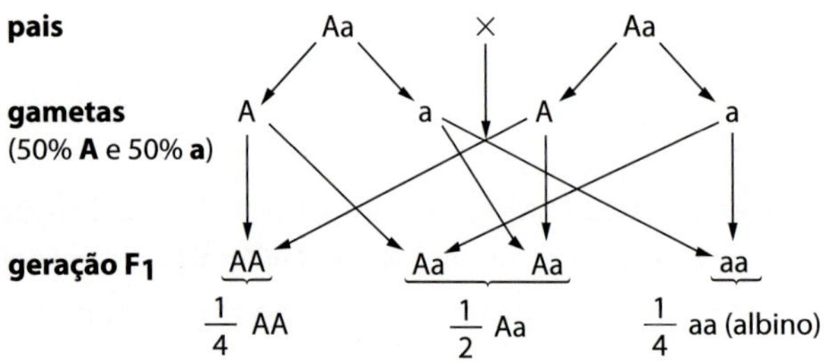

Assim, a probabilidade de cada criança ser albina em qualquer nascimento é $\frac{1}{4}$ ou 25%. Portanto:

p(segunda criança ser albina) $= \frac{1}{4}$

p(terceira criança ser albina) $= \frac{1}{4}$

p(segunda e terceira crianças serem albinas) =

$= \frac{1}{4} \cdot \frac{1}{4} = \frac{1}{16}$ ou 6,2%

b) A probabilidade de que cada um dos seus próximos dois filhos, separadamente, tenha pigmentação normal é $\frac{3}{4}$ ou 75%, pois:

$\frac{1}{4}AA + \frac{1}{2}Aa$, ou seja, $\frac{1}{4} + \frac{1}{2} = \frac{3}{4}$

Logo:

p(segunda e terceira crianças terem pigmentação normal) $= \frac{3}{4} \cdot \frac{3}{4} = \frac{9}{16}$ ou 56%

c) A probabilidade de pelo menos um dos próximos dois filhos ser albino é:

$1 - \frac{9}{16} = \frac{7}{16}$ ou 43%

Como a probabilidade de ser menino é $\frac{1}{2}$, então a probabilidade de pelo menos uma criança ser menino e albina é:

$\frac{1}{2} \cdot \frac{7}{16} = \frac{7}{32}$ ou 21%

37. Num cruzamento Aa × Aa, sabemos que as combinações AA, Aa, aA e aa são igualmente prováveis, cada uma com probabilidade $\frac{1}{4}$. Sabemos também que Aa e aA não podem ser distinguidas biologicamente. Qual é a probabilidade de ocorrer Aa ou aA?

Resolução:

p(Aa) $= \frac{1}{4}$

p(aA) $= \frac{1}{4}$

Aa e aA são mutuamente exclusivos ⇒

⇒ $p(Aa \cap aA) = 0$. Logo:

$$p(\text{Aa ou aA}) = \frac{1}{4} + \frac{1}{4} - 0 = \frac{2}{4} = \frac{1}{2}$$

38. Numa população humana a probabilidade de ser mudo é estimada em 0,005, a probabilidade de ser cego é 0,0085 e a probabilidade de ser mudo e cego é 0,0006. Qual é a probabilidade de que um indivíduo, tomado ao acaso, seja mudo ou cego?

Resolução:

Neste caso, "ser mudo" não exclui a possibilidade de "ser cego", portanto os eventos não são mutuamente exclusivos. Logo:

p(ser mudo ou ser cego) = p(A ou B) =

= p(A) + p(B) − p(A e B) =

= 0,0050 + 0,0085 − 0,0006 = 0,0129

39. João e sua esposa, Maria, têm pigmentação normal. João é filho de um homem normal e mulher albina; Maria é filha de uma mulher normal e pai albino. Qual é a probabilidade de João e Maria terem uma criança albina do sexo masculino?

Resolução:

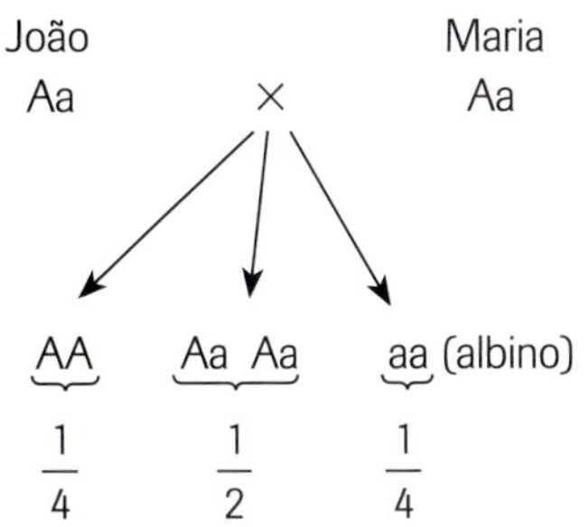

Logo:

$$p(\text{criança albina}) = \frac{1}{4} \text{ e } p(\text{sexo masculino}) = \frac{1}{2}$$

Como os eventos "ser criança albina" e "ser do sexo masculino" são independentes, temos:

p(ser criança albina do sexo masculino) =

$$= \frac{1}{2} \cdot \frac{1}{4} = \frac{1}{8} \text{ ou } 12{,}5\%$$

40. A queratose (anomalia na pele) é devida a um gene dominante **Q**. Uma mulher com queratose, cujo pai era normal, casa-se com um homem com queratose, cuja mãe era normal. Se esse casal tiver 2 filhos, qual é a probabilidade de os dois apresentarem queratose?

Resolução:

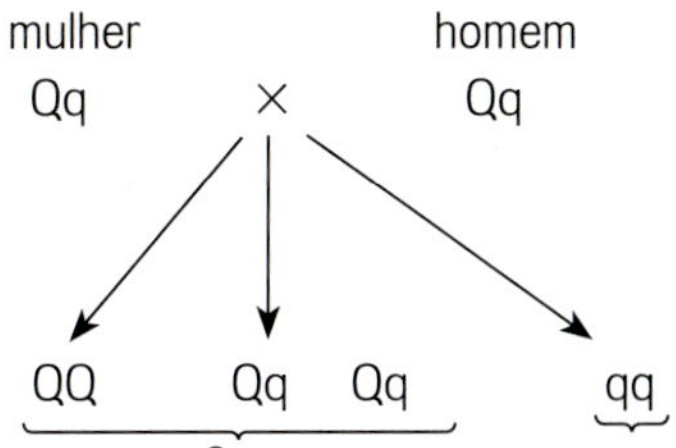

Q é dominante → $\frac{3}{4}$ (queratose) $\frac{1}{4}$

Assim, p(cada criança ter queratose) = $\frac{3}{4}$. Como o evento "primeira criança ter queratose" é independente do evento "segunda criança ter queratose", temos:

$$p(\text{as duas crianças terem queratose}) = \frac{3}{4} \cdot \frac{3}{4} = \frac{9}{16}$$

ou 56%.

41. Um casal normal tem um filho albino.

a) Qual a probabilidade de aparecer na descendência uma filha normal?

b) Se o casal tiver 4 filhos, qual a probabilidade de 3 serem normais e 1 albino?

Situação genética:

Pai Mãe

Aa × Aa

$\underbrace{\frac{1}{4}AA \quad \frac{2}{4}Aa}_{\frac{3}{4}\text{ normais}} \quad \underbrace{\frac{1}{4}aa}_{\text{albino}}$

$$A\_ = p = \frac{3}{4} = \text{normais}$$

$$aa = q = \frac{1}{4} = \text{albino}$$

Resolução:

a) Filha normal

Probabilidade de ser do sexo feminino = $\frac{1}{2}$

Probabilidade de ser normal = $\frac{3}{4}$

Probabilidade combinada = $\frac{3}{4} \cdot \frac{1}{2} = \frac{3}{8}$

b) 4 filhos: 3 normais e 1 albino

$$(p + q)^4 = p^4 + 4p^3q + 6p^2q^2 + 4pq^3 + q^4$$

$$4p^3q = 4\left(\frac{3}{4}\right)^3 \cdot \frac{1}{4} = 4 \cdot \frac{27}{64} \cdot \frac{1}{4} = \frac{27}{64}$$

ou

$$\binom{4}{3}\left(\frac{3}{4}\right)^3\left(\frac{1}{4}\right)^1 = 4 \cdot \frac{27}{64} \cdot \frac{1}{4} = \frac{27}{64}$$

Exercícios propostos

48. Um casal tem 3 meninos e espera sua quarta criança. Qual é a probabilidade de essa criança ser um menino?

49. As ovelhas de cor branca têm o genótipo ww em relação a esse caráter; a coloração preta depende do gene **W**. De um carneiro preto cruzado com uma ovelha branca resultou um cordeiro branco. Qual é a probabilidade de a próxima cria ser branca?

50. A miopia é recessiva na espécie humana.

a) Qual é a probabilidade de nascer uma criança míope de um casal normal, heterozigoto para essa característica?

b) Sabendo que a cor dos olhos é também recessiva, qual é a probabilidade de o mesmo casal ter filhos de olhos azuis e míopes, sendo ambos de olhos castanhos, heterozigotos?

Portal Pedagógico

Acesse o *Portal Pedagógico* (veja instruções na seção "Conheça seu livro", página 5) e amplie o estudo deste capítulo. Selecione o capítulo 14 e você encontrará *Atividades adicionais* (Atividades para imprimir).

Desafios

1. (FGV-SP) Uma urna contém cinco bolas numeradas com 1, 2, 3, 4 e 5. Sorteando-se ao acaso e com reposição três bolas, os números obtidos são representados por **x**, **y** e **z**. A probabilidade de que xy + z seja um número par é de:

a) $\frac{47}{125}$.

b) $\frac{2}{5}$.

c) $\frac{59}{125}$.

d) $\frac{64}{125}$.

e) $\frac{3}{5}$.

2. (IME-RJ) Três dados iguais, honestos e com seis faces numeradas de 1 a 6 são lançados simultaneamente. Determine a probabilidade de a soma dos resultados de dois quaisquer deles ser igual ao resultado do terceiro dado.

3. (ITA-SP) Um determinado concurso é realizado em duas etapas. Ao longo dos últimos anos, 20% dos candidatos do concurso têm conseguido na primeira etapa nota superior ou igual à nota mínima necessária para poder participar da segunda etapa. Se tomarmos 6 candidatos dentre os muitos inscritos, qual é a probabilidade de no mínimo 4 deles conseguirem nota para participar da segunda etapa?

4. (UFPR) Um grupo de pessoas foi classificado quanto ao peso e pressão arterial, conforme mostrado no quadro a seguir:

Pressão	Peso			
	Excesso	Normal	Deficiente	Total
Alta	0,10	0,08	0,02	0,20
Normal	0,15	0,45	0,20	0,80
Total	0,25	0,53	0,22	1,00

Com base nesses dados, considere as seguintes afirmativas:

1) A probabilidade de uma pessoa escolhida ao acaso, nesse grupo, ter pressão alta é de 0,20.

2) Se se verifica que uma pessoa escolhida ao acaso, nesse grupo, tem excesso de peso, a probabilidade de ela ter também pressão alta é de 0,40.

3) Se se verifica que uma pessoa escolhida ao acaso, nesse grupo, tem pressão alta, a probabilidade de ela ter também peso normal é de 0,08.

4) A probabilidade de uma pessoa escolhida ao acaso, nesse grupo, ter pressão normal e peso deficiente é de 0,20.

Assinale a alternativa correta.

a) Somente as afirmativas 1, 2 e 3 são verdadeiras.

b) Somente as afirmativas 1, 2 e 4 são verdadeiras.

c) Somente as afirmativas 1 e 3 são verdadeiras.

d) Somente as afirmativas 2, 3 e 4 são verdadeiras.

e) Somente as afirmativas 2 e 3 são verdadeiras.

5. (Ufla-MG) Em um programa de auditório, utiliza-se uma roleta, como na figura:

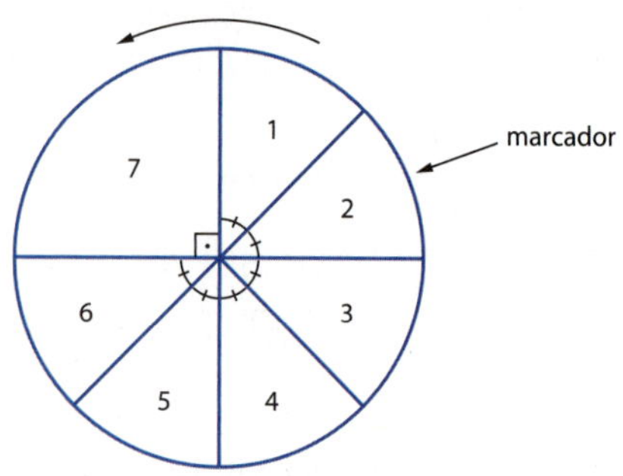

a) A roleta é girada três vezes. Calcule a probabilidade de os números obtidos no primeiro giro, no segundo giro e no terceiro giro serem, respectivamente, 1, 2 e 3.

b) A roleta é girada duas vezes. Calcule a probabilidade de a soma do número obtido no primeiro giro mais o número obtido no segundo giro ser menor que 13.

PENSANDO NO ENEM

1. Quando se deseja abrir uma loja em determinado bairro da cidade, deve-se fazer uma "pesquisa de mercado", que vai gerar um banco de dados indicando a viabilidade da implantação da loja em tal bairro. Um empresário decide montar uma loja em uma cidade e faz "pesquisas de mercado" sobre a viabilidade da loja em quatro bairros. O resultado apontou que a probabilidade de que a loja obtivesse sucesso no bairro **A** seria de 45%; no bairro **B**, de 53%; no bairro **C**, de 70%; e no bairro **D**, de 65%. Após a implantação, foi constatado que a loja *não* obteve sucesso. Qual a probabilidade aproximada de o empresário ter escolhido o bairro **C**?

a) 27%
b) 33%
c) 18%
d) 25%
e) 15%

2. Um jogo de tabuleiro muito famoso é o Banco Imobiliário. Nele, o jogador lança simultaneamente dois dados de seis faces para movimentar o seu pião nas casas do tabuleiro. Se o jogador tirar números repetidos nos dois dados, ele movimenta o seu pião e ainda poderá jogar novamente. Caso essa coincidência aconteça 3 vezes consecutivas o jogador deverá colocar o seu pião na casa denominada prisão.
Na vez de determinado jogador, qual é a probabilidade de o pião dele ir para a prisão?

a) Maior que 50%.
b) Igual a $\frac{1}{18}$.
c) Aproximadamente 30%.
d) Menor que 20%.
e) Igual a $\frac{1}{216}$.

3. Câncer é o nome dado a um conjunto de mais de 100 doenças que têm em comum o crescimento desordenado de células que invadem os tecidos e órgãos, podendo espalhar-se (metástase) para outras regiões do corpo. Em muitos aspectos, o câncer é uma obra do acaso, uma infeliz convergência de um erro genético com agressão ambiental. Ambiente, nesse contexto, refere-se a qualquer causa externa, e não apenas ao ar, à água e ao solo.
Considerando exclusivamente os dados da tabela a seguir e também que nas causas em que o câncer de pulmão aparece com outros tipos ele corresponde à metade dos casos, determine o valor mais próximo da probabilidade de uma pessoa ter morrido de câncer causado pelo tabaco, sabendo que a parte do corpo comprometida foi o pulmão.

a) 68%
b) 77%
c) 71%
d) 85%
e) 93%

Causa	Mortes por câncer	Parte associada com tipos de câncer
Tabaco	30%	Pulmão, esôfago, laringe, garganta, cavidade oral, bexiga, rim, pâncreas
Maus hábitos alimentares e obesidade	30%	Mama, cólon, reto, próstata, endométrio (útero), ovário, intestino delgado
Sedentarismo	5%	Cólon, próstata, mama, endométrio (útero), ovário
Herança genética	5%	Mama, ovário, cólon, próstata, pulmão, pâncreas, rim, estômago, tireoide, melanoma, cérebro, fígado, leucemia, linfomas
Vírus e outros agentes infecciosos	5%	Fígado, colo do útero, linfomas, nasofaringe, sarcomas de partes moles, estômago, leucemia
Carcinógenos ocupacionais (da profissão)	5%	Pulmão e pleura, bexiga, pele, laringe, cavidade nasal, leucemia, garganta, linfomas, fígado, sarcomas de partes moles
Etilismo	3%	Fígado, cavidade oral, laringe, garganta, esôfago, mama
História reprodutiva (exposição a hormônios e outros fatores)	3%	Mama, endométrio (útero), colo do útero, ovário
Poluição ambiental	2%	Pulmão
Radiação ambiental (solar)	2%	Melanoma e pele em geral
Sal, aditivos alimentares e contaminantes	1%	Estômago, fígado, intestino delgado
Tratamentos médicos prévios (radioterapia, quimioterapia, imunossupressão, terapia hormonal)	1%	Leucemias, tireoide, mama, cérebro
Outros fatores em geral	8%	----------------

Disponível em: <www.scpassos.org.br/Oncologia.html>. Acesso em: 1º mar. 2011.

A MATEMÁTICA E AS PRÁTICAS SOCIAIS

Muito além da cirurgia

Nenhum procedimento influenciou tantas especialidades médicas quanto os transplantes. Seus benefícios estendem-se às mais diversas áreas – da infectologia à cardiologia, da imunologia às pesquisas com células-tronco.

Na sala 11 do centro cirúrgico do Instituto do Coração, em São Paulo, nove profissionais, entre médicos, enfermeiras e instrumentistas, estão prontos para a realização de mais um transplante cardíaco. Há pelo menos uma hora e meia, o paciente está na mesa de operação, o tórax escancarado por espátulas de metal, já sem o seu próprio coração, a circulação sanguínea a cargo de uma máquina pesadona, colocada ao lado. O cirurgião Ronaldo Honorato Santos entra apressado. Nas mãos, um pote branco. Dentro dele, o coração do doador – extraído uma hora antes do corpo de um rapaz morto em um acidente de carro no interior paulista. Mergulhado em compostos de preservação, em baixa temperatura, o coração, pálido e murcho, é retirado do recipiente e entregue ao médico Alberto Fiorelli, cirurgião responsável pela operação. O transplante começa. Fiorelli ajusta o tamanho dos vasos sanguíneos do coração doador às medidas do receptor e acomoda o órgão no peito do paciente. As vozes dos médicos misturam-se às conversas vindas do corredor. Frequentemente, um celular toca. Algumas ligações são atendidas; outras, ignoradas.

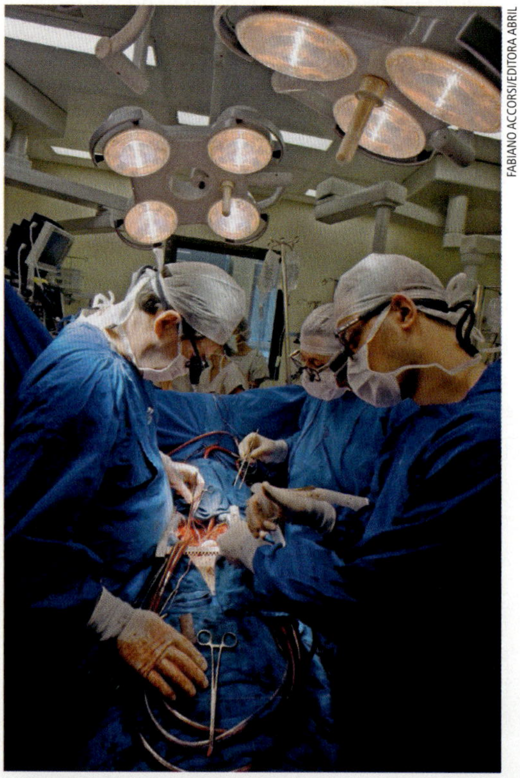

Suspense até o último instante
Médicos do Incor, em São Paulo, durante um transplante de coração realizado em março de 2009.

Quase duas horas depois do início da cirurgia, 70% dos vasos sanguíneos do novo coração já estão conectados aos do paciente. Agora, o silêncio toma conta da sala. Pela primeira vez, os cirurgiões Fiorelli e Honorato colocam os bisturis e tesouras de lado. Seus olhos estão fixos no novo coração, ainda apagado no peito do doente. É o momento mais angustiante de um transplante: a espera pelo instante em que o órgão doado volta a funcionar no corpo do receptor. Cerca de um minuto se passa e nada. Fiorelli começa a massagear o novo coração com as mãos. Aos poucos, o órgão perde a palidez e ganha volume. É sinal de que o sangue circula por ele. O cirurgião rompe o silêncio com uma ordem:

– Adrenalina.

Uma enfermeira lhe entrega uma seringa e ele injeta o medicamento numa veia logo acima do músculo cardíaco. Três minutos depois, o coração finalmente começa a bater. Seu ritmo ainda é descompassado. Para regulá-lo, os médicos aplicam choques elétricos por meio de um desfibrilador. Só depois de normalizados os batimentos é que se conecta o restante dos vasos sanguíneos.

Os transplantes estão entre os procedimentos mais complexos e fascinantes da medicina. A doentes que já esgotaram todas as chances de cura para seus males, hoje é oferecida a possibilidade de substituir, além do coração, rim, fígado, pulmão, pâncreas, intestino, córnea, medula óssea, pele, valva cardíaca, ossos e esclera ocular. Setenta cirurgias do gênero são realizadas todos os dias no Brasil – o que representa um aumento de 10% de 2007 para 2008.

Fonte: Lopes, Adriana Dias; Magalhães, Naiara. *Veja*, 8 abr. 2009.

Transplante de medula óssea

A medula óssea é um tecido gelatinoso que preenche a cavidade interna dos ossos onde são produzidos os elementos do sangue como: hemácias, glóbulos e plaquetas. A produção se dá a partir das células-tronco, conhecidas como células-mãe, que possuem capacidade de se dividir originando células muito semelhantes às progenitoras; são uma espécie de "coringa". Algumas doenças podem afetar a medula óssea ou até mesmo provocar a falência para produzir células sanguíneas. Entre as doenças podemos citar as leucemias, aplasias de medula e outros tipos de câncer. Algumas têm tratamento e são curáveis através de quimioterapia convencional; outras necessitam de transplante, única medida para a cura.

GOVERNO FEDERAL/MINISTÉRIO DA SAÚDE

A Campanha Nacional de Incentivo à Doação de Órgãos de 2010 traz o conceito "Deixe sua marca, multiplique vidas". Ele expressa a importância de ser um doador.

Fonte: <www.abto.org.br>. Acesso em: 14. mar. 2011.

No transplante de medula existe uma probabilidade muito maior de haver compatibilidade quando o doador e o receptor são da mesma família. Entre irmãos, as chances de compatibilidade são de 1 para 4. Quando o transplante não acontece entre membros da mesma família, a chance de encontrar um doador compatível é de 1 em 3 milhões.

Calculando e compreendendo melhor o texto

1. Qual é a probabilidade (em porcentagem) de um irmão de um paciente ser um doador compatível de medula óssea?

2. Qual é a probabilidade de um paciente que tem 2 irmãos possuir os dois como doadores compatíveis?

3. Qual é a probabilidade de um paciente com 4 irmãos encontrar pelo menos um doador compatível?

4. Considerando o texto acima e o Brasil com 180 milhões de habitantes, quantos seriam os possíveis doadores compatíveis brasileiros de medula óssea de um turista, sem parentes brasileiros, que vem visitar o Brasil?

Ampliando o conteúdo matemático

5. (UFRJ) Numa experiência, um pesquisador submeteu um grupo de vinte pessoas, portadoras de uma certa doença, a um determinado tratamento. Ao apresentar o resultado de sua pesquisa, ele afirmou que 67% das pessoas desse grupo ficaram curadas e 33% continuaram doentes. Critique, do ponto de vista matemático, a afirmativa do pesquisador.

5. (ITA-SP) Considere uma população de igual número de homens e mulheres, em que sejam daltônicos 5% dos homens e 0,25% das mulheres. Indique a probabilidade de que seja mulher uma pessoa daltônica selecionada ao acaso nessa população.

a) $\frac{1}{21}$ b) $\frac{1}{8}$ c) $\frac{3}{21}$ d) $\frac{5}{21}$ e) $\frac{1}{4}$

Pesquisando e discutindo

7. Pesquise e discuta com seus colegas a importância da doação de órgãos. Fique por dentro desse ato de amor e solidariedade.

MAURO FERMARIELLO/SCIENCE PHOTO LIBRARY/LATINSTOCK

Para que se realize um transplante de medula é necessário que haja total compatibilidade entre doador e receptor. Caso contrário, a medula será rejeitada. Essa compatibilidade é determinada por um conjunto de genes que devem ser iguais entre doador e receptor. A análise de compatibilidade é realizada por meio de testes laboratoriais específicos, a partir de amostras de sangue do doador e receptor, chamados exames de histocompatibilidade.

Fonte: <www.inca.gov.br>. Acesso em 5 nov. 2009.

Veja mais sobre o assunto

Procure mais informações em jornais, revistas e nos *sites* <www.abto.org.br/>, <http://portal.saude.gov.br/portal/saude/area.cfm?id_area=1004> e <http://dtr2001.saude.gov.br/transplantes/index_gestor.htm>.

QUESTÕES DE VESTIBULAR

1. (FGV-SP) Uma fatia de pão com manteiga pode cair no chão de duas maneiras apenas:

- Com a manteira para cima (evento **A**)
- Com a manteiga para baixo (evento **B**)

Uma possível distribuição de probabilidades para esses eventos é:

a) $P(A) = P(B) = \frac{3}{7}$.

b) $P(A) = 0$ e $P(B) = \frac{5}{7}$.

c) $P(A) = -0{,}3$ e $P(B) = 1{,}3$.

d) $P(A) = 0{,}4$ e $P(B) = 0{,}6$.

e) $P(A) = \frac{6}{7}$ e $P(B) = 0$.

2. (UFMG) Dois jovens partiram do acampamento em que estavam, em direção à Cachoeira Grande e à Cachoeira Pequena, localizadas na região, seguindo a trilha indicada neste esquema:

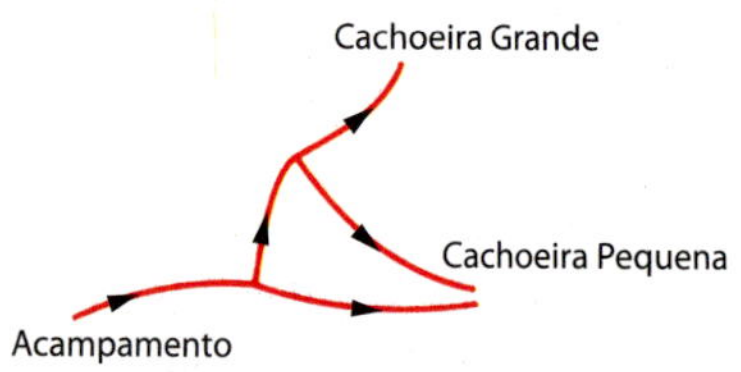

Em cada bifurcação encontrada na trilha, eles escolhiam, com igual probabilidade, qualquer um dos caminhos e seguiam adiante.

Então é correto afirmar que a probabilidade de eles chegarem à Cachoeira Pequena é:

a) $\frac{1}{2}$. b) $\frac{2}{3}$. c) $\frac{3}{4}$. d) $\frac{5}{6}$.

3. (UFPA) Quatro pássaros pousam em uma rede de distribuição elétrica que tem quatro fios paralelos. A probabilidade de que em cada fio pouse apenas um pássaro é:

a) $\frac{3}{32}$. b) $\frac{1}{256}$. c) $\frac{1}{24}$. d) $\frac{1}{4}$. e) $\frac{3}{4}$.

4. (Ufam) Em determinada cidade, existe um hotel que possui 100 apartamentos, cuja numeração vai de 1 a 100. A probabilidade de um hóspede deste hotel (suponha que o hotel esteja lotado), escolhido ao acaso, estar alojado em um apartamento cujo número seja um múltiplo de 5 ou de 7, é:

a) 32%. b) 30%. c) 25%. d) 40%. e) 28%.

5. (UFPE) Escolhendo aleatoriamente um dos anagramas da palavra COVEST, qual a probabilidade de sua primeira e última letras serem consoantes?

a) $\frac{1}{5}$ b) $\frac{2}{5}$ c) $\frac{3}{5}$ d) $\frac{4}{7}$ e) $\frac{5}{7}$

6. (UFRJ) Um ponto **P** é aleatoriamente selecionado num retângulo **S** de dimensões 50 cm por 20 cm. Considere, a partir de **S**, as seguintes regiões:

Região ***A*** – retângulo de dimensões 15 cm por 4 cm com centro no centro de **S**, e *Região* ***B*** – círculo de 4 cm com centro no centro de **S**.

Suponha que a probabilidade de que o ponto **P** pertença a uma região contida em **S** seja proporcional à área da região.

Determine a probabilidade de que **P** pertença simultaneamente às regiões **A** e **B**.

7. (Unir-RO) Lançando-se um dado com a forma de um dodecaedro regular, cujas faces são numeradas de 1 a 12, qual a probabilidade de um número primo sair na face superior?

a) $\frac{1}{2}$ b) $\frac{5}{12}$ c) $\frac{7}{12}$ d) $\frac{1}{3}$ e) $\frac{1}{4}$

8. (Unifesp) Um jovem possui dois despertadores. Um deles funciona em 80% das vezes em que é colocado para despertar e outro em 70% das vezes. Tendo um compromisso para daqui a alguns dias e preocupado com a hora, o jovem pretende colocar os dois relógios para despertar.

a) Qual é a probabilidade de que os dois relógios venham a despertar na hora programada?

b) Qual é a probabilidade de que nenhum dos dois relógios desperte na hora programada?

9. (Mack-SP) Numa emergência, suponha que você precise ligar para a polícia, sabendo que o número a ser ligado tem 3 dígitos. Você sabe que o primeiro dígito é 1 e o terceiro é 0 ou 2, mas você não sabe qual é o dígito do meio. A probabilidade de você acertar o número da polícia, em até duas tentativas, é:

a) $\frac{19}{49}$. c) $\frac{2}{5}$. e) $\frac{1}{19}$.

b) $\frac{1}{10}$. d) $\frac{19}{20}$.

10. (UEL-PR) No diagrama a seguir, o espaço amostral **S** representa um grupo de amigos que farão uma viagem. O conjunto **A** indica a quantidade de pessoas que já foram a Maceió e o conjunto **B**, a quantidade de pessoas que já foram a Fortaleza.

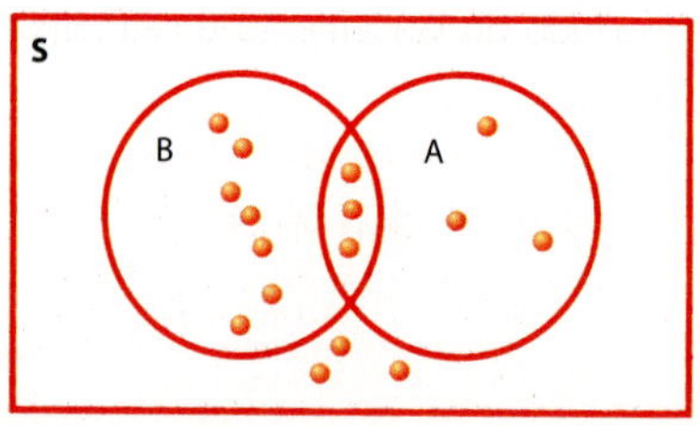

A empresa de turismo que está organizando a viagem fará o sorteio de uma passagem gratuita. Considerando que a pessoa sorteada já tenha ido para Fortaleza, assinale a alternativa que indica a probabilidade de que ela também já tenha ido para Maceió.

a) 18,75%

b) 30%

c) 33,33%

d) 50%

e) 60%

11. (Unicamp-SP) Um dado é jogado três vezes, uma após a outra. Pergunta-se:

a) Quantos são os resultados possíveis em que os três números obtidos são diferentes?

b) Qual a probabilidade de a soma dos resultados ser maior ou igual a 16?

12. (Vunesp) Numa comunidade formada de 1 000 pessoas, foi feito um teste para detectar a presença de uma doença. Como o teste não é totalmente eficaz, existem pessoas doentes cujo resultado do teste foi negativo e existem pessoas saudáveis com resultado do teste positivo. Sabe-se que 200 pessoas da comunidade são portadoras dessa doença. Esta informação e alguns dos dados obtidos com o teste foram colocados na tabela seguinte:

	Resultado do exame		
Situação	Positivo (P)	Negativo (N)	Total
Saudável (S)	80		800
Doente (D)		40	200
Total			1 000

a) Complete a tabela com os dados que estão faltando.

b) Uma pessoa da comunidade é escolhida ao acaso e verifica-se que o resultado do teste foi positivo. Determine a probabilidade de essa pessoa ser saudável.

13. (Fuvest-SP) Considere o experimento que consiste no lançamento de um dado perfeito (todas as seis faces têm probabilidades iguais). Com relação a esse experimento considere os seguintes eventos:

I) O resultado do lançamento é par.

II) O resultado do lançamento é estritamente maior do que 4.

III) O resultado é múltiplo de 3.

a) I e II são eventos independentes?

b) II e III são eventos independentes?

Justifique suas respostas.

14. (UFRN) Escolhe-se, aleatoriamente, um número inteiro dentre os números naturais de 1 até 100. A probabilidade de que, pelo menos, um dos dígitos do número escolhido seja 3 é:

a) $\frac{1}{100}$ b) $\frac{19}{100}$ c) $\frac{15}{100}$ d) $\frac{11}{100}$

15. (UFPB) É comum, em aeroportos, a utilização de detectores de metais para vistoriar as bagagens dos passageiros. Em certo aeroporto, ao ser vistoriado um lote de 10 malas, o detector de metais acusou a presença de objetos metálicos em apenas duas. Um funcionário do aeroporto, que não estava presente no momento da vistoria dessas malas pelo detector, escolheu aleatoriamente duas delas e resolveu abri-las para fazer uma vistoria mais apurada.

Com base nessas informações, é correto afirmar que a probabilidade de ser encontrado o objeto metálico em pelo menos uma das duas malas escolhidas por esse funcionário do aeroporto é de:

a) $\frac{6}{15}$. b) $\frac{7}{18}$. c) $\frac{50}{135}$. d) $\frac{35}{90}$. e) $\frac{17}{45}$.

16. (Unifesp) Uma urna contém todas as cartelas, do tipo da figura I, totalmente preenchidas com os algarismos 1, 2, 3 e 4, de forma que cada linha (horizontal) contempla todos os quatro algarismos.

Figura I

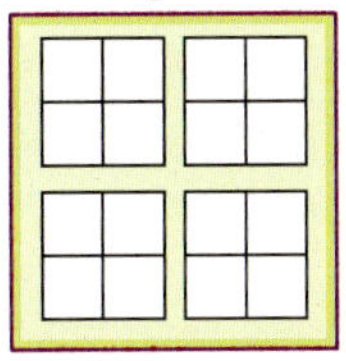

Figura II

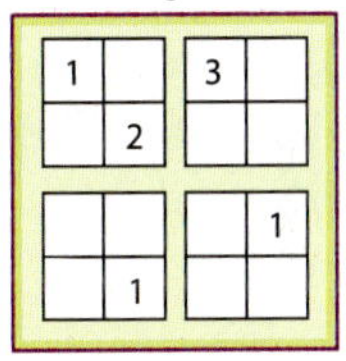

A probabilidade de se tirar dessa urna, aleatoriamente, uma cartela contemplando a configuração da figura II, com a exigência adicional de que cada coluna (vertical) e cada um dos subquadrados destacados contenham todos os algarismos (1, 2, 3 e 4) é:

a) $\frac{1}{12 \cdot 4!\,4!\,4!}$.

b) $\frac{1}{16 \cdot 4!\,4!\,4!}$.

c) $\frac{1}{18 \cdot 4!\,4!\,4!}$.

d) $\frac{1}{20 \cdot 4!\,4!\,4!}$.

e) $\frac{1}{4!\,4!\,4!\,4!}$.

QUESTÕES DO ENEM (Exame Nacional do Ensino Médio)

2005

1. Um aluno de uma escola será escolhido por sorteio para representá-la em uma certa atividade. A escola tem dois turnos. No diurno há 300 alunos, distribuídos em 10 turmas de 30 alunos. No noturno há 240 alunos, distribuídos em 6 turmas de 40 alunos.

Em vez do sorteio direto envolvendo os 540 alunos, foram propostos dois outros métodos de sorteio.

Método I: escolher ao acaso um dos turnos (por exemplo, lançando uma moeda) e, a seguir, sortear um dos alunos do turno escolhido.

Método II: escolher ao acaso uma das 16 turmas (por exemplo, colocando um papel com o número de cada turma em uma urna e sorteando uma delas) e, a seguir, sortear um dos alunos dessa turma.

Sobre os métodos I e II de sorteio é correto afirmar que:

a) em ambos os métodos, todos os alunos têm a mesma chance de serem sorteados.
b) no método I, todos os alunos têm a mesma chance de serem sorteados, mas, no método II, a chance de um aluno do diurno ser sorteado é maior que a de um aluno do noturno.
c) no método II, todos os alunos têm a mesma chance de serem sorteados, mas, no método I, a chance de um aluno do diurno ser sorteado é maior que a de um aluno do noturno.
d) no método I, a chance de um aluno do noturno ser sorteado é maior do que a de um aluno do diurno, enquanto no método II ocorre o contrário.
e) em ambos os métodos, a chance de um aluno do diurno ser sorteado é maior do que a de um aluno do noturno.

2. As 23 ex-alunas de uma turma que completou o Ensino Médio há 10 anos se encontraram em uma reunião comemorativa. Várias delas haviam se casado e tido filhos. A distribuição das mulheres, de acordo com a quantidade de filhos, é mostrada no gráfico abaixo.

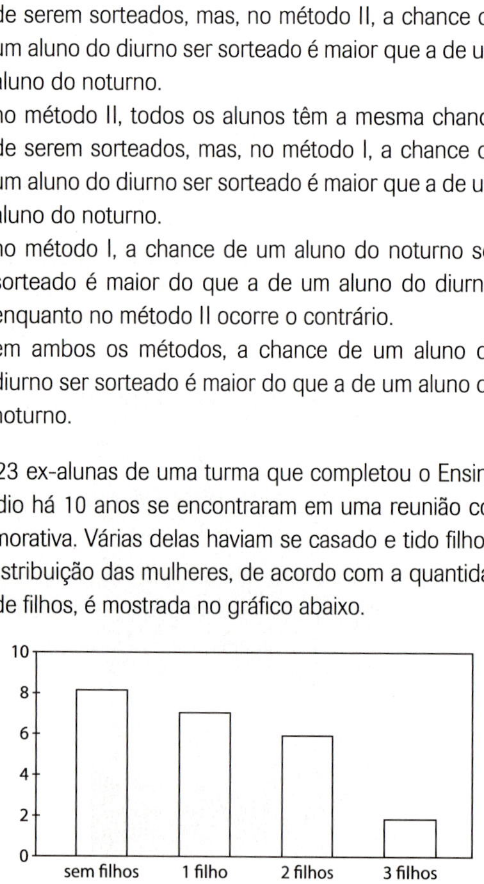

Um prêmio foi sorteado entre todos os filhos dessas ex-alunas. A probabilidade de que a criança premiada tenha sido um(a) filho(a) único(a) é:

a) $\frac{1}{3}$. b) $\frac{1}{4}$. c) $\frac{7}{15}$. d) $\frac{7}{23}$. e) $\frac{7}{25}$.

3. A escrita Braile para cegos é um sistema de símbolos no qual cada caractere é um conjunto de 6 pontos dispostos em forma retangular, dos quais pelo menos um se destaca em relação aos demais. Por exemplo, a letra **A** está representada ao lado.

O número total de caracteres que podem ser representados no sistema Braile é:

a) 12. b) 31. c) 36. d) 63. e) 720.

2006

A tabela abaixo indica a posição relativa de quatro times de futebol na classificação geral de um torneio, em dois anos consecutivos. O símbolo • significa que o time indicado na linha ficou, no ano de 2004, à frente do indicado na coluna. O símbolo * significa que o time indicado na linha ficou, no ano de 2005, à frente do indicado na coluna.

	A	B	C	D
A				*
B	• *		•	• *
C	• *	*		*
D	•		•	

A probabilidade de que um desses quatro times, escolhido ao acaso, tenha obtido a mesma classificação no torneio, em 2004 e 2005, é igual a:

a) 0,00. b) 0,25. c) 0,50. d) 0,75. e) 1,00.

2007

1. A diversidade de formas geométricas espaciais criadas pelo homem, ao mesmo tempo que traz benefícios, causa dificuldades em algumas situações.

Suponha, por exemplo, que um cozinheiro precise utilizar exatamente 100 mL de azeite de uma lata que contenha 1 200 mL e queira guardar o restante do azeite em duas garrafas, com capacidade para 500 mL e 800 mL cada, deixando cheia a garrafa maior. Considere que ele não disponha de instrumento de medida e decida resolver o problema utilizando apenas a lata e as duas garrafas. As etapas do procedimento utilizado por ele estão ilustradas nas figuras a seguir, tendo sido omitida a 5ª etapa.

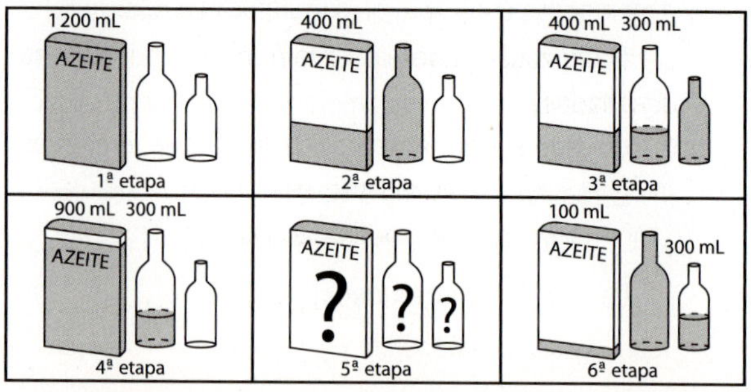

Qual das situações ilustradas a seguir corresponde à 5ª etapa do procedimento?

a) 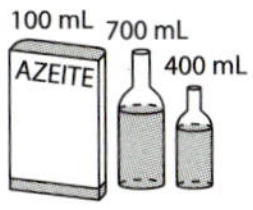

b) 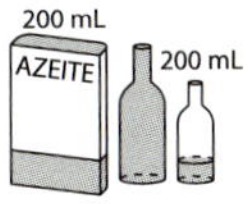

c) 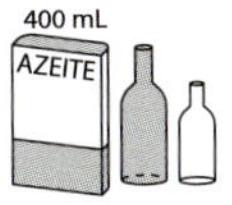

d) 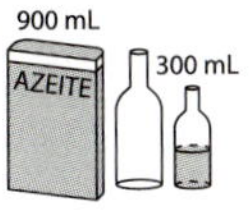

e) 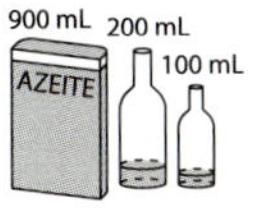

2. A queima de cana aumenta a concentração de dióxido de carbono e de material particulado na atmosfera, causa alteração do clima e contribui para o aumento de doenças respiratórias. A tabela abaixo apresenta números relativos a pacientes internados em um hospital no período da queima da cana.

Pacientes	Problemas respiratórios causados pelas queimadas	Problemas respiratórios resultantes de outras causas	Outras doenças	Total
Idosos	50	150	60	260
Crianças	150	210	90	450

Escolhendo-se aleatoriamente um paciente internado nesse hospital por problemas respiratórios causados pelas queimadas, a probabilidade de que ele seja uma criança é igual a:

a) 0,26, o que sugere a necessidade de implementação de medidas que reforcem a atenção ao idoso internado com problemas respiratórios.

b) 0,50, o que comprova ser de grau médio a gravidade dos problemas respiratórios que atingem a população nas regiões das queimadas.

c) 0,63, o que mostra que nenhum aspecto relativo à saúde infantil pode ser negligenciado.

d) 0,67, o que indica a necessidade de campanhas de conscientização que objetivem a eliminação das queimadas.

e) 0,75, o que sugere a necessidade de que, em áreas atingidas pelos efeitos das queimadas, o atendimento hospitalar no setor de pediatria seja reforçado.

3. Estima-se que haja, no Acre, 209 espécies de mamíferos, distribuídas conforme a tabela a seguir.

Grupos taxonômicos	Número de espécies
Artiodáctilos	4
Carnívoros	18
Cetáceos	2
Quirópteros	103
Lagomorfos	1
Marsupiais	16
Perissodáctilos	1
Primatas	20
Roedores	33
Sirênios	1
Edentados	10
Total	209

Deseja-se realizar um estudo comparativo entre três dessas espécies de mamíferos — uma do grupo Cetáceos, outra do grupo Primatas e a terceira do grupo Roedores. O número de conjuntos distintos que podem ser formados com essas espécies para esse estudo é igual a:

a) 1 320.
b) 2 090.
c) 5 845.
d) 6 600.
e) 7 245.

4. Representar objetos tridimensionais em uma folha de papel nem sempre é tarefa fácil. O artista holandês Escher (1898-1972) explorou essa dificuldade criando várias figuras planas impossíveis de serem construídas como objetos tridimensionais, a exemplo da litografia *Belvedere*, reproduzida abaixo.

Considere que um marceneiro tenha encontrado algumas figuras supostamente desenhadas por Escher e deseje construir uma delas com ripas rígidas de madeira que tenham o mesmo tamanho. Qual dos desenhos a seguir ele poderia reproduzir em um modelo tridimensional real?

a) 

d) 

b) 

e) 

c) 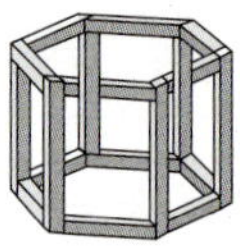

5. Uma das principais causas da degradação de peixes frescos é a contaminação por bactérias. O gráfico apresenta resultados de um estudo acerca da temperatura de peixes frescos vendidos em cinco peixarias. O ideal é que esses peixes sejam vendidos com temperaturas entre 2 °C e 4 °C.

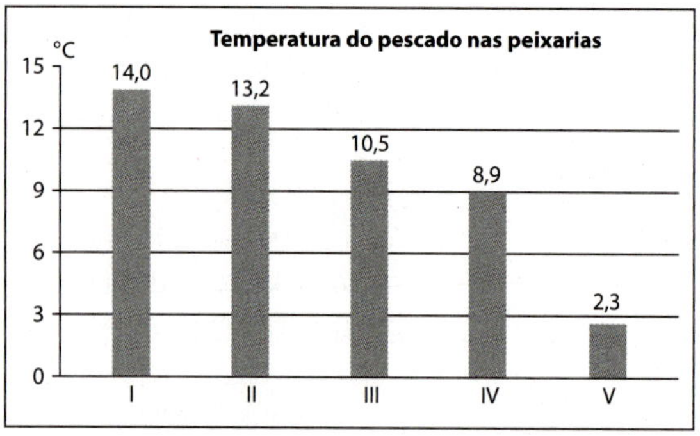

Fonte: Associação Brasileira de Defesa do Consumidor (com adaptações).

Selecionando-se aleatoriamente uma das cinco peixarias pesquisadas, a probabilidade de ela vender peixes frescos na condição ideal é igual a:

a) $\frac{1}{2}$. b) $\frac{1}{3}$. c) $\frac{1}{4}$. d) $\frac{1}{5}$. e) $\frac{1}{6}$.

6. A tabela abaixo representa, nas diversas regiões do Brasil, a porcentagem de mães que, em 2005, amamentavam seus filhos nos primeiros meses de vida.

Região	Período de aleitamento	
	Até o 4º mês (em %)	De 9 meses a 1 ano (em %)
Norte	85,7	54,8
Nordeste	77,7	38,8
Sudeste	75,1	38,6
Sul	73,2	37,2
Centro-Oeste	83,9	47,8

Fonte: Ministério da Saúde, 2005.

Ao ingerir leite materno, a criança adquire anticorpos importantes que a defendem de doenças típicas da primeira infância. Nesse sentido, a tabela mostra que, em 2005, percentualmente, as crianças brasileiras que estavam mais protegidas dessas doenças eram as da região:

a) Norte.
b) Nordeste.
c) Sudeste.
d) Sul.
e) Centro-Oeste.

2008

1. O jogo da velha é um jogo popular, originado na Inglaterra. O nome "velha" surgiu do fato de esse jogo ser praticado, à época em que foi criado, por senhoras idosas que tinham dificuldades de visão e não conseguiam mais bordar. Esse jogo consiste na disputa de dois adversários que, em um tabuleiro 3 × 3, devem conseguir alinhar verticalmente, horizontalmente ou na diagonal 3 peças de formato idêntico. Cada jogador, após escolher o formato da peça com a qual irá jogar, coloca uma peça por vez, em qualquer casa do tabuleiro, e passa a vez para o adversário. Vence o primeiro que alinhar 3 peças.

No tabuleiro representado abaixo, estão registradas as jogadas de dois adversários em um dado momento. Observe que uma das peças tem formato de círculo e a outra tem a forma de um xis. Considere as regras do jogo da velha e o fato de que, neste momento, é a vez do jogador que utiliza os círculos. Para garantir a vitória na sua próxima jogada, esse jogador pode posicionar a peça no tabuleiro de:

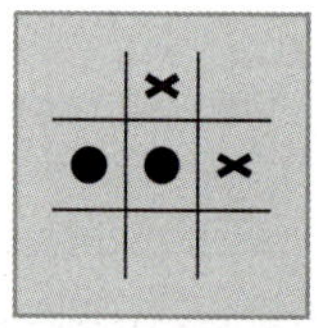

a) uma só maneira.
b) duas maneiras distintas.
c) três maneiras distintas.
d) quatro maneiras distintas.
e) cinco maneiras distintas.

2. *A vida na rua como ela é*

O Ministério do Desenvolvimento Social e Combate à Fome (MDS) realizou, em parceria com a ONU, uma pesquisa nacional sobre a população que vive na rua, tendo sido ouvidas 31 922 pessoas em 71 cidades brasileiras. Nesse levantamento, constatou-se que a maioria dessa população sabe ler e escrever (74%), que apenas 15,1% vivem de esmolas e que, entre os moradores de rua que ingressaram no ensino superior, 0,7% se diplomou. Outros dados da pesquisa são apresentados nos quadros a seguir.

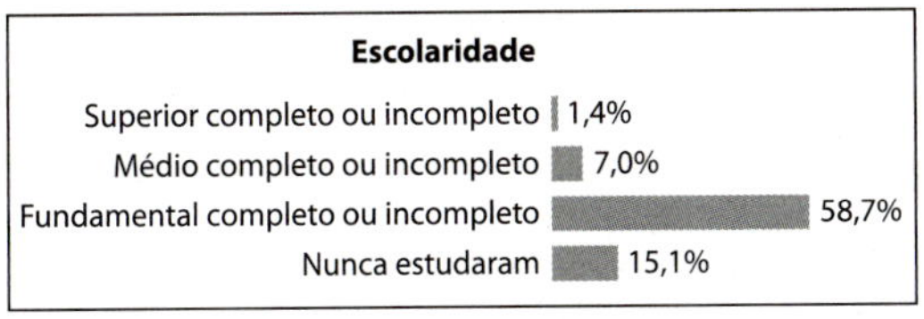

No universo pesquisado, considere que **P** seja o conjunto das pessoas que vivem na rua por motivos de alcoolismo/drogas e **Q** seja o conjunto daquelas cujo motivo para viverem na rua é a decepção amorosa. Escolhendo-se ao acaso uma pessoa no grupo pesquisado e supondo-se que seja igual a 40% a probabilidade de que essa pessoa faça parte do conjunto **P** ou do conjunto **Q**, então a probabilidade de que ela faça parte do conjunto intersecção de **P** e **Q** é igual a:

a) 12%.
b) 16%.
c) 20%.
d) 36%.
e) 52%.

3. A foto ao lado mostra um reservatório de água na forma de um cilindro circular reto, com 6 m de altura. Quando está completamente cheio, o reservatório é suficiente para abastecer, por um dia, 900 casas cujo consumo médio diário é de 500 litros de água.

Suponha que, um certo dia, após uma campanha de conscientização do uso da água, os moradores das 900 casas abastecidas por esse reservatório tenham feito economia de 10% no consumo de água. Nessa situação:

a) a quantidade de água economizada foi de 4,5 m^3.
b) a altura do nível da água que sobrou no reservatório, no final do dia, foi igual a 60 cm.
c) a quantidade de água economizada seria suficiente para abastecer, no máximo, 90 casas cujo consumo diário fosse de 450 litros.
d) os moradores dessas casas economizariam mais de R$ 200,00, se o custo de 1 m^3 de água para o consumidor fosse igual a R$ 2,50.
e) um reservatório de mesma forma e altura, mas com raio da base 10% menor que o representado, teria água suficiente para abastecer todas as casas.

2009

1. A população brasileira sabe, pelo menos intuitivamente, que a probabilidade de acertar as seis dezenas da mega sena não é zero, mas é quase. Mesmo assim, milhões de pessoas são atraídas por essa loteria, especialmente quando o prêmio se acumula em valores altos. Até junho de 2009, cada aposta de seis dezenas, pertencentes ao conjunto {01, 02, 03, ..., 59, 60}, custava R$ 1,50.

Disponível em: <www.caixa.gov.br>. Acesso em: 7 jul. 2009.

Considere que uma pessoa decida apostar exatamente R$ 126,00 e que esteja mais interessada em acertar apenas cinco das seis dezenas da mega sena, justamente pela dificuldade desta última. Nesse caso, é melhor que essa pessoa faça 84 apostas de seis dezenas diferentes, que não tenham cinco números em comum, do que uma única aposta com nove dezenas, porque a probabilidade de acertar a quina no segundo caso em relação ao primeiro é, aproximadamente:

a) $1\frac{1}{2}$ vez menor.
b) $2\frac{1}{2}$ vezes menor.
c) 4 vezes menor.
d) 9 vezes menor.
e) 14 vezes menor.

2. A população mundial está ficando mais velha, os índices de natalidade diminuíram e a expectativa de vida aumentou. No gráfico seguinte, são apresentados dados obtidos por pesquisa realizada pela Organização das Nações Unidas (ONU), a respeito da quantidade de pessoas com 60 anos ou mais em todo o mundo. Os números da coluna da direita representam as faixas percentuais. Por exemplo, em 1950 havia 95 milhões de pessoas com 60 anos ou mais nos países desenvolvidos, número entre 10% e 15% da população total nos países desenvolvidos.

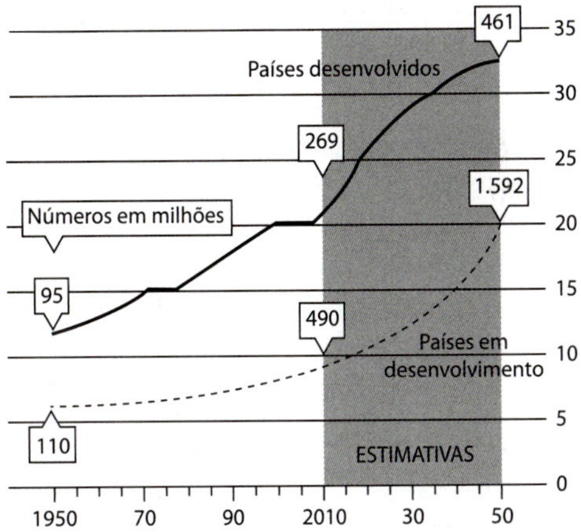

Fonte: "Perspectivas da população mundial", ONU, 2009. Disponível em: <www.economist.com>. Acesso em: 9 jul. 2009 (adaptado).

Em 2050, a probabilidade de se escolher, aleatoriamente, uma pessoa com 60 anos ou mais de idade, na população dos países desenvolvidos, será um número mais próximo de:

a) $\frac{1}{2}$.
b) $\frac{7}{20}$.
c) $\frac{8}{25}$.
d) $\frac{1}{5}$.
e) $\frac{3}{25}$.

3. Considere um ponto **P** em uma circunferência de raio **r** no plano cartesiano. Seja **Q** a projeção ortogonal de **P** sobre o eixo **x**, como mostra a figura, e suponha que o ponto **P** percorra, no sentido anti-horário, uma distância $d \leq r$ sobre a circunferência.

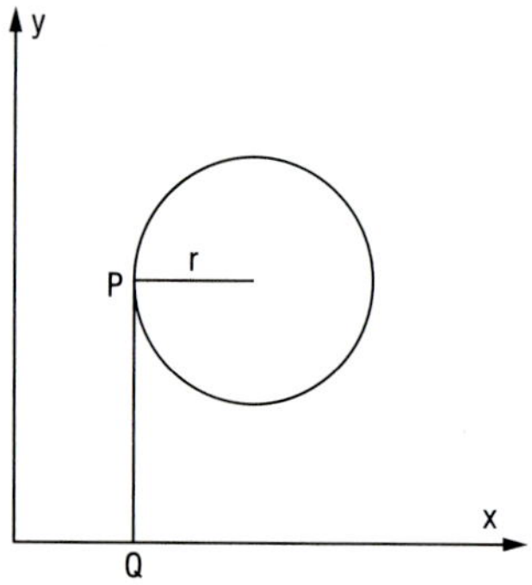

Então, o ponto **Q** percorrerá, no eixo **x**, uma distância dada por:

a) $r\left(1 - \text{sen}\,\dfrac{d}{r}\right)$.
b) $r\left(1 - \cos\dfrac{d}{r}\right)$.
c) $r\left(1 - \text{tg}\,\dfrac{d}{r}\right)$.
d) $r\,\text{sen}\left(\dfrac{r}{d}\right)$.
e) $r\cos\left(\dfrac{r}{d}\right)$.

4. Doze times se inscreveram em um torneio de futebol amador. O jogo de abertura do torneio foi escolhido da seguinte forma: primeiro foram sorteados 4 times para compor o Grupo **A**. Em seguida, entre os times do Grupo **A**, foram sorteados 2 times para realizar o jogo de abertura do torneio, sendo que o primeiro deles jogaria em seu próprio campo, e o segundo seria o time visitante. A quantidade total de escolhas possíveis para o Grupo **A** e a quantidade total de escolhas dos times do jogo de abertura podem ser calculadas através de:

a) uma combinação e um arranjo, respectivamente.
b) um arranjo e uma combinação, respectivamente.
c) um arranjo e uma permutação, respectivamente.
d) duas combinações.
e) dois arranjos.

5. Em Florença, Itália, na Igreja de Santa Croce, é possível encontrar um portão em que aparecem os anéis de Borromeo. Alguns historiadores acreditavam que os círculos representavam as três artes: escultura, pintura e arquitetura, pois elas eram tão próximas quanto inseparáveis.

SCIENTIFIC AMERICAN, AGO. 2008

Qual dos esboços a seguir melhor representa os anéis de Borromeo?

a) 
b) 
c) 
d) 
e) 

6. O controle de qualidade de uma empresa fabricante de telefones celulares aponta que a probabilidade de um aparelho de determinado modelo apresentar defeito de fabricação é de 0,2%. Se uma loja acaba de vender 4 aparelhos desse modelo para um cliente, qual é a probabilidade de esse cliente sair da loja com exatamente dois aparelhos defeituosos?

a) $2 \times (0{,}2\%)^4$
b) $4 \times (0{,}2\%)^2$
c) $6 \times (0{,}2\%)^2 \times (99{,}08\%)^2$
d) $4 \times (0{,}2\%)$
e) $6 \times (0{,}2\%) \times (99{,}8\%)$

7. O Indicador do CadÚnico (ICadÚnico), que compõe o cálculo do Índice de Gestão Descentralizada do Programa Bolsa Família (IGD), é obtido por meio da média aritmética entre a taxa de cobertura qualificada de cadastros (TC) e a taxa de atualização de cadastros (TA), em que $TC = \dfrac{NV}{NF}$, $TA = \dfrac{NA}{NV}$, NV é o número de cadastros domiciliares válidos no perfil do CadÚnico, NF é o número de famílias estimadas como público-alvo do CadÚnico e NA é o número de cadastros domiciliares atualizados no perfil do CadÚnico.

Portaria nº 148 de 27 de abril de 2006 (adaptado).

Suponha que o ICadÚnico de um município específico é 0,6. Porém, dobrando NF o ICadÚnico cairá para 0,5. Se $NA + NV = 3\,600$, então NF é igual a:

a) 10 000.
b) 7 500.
c) 5 000.
d) 4 500.
e) 3 000.

8. Suponha que, na escultura do artista Emanoel Araújo, mostrada na figura a seguir, todos os prismas numerados em algarismos romanos são retos, com bases triangulares, e que as faces laterais do poliedro II são perpendiculares à sua própria face superior, que, por sua vez, é um triângulo congruente ao triângulo base dos prismas. Além disso, considere que os prismas I e III são perpendiculares ao prisma IV e ao poliedro II.

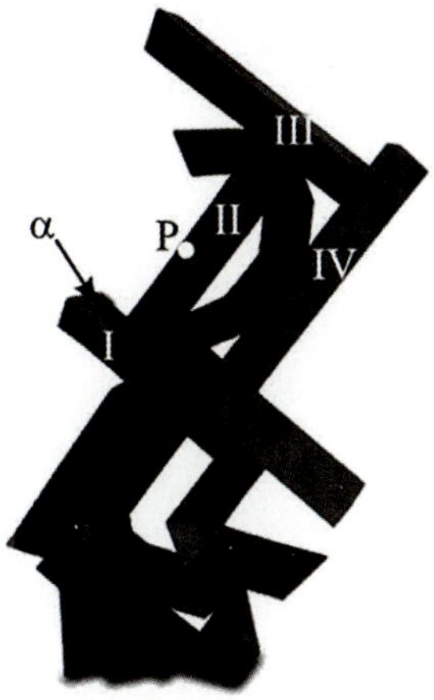

DISPONÍVEL EM: WWW.ESCRITOSRIODEARTE.COM.BR ACESSO EM: 28 JUL. 2009.

Imagine um plano paralelo à face α do prisma I, mas que passe pelo ponto **P** pertencente à aresta do poliedro II, indicado na figura. A intersecção desse plano imaginário com a escultura contém:

a) dois triângulos congruentes com lados correspondentes paralelos.
b) dois retângulos congruentes e com lados correspondentes paralelos.
c) dois trapézios congruentes com lados correspondentes perpendiculares.
d) dois paralelogramos congruentes com lados correspondentes paralelos.
e) dois quadriláteros congruentes com lados correspondentes perpendiculares.

9. Um artesão construiu peças de artesanato interceptando uma pirâmide de base quadrada com um plano. Após fazer um estudo das diferentes peças que poderia obter, ele concluiu que uma delas poderia ter uma das faces pentagonal. Qual dos argumentos a seguir justifica a conclusão do artesão?

a) Uma pirâmide de base quadrada tem 4 arestas laterais e a intersecção de um plano com a pirâmide intercepta suas arestas laterais. Assim, esses pontos formam um polígono de 4 lados.
b) Uma pirâmide de base quadrada tem 4 faces triangulares e, quando um plano intercepta essa pirâmide, divide cada face em um triângulo e um trapézio. Logo, um dos polígonos tem 4 lados.
c) Uma pirâmide de base quadrada tem 5 faces e a intersecção de uma face com um plano é um segmento de reta. Assim, se o plano interceptar todas as faces, o polígono obtido nessa intersecção tem 5 lados.
d) O número de lados de qualquer polígono obtido como intersecção de uma pirâmide com um plano é igual ao número de faces da pirâmide. Como a pirâmide tem 5 faces, o polígono tem 5 lados.
e) O número de lados de qualquer polígono obtido interceptando-se uma pirâmide por um plano é igual ao número de arestas laterais da pirâmide. Como a pirâmide tem 4 arestas laterais, o polígono tem 4 lados.

10. Um médico está estudando um novo medicamento que combate um tipo de câncer em estágios avançados. Porém, devido ao forte efeito dos seus componentes, a cada dose administrada há uma chance de 10% de que o paciente sofra algum dos efeitos colaterais observados no estudo, tais como dores de cabeça, vômitos ou mesmo agravamento dos sintomas da doença. O médico oferece tratamentos compostos por 3, 4, 6, 8 ou 10 doses do medicamento, de acordo com o risco que o paciente pretende assumir. Se um paciente considera aceitável um risco de até 35% de chances de que ocorra algum dos efeitos colaterais durante o tratamento, qual é o maior número admissível de doses para esse paciente?

a) 3 doses
b) 4 doses
c) 6 doses
d) 8 doses
e) 10 doses

11. Uma empresa que fabrica esferas de aço, de 6 cm de raio, utiliza caixas de madeira, na forma de um cubo, para transportá-las. Sabendo que a capacidade da caixa é de 13 824 cm^3, então o número máximo de esferas que podem ser transportadas em uma caixa é igual a:

a) 4. b) 8. c) 16. d) 24. e) 32.

2010

1. Alguns testes de preferência por bebedouros de água foram realizados com bovinos, envolvendo três tipos de bebedouros, de formatos e tamanhos diferentes. Os bebedouros 1 e 2 têm a forma de um tronco de cone circular reto, de altura igual a 60 cm, e diâmetro da base superior igual a 120 cm e 6 cm, respectivamente. O bebedouro 3 é um semicilindro, com 30 cm de altura, 100 cm de comprimento e 60 cm de largura. Os três recipientes estão ilustrados na figura.

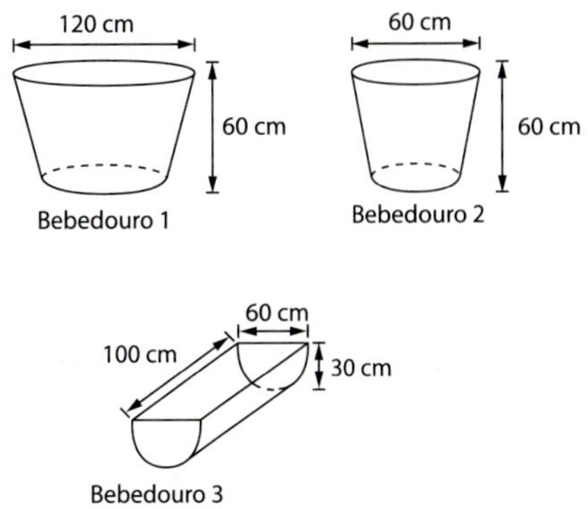

Considerando que nenhum dos recipientes tenha tampa, qual das figuras a seguir representa uma planificação para o bebedouro 3?

a)
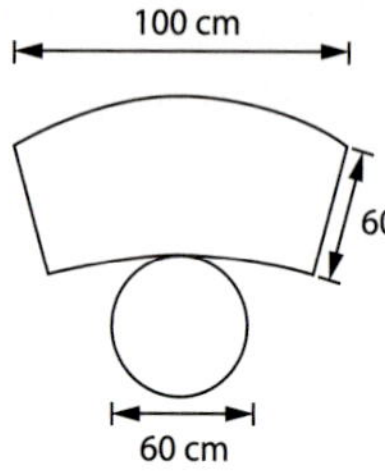

b)
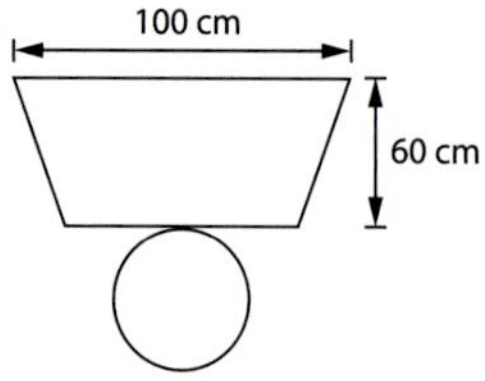

c)
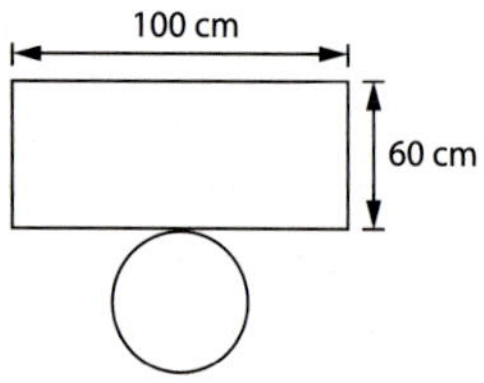

d)
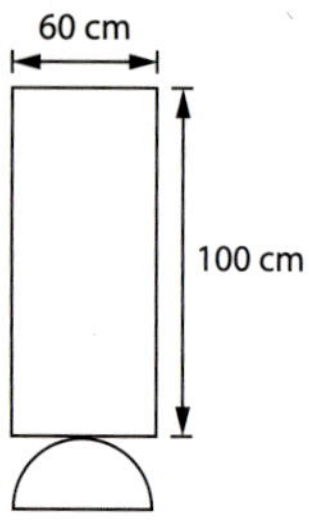

e)
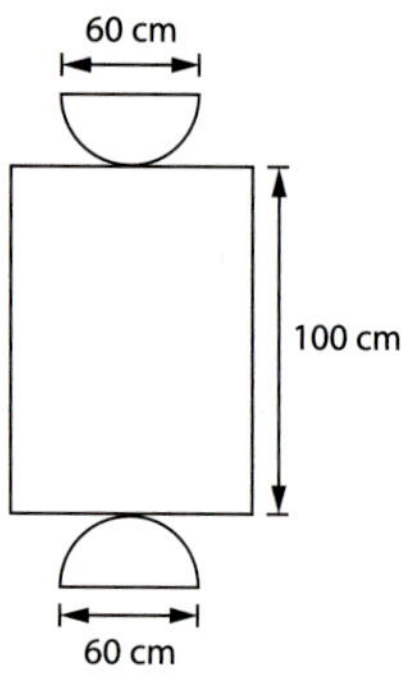

2. Uma fábrica produz barras de chocolate no formato de paralelepípedos e de cubos, com o mesmo volume. As arestas da barra de chocolate no formato de paralelepípedo medem 3 cm de lagura, 18 cm de comprimento e 4 cm de espessura.

Analisando as características das figuras geométricas descritas, a medida das arestas dos chocolates que têm o formato de cubo é igual a:

a) 5 cm. b) 6 cm. c) 12 cm. d) 24 cm. e) 25 cm.

3. A siderúrgica "Metal Nobre" produz diversos objetos maciços utilizando o ferro. Um tipo especial de peça feita nessa companhia tem o formato de um parelelepípedo retangular, de acordo com as dimensões indicadas na figura que segue.

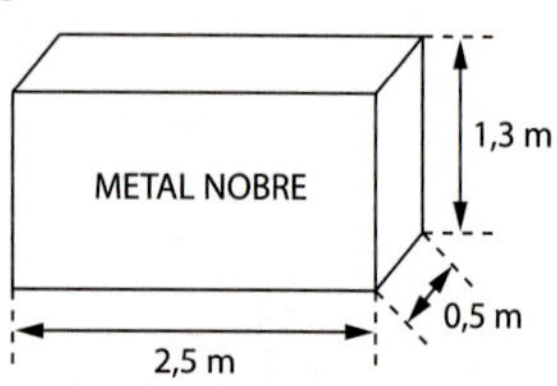

O produto das três dimensões indicadas na peça resultaria na medida da grandeza:

a) massa.
b) volume.
c) superfície.
d) capacidade.
e) comprimento.

4. Dona Maria, diarista na casa da família Teixeira, precisa fazer café para servir as vinte pessoas que se encontram numa reunião na sala. Para fazer o café, Dona Maria dispõe de uma leiteira cilíndrica e copinhos plásticos, também cilíndricos.

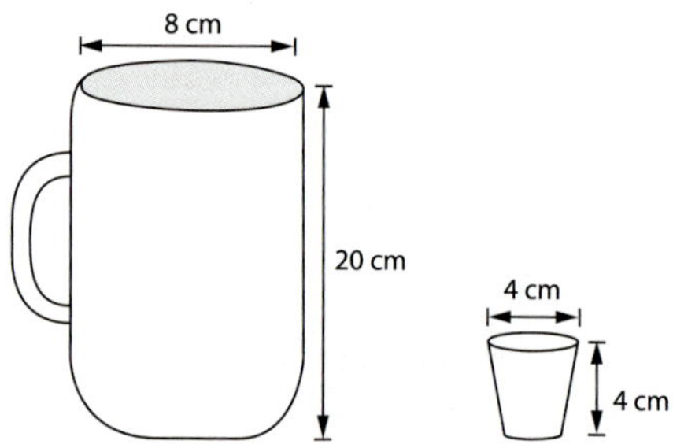

Com o objetivo de não desperdiçar café, a diarista deseja colocar a quantidade mínima de água na leiteira para encher os vinte copinhos pela metade. Para que isso ocorra, Dona Maria deverá:

a) encher a leiteira até a metade, pois ela tem um volume 20 vezes maior que o volume do copo.
b) encher a leiteira toda de água, pois ela tem um volume 20 vezes maior que o volume do copo.
c) encher a leiteira toda de água, pois ela tem um volume 10 vezes maior que o volume do copo.
d) encher duas leiteiras de água, pois ela tem um volume 10 vezes maior que o volume do copo.
e) encher cinco leiteiras de água, pois ela tem um volume 10 vezes maior que o volume do copo.

5. A figura I abaixo mostra um esquema das principais vias que interligam a cidade **A** com a cidade **B**. Cada número indicado na figura II representa a probabilidade de pegar um engarrafamento quando se passa na via indicada. Assim, há uma probabilidade de 30% de se pegar engarrafamento no deslocamento do ponto **C** ao ponto **B**, passando pela estrada E4, e de 50%, quando se passa por E3. Essas probabilidades são independentes umas das outras.

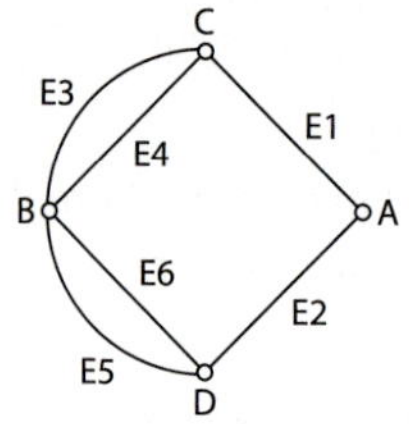

Figura I

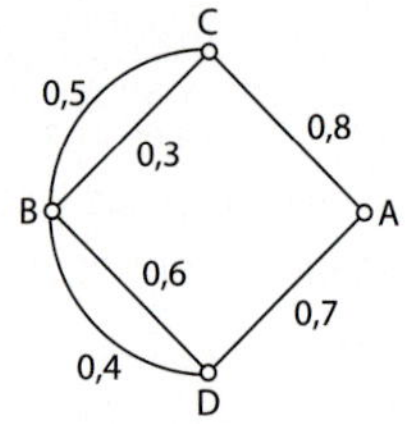

Figura II

Paula deseja se deslocar da cidade **A** para a cidade **B** usando exatamente duas das vias indicadas, percorrendo um trajeto com a menor probabilidade de engarrafamento possível. O melhor trajeto para Paula é:

a) E1E3. c) E2E4. e) E2E6.
b) E1E4. d) E2E5.

6. Para construir uma manilha de esgoto, um cilindro com 2 m de diâmetro e 4 m de altura (de espessura desprezível) foi envolvido homogeneamente por uma camada de concreto, contendo 20 cm de espessura.

Supondo que cada metro cúbico de concreto custe R$ 10,00 e tomando 3,1 como valor aproximado de π, então o preço dessa manilha é igual a:

a) R$ 230,00. c) R$ 104,16. e) R$ 49,60.
b) R$ 124,00. d) R$ 54,56.

7. No manejo sustentável de florestas, é preciso muitas vezes obter o volume da tora que pode ser obtida a partir de uma árvore. Para isso, existe um método prático, em que se mede a circunferência da árvore à altura do peito de um homem (1,30 cm), conforme indicado na figura. A essa medida denomina-se "rodo" da árvore. O quadro a seguir indica a fórmula para se *cubar*, ou seja, obter o volume da tora em **m³** a partir da medida do rodo e da altura da árvore.

O volume da tora em **m³** é dado por

V = rodo² × altura × 0,06

O rodo e a altura da árvore devem ser medidos em metros. O coeficiente 0,06 foi obtido experimentalmente.

Um técnico em manejo florestal recebeu a missão de cubar, abater e transportar cinco toras de madeira, de duas espécies diferentes, sendo:

- 3 toras de espécie I, com 3 m de rodo, 12 m de comprimento e densidade 0,77 toneladas/m³;
- 2 toras de espécie II, com 4 m de rodo, 10 m de comprimento e densidade 0,78 toneladas/m³.

Após realizar seus cálculos, o técnico solicitou que enviassem caminhões para transportar uma carga de, aproximadamente:

a) 29,9 toneladas. d) 35,3 toneladas.
b) 31,1 toneladas. e) 41,8 toneladas.
c) 32,4 toneladas.

8. Um satélite de telecomunicações, **t** minutos após ter atingido sua órbita, está a **r** quilômetros de distância do centro da Terra. Quando **r** assume seus valores máximo e mínimo, diz-se que o satélite atingiu o *apogeu* e o *perigeu*, respectivamente. Suponha que, para esse satélite, o valor de **r** em função de **t** seja dado por:

$$r(t) = \frac{5\,865}{1 + 0{,}15 \times \cos(0{,}06t)}$$

Um cientista monitora o movimento desse satélite para controlar o seu afastamento do centro da Terra. Para isso, ele precisa calcular a soma dos valores de **r** no *apogeu* e no *perigeu*, representada por **S**.

O cientista deveria concluir que, periodicamente, **S** atinge o valor de:

a) 12 765 km. d) 10 965 km.
b) 12 000 km. e) 5 865 km.
c) 11 730 km,

9. Uma empresa vende tanques de combustíveis de formato cilíndrico, em três tamanhos, com medidas indicadas nas figuras. O preço do tanque é diretamente proporcional à medida da área da superfície lateral do tanque. O dono de um posto de combustível deseja encomendar um tanque com menor custo por metro cúbico de capacidade de armazenamento.

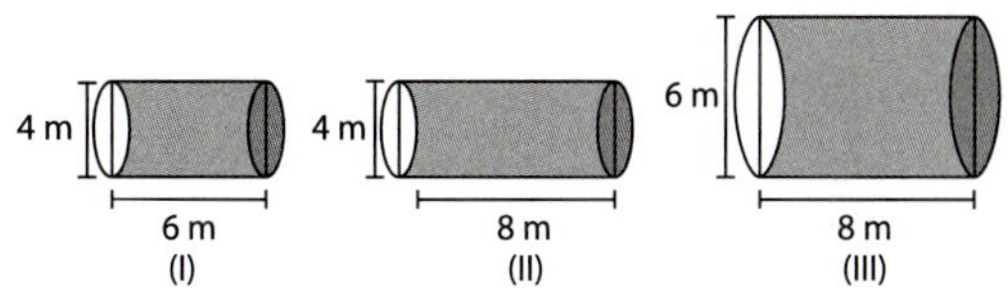

Qual dos tanques deverá ser escolhido pelo dono do posto? (Considere $\pi \cong 3$.)

a) I, pela relação área/capacidade de armazenamento de $\frac{1}{3}$.

b) I, pela relação área/capacidade de armazenamento de $\frac{4}{3}$.

c) II, pela relação área/capacidade de armazenamento de $\frac{3}{4}$.

d) III, pela relação área/capacidade de armazenamento de $\frac{2}{3}$.

e) III, pela relação área/capacidade de armazenamento de $\frac{7}{12}$.

10. Em um casamento, os donos da festa serviam champanhe aos seus convidados em taças com formato de um hemisfério (figura 1), porém um acidente na cozinha culminou na quebra de grande parte desses recipientes. Para substituir as taças quebradas utilizou-se um outro tipo com formato de cone (figura 2). No entanto, os noivos solicitaram que o volume de champanhe nos dois tipos de taça fosse igual.

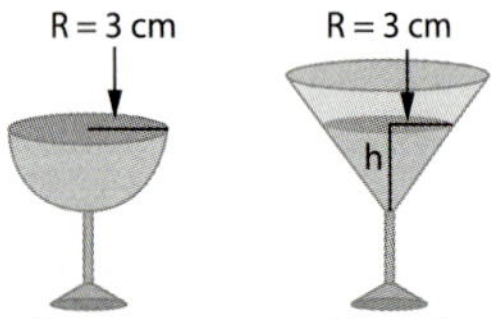

Figura 1   Figura 2

Considere:

$$V_{esfera} = \frac{4}{3}\pi R^3 \quad \text{e} \quad V_{cone} = \frac{1}{3}\pi R^3 h$$

Sabendo que a taça com o formato de hemisfério é servida completamente cheia, a altura do volume de champanhe que deve ser colocado na outra taça, em centímetros, é de:

a) 1,33.
b) 6,00.
c) 12,00.
d) 56,52.
e) 113,04.

11. O diretor de um colégio leu numa revista que os pés das mulheres estavam aumentando. Há alguns anos, a média do tamanho dos calçados das mulheres era de 35,5 e, hoje, é de 37,0. Embora não fosse uma informação científica, ele ficou curioso e fez uma pesquisa com as funcionárias do seu colégio, obtendo o quadro a seguir:

Tamanho dos calçados	Número de funcionárias
39,0	1
38,0	10
37,0	3
36,0	5
35,0	6

Escolhendo uma funcionária ao acaso e sabendo que ela tem calçado maior que 36,0, a probabilidade de ela calçar 38,0 é:

a) $\frac{1}{3}$.
b) $\frac{1}{5}$.
c) $\frac{2}{5}$.
d) $\frac{5}{7}$.
e) $\frac{5}{14}$.

12. João mora na cidade **A** e precisa visitar cinco clientes, localizados em cidades diferentes da sua. Cada trajeto possível pode ser representado por uma sequência de 7 letras. Por exemplo, o trajeto ABCDEFA, informa que ele sairá da cidade **A**, visitando as cidades **B**, **C**, **D**, **E** e **F**, nesta ordem, voltando para a cidade **A**. Além disso, o número indicado entre as letras informa o custo do deslocamento entre as cidades. A figura mostra o custo de deslocamento entre cada uma das cidades.

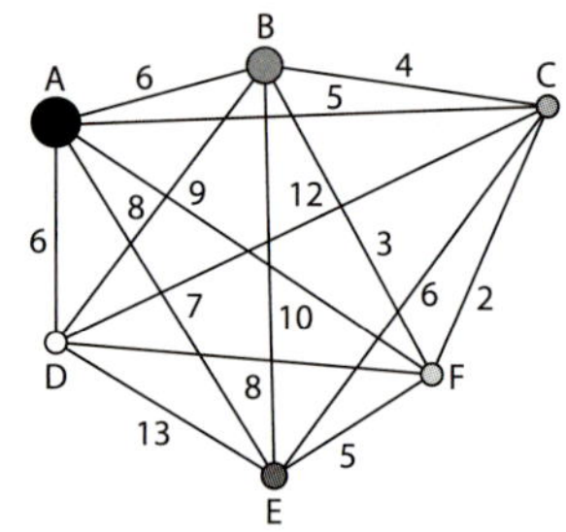

Como João quer economizar, ele precisa determinar qual o trajeto de menor custo para visitar os cinco clientes. Examinando a figura, percebe que precisa considerar somente parte das sequências, pois os trajetos ABCDEFA e AFEDCBA têm o mesmo custo. Ele gasta 1 min 30 s para examinar uma sequência e descartar sua simétrica, conforme apresentado.

O tempo mínimo necessário para João verificar todas as sequências possíveis no problema é de:

a) 60 min.
b) 90 min.
c) 120 min.
d) 180 min.
e) 360 min.

13. A disparidade de volume entre os planetas é tão grande que seria possível colocá-los uns dentro dos outros. O planeta Mercúrio é o menor de todos. Marte é o segundo menor: dentro dele cabem três Mercúrios. Terra é o único com vida: dentro dele cabem sete Martes. Netuno é o quarto maior: dentro dele cabem 58 Terras. Júpiter é o maior dos planetas: dentro dele cabem 23 Netunos.

Revista *Veja*. Ano 41, nº 25, 25 jun. 2008 (adaptado).

Seguindo o raciocínio proposto, quantas Terras cabem dentro de Júpiter?

a) 406
b) 1 334
c) 4 002
d) 9 338
e) 28 014

14. Um porta-lápis de madeira foi construído no formato cúbico, seguindo o modelo ilustrado a seguir. O cubo de dentro é vazio. A aresta do cubo maior mede 12 cm e a do cubo menor, que é interno, mede 8 cm.

O volume de madeira utilizado na confecção desse objeto foi de:

a) 12 cm^3.
b) 64 cm^3.
c) 96 cm^3.
d) 1 216 cm^3.
e) 1 728 cm^3.

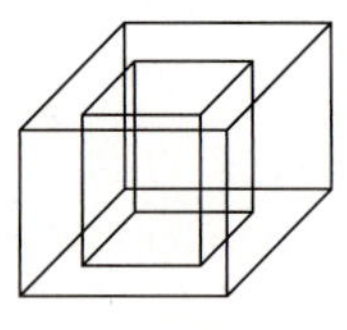

RESPOSTAS

Capítulo 1

Abertura

Desafio

170 m

1. 17,31 m **2.** a) $x = 15$ b) $y = 8\sqrt{2}$ c) $z = 20\sqrt{3}$

3. 12,5 cm **4.** $3\sqrt{3}$ m **5.** 30°

6. $|\vec{v}_x| = 5\sqrt{3}$ cm; $|\vec{v}_y| = 5$ cm **7.** $CD \simeq 3{,}9$ cm

8. $A \simeq 4{,}8$ cm² **9.** 21,6 m **10.** $x = 50\sqrt{3}$

11. $x = 24$; $y = 16\sqrt{3}$; $z = 8\sqrt{3}$

12. a) $\frac{\sqrt{2}}{2}$ b) $-\frac{\sqrt{2}}{2}$ c) $\frac{1}{2}$ d) $-\frac{\sqrt{3}}{2}$

13. $x = 100\sqrt{2}$ **14.** $x = 2$ e $y = \sqrt{3} - 1$

15. a) $x \simeq 9{,}151$ b) $x \simeq 45°$ c) $x \simeq 5{,}959$

16. $a = \sqrt{2}$ **17.** $x = 60°$ **18.** $a = \frac{m \cdot \text{sen}\ \alpha}{\text{sen}\ \beta}$

Resolução passo a passo

6. a) $(8\sqrt{3} - 10)$ km

b) • Área de uso imediato da comunidade: 25π km².

• Área de caça individual e da coleta diária familiar: 75π km².

• Área das expedições de caça e coleta coletivas: 300π km².

c) Respostas pessoais.

d) • Venezuela.

• Ser humano.

• Fundação Nacional do Índio.

19. $x = \sqrt{7}$ **20.** $c = \sqrt{10}$ **21.** $\cos\alpha = \frac{1}{9}$

22. $a = 2\sqrt{17}$ **23.** $c = 4$

24. $BD = 2\sqrt{39}$ cm; $AC = 2\sqrt{109}$ cm **25.** $R = 4\sqrt{19}$ N

26. Triângulo acutângulo **27.** $m = \sqrt{46}$

Desafios

1. b

2. a) AB = 70 m; CE = 25 m

b) DE = 45 m e perímetro de $\mathbf{T_3} = (90 + 15\pi)$ m

3. $\theta \simeq 56{,}6°$

Pensando no Enem

1. a **2.** b **3.** d **4.** c

A Matemática e as práticas sociais

1. 12,5% **2.** d **3.** $x = \sqrt{8 - 4\sqrt{2}}$ milhas

Questões de vestibular

1. c **2.** c **3.** e **4.** e **5.** d

6. a)

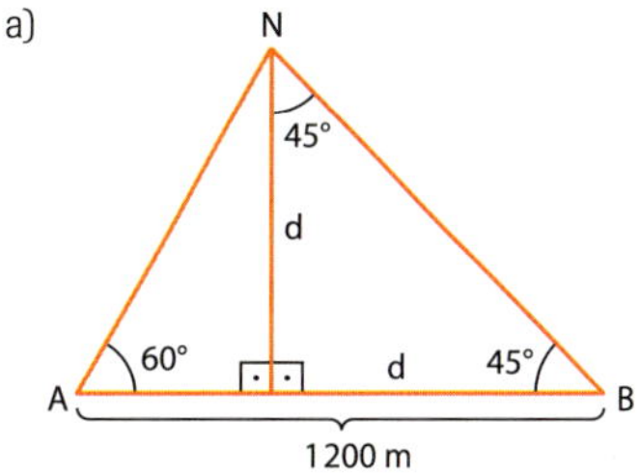

b) $d \simeq 780$ m

7. $\text{sen}\ \alpha = \frac{\sqrt{2}}{10}$; $\cos\alpha = \frac{7\sqrt{2}}{10}$ **8.** e **9.** 28 m

10. b **11.** e **12.** b

13. $AB = \sqrt{14900 - 14000 \cos 36°}$ cm **14.** I, III e V

15. Soma: $1 + 4 + 8 = 13$ **16.** c **17.** a

18. b **19.** $AD = \sqrt{2 + \sqrt{2}}$

20. a **21.** b **22.** c

Para refletir

Página 16

$x = 2\sqrt{3}$ cm

Página 19

Usando o triângulo obtusângulo dessa página.

• no $\triangle ABH$:

$$\begin{cases} \cos\hat{A} = \frac{AH}{c} \Rightarrow AH = c \cdot \cos\hat{A} \\ c^2 = h^2 + AH^2 \Rightarrow h^2 = c^2 - AH^2 \end{cases}$$

$$h^2 = c^2 - (c \cdot \cos\hat{A})^2 = c^2 - c^2 \cdot \cos^2\hat{A}$$

• no $\triangle CBH$:

$$a^2 = h^2 + CH^2 \Rightarrow a^2 = h^2 + (AH - b)^2 \Rightarrow$$

$$\Rightarrow a^2 = h^2 + (c \cdot \cos\hat{A} - b)^2 \Rightarrow h^2 = a^2 - (c \cdot \cos\hat{A} - b)^2 \Rightarrow$$

$$\Rightarrow h^2 = a^2 - (c^2 \cdot \cos^2\hat{A} - 2bc \cdot \cos\hat{A} + b^2) \Rightarrow$$

$$\Rightarrow c^2 - \cancel{c^2 \cdot \cos^2\hat{A}} = a^2 - \cancel{c^2 \cdot \cos^2\hat{A}} + 2bc \cdot \cos\hat{A} - b^2 \Rightarrow$$

$$\Rightarrow a^2 = b^2 + c^2 - 2bc \cdot \cos\hat{A} \text{ (lei dos cossenos)}$$

Usando o triângulo retângulo abaixo:

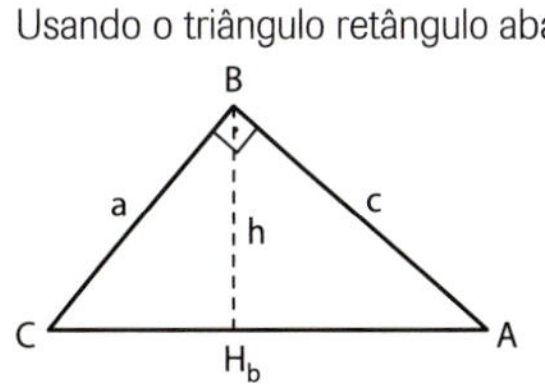

Observa-se que, para $\hat{\mathbf{A}}$ agudo no $\triangle ABC$ retângulo em $\hat{\mathbf{B}}$, a demonstração é a mesma já realizada para o triângulo acutângulo. Portanto, vale ainda a relação $a^2 = b^2 + c^2 - 2bc \cdot \cos\hat{A}$ (lei dos cossenos).

Página 20

No losango dado, cada ângulo agudo mede 20°. Como a soma dos ângulos internos de qualquer quadrilátero é 360°, temos:

$x + x + 20° + 20° = 360° \Rightarrow 2x = 360° - 40° = 320° \Rightarrow x = 160°$

RESPOSTAS

Capítulo 2

Abertura

Desafio

46,8°

1. a) $\frac{\pi}{3}$ rad c) $\frac{2\pi}{3}$ rad e) $\frac{5\pi}{3}$ rad g) $\frac{3\pi}{8}$ rad

b) $\frac{\pi}{4}$ rad d) $\frac{7\pi}{3}$ rad f) $\frac{5\pi}{9}$ rad h) $\frac{11\pi}{48}$ rad

2. a) 30° c) 120° e) 150° g) 67°30′

b) 36° d) 45° f) 330° h) 11°15′

3. 5 rad **4.** Aproximadamente 1,57 cm.

5. Aproximadamente 15,7 cm. **6.** 60π m

Resolução passo a passo

6. a) I) *Fakie* 360: giro de 360°, portanto equivale a 1 volta completa.

II) *McTwist* 540: giro de 540°, portanto equivale a 1 volta e meia.

III) *McHanre* 720: giro de 720°, portanto equivale a 2 voltas completas.

b) Seria 1 080, referência ao fato de que 3 voltas completas equivalem a 1 080°.

c) Respostas pessoais.

d) Tony Hawk; em 27 de junho de 1999, nos *X-Games* de São Francisco, Califórnia (EUA).

7. a) $\alpha = 325°$; 4º quadrante g) $\alpha = \frac{3\pi}{2}$ rad; eixo

b) $\alpha = 60°$; 1º quadrante h) $\alpha = \frac{4\pi}{3}$ rad; 3º quadrante

c) $\alpha = 60°$; 1º quadrante i) $\alpha = \frac{11\pi}{6}$ rad; 4º quadrante

d) $\alpha = 130°$; 2º quadrante j) $\alpha = \frac{\pi}{5}$ rad; 1º quadrante

e) $\alpha = 320°$; 4º quadrante k) $\alpha = \frac{\pi}{2}$ rad; eixo

f) $\alpha = 130°$; 2º quadrante l) $\alpha = \frac{\pi}{4}$ rad; 1º quadrante

8. a) $\alpha = 80° + k \cdot 360°$, com $k \in \mathbb{Z}$

b) $\alpha = 60° + k \cdot 360°$, com $k \in \mathbb{Z}$

c) $\alpha = 200° + k \cdot 360°$, com $k \in \mathbb{Z}$

d) $\alpha = \frac{\pi}{4} + 2k\pi$, com $k \in \mathbb{Z}$

e) $\alpha = \frac{\pi}{3} + 2k\pi$, com $k \in \mathbb{Z}$

f) $\alpha = \frac{3\pi}{5} + 2k\pi$, com $k \in \mathbb{Z}$

9. a)

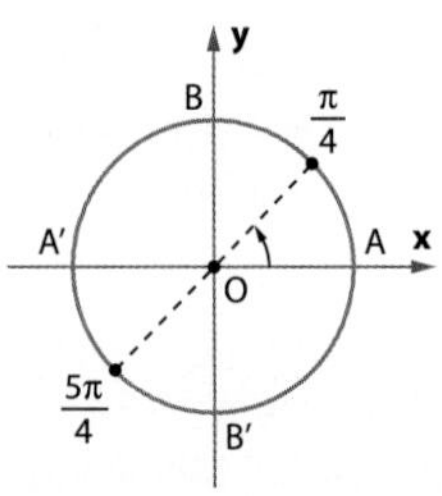

b)

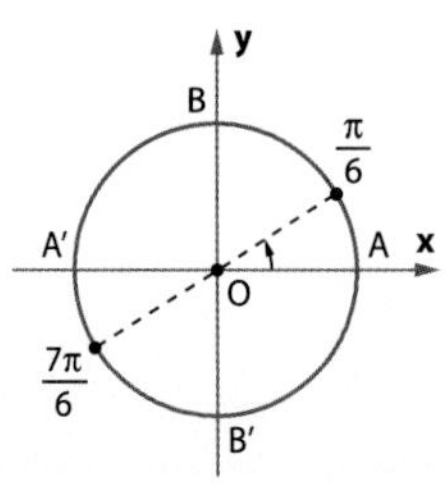

c)

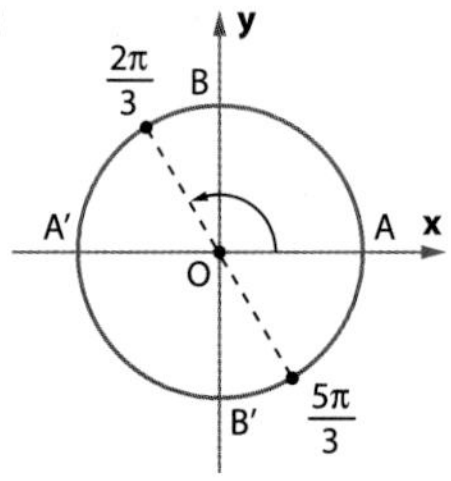

d)

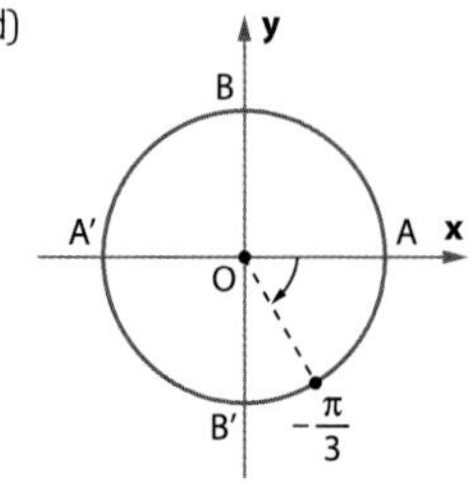

e)

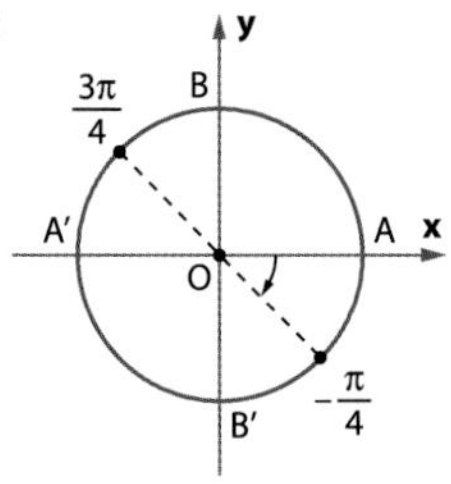

f)

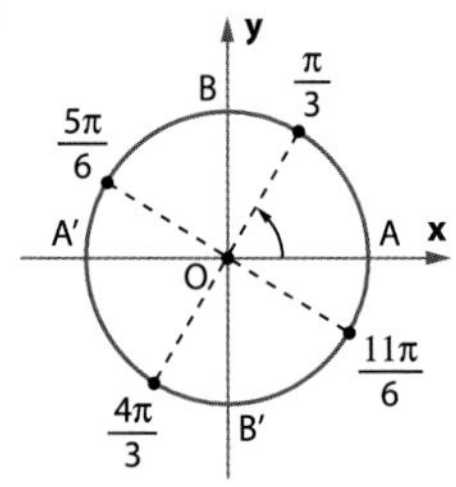

10. a) $x = \frac{\pi}{6} + 2k\pi$, com $k \in \mathbb{Z}$

b) $x = \frac{\pi}{4} + k\pi$, com $k \in \mathbb{Z}$

c) $x = \pi + 2k\pi$, com $k \in \mathbb{Z}$ ou $x = (2k + 1)\pi$, com $k \in \mathbb{Z}$

d) $x = \frac{2\pi}{3} + 2k\pi$, com $k \in \mathbb{Z}$

e) $x = -\frac{\pi}{3} + 2k\pi$, com $k \in \mathbb{Z}$

f) $x = \frac{5\pi}{6} + k\pi$, com $k \in \mathbb{Z}$

11. e

Desafios

1. (1) Falsa

(2) Falsa

(3) Verdadeira

2. c

Pensando no Enem

1. d

2. a) Meia-volta = 200 gr; volta inteira = 400 gr.

b) No 3º quadrante, pois $200 < 250 < 300$.

c) 2π rad ——— 400 gr
1 rad ——— x
$\Rightarrow x = \frac{400}{2\pi} = 63{,}69$ gr

d) 400 gr ——— 360°
1 gr ——— x
$\Rightarrow x = \frac{360}{400} = 0{,}9° = 54'$

3. d

A Matemática e as práticas sociais

1. Divisores de 60: ±1, ±2, ±3, ±5, ±6, ±10, ±12, ±15, ±20, ±30, ±60, 1 440 minutos.

2. d

RESPOSTAS

3. Aproximadamente 2 903 km.

4. a) Maior distância: 7,01 m; menor distância: 1,53 m.
b) Aproximadamente 644 m.

5. 40°

6. 22 voltas completas

7. 90º; 100 grados; 75 trentos

Questões de vestibular

1. b **2.** c **3.** d **4.** a **5.** c **6.** e **7.** b **8.** b **9.** e **10.** d **11.** d **12.** b **13.** d **14.** c **15.** d **16.** e

Para refletir

Página 34
Terão a mesma medida, mas não terão o mesmo comprimento.

Página 35
58°

Página 38
- Porque os arcos são considerados com medidas positivas, negativas ou nulas.
- **B**(0, 1); **A'**(−1, 0) e **B'**(0, −1)

Página 39
- Estamos percorrendo a circunferência no sentido horário.
- Do 2º exemplo, são côngruos 45° e 765° ou $\frac{\pi}{4}$ e $\frac{17\pi}{4}$.
  Do 3º exemplo, são côngruos 60° e −1 020° ou $\frac{\pi}{3}$ e $-\frac{17\pi}{3}$.

Página 40
Um número positivo ou zero.

Capítulo 3

Abertura

Desafio

A expressão "mãos por cúbito" indica a razão entre duas medidas de comprimento em unidades diferentes. Pelo costume egípcio, transforma-se a medida em cúbitos do numerador em mãos, mas a do denominador continua em cúbitos. A razão $\frac{180}{250}$ significa a medida de 180 cúbitos, que vai do centro da base ao ponto médio do lado, dividida pela medida de 250 cúbitos, do centro da base ao vértice da pirâmide (altura da pirâmide). Neste caso, sem transformar o numerador em mãos, obtemos uma fração que é um número puro, pois cancelamos a unidade. E essa razão corresponde à cotangente do ângulo θ citado.

Logo, o ângulo θ vale aproximadamente 54,2°.

1. a) 3º quadrante b) 1º quadrante c) 4º quadrante

2. a) 3º ou 4º quadrante b) 2º ou 3º quadrante c) 1º ou 4º quadrante d) 1º ou 2º quadrante

3. $-\frac{4}{5}$

4. a) $\frac{1}{2}$ b) $-\frac{\sqrt{3}}{2}$ c) $-\frac{1}{2}$

5. a) 0,985 b) −0,423 c) −0,766 d) −0,927 e) 0,956 f) −0,087 g) 0,998 h) −0,574

6. a) $x = 270°$ b) $x = \frac{\pi}{6}$ ou $x = \frac{5\pi}{6}$ c) $x = \frac{\pi}{3}$ d) $x = 0$ e) Não é possível.

7. a) $-\frac{\sqrt{3}}{2}$ b) $\frac{\sqrt{2}}{2}$ c) $-\frac{1}{2}$ d) $\frac{\sqrt{3}}{2}$ e) $-\frac{\sqrt{2}}{2}$ f) $-\frac{1}{2}$

8. a) 0,883 b) −0,643 c) −0,996 d) 0,643

9. a) $x = 60°$ ou $x = 300°$ b) $x = \frac{3\pi}{4}$ ou $x = \frac{5\pi}{4}$

10. a) $\frac{1}{2}$ b) $\frac{\sqrt{2}}{2}$ c) −1 d) $-\frac{\sqrt{3}}{2}$

11. a) −0,643 b) −0,242 c) −0,643 d) 0,588

12. a) $x = \frac{3\pi}{2} + 2k\pi$, com $k \in \mathbb{Z}$

b) $x = \frac{\pi}{4} + 2k\pi$ ou $x = \frac{3\pi}{4} + 2k\pi$, com $k \in \mathbb{Z}$

c) $x = \frac{7\pi}{6} + 2k\pi$ ou $x = \frac{11\pi}{6} + 2k\pi$, com $k \in \mathbb{Z}$

d) $x = k\pi$, com $k \in \mathbb{Z}$

13. a) $\frac{\sqrt{2}}{2}$ b) $\frac{\sqrt{3}}{2}$ c) 0 d) $\frac{1}{2}$ e) $\frac{\sqrt{3}}{2}$ f) $\frac{\sqrt{2}}{2}$ g) −1 h) $-\frac{\sqrt{3}}{2}$

14. a) −0,766 b) 0,985 c) 0,122 d) 0,707

15. a) $\frac{\sqrt{2}}{2}$ b) $\frac{7\sqrt{3}}{2}$ c) $\sqrt{3}$ d) 1 e) 1 f) $\frac{1+\sqrt{3}}{2}$ g) $\frac{1+\sqrt{3}}{2}$ h) 0 i) $\frac{\sqrt{3}}{2}$ j) $\sqrt{3}$ k) $\frac{\sqrt{3}}{2}$

16. a) $x = 45°$ ou $x = 315°$

b) $x = \frac{\pi}{2}$ ou $x = \frac{3\pi}{2}$

c) $x = \frac{5\pi}{6} + 2k\pi$ ou $x = \frac{7\pi}{6} + 2k\pi$, com $k \in \mathbb{Z}$

d) $x = \pi + 2k\pi$ ou $x = (2k + 1)\pi$, com $k \in \mathbb{Z}$

17. $-\frac{\sqrt{6}}{3}$

18. $\cos x = \frac{\sqrt{3}}{2} \Rightarrow x = \frac{\pi}{6}$; $\cos x = -\frac{\sqrt{3}}{2} \Rightarrow x = \frac{5\pi}{6}$

Resolução passo a passo

6. a) 30° b) $A_T = \frac{(\text{sen}\,\alpha + \text{tg}\,\alpha)(1 - \cos\alpha)}{2}$

RESPOSTAS

19. a) 0 b) 0 c) $\frac{\sqrt{3}}{3}$ d) Não é definida. e) 1 f) $\sqrt{3}$ g) $\frac{\sqrt{3}}{3}$ h) $-\sqrt{3}$ i) -1 j) $\sqrt{3}$ k) $\frac{\sqrt{3}}{3}$ l) $-\frac{\sqrt{3}}{3}$

20. a) −5,671 b) 0,364 c) −1,428 d) 0,176 e) 2,050 f) 1,192

21. a) $-\frac{\sqrt{3}}{3}$ b) 0 c) $-\sqrt{3}$ d) $-\sqrt{3}$ e) $\frac{\sqrt{3}}{3}$ f) 1

22. a) −0,839 b) 1,192 c) 0,176 d) −2,747

23. $x \in \mathbb{R} \mid x = \frac{\pi}{4} + k\pi$, com $k \in \mathbb{Z}$

24. a) $\left\{x \in \mathbb{R} \mid x = \frac{\pi}{3} + k\pi, k \in \mathbb{Z}\right\}$

b) $\left\{x \in \mathbb{R} \mid x = \frac{3\pi}{4} + k\pi, k \in \mathbb{Z}\right\}$

25. a) $\left\{\frac{\pi}{6}, \frac{7\pi}{6}\right\}$ b) $\left\{\frac{\pi}{4}, \frac{3\pi}{4}, \frac{5\pi}{4}, \frac{7\pi}{4}\right\}$

26. $-\frac{3}{4}$ **27.** $\frac{\sqrt{7}}{5}$ **28.** −1

Desafios

1. A = 0 **2.** e

Pensando no Enem

1. d **2.** c

A Matemática e as práticas sociais

1. 3º quadrante: 7 e 8; 2º quadrante: 10; 3º quadrante: 8 e 4º quadrante: 4.

2. a) $\frac{1}{2}$ b) $-\frac{1}{2}$ c) $-\sqrt{3}$ d) $-\frac{1}{2}$ e) −1 f) $\frac{\sqrt{3}}{3}$

3. a) V b) F c) F d) F e) V f) F g) F h) F i) V

4. a) $\frac{1}{2}$ b) 120° c) $\sqrt{3}$

Questões de vestibular

1. d **2.** c **3.** a) 10 cm b) $\frac{10\pi}{3}$ cm **4.** c **5.** e **6.** d **7.** a **8.** b **9.** e **10.** b **11.** b **12.** a **13.** a **14.** d **15.** c **16.** e **17.** c **18.** e

Para refletir

Página 53

Porque são os mais usados.

Página 57

- $\hat{ORP} \cong \hat{OAT}$ (retos)
- $\hat{POR} \cong \hat{TOR}$ (comuns ou opostos pelo vértice)

Capítulo 4

Abertura

Desafio

Pelo teorema de Pitágoras, temos:

$c^2 = a^2 + b^2$

Dividindo todos os termos dessa igualdade por $\mathbf{c^2}$, obtemos:

$$1 = \left(\frac{a}{c}\right)^2 + \left(\frac{b}{c}\right)^2$$

Sabemos que $\text{sen}\,\alpha = \frac{b}{c}$ e $\cos\alpha = \frac{a}{c}$.

Logo, $1 = \cos^2\alpha + \text{sen}^2\,\alpha$.

1. a) $\cos x = \frac{\sqrt{3}}{2}$; $\text{tg}\,x = -\frac{\sqrt{3}}{3}$; $\text{cotg}\,x = -\sqrt{3}$; $\sec x = \frac{2\sqrt{3}}{3}$; $\text{cossec}\,x = -2$

b) $\text{sen}\,x = \frac{2\sqrt{2}}{3}$; $\text{tg}\,x = 2\sqrt{2}$; $\text{cotg}\,x = \frac{\sqrt{2}}{4}$; $\sec x = 3$; $\text{cossec}\,x = \frac{3\sqrt{2}}{4}$

c) $\text{sen}\,x = -\frac{\sqrt{2}}{2}$; $\cos x = -\frac{\sqrt{2}}{2}$; $\text{tg}\,x = 1$; $\text{cotg}\,x = 1$; $\sec x = -\sqrt{2}$

d) $\cos x = \frac{1}{2}$; $\text{sen}\,x = \frac{\sqrt{3}}{2}$; $\text{cotg}\,x = \frac{\sqrt{3}}{3}$; $\sec x = 2$; $\text{cossec}\,x = \frac{2\sqrt{3}}{3}$

2. $-\frac{36}{25}$ **3.** $\frac{1}{5}$ **4.** $2\sqrt{2}$ **5.** $y = \frac{\sqrt{3}}{9}$

6. a) $y = \sec x$ b) $y = 1$ **7.** $A = \frac{1}{2}$ **8.** $-2\sqrt{2}$

9. $y = \frac{9}{4}$ **10.** $\text{sen}\,x = 1$ ou $\text{sen}\,x = \frac{3}{5}$ **11.** $m = \frac{1}{2}$

12. $k = \pm 1$ **13.** 1º ou 4º quadrante **14.** $y = \frac{1}{2}$

15. $y = \frac{1 + \cos^2 x}{\cos x}$ **16.** $y = \frac{t}{t - 1}$

17. $m^2 + n^2 = (\text{sen}\,x + \cos x)^2 + (\text{sen}\,x - \cos x)^2 = \text{sen}^2\,x + 2\cdot\text{sen}\,x\cdot\cos x + \cos^2 x + \text{sen}^2\,x - 2\cdot\text{sen}\,x\cdot\cos x + \cos^2 x = 2\cdot\text{sen}^2\,x + 2\cdot\cos^2 x = 2(\text{sen}^2\,x + \cos^2 x) = 2\cdot 1 = 2$

18. a) $\cos x\cdot\text{tg}\,x\cdot\text{cossec}\,x = \cos x\cdot\frac{\text{sen}\,x}{\cos x}\cdot\frac{1}{\text{sen}\,x} = 1$

b) $\text{tg}\,x\cdot\cos x = \frac{\text{sen}\,x}{\cos x}\cdot\cos x = \text{sen}\,x$

c) $(1 + \text{sen}\,x)(1 - \text{sen}\,x) = 1 - \text{sen}^2\,x = \cos^2 x$

d) • $f(x) = \frac{\text{sen}^2\,x}{\cos^2 x}\cdot\frac{1}{\text{sen}^2\,x} = \frac{1}{\cos^2 x} = \sec^2 x$

• $g(x) = 1 + \frac{\text{sen}^2\,x}{\cos^2 x} = \frac{\cos^2 x + \text{sen}^2\,x}{\cos^2 x} = \frac{1}{\cos^2 x} = \sec^2 x$

Como f(x) = g(x), está demonstrada a identidade.

RESPOSTAS

e) • $f(x) = \dfrac{1}{\text{sen}^2 x} \cdot \dfrac{\cancel{\text{sen } x}}{\cos x} = \dfrac{1}{\text{sen } x} \cdot \dfrac{1}{\cos x}$

• $g(x) = \dfrac{\cancel{\cos x}}{\text{sen } x} \cdot \dfrac{1}{\cos^{\cancel{2}} x} = \dfrac{1}{\text{sen } x} \cdot \dfrac{1}{\cos x}$

Como f(x) = g(x), está demonstrada a identidade.

f) • $f(x) = \dfrac{1}{\cos^2 x} \cdot \dfrac{1}{\text{sen}^2 x} = \dfrac{1}{\text{sen}^2 x \cdot \cos^2 x}$

• $g(x) = \dfrac{1}{\cos^2 x} + \dfrac{1}{\text{sen}^2 x} =$

$= \dfrac{\text{sen}^2 x + \cos^2 x}{\cos^2 x \cdot \text{sen}^2 x} = \dfrac{1}{\text{sen}^2 x \cdot \cos^2 x}$

Como f(x) = g(x), está demonstrada a identidade.

g) $(\text{sen } x + \text{tg } x)(\cos x + \text{cotg } x) = \text{sen } x \cdot \cos x +$

$+ \cancel{\text{sen } x} \cdot \dfrac{\cos x}{\cancel{\text{sen } x}} + \dfrac{\text{sen } x}{\cancel{\cos x}} \cdot \cancel{\cos x} + \dfrac{\cancel{\text{sen } x}}{\cancel{\cos x}} \cdot \dfrac{\cancel{\cos x}}{\cancel{\text{sen } x}} =$

$= \text{sen } x \cdot \cos x + \cos x + \text{sen } x + 1 =$

$= \cos x \cdot (\text{sen } x + 1) + 1 \cdot (\text{sen } x + 1) = (\cos x + 1)(\text{sen } x + 1) =$

$= (1 + \text{sen } x)(1 + \cos x)$

h) • $f(x) = (1 + \text{tg } x)(1 - \text{tg } x) = 1 - \text{tg}^2 x = 1 - \dfrac{\text{sen}^2 x}{\cos^2 x} =$

$= \dfrac{\cos^2 x - \text{sen}^2 x}{\cos^2 x} = \dfrac{1 - \text{sen}^2 x - \text{sen}^2 x}{\cos^2 x} =$

$= \dfrac{1 - 2 \cdot \text{sen}^2 x}{\cos^2 x}$

• $g(x) = 2 - \sec^2 x = 2 - \dfrac{1}{\cos^2 x} = \dfrac{2 \cdot \cos^2 x - 1}{\cos^2 x} =$

$= \dfrac{2(1 - \text{sen}^2 x) - 1}{\cos^2 x} = \dfrac{2 - 2 \cdot \text{sen}^2 x - 1}{\cos^2 x} =$

$= \dfrac{1 - 2 \cdot \text{sen}^2 x}{\cos^2 x}$

Como f(x) = g(x), está demonstrada a identidade.

i) $(\text{tg } x - \text{sen } x)^2 + (1 - \cos x)^2 =$

$= \text{tg}^2 x - 2 \cdot \text{tg } x \cdot \text{sen } x + \text{sen}^2 x + 1 - 2 \cdot \cos x + \cos^2 x =$

$= \dfrac{\text{sen}^2 x}{\cos^2 x} - \dfrac{2 \cdot \text{sen}^2 x}{\cos x} + 2 - 2 \cdot \cos x =$

$= \dfrac{1 - \cos^2 x}{\cos^2 x} - \dfrac{2(1 - \cos^2 x)}{\cos x} + 2 - 2 \cdot \cos x =$

$= \dfrac{1}{\cos^2 x} - \dfrac{\cancel{\cos^2 x}}{\cancel{\cos^2 x}} - \dfrac{2}{\cos x} + \dfrac{2 \cdot \cos^{\cancel{2}} x}{\cancel{\cos x}} + 2 - 2 \cdot \cos x =$

$= \sec^2 x - 1 - 2 \cdot \sec x + \cancel{2 \cdot \cos x} + 2 - \cancel{2 \cdot \cos x} =$

$= \sec^2 x - 2 \cdot \sec x + 1 = (\sec x - 1)^2$

j) $(a \cdot \text{sen } x - b \cdot \cos x)^2 + (a \cdot \cos x + b \cdot \text{sen } x)^2 =$

$= a^2 \cdot \text{sen}^2 x \cancel{- 2ab \cdot \text{sen } x \cdot \cos x} + b^2 \cdot \cos^2 x + a^2 \cdot \cos^2 x +$

$\cancel{+ 2ab \cdot \text{sen } x \cdot \cos x} + b^2 \cdot \text{sen}^2 x =$

$= a^2(\text{sen}^2 x + \cos^2 x) + b^2(\cos^2 x + \text{sen}^2 x) = a^2 + b^2$

k) • $f(x) = \left(\dfrac{1}{\cos x} + \dfrac{\text{sen } x}{\cos x}\right) : \left(\cos x + \dfrac{\cos x}{\text{sen } x}\right) =$

$= \dfrac{1 + \text{sen } x}{\cos x} : \dfrac{\cos x \cdot \text{sen } x + \cos x}{\text{sen } x} =$

$= \dfrac{\cancel{1 + \text{sen } x}}{\cos x} \cdot \dfrac{\text{sen } x}{\cos x \cdot \cancel{(\text{sen } x + 1)}} = \dfrac{\text{sen } x}{\cos^2 x}$

• $g(x) = \dfrac{\text{sen } x}{\cos x} \cdot \dfrac{1}{\cos x} = \dfrac{\text{sen } x}{\cos^2 x}$

Como f(x) = g(x), está demonstrada a identidade.

l) • $f(x) = \dfrac{\text{sen } x}{1 + \dfrac{\cos x}{\text{sen } x}} + \dfrac{\cos x}{1 + \dfrac{\text{sen } x}{\cos x}} =$

$= \dfrac{\text{sen}^2 x}{\text{sen } x + \cos x} + \dfrac{\cos^2 x}{\text{sen } x + \cos x} = \dfrac{1}{\text{sen } x + \cos x}$

• $g(x) = \dfrac{1}{\text{sen } x + \cos x}$

Como f(x) = g(x), está demonstrada a identidade.

m) $(\sec x - \text{tg } x)^2 = \left(\dfrac{1}{\cos x} - \dfrac{\text{sen } x}{\cos x}\right)^2 = \left(\dfrac{1 - \text{sen } x}{\cos x}\right)^2 =$

$= \dfrac{(1 - \text{sen } x)^2}{\cos^2 x} = \dfrac{(1 - \text{sen } x)^2}{1 - \text{sen}^2 x} = \dfrac{(1 - \text{sen } x)^{\cancel{2}}}{\cancel{(1 - \text{sen } x)}(1 + \text{sen } x)} =$

$= \dfrac{1 - \text{sen } x}{1 + \text{sen } x}$

19. $A = \cos^2 a - \cos^2 b + \text{sen}^2 a - \text{sen}^2 b =$

$= (\cos^2 a + \text{sen}^2 a) - (\cos^2 b + \text{sen}^2 b) = 1 - 1 = 0$

20. • $f(x) = \left(\text{sen } x + \dfrac{\text{sen } x}{\cos x}\right) : \left(\dfrac{\cos x}{\text{sen } x} + \dfrac{1}{\text{sen } x}\right) =$

$= \dfrac{\text{sen } x \cdot \cos x + \text{sen } x}{\cos x} \cdot \dfrac{\text{sen } x}{\cos x + 1} =$

$= \dfrac{\text{sen } x \cdot \cancel{(\cos x + 1)}}{\cos x} \cdot \dfrac{\text{sen } x}{\cancel{\cos x + 1}} = \dfrac{\text{sen}^2 x}{\cos x}$

• $g(x) = \text{sen } x \cdot \dfrac{\text{sen } x}{\cos x} = \dfrac{\text{sen}^2 x}{\cos x}$

Logo, f(x) = g(x).

21. $P = \dfrac{1}{1 + \text{sen}^2 x} + \dfrac{1}{1 + \cos^2 x} + \dfrac{1}{1 + \dfrac{1}{\cos^2 x}} + \dfrac{1}{1 + \dfrac{1}{\text{sen}^2 x}} =$

$= \dfrac{1}{1 + \text{sen}^2 x} + \dfrac{1}{1 + \cos^2 x} + \dfrac{1}{\dfrac{\cos^2 x + 1}{\cos^2 x}} + \dfrac{1}{\dfrac{\text{sen}^2 x + 1}{\text{sen}^2 x}} =$

$= \dfrac{1}{1 + \text{sen}^2 x} + \dfrac{1}{1 + \cos^2 x} + \dfrac{\cos^2 x}{1 + \cos^2 x} + \dfrac{\text{sen}^2 x}{\text{sen}^2 x + 1} =$

$= \dfrac{\cancel{1 + \cos^2 x}}{\cancel{1 + \cos^2 x}} + \dfrac{\cancel{1 + \text{sen}^2 x}}{\cancel{1 + \text{sen}^2 x}} = 1 + 1 = 2$

Resolução passo a passo

6. a) Aproximadamente 78,5° ou aproximadamente 281,5°.

b) perigeu = 1 200 km; apogeu = 2 000 km.

d) O Sputnik; a União Soviética (URSS); em 4 de outubro de 1957.

RESPOSTAS

22. a) $S=\left\{x \in \mathbb{R} \mid x = \frac{\pi}{4} + 2k\pi \text{ ou } x = \frac{7\pi}{4} + 2k\pi,\ k \in \mathbb{Z}\right\}$

b) $S=\left\{x \in \mathbb{R} \mid x = \frac{2\pi}{3} + k\pi,\ k \in \mathbb{Z}\right\}$

c) $S = \left\{\frac{7\pi}{6}, \frac{11\pi}{6}\right\}$

d) $S = \varnothing$

e) $S = \varnothing$

f) $S=\left\{x \in \mathbb{R} \mid x = \frac{\pi}{4} + 2k\pi \text{ ou } x = \frac{7\pi}{4} + 2k\pi,\ k \in \mathbb{Z}\right\}$

23. a) $S=\left\{x \in \mathbb{R} \mid x = \frac{\pi}{6} + k \cdot \frac{2\pi}{3},\ k \in \mathbb{Z}\right\}$

b) $S=\left\{x \in \mathbb{R} \mid x = \frac{5\pi}{6} + 2k\pi,\ k \in \mathbb{Z}\right\}$

c) $S=\left\{\frac{\pi}{5}, \frac{2\pi}{5}, \frac{3\pi}{5}, \frac{4\pi}{5}, \pi, \frac{6\pi}{5}, \frac{7\pi}{5}, \frac{8\pi}{5}, \frac{9\pi}{5}\right\}$

d) $S=\left\{x \in \mathbb{R} \mid x = \frac{\pi}{6} + k \cdot \frac{2\pi}{3} \text{ ou } x = \frac{\pi}{3} + k \cdot \frac{2\pi}{3},\ k \in \mathbb{Z}\right\}$

e) $S=\left\{x \in \mathbb{R} \mid x = \frac{\pi}{4} + k \cdot \frac{\pi}{2},\ k \in \mathbb{Z}\right\}$

f) $S=\left\{\frac{\pi}{12}, \frac{7\pi}{12}, \frac{13\pi}{12}, \frac{19\pi}{12}, \frac{25\pi}{12}, \frac{31\pi}{12}\right\}$

g) $S=\left\{\frac{-15\pi}{8}, \frac{-9\pi}{8}, \frac{-7\pi}{8}, \frac{-\pi}{8}, \frac{\pi}{8}, \frac{7\pi}{8}, \frac{9\pi}{8}, \frac{15\pi}{8}\right\}$

h) $S = \varnothing$

24. a) $S = \left\{\frac{\pi}{6}, \frac{\pi}{2}, \frac{5\pi}{6}, \frac{3\pi}{2}\right\}$

b) $S = \left\{\frac{\pi}{2}, \pi\right\}$

c) $S = \left\{\frac{\pi}{3}, \frac{2\pi}{3}, \frac{4\pi}{3}, \frac{5\pi}{3}\right\}$

d) $S = \left\{\frac{\pi}{6}, \frac{5\pi}{6}, \frac{3\pi}{2}\right\}$

e) $S = \left\{\frac{\pi}{6}, \frac{\pi}{2}, \frac{3\pi}{2}, \frac{11\pi}{6}\right\}$

f) $S = \left\{\frac{\pi}{3}, \frac{5\pi}{3}\right\}$

25. a) $S=\left\{x \in \mathbb{R} \mid x = \frac{5\pi}{4} + 2k\pi \text{ ou } x = \frac{7\pi}{4} + 2k\pi,\ k \in \mathbb{Z}\right\}$

b) $S=\left\{x \in \mathbb{R} \mid x = \frac{3\pi}{4} + k\pi,\ k \in \mathbb{Z}\right\}$

c) $S=\left\{x \in \mathbb{R} \mid x = \frac{2\pi}{3} + 2k\pi \text{ ou } x = \frac{4\pi}{3} + 2k\pi,\ k \in \mathbb{Z}\right\}$

d) $S=\left\{x \in \mathbb{R} \mid x = \frac{\pi}{6} + k\pi,\ k \in \mathbb{Z}\right\}$

26. $S = \varnothing$

27. a) $S=\left\{x \in \mathbb{R} \mid \frac{\pi}{4} < x < \frac{3\pi}{4}\right\}$

b) $S=\left\{x \in \mathbb{R} \mid 0 \leq x < \frac{\pi}{4} \text{ ou } \frac{7\pi}{4} < x \leq 2\pi\right\}$

c) $S=\left\{x \in \mathbb{R} \mid \frac{\pi}{2} < x < \frac{3\pi}{4} \text{ ou } \frac{3\pi}{2} < x < \frac{7\pi}{4}\right\}$

d) $S=\left\{x \in \mathbb{R} \mid 0 \leq x \leq \frac{\pi}{6} \text{ ou } \frac{5\pi}{6} \leq x \leq \pi\right\}$

e) $S=\left\{x \in \mathbb{R} \mid \frac{\pi}{3} \leq x \leq \frac{\pi}{2} \text{ ou } \frac{3\pi}{2} \leq x \leq \frac{5\pi}{3}\right\}$

f) $S=\left\{x \in \mathbb{R} \mid 0 < x < \frac{\pi}{3} \text{ ou } \pi < x < \frac{4\pi}{3}\right\}$

28. $D(f)=\left\{x \in \mathbb{R} \mid 2k\pi \leq x < \frac{\pi}{2} + 2k\pi \text{ ou } \frac{3\pi}{2} + 2k\pi < x \leq 2\pi + 2k\pi,\ k \in \mathbb{Z}\right\}$

29. $S=\left\{x \in \mathbb{R} \mid x=\frac{\pi}{12} + k\pi \text{ ou } x=\frac{5\pi}{12} + k\pi,\ k \in \mathbb{Z}\right\}$

30. a) $S=\left\{x \in \mathbb{R} \mid \frac{\pi}{2} + k\pi < x < \pi + k\pi\right\}$

b) $S=\left\{x \in \mathbb{R} \mid \frac{\pi}{8} + k \cdot \frac{\pi}{2} < x < \frac{\pi}{4} + k \cdot \frac{\pi}{2}\right\}$

31. a) $S=\left\{x \in \mathbb{R} \mid 0 \leq x \leq \frac{\pi}{4} \text{ ou } \frac{3\pi}{4} \leq x \leq \frac{5\pi}{4} \text{ ou } \frac{7\pi}{4} \leq x \leq 2\pi\right\}$

b) $S=\left\{x \in \mathbb{R} \mid \frac{\pi}{3} < x < \frac{5\pi}{3} \text{ e } x \neq \pi\right\}$

32. $S=\left\{x \in \mathbb{R} \mid \frac{\pi}{6} \leq x < \frac{\pi}{2}\right\}$

Desafios

1. e **2.** c **3.** a

Pensando no Enem

1. c **2.** e

A Matemática e as práticas sociais

1. Lua minguante.

2. Crescente e minguante.

3. Minguante.

4. Quarto crescente.

5. O seu simétrico, ou seja, quarto minguante,

6. a) 29 dias e 12 horas.
b) 14 dias e 18 horas.
c) 7 dias e 9 horas.
d) 8 dias e 20 horas.

Questões de vestibular

1. c **2.** c **3.** b **4.** c

5. e **6.** a **7.** $\frac{\pi}{4}, \frac{5\pi}{4}, \frac{7\pi}{4}$ e $\frac{3\pi}{4}$

8. b **9.** c **10.** b **11.** e

12. 150 **13.** 01 e 04 **14.** 79 soluções

15. a **16.** c

RESPOSTAS

Para refletir

Página 68
$x = 0$

Página 70
$A = \frac{1}{2}$

Página 71
- $x = \frac{\pi}{2}$: sen x + cos x = 1; $x = \frac{\pi}{4}$: sen x + cos x = $\sqrt{2}$
- $x \neq \frac{\pi}{2} + k\pi, k \in \mathbb{Z}$

Página 72
Porque a variável não está na medida do arco ou do ângulo.

Capítulo 5

Abertura

Desafio

Aplicando o algoritmo sugerido:

$$\cos a \cdot \cos b = \frac{\cos(a+b) + \cos(a-b)}{2} \Rightarrow$$

$$\Rightarrow \cos 30° \cdot \cos 60° = \frac{\cos 90° + \cos 30°}{2}$$

$$\cos 30° \cdot \cos 60° = \frac{\sqrt{3}}{2} \cdot \frac{1}{2} = \frac{\sqrt{3}}{4}$$

$$\frac{\cos 90° + \cos 30°}{2} = \frac{0 + \frac{\sqrt{3}}{2}}{2} = \frac{\sqrt{3}}{4}$$

Portanto, a igualdade se verifica.

1. a) $\frac{\sqrt{6}+\sqrt{2}}{4}$ b) $-\frac{\sqrt{2}}{2}$ c) $-\frac{\sqrt{6}+\sqrt{2}}{4}$ d) $\frac{\sqrt{6}-\sqrt{2}}{4}$ e) $-\frac{\sqrt{2}}{2}$ f) $-\frac{\sqrt{2}}{2}$ g) $\frac{1}{2}$ h) $\frac{\sqrt{2}-\sqrt{6}}{4}$

2. $\frac{3}{7}$

3. a) $\text{sen}(\pi - x) = \text{sen}\,\pi \cdot \cos x - \text{sen}\,x \cdot \cos\pi =$
$= 0 \cdot \cos x - \text{sen}\,x \cdot (-1) = \text{sen}\,x$

b) $\text{sen}(2\pi - x) = \text{sen}\,2\pi \cdot \cos x - \text{sen}\,x \cdot \cos 2\pi =$
$= 0 \cdot \cos x - \text{sen}\,x \cdot 1 = -\text{sen}\,x$

c) $\text{sen}\left(\frac{\pi}{2} - x\right) = \text{sen}\,\frac{\pi}{2} \cdot \cos x - \text{sen}\,x \cdot \cos\frac{\pi}{2} =$
$= 1 \cdot \cos x - \text{sen}\,x \cdot 0 = \cos x$

d) $\text{sen}\left(\frac{3\pi}{2} - x\right) = \text{sen}\,\frac{3\pi}{2} \cdot \cos x - \text{sen}\,x \cdot \cos\frac{3\pi}{2} =$
$= -1 \cdot \cos x - \text{sen}\,x \cdot 0 = -\cos x$

e) $\cos(2\pi - x) = \cos 2\pi \cdot \cos x + \text{sen}\,2\pi \cdot \text{sen}\,x =$
$= 1 \cdot \cos x + 0 \cdot \text{sen}\,x = \cos x$

f) $\cos(2\pi + x) = \cos 2\pi \cdot \cos x - \text{sen}\,2\pi \cdot \text{sen}\,x =$
$= 1 \cdot \cos x - 0 \cdot \text{sen}\,x = \cos x$

g) $\text{tg}(2\pi - x) = \frac{\text{tg}\,2\pi - \text{tg}\,x}{1 + \text{tg}\,2\pi \cdot \text{tg}\,x} = \frac{0 - \text{tg}\,x}{1 + 0 \cdot \text{tg}\,x} = -\text{tg}\,x$

h) $\text{tg}(2\pi + x) = \frac{\text{tg}\,2\pi + \text{tg}\,x}{1 - \text{tg}\,2\pi \cdot \text{tg}\,x} = \frac{0 + \text{tg}\,x}{1 - 0 \cdot \text{tg}\,x} = \text{tg}\,x$

4. $\text{sen}\left(x - \frac{\pi}{6}\right) = \frac{3\sqrt{3} - 4}{10}$; $\cos\left(\frac{\pi}{3} + x\right) = \frac{4 - 3\sqrt{3}}{10}$;

$\text{tg}\left(x + \frac{\pi}{4}\right) = 7$

5. $\frac{6}{7}$ **6.** $\frac{8}{3}$

7. $\cos(a + b) = \frac{4 - 6\sqrt{2}}{15}$; $\text{sen}(a - b) = \frac{8\sqrt{2} - 3}{15}$

8. $\text{sen}(a + b) = \frac{56}{65}$; $\cos(a - b) = \frac{63}{65}$; $\text{tg}(a + b) = -\frac{56}{33}$

9. $-\frac{11}{2}$ **10.** $\frac{1}{3}$ **11.** $\text{sen}\,y = \frac{7\sqrt{2}}{26}$ e $\cos y = \frac{17\sqrt{2}}{26}$

12. $y = \text{tg}\,x$ **13.** a) $\frac{\sqrt{3}}{2}$ b) $\frac{1}{2}$ c) 1 d) $\frac{1}{2}$ e) $\sqrt{3}$ f) 1

14. tg 4a **15.** $A'\left(4\sqrt{3} - 3, 3\sqrt{3} + 4\right)$

16. $B'\left(\frac{4 + 7\sqrt{2}}{2}, \frac{19\sqrt{2}}{2}\right)$

Resolução passo a passo

6. a) $60(2k^2 - 1) \leq d \leq 70k$ b) Respostas pessoais

17. $\text{sen}\,2x = \frac{24}{25}$; $\cos 2x = \frac{7}{25}$; $\text{tg}\,2x = \frac{24}{7}$ **18.** $\frac{8}{15}$

19. $\text{sen}\,2x = \frac{4\sqrt{2}}{9}$; $\cos 2x = -\frac{7}{9}$ **20.** $-\frac{31}{17}$

21. a) $\frac{4}{5}$ b) $\frac{24}{25}$ c) $-\frac{7}{25}$ d) $\frac{44}{125}$ e) $-\frac{117}{125}$ f) $-\frac{336}{625}$ g) $-\frac{527}{625}$

22. a) $\text{sen}\,3a = \text{sen}(2a + a) = \text{sen}\,2a \cdot \cos a + \text{sen}\,a \cdot \cos 2a =$
$= 2 \cdot \text{sen}\,a \cdot \cos a \cdot \cos a + \text{sen}\,a \cdot (\cos^2 a - \text{sen}^2 a) =$
$= 2 \cdot \text{sen}\,a \cdot \cos^2 a + \text{sen}\,a \cdot \cos^2 a - \text{sen}^3 a =$
$= 3 \cdot \text{sen}\,a \cdot \cos^2 a - \text{sen}^3 a =$
$= 3 \cdot \text{sen}\,a \cdot (1 - \text{sen}^2 a) - \text{sen}^3 a =$
$= 3 \cdot \text{sen}\,a - 3 \cdot \text{sen}^3 a - \text{sen}^3 a = 3 \cdot \text{sen}\,a - 4 \cdot \text{sen}^3 a$

b) $\cos 3a = \cos(2a + a) = \cos 2a \cdot \cos a - \text{sen}\,2a \cdot \text{sen}\,a =$
$= (\cos^2 a - \text{sen}^2 a) \cdot \cos a - 2 \cdot \text{sen}\,a \cdot \cos a \cdot \text{sen}\,a =$
$= \cos^3 a - \text{sen}^2 a \cdot \cos a - 2 \cdot \text{sen}^2 a \cdot \cos a =$
$= \cos^3 a - 3 \cdot \text{sen}^2 a \cdot \cos a =$
$= \cos^3 a - 3(1 - \cos^2 a) \cdot \cos a =$
$= \cos^3 a - 3 \cdot \cos a + 3 \cdot \cos^3 a = 4 \cdot \cos^3 a - 3 \cdot \cos a$

RESPOSTAS

c) $\text{tg } 3a = \text{tg } (2a + a) = \dfrac{\text{tg } 2a + \text{tg } a}{1 - \text{tg } 2a \cdot \text{tg } a} =$

$$= \frac{\dfrac{2 \cdot \text{tg } a}{1 - \text{tg}^2 a} + \text{tg } a}{1 - \dfrac{2 \cdot \text{tg } a}{1 - \text{tg}^2 a} \cdot \text{tg } a} = \frac{\dfrac{2 \cdot \text{tg } a + \text{tg } a - \text{tg}^3 a}{1 - \text{tg}^2 a}}{1 - \dfrac{2 \cdot \text{tg}^2 a}{1 - \text{tg}^2 a}} =$$

$$= \frac{3 \cdot \text{tg } a - \text{tg}^3 a}{1 - \text{tg}^2 a} : \frac{1 - \text{tg}^2 a - 2 \cdot \text{tg}^2 a}{1 - \text{tg}^2 a} = \frac{3 \cdot \text{tg } a - \text{tg}^3 a}{1 - 3 \cdot \text{tg}^2 a}$$

23. $\dfrac{21}{25}$

24. $(\text{sen } x + \cos x)^2 = m^2 \Rightarrow \text{sen}^2 x + 2 \cdot \text{sen } x \cdot \cos x + \cos^2 x = m^2 \Rightarrow$
$\Rightarrow 1 + 2 \cdot \text{sen } x \cdot \cos x = m^2 \Rightarrow 1 + \text{sen } 2x = m^2 \Rightarrow$
$\Rightarrow \text{sen } 2x = m^2 - 1$

25. sec x

26. a) $\cos 2a = \cos^2 a - \text{sen}^2 a = \cos^2 a - (1 - \cos^2 a) =$
$= \cos^2 a - 1 + \cos^2 a = 2 \cdot \cos^2 a - 1$

b) $\cos 2a = \cos^2 a - \text{sen}^2 a = 1 - \text{sen}^2 a - \text{sen}^2 a = 1 - 2 \cdot \text{sen}^2 a$

27. $\cos 4a = \cos (2a + 2a) = \cos 2a \cdot \cos 2a - \text{sen } 2a \cdot \text{sen } 2a =$
$= (\cos^2 a - \text{sen}^2 a)^2 - (2 \cdot \text{sen } a \cdot \cos a)^2 =$
$= \cos^4 a - 2 \cdot \text{sen}^2 a \cdot \cos^2 a + \text{sen}^4 a - 4 \cdot \text{sen}^2 a \cdot \cos^2 a =$
$= \cos^4 a - 6 \cdot \text{sen}^2 a \cdot \cos^2 a + \text{sen}^4 a =$
$= \cos^4 a - 6(1 - \cos^2 a) \cdot \cos^2 a + (1 - \cos^2 a)^2 =$
$= \cos^4 a - 6 \cdot \cos^2 a \cdot (1 - \cos^2 a) + 1 - 2 \cdot \cos^2 a + \cos^4 a =$
$= \cos^4 a - 6 \cdot \cos^2 a + 6 \cdot \cos^4 a + 1 - 2 \cdot \cos^2 a + \cos^4 a =$
$= 8 \cdot \cos^4 a - 8 \cdot \cos^2 a + 1$

28. a) $\dfrac{1 - \dfrac{\text{sen}^2 x}{\cos^2 x}}{1 + \dfrac{\text{sen}^2 x}{\cos^2 x}} = \dfrac{\dfrac{\cos^2 x - \text{sen}^2 x}{\cos^2 x}}{\dfrac{\cos^2 x + \text{sen}^2 x}{\cos^2 x}} = \dfrac{\cos 2x}{\cos^2 x} : \dfrac{1}{\cos^2 x} =$

$= \cos 2x$

b) • $f(x) = 2(\text{sen}^2 y - \text{sen}^2 x) =$
$= 2(\cancel{1} - \cos^2 y - \cancel{1} + \cos^2 x) = 2(\cos^2 x - \cos^2 y)$

• $g(x) = \cos^2 x - \text{sen}^2 x - (\cos^2 y - \text{sen}^2 y) =$
$= \cos^2 x - \text{sen}^2 x - \cos^2 y + \text{sen}^2 y =$
$= \cos^2 x - (1 - \cos^2 x) - \cos^2 y + (1 - \cos^2 y) =$
$= \cos^2 x \cancel{-1} + \cos^2 x - \cos^2 y \cancel{+1} - \cos^2 y =$
$= 2 \cdot \cos^2 x - 2 \cdot \cos^2 y = 2(\cos^2 x - \cos^2 y)$

$f(x) = g(x) = 2(\cos^2 x - \cos^2 y)$

29. $x \simeq 3{,}6$ **30.** $\dfrac{1}{2}$ **31.** $y = 4$ **32.** a) $y = \dfrac{1}{4}$ b) $y = \dfrac{1}{8}$

33. a) $\dfrac{\sqrt{3}}{2}$ c) $\text{sen } \dfrac{x}{2} = \dfrac{\sqrt{10}}{10}$; $\cos \dfrac{x}{2} = \dfrac{3\sqrt{10}}{10}$; $\text{tg } \dfrac{x}{2} = \dfrac{1}{3}$

b) $\dfrac{\sqrt{6}}{6}$ d) $\text{sen } 67°30' = \dfrac{\sqrt{2 + \sqrt{2}}}{2}$; $\cos 67°30' = \dfrac{\sqrt{2 - \sqrt{2}}}{2}$

34. $\text{sen } x = \dfrac{8}{17}$; $\cos x = \dfrac{15}{17}$; $\text{tg } x = \dfrac{8}{15}$

35. $\text{sen } x = \dfrac{4\sqrt{2}}{9}$; $\cos x = -\dfrac{7}{9}$; $\text{tg } x = -\dfrac{4\sqrt{2}}{7}$

36. $\text{sen } 2a = \sqrt{\dfrac{4 - \sqrt{15}}{8}}$, $\cos 2a = \sqrt{\dfrac{4 + \sqrt{15}}{8}}$,

$\text{tg } 2a = \sqrt{\dfrac{4 - \sqrt{15}}{4 + \sqrt{15}}}$ ou $\text{sen } 2a = \sqrt{\dfrac{4 + \sqrt{15}}{8}}$,

$\cos 2a = \sqrt{\dfrac{4 - \sqrt{15}}{8}}$, $\text{tg } 2a = \sqrt{\dfrac{4 + \sqrt{15}}{4 - \sqrt{15}}}$

37. a) $\text{sen } x = \text{sen}\left(\dfrac{x}{2} + \dfrac{x}{2}\right) = \text{sen } \dfrac{x}{2} \cdot \cos \dfrac{x}{2} + \text{sen } \dfrac{x}{2} \cdot \cos \dfrac{x}{2} =$

$= 2 \cdot \text{sen } \dfrac{x}{2} \cdot \cos \dfrac{x}{2}$

b) $\cos x = \cos\left(\dfrac{x}{2} + \dfrac{x}{2}\right) = \cos \dfrac{x}{2} \cdot \cos \dfrac{x}{2} - \text{sen } \dfrac{x}{2} \cdot \text{sen } \dfrac{x}{2} =$

$= \cos^2 \dfrac{x}{2} - \text{sen}^2 \dfrac{x}{2}$

c) $\cos x = \cos^2 \dfrac{x}{2} - \text{sen}^2 \dfrac{x}{2} = \cos^2 \dfrac{x}{2} - \left(1 - \cos^2 \dfrac{x}{2}\right) =$

$= 2 \cdot \cos^2 \dfrac{x}{2} - 1$

38. a) $2 \cdot \text{sen } 10° \cdot \cos 50°$
b) $2 \cdot \text{sen } 4a \cdot \cos a$
c) $2 \cdot \text{sen } 2x \cdot \cos y$
d) $2 \cdot \cos 40° \cdot \cos 10°$
e) $-2 \cdot \text{sen } 3x \cdot \text{sen } 2x$
f) $2 \cdot \cos (a + b) \cdot \cos c$
g) $\left(-\text{cotg } \dfrac{x + y}{2}\right)\left(\text{cotg } \dfrac{x - y}{2}\right)$

39. a) $2 \cdot \cos^2 \dfrac{x}{2}$
b) $2 \cdot \text{sen}^2 \dfrac{x}{2}$
c) $2 \cdot \cos^2 x$
d) $2 \cdot \text{sen}^2 \left(\dfrac{\pi}{4} + x\right)$
e) $\sqrt{2} \cdot \text{sen}\left(x - \dfrac{\pi}{4}\right)$
f) $2 \cdot \text{sen } 55° \cdot \cos 5°$
g) $\sqrt{2} \cdot \cos x \cdot \cos\left(\dfrac{\pi}{4} - x\right)$

40. $\dfrac{\text{sen } 6a + \text{sen } 4a}{\cos 6a + \cos 4a} = \dfrac{\cancel{2} \cdot \text{sen } 5a \cdot \cancel{\cos a}}{\cancel{2} \cdot \cos 5a \cdot \cancel{\cos a}} = \dfrac{\text{sen } 5a}{\cos 5a} = \text{tg } 5a$

41. a) $\text{tg } \dfrac{a + b}{2}$ b) cotg a

42. a) $y = -4 \cdot \text{sen } x \cdot \text{sen}^2 \dfrac{x}{2}$ b) $y = 2 \cdot \text{sen } x \cdot \cos^2 2x$

43. $\dfrac{1 - \cos x}{1 + \cos x} = \dfrac{\cos 0 - \cos x}{\cos 0 + \cos x} = \dfrac{\cancel{-2} \cdot \text{sen } \dfrac{x}{2} \cdot \text{sen}\left(-\dfrac{x}{2}\right)}{\cancel{2} \cdot \cos \dfrac{x}{2} \cdot \cos\left(-\dfrac{x}{2}\right)} =$

$= \dfrac{\text{sen } \dfrac{x}{2} \cdot \text{sen } \dfrac{x}{2}}{\cos \dfrac{x}{2} \cdot \cos \dfrac{x}{2}} = \dfrac{\text{sen}^2 \dfrac{x}{2}}{\cos^2 \dfrac{x}{2}} = \text{tg}^2 \dfrac{x}{2}$

44. tg 40°

45. 1. Partindo de $\cos 2x = 1 - 2 \cdot \text{sen}^2 x$, basta isolar $\text{sen}^2 x$.
2. Partindo de $\cos 2x = 2 \cdot \cos^2 x - 1$, basta isolar $\cos^2 x$.
3. Partindo de $\text{sen } 2x = 2 \cdot \text{sen } x \cdot \cos x$, basta isolar $\text{sen } x \cdot \cos x$.
5. Partindo de $\cos x - \cos y = -2 \cdot \text{sen}\left(\dfrac{x + y}{2}\right) \cdot \text{sen}\left(\dfrac{x - y}{2}\right)$

e fazendo $\dfrac{x + y}{2} = A$ e $\dfrac{x - y}{2} = B$, temos $A + B = x$ e

RESPOSTAS

A − B = y. Assim:

$$\cos x - \cos y = -2 \cdot \operatorname{sen}\left(\frac{x+y}{2}\right) \cdot \operatorname{sen}\left(\frac{x-y}{2}\right) \Rightarrow$$

$$\Rightarrow \cos(A+B) - \cos(A-B) = -2 \cdot \operatorname{sen} A \cdot \operatorname{sen} B \Rightarrow$$

$$\Rightarrow \operatorname{sen} A \cdot \operatorname{sen} B = -\frac{1}{2} \cdot [\cos(A+B) - \cos(A-B)] =$$

$$= \frac{1}{2} \cdot [\cos(A-B) - \cos(A+B)]$$

6. Partindo de $\cos x + \cos y = 2 \cdot \cos\left(\frac{x+y}{2}\right) \cdot \cos\left(\frac{x-y}{2}\right)$ e fazendo $\frac{x+y}{2} = A$ e $\frac{x-y}{2} = B$, temos A + B = x e A − B = y.

Assim:

$$\cos x + \cos y = 2 \cdot \cos\left(\frac{x+y}{2}\right) \cdot \cos\left(\frac{x-y}{2}\right) \Rightarrow$$

$$\Rightarrow \cos(A+B) + \cos(A-B) = 2 \cdot \cos A \cdot \cos B \Rightarrow$$

$$\Rightarrow \cos A \cdot \cos B = \frac{1}{2} \cdot [\cos(A+B) + \cos(A-B)]$$

46. a) sen 4x + sen 2x c) cos 30° + cos 10°
b) 1 − sen 60° d) cos 3a − cos a

47. $\frac{1}{4}$

Desafios

1. α = 45° **2.** d **3.** b **4.** e

5. Como α + β + γ = 180°, temos 3α + 3β + 3γ = 540°. Então:

$$3\beta + 3\gamma = 540° - 3\alpha \Rightarrow \frac{3\beta + 3\gamma}{2} = 270° - \frac{3\alpha}{2}$$

Logo:

$$\operatorname{sen}\left(\frac{3\beta+3\gamma}{2}\right) = \operatorname{sen}\left(270° - \frac{3\alpha}{2}\right) =$$

$$= \operatorname{sen} 270° \cdot \cos\frac{3\alpha}{2} - \operatorname{sen}\frac{3\alpha}{2} \cdot \cos 270° \Rightarrow$$

$$\Rightarrow \operatorname{sen}\left(\frac{3\beta+3\gamma}{2}\right) = -\cos\left(\frac{3\alpha}{2}\right) \quad \text{(I)}$$

$$\cos\left(\frac{3\beta+3\gamma}{2}\right) = \cos\left(270° - \frac{3\alpha}{2}\right) =$$

$$= \cos 270° \cdot \cos\frac{3\alpha}{2} - \operatorname{sen} 270° \cdot \operatorname{sen}\frac{3\alpha}{2} \Rightarrow$$

$$\Rightarrow \cos\left(\frac{3\beta+3\gamma}{2}\right) = -\operatorname{sen}\left(\frac{3\alpha}{2}\right) \quad \text{(II)}$$

Mas:

$$\operatorname{sen} 3\alpha = \operatorname{sen}\left(2 - \frac{3\alpha}{2}\right) = 2\operatorname{sen}\left(\frac{3\alpha}{2}\right) \cdot \cos\left(\frac{3\alpha}{2}\right) \quad \text{(III)}$$

Aplicando a fórmula de transformação em produto, temos:

$$\operatorname{sen} 3\beta + \operatorname{sen} 3\gamma = 2\operatorname{sen}\left(\frac{3\beta+3\gamma}{2}\right) \cdot \cos\left(\frac{3\beta-3\gamma}{2}\right)$$

Substituindo a equação (I) na equação acima, encontramos:

$$\operatorname{sen} 3\beta + \operatorname{sen} 3\gamma = -2 \cdot \cos\left(\frac{3\alpha}{2}\right) \cdot \cos\left(\frac{3\beta-3\gamma}{2}\right) \quad \text{(IV)}$$

Trocando (III) e (IV) na expressão sen 3α + sen 3β + sen 3γ = 0, temos:

$$2\operatorname{sen}\left(\frac{3\alpha}{2}\right) \cdot \cos\left(\frac{3\alpha}{2}\right) - 2\cos\left(\frac{3\alpha}{2}\right) \cdot \cos\left(\frac{3\beta-3\gamma}{2}\right) = 0 \Rightarrow$$

$$\Rightarrow -2\cos\left(\frac{3\alpha}{2}\right) \cdot \left(-2\operatorname{sen}\left(\frac{3\alpha}{2}\right) + \cos\left(\frac{3\beta-3\gamma}{2}\right)\right) = 0$$

Como $-2\operatorname{sen}\left(\frac{3\alpha}{2}\right) = \cos\left(\frac{3\beta+3\gamma}{2}\right)$, vem:

$$-2\cos\left(\frac{3\alpha}{2}\right) \cdot \left(\cos\left(\frac{3\beta+3\gamma}{2}\right) + \cos\left(\frac{3\beta-3\gamma}{2}\right)\right) = 0$$

Aplicando a transformação em produto no segundo fator, encontramos:

$$\cos\left(\frac{3\beta+3\gamma}{2}\right) + \cos\left(\frac{3\beta-3\gamma}{2}\right) = 2\cos\left(\frac{3\beta}{2}\right) \cdot \cos\left(\frac{3\gamma}{2}\right)$$

Logo:

$$-2 \cdot \cos\left(\frac{3\alpha}{2}\right) \cdot 2 \cdot \cos\left(\frac{3\beta}{2}\right) \cdot \cos\left(\frac{3\gamma}{2}\right) = 0 \Rightarrow$$

$$\Rightarrow \begin{cases} \cos\left(\frac{3\alpha}{2}\right) = 0 \Rightarrow \frac{3\alpha}{2} = 90° + k \cdot 360 \Rightarrow \alpha = 60° \\ \text{ou} \\ \cos\left(\frac{3\beta}{2}\right) = 0 \Rightarrow \beta = 60° \\ \text{ou} \\ \cos\left(\frac{3\gamma}{2}\right) = 0 \Rightarrow \gamma = 60° \end{cases}$$

Portanto, um dos ângulos deve medir 60°.

Pensando no Enem

1. a **2.** b **3.** a

A Matemática e as práticas sociais

1. $x = 122 = 0{,}122 \cdot 10^3$ e $y = 629 = 0{,}629 \cdot 10^3$
cos 83° = 0,122 e cos 51° = 0,629
α + β = 83° + 51° = 134° e α − β = 83° − 51° = 32°
cos 134° = −cos 46° = −0,695 e cos 32° = 0,848

$$\frac{\cos 134° \cdot \cos 32°}{2} = \frac{-0{,}695 + 0{,}848}{2} = 0{,}0765$$

$122 \cdot 629 = 0{,}122 \cdot 0{,}629 \cdot 10^3 \cdot 10^3 \simeq 0{,}075 \cdot 10^6 = 76\,500$
O resultado correto seria 122 · 629 = 76 738.

2. Aproximadamente 40,5.

3. $\operatorname{sen} 60° = \frac{\sqrt{3}}{2} \neq 2 \cdot \operatorname{sen} 30°$

4. Positivo.

Questões de vestibular

1. d **3.** 53 **5.** a **7.** a
2. 12 **4.** d **6.** d **8.** a
9. a) Falsa c) Verdadeira e) Verdadeira
b) Verdadeira d) Falsa
10. d **12.** e **14.** b **16.** b
11. c **13.** a **15.** e

RESPOSTAS

Para refletir

Página 86

- $\cos(60° + 30°) \neq \cos 60° + \cos 30°$
  $\text{tg}(60° - 30°) \neq \text{tg } 60° - \text{tg } 30°$
  $\text{sen}(90° + 0°) = \text{sen } 90° + \text{sen } 0°$
- 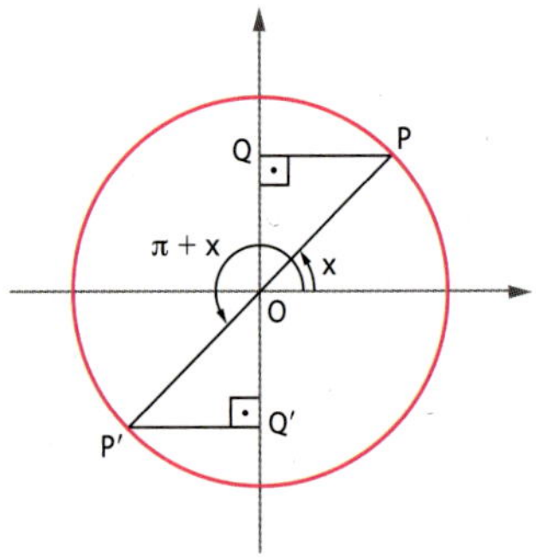

Na figura, os pontos **P** e **P′** representam os arcos de medida **x** e (p + x), respectivamente.

Sabemos que sen x = OQ e sen (p + x) = −OQ′.

Então, temos:

$$\left.\begin{array}{l} OP = OP' = \text{raio} \\ P\hat{O}Q = P'\hat{O}Q' \text{ (o.p.v.)} \\ P\hat{Q}O = P'\hat{Q}'O \text{ (reto)} \end{array}\right\} \Rightarrow \text{os triângulos PQO e PQ'O' são congruentes pelo caso LAA.}$$

Portanto, OQ = OQ′, ou seja, sen (p + x) = −sen x.

Página 87

- 0,966
- Que o cosseno do ângulo suplementar é oposto ao cosseno do ângulo.
- $m \neq \pm\dfrac{\sqrt{2}}{2}$

Página 88

x = 18°

Capítulo 6

Abertura

Desafio

Por exemplo: movimento das marés, ondas mecânicas, ondas eletromagnéticas, terremoto, sistemas massa-mola, entre outros.

1. a) $\{m \in \mathbb{R} \mid 3 \leq m \leq 4\}$

b) $\{m \in \mathbb{R} \mid 4 \leq m \leq 6\}$

c) $\left\{m \in \mathbb{R} \mid \dfrac{1}{3} \leq m \leq 1\right\}$

d) $\{m \in \mathbb{R} \mid -2 \leq m \leq -1 \text{ ou } 0 \leq m \leq 1\}$

e) $\{m \in \mathbb{R} \mid -\sqrt{2} \leq m \leq \sqrt{2}\}$

f) $\left\{m \in \mathbb{R} \mid 0 \leq m \leq \dfrac{1}{2}\right\}$

2. a) $y_{máx} = -9$ e $y_{mín} = -11$

b) $y_{máx} = 3$ e $y_{mín} = -5$

c) $y_{máx} = 1$ e $y_{mín} = -1$

d) $y_{máx} = 8$ e $y_{mín} = 4$

3. a) $\{m \in \mathbb{R} \mid -3 \leq m \leq -2\}$

b) $\{m \in \mathbb{R} \mid 2 \leq m \leq 4\}$

c) $\left\{m \in \mathbb{R} \mid -\dfrac{5}{3} \leq m \leq -1\right\}$

d) $\left\{m \in \mathbb{R} \mid -\dfrac{2}{3} \leq m \leq 0 \text{ ou } \dfrac{1}{3} \leq m \leq 1\right\}$

e) $\{m \in \mathbb{R} \mid -\sqrt{2} \leq m \leq \sqrt{2}\}$

f) $\left\{m \in \mathbb{R} \mid 1 \leq m \leq \dfrac{7}{5}\right\}$

4. a) $f(\pi) = 0$; $g(\pi) = -1$; $f\left(\dfrac{\pi}{3}\right) - g\left(\dfrac{\pi}{4}\right) = \dfrac{\sqrt{3} - \sqrt{2}}{2}$;

$\dfrac{f\left(\frac{\pi}{6}\right)}{g\left(\frac{\pi}{6}\right)} = \dfrac{\sqrt{3}}{3}$; $f\left(-\dfrac{3\pi}{4}\right) = -\dfrac{\sqrt{2}}{2}$; $g\left(-\dfrac{3\pi}{4}\right) = -\dfrac{\sqrt{2}}{2}$

b) $x = \dfrac{\pi}{4}$ ou $x = \dfrac{5\pi}{4}$

c) Não existe, porque nesse intervalo sen x > 0 e cos x < 0.

d) $\dfrac{3\pi}{2} \leq x < 2\pi$

5. a) $y_{máx} = -9$ e $y_{mín} = -11$

b) $y_{máx} = 16$ e $y_{mín} = -4$

c) $y_{máx} = 4$ e $y_{mín} = 1$

d) $y_{máx} = \sqrt{2}\left(\text{para } x = \dfrac{\pi}{4}\right)$ e $y_{mín} = -\sqrt{2}\left(\text{para } x = \dfrac{5\pi}{4}\right)$

6. 3

7. a) 0 c) $\dfrac{\sqrt{3}}{2}$ e) [0, 2]

b) 2 d) $\mathbb{R}$ f) $x = \dfrac{\pi}{8}$ ou $\dfrac{5\pi}{8}$ ou $\dfrac{9\pi}{8}$ ou $\dfrac{13\pi}{8}$

8. a)

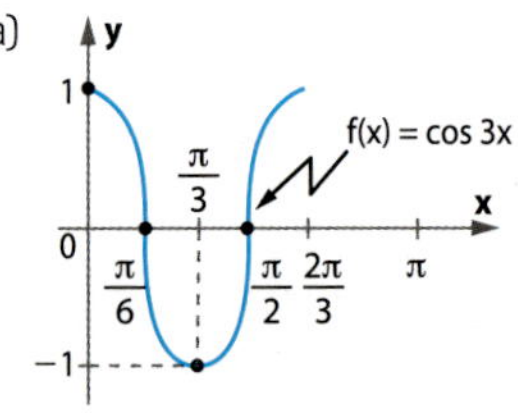

$D(f) = \mathbb{R}$, $Im(f) = [-1, 1]$, $p = \dfrac{2\pi}{3}$

b)

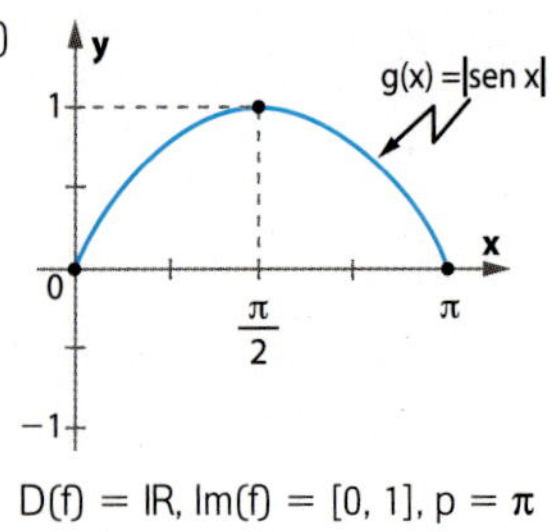

$D(f) = \mathbb{R}$, $Im(f) = [0, 1]$, $p = \pi$

c)

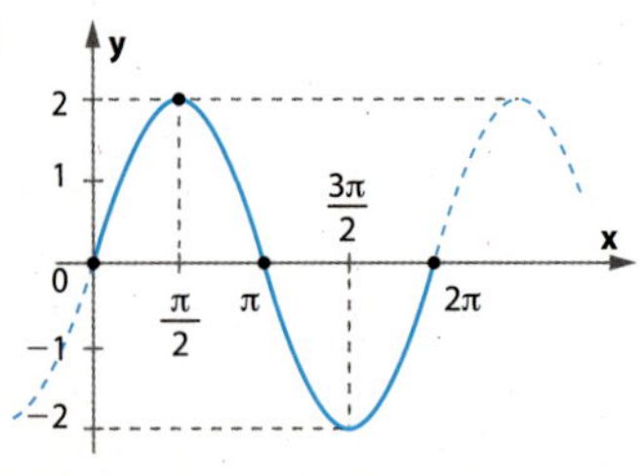

$D(f) = \mathbb{R}$, $Im = [-2, 2]$, $p = 2\pi$

RESPOSTAS

9. a) $D(f) = \left\{x \in \mathbb{R} \mid 2k\pi \leq x \leq \left(2k + \frac{1}{2}\right)\pi \text{ ou } \left(2k + \frac{3}{2}\right)\pi \leq x \leq (2 + 2k)\pi, \text{ com } k \in \mathbb{Z}\right\}$

b) $D(f) = \{x \in \mathbb{R} \mid 2k\pi < x < (2k + 1)\pi, \text{ com } k \in \mathbb{Z}\}$

c) $D(f) = \mathbb{R}$

10. $Im(f) = [2, 4]$; $Im(g) = [-3, 3]$

11.

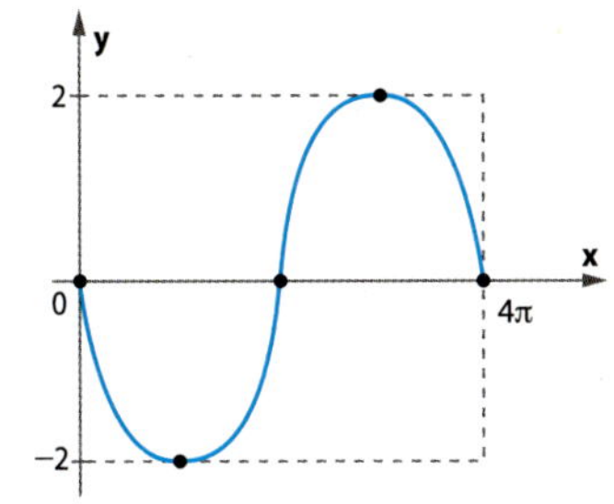

$D(g) = \mathbb{R}$, $Im(g) = [-2, 2]$, $p = 4\pi$

12. a) $\frac{2\pi}{7}$ b) π c) π d) 2

13. a) $Im(f) = \{y \in \mathbb{R} \mid -1 \leq y \leq 1\}$

b) $Im(f) = \{y \in \mathbb{R} \mid -1 \leq y \leq 1\}$

c) $Im(f) = \{y \in \mathbb{R} \mid -2 \leq y \leq 2\}$

d) $Im(f) = \{y \in \mathbb{R} \mid 0 \leq y \leq 2\}$

14. a) $m = \pm\frac{2}{3}$ b) $a = \pm\frac{5}{2}$ c) $m = \pm 2$

15. $Im(f) = \left\{y \in \mathbb{R} \mid -\frac{1}{2} \leq y \leq \frac{1}{2}\right\}$ e $p = \frac{8\pi}{3}$

16. a) $a = 0, b = 3, c = 1$

b) $a = 0, b = 2, c = 1$

c) $a = 1, b = 1, c = 1$

17. a) $a = 1, b = 2, c = 1$ b) $a = 1, b = 1, c = \frac{1}{2}$

18. a)

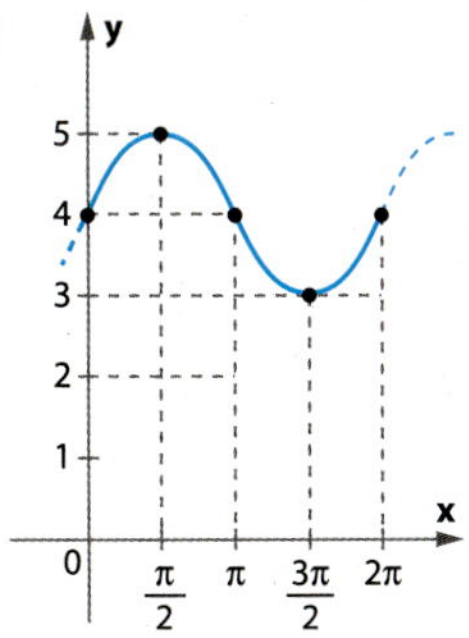

$D(f) = \mathbb{R}$; $Im(f) = [3, 5]$ e $p = 2\pi$.

b)

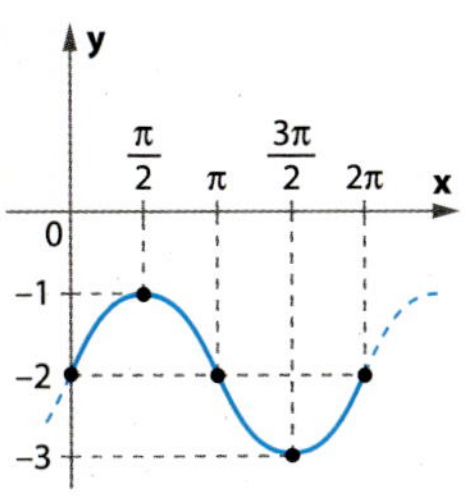

$D(f) = \mathbb{R}$; $Im(f) = [-3, -1]$ e $p = 2\pi$.

c)

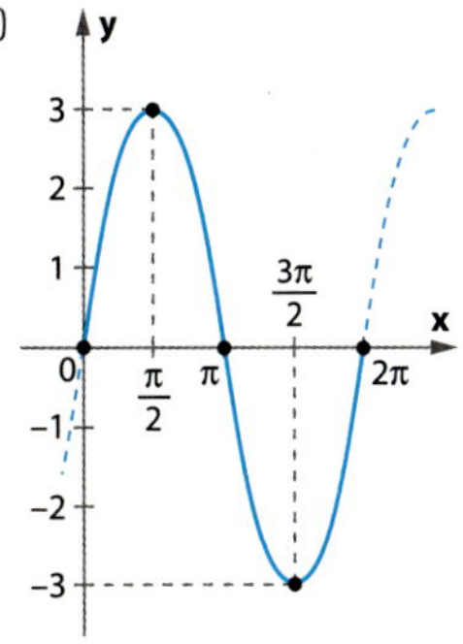

$D(f) = \mathbb{R}$; $Im(f) = [-3, 3]$ e $p = 2\pi$.

d)

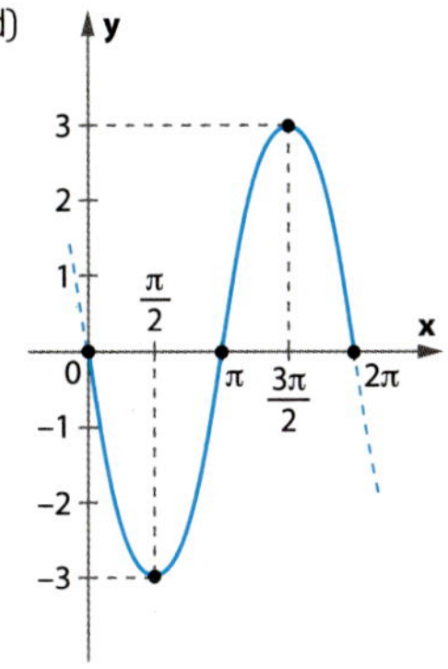

$D(f) = \mathbb{R}$; $Im(f) = [-3, 3]$ e $p = 2\pi$.

e)

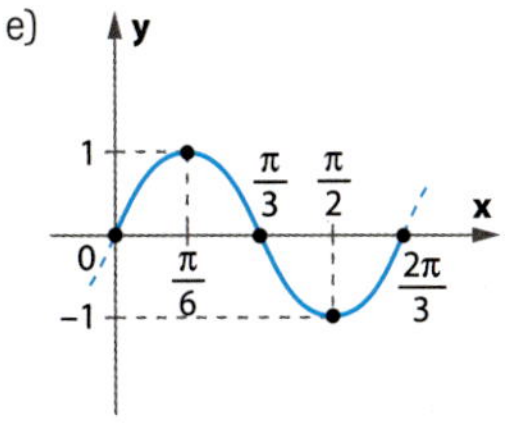

$D(f) = \mathbb{R}$; $Im(f) = [-1, 1]$ e $p = \frac{2\pi}{3}$.

f)

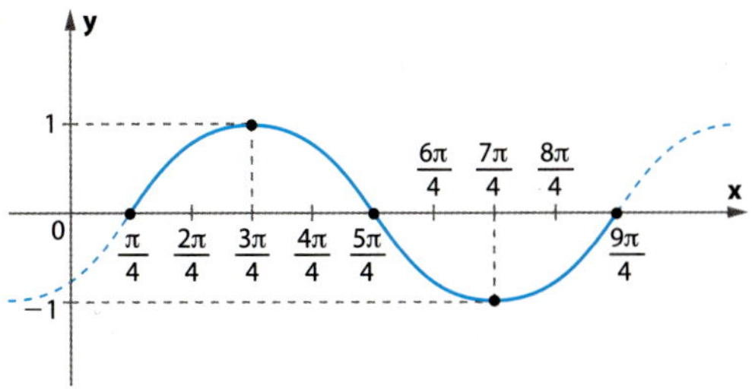

$D(f) = \mathbb{R}$; $Im(f) = [-1, 1]$ e $p = 2\pi$.

g)

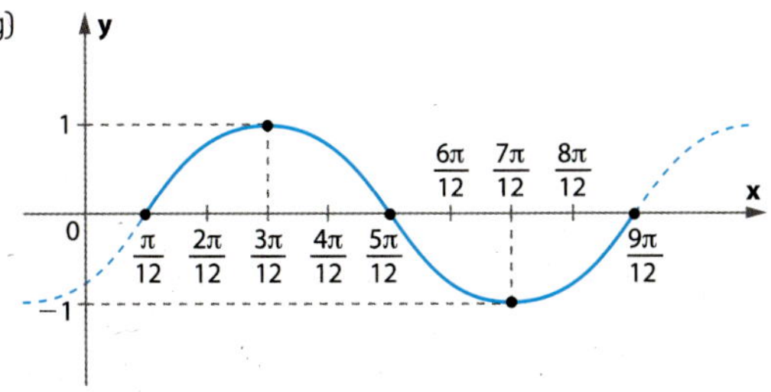

$D(f) = \mathbb{R}$; $Im(f) = [-1, 1]$ e $p = \frac{2\pi}{3}$.

RESPOSTAS

19. a) O gráfico "subiu" 4 unidades.
b) O gráfico "desceu" 2 unidades.
c) O gráfico "dilatou" verticalmente 3 unidades.
d) O gráfico ficou "invertido" em relação ao eixo **x** e "dilatou" verticalmente 3 unidades.
e) O gráfico "comprimiu" horizontalmente 3 vezes.
f) O gráfico ficou "transladado" horizontalmente $\frac{\pi}{4}$ unidades para a direita.
g) O gráfico ficou comprimido horizontalmente e transladado horizontalmente para a direita.

20. a)

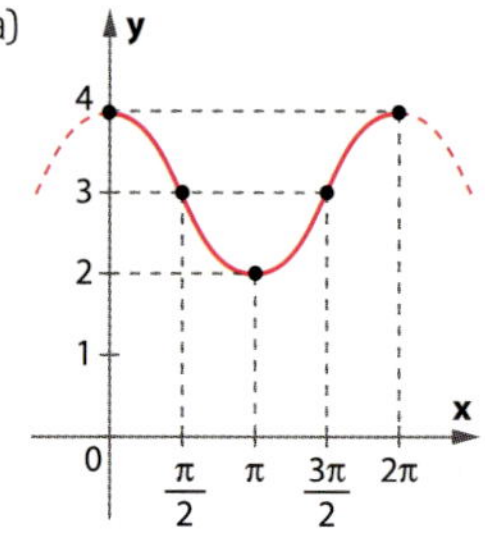

D(f) = IR; Im(f) = [2, 4] e p = 2π.

b)

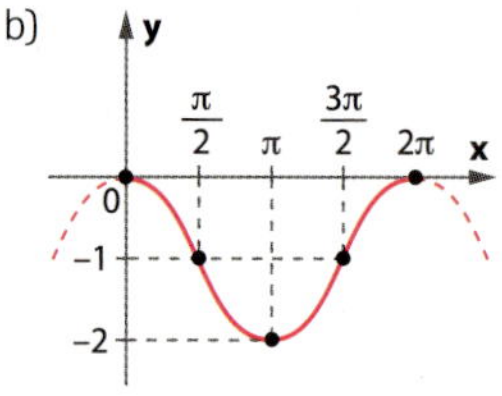

D(f) = IR; Im(f) = [2, 4] e p = 2π.

c)

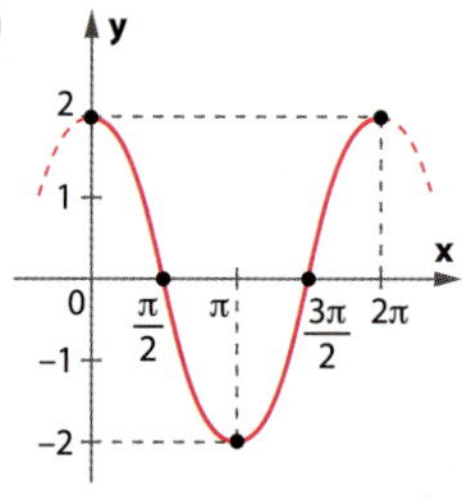

D(f) = IR; Im(f) = [−2, 2] e p = 2π.

d)

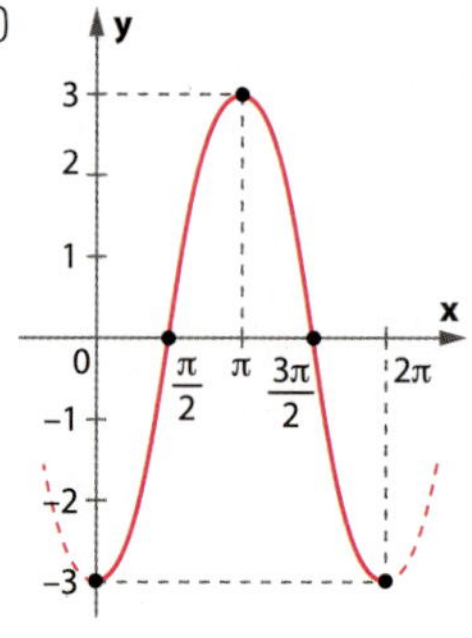

D(f) = IR; Im(f) = [−3, 3] e p = 2π.

e)

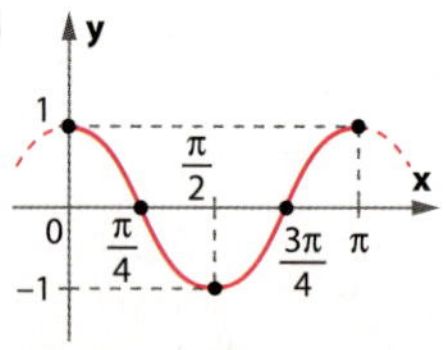

D(f) = IR; Im(f) = [−1, 1] e p = 2π.

f)

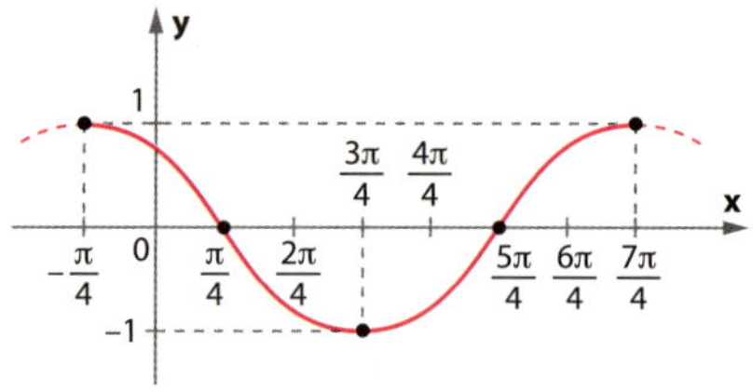

D(f) = IR; Im(f) = [−1, 1] e p = 2π.

g)

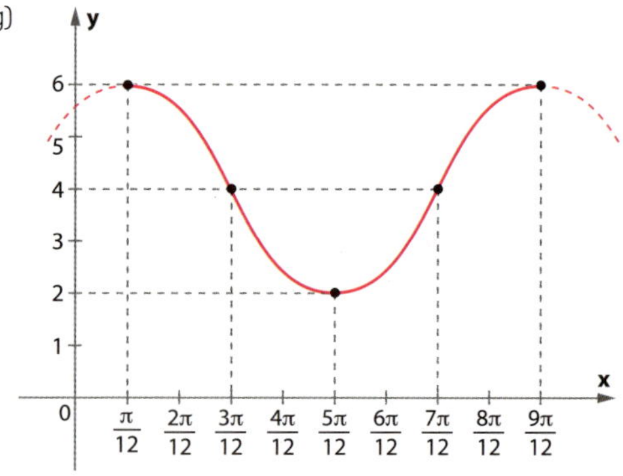

D(f) = IR; Im(f) = [2, 6] e p = $\frac{2\pi}{3}$.

21. a) O gráfico "subiu" 3 unidades.
b) O gráfico "desceu" 1 unidade.
c) O gráfico "dilatou" verticalmente 2 unidades.
d) O gráfico ficou "invertido" em relação ao eixo **x** e "dilatou" verticalmente 3 unidades.
e) O gráfico "comprimiu" horizontalmente 2 vezes.
f) O gráfico ficou "transladado" horizontalmente $\frac{\pi}{4}$ unidades para a esquerda.
g) O gráfico "subiu" 4 unidades, "dilatou" verticalmente 2 unidades, "comprimiu" horizontalmente 3 vezes e "transladou" $\frac{\pi}{4}$ unidades para a direita.

22. a) p = π, Im(f) = [−4, 4] b) p = π; Im(f) = $\left[-\frac{1}{2}, \frac{1}{2}\right]$

23. Im(f) = [−1, 1]

24. 0

Resolução passo a passo

6. a) Às 18 horas.
b) Às 6 horas da manhã.
c) Às 14 horas e às 22 horas.

25. $v(x) = 2 \cdot \text{sen}\left(\frac{\pi}{4}x\right)$

26. $h(x) = 0{,}3 \cdot \text{sen}\,(\pi x)$

Desafios

1. e

2. a) Falsa b) Verdadeira c) Verdadeira d) Verdadeira

3. $\left[-\sqrt{13}; \sqrt{13}\right]$

4. d

RESPOSTAS

Pensando no Enem

1. d **2.** d **3.** d

A Matemática e as práticas sociais

1. 340 m/s **2.** 1 hora **3.** a) $x_{máx} = 2$; $x_{mín} = -2$

4. b

5. $C_{mín}$ = R$ 220,00; $C_{máx}$ = R$ 380,00

6. a) 19 m b) 48 segundos

7. c **8.** 1,6 m

9. Velocidade da luz = 299 792 458 m/s; 0,1333... segundos. O Concorde demoraria muito mais tempo para percorrer essa mesma distância.

Questões de vestibular

1. b **2.** b **3.** c **4.** b

5. a) S = {12} b) 20 °C às 15h

6. d **7.** d **8.** d

9. a)

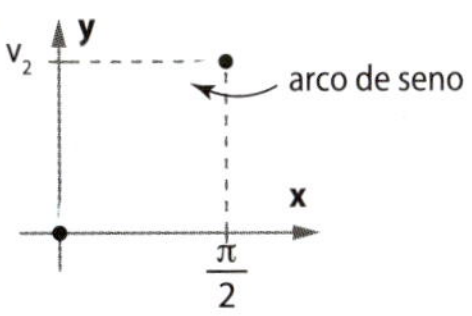

b) $x \neq 30°$ ou $x \neq \frac{\pi}{6}$ rad

10. d **11.** d

12. a) 6,5 m b) $h_{máx} = 21{,}5$ m; $h_{mín} = 1{,}5$ m; p = 24 s

13. a

14. a) Verdadeira b) Falsa c) Falsa d) Falsa

15. a) $h(x) = 2 - \text{sen}\,(2x)$ b) 3 **16.** a

Para refletir

Página 108

$x = 0 \Rightarrow \text{sen}\, x = 0$; $x = \frac{\pi}{2} \Rightarrow \text{sen}\, x = 1$; $x = \pi \Rightarrow \text{sen}\, x = 0$;

$x = \frac{3\pi}{2} \Rightarrow \text{sen}\, x = -1$

Página 111

$x = 0 \Rightarrow \cos x = 1$; $x = \frac{\pi}{2} \Rightarrow \cos x = 0$; $x = \pi \Rightarrow \cos x = -1$;

$x = \frac{3\pi}{2} \Rightarrow \cos x = 0$

Página 113

Para $f(x) = 3 \cdot \text{sen}\, x$, o intervalo da imagem triplicou.

Para $f(x) = 1 + \cos x$, os extremos do intervalo que representa a imagem ficaram somados de uma unidade.

Capítulo 7

Abertura

Desafio

Brasil: 7; Portugal: 5; Costa do Marfim: 4; Coreia do Norte: 0.

1. $\begin{bmatrix} 6 & 4 & 5 & 8 \\ 5 & 7 & 5 & 5 \\ 5 & 6 & 7 & 4 \end{bmatrix}$

2. a) 2×2 b) Matriz coluna 3×1. c) 5×3

3. a) $a_{11} = 2$; $a_{22} = -5$; $a_{13} = 10$ b) $a_{31} = 6$; $a_{23} = 2$; $a_{33} = \sqrt{2}$

4. a) $A = \begin{bmatrix} 2 & 5 & 10 \\ 5 & 8 & 13 \end{bmatrix}$ c) $X = \begin{bmatrix} 1 & 0 \\ 7 & 6 \\ 17 & 16 \\ 31 & 30 \end{bmatrix}$

b) $M = \begin{bmatrix} 0 & 2 & 4 \\ 3 & 5 & 7 \\ 6 & 8 & 10 \end{bmatrix}$ d) $A = \begin{bmatrix} 1 & 4 & 5 \\ 5 & 4 & 7 \\ 7 & 8 & 27 \end{bmatrix}$

5. Ordem 4. **6.** 2, −5 e 4 **7.** −8 **8.** 18

9. $\begin{bmatrix} 5 & 3 \\ 9 & 7 \end{bmatrix}$ **10.** $\begin{bmatrix} 2 & 0 & 0 \\ 0 & 4 & 0 \\ 0 & 0 & 6 \end{bmatrix}$ **11.** $\begin{bmatrix} 4 & -2 & -2 & -2 \\ 0 & 16 & -2 & -2 \\ 0 & 0 & 36 & -2 \\ 0 & 0 & 0 & 64 \end{bmatrix}$

12. a = 6, b = 3, c = −4 e d = −2

13. a = 2, b = −5, x = 1 e y = 2

14. m = 0 e n = 1 **15.** a = 1, b = 0 e $c = \frac{1}{3}$

16. a) $\begin{pmatrix} 2 & 6 \\ -6 & -1 \end{pmatrix}$ b) $\begin{pmatrix} 7 & 2 \\ -11 & 2 \end{pmatrix}$ c) $\begin{pmatrix} 5 & 6 \\ -11 & 1 \end{pmatrix}$

17. a) $\begin{bmatrix} 4 & 2 \\ 10 & 8 \\ 16 & 14 \end{bmatrix}$ b) $\begin{bmatrix} 2 & 1 \\ 5 & 4 \\ 8 & 7 \end{bmatrix}$

18. $A + B = \begin{bmatrix} 4 & 0 \\ 12 & 14 \end{bmatrix}$; $B + A = \begin{bmatrix} 4 & 0 \\ 12 & 14 \end{bmatrix}$

19. $\begin{pmatrix} -3 & 0 \\ -10 & 5 \\ 4 & -2 \end{pmatrix}$ **20.** $\begin{bmatrix} 0 & -3 \\ -2 & -5 \end{bmatrix}$ **21.** $\begin{bmatrix} 3 & -2 & 1 \\ -6 & 10 & -7 \end{bmatrix}$

22. a) $\begin{pmatrix} 3 \\ 8 \\ 7 \end{pmatrix}$ b) $\begin{pmatrix} 1 \\ 4 \\ -1 \end{pmatrix}$ c) $\begin{pmatrix} 1 \\ -4 \\ 3 \end{pmatrix}$

23. x = 13, y = −9 e z = 2

24. a) $\begin{pmatrix} 10 & 0 & -5 \\ -20 & 5 & 15 \end{pmatrix}$ c) $\begin{pmatrix} 1 & 0 & -\frac{1}{2} \\ -2 & \frac{1}{2} & \frac{3}{2} \end{pmatrix}$ e) $\begin{pmatrix} 6 & \frac{1}{2} & -4 \\ -\frac{29}{2} & 3 & 6 \end{pmatrix}$

b) $\begin{pmatrix} 0 & 2 & -4 \\ -10 & 0 & -12 \end{pmatrix}$ d) $\begin{pmatrix} 4 & -3 & 4 \\ 7 & 2 & 24 \end{pmatrix}$ f) $\begin{pmatrix} 10 & 0 & -5 \\ -20 & 5 & 15 \end{pmatrix}$

RESPOSTAS

25. a) $\begin{pmatrix} 5 \\ 2 \\ 6 \end{pmatrix}$ c) $\begin{pmatrix} -4 & 5 \\ 2 & -1 \end{pmatrix}$

b) $\begin{pmatrix} 2 & -1 & 0 \\ 5 & 4 & 6 \end{pmatrix}$ d) $\begin{pmatrix} 1 & 0 & -1 \\ 3 & 0 & 4 \\ 2 & 5 & 3 \end{pmatrix}$

26. a) $A^t = \begin{pmatrix} 1 & 3 \\ 2 & 4 \end{pmatrix} \Rightarrow (A^t)^t = \begin{pmatrix} 1 & 2 \\ 3 & 4 \end{pmatrix} = A$

b) • $A + B = \begin{pmatrix} 3 & 2 \\ 4 & 6 \end{pmatrix} \Rightarrow (A + B)^t = \begin{pmatrix} 3 & 4 \\ 2 & 6 \end{pmatrix}$

• $A^t + B^t = \begin{pmatrix} 1 & 3 \\ 2 & 4 \end{pmatrix} + \begin{pmatrix} 2 & 1 \\ 0 & 2 \end{pmatrix} = \begin{pmatrix} 3 & 4 \\ 2 & 6 \end{pmatrix}$

Logo, $(A + B)^t = A^t + B^t$.

c) • $2A = \begin{pmatrix} 2 & 4 \\ 6 & 8 \end{pmatrix} \Rightarrow (2A)^t = \begin{pmatrix} 2 & 6 \\ 4 & 8 \end{pmatrix}$

• $A^t = \begin{pmatrix} 1 & 3 \\ 2 & 4 \end{pmatrix} \Rightarrow 2A^t = \begin{pmatrix} 2 & 6 \\ 4 & 8 \end{pmatrix}$

Portanto, $(2A)^t = 2A^t$.

d) • $(A - B)^t = \begin{bmatrix} -1 & 2 \\ 2 & 2 \end{bmatrix}^t = \begin{bmatrix} -1 & 2 \\ 2 & 2 \end{bmatrix}$

• $A^t - B^t = \begin{bmatrix} 1 & 3 \\ 2 & 4 \end{bmatrix} - \begin{bmatrix} 2 & 1 \\ 0 & 2 \end{bmatrix} = \begin{bmatrix} -1 & 2 \\ 2 & 2 \end{bmatrix}$

Logo, $(A - B)^t = A^t - B^t$.

27. $\begin{pmatrix} 4 & 11 \\ 6 & 13 \end{pmatrix}$

28. a) $\begin{bmatrix} 8 & 2 \\ 6 & -8 \end{bmatrix}$ b) $\begin{bmatrix} 12 & 3 \\ 9 & -12 \end{bmatrix}$ c) $\begin{bmatrix} 24 & 6 \\ 18 & -24 \end{bmatrix}$

29. $\begin{bmatrix} 0 & -2 \\ -12 & -2 \end{bmatrix}$

30. a) $\begin{pmatrix} 3 & 8 \\ 3 & 0 \end{pmatrix}$ c) $\begin{pmatrix} 6 & 9 \\ 3 & 6 \end{pmatrix}$ e) $\begin{pmatrix} 0 & 0 \\ 0 & 0 \end{pmatrix}$

b) $\begin{pmatrix} 3 & 3 \\ 8 & 0 \end{pmatrix}$ d) $\begin{pmatrix} 9 & 13 \\ 0 & 12 \end{pmatrix}$ f) $\begin{pmatrix} -3 & -5 \\ -6 & 0 \end{pmatrix}$

31. a) $\begin{bmatrix} 4 & 0 & 0 \\ 0 & 8 & 0 \\ 0 & 0 & 12 \end{bmatrix}$ c) $\begin{bmatrix} 2 & 0 & 0 \\ 0 & 4 & 0 \\ 0 & 0 & 6 \end{bmatrix}$ e) $\begin{bmatrix} 1 & 0 & 0 \\ 0 & 3 & 0 \\ 0 & 0 & 5 \end{bmatrix}$

b) $\begin{bmatrix} 3 & 0 & 0 \\ 0 & 5 & 0 \\ 0 & 0 & 7 \end{bmatrix}$ d) $\begin{bmatrix} 0 & 0 & 0 \\ 0 & 0 & 0 \\ 0 & 0 & 0 \end{bmatrix}$ f) $\begin{bmatrix} 2 & 0 & 0 \\ 0 & 4 & 0 \\ 0 & 0 & 6 \end{bmatrix}$

Resolução passo a passo

6. a) A matriz **D** não mudaria, e a matriz **M** precisaria de uma nova linha (linha 4) contendo as quantidades de vitaminas C por grama de frutas, leite e cereais.

32. a) V b) V c) F d) V

33. a) Não b) Sim c) Sim d) Sim

34. a

35. a) $\begin{pmatrix} 17 & 39 \\ 2 & 4 \end{pmatrix}$ d) $\begin{bmatrix} 2 & 24 & 9 & 27 \\ 4 & 13 & 11 & 12 \end{bmatrix}$

b) $\begin{pmatrix} 2 & 5 & 0 \\ 6 & 15 & 0 \\ 12 & 30 & 0 \end{pmatrix}$ e) $\begin{pmatrix} -3 & 17 \\ -7 & -8 \\ 9 & 26 \end{pmatrix}$

c) $\begin{bmatrix} 29 & 24 \\ 23 & 22 \\ 26 & 4 \end{bmatrix}$ f) $\begin{pmatrix} 59 & 12 \\ 8 & 10 \end{pmatrix}$

36. 120

37. a) $\begin{pmatrix} 19 & 9 \\ 15 & 16 \end{pmatrix}$ c) $\begin{pmatrix} 7 & 10 \\ -1 & 14 \end{pmatrix}$

b) $\begin{pmatrix} 11 & 4 \\ 8 & 3 \end{pmatrix}$ d) $\begin{pmatrix} 8 & 5 \\ 7 & 13 \end{pmatrix}$

38. Não

39. a) $\begin{pmatrix} 7 & 18 \\ 6 & 19 \end{pmatrix}$ c) $\begin{pmatrix} 8 & 13 \\ 9 & 19 \end{pmatrix}$ e) $\begin{pmatrix} 15 & 24 \\ 36 & 87 \end{pmatrix}$

b) $\begin{pmatrix} -1 & -6 \\ 12 & 23 \end{pmatrix}$ d) $\begin{pmatrix} 16 & 26 \\ 18 & 38 \end{pmatrix}$ f) $\begin{pmatrix} 22 & 38 \\ 36 & 80 \end{pmatrix}$

40. Não

41. a) $\begin{pmatrix} 0 & 0 \\ 0 & 0 \end{pmatrix}$ b) $\begin{pmatrix} 0 & 0 \\ 0 & 0 \end{pmatrix}$ **42.** Sim

43. a) $\begin{bmatrix} 0 & 6 \\ -2 & -3 \end{bmatrix}$ c) $\begin{bmatrix} 0 & -6 \\ 2 & 1 \end{bmatrix}$ e) $\begin{bmatrix} 2 & -2 \\ 7 & -1 \end{bmatrix}$

b) $\begin{bmatrix} -2 & -5 \\ 2 & -1 \end{bmatrix}$ d) $\begin{bmatrix} 2 & -2 \\ 7 & -1 \end{bmatrix}$

44. 215 eixos para janeiro e 154 para fevereiro, 430 rodas para janeiro e 308 para fevereiro.

45. a) $\begin{pmatrix} 0 & 2 \\ 3 & 1 \end{pmatrix}\begin{pmatrix} 1 & 2 \\ 3 & 2 \end{pmatrix} = \begin{pmatrix} 6 & 4 \\ 6 & 8 \end{pmatrix}$

$\begin{pmatrix} 1 & 2 \\ 3 & 2 \end{pmatrix}\begin{pmatrix} 0 & 2 \\ 3 & 1 \end{pmatrix} = \begin{pmatrix} 6 & 4 \\ 6 & 8 \end{pmatrix}$

Logo, AB = BA.

b) • $BC = \begin{pmatrix} 1 & 2 \\ 3 & 2 \end{pmatrix}\begin{pmatrix} 1 & 3 \\ 3 & 0 \end{pmatrix} = \begin{pmatrix} 7 & 3 \\ 9 & 9 \end{pmatrix}$

$A(BC) = \begin{pmatrix} 0 & 2 \\ 3 & 1 \end{pmatrix}\begin{pmatrix} 7 & 3 \\ 9 & 9 \end{pmatrix} = \begin{pmatrix} 18 & 18 \\ 30 & 18 \end{pmatrix}$

• $AB = \begin{pmatrix} 6 & 4 \\ 6 & 8 \end{pmatrix}$

$(AB)C = \begin{pmatrix} 6 & 4 \\ 6 & 8 \end{pmatrix}\begin{pmatrix} 1 & 3 \\ 3 & 0 \end{pmatrix} = \begin{pmatrix} 18 & 18 \\ 30 & 18 \end{pmatrix}$

Logo, A(BC) = (AB)C.

RESPOSTAS

c) • $B + C = \begin{pmatrix} 1 & 2 \\ 3 & 2 \end{pmatrix} + \begin{pmatrix} 1 & 3 \\ 3 & 0 \end{pmatrix} = \begin{pmatrix} 2 & 5 \\ 6 & 2 \end{pmatrix}$

$A(B + C) = \begin{pmatrix} 0 & 2 \\ 3 & 1 \end{pmatrix}\begin{pmatrix} 2 & 5 \\ 6 & 2 \end{pmatrix} = \begin{pmatrix} 12 & 4 \\ 12 & 17 \end{pmatrix}$

• $AC = \begin{pmatrix} 0 & 2 \\ 3 & 1 \end{pmatrix}\begin{pmatrix} 1 & 3 \\ 3 & 0 \end{pmatrix} = \begin{pmatrix} 6 & 0 \\ 6 & 9 \end{pmatrix}$

$AB + AC = \begin{pmatrix} 6 & 4 \\ 6 & 8 \end{pmatrix} + \begin{pmatrix} 6 & 0 \\ 6 & 9 \end{pmatrix} = \begin{pmatrix} 12 & 4 \\ 12 & 17 \end{pmatrix}$

Portanto, $A(B + C) = AB + AC$.

d) • $CB = \begin{pmatrix} 1 & 3 \\ 3 & 0 \end{pmatrix}\begin{pmatrix} 1 & 2 \\ 3 & 2 \end{pmatrix} = \begin{pmatrix} 10 & 8 \\ 3 & 6 \end{pmatrix}$

• $BC = \begin{pmatrix} 7 & 3 \\ 9 & 9 \end{pmatrix}$

Logo, $BC \neq CB$.

e) • $BI_2 = \begin{pmatrix} 1 & 2 \\ 3 & 2 \end{pmatrix}\begin{pmatrix} 1 & 0 \\ 0 & 1 \end{pmatrix} = \begin{pmatrix} 1 & 2 \\ 3 & 2 \end{pmatrix} = B$

• $I_2B = \begin{pmatrix} 1 & 0 \\ 0 & 1 \end{pmatrix}\begin{pmatrix} 1 & 2 \\ 3 & 2 \end{pmatrix} = \begin{pmatrix} 1 & 2 \\ 3 & 2 \end{pmatrix} = B$

Logo, $BI_2 = I_2B = B$.

46. • $AB = \begin{pmatrix} 2 & 1 \\ 4 & -2 \end{pmatrix}\begin{pmatrix} 1 & 2 \\ 5 & 0 \end{pmatrix} = \begin{pmatrix} 7 & 4 \\ -6 & 8 \end{pmatrix}$

• $(AB)^2 = \begin{pmatrix} 7 & 4 \\ -6 & 8 \end{pmatrix}\begin{pmatrix} 7 & 4 \\ -6 & 8 \end{pmatrix} = \begin{pmatrix} 25 & 60 \\ -90 & 40 \end{pmatrix}$

• $A^2 = \begin{pmatrix} 2 & 1 \\ 4 & -2 \end{pmatrix}\begin{pmatrix} 2 & 1 \\ 4 & -2 \end{pmatrix} = \begin{pmatrix} 8 & 0 \\ 0 & 8 \end{pmatrix}$

• $B^2 = \begin{pmatrix} 1 & 2 \\ 5 & 0 \end{pmatrix}\begin{pmatrix} 1 & 2 \\ 5 & 0 \end{pmatrix} = \begin{pmatrix} 11 & 2 \\ 5 & 10 \end{pmatrix}$

• $A^2B^2 = \begin{pmatrix} 8 & 0 \\ 0 & 8 \end{pmatrix}\begin{pmatrix} 11 & 2 \\ 5 & 10 \end{pmatrix} = \begin{pmatrix} 88 & 16 \\ 40 & 80 \end{pmatrix}$

Logo, $(AB)^2 \neq A^2B^2$.

47. $\begin{pmatrix} 1 & 0 \\ 0 & 1 \end{pmatrix}$

48. $\begin{pmatrix} 6 & 4 \\ 1 & 3 \end{pmatrix}$

49. $\begin{pmatrix} mn & -m^2 \\ n^2 & -mn \end{pmatrix}\begin{pmatrix} mn & -m^2 \\ n^2 & -mn \end{pmatrix} = \begin{pmatrix} m^2n^2 - m^2n^2 & -m^3n + m^3n \\ mn^3 - mn^3 & -m^2n^2 + m^2n^2 \end{pmatrix} =$

$= \begin{pmatrix} 0 & 0 \\ 0 & 0 \end{pmatrix}$

50. • $A^2 = \begin{pmatrix} 2 & 3 \\ 1 & 2 \end{pmatrix}\begin{pmatrix} 2 & 3 \\ 1 & 2 \end{pmatrix} = \begin{pmatrix} 7 & 12 \\ 4 & 7 \end{pmatrix}$

• $4B = \begin{pmatrix} 0 & 12 \\ 4 & 0 \end{pmatrix}$

• $A^2 - 4B - 7I_2 = \begin{pmatrix} 7 & 12 \\ 4 & 7 \end{pmatrix} - \begin{pmatrix} 0 & 12 \\ 4 & 0 \end{pmatrix} - \begin{pmatrix} 7 & 0 \\ 0 & 7 \end{pmatrix} = \begin{pmatrix} 0 & 0 \\ 0 & 0 \end{pmatrix}$

51. • $(A + B)^2 = (A + B)(A + B) = A^2 + AB + BA + B^2$

$AB + BA = 2AB$ se, e somente se, $AB = BA$, ou seja, se **A** e **B** comutam.

• $(A + B)(A - B) = A^2 - AB + BA - B^2$

$-AB + BA = 0$ se, e somente se, $AB = BA$, ou seja, se **A** e **B** comutam.

52. a) $\begin{pmatrix} 5 \\ 4 \end{pmatrix}$ b) $\begin{pmatrix} 0 \\ 1 \end{pmatrix}$ c) $\begin{bmatrix} \frac{5}{2} & -2 \\ 2 & \\ -1 & 1 \end{bmatrix}$ d) $\begin{pmatrix} 6 \\ 4 \end{pmatrix}$

53. $a = 1$ e $b = 1$ ou $a = 1$ e $b = -1$ ou $a = -1$ e $b = 1$ ou $a = -1$ e $b = -1$

54. $A = \begin{bmatrix} a & b \\ c & d \end{bmatrix}$ e $B = \begin{bmatrix} e & f \\ g & h \end{bmatrix}$

$(AB)^t = \begin{bmatrix} ae + bg & ce + dg \\ af + bh & cf + dh \end{bmatrix}$

$B^tA^t = \begin{bmatrix} e & g \\ f & h \end{bmatrix}\begin{bmatrix} a & c \\ b & d \end{bmatrix} = \begin{bmatrix} ea + gb & ec + gd \\ fa + hb & fc + hd \end{bmatrix}$

Comparando os resultados, podemos observar que são iguais, ou seja, $(AB)^t = B^tA^t$.

55. a) $\begin{pmatrix} 1 & -\frac{3}{2} \\ 0 & \frac{1}{2} \end{pmatrix}$ b) Não existe.

56. $\begin{pmatrix} -\frac{1}{3} & \frac{2}{3} \\ \frac{2}{3} & -\frac{1}{3} \end{pmatrix}$

57. $\begin{pmatrix} 4 & 0 \\ 0 & 4 \end{pmatrix}$

58. $\begin{pmatrix} 6 & 3 \\ -5 & 15 \end{pmatrix}$

59. $\begin{bmatrix} 2 \\ 0 \\ 1 \end{bmatrix}$

60. $\begin{pmatrix} 1 & -1 \\ -1 & 1 \end{pmatrix}$

61. $\begin{bmatrix} 28 & 1 \\ 23 & 3 \end{bmatrix}$

62. $X = \begin{pmatrix} 1 & 2 \\ -\frac{2}{3} & 1 \end{pmatrix}$ e $Y = \begin{pmatrix} 2 & 4 \\ \frac{7}{3} & 2 \end{pmatrix}$

63. a) $\begin{pmatrix} 1 & 0 \\ -1 & 1 \end{pmatrix}\begin{pmatrix} 1 & 0 \\ 1 & 1 \end{pmatrix} = \begin{pmatrix} 1 & 0 \\ 0 & 1 \end{pmatrix} = I_2$

$\begin{pmatrix} 1 & 0 \\ 1 & 1 \end{pmatrix}$ é a matriz inversa de **A**.

b) $\begin{pmatrix} 2 & 5 \\ 5 & 4 \end{pmatrix}$

64. $\left(2 - \sqrt{3}, -2\sqrt{3} - 1\right)$

65. **A**$(-6, 4)$; **B**$(6, 4)$; **C**$(6, -4)$; **D**$(-6, -4)$

66. **A**$(8, -5)$; **B**$(12, -5)$; **C**$(12, -7)$; **D**$(8, -7)$

67. $(-3, 7)$

68. $\begin{bmatrix} \sqrt{2} & -\sqrt{2} & 8 \\ \sqrt{2} & \sqrt{2} & 8 - 16\sqrt{2} \\ 0 & 0 & 1 \end{bmatrix}$

RESPOSTAS

Desafios

1. e

2. $M_x = \begin{bmatrix} 1 & 0 \\ 0 & -1 \end{bmatrix}$; $M_y = \begin{bmatrix} -1 & 0 \\ 0 & 1 \end{bmatrix}$

3. $\begin{pmatrix} 1 & 0 & 0 \\ 0 & 1 & 0 \\ 0 & 0 & 1 \end{pmatrix}, \begin{pmatrix} 1 & 0 & 0 \\ 0 & 1 & 0 \\ 0 & 0 & -1 \end{pmatrix}, \begin{pmatrix} 1 & 0 & 0 \\ 0 & -1 & 0 \\ 0 & 0 & 1 \end{pmatrix}, \begin{pmatrix} -1 & 0 & 0 \\ 0 & 1 & 0 \\ 0 & 0 & 1 \end{pmatrix}, \begin{pmatrix} -1 & 0 & 0 \\ 0 & -1 & 0 \\ 0 & 0 & -1 \end{pmatrix},$
$\begin{pmatrix} -1 & 0 & 0 \\ 0 & -1 & 0 \\ 0 & 0 & 1 \end{pmatrix}, \begin{pmatrix} -1 & 0 & 0 \\ 0 & 1 & 0 \\ 0 & 0 & -1 \end{pmatrix}$ e $\begin{pmatrix} 1 & 0 & 0 \\ 0 & -1 & 0 \\ 0 & 0 & -1 \end{pmatrix}$

Pensando no Enem

1. c **2.** e **3.** c

A Matemática e as práticas sociais

1. 24 anos bissextos **2.** c **3.** Em 2110. **4.** a

Questões de vestibular

1. $x = 6$ e $y = 2$ **2.** d **3.** $x = 2$, $y = 2$ e $z = 4$

4. $I - M$ **5.** $a = 1$, $b = 3$ e $c = 2$

6. b **7.** d **8.** d

9. a) R$ 1200, 00 b) R$ 3400,00

10. a) Representa o preço que a empresa 1 cobra para transportar o produto **C** aos dois países.
b) a_{21}
c) A segunda empresa.

11. a **12.** e **13.** d

14. e **15.** 001 e 008 **16.** b **17.** a

18. a **19.** a **20.** b

Para refletir

Página 135
A do item **b**.

Página 137
Acima *e* abaixo: as duas coisas devem ocorrer; acima *ou* abaixo: pelo menos uma das duas deve ocorrer.

Página 142
Significa "em ordem", da primeira à última.

Página 144
Multiplicando-se ordenadamente os elementos da linha **i** da matriz **A** pelos elementos da coluna **j** da matriz **B** e somando-se os produtos obtidos.

Página 149
- $A(BC) = (AB)C$
Entretanto, $(AB)C = (BA)C$ somente quando **A** e **B** comutam, isto é, quando $AB = BA$.
- $(AB)^t = \begin{bmatrix} 14 & -4 \\ 1 & -2 \end{bmatrix}$; $A^tB^t = \begin{bmatrix} 12 & -6 \\ -4 & 0 \end{bmatrix}$; $B^tA^t = \begin{bmatrix} 14 & -4 \\ 1 & -2 \end{bmatrix}$

Página 150
$y + 10 = 2x \Rightarrow 2 + 10 = 2 \cdot 6 \Rightarrow 12 = 12$ (V)
$x + 6 = x + 3y \Rightarrow 6 + 6 = 6 + 3 \cdot 2 \Rightarrow 12 = 12$ (V)

Página 151
A multiplicação de números reais é comutativa, isto é, $ab = ba$, $\forall a, b \in \mathbb{R}$.
Então:
$(a + b)^2 = (a + b)(a + b) = a^2 + ab + ba + b^2 = a^2 + 2ab + b^2$
$(a + b)(a - b) = a^2 - \cancel{ab} + \cancel{ba} - b^2 = a^2 - b^2$

Página 153
Foram usadas as propriedades nesta ordem: cancelamento, elemento oposto, elemento neutro.

Capítulo 8

Abertura

Desafio
-1

1. a) 10 b) 2 c) -16 d) $a - b$ e) sen $(x + y)$

2. a) 5 b) -1 c) 6 d) 6 e) -6 f) 15 g) $\begin{bmatrix} -6 & 12 \\ 18 & -30 \end{bmatrix}$ h) -2 i) -4 j) 9

3. a) $S = \{6\}$ b) $S = \{-4, 2\}$

4. $x = 0$ ou $x = 6$ **5.** $x = \frac{1}{2}$ ou $x = -1$ **6.** $\frac{1}{6}$

7. a) 57 b) 1 c) $ab - a^2$ d) $1 - 2a^2$ e) -24 f) -24

8. 48 **9.** $S = \{1, 2\}$ **10.** $x > 1$

11. $\text{sen}^3\, x$ **12.** 0

13.
- det A = 0, pois a 1ª e a 3ª colunas são proporcionais (3ª col. = 2 · 1ª col.).
- det B = 0, pois a 3ª e a 4ª linhas são iguais.
- det D = 0, pois a 2ª coluna tem todos os elementos iguais a zero.
- det E = 0, pois a matriz é triangular e um dos elementos da diagonal principal é zero.
- det F = 0, pois a 1ª e a 3ª linhas são proporcionais (1ª linha = −1 · 3ª linha).

14. $a \neq 2$ **15.** 0,1 **16.** 20

17. a) -10 b) 40

18. 8m **19.** 300 **20.** 24

21. 15 **22.** 9D **23.** 1

24. $\det A = 2 - 6 = -4$. Logo, **A** é invertível.

25. $\frac{1}{5}$ **26.** $x \in \mathbb{R} \mid 0 < x < 2$

27. a) 1 b) -2 c) $1 - x$ d) -16

RESPOSTAS

28. Matriz **C**; det C = 70

29. 72

30. x = 3, x = 4 ou x = 5

31. a) 270 b) 12

32. x = 1 ou x = −1

33. −3 120

34. a) 28 b) −75 c) 3d − 3a

Desafios

1. $-\frac{2}{11}$

2. e

3. d

4. a) 19 unidades de área b) 44 unidades de volume

Pensando no Enem

d

Questões de vestibular

1. $S = \left\{0, \frac{\pi}{4}, \frac{3\pi}{4}, \pi, \frac{5\pi}{4}, \frac{7\pi}{4}, 2\pi\right\}$

2. c

3. c

4. b

5. e

6. e

7. e

8. a) $f(0) = 1; f\left(\frac{\pi}{4}\right) = -1$

b) $x = \frac{\pi}{8}$

9. e

10. a) 42 b) $\begin{bmatrix} -\frac{4}{21} & \frac{1}{21} \\ -\frac{5}{42} & -\frac{2}{21} \end{bmatrix}$

11. c

12. e

13. d

14. b

15. a

16. b

17. b

18. d

19. a

20. d

21. b

Para refletir

Página 172

- det (A + B) = −23; det A + det B = −19
  Logo, det (A + B) ≠ det A + det B.
- det A = −11; det B = −11
  Logo, det A = det B.

Página 173

- det A = 7; det B = 7
  Logo, det A = det B.
- $A \cdot A^{-1} = I \Rightarrow \det(A \cdot A^{-1}) = \det I$
  Mas det I = 1, então:
  $\det(A \cdot A^{-1}) = \det A \cdot \det A^{-1} = 1$
  Se:
  $\det A \neq 0 \Rightarrow \exists\, A^{-1}$
  $\det A = 0 \Rightarrow \nexists\, A^{-1}$

Capítulo 9

Abertura

Desafio

$$\begin{cases} x + \frac{y}{4} = 35 \\ x + y = 50 \end{cases}$$

Comprimento: 6 “mãos” (ou 30 “dedos”); largura: 4 “mãos” (ou 20 “dedos”).

1. **A**: a, b, c; **B**: d, e.

2. a) Sim b) Não

3. a) Sim b) Sim

4. k = 2

5. (α, 2α + 1)

6. a) Sim b) Sim c) Não d) Não

7. $a = \frac{4}{3}$ e b = 2

8. k = −2

9. a) Sistema impossível, S = ∅

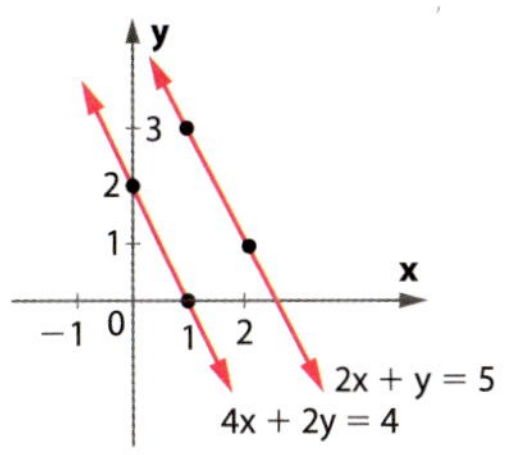

b) Sistema possível e determinado, S = {(−2, 3)}.

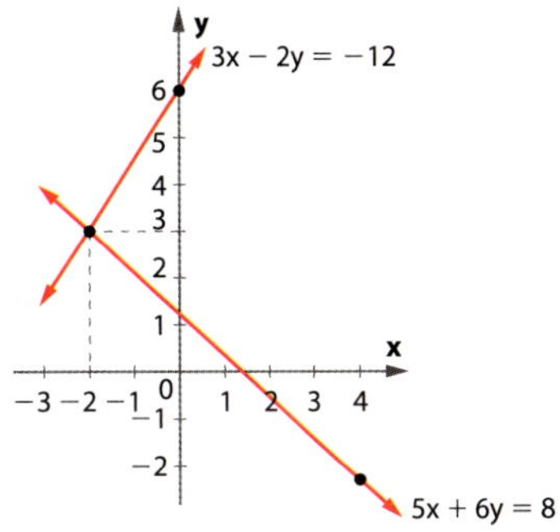

c) Sistema possível e indeterminado e a solução geral é $\left(\alpha, \frac{\alpha - 3}{2}\right)$.

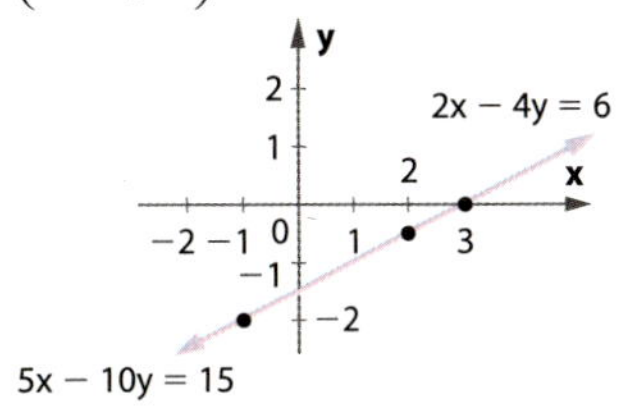

10. a) Sistema possível e determinado
b) Sistema possível e determinado
c) Sistema possível e indeterminado
d) Sistema possível e indeterminado
e) Sistema impossível
f) Sistema impossível
g) Sistema impossível
h) Sistema possível e determinado
i) Sistema possível e indeterminado

RESPOSTAS

11. a) Sistema possível e determinado; $S = \{(2, 4)\}$.
b) Sistema possível e indeterminado e a solução geral é $\left(k, \frac{20 - 2k}{5}\right)$.
c) Sistema possível e determinado; $S = \{(4, -2)\}$.

12. Para $m \neq -1$, o sistema é possível e determinado; para $m = -1$, o sistema é impossível.

13. $a \neq -9$ **14.** $S = \{(4, -1)\}$ **15.** $k = 2$

16. a) Sistema possível e determinado; $S = \{(4, -1, -3)\}$.
b) Sistema impossível, $S = \varnothing$.
c) Sistema possível e indeterminado e a solução geral é $\left(\frac{k+2}{3}, k, k\right)$.
d) Sistema possível e determinado; $S = \{(-1, 4, 3, -2)\}$.
e) Sistema possível e indeterminado e a solução geral é $(2 - 2\alpha, \alpha, \beta, \beta)$.
f) Sistema possível e determinado; $S = \left\{\left(\frac{17}{6}, \frac{1}{2}\right)\right\}$.

Resolução passo a passo

6. a) Livraria **A**: 2 coleções; livraria **B**: 1 coleção; livraria **C**: nenhuma coleção e livraria **D**: 1 coleção.
b) 8%.
c) Resposta pessoal.

17. a) Sistema possível e indeterminado e a solução geral é $(14k, -9k, k)$.
b) Sistema possível e determinado; $S = \{(1, -1, 2)\}$.
c) Sistema impossível; $S = \varnothing$.
d) Sistema possível e indeterminado e a solução geral é $(1 + 5k, 1 - 4k, k)$.

18. $\left(\frac{7 - 7\alpha}{5}, \frac{\alpha - 1}{5}, \alpha\right)$, com $\alpha \in \mathbb{R}$ **19.** Sistema impossível.

20. -6 **21.** $S = \{(-2, 0, 1, 6)\}$ **22.** $\begin{pmatrix} 1 \\ 2 \\ -1 \end{pmatrix}$ **23.** $w = 8$

24. a) Para $a = 9$, o sistema é possível e indeterminado e para $a \neq 9$, o sistema é impossível.
b) Para todo $m \in \mathbb{R}$, o sistema é possível e determinado.
c) O sistema é possível e determinado para qualquer valor de λ, admitindo apenas a solução trivial.

25. $a \neq -4$ e $a \neq 1$ **26.** $a = -1$ e $b \neq 7$

27. $a = -1$ e **b** qualquer, ou $a = 1$ e $b = 2$

28. $k = 5$ **29.** a) $S = \{(3, 2)\}$ b) $S = \{(1, 2)\}$

30. a) $S = \{(1, 2, -1)\}$ b) $S = \{(3, 2, 2)\}$ c) $S = \{(4, -2, 5)\}$

31. $S = \{(0, 1)\}$ **32.** $a = \frac{\pi}{12} + k\pi$ ou $a = \frac{5\pi}{12} + k\pi$ $(k \in \mathbb{Z})$

33. Indeterminado **34.** $k \neq 0$ e $k \neq 2$

35. Uma única solução **36.** $a \neq 1$ e $a \neq 3$

37. $a = 1$ ou $a = -1$

38. a) Uma laranja, duas folhas de couve e dois ramos de gengibre.
b) R$ 1,00

39. 16 moedas de 1 real, 10 moedas de 50 centavos e 130 moedas de 10 centavos

40. Possibilidades de resultados: 5 empates; 1 vitória, 1 derrota e 3 empates; 2 vitórias, 2 derrotas e 1 empate.
Não é possível que essa equipe não empate.
É possível não haver nenhuma derrota.

41. Porque trata-se de valores naturais, que são número de jogos.
a) 6 possibilidades
b) 7 possibilidades

42. Resposta pessoal.

Desafios

1. a

2. a) $x = 27 - 5z$ e $y = z - 2$
b) Os possíveis valores para (x, y, z) são $(12, 1, 3)$; $(7, 2, 4)$ e $(2, 3, 5)$.

3. a

Pensando no Enem

1. d **2.** c

3. $x = 5$ horas/mês e $y = 20$ horas/mês

4. 42 idosos **5.** c

A Matemática e as práticas sociais

1. 11 litros

2. 15 litros de gasolina e 25 litros de álcool

3. 440 km

4. c

5. Modelo **A**: R$ 50 000,00;
modelo **B**: R$ 60 000,00;
modelo **C**: R$ 70 000,00

Questões de vestibular

1. e

2. a) $\begin{cases} x + y + z = 0,5 \\ x - 3y + z = 0 \\ 5x + 20y + 16z = 5,75 \end{cases}$

b) Amendoim: 250 g; castanha-de-caju: 125 g; castanha-do-pará: 125 g.

3. c

4. Hambúrguer: R$ 4,00; suco de laranja: R$ 2,50; cocada: R$ 3,50.

5. d **6.** b **7.** d **8.** d

9. d **10.** b **11.** a **12.** d

13. a **14.** a **15.** c

RESPOSTAS

16. Sistema possível e determinado: $k \neq -2$; sistema indeterminado: $k = 2$; sistema impossível: $k = -3$.

17. d **18.** a

19. $\begin{cases} (x + 2y + 1) + (-y + 8)(-4z + 5) = 18 \\ (-2x + 3) + (z + 9) + (x + 2y + 1) = 18 \Rightarrow x = -2, y = 2 \text{ e } z = -1 \\ (-4z + 5) + (y - z + 1) + (-x + z + 4) = 18 \end{cases}$

Para refletir

Página 187

Porque seus termos não são todos do primeiro grau.

Página 190

$$\begin{cases} 3 \cdot 3 - (-1) = 10 \\ 2 \cdot 3 + 5(-1) = 1 \end{cases} \Rightarrow \begin{cases} 9 + 1 = 10 \text{ (V)} \\ 6 - 5 = 1 \text{ (V)} \end{cases}$$

Página 193

$$\begin{bmatrix} a_1 & b_1 \\ a_2 & b_2 \end{bmatrix} \cdot \begin{bmatrix} x \\ y \end{bmatrix} = \begin{bmatrix} k_1 \\ k_2 \end{bmatrix} \Rightarrow \begin{bmatrix} a_1x + b_1y \\ a_2x + b_2y \end{bmatrix} = \begin{bmatrix} k_1 \\ k_2 \end{bmatrix} \Rightarrow \begin{cases} a_1x + b_1y = k_1 \\ a_2x + b_2y = k_2 \end{cases}$$

Página 207

$$\begin{cases} 5x + y - 1 = 2x + 2y \\ 2x + 2y + 3x = 4 \end{cases} \Rightarrow \begin{cases} 5x - 2x + y - 2y = 1 \\ 5x + 2y = 4 \end{cases} \Rightarrow \begin{cases} 3x - y = 1 \\ 5x + 2y = 4 \end{cases}$$

Página 209

$$\left(k, \frac{2k}{3}\right)$$

Capítulo 10

Abertura

Desafios

1. Porque com três pontos não colineares determinamos um plano.

2. Reta: 2 pontos distintos; plano: 3 pontos distintos; sólido: 4 pontos não coplanares.

1. a) São pontos tal que não exista reta que os contenha simultaneamente.
b) São pontos tal que não exista plano que os contenha simultaneamente.

2. a) Colineares e coplanares.
b) Coplanares, mas não colineares.
c) Colineares e coplanares.
d) Coplanares, mas não colineares.
e) Colineares e coplanares.
f) Colineares e coplanares.
g) Coplanares, mas não colineares.
h) Não são colineares nem coplanares.
i) Coplanares, mas não colineares.

3. Verdadeiras: **a**, **d**, **e**, **f**, **h**, **j**; falsas: **b**, **c**, **g**, **i**.

4. Paralelas: **c**, **f**; concorrentes: **a**, **d**, **e**, **h**, **i**; reversas: **b**, **g**.

5. 1ª: γ, 2ª: δ; 3ª: α; 4ª: β **6.** 4 planos

7. a) p(ABCD) // p(EFGH); p(ADGH) // p(BCFE); p(ABEH) // p(CDFG).
b) Por exemplo: p(ABCD) e p(ADGH); p(CDGF) e p(ACFH); p(CBEF) e p(ABEH).
c) Sim; $\overleftrightarrow{FG}$. d) ADGH e ABCD.

8. Verdadeiras: **b**, **d**; falsas: **a**, **c**, **e**.

9. a) Planos secantes
b) p(ABJI) e p(ADGI)
c) p(BCHJ)
d) $\overleftrightarrow{CH}$
e) Não

10. a) Planos secantes perpendiculares
b) Sim; $\overleftrightarrow{FG}$. c) Sim; p(ABCD).

11. a) $\overleftrightarrow{BC}$, $\overleftrightarrow{CF}$, $\overleftrightarrow{EF}$, $\overleftrightarrow{BE}$, $\overleftrightarrow{BF}$, $\overleftrightarrow{CE}$
b) $\overleftrightarrow{CD}$, $\overleftrightarrow{DG}$, $\overleftrightarrow{FG}$, $\overleftrightarrow{CF}$, $\overleftrightarrow{DF}$, $\overleftrightarrow{CG}$
c) Algumas soluções possíveis: $\overleftrightarrow{AH}$, $\overleftrightarrow{AE}$, $\overleftrightarrow{BG}$, $\overleftrightarrow{FC}$, $\overleftrightarrow{BE}$.

12. A reta está contida em **b**, **d**, **f**, **h**.
A reta é paralela em **a**, **e**.
A reta intersecta em **c**, **g**.

13. a) Intersecta
b) Retas reversas
c) Paralelo
d) Pertence
e) Está contida
f) Paralela
g) Concorrentes
h) Coincidentes

14. a) Paralela
b) Está contida no plano.
c) É oblíqua ao plano.
d) Uma solução possível: $\overleftrightarrow{AC}$ e $\overleftrightarrow{BC}$ estão furando o plano ABED.
e) p(ACFD) e p(DEF)
f) Paralelas
g) Concorrentes
h) Reversas

15. a) Está contida no plano.
b) Algumas soluções possíveis: $\overleftrightarrow{AE}$, $\overleftrightarrow{BF}$, $\overleftrightarrow{HC}$, $\overleftrightarrow{FD}$.
c) p(ABCD) e p(CDFG)
d) Perpendiculares
e) Algumas soluções possíveis: $\overleftrightarrow{BH}$, $\overleftrightarrow{CG}$, $\overleftrightarrow{BF}$.
f) p(EFGH)
g) Alguns: p(ADFE), p(CDFG) e p(BDFH).
h) $\overleftrightarrow{EH}$, $\overleftrightarrow{EG}$, $\overleftrightarrow{EF}$, $\overleftrightarrow{HG}$, $\overleftrightarrow{FG}$, $\overleftrightarrow{FH}$

16. Verdadeiras: **b**, **c**, **e**, **f**, **g**, **h**, **i**, **j**, **l**; falsas: **a**, **d**, **k**.

Resolução passo a passo

6. a) 24 cm

17. Verdadeiras: **a**, **b**, **d**, **e**, **g**; falsas: **c**, **f**, **h**, **i**.

18. a) Algumas soluções possíveis: $\overleftrightarrow{AE}$, $\overleftrightarrow{DH}$, $\overleftrightarrow{BF}$.
b) p(ADHE)
c) Sim. A figura é um paralelepípedo, então AFGD é um retângulo. Logo, $A\hat{F}G$ é reto e, portanto, $\overleftrightarrow{AF} \perp \overleftrightarrow{FG}$.

19. a) p(ABFE) ⊥ p(ABCD); p(ABFE) ⊥ p(EFGH); p(ABFE) ⊥ p(ADHE); p(ABFE) ⊥ p(BCGF).
b) p(ADHE) e p(CDHG)
c) Sim. $\overleftrightarrow{AE}$ é perpendicular ao p(EFGH). Como $\overleftrightarrow{AE} \subset$ p(ACGE), então p(ACGE) é perpendicular ao p(EFGH).
d) Os três são perpendiculares ao p(EFGH).

20. a) V b) F c) V

21. a) p(ABCD)
b) Algumas soluções possíveis: p(ABCD) e $\overleftrightarrow{AD}$; p(EFGH) e $\overleftrightarrow{FG}$; p(ADHE) e $\overleftrightarrow{EH}$.
c) p(CDHG)
d) p(ABFE) ou p(DCGH)
e) Paralela
f) p(CDHG)
g) $\overleftrightarrow{BF}$ ou $\overleftrightarrow{CG}$

RESPOSTAS

22. **b**: A projeção ortogonal de um polígono sobre um plano pode ser um segmento.
c: A projeção ortogonal de um prisma de base retangular sobre um plano pode ser uma região retangular.
d: A projeção de um cilindro sobre um plano pode ser um círculo.

23. Verdadeiras: **a**, **d**, **e**, **f**; falsas: **b**, **c**.

24. **a**, **c** e **d**.

25. a) $\overline{CD}$ b) $\overline{AE}$ c) $\overline{DH}$ d) $\overline{AB}$ e) $\overline{CD}$ f) $\overline{AD}$ g) $\overline{AB}$ h) $\overline{FG}$ i) $\overline{DH}$ j) $\overline{FG}$ k) $\overline{BF}$ l) $\overline{DH}$

26. a) $\overline{HI}$ b) $\overline{GH}$ c) $\overline{AM}$, em que **M** é o ponto médio de $\overline{GH}$.

27. a) 3 b) 5 c) $\sqrt{13}$ d) $2\sqrt{5}$ e) 4 f) $\sqrt{13}$ g) 4 h) 2 i) 4 j) 2 k) 3 l) 2 m) $\sqrt{29}$

Desafios

1. Uma mesa de 3 pernas tem 3 pontos de apoio, e 3 pontos são sempre coplanares. Já a mesa com 4 pernas e com 4 pontos de apoio não tem necessariamente esses pontos de apoio num único plano, podendo balançar.

2. Caso 1: se uma das retas é perpendicular ao plano, as projeções são uma reta e um ponto fora dela.
Caso 2: as projeções são duas retas concorrentes.
Caso 3: as projeções são duas retas paralelas.

3. 54 cm

Pensando no Enem

1. b **2.** e **3.** d

A Matemática e as práticas sociais

1. O fio de prumo, pela ação da gravidade, é sempre uma representação de uma reta vertical. Ao observar que a distância entre o fio e a coluna se mantém constante, pode-se concluir que a coluna está paralela ao fio, ou seja, também é vertical.

2. Apoiando a barra de alumínio sobre duas baliscas Taiane deve ajustar as taliscas de modo que o nível de bolha apoiado na barra tenha a bolha no centro, o que garante que a barra está perfeitamente horizontal, e chamando as taliscas de **A** e **B**, temos então a reta $\overleftrightarrow{AB}$. Fazendo o mesmo procedimento entre uma das duas taliscas anteriores e a terceira, teremos então uma outra reta $\overleftrightarrow{AC}$, que também é horizontal. Como $\overleftrightarrow{AC}$ e $\overleftrightarrow{AB}$ são concorrentes, elas determinam um plano, que é horizontal como as duas retas.

3. Sim

4. a) Verdadeiro b) Falso c) Falso d) Verdadeiro e) Verdadeiro

5. a) Falsa b) Falsa c) Verdadeira d) Verdadeira e) Falsa

Questões de vestibular

1. e **2.** a **3.** c **4.** d **5.** 28 **6.** 001 e 004 **7.** c **8.** a **9.** a **10.** c **11.** a **12.** d **13.** I, II, III e V **14.** b **15.** a **16.** d **17.** d

Para refletir

Página 222
$C \notin r$; $C \notin s$; $D \notin r$; $D \in s$; $X \in r$; $X \notin s$
$J \in \alpha$; $J \notin \beta$; $M \in \alpha$; $M \in \beta$; $G \in \alpha$; $G \notin \beta$

Página 223

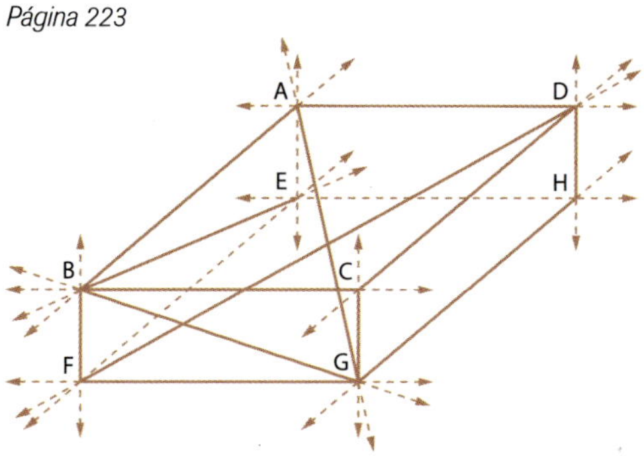

Página 224
- $\overleftrightarrow{AD}$ e $\overleftrightarrow{FG}$ são retas coplanares porque estão contidas no plano ADGF. Como essas retas não têm ponto em comum, elas são paralelas.
- $\overleftrightarrow{CH}$ e $\overleftrightarrow{GD}$ são retas coplanares porque estão contidas no plano CDHG. $\overleftrightarrow{CH}$ e $\overleftrightarrow{GD}$ intersectam-se num ponto; portanto, são concorrentes.
- Não existe um plano que contém $\overleftrightarrow{AC}$ e $\overleftrightarrow{FH}$. Portanto, elas são reversas.

Página 225
- Três pontos colineares pertencem a uma única reta e por essa reta passam infinitos planos. Por isso não podemos dizer que três pontos colineares determinam um plano.
- Porque não há um plano que passe pelas duas simultaneamente.

Página 229
- Se forem coplanares, as retas podem ser concorrentes (perpendiculares ou não). Se não forem coplanares, serão retas reversas (ortogonais ou não).
- São planos secantes (concorrentes).
- A reta está contida no plano ou a reta intersecta o plano num ponto.

Página 232
- As retas **s** e **t** formam dois ângulos de 45° e dois de 135°.
- **a** e **b** são reversas, pois não há um plano que passe pelas duas retas.
a e **b** são ortogonais porque existe reta paralela a **a** que é perpendicular a **b** (**c**, por exemplo).
a e **b** são reversas porque não há um plano que passe pelas duas retas.
$c \parallel a$, mas $c \not\perp b$. Logo, **a** e **b** não são ortogonais.

Página 233
A reta **r** é reversa ortogonal às retas de α que não passam por **P**.

Página 234
1ª propriedade: $\left.\begin{matrix} r \perp \beta \\ \alpha \perp \beta \end{matrix}\right\} \Rightarrow r \subset \alpha \text{ ou } r \parallel \alpha$

2ª propriedade: $\left.\begin{matrix} \alpha \cap \beta = r \\ \gamma \perp \alpha \text{ e } \gamma \perp \beta \end{matrix}\right\} \Rightarrow \gamma \perp r$

Página 241
É a própria reta **r**.

RESPOSTAS

Página 242

- Quando $P \in r$.
- 0

Página 243

- 0
- Quando os planos são coincidentes.
- Não
- No item **b** a distância entre **F** e **H** é a diagonal de um quadrado de lado 3. Logo, mede $3\sqrt{2}$.
  No item **c** a distância entre **E** e **B** é a hipotenusa do triângulo EBG, cujos catetos medem $3\sqrt{2}$ e 3. Logo, mede $3\sqrt{3}$.

Capítulo 11

Abertura

Desafio

13 átomos de cloro e 14 átomos de sódio

1. a) 5 faces, 8 arestas e 5 vértices.
b) 4 faces triangulares e 1 face quadrangular.
c) 3 arestas
d) 4 arestas
e) Retas reversas

2. Poliedros convexos: **a**, **d**; poliedros não convexos: **b** e **c**.

3. 7 faces **4.** 11 faces **5.** 7 vértices

6. 21 arestas e 13 vértices **7.** 32 faces

8. 10 vértices **9.** 7 faces, 10 vértices e 15 arestas

10. 8 faces triangulares e 4 faces quadrangulares.

11. 3 faces triangulares, 2 faces quadrangulares e 1 face pentagonal

12. 7 faces **13.** a) 1 080° b) 2 160° **14.** c

15. 12 faces quadrangulares e 6 faces hexagonais

16. 7 faces

17.

Poliedros regulares	Número de faces	Número de vértices	Número de arestas	Forma das faces	Relação de Euler
Tetraedro	4	4	6	triangular	$4 - 6 + 4 = 2$
Cubo	6	8	12	quadrada	$8 - 12 + 6 = 2$
Octaedro	8	6	12	triangular	$6 - 12 + 8 = 2$
Dodecaedro	12	20	30	pentagonal	$20 - 30 + 12 = 2$
Icosaedro	20	12	30	triangular	$12 - 30 + 20 = 2$

18. $10\sqrt{2}$ cm **19.** 30 cm **20.** $4\sqrt{3}$ cm

21. 20 cm por 16 cm por 12 cm **22.** 4 m

23. 1,62 m² **24.** $18\left(10 + \sqrt{3}\right)$ cm²

25. $A_\ell = 108$ cm²; $A_t = 4\left(27 + 2\sqrt{3}\right)$ cm² **26.** 250 cm²

27. $A_\ell = 9a^2$; $A_t = \frac{a^2}{2}\left(18 + \sqrt{3}\right)$ **28.** 810 m²

29. $2d^2$ **30.** 600 m² **31.** 32,6 m²

32. $\left(\frac{5\,400 - 25\sqrt{3}}{2}\right)$ cm² **33.** 1 488 cm² **34.** 0,6 m²

35. 147 m² **36.** 50

Resolução passo a passo

6. a) 6 800 m³.
c) • Em 15 de agosto de 1914.
• A Primeira Guerra Mundial.

37. 140 cm³ **38.** 1 080 ℓ **39.** 12 800 cm³

40. $375\sqrt{3}$ cm³ **41.** 2 m **42.** 1 000 cm³

43. 150 cm³ **44.** 17 400 m³ **45.** 57 600 ℓ

46. 1 728 cm³ **47.** 1 000 cm³ **48.** 1 260 cm³

49. 120 cm³ **50.** 1 500 cm³ **51.** $12\,600\sqrt{3}$ cm³

52. $640\sqrt{3}$ cm³

53. Maior quantidade de madeira: segunda caixa; espaço interno maior: primeira caixa.

54. $h = 7$ cm; $A_t = 480$ cm²

55. $V = 768\sqrt{3}$ cm³; $A_t = 192(2 + \sqrt{3})$ cm²

56. $\frac{1}{6}$ **57.** 6 m **58.** 460 cm²

59. $x = \sqrt{7}$ m **60.** $x = 2$ m

61. a) $2\sqrt{3}$ cm c) $2\sqrt{29}$ cm e) $48\sqrt{7}$ cm²
b) $4\sqrt{7}$ cm d) $24\sqrt{3}$ cm² f) $24\left(\sqrt{3} + 2\sqrt{7}\right)$ cm²

62. a) $2\sqrt{2}$ cm b) $12\sqrt{3}$ cm² **63.** 800 cm²

64. 180 cm² **65.** $144\sqrt{3}$ cm²

66. $16\left(1 + \sqrt{3}\right)$ cm² **67.** $4\left(5 + \sqrt{11}\right)$ cm²

68. $208\sqrt{3}$ cm² **69.** 23,04 cm² **70.** 6 cm

71. 400 cm³ **72.** Aproximadamente 100,8 mm³. **73.** 48 m³

74. Aproximadamente 2 415 766,7 m³. **75.** $\frac{250\sqrt{2}}{3}$ cm³

76. $\frac{27\sqrt{3}}{2}$ m³ **77.** $\frac{4\,000\left(6 + \sqrt{2}\right)}{3}$ cm³ **78.** 2 128 cm³

79. 18 500 cm³ **80.** 140 000 ℓ **81.** 4 632 m³

82. 6 240 cm³ **83.** $3\sqrt{3}$ **84.** 1 776 cm³

85. a) Regiões poligonais.
b) As faces laterais são regiões com a forma de paralelogramo e as bases são regiões poligonais paralelas e congruentes.
c) As faces laterais são regiões retangulares congruentes e as bases são regiões pentagonais paralelas e congruentes.
d) As faces laterais são regiões retangulares congruentes e as bases são regiões octogonais regulares, paralelas e congruentes.
e) As faces laterais são regiões triangulares e a base é uma região retangular.
f) As faces laterais são regiões triangulares isósceles congruentes e a base é uma região pentagonal regular.

86. Verdadeiras: **b**, **c**, **d**, **h**; falsas: **a**, **e**, **f**, **g**, **i**.

RESPOSTAS

Desafios

1. b **2.** c **3.** $\frac{\ell^3\sqrt{3}}{3}$

Pensando no Enem

1. d **2.** d **3.** d

A Matemática e as práticas sociais

1. 25 viagens **3.** R$ 375 000,00 **5.** 10 vértices e 19 arestas

2. 768 m^3 **4.** 1 040 m^2

Questões de vestibular

1. b **2.** c **3.** a

4. 1) Correto 2) Errado 3) Correto

5. a) 8 dm b) 512 ℓ

6. b **7.** a **8.** a **9.** a) 24 b) $\frac{24}{5}$

10. b **11.** c **12.** a **13.** d **14.** a **15.** e

16. a **17.** c **18.** d **19.** c **20.** b **21.** a

22. c **23.** $\frac{a}{3}$ **24.** e **25.** 30 cm^2 **26.** d

27. $\left[\frac{3}{16}(8 - h)^3 + 36h - 96\right]m^3$

28. e **29.** b **30.** a **31.** a

Para refletir

Página 255

4 faces

Página 257

Tetraedro: $4 - 6 + 4 = 2$; dodecaedro: $20 - 30 + 12 = 2$; prisma de base pentagonal: $10 - 15 + 7 = 2$; prisma de base triangular: $4 - 6 + 4 = 2$; tronco de pirâmide de base retangular: $8 - 12 + 6 = 2$.

Página 260

- $V = 8$, $A = 12$, $F = 6$
  $n = 4$ e $p = 3$
  $2 \cdot 12 = 4 \cdot 6 = 3 \cdot 8$
- $n \geq 3$, pois o menor número possível de lados em cada face é 3 (face triangular).
  $p \geq 3$, pois o menor número possível de arestas que concorrem para o mesmo vértice é 3 (o cubo, por exemplo).

Página 286

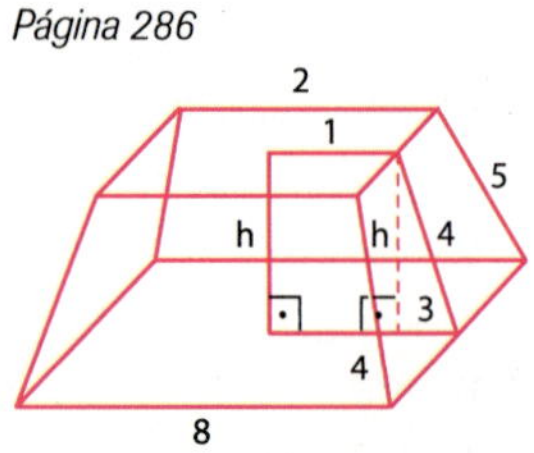

A aresta da base maior mede 8 m. Logo, o apótema da base mede 4 m. A aresta da base menor mede 2 m. Logo, o apótema da base menor mede 1 m. Aplicando o teorema de Pitágoras, encontramos $h = \sqrt{7}$ m. A diferença entre os apótemas das duas bases é $4 - 1 = 3$ m. O apótema do tronco mede 4 m (já calculado).

Capítulo 12

Abertura

Desafio

d

1. a) 25,12 cm^2 b) 50,24 cm^2 c) 75,36 cm^2

2. 20,096 cm^2 **3.** 12,56 galões de tinta

4. 32π cm^2 **5.** 477,28 cm^2 **6.** $h = \frac{r}{2}$

7. $h = 2$ cm; $A_t = 219{,}8$ cm^2 **8.** Na lata mais alta.

9. 1 **10.** $\frac{3}{2}$

11. Aproximadamente 60,288 cm^2. **12.** 251,2 cm^2

13. Aproximadamente 1 570 m^2.

Resolução passo a passo

6. a) 20 cm × $10\sqrt{2}$ cm

14. 14 130 000 ℓ **15.** 0,3768 mℓ **16.** Aproximadamente 15,7 mℓ.

17. 141,3 m^3 **18.** 282,6 cm^2 **19.** $\frac{\pi}{4}$

20. Aproximadamente 1 413 cm^3. **21.** 886 m^3

22. Aproximadamente 2 712,96 cm^3.

23. Aproximadamente 169 560 cm^3.

24. A embalagem da figura II utiliza menos material e a embalagem da figura I tem maior capacidade.

25. a) 30 cm
b) Aproximadamente 1 695,6 cm^2.
c) Aproximadamente 2 712,96 cm^2.

26. a) $2\sqrt{21}$ cm
b) Aproximadamente 125,6 cm^2.
c) Aproximadamente 175,84 cm^2.
d) 144°

27. Aproximadamente 992,9 cm^2.

28. Aproximadamente 834,82 cm^2.

29. Aproximadamente 18,84 cm^2.

30. $A_\ell = 2\pi r^2$; $A_t = 3\pi r^2$ **31.** Aproximadamente 37 680 ℓ.

32. Aproximadamente 368,43 m^3.

33. Aproximadamente 7,33 mℓ.

34. 4,71 ℓ **35.** Não **36.** $r = 5$ cm; $A_\ell \simeq 204{,}1$ cm^2; $V \simeq 314$ mℓ

37. $3\sqrt{3}$ cm **38.** $h = 48$ m; $g \simeq 48{,}3$ m; $A_\ell \simeq 758{,}31$ m^2

39. Aproximadamente 167,47 cm^3. **40.** Aproximadamente 348,54 mℓ

41. Aproximadamente 1 153 950 ℓ.

42. $V_{\text{cone menor}} \simeq 13{,}23$ cm^3; $V_{\text{cone maior}} \simeq 150{,}72$ cm^3; $V = 137{,}49$ cm^3

RESPOSTAS

43. $h = 3$ cm; $A_\ell \simeq 188,4$ cm²; $V \simeq 351,68$ cm³

44. Aproximadamente 1 130,4 cm³. **45.** 372,09 m³

46. Aproximadamente 3,55 cm³.

47. Aproximadamente 452,16 cm².

48. Aproximadamente 314 cm². **49.** 0,045216 m²

50. Aproximadamente 628 m². **51.** Aproximadamente 2 826 cm².

52. $\frac{1}{4}$ **53.** Aproximadamente 9 198,11 cm³.

54. Aproximadamente 261 670 ℓ. **55.** Aproximadamente 22,33 cm³.

56. $R = 4\sqrt[3]{2}$ cm; $A = 64\pi\sqrt[3]{4}$ cm². **57.** Aproximadamente 2,93 m³.

58. Aproximadamente 26,17 cm³. **59.** Aproximadamente 28,26 cm².

60. Aproximadamente 2 679 470 ℓ. **61.** Aproximadamente 79,55 m³.

62. Aproximadamente 261,67 cm³. **63.** $3\pi R^3$

64. $V = 2\pi R^3\sqrt{3}$; $A_t = 2\pi R^2(1 + 2\sqrt{3})$

65. Aproximadamente 3 052,08 m³. **66.** $h = \frac{4R}{3}$

67. Volume da esfera: $V_1 = \frac{4}{3}\pi R^3$

Volume do cilindro: $V_2 = \pi R^2 \cdot 2R = 2\pi R^3$

$$\frac{V_1}{V_2} = \frac{4}{3}\pi R^3 : 2\pi R^3 = \frac{\cancel{4}^{2} \cancel{\pi} \cancel{R^3}}{_{3}\cancel{6} \cancel{\pi} \cancel{R^3}} = \frac{2}{3} \Rightarrow V_1 = \frac{2}{3}V_2$$

68. $r = \frac{R\sqrt[3]{9}}{3}$ **69.** Aproximadamente 1 570 m².

70. 9,6 m² **71.** 18°; 20 gomos **72.** $\frac{2\sqrt{15}}{5}$ cm **73.** 0,4 ℓ

74. $20(\sqrt{2} - 1)$ cm e $20(2 - \sqrt{2})$ cm

Desafios

1. Não **2.** π cm³ **3.** $4\pi Rr$

Pensando no Enem

1. e **2.** d

A Matemática e as práticas sociais

1. 1 440 ℓ **2.** 8 100 ℓ **3.** 2 dias **4.** a **5.** c

Questões de vestibular

1. a) $x = 9$ cm e $y = 3$ cm b) $x = 15$ cm e $y = 5$ cm

2. e **3.** b **4.** d **5.** d **6.** $\frac{1}{2}\pi r^2 (a + b)$

7. b **8.** c **9.** a) 16π cm³ b) $V = \frac{\pi x^3}{108}$ cm³

10. b **11.** $\frac{4\pi}{3}$ cm³ **12.** 5 cm **13.** b **14.** b

15. d **16.** b **17.** b **18.** e **19.** c

20. $R = 3$ cm e $r = 2$ cm **21.** b **22.** 16 cm³

23. d **24.** a) $\frac{\pi R^2}{3}$ cm² b) $\frac{4\pi R^2}{3}$ cm²

25. c **26.** d **27.** a **28.** d

Para refletir

Página 300

Porque cada um deles possui, pelo menos, uma "superfície curva".

Página 301

Quando o cilindro for reto.

Página 309

O outro cateto indica o raio da base e a hipotenusa indica a geratriz do cone.

Página 316

Aproximadamente 87,92 ℓ.

Capítulo 13

Abertura

Desafio

6 caminhos

1. 6 maneiras **2.** 60 maneiras diferentes

3. 8 possibilidades: A – A – A; A – A – B; A – B – A; A – B – B; B – A – A; B – A – B; B – B – A; B – B – B.

4. 60 maneiras **5.** 16 números

6. a) 36 números
b) 18 números pares
c) 18 números ímpares
d) 30 números
e) 9 números

7. a) 720
b) 210
c) $\frac{1}{24}$
d) 120
e) $n^2 - n$
f) $\frac{1}{n + 2}$
g) $n^2 + 2n - 3$

8. $n = 4$ ou $n = 1$

9. 6 palavras: ALI, AIL, LAI, LIA, IAL, ILA.

10. 256 números de 4 algarismos; 24 números de 4 algarismos distintos.

11. 120 maneiras **12.** 48 maneiras **13.** 24 anagramas

14. 6 números naturais

15. a) 12
b) 120
c) 56
d) 24
e) 5
f) 1

16. a) $x^2 - x$ b) $x^2 - 7x + 12$ c) $8x^3 - 2x$

17. a) $x = 7$ b) $x = 4$

18. 657 720 maneiras

19. a) 120 números b) 48 números

20. 132 maneiras

21. a) 504 números
b) 336 números
c) 2 520 números
d) 15 120 números

22. 360 maneiras diferentes **23.** 360 maneiras

RESPOSTAS

Resolução passo a passo

6. a) 190 apertos de mão.

24. a) 15 b) 4 c) 21 d) 45

25. 1 140 equipes

26. 210 maneiras diferentes

27. 120 maneiras

28. 142 506 comissões

29. a) $x = 6$ b) $x = 3$

30. a) 34 650 anagramas
b) 5 040 anagramas
c) 630 anagramas
d) 10 080 anagramas
e) 1 120 anagramas

31. 66 soluções inteiras e positivas

32. 210 maneiras

33. a) $x = 9$ ou $x = 4$ b) $x = 30$ c) $x = 5$

34. $n = 7$

35. 20 modos

36. 1 000 opções

37. 6 561 números

38. 56 triângulos

39. 720 maneiras

40. 20 maneiras

41. 720 maneiras

42. 151 200 anagramas

43. 15 quadriláteros

44. 35 subconjuntos

45. a) 720 anagramas
b) 120 anagramas
c) 24 anagramas
d) 144 anagramas
e) 216 anagramas
f) 24 anagramas
g) 144 anagramas

46. 300 números

47. 960 placas

48. 28 duplas

49. 739 números

50. 3 844 comissões

51. 11 664 números

52. 72 anagramas

53. 9 amigos

54. 86 400 maneiras

55. 140 números

56. 36 comissões

57. 57 retas

58. 72 números

59. 560 maneiras

60. 886 656 maneiras

61. 4 diagonais

62. 480 maneiras

63. 45 tentativas

64. $81 \cdot 10^6$ aumento

65. a) 55º lugar b) 6 666 600

66. a) 210 maneiras b) 126 maneiras

67. a) 30 maneiras b) 31 maneiras

68. a) O segmento que une 2 vértices distintos pode ser de três tipos diferentes de elementos:
1º) aresta
2º) diagonal de uma face
3º) diagonal do poliedro
O total de segmentos possíveis unindo 2 vértices distintos é $C_{V,2}$. Portanto:
$C_{V,2} = A + d + D \Rightarrow C_{V,2} = C_{V,2} - A - d$ (c.q.d.)
b) 1 440 diagonais

69. a) 7 b) 15 c) 35 d) 1 e) 190

70. 1

71. a) $x = 1$ b) $x = 6$ ou $x = 8$

72. $\frac{5}{8}$

73. $n = 14$ e $p = 4$

74. a) $x^5 + 10x^4 + 40x^3 + 80x^2 + 80x + 32$
b) $a^4 - 12a^3 + 54a^2 - 108a + 81$
c) $x^{14} - 7x^{12} + 21x^{10} - 35x^8 + 35x^6 - 21x^4 + 7x^2 - 1$
d) $x^4 + 4x^2 + 6 + \frac{4}{x^2} + \frac{1}{x^4}$
e) $220\sqrt{5} - 284\sqrt{3}$
f) $\frac{1}{64} - \frac{3x}{16} + \frac{15x^2}{16} - \frac{5x^3}{2} + \frac{15x^4}{4} - 3x^5 + x^6$

75. 1

76. d

77. a) $84x^3$ b) $-8\,064x^5a^5$ c) $T_2 = -20x^{19}$ e $T_{20} = -20x$

78. a) Não existe. b) Não existe. c) -20

79. $-84x^6$

80. a) $1\,120x^4$ b) $\frac{28}{27}x^5$

81. 6 400

82. 1

83. 6 561

84. a) 32 b) 56 c) 15 d) 5 e) 252 f) 93

85.
1
1 1
1 2 1
1 3 3 1
1 4 6 4 1
1 5 10 10 5 1
1 6 15 20 15 6 1
1 7 21 35 35 21 7 1

Propriedades:
- em cada linha, o primeiro e o último elementos valem 1;
- em cada linha, os coeficientes binomiais equidistantes dos extremos são iguais;
- a soma dos **n** primeiros termos da coluna **p** é igual ao n-ésimo termo da coluna seguinte.

86.
$$\binom{n-1}{p-1} + \binom{n-1}{p} = \frac{(n-1)!}{(p-1)!(n-p)!} + \frac{(n-1)!}{p!(n-p-1)!} =$$
$$= \frac{p(n-1)! + (n-p)(n-1)!}{p!(n-p)!} = \frac{(p+n-p)(n-1)!}{p!(n-p)!} =$$
$$= \frac{n(n-1)!}{p!(n-p)!} = \frac{n!}{p!(n-p)!} = \binom{n}{p}$$

87.
- $2^n = (1+1)^n = \binom{n}{0} 1^n \cdot 1^0 + \binom{n}{1} 1^{n-1} \cdot 1^1 + ... + \binom{n}{n} 1^0 \cdot 1^n =$
$= \binom{n}{0} + \binom{n}{1} + ... + \binom{n}{n}$
- $(x+y)^n = \binom{n}{0} x^n y^0 + \binom{n}{1} x^{n-1} y^1 + ... + \binom{n}{n} x^0 y^n$

Soma dos coeficientes: $\binom{n}{0} + \binom{n}{1} + ... + \binom{n}{n} = 2^n$

88. 63 maneiras

89. 968 polígonos

90. 256 modos

Desafios

1. 10 empates **2.** a **3.** 120 maneiras **4.** a

RESPOSTAS

Pensando no Enem

1. e **2.** e **3.** d

A Matemática e as práticas sociais

1. 38 jogos; 380 jogos
2. 6 840 palpites
3. 4 845 formas
4. 20! formas
5. e
6. 16 equipes
7. 140 formas
8. 72 formas
9. 12 096 maneiras
10. Resposta pessoal.
11. 4 782 969 possibilidades

Questões de vestibular

1. d
2. c
3. c
4. a
5. c
6. a
7. e
8. d
9. d
10. 2 030 maneiras
11. c
12. e
13. d
14. c
15. c
16. b
17. 3 600 modos
18. 1 500 maneiras
19. 84 triângulos
20. 70 comissões
21. a
22. b
23. c
24. d
25. b
26. b
27. S = {5}
28. a
29. d
30. e
31. e
32. e
33. −2 048

Para refletir

Página 334
1ª etapa: Recife-São Paulo; 2ª etapa: São Paulo-Porto Alegre.

Página 335
Se tivermos o zero nas centenas, significa que não há centenas nesse número.

Página 346
1

Página 351
AAPP, APAP, APPA, PAPA, PPAA, PAAP

Página 352
175 760 000 placas

Capítulo 14

Abertura

Desafio
76%

1. $\Omega = \{1, 2, 3, 4, 5, 6\}$; $A = \{2, 4, 6\}$; $B = \{1, 2, 3\}$; $C = \{3, 6\}$; $D = \{\ \}$; $E = \{1, 2, 3, 4, 5, 6\}$

2. $\Omega = \{1, 2, 3\}$; $A = \{2\}$; $B = \{1, 3\}$

3. $\Omega = \{(C_1, C_2), (C_1, \overline{C_2}), (\overline{C_1}, C_2), (\overline{C_1}, \overline{C_2})\}$, em que $\mathbf{C_1}$ e $\mathbf{C_2}$ são as caras e $\mathbf{\overline{C_1}}$ e $\mathbf{\overline{C_2}}$ são as coroas; $A = \{(C_1, \overline{C_2}), (C_2, \overline{C_1})\}$; $B = \{(\overline{C_2}, \overline{C_1})\}$; $C = \{(C_1, C_2), (C_1, \overline{C_2}), (\overline{C_1}, C_2)\}$

4. Ω = {2c, 2o, 2e, 2p, 3c, 3o, 3e, 3p, ..., Ac, Ao, Ae, Ap}, em que **c**, **o**, **e**, **p** significam, respectivamente, copas, ouros, espadas e paus; A = {Ac, Ao, Ae, Ap}; B = {Ao}; C = {2c, 2o, 2e, 2p}

5. A = {(M, M, M)}; B = {(F, F, F)}; C = {(M, M, M), (F, F, F)}

6. a) 50% b) 50% c) Aproximadamente 16,7%. d) Aproximadamente 33,3%. e) 0% f) 100%

7. a) 40% b) 60%

8. Aproximadamente 42,8%.

9. a) 25% b) Aproximadamente 7,7%. c) Aproximadamente 1,9%. d) 50% e) Aproximadamente 3,8%.

10. a) 25% b) 50% c) 25% d) 50%

11. a) Aproximadamente 16,7%. b) 50% c) Aproximadamente 41,7%. d) Aproximadamente 58,3%. e) 25% f) Aproximadamente 16,7%. g) Aproximadamente 38,9%.

12. a) 37,5% b) 12,5% c) 87,5% d) 25% e) 12,5%

13. a) 60% b) 12%

14. a) 21,25% b) 8,75% c) 8,75% d) 23,75% e) 33,75%

Resolução passo a passo

6. a) Não b) Não

15. a) 0,6 b) 0,4 c) 0,6 d) 0,7 e) 0,9 f) 0,3 g) 0,2 h) 0,4

16. a) $\frac{8}{17}$ b) $\frac{7}{17}$ c) $\frac{14}{17}$ d) $\frac{1}{17}$ e) $\frac{3}{17}$ f) $\frac{7}{17}$ g) $\frac{6}{17}$

17. a) $\frac{1}{7}$ b) $\frac{6}{21}$ c) $\frac{12}{21}$

18. 40% **19.** $\frac{5}{6}$ **20.** Aproximadamente 27,78%.

21. a) 25% b) 75% c) Aproximadamente 11,5%. d) Aproximadamente 61,5%.

22. a) Aproximadamente 5,9%. b) Aproximadamente 12,7%. c) Aproximadamente 44,1%.

23. a) 50% b) 25% c) 80%

24. a) $\frac{3}{5}$ b) $\frac{1}{2}$ c) $\frac{3}{4}$ d) $\frac{4}{5}$

25. $\frac{1}{4}$ **26.** 60%

RESPOSTAS

27. a) Probabilidade de ser advogado dado que é homem.
b) Probabilidade de ser professor dado que é mulher.
c) Probabilidade de ser dentista dado que é homem.
d) Probabilidade de ser advogado dado que é mulher.
e) Probabilidade de não ser advogado dado que não é mulher.
f) Probabilidade de não ser dentista dado que é homem.
g) Probabilidade de ser professor dado que não é homem.

Valor de **a**: $\frac{8}{19}$ Valor de **b**: $\frac{9}{16}$ Valor de **c**: $\frac{5}{19}$

28. a) $\frac{1}{8}$ b) $\frac{1}{4}$ c) $\frac{3}{8}$ d) $\frac{1}{4}$ e) $\frac{1}{3}$ f) 1 g) $\frac{4}{7}$

29. $\frac{1}{2}$

30. Aproximadamente 33,3%.

31. a) 0,08 b) 0,52

32. 0,6

33. Não

34. a) $\frac{1}{2}$ b) $\frac{1}{6}$ c) $\frac{1}{12}$ d) $\frac{1}{6}$ e) Sim

35. Sejam A = {1, 2, 3} e B = {3, 4, 5}. Então, $p(A) = \frac{1}{2}$ e $p(B) = \frac{1}{2}$.
Como $A \cap B = \{3\}$, então $p(A \cap B) = \frac{1}{6}$. Assim,
$p(A \cap B) \neq p(A) \cdot p(B)$. Logo, **A** e **B** não são independentes.

36. Sim

37. a) $\frac{1}{4}$ b) $\frac{1}{4}$ c) $\frac{1}{16}$

38. $\frac{1}{11}$

39. 3%

40. $\frac{10}{21}$

41. Opção 2.

42. Opção 1.

43. a) $\frac{1}{32}$ b) $\frac{5}{16}$ c) $\frac{5}{32}$ d) $\frac{1}{32}$

44. a) $\frac{5}{16}$ b) $\frac{15}{64}$

45. $\frac{15}{64}$

46. Aproximadamente 16%.

47. a) 0,065536% b) Aproximadamente 2,06%.

48. 50%

49. 50%

50. a) $\frac{1}{4}$ b) $\frac{1}{16}$

Desafios

1. c
2. $\frac{5}{24}$
3. 1,696%
4. b
5. a) $\frac{1}{512}$ b) $\frac{7}{8}$

Pensando no Enem

1. c **2.** e **3.** a

A Matemática e as práticas sociais

1. 25%
2. $\frac{1}{16}$
3. $\frac{175}{256}$
4. 60 possíveis doadores
5. Resposta pessoal.
6. a
7. Resposta pessoal.

Questões de vestibular

1. d **2.** c **3.** a
4. a **5.** b **6.** $\frac{2\pi + 3\sqrt{3}}{375}$
7. b **8.** a) 56% b) 6%
9. b **10.** b
11. a) 120 resultados b) Aproximadamente 4,6%.
12. a)

	Resultados do exame		
Situação	Positivo (P)	Negativo (N)	Total
Saudável (S)	80	720	800
Doente (D)	160	40	200
Total	240	760	1 000

b) $\frac{1}{3}$

13. a) Sim b) Não **14.** b
15. e **16.** a

Para refletir

Página 372
Isso significa que os dois lados da moeda ou as seis faces do dado têm a mesma "chance" de sair.

Página 375
Quando se diz "pelo menos duas", admite-se que aconteçam duas ou mais situações. Quando se diz "exatamente duas", há somente duas situações.

Questões do Enem

2005
1. d **2.** e **3.** d

2006
a

2007
1. d **2.** e **3.** a **4.** e **5.** d **6.** a

2008
1. b **2.** a **3.** b

2009
1. c **2.** c **3.** b **4.** a **5.** e **6.** c **7.** c **8.** a **9.** c **10.** b **11.** b

2010
1. e **2.** b **3.** b **4.** a **5.** d **6.** d **7.** a **8.** b **9.** d **10.** b **11.** d **12.** b **13.** b **14.** d

SIGNIFICADO DAS SIGLAS

Aman-RJ: Academia Militar das Agulhas Negras (Rio de Janeiro)

Cefet-CE: Centro federal de Educação Tecnológica do Ceará

Cefet-MG: Centro federal de Educação Tecnológica de Minas Gerais

Cefet-PR: Centro Federal de Educação Tecnológica do Paraná

Cesgranrio-RJ: Centro de Seleção de Candidatos ao Ensino Superior do Grande Rio (Rio de Janeiro)

CPCAR-MG: Curso Preparatório de Cadetes do Ar (Minas Gerais)

Enem: Exame Nacional do Ensino Médio

ESPCEX-SP: Escola Preparatória de Cadetes do Exército (São Paulo)

ESPM-SP: Escola Superior de Propaganda e Marketing (São Paulo)

Faap-SP: Fundação Armando Álvares Penteado (São Paulo)

Fatec-SP: Faculdade de Tecnologia de São Paulo

FEI-SP: Faculdade de Engenharia Industrial (São Paulo)

FGV-SP: Fundação Getúlio Vargas (São Paulo)

Furg-RS: Fundação Universidade Federal do Rio Grande (Rio Grande do Sul)

Fuvest-SP: Fundação Universitária para o Vestibular (São Paulo)

IME-RJ: Instituto Militar de Engenharia (Rio de Janeiro)

ITA-SP: Instituto Tecnológico de Aeronáutica (São Paulo)

Mack-SP: Universidade Presbiteriana Mackenzie (São Paulo)

PUCC-SP: Pontifícia Universidade Católica de Campinas (São Paulo)

PUC-MG: Pontifícia Universidade Católica de Minas Gerais

PUC-PR: Pontifícia Universidade Católica do Paraná

PUC-RS: Pontifícia Universidade Católica do Rio Grande do Sul

PUC-SP: Pontifícia Universidade Católica de São Paulo

Ucsal-BA: Universidade Católica do Salvador (Bahia)

Udesc: Universidade do Estado de Santa Catarina

Uece: Universidade Estadual do Ceará

UEG-GO: Universidade Estadual de Goiás

UEL-PR: Universidade Estadual de Londrina (Paraná)

Uepa: Universidade Estadual do Pará

UEPB: Universidade Estadual da Paraíba

Uerj: Universidade Estadual do Rio de Janeiro

Uespi: Universidade estadual do Piauí

Ufac: Universidade Federal do Acre

Ufal: Universidade Federal de Alagoas

Ufam: Universidade Federal do Amazonas

UFBA: Universidade Federal da Bahia

UFC-CE: Universidade Estadual do Ceará

UFCG-PB: Universidade Federal de Campina Grande (Paraíba)

Ufes: Universidade Federal do Espírito Santo

UFF-RJ: Universidade Federal Fluminense (Rio de Janeiro)

UFG-GO: Universidade Federal de Goiás

UFJF-MG: Universidade Federal de Juiz de Fora (Minas Gerais)

Ufla-MG: Universidade Federal de Lavras (Minas Gerais)

UFMA/PSG: Universidade Federal do Maranhão/Processo de Seleção Geral

UFMG: Universidade Federal de Minas Gerais

UFMS: Universidade Federal de Mato Grosso do Sul

UFMT: Universidade Federal de Mato Grosso

Ufop-MG: Universidade Federal de Ouro Preto (Minas Gerais)

UFPA: Universidade Federal do Pará

UFPB: Universidade Federal da Paraíba

UFPB/PSS: Universidade Federal da Paraíba/ Processo de Seleção Seriado

UFPE: Universidade Federal de Pernambuco

Ufpel-RS: Universidade Federal de Pelotas (Rio Grande do Sul)

UFPI: Universidade Federal do Piauí

UFPR: Universidade Federal do Paraná

UFRGS-RS: Universidade Federal do Rio Grande do Sul

UFRJ: Universidade Federal do Rio de Janeiro

UFRN: Universidade Federal do Rio Grande do Norte

UFRR: Universidade Federal de Roraima

UFRRJ: Universidade Federal Rural do Rio de Janeiro

UFSC: Universidade Federal de Santa Catarina

Ufscar-SP: Universidade Federal de São Carlos (São Paulo)

UFSM-RS: Universidade Federal de Santa Maria (Rio Grande do Sul)

UFS-SE: Universidade Federal de Sergipe

UFTM-MG: Universidade Federal do Triângulo Mineiro (Minas Gerais)

UFT-TO: Universidade Federal do Tocantins

UFV-MG: Universidade Federal de Viçosa (Minas Gerais)

UNA-MG: União de Negócios e Administração (Minas Gerais)

UnB-DF: Universidade de Brasília (Distrito Federal)

Uneb-BA: Universidade do Estado da Bahia

Unemat-MT: Universidade do Estado de Mato Grosso

Unicamp-SP: Universidade Federal de Campinas (São Paulo)

Unifap: Universidade Federal do Amapá

Unifesp: Universidade Federal de São Paulo

Unifor-CE: Universidade de Fortaleza (Ceará)

Unir-RO: Universidade Federal de Rondônia

Unit-SE: Universidade Tiradentes (Sergipe)

UPE: Universidade de Pernambuco

UTFPR: Universidade Tecnológica Federal do Paraná

Vunesp: Fundação para o Vestibular da Unesp (São Paulo)

SUGESTÕES DE *SITES*/BIBLIOGRAFIA

Sugestões de *sites*

Os *sites* relacionados a seguir podem ser utilizados em qualquer ano do ensino médio, pois tratam de assuntos envolvidos nos 3 volumes desta coleção.

- www.bussolaescolar.com.br/matematica
  Bússola Escolar
  Apresenta *links* para as mais variadas disciplinas. Em Matemática apresenta resumo dos conteúdos que fazem parte do currículo. Conforme o assunto, ele encaminha para diferentes endereços.
- www.diadematematica.com
  Dia de Matemática
  Apresenta questões em forma de testes sobre Álgebra e Números, Geometria e Tratamento da informação e, ao final, fornece as respostas, mas não as resoluções.
- www.matematica.br
  IMática – A Matemática Interativa na Internet
  Site criado e alimentado por professores do IME-USP.
- www.obm.org.br/
  Olimpíada Brasileira de Matemática (OBM)
  Apresenta as provas e a resolução das questões de todas as Olimpíadas de Matemática realizadas.
- www.obmep.org.br
  Olimpíada Brasileira de Matemática das Escolas Públicas – Obmep
  Apresenta as provas e a resolução das questões, assim como um banco de questões, para que você possa se preparar para as provas.
- www.sercomtel.com.br/matematica
  Matemática Essencial
  Matemática para o ensino fundamental, médio e superior. Apresenta passatempos, resumos e exercícios resolvidos sobre Matemática financeira, Álgebra, Trigonometria, Geometria.
- www.sobresites.com/pesquisa
  Pesquisa Escolar
  Apresenta *links* para *sites* sobre educação com comentários para cada um deles.
- www.somatematica.com.br
  Só Matemática
  O *site* apresenta resumos de temas estudados no ensino médio, tópicos de história da Matemática, biografias de matemáticos famosos e desafios matemáticos. É necessário (e simples) fazer o cadastro.
- www.tooantonioreis.seed.pr.gov.br/
  Apresenta resumo de conteúdos trabalhados no ensino médio e traz vários exercícios sobre esses temas. O tema Funções aparece no item Cálculo diferencial e integral e é adequado para alunos do ensino médio.

Bibliografia

Ávila, G. *Cálculo 1*; funções de uma variável. Rio de Janeiro: Livros Técnicos e Científicos, 1982.

Boyer, Carl B. *História da Matemática.* São Paulo: Edgard Blücher/Edusp, 1974.

Coleção do Professor de Matemática. Rio de Janeiro: SBM, 1993. 14 v.

Dante, L. R. *Formulação e resolução de problemas de Matemática – Teoria e prática.* São Paulo: Ática, 2010.

Davis, P. J.; Hersh, R. *A experiência matemática.* Rio de Janeiro: Francisco Alves, 1989.

Lima, E. L. et al. *A Matemática do Ensino Médio.* Rio de Janeiro: SBM, 1997. (Coleção do Professor de Matemática, v. 1 e 2).

Morettin, P. A.; Bussab, W. O. *Estatística básica.* São Paulo: Atual, 1981.

Polya, G. *A arte de resolver problemas.* Rio de Janeiro: Interciência, 1986.

______ . *Mathematical discovery.* Nova York: John Wiley & Sons, 1981. 2 v.

Revista do Professor de Matemática. São Paulo: SBM, 1982/1998. v. 1 a 36.